HIGHTOP

하이탑

과학 고수들의 필독서

HIGHTOP

High Top

1권

생명과학 II

이 책의 구성과 특징

지금껏 선생님들과 학생들로부터 고등 과학의 바이블로 명성을 이어온 하이탑의 자랑거리는 바로,

- 기초부터 심화까지 이어지는 튼실한 내용 체계
- 백과사전처럼 자세하고 빈틈없는 개념 설명
- 내용의 이해를 돕기 위한 풍부한 자료
- 과학적 사고를 훈련시키는 논리 정연한 문장

이었습니다. 이러한 전통과 장점을 이 책에 이어 담았습니다.

1 개념과 원리를 익히는 단계

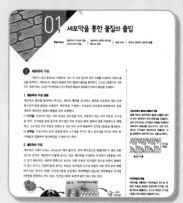

●개념 정리

여러 출판사의 교과서에서 다루는 개념
들을 체계적으로 다시 정리하여 구성하
였습니다.

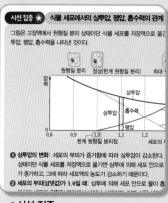

●시선 집중

중요한 자료를 더 자세히 분석하거나
개념을 더 잘 이해할 수 있도록 추가로
설명하였습니다.

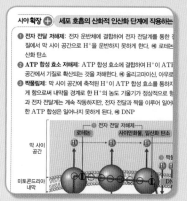

●시야 확장

심도 깊은 내용을 이해하기 쉽도록 원
리나 개념을 자세히 설명하였습니다.

●탐구

교과서에서 다루는 탐구 활동 중 가장
중요한 주제를 선별하여 수록하고, 과
정과 결과를 철저히 분석하였습니다.

●집중 분석

출제 빈도가 높은 주제를 집중적으로
분석하고, 유제를 통해 실제 시험에 대
비할 수 있도록 하였습니다.

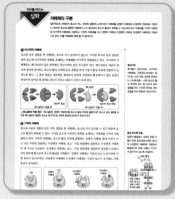

●심화

깊이 있게 이해할 필요가 있는 개념을
따로 발췌하여 심화 학습할 수 있도록
자세히 설명하고 분석하였습니다.

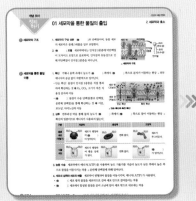

● 개념 모아 정리하기
각 단원에서 배운 핵심 내용을 빈칸에 채워 나가면서 스스로 정리하는 코너입니다.

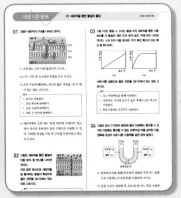

● 개념 기본 문제
각 단원의 기본적이고 핵심적인 내용의 이해 여부를 평가하기 위한 코너입니다.

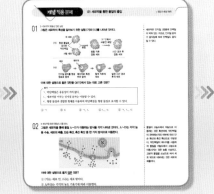

● 개념 적용 문제
기출 문제 유형의 문제들로 구성된 코너입니다. '고난도 문제'도 수록하였습니다.

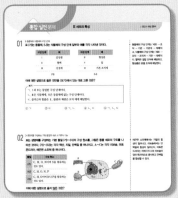

● 통합 실전 문제
대단원별로 통합된 개념의 이해 여부를 확인함으로써 실전에 대비할 수 있도록 구성하였습니다.

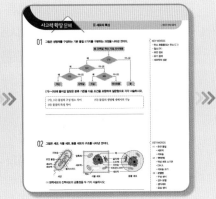

● 사고력 확장 문제
창의력, 문제 해결력 등 한층 높은 수준의 사고력을 요하는 서술형 문제들로 구성하였습니다.

● 논구술 대비 문제
논구술 시험에 출제되었거나, 출제 가능성이 높은 예상 문제를 수록하여 답변 요령 및 예시 답안과 함께 제시하였습니다.

● 정답과 해설
정답과 오답의 이유를 쉽게 이해할 수 있도록 자세하고 친절한 해설을 담았습니다.

> ❝
> 하이탑은
> 과학에 대한 열정을 지닌 독자님의
> 실력이 더욱 향상되길 기원합니다.
> ❞

Contents
이 책의 차례 – 생명 과학

"자세하고 짜임새 있는 설명과 수준 높은 문제로 실력의 차이를 만드는 High Top"

1권

Ⅰ 생명 과학의 역사

Ⅱ 세포의 특성

Ⅲ 세포 호흡과 광합성

2권

IV

유전자의 발현과 조절

V

생물의 진화와 다양성

VI

생명 공학 기술과 인간 생활

부록

3권

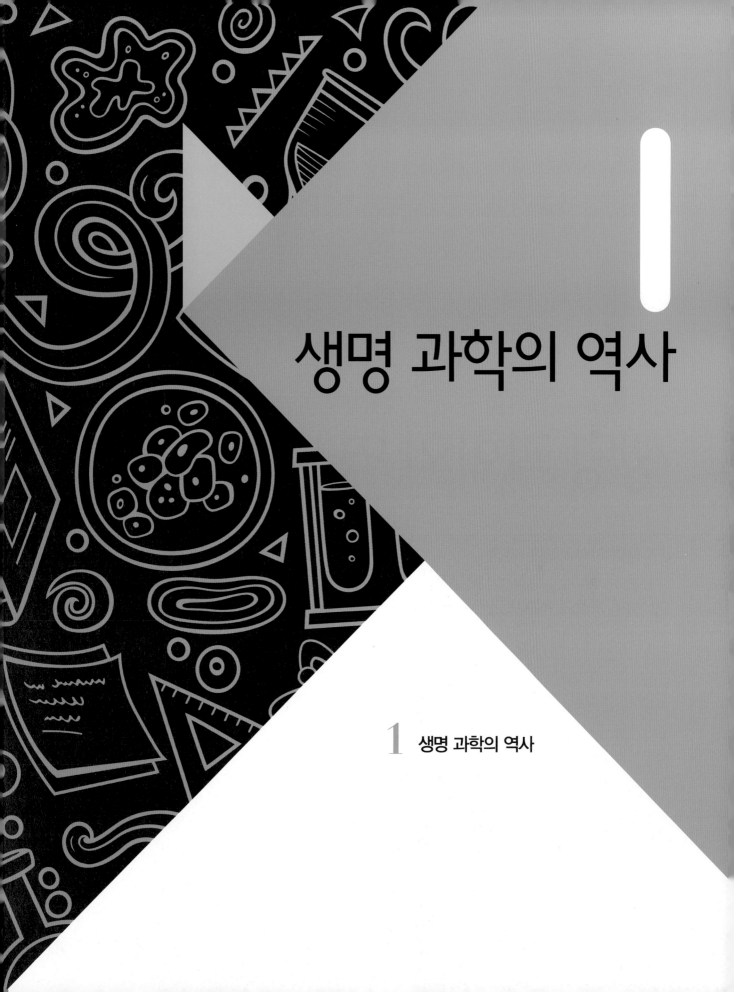

생명 과학의 역사

1 생명 과학의 역사

1

생명 과학의 역사

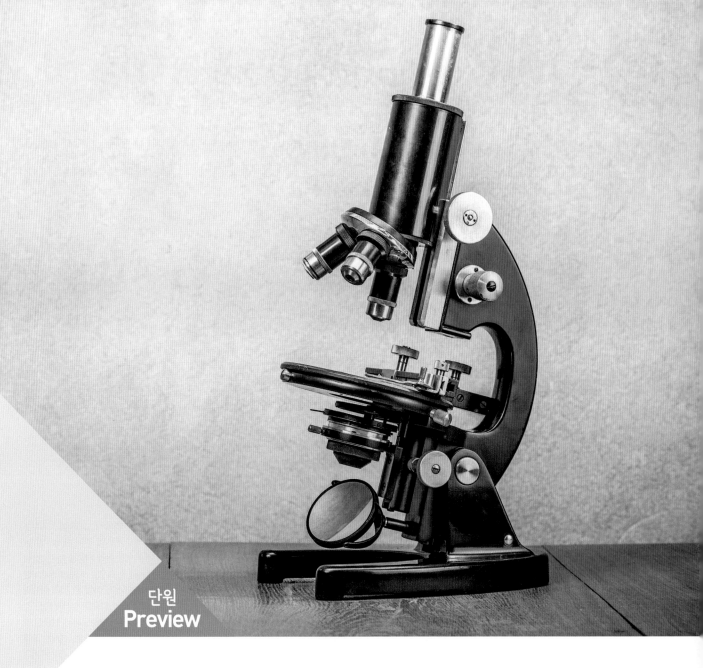

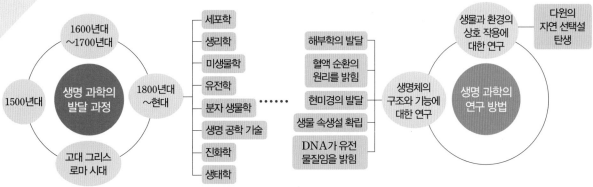

세포학

생리학

미생물학

유전학

분자 생물학

생명 공학 기술

진화학

생태학

1600년대
~1700년대

1500년대

생명 과학의
발달 과정

1800년대
~현대

고대 그리스
로마 시대

해부학의 발달

혈액 순환의
원리를 밝힘

현미경의 발달

생물 속생설 확립

DNA가 유전
물질임을 밝힘

생물과 환경의
상호 작용에
대한 연구

다윈의
자연 선택설
탄생

생명체의
구조와 기능에
대한 연구

생명 과학의
연구 방법

생명 과학의 발달 과정

생명 과학의 연구 방법

01 생명 과학의 발달 과정

학습 Point

고대 그리스 로마 시대:
히포크라테스, 아리스토
텔레스, 테오프라스토스,
갈레노스

1500년대:
레오나르도 다빈치,
베살리우스, 얀선

1600년대~1700년대:
하비, 훅, 레이우엔훅,
린네

1800년대~현대:
세포학, 생리학, 미생물학, 유전
학, 분자 생물학, 생명 공학 기술,
진화학, 생태학의 발달

고대 그리스 로마 시대~1700년대

생명 과학의 의미 있는 발전은 고대 그리스로부터 시작되었다. 고대 그리스 로마 시대에서 부터 1700년대에 이르는 동안 질병을 신의 벌로 여기던 종교에서 의학이 분리되어 발달하였고, 해부학과 분류학 분야의 성과는 현대 생명 과학이 발전할 수 있는 기반을 제공하였다.

1. 생명 과학

생명 과학은 생명체에서 나타나는 생명 현상의 본질을 밝히고, 그 연구 성과를 질병 치료와 환경 문제 해결 등 인류의 생존과 복지를 위해 응용하는 종합적인 학문이다. 생명 과학이 하나의 독립된 학문 영역으로 발전하기 시작한 시기는 1800년대이지만, 인간은 고대에서부터 생명체를 탐구하고 이용해 왔다.

2. 고대 그리스 로마 시대의 생명 과학 발달

(1) **히포크라테스**(Hippocrates, B. C. 460?~B. C. 377?): 히포크라테스는 종교에서 의학을 분리하여 의사라는 직업을 만들었고, 진단과 치료에서 객관적인 임상 관찰을 중시하여 '의학의 아버지'로 불린다.

(2) **아리스토텔레스**(Aristoteles, B. C. 384~B. C. 322): 아리스토텔레스는 '생물은 무생물로부터 저절로 발생한다.'는 자연 발생설을 주장하여 '모든 곳에는 생명의 씨앗이 있고, 생명의 씨앗이 물질을 조직하여 주변 환경에 맞는 생물이 생겨난다.'고 설명하였다. 또, '동물의 심장에는 영혼이 깃들어 있으며, 이것이 생명의 원천'이라고 주장하였다. 그리고 어류와 곤충을 포함하여 540여 종의 동물을 분류하고 50여 종의 동물을 해부하여 동물학의 기반을 확립하였다.

(3) **테오프라스토스**(Theophrastos, B. C. 372?~B. C. 287?): 아리스토텔레스의 제자인 테오프라스토스는 『식물의 역사』라는 저서를 통해 다양한 식물을 분류하는 방법을 제시하여 식물학의 기반을 확립하였다.

(4) **갈레노스**(Galenos, 129?~199?): 갈레노스는 다양한 동물을 해부한 지식을 바탕으로 인체 해부학에 대한 논문을 작성하여 해부학의 기반을 확립하였다. 그는 해부와 실험을 통해 여러 장기의 기능을 알아냈고 근육과 뼈, 뇌 신경을 구분하기도 하였으며, 왕성한 저술 활동을 통해 고대 서양 의학을 집대성하였다. 지금은 히포크라테스가 의학의 상징으로 알려져 있지만, 약 1300년 동안이나 서양 의학을 실질적으로 지배한 것은 갈레노스의 이론이었다.

히포크라테스 선서

히포크라테스는 의학의 3요소라고 일컫는 지식, 기술, 태도 전반에 걸쳐 큰 업적을 남겼다. 하지만 '의료 윤리 지침을 지키겠습니다.'라는 내용을 담고 있는 히포크라테스 선서는 히포크라테스가 직접 쓴 것이 아니라 후대인이 그에 대한 자료를 수집해 만든 것이 수정되어 가면서 오늘날까지 전해진 것으로 추정된다. 현재 사용되는 선서는 고대 그리스어로 작성된 원본이 아니라, 세계의 학협회에서 제정한 수정본이다.

3. 1500년대의 생명 과학 발달

고대 그리스 로마 시대 이후 르네상스 이전까지 거의 1000년 동안을 인간의 창조성이 철저히 무시된 암흑시대로 보냈으므로 생명 과학에서도 별다른 진전이 없었다. 하지만 르네상스가 일어나면서 경험적이고 실증적인 사실의 중요성을 깨닫게 되었고, 이는 생명 과학에도 큰 영향을 미쳤다.

(1) **레오나르도 다빈치**(Leonardo da Vinci, 1452~1519): 레오나르도 다빈치는 인체와 동물을 직접 해부하여 1800여 점의 해부도를 남겼다.

(2) **베살리우스**(Vesalius, A., 1514~1564): 베살리우스는 인체를 직접 해부한 결과를 바탕으로 쓴 『인체의 구조』라는 저서를 통해 갈레노스의 의학이 무조건 옳다는 고정 관념을 깨뜨리고 많은 오류를 바로잡았다. 또, 『인체의 구조에 관하여』라는 저서를 통해 해부학을 순수한 경험 과학으로 정착시켰다. 따라서 베살리우스는 근대 해부학의 창시자로 평가 받고 있다.

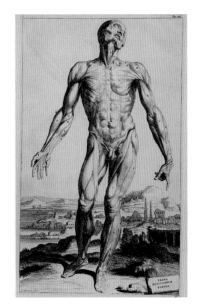

▲ 베살리우스의 인체 해부도

(3) **얀선**(Janssen, Z., 1580?~1638?): 1590년 얀선은 아버지와 함께 현재의 현미경과 구조가 비슷한 복합 현미경을 최초로 발명하였다. 이 현미경은 망원경 형태로 3배에서 최대 10배까지 확대하여 볼 수 있었다.

4. 1600년대~1700년대의 생명 과학 발달

(1) **하비**(Harvey, W., 1578~1657): 1628년 하비는 직접 실험한 결과를 바탕으로 혈액은 심장 박동으로 온몸을 순환한다는 혈액 순환의 원리를 밝혀냈다.

(2) **훅**(Hooke, R., 1635~1703): 1665년 훅은 자신이 만든 현미경으로 얇게 자른 코르크 조각을 관찰하여 세포를 최초로 발견하였다. 그는 코르크 조각에 수많은 벌집 모양의 구멍이 있는 것을 발견하고, 이것이 수도원의 작은 방(cell)을 연상시킨다고 해서 '세포(cell)'라고 이름 붙였다. 그러나 훅이 관찰한 것은 살아 있는 세포가 아니라 죽은 식물 세포의 세포벽이었다.

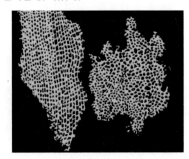

▲ 훅이 스케치한 코르크 조직

(3) **레이우엔훅**(Leeuwenhoek, A. van, 1632~1723): 1673년 레이우엔훅은 자신이 만든 현미경으로 적혈구, 정자, 원생동물 등 살아 있는 세포를 최초로 관찰하였다. 또, 미생물(세균)을 최초로 발견하여 '미생물의 아버지'라고도 불린다.

(4) **린네**(Linné, C. von, 1707~1778): 1735년 린네는 4000여 종의 동물과 5000여 종의 식물을 체계적으로 분류하는 분류 체계 방법을 제안하였다. 또, 생물의 이름을 표기하는 방법으로 이명법을 제창하여 현대 생물 분류학의 기초를 다졌다.

갈레노스 해부학의 오류
베살리우스는 자신이 직접 인체를 해부하면서 손으로 수행하는 해부의 중요성을 강조하였다. 베살리우스는 인체를 해부하면서 갈레노스의 해부학적 지식이 원숭이나 개와 같은 동물을 해부한 결과를 인체에 적용했기 때문에 틀린 부분이 많다는 것을 지적하기도 하였다. 그리고 이러한 해부 활동을 통해 베살리우스는 갈레노스의 인체 이론에 들어맞지 않는 몇 가지 해부학적 사실을 밝혀내고 새로운 해부학의 기초를 다졌다.

복합 현미경
2개 이상의 렌즈를 조합하여 사물을 확대해서 보는 광학 현미경이다.

학명과 이명법
학명은 언어와 상관없이 국제적으로 통용되는 종의 이름으로, 린네가 제창한 이명법에 기초하여 표기한다. 이명법은 속명과 종소명으로 구성된다.

② 1800년대~현대

고대 그리스 로마 시대부터 1700년대까지 생명 과학의 연구 성과는 현대 생명 과학이 크게 발전할 수 있는 기초를 제공하였다. 1800년대로 들어서면서 생명체의 구조와 기능뿐만 아니라 생물과 환경의 상호 작용에까지 관심을 갖게 되면서 현대 생명 과학은 세포학, 생리학, 미생물학, 유전학, 분자 생물학, 진화학, 생태학 등으로 세분되었다.

1. 생명체의 구조와 기능에 대한 연구

(1) **세포학의 발달**: 1665년 훅이 세포를 최초로 발견하고, 1673년 레이우엔훅이 살아 있는 세포를 최초로 관찰한 이후 생명 과학자들은 현미경으로 다양한 종류의 세포를 관찰하게 되었다.

① **슐라이덴(Schleiden, M., 1804~1881)과 슈반(Schwann, T., 1810~1882)**: 1838년 슐라이덴은 다양한 식물을 관찰하여 '모든 식물은 세포로 이루어져 있다.'는 식물 세포설을 제안하였다. 다음 해인 1839년 슈반은 다양한 동물을 관찰하여 '모든 동물은 세포로 이루어져 있다.'는 동물 세포설을 제안하였다. 그리고 같은 해에 슐라이덴과 슈반은 자신의 연구 결과를 바탕으로 '모든 생물은 하나 이상의 세포로 이루어져 있다. 또, 세포는 모든 생물의 구조적 단위일 뿐만 아니라, 생명 활동이 일어나는 기능적 단위이다.'라는 세포설을 발표하였다.

② **피르호(Virchow, R., 1821~1902)**: 1855년 피르호는 슐라이덴과 슈반의 주장에 '모든 세포는 기존의 세포로부터 만들어진다.'는 내용을 추가로 제안하여 세포설을 확립하였다. 이후 세포의 구조와 기능에 대한 연구가 활발

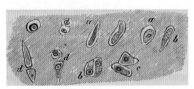

▲ 피르호가 스케치한 세포

히 진행되었으며, 특히 1931년 루스카(Ruska, E., 1906~1988)에 의해 전자 현미경이 발명되고, 세포 배양법, 세포 분획법, 자기 방사법 등 다양한 세포 연구 방법이 개발되면서 여러 세포 소기관의 구조와 기능은 물론 세포 분열 과정까지 밝혀졌다. 이러한 과정을 통해 세포학은 생명 과학의 한 분야로 자리 잡게 되었다.

세포 배양법
생물체에서 세포를 떼어 내어 양분이 포함된 배양액이나 배지에서 무균 상태로 배양하는 방법이다.

세포 분획법
세포를 등장액에 넣어 균질기로 파쇄한 다음, 원심 분리기에 넣고 속도와 시간을 다르게 하여 회전시켜서 세포 소기관을 크기와 밀도에 따라 단계적으로 분리하는 방법이다.

자기 방사법
방사성 동위 원소가 포함된 화합물을 세포에 공급한 후 시간 경과에 따라 방사성 동위 원소에서 방출되는 방사선을 추적하는 방법이다.

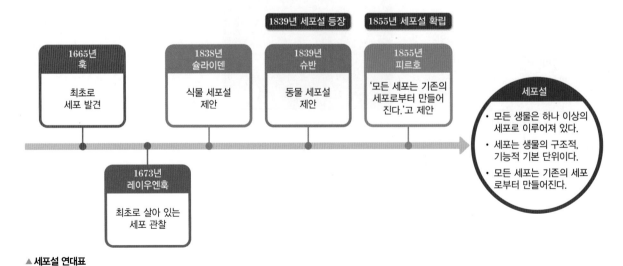

▲ 세포설 연대표

(2) **생리학의 발달:** 세포학의 발달은 생리학과 발생학의 발달을 이끌어 내었다. 세포학은 세포와 세포 사이의 상호 작용 등에 대한 연구에서 큰 성과를 거두면서 세포 생리학이라는 분야가 생길 정도로 생리학의 발달에 큰 영향을 주었다.

① 힐(Hill, R., 1899~1991): 1939년 힐은 식물의 광합성 과정에서 발생하는 산소가 물에서 유래한다는 사실을 밝혀냈다.

② 캘빈(Calvin, M., 1911~1997)과 벤슨(Benson, A. A., 1917~2015): 1948년 캘빈과 벤슨은 이산화 탄소가 광합성의 최종 산물인 포도당으로 합성되는 경로를 밝혀내고, 캘빈 회로라고 이름 붙였다. 이후 광합성과 세포 호흡 과정을 포함하여 세포 내에서 일어나는 각종 물질대사의 경로가 밝혀졌다.

③ 호지킨(Hodgkin, A. L., 1914~1998)과 헉슬리(Huxley, A. F., 1917~2012): 1950년대 호지킨과 헉슬리는 전극의 삽입이 가능한 오징어의 거대 축삭을 이용한 연구를 통해 활동 전위의 발생 및 흥분 전도 기작을 밝혀내어 신경 생리학 발달에 이바지하였다.

(3) **미생물학의 발달:** 미생물학은 1673년 레이우엔훅이 미생물의 존재를 처음으로 밝혀낸 이후부터 발달하기 시작하였다. 바이러스는 생물은 아니지만, 많은 미생물학자가 바이러스를 연구 대상으로 하고 있다.

① 파스퇴르(Pasteur, L., 1822~1895): 1862년 파스퇴르는 공기 중의 미생물 때문에 부패가 발생한다는 것을 실험으로 입증하였다. 이를 통해 그는 당시 대부분의 사람이 믿고 있던 자연 발생설을 부정하고, '생물은 생물로부터 생긴다.'는 생물 속생설을 확립하였다. 그뿐만 아니라 그는 사람이나 동물에서 병을 일으키는 요인이 미생물이라는 것을 확신하고, 탄저병 백신, 광견병 백신 등을 개발하여 의학의 발전에 크게 이바지하였다.

② 코흐(Koch, H. H. R., 1843~1910): 1877년 코흐는 탄저병의 원인이 탄저균임을 알아내고, 이후 결핵균, 콜레라균 등을 발견하여 감염성 질병이 특정 미생물(세균)에 의해 발생한다는 것을 입증하였다. 또, 여러 가지 세균 배양법을 고안하였다. 이러한 공로로 코흐는 파스퇴르와 함께 '세균학의 아버지'로 불린다.

③ 플레밍(Fleming, Sir A., 1881~1955): 1928년 플레밍은 푸른곰팡이로부터 최초의 항생 물질인 페니실린을 발견하였으며, 이는 후대 과학자에 의해 여러 종류의 항생제 개발로 이어졌다.

④ 이바놉스키(Ivanovskii, D. I., 1864~1920)와 스탠리(Stanley, W. M., 1904~1971): 바이러스는 1892년 이바놉스키가 담배 모자이크병에 걸린 식물을 연구하는 과정에서 최초로 발견되었고, 1935년 스탠리가 담배 모자이크 바이러스(TMV)의 결정을 분리해 내는 데 성공함으로써 확인되었다. 이후 바이러스에 대한 연구가 활발하게 진행되었다.

생리학
생물의 기능이 나타나는 과정이나 원인을 과학적으로 분석하고 설명하는 생명 과학의 한 분야이다.

▲ 파스퇴르

플레밍의 페니실린 발견
플레밍은 우연히 푸른곰팡이에 오염된 포도상 구균 배양 접시에서 포도상 구균이 푸른곰팡이 주변에서 전혀 자라지 못한 채 녹고 있는 것을 발견하였다. 이후 푸른곰팡이로부터 항균 작용을 하는 물질을 추출해 페니실린이라고 이름 붙였다.

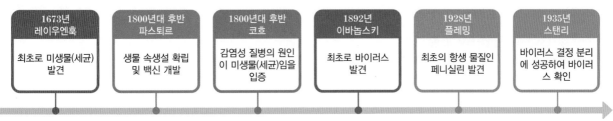

1673년 레이우엔훅	1800년대 후반 파스퇴르	1800년대 후반 코흐	1892년 이바놉스키	1928년 플레밍	1935년 스탠리
최초로 미생물(세균) 발견	생물 속생설 확립 및 백신 개발	감염성 질병의 원인이 미생물(세균)임을 입증	최초로 바이러스 발견	최초의 항생 물질인 페니실린 발견	바이러스 결정 분리에 성공하여 바이러스 확인

▲ **미생물학의 발달 연대표**

생물은 자연으로부터 저절로 생겨난다고 주장하는 학설을 자연 발생설이라 하고, 생물은 이미 존재하는 생물로부터만 생겨난다고 주장하는 학설을 생물 속생설이라고 한다. 생물의 발생에 대한 이 두 학설 간의 논쟁은 1800년대에 파스퇴르에 의해 자연 발생설이 완전히 부정될 때까지 이어졌다.

❶ **고대 그리스 시대의 아리스토텔레스**: 약 2천 년 전 고대 그리스 시대 사람들은 '물질에 생명력 (생기)을 부여하는 보이지 않는 무언가가 있다.'고 생각하였다. 이를 바탕으로 아리스토텔레스는 곤충이나 진드기가 이슬이나 흙탕물·쓰레기·땀에서, 새우나 장어가 흙탕물에서 자연 발생하는 것을 관찰하였다고 밝혔다. 또, 그는 자신의 관찰을 바탕으로 생물은 부모로부터 태어나기도 하지만, 생기에 의해 무생물로부터 우연히 발생하기도 한다는 자연 발생설을 주장하였다. 이 주장은 1600년대까지 별다른 의심 없이 광범위하게 받아들여졌다.

❷ **1642년 헬몬트의 실험**: 헬몬트는 밀 이삭과 땀에 젖은 옷을 항아리 속에 21일 동안 넣어 두었더니 쥐가 생겨났다면서, 땀 속의 생명력(생기)에 의해 쥐가 자연 발생한 것이라고 주장하였다.

❸ **1668년 레디의 실험**: 레디는 2개의 병에 생선 도막을 각각 넣은 후 1개만 병의 입구를 천으로 막아 두었더니 입구를 막지 않은 병에서만 구더기가 생기는 것을 관찰하였다. 이를 통해 레디는 병 속의 생선에 구더기가 생긴 것은 파리가 들어가 알을 낳았기 때문이라고 설명하였고, 자연 발생설에 대해 처음으로 반대 의견을 내며 생물 속생설을 주장하기 시작하였다.

❹ **1745년 니담의 실험**: 현미경의 등장으로 미생물이 발견되면서 눈에 보이는 큰 생물과 달리 미생물은 자연 발생한다는 주장이 다시 제기되었다. 1745년 니담은 끓인 양고기즙을 플라스크에 넣고 입구를 코르크 마개로 막은 뒤 플라스크를 통째로 뜨거운 재 속에 넣고 가열하여 방치한 결과 양고기즙에서 미생물이 번식한 것을 확인하고, 미생물의 자연 발생을 주장하였다.

❺ **1765년 스팔란차니의 실험**: 스팔란차니는 니담의 실험에 문제가 있다고 지적하고, 충분히 끓인 후 유리를 녹여 완전히 밀폐한 플라스크에 든 양고기즙에서는 미생물이 생기지 않는 것을 확인하였다. 이를 바탕으로 스팔란차니는 자연 발생설을 부정하였다. 하지만 니담은 스팔란차니가 양고기즙을 지나치게 가열하여 양고기즙의 생명력(생기)이 파괴되었고, 공기도 변질되어 미생물이 발생할 수 없게 된 것이라고 반박하였다.

❻ **1862년 파스퇴르의 실험**: 파스퇴르는 플라스크에 고기즙을 넣고 목 부분을 가열하여 백조목 모양으로 늘려 구부린 다음, 고기즙을 끓인 후 방치하였다. 며칠이 지나도 고기즙에 미생물이 생기지 않았지만, 구부린 플라스크의 목 부분을 잘랐더니 고기즙에 미생물이 생기는 것을 관찰하였다. 그는 이를 통해 생물은 반드시 기존의 생물로부터 생긴다는 생물 속생설을 확립하였다.

레디의 실험 결과

천

구더기가
생겼다.

구더기가
생기지 않았다.

스팔란차니의 실험 결과

밀폐

미생물이
생겼다.

미생물이
생기지 않았다.

파스퇴르의 실험 결과

미생물이
생기지 않았다.

미생물이
생겼다.

(4) 유전학의 발달: 현대 유전학은 1800년대 멘델의 완두 교배 실험으로부터 시작되었다.

① 멘델(Mendel, G. J., 1822~1884): 1865년 멘델은 완두의 교배 실험을 통해 유전 인자의 개념과 유전 현상에는 일정한 원리가 있다는 유전 법칙을 제시하였다. 당시에는 멘델의 유전 법칙이 인정받지 못했지만, 1900년 더프리스, 코렌스, 체르마크에 의해 이 유전 법칙이 재발견되면서 비로소 유전학이 발전할 수 있었다.

② 서턴(Sutton, W. S., 1876~1916): 멘델이 제안한 유전 인자의 정체에 대한 연구가 진행되면서 1902년 서턴은 멘델이 가정한 유전 인자와 감수 분열 시 관찰되는 염색체의 행동이 유사하다는 사실에 주목하여 '유전 인자는 염색체에 있으며, 이는 염색체를 통해 자손에게 전달된다.'는 염색체설을 주장하였다.

③ 모건(Morgan, T. H., 1866~1945): 1926년 모건은 초파리 돌연변이에 대한 연구를 통해 멘델의 유전 법칙을 검증하고, '유전자는 염색체의 일정한 위치에 있으며, 대립유전자는 상동 염색체의 같은 위치에 있다.'는 유전자설을 주장하였다. 또, 한 염색체에는 여러 유전자가 일정한 순서로 배열되어 있다는 것을 밝혀내고 염색체 지도를 작성하였다.

유전자
멘델이 완두 교배 실험에서 가정한 유전 인자는 1909년 요한센(Johannsen, W. L., 1857~1927)이 처음으로 유전자라고 이름 붙였다.

염색체 지도
염색체에 있는 유전자의 위치를 그림으로 나타낸 것이다.

1865년 멘델	1902년 서턴	1926년 모건
멘델의 유전 법칙 제시	염색체설 주장	유전자설 주장, 염색체 지도 작성

▲ 유전학의 발달 연대표

(5) **분자 생물학의 발달:** 1900년대 중반부터 과학자들은 유전 물질의 물리 · 화학적 정체를 밝혀내려고 노력하였으며, 이러한 노력의 결과 DNA가 유전 물질임이 밝혀지고 그 구조까지 규명되면서 분자 생물학의 시대가 열리게 되었다.

① **비들**(Beadle, G. W., 1903~1989)**과 테이텀**(Tatum, E. L., 1909~1975): 1941년 비들과 테이텀은 붉은빵곰팡이 돌연변이주를 이용한 실험을 통해 유전자가 효소 합성에 관여한다는 것을 밝혀내고, '1개의 유전자가 1개의 효소 합성에 관여한다.'는 1유전자 1효소설을 주장하였다. 이들의 연구로 분자 수준에서 생명 현상을 다루는 분자 생물학의 기틀이 마련되었다.

② **에이버리**(Avery, O. T., 1877~1955): 1944년 에이버리는 폐렴 쌍구균을 이용한 형질 전환 실험을 통해 DNA가 형질 전환을 일으키는 유전 물질임을 밝혀냈다.

③ **왓슨**(Watson, J. D., 1928~)**과 크릭**(Crick, F. H. C., 1916~2004): 1953년 왓슨과 크릭은 DNA의 X선 회절 사진을 바탕으로 DNA가 이중 나선 구조로 되어 있다는 사실을 밝혀냈다. 이는 분자 생물학의 시대를 여는 계기가 되었다. 1956년 크릭은 유전자 발현 과정에서 'DNA에 저장된 유전 정보는 RNA로 전달되고, 이 RNA의 유전 정보가 단백질 합성에 이용된다.'는 유전 정보의 흐름에 대한 중심 원리를 발표하였다.

④ **니런버그**(Nirenberg, M. W., 1927~2010): 1961년 니런버그는 인공적으로 합성한 RNA로부터 어떤 아미노산 서열을 가진 단백질이 합성되는지를 연구하여 유전부호를 최초로 해독하였다. 이후 여러 과학자의 노력으로 64종류의 유전부호가 모두 해독되어 유전자의 형질 발현 원리가 밝혀졌다.

⑤ **코헨**(Cohen, S. N., 1935~)**과 보이어**(Boyer, H., 1936~): 1973년 코헨과 보이어는 제한 효소와 DNA 연결 효소를 이용하여 유전자를 재조합하는 기술을 개발하였다. 유전자 재조합 기술은 인슐린과 같은 의약품의 대량 생산이나 유전자 변형 생물체 등을 만드는 데 이용된다.

⑥ **생어**(Sanger, F., 1918~2013): 1977년 생어는 DNA의 염기 서열을 분석하는 방법을 최초로 고안하였다.

⑦ **멀리스**(Mullis, K. B., 1944~): 1983년 멀리스는 DNA의 특정 부분을 대량으로 증폭하는 기술인 중합 효소 연쇄 반응(PCR)을 개발하였다. 이를 통해 다양한 실험에 사용할 수 있을 정도로 충분한 양의 DNA를 얻게 되어 유전자의 작용에 대한 연구뿐만 아니라 여러 종류의 유전병과 감염성 질병을 진단하는 기술 등이 획기적으로 발달하게 되었다.

⑧ **사람 유전체 사업:** 2003년 사람 유전체 사업이 완료되어 사람 유전자의 DNA상 위치와 염기 서열을 알게 되었다. 즉, 사람 유전체 지도가 완성되었다. 이를 바탕으로 개인의 유전 정보 분석이 가능해졌으며, 개별 유전자의 기능을 연구하는 유전체학이 발달하게 되었다.

분자 생물학과 법의학
분자 생물학은 분자 수준에서 생명 현상을 연구하는 학문이다. 분자 생물학은 범죄 현장에 남겨진 작은 생체 조직을 이용해 범인의 신원을 확인하는 것을 가능하게 해 주므로, 법의학 분야에 활용되고 있다.

1유전자 1효소설 이후
1유전자 1효소설은 이어지는 연구의 결과 1유전자 1단백질설을 거쳐, 1유전자 1폴리펩타이드설로 바뀌었다.

형질 전환
외부에서 들어온 DNA에 의해 한 개체나 세포의 유전 형질이 변하는 현상이다.

제한 효소
DNA의 특정 염기 서열을 인식하여 자르는 효소이다. 제한 효소의 종류에 따라 인식하는 염기 서열이 다르므로, 적절한 제한 효소를 사용하면 원하는 DNA 부위를 선택적으로 자를 수 있다.

중합 효소 연쇄 반응(PCR)
DNA 중합 효소를 이용하여 DNA의 특정 부분을 반복적으로 복제함으로써 적은 양의 DNA를 짧은 시간에 대량으로 증폭하는 기술이다.

⑨ 454 라이프 사이언스: 사람 유전체 사업이 진행되는 동안 DNA 염기 서열 분석 장비가 상용화되었고, 2005년에는 바이오 기업인 454 라이프 사이언스에서 유전체의 염기 서열을 빠르게 분석하는 차세대 염기 서열 분석법을 최초로 개발하였다. 이후 차세대 염기 서열 분석 장비가 대거 등장하여 유전체 분석에 드는 비용이 급격히 낮아짐으로써 여러 생물의 유전체 염기 서열이 속속 밝혀졌고, 각 생물의 유전자 데이터베이스가 완성되는 등 생물 정보학의 기초가 마련되었다.

⑩ 다우드나(Doudna, J. A., 1963~)와 샤르팡티에(Carpentier, E., 1968~): 2012년 다우드나와 샤르팡티에는 DNA에서 원하는 부위만 정확히 자르는 '크리스퍼 유전자 가위 기술(유전자 편집 기술)'을 개발하였다. 크리스퍼 유전자 가위는 초기의 유전자 가위와 달리 간편하고 정확하게 특정 염기 서열을 가진 DNA 부위를 자를 수 있으므로, 사람을 포함한 동식물 유전자의 특정 부위를 교정 · 편집하는 데 활용되고 있다.

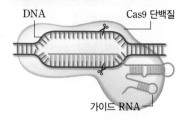

크리스퍼 유전자 가위
목표 염기 서열을 찾아내는 가이드 RNA와 인식한 DNA를 자르는 제한 효소인 Cas9 단백질로 구성된다. 가이드 RNA가 DNA의 목표 염기 서열에 달라붙으면 Cas9 단백질이 DNA를 자른다.

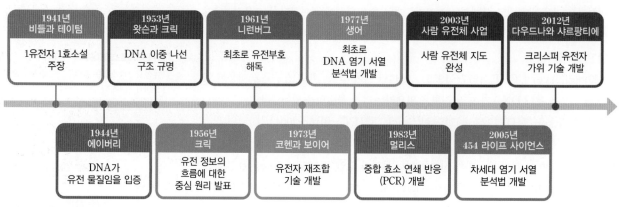

▲ 분자 생물학의 발달 연대표

(6) 생명 공학 기술의 발달: 생명 공학 기술이란 생물의 형질을 결정하는 유전자를 인위적으로 조작하여 생명체를 개조하거나 새로 만드는 기술을 말한다. 이는 유전자 재조합, 세포 융합, 핵치환 등의 기술과 분자 생물학의 성과를 바탕으로 비약적으로 발달하고 있다.

① 밀스테인(Milstein, C., 1927~2002)과 쾰러(Köhler, G. J. F., 1946~1995): 1975년 밀스테인과 쾰러는 B 림프구와 암세포를 융합하여 B 림프구의 항체 생산 능력과 암세포의 반영구적 증식 능력을 모두 갖춘 잡종 세포를 만들어 단일 클론 항체를 생산하는 기술을 개발하였다. 이후 의약품 산업에서 항체 의약품을 생산하는 분야가 빠른 성장세를 보이고 있다.

② 윌멋(Wilmut, I., 1944~) 연구팀: 1996년 윌멋의 연구팀은 성숙한 양의 체세포 핵을 다른 양의 무핵 난자에 이식하여 복제 양 돌리를 탄생시킴으로써 체세포를 이용하여 포유동물을 복제하는 데 최초로 성공하였다. 이는 멸종 위기종을 복제하여 보존하고, 우수한 품종의 가축이나 유전자 변형 동물을 대량 생산하는 등 복제 기술의 상업화 이용 가능성에 대한 기대와 함께 인간 복제 가능성에 대한 우려 등으로 많은 논란을 불러일으켰다. 하지만 이러한 논란에도 불구하고 다양한 포유동물과 형질 전환 동물이 잇따라 복제되고 있으며, 치료용 배아 줄기세포를 얻기 위한 체세포 복제 배아에 대한 연구가 제한적으로 이루어지고 있다.

생물 정보학
대량으로 생산되는 생물학 관련 데이터를 컴퓨터로 분석하여 유용한 정보를 얻어내는 학문이다.

줄기세포
여러 종류의 신체 조직으로 분화할 수 있는 능력을 가진 세포, 즉 미분화 세포를 말한다.

체세포 복제 배아
체세포를 핵치환하여 인공적으로 복제한 배아이다.

2. 생물과 환경의 상호 작용에 대한 연구

(1) **진화학의 발달:** 1800년대 초중반 여러 생명 과학자가 전 세계를 탐험하면서 생물의 다양성과 분포에 대한 정보를 수집하여 진화학이 발달하기 시작하였다.

① **훔볼트**(Humboldt, A. von, 1769~1859): 훔볼트는 남아메리카 탐험의 원조로 불리는데, 1799년~1804년에 걸쳐 중남미 지역 등을 탐험하면서 약 6만 종에 이르는 방대한 표본을 수집하였다. 그는 수집한 자료를 바탕으로 동식물의 분포와 지리적 요인의 관계를 설명하고, 생물과 자연환경의 상호 관계 등을 연구하여 생물 지리학의 기반을 마련하였다. 이후 지리학의 발전과 다양한 화석의 발견은 생명 과학에서 진화라는 개념이 형성될 수 있게 해 주었다.

② **라마르크**(Lamarck, J. B. P. A., 1744~1829): 1809년 라마르크는 자신의 저서인 『동물 철학』에서 '후천적으로 획득한 형질이 유전된다.'는 용불용설을 주장하였다. 이후에 획득 형질은 유전되지 않는다는 것이 밝혀져 용불용설은 잘못된 이론으로 판정되었지만, 생물이 환경의 영향을 받아 변할 수 있다는 진화의 개념을 체계적으로 제시한 최초의 이론이라는 점에서 주목받았다.

③ **월리스**(Wallace, A. R., 1823~1913): 월리스는 다윈과는 독자적으로 생물이 자연 선택에 의해 진화한다고 주장하였다. 1858년 런던의 학회에서 다윈과 월리스의 연구 내용이 동시에 발표되었지만, 월리스는 다윈이 자연 선택설을 광범위하게 발전시켰다고 인정하였다.

④ **다윈**(Darwin, C. R., 1809~1882): 다윈은 1831년부터 5년 동안 비글호를 타고 세계 각지를 탐사하면서 수많은 동식물 표본과 화석을 수집하였고, 갈라파고스 제도의 핀치를 관찰한 결과를 분석하였다. 이를 바탕으로 그는 1859년 자신의 저서인 『종의 기원』에서 '다양한 변이가 있는 집단에서 환경에 가장 잘 적응한 개체가 살아남아 더 많은 자손을 남기는 자연 선택을 통해 생물이 진화한다.'는 자연 선택설을 주장하였다. 자연 선택설은 생명 과학뿐만 아니라 정치, 경제, 사회, 문화, 철학, 종교 등 많은 분야에 영향을 미쳤다. 다윈 이후 유전학과 분자 생물학이 발달하면서 진화를 대립유전자 빈도의 변화와 관련지어 해석하기 시작하였고, 진화의 다양한 요인을 연구하여 오늘날의 종합적인 진화설로 발전하게 되었다.

(2) **생태학의 발달:** 생태학은 1900년대 초반 생물 지리학을 바탕으로 생겨났고, 1900년대 중반부터 생물과 환경에 대한 개념들이 하나로 융합되면서 독립적인 생명 과학 분야로 출현하였다. 이후 진화 개념이 추가되고 환경 문제와도 연계되면서 생태학은 빠르게 발전하고 있다.

① **카울스**(Cowles, H. C., 1869~1939): 카울스는 시간에 따른 식물 군집의 변화에 대한 천이 개념을 제창하여 식물 생태학에 큰 영향을 미쳤다.

② **허친슨**(Hutchinson, G. E., 1828~1913): 현대 생태학의 아버지로 널리 알려져 있는 허친슨은 담수에 대한 생태학적 연구를 통해 호수와 강의 생물 지리학적 구조를 밝혔다.

③ **엘튼**(Elton, C. S., 1900~1991): 엘튼은 동물의 먹이 사슬을 연구하여 생태학의 전문 분야를 확장시켰다.

홈볼트에 대한 다윈의 평가
다윈은 "훔볼트가 없었다면 비글호를 타지 않았을 것이고, 『종의 기원』을 쓸 수도 없었을 것이다.", "전에는 훔볼트를 존경했지만, 이제는 그를 숭배한다."라고 평가하였다.

생물 지리학
지구의 생물 분포와 그와 관련된 것을 연구하는 자연 과학 분야이다.

▲ 다윈

생태학
생물의 생활 상태, 생물과 환경의 관계 등을 연구하는 학문이다.

천이
오랜 세월 동안 군집의 종 구성과 특성이 서서히 변해 가는 현상이다.

① 고대 그리스 로마 시대
~1700년대

시대	과학자	업적
고대 그리스 로마 시대	아리스토텔레스	자연 발생설을 주장하였고, 동물학의 기반을 확립하였다.
	(❶)	동물을 해부한 지식을 바탕으로 해부학의 기반을 확립하였다.
1500년대	베살리우스	인체를 직접 해부한 결과를 바탕으로 갈레노스의 의학이 무조건 옳다는 고정 관념을 깨뜨리고, 해부학을 순수한 경험 과학으로 정착시켰다.
1600년대~ 1700년대	하비	혈액 순환의 원리를 밝혀냈다.
	훅	현미경을 이용해 (❷)를 최초로 발견하였다.
	레이우엔훅	살아 있는 세포를 최초로 관찰하였고, 미생물을 최초로 발견하였다.
	린네	생물의 분류 체계 방법을 제안하였고, 학명을 표기하는 (❸)을 제창하였다.

② 1800년대~현대

1. 생명체의 구조와 기능에 대한 연구

세포학의 발달	슐라이덴은 모든 식물이, 슈반은 모든 동물이 세포로 이루어져 있다고 제안하면서 (❹) 등장 → 피르호가 모든 세포는 기존의 세포로부터 만들어진다는 제안을 더해 (❹) 확립
생리학의 발달	힐	광합성 과정에서 발생하는 산소가 물에서 유래한다는 사실을 밝혀냈다.
	캘빈, 벤슨	광합성 과정에서 이산화 탄소가 포도당으로 합성되는 경로를 밝혀냈다.
미생물학의 발달	파스퇴르	생물 속생설을 확립하였고, 백신을 개발하였다.
	코흐	감염성 질병이 특정 미생물(세균)에 의해 발생한다는 것을 입증하였다.
	(❺)	푸른곰팡이로부터 최초의 항생 물질인 페니실린을 발견하였다.
유전학의 발달	멘델	유전 인자의 개념과 멘델의 유전 법칙을 제시하였다.
	서턴	유전 인자가 염색체에 있다는 염색체설을 주장하였다.
	모건	유전자설을 주장하였고, 염색체 지도를 작성하였다.
분자 생물학의 발달	에이버리	폐렴 쌍구균의 형질 전환 실험을 통해 DNA가 유전 물질임을 밝혀냈다.
	왓슨, 크릭	DNA가 이중 나선 구조로 되어 있다는 사실을 밝혀냈다.
	니런버그	(❻)를 최초로 해독하였다.
	생어	DNA 염기 서열 분석 방법을 고안하였다.
	멀리스	(❼)를 증폭하는 기술인 중합 효소 연쇄 반응(PCR)을 개발하였다.
	사람 유전체 사업	사람의 유전체 지도가 완성되었다.
	다우드나, 샤르팡티에	원하는 DNA만 정확히 자르는 크리스퍼 유전자 가위 기술을 개발하였다.
생명 공학 기술의 발달	밀스테인, 쾰러	B 림프구와 암세포를 융합하여 (❽)를 생산하는 기술을 개발하였다.
	윌멋 연구팀	복제 양 돌리를 만들어 최초로 체세포를 이용하여 포유동물을 복제하였다.

2. 생물과 환경의 상호 작용에 대한 연구

진화학의 발달	라마르크	(❾)을 통해 진화의 개념을 최초로 체계적으로 제시하였다.
	다윈	자연 선택에 의해 진화가 일어난다는 (❿)을 주장하였다.

01 다음은 고대 그리스 로마 시대의 생명 과학 발달과 관련된 업적을 설명한 것이다. 각각 어느 과학자의 업적인지 쓰시오.

(1) 540여 종의 동물을 분류하고 50여 종의 동물을 해부하여 동물학의 기반을 확립하였으며, 자연 발생설을 주장하였다.

(2) 다양한 동물을 해부한 지식을 바탕으로 인체 해부학에 대한 논문을 작성하여 해부학의 기반을 확립하였고, 고대 서양 의학을 집대성하였다.

(3) 종교에서 의학을 분리하여 의사라는 직업을 만들었고, 진단과 치료에서 객관적인 임상 관찰을 중시하였다.

02 중세에서 근대 생명 과학의 발달에 이바지한 과학자의 업적으로 옳은 것만을 〈보기〉에서 있는 대로 고르시오.

보기

ㄱ. 훅은 현미경을 최초로 발명하였고, 세포를 최초로 발견하였다.
ㄴ. 베살리우스는 인체를 직접 해부한 결과를 바탕으로 쓴 『인체의 구조』라는 저서를 통해 갈레노스의 의학이 무조건 옳다는 고정 관념을 깨뜨렸다.
ㄷ. 린네는 동식물을 체계적으로 분류하는 분류 체계 방법을 제안하였고, 이명법을 제창하여 현대 생물 분류학의 기초를 다졌다.

03 생명 과학은 크게 생명체의 구조와 기능을 연구하는 분야와 생물과 환경의 상호 작용을 연구하는 분야로 나눌 수 있다. 생명 과학의 분야 중 생명체의 구조와 기능을 연구하는 분야를 〈보기〉에서 있는 대로 고르시오.

보기

ㄱ. 세포학　　ㄴ. 생리학　　ㄷ. 진화학
ㄹ. 생태학　　ㅁ. 분자 생물학

04 다음은 미생물학의 발달에 대한 설명이다. 빈칸에 알맞은 말을 쓰시오.

(1) 파스퇴르는 공기 중의 미생물 때문에 부패가 발생한다는 것을 실험으로 입증하였다. 이를 통해 그는 당시 대부분의 사람이 믿고 있던 자연 발생설을 부정하고, (　　　)을 확립하였다.

(2) 플레밍은 푸른곰팡이로부터 최초의 항생 물질인 (　　　)을 발견하였다.

(3) 1800년대 후반 이바놉스키가 담배 모자이크병을 연구하는 과정에서 (　　　)를 최초로 발견하였다.

05 서턴이 주장한 염색체설과 관련된 설명으로 옳은 것만을 〈보기〉에서 있는 대로 고르시오.

보기

ㄱ. 유전 인자가 염색체를 통해 자손에게 전달된다고 주장한 이론이다.
ㄴ. 대립유전자가 상동 염색체의 같은 위치에 있다고 주장한 이론이다.
ㄷ. 멘델이 가정한 유전 인자와 체세포 분열 시 관찰되는 염색체의 행동이 유사하다는 사실에 주목하여 나온 이론이다.

06 다음은 유전학과 분자 생물학의 발달에 대한 설명이다.

(1) 왓슨과 크릭이 DNA의 X선 회절 사진을 바탕으로 밝혀낸 DNA의 구조를 쓰시오.

(2) 멀리스는 DNA의 특정 부분을 대량으로 증폭하는 기술을 개발하였다. 이 기술은 무엇인지 쓰시오.

(3) 다우드나와 샤르팡티에가 개발하였으며, 특정 염기 서열을 가진 DNA 부위를 정확하게 자를 수 있어 동식물 유전자의 특정 부위를 교정하거나 편집하는 데 활용되는 기술은 무엇인지 쓰시오.

01 ❯ 세포학의 발달

세포설에 대한 설명으로 옳은 것만을 〈보기〉에서 있는 대로 고른 것은?

┌─ 보기 ───
ㄱ. 광학 현미경에 이은 전자 현미경의 발명이 세포설의 탄생에 큰 역할을 하였다.
ㄴ. 세포설에는 '모든 생물은 하나 이상의 세포로 이루어져 있다.'는 내용이 들어 있다.
ㄷ. 세포설의 등장 및 확립에 직접 관여한 과학자에는 파스퇴르, 코흐, 피르호 등이 있다.
ㄹ. 세포설이 처음 등장한 후 '모든 세포는 기존의 세포로부터 만들어진다.'는 제안이 추가되면서 세포설이 확립되었다.
──

① ㄱ, ㄴ   ② ㄱ, ㄷ   ③ ㄴ, ㄹ   ④ ㄱ, ㄷ, ㄹ   ⑤ ㄴ, ㄷ, ㄹ

• 전자 현미경은 1931년 루스카가 발명하였다.

02 ❯ 미생물학의 발달

다음은 생명 과학의 한 분야인 미생물학의 발달에 이바지한 여러 과학자의 주요 업적이다.

┌───
(가) 레이우엔훅은 자신이 만든 현미경으로 원생동물, 세균 등 주요 미생물을 최초로 발견하였다.
(나) 파스퇴르는 공기 중에 미생물이 존재한다는 사실을 밝혀내어 생물 속생설을 확립하였다. 그뿐만 아니라 그는 사람이나 동물에서 병을 일으키는 요인이 미생물이라는 것을 확신하였다.
(다) 바이러스는 이바놉스키가 담배 모자이크병을 연구하는 과정에서 최초로 발견되었고, 스탠리가 담배 모자이크 바이러스(TMV)의 결정을 얻으면서 확인되었다.
──

이에 대한 설명으로 옳은 것만을 〈보기〉에서 있는 대로 고른 것은?

┌─ 보기 ───
ㄱ. (가)에서 레이우엔훅이 사용한 현미경은 전자 현미경이다.
ㄴ. (나)의 생물 속생설은 '생물은 무생물로부터 스스로 발생한다.'는 학설이다.
ㄷ. (가)에서 레이우엔훅이 세균을 최초로 발견한 시기는 (다)에서 바이러스를 최초로 발견한 시기보다 앞선다.
──

① ㄱ   ② ㄴ   ③ ㄷ   ④ ㄱ, ㄴ   ⑤ ㄴ, ㄷ

• 바이러스가 최초로 발견된 시기는 1800년대 후반이다.

03 ＞분자 생물학의 발달

그림은 분자 생물학에서의 주요 성과를 시대 순으로 나타낸 것이다. (가)~(다)는 각각 차세대 염기 서열 분석법 개발, 크리스퍼 유전자 가위 기술 개발, 사람 유전체 사업 중 하나이다.

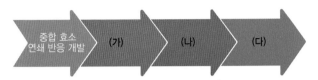

중합 효소 연쇄 반응 개발 〉 (가) 〉 (나) 〉 (다)

이에 대한 설명으로 옳은 것만을 〈보기〉에서 있는 대로 고른 것은?

> 보기
>
> ㄱ. (가)를 바탕으로 개인의 유전 정보 분석이 가능해졌으며, 개별 유전자의 기능을 연구하는 유전체학이 발달하게 되었다.
>
> ㄴ. (나)를 바탕으로 이전보다 훨씬 저렴한 비용으로 동식물 유전자의 특정 부위를 교정하거나 편집하는 것이 가능해졌다.
>
> ㄷ. (다)를 바탕으로 다양한 실험에 사용할 수 있을 정도로 충분한 양의 DNA를 얻게 되어 여러 종류의 유전병과 감염성 질병을 진단하는 기술 등이 획기적으로 발달하게 되었다.

① ㄱ   ② ㄷ   ③ ㄱ, ㄴ   ④ ㄴ, ㄷ   ⑤ ㄱ, ㄴ, ㄷ

• 차세대 염기 서열 분석법은 유전체의 염기 서열을 빠르게 분석하는 기술이고, 크리스퍼 유전자 가위 기술은 특정 염기 서열을 가진 DNA 부위를 자르는 기술이다. 사람 유전체 사업을 통해 사람 유전체 지도가 완성되었다.

04 ＞유전학과 분자 생물학의 발달

다음은 유전학과 분자 생물학의 발달에 이바지한 과학자들의 업적을 순서 없이 나열한 것이다.

> (가) 모건 – 유전자설 발표
>
> (나) 크릭 – 중심 원리 발표
>
> (다) 니런버그 – 유전부호 해독
>
> (라) 에이버리 – DNA가 유전 물질임을 밝힘
>
> (마) 왓슨과 크릭 – DNA 이중 나선 구조 규명
>
> (바) 생어 – DNA 염기 서열 분석 방법 개발

이에 대한 설명으로 옳은 것만을 〈보기〉에서 있는 대로 고른 것은?

> 보기
>
> ㄱ. (가)와 (라)는 초파리를 이용한 연구로 이루어졌다.
>
> ㄴ. (가)의 유전자설은 유전자와 염색체의 관계에 대한 이론이고, (나)의 중심 원리는 유전 정보의 흐름에 대한 이론이다.
>
> ㄷ. 분자 생물학의 시대를 연 것으로 평가되는 (마)보다 시기적으로 늦게 이루어진 업적은 (나), (다), (바)이다.

① ㄱ   ② ㄴ   ③ ㄷ   ④ ㄱ, ㄷ   ⑤ ㄴ, ㄷ

• DNA의 구조가 밝혀지면서 분자 생물학의 시대가 열렸고, 분자 생물학의 발달이 이어졌다.

02 생명 과학의 연구 방법

학습 Point

갈레노스와 베살리우스: 해부 > 하비: 혈액 순환의 원 > 란트슈타이너: ABO > 현미경의 발달: 세포의 구
학의 발달   리 밝힘   식 혈액형 발견   조 밝힘

파스퇴르: 생물 속생설 확립, > 코흐: 병원균의 순수 > 에이버리: DNA가 > 다윈: 자연 선택설 주장
탄저병 백신 효능 입증   분리 배양법 개발   유전 물질임을 밝힘

 1 **생명체의 구조와 기능에 대한 주요 발견에 이용된 연구 방법**

단순히 감각 기관을 이용하여 관찰하는 것만으로는 얻을 수 있는 정보에 한계가 있다. 따라서 생명 과학자들은 새로운 실험 방법을 개발하여 연구하였고, 다양한 기구를 발명하였으며, 때에 따라서는 다른 과학 분야에서 쓰이는 기구를 이용하기도 하였다.

1. 갈레노스와 베살리우스, 해부로 고대~중세 생명 과학의 발달을 이끌다

해부는 고대 그리스 로마 시대부터 중세 시대까지 생명 과학의 발달에 가장 중요한 역할을 한 연구 방법이었다. 고대 그리스 로마 시대의 갈레노스는 동물을 해부하여 얻은 지식을 바탕으로 인체의 구조를 유추하여 여러 장기의 기능을 밝혀냈고 근육과 뼈, 뇌 신경을 구분하였다. 또, 심장을 해부하여 심장 판막을 묘사하였고, 동맥과 정맥의 차이점도 관찰하였다. 이후 중세 시대의 베살리우스는 인체를 직접 해부한 결과를 바탕으로 인체 구조의 특징을 설명하였고, 갈레노스 이론의 문제점을 제기하였다.

시야 확장 + **베살리우스가 제기한 갈레노스 이론의 문제점**

베살리우스는 고대 그리스 로마 시대부터 1500년대까지 서양 의학을 실질적으로 지배해 온 갈레노스 이론의 문제점을 제기하고 오류를 수정하여 서양 의학계에 혁명을 가져온 인물이다.

① **갈레노스의 이론**: 고대 그리스 로마 시대의 갈레노스는 온몸에 퍼져 있는 동맥, 정맥, 신경계가 각기 다른 세 종류의 영기를 운반한다고 주장하였다. 갈레노스에 따르면, 섭취한 영양분은 장에서 간으로 보내져 자연 영기와 섞여 혈액으로 바뀌며, 이 혈액의 일부는 정맥을 통해 온몸으로 전달되어 쓰이고 나머지는 정맥을 통해 우심실로 간다. 우심실에서 혈액의 일부는 우심실과 좌심실 사이의 격막에 있는 구멍을 통해 좌심실로 이동한 후, 공기의 통로인 폐정맥을 통해 폐에서 유입된 공기와 만나 더 높은 단계인 생명 영기로 변한다. 생명 영기는 동맥을 통해 온몸으로 전달되어 쓰이고, 일부는 뇌로 들어가 가장 높은 단계인 동물 영기와 융합된 후 신경을 통해 신체의 각 근육과 감각 기관으로 전해져 쓰인다. 또, 갈레노스는 심장이 팽창할 때 밖에서 혈액을 끌어들여 혈액이 심장으로 들어온다고도 설명하였다.

② **베살리우스의 주장**: 1500년대에 이르러 베살리우스는 인체를 직접 해부한 결과를 바탕으로 갈레노스 이론의 많은 부분이 인체가 아닌 다른 동물의 것이라는 점을 지적하고, 다음과 같은 문제점을 제기하였다.

첫째, 우심실과 좌심실 사이의 격막에는 구멍이 존재하지 않는다. 따라서 우심실의 혈액이 좌심실로 바로 이동하지 못한다.

둘째, 폐에서 심장으로 오는 폐정맥에도 혈액이 들어 있다. 이는 폐정맥에는 폐에서 유입된 공기만 들어 있다는 갈레노스의 이론과 맞지 않는다.

갈레노스의 동물 해부

갈레노스가 살던 시대에는 법으로 인체 해부를 엄격하게 금지하고 있었으므로, 갈레노스는 인체가 아니라 원숭이, 돼지 등 다른 동물을 해부할 수밖에 없었다. 그는 동물의 몸이 사람의 몸과 겉모습은 다르지만 내부 구조는 비슷할 것이라고 확신하였고, 특히 사람과 가장 비슷하게 생긴 원숭이가 사람을 대신할 수 있는 가장 좋은 실험 대상이라고 생각하였다.

갈레노스의 혈관계 모형

갈레노스의 혈관계 모형에서는 동맥과 정맥의 두 끝이 열려 있다.

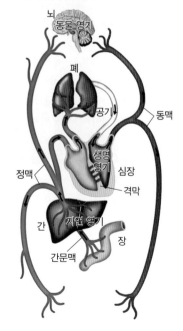

2. 하비, 정량적 계산과 실험으로 혈액 순환의 원리를 밝히다

혈액이 순환한다는 사실은 갈레노스와 베살리우스 모두 밝혀내지 못했다. 이를 밝혀낸 것은 하비였다. 1628년 하비는 하루 동안 심장에서 방출되는 혈액의 양을 정량적으로 계산하고 직접 실험한 결과를 바탕으로 '혈액은 심장 박동으로 온몸을 순환한다.'는 혈액 순환의 원리를 발표하였다.

시야 확장 ➕ 하비가 혈액 순환의 원리를 밝힌 연구 방법

❶ **심장에서 방출되는 혈액의 양 계산**: 하비는 맥박이 한 번 뛸 때마다 심장에서 방출되는 혈액의 양을 4.7 mL 정도로 작게 잡았다. 그리고 맥박이 뛰는 횟수도 30분에 1000회 정도로 작게 잡았다. 이렇게 작게 잡았음에도 심장에서 방출되는 혈액의 양은 30분 동안 약 4.7 L, 하루에 225 L가 넘는다는 계산 결과가 나왔다. 하비는 이처럼 많은 양의 혈액이 매일 음식물로부터 간에서 새로 생성된다는 사실을 도저히 받아들일 수 없었고, 심장에서 나간 혈액은 소모되는 것이 아니라 재사용되어야 한다고 생각하였다.

❷ **하비의 실험**: 하비는 혈액이 흐르는 방향이 있고 간보다 심장이 중요하다고 보았으며, 심장에서 혈액을 온몸으로 보내고 심장으로 다시 온몸의 혈액이 모일 것이라고 생각하였다. 그는 이 가설을 검증하기 위해 다음과 같은 실험을 하였다. 끈으로 팔을 세게 묶어 동맥과 정맥의 혈액 흐름을 모두 차단하면 끈 윗부분의 동맥은 혈액으로 가득 차 부풀어 오르며, 팔은 점점 차가워지고 창백해졌다. 그 후 끈을 조금 느슨하게 풀어 정맥의 혈액 흐름만 차단하면 팔이 금방 따뜻해지는 것이 느껴졌고, 끈 아랫부분의 정맥이 부풀어 올랐다. 끈을 마저 풀어 주자 부풀어 올랐던 정맥은 이내 가라앉았다. 이 실험을 통해 하비는 혈액이 동맥을 통해 심장에서 몸의 말단부로 흘러갔다가 정맥을 통해 심장으로 돌아온다는 사실을 알아낼 수 있었다.

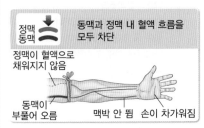

정맥 / 동맥 — 동맥과 정맥 내 혈액 흐름을 모두 차단

정맥이 혈액으로 채워지지 않음 / 동맥이 부풀어 오름 / 맥박 안 뜀 / 손이 차가워짐

▲ 끈을 세게 묶었을 때

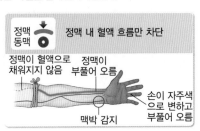

정맥 / 동맥 — 정맥 내 혈액 흐름만 차단

정맥이 혈액으로 채워지지 않음 / 정맥이 부풀어 오름 / 손이 자주색으로 변하고 부풀어 오름 / 맥박 감지

▲ 끈을 조금 느슨하게 묶었을 때

3. 란트슈타이너, 혈액 응집 반응으로 ABO식 혈액형을 발견하다

ABO식 혈액형을 발견하기 전에는 수술이 잘되어도 수혈 부작용으로 수혈을 받은 환자가 죽는 경우가 많았다. 하지만 그 까닭을 알 수 없어 한동안 수혈이 금지되기도 하였다. 수혈 시 종종 나타나는 혈액 응집 반응이 무엇 때문인지를 알아낸 생명 과학자는 란트슈타이너(Landsteiner, K., 1868~1943)이다. 그는 사람의 혈액 응집 반응을 연구하여 ABO식 혈액형을 발견하였다. 즉, 란트슈타이너는 동물의 혈액을 사람에게 수혈했을 때 동물의 적혈구가 엉겼다는 과거 연구에 주목하였고, 사람의 적혈구도 다른 사람의 혈청에 응집된다는 사실을 발견하였다. 이후 그는 여러 차례의 혈액 응집 반응 실험을 한 후 그 결과들을 수학적으로 분석하여 1901년 A형, B형, C형(O형)의 세 가지 혈액형을 제안하였다. 이듬해인 1902년 AB형이 추가로 발견되었고, C형이 O형으로 바뀌면서 ABO식 혈액형이 확립되었다. ABO식 혈액형의 발견으로 ABO식 혈액형 불일치에 따른 수혈 부작용을 예방할 수 있어 수많은 사람의 생명을 구할 수 있게 되었다.

하비의 혈관계 모형

하비의 혈관계 모형에서는 갈레노스의 혈관계 모형과 달리 동맥과 정맥이 각 장기 및 말단에서 모세 혈관으로 연결되어 있고, 정맥에는 동맥과 달리 심장으로 들어오는 혈액이 흐른다.

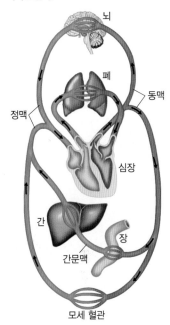

뇌 / 폐 / 동맥 / 정맥 / 심장 / 간 / 장 / 간문맥 / 모세 혈관

수혈 부작용

수혈에 의해 일어나는 각종 부적합한 증상을 말하며, 적혈구가 파괴되는 용혈성 수혈 부작용과 적혈구가 파괴되지 않는 비용혈성 수혈 부작용 등이 있다. 용혈성 수혈 부작용이 가장 심각한 부작용이며, 이는 환자의 혈액과 수혈된 혈액의 ABO식 또는 Rh식 혈액형이 일치하지 않는 경우 항원 항체 반응이 일어나 적혈구가 파괴되기 때문에 발생한다.

4. 현미경으로 세포의 구조를 밝히다

세포를 발견하고 세포의 구조와 기능을 밝히는 데 가장 크게 이바지한 기구는 현미경이다. 지금의 현미경처럼 2개의 렌즈를 이용하여 물체를 확대하는 현미경을 처음 만든 사람은 얀선 부자이다. 1590년 얀선 부자가 만든 최초의 현미경은 망원경에 가까운 모양으로 가시광선을 이용한 광학 현미경이었고, 그 배율도 3배~10배에 불과하였다.

이후 광학 이론과 유리 세공 기술의 발전으로 더 정밀한 광학 현미경을 개발할 수 있게 되었고, 위상차 현미경, 형광 현미경 등 다른 종류의 광학 현미경도 만들어졌다. 그러나 광학 현미경의 배율에는 한계가 있었으므로, 이를 극복하기 위해 1931년 루스카가 투과 전자 현미경(TEM)을 발명하였고, 이후 1937년 아드네(Ardenne, M., 1907~1997)가 주사 전자 현미경(SEM)을 발명하였다. 그 결과 광학 현미경으로 관찰할 수 없었던 세포의 미세 단면 구조와 세포 소기관의 입체 구조, 바이러스까지 관찰할 수 있게 되었다.

5. 파스퇴르, 백조목 플라스크 실험으로 생물 속생설을 확립하다

1862년 파스퇴르는 플라스크에 고기즙을 넣고 플라스크의 목 부분을 가열하여 백조목 모양(S자형)으로 늘려 구부린 다음, 고기즙을 끓여서 식힌 후 오랫동안 방치해도 고기즙에 미생물이 생기지 않음을 관찰하였다. 이는 공기는 플라스크 안으로 들어갈 수 있지만, 미생물은 백조목 부분의 물방울에 갇혀 플라스크 안으로 들어갈 수 없었기 때문이다. 이 실험을 통해 파스퇴르는 자연 발생설에 종지부를 찍고 생물 속생설을 확립할 수 있었다.

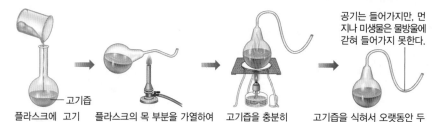

공기는 들어가지만, 먼지나 미생물은 물방울에 갇혀 들어가지 못한다.

고기즙			
플라스크에 고기즙을 넣는다.	플라스크의 목 부분을 가열하여 백조목 모양으로 구부린다.	고기즙을 충분히 끓인다.	고기즙을 식혀서 오랫동안 두어도 미생물이 생기지 않는다.

▲ 파스퇴르의 백조목 플라스크 실험

6. 파스퇴르, 대조 실험으로 탄저병 백신의 효능을 입증하다

파스퇴르는 탄저균의 독성을 약화하여 탄저병 백신을 만들고, 이 백신의 효능을 입증하기 위해 대조 실험을 하였다. 그는 건강한 양 50마리를 두 집단으로 나눈 다음, 한 집단에만 탄저병 백신을 주사하고, 2주 후 두 집단의 양 모두에게 탄저균을 주사하였다. 그 결과 탄저병 백신을 주사한 양은 모두 살았고, 백신을 주사하지 않은 양은 대부분 탄저병에 걸려 죽었다. 파스퇴르는 이를 통해 탄저병 백신의 효능을 입증하였고, 이렇게 개발한 백신으로 양이 탄저병에 걸려 죽는 것을 예방할 수 있게 되었다. 그뿐만 아니라 백신을 이용한 전염병 예방법을 일반화하여 인류의 수명 연장에 크게 이바지하였다.

▲ 파스퇴르의 탄저병 백신 효능 입증 실험

얀선 부자의 현미경
얀선 부자가 만든 현미경은 3개의 관과 2개의 렌즈를 이용하여 망원경의 형태로 만든 것이었다. 접었을 때에는 3배 정도, 최대로 펴면 10배 정도까지 물체를 확대하여 볼 수 있었다.

위상차 현미경
물질에 대한 빛의 굴절률 차이가 명암으로 나타나므로, 염색하지 않고도 무색투명한 미생물의 구조를 관찰할 수 있다.

형광 현미경
자연적으로 형광을 띠거나 형광 물질로 표지한 세포에서 발산되는 형광으로 세포의 구조를 관찰할 수 있다.

백조목 플라스크
백조목 부분을 부러뜨리거나 플라스크를 기울여 목 부분의 물방울이 플라스크 안으로 들어가게 하면 고기즙에 미생물이 생기는 것을 관찰할 수 있다.

대조 실험
연역적 탐구 방법에서 실험군과 대조군을 두어 실험하는 것으로, 대조 실험을 하면 실험 결과의 타당성을 높일 수 있다.
· 실험군: 가설을 검증하기 위해 실험 조건을 변화시킨 집단
· 대조군: 실험군과 비교하기 위해 실험 조건을 변화시키지 않은 집단

7. 코흐, 고체 배지로 병원균을 순수하게 분리 배양하는 방법을 개발하다

코흐는 세균을 연구하는 과정에서 오늘날에도 사용되고 있는 많은 기본적인 실험 기법을 개발하였다. 고체 배지에서의 순수 분리 배양법도 그중 하나이다.

질병에 걸린 동물에서 얻은 대부분의 시료에는 여러 종류의 세균이 있기 때문에 어떤 세균이 질병을 일으키는지 알 수 없다. 따라서 세균을 종류별로 분리하는 방법이 필요하다. 가장 흔하게 쓰는 분리 방법은 액체 배지에 시료를 희석하여 세균을 분리하는 것이다. 그러나 이 방법을 사용하면 가장 많이 존재하는 세균이 분리되지만 이것이 질병을 일으키는 세균이 아닐 수도 있고, 액체 배지는 다른 세균에 의해 쉽게 오염된다는 문제점이 있다. 그래서 코흐는 세균 배양에는 액체 배지보다 고체 배지가 적합하다 생각하고, 처음에는 감자 조각을 고체 배지로 사용하다가 나중에는 젤라틴을 굳힌 고체 배지를 사용하기 시작하였다. 그러다가 젤라틴이 사람에게 질병을 일으키는 병원균의 생장에 이상적 온도인 37 ℃에서 녹아 병원균 배양에 적절하지 않다는 점을 깨닫고, 페트리 접시에 한천을 넣어 굳힌 고체 배지, 즉 한천 배지를 사용하기 시작하였다. 한천 배지는 투명하므로 세균이 눈에 잘 띄도록 염색하는 방법도 개발하였다. 이렇게 하여 그는 여러 가지 세균이 혼합된 시료로부터 한 가지 병원균만을 순수하게 분리 배양하는 방법을 정립해 낼 수 있었다.

8. 에이버리, 폐렴 쌍구균의 형질 전환 실험으로 DNA가 유전 물질임을 밝히다

1928년 그리피스(Griffith, F., 1879~1941)는 두 종류의 폐렴 쌍구균 중 열처리하여 죽은 S형 균(병원성 균)을 살아 있는 R형 균(비병원성 균)과 섞어 생쥐에 주입하면, R형 균의 일부가 S형 균으로 형질 전환된다는 사실을 발견하였다. 이후 1944년 에이버리는 열처리하여 죽은 S형 균의 추출물을 성분별로 분리하여 실험한 결과 DNA만이 살아 있는 R형 균을 S형 균으로 형질 전환시킨다는 사실을 발견하였다. 이 결과를 바탕으로 에이버리는 형질 전환을 일으키는 유전 물질이 DNA라고 발표하였다.

2 생물과 환경의 상호 작용에 대한 주요 발견에 이용된 연구 방법

진화학이나 생태학이 발달하는 데에도 다양한 연구 방법이 이용되었다.

다윈, 갈라파고스 제도의 핀치를 관찰하여 자연 선택설을 주장하다

다윈은 1831년부터 5년 동안 비글호를 타고 세계 각지를 탐사하면서 다양한 동식물의 표본과 화석을 관찰하고 수집하였다. 특히 갈라파고스 제도를 탐사하는 동안 이 제도의 여러 섬에 서식하는 작은 새들을 비롯한 여러 고유종을 표본으로 채집하였는데, 귀국 후 다윈은 조류학자를 통해 갈라파고스 제도에서 채집한 작은 새들이 모두 핀치라는 사실을 알게 되었다. 그는 같은 핀치임에도 부리의 모양과 크기가 제각각 다른 까닭을 궁금해하다가 핀치가 서식하는 섬에 따라 주로 먹는 먹이의 종류가 달라서 핀치의 부리 모양과 크기가 다르다는 사실을 깨달았다. 여기에서 영감을 얻은 다윈은 '다양한 변이가 있는 집단에서 개체들은 생존 경쟁을 하고, 그 결과 환경에 적응하기 유리한 변이를 가진 개체가 살아남아 더 많은 자손을 남기며, 이러한 과정이 오랜 시간 누적되어 생물의 진화가 일어난다.'는 자연 선택설을 주장하였다.

그 외의 연구 방법

• 유전자 연구에 이용된 인공 돌연변이: 1926년 모건은 초파리 돌연변이에 대한 연구를 통해 '유전자는 염색체의 일정한 위치에 있으며, 대립유전자는 상동 염색체의 같은 위치에 있다.'는 유전자설을 주장하였다. 이후 1927년 멀러(Muller, H. J., 1890~1967)는 초파리에 X선을 쬐면 인위적으로 돌연변이를 유도할 수 있다는 사실을 발견하였다. 또, 1941년 비들과 테이텀은 붉은빵곰팡이 돌연변이주를 이용한 실험을 통해 '1개의 유전자가 1개의 효소 합성에 관여한다.'는 1유전자 1효소설을 주장하였다.

• DNA 이중 나선 구조의 발견: 왓슨과 크릭은 DNA가 4종류의 염기와 당-인산 골격을 가진 폴리뉴클레오타이드로 이루어져 있다는 지식과, 빙빙 돌아가는 규칙적인 패턴을 보이는 DNA의 X선 회절 사진 등을 종합하여 DNA가 이중 나선 구조로 되어 있다고 제안하였다.

갈라파고스 제도 핀치의 먹이 종류와 부리 모양

02 생명 과학의 연구 방법

1 생명체의 구조와 기능에 대한 주요 발견에 이용된 연구 방법

1. 해부학의 발달
- 갈레노스: 동물을 해부하여 얻은 지식을 바탕으로 인체의 구조를 유추하여 여러 장기의 기능을 밝혔다.
- 베살리우스: 인체를 직접 (❶   )한 결과를 바탕으로 갈레노스 이론의 문제점을 제기하였다.

2. 혈액 순환의 원리 밝힘 하비는 하루 동안 심장에서 방출되는 혈액의 양을 정량적으로 계산하고 직접 실험한 결과를 바탕으로 혈액 순환의 원리를 밝혔다.

3. ABO식 혈액형의 발견 란트슈타이너는 혈액의 (❷   )가 다른 사람의 혈청에 응집된다는 사실을 발견하고, 사람의 혈액 응집 반응을 연구하여 ABO식 혈액형을 발견하였다.

4. 현미경의 발달 얀선 부자는 2개의 렌즈를 이용하여 물체를 확대하는 현미경을 처음 만들었으며, 이들이 만든 현미경은 가시광선을 이용한 (❸   ) 현미경이었다. 이후 투과 전자 현미경과 주사 전자 현미경이 발명되면서 세포의 미세 단면 구조와 세포 소기관의 입체 구조 등을 관찰할 수 있게 되었다.

5. 생물 속생설의 확립 파스퇴르는 가열·멸균한 고기즙이 든 백조목 플라스크를 방치해도 고기즙에 미생물이 증식하지 않는 것을 발견하였다. 이를 통해 파스퇴르는 (❹   )에 종지부를 찍고 생물 속생설을 확립할 수 있었다.

6. 탄저병 백신의 효능 입증 파스퇴르는 건강한 양을 두 집단으로 나눈 다음, 한 집단에만 탄저병 백신을 주사하고, 2주 후 두 집단의 양 모두에게 탄저균을 주사하였다. 실험 결과 탄저병 백신을 주사한 양은 모두 살았고, 백신을 주사하지 않은 양은 대부분 탄저병에 걸려 죽었다. 이를 통해 파스퇴르는 탄저병 백신의 효능을 입증하였고, 백신을 이용한 전염병 예방법을 일반화할 수 있었다.

7. 병원균의 순수 분리 배양법 개발 액체 배지에서 시료를 희석하여 세균을 분리하는 방법은 분리되어 나온 세균이 질병을 일으키지 않을 수 있고, 액체 배지가 다른 세균에 의해 쉽게 오염된다는 문제점이 있었다. 따라서 코흐는 페트리 접시에 한천을 굳힌 고체 배지에서 세균을 순수 분리 배양하는 방법을 개발하였다.

8. DNA가 유전 물질임을 밝힘
- 그리피스: 폐렴 쌍구균 중 열처리하여 죽은 S형 균(병원성 균)을 살아 있는 R형 균(비병원성 균)과 섞어 생쥐에 주입하면, R형 균의 일부가 (❺   )으로 형질 전환된다는 사실을 발견하였다.
- 에이버리: 열처리하여 죽은 S형 균의 추출물을 성분별로 분리하여 실험한 결과 (❻   )만이 살아 있는 R형 균을 S형 균으로 형질 전환시킨다는 사실을 발견하였고, DNA가 유전 물질임을 밝혀냈다.

2 생물과 환경의 상호 작용에 대한 주요 발견에 이용된 연구 방법

다윈의 자연 선택설 탄생 다윈은 갈라파고스 제도의 핀치가 서식하는 섬에 따라 부리의 모양과 크기가 다르며, 이는 먹이의 종류가 다르기 때문이라는 사실을 발견하였다. 이를 바탕으로 다윈은 '다양한 변이가 있는 집단에서 환경에 적응하기 유리한 변이를 가진 개체가 더 많이 살아남아 자손을 남기고, 이러한 과정이 오랜 시간 누적되어 생물의 진화가 일어난다.'는 자연 선택설을 주장하였다.

01 다음은 생명 과학의 주요 발견에 이용된 연구 방법에 대한 설명이다.

(1) 고대 그리스 로마 시대부터 중세 시대까지 생명 과학의 발달에 가장 중요한 역할을 한 연구 방법을 쓰시오.

(2) 하비가 하루 동안 심장에서 방출되는 혈액의 양을 정량적으로 계산하고, 끈을 이용한 실험을 통해 밝혀낸 원리는 무엇인지 쓰시오.

(3) 코흐는 여러 가지 세균이 혼합된 시료로부터 한 가지 세균만을 순수하게 분리하여 배양하는 방법을 정립하였다. 이때 코흐는 페트리 접시에 어떤 물질을 굳힌 고체 배지를 사용하였는지 쓰시오.

02 갈레노스의 혈액 이론은 베살리우스를 거쳐 오늘날 받아들여지고 있는 하비의 혈액 순환 원리로 발전하였다. 갈레노스의 혈액 이론이 하비의 혈액 순환 원리와 다른 점을 〈보기〉에서 있는 대로 고르시오.

보기
ㄱ. 혈액은 간에서 만들어진다.
ㄴ. 우심실과 좌심실 사이의 격막에는 구멍이 있다.
ㄷ. 정맥은 온몸에서 심장으로 들어오는 혈액이 흐르는 혈관이다.

03 다음은 현미경에 대한 설명이다. ( ) 안에 알맞은 말을 고르시오.

(1) 렌즈 (1개, 2개)를 이용해 물체를 확대하는 현미경을 처음 만든 사람은 얀선 부자이다.

(2) 얀선 부자가 만든 최초의 현미경은 망원경에 가까운 모양으로, (가시광선, 전자선)을 이용한 광학 현미경이었다.

(3) 광학 현미경의 배율에는 한계가 있었으므로, 이를 극복하기 위해 루스카가 (주사, 투과) 전자 현미경을 발명하였다.

04 다음은 파스퇴르가 탄저병 백신의 효능을 입증하기 위해 수행한 실험이다.

건강한 양 50마리를 25마리씩 A와 B의 두 집단으로 나눈 다음, B 집단의 양에게만 탄저병 백신을 주사하고, 일정 시간이 지난 후 A와 B 두 집단의 양 모두에게 탄저균을 주사하였다.

이 실험에 대한 설명으로 옳은 것만을 〈보기〉에서 있는 대로 고르시오.

보기
ㄱ. 실험 결과 B 집단의 양은 탄저병에 걸려 죽었다.
ㄴ. 탄저병 백신은 탄저병을 치료하는 효과가 있다.
ㄷ. 탄저병 백신은 탄저균의 독성을 약화하여 만들었다.

05 생명 과학의 발달에 이바지한 과학자의 연구 방법에 대한 설명으로 옳은 것만을 〈보기〉에서 있는 대로 고르시오.

보기
ㄱ. 파스퇴르는 세균을 순수 분리 배양하는 방법으로 생물 속생설을 확립하였다.
ㄴ. 에이버리는 폐렴 쌍구균의 형질 전환 실험으로 DNA가 유전 물질임을 입증하였다.
ㄷ. 왓슨과 크릭은 현미경으로 DNA를 관찰하여 DNA의 이중 나선 구조를 밝혀냈다.

06 다음은 여러 생명 과학자의 연구 방법을 설명한 것이다. 빈칸에 알맞은 말을 쓰시오.

(1) 파스퇴르는 ( )을 이용한 전염병 예방법을 일반화하여 인류의 수명 연장에 이바지하였다.

(2) 모건은 초파리 ( )에 대한 연구를 통해 유전자설을 주장하였다.

(3) 다윈은 갈라파고스 제도 핀치의 부리 모양과 크기가 섬에 따라 다른 까닭을 분석하여 ( )을 주장하였다.

고난도
01 ▶하비의 혈액 순환 원리 발견
다음은 하비가 혈액 순환의 원리를 밝혀낸 실험이다.

하비는 끈으로 팔을 세게 묶어 피부 표면 근처에 있는 혈관 B와 피부 깊숙한 곳에 있는 혈관 A를 통한 혈액의 흐름을 모두 차단하면 그림 (가)처럼 끈 윗부분의 혈관 A가 혈액으로 가득 차 부풀어 오른다는 사실을 확인하였다.

그 후 하비는 끈을 조금 느슨하게 풀어 피부 표면 근처에 있는 혈관 B를 통한 혈액의 흐름만 차단하면 그림 (나)처럼 끈 아랫부분의 혈관 B가 눈에 띄게 부풀어 오른다는 사실을 확인하였다.

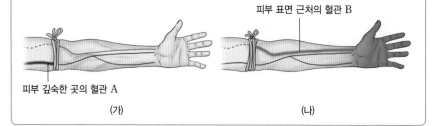

피부 표면 근처의 혈관 B

피부 깊숙한 곳의 혈관 A

(가)　　　　　　　　(나)

이에 대한 설명으로 옳은 것만을 〈보기〉에서 있는 대로 고른 것은?

보기
ㄱ. 정맥은 혈관 B이다.
ㄴ. (가)와 (나)의 손목에서 모두 맥박이 느껴지지 않는다.
ㄷ. 심장에서 나온 혈액은 혈관 A를 통해 손으로 갔다가 혈관 B를 통해 심장으로 돌아간다.

① ㄱ　　　　② ㄷ　　　　③ ㄱ, ㄴ　　　　④ ㄱ, ㄷ　　　　⑤ ㄴ, ㄷ

> 동맥에는 심장에서 온몸의 조직으로 가는 혈액이 흐르고, 정맥에는 온몸의 조직에서 심장으로 가는 혈액이 흐른다.

02 ▶란트슈타이너의 ABO식 혈액형 발견
란트슈타이너의 ABO식 혈액형 발견과 관련된 설명으로 옳은 것만을 〈보기〉에서 있는 대로 고른 것은?

보기
ㄱ. 혈액 응고 반응 실험을 통해 ABO식 혈액형이 발견되었다.
ㄴ. 사람의 적혈구가 다른 사람의 혈청에 응집된다는 사실을 발견하였다.
ㄷ. 란트슈타이너는 A형, B형, AB형, O형의 네 가지 혈액형을 동시에 제안하였다.
ㄹ. ABO식 혈액형을 발견하기 전에는 수혈 부작용으로 수혈을 받은 환자가 죽는 경우가 종종 있었다.

① ㄱ, ㄴ　　　② ㄱ, ㄷ　　　③ ㄴ, ㄷ　　　④ ㄴ, ㄹ　　　⑤ ㄷ, ㄹ

> 용혈성 수혈 부작용은 항원 항체 반응이 일어나 적혈구가 파괴되기 때문에 발생한다.

03 ▶ 생명 과학의 연구 방법

다음은 생명 과학의 연구 방법에 대한 세 학생 A∼C의 의견을 나타낸 것이다.

학생 A: 광학 현미경의 발달로 세포의 구조는 물론 세포 소기관의 입체 구조 및 바이러스의 구조까지 관찰할 수 있게 되었어.

학생 B: 에이버리는 두 종류의 폐렴 쌍구균 중 열처리하여 죽은 S형 균(병원성 균)에서 다양한 종류의 분자들을 분리하여 실험한 결과 DNA만이 살아 있는 R형 균(비병원성 균)을 S형 균으로 형질 전환시킨다는 사실을 발견하였어.

학생 C: 이전에는 질병에 걸린 동물 등에서 얻은 시료를 액체 배지에 지속적으로 희석하여 병원균을 분리해 냈지. 그런데 이 방법의 문제점은 가장 많이 존재하는 세균이 분리되어 나오지만, 경우에 따라 분리되어 나온 세균이 병원균이 아닐 수도 있다는 거야.

제시한 의견이 옳은 학생만을 있는 대로 고른 것은?

① A   ② B   ③ C   ④ A, B   ⑤ B, C

- 에이버리는 폐렴 쌍구균의 형질 전환 실험으로 DNA가 유전 물질임을 밝혀냈다.

04 ▶ 파스퇴르의 실험

다음은 파스퇴르가 백조목 플라스크를 이용하여 수행한 실험이다.

플라스크에 고기즙을 넣고 플라스크의 목 부분을 가열하여 백조목 모양으로 늘려 구부린 다음, 고기즙을 끓여서 식힌 후 오랫동안 방치해도 미생물이 생기지 않았다.

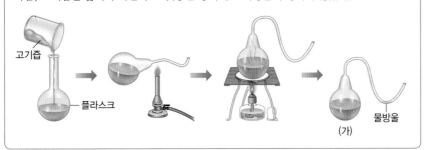

고기즙 — 플라스크

물방울 (가)

이에 대한 설명으로 옳은 것만을 〈보기〉에서 있는 대로 고른 것은?

보기
ㄱ. 파스퇴르는 이 실험을 통해 자연 발생설을 확립하였다.
ㄴ. (가)에서 백조목 부분의 물방울은 공기와 미생물이 모두 플라스크 안으로 들어가지 못하게 한다.
ㄷ. (가)의 플라스크를 기울여 백조목 부분의 물방울이 플라스크 안으로 들어가게 하면 고기즙에 미생물이 생겨 고기즙이 부패한다.

① ㄱ   ② ㄴ   ③ ㄷ   ④ ㄱ, ㄴ   ⑤ ㄴ, ㄷ

- 파스퇴르는 이 실험을 통해 '생물은 이미 존재하는 생물로부터 발생한다.'는 사실을 밝혀냈다.

01 ❯ 생명 과학의 이용 사례
다음은 생명 과학의 연구 성과 (가)~(다)가 이용되는 사례를 설명한 것이다.

- (가)를 이용한 전염병 예방법이 일반화되어 인류의 수명이 크게 늘어났다.
- (나)는 인슐린과 같은 의약품을 대량 생산하거나 해충 저항성 농작물과 같은 유전자 변형 생물체 등을 만드는 데 이용되고 있다.
- (다)는 범죄 현장에서 발견된 용의자의 머리카락이나 침 속에 들어 있는 DNA의 양을 늘리는 데 이용되고 있다.

이에 대한 설명으로 옳은 것만을 〈보기〉에서 있는 대로 고른 것은?

보기
ㄱ. (가)는 푸른곰팡이로부터 최초로 발견되었다.
ㄴ. (나)에는 제한 효소와 DNA 연결 효소가 이용된다.
ㄷ. (다)는 '크리스퍼 유전자 가위 기술'이다.

① ㄱ   ② ㄴ   ③ ㄷ   ④ ㄱ, ㄷ   ⑤ ㄴ, ㄷ

● 푸른곰팡이로부터 최초의 항생 물질인 페니실린이 발견되었다. 인슐린과 같은 의약품을 대량 생산하기 위해서는 인슐린 유전자를 가진 플라스미드를 만들어 대장균과 같은 숙주 세포에 넣어 주어야 한다.

02 ❯ 분자 생물학의 발달
다음은 분자 생물학의 발달에 이바지한 과학자의 업적이나 사업을 정리한 것이다.

(가) 생어는 DNA 염기 서열을 분석하는 방법을 최초로 고안하였다.
(나) 사람 유전체 사업을 통해 사람 유전자의 DNA상의 위치와 염기 서열을 알게 되었다.
(다) 니런버그는 인공적으로 합성한 RNA로부터 어떤 아미노산 서열을 가진 단백질이 합성되는지를 연구하여 유전부호를 최초로 해독하였다.
(라) 크릭은 'DNA에 저장된 유전 정보는 RNA로 전달되고, 이 RNA의 유전 정보가 단백질 합성에 이용된다.'는 유전 정보의 흐름에 대한 중심 원리를 발표하였다.

(가)~(라)를 오래된 것부터 순서대로 옳게 나열한 것은?

① (가) → (나) → (다) → (라)   ② (나) → (가) → (다) → (라)
③ (나) → (다) → (라) → (가)   ④ (라) → (다) → (가) → (나)
⑤ (라) → (다) → (나) → (가)

● 한 과학자의 업적을 바탕으로 하여 다른 과학자의 업적이 뒤따른다.

03 ▶ 파스퇴르의 탄저병 백신 효능 입증 실험

파스퇴르는 건강한 양 50마리를 각각 25마리씩 실험군과 대조군의 두 집단으로 나눈 다음, 대조 실험을 실시하여 탄저균에 대한 탄저병 백신의 효능을 입증하였다.

파스퇴르가 실험군과 대조군의 양에게 행한 처리 과정을 옳게 설명한 것은?

① 실험군과 대조군의 양에게 모두 탄저균과 탄저병 백신을 함께 주사한 후 탄저병의 발병률을 비교하였다.

② 대조군의 양에게는 아무런 처리를 하지 않고, 실험군의 양에게는 탄저병 백신을 주사한 후 탄저병의 발병률을 비교하였다.

③ 대조군의 양에게는 아무런 처리를 하지 않고, 실험군의 양에게는 탄저균과 탄저병 백신을 순서대로 주사한 후 탄저병의 발병률을 비교하였다.

④ 실험군과 대조군의 양에게 모두 탄저균을 주사한 다음, 실험군의 양에게만 탄저병 백신을 주사한 후 탄저병의 발병률을 비교하였다.

⑤ 실험군의 양에게만 탄저병 백신을 주사한 다음, 실험군과 대조군의 양에게 모두 탄저균을 주사한 후 탄저병의 발병률을 비교하였다.

> 실험군은 가설을 검증하기 위해 실험 조건을 변화시킨 집단이고, 대조군은 실험군과 비교하기 위해 실험 조건을 변화시키지 않은 집단이다. 탄저병 백신은 탄저병을 예방하는 효과를 나타낸다.

04 ▶ 코흐의 고체 배지를 이용한 병원균의 순수 분리 배양 방법

코흐는 페트리 접시에 한천을 넣어 굳혀 만든 고체 배지로 여러 가지 세균이 혼합된 시료로부터 특정 질병을 일으키는 병원균을 순수하게 분리 배양하는 방법을 정립하였다.

코흐가 한천 배지를 개발하기 전까지 사용했던 다른 배지에 대한 설명으로 옳은 것만을 〈보기〉에서 있는 대로 고른 것은?

보기

ㄱ. 액체 배지의 문제점 중 하나는 다른 세균에 의해 쉽게 오염된다는 것이다.

ㄴ. 액체 배지에 시료를 지속적으로 희석하여 세균을 분리하면 여러 세균으로부터 병원균을 쉽게 분리해 낼 수 있다.

ㄷ. 페트리 접시에 젤라틴을 굳힌 배지는 37 ℃에서 고체로 남아 있지 않으므로, 사람에게 질병을 일으키는 병원균을 배양하기에는 적절하지 않다.

① ㄱ   ② ㄷ   ③ ㄱ, ㄴ   ④ ㄱ, ㄷ   ⑤ ㄴ, ㄷ

> 한천 배지의 장점은 여러 가지 세균이 혼합된 시료로부터 특정 질병을 일으키는 한 가지 병원균을 순수하게 분리 배양할 수 있다는 것이다.

01 다음은 유전학과 분자 생물학의 발달에 이바지한 주요 업적을 순서 없이 나열한 것이다.

KEY WORDS
(2) • DNA
• 복제
• 증폭

> (가) DNA가 유전 물질임을 밝혀냈다.
> (나) 유전자를 재조합하는 기술을 개발하였다.
> (다) 중합 효소 연쇄 반응(PCR)을 개발하였다.
> (라) 유전자가 염색체의 일정한 위치에 있음을 밝혀냈다.
> (마) DNA가 이중 나선 구조로 되어 있다는 사실을 밝혀냈다.

(1) (가)~(마)의 업적을 이룬 과학자의 이름을 쓰고, (가)~(마)를 오래된 것부터 순서대로 나열하시오.

_____

(2) (다)의 중합 효소 연쇄 반응(PCR)이 무엇인지 서술하시오.

_____

02 다음은 고대 그리스 로마 시대부터 1500년대까지 서양 의학에서 받아들여 온 갈레노스의 혈액 이론의 일부 내용이다. 이 이론은 1600년대에 하비에 의해 오늘날까지 받아들여지고 있는 혈액 순환 이론으로 바뀌게 되었다.

KEY WORDS
(1) • 심장
• 혈액의 양
• 간
(2) • 정맥
• 혈액
• 간

> 섭취한 영양분은 장에서 간으로 보내져 자연 영기와 섞여 혈액으로 바뀌며, 이 혈액의 일부는 정맥을 통해 온몸으로 전달되어 쓰이고 나머지는 정맥을 통해 우심실로 간다. 우심실에서 혈액의 일부는 우심실과 좌심실 사이의 격막에 있는 구멍을 통해 좌심실로 이동한 후, 공기의 통로인 폐정맥을 통해 폐에서 유입된 공기와 만나 더 높은 단계인 생명 영기로 변한 다음, 동맥을 통해 온몸으로 전달되어 쓰인다.

(1) 하비는 맥박이 한 번 뛸 때마다 심장에서 방출되는 혈액의 양을 4.7 mL 정도로, 맥박이 뛰는 횟수를 30분에 1000회 정도로 작게 잡은 후 하루 동안 심장에서 방출되는 혈액의 양을 계산하였다. 계산 결과를 바탕으로, 하비가 제기한 갈레노스 혈액 이론의 문제점은 무엇인지 근거를 들어 서술하시오.

_____

(2) 하비는 끈으로 팔을 세게 묶어 동맥과 정맥 내 혈액의 흐름을 모두 차단하면 끈 윗부분의 동맥이 혈액으로 가득 차 부풀어 오르고, 그 후 끈을 조금 느슨하게 풀어 정맥 내 혈액의 흐름만 차단하면 끈 아랫부분의 정맥이 부풀어 오르는 것을 관찰하였다. 이 실험을 통해 하비가 제기한 갈레노스 혈액 이론의 문제점은 무엇인지 근거를 들어 서술하시오.

_____

03 다음은 생물 속생설을 확립한 파스퇴르의 실험 과정을 나타낸 것이다.

KEY WORDS
(1) • 물방울
 • 미생물
 • 생물 속생설
(2) • 백조목 부분
 • 고기즙

플라스크에 고기즙을 넣고 플라스크의 목 부분을 가열하여 백조목 모양으로 늘려 구부린 다음, 플라스크 속에 든 고기즙을 끓여서 식힌 후 오랫동안 방치해도 미생물이 생기지 않았다.

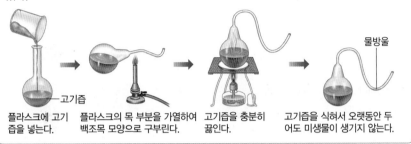

플라스크에 고기 즙을 넣는다. | 플라스크의 목 부분을 가열하여 백조목 모양으로 구부린다. | 고기즙을 충분히 끓인다. | 고기즙을 식혀서 오랫동안 두어도 미생물이 생기지 않는다.

(1) 이 실험을 통해 파스퇴르는 자연 발생설을 부정하고 생물 속생설을 확립할 수 있었다. 파스퇴르가 플라스크의 목 부분을 백조목 모양으로 구부린 까닭과 생물 속생설의 내용에 대해 서술하시오.

_____

(2) 고기즙이 상하는 것은 공기 중의 미생물이 고기즙에 들어가 증식하기 때문이라는 사실을 보여 주려면 어떤 실험을 추가로 해야 할지 서술하시오.

_____

04 다윈은 갈라파고스 제도를 탐사하는 동안 이 제도의 여러 섬에 서식하는 핀치를 채집하여 관찰한 결과, 같은 핀치임에도 섬에 따라 부리의 모양과 크기가 다르다는 사실을 발견하였다. 그림은 갈라파고스 제도의 여러 섬에 서식하는 핀치의 부리 모양을 나타낸 것이다.

KEY WORDS
(1) • 섬
 • 먹이의 종류
 • 부리의 모양과 크기
(2) • 변이
 • 생존 경쟁
 • 환경에 적응
 • 진화

(1) 핀치가 서식하는 섬에 따라 부리의 모양과 크기가 다른 타당한 까닭을 서술하시오.

_____

(2) 다윈은 갈라파고스 제도의 핀치에 대한 연구 결과를 바탕으로 생물이 자연 선택을 통해 진화한다는 자연 선택설을 주장하였다. 자연 선택설의 구체적인 내용을 서술하시오.

_____

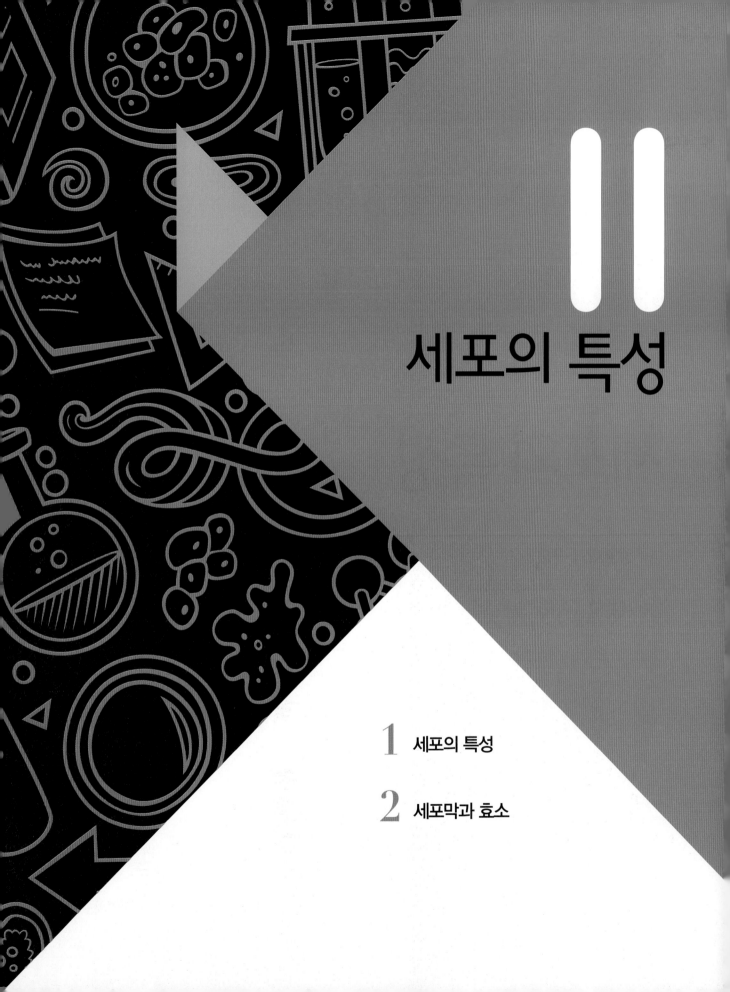

II

세포의 특성

1

세포의 특성

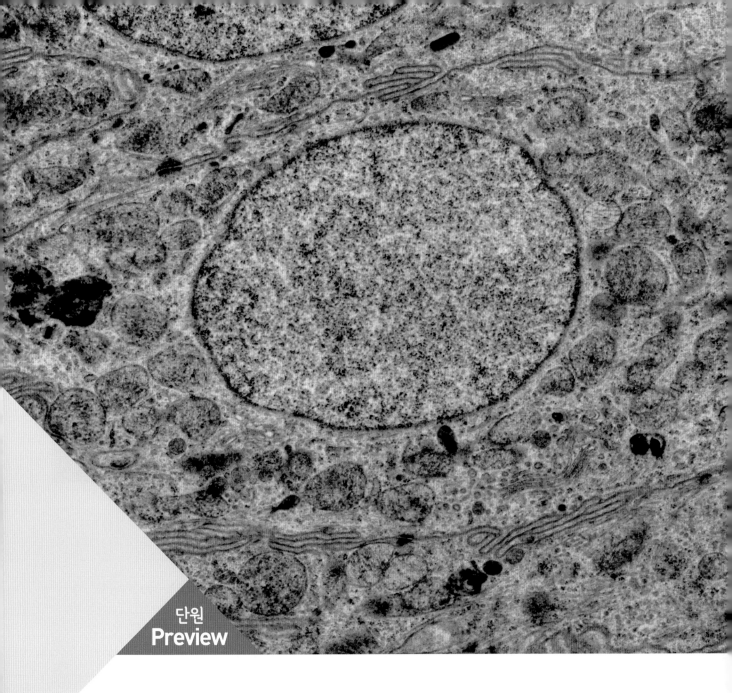

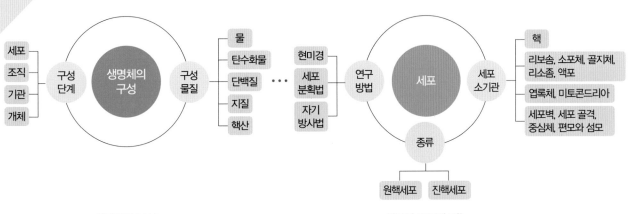

생명체의 구성

세포의 구조와 기능

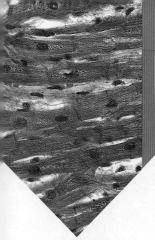

01 생명체의 구성

학습 Point　생명체의 구성 단계 〉 동물체의 구성 단계 〉 생명체를 구성하는 기본
식물체의 구성 단계　　물질의 특성과 기능

 1 생명체의 유기적 구성

　　지구에 사는 모든 생물은 세포로 이루어져 있다. 그중 동물이나 식물과 같이 몸이 여러 개
의 세포로 이루어진 다세포 생물에서는 형태와 기능이 다양한 세포가 유기적으로 결합하여 서로
협력하며 생명 활동을 수행한다.

1. 생명체의 구성 단계

동물이나 식물과 같은 다세포 생물에서는 세포들이 단순히 모여서 개체를 이루는 것이 아
니라, 형태와 기능이 다양한 세포들이 유기적으로 조직되어 정교한 체제를 이룬다. 다세
포 생물에서는 형태와 기능이 비슷한 세포가 모여 조직을 이루며, 여러 조직이 모여 일정
한 형태를 갖추고 고유한 기능을 수행하는 기관을 이룬다. 그리고 여러 기관이 모여 독립
적인 생활을 하는 하나의 생명체인 개체가 된다.

세포	→	조직	→	기관	→	개체
생명체를 구성하는 기본 단위		형태와 기능이 비슷한 세포의 모임		여러 조직이 모여 일정한 형태와 고유한 기능을 갖는 단계		독립적인 생활을 하는 하나의 생명체

▲ **생명체의 구성 단계**　다세포 생물에서는 세포가 조직, 기관이라는 구성 단계를 거쳐 독립적인 생활을 하는 개
체를 이룬다.

2. 동물체의 구성 단계

동물체에서는 상피 세포, 근육 세포 등이 각각 모여 상피 조직, 근육 조직 등의 조직을 구
성하고, 여러 조직이 모여 위, 폐, 심장, 콩팥 등의 기관을 이룬다. 그리고 기능적으로 연
관된 기관이 모여 특정 기능을 수행하는 기관계를 구성하고, 이들 기관계가 통합적으로
작용하여 독립적으로 생명을 유지하며 살아가는 하나의 동물 개체를 이룬다.

⑴ **세포:** 동물의 몸은 상피 세포, 적혈구, 근육 세포, 신경 세포 등 형태와 기능이 다양한
세포로 이루어져 있다.

⑵ **조직:** 동물의 조직은 크게 상피 조직, 결합 조직, 근육 조직, 신경 조직의 네 가지로 구
분된다.

① 상피 조직: 몸의 표면을 덮고 몸속 기관과 내강을 둘러싸는 조직으로, 보호, 감각 수용,
물질 흡수 및 분비 등의 기능을 한다. 세포가 빽빽하게 쌓여 있고 서로 밀착되어 있다.
⑩ 피부의 상피 조직(보호 상피), 망막(감각 상피), 소장 융털의 상피 조직(흡수 상피), 침
샘·위샘 등의 소화샘(샘 상피)

단세포 생물과 다세포 생물
몸이 하나의 세포로 이루어져 있는 생물을
단세포 생물, 몸이 여러 개의 세포로 이루
어져 있는 생물을 다세포 생물이라고 한다.

▲ **단세포 생물**(아메바)

내강
몸 안의 관형 구조에서 비어 있는 부분

상피 조직의 종류
상피 조직은 기능에 따라 세포의 모양과 배
열이 다르다.

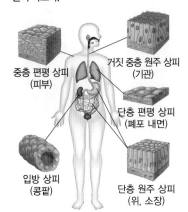

거짓 중층 원주 상피
(기관)

중층 편평 상피
(피부)

단층 편평 상피
(폐포 내면)

입방 상피
(콩팥)

단층 원주 상피
(위, 소장)

② 결합 조직: 조직이나 기관을 서로 결합하거나 지지하는 조직으로, 세포가 대부분 낱개로 흩어져 있고 세포와 세포 사이는 액체 또는 고체 상태의 세포 간 물질로 차 있다. ㉠ 혈액, 힘줄, 연골, 뼈, 지방 조직

③ 근육 조직: 몸이나 내장 기관의 근육을 구성하는 조직으로, 운동을 담당한다. 신축성이 있는 가늘고 긴 근육 세포로 이루어져 있다. ㉠ 골격근, 내장근, 심장근

④ 신경 조직: 자극(흥분)을 전달하는 뉴런(신경 세포)과 이를 지지하는 세포로 이루어진 조직으로, 자극을 받아들이고 전달한다. ㉠ 감각 신경, 운동 신경, 연합 신경

(3) **기관**: 여러 조직이 모여 기관을 이루며, 진화한 동물일수록 기관의 종류가 다양하고 구조가 복잡하다. ㉠ 위, 간, 쓸개, 이자, 폐, 심장, 혈관, 콩팥, 방광

(4) **기관계**: 기능적으로 연관된 기관이 서로 협력하여 특정 기능을 수행하는 단계로, 동물체에만 있다.

기관계	주요 기능	주요 구성 기관이나 조직
소화계	음식물의 소화와 흡수	입, 식도, 위, 소장, 대장, 간, 이자, 쓸개 등
순환계	영양소, 기체, 노폐물의 운반	심장, 혈관 등
호흡계	기체 교환	폐, 기관, 기관지 등
배설계	노폐물의 배설	콩팥, 오줌관, 방광, 요도 등
신경계	자극의 수용 및 전달	뇌, 척수, 말초 신경 등
내분비계	호르몬의 생성 및 분비	뇌하수체, 갑상샘, 부신, 이자 등
생식계	생식세포 형성, 수정, 발생	정소, 난소, 수정관, 수란관, 자궁 등
면역계	질병으로부터 몸 방어	골수, 가슴샘 등
골격계	운동, 몸 지지, 내부 기관 보호	뼈, 인대, 힘줄 등

(5) **개체**: 동물 한 마리, 사람 한 명이 각각 개체에 해당한다.

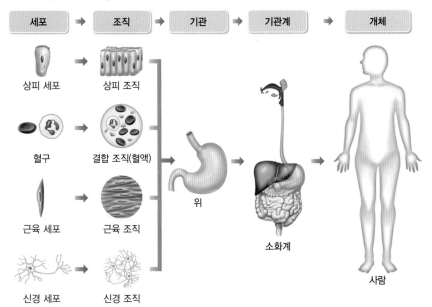

세포 → 조직 → 기관 → 기관계 → 개체

상피 세포 → 상피 조직
혈구 → 결합 조직(혈액)
근육 세포 → 근육 조직
신경 세포 → 신경 조직
위
소화계
사람

▲ **동물체의 구성 단계** 동물체에서는 기능적으로 연관된 기관이 모여 특정 기능을 수행하는 기관계를 이룬다.

여러 가지 결합 조직

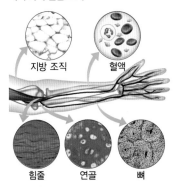

지방 조직   혈액
힘줄   연골   뼈

이자
이자는 소화계에도 속하고 내분비계에도 속하는 기관이다. 이자는 이자액을 분비하여 소화에 관여하므로 소화계에 속한다. 또한, 인슐린과 글루카곤 같은 호르몬을 분비하므로 내분비계에도 속한다.

사람의 주요 기관계

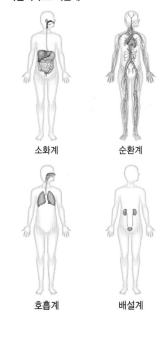

소화계   순환계
호흡계   배설계

3. 식물체의 구성 단계

식물체에서는 표피 세포, 물관 세포 등이 각각 모여 표피 조직, 물관 등의 조직을 구성하고, 여러 조직이 모여 특정 기능을 수행하는 조직계를 이룬다. 조직계는 식물체 전체에 연속적으로 연결되어 뿌리, 줄기, 잎 등의 기관을 이루고, 이들 기관이 통합적으로 작용하여 독립적으로 생명을 유지하며 살아가는 하나의 식물 개체를 이룬다.

(1) **세포:** 식물의 몸은 표피 세포, 물관 세포, 체관 세포, 엽육 세포 등 형태와 기능이 다양한 세포로 이루어져 있다.

(2) **조직:** 식물의 조직은 세포 분열 능력의 유무에 따라 분열 조직과 영구 조직으로 나뉜다.

① **분열 조직:** 세포 분열이 왕성하게 일어나 새로운 세포를 만들어 내는 조직으로, 세포의 크기와 액포가 작고 세포벽이 얇다. 예 생장점, 형성층

② **영구 조직:** 세포 분열 능력을 상실하고 분화하여 특정 기능을 가지게 된 세포로 구성된 조직으로, 표피 조직, 유조직, 기계 조직, 통도 조직으로 구분된다.

• 표피 조직: 식물체의 표면을 덮고 있는 조직으로, 표피, 뿌리털, 공변세포 등으로 구성된다.

• 유조직: 식물체의 대부분을 차지하며, 생명 활동이 활발하게 일어나는 세포로 구성된다. 예 울타리 조직, 해면 조직

• 기계 조직: 세포벽이 두꺼워 식물체를 지탱한다. 예 섬유 조직

• 통도 조직: 물이나 양분의 이동 통로 역할을 한다. 예 물관, 헛물관, 체관

(3) **조직계:** 여러 조직이 모여 특정 기능을 수행하는 단계로, 식물체에만 있다.

① **표피 조직계:** 식물체의 표면을 덮어 내부를 보호하며, 표피 조직으로 구성된다.

② **관다발 조직계:** 물질의 이동 통로 역할을 하며, 물관부와 체관부로 구성된다.

③ **기본 조직계:** 표피 조직계와 관다발 조직계를 제외한 나머지 부분으로, 이곳에서 양분의 합성과 저장 등 기본적인 생명 활동이 일어난다.

(4) **기관:** 식물의 기관은 영양 기관과 생식 기관으로 구분된다. 영양 기관은 양분의 합성과 저장을 담당하며 잎, 줄기, 뿌리가 있다. 생식 기관은 번식을 담당하며 꽃, 열매가 있다.

(5) **개체:** 나무 한 그루, 풀 한 포기가 각각 개체에 해당한다.

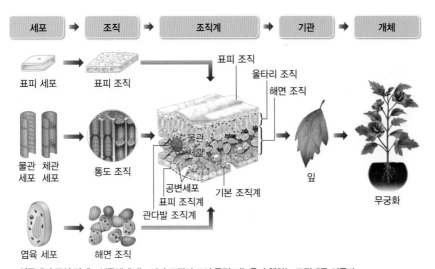

▲ **식물체의 구성 단계** 식물체에서는 여러 조직이 모여 특정 기능을 수행하는 조직계를 이룬다.

분열 조직

• 생장점: 뿌리 끝이나 줄기 끝에 분포한 분열 조직으로, 길이 생장을 담당한다.

• 형성층: 물관부와 체관부 사이에 고리 모양으로 분포한 분열 조직으로, 부피 생장을 담당한다.

분화

세포나 조직 등의 구조와 기능이 역할에 맞게 특수화되는 현상

조직계의 분포

조직계는 식물체 전체에 연속적으로 연결되어 있다.

관다발 조직계

물관부와 체관부 사이에 형성층이 존재하는 겉씨식물과 쌍떡잎식물의 경우, 물관부와 체관부뿐만 아니라 이들 사이에 있는 형성층도 관다발 조직계에 포함된다.

② 생명체를 구성하는 기본 물질

사람과 해바라기는 모습이 전혀 다르지만 몸을 구성하는 기본 물질의 종류는 거의 같다. 지구에 사는 생명체는 주로 물과 탄소 화합물로 이루어져 있다. 생명체를 구성하는 주요 탄소 화합물로는 탄수화물, 단백질, 지질, 핵산이 있으며, 각각 생명 활동에 매우 중요한 역할을 한다.

1. 생명체를 구성하는 기본 물질

지구에 사는 생명체의 종류는 매우 다양하지만, 생명체를 구성하는 원소의 종류는 거의 비슷하다. 생명체는 약 30가지의 원소로 이루어져 있는데, 그중 탄소(C), 수소(H), 산소(O), 질소(N)가 90 % 이상을 차지한다. 생명체에서 이들 원소는 대부분 탄수화물, 단백질, 지질, 핵산과 같은 탄소 화합물이나 물 등의 화합물 형태로 존재한다. 이들 물질의 구성 비율은 생명체의 종류에 따라 다르지만, 대부분 물의 비율이 가장 높고 그 다음으로 단백질의 비율이 높다.

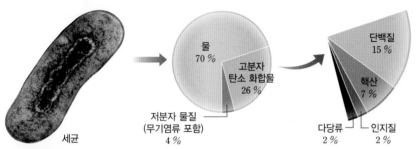

▲ **세포(세균)의 구성 물질** 생명체를 구성하는 세포는 주로 물과 탄소 화합물로 구성되어 있으며, 탄소 화합물 중에서는 단백질의 비율이 가장 높다.

2. 물

물은 생명체를 구성하는 물질 중 가장 높은 비율을 차지한다. 물의 비율은 생명체의 종류에 따라 다르지만 생명체 질량의 45 %~95 %에 이른다.

(1) 물의 특성

① 물 분자는 산소 원자 1개와 수소 원자 2개가 공유 결합을 이루고 있는 구조이다.

② 물 분자 전체는 전기적으로 중성이지만, 산소 원자가 수소 원자보다 전자를 끌어당기는 힘이 강하기 때문에 산소 원자와 수소 원자 사이에서 공유되고 있는 전자는 산소 원자 쪽으로 끌려간다. 이로 인해 물 분자는 산소 원자가 부분적으로 음(−)전하를 띠고, 수소 원자는 부분적으로 양(+)전하를 띠는 극성을 나타낸다.

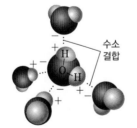

▲ **물 분자 간의 수소 결합**

③ 한 물 분자의 수소 원자가 다른 물 분자의 산소 원자에 전기적으로 끌리면서 두 원자 사이에 수소 결합이 형성되어 물 분자를 뭉치게 하므로 물은 강한 응집력을 갖는다. 이로 인해 물은 다른 액체에 비해 비열과 기화열이 크다.

④ 극성을 띠는 물 분자는 다른 극성 분자와 수소 결합을 형성하므로 물은 극성을 띠는 물질에 대한 용해성이 크다.

세균과 포유동물 세포의 조성 비교
포유동물의 세포는 세균에 비해 핵산의 비율은 낮고, 단백질과 지질의 비율은 높다.

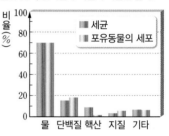

공유 결합
두 원자가 한 쌍 또는 그 이상의 전자를 공유함으로써 형성되는 매우 강한 화학 결합

극성
분자 또는 화학 결합에서 전자가 어느 한쪽으로 몰려 있어 전하 분포가 불균일한 상태

수소 결합
한 분자에서 극성 공유 결합으로 인해 약한 양전하를 띠는 수소 원자와, 다른 분자에서 극성 공유 결합으로 인해 약한 음전하를 띠는 원자 사이의 인력에 의해 형성되는 약한 화학 결합

비열
어떤 물질 1 g의 온도를 1 °C 높이는 데 필요한 열량

기화열
어떤 물질이 액체 상태에서 기체 상태로 될 때 주변으로부터 흡수하는 열량

(2) 물의 기능

① 물은 다른 액체에 비해 비열이 커서 체온이 쉽게 변하는 것을 막고, 기화열이 커서 증산 작용이나 땀 분비를 통해 체온이 급격하게 상승하는 것을 막는다.

② 물은 용해성이 매우 커서 각종 물질을 녹이는 용매로 작용하여 영양소, 노폐물 등의 물질을 운반하고, 화학 반응의 매개체 역할을 하여 물질대사가 원활하게 일어나도록 한다.

3. 탄수화물

탄수화물은 일반적으로 탄소(C), 수소(H), 산소(O)가 1 : 2 : 1의 비로 결합한 화합물이다. 세포에서 주된 에너지원($4\,kcal/g$)으로 이용되며, 식물에서는 몸을 구성하는 성분으로도 많이 쓰인다. 탄수화물은 구성하고 있는 당의 수에 따라 단당류, 이당류, 다당류로 구분된다.

(1) **단당류:** 탄수화물을 구성하는 단위체로, 포도당, 과당, 갈락토스 등이 있다. 물에 잘 녹고 단맛이 나며, 세포의 주된 에너지원으로 이용된다.

(2) **이당류:** 단당류 2분자가 결합한 물질로, 엿당, 설탕, 젖당 등이 있다. 단당류와 마찬가지로 물에 잘 녹고 단맛이 난다.

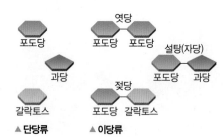

▲ **단당류**　▲ **이당류**

(3) **다당류:** 단당류 수백 분자 또는 수천 분자가 결합하여 긴 사슬을 이룬 중합체로, 녹말, 글리코젠, 셀룰로스 등이 있다. 단당류나 이당류와 달리 물에 잘 녹지 않으며 단맛도 없다. 주로 에너지 저장 물질로 이용되거나 몸을 구성하는 성분이 된다.

① **녹말:** 식물의 저장 탄수화물로, 뿌리, 열매, 줄기, 잎 등에 저장된다.

② **글리코젠:** 동물의 저장 탄수화물로, 간과 근육 등에 주로 저장된다.

③ **셀룰로스:** 식물 세포의 세포벽을 이루는 주요 구성 성분으로, 섬유소라고도 한다.

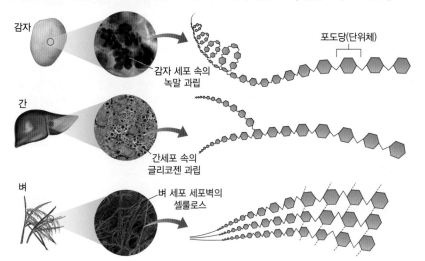

▲ **다당류**　녹말은 식물 세포 내에 과립 형태로 저장되고, 글리코젠은 동물의 간 세포와 근육 세포 내에 과립 형태로 저장된다. 셀룰로스는 식물 세포의 세포벽을 이루는 주요 성분으로, 식물 세포를 구조적으로 지지한다. 녹말, 글리코젠, 셀룰로스는 모두 포도당의 중합체이지만 결합 방식에 차이가 있다.

물의 특성과 체온 조절

물은 비열이 크기 때문에 온도를 변화시키는 데 많은 열량이 필요하다. 따라서 물의 구성 비율이 높은 생명체는 주변 온도가 급격히 변하더라도 체온이 쉽게 올라가거나 내려가지 않는다. 한편, 물은 기화열도 크기 때문에 땀을 흘리거나 증산 작용이 일어날 때 물이 수증기로 기화되면서 몸의 열을 많이 빼앗아 가 체온을 낮추는 효과가 있다.

단당류의 구분

단당류는 탄소 수에 따라 3탄당, 4탄당, 5탄당, 6탄당 등으로 구분된다. DNA와 RNA를 구성하는 디옥시리보스와 리보스는 5탄당이고 포도당, 과당, 갈락토스는 6탄당이다.

포도당의 분자 구조

포도당은 생명체 내에서 중요한 역할을 하는 단당류로, 분자식이 $C_6H_{12}O_6$이다.

이당류

엿당은 보리싹(맥아)에 많이 들어 있는 성분이라고 해서 맥아당이라고도 한다. 설탕은 정식 명칭이 자당(수크로스)이며, 설탕은 자당을 주성분으로 하는 감미료를 말한다.

중합체

단위체 분자가 반복적으로 결합하여 이루어진 화합물

양분 저장용 다당류

식물과 동물은 모두 당을 녹말 또는 글리코젠 같은 다당류 형태로 저장한다. 다당류는 단당류와 달리 물에 잘 녹지 않으므로 세포의 삼투압에 영향을 주지 않으면서 세포에 많이 저장될 수 있다.

4. 단백질

(심화) 46쪽

단백질은 생명체를 구성하는 탄소 화합물 중 가장 높은 비율을 차지하는 물질로, 탄소(C), 수소(H), 산소(O), 질소(N)로 구성되며 황(S)을 함유하는 것도 있다. 주로 몸을 구성하는 성분이 되거나 효소, 호르몬, 항체의 성분으로 생명체에서 일어나는 다양한 생명 활동에 관여한다.

(1) 아미노산과 펩타이드 결합: 단백질은 많은 수의 아미노산이 펩타이드 결합으로 연결된 중합체이다. 생명체에서 단백질을 구성하는 아미노산은 20가지이며, 여러 개의 아미노산이 펩타이드 결합으로 연결된 것을 폴리펩타이드라고 한다. 단백질은 1개 이상의 폴리펩타이드로 이루어져 있다.

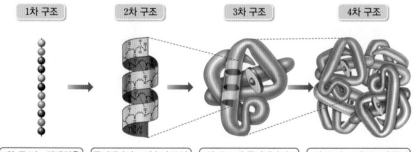

▲ **펩타이드 결합** 한 아미노산의 카복실기와 다른 아미노산의 아미노기 사이에서 물이 1분자 빠져나가면서 펩타이드 결합이 형성된다.

(2) 단백질의 구조: 단백질은 종류마다 고유한 입체 구조를 가지며, 그에 따라 특정한 기능을 나타낸다. 단백질의 입체 구조는 단백질을 구성하는 아미노산의 종류, 수, 배열 순서에 의해 결정되는데 공통적으로 1차, 2차, 3차 구조의 단계를 나타내며, 일부 단백질에서는 4차 구조가 나타난다.

1차 구조	2차 구조	3차 구조	4차 구조
1차 구조는 단백질을 구성하는 폴리펩타이드의 아미노산 배열 순서로, 유전 정보에 따라 결정된다.	폴리펩타이드 사슬이 구성 아미노산 사이의 수소 결합에 의해 나선처럼 꼬이거나 병풍처럼 접혀 2차 구조를 형성한다.	2차 구조의 폴리펩타이드가 부분적으로 꺾이고 접혀 입체 구조를 형성한다.	4차 구조는 3차 구조의 폴리펩타이드가 2개 이상 모여 형성된 구조로, 2개 이상의 폴리펩타이드로 구성된 단백질에서 나타난다.

▲ **단백질의 구조** 유전 정보에 따라 만들어진 폴리펩타이드가 꼬이고 접혀 단백질의 입체 구조를 형성하며, 단백질은 입체 구조에 따라 특정한 기능을 나타낸다.

(3) 단백질의 기능: 단백질은 생명체에서 매우 다양한 기능을 한다.

① 세포막과 세포 소기관을 구성하는 주요 성분이며, 동물의 근육, 뼈, 힘줄, 피부, 털, 손톱, 발톱 등을 구성한다.

② 효소의 주성분으로 물질대사에 관여하고, 호르몬의 주성분으로 생리 작용을 조절하며, 항체의 성분으로 방어 작용에 관여한다.

③ 체내에 탄수화물이나 지방이 부족할 때에는 에너지원(4 kcal/g)으로 쓰인다.

④ 세포막을 구성하는 막단백질 중 일부는 세포 안팎으로의 물질 출입을 조절한다.

⑤ 적혈구의 헤모글로빈과 같은 단백질은 물질 운반을 담당한다.

아미노산의 구조

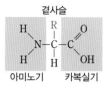

아미노산은 탄소(C) 원자에 아미노기($-NH_2$), 카복실기($-COOH$), 수소 원자(H), 곁사슬(R 부분)이 결합된 구조이며, 곁사슬의 종류에 따라 아미노산의 종류가 결정된다.

펩타이드 결합

한 아미노산의 카복실기와 다른 아미노산의 아미노기 사이에서 물(H_2O)이 1분자 빠져나가면서 형성되는 화학 결합

단백질의 변성

단백질의 기능은 온도, pH 등의 환경 조건에 따라 영향을 받는다. 이는 단백질이 열, 산, 염기 등에 의해 입체 구조가 변하면 고유의 기능을 상실하기 때문이다. 이처럼 단백질이 물리적, 화학적 요인에 의해 입체 구조가 변하여 기능을 상실하는 현상을 변성이라고 한다. 예 달걀을 삶으면 달걀이 응고되는 현상, 파마를 하면 머리카락 모양이 변하는 현상

5. 지질

지질은 일반적으로 물에 잘 녹지 않고 알코올이나 에테르와 같은 유기 용매에 잘 녹는 물질로, 탄소(C), 수소(H), 산소(O)로 구성되며, 질소(N)나 인(P)을 함유하는 것도 있다. 몸을 구성하는 성분이며, 에너지원으로 사용되거나 호르몬의 성분으로 생리 작용을 조절한다. 구성 성분과 화학 구조에 따라 중성 지방, 인지질, 스테로이드 등으로 구분된다.

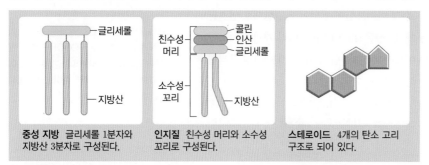

중성 지방 글리세롤 1분자와 지방산 3분자로 구성된다.

인지질 친수성 머리와 소수성 꼬리로 구성된다.

스테로이드 4개의 탄소 고리 구조로 되어 있다.

▲ **지질의 종류** 지질은 중성 지방, 인지질, 스테로이드 등으로 구분된다.

(1) **중성 지방:** 글리세롤 1분자에 지방산 3분자가 결합한 화합물로, 보통 지방이라고 부른다. 음식물에 포함된 지질의 약 95 %를 차지하며, 우리가 섭취하는 동물성 기름과 식물성 기름이 이에 해당한다. 탄수화물과 함께 주요 에너지원(9 kcal/g)으로 사용되는데, 동물은 사용하고 남은 에너지를 주로 중성 지방 형태로 피부 밑이나 장간

▲ 피하 지방층이 두꺼운 바다표범

막에 저장한다. 피부 밑에 저장된 지방층(피하 지방)은 단열 효과가 있어서 체온 유지에 중요한 역할을 한다.

(2) **인지질:** 중성 지방에서 1분자의 지방산 대신 인산과 질소 화합물인 콜린이 결합한 화합물이다. 단백질과 함께 세포막이나 핵막 등 생체막을 구성하는 주요 성분이다.

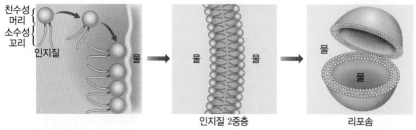

▲ **인지질 2중층과 리포솜** 인지질은 생체막의 기본 구조를 이루는데, 인지질을 물속에 넣으면 친수성인 머리 부분(인산 부위)은 바깥으로 향해 물과 접하고, 소수성인 꼬리 부분(지방산 부위)은 안쪽으로 서로 마주 보며 배열하여 인지질 2중층을 만든 후 다시 리포솜이라는 소낭을 형성한다.

(3) **스테로이드:** 4개의 탄소 고리 구조를 가진 화합물로, 성호르몬, 부신 겉질 호르몬 등의 구성 성분이다. 스테로이드의 한 종류인 콜레스테롤은 동물세포의 세포막을 구성하는 성분이며, 이로부터 다른 여러 가지 스테로이드가 합성된다. 혈중 콜레스테롤 농도가 높아지면 동맥 경화가 일어날 수 있다.

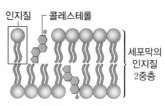

▲ **세포막을 구성하는 콜레스테롤**

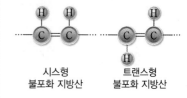

6. 핵산

핵산은 세포에서 유전 정보를 저장하거나 전달하여 단백질 합성에 관여하는 물질로, 탄소(C), 수소(H), 산소(O), 질소(N), 인(P)으로 구성되며, DNA와 RNA가 있다.

(1) **뉴클레오타이드**: 핵산의 단위체로, 인산, 당, 염기가 1 : 1 : 1로 결합해 있다. 핵산은 많은 수의 뉴클레오타이드가 결합하여 형성된 중합체이다.

① 뉴클레오타이드를 구성하는 당은 5탄당으로, 리보스($C_5H_{10}O_5$)와 디옥시리보스($C_5H_{10}O_4$)의 2가지가 있고, 염기는 아데닌(A), 구아닌(G), 사이토신(C), 타이민(T), 유라실(U)의 5가지가 있다.

② 뉴클레오타이드는 구성하는 당의 종류에 따라 리보뉴클레오타이드와 디옥시리보뉴클레오타이드로 구분된다. 리보스를 가진 리보뉴클레오타이드는 RNA, 디옥시리보스를 가진 디옥시리보뉴클레오타이드는 DNA를 구성하는 단위체이며, 이들을 구성하는 염기의 종류에도 차이가 있다.

▲ **뉴클레오타이드의 구조** 리보뉴클레오타이드와 디옥시리보뉴클레오타이드는 구성하는 당이 서로 다르고, 염기 중 한 가지가 다르다.

(2) **핵산의 구조**: 여러 개의 뉴클레오타이드가 길게 연결된 것을 폴리뉴클레오타이드라고 한다. DNA는 폴리뉴클레오타이드 두 가닥이 서로 마주 보면서 꼬여 이중 나선 구조를 이루고 있으며, RNA는 단일 가닥의 폴리뉴클레오타이드로 이루어져 있다.

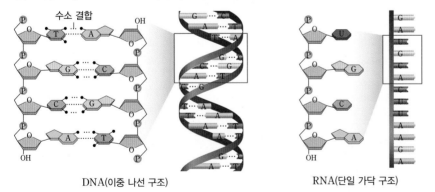

DNA(이중 나선 구조)   RNA(단일 가닥 구조)

▲ **DNA와 RNA의 구조** DNA는 두 가닥의 폴리뉴클레오타이드가 마주 보는 염기 간의 수소 결합으로 이중 나선 구조를 형성하는데, 구아닌(G)은 사이토신(C)과, 아데닌(A)은 타이민(T)과 각각 수소 결합을 형성한다.

(3) **핵산의 기능**

① DNA는 유전자의 본체로 유전 정보를 저장하는 역할을 하는데, 유전 정보는 DNA의 염기 서열로 암호화되어 있다.

② RNA는 DNA의 유전 정보를 리보솜으로 전달하여 유전 정보에 따라 단백질을 합성하는 과정에 관여하며, 일부 바이러스에서는 RNA에 유전 정보를 저장하기도 한다.

핵산을 구성하는 당

RNA를 구성하는 당은 리보스($C_5H_{10}O_5$)이고, DNA를 구성하는 당은 디옥시리보스($C_5H_{10}O_4$)이다. 디옥시리보스는 리보스보다 산소(O)가 하나 적다.

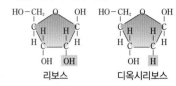

리보스   디옥시리보스

핵산을 구성하는 염기의 종류

핵산을 구성하는 염기는 2개의 고리 구조를 가진 퓨린 계열 염기와 1개의 고리 구조를 가진 피리미딘 계열 염기로 구분된다.

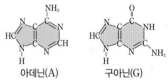

아데닌(A)   구아닌(G)

▲ **퓨린 계열 염기**

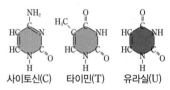

사이토신(C)   타이민(T)   유라실(U)

▲ **피리미딘 계열 염기**

폴리뉴클레오타이드의 당-인산 골격

한 뉴클레오타이드의 인산이 다른 뉴클레오타이드의 당에 결합해서 '당-인산-당-인산……' 형태의 골격을 형성하여 폴리뉴클레오타이드 사슬을 이룬다.

DNA와 RNA 비교

핵산	DNA	RNA
당	디옥시리보스	리보스
염기	A, G, C, T	A, G, C, U
구조	이중 나선	단일 가닥
기능	유전 정보 저장	유전 정보 전달, 단백질 합성에 관여

심화 단백질의 다양성

단백질은 생명체를 구성하는 거대 분자 중 가장 다양한 물질로, 종류마다 각기 특정한 구조와 기능을 가지고 있다. 종류에 따라 물질대사에 관여하는 효소로 작용하기도 하고, 생리 작용을 조절하는 호르몬으로 작용하기도 하며, 동물의 뼈, 근육, 힘줄, 피부 등을 구성하기도 한다. 또, 병원체로부터 몸을 방어하거나 물질을 수송하는 작용을 하기도 한다. 생명체에서는 이처럼 다양한 단백질을 단 20종류의 아미노산으로 만들어 낸다.

❶ 세포가 20종류의 아미노산으로 다양한 단백질을 만드는 원리

캐나다 토론토 대학교 한 연구팀의 연구 결과에 따르면, 단세포 생물인 효모가 가진 단백질의 종류는 약 6000가지에 달하고, 사람이 가진 단백질의 종류는 약 5만 가지~10만 가지로 추정된다. 모든 단백질은 입체 구조에 따라 특정한 기능을 나타내는데, 단백질의 입체 구조는 그 단백질을 구성하는 아미노산의 서열에 의해 결정된다. 단백질의 아미노산 서열은 DNA에 암호화되어 있는 유전 정보에 의해 결정되는데, 세포 내에서는 유전 정보에 따라 20종류의 아미노산이 수십 개~천여 개 이상 특정한 순서로 결합되어 다양한 단백질이 만들어진다. 예를 들면 20종류의 아미노산 중 5개를 연결하여 폴리펩타이드를 합성한다고 할 때, 이론상 만들 수 있는 폴리펩타이드는 320만($=20^5$) 가지이다. 이러한 원리로 단 20종류의 아미노산으로 효모에서는 약 6000가지의 단백질이, 사람 세포에서는 약 5만 가지~10만 가지의 단백질이 만들어지는 것이다.

펩타이드 결합

폴리펩타이드

20종류의 아미노산 중 5개로 구성된
폴리펩타이드의 가짓수
$20^5 = 3200000$

> **단백질의 입체 구조**
> 단백질의 1차 구조는 아미노산 간의 공유 결합인 펩타이드 결합에 의해 이루어진다. 단백질의 2차, 3차, 4차 구조는 단백질을 이루는 골격과 곁사슬 간의 수소 결합, 소수성 결합, 이온 결합 등의 비공유 결합과 디설파이드 결합 등의 공유 결합에 의해 이루어진다.

❷ 단백질의 기능별 분류

생명체 내에서 단백질은 종류마다 독특한 기능을 수행하기 때문에 단백질의 종류가 다양한 만큼 그 기능도 다양하다. 단백질을 생명체에서의 기능에 따라 분류하면 다음과 같다.

분류	기능	예
효소	생명체 내 화학 반응 촉매	소화 효소, 라이소자임
호르몬 (조절 단백질)	세포 간 신호를 전달하여 생리 작용 조절	인슐린, 생장 호르몬
수용체	화학 자극 신호를 세포 내로 전달	호르몬 수용체, 신경 세포막의 수용체
방어 단백질	병원체나 손상으로부터 몸 보호	항체, 인터페론, 피브리노젠, 트롬빈
운반 단백질	물질 운반	세포막의 운반체 단백질, 헤모글로빈(적혈구에 포함되어 산소 운반)
운동 단백질	근육 운동	액틴, 마이오신
구조 단백질	지지 작용	케라틴(머리카락, 털, 손톱, 발톱 등 구성), 콜라젠(피부, 인대 구성)
저장 단백질	아미노산 저장, 에너지원	카세인(우유 단백질), 알부민(달걀흰자)

> **복합 단백질**
> 단백질 중에는 아미노산만으로 구성된 단순 단백질과 비단백질 부분을 갖는 복합 단백질이 있다. 복합 단백질로는 지질을 함유한 지단백질, 당 또는 그 유도체와 결합한 당단백질, 인 화합물과 결합한 인단백질, 핵산과 결합한 핵단백질, 색소와 결합한 색소 단백질, 금속과 결합한 금속 단백질 등이 있다.

01 생명체의 구성

❶ 생명체의 유기적 구성

1. 생명체의 구성 단계

세포		(❶)		(❷)		개체
생명체를 구성하는 기본 단위	→	형태와 기능이 비슷한 세포의 모임	→	여러 조직이 모여 일정한 형태와 고유한 기능을 갖는 단계	→	독립적인 생활을 하는 하나의 생명체

2. 동물체의 구성 단계 세포 → 조직 → 기관 → (❸) → 개체

- 동물의 조직: 상피 조직, 결합 조직, 근육 조직, 신경 조직
- 동물의 기관: 위, 간, 쓸개, 이자, 폐, 심장, 혈관, 콩팥, 방광 등
- 동물의 기관계: 소화계, 순환계, 호흡계, 배설계 등

3. 식물체의 구성 단계 세포 → 조직 → (❹) → 기관 → 개체

- 식물의 조직: 분열 조직(생장점, 형성층), 영구 조직(표피 조직, 유조직, 기계 조직, 통도 조직)
- 식물의 조직계: 표피 조직계, (❺), 기본 조직계
- 식물의 기관: 영양 기관(잎, 줄기, 뿌리), 생식 기관(꽃, 열매)

❷ 생명체를 구성하는 기본 물질

1. 물 극성을 띠는 물 분자들 사이에 (❻) 결합이 형성된다. → 비열과 기화열이 커서 체온 유지 및 조절을 돕고, 극성 물질에 대한 용해도가 커서 물질 운반, 물질대사의 매개체 기능을 한다.

2. 탄수화물 C, H, O로 구성된다.

단당류	탄수화물의 단위체로, 세포의 주된 에너지원으로 이용된다. 예 포도당, 과당, 갈락토스
이당류	단당류 2분자가 결합한 물질이다. 예 엿당, 설탕, 젖당
다당류	단당류 여러 개가 결합한 중합체이다. 예 녹말, 글리코젠, 셀룰로스

3. 단백질 C, H, O, N로 구성되며, S을 포함하기도 한다.

- 단백질은 많은 수의 아미노산이 (❼) 결합으로 연결된 중합체이다. → 단백질은 구성 아미노산의 종류, 수, 배열 순서에 따라 고유한 입체 구조를 가지며, 입체 구조에 따라 특정한 기능을 수행한다.
- 기능: 몸 구성, 물질대사와 생리 작용 조절, 방어 작용, 에너지원, 세포의 물질 출입, 물질 운반 등

4. 지질 C, H, O로 구성되며, N나 P을 함유하기도 한다.

중성 지방	주요 에너지원 및 에너지 저장 물질로 이용되며, 피하 지방은 체온 유지에 중요한 역할을 한다.
(❽)	단백질과 함께 생체막을 구성하는 주요 성분이다.
스테로이드	성호르몬의 구성 성분이며, (❾)은 동물 세포의 세포막 구성 성분이다.

5. 핵산 C, H, O, N, P으로 구성된다.

- (❿): 핵산의 단위체로, 인산, 당, 염기가 1 : 1 : 1로 결합한 화합물이다.

핵산	당	염기	구조	기능
DNA	디옥시리보스	A, G, C, T	(⓫)	유전 정보 저장
RNA	(⓬)	A, G, C, U	단일 가닥	유전 정보 전달, 단백질 합성에 관여

01 그림 (가)는 식물체, (나)는 동물체의 구성 단계를 나타낸 것이다.

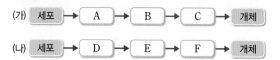

(1) A~F에 해당하는 구성 단계를 각각 쓰시오.

(2) 물관, 형성층, 뿌리는 어느 구성 단계에 해당하는지 각각 기호를 쓰시오.

(3) 심장, 내분비계, 혈액은 어느 구성 단계에 해당하는지 각각 기호를 쓰시오.

[02~03] 〈보기〉는 동식물의 여러 가지 조직을 나열한 것이다.

보기 ────
ㄱ. 상피 조직   ㄴ. 결합 조직   ㄷ. 신경 조직
ㄹ. 근육 조직   ㅁ. 분열 조직   ㅂ. 표피 조직
ㅅ. 유조직   ㅇ. 기계 조직   ㅈ. 통도 조직

02 다음 설명에 해당하는 조직을 〈보기〉에서 고르시오.

(1) 동물체에서 조직이나 기관을 서로 결합하거나 지지한다.

(2) 식물체에서 세포 분열이 왕성하게 일어나 새로운 세포를 만들어 낸다.

(3) 식물체의 대부분을 차지하며, 생명 활동이 활발하게 일어나는 세포로 구성된다.

03 다음은 각각 어떤 조직에 해당하는지 〈보기〉에서 고르시오.

(1) 침샘   (2) 힘줄   (3) 혈액

(4) 물관   (5) 생장점   (6) 울타리 조직

04 그림은 사람 몸의 구성 단계와 예를 나타낸 것이다. (가)~(다)는 각각 구성 단계 중 하나이다.

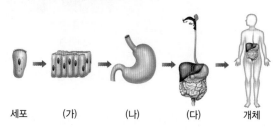

세포   (가)   (나)   (다)   개체

(1) (가)~(다)에 해당하는 구성 단계를 각각 쓰시오.

(2) 이에 대한 설명으로 옳은 것만을 〈보기〉에서 있는 대로 고르시오.

보기 ────
ㄱ. (가)를 이루는 세포들은 형태와 기능이 비슷하다.
ㄴ. (나)는 여러 조직으로 구성된다.
ㄷ. 식물체에는 (나)의 구성 단계가 없다.
ㄹ. 폐, 심장, 척수는 (다)의 예에 해당한다.

05 그림은 식물 잎의 단면 구조를 나타낸 것이다.

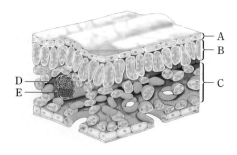

(1) A~E는 각각 분열 조직, 표피 조직, 기계 조직, 통도 조직, 유조직 중 어느 조직에 해당하는지 쓰시오.

(2) A~C 중 기본 조직계에 속하는 부분의 기호를 있는 대로 쓰시오.

(3) D와 E가 속한 조직계의 이름을 쓰시오.

06 물이 강한 응집력을 갖는 까닭은 물 분자 간에 어떤 결합이 형성되기 때문이다. 이 결합의 이름을 쓰시오.

07 물의 특성이나 기능에 대한 설명으로 옳은 것만을 〈보기〉에서 있는 대로 고르시오.

> 보기
> ㄱ. 비극성 분자이다.
> ㄴ. 극성 물질에 대한 용해성이 매우 크다.
> ㄷ. 다른 용매에 비해 비열과 기화열이 크다.
> ㄹ. 각종 화학 반응의 매개체가 되어 물질대사가 원활하게 진행되도록 한다.

08 다음 설명에 해당하는 생명체의 구성 물질을 쓰시오.

(1) C, H, O로 구성되며 생명체의 주된 에너지원으로 사용되고, 식물에서는 몸 구성 성분으로도 사용된다.

(2) C, H, O로 구성되며, N나 P을 함유하는 것도 있다. 물에 잘 녹지 않고, 생명체에서 저장 에너지원, 세포막의 구성 성분, 성호르몬의 성분으로 사용된다.

(3) C, H, O, N로 구성되며, S을 함유하는 것도 있다. 세포막과 세포 소기관의 구성 성분이며, 효소와 호르몬의 주성분이기도 하다.

09 그림은 인지질의 구조를 나타낸 것이다.

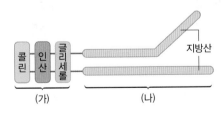

(1) (가)와 (나) 중 소수성을 띠는 부분을 쓰시오.

(2) 인지질을 물속에 넣으면 인지질 2중층을 만든 후 다시 소낭을 형성한다. 이 소낭을 무엇이라고 하는지 쓰시오.

10 그림은 세포에서 ㉠과 ㉡으로 고분자 물질 (가)를 합성하는 과정에서 일어나는 화학 반응을 나타낸 것이다.

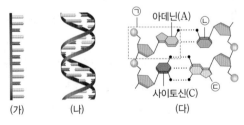

(1) ㉠, ㉡과 같은 분자 구조를 가진 화합물과, ⓐ와 같은 결합을 무엇이라고 하는지 순서대로 각각 쓰시오.

(2) 생명체에서 (가)의 기능으로 옳은 것만을 〈보기〉에서 있는 대로 고르시오.

> 보기
> ㄱ. 에너지원으로 쓰인다.
> ㄴ. 유전 정보를 저장한다.
> ㄷ. 생체막의 주요 구성 성분이다.
> ㄹ. 항체의 성분이 되어 방어 작용에 관여한다.

11 그림 (가)와 (나)는 세포에 존재하는 두 종류의 핵산을 나타낸 것이고, (다)는 (나)의 일부를 확대한 것이다.

(1) 핵산의 단위체인 ㉠의 이름과 ㉡, ㉢에 해당하는 염기의 이름을 각각 쓰시오.

(2) 표는 (가)와 (나)를 비교한 것이다. 빈칸에 들어갈 알맞은 말을 쓰시오.

구분	(가)	(나)
구성 당	ⓐ	ⓑ
구성 염기	A, G, C, ⓒ	A, G, C, ⓓ
주요 기능	유전 정보 ⓔ	유전 정보 ⓕ

01 〉동물체와 식물체의 구성 단계

그림 (가)는 동물체, (나)는 식물체의 구성 단계의 예를 나타낸 것이다. A~D는 각각 관다발 조직계, 통도 조직, 신경계, 신경 세포 중 하나이다.

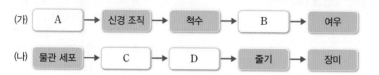

(가) A → 신경 조직 → 척수 → B → 여우

(나) 물관 세포 → C → D → 줄기 → 장미

이에 대한 설명으로 옳은 것만을 〈보기〉에서 있는 대로 고른 것은?

보기
ㄱ. A와 혈액은 같은 구성 단계에 해당한다.
ㄴ. B와 줄기는 같은 구성 단계에 해당한다.
ㄷ. 울타리 조직은 C에 속하지 않는다.
ㄹ. D에 형성층이 포함된 경우도 있다.

① ㄱ, ㄴ　　② ㄱ, ㄷ　　③ ㄴ, ㄷ　　④ ㄴ, ㄹ　　⑤ ㄷ, ㄹ

• 동물체의 구성 단계는 '세포 → 조직 → 기관 → 기관계 → 개체'이고, 식물체의 구성 단계는 '세포 → 조직 → 조직계 → 기관 → 개체'이다.

02 〉동물체와 식물체의 구성 단계 비교

표는 두 종의 생물 A와 B에서 생명체의 구성 단계 (가)~(다)의 유무를 나타낸 것이다. 생물 A와 B는 각각 동물과 식물 중 하나이고, (가)~(다)는 각각 기관계, 기관, 조직 중 하나이다.

구분	(가)	(나)	(다)
생물 A	㉠	없음	㉡
생물 B	있음	㉢	있음

이에 대한 설명으로 옳은 것만을 〈보기〉에서 있는 대로 고른 것은?

보기
ㄱ. 생물 A는 동물이다.
ㄴ. (나)는 기관이다.
ㄷ. ㉠, ㉡, ㉢은 모두 '있음'이다.

① ㄱ　　② ㄷ　　③ ㄱ, ㄴ　　④ ㄱ, ㄷ　　⑤ ㄴ, ㄷ

• 기관계는 동물체에는 있고 식물체에는 없는 구성 단계이다.

03 ›동물의 조직

그림은 사람의 위를 구성하는 네 가지 조직 (가)~(라)를 나타낸 것이다. (가)~(라)는 각각 상피 조직, 근육 조직, 신경 조직, 결합 조직 중 하나이다.

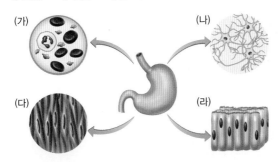

(가) (나) (다) (라)

이에 대한 설명으로 옳은 것만을 〈보기〉에서 있는 대로 고른 것은?

보기
ㄱ. 뼈는 (가)에 해당한다.
ㄴ. 뉴런은 (나)를 구성한다.
ㄷ. 힘줄은 (다)에 해당한다.
ㄹ. (라)는 위의 운동을 담당한다.

① ㄱ, ㄴ ② ㄱ, ㄷ ③ ㄴ, ㄷ ④ ㄴ, ㄹ ⑤ ㄷ, ㄹ

혈액은 결합 조직에 해당한다. 그리고 뉴런(신경 세포)이 모여 신경 조직을, 근육 세포가 모여 근육 조직을, 상피 세포가 모여 상피 조직을 각각 구성한다.

04 ›식물의 조직

그림은 식물의 조직 A~D를 구분하는 과정을 나타낸 것이다.

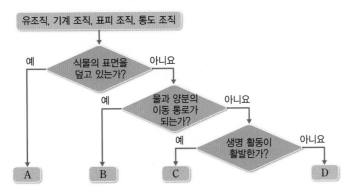

유조직, 기계 조직, 표피 조직, 통도 조직

식물의 표면을 덮고 있는가?
예 → A
아니요 →

물과 양분의 이동 통로가 되는가?
예 → B
아니요 →

생명 활동이 활발한가?
예 → C
아니요 → D

이에 대한 설명으로 옳은 것만을 〈보기〉에서 있는 대로 고른 것은?

보기
ㄱ. 공변세포는 A에 속한다.
ㄴ. 물관, 헛물관, 체관은 B에 해당한다.
ㄷ. C에서 세포 분열이 왕성하게 일어난다.
ㄹ. 물관부 섬유, 체관부 섬유와 같은 섬유 조직은 D에 해당한다.

① ㄱ, ㄴ, ㄷ ② ㄱ, ㄴ, ㄹ ③ ㄱ, ㄷ, ㄹ
④ ㄴ, ㄷ, ㄹ ⑤ ㄱ, ㄴ, ㄷ, ㄹ

식물의 조직은 세포 분열 능력의 유무에 따라 분열 조직과 영구 조직으로 나뉜다. 영구 조직은 형태와 기능에 따라 표피 조직, 통도 조직, 유조직, 기계 조직 등으로 구분된다.

05 ▶생명체를 구성하는 기본 물질의 구조

그림은 생명체를 구성하는 물질 (가)~(라)의 구조를 나타낸 것이다. (가)~(라)는 각각 DNA, 녹말, 스테로이드, 인지질 중 하나이다.

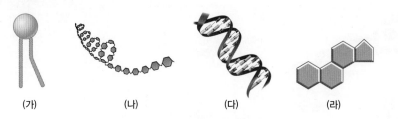

| (가) | (나) | (다) | (라) |

이에 대한 설명으로 옳은 것만을 〈보기〉에서 있는 대로 고른 것은?

보기
ㄱ. (가)는 생체막의 주요 구성 성분이다.
ㄴ. (나)는 식물 세포의 세포벽을 이루는 주요 성분이다.
ㄷ. (다)의 단위체는 아미노산이다.
ㄹ. (라)는 성호르몬과 부신 겉질 호르몬의 성분이다.

① ㄱ, ㄴ　　② ㄱ, ㄹ　　③ ㄴ, ㄷ　　④ ㄴ, ㄹ　　⑤ ㄷ, ㄹ

• DNA는 이중 나선 구조, 녹말은 포도당이 반복적으로 결합된 구조, 스테로이드는 4개의 탄소 고리 구조를 가진 탄소 화합물이다. 인지질은 친수성 머리(인산 화합물 부분)와 소수성 꼬리(지방산 부분)로 이루어진 구조이다.

06 고난도 ▶생명체를 구성하는 기본 물질의 특징

표는 생명체를 구성하는 물질 A~D를 두 가지씩 비교하여 공통점을 정리한 것이다. A~D는 각각 글리코젠, 단백질, 중성 지방, 핵산 중 하나이다.

비교	공통점
A와 B	동물에서 저장 에너지원으로 사용된다.
B와 C	구성 성분 중 당이 있다.
C와 D	구성 원소에 질소(N)가 포함된다.

이에 대한 설명으로 옳은 것만을 〈보기〉에서 있는 대로 고른 것은?

보기
ㄱ. A는 생체막을 이루는 주요 성분이다.
ㄴ. B는 동물의 간이나 근육에 주로 저장된다.
ㄷ. C와 D는 염색체를 이루는 주요 성분이다.
ㄹ. D의 단위체는 뉴클레오타이드이다.

① ㄱ, ㄴ　　② ㄱ, ㄷ　　③ ㄴ, ㄷ　　④ ㄴ, ㄹ　　⑤ ㄷ, ㄹ

• 핵산은 염기, 당, 인산이 결합한 뉴클레오타이드로 이루어져 있으며, 구성 원소는 C, H, O, N, P이다.

07 > 생명체를 구성하는 기본 물질의 특징

그림은 생명체의 구성 물질 중 핵산, 단백질, 중성 지방, 물을 구분하는 과정을 나타낸 것이다.

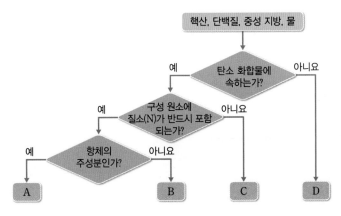

이에 대한 설명으로 옳은 것만을 〈보기〉에서 있는 대로 고른 것은?

> **보기**
> ㄱ. A에는 펩타이드 결합이 존재한다.
> ㄴ. B의 구성 원소에 인(P)이 반드시 포함된다.
> ㄷ. C는 유기 용매에 잘 녹는다.
> ㄹ. D는 생명체 내에서 각종 화학 반응의 매개체 역할을 한다.

① ㄱ, ㄴ   ② ㄴ, ㄹ   ③ ㄱ, ㄴ, ㄷ
④ ㄴ, ㄷ, ㄹ   ⑤ ㄱ, ㄴ, ㄷ, ㄹ

· 중성 지방의 구성 원소는 C, H, O 이고, 단백질의 구성 원소는 C, H, O, N이며, 핵산의 구성 원소는 C, H, O, N, P이다.

08 > 생명체를 구성하는 기본 물질의 특징

표 (가)는 생명체의 구성 물질 A~C에서 특징 ㉠~㉢의 유무를, (나)는 특징 ㉠~㉢을 순서 없이 나타낸 것이다. A~C는 각각 핵산, 단백질, 인지질 중 하나이다.

특징 물질	㉠	㉡	㉢
A	ⓐ	없음	ⓑ
B	있음	ⓒ	있음
C	없음	없음	ⓓ

(가)

특징(㉠~㉢)
· 탄소 화합물이다. · 세포막의 구성 성분이다. · C, H, O, N로 구성되며, S을 함유하는 것도 있다.

(나)

이에 대한 설명으로 옳은 것만을 〈보기〉에서 있는 대로 고른 것은?

> **보기**
> ㄱ. A는 효소의 주성분이다.
> ㄴ. ㉠은 '세포막의 구성 성분이다.'이다.
> ㄷ. ⓐ~ⓓ 중 '있음'은 3개이다.

① ㄱ   ② ㄴ   ③ ㄱ, ㄷ   ④ ㄴ, ㄷ   ⑤ ㄱ, ㄴ, ㄷ

· 핵산, 단백질, 인지질은 모두 탄소 화합물이다. 세포막의 주요 구성 성분은 인지질과 단백질이다.

02 세포의 구조와 기능

학습 Point 세포의 연구 방법: 현미경, 세포 분획법, 자기 방사법 〉 원핵세포와 진핵세포의 비교 〉 진핵세포의 구조, 동물 세포와 식물 세포의 비교 〉 세포 소기관의 구조와 기능

1 세포의 연구 방법　　　　　　　　(탐구) 65쪽

　　1665년에 영국의 훅은 자신이 만든 현미경으로 코르크 조각을 관찰하다가 작은 방 같은 구조를 발견하고 이를 세포라고 이름 붙였다. 이후 전자 현미경, 세포 분획법 등 세포를 연구하는 다양한 방법이 개발되어 세포의 미세 구조를 관찰하고, 세포 소기관의 기능을 연구할 수 있게 되었다.

1. 현미경

(1) **광학 현미경(LM; Light Microscope)**: 광학 현미경에서는 가시광선이 렌즈를 통과하면서 굴절되어 상이 확대되는데, 대물렌즈로 확대한 상을 접안렌즈로 한 번 더 확대하여 관찰한다. 광원으로 가시광선을 이용하므로 상을 눈으로 직접 관찰할 수 있다.

① 해상력: 아주 가까운 거리에 있는 두 점을 구별할 수 있는 최소한의 거리를 해상력이라고 한다. 사람의 맨눈은 해상력이 $0.2\,mm$인데, 광학 현미경의 해상력은 맨눈보다 1000배 높은 $0.2\,\mu m$ 정도이다. 따라서 광학 현미경으로는 세포의 미세 구조를 관찰하지 못하지만 핵, 인, 염색체, 엽록체 등의 대략적인 구조는 관찰할 수 있다.

② 광학 현미경의 종류: 일반 광학 현미경, 실체 현미경(해부 현미경), 위상차 현미경, 형광 현미경, 간섭 현미경 등

> **시야 확장 ➕** **광학 현미경의 상**
>
> ❶ **일반 광학 현미경**: 가장 흔히 사용하는 복합 현미경으로, 시료가 투명하게 보이므로 필요에 따라 시료를 염색액으로 염색하여 관찰한다.
>
> ❷ **실체 현미경(해부 현미경)**: 살아 있는 생물을 입체적으로 관찰할 수 있으며, 일반 광학 현미경보다 비교적 배율이 낮다.
>
> ❸ **위상차 현미경**: 물질을 통과한 빛의 굴절률 차이가 명암으로 나타나므로 세포를 염색하지 않고도 관찰할 수 있다.
>
> ❹ **형광 현미경**: 형광 염색액이나 형광 항체로 특정 분자를 표지하여 특정 분자가 어두운 바탕에 밝은 색으로 나타난다. 세포 내에 있는 특정 물질의 위치를 관찰할 때 이용한다.
>
> 　　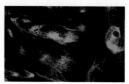
>
> 　일반 광학 현미경　　　　위상차 현미경　　　　형광 현미경
>
> ▲ **여러 가지 광학 현미경으로 관찰한 세포의 상**

대물렌즈와 접안렌즈

현미경과 망원경 등에서 물체에 가까운 쪽의 렌즈를 대물렌즈, 눈으로 보는 쪽의 렌즈를 접안렌즈라고 한다.

　　　　接안렌즈
　　　　대물렌즈

▲ **광학 현미경**

길이의 단위

- $1\,cm = 10^{-2}\,m$
- $1\,mm = 10^{-3}\,m$
- $1\,\mu m = 10^{-6}\,m$
- $1\,nm = 10^{-9}\,m$

형광

물질이 빛 등의 자극을 받아 발광하는 현상

(2) **전자 현미경(EM; Electron Microscope):** 전자 현미경은 가시광선보다 파장이 짧은 전자선을 이용하므로 해상력이 광학 현미경보다 훨씬 높다. 따라서 전자 현미경을 이용하면 세포와 세포 소기관의 미세 구조를 자세히 관찰할 수 있다. 그러나 표본 제작 과정에서 세포가 죽는 단점이 있고, 상을 눈으로 직접 보는 것이 불가능하다. 전자 현미경의 상은 스크린이나 모니터 화면 등으로 관찰한다.

① **투과 전자 현미경(TEM; Transmission Electron Microscope):** 시료를 얇게 자른 후 전자선을 투과시켜 2차원적인 상을 얻는다. 전자선이 렌즈를 통과하면서 굴절되어 상이 확대되는데, 광학 현미경과 마찬가지로 대물렌즈로 확대한 상을 접안렌즈로 한 번 더 확대한다. 수백만 배까지 확대된 상을 얻을 수 있으며, 세포나 세포 소기관의 단면을 관찰하는 데 적합하다.

② **주사 전자 현미경(SEM; Scanning Electron Microscope):** 시료를 자르지 않고 시료 표면을 금속으로 코팅한 다음, 전자선(1차 전자)을 주사(스캐닝)하면 시료 표면의 금속에서 2차 전자가 방출되는데 이를 검출기로 감지하여 입체적인 상, 즉 3차원적인 상을 얻는다. 투과 전자 현미경(TEM)보다 해상력이 낮지만 수십만 배까지 확대된 상을 얻을 수 있어 세포나 세포 소기관의 입체 구조를 관찰하는 데 유용하다.

구분	광학 현미경(LM)	투과 전자 현미경(TEM)	주사 전자 현미경(SEM)
광원	가시광선	전자선	전자선
해상력	약 $0.2\,\mu m\,(=0.0002\,mm)$	약 $0.2\,nm\,(=0.0002\,\mu m)$	약 $5\,nm\,(=0.005\,\mu m)$
최고 배율	약 1000배	수백만 배	수십만 배
원리	시료에 가시광선을 쪼여 대물렌즈로 확대한 상을 접안렌즈로 다시 확대한다.	시료 단면에 전자선을 투과시켜 대물렌즈로 확대한 상을 접안렌즈로 다시 확대해서 시료 단면의 2차원 영상을 얻는다.	금속으로 코팅한 시료 표면에 전자선(1차 전자)을 주사한 후 금속에서 방출된 2차 전자를 감지해서 시료 표면의 3차원 입체 영상을 얻는다.
특징	• 살아 있는 세포를 관찰할 수 있다. • 색깔 구분이 가능하다. • 세포와 일부 세포 소기관의 대략적인 구조를 관찰할 수 있다.	• 살아 있는 세포를 관찰할 수 없다. • 색깔 구분이 안 된다. • 세포나 세포 소기관의 단면을 관찰하는 데 적합하다.	• 살아 있는 세포를 관찰할 수 없다. • 색깔 구분이 안 된다. • 세포나 세포 소기관의 입체 구조를 관찰하는 데 적합하다.
현미경과 관찰된 상 (녹조류인 클라미도모나스)			

▲ 광학 현미경과 전자 현미경 비교

전자선
전자총에서 나오는 속도가 거의 균일한 전자의 연속적인 흐름으로, 파장이 아주 짧다.

2차 전자
주사 전자 현미경에서 금속으로 코팅한 시료 표면에 전자선을 주사했을 때 시료 표면의 금속에서 방출되는 전자를 말한다. 일부 교서에서는 '반사되는 전자'로 서술한다.

광학 현미경과 전자 현미경의 렌즈
광학 현미경에서는 유리 렌즈를 사용하여 빛을 모으고, 전자 현미경에서는 전자 렌즈를 사용하여 전자선을 모은다. 전자 렌즈는 전기장이나 자기장을 만들어 전자의 흐름을 집속시키거나 발산시키는 장치로, 전기장을 이용하는 정전 렌즈와 자기장을 이용하는 자기 렌즈가 있다.

2. 세포 분획법

세포를 등장액에 넣어 균질기로 파쇄한 다음, 원심 분리기에 넣고 속도와 시간을 단계적으로 다르게 하여 회전시켜 세포 소기관을 크기와 밀도에 따라 분리하는 방법이다.

(1) **원리**: 세포를 균질기로 파쇄하여 만든 세포 파쇄액을 원심 분리기에 넣고 느린 속도로 짧은 시간 회전시키면 크고 무거운 세포 소기관이 먼저 침전된다. 침전물을 제외한 상층액을 원심 분리기에 넣고 속도를 높여 좀 더 긴 시간 회전시키면 더 작고 가벼운 세포 소기관이 침전된다. 이러한 방식으로 회전 속도와 시간을 단계적으로 증가시키면서 원심 분리하면 세포 소기관을 크고 무거운 것부터 순차적으로 침전시켜 분리해 낼 수 있다.

(2) **이용**: 세포 소기관의 물질 조성, 구조, 기능 등을 연구하는 데 이용된다.

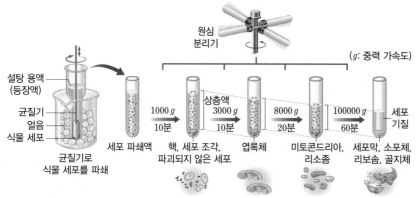

▲ **세포 분획법** 세포벽을 제거한 식물 세포를 균질기로 파쇄한 다음, 회전 속도와 시간을 단계적으로 증가시키면서 원심 분리하면 '핵 → 엽록체 → 미토콘드리아, 리소좀 → 세포막, 소포체, 리보솜, 골지체' 순으로 분획된다.

3. 자기 방사법

방사성 동위 원소가 포함된 화합물을 세포에 공급한 후 시간 경과에 따라 방사성 동위 원소에서 방출되는 방사선을 추적하는 방법으로, 살아 있는 세포 내에서 물질의 이동 경로와 변화 과정을 알아보고자 할 때 이용된다.

(1) **광합성 경로 연구**: $^{14}CO_2$를 식물 세포에 공급한 후 시간 경과에 따라 방사선을 방출하는 물질을 추적하여 광합성에서의 물질대사 경로를 밝혀내었다.

(2) **단백질 합성 및 분비 경로 연구**: ^{14}C로 표지된 아미노산을 세포에 공급한 후 시간 경과에 따라 방사선을 방출하는 세포 소기관을 조사하여 세포 내에서 단백질이 합성되어 분비되는 경로를 알아내었다.

(3) **DNA 합성 장소 연구**: ^3H로 표지된 타이민(T)을 세포에 공급한 후 이 물질이 핵에서 집중적으로 나타나는 것을 관찰하여 핵이 DNA 합성 장소임을 밝혀내었다.

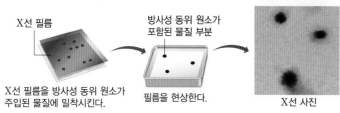

▲ **자기 방사법** 방사성 동위 원소가 포함된 물질 부분만 X선 사진에서 검은 점으로 나타난다.

등장액
세포액과 삼투압이 같은 용액

원심 분리의 종류
• 분별 원심 분리: 크기와 밀도에 따른 침전 속도 차이에 의해 분리하는 방법이다. 크기와 밀도가 클수록 침전 속도가 빠르다. 세포 분획법에 이용되는 방법이다.
• 밀도 기울기 원심 분리: 아래쪽으로 갈수록 밀도가 커지도록 밀도 기울기 용액(농축된 세슘염이나 설탕 용액)을 넣은 원심관 속에 물질을 넣은 다음, 초원심 분리를 하여 밀도 기울기에 따라 입자를 분리하는 방법이다. 평형 상태에서 각 입자는 동일한 밀도를 가진 기울기 부위에 있게 된다.

동물 세포의 분획
동물 세포는 엽록체가 없으므로 동물 세포를 세포 분획법으로 분리하면 엽록체는 분획되지 않는다.

방사성 동위 원소
불안정한 원자핵을 가지고 있어 중성자가 붕괴되면서 방사선을 방출하는 동위 원소로, ^{14}C, ^{18}O, ^3H, ^{32}P, ^{35}S 등이 있다. 광합성과 세포 호흡에서의 물질대사 경로를 연구할 때에는 ^{14}C나 ^{18}O를 이용하고, 단백질의 합성 및 분비 경로를 연구할 때에는 ^{14}C를 이용한다. 그리고 유전자 활동 과정을 연구할 때에는 ^{32}P이나 ^{35}S을 이용한다.

② 원핵세포와 진핵세포

세균과 사람은 모두 몸이 세포로 이루어져 있지만, 세균의 세포와 사람의 세포는 크게 다르다. 세포는 크게 원핵세포와 진핵세포로 구분되는데, 세균은 원핵세포에 해당하고 사람의 세포는 진핵세포에 해당한다.

1. 원핵세포

대장균과 같은 세균은 동물 세포나 식물 세포보다 크기가 훨씬 작고 핵막이 없으며, 막의 분화도 뚜렷하지 않아 미토콘드리아, 소포체, 골지체 등의 막성 세포 소기관이 없는데, 이러한 세포를 원핵세포라고 한다. 원핵세포인 세균의 크기는 $1\,\mu m \sim 5\,\mu m$로, 진핵세포의 세포 소기관인 미토콘드리아 정도의 크기이다. 원핵세포는 세포막으로 둘러싸여 있으며, 유전 물질(DNA)과 리보솜이 있다.

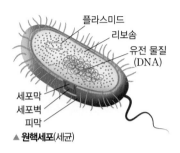
▲ **원핵세포**(세균)

(1) **핵:** 원핵세포는 막(핵막)으로 둘러싸인 핵이 없어 유전 물질인 DNA(염색체)가 세포질 한쪽에 뭉쳐 있다.

(2) **염색체:** 원핵세포의 DNA는 진핵세포의 DNA보다 양이 적고, 연속된 하나의 분자로 비틀리고 구부러지기는 했지만 닫힌 고리 모양의 원형 염색체 상태로 존재한다. 원핵세포는 주 염색체 이외에 원형의 플라스미드 형태로 소량의 DNA를 더 갖기도 한다.

(3) **리보솜:** 원핵세포의 리보솜은 진핵세포의 리보솜보다 작고, 구성하는 단백질과 RNA의 종류도 다르다.

(4) **막성 세포 소기관:** 원핵세포는 막의 분화가 뚜렷하지 않아 미토콘드리아, 엽록체, 소포체, 골지체, 리소좀 등 막으로 둘러싸인 세포 소기관이 없다.

(5) **세포벽:** 원핵세포에는 식물 세포처럼 세포막 바깥에 세포를 보호하는 세포벽이 있는데, 식물 세포의 세포벽과 주성분이 다르다. 원핵세포의 세포벽은 주성분이 펩티도글리칸이고, 식물 세포의 세포벽은 주성분이 셀룰로스이다. 또, 원핵세포는 세포벽 바깥에 보호막인 피막(또는 캡슐)이 있는 경우도 있다.

2. 진핵세포 　(심화) 66쪽

동물 세포나 식물 세포는 핵막으로 둘러싸인 핵이 있고 미토콘드리아, 소포체, 골지체 등의 막성 세포 소기관이 있는데, 이러한 세포를 진핵세포라고 한다. 진핵세포는 크기가 $10\,\mu m \sim 100\,\mu m$ 정도로, 원핵세포보다 훨씬 크다.

(1) **핵:** 진핵세포에는 막(핵막)으로 둘러싸인 핵이 있으며, 유전 물질인 DNA(염색체)는 핵 속에 있다.

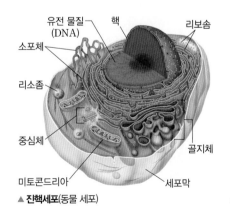
▲ **진핵세포**(동물 세포)

원핵생물과 진핵생물
몸이 원핵세포로 이루어진 생물을 원핵생물, 진핵세포로 이루어진 생물을 진핵생물이라고 한다. 세균은 원핵생물이고, 원생생물, 식물, 균류, 동물은 모두 진핵생물이다.

플라스미드
일부 원핵세포에는 주 염색체 이외에 원형의 작은 DNA가 존재하는데, 이를 플라스미드라고 한다. 플라스미드에는 항생 물질에 내성을 갖게 하는 유전자 등이 존재한다.

원핵세포와 진핵세포의 리보솜 크기
원핵세포의 리보솜은 침강 계수가 70S로 침강 계수가 80S인 진핵세포의 리보솜보다 크기가 작다. 침강 계수란 원심 분리 시 침강하는 정도를 나타내는 수치이며, S는 침강 계수를 나타내는 단위이다. 침강 계수 값이 클수록 원심 분리 시 아래층에 놓이는 큰 분자이다.

펩티도글리칸
다당류 사슬에 비교적 짧은 펩타이드 사슬이 결합한 당단백질로, 세균의 세포벽 골격을 형성한다.

원핵생물의 생식
원핵생물은 대부분 단세포 생물로, 주로 하나의 세포가 둘 이상으로 나누어져 새로운 개체가 되는 분열법으로 번식하는 무성 생식을 한다.

(2) **염색체:** 진핵세포의 핵 속에는 여러 개의 DNA가 히스톤 단백질과 결합하여 실 모양으로 존재한다. 세포 분열 시 핵 속의 DNA가 꼬이고 응축되어 막대 모양의 염색체가 여러 개 나타난다.

(3) **리보솜:** 진핵세포의 리보솜은 원핵세포의 리보솜보다 크다. 진핵세포의 미토콘드리아와 엽록체에도 리보솜이 들어 있는데, 이것은 원핵세포의 리보솜과 크기가 비슷하다.

(4) **막성 세포 소기관:** 진핵세포는 막의 분화가 뚜렷하여 미토콘드리아, 엽록체, 소포체, 골지체, 리소좀 등 막으로 둘러싸인 세포 소기관이 있다.

(5) **세포벽:** 동물 세포에는 세포벽이 없고 식물 세포와 균류 세포에는 세포벽이 있다. 식물 세포의 세포벽은 셀룰로스가 주성분이고, 균류 세포의 세포벽은 키틴이 주성분이다.

시선 집중 ★ **세균, 식물 세포, 동물 세포의 비교**

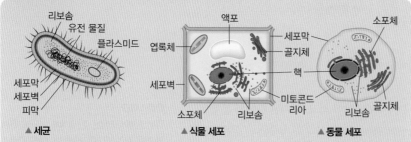

▲ 세균   ▲ 식물 세포   ▲ 동물 세포

구분	원핵세포	진핵세포	
	세균	식물 세포	동물 세포
세포막	있음	있음	있음
핵막(핵)	없음	있음	있음
막성 세포 소기관	없음	있음	있음
유전 물질	하나의 원형 DNA	다수의 선형 DNA	다수의 선형 DNA
리보솜	있음	있음	있음
세포벽	있음 (펩티도글리칸 성분)	있음 (셀룰로스 성분)	없음

❶ **원핵세포와 진핵세포의 공통점:** 세포막으로 둘러싸여 있고, 유전 물질과 리보솜이 있다.
❷ **원핵세포와 진핵세포의 차이점:** 핵막(핵)과 막성 세포 소기관이 원핵세포에는 없고, 진핵세포에는 있다.
❸ **식물 세포와 동물 세포의 차이점:** 세포벽과 엽록체가 식물 세포에는 있고, 동물 세포에는 없다.

예제

진핵세포에는 있고 원핵세포에는 <u>없는</u> 것을 모두 고르면? (정답 2개)

① 핵막   ② 세포막   ③ 세포벽   ④ DNA   ⑤ 미토콘드리아

해설 원핵세포에는 핵막이 없고 미토콘드리아, 엽록체, 소포체, 골지체, 리소좀과 같은 막성 세포 소기관도 없다. 원핵세포와 진핵세포의 세포막 구조는 거의 같고, 진핵세포(식물 세포)의 세포벽과 성분은 다르지만 원핵세포에도 세포벽이 있다. 그리고 원핵세포에는 보통 1개의 원형 DNA가 있고, 진핵세포에는 여러 개의 선형 DNA가 있다.
정답 ①, ⑤

진핵세포의 염색체
진핵세포의 핵에서 DNA는 히스톤 단백질을 휘감아 염주 모양의 뉴클레오솜을 형성한다. DNA에 의해 연결된 뉴클레오솜은 간기에는 실과 같은 구조를 형성하고 있다가, 세포가 분열할 때 꼬이고 응축되어 막대 모양의 염색체가 된다.

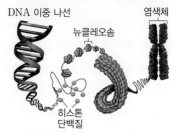

DNA 이중 나선   염색체
뉴클레오솜
히스톤 단백질

▲ 염색체의 구조

키틴
N−아세틸글루코사민이 긴 사슬 형태로 결합한 중합체 다당류이다. 절지동물의 단단한 외피, 연체동물의 껍데기, 균류 세포의 세포벽 등을 이루는 중요한 성분이다.

진핵생물의 생식
동물, 식물과 같은 다세포 진핵생물은 대부분 감수 분열로 생식세포를 형성하고, 이들의 결합으로 자손을 만드는 유성 생식을 한다. 아메바와 같은 단세포 진핵생물은 주로 원핵생물처럼 분열법으로 번식하는 무성 생식을 한다.

3 세포의 구조와 기능

진핵세포의 세포질에는 핵, 리보솜, 소포체, 골지체, 리소좀, 미토콘드리아 등의 여러 가지 세포 소기관이 있다. 이들 세포 소기관은 서로 유기적인 관계를 맺고 물질의 합성과 수송, 에너지 전환 등 세포의 생명 활동에 필요한 역할을 수행한다.

1. 진핵세포의 구조

진핵세포는 세포막으로 둘러싸여 있으며, 세포막 내부는 핵과 세포질로 구분된다. 세포질은 핵을 제외한 부분으로, 여러 가지 세포 소기관과 효소, 양분, 노폐물 등을 포함하는 액체로 구성되어 있다.

(1) **세포 소기관:** 막으로 둘러싸인 것과 그렇지 않은 것으로 구분할 수 있다. 핵, 미토콘드리아, 엽록체, 소포체, 골지체, 리소좀, 액포는 막으로 둘러싸여 있고, 리보솜과 중심체는 막으로 둘러싸여 있지 않다.

(2) **동물 세포와 식물 세포:** 동물 세포와 식물 세포에는 공통적으로 핵, 미토콘드리아, 리보솜, 소포체, 골지체, 세포 골격이 존재한다. 반면에 리소좀과 중심체는 주로 동물 세포에 존재하며, 엽록체와 세포벽은 식물 세포에만 존재한다. 또, 액포는 성숙한 식물 세포에서 크게 발달한다.

막성 세포 소기관

막으로 둘러싸여 있는 세포 소기관 중에는 외막과 내막의 2중막으로 둘러싸인 것과 단일 막으로 둘러싸인 것이 있다.
- 2중막 구조: 핵, 미토콘드리아, 엽록체
- 단일 막 구조: 소포체, 골지체, 리소좀, 액포

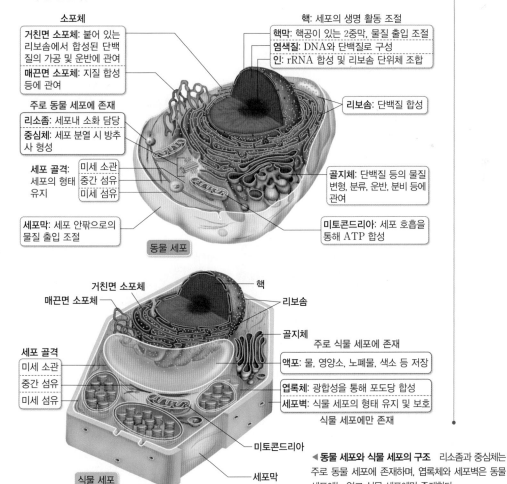

소포체
거친면 소포체: 붙어 있는 리보솜에서 합성된 단백질의 가공 및 운반에 관여
매끈면 소포체: 지질 합성 등에 관여

주로 동물 세포에 존재
리소좀: 세포내 소화 담당
중심체: 세포 분열 시 방추사 형성

세포 골격: 세포의 형태 유지
미세 소관
중간 섬유
미세 섬유

세포막: 세포 안팎으로의 물질 출입 조절

핵: 세포의 생명 활동 조절
핵막: 핵공이 있는 2중막, 물질 출입 조절
염색질: DNA와 단백질로 구성
인: rRNA 합성 및 리보솜 단위체 조합

리보솜: 단백질 합성

골지체: 단백질 등의 물질 변형, 분류, 운반, 분비 등에 관여

미토콘드리아: 세포 호흡을 통해 ATP 합성

동물 세포

거친면 소포체
핵
매끈면 소포체
리보솜
골지체
주로 식물 세포에 존재
액포: 물, 영양소, 노폐물, 색소 등 저장
엽록체: 광합성을 통해 포도당 합성
세포벽: 식물 세포의 형태 유지 및 보호
식물 세포에만 존재

세포 골격
미세 소관
중간 섬유
미세 섬유

미토콘드리아
세포막
식물 세포

◀ **동물 세포와 식물 세포의 구조** 리소좀과 중심체는 주로 동물 세포에 존재하며, 엽록체와 세포벽은 동물 세포에는 없고 식물 세포에만 존재한다.

2. 생명 활동의 중심 – 핵

(1) 핵의 구조: 핵은 세포에서 가장 크고 뚜렷하게 보이는 세포 소기관으로, 대부분 구형이며 핵막으로 둘러싸여 있다. 핵막에는 수많은 핵공이 있으며, 핵 속에는 유전 물질인 DNA와 인이 들어 있다.

① **핵막:** 외막과 내막으로 된 2중막이며, 외막은 소포체 막과 연결되어 있다. 핵막에는 핵공이라는 작은 구멍이 많이 있어 이곳을 통해 RNA, 단백질 등의 물질이 드나든다.

② **인:** 핵에서 비교적 뚜렷하게 나타나는 둥근 구조물로, 보통 핵 속에 1개 이상 있다. 리보솜을 구성하는 RNA(rRNA)가 합성되는 장소이며, 인에서 합성된 rRNA는 핵공을 통해 들어온 리보솜 단백질과 합쳐져 리보솜의 단위체가 된다.

③ **염색질:** 핵 속에서 DNA는 히스톤 단백질과 결합하여 가늘고 긴 실 모양의 염색질 상태로 존재한다. 염색질은 세포 분열 시 응축되어 막대 모양의 염색체가 된다.

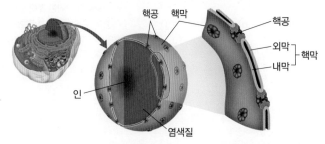

▲ **핵의 구조** 핵은 2중막인 핵막으로 둘러싸여 있고, 핵막에는 수많은 핵공이 있다.

(2) 핵의 기능: 핵에는 유전 물질인 DNA의 대부분이 들어 있어 물질대사, 증식, 유전 등을 주도하며, 세포의 구조와 기능을 결정하고 세포의 생명 활동을 조절한다.

3. 물질의 합성, 수송, 분해, 저장을 담당하는 세포 소기관

진핵세포는 세포 내부에 기능적으로 연관된 복잡한 막 체계를 갖는데, 여기에서 단백질을 포함한 여러 가지 물질의 합성, 수송, 분해, 저장 등의 생명 활동이 일어난다. 이러한 생명 활동에 관여하는 세포 소기관으로는 리보솜, 소포체, 골지체, 리소좀, 액포 등이 있다.

(1) 리보솜: 막으로 둘러싸여 있지 않으며, 크고 작은 2개의 단위체로 구성된 작은 알갱이 모양의 세포 소기관이다. 단백질과 rRNA로 구성되며, 핵 속의 DNA로부터 전사된 mRNA의 유전 정보에 따라 단백질을 합성한다. 거친면 소포체나 핵막 바깥쪽에 붙어 있거나 세포질에서 자유롭게 떠다니는데, 이자 세포와 같이 단백질 합성이 활발한 세포에 많다.

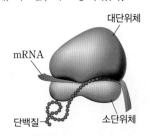

▲ **리보솜의 구조**

(2) 소포체: 단일 막으로 된 납작한 주머니나 관 모양의 구조물이 복잡하게 연결되어 있는 세포 소기관이다. 소포체의 내부는 서로 연결되어 있으며, 막의 일부는 핵막과 연결되어 있다. 소포체는 세포 내 물질의 이동 통로 역할을 하고, 미세 구조물을 고정하는 기능도 한다. 또, 세포 내부의 막 표면적을 넓혀 세포 내의 반응 장소를 확보해 준다. 소포체는 막의 표면에 리보솜이 붙어 있는 거친면 소포체와 리보솜이 붙어 있지 않은 매끈면 소포체로 구분된다.

염색질
핵 속에서 염기성 색소에 의해 진하게 염색되는 부분이다. 간기에 염색질은 실 모양의 망 구조로 핵 전체에 퍼져 있다가, 세포 분열 시 꼬이고 응축되어 염색체를 형성한다.

삿갓말 재생 실험
단세포 생물인 삿갓말은 몸이 갓, 자루, 헛뿌리로 구분되며, 헛뿌리에 핵이 있다. 갓 모양이 서로 다른 삿갓말 자루에 헛뿌리를 교환하여 이식하면, 재생되는 갓의 모양은 핵이 있는 헛뿌리에 따라 결정된다. 이 결과로 핵이 생물의 형질을 결정한다는 것을 알 수 있다.

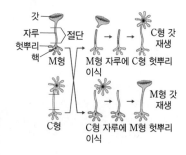

전사와 mRNA
DNA 이중 나선 중 한 가닥을 주형으로 하여 이에 상보적인 염기 서열을 가진 RNA가 합성되는 과정을 전사라고 한다. 그리고 전사된 RNA 중 DNA의 유전 정보를 리보솜에 전달하여 단백질이 합성되도록 하는 RNA를 mRNA라고 한다.

① **거친면 소포체**: 막 표면에 리보솜이 붙어 있다. 리보솜에서 합성된 단백질은 거친면 소포체의 내부로 들어가 입체 구조로 가공된 다음, 소포체 막으로부터 형성된 운반 소낭(수송 소낭)에 담겨 골지체나 세포 내 다른 부위로 운반된다. 거친면 소포체는 소화샘 세포, 내분비샘 세포, 형질 세포와 같이 분비 작용이 활발한 세포에 발달해 있다.

② **매끈면 소포체**: 막 표면에 리보솜이 붙어 있지 않다. 세포에 따라 인지질, 스테로이드 등의 지질 합성과 탄수화물 대사에 관여하고, 독성 물질이나 약물을 해독하거나 Ca^{2+}을 저장한다.

⑶ **골지체**: 단일 막으로 된 납작한 주머니 모양의 시스터나가 여러 겹으로 포개져 있는 구조이며, 소포체와 달리 내부가 서로 연결되어 있지 않다. 골지체는 소포체에서 운반되어 온 단백질이나 지질을 변형시킨 다음, 다시 소낭에 싸서 세포 밖으로 분비하거나 리소좀 등 세포 내의 다른 부위로 분류하여 보낸다. 그런 까닭에 골지체의 주변에는 소낭이 많이 분포하며, 골지체는 소포체와 마찬가지로 소화샘 세포나 내분비샘 세포와 같이 분비 작용이 활발한 세포에 발달해 있다.

매끈면 소포체가 발달한 세포
지질 합성을 담당하는 매끈면 소포체는 스테로이드계 호르몬을 분비하는 부신 겉질 세포나 지방의 재합성이 일어나는 소장 융털의 상피 세포에 발달해 있다. 탄수화물 대사나 해독 작용에 관여하는 매끈면 소포체는 간세포에 발달해 있다. 그리고 Ca^{2+}의 저장에 관여하는 매끈면 소포체는 근육 세포에 발달해 있다.

골지체에서의 단백질 이동
소포체에서 분리되어 온 운반 소낭은 시스터나의 막에 융합하여 운반해 온 단백질을 골지체에 전달한다. 시스터나 내부로 들어온 단백질은 변형 과정을 거친 후 시스터나의 말단에서 다시 소낭에 싸여 다음 시스터나로 전해진다. 이러한 방식으로 연속된 시스터나를 통과하면서 단백질은 단계적으로 변형되고, 마지막으로 시스터나에서 분리되는 소낭에 담겨 골지체를 떠난다.

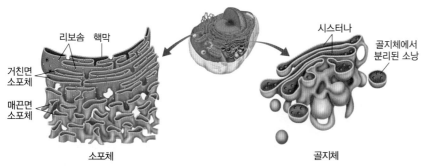

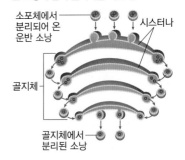

▲ **소포체와 골지체의 구조** 거친면 소포체와 매끈면 소포체는 서로 연결되어 있으며, 골지체는 소포체에서 운반되어 온 물질을 변형시키고 분비한다.

시선 집중 ★ **단백질의 합성과 분비 경로**

그림은 세포 내에서 호르몬 등 분비 단백질이 합성되어 세포 밖으로 분비되는 경로를 나타낸 것이다.
❶ 핵에서 분비 단백질 유전자가 mRNA로 전사된 후 핵공을 통해 세포질로 빠져나간다.
❷ 리보솜에서 mRNA의 유전 정보에 따라 단백질이 합성된다.
❸ 리보솜에서 합성된 단백질은 소포체 내부로 들어가 입체 구조로 가공된 후, 운반 소낭에 담겨 골지체로 이동한다.
❹ 골지체로 운반된 단백질은 시스터나를 거치면서 변형된 다음, 다시 소낭(분비 소낭)에 담겨 세포막 쪽으로 이동한다.
❺ 세포막으로 이동한 소낭(분비 소낭)이 세포막과 융합하면서 소낭 속에 든 단백질이 세포 밖으로 분비되고, 소낭의 막은 세포막의 일부가 된다.

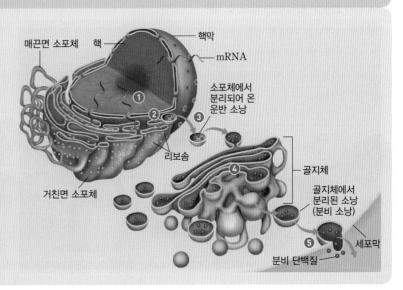

(4) **리소좀:** 단일 막으로 둘러싸인 주머니 모양의 구조물로, 골지체로부터 만들어지며 주로 동물 세포에서 관찰된다. 리소좀에는 다양한 가수 분해 효소가 들어 있어 외부에서 들어온 이물질, 세균, 수명을 다하거나 손상된 세포 소기관을 분해하는 등 세포내 소화를 담당한다. 백혈구가 식균 작용으로 세균을 분해하는 것이나, 올챙이가 개구리로 될 때 꼬리가 없어지는 것은 리소좀의 작용에 의한 것이다.

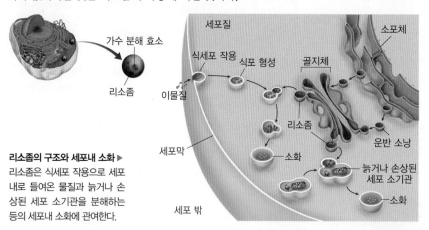

▶ **리소좀의 구조와 세포내 소화**
리소좀은 식세포 작용으로 세포 내로 들어온 물질과 늙거나 손상된 세포 소기관을 분해하는 등의 세포내 소화에 관여한다.

(5) **액포:** 단일 막으로 둘러싸인 주머니 모양의 구조물로, 성숙한 식물 세포에서 크게 발달한다. 액포는 물, 영양소, 생명 활동 결과 생성된 노폐물을 저장하며, 꽃의 색깔을 나타내는 색소, 자신의 몸을 보호하기 위해 만든 독성 물질 등도 저장한다. 식물 세포는 액포 속의 수분 함량을 조절함으로써 세포의 삼투압을 조절하고 세포의 형태를 유지한다.

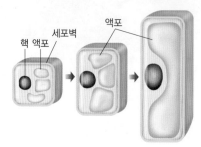

▲ **액포** 식물 세포가 성숙함에 따라 점점 커지며, 노화된 식물 세포에서는 세포의 대부분을 차지한다.

4. 에너지 전환을 담당하는 세포 소기관

세포에서 일어나는 에너지 전환 과정에는 엽록체와 미토콘드리아가 관여한다. 엽록체는 광합성을 통해 빛에너지를 유기물의 화학 에너지로 전환하고, 미토콘드리아는 세포 호흡을 통해 유기물의 화학 에너지를 세포가 생명 활동에 직접 사용할 수 있는 ATP의 화학 에너지로 전환한다.

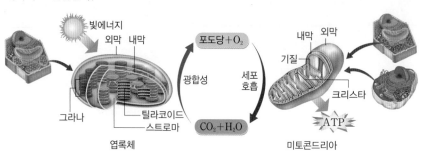

▲ **엽록체와 미토콘드리아의 구조 및 에너지 전환** 태양의 빛에너지는 엽록체와 미토콘드리아에서 각각 일어나는 광합성과 세포 호흡에 의해 생명 활동에 직접 쓰이는 ATP의 화학 에너지로 전환된다.

리소좀 내부의 pH

리소좀은 막에 있는 양성자(H^+) 펌프의 작용으로 내부가 pH 5 이하로 유지되며, 리소좀 내 가수 분해 효소는 산성 환경에서 가장 잘 작용한다. 그런데 세포질은 중성을 띠기 때문에 리소좀에서 가수 분해 효소가 새어 나오더라도 그 효소가 활성을 잘 나타내지 못한다. 하지만 많은 수의 리소좀에서 가수 분해 효소가 한꺼번에 과도하게 방출되면 세포를 파괴할 수도 있다.

식세포 작용과 식포

세포가 외부의 비교적 큰 고형 물질을 세포막으로 감싸 세포 속으로 끌어들이는 작용을 식세포 작용이라 하고, 식세포 작용으로 형성된 고형 물질이 든 소낭을 식포라고 한다.

중심 액포

성숙한 식물 세포에 존재하는 액포를 '중심 액포'라고 하기도 한다.

생명체의 에너지 근원

생명체의 에너지 근원은 태양의 빛에너지이다. 빛에너지는 먼저 식물 등의 광합성을 통해 포도당과 같은 유기물의 화학 에너지로 전환된다. 이후 유기물의 형태로 여러 생명체로 전해지면서 세포 호흡을 통해 ATP의 화학 에너지로 전환되어 생명체의 생명 활동에 직접 쓰인다.

(1) **엽록체:** 광합성이 일어나는 세포 소기관으로, 식물과 조류의 세포에 존재한다.

① **구조:** 외막과 내막의 2중막으로 둘러싸여 있고, 내막 안에 원반 모양의 틸라코이드가 발달해 있다. 틸라코이드 일부는 층층이 쌓여 그라나를 이루고 있다. 틸라코이드와 내막 사이의 공간은 기질로 채워져 있는데, 이를 스트로마라고 한다. 틸라코이드 막에는 빛에너지를 흡수하는 광합성 색소와 ATP 합성에 관여하는 효소가 있고, 스트로마에는 포도당 합성에 관여하는 여러 가지 효소가 있다.

② **기능:** 빛에너지를 이용하여 이산화 탄소(CO_2)와 물(H_2O)을 포도당과 같은 유기물로 합성하는 광합성이 일어난다. 광합성을 통해 빛에너지는 화학 에너지로 전환되어 유기물에 저장된다. 한편, 스트로마에는 자체 DNA와 리보솜이 있어 엽록체는 독자적으로 복제하여 증식하고 단백질을 합성할 수 있다.

(2) **미토콘드리아:** 세포 호흡이 일어나는 세포 소기관으로, 거의 모든 진핵세포에 존재한다.

① **구조:** 외막과 내막의 2중막으로 둘러싸여 있고, 내막은 안쪽으로 주름이 잡혀 크리스타라는 구조를 형성하며, 내막 안쪽은 기질로 채워져 있다. 미토콘드리아의 내막과 기질에는 세포 호흡에 관여하는 여러 가지 효소가 있다.

② **기능:** 산소(O_2)를 이용해 유기물을 분해하여 ATP를 합성하는 세포 호흡이 일어난다. 세포 호흡을 통해 유기물에 저장되어 있던 화학 에너지가 ATP의 화학 에너지로 전환되므로, 미토콘드리아는 간세포나 근육 세포와 같이 에너지를 많이 사용하는 세포에 많이 들어 있다. 엽록체와 마찬가지로 미토콘드리아의 기질에도 자체 DNA와 리보솜이 있어 미토콘드리아는 독자적으로 복제하여 증식하고 단백질을 합성할 수 있다.

5. 세포의 형태 유지와 운동에 관여하는 세포 소기관

세포벽, 세포 골격, 중심체, 편모와 섬모 등의 세포 구조물과 세포 소기관은 세포의 형태를 유지하거나 세포 소기관의 이동 및 세포의 운동에 관여한다.

(1) **세포벽:** 식물 세포에서 세포막 바깥을 둘러싸고 있는 두껍고 단단한 벽으로, 식물체를 기계적으로 지지한다.

① **구조:** 일반적인 식물 세포에는 세포막 바깥에 1차 세포벽과 중간 라멜라(중층)가 있으며, 일부 성숙한 식물 세포에는 세포막과 1차 세포벽 사이에 2차 세포벽이 있다.

▲ 세포벽의 구조

• **중간 라멜라(중층):** 이웃한 두 세포의 1차 세포벽 사이에 존재하는 끈적끈적한 얇은 층으로, 펙틴이라는 다당류로 구성되며 이웃한 두 세포를 결합시킨다.

• **1차 세포벽:** 어린 식물 세포를 포함하여 거의 모든 식물 세포에 존재하는 세포벽으로, 셀룰로스가 주성분이다. 얇고 유연하며 길이가 늘어날 수도 있다.

• **2차 세포벽:** 일부 식물 세포에서는 세포가 충분히 자란 후 1차 세포벽 안쪽에 2차 세포벽이 형성된다. 2차 세포벽은 셀룰로스에 큐틴, 리그닌, 수베린 등의 다른 물질이 첨가되어 1차 세포벽에 비해 훨씬 두껍고 단단하다.

엽록체와 광합성

엽록체의 틸라코이드 막에서는 빛에너지가 ATP 등의 화학 에너지로 전환되는 명반응이 일어나고, 스트로마에서는 명반응의 산물을 이용하여 CO_2를 포도당으로 합성하는 탄소 고정 반응이 일어난다.

엽록체의 틸라코이드와 미토콘드리아의 내막 구조

엽록체에서 내막 안쪽에 납작한 주머니 모양의 틸라코이드를 형성한 것과 미토콘드리아에서 내막이 안쪽으로 주름이 잡혀 크리스타를 형성한 것은 모두 막의 표면적을 넓히는 구조에 해당한다. 엽록체의 틸라코이드 막과 미토콘드리아 내막에는 ATP 합성 효소가 있어 ATP가 합성되도록 한다.

세포벽의 형성 순서

식물 세포의 세포질 분열은 안쪽에서부터 세포판이 형성되면서 시작되는데, 이때 형성된 세포판이 중간 라멜라이다. 세포판이 어느 정도 형성된 이후 세포판 안쪽에 셀룰로스가 쌓여 1차 세포벽이 만들어진다. 나중에 세포가 충분히 자라서 생장이 정지되고 1차 세포벽이 완성된 이후에, 일부 세포에서는 1차 세포벽 안쪽에 2차 세포벽이 만들어진다.

펙틴

세포벽의 중간 라멜라(중층) 성분으로, 잼이나 젤리 등을 만드는 데 쓰이는 점성이 있는 다당류이다. 세포를 결합시키는 작용을 한다.

2차 세포벽의 종류

• 표피 세포: 셀룰로스에 큐틴이 침착하여 각질화된 2차 세포벽이 형성된다.

• 물관 세포: 셀룰로스에 리그닌이 침착하여 목질화된 2차 세포벽이 형성된다.

• 코르크 세포: 셀룰로스에 수베린이 침착하여 코르크화된 2차 세포벽이 형성된다.

② **기능**: 세포벽은 세포막보다 두껍고 단단하여 세포를 보호하고 세포의 형태를 유지하는 등 식물체를 기계적으로 지지하는 기능을 한다. 한편, 세포벽은 세포막과 달리 물과 용질을 모두 통과시키는 전투과성 막이므로 물질 출입을 조절하지 못한다.

(2) 세포 골격: 세포질에는 단백질로 구성된 가느다란 소관과 섬유들이 그물처럼 얽혀 있는데, 이러한 구조를 세포 골격이라고 한다. 세포 골격은 세포의 형태를 유지하는 뼈대 역할을 하며, 세포 소기관의 위치를 고정하고, 세포 소기관과 소낭의 이동에도 관여한다. 세포 골격은 미세 소관, 중간 섬유, 미세 섬유의 세 가지 단백질 섬유로 구성된다.

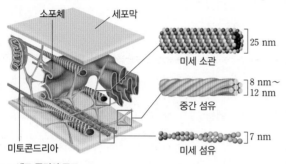

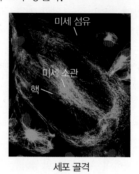

▲ **세포 골격의 구조**

세포 골격

① **미세 소관**: 길고 속이 빈 원통 모양이며, 지름이 25 nm 정도로 세포 골격을 구성하는 단백질 섬유 중 가장 굵다. 튜불린이라는 단백질로 구성되며, 세포의 형태를 유지하고 세포 소기관과 소낭의 세포 내 이동에 관여한다.

② **중간 섬유**: 여러 가닥의 단백질이 꼬여 있는 모양이며, 지름이 8 nm~12 nm 정도로 미세 소관과 미세 섬유의 중간 굵기이다. 케라틴 등의 단백질로 구성되고, 세포질 전체에 그물처럼 퍼져 있어 세포 골격 전체의 뼈대로 작용하며, 세포의 형태를 유지하고 세포 소기관의 위치를 고정한다.

③ **미세 섬유**: 액틴이라는 구형 단백질이 두 가닥의 나선을 이루면서 꼬여 있는 모양으로, 액틴 필라멘트라고도 한다. 지름이 7 nm 정도로 세포 골격을 구성하는 단백질 섬유 중 가장 가늘다. 세포막 바로 안쪽에 퍼져 있어 세포막의 지탱과 변형에 관여하며, 동물 세포의 세포질 분열, 백혈구의 위족 운동, 근육 수축 등에 중요한 역할을 한다.

(3) 중심체: 주로 동물 세포에서 발견된다. 1쌍의 중심립으로 구성되는데, 1쌍의 중심립은 핵 근처에 서로 직각으로 배열되어 있다. 중심체는 세포가 분열할 때 복제된 후 둘로 나뉘어 양극으로 이동하며, 여기에서 방추사가 뻗어 나와 염색체를 끌어당긴다.

(4) 편모와 섬모: 세포의 운동 기관으로, 미세 소관으로 이루어져 있다. 편모는 사람의 정자 등에서 볼 수 있고, 섬모는 짚신벌레나 사람의 기관지 상피 세포에서 볼 수 있다.

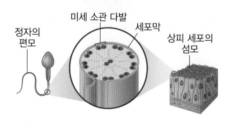

▲ **편모와 섬모의 구조**

① **편모**: 길이가 길고 수가 1개~수 개이며, 파도치듯이 움직인다.

② **섬모**: 길이가 짧고 수가 많으며, 여러 개가 한꺼번에 노 젓듯이 움직인다.

세포 소기관의 이동
세포 소기관의 이동은 운동 분자가 ATP를 소비하면서 미세 소관을 따라 이동하여 이루어진다.

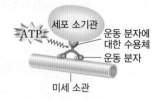

미세 소관의 생성과 기능
동물 세포에서 미세 소관은 중심립으로부터 만들어진다. 미세 소관은 방추사, 섬모, 편모의 구성 요소가 되어 염색체의 이동과 세포의 운동에도 관여한다.

액틴과 근육 수축
액틴은 근육 원섬유를 구성하는 주요 단백질 중 하나로, 섬유 모양의 구조를 갖는다. 근육 원섬유에서 액틴 필라멘트가 마이오신 필라멘트 사이로 미끄러져 들어가 근육 원섬유 마디의 길이가 짧아지면서 근육 수축이 일어난다.

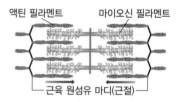

중심체를 구성하는 중심립의 구조
중심립은 3개의 미세 소관으로 구성된 미세 소관 다발 9세트가 고리 모양으로 배열되어 있고 중앙은 비어 있는 9+0 구조이다.

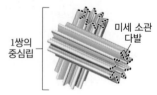

▲ **중심체의 구조**

편모와 섬모의 구조
편모와 섬모는 공통적으로 2개의 미세 소관으로 구성된 미세 소관 다발 9세트가 고리 모양으로 배열되어 있고, 중앙에 2개의 미세 소관이 있는 9+2 구조이다.

세포의 길이 측정하기

광학 현미경과 현미경용 마이크로미터를 이용하여 세포의 크기를 측정할 수 있다.

과정

1 접안렌즈에 접안 마이크로미터를 끼우고 현미경의 배율을 100배로 한 후, 재물대 위에 대물 마이크로미터를 올려놓고 관찰하면서 대물 마이크로미터의 눈금이 시야의 가운데에 오도록 맞춘다(가).

2 접안렌즈를 돌려 접안 마이크로미터와 대물 마이크로미터의 눈금이 평행이 되도록 한 다음, 두 마이크로미터의 눈금이 겹치는 두 곳을 찾아 그 사이에 있는 눈금의 칸 수를 각각 세어 접안 마이크로미터 눈금 한 칸의 길이를 구한다(나). 대물 마이크로미터 눈금 한 칸의 길이는 10 μm이다.

$$\text{접안 마이크로미터 눈금 한 칸의 길이} = \frac{\text{겹친 부분의 대물 마이크로미터 눈금의 칸 수}}{\text{겹친 부분의 접안 마이크로미터 눈금의 칸 수}} \times 10 (\mu m)$$

3 재물대에서 대물 마이크로미터를 제거하고 양파 표피 세포의 현미경 표본을 재물대 위에 올려놓은 다음, 세포 1개에 겹쳐진 접안 마이크로미터의 눈금 칸 수를 세고, 여기에 접안 마이크로미터 눈금 한 칸의 길이를 곱하여 세포의 길이(l)를 구한다(다).

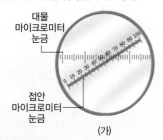
(가)

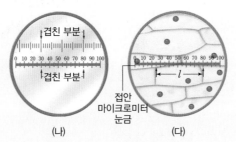
(나)

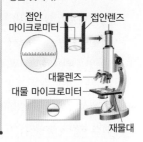
(다)

결과 및 해석

1 (나)에서 접안 마이크로미터 눈금 50칸이 대물 마이크로미터 눈금 20칸과 겹쳤으므로 접안 마이크로미터 눈금 한 칸의 길이는 $\frac{20}{50} \times 10 \mu m = 4 \mu m$에 해당하고, (다)에서 양파 표피 세포 1개에 접안 마이크로미터 눈금 55칸이 겹쳤으므로 양파 표피 세포의 길이(l)는 $55 \times 4 \mu m = 220 \mu m$이다.

2 대물렌즈의 배율만 바꾸어 현미경의 배율을 400배로 높이면 대물 마이크로미터 눈금 간격은 4배 확대되어 보이지만, 접안 마이크로미터의 눈금 간격은 확대되어 보이지 않는다. 따라서 접안 마이크로미터 눈금 한 칸의 길이는 현미경의 배율이 100배일 때의 $\frac{1}{4}$인 1 μm에 해당한다.

유의점

- 접안렌즈에 접안 마이크로미터를 끼울 때에는 숫자가 바로 보이도록 끼워야 한다.
- 접안 마이크로미터 눈금 한 칸의 길이를 구했을 때와 같은 배율에서 세포의 길이를 측정해야 한다.

접안 마이크로미터

지름 1.5 cm 정도의 둥근 유리판에 눈금을 미세하게 새겨 넣은 것이다.

대물 마이크로미터

받침 유리에 1 mm를 100등분하여 10 μm 간격으로 눈금을 새겨 넣은 것이다.

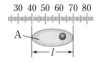

탐구 확인 문제

> 정답과 해설 9쪽

01 다음은 현미경으로 세포 A의 크기를 측정하는 과정 중 일부를 설명한 것이다.

> 접안렌즈에 접안 마이크로미터를 끼우고 현미경의 배율을 100배로 한 후, 대물 마이크로미터를 재물대 위에 놓고 관찰하였더니 접안 마이크로미터 눈금 40칸과 대물 마이크로미터 눈금 20칸이 일치하였다.

(1) 100배의 배율에서 접안 마이크로미터 눈금 한 칸의 길이는 몇 μm에 해당하는지 쓰시오. (단, 대물 마이크로미터 눈금 한 칸의 길이는 10 μm이다.)

(2) 대물렌즈의 배율만 2배 높여 200배의 배율로 대물 마이크로미터 대신 세포 A를 관찰한 결과가 그림과 같았다. 세포 A의 길이(l)는 몇 μm인지 쓰시오.

심화

내막계와 막 진화설의 관련성

원핵세포와 달리 진핵세포에는 많은 막성 세포 소기관이 있다. 진핵세포에서 직접 연결되어 있거나 소낭을 통해 기능적으로 연결되어 있는 막성 세포 소기관을 통틀어 내막계라고 한다. 내막계는 원핵세포에서 세포막 함입이 일어나 핵막과 소포체가 만들어져 원핵세포가 원시 진핵세포로 진화하는 과정에서 형성된 것으로 보고 있다. 내막계에 대해 좀 더 알아보자.

❶ 내막계

내막계는 진핵세포를 기능적인 구획으로 나누는 막성 세포 소기관의 연결망으로, 핵막, 소포체, 골지체, 리소좀, 소낭, 세포막으로 구성되어 있다. 내막계에 속하는 막성 세포 소기관들은 직접 연결되어 있거나, 이들 사이에서 물질을 수송하는 소낭에 의해 간접적으로 연결되어 있다. 내막계에 속하는 막성 세포 소기관들은 단백질 합성에 관여하

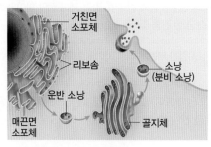

▲ 내막계를 이루는 세포 소기관

고, 합성된 단백질의 세포 내 이동 및 분비, 지질과 탄수화물 대사 및 이동, 해독 작용, 세포 내 소화 등 다양한 기능을 수행한다. 내막계의 막은 소포체에서 유래된 것으로 본다. 따라서 미토콘드리아와 엽록체는 내막계에 포함하지 않는다.

❷ 내막계의 형성과 막 진화설

막 진화설은 세포내 공생설과 함께 원핵세포에서 진핵세포로의 진화 과정을 설명하는 이론이다. 막 진화설에 따르면, 일부 원핵세포의 세포막 일부가 함입되어 핵막과 소포체를 형성하였고, 세포막의 함입 과정에서 막의 일부가 떨어져 나와 골지체 등 막성 세포 소기관을 형성하여 원시 진핵세포가 탄생하였다. 그리고 세포내 공생설에 따르면, 원시 진핵세포에 호기성 세균이 들어와 공생하면서 미토콘드리아로 진화하였고, 미토콘드리아를 가진 진핵세포에 광합성 세균이 들어와 공생하면서 엽록체로 진화하였다.

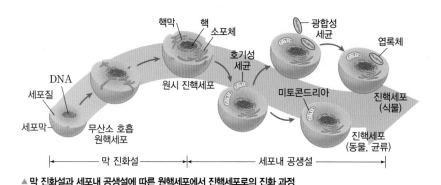

▲ 막 진화설과 세포내 공생설에 따른 원핵세포에서 진핵세포로의 진화 과정

원핵세포에서 진핵세포로의 진화 과정

무산소 호흡 원핵세포

막 진화설
세포막의 함입에 의한 내막계 형성

↓

원시 진핵세포

세포내 공생설
공생하던 세균이 미토콘드리아와 엽록체로 진화

↓

진핵세포

세포내 공생설을 뒷받침하는 미토콘드리아와 엽록체의 특징
· 2중막으로 둘러싸여 있다.
· 자체 DNA와 리보솜이 있어 독자적으로 증식하고 단백질을 합성한다.
· 원핵세포처럼 원형의 DNA가 있다.
· 리보솜의 구조와 크기가 원핵세포의 리보솜과 유사하다.
· 리보솜 RNA의 염기 서열과 크기가 원핵세포의 리보솜 RNA와 유사하다.

02 세포의 구조와 기능

1. 세포의 특성

❶ 세포의 연구 방법

1. 현미경

구분	광학 현미경	투과 전자 현미경(TEM)	주사 전자 현미경(SEM)
원리	(❶)을 시료에 투과시켜 유리 렌즈로 확대	(❷)을 시료 단면에 투과시켜 전자 렌즈로 확대 → 시료 단면의 2차원 영상	(❸)을 시료 표면에 주사하여 방출된 2차 전자를 감지 → 시료 표면의 3차원 입체 영상
특징	• 살아 있는 세포 관찰 가능 • 세포와 일부 세포 소기관의 대략적인 구조 관찰	• 살아 있는 세포 관찰 못함 • 세포나 세포 소기관의 단면 관찰	• 살아 있는 세포 관찰 못함 • 세포나 세포 소기관의 입체 구조 관찰

2. 세포 분획법   세포를 파쇄한 후 (❹   )하여 세포 소기관을 크기와 밀도에 따라 침전시켜 분리한다.

3. 자기 방사법   방사성 동위 원소가 포함된 화합물을 세포에 공급한 후 시간 경과에 따라 방사성 동위 원소에서 방출되는 (❺   )을 추적하여 세포 내 물질의 이동 경로와 변화를 알아본다.

❷ 원핵세포와 진핵세포

구분	핵막(핵)	막성 세포 소기관	유전 물질	세포벽
원핵세포	(❻)	없다.	하나의 (❼) DNA	있다. - (❽) 성분
진핵세포	(❾)	있다.	다수의 선형 DNA	• 식물 세포 - 셀룰로스 성분 • 균류 - 키틴 성분

❸ 세포의 구조와 기능

주요 기능	세포 소기관	특징
생명 활동의 중심	핵	• 2중막인 핵막으로 둘러싸여 있으며, 핵 속에는 DNA가 염색질 상태로 존재한다. • 유전 물질인 DNA의 대부분이 들어 있어 세포의 생명 활동을 조절한다.
물질의 합성, 수송, 분해, 저장	(❿)	막에 싸여 있지 않은 알갱이 모양이며, 단백질 합성이 일어나는 장소이다.
	소포체	• 거친면 소포체: 리보솜에서 합성된 단백질의 가공 및 운반에 관여한다. • 매끈면 소포체: 지질 합성과 탄수화물 대사 등에 관여한다.
	(⓫)	소포체에서 운반되어 온 단백질이나 지질을 변형시킨 후 소낭에 싸서 분비하거나 다른 부위로 보낸다.
	리소좀	주로 동물 세포에 존재하며, 가수 분해 효소가 있어 (⓬)를 담당한다.
	액포	식물 세포에서 물질을 저장하며, 삼투압을 조절하고, 세포의 형태를 유지한다.
에너지 전환	엽록체	• 광합성(빛에너지 → 유기물의 화학 에너지)이 일어나는 장소로, 식물 세포에 존재한다. • 2중막으로 둘러싸여 있고, 자체 DNA와 리보솜이 있어 독자적으로 증식한다.
	(⓭)	• 세포 호흡(유기물의 화학 에너지 → ATP의 화학 에너지)이 일어나는 장소이다. • 2중막으로 둘러싸여 있고, 자체 DNA와 리보솜이 있어 독자적으로 증식한다.
세포의 형태 유지와 운동	세포벽	식물 세포의 세포막 바깥을 둘러싸며, 식물체를 기계적으로 지지한다.
	세포 골격	• 미세 소관, 중간 섬유, 미세 섬유의 세 가지 단백질 섬유로 구성된다. • 세포의 형태를 유지하고, 세포 소기관의 위치 고정 및 이동에 관여한다.
	(⓮)	주로 동물 세포에 존재하며, 세포 분열 시 방추사를 형성한다.
	편모와 섬모	세포의 운동 기관이며, 미세 소관으로 이루어져 있다.

01 다음은 광학 현미경, 주사 전자 현미경, 투과 전자 현미경에 대한 설명이다. 각 설명에 해당하는 현미경을 쓰시오.

(1) 얇게 자른 시료에 전자선을 투과시켜 2차원적인 상을 얻는다.

(2) 가시광선을 이용하며, 살아 있는 세포의 형태와 색깔을 관찰할 수 있다.

(3) 금속으로 코팅한 시료 표면에 전자선을 주사하여 방출되는 2차 전자에 의한 입체적인 상을 얻는다.

02 그림은 세포벽을 제거한 식물 세포를 파쇄한 후 단계적으로 원심 분리하는 과정을 나타낸 것이다. A~D는 각각 소포체, 핵, 미토콘드리아, 엽록체 중 하나이다.

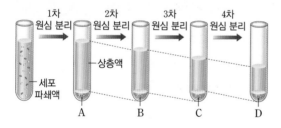

(1) 위의 세포 연구 방법을 무엇이라고 하는지 쓰시오.

(2) A~D에 해당하는 세포 소기관을 각각 쓰시오.

03 다음은 어떤 세포 연구 방법에 대하여 설명한 것이다.

> 탄소(C)의 방사성 동위 원소로 표지된 아미노산을 세포에 공급한 후 시간 경과에 따라 방사선을 방출하는 세포 소기관을 추적한다.

이에 대한 설명으로 옳은 것만을 〈보기〉에서 있는 대로 고르시오.

> 보기
> ㄱ. 탄소의 방사성 동위 원소로 ^{12}C를 이용한다.
> ㄴ. 방사선을 검출할 때에는 X선 필름을 이용한다.
> ㄷ. 단백질의 합성 및 분비 경로를 밝혀낼 수 있다.

04 그림 (가)~(다)는 동물 세포, 식물 세포, 세균을 순서 없이 나타낸 것이다.

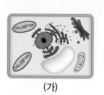

(가)　　　　　(나)　　　　　(다)

이에 대한 설명으로 옳은 것만을 〈보기〉에서 있는 대로 고르시오.

> 보기
> ㄱ. (가)의 유전 물질은 선형 DNA이다.
> ㄴ. (나)와 (다)는 핵막을 갖는다.
> ㄷ. (다)는 펩티도글리칸 성분의 세포벽을 갖는다.
> ㄹ. (가), (나), (다)는 모두 리보솜을 갖는다.

05 그림은 식물 세포와 동물 세포의 구조를 나타낸 것이다.

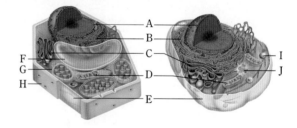

(1) 2중막을 가진 세포 소기관의 기호를 있는 대로 쓰시오.

(2) 자체 DNA와 리보솜이 있어 독자적인 증식이 가능한 세포 소기관의 기호를 있는 대로 쓰시오.

(3) F~J에 대한 설명으로 옳은 것만을 〈보기〉에서 있는 대로 고르시오.

> 보기
> ㄱ. F는 탄수화물과 지질의 합성에 관여한다.
> ㄴ. G에서 광합성이 일어난다.
> ㄷ. H는 세포 안팎으로의 물질 출입을 조절한다.
> ㄹ. I에서 세포내 소화가 일어난다.
> ㅁ. J는 세포 분열 시 방추사 형성에 관여한다.

06 그림은 핵과 그 주변의 세포 소기관을 나타낸 것이다.

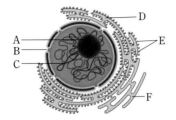

(1) A~F의 이름을 각각 쓰시오.

(2) C를 구성하는 주요 물질 두 가지를 쓰시오.

07 그림은 세포 내에서 단백질이 합성되어 분비되는 과정과 식세포 작용을 모식적으로 나타낸 것이다.

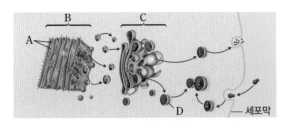

다음은 리소좀 형성 과정을 설명한 것이다. 위 그림에서 ㉠~㉢에 해당하는 부분을 찾아 기호와 이름을 쓰시오.

(㉠)의 표면에 붙어 있는 (㉡)에서 가수 분해 효소 단백질이 합성된다. → 단백질이 (㉠)의 내부로 들어간 후 운반 소낭에 싸여 (㉢)으로 이동한다. → 단백질은 (㉢)에서 소낭에 싸인 후 분리되어 리소좀이 된다.

08 그림은 미토콘드리아와 엽록체의 구조를 나타낸 것이다.

(1) A~D 각 부분의 이름을 쓰시오. (단, A는 내막이 안으로 접혀 들어가 형성된 구조이다.)

(2) DNA와 리보솜이 있는 부위의 기호를 있는 대로 쓰시오.

09 그림은 성숙한 식물 세포의 세포벽을 나타낸 것이다.

(1) A~C의 이름을 각각 쓰시오.

(2) A와 B의 주성분은 각각 무엇인지 쓰시오.

10 그림은 세포 골격을 구성하는 단백질 섬유 (가)~(다)를 나타낸 것이다.

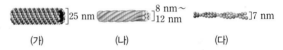

(가)   (나)   (다)

다음 설명에 해당하는 단백질 섬유의 기호와 이름을 쓰시오.

(1) 액틴으로 구성되며, 마이오신과 함께 근육 수축에 관여한다.

(2) 세포 소기관, 소낭, 염색체의 이동에 관여하며, 방추사, 섬모, 편모의 구성 요소가 된다.

(3) 세포질 전체에 그물처럼 퍼져 있으며, 세포 소기관을 고정하는 데 관여한다.

11 그림 (가)는 광학 현미경의 접안렌즈에 접안 마이크로미터를 끼우고 100배의 배율에서 대물 마이크로미터를 관찰한 결과를, (나)는 같은 배율에서 대물 마이크로미터 대신 짚신벌레의 현미경 표본을 관찰한 결과를 나타낸 것이다.

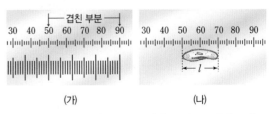

(가)   (나)

(나)에서 관찰한 짚신벌레의 길이(*l*)는 몇 μm인지 쓰시오. (단, 대물 마이크로미터 눈금 한 칸의 길이는 10 μm이다.)

01
▶세포 분획법

그림은 세포벽을 제거한 식물 세포를 파쇄한 후 원심 분리기로 세포 소기관 A∼D를 분리하는 과정을 나타낸 것이다. A∼D는 각각 핵, 미토콘드리아, 엽록체, 소포체 중 하나이다.

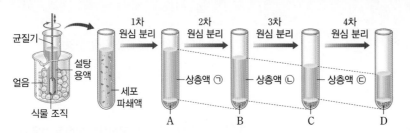

이에 대한 설명으로 옳은 것만을 〈보기〉에서 있는 대로 고른 것은?

보기
ㄱ. ㉠, ㉡, ㉢에 모두 리보솜이 들어 있다.
ㄴ. ㉡에는 DNA를 가진 세포 소기관이 들어 있다.
ㄷ. D는 크리스타 구조를 가진 세포 소기관이다.
ㄹ. 1차∼4차 중 4차 원심 분리 할 때 회전 속도가 가장 빠르고 회전 시간은 가장 길다.

① ㄱ, ㄴ, ㄷ　　　　② ㄱ, ㄴ, ㄹ　　　　③ ㄱ, ㄷ, ㄹ
④ ㄴ, ㄷ, ㄹ　　　　⑤ ㄱ, ㄴ, ㄷ, ㄹ

식물 세포 파쇄액을 회전 속도와 시간을 단계적으로 증가시키면서 몇 차례 원심 분리하면 핵, 엽록체, 미토콘드리아, 소포체(리보솜 일부 포함)의 순으로 분리되어 나온다.

02
▶진핵세포와 원핵세포

그림은 두 종류의 세포 구조를 나타낸 것이다.

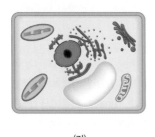
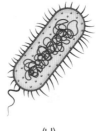

(가)　　　　　　　　　　　　(나)

이에 대한 설명으로 옳은 것만을 〈보기〉에서 있는 대로 고른 것은?

보기
ㄱ. (가)는 동물 세포이다.
ㄴ. (나)의 유전 물질은 주로 하나의 원형 염색체 상태로 존재한다.
ㄷ. (가)는 세포벽이 있고, (나)는 세포벽이 없다.
ㄹ. (가)와 (나)에는 공통적으로 세포막, 유전 물질, 리보솜이 존재한다.

① ㄱ, ㄴ　　　② ㄱ, ㄹ　　　③ ㄴ, ㄷ　　　④ ㄴ, ㄹ　　　⑤ ㄷ, ㄹ

(가)에는 핵막(핵), 막성 세포 소기관, 셀룰로스 성분의 세포벽이 있다. (나)에는 핵막(핵)과 막성 세포 소기관이 없고, 펩티도글리칸 성분의 세포벽이 있다. 모든 세포는 세포막, 유전 물질, 리보솜을 갖는다.

03 〉원핵세포, 동물 세포, 식물 세포의 비교

표 (가)는 세포 A~C에서 특징 ㉠~㉢의 유무를, (나)는 특징 ㉠~㉢을 순서 없이 나타낸 것이다. A~C는 각각 사람의 간세포, 시금치의 공변세포, 대장균 중 하나이다.

세포＼특징	㉠	㉡	㉢
A	×	○	ⓐ
B	×	ⓑ	×
C	○	○	○

(○: 있음, ×: 없음)

(가)

특징(㉠~㉢)
• 엽록체가 있다.
• 소포체가 있다.
• 리보솜이 있다.

(나)

이에 대한 설명으로 옳은 것만을 〈보기〉에서 있는 대로 고른 것은?

보기
ㄱ. A는 대장균이다.
ㄴ. ㉢은 '소포체가 있다.'이다.
ㄷ. ⓐ와 ⓑ는 모두 '○'이다.

① ㄱ　　　　② ㄴ　　　　③ ㄱ, ㄷ　　　　④ ㄴ, ㄷ　　　　⑤ ㄱ, ㄴ, ㄷ

> 식물 세포에는 엽록체, 소포체, 리보솜이 모두 있고, 동물 세포에는 소포체와 리보솜은 있지만 엽록체는 없다. 원핵세포에는 리보솜은 있지만, 엽록체와 소포체는 없다.

04 〉세포 소기관의 구조와 기능

그림은 동물 세포의 구조를 나타낸 것이다.

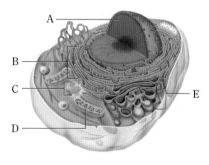

세포 소기관 A~E에 대한 설명으로 옳은 것만을 〈보기〉에서 있는 대로 고른 것은?

보기
ㄱ. A와 B에 모두 DNA가 존재한다.
ㄴ. C는 세포 분열 시 염색체의 이동에 관여한다.
ㄷ. D는 가수 분해 효소를 함유하고 있어 세포내 소화를 담당한다.
ㄹ. E는 B에서 운반되어 온 단백질을 변형하고 분류하는 기능을 한다.

① ㄱ, ㄴ　　　　② ㄱ, ㄷ　　　　③ ㄴ, ㄷ　　　　④ ㄴ, ㄹ　　　　⑤ ㄷ, ㄹ

> 동물 세포에서 DNA는 핵과 미토콘드리아에 존재하며, 가수 분해 효소를 함유하고 있어 세포내 소화를 담당하는 세포 소기관은 리소좀이다.

05 › 세포 소기관의 구조와 기능

그림은 서로 다른 세포 소기관 A~D를 막 구조와 기능에 따라 분류한 것이다. A~D는 각각 미토콘드리아, 리보솜, 리소좀, 골지체 중 하나이다.

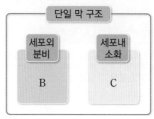

막 구조 아님	단일 막 구조		2중막 구조
물질 합성	세포외 분비	세포내 소화	(가)
A	B	C	D

이에 대한 설명으로 옳은 것만을 〈보기〉에서 있는 대로 고른 것은?

> 보기
>
> ㄱ. A는 RNA와 단백질로 구성된다.
> ㄴ. 항체나 호르몬을 분비하는 세포에는 B가 발달해 있다.
> ㄷ. C에는 D에서 합성된 물질이 들어 있다.
> ㄹ. '세포 호흡'은 (가)에 해당한다.

① ㄱ, ㄴ, ㄷ   ② ㄱ, ㄴ, ㄹ   ③ ㄱ, ㄷ, ㄹ
④ ㄴ, ㄷ, ㄹ   ⑤ ㄱ, ㄴ, ㄷ, ㄹ

• 핵, 미토콘드리아, 엽록체는 2중막 구조이고 소포체, 골지체, 리소좀, 액포는 단일 막 구조이다. 리보솜과 중심체는 막으로 둘러싸여 있지 않다.

06 › 핵과 소포체의 구조와 기능

그림은 동물 세포의 일부를 확대하여 나타낸 것이다.

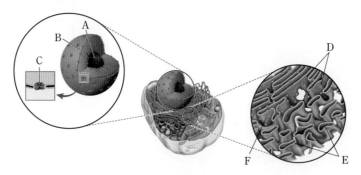

이에 대한 설명으로 옳은 것만을 〈보기〉에서 있는 대로 고른 것은?

> 보기
>
> ㄱ. A에서 리보솜의 단위체가 만들어진다.
> ㄴ. D에서 합성된 물질의 일부는 C를 통해 핵 속으로 들어간다.
> ㄷ. B와 F는 모두 2중막 구조이다.
> ㄹ. E에서 지질과 ATP의 합성이 일어난다.

① ㄱ, ㄴ   ② ㄱ, ㄷ   ③ ㄱ, ㄹ   ④ ㄴ, ㄷ   ⑤ ㄴ, ㄹ

• 핵을 둘러싸고 있는 핵막에는 많은 핵공이 있어 물질이 출입한다. 소포체의 일부는 핵막과 연결되어 있으며, 리보솜이 붙어 있는 거친면 소포체와 리보솜이 붙어 있지 않은 매끈면 소포체로 구분된다.

07

> 리소좀의 형성과 기능

그림은 동물 세포에서 세포 밖의 이물질을 세포 내로 들여와 소화하는 과정을 나타낸 것이다.

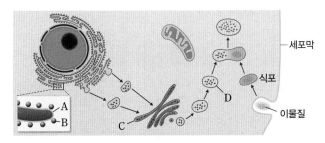

이에 대한 설명으로 옳은 것만을 〈보기〉에서 있는 대로 고른 것은?

보기

ㄱ. A에서 인지질과 스테로이드가 합성된다.

ㄴ. C에서 세포내 소화가 일어난다.

ㄷ. D에는 B에서 합성한 물질이 들어 있다.

① ㄱ   ② ㄷ   ③ ㄱ, ㄴ   ④ ㄴ, ㄷ   ⑤ ㄱ, ㄴ, ㄷ

• 리소좀에는 거친면 소포체에 붙어 있는 리보솜에서 합성된 50여 종의 가수 분해 효소가 들어 있어 이곳에서 세포내 소화가 일어난다.

08

> 세포 소기관의 구조와 기능

그림은 동물 세포의 세포 소기관 A∼D를 나타낸 것이다.

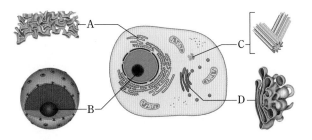

이에 대한 설명으로 옳은 것만을 〈보기〉에서 있는 대로 고른 것은?

보기

ㄱ. A는 성호르몬이나 부신 겉질 호르몬을 분비하는 세포에 발달해 있다.

ㄴ. B는 세포 주기의 간기에는 관찰되지 않는다.

ㄷ. C는 세포가 분열할 때 복제된 후 둘로 나뉘어 양극으로 이동한다.

ㄹ. D는 틸라코이드가 여러 겹으로 포개진 그라나 구조로 되어 있다.

① ㄱ, ㄴ   ② ㄱ, ㄷ   ③ ㄱ, ㄹ   ④ ㄴ, ㄷ   ⑤ ㄴ, ㄹ

• 핵막과 인은 세포 분열이 시작되면 사라졌다가 세포 분열이 끝날 때 다시 나타난다. 세포에서 단백질의 합성은 리보솜에서 일어나고, 지질의 합성은 주로 매끈면 소포체에서 일어난다.

09
> 세포 소기관의 구조와 기능

표 (가)는 세포 소기관 A~C에서 특징 ㉠~㉢의 유무를, (나)는 특징 ㉠~㉢을 순서 없이 나타낸 것이다. A~C는 각각 리소좀, 골지체, 리보솜 중 하나이다.

세포 소기관 \ 특징	㉠	㉡	㉢
A	×	○	ⓐ
B	×	ⓑ	○
C	○	○	×

(○: 있음, ×: 없음)

(가)

특징(㉠~㉢)
• 핵산이 있다.
• 단일 막 구조이다.
• 소낭을 만든다.

(나)

이에 대한 설명으로 옳은 것만을 〈보기〉에서 있는 대로 고른 것은?

보기
ㄱ. A는 세포내 소화를 담당한다.
ㄴ. 대장균에는 B가 존재하지 않는다.
ㄷ. 이자섬의 β 세포에 C가 많이 존재한다.
ㄹ. ⓐ와 ⓑ는 모두 '○'이다.

① ㄱ, ㄴ   ② ㄱ, ㄷ   ③ ㄱ, ㄹ   ④ ㄴ, ㄷ   ⑤ ㄷ, ㄹ

골지체는 리보솜에서 합성된 단백질을 소포체로부터 전달받아 변형시킨 후 소낭으로 싸서 세포 밖으로 분비하거나 세포 내 다른 곳으로 보낸다. 따라서 골지체는 단백질 합성과 분비가 활발하게 일어나는 세포에 발달해 있다.

10
> 세포 소기관의 구조와 기능

그림은 미토콘드리아, 미세 소관, 리보솜을 구조와 기능에 따라 구분하는 과정을 나타낸 것이다.

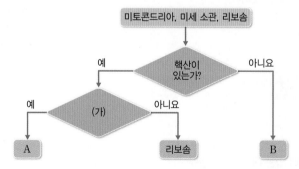

이에 대한 설명으로 옳은 것만을 〈보기〉에서 있는 대로 고른 것은?

보기
ㄱ. A는 시스터나가 여러 겹으로 포개져 있는 구조이다.
ㄴ. B는 세포의 형태를 유지하는 역할을 한다.
ㄷ. '독자적으로 복제하여 증식하는가?'는 (가)에 해당한다.

① ㄱ   ② ㄷ   ③ ㄱ, ㄴ   ④ ㄴ, ㄷ   ⑤ ㄱ, ㄴ, ㄷ

시스터나가 여러 겹으로 포개져 있는 구조는 골지체이다. 미토콘드리아에는 자체 DNA와 리보솜이 있고, 리보솜은 RNA와 단백질로 구성된다.

11 > 세포 소기관의 기능

표는 세포벽을 제거한 식물 세포를 세포 분획법으로 분리하여 얻은 침전물 (가)~(라)와 상층액 (마)의 O_2 소비량, CO_2 흡수량, DNA 함량, RNA 함량을 조사한 결과를 나타낸 것이다.

구분	(가)	(나)	(다)	(라)	(마)
O_2 소비량(상댓값)	2	10	85	3	0
CO_2 흡수량(상댓값)	5	92	3	0	0
DNA 함량(%)	95	3	2	0	0
RNA 함량(%)	17	8	3	53	19

이에 대한 설명으로 옳은 것만을 〈보기〉에서 있는 대로 고른 것은?

보기
ㄱ. (가), (나), (다)에 모두 2중막 구조를 가진 세포 소기관이 들어 있다.
ㄴ. (나)와 (다)에 주로 들어 있는 세포 소기관은 ATP를 합성할 수 있다.
ㄷ. (라)와 (마)에 들어 있는 RNA가 주로 분포하는 세포 소기관은 서로 다르다.

① ㄱ   ② ㄷ   ③ ㄱ, ㄴ   ④ ㄴ, ㄷ   ⑤ ㄱ, ㄴ, ㄷ

> O_2는 세포 호흡에, CO_2는 광합성에 쓰인다. 세포 내에서 DNA는 대부분 핵 속에 있고, RNA는 핵, 엽록체, 미토콘드리아, 리보솜에 모두 있다. 리보솜은 거친면 소포체에 붙어 있거나 세포질에 자유롭게 떠다닌다.

12 > 세포의 길이 측정

그림 (가)는 광학 현미경의 접안렌즈에 접안 마이크로미터를 끼우고 100배의 배율에서 대물 마이크로미터를 관찰한 결과를, (나)는 (가)에서 대물렌즈의 배율만 2배 높여 대물 마이크로미터 대신 짚신벌레 ㉠을 관찰한 결과를 나타낸 것이다.

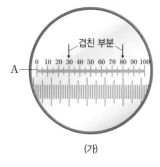

(가)

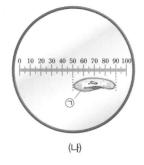

(나)

이에 대한 설명으로 옳은 것만을 〈보기〉에서 있는 대로 고른 것은? (단, 대물 마이크로미터 눈금 한 칸의 길이는 $10\,\mu m$이다.)

보기
ㄱ. A는 대물 마이크로미터의 눈금이다.
ㄴ. (나)에서 접안 마이크로미터 눈금 한 칸은 $6\,\mu m$에 해당한다.
ㄷ. 현미경 배율 100배에서 ㉠은 접안 마이크로미터 눈금 20칸과 겹친다.

① ㄱ   ② ㄷ   ③ ㄱ, ㄴ   ④ ㄴ, ㄷ   ⑤ ㄱ, ㄴ, ㄷ

> 접안 마이크로미터 눈금 한 칸의 길이는
$$\frac{대물\ 마이크로미터\ 눈금\ 칸\ 수}{접안\ 마이크로미터\ 눈금\ 칸\ 수} \times 10\,\mu m$$
이다. 그리고 대물렌즈의 배율만 높이면 대물 마이크로미터의 눈금 간격만 확대되어 보이므로 접안 마이크로미터의 동일한 부분과 겹치는 대물 마이크로미터의 눈금 칸 수가 줄어들어 접안 마이크로미터 눈금 한 칸의 길이가 줄어든다.

2

세포막과 효소

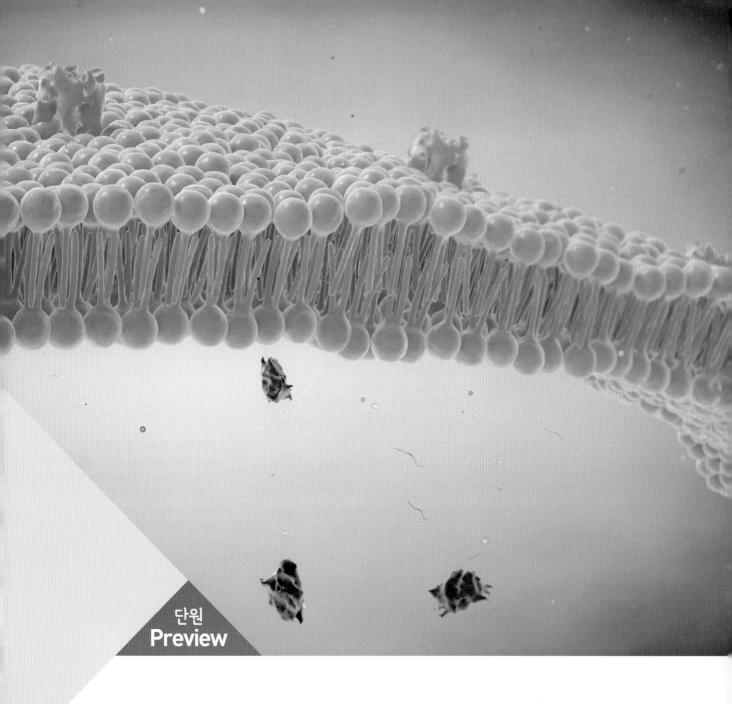

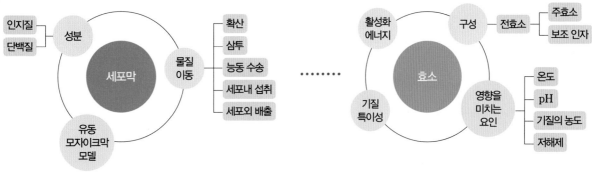

인지질 ─┐
         ├─ 성분
단백질 ─┘

세포막

유동
모자이크막
모델

물질
이동 ─┬─ 확산
       ├─ 삼투
       ├─ 능동 수송
       ├─ 세포내 섭취
       └─ 세포외 배출

활성화
에너지

구성 ─ 전효소 ─┬─ 주효소
                └─ 보조 인자

효소

기질
특이성

영향을
미치는
요인 ─┬─ 온도
       ├─ pH
       ├─ 기질의 농도
       └─ 저해제

세포막을 통한 물질의 출입   **효소**

01 세포막을 통한 물질의 출입

학습 Point 　세포막의 구조와 유동 모자이크막 모델 〉 세포막의 선택적 투과성, 확산과 삼투 〉 능동 수송 〉 세포내 섭취와 세포외 배출

1 세포막의 구조

가정이나 회사 등에서는 비밀번호, 카드 키, 지문 등으로 문의 개폐를 조절하여 사람의 출입을 통제한다. 세포에서도 물질의 종류에 따라 물질의 출입을 통제한다. 인지질 2중층으로 이루어진 세포막에는 다양한 막단백질이 있어 특정한 물질의 종류를 인식하고 출입을 조절한다.

1. 세포막의 구성 성분

세포막은 세포를 둘러싸는 막으로, 세포의 형태를 유지하고 세포를 보호하며 세포 안과 밖으로의 물질 출입을 조절한다. 세포막을 구성하는 주성분은 인지질과 단백질이며, 동물 세포의 세포막은 콜레스테롤을 일부 포함한다.

(1) **인지질**: 인산기가 있는 머리 부분은 친수성을 띠고, 지방산이 있는 꼬리 부분은 소수성을 띤다. 인지질을 물에 넣으면 친수성인 머리 부분은 물과 접하여 양쪽 바깥쪽으로 배열하고, 소수성인 꼬리 부분은 안쪽으로 서로 마주 보며 배열하여 인지질 2중층을 형성한다.

(2) **단백질**: 구성 아미노산의 성질에 따라 소수성을 띠기도 하고 친수성을 띠기도 하며, 탄수화물과 결합하여 당단백질을 구성하기도 한다.

2. 세포막의 구조

세포막은 두께가 5 nm~10 nm로 매우 얇으며, 전자 현미경으로 관찰하면 두 겹의 진한 선으로 보인다. 세포막이 이렇게 보이는 것은 세포막을 구성하는 인지질이 2중층을 이루고 있기 때문이다. 세포막 양쪽으로 보이는 진한 부분은 인지질의 친수성 부분이 배열되어 있는 곳이고, 가운데 밝게 보이는 부분은 인지질의 소수성 부분이 서로 마주 보며 배열되어 있는 곳이다. 한편, 인지질 2중층 곳곳에는 막단백질이 있는데, 막단백질은 인지질 2중층을 관통하는 것도 있고, 인지질 2중층 표면에 붙어 있는 것도 있다.

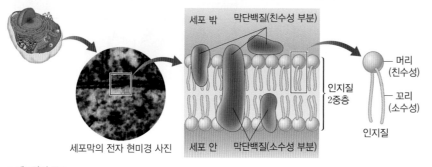

세포막의 전자 현미경 사진

막단백질(친수성 부분) 　세포 밖

인지질 2중층

머리 (친수성)

꼬리 (소수성)

인지질

세포 안 　막단백질(소수성 부분)

▲ 세포막의 구조

세포막에서 콜레스테롤의 역할

동물 세포의 세포막에서 콜레스테롤은 생리적 온도 범위에서 막의 유동성을 조절한다. 높은 온도에서는 인지질의 이동을 억제하여 세포막의 유동성을 감소시키고, 낮은 온도에서는 인지질이 정상적으로 정렬되는 것을 방해하여 세포막이 어는 것을 방지한다.

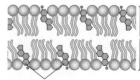

인지질 2중층

콜레스테롤

막단백질의 배열

세포막을 관통하는 막단백질의 친수성 부분은 수용성 환경에 접하도록 인지질 2중층 밖으로 돌출되고, 소수성 부분은 인지질 2중층 안에 파묻혀 배열되어 있다.

3. 유동 모자이크막 모델 심화 88쪽

유동 모자이크막 모델은 세포막을 구성하는 인지질과 막단백질의 유동성을 바탕으로 세포막의 구조를 설명한 모형이다. 이 모형에 따르면 세포막에서는 인지질 2중층에 막단백질이 모자이크 모양으로 분포하며, 인지질의 유동성으로 인해 막단백질이 인지질 2중층을 떠다닌다.

(1) **인지질의 유동성**: 세포막에서 인지질은 특정 위치에 고정되어 있는 것이 아니라 끊임없이 움직인다.

(2) **막단백질의 기능**: 인지질 2중층에 분포하는 막단백질은 인지질의 유동성으로 인해 수평으로 이동할 수 있으며, 세포막의 주요 기능은 막단백질이 담당한다.

① 막단백질은 인지질 2중층 표면에 붙어 있는 외재성 단백질, 인지질 2중층에 파묻혀 있는 내재성 단백질 등으로 구분되며, 내재성 단백질 중 인지질 2중층을 관통하는 것도 있다.

② 막단백질은 물질의 흡수와 배출 등 물질 수송에 관여할 뿐만 아니라 호르몬 등의 화학 신호에 대한 수용체로 작용하여 신호를 전달하고, 물질대사에 관여하는 효소 역할을 하기도 한다. 또, 탄수화물이 결합한 당단백질은 세포 간 인식에 관여한다.

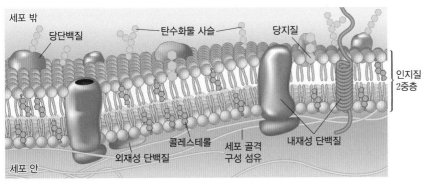

▲ 유동 모자이크막 모델

시선 집중 ★ **세포막의 유동성 입증 실험**

그림은 세포막의 유동성을 입증하는 두 가지 실험 자료이다.

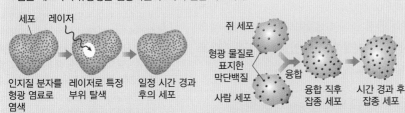

[자료 1] 인지질의 유동성 입증 실험   [자료 2] 막단백질의 유동성 입증 실험

❶ [자료 1] 세포 표면의 인지질 분자를 형광 염료로 염색한 다음, 레이저로 특정 부위를 탈색하면 시간이 경과함에 따라 염색된 인지질 분자가 확산되어 탈색 부위가 점차 사라진다. → 세포막에서 인지질은 수평으로 이동한다.

❷ [자료 2] 사람 세포와 쥐 세포의 막단백질을 서로 다른 색깔의 형광 물질로 표지한 다음, 두 세포를 융합시키면 시간이 경과함에 따라 두 세포의 막단백질이 고르게 섞인다. → 세포막에서 막단백질은 수평으로 이동할 수 있다.

인지질의 유동성

인지질 2중층에서 인지질 분자의 수평 이동, 굴곡, 회전은 빈번하게 일어나지만, 수직 이동은 매우 느리게 일어난다. 단, 수직 이동을 촉진하는 효소가 작용할 경우 수직 이동이 빠르게 일어나기도 한다.

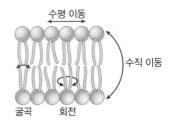

세포막의 유동성에 영향을 주는 요인

• 인지질을 구성하는 지방산에서 불포화 지방산의 비율이 높을수록 세포막의 유동성이 크다.
• 인지질을 구성하는 지방산의 길이가 길수록 세포막의 유동성이 작다.
• 온도가 높을수록 세포막의 유동성이 크다.
• 콜레스테롤은 높은 온도에서는 세포막의 유동성을 감소시키고, 낮은 온도에서는 세포막의 유동성을 증가시키는 유동성 완충제로 작용한다.

막단백질의 주요 기능

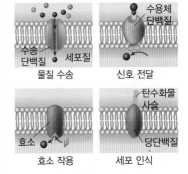

막단백질 표지 방법

막단백질은 형광 물질과 결합한 항체를 붙여 표지한다.

② 세포막을 통한 물질 이동

설거지한 물을 개수대에 버리면 물은 싱크대 배수구의 거름망을 통과하여 배수관으로 내려가지만 음식물 찌꺼기는 거름망을 통과하지 못하고 거름망에 걸린다. 배수구의 거름망처럼 세포막도 물질을 선택적으로 통과시키는데, 세포막에서는 물질을 종류에 따라 확산, 삼투, 능동 수송, 세포내 섭취, 세포외 배출 등 다양한 방법으로 이동시킨다.

1. 선택적 투과성

세포를 둘러싸고 있는 세포막에서는 세포에 필요한 물질을 받아들이고 노폐물을 내보내는 등의 물질 이동이 일어난다. 세포막을 통한 물질의 이동은 물질의 종류에 따라 선택적으로 일어나는데, 이러한 세포막의 특성을 선택적 투과성이라고 한다. 예를 들면 산소(O_2)나 이산화 탄소(CO_2)와 같이 크기가 작은 분자나 소수성 물질은 인지질 2중층을 직접 통과하지만, 포도당이나 아미노산, 이온과 같은 친수성 물질은 인지질 2중층을 직접 통과하지 못하고 막단백질의 도움을 받아 세포막을 통과한다.

2. 확산

기체나 용액 속에서 농도가 높은 쪽에서 낮은 쪽으로 분자가 이동하는 현상을 확산이라고 한다. 확산은 외부 에너지의 공급 없이 분자 운동에 의해 자발적으로 일어나며, 농도가 균일해질 때까지 일어난다. 세포에서 일어나는 확산은 단순 확산과 촉진 확산으로 구분된다.

(1) **단순 확산**: 물질이 인지질 2중층을 직접 통과하여 확산하는 것이다. O_2, CO_2와 같이 크기가 작은 분자와 지용성 비타민과 같이 크기가 작은 지용성 분자는 단순 확산으로 세포막을 통과한다. ⑩ 폐포와 모세 혈관, 모세 혈관과 조직 세포 사이의 O_2와 CO_2 교환

(2) **촉진 확산**: 물질이 막단백질의 일종인 수송 단백질을 통해 확산하는 것이다. 인지질 2중층을 직접 통과하기 어려운 포도당, 아미노산, 이온 등의 수용성 분자 중 일부가 수송 단백질을 통해 촉진 확산으로 세포막을 통과한다. 촉진 확산에 관여하는 수송 단백질에는 통로 단백질과 운반체 단백질이 있다.

① **통로 단백질**: 세포막에서 이온 등의 물질이 지나가는 통로 역할을 하는 막단백질로, 이온에 대한 선택성이 있어 특정 이온 통로는 특정 이온만 통과시킨다. ⑩ 뉴런(신경 세포)에서 흥분 전도에 관여하는 Na^+ 통로와 K^+ 통로

② **운반체 단백질**: 결합 부위에 구조가 들어맞는 특정 물질이 결합하면 구조 변화를 일으켜 특정 물질이 세포막을 통과할 수 있도록 하는 막단백질이다. ⑩ 인슐린의 작용으로 포도당을 세포 내로 흡수하는 데 관여하는 포도당 투과 효소

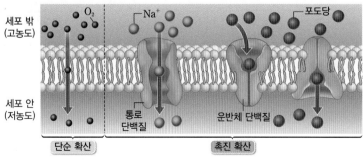

▲ **단순 확산과 촉진 확산** 단순 확산과 촉진 확산은 모두 농도 기울기에 따라 물질이 이동한다.

두 가지 이상 물질의 단순 확산

막을 경계로 두 가지 이상의 물질이 있을 경우, 각각의 물질은 다른 물질의 농도와는 관계없이 그 물질만의 농도 기울기에 따라 확산한다.

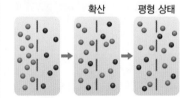

단순 확산과 촉진 확산의 속도

· 어떤 물질이 세포막을 통과할 때 촉진 확산에 의한 이동 속도가 단순 확산에 의한 이동 속도보다 빠르다.

· 세포 안과 밖의 농도 차가 커질수록 단순 확산에 의한 이동 속도는 계속 증가하지만, 촉진 확산에 의한 이동 속도는 최대 속도에 도달하면 더 이상 증가하지 않고 일정해진다. 이는 촉진 확산을 담당하는 수송 단백질이 모두 물질 이동에 참여하는 포화 상태가 되면 물질의 이동 속도가 최대치에 도달하여 더 이상 증가하지 않기 때문이다.

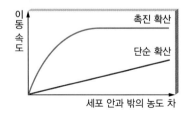

3. 삼투

탐구 87쪽

배추를 짠 소금물에 담가 두면 배추의 숨이 죽는다. 이것은 배추 세포의 세포액이 소금물보다 농도가 낮아 배추 세포 속의 물이 세포막을 통해 세포 밖으로 빠져나갔기 때문이다. 이처럼 세포막과 같은 반투과성 막을 사이에 두고 농도가 다른 두 용액이 있을 때, 물의 농도가 높은 쪽에서 낮은 쪽으로 물이 이동하는 현상을 삼투라고 한다.

(1) **삼투의 원리:** 용질은 통과시키지 않고 용매인 물은 통과시키는 반투과성 막을 사이에 두고 농도가 다른 두 용액이 있을 때, 용질 분자는 막을 통과하지 못하므로 물의 농도가 높은 쪽에서 낮은 쪽으로 물이 막을 통과하여 확산한다. 이처럼 삼투는 반투과성 막을 사이에 둔 두 용액의 농도 차를 없애는 방향으로 일어나는 물의 확산이라고 볼 수 있다. 따라서 에너지가 사용되지 않는다.

(2) **삼투압:** 삼투가 일어날 때 반투과성 막은 물의 농도가 높은 쪽에서 낮은 쪽으로 물이 이동하려는 압력을 받는데, 이처럼 삼투로 인해 반투과성 막이 받는 압력을 삼투압이라고 한다. 삼투압은 용액의 농도가 높을수록, 온도가 높을수록 크다.

$$P=CRT \quad \begin{pmatrix} P: 삼투압(기압),\ C: 용액의\ 몰\ 농도(M) \\ R: 기체\ 상수(0.082\ 기압\cdot L/몰\cdot K) \\ T: 절대\ 온도(273+t\ ℃) \end{pmatrix}$$

시선 집중 ★ 삼투 실험

그림은 설탕 분자는 통과시키지 않고 물 분자는 통과시키는 반투과성 막으로 U자관의 중앙을 막고, 막 양쪽에 농도가 다른 설탕 용액을 같은 양씩 넣은 후 용액의 높이 변화를 관찰한 것이다.

설탕 농도가 낮은 용액(A) · 설탕 농도가 높은 용액(B) · 물의 농도가 높은 쪽에서 낮은 쪽으로 물이 확산한다. · 용액 높이가 낮아진다. · 용액 높이가 높아진다.

물 분자 이동 · 물 분자 · 설탕 분자 · 물 · 설탕 분자 · 반투과성 막 · 설탕 분자와 물 분자가 뭉침 · h

❶ **용액의 높이와 설탕 농도의 변화:** 시간이 지나면서 A의 용액 높이는 낮아지고, B의 용액 높이는 높아진다. → A 쪽에서 B 쪽으로 물이 이동하는 삼투가 일어났기 때문이며, 그 결과 A의 설탕 농도는 처음보다 높아지고, B의 설탕 농도는 처음보다 낮아진다.

❷ **물 분자의 이동:** 설탕 용액에서 일부 물 분자는 설탕 분자(용질 분자)와 뭉쳐 있어 막을 통과하지 못한다. 이 때문에 A 쪽에서 B 쪽으로 이동하는 물 분자의 수가 그 반대 방향으로 이동하는 물 분자의 수보다 많다. → 물의 농도 기울기에 따라 물의 농도가 높은 용액(A) 쪽에서 물의 농도가 낮은 용액(B) 쪽으로 물이 확산한다.

❸ 충분한 시간이 지나면 A와 B의 용액 높이가 변하지 않는 평형 상태에 도달한다. → 이때 반투과성 막에 서로 반대 방향으로 가해지는 두 압력(용액의 농도 차로 인해 물이 A → B로 이동하려는 압력과 양쪽 용액의 높이 차(h)로 인한 수압)의 크기가 같다. 그 결과 반투과성 막을 통해 서로 반대 방향으로 이동하는 물 분자의 수가 같아 외관상 물이 이동하지 않는 것처럼 보인다.

반투과성 막

미세한 구멍이 뚫려 있는 막으로, 막의 구멍보다 크기가 작은 용매와 용질의 일부는 통과시키지만, 막의 구멍보다 크기가 큰 용질은 통과시키지 않는다. 예 세포막, 셀로판종이, 달걀 속껍질

삼투의 정의

이전 교과서에서는 대부분 삼투를 '반투과성 막을 사이에 두고 농도가 다른 두 용액이 있을 때, 농도(용질의 농도)가 낮은 쪽에서 높은 쪽으로 물이 이동하는 현상'이라고 정의하였다. 그러나 개정된 교과서에서는 대부분 삼투를 '반투과성 막을 통한 물의 확산'으로 정의하고 있다.

U자관을 이용한 삼투압 측정

U자관의 중앙을 반투과성 막으로 막은 다음, 한쪽에 증류수(순수한 물)를 넣고 반대쪽에 삼투압을 측정하고자 하는 어떤 용액을 넣는다. 용액이 든 쪽에 적당한 압력 P를 가하여 삼투에 의한 물의 이동이 일어나지 않게 할 수 있는데, 이때 가한 압력 P가 용액의 삼투압과 크기가 같다.

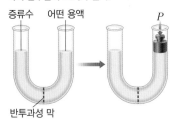

증류수 · 어떤 용액 · P · 반투과성 막

U자관에서 반투과성 막을 통한 물의 이동

용액의 농도 차로 인해 물이 이동하려는 압력과 용액의 높이 차(h)로 인한 수압으로 물이 이동하려는 압력이 같아질 때까지만 막을 통한 물의 순 이동이 일어난다. 따라서 외관상 물의 이동이 정지된 시점에도 양쪽의 용액 사이에는 여전히 농도 차가 있다.

(3) 동물 세포에서의 삼투

① 동물 세포인 적혈구를 저장액에 넣으면 적혈구 안으로 물이 들어와 적혈구가 점점 팽창하다가 결국 세포막이 터지는 용혈 현상이 일어난다.

② 적혈구를 등장액에 넣으면 적혈구 안으로 이동하는 물의 양과 적혈구 밖으로 이동하는 물의 양이 같아 적혈구는 별다른 변화 없이 정상 모양을 유지한다.

③ 적혈구를 고장액에 넣으면 적혈구에서 물이 빠져나가 적혈구가 쭈그러든다.

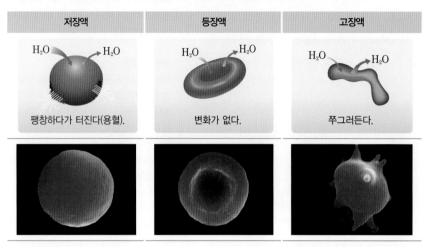

저장액	등장액	고장액
팽창하다가 터진다(용혈).	변화가 없다.	쭈그러든다.

▲ 동물 세포(적혈구)에서의 삼투

(4) 식물 세포에서의 삼투

① 식물 세포를 저장액에 넣으면 세포 안으로 물이 들어와 세포가 팽창하여 팽윤 상태가 되고 팽압이 발생한다. 식물 세포는 단단한 세포벽이 있기 때문에 일정한 부피까지 팽창할 뿐 동물 세포처럼 터지지는 않는다.

② 식물 세포를 등장액에 넣으면 세포 안으로 이동하는 물의 양과 세포 밖으로 이동하는 물의 양이 같아 식물 세포는 별다른 변화 없이 정상 모양을 유지한다.

③ 식물 세포를 고장액에 넣으면 세포에서 물이 빠져나가 세포질의 부피가 감소한다. 그 결과 세포막이 세포벽으로부터 떨어지는 원형질 분리가 일어난다.

저장액	등장액	고장액
액포 팽윤 상태가 된다.	액포 변화가 없다.	세포막, 액포, 세포벽, 세포질 원형질 분리가 일어난다.

▲ 식물 세포(양파 표피 세포)에서의 삼투

등장액, 저장액, 고장액

세포액을 기준으로 하여 세포액과 삼투압이 같은 용액을 등장액, 세포액보다 삼투압이 낮은 용액을 저장액, 세포액보다 삼투압이 높은 용액을 고장액이라고 한다.

용혈

적혈구의 세포막이 파괴되어 그 안의 헤모글로빈이 혈구 밖으로 나오는 현상

등장액의 예
• 생리 식염수: 동물의 체액과 삼투압이 같은 NaCl 용액이다. 0.9% NaCl 용액은 사람 적혈구의 등장액이다.
• 링거액: 삼투압, 무기염류 조성, H^+ 농도 등을 사람의 혈청과 같은 수준으로 만든 수용액이다. 수분을 보충하거나 장기를 보존할 때 체액 대신 사용된다.

팽윤 상태와 팽압
• 식물 세포가 물을 흡수하여 팽창한 상태를 팽윤 상태라 하고, 식물 세포가 최대 부피로 팽창한 상태를 최대 팽윤 상태라고 한다.
• 식물 세포가 물을 흡수하여 팽창함에 따라 세포벽을 밖으로 미는 힘(압력)이 생기는데, 이를 팽압이라고 한다.

액포의 크기 변화

식물 세포 내의 수분량이 많고 적음에 따라 액포의 크기도 함께 변한다. 식물 세포를 고장액에 넣어 세포에서 물이 빠져나가면 액포에서도 물이 빠져나가 액포의 크기가 작아진다. 이와 반대로 식물 세포를 저장액에 넣어 세포 안으로 물이 흡수되면 액포로 물이 들어와 액포의 크기도 커진다.

그림은 고장액에서 원형질 분리 상태이던 식물 세포를 저장액으로 옮긴 후 세포의 부피에 따른 삼투압, 팽압, 흡수력을 나타낸 것이다.

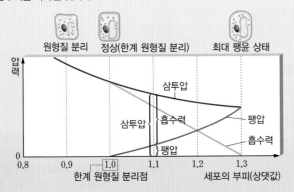

① **삼투압의 변화**: 세포의 부피가 증가함에 따라 삼투압이 감소한다. → 고장액에서 원형질 분리 상태이던 식물 세포를 저장액으로 옮기면 삼투에 의해 세포 안으로 물이 흡수되어 세포의 부피가 증가하고, 그에 따라 세포액의 농도가 감소하기 때문이다.

② **세포의 부피(상댓값)가 1.0일 때**: 삼투에 의해 세포 안으로 물이 흡수되면서 세포의 부피가 증가하여 세포가 원형질 분리에서 벗어난 상태이다. 이때 식물 세포는 물이 조금이라도 빠져나가면 원형질 분리가 일어나므로 이 상태를 한계 원형질 분리라고 한다.

③ **팽압의 변화**: 세포의 부피(상댓값)가 1.0보다 커지면 세포벽을 밖으로 미는 팽압이 발생하며, 팽압은 세포의 부피가 증가함에 따라 증가한다.

④ **흡수력**: 식물 세포가 물을 흡수하는 힘으로, '흡수력=삼투압−팽압'이다. → 삼투압은 물이 세포 안으로 들어오려는 힘으로 작용하고, 팽압은 물이 세포 안으로 들어오는 것을 방해하는 힘으로 작용하므로, 삼투압에서 팽압을 뺀 값이 흡수력이 된다.

⑤ **세포의 부피(상댓값)가 1.3일 때**: 세포가 물을 최대로 흡수하여 세포의 부피가 최대로 증가한 최대 팽윤 상태이다. 이때에는 삼투압과 팽압이 같아 흡수력이 0이 되므로, 더 이상 세포 안으로 물이 흡수되지 않는다.

원형질 복귀
원형질 분리가 일어난 식물 세포를 저장액에 넣으면 삼투에 의해 물이 세포 안으로 흡수되고, 그 결과 세포의 부피가 증가하여 정상으로 되돌아오는데, 이를 원형질 복귀라고 한다.

삼투압이 흡수력에 미치는 영향
삼투가 일어날 때 물은 용질의 농도가 낮은 용액 쪽에서 높은 용액 쪽으로 이동한다. 용액의 삼투압은 농도에 비례하므로, 물은 삼투압이 낮은 쪽에서 높은 쪽으로 이동하는 것이다. 세포의 경우에 세포액의 농도가 외부 용액의 농도보다 높을수록, 즉 세포액의 삼투압이 상대적으로 높을수록 더 많은 물이 세포 안으로 들어오려고 하므로 흡수력이 크다.

역삼투는 반투과성 막을 사이에 두고 농도가 다른 두 용액이 있을 때, 농도가 높은 용액에 압력을 가하여 농도가 낮은 용액 쪽으로 물을 이동시키는 것으로, 반투과성 막을 필터로 사용하여 물로부터 여러 용질을 제거하여 물을 정제하는 기술로 개발된 것이다. 역삼투압 설비는 거의 모든 산업체에서 물속에 존재하는 이온, 분자, 세균 등 여러 용존성 물질을 제거하는 데 가장 많이 사용하는 기술로, 전자, 반도체, 제약 등 여러 분야에 필요한 순수한 물을 생산하는 데 이용된다. 그뿐만 아니라 염분을 함유한 지하수를 정수하거나, 해수를 담수화하는 데에도 이용된다.

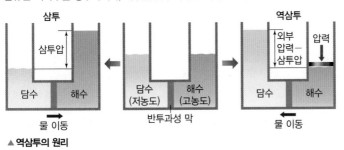
▲ **역삼투의 원리**

역삼투압 막 필터
폴리아마이드 재질의 반투과성 막을 이용해 물속에 녹아 있는 중금속, 세균 등의 미세한 물질까지 제거하는 역삼투압 방식의 정수기용 필터이다.

4. 능동 수송

적혈구의 내부는 주위의 혈장에 비해 K^+ 농도는
높게, Na^+ 농도는 낮게 유지된다. 이것은 적혈구
의 세포막에서 Na^+을 세포 밖으로 내보내고 K^+
을 세포 안으로 들여오기 때문이다. 세포막에서는
이처럼 농도 기울기를 거슬러 농도가 낮은 쪽에서
높은 쪽으로 물질을 이동시키기도 하는데, 이러한
물질 이동 방식을 능동 수송이라고 한다.

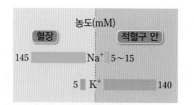

농도(mM)

혈장		적혈구 안
145	Na^+	5~15
5	K^+	140

▲ **적혈구 안과 밖의 이온 분포**

(1) 능동 수송의 특징: 능동 수송은 막단백질의 일종인 운반체 단백질에 의해 일어난다. 농
도 기울기를 거슬러 물질을 이동시키는 데에는 에너지가 필요하므로 능동 수송에는 에너
지가 사용되며, 이 에너지는 ATP로부터 공급받는다.

(2) 능동 수송의 예: 세포는 능동 수송으로 생명 유지에 필요한 특정 물질을 흡수하거나 노
폐물을 배출하며, 특정 물질의 농도를 세포 바깥보다 높거나 낮게 유지할 수 있다. 능동
수송에 의해 일어나는 생명 활동으로는 소장 융털에서의 양분 흡수, 콩팥 세뇨관에서의
포도당과 아미노산 흡수, 뿌리털에서의 무기 양분 흡수, 뉴런(신경 세포)에서의 막전위 유
지 등이 있다.

능동 수송과 수동 수송

능동 수송은 농도 기울기를 거슬러 일어나
므로 에너지가 사용된다. 능동 수송과 반대
로 농도 기울기에 따라 일어나며 에너지가
사용되지 않는 단순 확산, 촉진 확산, 삼투를
수동 수송이라고 한다.

뉴런에서의 막전위 유지

자극을 받지 않은 뉴런은 세포막을 경계로
안쪽은 음(−)전하를 띠고, 바깥쪽은 양
(+)전하를 띠며, 막전위가 약 −70 mV
인 휴지 전위 상태이다. 이때의 뉴런은 세
포막에 있는 Na^+-K^+ 펌프의 작용으로
Na^+을 세포 밖으로 내보내고, K^+을 세포
안으로 들여와 Na^+과 K^+ 각각의 세포 안
과 밖의 농도 차이를 유지함으로써 휴지 전
위를 유지한다.

능동 수송의 종류

능동 수송에는 Ca^{2+} 펌프처럼 한 가지 물질
을 한 방향으로만 운반하는 단방향 수송, 융
털 상피 세포의 포도당과 아미노산 수송체
처럼 두 가지 물질을 한 방향으로 운반하는
동방향 수송, Na^+-K^+ 펌프처럼 두 가지
물질을 서로 반대 방향으로 운반하는 역방
향 수송 등이 있다.

사선 집중 ★ 　**Na^+-K^+ 펌프**

Na^+-K^+ 펌프는 모든 동물 세포의 세포막에서 발견되는 대표적인 능동 수송 기구이다. 그림은
Na^+-K^+ 펌프에 의한 능동 수송 과정을 나타낸 것이다.

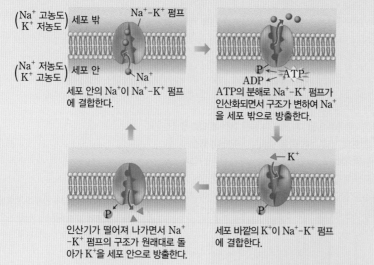

① Na^+-K^+ 펌프는 ATP를 사용하면서 Na^+의 농도 기울기를 거슬러 Na^+을 세포 밖으로 내
보내고, K^+의 농도 기울기를 거슬러 K^+을 세포 안으로 들여온다(Na^+ 3개를 내보내고, K^+
2개를 들여온다). → 세포막을 경계로 세포의 안쪽은 바깥쪽보다 Na^+의 농도는 낮게, K^+의 농
도는 높게 농도 기울기가 유지된다.

② Na^+-K^+ 펌프는 세포 안과 밖의 용질 농도의 균형을 맞추어 삼투 평형이 유지되도록 하고,
뉴런과 근육 세포에서 전기적 신호 발생에 중요한 역할을 한다.

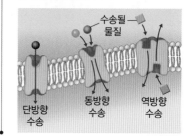

5. 세포내 섭취와 세포외 배출

단백질, 탄수화물, 세균과 같은 큰 물질은 세포막을 통과하는 방식이 아니라 세포막 자체가 변형되는 방식에 의해 세포 안팎으로 이동된다. 이와 같은 물질 이동 방식에는 세포내 섭취와 세포외 배출이 있으며, 이들 과정에는 모두 에너지(ATP)가 사용된다.

(1) 세포내 섭취: 세포 밖의 물질을 세포막으로 감싸 세포 안으로 끌어들이는 작용이다.

① **식세포 작용:** 세균이나 세포 조각 같은 거대한 고형 물질을 세포막으로 감싸 소낭(식포)을 형성하여 세포 안으로 끌어들이는 작용이다. **예** 백혈구의 식균 작용

② **음세포 작용:** 액체 상태의 물질이나 유동성 물질을 세포막으로 감싸 소낭을 형성하여 세포 안으로 이동시키는 작용이다. **예** 혈관벽에서의 음세포 작용

(2) 세포외 배출: 세포에서 합성된 효소, 호르몬, 신경 전달 물질 등을 세포 밖으로 내보내는 작용이다. 세포에서 합성된 물질은 소낭에 담겨 세포막으로 이동한 다음, 소낭의 막과 세포막이 융합하여 세포 밖으로 분비된다. **예** 이자에서의 인슐린과 글루카곤 분비, 뉴런의 축삭 돌기 말단에서의 신경 전달 물질 분비

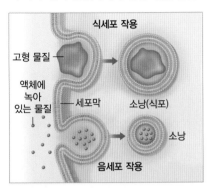

▲ **세포내 섭취** 세포내 섭취가 일어날 때는 세포막의 일부가 함입하여 소낭을 형성하므로 세포막의 면적이 감소한다.

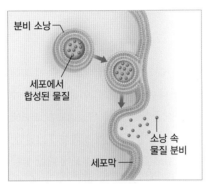

▲ **세포외 배출** 세포외 배출이 일어날 때는 소낭이 세포막과 융합하여 소낭의 막이 세포막의 일부가 되므로 세포막의 면적이 증가한다.

시야 확장 ➕   수용체 매개 세포내 섭취

❶ 세포내 섭취에는 식세포 작용과 음세포 작용 외에 수용체를 매개로 하는 방식이 있는데, 이것을 수용체 매개 세포내 섭취라고 한다.

❷ 먼저 섭취 대상 물질이 막에 분포한 수용체와 결합하여 복합체를 이룬다. 이 복합체들이 옆으로 이동하여 세포막의 특정 부위(피막 소와)에 모이고, 복합체가 모인 부위의 세포질 쪽 면에 외피 단백질(클래트린)이 솜털처럼 정렬한다. 그 후 복합체가 모인 부위가 함입하여 소낭(피막 소포)을 형성하고 세포 안으로 섭취 대상 물질을 운반한다.

❸ 수용체 매개 세포내 섭취는 그 대상 물질이 외부 용액에 높은 농도로 존재하지 않아도 세포가 많은 양을 얻을 수 있는 방식이다. 이러한 방식으로 섭취되는 물질로는 단백질계 호르몬, 신경 전달 물질, 콜레스테롤을 운반하는 저밀도 지단백질(LDL) 등이 있다.

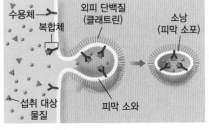

▲ **수용체 매개 세포내 섭취**

백혈구의 식균 작용

백혈구가 세균을 세포내 섭취를 통해 세포 안으로 끌어들이면 이때 형성된 식포와 리소좀이 융합하여 식포 속에 든 세균을 리소좀 속 효소의 작용으로 소화한다.

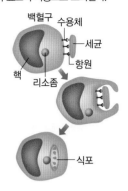

혈관벽에서의 음세포 작용

혈관벽을 이루는 세포에서는 음세포 작용으로 작은 소낭들이 형성된다.

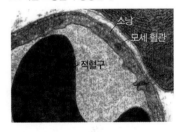

세포외 배출과 세포막의 변화

세포외 배출이 일어날 때 분비 소낭이 세포막과 융합하면서 분비 소낭 내부에 있던 단백질은 세포 밖으로 분비되고, 소낭 막에 있던 단백질은 세포막의 막단백질이 된다.

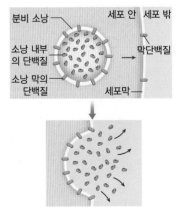

③ 리포솜

인지질을 수용액에 분산시키면 리포솜이라고 하는 소낭이 형성된다. 리포솜은 성분과 구조가 세포막과 유사하여 여러 분야에서 다양하게 활용되고 있다.

1. 리포솜의 구조와 특성

(1) **리포솜의 구조**: 리포솜은 세포막과 같이 인지질 2중층으로 이루어진 구형 또는 타원형의 주머니로, 속이 비어 있으며 수용액 속에서 안정적으로 존재한다.

(2) **리포솜의 특성**: 리포솜은 성분과 구조가 동식물의 세포막과 매우 유사하여 세포막과 잘 융합한다. 이러한 특성으로 인해 리포솜은 세포 안으로 물질을 전달하는 매개체로 활용된다. 리포솜 내부의 수용성 공간에는 수용성 약물, 영양소, DNA 등을 담아 운반할 수 있고, 리포솜의 인지질 2중층에는 지용성 약물이나 영양소를 삽입하여 운반할 수 있다.

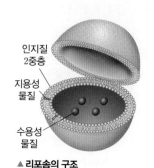

▲ 리포솜의 구조

인지질 2중층 / 지용성 물질 / 수용성 물질

2. 리포솜 활용 사례

(1) **의약품 분야**: 리포솜은 약물이 세포로 전달되는 과정에서 혈액 내 효소 등에 의해 파괴되는 것을 방지하고, 세포 안으로 잘 흡수되게 한다. 독성이 강한 약물을 리포솜에 담으면 투여 효율은 높이고 약물 독성에 의한 부작용을 줄일 수 있다. 또, 리포솜 표면에 표적 세포를 인지하는 물질을 결합시키면 약물을 특정 조직이나 장기에 정확하게 전달할 수 있다. 예를 들면 면역계에 의해 파괴되지 않는 다당류로 코팅하고 암세포에 대한 항체를 결합시킨 리포솜에 독성이 강한 항암제를 담아 투여하면, 항암제가 면역계에 의해 파괴되지 않고 정상 세포에 손상을 주지 않으면서 암세포에만 선택적으로 작용할 수 있다.

(2) **유전자 전달**: 리포솜은 유전자 관련 연구나 치료 등에 이용되기도 한다. DNA나 RNA와 같은 핵산으로 이루어져 있는 유전자는 생명체의 세포 안으로 직접 전달되기 어렵다. 이때 활용되는 것이 리포솜이다. 리포솜을 이용하여 결함 유전자를 가진 환자의 체세포에 정상 유전자를 전달하면 유전자 치료가 가능하다.

(3) **미용 분야**: 미용 성분을 미세한 리포솜에 담아 캡슐화하면, 리포솜이 피부 상피 세포 사이의 틈을 통과하여 피부 깊숙이 있는 진피까지 미용 성분을 안전하게 전달할 수 있다. 또, 다중층 리포솜에 미용 성분을 담으면, 미용 성분이 지속적으로 피부에 작용할 수 있고, 안쪽에 있는 미용 성분을 피부 깊숙한 곳까지 안정적으로 운반할 수 있다.

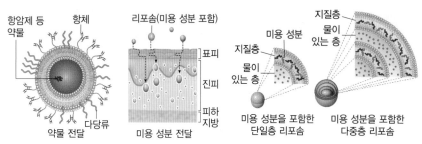

항암제 등 약물 / 항체 / 리포솜(미용 성분 포함) / 표피 / 진피 / 피하 지방 / 다당류 / 약물 전달 / 미용 성분 전달 / 지질층 / 물이 있는 층 / 미용 성분 / 미용 성분을 포함한 단일층 리포솜 / 미용 성분을 포함한 다중층 리포솜

▲ 리포솜의 활용 사례

리포솜을 이용하여 세포로 공급할 수 있는 물질
항암제, 항균제, 항체와 같은 약물뿐만 아니라 단백질, 지질, 비타민 등 영양소와 조영제, 방사선 감광제, 각종 미용 성분에 이르기까지 다양하다.

리포솜의 종류
• 일반 리포솜: 단순히 인지질만으로 구성된 리포솜이다. 혈관 내에 투여했을 때 대식세포에 의해 급속하게 소멸되는 단점이 있다.
• 양이온성 리포솜: 인지질의 머리 부분이 양전하를 띤 리포솜이다. 음이온성 물질, 특히 DNA나 RNA를 전달하는 데 적합하다.
• 스텔스 리포솜: 표면을 다당류로 코팅하여 대식세포에 의해 소멸되는 것을 방지한 리포솜이다. 혈액 내에서의 작용 시간과 효과가 최대화된다.
• 표적 리포솜: 표면에 항체나 엽산 등을 붙인 리포솜이다. 표적 세포와 특이적으로 결합하여 약물을 정확하게 전달한다.

양파 표피 세포의 삼투 관찰하기

다양한 농도의 용액에서 식물 세포의 삼투로 인해 나타나는 변화를 관찰할 수 있다.

과정

1 양파의 비늘잎 안쪽에 가로, 세로 각각 약 5 mm 간격으로 칼집을 낸 후, 핀셋으로 표피 조각을 3개 벗겨 낸다.

2 증류수, 0.9 % 소금물, 2 % 소금물이 든 페트리 접시에 표피 조각을 각 각 1개씩 담가 둔다.

3 약 10분 후 각 페트리 접시에서 표피 조각을 꺼내 받침 유리 위에 올려 놓고 덮개 유리를 덮어 현미경 표본을 만든 후, 현미경으로 관찰한다.

결과 및 해석

1 현미경 관찰 결과 및 물의 이동 방향

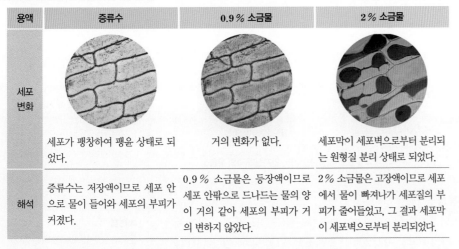

용액	증류수	0.9 % 소금물	2 % 소금물
세포 변화	세포가 팽창하여 팽윤 상태로 되었다.	거의 변화가 없다.	세포막이 세포벽으로부터 분리되는 원형질 분리 상태로 되었다.
해석	증류수는 저장액이므로 세포 안으로 물이 들어와 세포의 부피가 커졌다.	0.9 % 소금물은 등장액이므로 세포 안팎으로 드나드는 물의 양이 거의 같아 세포의 부피가 거의 변하지 않았다.	2 % 소금물은 고장액이므로 세포에서 물이 빠져나가 세포질의 부피가 줄어들었고, 그 결과 세포막이 세포벽으로부터 분리되었다.

원형질 복귀 확인

2 % 소금물에서 원형질 분리가 일어난 식물 세포를 증류수나 0.9 % 소금물로 옮기면 세포 안으로 물이 들어와 세포가 원형질 분리 상태에서 벗어나 정상 상태로 되돌아오는 원형질 복귀가 일어난다.

2 식물 세포는 세포벽이 있기 때문에 저장액에서 물을 흡수하면 팽윤 상태로 되지만 터지지는 않으며, 고장액에서는 물이 빠져나가 원형질 분리 상태로 된다.

탐구 확인 문제

▶ 정답과 해설 13쪽

01 위 실험 결과에 대한 설명으로 옳지 **않은** 것은?

① 증류수에 담가 둔 양파 표피 세포는 팽윤 상태이다.

② 증류수에 담가 둔 양파 표피 세포가 팽압이 가장 높다.

③ 2 % 소금물에 담가 둔 양파 표피 세포가 삼투압이 가장 높다.

④ 2 % 소금물에 담가 둔 양파 표피 세포에서는 세포막이 세포벽으로부터 분리된다.

⑤ 0.9 % 소금물에 담가 둔 양파 표피 세포에서는 세포막을 통한 물 분자의 이동이 일어나지 않는다.

02 다음은 감자 조각을 이용한 삼투 실험 과정이다.

> (가) 크기와 무게가 같은 정육면체 모양의 감자 조각을 동일한 양의 증류수, 0.9 % 소금물, 2 % 소금물이 든 비커에 각각 1개씩 담가 둔다.
>
> (나) 약 10분이 지난 후 각 비커에서 감자 조각을 꺼내 표면의 물기를 제거하고 무게를 측정한다.

실험 결과 각 용액에 담가 두었던 감자 조각의 무게는 어떻게 달라졌을지 쓰시오. (단, 0.9 % 소금물은 감자 세포의 등장액이다.)

세포막의 유동성에 영향을 주는 요인

세포막이 적당한 유동성을 유지해야 세포가 생명을 유지할 수 있다. 유동성이 너무 작으면 세포막이 견고해 물질의 투과도가 줄어들고 막단백질이 제 기능을 수행하지 못한다. 반대로 유동성이 너무 크면 투과도가 과도하게 높아 막의 붕괴를 초래할 수도 있다. 세포막의 유동성은 어떤 요인에 의해 결정되는지 알아보자.

❶ 인지질의 조성과 세포막의 유동성

세포막을 이루는 인지질 분자의 지방산 길이(탄소 수)와 불포화도가 막의 유동성에 영향을 준다. 인지질 분자의 소수성 꼬리를 구성하는 지방산의 길이가 길수록, 즉 탄소 수가 많을수록 막의 유동성이 작다. 이는 CH_2가 하나씩 첨가되어 지방산의 길이가 길어질 때마다 인지질 분자의 꼬리끼리 서로 얽혀 반고체 상태로 뭉치는 경향이 있기 때문이다. 한편, 불포화 지방산은 2중 결합이 있어서 구부러져 있기 때문에 세포막에서 불포화 지방산들은 빽빽하게 채워지지 못한다. 따라서 세포막에 불포화 지방산을 가진 인지질 분자가 많을수록, 불포화 지방산에 2중 결합이 많을수록 막의 유동성이 크다.

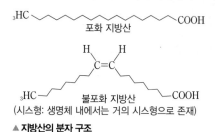

▲ 지방산의 분자 구조

▲ 불포화 지방산을 가진 인지질과 막의 유동성

❷ 콜레스테롤과 세포막의 유동성

콜레스테롤은 소수성을 띤 4개의 탄화수소 고리에 친수성인 수산기($-OH$)가 붙어 있어 세포막 내부에 끼어 들어가면 수산기 부분은 극성을 띠는 인지질의 머리 부분과 결합하고, 탄화수소 고리 부분은 인지질의 꼬리 부분과 결합하여 인지질 분자를 고정시킴으로써 막의 안정성을 증가시킨다. 콜레스테롤의 이러한 특성은 막이 인지질만으로 구성되었을 때의 녹는점보다 높은 온도에서는 인지질의 이동을 억제하여 막의 유동성을 낮춘다. 반면, 녹는점보다 낮은 온도에서는 인지질끼리 뭉쳐 반고체화되는 것을 방해하여 막의 유동성을 높인다. 이처럼 콜레스테롤은 세포막의 '유동성 완충제'로 작용하여 동물의 서식 환경이나 주변 온도 변화에 따라 세포막의 유동성을 조절하는 역할을 한다.

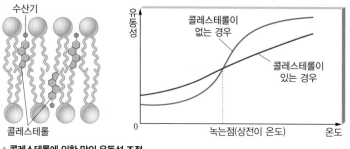

▲ 콜레스테롤에 의한 막의 유동성 조절

트랜스 지방산과 막의 유동성

트랜스 지방산은 주로 인위적인 과정에서 생성되는 트랜스형 2중 결합을 가진 불포화 지방산이다. 트랜스 지방산은 포화 지방산처럼 직선 모양을 이루기 때문에 비율이 높아지면 포화 지방산과 마찬가지로 막의 유동성이 줄어든다.

트랜스형 불포화 지방산

녹는점

온도가 낮아 반고체 상태(젤 상태)인 인지질은 온도가 높아지면 유동성이 있는 액상 결정 상태(또는 유체 상태)로 바뀌는데, 이를 '상전이'라고 한다. 그리고 상전이가 50 % 일어났을 때의 온도를 녹는점(또는 상전이 온도)이라고 한다.

녹는점과 막의 유동성

막을 이루는 인지질의 녹는점이 낮을수록 유동성이 있는 액상 결정 상태로 존재하는 인지질의 비율이 높아 막의 유동성이 크다. 불포화 지방산이 포화 지방산보다 녹는점이 훨씬 낮으므로 막의 유동성을 증가시키는 효과가 크다고 볼 수 있다.

01 세포막을 통한 물질의 출입

① 세포막의 구조

1. **세포막의 구성 성분** (❶⠀⠀⠀⠀⠀)과 단백질이며, 동물 세포의 세포막은 콜레스테롤을 일부 포함한다.

2. (❷⠀⠀⠀⠀⠀) **모델** 세포막에서는 인지질 2중층에 막단백질이 모자이크 모양으로 분포하며, 인지질의 유동성으로 인해 막단백질이 인지질 2중층을 떠다닌다.

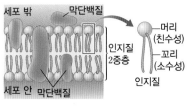

▲ **세포막의 구조**

② 세포막을 통한 물질 이동

1. **확산** 기체나 용액 속에서 농도가 (❸⠀⠀⠀⠀) 쪽에서 (❹⠀⠀⠀⠀) 쪽으로 분자가 이동하는 현상 → 외부 에너지의 공급 없이 자발적으로 일어난다.

• 단순 확산: 물질이 인지질 2중층을 직접 통과하여 확산하는 것 ⑩ O_2, CO_2, 크기가 작은 지용성 분자의 이동

• (❺⠀⠀⠀⠀⠀): 물질이 수송 단백질(통로 단백질, 운반체 단백질)을 통해 확산하는 것 ⑩ 이온, 포도당, 아미노산의 이동

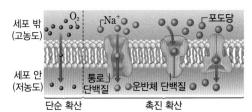

▲ **단순 확산과 촉진 확산**

2. **삼투** 반투과성 막을 통해 물의 농도가 (❻⠀⠀⠀⠀) 쪽에서 (❼⠀⠀⠀⠀) 쪽으로 물이 이동하는 현상 → 확산의 일종이므로 에너지가 사용되지 않는다.

구분	저장액	등장액	고장액
동물 세포 (적혈구)	H_2O ← → H_2O 세포가 팽창하여 (❽⠀⠀⠀)이 일어난다.	H_2O ← → H_2O 변화 없다.	H_2O ← → H_2O 세포가 쭈그러든다.
식물 세포	H_2O ← → H_2O 세포가 팽창하여 팽윤 상태가 된다.	H_2O ← → H_2O 변화 없다.	H_2O ← → H_2O (❾⠀⠀⠀)가 일어난다.

3. **능동 수송** 세포막에서 에너지(ATP)를 사용하여 농도 기울기를 거슬러 농도가 낮은 쪽에서 높은 쪽으로 물질을 이동시키는 작용 → 운반체 단백질에 의해 일어난다.

4. **세포내 섭취와 세포외 배출** 세포막이 변형되어 물질을 이동시키며, 에너지(ATP)가 사용된다.

• (❿⠀⠀⠀⠀): 세포 밖의 물질을 세포막으로 감싸 세포 안으로 끌어들이는 작용

• (⓫⠀⠀⠀⠀): 세포에서 합성된 물질을 분비 소낭에 담아 세포 밖으로 내보내는 작용

③ 리포솜

1. **리포솜의 구조** (⓬⠀⠀⠀⠀⠀)으로 이루어진 구형 또는 타원형의 주머니

2. **리포솜의 특성** 동식물의 세포막과 쉽게 융합하여 약물, 유전자, 영양소 등의 물질을 세포 안으로 전달하는 매개체로 사용된다.

01 그림은 세포막의 구조를 나타낸 것이다.

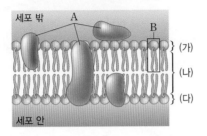

(1) A와 B는 각각 어떤 물질인지 쓰시오.

(2) (가)~(다) 중 소수성인 부분을 있는 대로 쓰시오.

(3) A의 기능에 해당하는 것으로 옳은 것만을 〈보기〉에서 있는 대로 고르시오.

> 보기
> ㄱ. 효소로 작용한다.
> ㄴ. 단순 확산에 관여한다.
> ㄷ. 능동 수송에 관여한다.
> ㄹ. 세포 간 인식에 관여한다.

(4) 세포막에서 A와 B는 특정 위치에 고정되어 있는 것이 아니라 유동성이 있어 수평으로 이동할 수 있다. 이러한 특성을 가진 막 구조를 무엇이라고 하는지 쓰시오.

02 그림은 세포막을 통한 물질의 이동 방식 중 하나를 나타낸 것이다.
이와 같은 방식으로 세포막을 잘 통과하는 물질의 특성으로 옳은 것만을 〈보기〉에서 있는 대로 고르시오.

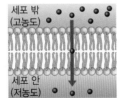

> 보기
> ㄱ. 전하를 띤다.
> ㄴ. 분자량이 작다.
> ㄷ. 지질에 대한 용해도가 작다.

03 그림 (가)는 물질 A, (나)는 물질 B의 세포막을 통한 이동 속도를 각 물질의 세포 안과 밖의 농도 차에 따라 나타낸 것이다. A와 B의 이동 방식은 각각 촉진 확산과 단순 확산 중 하나이다.

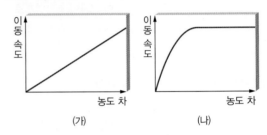

이에 대한 설명으로 옳은 것만을 〈보기〉에서 있는 대로 고르시오.

> 보기
> ㄱ. A는 막단백질을 통해 이동한다.
> ㄴ. A와 B는 각각의 농도가 높은 쪽에서 낮은 쪽으로 이동한다.
> ㄷ. B의 이동에는 ATP가 사용된다.

04 그림과 같이 U자관의 중앙에 물과 단당류는 통과할 수 있지만 이당류는 통과할 수 없는 반투과성 막을 설치한 다음, 양쪽에 조성이 서로 다른 수용액을 같은 양씩 넣었다.

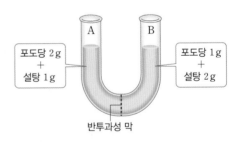

(1) 반투과성 막을 통해 포도당과 설탕은 각각 어느 방향으로 이동하는지 A와 B를 이용하여 쓰시오.

(2) 일정 시간이 경과한 후 A와 B 중 어느 쪽의 수용액 높이가 높아지는지 쓰시오.

(3) A와 B의 수용액 높이를 변화시킨 반투과성 막을 통한 물의 확산을 무엇이라고 하는지 쓰시오.

05 그림 (가)와 (나)는 식물 세포와 적혈구를 각각 저장액, 등장액, 고장액에 담가 두었을 때의 모습을 순서 없이 나타낸 것이다.

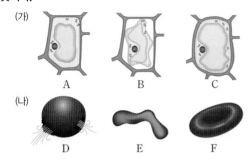

(1) 식물 세포와 적혈구를 저장액에 담가 두었을 때의 모습에 해당하는 것의 기호를 각각 쓰시오.

(2) B, C, D와 같은 상태 또는 현상을 각각 무엇이라고 하는지 쓰시오.

06 그림은 고장액에 담겨 있던 식물 세포를 저장액으로 옮긴 후 세포의 부피에 따른 A~C를 나타낸 것이다. A~C는 각각 팽압, 삼투압, 흡수력 중 하나이다.

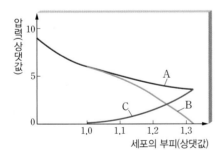

(1) A~C는 각각 무엇인지 쓰시오.

(2) 위 자료를 토대로 흡수력을 팽압과 삼투압의 관계식으로 나타내시오.

(3) 세포가 한계 원형질 분리 상태일 때 세포의 부피(상댓값)는 얼마인지 쓰시오.

07 그림은 세포막을 통한 물질의 이동 방식 (가)와 (나)를 나타낸 것이다.

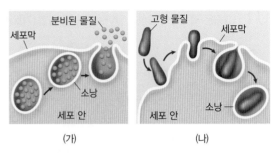

이에 대한 설명으로 옳은 것만을 〈보기〉에서 있는 대로 고르시오.

보기
ㄱ. (가)의 소낭은 소포체에서 만들어진다.
ㄴ. (나)에서 소낭이 형성되면 세포막의 면적이 줄어든다.
ㄷ. (가)와 (나)에는 모두 ATP가 사용되지 않는다.

08 그림은 세포막을 통한 물질의 이동 방식 A~D를 나타낸 것이다.

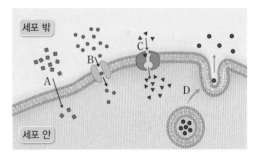

(1) A~D를 각각 무엇이라고 하는지 쓰시오.

(2) ATP를 사용하는 이동 방식의 기호를 있는 대로 쓰시오.

(3) A~D의 예를 〈보기〉에서 각각 고르시오.

보기
ㄱ. 소화샘 세포에서 일어나는 소화 효소 분비
ㄴ. 뉴런에서 일어나는 K^+ 통로를 통한 K^+ 이동
ㄷ. 폐포와 모세 혈관 혈액 사이의 O_2와 CO_2 교환
ㄹ. 소장 융털의 상피 세포에서 일어나는 포도당 흡수

01 ▷ 세포막의 유동성 입증 실험
그림은 세포막의 특성을 알아보기 위한 실험 (가)와 (나)를 나타낸 것이다.

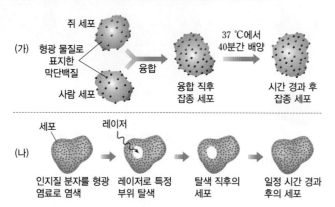

이에 대한 설명으로 옳은 것만을 〈보기〉에서 있는 대로 고른 것은?

> 보기
> ㄱ. 막단백질은 유동성이 거의 없다.
> ㄴ. 세포막을 이루는 인지질 분자는 이동할 수 있다.
> ㄷ. 형광 물질과 결합한 항체를 이용하여 막단백질을 형광 물질로 표지할 수 있다.

① ㄱ　　　② ㄷ　　　③ ㄱ, ㄴ　　　④ ㄴ, ㄷ　　　⑤ ㄱ, ㄴ, ㄷ

> 세포막은 인지질 2중층에 단백질이 박혀 있는 구조로, 인지질 분자가 움직임에 따라 단백질도 움직일 수 있다.

02 ▷ 세포막을 통한 물질의 이동 방식
그림은 세포막을 통해 물질 A~D가 이동하는 방식을 각각 나타낸 것이다. A~D는 각각 능동 수송, 세포외 배출, 단순 확산, 촉진 확산 중 한 가지 방식으로 이동한다.

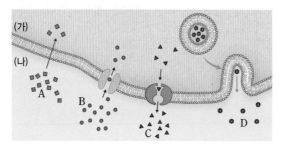

이에 대한 설명으로 옳지 <u>않은</u> 것은?

① (가)는 세포 안, (나)는 세포 밖이다.
② A와 B는 각각의 농도 기울기에 따라 이동한다.
③ B와 C는 막단백질을 통해 이동한다.
④ A~D 중 C가 이동할 때에만 ATP가 사용된다.
⑤ 이자의 β 세포에서 인슐린의 분비는 D와 같은 방식으로 일어난다.

> 물질이 고농도에서 저농도로 이동하는 것은 확산이며, 막단백질이 관여하는지의 여부에 따라 단순 확산과 촉진 확산으로 구분된다. 막단백질이 에너지를 사용하여 물질을 저농도에서 고농도로 이동시키는 것은 능동 수송이고, 고분자 물질을 소낭으로 싸서 세포 밖으로 내보내는 것은 세포외 배출이다.

03
> 동물 세포와 식물 세포에서의 삼투

그림 (가)와 (나)는 정상 적혈구와 정상 식물 세포를 각각 어떤 용액에 넣었을 때의 모양 변화를 나타낸 것이다.

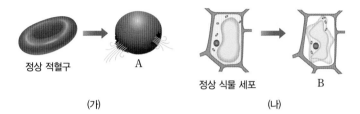

정상 적혈구 　　 A 　　 정상 식물 세포 　　 B

(가) 　　 (나)

이에 대한 설명으로 옳은 것만을 〈보기〉에서 있는 대로 고른 것은?

보기
ㄱ. (가)는 적혈구를 저장액에 넣었을 때의 변화이다.
ㄴ. (나)는 식물 세포를 저장액에 넣었을 때의 변화이다.
ㄷ. B는 정상 식물 세포에 비해 세포액의 삼투압이 높다.
ㄹ. A는 팽윤 상태, B는 원형질 분리 상태이다.

① ㄱ, ㄴ　　　② ㄱ, ㄷ　　　③ ㄱ, ㄹ　　　④ ㄴ, ㄷ　　　⑤ ㄴ, ㄹ

세포액보다 삼투압이 낮은 저장액에서는 세포로 물이 흡수되어 세포의 부피가 증가한다. 세포액보다 삼투압이 높은 고장액에서는 세포에서 물이 빠져나가 세포의 부피가 감소한다.

04
> 동물 세포에서의 삼투

그림은 사람의 적혈구를 세 가지 동물 (가)~(다)의 등장액에 넣었을 때 사람의 적혈구에서 일어나는 변화를 나타낸 것이다.

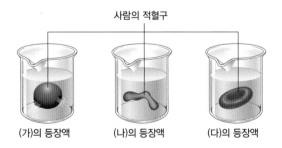

사람의 적혈구

(가)의 등장액 　　 (나)의 등장액 　　 (다)의 등장액

이에 대한 설명으로 옳은 것만을 〈보기〉에서 있는 대로 고른 것은?

보기
ㄱ. (가)~(다) 중 체액의 삼투압이 가장 높은 동물은 (가)이다.
ㄴ. (나)의 등장액은 사람의 적혈구에 대해 고장액이다.
ㄷ. (나)의 적혈구를 (가)의 등장액에 넣으면 (나)의 적혈구는 용혈 현상을 나타낸다.

① ㄱ　　　② ㄷ　　　③ ㄱ, ㄴ　　　④ ㄴ, ㄷ　　　⑤ ㄱ, ㄴ, ㄷ

등장액은 세포액과 삼투압이 같은 용액을 말한다. 적혈구를 고장액에 넣으면 적혈구에서 물이 빠져나가 적혈구가 쭈그러들고, 저장액에 넣으면 적혈구로 물이 들어와 적혈구가 팽창하다가 터진다.

05 〉식물 세포에서의 삼투

그림은 설탕 용액 X에 담겨 있던 식물 세포를 설탕 용액 Y로 옮긴 후 세포의 부피에 따른 팽압과 흡수력을 나타낸 것이다. A와 B는 각각 팽압과 흡수력 중 하나이다.

이에 대한 설명으로 옳은 것만을 〈보기〉에서 있는 대로 고른 것은?

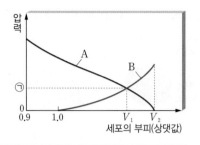

보기
ㄱ. A는 흡수력이다.
ㄴ. 설탕 농도는 X가 Y보다 낮다.
ㄷ. V_1일 때 식물 세포의 삼투압은 ㉠의 2배이다.
ㄹ. V_2일 때 식물 세포는 원형질 분리가 일어난 상태이다.

① ㄱ, ㄴ　　　② ㄱ, ㄷ　　　③ ㄱ, ㄹ　　　④ ㄴ, ㄷ　　　⑤ ㄴ, ㄹ

> 원형질 분리 상태였던 식물 세포를 저장액에 넣으면 물을 흡수하여 원형질 분리 상태를 벗어나 팽압이 발생한다. 삼투압에서 팽압을 뺀 값이 흡수력에 해당하므로, 삼투압은 팽압과 흡수력을 합한 값에 해당한다.

06 〉삼투와 단순 확산

그림 (가)는 물과 단당류는 통과하지만 이당류는 통과하지 못하는 반투과성 막을 U자관에 장치하고 양쪽에 농도가 같은 설탕 용액을 같은 양씩 넣은 모습을, (나)는 A와 B 중 한쪽에만 수크레이스를 넣은 후 시간에 따른 A와 B의 수면 높이를 나타낸 것이다.

(가)

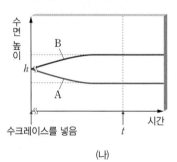

(나)

이에 대한 설명으로 옳은 것만을 〈보기〉에서 있는 대로 고른 것은?

보기
ㄱ. A에 수크레이스를 넣었다.
ㄴ. t일 때 A와 B에 들어 있는 단당류의 양은 같다.
ㄷ. (가)에서 A와 B에 농도가 더 높은 설탕 용액을 넣었다면 t일 때 A와 B의 수면 높이 차는 더 크게 나타났을 것이다.

① ㄱ　　　② ㄴ　　　③ ㄱ, ㄷ　　　④ ㄴ, ㄷ　　　⑤ ㄱ, ㄴ, ㄷ

> 수크레이스는 설탕을 포도당과 과당으로 가수 분해하는 효소이다. 한편, 반투과성 막을 경계로 농도가 다른 용액이 있을 때 물의 농도가 높은 쪽에서 낮은 쪽으로 물이 이동하는 삼투가 일어난다.

07 ▶능동 수송

표는 사람의 혈액을 채취하여 온도와 포도당 공급 여부를 단계적으로 변화시키면서 적혈구 안과 혈장의 Na^+과 K^+의 농도를 조사한 결과이다.

단계	온도와 포도당 공급 여부	적혈구 안(mM)		혈장(mM)	
		Na^+	K^+	Na^+	K^+
I	채취 직후	17	144	155	5
II	0 ℃에서 포도당을 공급하지 않고 24시간 경과	83	81	122	33
III	37 ℃에서 포도당을 공급하지 않고 24시간 경과	63	99	132	25
IV	37 ℃에서 포도당을 공급하면서 24시간 경과	29	131	140	11

이에 대한 설명으로 옳은 것만을 〈보기〉에서 있는 대로 고른 것은?

보기
ㄱ. 포도당은 적혈구에서 세포 호흡의 기질로 이용된다.
ㄴ. Na^+이 혈장에서 적혈구 안으로 이동할 때 ATP가 사용된다.
ㄷ. III과 IV 단계에서 모두 적혈구에서 세포 호흡이 일어나 ATP가 공급되었다.

① ㄱ ② ㄴ ③ ㄱ, ㄷ ④ ㄴ, ㄷ ⑤ ㄱ, ㄴ, ㄷ

> 0 ℃에서는 세포 호흡에 관여하는 효소의 활성이 저하되어 세포 호흡이 일어나지 못한다. 적혈구의 세포막에는 Na^+-K^+ 펌프, Na^+ 통로, K^+ 통로가 모두 존재한다.

08 ▶Na^+-K^+ 펌프

다음은 Na^+-K^+ 펌프를 이용한 실험 과정과 결과이다.

(가) 막에 Na^+-K^+ 펌프가 있는 리포솜을 준비한다.
(나) Na^+ 농도와 K^+ 농도가 (가)의 리포솜 내부와 동일한 수용액을 준비한다.
(다) 비커 A와 B 모두에 (가)의 리포솜과 (나)의 수용액을 넣고, B의 수용액에만 ATP를 첨가한다. ATP는 리포솜의 막을 통과하지 못한다.
(라) 일정 시간 후 A와 B에 든 리포솜 내부의 Na^+과 K^+의 농도 변화를 측정한 결과가 표와 같다.

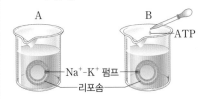

이온 / 비커	Na^+ 농도	K^+ 농도
A	변화 없음	㉠
B	㉡	감소함

이에 대한 설명으로 옳은 것만을 〈보기〉에서 있는 대로 고른 것은?

보기
ㄱ. ㉠은 '감소함', ㉡은 '증가함'이다.
ㄴ. Na^+-K^+ 펌프는 촉진 확산에 관여하는 막단백질이다.
ㄷ. (다)의 B에 든 리포솜 외부 수용액에서 ADP가 검출된다.

① ㄱ ② ㄷ ③ ㄱ, ㄴ ④ ㄴ, ㄷ ⑤ ㄱ, ㄴ, ㄷ

> Na^+-K^+ 펌프는 세포막에 있는 능동 수송 기구로, ATP를 사용하여 Na^+과 K^+을 각각의 농도 기울기를 거슬러 서로 반대 방향으로 이동시킨다.

09 ▶ 단순 확산, 촉진 확산, 능동 수송의 특징

표는 세포막을 통한 물질 이동 방식 Ⅰ~Ⅲ에서 두 가지 특징의 유무를 정리한 것이다. Ⅰ~Ⅲ은 각각 단순 확산, 촉진 확산, 능동 수송 중 하나이다.

이동 방식＼특징	막단백질 이용	물질이 저농도에서 고농도로 이동
Ⅰ	○	?
Ⅱ	×	㉠
Ⅲ	㉡	○

(○: 있음, ×: 없음)

이에 대한 설명으로 옳은 것만을 〈보기〉에서 있는 대로 고른 것은?

> **보기**
> ㄱ. ㉠은 '×', ㉡은 '○'이다.
> ㄴ. Ⅰ 방식으로 물질이 이동할 때 ATP가 사용된다.
> ㄷ. 뉴런에서 탈분극을 일으키는 Na^+ 통로를 통한 Na^+의 이동 방식은 Ⅲ이다.

① ㄱ　　　② ㄴ　　　③ ㄱ, ㄷ　　　④ ㄴ, ㄷ　　　⑤ ㄱ, ㄴ, ㄷ

고난도
10 ▶ 촉진 확산과 능동 수송

그림은 물질 ㉠과 ㉡이 각각 들어 있는 배양액에 세포를 넣은 후 시간에 따른 각 물질의 '세포 안 농도−세포 밖 농도'를 나타낸 것이다. ㉠과 ㉡의 이동 방식은 각각 촉진 확산과 능동 수송 중 하나이며, y는 '세포 안 농도−세포 밖 농도'이다.

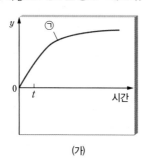
(가)

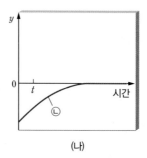
(나)

이에 대한 설명으로 옳은 것만을 〈보기〉에서 있는 대로 고른 것은?

> **보기**
> ㄱ. t일 때 ㉠과 ㉡은 모두 세포 밖에서 안으로 이동한다.
> ㄴ. 세포 호흡 저해제를 처리하면 ㉠의 이동이 중단된다.
> ㄷ. ㉡의 이동에는 막단백질이 이용되지 않는다.
> ㄹ. $Na^+ - K^+$ 펌프를 통한 K^+의 이동 방식은 ㉡의 이동 방식과 같다.

① ㄱ, ㄴ　　　② ㄱ, ㄷ　　　③ ㄱ, ㄹ　　　④ ㄴ, ㄷ　　　⑤ ㄴ, ㄹ

● 촉진 확산과 능동 수송에는 모두 막단백질이 관여하고, 능동 수송은 에너지(ATP)를 사용하여 물질을 저농도에서 고농도로 이동시키는 작용이다.

● (가)에서는 시간이 지남에 따라 세포 안과 밖의 농도 차가 증가하고, (나)에서는 시간이 지남에 따라 세포 안과 밖의 농도 차가 줄어들다가 사라진다.

> 세포내 섭취와 세포외 배출

11 그림은 세포막을 통한 물질의 이동 방식 (가)와 (나)를 나타낸 것이다.

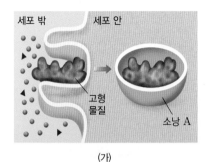
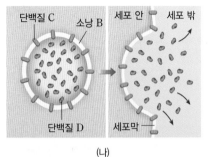

(가)   (나)

이에 대한 설명으로 옳은 것만을 〈보기〉에서 있는 대로 고른 것은?

보기

ㄱ. A는 리소좀과 합쳐져 세포내 소화 과정을 거친다.

ㄴ. B는 소포체에서 만들어진 것이다.

ㄷ. C는 세포막의 막단백질이 되고, D는 세포 밖으로 분비된다.

ㄹ. (가)와 (나)의 결과 모두 세포막의 면적이 증가한다.

① ㄱ, ㄴ   ② ㄱ, ㄷ   ③ ㄱ, ㄹ   ④ ㄴ, ㄷ   ⑤ ㄴ, ㄹ

• (가)에서는 세포막으로부터 소낭이 형성되고, (나)에서는 소낭의 막이 세포막과 융합한다.

> 리포솜

12 그림은 세포에 약물이나 영양소를 공급하는 데 이용되는 리포솜의 단면 구조를 나타낸 것이다.

이에 대한 설명으로 옳은 것만을 〈보기〉에서 있는 대로 고른 것은? (단, 돌연변이는 고려하지 않는다.)

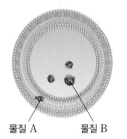

물질 A   물질 B

• 리포솜의 인지질 2중층 막이 세포막과 융합하여 리포솜이 운반해 온 물질이 세포 내로 들어간다.

보기

ㄱ. 리포솜에 의해 운반된 A는 능동 수송을 통해 세포 내로 들어간다.

ㄴ. 수용성 약물이나 영양소는 B와 같이 리포솜 내부에 담아 전달한다.

ㄷ. 리포솜 표면에 항원을 붙이면 리포솜에 담은 물질을 특정 세포에 선택적으로 전달할 수 있다.

① ㄱ   ② ㄴ   ③ ㄱ, ㄷ   ④ ㄴ, ㄷ   ⑤ ㄱ, ㄴ, ㄷ

02 효소

학습 Point　　활성화 에너지와 효소 › 효소의 작용 원리와 기질 특이성 › 효소의 구성과 종류 › 효소의 작용에 영향을 미치는 요인 : 온도, pH, 기질의 농도, 저해제 › 효소의 이용

1 효소의 작용

실험실에서 단백질을 아미노산으로 분해하려면 높은 열과 압력을 오랜 시간 가해야 하지만, 사람의 소화 기관에서는 효소의 작용으로 약 37 ℃의 온도에서 몇 시간 내에 단백질을 아미노산으로 분해한다. 효소는 화학 반응의 활성화 에너지를 낮추어 화학 반응이 쉽게 일어나게 한다.

1. 활성화 에너지와 효소

생명체 내에서는 물질을 합성하거나 분해하는 화학 반응이 끊임없이 일어난다. 생명체에서 일어나는 화학 반응을 통틀어 물질대사라고 하며, 모든 물질대사는 생체 촉매인 효소의 작용으로 일어난다. 효소는 활성화 에너지를 낮추어 생명체 밖에서는 쉽게 일어나지 않는 화학 반응이 쉽게 일어나도록 한다.

(1) **활성화 에너지**: 화학 반응이 일어나기 위해서는 일정 수준 이상의 에너지가 공급되어야 하는데, 화학 반응이 일어나는 데 필요한 최소한의 에너지를 활성화 에너지라고 한다. 활성화 에너지는 화학 반응이 일어나기 위해 넘어야 할 에너지 장벽이라고 할 수 있다. 따라서 활성화 에너지가 높으면 반응이 일어나기 어렵고, 활성화 에너지가 낮으면 반응이 쉽게 일어날 수 있다.

(2) **효소**: 화학 반응에서 활성화 에너지를 높이거나 낮추어 반응 속도를 변화시키는 물질을 촉매라고 한다. 효소는 생명체 내에서 일어나는 화학 반응, 즉 물질대사에서 활성화 에너지를 낮추어 반응을 촉진하는 촉매 역할을 한다. 그래서 효소를 생체 촉매라고도 한다.

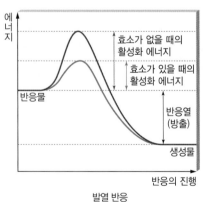

발열 반응

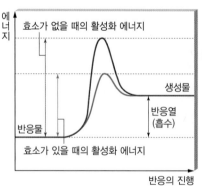

흡열 반응

▲ **활성화 에너지와 효소** 활성화 에너지는 화학 반응이 일어나기 위해 넘어야 할 에너지 장벽에 해당하며, 효소는 활성화 에너지를 낮추어 반응이 빨리 일어나게 한다. 반응물의 에너지 수준이 생성물의 에너지 수준보다 높으면 발열 반응(이화 작용), 낮으면 흡열 반응(동화 작용)이다.

반응과 충돌 이론

충돌 이론은 활성화 에너지 이상의 운동 에너지를 가진 입자가 충돌해야 반응을 일으킬 수 있다는 이론이다. 이 이론에 따르면 활성화 에너지가 낮아지면 활성화 에너지 이상의 운동 에너지를 가진 분자 수가 많아지므로 반응 속도가 빨라진다.

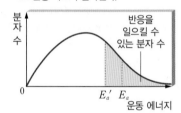

E_a: 효소가 없을 때의 활성화 에너지
E_a': 효소가 있을 때의 활성화 에너지

촉매

화학 반응에 참여하여 반응 속도를 변화시키지만, 자신은 반응 전후에 변하지 않고 원래대로 남는 물질이다. 반응 속도를 빠르게 하는 것을 정촉매, 느리게 하는 것을 부촉매라고 한다. 보통 촉매라고 하면 정촉매를 의미한다.

반응열

화학 반응이 일어날 때 방출되거나 흡수되는 에너지로, 반응물과 생성물의 에너지 차이에 해당한다.

2. 효소의 작용 원리와 특성

(1) **효소의 작용 원리:** 효소는 특정 반응물과 결합하여 활성화 에너지를 낮춤으로써 반응을 촉진하며, 반응이 끝난 후에는 반응 전 상태로 회복되어 다시 반응에 참여한다.

① **기질과 활성 부위:** 효소와 결합하는 특정 반응물을 기질이라 하고, 기질이 결합하는 효소의 특정 부위를 활성 부위라고 한다.

② **효소·기질 복합체 형성:** 효소의 활성 부위에 기질이 결합하여 효소·기질 복합체를 형성하고, 기질이 생성물로 변하여 반응이 끝나면 효소와 생성물은 분리된다.

③ **효소의 재사용:** 반응이 끝나고 생성물과 분리된 효소는 새로운 기질과 결합하여 다시 반응에 참여한다. 이와 같이 효소는 촉매 작용을 한 후에 반응 전 상태로 회복되어 반복적으로 사용되므로, 적은 양의 효소만으로도 다량의 기질에 작용할 수 있다.

(2) **효소의 기질 특이성:** 효소의 주성분인 단백질은 독특한 입체 구조를 지니고 있어 효소의 활성 부위에 구조가 들어맞는 기질만 효소와 결합할 수 있다. 그런 까닭에 한 종류의 효소는 한 종류의 기질에만 작용하는데, 이러한 효소의 특성을 기질 특이성이라고 한다. 예를 들면 수크레이스는 설탕을 분해할 수 있지만 엿당은 분해할 수 없는데, 이는 수크레이스의 활성 부위에 설탕은 결합할 수 있지만 엿당은 결합할 수 없기 때문이다.

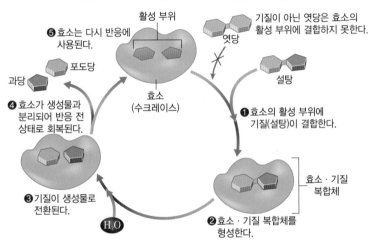

▲ **효소의 작용 원리와 기질 특이성** 한 종류의 효소는 한 종류의 기질에만 작용하고, 효소는 촉매 작용을 한 후에 반응 전 상태로 회복되어 반복적으로 사용된다.

예제

그림은 어떤 효소에 의해 진행되는 화학 반응을 나타낸 것이다.

(1) A~D 중 효소와 기질은 각각 어느 것인가?

(2) A~D 중 일부 기호를 사용하여 위 화학 반응의 반응식을 쓰시오.

해설 반응이 끝난 후 반응 전 상태로 회복되는 A가 효소이고, A에 결합하여 C와 D로 분해되는 B가 반응물인 기질이다. C와 D는 생성물이다.

정답 (1) 효소: A, 기질: B (2) B → C+D

효소가 활성화 에너지를 낮추는 원리
효소는 기질과 공유 결합을 형성하거나 작용기를 이동시키는 등의 다양한 상호 작용을 통해 활성화 에너지를 낮춘다.

수크레이스
물 분자(H_2O)를 첨가하여 이당류인 설탕을 포도당과 과당으로 분해하는 가수 분해 효소

효소와 기질의 결합에 대한 가설
효소와 기질의 결합은 '유도 적합 모델'로 설명한다. 이 모델에 따르면, 효소의 활성 부위는 원래 기질과 완전히 상보적인 구조는 아니지만, 기질이 활성 부위에 결합할 때 활성 부위의 구조가 약간 변하여 기질에 꼭 맞는 상보적인 구조로 되어 효소·기질 복합체를 형성한다.

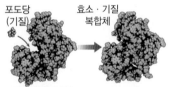

6탄당 인산화 효소
▲ **유도 적합 모델의 예**

효소 반응에서의 물질 농도 변화
반응 초기에는 효소와 기질이 결합하여 효소·기질 복합체를 형성하므로, 기질과 효소의 농도가 모두 감소하고 효소·기질 복합체의 농도가 증가한다. 이후 기질이 생성물로 전환되고 효소는 생성물과 분리되므로, 시간이 지나면서 효소·기질 복합체의 농도는 감소하고, 효소와 생성물의 농도는 증가한다.

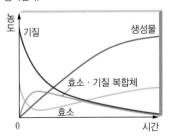

2 효소의 구성과 종류

비타민은 우리 몸에서 에너지를 공급하거나 몸을 구성하는 데 쓰이지 않고 필요량도 적지만 없어서는 안 되는 영양소이다. 우리 몸에서 비타민은 대부분 효소를 보조하는 조효소의 구성 성분이 되어 각종 물질대사에 관여한다.

1. 효소의 구성

효소의 주성분은 단백질이다. 효소 중에는 단백질로만 구성된 것도 있지만, 대부분의 효소는 단백질 부분과 비단백질 부분인 보조 인자로 구성된다.

(1) **단백질로만 구성된 효소**: 아밀레이스, 펩신, 라이페이스 등의 소화 효소를 포함한 가수 분해 효소는 대부분 단백질만으로 구성되어 있다.

(2) **단백질과 보조 인자로 구성된 효소**: 단백질만으로 활성을 나타내지 못하고, 단백질 부분에 비단백질성의 어떤 물질이 결합해야만 활성을 나타내는 효소이다. 이러한 효소의 경우 단백질 부분을 주효소, 비단백질 부분을 보조 인자라고 한다. 그리고 주효소에 보조 인자가 결합하여 완전한 활성을 나타내는 효소를 전효소라고 한다.

주효소(단백질) + 보조 인자(비단백질) = 전효소

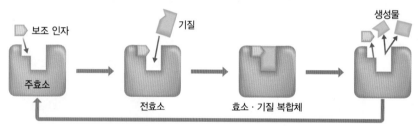

▲ **효소의 구성** 단백질 부분인 주효소에 비단백질 부분인 보조 인자가 결합한 전효소가 활성을 나타낸다.

① **주효소**: 효소의 단백질 부분으로, 입체 구조가 온도와 pH의 영향을 크게 받는다.
② **보조 인자**: 효소의 비단백질 부분으로, 조효소와 금속 이온의 두 종류가 있다. 효소의 활성 부위에 결합하여 효소의 활성에 영향을 주며, 온도와 pH의 영향을 적게 받는다.

• 조효소: 효소의 활성에 필요한 유기물 분자로, 비타민이나 유기 영양소가 변형된 것이 대부분인데, 주효소에 비해 크기가 작고 열에 강하다. 주효소의 활성 부위에 일시적으로 결합하여 활성 부위 형성을 돕는다. 주효소로부터 분리되어 다른 반응에 참여하기도 하며, 반응이 진행되는 동안 기질에서 떨어져 나온 전자나 원자를 수용하여 다른 물질이나 효소에 전달하기도 한다. 이처럼 한 종류의 조효소가 여러 가지 주효소의 작용에 관여한다. 예 탈수소 효소의 조효소인 NAD^+·FAD·$NADP^+$, 탈탄산 효소의 조효소인 비타민 B_1, 아미노기 전이 효소의 조효소인 비타민 B_6

• 금속 이온: 철 이온(Fe^{2+}), 마그네슘 이온(Mg^{2+}), 아연 이온(Zn^{2+}) 등과 같은 무기 이온으로, 주효소에 결합하여 산화 환원되면서 효소가 활성을 띠게 한다. 금속 이온 중에는 주효소에 강하게 결합해 있는 것도 있고, 약하게 결합해 있는 것도 있다.

• 보결족: 보조 인자 중 주효소와 매우 강하게 결합하여 분리되지 않는 것으로, 보통 금속 이온과 유기물 분자를 함께 함유한다. 예 헤모글로빈과 사이토크롬의 헴 그룹

주효소와 조효소의 분리
조효소는 비공유 결합에 의해 주효소에 일시적으로 결합해 있어 결합력이 약하다. 따라서 그림과 같은 투석(반투과성 막 주머니를 이용하여 고분자 물질과 저분자 물질을 분리하는 방법)을 이용해 주효소와 조효소를 분리할 수 있다. 즉, 효소액을 넣은 반투과성 막 주머니를 증류수에 넣고 흔들면 주효소와 조효소가 분리되어 조효소가 주머니 밖으로 빠져나온다.

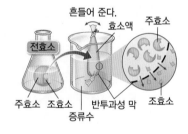

헴 그룹
고리 모양의 포르피린에 Fe^{2+}이 포함된 유기 화합물. 사이토크롬 등의 보조 인자로 작용한다.

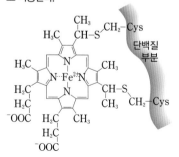

▲ **사이토크롬의 헴 그룹**

2. 효소의 종류

생명체에서 일어나는 물질대사에는 다양한 종류의 효소가 관여하는데, 효소는 작용하는 반응의 종류에 따라 산화 환원 효소, 전이 효소, 가수 분해 효소, 제거 부가 효소, 이성질화 효소, 연결 효소의 6가지 효소군으로 분류할 수 있다.

효소군	작용	효소의 예	반응의 예
산화 환원 효소	한 기질의 H, O 또는 전자를 다른 기질에 전달하여 산화 환원 반응을 촉진한다.	알코올 탈수소 효소	에탄올+NAD^+ ⇌ 아세트알데하이드+NADH+H^+ (에탄올로부터 2H를 떼어 내어 H 1개와 전자 1개를 NAD^+로 전달한다.)
전이 효소	특정 기질의 작용기(예 아미노기, 카복실기, 인산기 등)를 다른 기질로 옮겨 준다.	아미노기 전이 효소	글루탐산+피루브산 ⇌ α-케토글루타르산+알라닌 (글루탐산이 가진 아미노기를 피루브산으로 옮긴다.)
가수 분해 효소	물(H_2O) 분자를 첨가하여 기질을 분해한다.	말테이스	엿당+H_2O ⟶ 포도당+포도당
제거 부가 효소	가수 분해나 산화에 의하지 않고 기질에서 작용기를 떼어 내거나, 기질에 작용기를 붙인다.	피루브산 탈탄산 효소	피루브산 ⇌ 아세트알데하이드+CO_2 (피루브산에서 카복실기를 떼어 낸다.)
이성질화 효소	기질의 원자 배열을 바꿔 분자 구조가 다른 이성질체로 전환시킨다.	6탄당 이성질화 효소	포도당-6-인산 ⇌ 과당-6-인산
연결 효소	에너지(ATP 등)를 사용하여 두 기질 분자를 서로 연결한다.	피루브산 카복실화 효소	피루브산+CO_2 $\xrightarrow{\text{ATP} \quad \text{ADP}+P_i}$ 옥살아세트산

예제

다음은 효소 A~C의 작용을 설명한 것이다. 효소 A~C가 속한 효소군을 〈보기〉에서 각각 고르시오.

보기

ㄱ. 전이 효소
ㄴ. 연결 효소
ㄷ. 이성질화 효소
ㄹ. 산화 환원 효소
ㅁ. 가수 분해 효소
ㅂ. 제거 부가 효소

(1) 효소 A는 물(H_2O) 분자를 첨가하여 설탕을 포도당과 과당으로 분해한다.

(2) 효소 B의 작용으로 피루브산에서 이산화 탄소가 방출되고 피루브산은 아세트알데하이드로 된다.

(3) 효소 C는 에탄올로부터 수소(H)를 이탈시켜 아세트알데하이드를 생성한다.

해설 (1) 설탕이 포도당과 과당으로 가수 분해된 것이다.
(2) 피루브산에서 작용기인 카복실기가 떨어져 나가 이산화 탄소로 방출된 것이다.
(3) 에탄올이 수소(H)를 잃고 아세트알데하이드로 산화된 것이다.

정답 (1) ㅁ (2) ㅂ (3) ㄹ

작용기
화학 반응에 동시에 관여하는 몇 개의 원자 집단 예 아미노기($-NH_2$), 카복실기($-COOH$)

이성질체
분자식은 같지만 분자를 구성하는 원자의 연결 방식이나 공간 배열이 동일하지 않은 화합물

③ 효소의 작용에 영향을 미치는 요인

탐구 105쪽

냉장 보관한 음식이 실온에 둔 음식보다 잘 상하지 않고, 초밥이 맨밥보다 잘 상하지 않는다. 그 까닭은 낮은 온도나 낮은 pH에서는 미생물이 가지고 있는 효소의 활성이 저하되기 때문이다. 이처럼 효소의 활성은 온도, pH 등의 영향을 받는다.

1. 온도

일반적인 화학 반응은 온도가 높아질수록 반응에 참여하는 분자의 운동 속도가 빨라지므로 반응 속도도 빨라진다. 그러나 생명체에서 효소에 의해 진행되는 화학 반응은 최적 온도가 될 때까지는 온도가 높아질수록 반응 속도가 빨라지지만, 온도가 최적 온도보다 높아지면 반응 속도가 급격히 느려진다. 그 까닭은 효소의 주성분인 단백질이 열에 약하여 최적

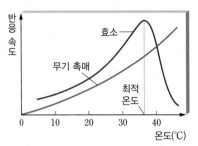

▲ 온도에 따른 무기 촉매와 효소의 반응 속도

온도보다 높은 온도에서는 활성 부위의 입체 구조가 변성되어 효소·기질 복합체를 형성할 수 없기 때문이다. 고온에서 변성된 효소는 온도를 낮추어도 활성이 회복되지 않는다.

2. pH

효소에 의한 반응은 최적 pH에서 반응 속도가 가장 빠르고, 최적 pH를 벗어나면 반응 속도가 느려진다. 이는 효소의 주성분인 단백질의 입체 구조가 pH의 영향을 받아 변하기 때문이다. 최적 pH는 효소의 종류에 따라 다른데, 사람의 체내에 존재하는 효소의 최적 pH는 대부분 중성인 pH 7 정도이지만, 소화관에서 작용하는 소화 효소의 최적 pH는 그 효소가 작용하는 소화관의 pH와 비슷하다.

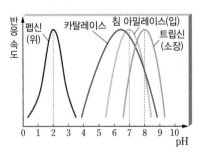

▲ pH에 따른 효소의 반응 속도 펩신, 아밀레이스, 트립신과 같은 소화 효소의 최적 pH는 각각 작용하는 소화관의 pH와 비슷하다.

3. 기질의 농도

효소에 의한 반응에서는 효소의 농도가 일정한 경우 초기 반응 속도가 기질의 농도가 증가할수록 빨라지다가, 기질의 농도가 어느 수준에 이르면 일정해진다. 그 까닭은 기질의 농도가 낮을 때에는 기질의 농도가 증가하면 효소가 기질과 결합하여 효소·기질 복합체를 형성하는 빈도가 증가하지만, 기질의 농도가 높아져 모든 효소가 기질과 결합한 포화 상태에 이르면 기질의 농도가 높아지더라도 반응 속도가 더 이상 빨라지지 않기 때문이다.

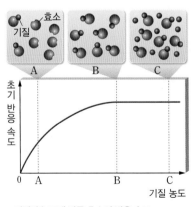

▲ 기질의 농도에 따른 효소의 반응 속도

무기 촉매에 의한 반응 속도와 온도

무기 촉매는 열에 강하기 때문에 무기 촉매가 작용하는 화학 반응의 속도는 온도가 높아질수록 계속 빨라진다.

최적 온도

효소에 의한 반응 속도가 최대일 때의 온도로, 효소의 종류에 따라 다르다. 사람의 효소는 최적 온도가 대부분 체온 범위(35 ℃~40 ℃)인데, 북극새우에서 추출한 어떤 효소는 최적 온도가 약 4 ℃이고, 화산 지대에서 사는 극한 미생물의 어떤 효소는 최적 온도가 95 ℃에 달한다.

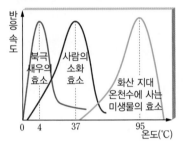

효소의 활성이 pH의 영향을 받는 까닭

최적 pH 범위를 벗어나면 효소의 활성이 저하되는 까닭은 H^+ 농도에 따라 효소 단백질을 구성하고 있는 아미노산의 아미노기와 카복실기의 하전 상태가 변하여 효소의 입체 구조에 변화가 생기기 때문이다.

효소의 농도와 반응 속도

기질의 농도가 같은 조건에서 효소의 농도를 높이면 초기 반응 속도가 그에 비례하여 빨라진다. 예를 들면 그림에서 기질의 농도가 S일 때, 효소의 농도를 2배로 높이면 초기 반응 속도가 2배로 빨라진다.

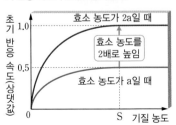

4. 저해제 106쪽

효소와 결합하여 효소의 촉매 작용을 방해하는 물질로, 효소의 어느 부위에 결합하느냐에 따라 경쟁적 저해제와 비경쟁적 저해제로 구분한다.

(1) **경쟁적 저해제:** 기질과 입체 구조가 비슷하기 때문에 효소의 활성 부위에 기질과 경쟁적으로 결합하여 효소의 활성을 저해한다. 효소의 활성 부위에 경쟁적 저해제가 결합하면 기질이 효소와 결합할 수 없다. 📵 말론산: 숙신산을 푸마르산으로 산화시키는 숙신산 탈수소 효소의 활성 부위에 말론산이 결합하여 이 효소의 작용을 억제한다.

(2) **비경쟁적 저해제:** 기질과 입체 구조는 다르지만 효소의 활성 부위가 아닌 다른 부위(알로스테릭 부위)에 결합하여 활성 부위의 구조를 변형시킴으로써 기질이 효소에 결합하지 못하게 하여 효소의 활성을 저해한다. 📵 음성 피드백 조절: 일련의 물질대사 과정의 최종 산물이 초기 효소의 알로스테릭 부위에 결합하여 초기 효소 반응을 억제한다.

▲ **저해제의 작용** 경쟁적 저해제는 효소의 활성 부위에 기질과 경쟁적으로 결합하여 효소의 활성을 저해하고, 비경쟁적 저해제는 효소의 알로스테릭 부위에 결합하여 효소의 활성을 저해한다.

알로스테릭 부위

효소의 활성을 억제 또는 촉진하는 조절 분자가 효소에 결합하는 부위로, 활성 부위와는 다른 부위이다.

저해제의 이용

저해제는 의약품, 항생제, 살충제 등으로 이용되고, 독극물로 작용하기도 한다. 이렇게 저해제를 이용한 경우는 해열제로 잘 알려진 아스피린, 최초의 항생제인 페니실린, 독극물인 청산가리 등 매우 다양하다.

시선 집중 ★ **저해제가 초기 반응 속도에 미치는 영향**

그림은 효소에 의한 반응에서 경쟁적 저해제와 비경쟁적 저해제를 각각 처리했을 때의 초기 반응 속도를 저해제를 처리하지 않았을 때와 비교하여 나타낸 것이다.

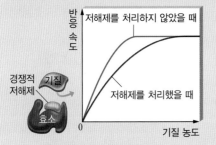

(가) 경쟁적 저해제를 처리한 경우

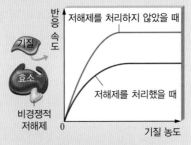

(나) 비경쟁적 저해제를 처리한 경우

❶ **(가):** 경쟁적 저해제는 효소의 활성 부위에 기질과 경쟁적으로 결합하므로 기질의 농도가 높아지면 저해 효과가 감소한다. 기질의 농도가 낮을 때에는 효소가 대부분 경쟁적 저해제와 결합하여 초기 반응 속도가 저해제가 없을 때보다 느리다. 하지만 기질의 농도가 높을 때에는 효소가 대부분 기질과 결합하여 초기 반응 속도가 저해제가 없을 때와 비슷하고, 기질의 농도가 매우 높으면 초기 반응 속도가 저해제가 없을 때와 같다.

❷ **(나):** 비경쟁적 저해제는 효소의 활성 부위가 아닌 다른 부위에 결합하여 활성 부위의 구조를 변형시키므로 기질의 농도가 높아져도 저해 효과가 감소하지 않고 유지된다. 저해제가 결합한 효소는 기질과 결합할 수 없으므로 초기 반응 속도는 저해제가 없을 때보다 느리다. 기질의 농도가 증가해도 저해제와 결합한 효소는 여전히 기질과 결합할 수 없으므로 초기 반응 속도는 저해제가 없을 때보다 여전히 느리다.

4 효소의 이용

우리 조상들은 과학적 원리를 알기 오래전부터 생활에서의 경험으로 김치, 된장, 고추장, 젓갈 등의 발효 식품을 만드는 데 효소를 이용해 왔다. 최근에는 식품뿐만 아니라 세제, 치약, 화장품, 의약품, 섬유 산업, 생명 공학, 환경 분야에 이르기까지 광범위하게 효소가 이용되고 있다.

1. 효소의 이용

이용 분야	이용 사례	이용 원리
일상 생활	식혜를 만들 때	엿기름 속의 아밀레이스가 밥 속의 녹말을 엿당으로 분해한다.
	배나 키위로 고기를 재울 때	배나 키위 속의 단백질 분해 효소가 고기의 단백질을 분해하여 고기를 연하게 한다.
	돼지고기를 새우젓과 먹을 때	새우젓에 든 단백질 분해 효소와 지방 분해 효소가 돼지고기의 단백질과 지방을 분해하여 소화가 잘 되도록 한다.
식품 산업	발효 식품	젖산 발효, 알코올 발효 등 각종 발효 과정에 관여하는 미생물이 가진 효소의 작용으로 치즈, 요구르트, 김치, 된장, 젓갈, 술 등의 발효 식품을 만든다.
	과당 시럽	이성질화 효소로 포도당을 이성질화하여 과당으로 만든다.
	젖당이 없는 우유	젖당 소화 효소가 없는 사람이 먹을 수 있도록 락테이스로 우유 속의 젖당을 분해하여 젖당이 없는 우유를 만든다.
생활 용품	효소 세제	단백질 분해 효소와 지방 분해 효소가 들어 있어 적은 양으로도 높은 세척력을 발휘한다.
	효소 치약	탄수화물 분해 효소나 단백질 분해 효소가 들어 있어 치아에 붙어 있는 탄수화물이나 단백질 성분의 음식물 찌꺼기를 제거한다.
	화장품	화장품 속에 든 단백질 분해 효소, 지질 분해 효소, 라이소자임이 각각 각질을 제거하거나 피지를 제거하고 여드름을 치료한다.
의약	소화 효소제	소화제라고 하는 알약은 대부분 소화 효소제인데, 여기에는 3대 영양소를 분해하는 효소가 들어 있어 탄수화물, 단백질, 지방을 소화시킨다.
	요 검사지	포도당 산화 효소, 과산화 수소 산화 효소, 색원체가 들어 있다. ➡ 오줌 속에 포도당이 들어 있다면 포도당 산화 효소에 의해 포도당이 산화되어 과산화 수소가 발생하고, 과산화 수소는 과산화 수소 산화 효소에 의해 물과 산소로 분해된다. 이때 발생한 산소는 무색의 색원체를 산화시켜 청색으로 변하게 하는데, 청색의 진한 정도로 오줌 속에 들어 있는 포도당의 양을 파악하여 당뇨 여부를 진단한다.
	혈당 측정기	혈당 측정기의 끝에 포도당 산화 효소가 있어 혈액을 묻혔을 때 포도당이 산화되면서 전류가 발생하고, 이 전류의 세기로 혈당을 측정한다.
	효소 세정제	단백질 분해 효소, 탄수화물 분해 효소, 지질 분해 효소가 든 효소 세정제를 이용하여 의료 기구 등을 세척한다.
섬유 산업	청바지 탈색	셀룰로스 분해 효소로 청바지의 특정 부위를 탈색한다.
	염색제 생산	효소 처리를 통해 의류 염색에 쓰이는 염색제를 생산한다.
생명 공학	유전자 재조합	유전자를 제한 효소로 자르고 DNA 연결 효소로 연결하여 재조합한다.
	중합 효소 연쇄 반응(PCR)	DNA 중합 효소를 이용하여 특정 염기 서열을 가진 DNA의 사본을 대량으로 얻는다.
환경	폐수 처리	미생물이 가진 각종 효소를 이용하여 생활하수나 공장 폐수에 들어 있는 오염 물질을 분해한다.

엿기름
보리, 밀 등의 싹을 틔워 말린 것으로, 엿이나 식혜 등을 만들 때 이용된다.

효소 세제
가루 세제에서 볼 수 있는 색깔이 있는 알갱이 속에 단백질 분해 효소와 지방 분해 효소가 들어 있다.

요 검사지
오줌에 담갔다가 꺼냈을 때 나타나는 색을 비색표와 대조하여 청색의 진한 정도에 따라 오줌 속에 들어 있는 포도당의 양을 대략적으로 알 수 있다.

혈당 측정기
포도당이 포도당 산화 효소에 의해 산화될 때 발생하는 전류의 세기로 혈당을 측정한다.

효소의 작용에 영향을 미치는 요인

pH가 효소의 작용에 미치는 영향을 설명할 수 있다.

과정

1 감자를 강판으로 갈아 증류수에 섞어 감자즙을 만들고, 펀치로 거름종이를 여러 번 뚫어 나온 작은 거름종이 조각 여러 개를 감자즙에 담가 둔다.

2 7개의 비커 A~G에 3 % 과산화 수소수를 50 mL씩 넣고, HCl 용액과 NaOH 용액을 이용하여 pH가 4, 5, 6, 7, 8, 9, 10이 되도록 만든다.

3 비커 A~G 각각에 감자즙에 담가 두었던 거름종이 조각을 1개씩 넣고 유리막대로 가라앉힌 후, 거름종이 조각이 수면으로 떠오르는 데 걸리는 시간을 측정한다.

4 3의 과정을 3회 반복하여 각 pH에서 거름종이 조각이 수면으로 떠오르는 데 걸린 시간의 평균값을 구한다.

 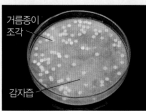 

거름종이
조각

감자즙

A B C

D E F G

카탈레이스

혐기성 세균을 제외한 거의 모든 생물에 있는 효소로, 물질대사 과정에서 생성되는 유독한 과산화물을 분해하는 반응을 촉매하여 조직을 보호한다. 감자나 무에 많이 들어 있고, 사람을 포함한 포유류에서는 적혈구, 간, 콩팥 등에 주로 들어 있다.

반응 속도와 거름종이 조각이 떠오르는 데 걸린 시간의 관계

반응 속도는 거름종이 조각이 떠오르는 데 걸린 시간에 반비례하므로

$$반응 속도(상댓값) = \frac{1}{걸린 시간}$$

이라고 볼 수 있다. 따라서 pH에 따른 반응 속도를 그래프로 나타내면 다음과 같다.

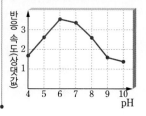

결과 및 해석

pH	4	5	6	7	8	9	10
거름종이 조각이 떠오르는 데 걸린 시간(초)	5.7	3.8	2.8	3	4	5.8	7.1

1 감자 속에 들어 있는 카탈레이스는 과산화 수소를 물과 산소로 분해하는 반응($2H_2O_2 \rightarrow 2H_2O + O_2$)을 촉매하는데, 이때 발생한 산소($O_2$) 기체가 거름종이 조각 표면에 기포를 형성하므로 거름종이 조각이 떠오른다.

2 카탈레이스의 활성이 높아 반응 속도가 빠를수록 산소(O_2)가 많이 발생하므로 거름종이 조각이 수면으로 떠오르는 데 걸리는 시간이 짧다. ➡ 거름종이 조각이 떠오르는 데 걸린 시간은 pH 6에서 가장 짧으므로 반응 속도는 pH 6에서 가장 빠르다. 따라서 카탈레이스의 최적 pH는 6 정도이다.

탐구 확인 문제

> 정답과 해설 17쪽

01 위 탐구에 대한 설명으로 옳지 <u>않은</u> 것은?

① 조작 변인은 pH이다.

② 각 비커에 넣은 과산화 수소수의 양은 통제 변인이다.

③ 종속변인은 거름종이 조각이 떠오르는 데 걸리는 시간이다.

④ 처리 온도는 높거나 낮아도 상관없고 일정하게만 유지하면 된다.

⑤ 과정 3의 결과 거름종이 조각이 빨리 떠오를수록 카탈레이스의 활성이 높은 것이다.

02 다음은 효소의 작용에 영향을 주는 요인에 대한 실험이다.

> (가) 비커 A~E에 과산화 수소수를 같은 양씩 담고, 5 ℃, 20 ℃, 35 ℃, 45 ℃, 60 ℃의 물에 각각 담가 둔다.
>
> (나) 각각의 비커에 감자즙을 적신 크기가 같은 거름종이 조각을 1개씩 넣어 가라앉힌 후, 거름종이 조각이 떠오르는 데 걸리는 시간을 측정한다.

(1) 이 실험의 조작 변인과 종속변인을 쓰시오.

(2) (나)에서 거름종이 조각이 가장 빨리 떠오를 것으로 예상되는 비커의 기호를 쓰시오.

심화

저해제의 구분

일반적으로 저해제가 효소의 어느 부위에 결합하느냐에 따라 저해제를 경쟁적 저해제와 비경쟁적 저해제로 구분한다. 하지만 효소에 결합한 저해제가 다시 분리되어 효소의 활성이 회복될 수 있는지에 따라 저해제를 가역적 저해제와 비가역적 저해제로 구분하고, 가역적 저해제를 다시 경쟁적 저해제, 비경쟁적 저해제, 무경쟁적 저해제로 구분하기도 한다. 이들 저해제에 대해 좀 더 알아보자.

❶ 비가역적 저해제

효소와 공유 결합을 한 저해제는 효소와 다시 분리되지 않는다. 이처럼 효소와 공유 결합을 하여 효소에 비가역적인 변화를 초래하는 저해제를 비가역적 저해제라고 한다. 비가역적 저해제로는 페니실린과 같은 항생제나 청산가리와 같은 독극물이 있다. 페니실린은 세균의 세포벽 형성에 관여하는 효소의 활성 부위에 공유 결합을 하여 기질이 활성 부위에 결합하지 못하도록 한다. 그 결과 세균은 세포벽을 형성하지 못하여 저장액의 환경에서나 세포 분열이 왕성하게 일어날 때 압력을 견디지 못하고 세포가 터져서 죽게 된다.

청산가리
독극물인 청산가리는 비가역적 저해제로, 미토콘드리아에서 일어나는 전자 전달 과정에 관여하는 사이토크롬 c 산화 효소의 활성 부위에 있는 철 이온과 공유 결합을 한다. 이러한 원리로 세포 호흡을 막아 죽음에 이르게 한다.

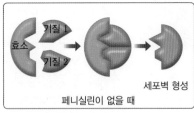 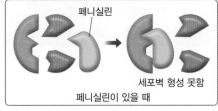

페니실린이 없을 때 | 페니실린이 있을 때

▲ **페니실린의 작용 원리** 페니실린은 경쟁적 저해제처럼 효소의 활성 부위에 결합하지만 효소와 공유 결합을 하므로 페니실린과 결합한 효소는 영구적으로 세포벽 형성에 관여하지 못하게 된다.

❷ 가역적 저해제

효소와 비공유 결합과 같은 약한 결합을 한 저해제는 효소와 다시 분리될 수 있기 때문에 효소의 활성이 회복될 수 있다. 이처럼 효소에 가역적인 변화를 초래하는 저해제를 가역적 저해제라고 한다. 가역적 저해제는 효소의 활성 부위에 결합하는 경쟁적 저해제, 활성 부위가 아닌 다른 부위에 결합하는 비경쟁적 저해제, 효소 · 기질 복합체에 결합하는 무경쟁적 저해제의 세 가지로 구분된다. 무경쟁적 저해제는 효소 · 기질 복합체에 결합하여 생성물이 만들어지지 못하게 함으로써 효소의 활성을 저해한다. 경쟁적 저해제는 기질의 농도가 증가하면 저해 효과가 감소하지만, 비경쟁적 저해제와 무경쟁적 저해제는 기질의 농도가 증가해도 저해 효과가 유지된다.

음성 피드백 조절
일련의 물질대사 과정의 최종 산물이 최초 효소(알로스테릭 효소)의 비경쟁적 저해제로 작용하여 물질대사의 최종 산물이 지나치게 많아지지 않도록 조절한다.

저해제가 없을 때 | 가역적 저해제가 있을 때

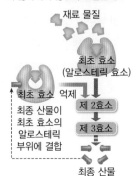

▲ **가역적 저해제의 종류** 경쟁적 저해제는 효소의 활성 부위에, 비경쟁적 저해제는 효소의 활성 부위가 아닌 다른 부위에, 무경쟁적 저해제는 효소 · 기질 복합체에 각각 결합하여 효소의 활성을 저해한다.

02 효소

2. 세포막과 효소

① 효소의 작용

1. **활성화 에너지와 효소** 효소는 물질대사에서 화학 반응이 일어나는 데 필요한 최소한의 에너지인
(**❶**   )를 낮추어 반응을 촉진하는 생체 촉매이다.

2. **효소의 작용 원리** 효소의 활성 부위에 기질이 결합하여
(**❷**   )를 형성하고, 반응이 끝나면 효소는 생성 물질과
분리되어 다시 반응에 참여한다.
• (**❸**   ): 한 종류의 효소는 한 종류의 기질에만 작용하는
특성 → 효소의 활성 부위에는 구조가 들어맞는 기질만 결합할
수 있기 때문이다.

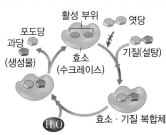

▲ 효소의 작용 원리

② 효소의 구성과 종류

1. **효소의 구성** 주효소(단백질)+(**❹**   )(비단백질)=전효소
• 주효소: 효소의 단백질 부분으로, 입체 구조가 온도와 pH의 영향을 크게 받는다.
• 보조 인자: 효소의 비단백질 부분으로, 작은 유기물 분자인 (**❺**   )와 금속 이온이 있다.

2. **효소의 종류** 산화 환원 효소, 전이 효소, 가수 분해 효소, 제거 부가 효소, 이성질화 효소, 연결 효소

③ 효소의 작용에 영향을 미치는 요인

1. **온도** 효소에 의한 반응은 온도가 높아질수록 반응 속도가 빨라지다가 최적 온도를 넘어서면 반응 속도
가 급격히 느려진다. → 높은 온도에서 효소 단백질의 입체 구조가 변성되기 때문이다.

2. **pH** 효소에 의한 반응은 최적 pH에서 반응 속도가 가장 빠르고, 최적 pH를 벗어나면 반응 속도가 느
려진다. → 효소 단백질의 입체 구조가 pH의 영향을 받아 변하기 때문이다.

3. **기질의 농도** 효소에 의한 반응에서는 기질의 농도가 증가할수록 초기 반응 속도가 빨라지다가 일정해
진다. → 모든 효소가 기질과 결합한 포화 상태가 되면 반응 속도가 더 이상 빨라지지 않고 일정해진다.

4. **저해제** 효소와 결합하여 효소의 촉매 작용을 방해하는 물질
• (**❻**   ): 효소의 활성 부위에 기질과 경쟁적으로 결합하여 효
소의 활성을 저해한다.
• (**❼**   ): 효소의 활성 부위가 아닌 다른 부위에 결합하여 활성
부위의 구조를 변형시켜 효소의 활성을 저해한다.

▲ 저해제의 작용

④ 효소의 이용

분야	사례	분야	사례
일상 생활	• 식혜: 엿기름 속 (**❽**) 이용 • 연육제: 과일 속 단백질 분해 효소 이용	의약	• 소화 효소제: 3대 영양소 분해 효소 포함 • 요 검사지, 혈당 측정기: 포도당 산화 효소 이용
식품 산업	• 발효 식품: 미생물의 효소 이용 • 젖당이 없는 우유: 락테이스 이용	섬유 산업	• 청바지 탈색: 셀룰로스 분해 효소 이용 • 효소 처리로 염색제 생산
생활 용품	• 효소 세제: 단백질 분해 효소와 지방 분해 효소 이용 • 화장품 속 미용 성분: 단백질 분해 효소, 지질 분해 효소, 라이소자임 등 이용	생명 공학	• 유전자 재조합: 제한 효소, DNA 연결 효소 이용 • 중합 효소 연쇄 반응(PCR): DNA 중합 효소 이용
		환경	미생물의 효소를 이용하여 생활하수나 공장 폐수 속의 각종 오염 물질 분해

01 그림은 어떤 화학 반응에서 효소가 있을 때와 없을 때의 에너지 변화를 나타낸 것이다.

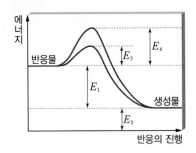

(1) $E_1 \sim E_4$ 중 효소가 있을 때와 효소가 없을 때의 활성화 에너지에 해당하는 것을 각각 고르시오.

(2) $E_1 \sim E_4$ 중 반응열에 해당하는 것을 고르시오.

02 그림 (가)는 어떤 효소에 의한 반응을, (나)는 (가)에서 일어나는 에너지 변화를 나타낸 것이다.

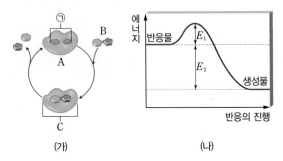

(1) A~C, ㉠ 부위는 각각 무엇인지 쓰시오.

(2) 이에 대한 설명으로 옳은 것만을 〈보기〉에서 있는 대로 고르시오.

┌ 보기 ─────────────
ㄱ. (가)에서 A는 반응 후 재사용된다.
ㄴ. A의 농도가 증가하면 E_1은 감소한다.
ㄷ. B의 농도가 증가하면 E_2는 감소한다.
└──────────────────

03 그림은 어떤 효소가 관여하는 화학 반응에서 시간에 따른 반응액 속의 물질 A~D의 농도를 나타낸 것이다. A~D는 각각 효소, 기질, 효소·기질 복합체, 생성물 중 하나이다.

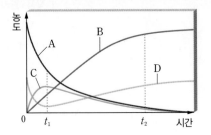

(1) A~D는 각각 어떤 물질인지 쓰시오.

(2) t_1과 t_2 중 반응 속도가 더 빠른 시점을 쓰시오.

04 그림은 효소의 작용을 모식적으로 나타낸 것이다. A~F는 각각 기질, 생성물, 보조 인자, 주효소, 전효소, 효소·기질 복합체 중 하나이다.

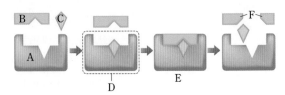

(1) A~F는 각각 무엇인지 쓰시오.

(2) 이에 대한 설명으로 옳은 것만을 〈보기〉에서 있는 대로 고르시오.

┌ 보기 ─────────────
ㄱ. A의 입체 구조는 온도와 pH의 영향을 크게 받는다.
ㄴ. A와 C는 반응이 끝난 후 새로운 반응에 사용된다.
ㄷ. C 중에서 조효소는 작은 유기물 분자로 열에 약하다.
ㄹ. C 중에서 A와 매우 강하게 결합하여 영구적으로 분리되지 않는 것을 보결족이라고 한다.
└──────────────────

보기
ㄱ. 전이 효소   ㄴ. 연결 효소
ㄷ. 이성질화 효소   ㄹ. 가수 분해 효소
ㅁ. 산화 환원 효소   ㅂ. 제거 부가 효소

05 그림은 효소가 관여하는 화학 반응을 모식적으로 나타낸 것이다. 각 반응을 촉매하는 효소군을 〈보기〉에서 고르시오.

(1) $\boxed{X} - 작용기 \rightleftharpoons \boxed{X} + 작용기$

(2) $\boxed{X} - H_2 + \boxed{Y} \rightleftharpoons \boxed{X} + \boxed{Y} - H_2$

(3) $\boxed{X} - 작용기 + \boxed{Y} \rightleftharpoons \boxed{X} + \boxed{Y} - 작용기$

(4) $\boxed{X} - \boxed{Y} + H_2O \longrightarrow \boxed{X} - OH + \boxed{Y} - H$

06 다음은 효소의 이용 사례를 설명한 것이다. 밑줄 친 효소가 속한 효소군을 〈보기〉에서 각각 고르시오.

(1) 키위즙 속의 <u>효소</u>로 고기를 연하게 한다.

(2) <u>효소</u>로 포도당을 과당으로 전환시켜 과당 시럽을 만든다.

(3) 유전자 재조합 과정에서 잘라 낸 DNA 조각들에 <u>효소</u>를 처리하여 재조합 DNA로 만든다.

07 다음은 생명체 내에서 일어나는 몇 가지 화학 반응이다.

(가) 엿당 + H_2O $\longrightarrow$ 포도당 + 포도당
(나) 에탄올 + NAD^+ $\longrightarrow$
　　　　　 아세트알데하이드 + $NADH + H^+$
(다) 피루브산 $\longrightarrow$ 아세트알데하이드 + CO_2

(1) (가)~(다)에는 각각 산화 환원 효소, 가수 분해 효소, 제거 부가 효소 중 어떤 효소가 작용하는지 쓰시오.

(2) (나)에서 NAD^+는 주효소에 일시 결합하여 기질에서 떨어져 나온 전자나 수소를 수용하는 유기물 분자이다. 이와 같은 물질을 무엇이라고 하는지 쓰시오.

08 그림 (가)는 효소 반응에서 기질 농도에 따른 초기 반응 속도를 나타낸 것이고, (나)의 A~C는 기질 농도가 S_1~S_3일 때의 효소와 기질 및 효소·기질 복합체의 상대량을 순서 없이 나열한 것이다.

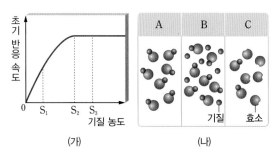

(가)　　　　　(나)

(1) A~C는 각각 S_1~S_3 중 어느 때에 해당하는지 쓰시오.

(2) 기질 농도가 S_3일 때 기질과 효소를 각각 추가하면 초기 반응 속도는 어떻게 변하는지 쓰시오.

09 그림은 저해제 A와 B의 작용을 나타낸 것이다.

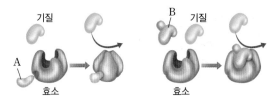

(1) A와 B는 각각 비경쟁적 저해제와 경쟁적 저해제 중 어떤 종류인지 쓰시오.

(2) 그림은 저해제를 첨가하지 않았을 때와 저해제 A와 B를 각각 첨가하였을 때의 기질 농도에 따른 초기 반응 속도를 나타낸 것이다.

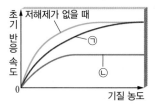

㉠과 ㉡은 각각 A와 B 중 어떤 저해제를 첨가하였을 때인지 쓰시오.

01 ❯ 효소와 물질대사

그림 (가)는 효소 **A**와 **B**에 의한 반응을, (나)는 **A**와 **B** 중 한 효소에 의한 반응에서의 에너지 변화를 나타낸 것이다. **A**와 **B**는 각각 RNA 중합 효소와 아밀레이스 중 하나이다.

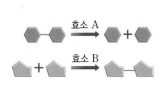 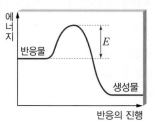

(가)   (나)

• 효소 **A**는 물질의 분해(이화 작용)를, 효소 **B**는 물질의 합성(동화 작용)을 촉진한다. 물질의 분해는 발열 반응이다.

이에 대한 설명으로 옳은 것만을 〈보기〉에서 있는 대로 고른 것은?

보기
ㄱ. **A**는 아밀레이스이다.
ㄴ. **A**와 **B**의 기질은 모두 구성 성분으로 당을 갖는다.
ㄷ. (나)는 RNA 중합 효소에 의한 반응에서의 에너지 변화이다.
ㄹ. (나)에서 효소의 농도가 증가하면 E의 크기가 작아진다.

① ㄱ, ㄴ   ② ㄱ, ㄷ   ③ ㄴ, ㄷ   ④ ㄴ, ㄹ   ⑤ ㄷ, ㄹ

02 ❯ 효소의 구성

그림은 어떤 효소 용액을 반투과성 막 주머니에 넣고 투석시켜 투석 내액(**A**)과 투석 외액(**B**)을 얻는 과정을, 표는 **A**, **B**, 기질을 이용한 실험의 효소 반응 결과를 나타낸 것이다.

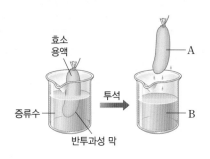

실험	효소 반응
A + 기질	×
B + 기질	×
A + B + 기질	○
끓인 A + B + 기질	㉠
A + 끓인 B + 기질	○

(○: 일어남, ×: 일어나지 않음)

• 투석은 반투과성 막 주머니 속에 든 혼합물을 다량의 용매에 담가 고분자 물질과 저분자 물질을 분리하는 방법이다. 효소 용액을 투석시키면 효소의 구성 성분 중 고분자 물질은 반투과성 막 주머니 속에 남고, 저분자 물질은 주머니 밖으로 빠져나온다.

이에 대한 설명으로 옳은 것만을 〈보기〉에서 있는 대로 고른 것은?

보기
ㄱ. **A**에 주효소가 들어 있다.
ㄴ. ㉠은 '○'이다.
ㄷ. **B**에 열에 강한 저분자 물질이 들어 있다.

① ㄱ   ② ㄴ   ③ ㄱ, ㄴ   ④ ㄱ, ㄷ   ⑤ ㄴ, ㄷ

03 ❯ 효소의 구성과 종류

그림 (가)는 효소 Y에 단백질 X와 ATP를 첨가하였을 때 일어나는 반응을, (나)는 X−인산에 물질 Z와 ATP를 첨가하였을 때 일어나는 반응을 나타낸 것이다.

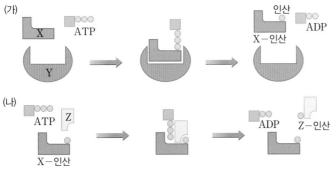

이에 대한 설명으로 옳은 것만을 〈보기〉에서 있는 대로 고른 것은?

> **보기**
>
> ㄱ. Y는 전이 효소에 해당한다.
> ㄴ. 효소는 다른 효소의 작용을 받아 활성화되기도 한다.
> ㄷ. (가)에서는 X가, (나)에서는 Z가 보조 인자로 작용한다.
> ㄹ. X−인산은 (가)에서는 생성물이고, (나)에서는 효소로 작용한다.

① ㄱ, ㄴ, ㄷ   ② ㄱ, ㄴ, ㄹ   ③ ㄱ, ㄷ, ㄹ
④ ㄴ, ㄷ, ㄹ   ⑤ ㄱ, ㄴ, ㄷ, ㄹ

• (가) 반응은 'X+ATP → X−인산+ADP'이고, (나) 반응은 'Z+ATP → Z−인산+ADP'이다.

04 ❯ 온도가 효소의 작용에 미치는 영향

다음은 옥수수의 당도를 유지하는 방법 (가)와 식혜를 만드는 과정의 일부 (나)를 설명한 것이다.

> (가) 수확한 옥수수를 상온에 저장하면 당도가 급격히 떨어지지만, ㉠ 4 ℃ 정도로 유지되는 냉장실에 저장하면 약 5일까지 당도가 유지된다. 또, 수확한 옥수수를 바로 ㉡ 끓는 물에 2분~3분간 담갔다가 식혀서 냉장실에 저장해도 당도가 유지된다.
>
> (나) 식혜를 만들 때에는 수분이 적은 고두밥을 엿기름물과 혼합해 ㉢ 50 ℃ 정도에서 4시간~6시간 정도 둔다.

이에 대한 설명으로 옳은 것만을 〈보기〉에서 있는 대로 고른 것은?

> **보기**
>
> ㄱ. ㉠, ㉡, ㉢은 모두 엿당을 생성하는 효소의 활성을 조절하는 과정이다.
> ㄴ. ㉡ 과정을 거친 옥수수 속의 효소는 상온에 두면 활성을 회복한다.
> ㄷ. ㉠과 ㉡은 효소의 활성을 억제하는 과정이고, ㉢은 효소의 활성을 높이는 과정이다.

① ㄱ   ② ㄷ   ③ ㄱ, ㄴ   ④ ㄴ, ㄷ   ⑤ ㄱ, ㄴ, ㄷ

• 옥수수의 당도를 유지하려면 엿당이 녹말로 되는 것을 막아야 하고, 식혜의 단맛을 내려면 녹말을 엿당으로 분해해야 한다.

05 ❯ 효소 반응의 속도

그림은 어떤 효소 반응에서 효소의 농도가 일정할 때 시간에 따른 물질 ㉠과 ㉡의 농도를 나타낸 것이다. ㉠과 ㉡은 각각 기질과 생성물 중 하나이고, C는 ㉠의 농도 최대치이다.

이에 대한 설명으로 옳은 것만을 〈보기〉에서 있는 대로 고른 것은?

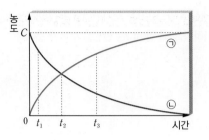

보기
ㄱ. ㉡은 기질이다.
ㄴ. t_1~t_3 중 t_1에서 반응 속도가 가장 빠르다.
ㄷ. 처음에 넣는 효소의 양을 2배로 증가시키면 C가 2배로 높아진다.

① ㄱ   ② ㄷ   ③ ㄱ, ㄴ   ④ ㄴ, ㄷ   ⑤ ㄱ, ㄴ, ㄷ

• 반응이 진행될수록 기질의 농도는 감소하고, 생성물의 농도는 증가한다. 또, 그래프에서 기울기가 클수록 반응 속도가 빠른 것이다.

06 ❯ 효소의 작용에 영향을 미치는 요인

다음은 감자즙에 들어 있는 카탈레이스의 활성에 영향을 미치는 요인을 알아보는 실험이다.

[실험 과정]
(가) 같은 크기의 작은 거름종이 조각 여러 개를 감자즙에 담가 둔다.
(나) 5개의 비커 A~E에 표와 같이 물질을 넣고 온도를 다르게 처리한다.

비커	A	B	C	D	E
H_2O_2 용액	50 mL	50 mL	50 mL	50 mL	50 mL
증류수	5 mL	—	—	5 mL	5 mL
HCl 용액	—	5 mL	—	—	—
NaOH 용액	—	—	5 mL	—	—
온도	35 ℃	35 ℃	35 ℃	얼음으로 냉각	90 ℃

(다) 감자즙에 담가 두었던 거름종이 조각을 각 비커에 1개씩 넣고 유리막대로 가라앉힌 후, 거름종이 조각이 수면으로 떠오르는 데 걸린 시간을 측정한다.

[실험 결과]

비커	A	B	C	D	E
거름종이 조각이 떠오르는 데 걸린 시간(초)	3	7	8	30	60

이에 대한 설명으로 옳은 것만을 〈보기〉에서 있는 대로 고른 것은?

보기
ㄱ. (다)의 각 비커에서 발생한 O_2가 거름종이 조각을 떠오르게 한다.
ㄴ. 온도가 높을수록 카탈레이스의 활성이 높다.
ㄷ. 카탈레이스의 활성은 온도와 pH의 영향을 받는다.

① ㄱ   ② ㄷ   ③ ㄱ, ㄴ   ④ ㄱ, ㄷ   ⑤ ㄴ, ㄷ

• 감자 속에 들어 있는 카탈레이스에 의해 H_2O_2가 분해되면서 발생한 O_2가 거름종이 조각의 표면에 기포를 형성하여 거름종이 조각이 떠오르게 한다.

07 ▶ 저해제와 효소 농도가 초기 반응 속도에 미치는 영향

표는 효소 **X**에 의한 반응에서 실험 Ⅰ~Ⅲ의 조건을, 그림은 Ⅰ~Ⅲ에서 기질 농도에 따른 초기 반응 속도를 나타낸 것이다. ㉠은 경쟁적 저해제와 비경쟁적 저해제 중 하나이고, **A~C**는 각각 Ⅰ~Ⅲ 중 하나의 결과이다.

조건 \ 실험	Ⅰ	Ⅱ	Ⅲ
효소 X의 농도(상댓값)	1	1	2
㉠	없음	있음	없음

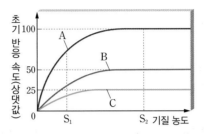

이에 대한 설명으로 옳은 것만을 〈보기〉에서 있는 대로 고른 것은?

보기
ㄱ. ㉠은 경쟁적 저해제이다.
ㄴ. A는 Ⅲ의 결과이다.
ㄷ. 효소·기질 복합체의 농도는 Ⅰ의 S_1일 때가 Ⅱ의 S_2일 때보다 높다.
ㄹ. S_2일 때 $\dfrac{\text{기질과 결합한 X의 수}}{\text{X의 총 수}}$ 는 Ⅲ에서가 Ⅰ에서의 2배이다.

① ㄱ, ㄴ ② ㄱ, ㄷ ③ ㄴ, ㄷ ④ ㄴ, ㄹ ⑤ ㄷ, ㄹ

• 경쟁적 저해제의 저해 효과는 기질의 농도가 높아지면 감소하지만, 비경쟁적 저해제의 저해 효과는 기질의 농도가 높아져도 감소하지 않는다.

08 ▶ 음성 피드백 조절

그림 (가)는 효소 **a~c**의 작용으로 물질 **G**가 생성되기까지의 과정을, (나)는 물질 **G**가 충분할 때 음성 피드백 조절이 이루어지는 원리를 나타낸 것이다.

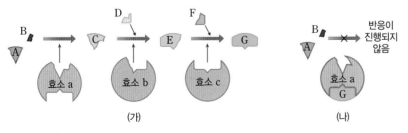

이에 대한 설명으로 옳은 것만을 〈보기〉에서 있는 대로 고른 것은?

보기
ㄱ. G는 비경쟁적 저해제로 작용한다.
ㄴ. G는 효소 a의 활성 부위에 결합한다.
ㄷ. B는 효소 a를 구성하는 보조 인자이다.
ㄹ. G의 농도가 높아지면 C, E, G의 생성이 억제된다.

① ㄱ, ㄷ ② ㄱ, ㄹ ③ ㄴ, ㄷ ④ ㄴ, ㄹ ⑤ ㄷ, ㄹ

• 음성 피드백 조절은 일련의 물질 대사 과정의 최종 산물이 초기 효소의 알로스테릭 부위에 결합하여 초기 효소 반응을 억제하는 조절을 말한다.

01
▶ 동물체와 식물체의 구성 단계

표 (가)는 동물체, (나)는 식물체의 구성 단계 일부와 예를 각각 나타낸 것이다.

구성 단계	예
I	갑상샘
II	혈액
III	신경계

(가)

구성 단계	예
IV	형성층
V	잎
VI	기본 조직계

(나)

이에 대한 설명으로 옳은 것만을 〈보기〉에서 있는 대로 고른 것은?

보기
ㄱ. I과 IV는 동일한 구성 단계이다.
ㄴ. III은 식물체에, VI은 동물체에 없는 구성 단계이다.
ㄷ. 골격근과 힘줄은 II, 물관과 체관은 IV의 예에 해당한다.

① ㄱ   ② ㄷ   ③ ㄱ, ㄴ   ④ ㄴ, ㄷ   ⑤ ㄱ, ㄴ, ㄷ

> 동물체의 구성 단계는 '세포 → 조직 → 기관 → 기관계 → 개체'이고, 식물체의 구성 단계는 '세포 → 조직 → 조직계 → 기관 → 개체'이다. 혈액은 결합 조직에 해당하고, 형성층은 분열 조직에 해당한다.

02
▶ 생명체를 구성하는 기본 물질과 세포 소기관의 기능

표는 생명체를 구성하는 기본 물질 (가)∼(다)의 구성 원소를, 그림은 동물 세포의 구조를 나타낸 것이다. (가)∼(다)는 각각 핵산, 지질, 단백질 중 하나이고, A∼C는 각각 리보솜, 미토콘드리아, 매끈면 소포체 중 하나이다.

물질	구성 원소
(가)	C, H, O, N이며 S을 함유하는 것도 있다.
(나)	C, H, O, N, P
(다)	C, H, O이며 N나 P을 함유하는 것도 있다.

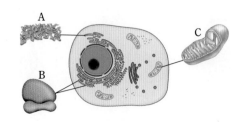

이에 대한 설명으로 옳지 않은 것은?

① A에서 (다)가 합성된다.
② C에도 B가 들어 있어 (가)가 합성된다.
③ 콜레스테롤은 (다)에 속한다.
④ A, B, C는 모두 (나)를 갖는다.
⑤ (가)와 (다)에 세포막의 주요 구성 성분이 포함된다.

> 매끈면 소포체에서는 지질의 합성이 일어나고, 리보솜에서는 단백질의 합성이 일어난다. 미토콘드리아는 자체 DNA와 리보솜이 있어 독자적으로 증식하고 단백질을 합성할 수 있다.

> 세포 분획법과 세포 소기관의 특징

다음은 식물의 세포 소기관 A~C의 특징과 A~C를 세포 분획법으로 분리하는 과정에 대한 설명이다. A~C는 각각 미토콘드리아, 엽록체, 소포체 중 하나이다.

- A와 B는 모두 DNA를 갖는다.
- B는 A보다 무겁고 크기가 크다.
- 세포 분획법으로 C를 분리할 때에는 A를 분리할 때보다 원심 분리기를 더 빠른 속도로 오래 회전시켜야 한다.

A~C에 대한 설명으로 옳은 것만을 〈보기〉에서 있는 대로 고른 것은?

보기
ㄱ. A에서 세포 호흡이 일어난다.
ㄴ. B와 C는 모두 2중막 구조를 갖는다.
ㄷ. 세포 분획법으로 A~C를 각각 분리할 때 B가 가장 먼저 분리되어 나온다.

① ㄱ   ② ㄴ   ③ ㄱ, ㄴ   ④ ㄱ, ㄷ   ⑤ ㄴ, ㄷ

• 세포벽을 제거한 식물 세포의 파쇄액을 회전 속도와 시간을 단계적으로 증가시키면서 원심 분리하면 '핵 → 엽록체 → 미토콘드리아 → 소포체'의 순으로 분리되어 나온다.

---

04 **> 자기 방사법과 단백질의 합성 및 분비 경로**

그림은 쥐의 이자 세포에 방사성 동위 원소로 표지된 아미노산을 3분 동안 공급한 후 시간에 따른 세포 소기관 A~C의 단백질 1 mg당 방사선의 양을 나타낸 것이다. A~C는 각각 골지체, 분비 소낭, 소포체 중 하나이다.

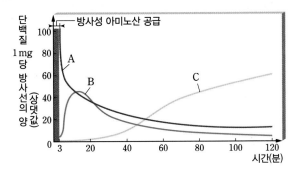

이에 대한 설명으로 옳은 것만을 〈보기〉에서 있는 대로 고른 것은?

보기
ㄱ. A의 막에 리보솜이 붙어 있다.
ㄴ. B는 분비 소낭이다.
ㄷ. 이 실험에서 사용할 수 있는 방사성 동위 원소는 ^3H, ^{14}C, ^{32}P, ^{35}S이다.

① ㄱ   ② ㄴ   ③ ㄱ, ㄴ   ④ ㄴ, ㄷ   ⑤ ㄱ, ㄴ, ㄷ

• 이자의 소화샘 세포에서는 소화 효소를, 이자섬 세포에서는 호르몬을 생성·분비한다. 거친면 소포체에 붙어 있는 리보솜에서 합성된 단백질은 소포체에서 운반 소낭에 담겨 골지체로 운반되고, 골지체에서 분비 소낭에 담겨 세포막으로 보내져 세포 밖으로 분비된다.

05
> 세포 소기관의 특징과 세포내 섭취

그림은 동물 세포에서 일어나는 세포내 소화 과정을 나타낸 것이다.

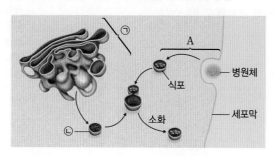

이에 대한 설명으로 옳은 것만을 〈보기〉에서 있는 대로 고른 것은?

보기
ㄱ. ㉠은 크리스타 구조를 갖는다.
ㄴ. ㉡에는 가수 분해 효소가 들어 있다.
ㄷ. A 과정이 일어나면 세포막의 면적이 줄어든다.

① ㄱ   ② ㄷ   ③ ㄱ, ㄴ   ④ ㄴ, ㄷ   ⑤ ㄱ, ㄴ, ㄷ

> 크리스타는 주름 모양의 구조로, 미토콘드리아에서 나타난다. 세포 밖의 물질을 세포막으로 감싸 세포 안으로 들여오는 세포내 섭취 과정에서는 세포막으로부터 소낭(식포)이 형성되므로 세포막의 면적이 줄어든다.

06
> 감자 세포의 삼투압 실험

정육면체 모양으로 자른 같은 크기의 감자 조각 5개를 준비하여 각각의 질량을 측정한 다음, 0.15 M, 0.20 M, 0.25 M, 0.30 M, 0.35 M의 설탕 용액이 200 mL씩 들어 있는 5개의 비커 A~E에 감자 조각을 1개씩 넣었다. 약 1시간이 경과한 후 각 비커에 든 감자 조각을 꺼내어 표면의 물기를 제거한 다음 다시 질량을 측정하여 표와 같은 결과를 얻었고, 5개의 감자 조각의 세포 중 원형질 분리가 일어난 것이 있었다.

비커	A	B	C	D	E
감자 조각의 처음 질량(g)	3.2	3.1	3.1	3.0	3.0
감자 조각의 나중 질량(g)	2.9	3.2	3.5	2.9	3.2

이에 대한 설명으로 옳은 것만을 〈보기〉에서 있는 대로 고른 것은?

보기
ㄱ. A에 들어 있던 감자 세포에서 원형질 분리가 일어났다.
ㄴ. 감자 조각을 넣기 전 B에 들어 있던 설탕 용액의 농도는 0.25 M이다.
ㄷ. C에 들어 있던 감자 세포의 팽압이 가장 높다.
ㄹ. 0.30 M의 설탕 용액은 실험 전 감자 세포액보다 저장액이다.

① ㄱ, ㄴ, ㄷ   ② ㄱ, ㄴ, ㄹ   ③ ㄱ, ㄷ, ㄹ
④ ㄴ, ㄷ, ㄹ   ⑤ ㄱ, ㄴ, ㄷ, ㄹ

> 감자 조각을 고장액에 넣으면 세포에서 물이 빠져나가 감자 조각의 질량이 감소하고, 감자 조각을 저장액에 넣으면 세포로 물이 들어와 감자 조각의 질량이 증가한다.

그림은 어떤 효소 X의 작용을 나타낸 것이다.

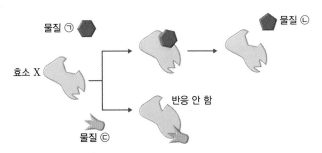

물질 ㉠

물질 ㉡

효소 X

반응 안 함

물질 ㉢

이에 대한 설명으로 옳은 것만을 〈보기〉에서 있는 대로 고른 것은?

보기
ㄱ. ㉠과 ㉡은 기질이다.
ㄴ. X는 이성질화 효소이다.
ㄷ. ㉢은 비경쟁적 저해제이다.

① ㄱ   ② ㄴ   ③ ㄱ, ㄷ   ④ ㄴ, ㄷ   ⑤ ㄱ, ㄴ, ㄷ

효소는 기질과 결합하여 효소·기질 복합체를 형성함으로써 반응을 촉진한다. 한편, 비경쟁적 저해제는 활성 부위가 아닌 다른 부위에 결합하여 활성 부위의 구조를 변형시킴으로써 효소의 작용을 저해한다.

표는 효소 X에 의한 반응에서 실험 Ⅰ~Ⅲ의 조건을, 그림은 Ⅰ~Ⅲ에서 기질 농도에 따른 초기 반응 속도를 나타낸 것이다. A~C는 각각 Ⅰ~Ⅲ의 결과 중 하나이다.

조건 실험	효소 X의 농도 (상댓값)	저해제 Y
Ⅰ	1	없음
Ⅱ	1	있음
Ⅲ	2	없음

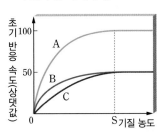

이에 대한 설명으로 옳은 것만을 〈보기〉에서 있는 대로 고른 것은?

보기
ㄱ. A는 Ⅰ의 결과이다.
ㄴ. Y는 X의 활성 부위에 결합한다.
ㄷ. S일 때 Ⅰ, Ⅱ, Ⅲ에서 $\dfrac{\text{효소 X·기질 복합체 수}}{\text{효소 X의 총 수}}$ 는 거의 같은 값이다.
ㄹ. 처음 기질 농도가 S일 때 기질이 절반만 남을 때까지 걸리는 시간은 Ⅰ에서와 Ⅱ에서가 같다.

① ㄱ, ㄴ   ② ㄱ, ㄷ   ③ ㄱ, ㄹ   ④ ㄴ, ㄷ   ⑤ ㄴ, ㄹ

기질의 농도가 충분히 높으면 경쟁적 저해제에 의한 저해 효과는 나타나지 않는다. 또, 기질의 농도가 충분히 높을 때 효소의 농도를 2배로 높이면, 효소·기질 복합체의 수도 2배로 증가한다.

01

그림은 생명체를 구성하는 기본 물질 5가지를 구분하는 과정을 나타낸 것이다.

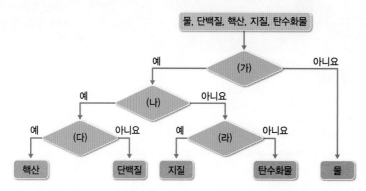

(가)~(라)에 들어갈 알맞은 분류 기준을 다음 조건을 포함하여 질문형으로 각각 서술하시오.

> (가), (나) 물질의 구성 원소 차이   (다) 물질의 생명체 내에서의 기능
> (라) 물질의 특성 차이

KEY WORDS
• 탄소 화합물(또는 탄소(C))
• 질소(N)
• 유전 정보
• 유기 용매
• 세포막의 성분

02

그림은 세균, 식물 세포, 동물 세포의 구조를 나타낸 것이다.

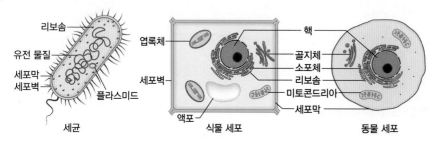

(1) 원핵세포와 진핵세포의 공통점을 두 가지 서술하시오.

(2) 진핵세포가 원핵세포와 다른 점을 두 가지 서술하시오.

(3) 원핵생물과 다세포 진핵생물의 주요 생식 방법에 대해 서술하시오.

KEY WORDS
(1) • 유전 물질
    • 세포막
    • 리보솜
(2) • 핵막(핵)
    • 막성 세포 소기관
    • DNA
    • 리보솜 크기
(3) • 분열법
    • 무성 생식
    • 감수 분열
    • 생식세포
    • 유성 생식

03 그림은 엽록체와 미토콘드리아의 구조를 나타낸 것이다.

엽록체   미토콘드리아

(1) 엽록체와 미토콘드리아의 막 구조에 대하여 각각 서술하시오.

_____

(2) 엽록체와 미토콘드리아의 공통점을 두 가지 서술하시오.

_____

(3) 생명체의 에너지 근원은 태양의 빛에너지이다. 이와 관련하여 엽록체와 미토콘드리아에서 일어나는 에너지 전환에 대하여 서술하시오.

_____

04 그림은 동물 세포에서 세포 내로 들어온 이물질이 세포 내에서 소화되는 과정을 나타낸 것이다.

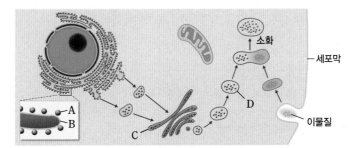

세포내 소화 과정에서 A~D는 각각 어떤 기능을 하는지 A~D의 이름을 포함하여 서술하시오.

_____

05 그림 (가)는 식물 세포를 저장액, 등장액, 고장액에 각각 담가 두었을 때의 모습을 순서 없이 나타낸 것이고, (나)는 고장액에 담가 두었던 식물 세포를 저장액에 넣었을 때 세포의 부피에 따른 팽압과 삼투압을 나타낸 것이다.

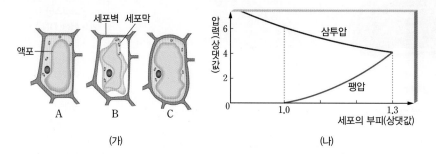

(가)   (나)

KEY WORDS
(1) • 고장액
    • 삼투
(2) • 세포막, 세포벽
    • 원형질 분리 상태
    • 액포
    • 팽압, 삼투압

(1) 배추김치를 담글 때 배추를 소금물에 절이는 원리에 대하여 서술하시오.

(2) (가)에서 소금물에 절여진 배춧잎의 세포 상태를 고르고, 이 세포의 상태에 대해 (나)를 참조하여 세포막과 세포벽의 관계, 액포의 크기, 팽압, 삼투압의 변화를 포함하여 서술하시오.

06 그림은 살아 있는 파래와 죽은 파래의 세포 속 Na^+ 농도, K^+ 농도를 바닷물의 Na^+ 농도, K^+ 농도와 비교하여 나타낸 것이다. Na^+과 K^+은 대부분 통로 단백질을 통한 촉진 확산과 Na^+-K^+ 펌프를 통한 능동 수송으로 세포막을 투과한다.

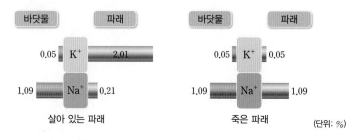

KEY WORDS
(1) • Na^+-K^+ 펌프
    • 능동 수송
(2) • ATP 공급
    • Na^+-K^+ 펌프
    • 능동 수송
    • 확산
(3) • 세포 호흡
    • ATP 공급
    • Na^+-K^+ 펌프
    • 능동 수송
    • 확산

(1) 살아 있는 파래에서 세포 안과 밖의 Na^+ 농도 차와 K^+ 농도 차가 유지되는 원리를 Na^+과 K^+의 이동 방향을 포함하여 서술하시오.

(2) 죽은 파래에서는 살아 있는 파래와 달리 세포 안과 밖의 Na^+ 농도 차와 K^+ 농도 차가 나타나지 않는다. 그 까닭을 서술하시오.

(3) 바닷물에 담가 둔 살아 있는 파래에 대사 억제제를 투여하면 파래 세포 안의 Na^+과 K^+의 농도는 어떻게 달라질지 그렇게 생각한 까닭을 포함하여 서술하시오.

07 표는 세 가지 효소군의 작용과 촉매하는 반응을 모식적으로 나타낸 것이다.

KEY WORDS
• 전이 효소
• 산화 환원 효소
• 작용기
• 산화 환원 반응

효소군	작용	반응 모형
가수 분해 효소	물 분자를 첨가하여 기질을 분해한다.	○○ + H₂O ⟶ ○—OH + ●—H
(가)	㉠	○—작용기 + ● ⇌ ○ + ●—작용기
(나)	㉡	○—H₂ + ● ⇌ ○ + ●—H₂

(가)와 (나)에 해당하는 효소군의 종류를 쓰고, ㉠과 ㉡에 들어갈 (가)와 (나)의 작용을 서술하시오.

_____

08 그림은 저해제 A와 B가 효소의 활성을 저해하는 방식을 나타낸 것이다.

KEY WORDS
(1) • 경쟁적 저해제
  • 비경쟁적 저해제
  • 입체 구조
  • 활성 부위
  • 알로스테릭 부위
(2) • 경쟁적 저해제
  • 비경쟁적 저해제
  • 활성 부위
  • 알로스테릭 부위
  • 저해 효과

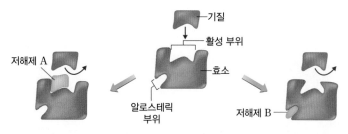

(1) 저해제 A와 B는 각각 어떤 종류의 저해제이며, 효소의 촉매 작용을 어떻게 저해하는지 그 원리를 서술하시오.

_____

(2) 기질의 농도를 크게 높이면 저해제 A와 B의 저해 효과는 각각 어떻게 달라질지를 그렇게 생각한 까닭을 포함하여 서술하시오.

_____

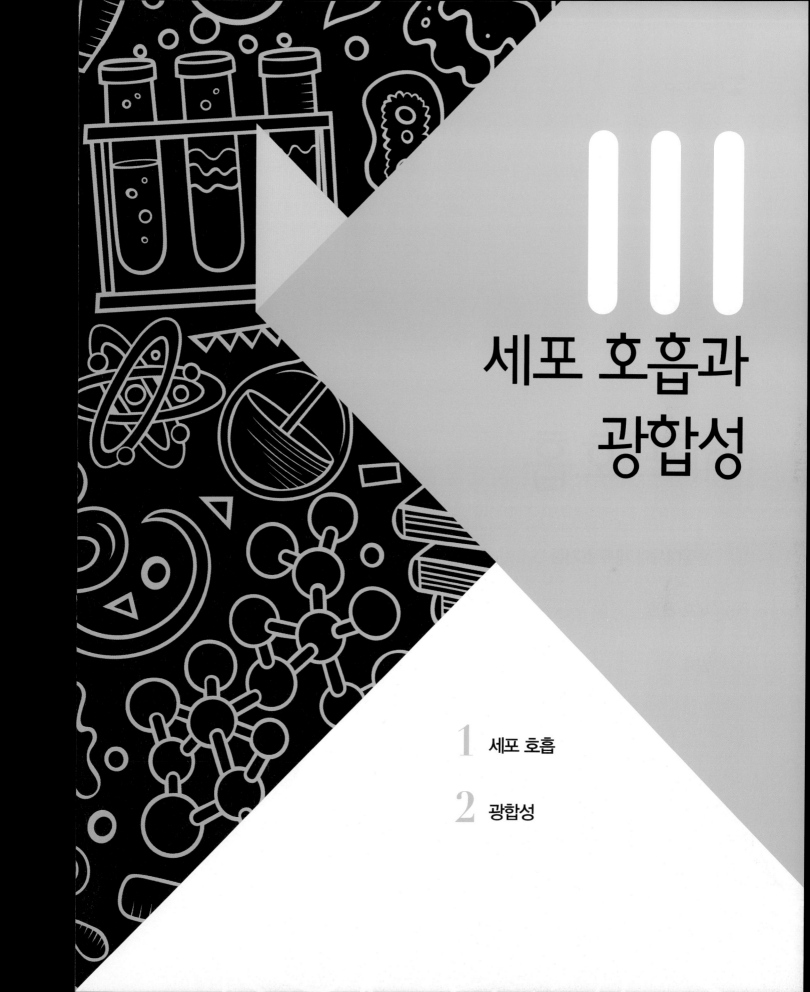

III

세포 호흡과 광합성

1

세포 호흡

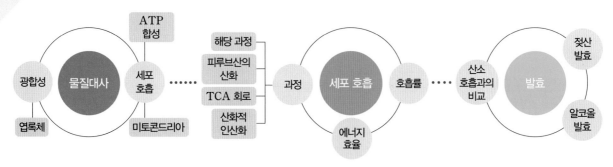

물질대사와 세포 소기관   **세포 호흡**   **발효**

물질대사와 세포 소기관

학습 Point　물질대사와 에너지 전환　＞　미토콘드리아의 구조와 기능　＞　엽록체의 구조와 기능　＞　미토콘드리아와 엽록체의 비교

 물질대사와 에너지

　　자동차가 연료를 연소하여 움직이는 데 필요한 에너지를 얻는 것처럼 생물의 몸을 구성하는 세포에서는 포도당과 같은 유기물을 산화하여 생명 활동에 필요한 에너지를 얻는다. 포도당과 같은 유기물은 대부분 광합성을 통해 생성된다.

1. 물질대사

세포에서는 생명 활동에 필요한 에너지를 얻기 위해 물질을 분해하고, 생장에 필요한 물질을 얻기 위해 물질을 합성하는 등의 화학 반응이 끊임없이 일어난다. 이처럼 생명체에서 일어나는 다양한 화학 반응을 물질대사라고 한다. 물질대사가 일어날 때에는 에너지가 흡수되거나 방출되는데, 광합성과 같은 동화 작용이 일어날 때에는 에너지가 흡수되고, 세포 호흡과 같은 이화 작용이 일어날 때에는 에너지가 방출된다.

2. 광합성과 세포 호흡에서의 에너지 전환

생물이 사용하는 에너지의 근원은 태양의 빛에너지이지만, 세포의 생명 활동에 직접적으로 사용되는 에너지원은 ATP이며, 태양의 빛에너지를 ATP의 화학 에너지로 전환하는 작용이 광합성과 세포 호흡이다. 즉, 광합성과 세포 호흡은 세포에서 에너지 전환이 일어나는 대표적인 물질대사이다.

(1) **광합성**: 빛에너지를 흡수하여 이산화 탄소와 물로부터 포도당과 같은 유기물을 합성하는 과정으로, 엽록체에서 일어난다. 태양의 빛에너지가 유기물의 화학 에너지로 전환된다.

(2) **세포 호흡**: 포도당과 같은 유기물을 분해하여 생명 활동에 필요한 에너지를 얻는 과정으로, 세포질과 미토콘드리아에서 일어난다. 유기물의 화학 에너지가 ATP의 화학 에너지로 전환된다.

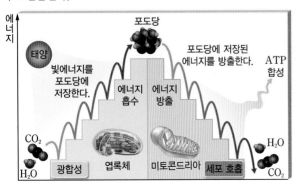

◀**광합성과 세포 호흡에서의 에너지 전환**　광합성을 통해 태양의 빛에너지가 유기물의 화학 에너지로 전환되고, 세포 호흡을 통해 유기물의 화학 에너지가 생명 활동의 직접적 에너지원인 ATP의 화학 에너지로 전환된다.

연소
물질(연료)이 공기 중의 산소와 반응하여 열과 빛을 내면서 타는 산화 반응이다.

물질대사의 구분
물질대사는 동화 작용과 이화 작용으로 구분한다.
• 동화 작용: 작고 단순한 분자를 크고 복잡한 분자로 합성하는 과정으로, 에너지가 흡수된다. ⑳ 광합성
• 이화 작용: 크고 복잡한 분자를 작고 단순한 분자로 분해하는 과정으로, 에너지가 방출된다. ⑳ 세포 호흡, 소화

생명체에서의 에너지 전환 과정

시야확장 ➕ **광합성과 세포 호흡에서 탄소 화합물의 산화 환원 반응**

❶ **산화 환원 반응**: 어떤 물질이 산소와 결합하거나 수소 또는 전자를 잃는 것을 산화, 어떤 물질이 산소를 잃거나 수소 또는 전자를 얻는 것을 환원이라고 한다. 어떤 물질이 전자를 잃고 산화되면 다른 물질은 이탈한 전자를 얻어 환원된다. 이처럼 산화 반응과 환원 반응은 짝을 이루어 동시에 일어나므로 산화 환원 반응이라고 한다.

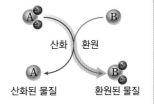

❷ **광합성과 세포 호흡에서의 산화 환원 반응**: 광합성과 세포 호흡은 주로 탄소 화합물의 산화 환원 반응을 중심으로 진행된다. 광합성에서는 이산화 탄소(CO_2)가 포도당으로 환원되면서 빛에너지가 포도당의 화학 에너지로 전환되고, 세포 호흡에서는 포도당이 이산화 탄소(CO_2)로 산화되면서 방출된 에너지의 일부가 ATP의 화학 에너지로 전환된다.

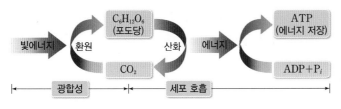

3. ATP

ATP는 세포의 생명 활동에 직접적인 에너지원으로 사용되는 물질이다.

(1) **ATP의 구조**: 염기인 아데닌과 5탄당인 리보스로 이루어진 아데노신에 3개의 인산기가 결합한 화합물이다. 인산기와 인산기 사이의 결합에는 많은 에너지가 저장되어 있어 이 결합을 고에너지 인산 결합이라고 한다.

(2) **ATP의 에너지 방출**: 인산기와 인산기 사이의 고에너지 인산 결합이 끊어져 ATP가 ADP와 무기 인산(P_i)으로 가수 분해될 때, ADP가 AMP와 무기 인

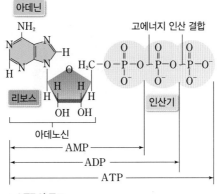

▲ **ATP의 구조**

산(P_i)으로 가수 분해될 때 각각 약 7.3 kcal/몰의 에너지가 방출된다.

(3) **ATP의 이용**: 세포 호흡이 일어날 때 포도당과 같은 유기물이 산화되면서 방출된 에너지의 일부는 ATP에 화학 에너지 형태로 저장된다. ATP에 저장된 에너지는 ATP가 ADP와 무기 인산(P_i)으로 가수 분해될 때 방출되어 물질 운반, 물질 합성, 근육 수축, 발열 등 여러 생명 활동에 필요한 에너지로 전환되어 사용된다.

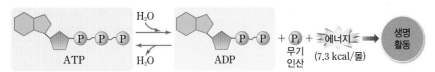

▲ **ATP의 분해와 에너지 방출**

ATP, ADP, AMP
- ATP(아데노신 3인산, adenosine triphosphate): 아데노신에 3개의 인산기가 결합한 화합물로, 모든 생물의 세포에서 에너지 대사에 매우 중요한 역할을 한다.
- ADP(아데노신 2인산, adenosine diphosphate): 아데노신에 2개의 인산기가 결합한 화합물로, 생체 내 반응에서 인산화되어 ATP가 된다.
- AMP(아데노신 1인산, adenosine monophosphate): 아데노신에 1개의 인산기가 결합한 화합물로, RNA 및 여러 조효소의 성분이다.

미토콘드리아와 엽록체

세포의 생명 활동에 필요한 에너지를 얻는 세포 호흡은 미토콘드리아를 중심으로 일어나고, 태양의 빛에너지를 흡수하여 포도당과 같은 유기물을 합성하는 광합성은 식물이나 조류의 엽록체에서 일어난다.

1. 미토콘드리아

미토콘드리아는 세포 호흡을 통해 유기물에 저장된 화학 에너지를 ATP의 화학 에너지로 전환하는 세포 소기관으로, 모든 진핵세포에 들어 있다. 모양은 타원형이며, 길이는 $1\mu m \sim 10\mu m$ 정도이다. 보통 세포 1개당 수백 개에서 수천 개가 들어 있는데, 간세포나 근육 세포와 같이 물질대사가 활발하게 일어나는 세포일수록 미토콘드리아가 많이 들어 있다.

(1) **구조:** 미토콘드리아는 외막과 내막으로 이루어진 2중막 구조이며, 외막과 내막은 막 사이 공간을 두고 분리되어 있다. 내막은 안쪽으로 접혀 들어가 주름을 형성하는데 이를 크리스타라고 하며, 내막 안쪽을 기질이라고 한다.

(2) **내막:** 내막에는 전자 전달에 필요한 효소, ATP 합성 효소와 같이 ATP를 합성하는 데 필요한 여러 가지 막단백질이 분포하여 ATP 합성이 일어난다. 크리스타의 주름진 구조는 막단백질이 분포하는 내막의 표면적을 넓혀 세포 호흡이 효율적으로 일어날 수 있도록 해 준다.

(3) **기질:** 내막 안쪽의 액체로 차 있는 부분이다. 기질에는 유기물 분해에 관여하는 여러 가지 효소가 들어 있어 유기물이 분해된다. 또, 미토콘드리아 DNA와 리보솜이 들어 있어 미토콘드리아는 독자적으로 증식하고 단백질을 합성한다.

미토콘드리아에 있는 호흡 효소

미토콘드리아에는 세포 호흡에 관여하는 탈탄산 효소, 탈수소 효소, ATP 합성 효소 등이 있다.

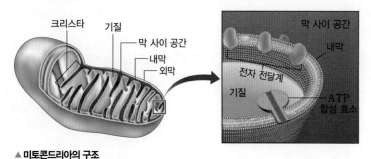

▲ **미토콘드리아의 구조**

2. 엽록체

엽록체는 빛에너지를 이용하여 이산화 탄소와 물로부터 포도당과 같은 유기물을 합성하는 세포 소기관으로, 식물이나 조류의 세포에 들어 있다. 모양은 원반형이며, 길이는 $5\mu m \sim 10\mu m$ 정도이다.

(1) **구조:** 엽록체도 미토콘드리아와 마찬가지로 외막과 내막으로 이루어진 2중막 구조이다. 내막 안쪽에는 평평하고 서로 연결된 주머니 모양의 구조인 틸라코이드가 여러 개 쌓여 있는데, 틸라코이드가 동전을 쌓아 놓은 것처럼 겹겹이 쌓인 구조를 그라나라고 한다. 내막 안쪽에서 틸라코이드를 제외한 나머지 공간은 액체 상태의 기질로 채워져 있으며, 이 부분을 스트로마라고 한다.

조류

식물과 같이 광합성 색소를 가지고 독립 영양 생활을 하지만, 뿌리, 줄기, 잎이 구별되지 않아 원생생물계에 속한다. 서식 장소에 따라 민물에 사는 담수 조류(클로렐라, 해캄 등)와 바다에 사는 해조류(김, 미역, 파래 등)로 나눌 수 있다.

(2) **그라나:** 그라나를 구성하는 각각의 틸라코이드 막에는 빛에너지를 흡수하는 광합성 색소, 전자 전달에 필요한 효소, ATP 합성 효소 등이 분포하여 빛에너지를 ATP 등의 화학 에너지로 전환하는 반응이 일어난다.

(3) **스트로마:** 스트로마에는 포도당 합성에 관여하는 여러 가지 효소가 들어 있어 포도당이 합성된다. 또, 엽록체 DNA와 리보솜이 들어 있어 엽록체는 독자적으로 증식하고 단백질을 합성한다.

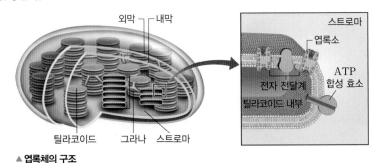

▲ **엽록체의 구조**

엽록체에서 그라나와 스트로마의 기능
그라나를 구성하는 틸라코이드 막에서 빛에너지를 화학 에너지로 전환하는 반응이 일어나면, 스트로마에서는 여러 효소의 작용으로 그 화학 에너지를 저장한 물질과 이산화 탄소를 이용하여 포도당을 합성하는 반응이 일어난다.

3. 미토콘드리아와 엽록체의 비교

미토콘드리아와 엽록체는 서로 다른 물질대사를 담당하지만, 2중막 구조이고 내부에 막 구조가 발달해 있으며, 에너지 전환이 일어나 ATP가 합성되는 세포 소기관이라는 공통점이 있다. 미토콘드리아와 엽록체에 공통으로 발달해 있는 복잡한 막 구조는 물질대사가 일어나는 표면적을 넓혀 에너지 전환이 효율적으로 일어나도록 한다. 미토콘드리아와 엽록체에서 에너지 전환에 관여하는 막단백질은 각각 내막과 틸라코이드 막에 있다.

식물에서 엽록체의 분포
엽록체는 식물에서 초록색을 띠는 모든 세포에 들어 있는데, 특히 잎의 엽육 세포에 많이 들어 있다. 엽육 세포는 잎의 울타리 조직과 해면 조직을 구성하는 세포이다.

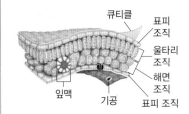

구분	미토콘드리아	엽록체
공통점	• 2중막 구조이며, 내부에 막 구조가 발달해 있다. • 미토콘드리아의 기질과 엽록체의 스트로마에는 자체 DNA와 리보솜이 있으며, 여러 가지 효소가 있어서 물질대사가 일어난다. • 미토콘드리아의 내막과 엽록체의 틸라코이드 막에는 전자 전달에 필요한 효소와 ATP 합성 효소가 있어서 에너지 전환이 일어난다.	
차이점	• 내막이 안으로 접혀 들어가 크리스타를 형성한다. • 세포 호흡이 일어난다. • 유기물의 화학 에너지가 ATP의 화학 에너지로 전환된다.	• 2중막 이외의 또 다른 막 구조(틸라코이드)가 내부에 발달해 있다. • 광합성이 일어난다. • 빛에너지가 ATP의 화학 에너지로 전환된다.

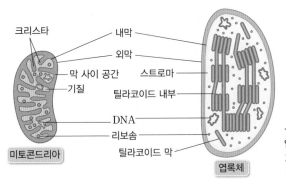

◀ **미토콘드리아와 엽록체의 구조 비교**
엽록체의 스트로마는 미토콘드리아의 기질에, 엽록체의 틸라코이드 막은 미토콘드리아의 내막에 각각 대응한다.

정리
하기

01 물질대사와 세포 소기관

1. 세포 호흡

① 물질대사와 에너지

1. **물질대사**   생명체에서 일어나는 다양한 화학 반응으로, 동화 작용이 일어날 때에는 에너지가 (❶　　　)
되고, 이화 작용이 일어날 때에는 에너지가 (❷　　　)된다.

2. **광합성과 세포 호흡에서의 에너지 전환**

• 광합성: 빛에너지를 흡수하여 (❸　　　)와 물로
부터 포도당과 같은 유기물을 합성하는 과정으로,
빛에너지가 유기물의 (❹　　　) 에너지로 전환
된다.

• 세포 호흡: 유기물을 분해하여 생명 활동에 필요한
에너지를 얻는 과정으로, 유기물의 화학 에너지가
(❺　　　)의 화학 에너지로 전환된다.

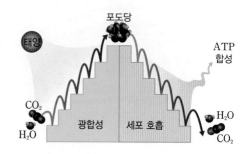

3. **ATP**   세포의 생명 활동에서 직접적인 에너지원으로 사용되는 물질이다.

• ATP의 구조: 아데닌과 리보스로 이루어진 아데노신에 3개의 인산기가 결합한 화합물이며, 인산기와
인산기는 (❻　　　) 결합으로 연결되어 있다.

• ATP의 이용: 세포 호흡 과정에서 방출된 에너지의 일부가 ATP에 저장되며, ATP에 저장된 에너지
는 ATP가 (❼　　　)와 무기 인산(P_i)으로 분해될 때 방출되어 물질 운반, 물질 합성, 근육 수축, 발
열 등 여러 생명 활동에 사용된다.

② 미토콘드리아와 엽록체

1. **미토콘드리아**   유기물에 저장된 화학 에너지
를 (❽　　　)의 화학 에너지로 전환하는 세
포 소기관이다.

• 구조: 외막과 내막의 2중막 구조이다. 외막
과 내막은 (❾　　　)을 두고 분리되어 있
으며, 내막 안쪽은 기질로 채워져 있다.

• (❿　　　): 전자 전달에 필요한 효소,
ATP 합성 효소 등 ATP 합성에 필요한 막
단백질이 분포하여 ATP 합성이 일어난다. 안쪽의 주름진 구조인 (⓫　　　)는 표면적을 넓혀 세포 호
흡이 효율적으로 일어나게 해 준다.

• 기질: 유기물 분해에 관여하는 여러 가지 효소 및 미토콘드리아 DNA와 리보솜이 들어 있다.

2. **엽록체**   빛에너지를 이용하여 이산화 탄소와 물로부터 포도당을 합성하는 세포 소기관이다.

• 구조: 외막과 내막의 2중막 구조이며, 내막 안쪽은 (⓬　　　)가 겹겹이 쌓인 그라나와 기질 부분인 스
트로마로 구분되어 있다.

• 그라나: 그라나를 구성하는 (⓭　　　) 막에 광합성 색소, 전자 전달에 필요한 효소, ATP 합성 효소
등이 분포하여 빛에너지를 ATP 등의 (⓮　　　) 에너지로 전환하는 반응이 일어난다.

• 스트로마: 포도당 합성에 관여하는 여러 가지 효소 및 엽록체 DNA와 리보솜이 들어 있다.

01 그림은 세포 호흡과 광합성에서의 에너지 전환을 순서 없이 나타낸 것이다.

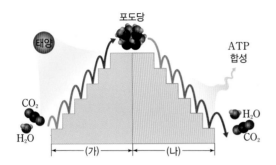

(1) (가)와 (나)는 각각 세포 호흡과 광합성 중 어느 것에 해당하는지 쓰시오.

(2) 세포 내에서 (가)와 (나)가 일어나는 장소를 각각 쓰시오.

(3) (가)와 (나) 중 유기물의 화학 에너지를 ATP의 화학 에너지로 전환하는 과정을 쓰시오.

02 그림은 ATP와 ADP의 관계를 나타낸 것이다.

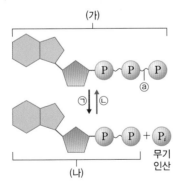

이에 대한 설명으로 옳은 것만을 〈보기〉에서 있는 대로 고르시오.

보기
ㄱ. (가)는 ATP, (나)는 ADP이다.
ㄴ. ⓐ는 고에너지 인산 결합이다.
ㄷ. ㉠ 과정에서 에너지가 흡수되고, ㉡ 과정에서 에너지가 방출된다.

03 미토콘드리아에 대한 설명으로 옳은 것만을 〈보기〉에서 있는 대로 고르시오.

보기
ㄱ. 외막과 내막의 2중막 구조이다.
ㄴ. 빛에너지를 유기물의 화학 에너지로 전환하는 세포 소기관이다.
ㄷ. 근육 세포와 같이 물질대사가 활발하게 일어나는 세포일수록 많이 들어 있다.

04 엽록체에 대한 설명으로 옳은 것만을 〈보기〉에서 있는 대로 고르시오.

보기
ㄱ. 외막과 내막의 2중막 구조이다.
ㄴ. 내막은 안쪽으로 접혀 들어가 주름진 구조를 형성한다.
ㄷ. 스트로마에는 포도당 합성에 관여하는 효소들이 들어 있다.
ㄹ. 그라나의 틸라코이드 막에서 빛에너지가 화학 에너지로 전환된다.

05 그림 (가)와 (나)는 미토콘드리아와 엽록체의 구조를 나타낸 것이다.

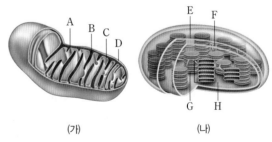

(1) (가)에서 A~D의 이름을 각각 쓰시오.

(2) (나)에서 E~H의 이름을 각각 쓰시오.

(3) (가)와 (나)에서 전자 전달에 필요한 효소와 ATP 합성 효소가 분포하는 부위의 기호를 각각 쓰시오.

01 ▶광합성과 세포 호흡에서의 에너지 전환

그림은 태양의 빛에너지가 생명 활동에 이용되기까지의 과정을 나타낸 것이다. (가)와 (나)는 각각 광합성과 세포 호흡 중 하나이다.

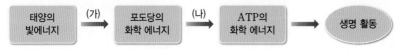

이에 대한 설명으로 옳지 <u>않은</u> 것은?

① (가)에서 O_2가 발생한다.

② (나)에서 방출된 에너지는 모두 ATP에 저장된다.

③ (가)는 엽록체에서, (나)는 세포질과 미토콘드리아에서 일어난다.

④ 식물에서는 (가)와 (나)가 모두 일어난다.

⑤ 세포의 생명 활동을 유지하는 에너지의 근원은 태양의 빛에너지이다.

> 광합성은 이산화 탄소와 물로부터 포도당과 같은 유기물을 합성하는 과정이고, 세포 호흡은 유기물을 분해하여 생명 활동에 필요한 에너지를 얻는 과정이다.

02 ▶ATP와 ADP의 전환

그림은 세포에서 일어나는 ATP와 ADP의 전환 과정을 나타낸 것이다. (가)와 (나)는 각각 ATP와 ADP 중 하나이다.

(가)

⊙

P P P

P P + P$_i$ +에너지

(나)

이에 대한 설명으로 옳은 것만을 〈보기〉에서 있는 대로 고른 것은?

> 보기
> ㄱ. ⊙은 리보스이다.
> ㄴ. (가)가 (나)로 전환될 때 가수 분해가 일어난다.
> ㄷ. (나)보다 (가)에 더 많은 에너지가 저장되어 있다.

① ㄱ　　　② ㄴ　　　③ ㄱ, ㄷ　　　④ ㄴ, ㄷ　　　⑤ ㄱ, ㄴ, ㄷ

> ATP가 ADP와 무기 인산(P_i)으로 가수 분해될 때 방출되는 에너지를 이용하여 여러 생명 활동이 일어난다.

03 > 엽록체의 구조
그림은 엽록체의 구조를 나타낸 것이다.

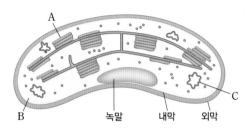

A
B 녹말 내막 외막 C

이에 대한 설명으로 옳은 것만을 〈보기〉에서 있는 대로 고른 것은?

> **보기**
>
> ㄱ. A에서 빛에너지를 흡수하여 ATP를 합성한다.
> ㄴ. B에서 이산화 탄소가 포도당으로 합성된다.
> ㄷ. C는 틸라코이드이다.

① ㄱ   ② ㄷ   ③ ㄱ, ㄴ   ④ ㄱ, ㄷ   ⑤ ㄴ, ㄷ

● 그라나를 구성하는 틸라코이드 막에서 빛에너지가 ATP 등의 화학 에너지로 전환되며, 스트로마에서 포도당이 합성된다.

고난도
04 > 미토콘드리아와 엽록체의 비교
그림 (가)와 (나)는 미토콘드리아와 엽록체의 구조를 나타낸 것이다.

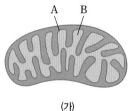 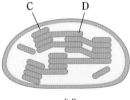

A B   C D

(가)   (나)

이에 대한 설명으로 옳은 것만을 〈보기〉에서 있는 대로 고른 것은?

> **보기**
>
> ㄱ. A와 C에서 에너지 전환이 일어난다.
> ㄴ. B와 D에는 모두 자체 DNA와 리보솜이 들어 있다.
> ㄷ. (가)와 (나)는 모두 내부에 복잡한 막 구조가 발달해 있어 물질대사가 일어나는 표면적이 넓다.

① ㄱ   ② ㄴ   ③ ㄷ   ④ ㄱ, ㄷ   ⑤ ㄴ, ㄷ

● (가)에서 A는 내막, B는 기질이다. (나)에서 C는 틸라코이드 막, D는 틸라코이드 내부이다.

02 세포 호흡

학습 Point 세포 호흡의 전 과정 > 해당 과정 > 피루브산의 산화와 TCA 회로 > 산화적 인산화 > 호흡 기질과 호흡률

 세포 호흡의 개요

세포에서 물질 운반, 물질 합성 등 다양한 생명 활동이 일어나기 위해서는 에너지가 필요하다. 세포의 생명 활동에 필요한 에너지는 미토콘드리아를 중심으로 하는 세포 호흡을 통해 공급된다.

1. 세포 호흡

세포 호흡은 포도당($C_6H_{12}O_6$)과 같은 유기물을 산화하여 에너지를 방출하는 과정으로, 반응 결과 이산화 탄소(CO_2)와 물(H_2O)이 생성되고 ATP가 합성된다.

$$\underbrace{C_6H_{12}O_6 + 6O_2 + 6H_2O \xrightarrow{\text{산화}(e^- \text{잃음})} 6CO_2 + 12H_2O + \text{에너지}(ATP+열)}_{\text{환원}(e^- \text{얻음})}$$

• 세포 호흡과 산화 환원 반응: 포도당($C_6H_{12}O_6$)은 이산화 탄소(CO_2)로 분해될 때 수소 원자(H)를 잃고, 산소(O_2)는 수소 원자(H)를 얻어 물(H_2O)이 된다. 수소 원자(H)는 수소 이온(H^+)과 전자(e^-)로 이루어지므로, 수소 원자(H)의 이동은 곧 전자(e^-)의 이동을 의미한다. 따라서 세포 호흡을 통해 포도당($C_6H_{12}O_6$)은 전자(e^-)를 잃고 이산화 탄소(CO_2)로 산화되며, 산소(O_2)는 전자(e^-)를 얻어 물(H_2O)로 환원된다.

2. 세포 호흡의 전 과정

세포 호흡은 매우 복잡한 화학 반응으로, 세포질에서 일어나는 해당 과정, 미토콘드리아에서 일어나는 피루브산의 산화와 TCA 회로, 산화적 인산화의 세 단계로 진행된다.

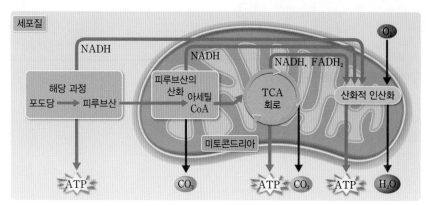

▲ 세포 호흡의 전 과정

산화와 환원

구분	산화	환원
산소(O)	얻음	잃음
수소(H)	잃음	얻음
전자(e^-)	잃음	얻음

세포 호흡 과정에서 산소(O_2)의 역할

세포질에서 일어나는 해당 과정은 산소(O_2)가 없어도 일어나지만, 미토콘드리아에서 일어나는 피루브산의 산화와 TCA 회로, 산화적 인산화는 산소(O_2)가 있어야 일어난다. 따라서 해당 과정 이후 산소(O_2)가 있으면 피루브산의 산화와 TCA 회로, 산화적 인산화가 진행되고, 산소(O_2)가 없으면 세포 호흡이 중단되거나 발효가 일어난다.

(1) **해당 과정:** 세포로 흡수된 1분자의 포도당이 2분자의 피루브산으로 분해되는 과정으로, 세포질에서 일어난다. 이 과정에서 소량의 ATP가 생성되며, 고에너지 전자가 방출된다.

$$\text{포도당}(C_6H_{12}O_6) \longrightarrow 2\text{피루브산}(C_3H_4O_3) + 2ATP + 2NADH$$

(2) **피루브산의 산화와 TCA 회로:** 해당 과정에서 생성된 피루브산이 미토콘드리아 기질로 들어가 아세틸 CoA로 산화된 후, TCA 회로를 거치면서 이산화 탄소로 분해되는 과정이다. 이 과정에서 소량의 ATP가 생성되며, 고에너지 전자가 방출된다.

해당 과정, 피루브산의 산화와 TCA 회로의 주요 기능은 호흡 기질이 산화되면서 방출된 고에너지 전자를 NAD^+나 FAD로 전달하여 NADH나 $FADH_2$를 생성하는 것이다.

$$2\text{피루브산}(C_3H_4O_3) \longrightarrow 6CO_2 + 2ATP + 8NADH + 2FADH_2$$

(3) **산화적 인산화:** 해당 과정, 피루브산의 산화와 TCA 회로에서 생성된 NADH와 $FADH_2$가 미토콘드리아 내막에 있는 전자 전달계에 고에너지 전자를 전달하고, 이 전자가 전자 전달계를 통해 전달되는 과정에서 방출된 에너지를 이용하여 ATP가 합성되는 과정이다. 이 과정에서 산소가 소모되고 다량의 ATP가 생성된다.

$$10NADH + 2FADH_2 + 6O_2 \longrightarrow 12H_2O + \text{다량의 ATP}$$

ATP 합성 방식

세포 호흡에서 ATP는 기질 수준 인산화와 산화적 인산화로 합성된다.

- 기질 수준 인산화: 효소의 작용에 의해 인산기가 기질에서 ADP로 전달되어 ATP가 합성되는 방식이다. 해당 과정과 TCA 회로에서는 기질 수준 인산화로 ATP가 합성된다.
- 산화적 인산화: 전자 전달계에서 전자 전달 효소 복합체와 전자 운반체의 산화 환원 반응에 의해 전자가 전달되는 과정에서 방출된 에너지를 이용하여 ATP가 합성되는 방식이다.

시야확장 ➕ 호흡 효소

세포 호흡에서 산화 환원 반응을 촉매하는 여러 효소를 통틀어 호흡 효소라고 한다. 호흡 효소에는 탈탄산 효소, 탈수소 효소, 전자 전달 효소 등이 있다.

❶ **탈탄산 효소:** 기질의 카복실기($-COOH$)에 작용하여 이산화 탄소(CO_2)를 이탈시키는 효소이다. 탈탄산 효소의 작용을 받으면 기질의 탄소 수가 1개 줄어든다.

$$\bullet\!-\!\bullet\!-\!COO^- \xrightarrow{\text{탈탄산 효소}} \bullet\!-\!\bullet + CO_2$$

❷ **탈수소 효소:** 기질에서 수소 원자(2H)를 이탈시키는 효소이다. 탈수소 효소의 작용으로 기질에서 떨어져 나온 수소 원자는 조효소인 NAD^+나 FAD와 결합하고, NAD^+나 FAD는 NADH나 $FADH_2$로 환원된다. NADH와 $FADH_2$는 수소를 운반하는 역할을 한다.

$$H\!-\!\bullet\!-\!O\!-\!H \xrightarrow[\text{산화}]{\text{탈수소 효소}} \bullet\!=\!O + 2H$$

$$NAD^+ + 2H \xrightarrow{\text{환원}} NADH + H^+$$

$$FAD + 2H \xrightarrow{\text{환원}} FADH_2$$

❸ **전자 전달 효소:** 전자 전달계를 구성하며, NADH나 $FADH_2$로부터 전자(e^-)를 받아 에너지를 방출하고 다른 전자 운반체에 전자(e^-)를 전달하는 효소이다. 전자 전달 효소에는 사이토크롬 a, a_3, b, c 등이 있는데, 사이토크롬에는 철 이온이 들어 있어 2가(Fe^{2+})와 3가(Fe^{3+})의 양이온 상태를 오가면서 전자(e^-)를 전달한다.

$$Fe^{3+} + e^- \xrightleftharpoons[\text{산화}]{\text{환원}} Fe^{2+}$$

2 세포 호흡 과정

세포 호흡은 많은 반응 단계로 이루어진 복잡한 과정이며, 크게 해당 과정, 피루브산의 산화와 TCA 회로, 산화적 인산화의 세 단계로 구분한다.

1. 해당 과정

세포 호흡의 주요 과정은 미토콘드리아에서 일어나지만, 세포질로 들어온 포도당은 분자의 크기가 커서 미토콘드리아 막을 통과하지 못한다. 따라서 포도당은 세포질에서 크기가 작은 피루브산으로 분해되는데, 이 과정을 해당이라고 한다. 즉, 해당 과정은 세포질에서 1분자의 포도당($C_6H_{12}O_6$)이 여러 단계의 화학 반응을 거쳐 2분자의 피루브산($C_3H_4O_3$)으로 분해되는 과정이다. 해당 과정에서는 산소(O_2)가 사용되지 않으므로 해당 과정은 산소의 유무와 관계없이 일어난다. 해당 과정은 크게 ATP를 소비하는 단계와 ATP를 생성하는 단계로 구분할 수 있다.

(1) **ATP 소비 단계:** 포도당 1분자당 2분자의 ATP를 소비하여 과당 2인산으로 활성화된다.

(2) **ATP 생성 단계:** 과당 2인산이 2분자의 피루브산으로 분해되는데, 이 과정에서 탈수소 효소의 작용으로 H^+과 고에너지 전자가 방출되고, 탈수소 효소의 조효소인 NAD^+가 방출된 H^+과 고에너지 전자를 받아 NADH로 환원된다. 또, 기질 수준 인산화로 4분자의 ATP가 생성된다.

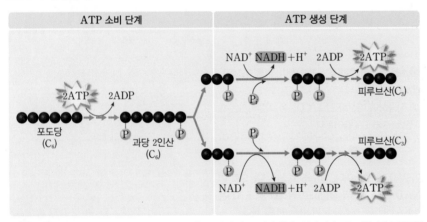

▲ **해당 과정** 1분자의 포도당이 해당 과정을 거치면 2분자의 피루브산과 함께 2분자의 ATP, 2분자의 NADH가 생성된다.

결과적으로 해당 과정에서는 1분자의 포도당으로부터 2분자의 피루브산, 2분자의 ATP, 2분자의 NADH가 생성된다. 따라서 해당 과정을 거친 후에도 포도당의 화학 에너지 대부분은 피루브산에 남아 있다. 또, 6탄소 화합물인 포도당($C_6H_{12}O_6$)을 구성하고 있던 탄소는 모두 3탄소 화합물인 피루브산($C_3H_4O_3$) 2분자를 구성하는 탄소로 전환되므로, 해당 과정에서는 이산화 탄소(CO_2)가 방출되지 않는다.

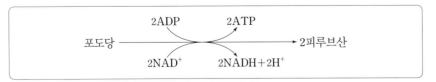

해당 과정

해당 과정은 생물이 에너지(ATP)를 얻는 가장 기본적인 반응으로, 산소(O_2)가 필요하지 않으며, 몇몇 원시적인 세균을 제외한 거의 모든 생물의 세포에서 일어난다.

NAD^+ (nicotinamide adenine dinucleotide)

탈수소 효소의 조효소이다. 탈수소 효소가 기질에서 2개의 수소 원자($2H^+ + 2e^-$)를 떼어 내면 NAD^+는 1개의 H^+과 2개의 전자(e^-)를 받아 NADH로 환원되고, 나머지 H^+은 방출된다.

$$NAD^+ + 2H^+ + 2e^- \longrightarrow NADH + H^+$$

해당 과정에서의 에너지 변화

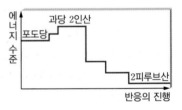

기질 수준 인산화

특정 물질에 인산기가 결합하는 반응을 인산화라고 한다. 기질 수준 인산화는 기질에 결합해 있던 인산기가 효소의 작용에 의해 ADP로 전달되어 ATP가 합성되는 방식이다.

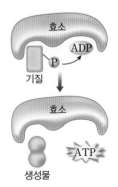

2. 피루브산의 산화와 TCA 회로

세포질에서 해당 과정을 거쳐 생성된 피루브산은 산소(O_2)가 있을 때 미토콘드리아 기질로 들어가 아세틸 CoA로 산화된 다음, TCA 회로를 거쳐 이산화 탄소(CO_2)로 분해된다.

(1) **피루브산의 산화:** 미토콘드리아 기질로 들어온 피루브산(C_3)은 탈탄산 효소의 작용으로 이산화 탄소(CO_2)를 방출하고 탈수소 효소의 작용으로 H^+과 고에너지 전자를 방출한 후, 조효소 A(CoA)와 결합하여 아세틸 CoA(C_2)가 된다. 이때 피루브산에서 방출된 H^+과 고에너지 전자를 NAD^+가 받아 NADH로 환원된다. 즉, 1분자의 피루브산이 아세틸 CoA로 산화되는 과정에서 1분자의 이산화 탄소(CO_2)가 방출되고, 1분자의 NADH가 생성된다.

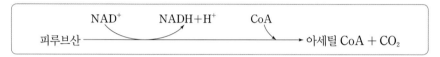

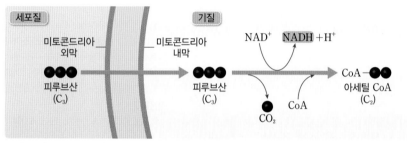

▲ **피루브산의 산화** 산소(O_2)가 있으면 피루브산은 미토콘드리아 기질로 들어가 아세틸 CoA로 산화되며, 이 과정에서 1분자의 CO_2와 1분자의 NADH가 생성된다.

(2) **TCA 회로:** 미토콘드리아 기질에서 아세틸 CoA가 옥살아세트산과 결합하여 시트르산이 되고, 시트르산이 여러 화학 반응을 거쳐 다시 옥살아세트산으로 되는 반응이 순환하는데, 이 과정을 TCA 회로라고 한다. TCA 회로에서는 탈탄산 효소의 작용으로 이산화 탄소(CO_2)가 방출되고, 탈수소 효소의 작용으로 H^+과 고에너지 전자가 방출되며, 방출된 H^+과 고에너지 전자를 NAD^+와 FAD가 받아 NADH와 $FADH_2$로 환원된다. 또, 기질 수준 인산화로 ATP가 생성된다. 즉, 1분자의 아세틸 CoA가 TCA 회로를 거치면 2분자의 이산화 탄소(CO_2)가 방출되고, 이 과정에서 1분자의 ATP, 3분자의 NADH, 1분자의 $FADH_2$가 생성된다.

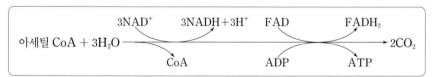

① **시트르산(C_6)의 생성:** TCA 회로의 첫 번째 반응으로, 2탄소 화합물인 아세틸 CoA(C_2)가 4탄소 화합물인 옥살아세트산(C_4)과 결합하여 6탄소 화합물인 시트르산(C_6)이 된다.

$$\text{아세틸 CoA + 옥살아세트산} + H_2O \xrightarrow{\quad CoA \quad} \text{시트르산}$$

아세틸 CoA
아세트산(CH_3COOH)에 조효소 A(CoA)가 결합한 것으로, 아세틸 조효소 A 또는 활성 아세트산이라고도 한다.

TCA 회로
TCA는 tricarboxylic acid의 약자로, 회로에서 처음 만들어지는 물질인 시트르산이 3개의 카복실기($-COOH$)를 가지기 때문에 붙여진 이름이다. 따라서 TCA 회로는 시트르산 회로라고도 하며, 이 회로를 발견한 과학자의 이름을 따서 크레브스 회로(Krebs cycle)라고도 한다.

크레브스(Krebs, H. A., 1900~1981)
독일 태생의 영국의 생화학자로, TCA 회로를 규명하여 1953년 노벨 생리·의학상을 수상하였다.

② 5탄소 화합물(C_5)의 생성: 시트르산(C_6)은 탈수소 효소의 작용으로 산화되면서 NAD^+를 NADH로 환원시키고, 탈탄산 효소의 작용으로 이산화 탄소(CO_2)를 방출하면서 5탄소 화합물인 α-케토글루타르산(C_5)이 된다.

③ 4탄소 화합물(C_4)의 생성: α-케토글루타르산(C_5)은 탈탄산 효소의 작용으로 이산화 탄소(CO_2)를 방출하고, 탈수소 효소의 작용으로 산화되면서 NAD^+를 NADH로 환원시키며 4탄소 화합물인 숙신산(C_4)이 된다. 이 과정에서 기질 수준 인산화로 1분자의 ATP가 생성된다.

④ 4탄소 화합물(C_4)의 산화: 숙신산(C_4)은 탈수소 효소의 작용으로 산화되면서 FAD를 $FADH_2$로 환원시키고 푸마르산(C_4)이 된다.

⑤ 옥살아세트산(C_4)의 재생: 푸마르산(C_4)에 물(H_2O)이 첨가되어 말산(C_4)이 되며, 말산(C_4)은 탈수소 효소의 작용으로 산화되면서 NAD^+를 NADH로 환원시키고 옥살아세트산(C_4)으로 재생된다. 옥살아세트산(C_4)은 다시 TCA 회로에 사용된다.

(3) **피루브산의 산화와 TCA 회로의 전 과정**: 1분자의 피루브산이 아세틸 CoA로 산화되어 TCA 회로를 거치면 3분자의 이산화 탄소(CO_2), 1분자의 ATP, 4분자의 NADH, 1분자의 $FADH_2$가 생성된다.

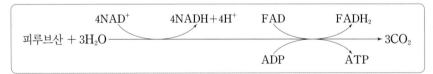

따라서 1분자의 포도당이 해당 과정을 거쳐 생성된 피루브산 2분자가 아세틸 CoA로 산화되어 TCA 회로를 거치면 6분자의 이산화 탄소(CO_2), 2분자의 ATP, 8분자의 NADH, 2분자의 $FADH_2$가 생성된다. 이때 생성된 이산화 탄소(CO_2)는 미토콘드리아 밖으로 나가 혈액에 의해 호흡 기관으로 운반되어 몸 밖으로 배출되고, NADH와 $FADH_2$는 미토콘드리아 내막에 있는 전자 전달계에서 산화되면서 ADP를 ATP로 인산화하는 데 필요한 에너지를 제공한다.

FAD(flavin adenine dinucleotide)
NAD^+와 같은 탈수소 효소의 조효소이다. 탈수소 효소가 기질에서 2개의 수소 원자($2H^+ + 2e^-$)를 떼어 내면 FAD는 2개의 H^+과 2개의 전자(e^-)를 받아 $FADH_2$로 환원된다.

$$FAD + 2H^+ + 2e^- \longrightarrow FADH_2$$

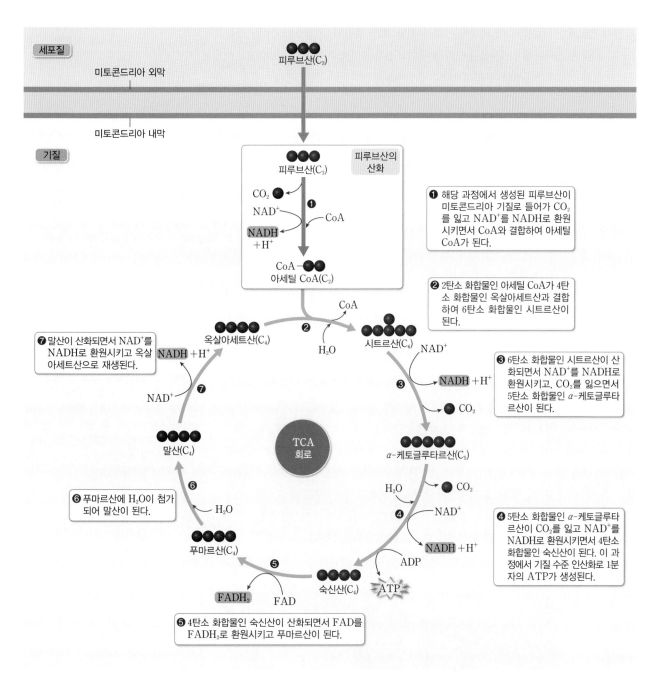

세포질

미토콘드리아 외막

미토콘드리아 내막

기질

피루브산(C_3)

피루브산(C_3)

피루브산의 산화

CO_2

NAD^+

NADH $+H^+$

❶

CoA

CoA—●● 아세틸 CoA(C_2)

❶ 해당 과정에서 생성된 피루브산이 미토콘드리아 기질로 들어가 CO_2를 잃고 NAD^+를 NADH로 환원시키면서 CoA와 결합하여 아세틸 CoA가 된다.

옥살아세트산(C_4)

❷

CoA

H_2O

시트르산(C_6)

NAD^+

❷ 2탄소 화합물인 아세틸 CoA가 4탄소 화합물인 옥살아세트산과 결합하여 6탄소 화합물인 시트르산이 된다.

❼ 말산이 산화되면서 NAD^+를 NADH로 환원시키고 옥살아세트산으로 재생된다.

NADH $+H^+$

NAD^+

❼

❸

NADH $+H^+$

CO_2

❸ 6탄소 화합물인 시트르산이 산화되면서 NAD^+를 NADH로 환원시키고, CO_2를 잃으면서 5탄소 화합물인 α-케토글루타르산이 된다.

말산(C_4)

TCA 회로

α-케토글루타르산(C_5)

H_2O

CO_2

❹

NAD^+

❻

❻ 푸마르산에 H_2O이 첨가되어 말산이 된다.

H_2O

NADH $+H^+$

ADP

❹ 5탄소 화합물인 α-케토글루타르산이 CO_2를 잃고 NAD^+를 NADH로 환원시키면서 4탄소 화합물인 숙신산이 된다. 이 과정에서 기질 수준 인산화로 1분자의 ATP가 생성된다.

푸마르산(C_4)

❺

ATP

$FADH_2$

FAD

숙신산(C_4)

❺ 4탄소 화합물인 숙신산이 산화되면서 FAD를 $FADH_2$로 환원시키고 푸마르산이 된다.

▲ **피루브산의 산화와 TCA 회로** 해당 과정에서 생성된 피루브산 1분자가 미토콘드리아 기질로 들어가 아세틸 CoA로 산화되어 TCA 회로를 거치면 3분자의 CO_2, 1분자의 ATP, 4분자의 NADH, 1분자의 $FADH_2$가 생성된다.

3. 산화적 인산화

집중 분석 144쪽 심화 146쪽

산화적 인산화는 세포 호흡의 마지막 단계로, 해당 과정 및 피루브산의 산화와 TCA 회로에서 생성된 NADH와 $FADH_2$가 산화되면서 방출한 전자의 에너지를 이용하여 ATP를 합성하는 과정이다. 산화적 인산화는 미토콘드리아 내막에서 전자 전달계와 화학 삼투를 통해 일어나며, 세포 호흡에서 생성되는 ATP는 대부분 이 단계에서 생성된다.

(1) **전자 전달계:** 미토콘드리아 내막에는 전자 전달 효소 복합체 Ⅰ, Ⅱ, Ⅲ, Ⅳ와 이들 사이에서 전자를 운반하는 다수의 전자 운반체로 이루어진 전자 전달계가 존재한다. 크리스타를 형성하는 내막의 주름은 표면적을 넓히는 구조이므로, 1개의 미토콘드리아에 수천 개의 전자 전달계가 들어갈 수 있다.

(2) **전자 전달 과정:** 해당 과정, 피루브산의 산화와 TCA 회로에서 생성된 NADH와 $FADH_2$는 전자 전달계에 고에너지 전자를 전달하고 각각 NAD^+와 FAD로 산화된다. 고에너지 전자는 전자 전달 효소 복합체와 전자 운반체의 산화 환원 반응에 의해 전달되는데, 이 과정에서 고에너지 전자가 가지고 있던 에너지가 단계적으로 방출되고, 에너지를 잃은 전자는 최종적으로 산소(O_2)로 전달된다. 전자를 전달받은 산소(O_2)는 미토콘드리아 기질에 있는 H^+과 결합하여 물(H_2O)을 생성한다. 전자 전달 과정에서 전자가 방출한 에너지는 ATP 합성에 이용된다. 따라서 최종 전자 수용체인 산소(O_2)가 없으면 전자 전달계에서 전자의 흐름이 정지되어 해당 과정, 피루브산의 산화와 TCA 회로에서 생성된 NADH와 $FADH_2$의 산화가 일어나지 못하며, ATP도 합성되지 않는다.

(3) **화학 삼투에 의한 ATP 합성:** 전자 전달계에서 고에너지 전자가 이동할 때 방출되는 에너지를 이용하여 일부 전자 전달 효소 복합체는 미토콘드리아 기질에서 막 사이 공간으로 H^+을 능동 수송한다. H^+의 이동으로 막 사이 공간의 H^+ 농도가 미토콘드리아 기질의 H^+ 농도보다 높아져 내막을 경계로 H^+의 농도 기울기가 형성된다. 그 결과 H^+의 농도 기울기에 따라 막 사이 공간에 있는 H^+이 ATP 합성 효소를 통해 미토콘드리아 기질로 확산되는데, 이때 H^+의 이동으로 발생하는 에너지를 이용하여 ATP 합성 효소가 ATP를 합성한다. 이처럼 내막을 경계로 형성된 H^+의 농도 기울기에 따라 H^+이 ATP 합성 효소를 통해 고농도에서 저농도로 확산되는 과정을 화학 삼투라고 한다.

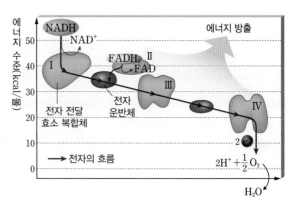

▲ **전자 전달계에서 에너지 수준의 변화** NADH와 $FADH_2$가 전달한 고에너지 전자는 전자 전달계를 거치면서 에너지를 단계적으로 방출하므로 에너지 수준이 점차 낮아진다.

전자 운반체

전자 전달계에서 전자 운반체는 전자에 대한 친화력이 작은 것에서 큰 것 순으로 나열되어 있어 차례대로 전자를 주고받는다. 전자 운반체는 대부분 사이토크롬이라는 단백질이며, a, a_3, b, c 등 몇 종류가 있다. 사이토크롬은 보결족으로 헴 그룹을 갖는데, 헴 그룹의 중심에 철 이온이 있어 전자(e^-)를 받아 Fe^{2+}(환원형)으로 되었다가 전자를 방출하고 Fe^{3+}(산화형)으로 돌아감으로써 옆에 있는 전자 운반체에 전자를 전달한다.

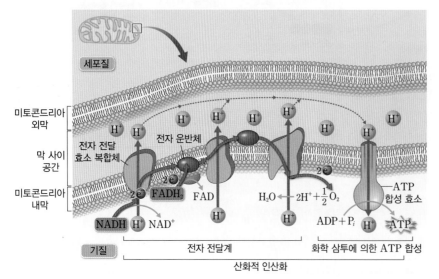

▲ **산화적 인산화** 미토콘드리아 내막의 전자 전달계를 통해 전자가 전달될 때 방출되는 에너지를 이용하여 H^+의 농도 기울기가 형성되고, 이 농도 기울기에 의해 화학 삼투가 일어나 ATP가 합성된다.

산화적 인산화

미토콘드리아 내막을 경계로 형성된 H^+의 농도 기울기가 산화 환원 반응에 의해 형성된 것이므로, 미토콘드리아 내막의 전자 전달계와 화학 삼투를 통해 일어나는 ATP 합성을 산화적 인산화라고 한다.

시야확장 ➕ 세포 호흡의 산화적 인산화 단계에 작용하는 독극물

❶ **전자 전달 저해제**: 전자 운반체에 결합하여 전자 전달계를 통한 전자의 흐름을 저해하여 기질에서 막 사이 공간으로 H^+을 운반하지 못하게 한다. 예 로테논, 사이안화물(청산가리), 일산화 탄소

❷ **ATP 합성 효소 저해제**: ATP 합성 효소에 결합하여 H^+이 ATP 합성 효소를 통해 막 사이 공간에서 기질로 확산되는 것을 저해한다. 예 올리고마이신, 아우로베르틴

❸ **짝풀림제**: 막 사이 공간에 축적된 H^+이 ATP 합성 효소를 통하지 않고 기질로 들어갈 수 있게 함으로써 내막을 경계로 한 H^+의 농도 기울기가 정상적으로 형성되지 못하게 한다. 그 결과 전자 전달계는 계속 작동하지만, 전자 전달과 짝을 이루어 일어나던 ATP 합성 효소에 의한 ATP 합성은 일어나지 못하게 된다. 예 DNP

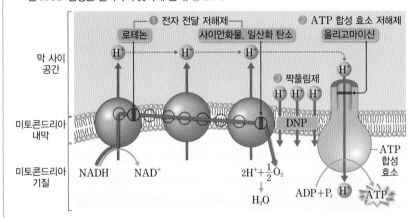

짝풀림제

짝풀림제는 전자 전달과 ATP 합성이 짝을 이루어 일어나던 것을 전자 전달만 일어나고 ATP 합성은 일어나지 못하게 하는 물질이다. 짝풀림제를 투여하면 전자 전달은 지속적으로 일어나기 때문에 산소의 소비는 촉진되며, 기질 수준 인산화에 의한 ATP 합성은 오히려 촉진된다. 그 결과 대사 속도가 빨라지고 열이 많이 발생하므로 동물은 과도한 열을 방출하기 위해 다량의 땀을 분비하고 탈진하여 죽게 된다. DNP(dinitrophenol)는 지방을 연소시켜 체중을 감소시킨다고 해서 한때 다이어트 약으로 쓰이기도 했지만 부작용으로 사용이 금지되었다.

---

③ 세포 호흡의 에너지 효율

세포 호흡이 일어나는 궁극적인 목적은 생명 활동에 필요한 ATP를 얻기 위해서이다. 1분자의 포도당이 세포 호흡을 통해 완전히 분해되면 최대 32분자의 ATP가 생성된다.

1. 세포 호흡에서의 ATP 생성량

(1) **기질 수준 인산화를 통한 ATP 생성량**: 1분자의 포도당이 세포 호흡을 통해 분해될 때 해당 과정과 TCA 회로에서 각각 2분자의 ATP가 기질 수준 인산화로 생성된다.

(2) **산화적 인산화를 통한 ATP 생성량**: 산화적 인산화를 통해 1분자의 NADH로부터 약 2.5분자의 ATP가, 1분자의 $FADH_2$로부터 약 1.5분자의 ATP가 생성된다.

$$NADH + H^+ + \frac{1}{2}O_2 \xrightarrow[\quad\quad\quad\quad]{2.5ADP \quad\quad 2.5ATP} NAD^+ + H_2O$$

$$FADH_2 + \frac{1}{2}O_2 \xrightarrow[\quad\quad\quad\quad]{1.5ADP \quad\quad 1.5ATP} FAD + H_2O$$

1분자의 포도당이 세포 호흡을 통해 분해될 때 산화적 인산화에서 생성되는 ATP의 양
- 해당 과정에서 온 2NADH: $2 \times 2.5ATP = 5ATP$
- 피루브산의 산화에서 온 2NADH: $2 \times 2.5ATP = 5ATP$
- TCA 회로에서 온 6NADH: $6 \times 2.5ATP = 15ATP$
- TCA 회로에서 온 $2FADH_2$: $2 \times 1.5ATP = 3ATP$

총합: 28ATP

1분자의 포도당이 해당 과정, 피루브산의 산화와 TCA 회로를 거쳐 분해되는 동안 10분자의 NADH와 2분자의 $FADH_2$가 생성되므로, 산화적 인산화로 최대 28분자의 ATP가 생성된다.

(3) **세포 호흡에서의 총 ATP 생성량:** 해당 과정에서 2ATP, TCA 회로에서 2ATP, 산화적 인산화에서 최대 28ATP가 생성되므로 1분자의 포도당이 세포 호흡을 통해 완전히 분해되면 최대 32ATP가 생성된다. 그러나 세포의 종류에 따라 NADH로부터 만들어지는 ATP의 양이 다르기도 하고, NADH와 $FADH_2$가 운반해 온 H가 ATP 합성이 아닌 다른 곳에 사용되기도 한다. 이처럼 세포의 종류나 조건에 따라 실제 포도당 1분자당 ATP 생성량은 32ATP보다 적을 수 있다.

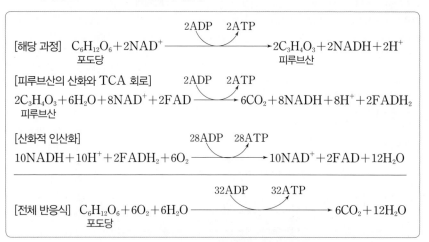

세포의 종류에 따른 ATP 생성량

사람의 경우, 해당 과정에서 생성된 세포질의 NADH 1분자가 간과 심장 등에서는 2.5분자의 ATP를 생성하지만, 뇌에서는 1.5분자의 ATP만 생성한다. 세포질의 NADH는 미토콘드리아 내막을 직접 통과하지 못하므로, 자신이 가진 전자를 세포질과 미토콘드리아를 오가는 전자 왕복 기구를 통해 미토콘드리아 기질 내 물질로 전달하는데, 간과 심장에서는 NAD^+로 전달하지만 뇌에서는 FAD로 전달하기 때문이다. 따라서 1분자의 포도당이 세포 호흡을 통해 완전히 분해되면 간과 심장에서는 최대 32분자의 ATP가 생성되지만, 뇌에서는 최대 30분자의 ATP가 생성된다.

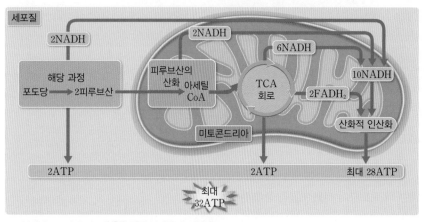

▲ 1분자의 포도당이 세포 호흡을 통해 분해될 때 생성되는 ATP의 양

2. 세포 호흡의 에너지 효율

1몰의 포도당이 완전히 연소되면 약 686 kcal의 에너지가 방출되고, 1몰의 ADP가 ATP로 합성될 때 약 7.3 kcal의 에너지가 저장된다. 세포 호흡을 통해 1분자의 포도당으로부터 총 32분자의 ATP가 생성된다고 가정하면, 세포 호흡이 일어나는 동안 포도당에 저장되어 있던 에너지의 약 34 %가 ATP에 저장된다. ATP에 저장되지 않은 나머지 66 %의 에너지는 열로 방출되어 체온 유지 등에 이용된다.

세포 호흡의 에너지 효율

가장 효율적인 자동차라도 가솔린에 저장된 에너지의 약 25 %만을 자동차를 달리게 하는 에너지로 전환시킨다. 이를 감안하면 에너지 효율이 약 34 %인 세포 호흡은 에너지 전환에 있어서 매우 효율적이다.

$$\text{세포 호흡의 에너지 효율} = \frac{32 \times 7.3 \, \text{kcal/몰}}{686 \, \text{kcal/몰}} \times 100 \fallingdotseq 34(\%)$$

4 호흡 기질과 호흡률

세포 호흡으로 분해되어 에너지를 방출하는 유기물을 호흡 기질이라고 한다. 세포는 탄수화물인 포도당을 주된 호흡 기질로 사용하지만, 지방과 단백질도 호흡 기질로 사용한다.

1. 호흡 기질이 세포 호흡에 이용되는 경로

(1) **탄수화물**: 단당류로 분해되어 세포 호흡의 경로로 들어간다.

(2) **지방**: 글리세롤과 지방산으로 분해되어 호흡 기질로 사용된다. 글리세롤은 해당 과정의 중간 단계로 들어가 피루브산으로 전환된 다음 아세틸 CoA를 거쳐 TCA 회로로 들어가 산화되며, 지방산은 아세틸 CoA로 전환되어 TCA 회로로 들어가 산화된다.

(3) **단백질**: 아미노산으로 분해되어 호흡 기질로 사용된다. 아미노산은 탈아미노 반응으로 아미노기($-NH_2$)가 제거된 다음 피루브산, 아세틸 CoA, TCA 회로의 중간 산물 등으로 전환되어 산화된다.

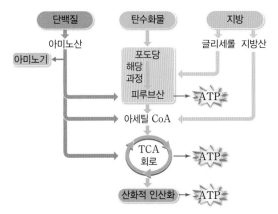

▲ 여러 가지 호흡 기질이 세포 호흡에 이용되는 경로

2. 호흡률

호흡 기질이 세포 호흡으로 분해될 때 산소(O_2)가 소비되고 이산화 탄소(CO_2)가 발생하는데, 이때 소비된 산소(O_2)의 부피에 대해 발생한 이산화 탄소(CO_2)의 부피 비를 호흡률(RQ, respiratory quotient)이라고 한다. 탄수화물, 지방, 단백질은 각각 탄소(C), 수소(H), 산소(O) 원자의 구성비가 다르므로, 호흡 기질의 종류에 따라 호흡률이 달라진다. 호흡률은 탄수화물이 1.0이고, 지방은 약 0.7, 단백질은 약 0.8이다.

$$호흡률(RQ) = \frac{\text{발생한 이산화 탄소}(CO_2)\text{의 부피}}{\text{소비된 산소}(O_2)\text{의 부피}}$$

단백질이 호흡 기질로 사용되는 시기
탄수화물과 지방이 충분하면 단백질은 호흡 기질로 거의 사용되지 않는다. 그러나 장기간의 굶주림, 다이어트 등으로 탄수화물과 지방이 대부분 소모되면 몸을 구성하고 있던 단백질이 아미노산으로 분해되어 호흡 기질로 사용된다.

생물의 호흡률과 호흡 기질
A, B, C 세 종류의 생물을 대상으로 호흡률을 측정하였을 때 호흡률이 1.0과 0.7, 0.8에 가까운 값이 각각 나왔다면, A, B, C가 주로 사용하는 호흡 기질은 각각 탄수화물, 지방, 단백질이라고 볼 수 있다.

시야 확장 ⊕ 호흡률의 측정

싹튼 콩을 그림과 같이 장치하고 일정 시간 후, 잉크 방울이 기준점으로부터 이동한 거리(눈금)를 측정하였다.

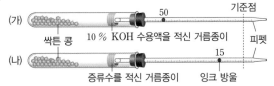

❶ **싹튼 콩에서 일어나는 작용**: 세포 호흡이 일어나 O_2가 소비되고 CO_2가 발생한다.

❷ **(가)에서 잉크 방울이 이동한 거리**: 세포 호흡으로 발생한 CO_2가 KOH에 흡수되어 제거되므로, (가)에서 잉크 방울이 이동한 거리는 '세포 호흡에 소비된 O_2의 부피'에 해당한다.

❸ **(나)에서 잉크 방울이 이동한 거리**: CO_2가 제거되지 않으므로, (나)에서 잉크 방울이 이동한 거리는 '세포 호흡에 소비된 O_2의 부피 − 세포 호흡으로 발생한 CO_2의 부피'에 해당한다.

❹ **싹튼 콩의 호흡률**: 호흡률은 $\dfrac{\text{발생한 } CO_2\text{의 부피}}{\text{소비된 } O_2\text{의 부피}}$이므로, 싹튼 콩의 호흡률은

$\dfrac{50눈금 - 15눈금}{50눈금} = 0.7$이다. 따라서 이 콩은 싹틀 때 주로 지방을 호흡 기질로 사용하였다.

수산화 칼륨(KOH)의 역할
수산화 칼륨(KOH)은 다음과 같은 반응으로 이산화 탄소(CO_2)를 흡수하여 제거한다.
$$2KOH + CO_2 \longrightarrow K_2CO_3 + H_2O$$

집중
분석

산화적 인산화

세포 호흡 과정 중 미토콘드리아 내막에서 일어나는 산화적 인산화에서 ATP가 합성되는 원리는 전자 전달계와 화학 삼투로 설명할 수 있다. NADH와 $FADH_2$가 산화되면서 방출한 전자가 전자 전달계를 따라 이동할 때 H^+의 농도 기울기가 형성되는 과정과 화학 삼투를 통해 ATP가 합성되는 과정에 대한 문제가 자주 출제된다.

세포 호흡은 유기물을 분해하여 생명 활동에 필요한 ATP를 얻는 과정이다. 해당 과정과 TCA 회로에서는 기질 수준 인산화를 통해 유기물로부터 직접 ATP를 합성하는 한편, 탈수소 반응을 통해 유기물로부터 고에너지 전자를 함유한 수소(H)를 이탈시켜 NADH와 $FADH_2$를 생성한다. 미토콘드리아 내막에서 NADH와 $FADH_2$가 운반해 온 전자의 에너지를 이용하여 어떻게 ATP를 합성하는지에 대한 연구가 진행되어 왔으며, 이 과정은 미첼이 제시한 화학 삼투 모형으로 설명할 수 있게 되었다.

미첼(Mitchell, P. D., 1920 ~1992)
영국의 생화학자로, 미토콘드리아와 엽록체에서 H^+의 전기 화학적 기울기에 의해 H^+의 확산과 ATP 합성이 일어난다는 화학 삼투설을 제안하여 1978년에 노벨 화학상을 수상하였다.

❶ 전자 전달계와 화학 삼투에 의한 ATP 합성

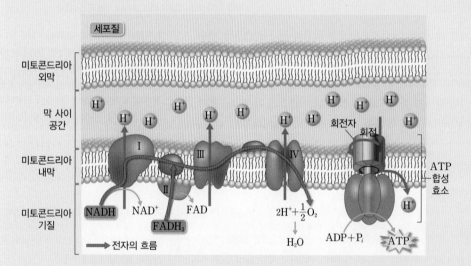

(1) 미토콘드리아 내막에 있는 전자 전달 효소 복합체 I~IV 중 I, III, IV는 H^+을 미토콘드리아 기질에서 막 사이 공간으로 능동 수송하는 양성자(H^+) 펌프로 작용한다.

(2) 전자 전달 효소 복합체의 전자에 대한 친화력은 I < II < III < IV이며, 최종 전자 수용체는 산소(O_2)이다. ➡ 전자에 대한 친화력이 가장 큰 것은 산소(O_2)이다.

(3) NADH의 산화로 공급되는 전자는 전자 전달 효소 복합체 I, III, IV를 작동시키고, $FADH_2$의 산화로 공급되는 전자는 전자 전달 효소 복합체 III, IV를 작동시키므로, $FADH_2$보다 NADH가 더 많은 H^+을 막 사이 공간으로 이동시킨다. ➡ 그 결과 1분자의 NADH로부터는 약 2.5ATP가, 1분자의 $FADH_2$로부터는 약 1.5ATP가 생성된다.

(4) 양성자 펌프의 작용에 의해 미토콘드리아 내막을 경계로 H^+의 농도 기울기가 형성되면, ATP 합성 효소를 통해 H^+이 이동(확산)하는 화학 삼투가 일어난다. ➡ 이때 높은 위치 에너지의 물로 발전기의 수차를 돌려서 수력 발전을 하는 것과 유사하게, H^+의 이동력으로 ATP 합성 효소의 회전자를 돌려서 ADP와 무기 인산(P_i)의 결합을 촉매하여 ATP를 합성한다.

양성자(H^+) 펌프
수소는 원자핵이 양성자로만 이루어져 있으므로 수소 이온(H^+)을 양성자라고도 한다. 따라서 H^+을 능동 수송하는 전자 전달 효소 복합체를 양성자 펌프라고 한다. 전자 전달계의 양성자 펌프 작동에는 전자의 에너지가 이용되며, ATP는 소비되지 않는다.

❷ 미토콘드리아에서의 화학 삼투 실험

다음은 미토콘드리아에서 ATP가 합성되는 원리를 알아보기 위한 실험이다.

(가) 미토콘드리아를 pH 9인 수용액에 넣어 미토콘드리아 내부를 pH 9로 만든다.

(나) pH 9로 만든 미토콘드리아를 pH 7인 수용액으로 옮기고, ADP와 무기 인산(P_i)을 공급한다.

(다) 미토콘드리아에서 ATP가 합성된다.

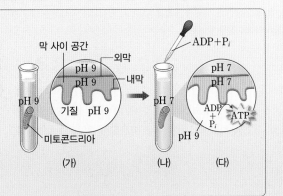

산화적 인산화

산화적 인산화는 전자의 흐름에 의한 에너지(전기 에너지)가 H^+의 농도 기울기에 의한 에너지로 전환되었다가 ATP의 화학 에너지로 전환되는 과정이다.

(1) ATP 합성 원리: (다)에서 막 사이 공간은 pH 7, 기질은 pH 9가 되어 막 사이 공간의 H^+ 농도가 기질의 H^+ 농도보다 높아져 내막을 경계로 H^+의 농도 기울기가 형성된다. → H^+ 농도가 높은 막 사이 공간에서 H^+ 농도가 낮은 기질로 H^+이 ATP 합성 효소를 통해 확산되면서 ATP가 합성된다.

(2) 산화적 인산화에 필요한 H^+의 농도 기울기: 미토콘드리아에서 막 사이 공간의 pH가 기질의 pH보다 낮을 때, 즉 막 사이 공간의 H^+ 농도가 기질의 H^+ 농도보다 높을 때 ATP가 합성된다.

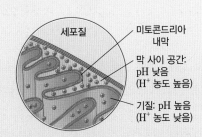

▲ ATP가 합성될 수 있는 H^+의 농도 기울기

유제

> 정답과 해설 26쪽

그림은 미토콘드리아에서 일어나는 산화적 인산화를 나타낸 것이다. Ⅰ~Ⅳ는 전자 전달 효소 복합체이고, ㉠과 ㉡은 각각 $FADH_2$와 NADH 중 하나이며, (가)와 (나)는 각각 미토콘드리아 기질과 막 사이 공간 중 하나이다.

이에 대한 설명으로 옳은 것만을 〈보기〉에서 있는 대로 고른 것은?

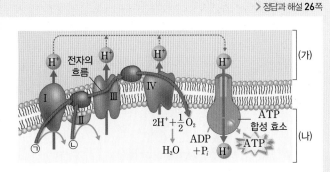

┌─ 보기 ──────────────────────────────
ㄱ. ㉠은 $FADH_2$이다.

ㄴ. ㉡에서 방출된 전자는 Ⅱ에 있을 때보다 Ⅳ에 있을 때 에너지 수준이 낮다.

ㄷ. (가)의 H^+ 농도가 (나)의 H^+ 농도보다 낮을 때 화학 삼투에 의해 ATP가 합성된다.
└────────────────────────────────────

① ㄱ   ② ㄴ   ③ ㄱ, ㄷ   ④ ㄴ, ㄷ   ⑤ ㄱ, ㄴ, ㄷ

심화

세포 호흡에서 ATP 합성 방식

어떤 물질에 인산기가 결합하는 반응을 인산화라고 하며, ADP에 무기 인산(P_i)이 결합하여 ATP가 합성되는 것도 인산화에 해당한다. 세포 호흡에서 ATP가 합성되는 방식에는 기질 수준 인산화와 산화적 인산화가 있다. 이 두 가지 방식의 차이점을 알아보자.

❶ 기질 수준 인산화

기질에 결합해 있던 인산기가 효소의 작용에 의해 ADP로 전달되어 ATP가 합성되는 방식이다. 세포 호흡 과정 중 해당 과정과 TCA 회로에서 기질 수준 인산화로 ATP가 합성된다.

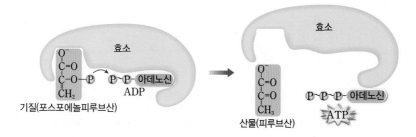

❷ 산화적 인산화

미토콘드리아 내막의 전자 전달계와 화학 삼투를 통해 ATP가 합성되는 방식이다. 막을 경계로 형성된 H^+의 농도 기울기에 따라 H^+이 ATP 합성 효소를 통해 고농도에서 저농도로 확산되는 과정을 화학 삼투라고 하는데, 화학 삼투에 의해 ATP가 합성되는 것은 그 원리가 수력 발전과 비슷하다. 수력 발전은 물의 높이 차를 이용한 발전 방식으로, 높은 곳에 있는 물을 내려 보내 발전기의 수차를 돌려서 전기 에너지를 발생시킨다. 이때 물의 위치 에너지가 전기 에너지로 전환된다. 화학 삼투에서는 ATP 합성 효소를 통해 H^+이 확산되어 나가게 하여 ATP 합성 효소의 회전자를 돌려서 ATP를 합성한다. 이때 H^+의 농도 기울기에 의한 에너지가 ATP의 화학 에너지로 전환된다.

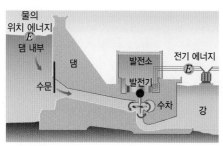

▲ 수력 발전

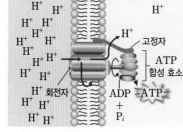

▲ 화학 삼투에 의한 ATP 합성

화학 삼투력

물의 높이 차에 의한 위치 에너지를 수력이라고 하는 것처럼, H^+의 농도 기울기에 의한 에너지를 화학 삼투력이라고 한다.

ATP 합성 효소

H^+이 ATP 합성 효소를 통해 확산될 때 ATP 합성 효소의 회전자를 돌게 하는 원리는 그림과 같이 사람들이 회전문을 통과함에 따라 회전문이 회전하는 원리와 비슷하다.

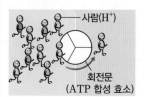

양성자 펌프와 ATP 합성 효소

양성자 펌프는 전자가 이동하면서 방출하는 에너지를 이용해 H^+의 농도 기울기를 역행하여 H^+을 능동 수송하고, ATP 합성 효소는 H^+의 농도 기울기에 따라 H^+을 촉진 확산시킨다.

화학 삼투가 일어나기 위해서는 먼저 막을 경계로 H^+의 농도 기울기가 형성되어야 한다. 세포 호흡에서는 전자 전달 효소 복합체와 전자 운반체의 산화 환원 반응에 의해 전자가 이동할 때 방출하는 에너지를 이용해 양성자 펌프가 H^+을 능동 수송하여 H^+의 농도 기울기를 형성한다. 따라서 세포 호흡에서 전자 전달계를 통한 전자의 이동과 이에 의한 H^+의 농도 기울기 형성, 이어서 일어나는 화학 삼투에 의한 ATP 합성을 합하여 산화적 인산화라고 한다.

02 세포 호흡

① 세포 호흡의 개요

1. **세포 호흡** 포도당($C_6H_{12}O_6$)과 같은 유기물을 산화하여 에너지를 방출하는 과정이다.

$$C_6H_{12}O_6 + 6O_2 + 6H_2O \longrightarrow 6CO_2 + 12H_2O + 에너지$$

2. **세포 호흡의 전 과정** 해당 과정, 피루브산의 산화와 TCA 회로, (❶   )의 세 단계로 진행된다.

② 세포 호흡 과정

1. **해당 과정** 1분자의 포도당(C_6)이 2분자의 피루브산(C_3)으로 분해되는 과정으로, (❷   )에서 일어난다. → 포도당 1분자당 2NADH와 (❸   )ATP가 생성된다.

2. **피루브산의 산화와 TCA 회로** 피루브산이 아세틸 CoA로 산화된 후 TCA 회로를 거쳐 이산화 탄소(CO_2)로 분해되는 과정으로, (❹   )에서 일어난다. → 피루브산 1분자당 3CO_2, 4NADH, (❺   )FADH$_2$, 1ATP가 생성된다.

3. **산화적 인산화** 전자 전달계와 (❻   )를 통해 ATP를 합성하는 과정으로, (❼   )에서 일어난다.

   • 과정: (❽   )와 FADH$_2$가 전달한 전자가 전자 전달계를 거치면서 에너지를 방출한다. → 이 에너지를 이용하여 내막을 경계로 H^+의 농도 기울기가 형성된다. → 막 사이 공간의 H^+이 (❾   ) 효소를 통해 기질로 확산되면서 ATP가 합성된다.

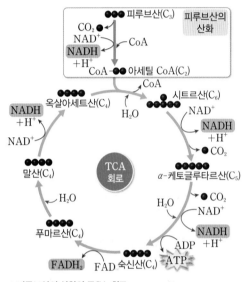

▲ **피루브산의 산화와 TCA 회로**

③ 세포 호흡의 에너지 효율

1. **세포 호흡에서의 ATP 생성량** 포도당 1분자당 해당 과정에서 2ATP, TCA 회로에서 2ATP, 산화적 인산화에서 최대 (❿   )ATP가 생성되어 총 ATP 생성량은 최대 (⓫   )ATP이다.

2. **세포 호흡의 에너지 효율** $\dfrac{32 \times 7.3\,\text{kcal/몰}}{686\,\text{kcal/몰}} \times 100 ≒ 34(\%)$

④ 호흡 기질과 호흡률

1. **호흡 기질이 세포 호흡에 이용되는 경로**
   • 탄수화물: 단당류로 분해되어 세포 호흡의 경로로 들어간다.
   • 지방: 글리세롤과 지방산으로 분해된 후 글리세롤은 해당 과정의 중간 단계로 들어가고, 지방산은 아세틸 CoA로 전환되어 TCA 회로로 들어가 산화된다.
   • 단백질: 아미노산으로 분해된 후 (⓬   )가 제거되고 피루브산, 아세틸 CoA, TCA 회로의 중간 산물 등으로 전환되어 산화된다.

2. **호흡률** 호흡 기질이 세포 호흡으로 분해될 때 소비된 산소(O_2)의 부피에 대해 발생한 이산화 탄소(CO_2)의 부피 비로, 탄수화물은 1.0, 지방은 약 0.7, 단백질은 약 (⓭   )이다.

01 그림은 세포 호흡의 전 과정을 나타낸 것이다.

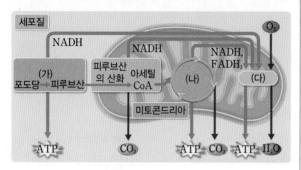

(1) (가)~(다)에 해당하는 과정을 각각 쓰시오.

(2) (가)~(다) 중 산소(O_2)가 없어도 진행되는 과정을 있는 대로 쓰시오.

02 해당 과정에 대한 설명으로 옳은 것만을 〈보기〉에서 있는 대로 고르시오.

보기
ㄱ. NADH가 생성된다.
ㄴ. 세포질에서 일어난다.
ㄷ. 탈탄산 반응이 일어난다.
ㄹ. 기질 수준 인산화가 일어난다.

03 그림은 해당 과정을 나타낸 것이다.

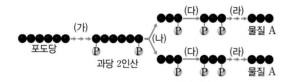

(1) (가)~(라) 중 수소의 이탈이 일어나는 단계를 쓰시오.

(2) (가)~(라) 중 기질 수준 인산화가 일어나는 단계를 쓰시오.

(3) 해당 과정의 최종 산물인 물질 A의 이름을 쓰시오.

04 그림은 세포 호흡에서 ATP가 합성되는 과정 중 하나를 나타낸 것이다.

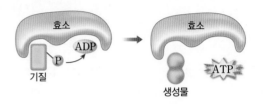

이와 같은 방식으로 ATP를 합성하는 과정을 무엇이라고 하는지 쓰시오.

05 그림은 피루브산의 산화와 TCA 회로를 나타낸 것이다. (단, CO_2의 이탈은 나타내지 않았다.)

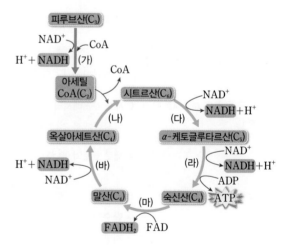

(1) 위 과정이 일어나는 장소를 쓰시오.

(2) (가)~(바) 중 CO_2의 이탈이 일어나는 단계를 있는 대로 쓰시오.

(3) (가)~(바) 중 탈수소 효소가 작용하는 단계를 있는 대로 쓰시오.

06 다음은 1분자의 피루브산($C_3H_4O_3$)이 산화 단계 및 TCA 회로를 거쳐 CO_2로 분해될 때 일어나는 반응을 정리하여 나타낸 것이다.

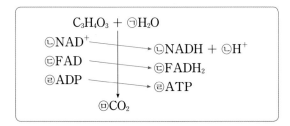

$$C_3H_4O_3 + \ominus H_2O$$
$$\text{©}NAD^+ \rightarrow \text{©}NADH + \text{©}H^+$$
$$\text{©}FAD \rightarrow \text{©}FADH_2$$
$$\text{©}ADP \rightarrow \text{©}ATP$$
$$\text{©}CO_2$$

⊙~⊙에 해당하는 분자 수를 각각 쓰시오.

07 산화적 인산화에 대한 설명으로 옳은 것만을 〈보기〉에서 있는 대로 고르시오.

보기
ㄱ. H_2O이 생성된다.
ㄴ. O_2가 있어야 일어난다.
ㄷ. 미토콘드리아 내막에서 일어난다.
ㄹ. 최종 전자 수용체는 NAD^+나 FAD이다.

08 그림은 산화적 인산화 과정을 나타낸 것이다.

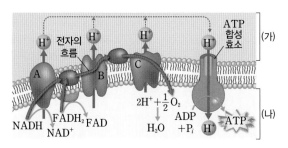

(1) (가)와 (나)는 미토콘드리아의 어느 부위에 해당하는 지 각각 쓰시오.

(2) 전자 전달 효소 복합체 A~C가 H^+을 운반하는 방식을 쓰시오.

(3) ATP 합성 효소를 통해 H^+이 고농도에서 저농도로 확산되는 과정을 무엇이라고 하는지 쓰시오.

09 1분자의 포도당이 해당 과정 및 피루브산의 산화와 TCA 회로를 모두 거치면 10분자의 NADH와 2분자의 $FADH_2$가 생성된다. 다음은 이 NADH와 $FADH_2$가 산화적 인산화를 거쳐 ATP를 생성하는 반응을 정리하여 나타낸 것이다.

$$10NADH + 10H^+ + 2FADH_2 + \ominus O_2$$
$$\text{©}ADP \rightarrow \text{©}ATP$$
$$10NAD^+ + 2FAD + \text{©}H_2O$$

⊙~©에 해당하는 분자 수를 각각 쓰시오.

10 그림은 호흡 기질 (가)~(다)가 세포 호흡에 이용되는 경로를 나타낸 것이다.

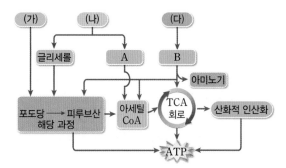

(1) (가)~(다)는 지방, 단백질, 탄수화물 중 어느 것에 해당하는지 각각 쓰시오.

(2) 물질 A와 B의 이름을 각각 쓰시오.

11 다음은 (가)~(다)의 세 가지 물질이 세포 호흡을 통해 산화될 때의 반응식을 각각 나타낸 것이다.

$$\cdot \underset{(가)}{C_{18}H_{36}O_2} + 26O_2 \longrightarrow 18CO_2 + 18H_2O$$
$$\cdot \underset{(나)}{C_6H_{12}O_6} + 6O_2 + 6H_2O \longrightarrow 6CO_2 + 12H_2O$$
$$\cdot \underset{(다)}{C_5H_{11}O_2N} + 6O_2 \longrightarrow 5CO_2 + 4H_2O + NH_3$$

물질 (가)~(다)의 호흡률을 각각 구하여 각 물질이 탄수화물, 단백질, 지방 중 어느 것에 해당하는지 쓰시오.

01 ▶ 세포 호흡의 전 과정

그림은 미토콘드리아의 구조를 나타낸 것이고, 표는 1분자의 포도당이 세포 호흡을 통해 분해되는 동안 일어나는 반응을 (가)~(다)의 세 단계로 정리한 것이다. 각 반응에서 ATP 생성과 관련된 내용은 제외하였다.

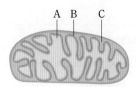

> (가) $C_6H_{12}O_6 + 2NAD^+ \longrightarrow 2C_3H_4O_3 + 2NADH + 2H^+$
>
> (나) $2C_3H_4O_3 + 6H_2O + 8NAD^+ + 2FAD$
> $\longrightarrow 6CO_2 + 8NADH + 8H^+ + 2FADH_2$
>
> (다) $10NADH + 10H^+ + 2FADH_2 + 6O_2 \longrightarrow 10NAD^+ + 2FAD + 12H_2O$

이에 대한 설명으로 옳은 것은?

① (가)는 해당 과정으로, A에서 진행된다.

② (나)에서는 전자 전달 효소가 작용하여 CO_2의 이탈이 일어난다.

③ (다) 반응이 일어나려면 B에 있는 전자 전달계가 필요하다.

④ (가)~(다) 중 (나) 반응이 일어날 때 가장 많은 ATP가 생성된다.

⑤ (가)와 (나) 반응은 O_2가 없어도 진행되지만, (다) 반응은 O_2가 없으면 진행되지 않는다.

• A는 기질, B는 내막, C는 막 사이 공간이며, 세포 호흡 과정은 해당 과정, 피루브산의 산화와 TCA 회로, 산화적 인산화의 세 단계로 구분할 수 있다.

02 ▶ 해당 과정에서의 에너지 변화

그림은 해당 과정에서의 에너지 변화를 나타낸 것이다.

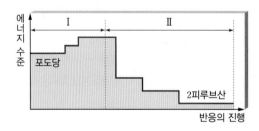

이에 대한 설명으로 옳은 것만을 〈보기〉에서 있는 대로 고른 것은?

> **보기**
>
> ㄱ. Ⅰ에서 ATP가 소비된다.
>
> ㄴ. Ⅱ에서 탈수소 효소가 작용한다.
>
> ㄷ. Ⅱ에서 CO_2가 방출된다.

① ㄱ   ② ㄷ   ③ ㄱ, ㄴ   ④ ㄴ, ㄷ   ⑤ ㄱ, ㄴ, ㄷ

• Ⅰ은 ATP를 소비하여 포도당이 과당 2인산으로 활성화되는 단계이고, Ⅱ는 기질 수준 인산화로 ATP가 생성되는 단계이다.

03

> 피루브산의 산화

그림은 동물 세포에서 일어나는 세포 호흡 과정의 일부를 나타낸 것이다. ㉠~㉢은 각각 NADH, NAD$^+$, CO_2 중 하나이다.

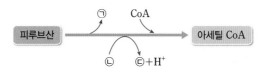

이에 대한 설명으로 옳은 것만을 〈보기〉에서 있는 대로 고른 것은?

보기
ㄱ. 탈탄산 효소가 작용한다.
ㄴ. 미토콘드리아 기질에서 일어난다.
ㄷ. ㉡은 해당 과정에서 생성된 것이다.

① ㄱ   ② ㄴ   ③ ㄷ   ④ ㄱ, ㄴ   ⑤ ㄴ, ㄷ

- 세포질에서 해당 과정을 통해 생성된 피루브산(C_3)은 산소가 있을 때 미토콘드리아로 들어가 아세틸 CoA(C_2)로 산화된다.

04

> 피루브산의 산화와 TCA 회로

그림은 세포 호흡 과정의 일부를 나타낸 것이다.

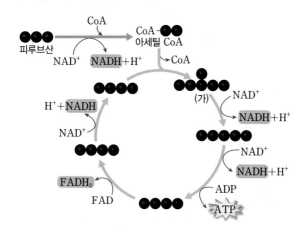

이에 대한 설명으로 옳은 것만을 〈보기〉에서 있는 대로 고른 것은?

보기
ㄱ. (가)는 옥살아세트산이다.
ㄴ. 기질 수준 인산화가 일어난다.
ㄷ. 1분자의 피루브산이 위 과정을 거치면 3분자의 CO_2가 방출된다.

① ㄱ   ② ㄷ   ③ ㄱ, ㄴ   ④ ㄱ, ㄷ   ⑤ ㄴ, ㄷ

- 해당 과정과 TCA 회로에서는 기질에 결합해 있던 인산기가 효소의 작용에 의해 ADP로 전달되어 ATP가 합성된다. 탈탄산 효소가 작용하여 CO_2가 방출되면 탄소 수가 1개 줄어든다.

05 > TCA 회로

그림은 TCA 회로를, 표는 TCA 회로의 과정 ㉠~㉢에서 생성되는 물질을 나타낸 것이다. ㉠~㉢은 각각 과정 (가)~(다) 중 하나이다.

아세틸 CoA → 시트르산
옥살아세트산 ← 시트르산
(다)
말산 ← α-케토글루타르산
(나) 숙신산 (가)

과정	생성물
㉠	NADH
㉡	CO_2, NADH, ATP
㉢	?

아세틸 CoA는 2탄소 화합물, 시트르산은 6탄소 화합물, α-케토글루타르산은 5탄소 화합물이고, 숙신산, 말산, 옥살아세트산은 모두 4탄소 화합물이다. 말산이 옥살아세트산으로 되는 과정에서 탈수소 효소가 작용한다.

이에 대한 설명으로 옳은 것만을 〈보기〉에서 있는 대로 고른 것은?

보기 ─────
ㄱ. ㉡은 (가)이다.
ㄴ. ㉢에서 CO_2가 생성된다.
ㄷ. 1분자당 $\dfrac{\text{수소(H) 수}}{\text{탄소(C) 수}}$ 는 말산이 옥살아세트산보다 작다.

① ㄱ ② ㄴ ③ ㄱ, ㄴ ④ ㄱ, ㄷ ⑤ ㄴ, ㄷ

06 > 전자 전달계에서의 전자 전달 과정

그림은 세포 호흡이 일어나고 있는 어떤 미토콘드리아에서 전자가 전자 전달계를 따라 이동할 때의 에너지 변화를 나타낸 것이다.

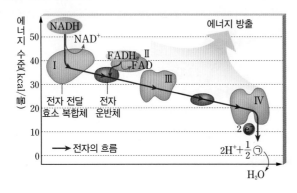

전자 전달계에서 전자 운반체는 전자에 대한 친화력이 작은 것에서 큰 것 순으로 나열되어 있으며, 전자는 최종적으로 산소(O_2)에 전달되어 물(H_2O)을 생성한다.

이에 대한 설명으로 옳은 것만을 〈보기〉에서 있는 대로 고른 것은?

보기 ─────
ㄱ. 최종 전자 수용체 ㉠은 O_2이다.
ㄴ. NADH는 TCA 회로에서, $FADH_2$는 해당 과정에서 생성된 것이다.
ㄷ. 전자 전달 효소 복합체 I~IV 중 전자에 대한 친화력이 가장 큰 것은 IV이다.

① ㄱ ② ㄴ ③ ㄱ, ㄷ ④ ㄴ, ㄷ ⑤ ㄱ, ㄴ, ㄷ

07
그림은 미토콘드리아에서 일어나는 산화적 인산화 과정을 나타낸 것이다.

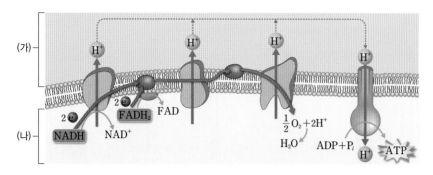

이에 대한 설명으로 옳은 것만을 〈보기〉에서 있는 대로 고른 것은?

보기
ㄱ. H^+이 (나)에서 (가)로 이동할 때 ATP가 소비된다.
ㄴ. (가)의 pH가 (나)의 pH보다 낮을 때 ATP가 합성된다.
ㄷ. $FADH_2$에서 방출된 전자보다 NADH에서 방출된 전자가 더 많은 에너지를 가지고 있다.

① ㄱ ② ㄷ ③ ㄱ, ㄴ ④ ㄱ, ㄷ ⑤ ㄴ, ㄷ

> 전자 전달 과정에서 방출된 에너지를 이용하여 일부 전자 전달 효소 복합체가 H^+을 기질에서 막 사이 공간으로 운반하며, 막 사이 공간의 H^+이 ATP 합성 효소를 통해 기질로 확산될 때 ATP가 합성된다.

08
❯ TCA 회로와 전자 전달계
그림 (가)는 TCA 회로를, (나)는 세포 호흡이 활발하게 일어날 때의 전자 전달 과정을 나타낸 것이다.

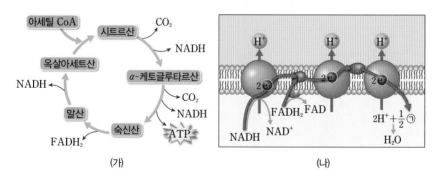

(가)   (나)

이에 대한 설명으로 옳은 것만을 〈보기〉에서 있는 대로 고른 것은?

보기
ㄱ. (가)와 (나)는 모두 미토콘드리아에서 일어난다.
ㄴ. ㉠이 없으면 (가)와 (나)는 모두 진행되지 않는다.
ㄷ. 1분자의 아세틸 CoA가 (가)와 (나)를 거쳐 CO_2와 H_2O로 완전히 분해되면 최대 9분자의 ATP가 생성된다.

① ㄱ ② ㄷ ③ ㄱ, ㄴ ④ ㄴ, ㄷ ⑤ ㄱ, ㄴ, ㄷ

> 1분자의 아세틸 CoA가 TCA 회로를 거치면 2분자의 CO_2, 3분자의 NADH, 1분자의 $FADH_2$, 1분자의 ATP가 생성된다.

고난도

09 › 세포 호흡 과정

그림 (가)는 해당 과정~TCA 회로를, (나)는 산화적 인산화 과정을 나타낸 것이다.

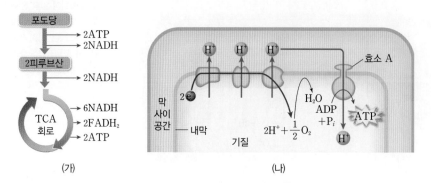

(가)　　　　　　　　　　　(나)

이에 대한 설명으로 옳은 것만을 〈보기〉에서 있는 대로 고른 것은?

보기
ㄱ. (가)에서 ATP의 합성에 효소 A가 작용한다.
ㄴ. O_2가 있을 때 (가)에서 생성된 NADH와 $FADH_2$는 (나)의 전자 전달계에 전자를 전달하고 산화된다.
ㄷ. (나)에서 전자 전달계를 따라 전자가 이동하면 막 사이 공간의 pH가 높아진다.

① ㄱ　　　　② ㄴ　　　　③ ㄱ, ㄷ　　　　④ ㄴ, ㄷ　　　　⑤ ㄱ, ㄴ, ㄷ

• (가)에서는 기질 수준 인산화로 ATP가 합성되고, (나)에서는 산화적 인산화로 ATP가 합성된다. H^+의 농도가 높을수록 pH는 낮다.

고난도

10 › 세포 호흡 저해제와 산화적 인산화

그림은 미토콘드리아에서 일어나는 반응과 물질 X와 Y의 작용 부위를, 표는 물질 X와 Y의 작용을 나타낸 것이다.

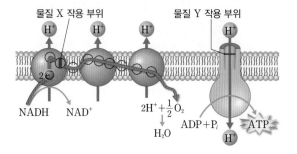

물질	작용
X	특정 전자 운반체에 결합하여 전자의 이동을 차단한다.
Y	ATP 합성 효소에 결합하여 H^+의 이동을 차단한다.

이에 대한 설명으로 옳은 것만을 〈보기〉에서 있는 대로 고른 것은?

보기
ㄱ. X를 처리하면 TCA 회로에서 탈탄산 반응이 처리하기 전보다 활발하게 일어난다.
ㄴ. X를 처리하면 미토콘드리아에서 막 사이 공간의 pH는 처리하기 전보다 높아진다.
ㄷ. Y를 처리하면 미토콘드리아에서의 ATP 생성량은 처리하기 전보다 감소한다.

① ㄱ　　　　② ㄴ　　　　③ ㄷ　　　　④ ㄱ, ㄷ　　　　⑤ ㄴ, ㄷ

• 전자 전달계에서 전자의 이동이 차단되면 NADH와 $FADH_2$의 산화가 일어나지 못하므로 TCA 회로가 중단된다.

11 > 호흡 기질이 세포 호흡에 이용되는 경로

그림은 여러 가지 호흡 기질이 세포 호흡에 이용되는 경로를 나타낸 것이다.

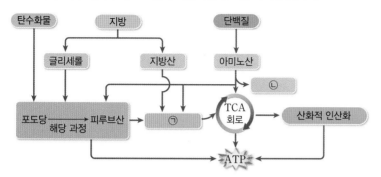

이에 대한 설명으로 옳은 것만을 〈보기〉에서 있는 대로 고른 것은?

─ 보기 ─

ㄱ. ㉠은 아세틸 CoA이다.

ㄴ. ㉡은 질소(N)를 함유한 물질이다.

ㄷ. 글리세롤, 지방산, 아미노산은 모두 TCA 회로를 거쳐 산화된다.

① ㄱ   ② ㄷ   ③ ㄱ, ㄴ   ④ ㄴ, ㄷ   ⑤ ㄱ, ㄴ, ㄷ

아미노산은 아미노기($-NH_2$)가 떨어져 나가는 탈아미노 반응을 거쳐 피루브산, 아세틸 CoA, TCA 회로의 중간 산물 등으로 전환되어 산화된다.

12 > 호흡 기질과 호흡률

어떤 싹튼 종자의 호흡률을 알아보기 위해 그림과 같이 장치하고, 일정한 시간이 경과한 후 잉크 방울이 오른쪽으로 이동한 거리를 측정한 결과가 표와 같았다.

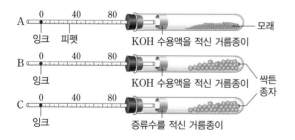

실험 장치	잉크 방울의 이동 거리(눈금)
A	0
B	50
C	15

이에 대한 설명으로 옳은 것만을 〈보기〉에서 있는 대로 고른 것은?

─ 보기 ─

ㄱ. 이 종자는 주로 단백질을 호흡 기질로 사용한다.

ㄴ. 싹튼 종자가 세포 호흡으로 소비한 O_2의 부피가 발생한 CO_2의 부피보다 크다.

ㄷ. B에서 잉크 방울의 이동 거리는 싹튼 종자의 세포 호흡으로 발생한 CO_2의 부피를 나타낸다.

① ㄱ   ② ㄴ   ③ ㄱ, ㄴ   ④ ㄱ, ㄷ   ⑤ ㄴ, ㄷ

호흡률 = $\dfrac{\text{발생한 } CO_2 \text{의 부피}}{\text{소비된 } O_2 \text{의 부피}}$이며, KOH은 세포 호흡으로 발생한 CO_2를 흡수하여 제거한다.

03 발효

학습 Point   산소 호흡과 발효의 비교 > 젖산 발효 > 알코올 발효

1 산소 호흡과 발효

산소 호흡은 산소를 이용해서 유기물을 이산화 탄소와 물로 분해하여 에너지를 얻는 과정이고, 발효는 산소 없이 유기물을 중간 단계까지만 분해하여 에너지를 얻는 과정이다.

1. 산소 호흡

대부분의 생물은 산소(O_2)를 이용하여 유기물을 이산화 탄소와 물로 완전히 분해하는 세포 호흡을 통해 생명 활동에 필요한 에너지(ATP)를 얻는데, 이를 산소 호흡이라고 한다. 산소 호흡에서는 포도당이 세포질에서 해당 과정을 거쳐 피루브산으로 분해된 후, 미토콘드리아로 들어가 피루브산의 산화와 TCA 회로, 산화적 인산화를 거쳐 이산화 탄소와 물로 분해된다. 산소 호흡에서 대부분의 ATP는 전자 전달계에서 방출되는 에너지를 이용한 산화적 인산화로 생성된다.

2. 발효

일부 미생물은 산소(O_2)가 없는 환경에서 전자 전달계를 거치지 않고 해당 과정에서만 유기물을 분해하여 생명 활동에 필요한 에너지(ATP)를 얻는데, 이를 발효라고 한다. 발효에서는 포도당이 이산화 탄소와 물로 완전히 분해되지 않고 에너지를 다량 포함한 젖산, 에탄올 등의 유기물로 분해되므로, 산소 호흡에서보다 훨씬 적은 양의 ATP가 생성된다. 즉, 발효에서는 포도당이 해당 과정을 거쳐 피루브산으로 분해된 후, 미토콘드리아로 들어가지 않고 세포질에서 젖산, 에탄올 등으로 환원되는 반응이 일어난다.

발효와 부패

산소(O_2)가 없는 환경에서 미생물이 에너지를 얻기 위해 유기물을 분해할 때 생성된 최종 산물이 인간에게 유용하면 발효, 인간에게 해로우면 부패로 구분하기도 한다.

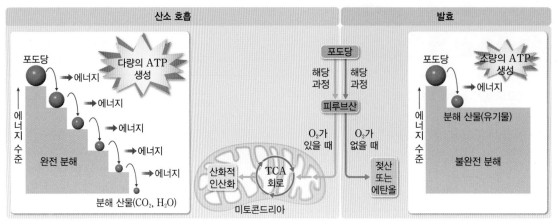

▲ 산소 호흡과 발효

구분		산소 호흡	발효
공통점		유기물을 분해하여 생명 활동에 필요한 에너지(ATP)를 얻는다.	
차이점	산소(O_2)	필요	불필요
	장소	세포질, 미토콘드리아	세포질
	반응 경로	해당 과정 → 피루브산의 산화와 TCA 회로 → 산화적 인산화	해당 과정 → 피루브산이 젖산 또는 에탄올로 환원
	유기물의 분해 정도	이산화 탄소와 물로 완전히 분해	불완전 분해
	ATP 생성량	다량의 ATP 생성	소량의 ATP 생성

▲ 산소 호흡과 발효의 특징 비교

발효의 과정과 종류 (심화) 161쪽

발효 과정에서는 해당 과정에서 생성된 피루브산을 이용해 NAD^+가 재생되므로 해당 과정을 통해 ATP가 계속 생성될 수 있다. 발효는 생성되는 최종 산물의 종류에 따라 젖산 발효와 알코올 발효 등으로 구분한다.

1. 발효 과정

젖산 발효와 알코올 발효에서는 산소 호흡과 마찬가지로 먼저 포도당이 해당 과정을 거쳐 피루브산으로 분해되고, 몇 가지 반응을 거쳐 최종 산물인 젖산과 에탄올을 각각 생성한다. 발효는 해당 과정과 NAD^+를 재생하는 과정으로 구성된다.

(1) **해당 과정:** 포도당이 피루브산으로 분해될 때 NAD^+는 NADH로 환원되고, ATP가 생성된다.

(2) **NAD^+의 재생:** 해당 과정에서 생성된 NADH는 산소(O_2)가 있으면 미토콘드리아 내막의 전자 전달계에 전자를 전달하고 NAD^+로 재생된다. 하지만 산소(O_2)가 없으면 NADH는 전자 전달계에 전자를 전달할 수 없기 때문에 NAD^+로 재생되지 못한다. 이 경우 NAD^+의 공급 부족으로 해당 과정이 중단되어 ATP가 생성되지 않는다. 그러나 젖산 발효나 알코올 발효가 일어날 때에는 해당 과정에서 생성된 NADH가 피루브산이나 아세트알데하이드에 H^+과 전자를 전달하고 NAD^+로 재생되기 때문에 해당 과정이 계속 일어나 ATP가 생성될 수 있다.

산소 호흡과 발효에서 최종 전자 수용체
NADH가 NAD^+로 산화될 때 방출된 전자의 최종 수용체는 산소 호흡에서는 산소(O_2)이고, 젖산 발효에서는 피루브산, 알코올 발효에서는 아세트알데하이드이다.

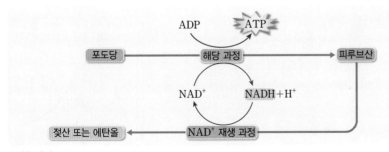

▲ 발효 과정

2. 젖산 발효

젖산균이 산소(O_2)가 없는 환경에서 포도당을 분해하여 젖산을 생성하는 과정이다.

(1) 젖산 발효 과정: 1분자의 포도당이 해당 과정을 거치면서 2분자의 ATP와 2분자의 NADH를 생성하고 2분자의 피루브산으로 분해된다. 피루브산($C_3H_4O_3$)은 해당 과정에서 생성된 NADH로부터 H^+과 전자를 받아 젖산($C_3H_6O_3$)으로 환원되고, NADH는 NAD^+로 산화되어 해당 과정에 공급된다.

결국 젖산 발효에 의해 1분자의 포도당은 2분자의 젖산으로 분해되고, 이 과정에서 기질 수준 인산화로 2분자의 ATP가 생성된다.

$$C_6H_{12}O_6 \longrightarrow 2C_3H_6O_3 + 2ATP$$
$$\text{포도당} \qquad\qquad \text{젖산}$$

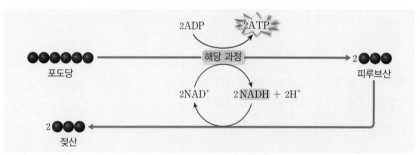

▲ **젖산 발효 과정** 피루브산이 젖산으로 환원될 때 NADH가 산화되어 NAD^+를 생성하므로, 해당 과정이 계속 일어날 수 있다.

(2) 젖산 발효의 이용: 김치, 젓갈, 치즈, 요구르트 등 발효 식품을 만드는 데 이용된다.

김치　　　　　치즈　　　　　요구르트

▲ **젖산 발효를 이용한 식품**

(3) 근육 세포에서 일어나는 젖산 발효: 젖산 발효는 사람의 근육 세포에서도 일어난다.

① **근육 세포에서의 젖산 발효 과정:** 격렬한 운동을 하여 근육으로 공급되는 산소(O_2)의 양이 부족해지면 운동에 필요한 ATP를 공급하기 위해 해당 과정을 통한 포도당 분해가 빠른 속도로 진행된다. 그 결과 피루브산과 NADH의 양이 급격히 증가하고, 근육 세포에 축적된 피루브산과 NADH가 반응하여 젖산 발효가 진행된다. 즉, NADH는 산소(O_2)가 아닌 피루브산에 전자를 전달하고 NAD^+로 산화되어 해당 과정에 공급되며, 전자를 받은 피루브산은 젖산으로 된다.

② **젖산의 이동:** 근육 세포에 축적된 젖산은 혈액에 의해 간으로 운반되어 피루브산으로 전환된 다음, 산소 호흡에 사용되거나 포도당으로 합성된다.

젖산균

단세포 원핵생물로, 진정세균계에 속한다. 포도당과 같은 당류를 분해하여 젖산을 생성하며, 젖산에 의해 병원균과 유해 세균의 생육이 억제되므로 김치, 젓갈, 유제품 등의 식품 제조에 이용된다.

젖산 발효 과정

① 해당 과정:

$$C_6H_{12}O_6 + 2NAD^+ \xrightarrow{\quad 2ADP \quad 2ATP \quad}$$
$$2C_3H_4O_3 + 2NADH + 2H^+$$

② 젖산 생성:

$$2C_3H_4O_3 + 2NADH + 2H^+$$
$$\longrightarrow 2C_3H_6O_3 + 2NAD^+$$

발효 식품

오래전부터 사람들은 미생물의 발효를 이용하여 오래 저장할 수 있는 발효 식품을 만들어 왔다. 발효 식품에는 된장, 고추장, 젓갈, 김치, 치즈, 요구르트 등 여러 가지가 있다. 발효 식품은 저장성뿐만 아니라 맛과 영양도 뛰어나므로 식품으로서의 가치가 높다.

근육 수축에 필요한 ATP의 공급

격렬한 운동을 할 때 초기에는 근육 세포에 저장된 ATP가 먼저 사용되고, 이어서 크레아틴 인산으로부터 고에너지 인산을 받아 재생된 ATP가 사용된다. 그 후 젖산 발효로 생성된 ATP가 사용되고, 어느 정도 시간이 경과한 후에야 산소 호흡으로 생성된 ATP가 사용된다.

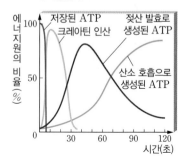

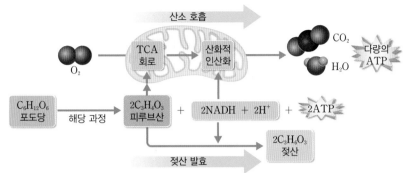

▲ 근육 세포에서 일어나는 산소 호흡과 젖산 발효

3. 알코올 발효

효모가 산소(O_2)가 없는 환경에서 포도당을 분해하여 에탄올을 생성하는 과정이다.

(1) **알코올 발효 과정:** 1분자의 포도당이 해당 과정을 거치면서 2분자의 ATP와 2분자의 NADH를 생성하고 2분자의 피루브산으로 분해된다. 피루브산($C_3H_4O_3$)은 탈탄산 효소의 작용으로 이산화 탄소(CO_2)를 방출하고 아세트알데하이드(CH_3CHO)로 된다. 아세트알데하이드는 해당 과정에서 생성된 NADH로부터 H^+과 전자를 받아 에탄올(C_2H_5OH)로 환원되고, NADH는 NAD^+로 산화되어 해당 과정에 공급된다.

결국 알코올 발효에 의해 1분자의 포도당은 2분자의 에탄올과 2분자의 이산화 탄소(CO_2)로 분해되고, 이 과정에서 기질 수준 인산화로 2분자의 ATP가 생성된다.

$$C_6H_{12}O_6 \longrightarrow 2C_2H_5OH + 2CO_2 + 2ATP$$
포도당   에탄올

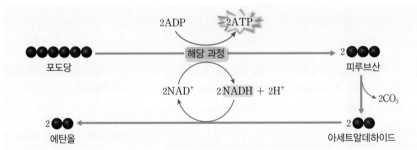

▲ **알코올 발효 과정** 아세트알데하이드가 에탄올로 환원될 때 NADH가 산화되어 NAD^+를 생성하므로, 해당 과정이 계속 일어날 수 있다.

(2) **알코올 발효의 이용:** 알코올 발효에서 에탄올이 생성되는 것을 이용하여 술을 담그고, 이산화 탄소가 생성되는 것을 이용하여 빵을 부풀린다.

술

빵

◀ 알코올 발효를 이용한 식품

탐구 160쪽

효모

단세포 진핵생물로, 균계에 속한다. 효모는 산소(O_2)가 있으면 산소 호흡으로 에너지를 얻지만, 산소(O_2)가 없으면 알코올 발효로 에너지를 얻는다.

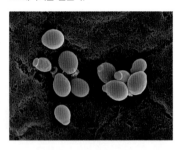

알코올 발효 과정

① 해당 과정:

$$C_6H_{12}O_6 + 2NAD^+ \xrightarrow{\text{2ADP} \quad \text{2ATP}} 2C_3H_4O_3 + 2NADH + 2H^+$$

② 아세트알데하이드 생성:

$$2C_3H_4O_3 \longrightarrow 2CH_3CHO + 2CO_2$$

③ 에탄올 생성:

$$2CH_3CHO + 2NADH + 2H^+ \longrightarrow 2C_2H_5OH + 2NAD^+$$

알코올 발효의 이용

효모가 알코올 발효를 하는 동안 생성된 이산화 탄소(CO_2)로 인해 밀가루 반죽 속에 기포가 생겨 반죽이 부풀면서 빵의 부드러운 조직이 형성된다. 같은 원리로 효모를 넣어 만든 막걸리에서도 기포가 발생한다.

▲ 빵 조직

▲ 막걸리의 기포

효모의 알코올 발효 실험하기

효모에 의한 알코올 발효 정도가 호흡 기질에 따라 어떻게 다른지 설명할 수 있다.

과정

1 따뜻한 증류수 100 mL에 건조 효모 12 g을 넣고, 유리 막대로 저어 효모액을 만든다.

2 발효관 A~D에 표와 같이 효모액과 여러 종류의 용액을 넣고, 발효관 입구를 솜으로 막는다.

발효관	내용물
A	효모액 15 mL+증류수 20 mL
B	효모액 15 mL+5 % 포도당 수용액 20 mL
C	효모액 15 mL+5 % 설탕 수용액 20 mL
D	효모액 15 mL+5 % 갈락토스 수용액 20 mL

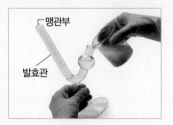
맹관부
발효관

3 발효관 A~D를 35 ℃의 항온기에 넣었다가 20분 후 꺼내어 맹관부에 모인 기체의 부피를 측정한다.

4 맹관부에 기체가 충분히 모이면 스포이트로 발효관 안의 용액을 조금 덜어 낸 후 40 % 수산화 칼륨(KOH) 수용액 5 mL를 넣고 맹관부에서 일어나는 변화를 관찰한다.

결과 및 해석

구분	A	B	C	D
맹관부에 모인 기체의 부피	없음	+++	++	+
수산화 칼륨에 의한 변화	변화 없음	기체가 사라짐	기체가 사라짐	기체가 사라짐

(+가 많을수록 기체 발생량이 많음)

1 **기체가 가장 많이 발생한 발효관**: 실험 결과 발효관 B에서 기체가 가장 많이 발생하는데, 이는 효모가 주로 포도당을 호흡 기질로 사용하기 때문이다.

2 **발효관의 맹관부에 모인 기체**: 기체가 모인 발효관에 수산화 칼륨(KOH) 수용액을 넣으면 맹관부에 모인 기체가 빠르게 사라지면서 발효관의 용액이 맹관부로 상승한다. 이는 맹관부에 모인 기체가 수산화 칼륨(KOH)과 반응하여 제거되기 때문에 나타나는 현상이다. 이를 통해 효모의 알코올 발효 결과 발생한 기체가 이산화 탄소(CO_2)임을 알 수 있다($2KOH+CO_2 \rightarrow K_2CO_3+H_2O$).

3 **결론**: 효모는 산소(O_2)가 없으면 포도당을 에탄올과 이산화 탄소로 분해하는 알코올 발효를 하며, 호흡 기질로 포도당을 주로 사용한다.

유의점

· 건조 효모는 오래되지 않은 것을 사용한다.
· 발효관에 용액을 넣을 때 맹관부에 기포가 들어가지 않도록 주의한다.

발효관 입구를 솜으로 막는 까닭
발효관에 산소(O_2)가 유입되는 것을 차단하여 효모가 알코올 발효를 하도록 하기 위해서이다.

발효관 C, D의 결과로 알 수 있는 것
효모는 이당류인 설탕을 단당류인 포도당과 과당으로 분해하는 효소를 가지고 있다. 효모는 단당류인 포도당을 우선 발효에 사용하지만, 포도당이 없을 때에는 이당류를 분해하여 사용하거나 갈락토스와 같은 다른 단당류를 사용한다.

효모의 알코올 발효가 일어났음을 확인하는 방법
기체가 많이 발생한 발효관의 솜 마개를 빼고 냄새를 맡아 보면 알코올 냄새가 난다. 이는 효모의 알코올 발효가 일어나 에탄올이 생성되었기 때문이다.

탐구 확인 문제

> 정답과 해설 **29**쪽

01 위 탐구에 대한 설명으로 옳지 않은 것은?

① 발효관 A는 대조군에 해당한다.
② 효모는 설탕을 호흡 기질로 사용할 수 있다.
③ 솜 마개는 산소 공급을 차단하는 역할을 한다.
④ 발효관 B에서 맹관부에 모인 기체는 산소이다.
⑤ 수산화 칼륨(KOH)은 이산화 탄소를 제거한다.

02 발효관 B에서 일어난 효모의 발효 과정에 대한 다음 반응식을 완성하시오.

$$C_6H_{12}O_6 \longrightarrow 2C_2H_5OH + (\quad) + 2ATP$$
포도당　　　　　에탄올

심화

아세트산 발효

막걸리, 생맥주, 포도주와 같은 발효주를 밀봉하지 않은 상태로 며칠 동안 두면 시큼한 냄새가 나고 신맛이 날 때가 있는데, 이는 아세트산균의 작용으로 에탄올이 아세트산으로 변했기 때문이다. 이러한 과정을 아세트산 발효라고 하며, 식초를 만들 때 이용된다. 아세트산 발효는 어떻게 일어나는지 알아보자.

❶ 아세트산 발효 과정

아세트산균은 산소(O_2)를 이용하여 에탄올을 아세트산과 물로 분해하면서 에너지를 얻는데, 이 과정을 아세트산 발효라고 한다. 에탄올(C_2H_5OH)은 알코올 탈수소 효소의 작용으로 아세트알데하이드(CH_3CHO)가 된 다음, 아세트알데하이드 탈수소 효소의 작용으로 아세트산(CH_3COOH)이 된다. 이 과정에서 방출된 H^+과 전자는 NAD^+가 받아 NADH를 생성하며, NADH는 전자 전달계에 H^+과 전자를 전달하고 NAD^+로 산화된다. 그리고 전자 전달계를 통해 전자가 전달되는 과정에서 산화적 인산화로 ATP가 합성된다.

$$C_2H_5OH + O_2 \longrightarrow CH_3COOH + H_2O + \text{소량의 ATP}$$
에탄올   아세트산

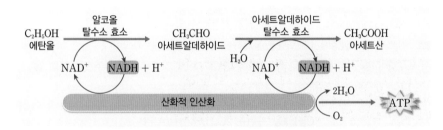

❷ 아세트산 발효와 다른 발효의 차이점

아세트산 발효는 호흡 기질이 포도당이 아니라 에탄올이며, 산화적 인산화가 일어날 때 산소(O_2)를 이용하지만 최종 산물이 이산화 탄소가 아니라 아세트산이기 때문에 발효에 속한다. 그런 까닭에 아세트산 발효를 젖산 발효나 알코올 발효와 구분하여 산화 발효라고 하며, 산화적 인산화가 일어나기 때문에 젖산 발효나 알코올 발효보다 많은 양의 ATP가 생성된다.

❸ 식초를 만드는 과정

식초를 만들 때에는 먼저 산소 없이 효모를 이용한 알코올 발효로 당을 에탄올과 이산화 탄소로 분해한 다음, 산소를 공급하여 아세트산 발효로 에탄올을 아세트산으로 전환시킨다.

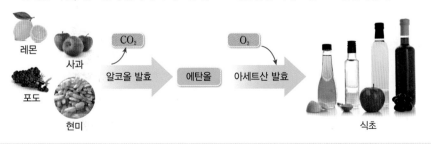

아세트산균
에탄올을 직접 산화하여 아세트산으로 만드는 호기성 세균을 통틀어 아세트산균이라고 한다.

원핵세포의 전자 전달계
세균과 같은 원핵세포에는 미토콘드리아가 없다. 따라서 산소를 이용하여 세포 호흡을 하는 원핵세포는 세포막에 전자 전달계가 존재한다.

아세트산 발효 과정
① 아세트알데하이드 생성:
$C_2H_5OH + NAD^+ \longrightarrow$
    $CH_3CHO + NADH + H^+$
② 아세트산 생성:
$CH_3CHO + NAD^+ + H_2O$
$\longrightarrow CH_3COOH + NADH + H^+$
③ 산화적 인산화:
$2NADH + 2H^+ + O_2$
소량의   소량의
ADP   ATP
$\longrightarrow 2NAD^+ + 2H_2O$

식초를 만들 때 유의할 점
아세트산 발효로 식초를 만들 때 산소(O_2)가 너무 많이 공급되면 에탄올이 이산화 탄소(CO_2)와 물(H_2O)로 완전히 분해되므로, 이를 막기 위해 산소의 공급량을 적절히 조절해야 한다.

03 발효

❶ 산소 호흡과 발효

1. **산소 호흡** (❶　　　)를 이용해서 유기물을 이산화 탄소와 물로 완전히 분해하여 생명 활동에 필요한 에너지를 얻는 과정이다.
   - 세포질과 (❷　　　)에서 일어난다.
   - 해당 과정, 피루브산의 산화와 TCA 회로, (❸　　　)를 모두 거치며, 다량의 ATP가 생성된다.
2. **발효** 산소를 이용하지 않고 유기물을 불완전 분해하여 생명 활동에 필요한 에너지를 얻는 과정이다.
   - 젖산균, 효모 등 일부 미생물에서 에너지를 얻는 방식으로, 최종 분해 산물은 젖산, 에탄올 등이다.
   - (❹　　　)에서 일어난다.
   - 전자 전달계를 거치지 않고 (❺　　　)에서만 소량의 ATP가 생성된다.

❷ 발효의 과정과 종류

1. **발효 과정** 발효는 해당 과정과 NAD^+를 재생하는 과정으로 구성된다.
   - 해당 과정: 포도당이 피루브산으로 분해되면서 (❻　　　)와 ATP가 생성된다.
   - NAD^+의 재생: 해당 과정에서 생성된 (❼　　　)가 피루브산이나 아세트알데하이드에 H^+과 전자를 전달하고 NAD^+로 재생되므로 해당 과정이 계속 일어날 수 있다.
2. **젖산 발효** 산소가 없는 환경에서 포도당을 분해하여 젖산을 생성하는 과정이다.
   - 1분자의 포도당이 (❽　　　)분자의 젖산으로 분해되고, 이 과정에서 기질 수준 인산화로 (❾　　　)분자의 ATP가 생성된다.

$$C_6H_{12}O_6 \longrightarrow 2C_3H_6O_3 + 2ATP$$
$$\text{포도당} \qquad\qquad \text{젖산}$$

   - 김치, 요구르트 등을 만들 때 젖산균에 의해 일어나며, 격렬한 운동 시 사람의 (❿　　　)에서도 일어난다.
3. **알코올 발효** 산소가 없는 환경에서 포도당을 분해하여 에탄올을 생성하는 과정이다.
   - 1분자의 포도당이 (⓫　　　)분자의 에탄올과 2분자의 이산화 탄소로 분해되고, 이 과정에서 기질 수준 인산화로 (⓬　　　)분자의 ATP가 생성된다.

$$C_6H_{12}O_6 \longrightarrow 2C_2H_5OH + 2CO_2 + 2ATP$$
$$\text{포도당} \qquad\qquad \text{에탄올}$$

   - 효모로 술이나 빵을 만드는 데 이용된다.

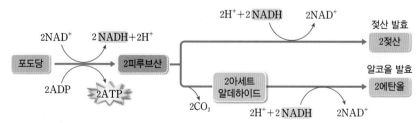

▲ 젖산 발효와 알코올 발효

01 그림은 산소 호흡과 발효를 비교하여 나타낸 것이다.

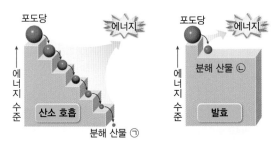

이에 대한 설명으로 옳은 것만을 〈보기〉에서 있는 대로 고르시오.

보기
ㄱ. 산소 호흡 과정에서 방출되는 에너지는 모두 ATP에 저장된다.
ㄴ. 분해 산물 ㉠은 CO_2와 H_2O이다.
ㄷ. 분해 산물 ㉡에는 유기물이 포함된다.

02 그림은 사람의 근육 세포에서 일어나는 두 가지의 호흡 경로를 나타낸 것이다.

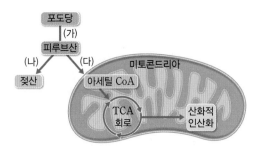

(1) (가)는 어떤 과정에 해당하는지 쓰시오.

(2) O_2가 충분할 때 피루브산은 (나)와 (다) 중 어떤 경로를 거치는지 쓰시오.

(3) 1분자의 포도당이 (가) → (나)의 경로를 거칠 때 생성되는 ATP의 분자 수를 쓰시오.

03 그림은 젖산 발효 과정을 나타낸 것이다.

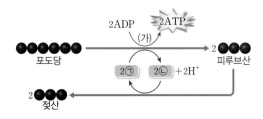

(1) (가)에서 ATP가 합성되는 방식을 쓰시오.

(2) ㉠과 ㉡에 해당하는 물질을 각각 쓰시오.

(3) ㉠이 ㉡으로 될 때 작용하는 효소를 쓰시오.

04 그림은 알코올 발효 과정을 나타낸 것이다.

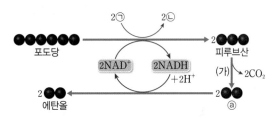

(1) ㉠과 ㉡에 해당하는 물질을 각각 쓰시오.

(2) (가) 과정에서 작용하는 효소를 쓰시오.

(3) ⓐ에 해당하는 물질의 이름을 쓰시오.

05 젖산 발효와 알코올 발효의 공통점으로 옳은 것만을 〈보기〉에서 있는 대로 고르시오.

보기
ㄱ. 산소(O_2) 없이 일어난다.
ㄴ. 이산화 탄소(CO_2)가 방출된다.
ㄷ. NADH가 방출한 전자의 최종 수용체는 유기물이다.

01　▶산소 호흡과 발효의 구분

그림은 세포 내에서 일어나는 젖산 발효, 알코올 발효, 산소 호흡을 구분하는 과정을 나타낸 것이다.

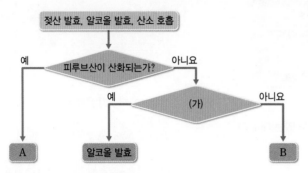

이에 대한 설명으로 옳은 것만을 〈보기〉에서 있는 대로 고른 것은?

> 보기
> ㄱ. A에서 산화적 인산화가 일어난다.
> ㄴ. 'CO_2가 발생하는가?'는 (가)에 해당한다.
> ㄷ. B는 사람의 근육 세포에서도 일어난다.

① ㄱ　　　　② ㄴ　　　　③ ㄱ, ㄷ　　　　④ ㄴ, ㄷ　　　　⑤ ㄱ, ㄴ, ㄷ

- 산소 호흡은 해당 과정, 피루브산의 산화와 TCA 회로, 산화적 인산화를 거쳐 일어나며, 젖산 발효는 사람이 격렬한 운동을 할 때 근육 세포에서도 일어난다.

02　▶알코올 발효

그림은 세포 내에서 포도당으로부터 에탄올이 생성되는 과정을 나타낸 것이다.

이에 대한 설명으로 옳은 것만을 〈보기〉에서 있는 대로 고른 것은?

> 보기
> ㄱ. (가)에서 기질 수준 인산화가 일어난다.
> ㄴ. (나)에서 탈탄산 반응과 탈수소 반응이 모두 일어난다.
> ㄷ. (다)에서 아세트알데하이드가 환원된다.

① ㄱ　　　　② ㄷ　　　　③ ㄱ, ㄴ　　　　④ ㄱ, ㄷ　　　　⑤ ㄴ, ㄷ

- (가)는 해당 과정이고, (나)에서 CO_2가 발생하며, (다)에서 NADH가 NAD^+로 산화된다.

03 그림은 산소 호흡과 발효에서 포도당이 여러 물질로 전환되는 과정 (가)~(마)를 나타낸 것이다.

이에 대한 설명으로 옳은 것만을 〈보기〉에서 있는 대로 고른 것은?

보기
ㄱ. (라) 과정에서 O_2가 이용된다.
ㄴ. 탈탄산 반응이 일어나는 과정은 (다)와 (마)이다.
ㄷ. (가)에서 생성된 NADH가 NAD^+로 산화되는 과정은 (나), (다), (마)이다.

① ㄱ   ② ㄷ   ③ ㄱ, ㄴ   ④ ㄱ, ㄷ   ⑤ ㄴ, ㄷ

> O_2는 산소 호흡 과정 중 산화적 인산화와 아세트산 발효 과정 중 산화적 인산화에서 직접 이용된다. 피루브산과 젖산은 3탄소 화합물이지만 에탄올, 아세트산, 아세틸 CoA는 모두 2탄소 화합물이다.

04 ▶ 산소 호흡과 발효의 화학 반응식
다음은 세포 내에서 일어나는 물질대사 (가)~(라)를 화학 반응식으로 나타낸 것이다.

(가) $C_6H_{12}O_6 \longrightarrow 2C_3H_6O_3$
(나) $C_6H_{12}O_6 \longrightarrow 2C_2H_5OH + 2CO_2$
(다) $C_2H_5OH + O_2 \longrightarrow CH_3COOH + H_2O$
(라) $C_6H_{12}O_6 + 6O_2 + 6H_2O \longrightarrow 6CO_2 + 12H_2O$

이에 대한 설명으로 옳은 것만을 〈보기〉에서 있는 대로 고른 것은?

보기
ㄱ. 과일을 이용하여 식초를 만들 때에는 (가)와 (다) 과정을 거친다.
ㄴ. 탈탄산 반응이 일어나는 과정은 (나)와 (라)이다.
ㄷ. 산화적 인산화가 일어나는 과정은 (다)와 (라)이다.

① ㄱ   ② ㄴ   ③ ㄷ   ④ ㄱ, ㄴ   ⑤ ㄴ, ㄷ

> (가)는 젖산 발효, (나)는 알코올 발효, (다)는 아세트산 발효, (라)는 산소 호흡의 화학 반응식이다. 식초를 만들 때에는 먼저 당을 에탄올로 분해한 다음, 에탄올을 아세트산으로 전환시킨다.

05 ❯ 알코올 발효와 젖산 발효

그림은 알코올 발효와 젖산 발효 과정의 일부를 순서 없이 나타낸 것이다. (가)와 (나)는 최종 산물이며, ㉠과 ㉡은 각각 NAD^+와 NADH 중 하나이다.

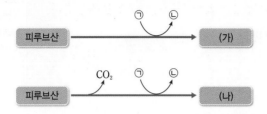

이에 대한 설명으로 옳은 것만을 〈보기〉에서 있는 대로 고른 것은?

보기
ㄱ. ㉠은 NAD^+, ㉡은 NADH이다.
ㄴ. 1분자당 탄소 수는 (가)가 (나)보다 많다.
ㄷ. 1분자의 피루브산이 (가)와 (나)로 전환될 때 기질 수준 인산화로 2ATP가 각각 생성된다.

① ㄱ   ② ㄴ   ③ ㄱ, ㄴ   ④ ㄱ, ㄷ   ⑤ ㄴ, ㄷ

> 알코올 발효의 최종 산물은 2탄소 화합물인 에탄올이고, 젖산 발효의 최종 산물은 3탄소 화합물인 젖산이다. 발효가 일어날 때에는 해당 과정에서 기질 수준 인산화로 ATP가 생성된다.

06 ❯ 효모의 산소 호흡과 알코올 발효

그림은 효모를 이용한 포도주 제조 과정의 일부를 나타낸 것이다.

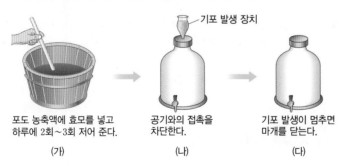

포도 농축액에 효모를 넣고 하루에 2회~3회 저어 준다.	공기와의 접촉을 차단한다.	기포 발생이 멈추면 마개를 닫는다.
(가)	(나)	(다)

이에 대한 설명으로 옳은 것만을 〈보기〉에서 있는 대로 고른 것은?

보기
ㄱ. (나)에서 발생하는 기체의 성분은 주로 CO_2이다.
ㄴ. (가)에서보다 (나)에서 효모의 개체 수 증가 속도가 빠르다.
ㄷ. (다)에서 마개를 열어 두면 젖산 발효가 일어날 것이다.

① ㄱ   ② ㄴ   ③ ㄷ   ④ ㄱ, ㄴ   ⑤ ㄱ, ㄷ

> 효모는 알코올 발효를 할 때보다 산소 호흡을 할 때 더 많은 양의 ATP를 생성하므로 빠른 속도로 증식할 수 있다.

> 피루브산의 산화와 환원

그림은 산소 호흡과 발효에서 피루브산이 물질 A~C로 전환되는 과정 I~Ⅲ을, 표는 I~Ⅲ에서 물질 ㉠~㉢의 생성 여부를 나타낸 것이다. A~C는 각각 에탄올, 아세틸 CoA, 젖산 중 하나이고, ㉠~㉢은 CO_2, NADH, NAD^+를 순서 없이 나타낸 것이다. 1분자당 탄소 수는 A와 C가 같다.

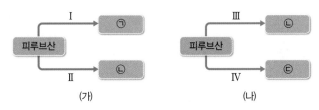

과정＼물질	㉠	㉡	㉢
I	ⓐ	×	?
Ⅱ	○	×	×
Ⅲ	×	○	?

(○: 생성됨, ×: 생성 안 됨)

이에 대한 설명으로 옳은 것만을 〈보기〉에서 있는 대로 고른 것은?

> 보기
> ㄱ. ⓐ는 '○'이다.
> ㄴ. 미토콘드리아에서 I이 일어난다.
> ㄷ. 1분자당 $\dfrac{수소\ 수}{탄소\ 수}$ 는 A가 B보다 크다.

① ㄴ　　　② ㄷ　　　③ ㄱ, ㄴ　　　④ ㄱ, ㄷ　　　⑤ ㄱ, ㄴ, ㄷ

• 에탄올과 아세틸 CoA는 2탄소 화합물이고, 젖산은 3탄소 화합물이다. I~Ⅲ 중 NADH가 생성되는 과정은 아세틸 CoA가 생성될 때뿐이다.

> 근육 세포와 효모에서 일어나는 산소 호흡과 발효 과정

그림 (가)는 사람의 근육 세포에서, (나)는 효모에서 일어나는 산소 호흡과 발효 과정의 일부를 나타낸 것이다. ㉠~㉢은 각각 에탄올, 젖산, 아세틸 CoA 중 하나이다.

```
        I           ┌────┐              Ⅲ          ┌────┐
   ┌───────────────►│ ㉠ │         ┌───────────────►│ ㉡ │
   │                └────┘         │                └────┘
┌──────┐                        ┌──────┐
│피루브산│                        │피루브산│
└──────┘                        └──────┘
   │                ┌────┐         │                ┌────┐
   └───────────────►│ ㉡ │         └───────────────►│ ㉢ │
        Ⅱ           └────┘              Ⅳ          └────┘

        (가)                            (나)
```

이에 대한 설명으로 옳은 것만을 〈보기〉에서 있는 대로 고른 것은?

> 보기
> ㄱ. Ⅲ은 세포질에서 일어난다.
> ㄴ. I과 Ⅳ에서 모두 NADH가 산화된다.
> ㄷ. Ⅱ와 Ⅳ에서 모두 탈탄산 반응이 일어난다.

① ㄱ　　　② ㄴ　　　③ ㄱ, ㄷ　　　④ ㄴ, ㄷ　　　⑤ ㄱ, ㄴ, ㄷ

• (가)와 (나)에서 공통적으로 생성되는 물질은 아세틸 CoA이며, Ⅱ와 Ⅲ은 모두 피루브산의 산화 과정이다.

2

광합성

광합성

광합성과 세포 호흡의 비교

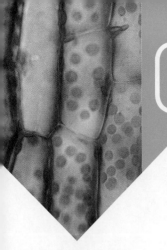

01 광합성

학습 Point　　광합성 색소 〉 광합성의 전 과정 〉 명반응 : 비순환적 전자 흐름과 순환적 전자 흐름, 광인산화 〉 탄소 고정 반응

1 광합성 색소

식물의 엽록체에서는 태양의 빛에너지를 화학 에너지로 전환하는 광합성이 일어나는데, 광합성에 필요한 태양의 빛에너지는 엽록체에 있는 광합성 색소에서 흡수한다.

1. 광합성 색소 186쪽

엽록체의 내막 안쪽은 틸라코이드가 겹겹이 쌓여 있는 그라나와 기질 부분인 스트로마로 구성되어 있다. 빛에너지를 흡수하는 광합성 색소는 엽록체의 틸라코이드 막에 있으며, 광합성 색소에는 엽록소와 카로티노이드 등이 있다.

(1) **엽록소:** 광합성 색소 중 가장 대표적인 것으로, 초록색을 띤다. 엽록소의 종류에는 a, b, c, d 등이 있는데, 이 중 엽록소 a는 광합성 과정에서 중심적인 역할을 하는 색소로 일부 광합성 세균을 제외한 모든 광합성 생물이 가지고 있고, 엽록소 b, c, d는 생물종에 따라 다르게 가지고 있다. 식물의 엽록체에는 엽록소 a와 b가 들어 있다.

(2) **카로티노이드:** 적황색을 띠는 카로틴과 황색을 띠는 잔토필 등이 있다. 카로티노이드는 엽록소가 흡수하지 못하는 파장의 빛을 흡수하여 엽록소에 전달하고, 빛을 분산시켜 과도한 빛에 의해 엽록소가 손상되는 것을 막는다.

조류의 광합성 색소

조류는 엽록소 외에 갈조소, 홍조소, 남조소 등의 보조 색소를 가지고 있다. 대부분의 갈조류(미역, 다시마 등)나 홍조류(김, 우뭇가사리 등)는 갈조소나 홍조소가 엽록소보다 많기 때문에 각각 갈색이나 붉은색을 띤다.

생물	광합성 색소
식물, 녹조류	엽록소 a와 b, 카로틴, 잔토필
갈조류	엽록소 a와 c, 카로틴, 갈조소
홍조류	엽록소 a와 d, 홍조소, 남조소

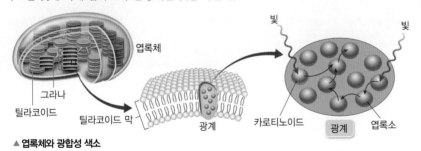

▲ 엽록체와 광합성 색소

시야확장 ➕ 가을에 단풍이 드는 까닭

식물의 잎이 초록색을 띠는 것은 카로티노이드보다 엽록소가 더 많아서 카로티노이드의 색깔이 드러나지 않기 때문이다. 그러나 가을이 되어 온도가 낮아지면 다른 색소에 비해 온도에 민감한 엽록소가 먼저 파괴되므로, 엽록소에 가려져 있던 카로티노이드의 색깔이 드러난다. 따라서 카로티노이드에 속하는 카로틴과 잔토필의 분포에 따라 붉은색이나 황색과 같은 단색에서부터 이들 색소가 혼합된 색의 단풍을 볼 수 있게 된다. 한편, 단풍나무는 가을이 되면 잎자루에 코르크층이 형성되어 광합성으로 만들어진 당이 이동하지 못하고 잎에 축적되는데, 축적된 당이 분해되면서 붉은색 색소인 안토사이아닌이 만들어져 액포에 저장되므로 타는 듯한 붉은색 단풍이 들게 된다.

2. 빛의 파장과 광합성 색소

광합성 색소는 가시광선을 흡수한다. 가시광선은 파장 범위가 약 380 nm~750 nm인 빛으로, 파장에 따라 색깔이 다르게 나타난다. 광합성 색소는 파장에 따라 빛의 흡수율이 다르다.

(1) **흡수 스펙트럼:** 엽록소 a와 b, 카로티노이드 등 광합성 색소가 각각 들어 있는 용액에 여러 파장의 빛을 비추면 파장에 따라 광합성 색소가 빛을 흡수하는 정도가 다른데, 이를 그래프로 나타낸 것이 흡수 스펙트럼이다. 흡수 스펙트럼을 보면 엽록소 a와 b는 청자색광과 적색광을 주로 흡수하고, 초록색광은 대부분 반사하거나 통과시킨다. 카로티노이드는 청색광과 초록색광을 주로 흡수한다.

(2) **작용 스펙트럼:** 엽록체 추출액에 여러 파장의 빛을 비추면 파장에 따라 광합성 속도가 달라지는데, 이를 그래프로 나타낸 것이 작용 스펙트럼이다. 작용 스펙트럼을 보면 엽록소 a와 b가 잘 흡수하는 청자색광과 적색광에서 광합성이 가장 활발하게 일어나고, 엽록소 a와 b가 거의 흡수하지 않는 초록색광에서는 광합성이 느리게 일어난다.

(3) **흡수 스펙트럼과 작용 스펙트럼의 비교:** 엽록소 a와 b의 흡수 스펙트럼과 엽록체 추출액의 작용 스펙트럼은 모양이 비슷하다. 이를 통해 식물은 주로 엽록소 a와 b가 잘 흡수하는 청자색광과 적색광을 이용하여 광합성을 한다는 것을 알 수 있다. 또, 엽록소 a와 b가 거의 흡수하지 않는 초록색광에서도 광합성이 어느 정도 일어나는데, 이는 카로티노이드가 흡수한 초록색광이 광합성에 이용되기 때문이다.

가시광선
지구 표면에 도달하는 태양 광선 중 사람의 눈으로 감지할 수 있는 파장 범위의 빛을 가시광선이라고 한다. 가시광선을 프리즘에 통과시키면 파장에 따라 분산되어 적색에서 자색까지 연속적으로 색깔이 나타난다.

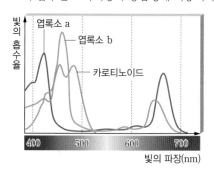

▲ 광합성 색소의 흡수 스펙트럼

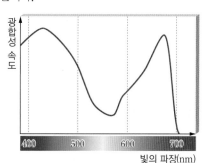

▲ 엽록체 추출액의 작용 스펙트럼

식물의 잎이 초록색으로 보이는 까닭
엽록체에 다량 존재하는 엽록소는 초록색광을 거의 흡수하지 않고 대부분 반사하거나 통과시키는데, 이 빛이 우리 눈에 들어와 식물의 잎이 초록색으로 보인다.

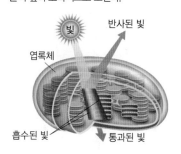

시야 확장 ➕ 빛의 파장과 광합성의 관계 - 엥겔만의 실험

1883년 엥겔만은 광합성이 활발하게 일어나는 빛의 파장을 알아보기 위해 다음과 같은 실험을 하였다.

❶ 해캄을 호기성 세균과 함께 받침 유리 위에 놓고 덮개 유리를 덮어 밀봉한 후 암실에 두면 호기성 세균은 덮개 유리의 가장자리에 모인다. 이후 여기에 프리즘을 통과시킨 빛을 비추면 호기성 세균은 청자색광과 적색광이 비치는 부위에 많이 모인다.

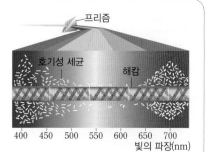

❷ 호기성 세균이 청자색광과 적색광이 비치는 부위에 많이 모이는 까닭은 이 파장의 빛에서 해캄의 광합성이 활발하게 일어나 산소가 많이 발생하기 때문이다. 즉, 해캄은 주로 청자색광과 적색광을 이용하여 광합성을 한다.

엥겔만(Engelmann, T. W., 1843~1909)
독일의 식물 생리학자이다. 빛의 파장과 광합성의 관계에 대해 연구하였다.

 **광합성의 개요** 집중 분석 182쪽

생물은 포도당과 같은 유기물을 분해하여 생명 활동에 필요한 에너지를 얻는데, 이때 이용되는 유기물은 식물과 조류 세포의 엽록체에서 일어나는 광합성을 통해 최초로 생성된다.

1. 광합성

광합성은 빛에너지를 이용하여 이산화 탄소(CO_2)와 물(H_2O)로부터 포도당($C_6H_{12}O_6$)을 합성하는 과정으로, 반응 결과 산소(O_2)가 부산물로 발생한다.

$$6CO_2\ +\ 12H_2O\ \xrightarrow{\text{빛에너지}}\ C_6H_{12}O_6\ +\ 6O_2\ +\ 6H_2O$$

산화(e⁻ 잃음)

환원(e⁻ 얻음)

- **광합성과 산화 환원 반응:** 광합성을 통해 물(H_2O)은 전자(e^-)를 잃고 산소(O_2)로 산화되며, 이산화 탄소(CO_2)는 전자(e^-)를 얻어 포도당($C_6H_{12}O_6$)으로 환원된다.

2. 광합성의 전 과정

광합성은 빛에너지를 이용하는 명반응과 대기 중의 이산화 탄소를 고정하여 포도당을 합성하는 탄소 고정 반응의 두 단계로 진행되며, 명반응이 먼저 일어난 후 탄소 고정 반응이 일어난다.

(1) **명반응:** 빛에너지를 화학 에너지로 전환하는 단계로, 엽록체의 틸라코이드 막에서 일어난다. 명반응에서는 틸라코이드 막에 있는 광합성 색소에서 흡수한 빛에너지를 A T P와 N A D P H에 화학 에너지 형태로 저장하며, 이 과정에서 물(H_2O)이 분해되어 산소(O_2)가 발생한다.

(2) **탄소 고정 반응:** 이산화 탄소(CO_2)를 고정하여 포도당을 합성하는 단계로, 엽록체의 스트로마에서 일어난다. 스트로마에서는 명반응에서 생성된 A T P와 N A D P H를 이용하여 포도당을 합성하는 연속적인 반응이 일어난다. 이 과정을 캘빈 회로라고 하며, 빛이 직접 필요하지 않아 암반응이라고도 한다. 탄소 고정 반응에서는 명반응 산물인 A T P와 N A D P H가 스트로마에 공급되어야 포도당을 합성할 수 있으므로, 탄소 고정 반응은 빛이 공급되어야 지속해서 일어난다.

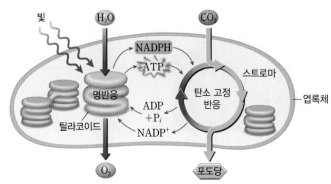

▲ **광합성의 전 과정** 명반응에서는 빛에너지를 A T P와 N A D P H의 화학 에너지로 전환하여 탄소 고정 반응에 공급하며, 탄소 고정 반응에서는 명반응에서 공급된 A T P와 N A D P H를 이용하여 이산화 탄소로부터 포도당을 합성한다.

명반응과 탄소 고정 반응에서의 에너지 변화
명반응에서 ATP와 NADPH를 먼저 생성한 다음, 탄소 고정 반응에서 이를 이용하여 포도당을 합성한다. 따라서 에너지 수준은 ATP와 NADPH가 최종 산물인 포도당과 O_2보다 높다.

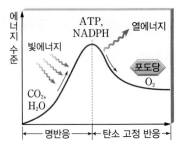

1949년 벤슨은 암실에 하루 동안 보관한 식물에 빛과 이산화 탄소(CO_2)를 따로 주거나 함께 주면서 광합성(포도당 합성) 속도를 측정하여 그림과 같은 결과를 얻었다.

❶ Ⅰ과 Ⅲ에서 광합성 속도가 다르게 나타난 까닭: Ⅲ에서는 Ⅰ에서와 달리 CO_2를 공급하기 전 Ⅱ에서 빛을 비춰 주었기 때문에 광합성이 잠시 동안 일어났다. 이를 통해 광합성은 빛이 필요한 단계(명반응)와 CO_2가 필요한 단계(탄소 고정 반응)가 구분되어 있으며, 명반응에서 생성된 물질이 CO_2로부터 포도당을 합성하는 데 이용된다는 것을 알 수 있다.

❷ Ⅲ에서와 달리 Ⅵ에서 광합성이 계속 일어나는 까닭: Ⅲ에서는 빛이 공급되지 않기 때문에 Ⅱ에서 생성된 물질이 모두 소모되면 더 이상 포도당이 합성되지 않는다. 하지만 Ⅵ에서는 빛이 계속 공급되기 때문에 명반응에서 생성된 물질이 계속 공급되어 포도당이 계속 합성된다.

❸ 실험 결과를 통해 알 수 있는 사실: 광합성은 빛이 필요한 명반응과 CO_2가 필요한 탄소 고정 반응으로 구분되며, 명반응에서 생성된 물질이 공급되어야 탄소 고정 반응이 일어난다.

벤슨(Benson, A. A., 1917~2015)
미국의 식물 생리학자이다. 광합성은 빛이 필요한 명반응과 이산화 탄소가 필요한 탄소 고정 반응으로 구분되어 있다는 것을 밝혔으며, 캘빈과 함께 이산화 탄소로부터 탄수화물이 합성되는 경로인 캘빈 회로를 발견하였다.

③ 광합성 과정 – 명반응

광합성은 명반응과 탄소 고정 반응의 두 단계로 진행되며, 명반응이 일어나 ATP와 NADPH가 생성되어야 탄소 고정 반응이 일어날 수 있다.

1. 명반응

명반응은 광합성 색소에서 흡수한 빛에너지를 ATP와 NADPH의 화학 에너지로 전환하는 과정으로, 엽록체의 그라나를 구성하는 틸라코이드 막에서 일어난다. 명반응은 물의 광분해와 광인산화로 이루어지는데, 빛에너지에 의해 물(H_2O)이 분해되는 것을 물의 광분해라 하고, 전자가 틸라코이드 막에 있는 전자 전달계를 통해 전달되는 동안 방출하는 에너지를 이용하여 ATP를 합성하는 과정을 광인산화라고 한다.

2. 물의 광분해

틸라코이드 막에는 미토콘드리아 내막에 있는 것과 비슷한 전자 전달계가 있는데, 명반응에서 전자 전달계를 통해 전달되는 전자의 최초 공여체는 물(H_2O)이다. 틸라코이드 막에 있는 광합성 색소에서 흡수한 빛에너지에 의해 물(H_2O)이 수소 이온(H^+)과 전자(e^-) 및 산소(O_2)로 분해되는데, 이를 물의 광분해라고 한다. 이때 방출된 전자는 틸라코이드 막에 있는 전자 전달계를 통해 $NADP^+$로 전달되어 NADPH가 생성된다.

$$H_2O \longrightarrow 2H^+ + 2e^- + \frac{1}{2}O_2$$
$$NADP^+ + 2H^+ + 2e^- \longrightarrow NADPH + H^+$$

명반응의 주요 과정
• 물의 광분해:
$$H_2O \longrightarrow 2H^+ + 2e^- + \frac{1}{2}O_2$$
• NADPH 합성: $2H^+ + 2e^- + NADP^+$
$$\longrightarrow NADPH + H^+$$
• 광인산화: $ADP + P_i \longrightarrow ATP$

$NADP^+$(nicotinamide adenine dinucleotide phosphate)
탈수소 효소의 조효소이다. 명반응에서 최종적으로 전자를 수용하는 물질로, 세포 호흡에서의 NAD^+와 같은 역할을 한다. 탈수소 효소가 기질에서 2개의 수소 원자($2H^+ + 2e^-$)를 떼어 내면 $NADP^+$가 1개의 H^+과 2개의 전자(e^-)를 받아 NADPH로 환원되고, 나머지 H^+은 방출된다.
$$NADP^+ + 2H^+ + 2e^-$$
$$\longrightarrow NADPH + H^+$$

힐의 실험(1939년)

질경이 잎에서 분리한 엽록체 추출액에 옥살산 철(Ⅲ)을 넣고 시험관 안의 공기를 빼낸 후 빛을 비추었더니, 산소(O_2)가 발생하고 옥살산 철(Ⅲ)이 옥살산 철(Ⅱ)로 환원되었다.

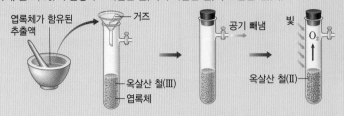

① 시험관 안의 공기를 빼내어 시험관 안에 이산화 탄소(CO_2)와 산소(O_2)는 없고 엽록체가 함유된 추출액(H_2O 포함)만 있는 상태에서 빛을 비추자 산소(O_2)가 발생하였다. → 실험 결과 발생한 산소(O_2)는 물(H_2O)이 빛에너지에 의해 분해되어 발생한 것이다.

② 실험 결과 옥살산 철(Ⅲ)의 Fe^{3+}이 전자(e^-)를 수용하여 옥살산 철(Ⅱ)의 Fe^{2+}으로 환원되었다. → 옥살산 철(Ⅲ)의 Fe^{3+}은 물(H_2O)이 분해되어 나온 전자(e^-)를 수용하는 전자 수용체 역할을 하였다.

루벤의 실험(1941년)

2개의 삼각 플라스크에 클로렐라 배양액을 각각 넣은 다음, (가)에는 이산화 탄소(CO_2)와 산소의 동위 원소 ^{18}O로 표지된 물($H_2^{18}O$)을 공급한 후 빛을 비추고, (나)에는 ^{18}O로 표지된 이산화 탄소($C^{18}O_2$)와 물(H_2O)을 공급한 후 빛을 비추었다. 그 결과 (가)에서는 $^{18}O_2$가 발생하였고, (나)에서는 O_2가 발생하였다.

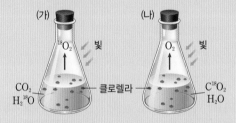

① 실험 과정에서 산소의 동위 원소 ^{18}O를 사용한 까닭은 광합성 결과 발생하는 산소의 유래를 알아보기 위해서이다.

② 실험 결과 (가)에서 발생한 $^{18}O_2$의 산소 원자는 물($H_2^{18}O$)을 구성하는 산소 원자와 일치하고, (나)에서 발생한 O_2의 산소 원자는 물(H_2O)을 구성하는 산소 원자와 일치한다.

[힐과 루벤의 실험의 결론] 광합성 결과 발생하는 산소(O_2)는 물(H_2O)에서 유래한 것이다.

힐(Hill, R., 1899~1991)

영국의 생화학자이다. 광합성의 산화 환원 반응을 시험관 안에서 처음으로 확인하였으며, 엽록체에서 전자 전달에 관여하는 사이토크롬 효소를 발견하였다.

옥살산 철

옥살산 철(Ⅲ)($Fe_2(C_2O_4)_3$)은 Fe^{3+}을 가지고, 옥살산 철(Ⅱ)(FeC_2O_4)은 Fe^{2+}을 가진다. 옥살산 철(Ⅲ)의 Fe^{3+}은 물이 광분해될 때 방출되는 전자(e^-)를 수용하여 옥살산 철(Ⅱ)의 Fe^{2+}으로 환원된다.

$$H_2O \xrightarrow{\text{산화}} 2H^+ + \frac{1}{2}O_2$$
$$2e^-$$
$$2Fe^{3+} \xrightarrow{\text{환원}} 2Fe^{2+}$$

옥살산 철   옥살산 철
(Ⅲ)   (Ⅱ)

힐은 엽록체에 옥살산 철(Ⅲ)과 같이 전자 수용체로 작용하는 물질이 있을 것이라고 생각하였으며, 후에 이 물질은 $NADP^+$라는 것이 밝혀졌다.

루벤(Ruben, S., 1913~1943)

미국의 화학자이다. 광합성에서 발생하는 산소가 물에서 유래한 것임을 증명하였다.

3. 광인산화

집중 분석 184쪽

물의 광분해로 방출된 전자가 틸라코이드 막의 전자 전달계를 지나면서 틸라코이드 막을 경계로 H^+의 농도 기울기가 형성되어 ATP가 합성되는데, 이 과정을 광인산화라고 한다. 광인산화는 틸라코이드 막에 있는 광계와 전자 전달계, 화학 삼투를 통해 일어나며, 이때 ATP가 합성되는 방식은 미토콘드리아 내막에서 일어나는 산화적 인산화와 거의 비슷하다. 그러나 광합성의 명반응에서는 빛에너지의 흡수로 형성된 H^+의 농도 기울기를 이용하여 ATP가 합성되므로 세포 호흡의 산화적 인산화와 구별하여 광인산화라고 한다.

(1) **광계**: 틸라코이드 막에는 엽록소를 비롯한 여러 가지 광합성 색소가 단백질과 결합하여 복합체를 이루고 있는데, 이를 광계라고 한다. 광계는 빛에너지를 흡수하여 광합성에 이용할 수 있게 모아 주는 역할을 한다.

① **구조와 역할**: 광계는 반응 중심 색소와 1차 전자 수용체로 이루어진 반응 중심, 그리고 이를 둘러싼 보조 색소로 구성되어 있다. 반응 중심 색소는 한 쌍의 엽록소 a로 이루어지며, 보조 색소는 빛에너지를 흡수하여 반응 중심 색소로 전달하는 역할을 한다. 빛에너지를 흡수한 반응 중심 색소는 고에너지 전자를 방출하고, 방출된 고에너지 전자는 1차 전자 수용체에 전달된 다음 전자 전달계를 따라 이동하는데, 이 과정에서 고에너지 전자가 가진 에너지가 ATP와 NADPH의 화학 에너지로 전환된다.

② **종류**: 광계는 반응 중심 색소가 주로 흡수하는 빛의 파장에 따라 광계 Ⅰ과 광계 Ⅱ로 구분한다. 광계 Ⅰ의 반응 중심 색소는 파장이 700 nm인 빛을 가장 잘 흡수하므로 P_{700}이라 하고, 광계 Ⅱ의 반응 중심 색소는 파장이 680 nm인 빛을 가장 잘 흡수하므로 P_{680}이라고 한다.

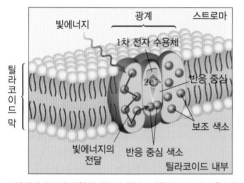

▲ **광계의 구조와 광합성 색소의 배치** 광합성 색소에서 흡수한 빛에너지가 반응 중심 색소에 모이면 반응 중심 색소는 고에너지 전자를 방출하고, 방출된 전자는 1차 전자 수용체에 전달된다.

반응 중심 색소와 보조 색소

광계의 반응 중심에는 특수한 한 쌍의 엽록소 a가 있는데, 이를 반응 중심 색소 또는 반응 중심 엽록소 a라고 한다. 반응 중심의 주변에는 약 300개의 엽록소 a와 b 및 약 50개의 카로티노이드가 분포하는데, 이 색소들은 빛에너지를 흡수하여 반응 중심 색소로 전달하는 역할을 하므로 보조 색소 또는 안테나 색소라고 한다.

광계에서의 에너지 전달

광계의 색소 분자는 태양의 빛에너지를 흡수한다. 에너지를 흡수한 색소 분자의 전자는 들뜬 상태로 된다. 이 전자가 바닥 상태로 돌아올 때 방출한 에너지는 인접한 색소 분자로 전달되어 이 색소의 전자를 들뜬 상태로 만든다. 이러한 변화가 연쇄적으로 일어나서 에너지가 전달된다.

시야 확장 ➕ 광계가 필요한 까닭

미토콘드리아 내막에서 산화적 인산화가 일어날 때에는 NADH와 $FADH_2$로부터 에너지 수준이 높은 전자가 공급되므로 추가적인 에너지 공급이 필요하지 않다. 따라서 미토콘드리아 내막에는 전자 전달계와 ATP 합성 효소만 있다.

그런데 엽록체의 틸라코이드 막에서 광인산화가 일어날 때에는 에너지 수준이 낮은 전자가 공급되므로, 에너지 수준이 낮은 전자를 에너지 수준이 높은 전자 전달계로 공급하려면 추가적인 에너지, 즉 빛에너지의 공급이 필요하다. 따라서 틸라코이드 막에는 전자 전달계와 ATP 합성 효소 외에 빛에너지를 흡수하여 전자의 에너지 수준을 높여 주는 광계가 있다. 광계는 빛에너지를 흡수하여 전자의 에너지 수준을 높여서 고에너지 전자를 방출한다. 광계의 도움으로 에너지 수

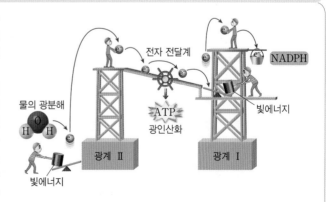

준이 크게 높아진 전자는 전자 전달계를 따라 에너지를 방출하면서 이동하며, 전자 전달계를 따라 전자가 이동할 때 방출되는 에너지를 이용하여 ATP가 합성된다. 또, 높은 에너지 수준의 전자가 $NADP^+$로 전달되어 NADPH가 생성된다.

(2) **광계와 전자 전달계를 통한 전자 흐름:** 광계에서 흡수된 빛에너지는 광계와 전자 전달계의 전자 전달 과정을 통해 ATP와 NADPH의 화학 에너지로 전환된다. 전자가 전달되는 과정은 광계의 반응 중심 색소에서 방출된 전자가 원래의 색소로 되돌아가지 않는 비순환적 전자 흐름과 원래의 색소로 되돌아가는 순환적 전자 흐름으로 구분한다.

① **비순환적 전자 흐름:** 광계의 반응 중심 색소에서 방출된 전자가 원래의 색소로 되돌아가지 않는 전자 전달 과정을 비순환적 전자 흐름이라고 한다. 비순환적 전자 흐름에는 광계 I과 광계 II가 모두 관여하며, 전자 전달 과정에서 전자가 에너지를 방출하여 ATP가 합성되도록 한다. 또, NADPH가 생성되고 물의 광분해로 산소(O_2)가 발생한다.

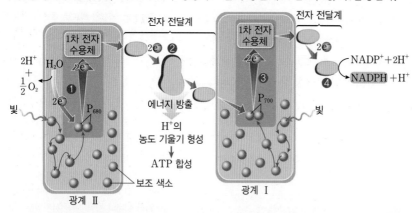

❶ 광계 II의 여러 보조 색소에서 흡수한 빛에너지가 P_{680}에 도달하면 P_{680}이 산화되면서 고에너지 전자가 방출되어 1차 전자 수용체로 전달되고, 전자를 잃어 산화된 P_{680}은 물(H_2O)이 광분해되면서 나온 전자를 받아 환원된다. 물이 분해되면 전자와 함께 H^+과 산소(O_2)가 생성된다.

❷ P_{680}에서 방출된 고에너지 전자는 1차 전자 수용체를 환원시킨 후 전자 전달계를 거치면서 에너지를 방출하고 광계 I로 전달된다. 전자가 방출한 에너지는 틸라코이드 막을 경계로 H^+의 농도 기울기를 형성하여 ATP를 합성하는 데 이용된다.

❸ 광계 I의 여러 보조 색소에서 흡수한 빛에너지가 P_{700}에 도달하면 P_{700}이 산화되면서 고에너지 전자가 방출되어 1차 전자 수용체로 전달된다. 전자를 잃어 산화된 P_{700}은 광계 II에서 방출된 전자를 받아 환원된다.

❹ P_{700}에서 방출된 고에너지 전자는 1차 전자 수용체를 환원시킨 후 전자 전달계를 거쳐 최종 전자 수용체인 $NADP^+$로 전달된다. 전자를 받은 $NADP^+$는 H^+과 결합하여 NADPH로 환원된다.

에너지 방출

H_2O 2❷ → 광계 II → 전자 전달계 → 광계 I → 전자 전달계 → $NADPH + H^+$
$\frac{1}{2}O_2 + 2H^+$ ⤴ $NADP^+$

② **순환적 전자 흐름:** 광계의 반응 중심 색소에서 방출된 전자가 원래의 색소로 되돌아가는 전자 전달 과정을 순환적 전자 흐름이라고 한다. 순환적 전자 흐름에는 광계 I만 관여하며, 전자 전달 과정에서 전자가 에너지를 방출하여 ATP가 합성되도록 한다. 순환적 전자 흐름에서는 광계 I의 P_{700}에서 방출된 전자가 $NADP^+$에 전달되지 않고 P_{700}으로 되돌아가므로 NADPH가 생성되지 않으며, 물의 광분해가 일어나지 않으므로 산소(O_2)도 발생하지 않는다.

P_{700}과 P_{680}
P는 색소(pigment)의 약자이다. 반응 중심 색소인 P_{700}과 P_{680}은 같은 엽록소 a이지만 결합하고 있는 단백질이 달라 빛을 가장 잘 흡수하는 파장에서 약간의 차이가 있다.

비순환적 전자 흐름에서 전자의 이동
최초 전자 공여체인 H_2O 1분자가 광분해되어 방출된 전자($2e^-$)는 광계 II의 P_{680} → 전자 전달계 → 광계 I의 P_{700} → 전자 전달계를 거쳐 최종 전자 수용체인 $NADP^+$로 전달되어 NADPH 1분자가 생성된다.

순환적 전자 흐름의 의의
명반응에서 생성된 NADPH와 ATP는 탄소 고정 반응(암반응)에 공급된다. 탄소 고정 반응에서 1분자의 포도당을 합성하려면 NADPH보다 ATP가 1.5배 정도 더 필요하므로 비순환적 전자 흐름 외에 ATP만 생성하는 순환적 전자 흐름이 필요하다.

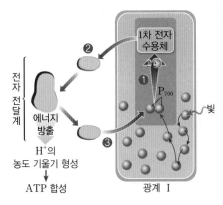

① 광계 I의 여러 보조 색소에서 흡수한 빛에너지가 P_{700}에 도달하면 P_{700}이 산화되면서 고에너지 전자가 방출되어 1차 전자 수용체로 전달된다.

② P_{700}에서 방출된 고에너지 전자는 1차 전자 수용체를 환원시킨 후 전자 전달계를 거치면서 에너지를 방출하고, 이 에너지는 틸라코이드 막을 경계로 H^+의 농도 기울기를 형성하여 ATP를 합성하는 데 이용된다.

③ 전자가 산화된 P_{700}으로 되돌아와 P_{700}을 환원시킨다.

▲ 순환적 전자 흐름

순환적 전자 흐름에서의 전자 전달

광계 I의 P_{700}의 환원형이 전자 공여체 역할을 하고, 광계 I의 P_{700}의 산화형이 최종 전자 수용체 역할을 하는 것으로 볼 수 있다.

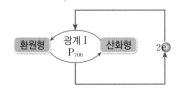

(3) **화학 삼투에 의한 ATP 합성:** 반응 중심 색소에서 방출된 전자가 전자 전달계의 전자 운반체를 차례대로 환원시키면서 전달되는 동안 에너지를 방출한다. 이 에너지를 이용하여 일부 전자 운반체는 스트로마에서 틸라코이드 내부로 H^+을 능동 수송한다. H^+의 이동으로 틸라코이드 내부의 H^+ 농도가 스트로마의 H^+ 농도보다 높아져 틸라코이드 막을 경계로 H^+의 농도 기울기가 형성된다. 그 결과 H^+의 농도 기울기에 따라 틸라코이드 내부에 있는 H^+이 ATP 합성 효소를 통해 스트로마로 확산되는데, 이때 H^+의 이동으로 발생하는 에너지를 이용하여 ATP 합성 효소가 ATP를 합성한다.

전자 흐름과 ATP 합성

비순환적 전자 흐름과 순환적 전자 흐름에서 전자가 이동하는 경로는 서로 다르지만, 전자가 이동할 때 방출한 에너지를 이용하여 ATP가 합성되는 과정은 같다.

시선 집중 ★ 비순환적 전자 흐름과 화학 삼투에 의한 ATP 합성

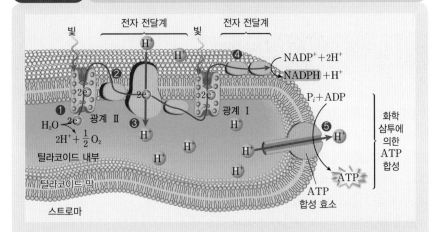

① 광계 II가 빛에너지를 흡수하면 P_{680}에서 고에너지 전자가 방출되고, 물(H_2O)이 광분해되어 H^+과 전자(e^-), O_2가 발생한다.

② 광계 II에서 방출된 고에너지 전자는 전자 전달계를 거쳐 광계 I로 전달된다.

③ 전자가 전자 전달계를 거치면서 방출하는 에너지를 이용하여 일부 전자 운반체가 H^+을 스트로마에서 틸라코이드 내부로 능동 수송한다. → 틸라코이드 막을 경계로 H^+의 농도 기울기가 형성된다.

④ 광계 I이 빛에너지를 흡수하면 P_{700}에서 고에너지 전자가 방출되고, 이 전자는 전자 전달계를 거쳐 $NADP^+$로 전달되어 H^+과 함께 NADPH를 생성한다.

⑤ H^+의 농도 기울기에 따라 틸라코이드 내부의 H^+이 ATP 합성 효소를 통해 스트로마로 확산되며, 이 과정에서 ATP 합성 효소가 ATP를 합성한다.

4. 명반응의 전 과정

비순환적 전자 흐름에는 광계 I과 광계 II가 모두 관여하는데, H_2O이 광분해되어 나온 전자가 $NADP^+$로 전달되는 과정에서 ATP, NADPH, O_2가 생성된다. 반면, 순환적 전자 흐름에는 광계 I만 관여하는데, 광계 I의 P_{700}에서 방출된 전자가 광계 I의 P_{700}으로 되돌아가는 과정에서 ATP만 생성되고 NADPH나 O_2는 생성되지 않는다.

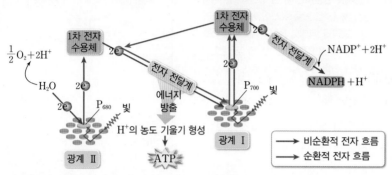

▲ **명반응의 전 과정** 비순환적 전자 흐름과 화학 삼투를 통해서는 ATP, NADPH, O_2가 생성되고, 순환적 전자 흐름과 화학 삼투를 통해서는 ATP만 생성된다.

 광합성 과정 - 탄소 고정 반응

탄소 고정 반응은 명반응 산물인 ATP와 NADPH를 이용하여 이산화 탄소를 환원시켜 포도당을 합성하는 과정으로, 빛을 직접 필요로 하지 않는다.

1. 탄소 고정 반응

탄소 고정 반응은 엽록체의 스트로마에서 일어나는데, 명반응 산물인 ATP와 NADPH를 이용하여 대기 중에서 흡수한 이산화 탄소(CO_2)를 유기물로 고정하고 환원시켜 포도당($C_6H_{12}O_6$)을 합성하는 과정이다. 이 과정은 ATP와 NADPH만 공급되면 빛이 없어도 진행되며, 스트로마에 있는 여러 효소의 작용으로 이루어지므로 온도의 영향을 크게 받는다. 탄소 고정 반응은 캘빈 회로라는 복잡한 반응 경로를 따라 진행된다.

(1) **캘빈 회로**: 탄소 고정(CO_2 고정), 3PG 환원, RuBP 재생의 세 단계로 진행된다.

① **탄소 고정**: 엽록체의 스트로마로 들어온 CO_2는 루비스코라는 효소의 작용으로 1분자씩 5탄소 화합물인 RuBP와 결합하여 6탄소 화합물이 된 다음 3탄소 화합물인 3PG 2분자로 나누어진다. 따라서 3분자의 CO_2가 캘빈 회로에 투입되면 6분자의 3PG가 생성된다.

$$3CO_2 + 3RuBP \xrightarrow{\text{루비스코}} 6\ 3PG$$

② **3PG 환원**: 명반응 산물인 ATP와 NADPH가 사용된다. 3PG는 ATP로부터 인산기를 받아 DPGA로 된 다음, NADPH로부터 수소(H)를 받고 인산기를 잃어 PGAL로 환원된다.

$$6\ 3PG \xrightarrow[\substack{6ATP \quad 6ADP}]{} 6DPGA \xrightarrow[\substack{6NADPH \quad 6NADP^+ \quad 6Pi}]{} 6PGAL$$

1분자의 포도당을 합성하기 위해 필요한 ATP와 NADPH의 생성

명반응에 이어지는 탄소 고정 반응에서는 명반응 산물인 ATP와 NADPH를 이용하여 CO_2를 환원시켜 포도당을 합성하는데, 1분자의 포도당을 합성하려면 18ATP와 12NADPH가 필요하다. 그런데 1회의 비순환적 전자 흐름과 화학 삼투를 통해서는 1ATP와 1NADPH가 생성되고, 1회의 순환적 전자 흐름과 화학 삼투를 통해서는 1ATP가 생성된다. 따라서 비순환적 전자 흐름이 12회, 순환적 전자 흐름이 6회 일어나면 1분자의 포도당을 합성하는 데 필요한 18ATP와 12NADPH를 얻을 수 있다.

루비스코(RuBisCo, Ribulose-1,5-bisphosphate carboxylase)

CO_2가 RuBP와 결합하는 반응을 촉매하는 효소로, RuBP 카복실화 효소를 말한다. 엽록체에 존재하는 단백질 중 가장 많은 양을 차지한다.

캘빈 회로의 중간 산물

· RuBP(ribulose-1,5-bisphosphate)
 : 리불로스2인산으로, 최초의 CO_2 수용체이다.
· 3PG(3-phosphoglyceric acid)
 : 3-인산글리세르산으로, 최초의 CO_2 고정 산물이다.
· DPGA(1,3-diphosphoglyceric acid)
 : 1,3-2인산글리세르산
· PGAL(phosphoglyceraldehyde)
 : 인산글리세르알데하이드

• 6분자의 PGAL 중 1분자는 회로를 빠져나와 또 다른 PGAL 1분자와 결합하여 포도당을 합성하는 데 사용되고, 나머지 5분자는 캘빈 회로의 다음 단계를 진행한다.

③ RuBP 재생: 5분자의 PGAL은 명반응에서 만들어진 ATP 3분자를 사용하여 3분자의 RuBP로 전환된다. 재생된 RuBP는 새로운 CO_2와 결합하여 캘빈 회로를 반복한다.

(2) **탄소 고정 반응의 전 과정:** 캘빈 회로에서 포도당 합성에 쓰일 PGAL 1분자를 생성하는 데 3분자의 CO_2, 9분자의 ATP, 6분자의 NADPH가 사용된다. 그런데 1분자의 포도당을 합성하려면 2분자의 PGAL이 필요하다. 따라서 캘빈 회로를 통해 1분자의 포도당을 합성하려면 6분자의 CO_2, 18분자의 ATP, 12분자의 NADPH가 필요하다.

$$6CO_2 + 12NADPH + 12H^+ \xrightarrow{\text{18ATP} \quad \text{18ADP}} C_6H_{12}O_6 + 6H_2O + 12NADP^+$$

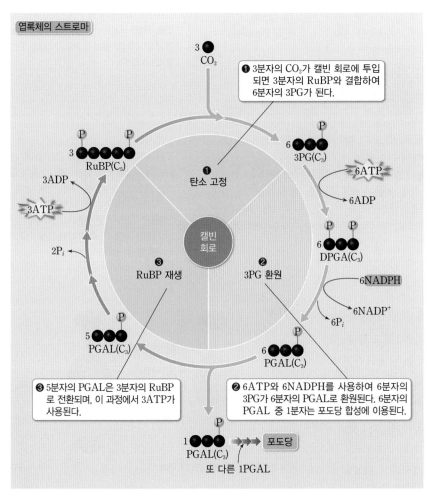

▲ **캘빈 회로** 캘빈 회로가 1번 회전할 때마다 CO_2가 1분자씩 들어가며, 1분자의 포도당을 합성하기 위해서는 6분자의 CO_2가 필요하다.

캘빈 회로

1분자의 포도당을 합성하는 것을 기준으로, 캘빈 회로를 그림과 같이 나타내기도 한다.

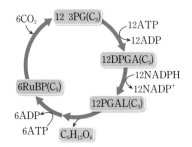

캘빈 회로는 한 번에 CO_2 1분자, 즉 탄소 1개씩만 고정하므로, 1분자의 포도당을 합성하는 데 필요한 PGAL 2분자를 얻기 위해서는 캘빈 회로가 6번 회전해야 한다. 한편, PGAL은 포도당이나 과당뿐만 아니라 지방, 아미노산 등 다른 유기물을 합성하는 원료로도 이용된다.

캘빈 회로에서 ATP는 직접적인 에너지 공급원으로 사용되고, NADPH는 이산화 탄소를 환원시켜 당을 만드는 데 사용된다.

1956년 캘빈과 벤슨은 이산화 탄소(CO_2)로부터 탄수화물이 생성되는 과정을 밝히기 위해 클로렐라를 이용하여 다음과 같은 실험을 하였다.

[실험 과정] 암실에서 배양하던 클로렐라에 방사성 동위 원소 ^{14}C로 표지된 $^{14}CO_2$를 계속 공급하면서 빛을 비추었다. 그 후 일정 시간마다 클로렐라를 일부 채취하여 광합성을 정지시키고 클로렐라에서 생성된 물질을 추출하여 종이 크로마토그래피로 전개한 다음, X선 필름에 감광시켰다.

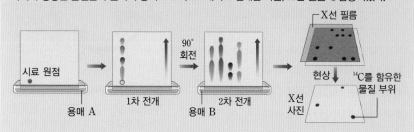

[시간 경과에 따른 결과]

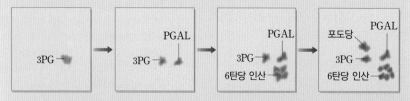

❶ **클로렐라에 $^{14}CO_2$를 공급한 까닭:** 클로렐라가 $^{14}CO_2$를 이용해 광합성을 하여 ^{14}C를 함유한 유기물이 생성되기 때문이다.

❷ **일정 시간마다 클로렐라에서 시료를 채취한 까닭:** 시간 경과에 따라 캘빈 회로에서 생성되는 물질을 알아보기 위해서이다.

❸ **$^{14}CO_2$를 공급했을 때 ^{14}C로 표지된 최초의 물질:** 3PG이다. 따라서 탄소 고정 반응에서 CO_2가 고정되어 최초로 생성되는 물질은 3PG이다.

❹ **탄소 고정 반응에서 물질이 생성되는 순서:** 시간 경과에 따라 X선 사진에 새로 나타나는 물질을 보면 $^{14}CO_2$의 ^{14}C가 '3PG → PGAL → 6탄당 인산 → 포도당'의 순서로 옮겨 간 것을 알 수 있다. 이는 탄소 고정 반응에서 CO_2를 재료로 포도당이 합성되기까지의 경로를 의미한다. 이로부터 탄소 고정 반응에서 CO_2는 3PG로 합성된 후 여러 중간 산물을 거쳐 탄수화물로 합성됨을 알 수 있다.

캘빈(Calvin, M., 1911~1997)
미국의 생화학자이다. 광합성에서 탄수화물이 합성되는 경로인 캘빈 회로를 발견한 공로로 1961년에 노벨 화학상을 수상하였다.

종이 크로마토그래피
크로마토그래피는 흡착제를 이용하여 혼합 물질을 분리하는 방법이다. 보통 직사각형으로 자른 크로마토그래피용 종이의 한쪽 끝에 시료를 놓고 용매의 모세관 현상을 이용하여 전개액이 스며들게 하는데, 성분에 따라 전개 속도가 다르기 때문에 시간 경과에 따라 물질이 분리된다. 종이 크로마토그래피 중 한쪽 방향으로 전개시키는 방법을 1차원 크로마토그래피라 하고, 너비가 넓은 종이를 사용하여 한쪽 방향으로 전개시킨 후 90° 회전시켜 한 번 더 전개시키는 방법을 2차원 크로마토그래피라고 한다. 이렇게 하면 전개된 물질의 분포가 2차원 평면으로 나타난다.

X선 사진
X선 필름은 X선 에너지에 감광되도록 만들어 놓은 필름으로, 현상하면 X선을 방출하는 물질이 있는 부위가 사진 상에 나타난다. 따라서 시료를 2차원 크로마토그래피로 전개시킨 다음, X선 필름에 감광시켜 현상한 사진을 보면 ^{14}C로 표지된 물질이 무엇인지를 알 수 있다.

2. 명반응과 탄소 고정 반응

(1) 명반응과 탄소 고정 반응의 관계: 명반응에서 ADP는 광인산화를 통해 ATP가 되고, $NADP^+$는 물(H_2O)의 광분해로 방출된 H^+과 전자를 수용하여 NADPH가 된다. ATP와 NADPH가 탄소 고정 반응에 이용되면 ADP와 $NADP^+$가 생성되는데, 이 물질들은 그라나로 공급되어 명반응에 이용된다. 따라서 명반응이 지속해서 일어나려면 탄소 고정 반응으로부터 ADP와 $NADP^+$가 계속 공급되어야 한다.

탄소 고정 반응에서는 명반응에서 생성된 ATP와 NADPH를 이용하여 이산화 탄소(CO_2)를 환원시켜 포도당($C_6H_{12}O_6$)을 합성한다. 따라서 탄소 고정 반응이 지속해서 일어나려면 명반응으로부터 ATP와 NADPH가 계속 공급되어야 한다.

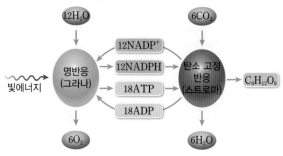

▲ **명반응과 탄소 고정 반응의 관계**

(2) **광합성의 반응식:** 포도당 1분자가 합성되기까지 명반응과 탄소 고정 반응의 반응식을 정리하면 다음과 같다.

$$
\begin{array}{l}
\text{[명반응]} \quad 12H_2O + 12NADP^+ \xrightarrow[\text{빛에너지}]{\substack{18ADP \quad 18ATP}} 12NADPH + 12H^+ + 6O_2 \\[2em]
\text{[탄소 고정 반응]} \; 6CO_2 + 12NADPH + 12H^+ \xrightarrow{\substack{18ATP \quad 18ADP}} \underset{\text{포도당}}{C_6H_{12}O_6} + 6H_2O + 12NADP^+ \\[2em]
\hline \\[-0.5em]
\text{[전체 반응식]} \quad 6CO_2 + 12H_2O \xrightarrow{\text{빛에너지}} \underset{\text{포도당}}{C_6H_{12}O_6} + 6O_2 + 6H_2O
\end{array}
$$

시야확장 ➕ 광합성에 영향을 미치는 요인

❶ **빛의 세기:** 빛은 광합성의 에너지원이므로, 광합성 속도는 빛의 세기의 영향을 받는다. 빛의 세기가 강해질수록 광합성 속도가 증가하다가, 어느 한계에 도달하면 광합성 속도는 더 이상 증가하지 않고 일정해지는데, 이때의 빛의 세기를 광포화점이라고 한다. 보상점은 호흡에 의해 방출된 CO_2가 모두 광합성에 이용되어 외관상 CO_2의 출입이 없을 때의 빛의 세기를 말한다. 보상점보다 빛의 세기가 강해야 순 광합성량이 + 값이 되어 식물이 생장할 수 있다. 반면, 보상점보다 약한 빛의 세기가 지속되면 광합성에 의해 생성되는 유기물의 양보다 호흡에 의해 소비되는 유기물의 양이 더 많아 식물이 시들어 죽게 된다.

❷ **CO_2 농도:** CO_2는 광합성의 원료이므로, 광합성 속도는 CO_2 농도의 영향을 받는다. CO_2 농도가 증가할수록 광합성 속도가 증가하다가, 어느 한계에 도달하면 광합성 속도는 더 이상 증가하지 않고 일정해진다. 빛의 세기가 약할 때에는 대기 중의 CO_2 농도인 0.03% 정도에서 광합성 속도가 더 이상 증가하지 않지만, 빛의 세기가 강할 때에는 그 이상의 CO_2 농도에서도 광합성 속도가 좀 더 증가한다. 그러나 이 경우에도 CO_2 농도가 0.1% 정도에 도달하면 광합성 속도는 더 이상 증가하지 않는다.

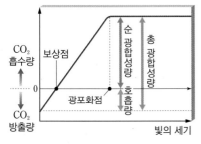

▲ 빛의 세기와 광합성 속도

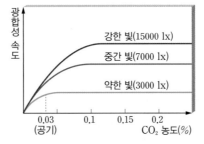

▲ CO_2 농도와 광합성 속도

❸ **온도:** 광합성은 효소에 의해 진행되는 물질 대사 과정이므로 온도의 영향을 받는다. 빛의 세기가 약할 때에는 온도가 광합성 속도에 거의 영향을 미치지 않는다. 빛의 세기가 강할 때에는 보통 $5\,^\circ C \sim 35\,^\circ C$에서 온도가 $10\,^\circ C$ 상승할 때마다 광합성 속도가 약 2배씩 증가하다가, 온도가 $35\,^\circ C$ 이상으로 높아지면 효소가 변성되어 광합성 속도가 급격히 감소한다.

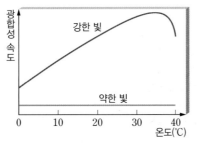

▲ 온도와 광합성 속도

호흡량, 순 광합성량, 총 광합성량
· 호흡량: 식물을 어두운 곳(빛의 세기가 0인 곳)에 두면 식물이 광합성은 하지 않고 호흡만 하여 CO_2가 방출되는데, 이때의 CO_2 방출량이 호흡량에 해당한다.
· 순 광합성량: 보상점 이상의 빛의 세기에서 식물이 흡수한 CO_2의 양
· 총 광합성량: 호흡량 + 순 광합성량

광합성과 관련된 과학사

고대 그리스 시대부터 오랜 시간 동안 식물은 살아가는 데 필요한 모든 것을 뿌리를 통해 흙으로부터 얻는다고 믿어왔다. 그러나 중세 이후 많은 과학자가 식물이 양분을 만드는 과정을 밝히기 위해 노력해 왔으며, 광합성 과정은 이와 같은 과학자들의 연구 성과가 축적되어 밝혀질 수 있었다. 광합성 과정을 밝히는 데 공헌한 과학자들의 연구 내용을 알아보자.

❶ 광합성에 대한 초기 연구

(1) 헬몬트(1630년경)

① 탐구 과정 및 결과: 화분에 어린 버드나무를 심고 5년 동안 물만 주며 길렀더니, 버드나무의 무게는 74.47 kg이나 증가한 반면 흙의 무게는 겨우 0.06 kg 감소하였다.

② 결론: 식물은 흙 속에 있는 물질로부터 양분을 얻어서 자라는 것이 아니라 물만으로 자랄 수 있다.

(2) 프리스틀리(1772년)

① 탐구 과정 및 결과: 밀폐된 유리종 속에 생쥐만 넣어 두면 생쥐가 곧 죽지만, 생쥐를 식물과 함께 넣어 두면 생쥐가 죽지 않았다.

② 결론: 식물은 동물의 호흡으로 오염된 나쁜 공기를 정화한다.

(3) 잉엔하우스(1779년): 프리스틀리의 실험 결과가 나타나려면 반드시 빛이 있는 곳에서 생쥐가 식물과 함께 있어야 한다는 사실을 밝혔다.

① 탐구 과정 및 결과: 유리종 속에 식물과 생쥐를 함께 넣어 빛이 있는 곳에 두면 식물과 생쥐가 모두 살지만, 빛이 없는 곳에 두면 곧 모두 죽었다.

② 결론: 식물은 빛이 있어야 동물의 호흡에 필요한 산소를 공급할 수 있다.

빛이 있을 때　　　　　　　　　　빛이 없을 때

(4) 소쉬르(1804년): 식물체를 구성하는 탄소의 공급원을 밝히는 실험을 하였다.

① 탐구 과정 및 결과: 일정 비율로 조성된 공기가 든 유리종 속에 식물을 넣고 빛을 비추면서 일주일 동안 기른 후, 유리종 속 공기의 조성 변화와 식물의 무게 변화를 조사하였다. 그 결과 공기의 성분 중 이산화 탄소의 양은 줄어들고 산소의 양은 증가하였다. 또, 식물의 무게가 증가한 양이 줄어든 이산화 탄소의 양보다 컸는데, 이는 식물이 물을 흡수하였기 때문이다.

② 결론: 식물체를 구성하는 탄소의 공급원은 공기 중의 이산화 탄소이며, 광합성에는 이산화 탄소와 함께 물이 필요하다.

헬몬트(Helmont, J. B. van, 1577~1644)
벨기에 태생의 화학자이자 의사이다. 광합성 연구의 시초가 된 실험을 실시하여 물이 식물의 생장에 중요한 역할을 한다는 사실을 증명하였다.

프리스틀리(Priestley, J., 1733~1804)
영국의 신학자이자 철학자, 화학자이다. 1774년 집광렌즈를 이용하여 산소를 발견하였다.

잉엔하우스(Ingenhousz, J., 1730~1799)
네덜란드의 의사이자 화학자, 식물 생리학자이다. 식물이 이산화 탄소를 흡수하고 산소를 배출하는 작용은 식물의 초록색 부분에서만 일어나고, 어두운 곳에서는 이산화 탄소의 배출만 일어난다는 사실을 밝혔다.

소쉬르(Saussure, N. T. de, 1767~1845)
스위스의 식물학자이다. 식물의 영양에 대한 정량 실험을 하였고, 공기 중의 이산화 탄소가 식물체 내로 들어가 물과 결합하여 포도당이 되는 것을 발견하였다.

(5) 작스(1864년)

① 탐구 과정 및 결과: 식물 잎의 일부분을 알루미늄박으로 가린 후 빛을 비추었더니 알루미늄박으로 가리지 않아 빛을 받은 부분에서만 녹말이 검출되었으며, 그 부분에 있는 엽록체의 녹말 알갱이가 커졌다.

② 결론: 광합성 결과 산소뿐만 아니라 유기물인 녹말이 생성된다.

❷ **명반응과 탄소 고정 반응에 대한 연구**

(1) 힐(1939년)

① 탐구 과정 및 결과: 질경이 잎에서 분리한 엽록체 추출액에 옥살산 철(Ⅲ)을 넣고 시험관 안의 공기를 빼낸 후 빛을 비추었더니, 산소가 발생하고 옥살산 철(Ⅲ)이 옥살산 철(Ⅱ)로 환원되었다.

② 결론: 엽록체에는 전자 수용체가 있어 빛을 비추면 물이 분해되어 나온 전자를 수용하고, 그 결과 산소가 발생한다.

(2) 루벤(1941년)

① 탐구 과정 및 결과: 클로렐라 배양액에 이산화 탄소(CO_2)와 ^{18}O로 표지된 물($H_2^{18}O$)을 공급하였더니 $^{18}O_2$가 발생하였고, ^{18}O로 표지된 이산화 탄소($C^{18}O_2$)와 물(H_2O)을 공급하였더니 O_2가 발생하였다.

② 결론: 광합성 결과 발생하는 산소는 물에서 유래한 것이다.

(3) 아논(1954년)

① 탐구 과정 및 결과: 엽록체 추출액에 ADP와 무기 인산(P_i)을 넣고 빛을 비추었더니 무기 인산의 양이 줄어들면서 ATP가 생성되었다.

② 결론: 엽록체는 빛을 받으면 ATP를 합성하는 광인산화가 일어난다.

(4) 캘빈(1956년)

① 탐구 과정 및 결과: 캘빈은 벤슨 등과 함께 클로렐라에 방사성 동위 원소 ^{14}C로 표지된 $^{14}CO_2$를 공급하고 빛을 비춘 후, $^{14}CO_2$에 노출시킨 시간을 달리하며 클로렐라에서 생성된 물질을 추출하여 2차원 종이 크로마토그래피로 분리하였다. 그 결과 탄소 고정을 통해 최초로 생성되는 물질이 3PG라는 것과 3PG가 PGAL을 거쳐 RuBP로 전환되며, 일부 PGAL로부터 포도당이 합성된다는 것을 밝혔다.

② 결론: 탄수화물의 합성 과정은 탄소 고정, 3PG 환원, RuBP 재생의 세 단계로 진행된다.

〉정답과 해설 **32**쪽

다음은 광합성의 화학 반응식 두 가지를 나타낸 것이다. (가)보다 (나)가 반응물과 생성물의 관계를 더 정확하게 나타낸 것이라고 할 때, 그 근거가 되는 실험은 무엇인가?

> (가) $6CO_2 + 6H_2O \longrightarrow C_6H_{12}O_6 + 6O_2$
>
> (나) $6CO_2 + 12H_2O \longrightarrow C_6H_{12}O_6 + 6O_2 + 6H_2O$

① 작스의 실험　　② 루벤의 실험　　③ 아논의 실험　　④ 캘빈의 실험　　⑤ 소쉬르의 실험

전자 흐름과 광인산화

빛에너지를 흡수한 광계에서는 고에너지 전자를 방출한다. 이 전자가 전자 전달계를 따라 이동하면서 방출한 에너지는 틸라코이드 막을 경계로 H^+의 농도 기울기를 형성하는 데 이용되며, H^+의 농도 기울기는 화학 삼투에 의한 ATP 합성의 원동력이 된다. 이 과정은 자주 출제되는 내용이므로 자세히 알아 두어야 한다.

❶ 비순환적 전자 흐름

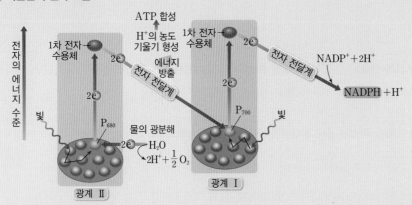

(1) 전자는 H_2O → 광계 Ⅱ의 P_{680} → 전자 전달계 → 광계 Ⅰ의 P_{700} → 전자 전달계 → $NADP^+$로 이동하며, 순환하지 않는다. ➡ 광계 Ⅰ과 광계 Ⅱ가 모두 관여하며, 최초 전자 공여체는 H_2O이고, 최종 전자 수용체는 $NADP^+$이다.

(2) 비순환적 전자 흐름으로 O_2와 NADPH가 생성되고, 전자 전달 과정에서 방출된 에너지를 이용하여 ATP가 합성된다. ➡ NADPH와 ATP가 같은 비율로 생성된다.

비순환적 전자 흐름에서의 전자 전달

H_2O이 광분해되면서 방출된 전자를 받아 광계 Ⅱ의 P_{680}이 산화형에서 환원형으로 바뀐다. 다시 광계 Ⅱ의 P_{680}이 환원형에서 산화형으로 바뀌면서 방출된 전자가 전자 전달계를 통해 이동하여 광계 Ⅰ의 P_{700}을 산화형에서 환원형으로 전환시킨다. 이어서 광계 Ⅰ의 P_{700}이 환원형에서 산화형으로 바뀌면서 방출된 전자가 전자 전달계를 통해 $NADP^+$로 전달된다.

❷ 순환적 전자 흐름

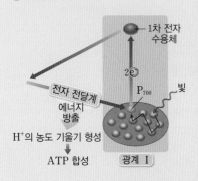

(1) 전자는 광계 Ⅰ의 P_{700} → 전자 전달계 → 광계 Ⅰ의 P_{700}으로 순환한다. ➡ 광계 Ⅰ만 관여하며, 최초 전자 공여체와 최종 전자 수용체는 모두 광계 Ⅰ의 P_{700}이다.

(2) 순환적 전자 흐름에서는 O_2와 NADPH가 생성되지 않으며, 전자 전달 과정에서 방출된 에너지를 이용하여 ATP가 합성된다.

순환적 전자 흐름에서의 전자 전달

빛에너지가 공급되면 광계 Ⅰ의 P_{700}이 환원형에서 산화형으로 바뀌면서 전자를 방출한다. 방출된 전자는 광계 Ⅰ의 P_{700}으로 되돌아와 P_{700}을 산화형에서 환원형으로 전환시킨다.

예제

그림은 광합성의 명반응에서 전자가 이동하는 두 가지 경로를 나타낸 것이다. ㉠ **경로 A와 경로 B 중 순환적 전자 흐름에 해당하는 것**과 ㉡ **경로 A 에서 전자의 최종 수용체를 각각 쓰시오.**

정답 ㉠ 경로 B, ㉡ $NADP^+$

해설 경로 A는 비순환적 전자 흐름, 경로 B는 순환적 전자 흐름이고, 비순환적 전자 흐름에서 전자의 최종 수용체는 $NADP^+$이다.

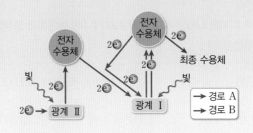

❸ 광인산화

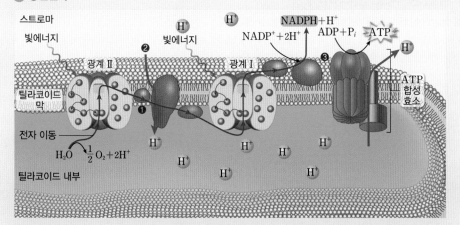

스트로마
빛에너지
광계 II
틸라코이드 막
전자 이동
H_2O $\frac{1}{2}O_2+2H^+$
틸라코이드 내부
H^+
빛에너지
광계 I
$NADP^++2H^+$
$NADPH+H^+$
$ADP+P_i$
ATP
ATP 합성 효소
H^+

> **비순환적 전자 흐름에서 전자와 H^+의 이동**
> - 광계 II에서 방출된 전자는 플라스토퀴논, 사이토크롬 복합체, 플라스토사이아닌 등으로 구성된 전자 전달계를 거쳐 광계 I로 전달되고, 광계 I에서 방출된 전자는 페레독신 등으로 구성된 전자 전달계를 거쳐 $NADP^+$로 전달된다.
> - 전자가 이동할 때 전자 전달계의 사이토크롬 복합체는 양성자 펌프로 작용하여 H^+을 스트로마에서 틸라코이드 내부로 능동 수송한다.

❶ 광계 II의 반응 중심 색소에서 방출된 고에너지 전자가 전자 전달계를 따라 이동하여 광계 I로 전달되며, 광계 I의 반응 중심 색소에서 방출된 고에너지 전자가 전자 전달계를 거쳐 최종적으로 $NADP^+$로 전달되어 NADPH가 생성된다.

❷ 전자가 전자 전달계를 따라 이동하면서 방출하는 에너지를 이용하여 양성자 펌프로 작용하는 전자 운반체가 H^+을 스트로마에서 틸라코이드 내부로 능동 수송한다. ➡ 틸라코이드 내부의 H^+ 농도가 스트로마의 H^+ 농도보다 높아져 틸라코이드 막을 경계로 H^+의 농도 기울기가 형성된다.

❸ H^+의 농도 기울기에 따라 H^+이 ATP 합성 효소를 통해 틸라코이드 내부에서 스트로마로 이동(확산)하는 화학 삼투가 일어난다. ➡ 이때 H^+의 이동력으로 ATP 합성 효소의 회전자를 돌려서 ADP와 무기 인산(P_i)의 결합을 촉매하여 ATP를 합성한다.

유제

> 정답과 해설 **32**쪽

그림은 광합성이 활발하게 일어나는 어떤 식물 엽록체의 명반응 과정을 나타낸 것이다. 물질 A는 ㉠에서 전자 전달을 차단하여 광합성을 저해하는 물질이고, (가)와 (나)는 각각 광계 I과 광계 II 중 하나이다.
이에 대한 설명으로 옳은 것만을 〈보기〉에서 있는 대로 고른 것은?

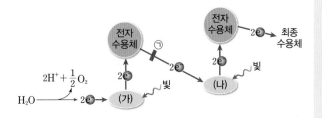

전자 수용체
㉠
전자 수용체
최종 수용체
$2H^++\frac{1}{2}O_2$
H_2O
(가)
빛
(나)
빛

┌ **보기** ─────────────────
│ ㄱ. (가)는 광계 I이다.
│ ㄴ. 위 과정에서 O_2는 스트로마에서 생성된다.
│ ㄷ. A를 처리한 후가 처리하기 전보다 스트로마의 pH가 낮다.
└────────────────────────

① ㄱ   ② ㄴ   ③ ㄷ   ④ ㄱ, ㄴ   ⑤ ㄱ, ㄷ

식물 잎의 광합성 색소 분리하기

크로마토그래피를 이용하여 식물의 잎에서 광합성 색소를 분리할 수 있다.

과정

1 시금치 잎을 잘게 잘라서 막자사발에 넣고 색소 추출액(메탄올 : 아세톤=3 : 1)을 소량 넣은 다음, 잘 갈아서 광합성 색소를 추출한다.

2 TLC 판을 눈금실린더 크기에 맞게 자른 다음, 한쪽 끝에서 2 cm 떨어진 위치에 연필로 선을 긋고 선 중앙에 원점을 표시한다.

3 모세관으로 광합성 색소 추출액을 채취하여 TLC 판의 원점에 찍어 말리는 과정을 여러 번 반복한다.

4 눈금실린더에 전개액(석유 에테르 : 아세톤=9 : 1)을 1 cm 높이가 되게 넣은 후, TLC 판을 눈금실린더에 세워 넣고 고무마개로 입구를 막는다.

5 전개액이 TLC 판의 상단 가까이 올라가면 TLC 판을 꺼내어 연필로 전개액이 올라간 위치(용매 전선)와 각 색소가 올라간 위치를 표시한다.

• 유의점
• 색소 추출액과 전개액은 휘발성이 강하므로, 마스크를 쓰고 환기가 잘 되는 곳에서 실험한다.
• 눈금실린더에 TLC 판을 세울 때, 원점이 전개액에 잠기지 않도록 주의한다.
• 전개액은 독성이 있으므로, 손에 닿지 않도록 한다.

TLC(Thin Layer Chromatography, 얇은 막 크로마토그래피)
알루미늄 판에 실리카 젤을 얇게 입힌 판(TLC 판)을 사용하여 여러 가지 유기 용매로 혼합물을 분리하는 방법이다.

결과 및 해석

1 분리된 광합성 색소의 종류와 전개율은 카로틴>잔토필>엽록소 a>엽록소 b이다.

색소	색깔	전개율
카로틴	적황색	$\dfrac{14.3}{15.0} ≒ 0.95$
잔토필	황색	$\dfrac{12.8}{15.0} ≒ 0.85$
엽록소 a	청록색	$\dfrac{5.4}{15.0} = 0.36$
엽록소 b	황록색	$\dfrac{3.1}{15.0} ≒ 0.21$

전개율(Rf)
$= \dfrac{\text{원점에서 색소까지의 거리}}{\text{원점에서 용매 전선까지의 거리}}$

2 광합성 색소에 따라 전개액에 대한 용해도와 TLC 판에 대한 흡착력이 달라 전개율이 다르다. ➡ 전개율은 전개액에 대한 용해도가 클수록, TLC 판에 대한 흡착력이 작을수록 크다.

탐구 확인 문제

▶ 정답과 해설 32쪽

01 그림은 어떤 식물 잎의 광합성 색소를 분리한 결과이다. 분리된 색소 중 전개율이 가장 큰 것을 쓰고, 그 전개율을 구하시오.

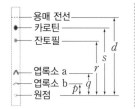

02 위 탐구에서 각각의 광합성 색소가 분리되는 원리를 서술하시오.

01 광합성

① 광합성 색소

1. **광합성 색소** 엽록체의 틸라코이드 막에 있으며, (❶)를 이루어 빛에너지를 흡수한다.

2. **빛의 파장과 광합성 색소** 엽록소 a와 b가 주로 흡수하는 청자색광과 (❷)에서 광합성이 가장 활발하게 일어난다.

② 광합성의 개요

1. **광합성** 빛에너지를 이용하여 CO_2와 H_2O로부터 포도당($C_6H_{12}O_6$)을 합성하는 과정이다.

$$6CO_2 \ + \ 12H_2O \ \xrightarrow{\text{빛에너지}} \ C_6H_{12}O_6 \ + \ (❸ \qquad) \ + \ 6H_2O$$

2. **광합성의 전 과정** 명반응 → 탄소 고정 반응의 두 단계로 진행된다.

③ 광합성 과정 – 명반응

1. **명반응** 빛에너지를 ATP와 (❹)의 화학 에너지로 전환하는 과정으로, 엽록체의 틸라코이드 막에서 일어난다.

2. **광계와 전자 전달계를 통한 전자 흐름**

구분	비순환적 전자 흐름	순환적 전자 흐름
관여하는 광계	광계 I (P_{700}), 광계 II (P_{680})	(❺)
물의 광분해	일어남 → O_2 발생	일어나지 않음 → O_2 발생 안 함
전자의 이동 경로	H_2O → 광계 II의 P_{680} → 전자 전달계 → 광계 I 의 P_{700} → 전자 전달계 → (❻)	광계 I 의 P_{700} → 전자 전달계 → 광계 I 의 P_{700}
NADPH	생성됨	(❼)

3. **화학 삼투에 의한 ATP 합성** 전자 전달 과정에서 방출된 에너지를 이용하여 H^+이 스트로마에서 틸라코이드 내부로 (❽)된다. → 틸라코이드 막을 경계로 H^+의 농도 기울기가 형성된다. → 틸라코이드 내부의 H^+이 ATP 합성 효소를 통해 스트로마로 (❾)되면서 ATP가 합성된다.

④ 광합성 과정 – 탄소 고정 반응

1. **탄소 고정 반응** 명반응에서 생성된 ATP와 NADPH를 이용하여 CO_2로부터 포도당을 합성하는 과정으로, 엽록체의 (❿)에서 일어난다.

• 캘빈 회로: 탄소 고정, (⓫), RuBP 재생의 세 단계로 진행된다. → 1분자의 포도당을 합성하는 데 $6CO_2$, 12NADPH, (⓬)가 필요하다.

2. **명반응과 탄소 고정 반응의 관계** 명반응에서 ATP와 NADPH가 생성되어 탄소 고정 반응에 공급되고, 탄소 고정 반응에서 ADP와 (⓭)가 생성되어 명반응에 공급됨으로써 광합성이 지속해서 일어난다.

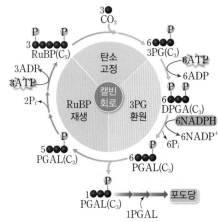

▲ 캘빈 회로

01 광합성 색소에 대한 설명으로 옳은 것만을 〈보기〉에서 있는 대로 고르시오.

보기
ㄱ. 엽록체의 틸라코이드 막에 있다.
ㄴ. 모든 식물의 엽록체에는 엽록소 a와 b가 있다.
ㄷ. 광합성 과정에서 중심적인 역할을 하는 것은 엽록소 b이다.
ㄹ. 카로티노이드는 엽록소가 흡수하지 못하는 파장의 빛을 흡수하여 엽록소에 전달한다.

02 그림은 해캄과 호기성 세균을 함께 밀봉한 후 프리즘을 통과시킨 빛을 비추었을 때의 결과를 나타낸 것이다.

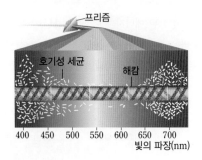

이에 대한 설명으로 옳은 것만을 〈보기〉에서 있는 대로 고르시오.

보기
ㄱ. 호기성 세균은 광합성에 청자색광과 적색광을 주로 이용한다.
ㄴ. 해캄이 가진 광합성 색소는 청자색광보다 초록색광을 더 잘 흡수한다.
ㄷ. 청자색광과 적색광이 비치는 해캄의 부위에서 O_2가 많이 발생한다.

03 그림은 광합성의 전 과정을 간단히 나타낸 것이다.

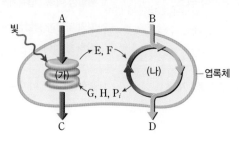

(1) (가)와 (나)는 각각 탄소 고정 반응과 명반응 중 어떤 반응에 해당하는지 쓰시오.

(2) 광합성의 재료 물질인 A, B와 광합성의 산물인 C, D는 각각 무엇인지 쓰시오.

(3) (가)에서 (나)로 공급되는 두 가지 물질 E, F를 쓰시오.

(4) (나)에서 (가)로 공급되는 두 가지 물질 G, H를 쓰시오.

04 힐은 그림과 같이 질경이 잎에서 분리한 엽록체 추출액과 옥살산 철(Ⅲ)을 함께 넣은 시험관에서 공기를 빼낸 후 빛을 비추면 O_2가 발생하고, 옥살산 철(Ⅲ)이 옥살산 철(Ⅱ)로 환원되는 것을 발견하였다.

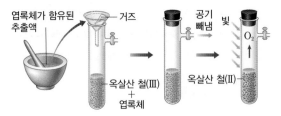

(1) 발생한 O_2는 어떤 물질로부터 생성된 것인지 쓰시오.

(2) 엽록체에서 광합성이 일어날 때 ㉠ 옥살산 철(Ⅲ)과 ㉡ 옥살산 철(Ⅱ)에 해당하는 물질을 각각 쓰시오.

05 광계에 대한 설명으로 옳은 것만을 〈보기〉에서 있는 대로 고르시오.

보기
ㄱ. 엽록체의 내막에 있다.
ㄴ. 광계의 반응 중심 색소는 엽록소 a이다.
ㄷ. 광계 I의 반응 중심 색소는 P_{680}이고, 광계 II의 반응 중심 색소는 P_{700}이다.

06 그림은 엽록체에서 일어나는 광합성의 명반응에서 전자가 이동하는 경로를 나타낸 것이다.

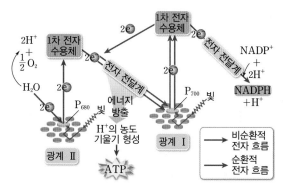

⊙**순환적 전자 흐름**과 ⓒ**비순환적 전자 흐름**에 대한 설명으로 옳은 것만을 각각 〈보기〉에서 있는 대로 고르시오.

보기
ㄱ. O_2가 발생한다.
ㄴ. NADPH가 생성된다.
ㄷ. 광계 I과 광계 II가 모두 관여한다.
ㄹ. P_{700}에서 방출된 전자가 P_{700}으로 되돌아간다.
ㅁ. 전자가 전자 전달계를 거치면서 에너지를 방출하여 ATP가 합성되도록 한다.

07 그림은 엽록체에서 일어나는 명반응 과정의 일부를 나타낸 것이다.

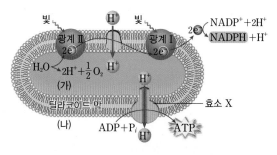

(1) (가)와 (나)는 각각 엽록체의 어느 부위인지 쓰시오.

(2) 효소 X의 이름을 쓰시오.

(3) 효소 X가 ATP를 합성하려면 (가)와 (나) 중 어느 곳의 H^+ 농도가 더 높아야 하는지 쓰시오.

08 그림은 캘빈 회로를 (가)~(다)의 세 단계로 구분하여 나타낸 것이다.

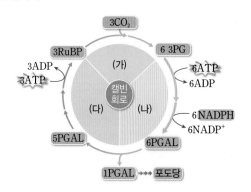

(1) (가)~(다)는 각각 어떤 단계인지 쓰시오.

(2) 식물에 $^{14}CO_2$가 투입되었을 때 가장 먼저 ^{14}C로 표지되는 물질은 무엇인지 쓰시오.

(3) 광합성이 일어나고 있는 어떤 식물에 CO_2 농도를 감소시켰을 때, 단기적으로 RuBP와 3PG의 농도는 각각 어떻게 변하는지 쓰시오.

01
▶ 흡수 스펙트럼과 작용 스펙트럼

그림 (가)는 시금치 잎에서 추출한 광합성 색소의 흡수 스펙트럼을, (나)는 이 식물의 작용 스펙트럼을 나타낸 것이다.

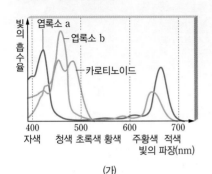

(가)

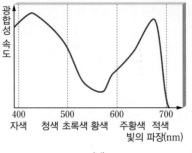

(나)

이에 대한 설명으로 옳은 것만을 〈보기〉에서 있는 대로 고른 것은?

보기
ㄱ. 식물에 초록색광을 비추면 광합성이 일어나지 않는다.
ㄴ. 식물은 주로 엽록소가 잘 흡수하는 파장의 빛을 이용하여 광합성을 한다.
ㄷ. 광인산화는 파장이 450 nm인 빛에서보다 550 nm인 빛에서 활발하게 일어난다.

① ㄱ   ② ㄴ   ③ ㄷ   ④ ㄱ, ㄴ   ⑤ ㄴ, ㄷ

• 엽록소는 청자색광과 적색광을 주로 흡수하고, 초록색광은 대부분 반사하거나 통과시킨다. 카로티노이드는 청색광과 초록색광을 주로 흡수한다.

02
▶ 광합성의 전 과정

그림 (가)는 광합성의 전 과정을, (나)는 엽록체의 구조를 나타낸 것이다. X와 Y는 각각 탄소 고정 반응과 명반응 중 하나이다.

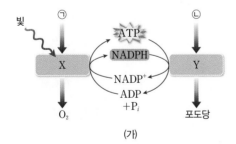

(가)

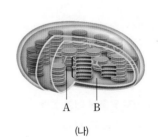

(나)

이에 대한 설명으로 옳은 것만을 〈보기〉에서 있는 대로 고른 것은?

보기
ㄱ. ㉠은 H_2O, ㉡은 CO_2이다.
ㄴ. X는 (나)의 B에서, Y는 (나)의 A에서 일어난다.
ㄷ. ATP, NADPH, ㉡이 공급되면 빛이 없어도 포도당이 생성된다.

① ㄱ   ② ㄴ   ③ ㄱ, ㄷ   ④ ㄴ, ㄷ   ⑤ ㄱ, ㄴ, ㄷ

• 광합성 과정은 빛이 필요한 명반응과 CO_2가 필요한 탄소 고정 반응의 두 단계로 진행된다.

03 › 벤슨의 실험

벤슨은 암실에 하루 동안 두었던 식물에 빛과 CO_2를 따로 주거나 함께 주면서 광합성 속도를 측정하는 실험을 하여 그림과 같은 결과를 얻었다.

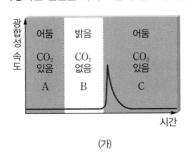
(가)

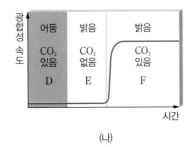
(나)

이에 대한 설명으로 옳은 것만을 〈보기〉에서 있는 대로 고른 것은?

> 보기
> ㄱ. B, E, F 구간에서 O_2가 발생한다.
> ㄴ. A, C, D, F 구간에서 CO_2가 고정되어 포도당이 합성된다.
> ㄷ. 명반응 산물이 공급되면 빛이 없어도 탄소 고정 반응이 일어날 수 있다.

① ㄴ   ② ㄷ   ③ ㄱ, ㄴ   ④ ㄱ, ㄷ   ⑤ ㄴ, ㄷ

● 탄소 고정 반응에서는 명반응에서 생성된 NADPH와 ATP를 이용하여 CO_2로부터 포도당을 합성한다.

04 › 광계와 광합성 색소

그림 (가)는 어떤 식물 잎의 광계에서 일어나는 명반응 과정의 일부를, (나)는 이 식물 잎의 광합성 색소를 크로마토그래피법으로 분리한 결과를 나타낸 것이다. ㉠과 ㉡은 각각 엽록소 a와 엽록소 b 중 하나이다.

(가)

┄┄┄	용매 전선
●	카로틴
●	잔토필
∧	㉠
⌒	㉡
○	색소 원점

(나)

이에 대한 설명으로 옳은 것만을 〈보기〉에서 있는 대로 고른 것은?

> 보기
> ㄱ. 막 X는 틸라코이드 막이다.
> ㄴ. (가)에서 반응 중심 색소는 ㉠이다.
> ㄷ. (가)의 광계는 순환적 전자 흐름과 비순환적 전자 흐름에 모두 관여한다.

① ㄱ   ② ㄷ   ③ ㄱ, ㄴ   ④ ㄴ, ㄷ   ⑤ ㄱ, ㄴ, ㄷ

● 반응 중심 색소는 엽록소 a이며, 물(H_2O)의 광분해는 비순환적 전자 흐름에서만 일어난다.

05 ❯ 힐의 실험과 루벤의 실험

그림 (가)는 힐의 실험을, (나)는 루벤의 실험을 나타낸 것이다. ㉠~㉢은 광합성의 명반응 결과 생성된 기체이다.

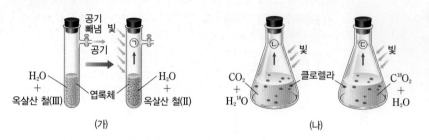

(가)   (나)

이에 대한 설명으로 옳은 것만을 〈보기〉에서 있는 대로 고른 것은?

보기
ㄱ. ㉠과 ㉢은 모두 O_2이고, ㉡은 $^{18}O_2$이다.
ㄴ. (가)에서 옥살산 철(Ⅲ)은 전자를 공급하는 역할을 한다.
ㄷ. (나)에서 ㉡과 ㉢은 모두 순환적 전자 흐름의 산물이다.

① ㄱ   ② ㄷ   ③ ㄱ, ㄴ   ④ ㄴ, ㄷ   ⑤ ㄱ, ㄴ, ㄷ

• (가)에서 일어난 변화는 다음과 같이 정리할 수 있다.

$$H_2O \xrightarrow{\text{산화}} 2H^+ + \frac{1}{2}O_2$$

$$2Fe^{3+} \xrightarrow[\text{환원}]{2e^-} 2Fe^{2+}$$

옥살산 철   옥살산 철
(Ⅲ)   (Ⅱ)

06 ❯ 비순환적 전자 흐름과 엽록체의 구조

그림 (가)는 광합성이 활발한 어떤 식물의 명반응에서 전자가 이동하는 경로를, (나)는 이 식물의 엽록체 구조를 나타낸 것이다. X는 ㉠에서 전자 전달을 차단하여 광합성을 저해하는 물질이고, ⓐ와 ⓑ는 각각 틸라코이드 내부와 스트로마 중 하나이다.

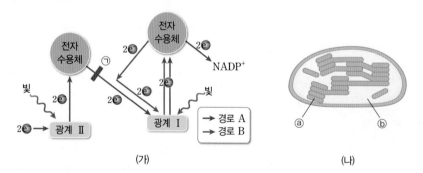

(가)   (나)

이에 대한 설명으로 옳은 것만을 〈보기〉에서 있는 대로 고른 것은?

보기
ㄱ. 경로 A에서 O_2가 발생한다.
ㄴ. $NADP^+$의 환원은 ⓑ에서 일어난다.
ㄷ. $\dfrac{\text{ⓑ의 pH}}{\text{ⓐ의 pH}}$ 는 X를 처리한 후가 처리하기 전보다 작다.

① ㄱ   ② ㄴ   ③ ㄱ, ㄷ   ④ ㄴ, ㄷ   ⑤ ㄱ, ㄴ, ㄷ

• 틸라코이드 막에서 광계와 전자 전달계를 거쳐 전자의 흐름이 일어난 후 최종적으로 $NADP^+$가 전자를 받아 NADPH로 되는 장소는 틸라코이드 막의 바깥쪽이다.

그림은 엽록체에서 일어나는 광합성의 명반응 과정을 나타낸 것이다.

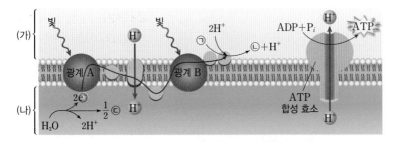

이에 대한 설명으로 옳은 것만을 〈보기〉에서 있는 대로 고른 것은?

> **보기**
>
> ㄱ. ⊙~ⓒ 중 최종 전자 수용체는 ⓒ이다.
> ㄴ. 반응 중심 색소가 P_{700}인 것은 광계 A이다.
> ㄷ. 전자 전달이 활발하게 일어날 때 H^+의 농도는 (나)에서가 (가)에서보다 높다.

① ㄱ 　　② ㄷ 　　③ ㄱ, ㄴ 　　④ ㄱ, ㄷ 　　⑤ ㄴ, ㄷ

다음은 엽록체에서 ATP가 합성되는 원리를 밝히기 위한 실험이다.

> (가) 엽록체의 틸라코이드(pH 7)를 분리하여 pH 4인 수용액이 들어 있는 플라스크에 넣고, 틸라코이드 내부의 pH가 수용액의 pH와 같아질 때까지 담가 둔다.
> (나) (가)의 틸라코이드를 pH 8인 수용액이 들어 있는 비커로 옮긴다.
> (다) (나)의 비커를 암실로 옮기고 ADP와 무기 인산(P_i)을 첨가하였더니 수용액에서 ATP가 검출되었다.

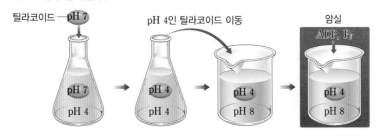

이 실험에 대한 설명으로 옳은 것만을 〈보기〉에서 있는 대로 고른 것은?

> **보기**
>
> ㄱ. (가)에서 H^+은 틸라코이드 외부에서 내부로 이동한다.
> ㄴ. (나)에서 틸라코이드 막을 경계로 H^+의 농도 기울기가 형성된다.
> ㄷ. (다)에서 H^+이 틸라코이드 내부에서 외부로 확산될 때 ATP가 합성된다.

① ㄱ 　　② ㄴ 　　③ ㄱ, ㄷ 　　④ ㄴ, ㄷ 　　⑤ ㄱ, ㄴ, ㄷ

• H_2O의 광분해로 방출된 전자는 전자를 잃어 산화된 광계 Ⅱ의 P_{680}을 환원시키며, 비순환적 전자 흐름에서 최종 전자 수용체는 $NADP^+$이다. 전자가 전자 전달계를 거치는 동안 방출되는 에너지를 이용하여 일부 전자 운반체는 H^+을 스트로마에서 틸라코이드 내부로 능동 수송하므로, 전자 전달이 활발하게 일어나면 틸라코이드 내부의 H^+ 농도가 스트로마보다 높아진다.

• H^+의 농도가 높아질수록 pH는 낮아지며, 엽록체에서 틸라코이드 내부의 H^+이 스트로마로 확산될 때 ATP가 합성된다.

09 > 명반응과 탄소 고정 반응

표는 광합성 과정에서 일어나는 반응 (가)~(다)를, 그림은 엽록체의 구조를 나타낸 것이다.

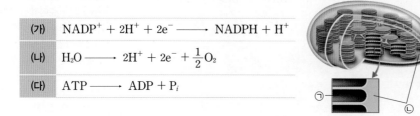

(가)	$NADP^+ + 2H^+ + 2e^- \longrightarrow NADPH + H^+$
(나)	$H_2O \longrightarrow 2H^+ + 2e^- + \frac{1}{2}O_2$
(다)	$ATP \longrightarrow ADP + P_i$

이에 대한 설명으로 옳은 것만을 〈보기〉에서 있는 대로 고른 것은?

보기
ㄱ. (가)에서 생성된 NADPH는 ⓛ에서 사용된다.
ㄴ. (나)에서 방출된 전자가 전자 전달계를 거치면 ㉠의 pH가 ⓛ의 pH보다 높아진다.
ㄷ. (다)는 ㉠에서 일어난다.

① ㄱ   ② ㄴ   ③ ㄷ   ④ ㄱ, ㄷ   ⑤ ㄴ, ㄷ

• (가)와 (나)는 명반응 과정에서, (다)는 탄소 고정 반응에서 일어나며, 탄소 고정 반응은 스트로마에서 일어난다.

10 > 캘빈 회로의 발견

다음은 탄소 고정 반응에 대한 캘빈의 실험이다.

(가) 클로렐라 배양액에 $^{14}CO_2$를 공급하고 빛을 비추면서 일정 시간마다 클로렐라를 일부 채취하여 광합성을 정지시킨 후, 클로렐라에서 생성된 물질을 추출한다.
(나) 시간 경과에 따라 추출한 물질을 각각 크로마토그래피법으로 전개한 결과가 그림과 같다.

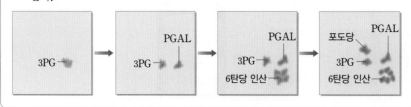

이에 대한 설명으로 옳은 것만을 〈보기〉에서 있는 대로 고른 것은?

보기
ㄱ. 1분자당 탄소 수는 6탄당 인산과 PGAL이 같다.
ㄴ. CO_2가 고정되어 최초로 생성되는 물질은 3PG이다.
ㄷ. 3PG가 PGAL로 전환되는 과정에는 명반응 산물이 필요하다.

① ㄱ   ② ㄴ   ③ ㄱ, ㄷ   ④ ㄴ, ㄷ   ⑤ ㄱ, ㄴ, ㄷ

• 3PG와 PGAL은 3탄소 화합물이고, 6탄당 인산과 포도당은 6탄소 화합물이다.

11
> 캘빈 회로에서의 물질 전환

그림은 어떤 식물의 캘빈 회로에서 일어나는 물질 전환 과정의 일부를, 표는 각 과정에서 사용되는 물질을 나타낸 것이다. X와 Y는 각각 PGAL과 RuBP 중 하나이고, ㉠~㉢은 ATP, CO_2, NADPH를 순서 없이 나타낸 것이다.

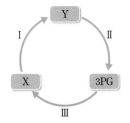

과정	물질
I	㉠
II	㉡
III	㉠, ㉢

이에 대한 설명으로 옳은 것만을 〈보기〉에서 있는 대로 고른 것은?

보기
ㄱ. III에서 3PG가 산화된다.
ㄴ. ㉠은 ATP, ㉡은 CO_2이다.
ㄷ. 1분자당 탄소 수는 X보다 Y가 많다.

① ㄱ   ② ㄷ   ③ ㄱ, ㄴ   ④ ㄴ, ㄷ   ⑤ ㄱ, ㄴ, ㄷ

• 캘빈 회로에 투입된 CO_2는 RuBP와 결합하여 3PG가 되고, 3PG는 ATP와 NADPH를 사용하여 PGAL로 환원되며, PGAL의 일부는 ATP를 사용하여 RuBP로 전환된다.

12
> 엽록체의 구조와 캘빈 회로

그림 (가)는 엽록체의 구조를, (나)는 캘빈 회로의 일부를 나타낸 것이다. ㉠과 ㉡은 각각 NADPH와 ATP 중 하나이다.

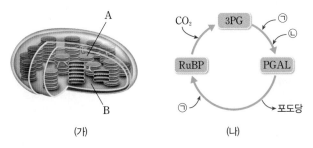

(가)　　　　　(나)

이에 대한 설명으로 옳은 것만을 〈보기〉에서 있는 대로 고른 것은?

보기
ㄱ. (나)는 A의 내부에서 일어난다.
ㄴ. 1분자의 포도당을 합성하는 데 필요한 ㉠의 분자 수는 9이다.
ㄷ. ㉡은 비순환적 전자 흐름에서 생성된다.

① ㄴ   ② ㄷ   ③ ㄱ, ㄴ   ④ ㄱ, ㄷ   ⑤ ㄴ, ㄷ

• 캘빈 회로에서 포도당 합성에 쓰일 PGAL 1분자를 생성하는 데 6NADPH와 9ATP가 필요하며, 2분자의 PGAL로부터 1분자의 포도당이 합성된다.

02 광합성과 세포 호흡의 비교

학습 Point   광합성과 세포 호흡의 전 과정 비교 ▶ 엽록체와 미토콘드리아에서의 ATP 합성 비교

 광합성과 세포 호흡의 전 과정 비교   집중 분석 199쪽

광합성은 태양의 빛에너지를 포도당의 화학 에너지로 전환하는 과정이고, 세포 호흡은 포도당의 화학 에너지를 ATP의 화학 에너지로 전환하는 과정이다.

1. 에너지 전환

광합성의 명반응에서는 태양의 빛에너지가 화학 에너지로 전환되어 ATP와 NADPH에 저장되고, 탄소 고정 반응에서는 ATP와 NADPH의 화학 에너지를 이용하여 CO_2를 고정하고 환원시켜 포도당을 합성한다. 세포 호흡의 해당 과정, 피루브산의 산화와 TCA 회로에서는 포도당이 피루브산을 거쳐 CO_2로 산화되면서 포도당에 저장되어 있던 화학 에너지의 일부가 ATP 및 NADH와 $FADH_2$의 화학 에너지로 전환된다. 그리고 NADH와 $FADH_2$의 화학 에너지는 산화적 인산화를 통해 ATP의 화학 에너지로 전환된다.

2. 반응 과정과 장소

광합성의 명반응은 엽록체의 틸라코이드 막에서 일어나고 세포 호흡의 산화적 인산화는 미토콘드리아 내막에서 일어나는데, 둘 다 전자 전달계와 화학 삼투를 통해 ATP가 합성된다. 또, 광합성과 세포 호흡에서는 고에너지 전자와 결합하는 조효소의 종류가 서로 다른데, 광합성에서는 $NADP^+$가, 세포 호흡에서는 NAD^+와 FAD가 이용된다. 광합성의 탄소 고정 반응과 세포 호흡의 TCA 회로는 효소에 의해 단계적으로 진행되며 순환하는 형태의 화학 반응으로, 각각 엽록체의 스트로마와 미토콘드리아의 기질에서 일어난다.

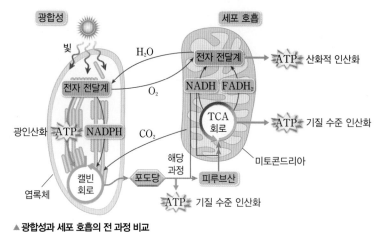

▲ 광합성과 세포 호흡의 전 과정 비교

광합성과 세포 호흡의 관계

광합성과 세포 호흡은 서로 반대 방향으로 진행되는 과정으로, 광합성 산물인 포도당($C_6H_{12}O_6$)과 산소(O_2)는 세포 호흡의 반응물로 이용되고, 세포 호흡의 산물인 이산화 탄소(CO_2)와 물(H_2O)은 광합성의 반응물로 이용된다.

$$6CO_2 + 12H_2O$$
빛에너지 ⇅ ATP+열에너지
$$C_6H_{12}O_6 + 6O_2 + 6H_2O$$

반응식의 비교

C, H, O만으로 구성된 반응식으로 광합성과 세포 호흡의 단계를 비교해 보면, 광합성의 명반응($12H_2O \rightarrow 12H_2 + 6O_2$)은 세포 호흡의 산화적 인산화($12H_2 + 6O_2 \rightarrow 12H_2O$)의 역반응에 해당한다. 또, 광합성의 탄소 고정 반응($6CO_2 + 12H_2 \rightarrow C_6H_{12}O_6 + 6H_2O$)은 세포 호흡의 해당 과정~TCA 회로의 역반응에 해당한다.

구분	광합성	세포 호흡
물질대사의 종류	동화 작용	이화 작용
에너지 전환	빛에너지가 포도당의 화학 에너지로 전환된다.	포도당의 화학 에너지가 ATP의 화학 에너지로 전환된다.
반응 과정	• 명반응: 빛에너지가 ATP와 NADPH의 화학 에너지로 전환된다. • 탄소 고정 반응: ATP와 NADPH를 이용하여 CO_2를 고정하고 환원시켜 포도당을 합성한다.	• 해당 과정: 포도당이 피루브산으로 분해된다. • 피루브산의 산화와 TCA 회로: 피루브산이 아세틸 CoA로 산화된 후 CO_2로 분해된다. • 산화적 인산화: NADH와 $FADH_2$가 산화되면서 ATP가 합성된다.
반응 장소	• 명반응: 엽록체의 그라나 　(틸라코이드 막) • 탄소 고정 반응: 엽록체의 스트로마	• 해당 과정: 세포질 • 피루브산의 산화와 TCA 회로: 미토콘드리아의 기질 • 산화적 인산화: 미토콘드리아의 내막
ATP 합성 과정	광인산화	기질 수준 인산화, 산화적 인산화
합성된 ATP의 사용	광합성의 탄소 고정 반응에 사용된다.	다양한 세포 내 생명 활동에 사용된다.
고에너지 전자와 결합하는 조효소	$NADP^+$	NAD^+, FAD
공통점	• 효소에 의해 일어나는 화학 반응이다. 탄소 고정 반응(캘빈 회로)과 TCA 회로는 단계적으로 순환하는 형태이며, 회로가 진행됨에 따라 화합물의 탄소 수가 변한다. • 전자 전달계와 화학 삼투를 통해 ATP가 합성된다(광인산화, 산화적 인산화).	

▲ 광합성과 세포 호흡의 비교

2 엽록체와 미토콘드리아에서의 ATP 합성 비교

엽록체의 틸라코이드 막과 미토콘드리아의 내막에서는 모두 전자 전달계와 화학 삼투를 통해 ATP가 합성된다. 즉, 광합성의 광인산화와 세포 호흡의 산화적 인산화에서 ATP가 합성되는 원리는 매우 유사하지만, 몇 가지 차이점이 있다.

1. 엽록체와 미토콘드리아에서 화학 삼투에 의한 ATP 합성

광합성의 광인산화는 엽록체의 틸라코이드 막에서, 세포 호흡의 산화적 인산화는 미토콘드리아의 내막에서 각각 일어난다. 엽록체의 틸라코이드 막과 미토콘드리아의 내막에서 전자 전달계를 구성하는 단백질과 ATP 합성 효소는 매우 유사하며, 화학 삼투로 ATP가 합성되는 방식도 거의 같다. 이들 막에서는 전자가 전자 전달계를 따라 이동하는 동안 방출하는 에너지를 이용하여 H^+이 능동 수송되므로, 엽록체에서는 틸라코이드 막을 경계로, 미토콘드리아에서는 내막을 경계로 H^+의 농도 기울기가 형성된다. 그 결과 H^+의 농도 기울기에 따라 H^+이 ATP 합성 효소를 통해 확산되는데, 이때 H^+의 이동으로 발생하는 에너지를 이용하여 ATP 합성 효소가 ATP를 합성한다.

엽록체에서 빛에 의한 H^+의 농도 기울기 형성

엽록체에 빛을 비추면 틸라코이드 내부는 H^+ 농도가 증가하여 pH 5 정도로 낮아지고, 스트로마는 H^+ 농도가 감소하여 pH 8 정도로 높아진다. 즉, 약 1000배에 해당하는 H^+의 농도 기울기가 형성되는 셈이다. 이후 빛을 차단하면 틸라코이드 내부와 스트로마의 pH 차이는 없어진다.

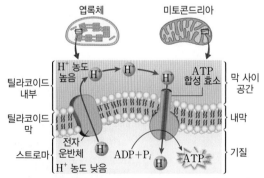

▲ **엽록체와 미토콘드리아에서 화학 삼투에 의한 ATP 합성** H^+은 ATP 합성 효소를 통해 고농도에서 저농도로 확산되고, 이때 ATP가 합성된다.

2. 광인산화와 산화적 인산화에서 ATP 합성 과정의 차이점

(1) 전자의 에너지원과 전자 공여체: 광합성의 명반응(광인산화)에서 전자 전달계에 공급되는 전자는 빛에너지를 이용한 물(H_2O)의 분해로 방출된 것이고, 세포 호흡의 산화적 인산화에서 전자 전달계에 공급되는 전자는 포도당의 산화로 생성된 NADH와 $FADH_2$에서 방출된 것이다.

(2) 전자의 흐름과 최종 전자 수용체

① 전자의 흐름: 전자 전달계를 통해 전자가 전달될 때 엽록체의 틸라코이드 막에서는 전자가 $NADP^+$로 전달되어 한 방향으로 흐르기도 하고, 다시 전자 전달계로 돌아가 순환적으로 흐르기도 한다. 하지만 미토콘드리아의 내막에서는 전자가 산소(O_2)로 전달되어 한 방향으로만 흐른다.

② 최종 전자 수용체: 엽록체의 틸라코이드 막에서 전자를 최종적으로 받은 $NADP^+$는 NADPH로 환원되고, 미토콘드리아의 내막에서 전자를 최종적으로 받은 산소(O_2)는 물(H_2O)로 환원된다.

구분	광인산화	산화적 인산화
전자의 에너지원	빛	포도당과 같은 유기물
전자 공여체	물(H_2O)	NADH, $FADH_2$
최종 전자 수용체	$NADP^+$	산소(O_2)
전자의 흐름	순환적, 비순환적으로 흐른다.	한 방향으로만 흐른다.
전자 전달계에서 H^+의 능동 수송 방향	스트로마에서 틸라코이드 내부로 능동 수송된다. → 틸라코이드 내부의 H^+ 농도가 스트로마보다 높아진다.	미토콘드리아 기질에서 막 사이 공간으로 능동 수송된다. → 막 사이 공간의 H^+ 농도가 기질보다 높아진다.
ATP 합성 효소를 통한 H^+의 확산 방향	H^+이 농도가 높은 틸라코이드 내부에서 농도가 낮은 스트로마로 확산되면서 ATP가 합성된다.	H^+이 농도가 높은 막 사이 공간에서 농도가 낮은 기질로 확산되면서 ATP가 합성된다.
ATP 합성 장소	스트로마	기질

▲ 광인산화와 산화적 인산화의 비교

H^+의 농도 기울기와 ATP 합성

광인산화와 산화적 인산화에서 ATP가 합성되려면 엽록체의 틸라코이드 막과 미토콘드리아 내막을 경계로 H^+의 농도 기울기가 형성되어야 한다. 이때 엽록체에서는 틸라코이드 내부가 스트로마보다 H^+ 농도가 높아야 하고, 미토콘드리아에서는 막 사이 공간이 기질보다 H^+ 농도가 높아야 한다. 따라서 엽록체와 미토콘드리아에 이와 같은 H^+의 농도 기울기를 만들어 주면 전자의 이동 없이도 ATP가 합성될 수 있다.

광인산화와 산화적 인산화에서의 ATP 합성 장소

엽록체의 틸라코이드 막에 있는 ATP 합성 효소는 촉매 부분이 스트로마 쪽으로 향해 있어 H^+이 ATP 합성 효소를 통해 확산될 때 ATP가 스트로마에서 합성된다. 미토콘드리아 내막에 있는 ATP 합성 효소는 촉매 부분이 기질 쪽으로 향해 있어 H^+이 ATP 합성 효소를 통해 확산될 때 ATP가 기질에서 합성된다.

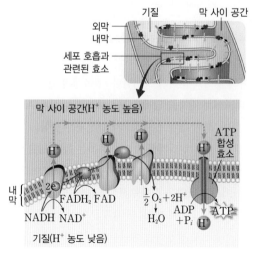

▲ 엽록체의 틸라코이드 막에서 일어나는 광인산화   ▲ 미토콘드리아의 내막에서 일어나는 산화적 인산화

실전에 대비하는

광합성과 세포 호흡의 순환 회로

생물에서의 에너지 전환과 물질 순환 회로는 광합성과 세포 호흡을 통해 서로 연결되어 있다. 광합성을 통해 빛 에너지가 화학 에너지로 전환되어 유기물에 저장되며, 세포 호흡을 통해 유기물의 화학 에너지가 세포의 생명 활동에 이용되는 ATP의 화학 에너지로 전환된다. 이 과정을 함께 나타낸 자료를 해석할 수 있어야 한다.

광합성의 탄소 고정 반응에서 생성된 포도당과 같은 유기물은 세포 호흡의 해당 과정에 공급될 수 있고, 광합성의 명반응에서 생성된 산소(O_2)는 세포 호흡의 최종 전자 수용체로 작용할 수 있다. 또, 세포 호흡의 TCA 회로에서 생성된 이산화 탄소(CO_2)는 광합성의 탄소 고정 반응에 공급될 수 있고, 세포 호흡의 산화적 인산화가 진행되는 전자 전달계에서 생성된 물(H_2O)은 광합성의 명반응에서 분해되어 전자 공여체 역할을 할 수 있다.

❶ 에너지를 획득하는 광합성 과정

(1) 명반응: 빛에너지를 흡수하여 ATP와 NADPH에 화학 에너지 형태로 저장하며, H_2O의 광분해로 O_2가 발생한다.

(2) 탄소 고정 반응: ATP와 NADPH를 이용하여 CO_2를 고정하고 환원시켜 포도당을 합성한다.

❷ 에너지를 방출하는 세포 호흡 과정

(1) 해당 과정: 포도당을 피루브산으로 분해하며, NADH와 소량의 ATP를 생성한다.

(2) 피루브산의 산화와 TCA 회로: 피루브산이 아세틸 CoA로 산화된 후 CO_2로 분해되며, NADH와 $FADH_2$ 및 소량의 ATP를 생성한다.

(3) 산화적 인산화: 해당 과정, 피루브산의 산화와 TCA 회로에서 생성된 NADH와 $FADH_2$가 전달한 전자로부터 다량의 ATP를 생성하며, O_2는 최종적으로 전자를 받아 H_2O이 된다.

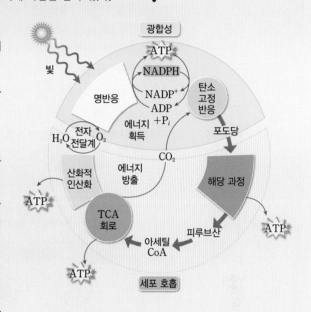

▶ 정답과 해설 **35**쪽

유제

그림은 광합성과 세포 호흡에서의 물질과 에너지의 이동을 나타낸 것이다. (가)와 (나)는 각각 광합성과 세포 호흡 중 하나이고, ㉠과 ㉡은 각각 O_2와 CO_2 중 하나이다.
이에 대한 설명으로 옳은 것만을 〈보기〉에서 있는 대로 고른 것은?

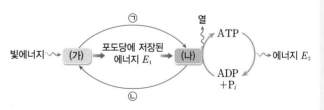

보기
ㄱ. ㉡은 CO_2이다.
ㄴ. E_1의 양과 E_2의 양은 같다.
ㄷ. 식물 세포에서 (가)와 (나)가 일어나는 세포 소기관은 동일하다.

① ㄱ   ② ㄷ   ③ ㄱ, ㄴ   ④ ㄱ, ㄷ   ⑤ ㄴ, ㄷ

02 광합성과 세포 호흡의 비교

2. 광합성

① 광합성과 세포 호흡의 전 과정 비교

1. 에너지 전환

• 광합성의 (**❶**)에서는 빛에너지가 ATP와 NADPH의 화학 에너지로 전환되고, (**❷**)에서는 ATP와 NADPH의 화학 에너지가 포도당의 화학 에너지로 전환된다.

• 세포 호흡에서는 포도당의 화학 에너지가 (**❸**)의 화학 에너지로 전환된다.

2. 반응 과정과 장소

• 광합성의 명반응은 엽록체의 틸라코이드 막에서, 탄소 고정 반응은 (**❹**)에서 일어난다.

• 세포 호흡의 해당 과정은 (**❺**)에서, 피루브산의 산화와 TCA 회로는 미토콘드리아의 기질에서, 산화적 인산화는 미토콘드리아의 내막에서 일어난다.

• 광합성의 명반응(광인산화)과 세포 호흡의 산화적 인산화에서는 모두 전자 전달계와 (**❻**)를 통해 ATP가 합성된다.

• 광합성에서 고에너지 전자와 결합하는 조효소는 (**❼**)이고, 세포 호흡에서 고에너지 전자와 결합하는 조효소는 (**❽**)와 FAD이다.

• 광합성의 캘빈 회로와 세포 호흡의 (**❾**) 회로는 단계적으로 순환하는 형태의 화학 반응이다.

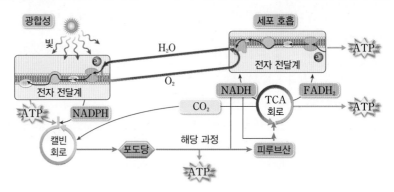

② 엽록체와 미토콘드리아에서의 ATP 합성 비교

1. 엽록체와 미토콘드리아에서 화학 삼투에 의한 ATP 합성

• 엽록체의 (**❿**)에서는 광인산화, 미토콘드리아의 내막에서는 산화적 인산화로 ATP가 합성된다.

• 엽록체와 미토콘드리아에서는 전자가 전자 전달계를 따라 이동하는 동안 방출되는 에너지를 이용하여 H^+이 (**⓫**)되므로 막을 경계로 H^+의 농도 기울기가 형성된다. → H^+이 농도 기울기에 따라 ATP 합성 효소를 통해 (**⓬**)될 때 ATP가 합성된다.

2. 광인산화와 산화적 인산화에서 ATP 합성 과정의 차이점

구분	광인산화	산화적 인산화
전자 공여체	(**⓭**)	NADH, FADH$_2$
최종 전자 수용체	NADP$^+$	(**⓮**)
전자 전달계에서 H^+의 능동 수송 방향	스트로마 → 틸라코이드 내부	기질 → (**⓯**)
ATP 합성 효소를 통한 H^+의 확산 방향	틸라코이드 내부 → 스트로마	(**⓯**) → 기질

01 그림은 식물 세포에서 일어나는 광합성과 세포 호흡 과정을 간단히 나타낸 것이다. (가)와 (나)는 각각 CO_2와 H_2O 중 하나이고, ㉠과 ㉡은 각각 NADPH와 $FADH_2$ 중 하나이다.

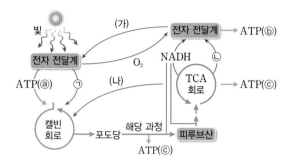

(1) (가)와 (나)에 해당하는 물질을 각각 쓰시오.

(2) ㉠과 ㉡에 해당하는 물질을 각각 쓰시오.

(3) ATP ⓐ~ⓒ를 합성하는 인산화 과정을 각각 무엇이라고 하는지 쓰시오.

02 그림은 식물 세포에서 일어나는 물질대사를 나타낸 것이다.

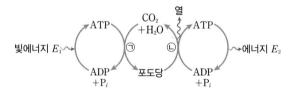

이에 대한 설명으로 옳은 것만을 〈보기〉에서 있는 대로 고르시오.

보기
ㄱ. 반응 ㉠은 미토콘드리아에서 일어난다.
ㄴ. 반응 ㉡에서 O_2가 소모된다.
ㄷ. E_1의 양이 E_2의 양보다 많다.

03 광합성의 캘빈 회로와 세포 호흡의 TCA 회로를 비교한 것으로 옳은 것만을 〈보기〉에서 있는 대로 고르시오.

보기
ㄱ. 둘 다 한 가지 효소의 작용으로 일어난다.
ㄴ. 둘 다 단계적으로 순환하는 형태의 화학 반응이다.
ㄷ. 캘빈 회로에서는 CO_2가 고정되고, TCA 회로에서는 CO_2가 방출된다.
ㄹ. 캘빈 회로에서는 ATP가 생성되고, TCA 회로에서는 ATP가 사용된다.

04 그림 (가)와 (나)는 식물 세포에서 볼 수 있는 두 가지 전자 전달계와 ATP 합성 과정을 나타낸 것이다. ㉠과 ㉡은 H^+의 이동을 나타낸다.

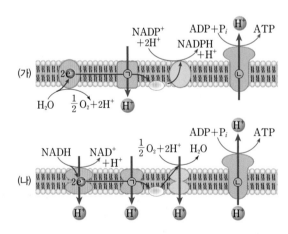

(1) (가)와 (나)의 전자 전달계가 존재하는 세포 소기관을 각각 쓰시오.

(2) (가)와 (나)의 전자 전달계에서 전자 공여체로 작용하는 물질을 각각 쓰시오.

(3) (가)와 (나)의 전자 전달계에서 최종 전자 수용체로 작용하는 물질을 각각 쓰시오.

(4) ㉠과 ㉡에서 H^+이 이동하는 방식을 각각 쓰시오.

01 ▶ 광합성과 세포 호흡의 관계

그림은 식물 세포에서 일어나는 물질대사를 나타낸 것이다. ㉠~㉢은 각각 O_2, CO_2, H_2O 중 하나이다.

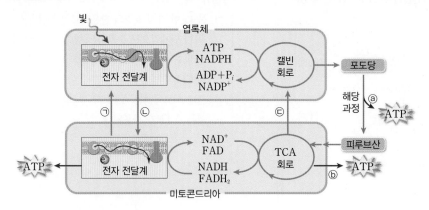

이에 대한 설명으로 옳은 것만을 〈보기〉에서 있는 대로 고른 것은?

보기
ㄱ. ㉠은 H_2O이고, ㉡은 O_2이다.
ㄴ. ㉢은 탈탄산 효소의 작용으로 생성된다.
ㄷ. ⓐ와 ⓑ에서 ATP를 합성하는 방식은 같다.

① ㄱ   ② ㄴ   ③ ㄱ, ㄷ   ④ ㄴ, ㄷ   ⑤ ㄱ, ㄴ, ㄷ

• 광합성과 세포 호흡의 반응식은 각각 다음과 같이 정리할 수 있다.
• 광합성:
$$6CO_2 + 12H_2O$$
$$\longrightarrow C_6H_{12}O_6 + 6O_2 + 6H_2O$$
• 세포 호흡:
$$C_6H_{12}O_6 + 6O_2 + 6H_2O$$
$$\longrightarrow 6CO_2 + 12H_2O$$

02 ▶ 광합성과 세포 호흡에서의 물질과 에너지 이동

그림은 식물의 광합성과 동물의 세포 호흡 사이에서 일어나는 물질과 에너지의 이동을 나타낸 것이다. ㉠과 ㉡은 각각 O_2와 CO_2 중 하나이다.

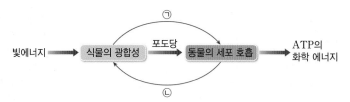

이에 대한 설명으로 옳은 것만을 〈보기〉에서 있는 대로 고른 것은?

보기
ㄱ. ㉠은 CO_2이다.
ㄴ. ㉡은 광합성의 명반응에 사용된다.
ㄷ. 세포 호흡에서는 포도당에 저장된 에너지를 이용하여 ATP가 합성된다.

① ㄱ   ② ㄴ   ③ ㄷ   ④ ㄱ, ㄷ   ⑤ ㄴ, ㄷ

• 광합성의 명반응에서 O_2와 NADPH, ATP가 생성되고, 탄소 고정 반응에서 CO_2를 고정하여 포도당을 합성한다.

03 ❯ 화학 삼투에 의한 ATP 합성

다음은 암실에서 세포 소기관 ㉠과 ㉡을 이용하여 수행한 실험이다. ㉠과 ㉡은 각각 엽록체와 미토콘드리아 중 하나이다.

(가) ㉠과 ㉡을 pH 5인 수용액이 들어 있는 플라스크에 넣고, ㉠과 ㉡의 내부가 모두 pH 5가 될 때까지 담가 둔다.

(나) (가)의 ㉠과 ㉡을 pH 8인 수용액이 들어 있는 플라스크로 옮기고 ADP와 무기 인산(P_i)을 첨가하였더니 ㉡에서만 ATP가 합성되었다.

(다) (나)에서 충분한 시간이 지난 후 ㉠과 ㉡을 pH 5인 수용액이 들어 있는 플라스크로 옮기고 ADP와 무기 인산(P_i)을 첨가하였다.

이에 대한 설명으로 옳은 것만을 〈보기〉에서 있는 대로 고른 것은?

보기
ㄱ. ㉠에는 크리스타가 있다.
ㄴ. (나)의 ㉡에서 ATP가 합성될 때 O_2가 발생한다.
ㄷ. (다)의 결과 ㉠에서 ATP가 합성된다.

① ㄱ   ② ㄴ   ③ ㄱ, ㄷ   ④ ㄴ, ㄷ   ⑤ ㄱ, ㄴ, ㄷ

• 미토콘드리아에서는 막 사이 공간이 기질보다 pH가 낮을 때(H^+ 농도가 높을 때) ATP가 합성되고, 엽록체에서는 틸라코이드 내부가 스트로마보다 pH가 낮을 때(H^+ 농도가 높을 때) ATP가 합성된다.

04 ❯ 전자 전달계와 저해 물질

표는 엽록체와 미토콘드리아의 전자 전달계에 영향을 미치는 물질 A와 B의 작용을 나타낸 것이다.

물질	작용
A	엽록체의 틸라코이드 내부에 있는 H^+이 틸라코이드 막의 인지질 층을 통해 스트로마로 새어 나가게 한다.
B	미토콘드리아의 내막에 있는 전자 전달계에서 전자가 이동하는 것을 차단한다.

이에 대한 설명으로 옳은 것만을 〈보기〉에서 있는 대로 고른 것은?

보기
ㄱ. A를 처리하면 스트로마의 pH가 처리하기 전보다 낮아진다.
ㄴ. B를 처리하면 미토콘드리아에서의 O_2 소비량이 처리하기 전보다 감소한다.
ㄷ. A와 B는 각각 엽록체와 미토콘드리아에서 ATP 생성량을 감소시킨다.

① ㄱ   ② ㄷ   ③ ㄱ, ㄴ   ④ ㄴ, ㄷ   ⑤ ㄱ, ㄴ, ㄷ

• 물질 A는 전자의 이동에는 영향을 미치지 않으나, 틸라코이드 내부와 스트로마 사이의 H^+ 농도 차이가 작아지게 한다. 물질 B는 전자의 이동을 차단하여 미토콘드리아 내막에서 H^+의 능동 수송을 억제한다. 그 결과 막 사이 공간과 기질 사이의 H^+ 농도 차이가 작아진다.

01 ▷세포 호흡 과정

표 (가)는 세포 호흡의 세 가지 과정(I~III)에서의 물질 변화를, 그림 (나)는 세포 호흡에서 ATP가 합성되는 과정 중 하나를 나타낸 것이다. 과정 I~III은 각각 피루브산의 산화와 TCA 회로, 해당 과정, 산화적 인산화 중 하나이다.

과정	물질 변화
I	포도당 → 2피루브산
II	2피루브산 → $6CO_2$
III	$10NADH$, $2FADH_2$ → $12H_2O$

(가)

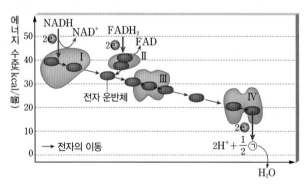

(나)

이에 대한 설명으로 옳은 것만을 〈보기〉에서 있는 대로 고른 것은?

보기
ㄱ. (가)의 I과 II에서 모두 (나)가 일어난다.
ㄴ. II에서 생성되는 $\dfrac{CO_2 \text{ 분자 수}}{NADH \text{ 분자 수}}$는 $\dfrac{3}{5}$이다.
ㄷ. III에서 $2FADH_2$가 산화될 때 2분자의 O_2가 소비된다.

① ㄱ 　② ㄴ 　③ ㄷ 　④ ㄱ, ㄴ 　⑤ ㄴ, ㄷ

[옆단] 해당 과정과 TCA 회로에서는 기질 수준 인산화로 ATP가 합성되고, 산화적 인산화에서는 전자 전달계와 화학 삼투를 통해 ATP가 합성된다.

02 ▷미토콘드리아의 전자 전달계

그림은 세포 호흡 과정 중 전자 전달 효소 복합체 I~IV를 통해 전자가 이동할 때의 에너지 변화를 나타낸 것이다.

이에 대한 설명으로 옳은 것만을 〈보기〉에서 있는 대로 고른 것은?

보기
ㄱ. 전자에 대한 친화력은 I~IV보다 ㉠이 크다.
ㄴ. ㉠이 공급되지 않아도 피루브산의 산화가 일어난다.
ㄷ. 1분자의 NADH가 산화되면 2분자의 H_2O이 생성된다.

① ㄱ 　② ㄴ 　③ ㄱ, ㄴ 　④ ㄱ, ㄷ 　⑤ ㄴ, ㄷ

[옆단] 세포 호흡 과정에서 최종 전자 수용체는 O_2이며, O_2가 공급되지 않으면 전자의 흐름이 정지되어 해당 과정 및 피루브산의 산화와 TCA 회로에서 생성된 NADH와 $FADH_2$의 산화가 일어나지 못한다.

03
> 산화적 인산화

그림은 미토콘드리아 현탁액에 피루브산과 무기 인산(P_i)을 넣은 후 ADP를 첨가하면서 ADP 농도에 따른 O_2 소비량을 측정한 결과를 나타낸 것이다.

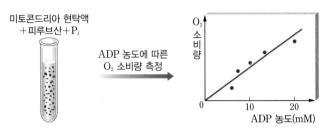

이에 대한 설명으로 옳은 것만을 〈보기〉에서 있는 대로 고른 것은?

보기
ㄱ. O_2 소비량이 많을수록 ATP가 많이 생성된다.
ㄴ. 미토콘드리아 기질에서 NADH와 $FADH_2$가 생성된다.
ㄷ. 피루브산 대신 포도당을 첨가하면 O_2 소비량이 더 크게 증가한다.

① ㄱ   ② ㄷ   ③ ㄱ, ㄴ   ④ ㄴ, ㄷ   ⑤ ㄱ, ㄴ, ㄷ

> 포도당이 세포질에서 해당 과정을 거쳐 피루브산으로 분해되어야 미토콘드리아 막을 통과할 수 있다.

04
> 산소 호흡과 발효

그림 (가)는 생물체 내에서 일어나는 산소 호흡과 발효 과정의 일부(Ⅰ~Ⅲ)를, (나)는 Ⅰ~Ⅲ의 공통점과 차이점을 나타낸 것이다. ㉠~㉢은 각각 젖산, 에탄올, 아세틸 CoA 중 하나이다.

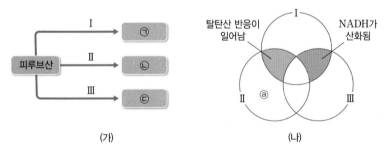

(가)   (나)

이에 대한 설명으로 옳은 것만을 〈보기〉에서 있는 대로 고른 것은?

보기
ㄱ. Ⅱ는 세포질에서 일어난다.
ㄴ. 'NAD$^+$가 환원됨'은 ⓐ에 해당한다.
ㄷ. 1분자당 $\dfrac{수소(H)\ 수}{탄소(C)\ 수}$ 는 ㉠이 ㉢보다 크다.

① ㄱ   ② ㄷ   ③ ㄱ, ㄴ   ④ ㄱ, ㄷ   ⑤ ㄴ, ㄷ

> 피루브산이 아세틸 CoA로 산화될 때에는 NAD$^+$의 환원이 일어나고, 피루브산이 에탄올이나 젖산으로 환원될 때에는 NADH의 산화가 일어난다.

05 › 흡수 스펙트럼과 광계

그림 (가)는 광합성 색소 X~Z의 흡수 스펙트럼을, (나)는 광합성에서 빛을 흡수하는 단위인 광계 Ⅱ를 나타낸 것이다. X~Z는 각각 엽록소 a, 엽록소 b, 카로티노이드 중 하나이고, ㉠~㉢은 각각 반응 중심 색소, 1차 전자 수용체, 보조 색소 중 하나이다.

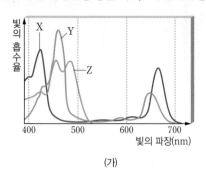

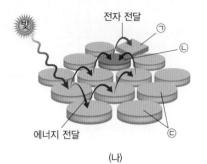

(가)   (나)

> 보조 색소는 빛을 흡수하여 반응 중심 색소로 전달하는 역할을 하고, 반응 중심 색소에서 방출된 고에너지 전자는 1차 전자 수용체로 전달된다.

이에 대한 설명으로 옳은 것만을 〈보기〉에서 있는 대로 고른 것은?

> 보기
> ㄱ. ㉠은 전자를 받으면 환원된다.
> ㄴ. ㉡은 Y로, 파장이 680 nm인 빛을 가장 잘 흡수한다.
> ㄷ. X, Y, Z는 모두 ㉢으로 작용할 수 있다.

① ㄱ   ② ㄴ   ③ ㄷ   ④ ㄱ, ㄷ   ⑤ ㄴ, ㄷ

06 › 광합성 색소와 엽록체에서의 전자 전달 과정

그림 (가)는 시금치 잎의 광합성 색소를 크로마토그래피법으로 분리한 결과를, (나)는 이 시금치 잎 세포의 엽록체에서 일어나는 전자 전달 과정을 나타낸 것이다. ㉠과 ㉡은 각각 엽록소 a와 엽록소 b 중 하나이고, X와 Y는 각각 광계 Ⅰ과 광계 Ⅱ 중 하나이다.

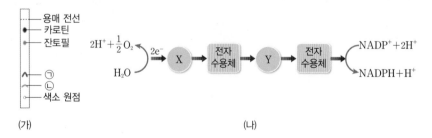

(가)   (나)

> 광계 Ⅰ의 반응 중심 색소는 파장이 700 nm인 빛을 가장 잘 흡수하는 P_{700}이고, 광계 Ⅱ의 반응 중심 색소는 파장이 680 nm인 빛을 가장 잘 흡수하는 P_{680}이며, P_{700}과 P_{680}은 모두 엽록소 a이다.

이에 대한 설명으로 옳은 것만을 〈보기〉에서 있는 대로 고른 것은?

> 보기
> ㄱ. 전개율은 잔토필이 ㉠보다 작다.
> ㄴ. X와 Y의 반응 중심 색소는 모두 ㉡이다.
> ㄷ. Y는 순환적 전자 흐름과 비순환적 전자 흐름에 모두 관여한다.

① ㄴ   ② ㄷ   ③ ㄱ, ㄴ   ④ ㄱ, ㄷ   ⑤ ㄴ, ㄷ

07 > 벤슨의 실험

그림 (가)는 어떤 식물의 엽록체 구조를, (나)는 이 식물에서 빛과 CO_2 조건을 달리했을 때의 시간에 따른 광합성 속도를 나타낸 것이다. ㉠과 ㉡은 각각 틸라코이드와 스트로마 중 하나이다.

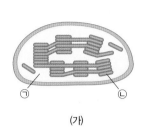

(가)

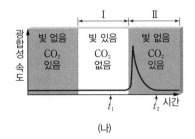

(나)

• 명반응 과정에서 O_2, NADPH, ATP가 생성되며, 빛이 있을 때 틸라코이드 막에 있는 전자 전달계에서는 H^+을 스트로마에서 틸라코이드 내부로 능동 수송한다.

이에 대한 설명으로 옳은 것만을 〈보기〉에서 있는 대로 고른 것은?

보기
ㄱ. ㉠에서 pH는 t_1일 때가 t_2일 때보다 낮다.
ㄴ. 빛이 있을 때 ㉡에서 O_2가 발생한다.
ㄷ. $NADP^+$의 환원은 구간 Ⅱ에서가 구간 Ⅰ에서보다 많이 일어난다.

① ㄱ ② ㄴ ③ ㄱ, ㄴ ④ ㄱ, ㄷ ⑤ ㄴ, ㄷ

08 > 캘빈 회로

그림은 캘빈 회로에서 물질 전환 과정의 일부를, 표는 ㉠~㉣의 1분자당 인산기 수와 탄소 수를 나타낸 것이다. ㉠~㉣은 각각 3PG, DPGA, PGAL, RuBP 중 하나이다.

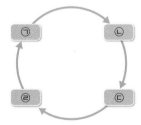

물질	인산기 수	탄소 수
㉠	2	3
㉡	1	3
㉢	2	5
㉣	1	3

• 3PG, DPGA, PGAL은 모두 3탄소 화합물이고, RuBP는 5탄소 화합물이다. 캘빈 회로에서 ATP는 3PG가 DPGA로 전환되는 과정과 PGAL이 RuBP로 전환되는 과정에서 사용된다.

이에 대한 설명으로 옳은 것만을 〈보기〉에서 있는 대로 고른 것은?

보기
ㄱ. ㉠이 ㉡으로 되는 과정에서 ATP가 사용된다.
ㄴ. 1분자당 에너지양은 ㉡>㉣이다.
ㄷ. CO_2 공급이 중단되면 일시적으로 ㉢의 농도가 증가한다.

① ㄱ ② ㄴ ③ ㄱ, ㄷ ④ ㄴ, ㄷ ⑤ ㄱ, ㄴ, ㄷ

01

그림은 세포에서 일어나는 포도당의 산화 과정에서의 에너지 변화를 나타낸 것이다. A~C는 각각 NADH, FADH₂, ATP 중 하나이다.

KEY WORDS
(2) • 에너지 공급
• 활성화

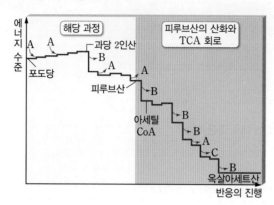

(1) A~C에 해당하는 물질을 각각 쓰시오.

_____

(2) 포도당이 과당 2인산으로 되는 과정에서 A의 역할이 무엇인지 서술하시오.

_____

02

그림 (가)는 TCA 회로를, (나)는 숙신산 탈수소 효소에 대한 말론산의 작용을 나타낸 것이다.

KEY WORDS
(2) • 숙신산 탈수소 효소
• 활성 부위
• 경쟁적 저해제
• 숙신산

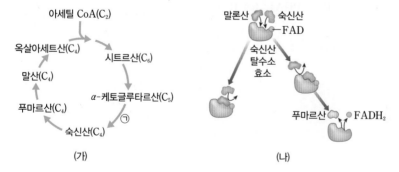

(1) (가)의 ㉠ 단계에서 생성되는 물질 세 가지를 쓰시오.

_____

(2) (가)가 진행되고 있는 세포에 말론산을 다량 첨가하였을 때 푸마르산의 농도 변화를 유추하고, 그 까닭을 함께 서술하시오.

_____

03 그림은 미토콘드리아에서 산화적 인산화로 **ATP**가 합성되는 과정을 나타낸 것이다.

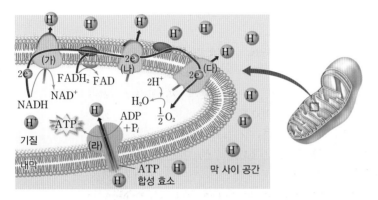

KEY WORDS
(1) • 전자 이동
   • 능동 수송
   • H^+의 농도 기울기
   • 확산
(2) • pH
   • H^+
   • 확산
   • ATP 합성

(1) (가)~(다)와 (라)에서 H^+이 이동하는 원리를 각각 서술하시오.

(2) (라)에서 'ADP$+$P$_i$ → ATP'의 반응이 일어날 수 있는 조건을 기질과 막 사이 공간의 pH 차이를 포함하여 서술하시오.

04 그림은 여러 가지 독극물이 세포 호흡의 산화적 인산화 단계에 작용하는 원리를 나타낸 것이다.

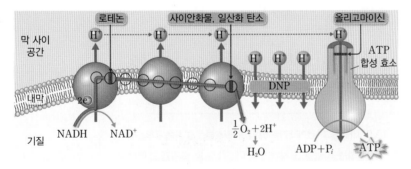

KEY WORDS
(1) • 내막
   • H^+의 농도 기울기
   • ATP 생성량 감소
   • 세포 호흡 과다
(2) • 전자 이동
   • 내막
   • H^+의 농도 기울기
   • ATP 합성 효소
   • H^+의 확산
   • ATP 합성 중단

(1) DNP는 1940년대에 의사들이 환자의 체중 감소를 위해 처방하기도 했던 약물이다. 그러나 DNP를 복용한 환자가 사망하는 일이 발생하면서 DNP의 사용이 금지된 바 있다. DNP에 의해 체중이 감소하는 원리를 DNP의 작용과 관련지어 서술하시오.

(2) 로테논, 사이안화물, 일산화 탄소가 독성을 나타내는 원리와 올리고마이신이 독성을 나타내는 원리를 각각 서술하시오.

05 영희는 발효관 A~D를 그림과 같이 장치하고 30분이 경과한 후 맹관부에 모인 기체의 부피를 측정하였다.

KEYWORDS
(1) • 호흡 기질
• 포도당, 설탕
• 10 ℃, 30 ℃
(2) • KOH, NaOH

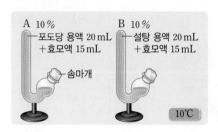

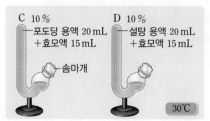

(1) 맹관부에 가장 많은 기체가 모였을 것으로 예상되는 발효관의 기호를 쓰고, 그렇게 판단한 까닭을 서술하시오.

_____

(2) 맹관부에 모인 기체는 무엇인지 쓰고, 이 기체를 확인할 수 있는 방법을 서술하시오.

_____

06 그림은 클로렐라를 이용한 루벤의 실험과 그 결과를 나타낸 것이다.

KEYWORDS
(1) • 광합성
• 산소
• 물
(2) • $^{18}O_2$의 비율

(가)   (나)

(1) 이 실험에서 루벤이 설정한 가설과 실험 결과가 일치하였다면 루벤이 설정한 가설은 무엇인지 쓰시오.

_____

(2) 표는 ^{18}O로 표지된 $H_2{}^{18}O$과 $C^{18}O_2$의 비율을 다르게 넣은 배양액에서 클로렐라를 각각 배양하면서 발생하는 O_2 중 $^{18}O_2$가 차지하는 비율을 조사한 것이다. 위 실험 결과를 토대로 ㉠~㉢에 들어갈 비율을 각각 쓰고, 그렇게 생각한 까닭을 서술하시오.

구분	배양액에 넣은 이산화 탄소 중 $C^{18}O_2$의 비율(%)	배양액에 넣은 물 중 $H_2{}^{18}O$의 비율(%)	실험 결과 발생한 산소 중 $^{18}O_2$의 비율(%)
Ⅰ	0.63	0.79	㉠
Ⅱ	0.53	0.30	㉡
Ⅲ	0.47	0.20	㉢

07 그림 (가)는 어떤 식물의 엽록체 구조를, (나)는 빛 조건에 따른 (가)의 ㉠ 또는 ㉡에서의 **pH** 변화를 나타낸 것이다. ㉠과 ㉡은 각각 스트로마와 틸라코이드 내부 중 하나이다.

KEY WORDS
(1) • 빛이 있을 때
  • H⁺의 능동 수송
  • 틸라코이드 내부
  • 스트로마
(2) • 명반응 산물
  • ATP
  • 빛

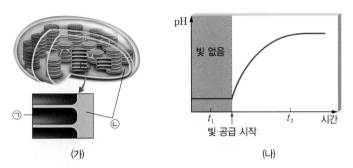

(가)   (나)

(1) (나)는 ㉠과 ㉡ 중 어느 부분에서의 pH 변화를 나타낸 것인지, 그렇게 판단한 까닭을 포함하여 서술하시오.

_____

(2) ㉡에서 RuBP의 재생 속도가 t_1일 때보다 t_2일 때 빠르다고 할 때, 그 까닭을 서술하시오.

_____

08 그림은 식물 세포에서 일어나는 물질대사 과정을 나타낸 것이다. ㉠과 ㉡은 각각 **NADPH**와 **ATP** 중 하나이다.

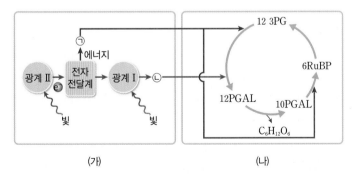

(가)   (나)

(1) (가)에서 ㉠과 ㉡은 각각 무엇인지 쓰시오.

_____

(2) (나)에서 1분자의 포도당($C_6H_{12}O_6$)이 합성되는 데 필요한 ㉠과 ㉡의 분자 수 비를 그렇게 생각한 까닭을 포함하여 서술하시오.

_____

부록

예시 문제

다음은 갈레노스의 혈액 이론과 하비의 혈액 순환 이론에 대한 설명이다.

출제 의도

갈레노스의 혈액 이론이 하비의 혈액 순환 이론과 어떤 점이 다르며, 하비가 '혈액 순환의 원리'를 밝혀내기 위해 실시한 실험의 원리와 의의를 이해하고 있는지, 혈액 순환의 경로를 알고 있는지 평가한다.

(제시문 1) 고대 그리스 로마 시대 갈레노스의 혈액 이론은 다음과 같이 요약된다. 사람의 몸에는 분리된 두 종류의 혈액 시스템인 정맥계와 동맥계가 있고, 두 시스템은 동시에 작동한다. 정맥계는 간을 중심으로 한 시스템으로, 몸에 영양분을 공급하는 역할을 한다. 장에서 흡수된 영양분은 간으로 보내져 그곳에서 자연 영기와 섞여 혈액으로 바뀐다. 간에서 생성된 혈액의 일부는 정맥을 통해 온몸으로 전달되어 쓰이고, 나머지는 정맥을 통해 우심실로 간다. 우심실에서 일부는 폐로 가며, 나머지 혈액은 우심실과 좌심실 사이의 격막에 있는 구멍을 통해 좌심실로 들어간다. 좌심실에서 혈액은 폐에서 온 공기가 더해져 더 높은 단계인 생명 영기로 변한 후 동맥을 통해 온몸으로 전달되어 쓰이는데, 이것이 동맥계이다. 즉, 동맥계는 심장에서 받은 생명 영기를 온몸에 공급하는 역할을 한다. 그리고 정맥과 동맥을 통해 흘러간 혈액은 우리 몸의 각 기관에서 쓰인 후 모두 소멸된다.

(제시문 2) 오랜 시간 동안 서양 의학계를 지배해 온 갈레노스의 혈액 이론은 1600년대에 하비가 하루 동안 심장에서 방출되는 혈액의 양을 정량적으로 계산하고, 실험을 통해 동맥과 정맥의 역할을 밝혀내면서 오늘날과 같은 혈액 순환 이론으로 바뀌게 되었다.

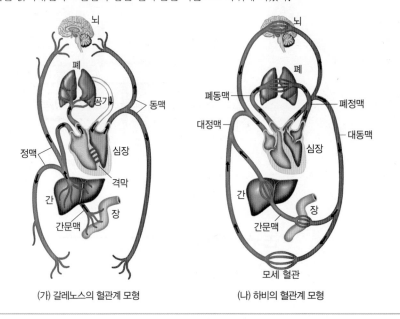

(가) 갈레노스의 혈관계 모형　　(나) 하비의 혈관계 모형

(1) 그림 (가)와 (나)의 혈관계 모형을 비교하여 갈레노스의 혈관계 모형과 하비의 혈관계 모형의 다른 점을 서술하시오.

(2) 하비는 하루 동안 심장에서 방출되는 혈액의 양을 어떤 방식으로 계산하였는지, 또 이것이 혈액 순환 이론의 근거가 되는 까닭은 무엇인지 서술하시오.

(3) 하비는 팔을 끈으로 묶는 실험을 통해 동맥과 정맥의 역할을 밝혀냈다. 팔에서 동맥과 정맥의 위치를 고려할 때, 하비는 어떤 실험을 실시하여 동맥과 정맥의 역할을 밝혀냈는지 서술하시오.

(4) 하비의 혈관계 모형을 따를 때 간에서 나간 혈액이 다시 간으로 돌아오기까지의 혈액 순환 경로와 그 과정에서 일어나는 혈액 성분의 변화에 대해 서술하시오.

문제 해결 과정

(1) 혈관계 모형이 개방형인지, 폐쇄형인지의 여부와 간과 심장의 역할, 동맥과 정맥의 차이 등을 설명한다.

(2) 맥박이 한 번 뛸 때 심장에서 방출되는 혈액의 양과 일정 시간 동안 뛰는 맥박 수를 이용하면 하루 동안 심장에서 방출되는 혈액의 양을 정량적으로 계산할 수 있다.

(3) 팔을 끈으로 세게 묶으면 동맥과 정맥을 통한 혈액의 흐름을 모두 차단할 수 있고, 느슨하게 묶으면 정맥을 통한 혈액의 흐름만 차단할 수 있다. 각각의 경우 끈을 경계로 동맥과 정맥 중 어느 것이 부풀어 오르는지를 통해 동맥과 정맥의 역할을 설명한다.

(4) 간에서 나간 혈액이 심장, 폐, 장을 거치는 순서를 파악하여 혈액 순환의 경로를 설명하고, 폐와 장의 기능을 고려하여 혈액 성분의 변화를 설명한다.

예시 답안

(1) 하비의 혈관계 모형은 동맥과 정맥이 모세 혈관에 의해 연결되어 닫혀 있는 폐쇄 혈관계이지만, 갈레노스의 혈관계 모형은 동맥과 정맥의 끝이 온몸에 열려 있는 개방 혈관계이다. 또, 하비의 혈관계 모형에서는 심장을 중심으로 동맥에는 심장에서 나오는 혈액이, 정맥에는 심장으로 들어가는 혈액이 흐르지만, 갈레노스의 혈관계 모형에서는 정맥계의 중심은 간이고, 간에서 나온 혈액이 정맥을 통해 온몸으로 흘러간다. 또, 갈레노스의 혈관계 모형에서 폐정맥을 통해 이동하는 것은 혈액이 아니라 공기이다. 그리고 하비의 혈관계 모형에서는 혈액이 재사용되지만, 갈레노스의 혈관계 모형에서는 혈액이 온몸으로 흘러나가 쓰인 후 소멸된다.

(2) 하비는 맥박이 한 번 뛸 때 심장에서 방출되는 혈액의 양을 추정하고, 일정 시간 동안 뛰는 맥박 수를 이용하여 하루 동안 뛰는 맥박 수를 구한 다음, 두 값을 곱하여 하루 동안 심장에서 방출되는 혈액의 양을 정량적으로 계산하였다. 그리고 이렇게 구한 혈액의 양이 매일 섭취하는 음식의 양에 비해 훨씬 많기 때문에 혈액이 간에서 생성되는 것은 불가능하며, 혈액은 재사용되어야 한다고 생각하였다. 혈액이 재사용된다는 것은 혈액 순환 이론을 지지한다.

(3) 팔을 끈으로 세게 묶어 동맥과 정맥을 통한 혈액의 흐름을 모두 차단하면, 끈 윗부분의 동맥이 혈액으로 가득 차 부풀어 오른다. 또, 팔을 끈으로 느슨하게 묶어 피부 표면 근처에 있는 정맥을 통한 혈액의 흐름만 차단하면, 끈 아랫부분의 정맥이 혈액으로 가득 차 부풀어 오른다. 이 실험을 통해 하비는 심장에서 나온 혈액이 동맥을 통해 몸의 말단부로 흘러갔다가 정맥을 통해 심장으로 돌아온다는 사실을 알아냈다.

(4) 간에서 나간 혈액이 다시 간으로 돌아오기까지의 혈액 순환 경로는 '간 → 대정맥 → 심장 → 폐동맥 → 폐 → 폐정맥 → 심장 → 대동맥 → 장 → 간문맥 → 간'이다. 간에서 나간 혈액은 폐를 지나는 동안 기체 교환이 일어나므로, 간으로 들어오는 혈액은 간에서 나가는 혈액보다 산소 농도는 높고 이산화 탄소 농도는 낮다. 또, 간은 장에서 흡수한 영양분 등을 우리 몸에 필요한 성분으로 만들어 다른 장기로 보내고 남은 영양분을 저장했다가 필요 시 내보낸다. 따라서 식사 전에는 간으로 들어오는 혈액이 간에서 나가는 혈액보다 포도당 등 영양분의 농도가 낮고, 식사 후에는 장에서 영양분이 흡수되므로 간으로 들어오는 혈액이 간에서 나가는 혈액보다 포도당 등 영양분의 농도가 높다.

문제 해결을 위한 배경 지식

- **폐쇄 혈관계**: 동맥과 정맥의 말단부가 모세 혈관으로 연결되어 있어서 적혈구 및 혈장의 대부분이 항상 혈관 내를 순환하는 혈관계이다. ↔ 개방 혈관계
- **맥박**: 심장 박동으로 심장에서 나온 혈액에 의해 나타나는 동맥 벽의 진동으로, 맥박 수는 심장 박동 수와 같다.
- **폐의 기능**: 산소와 이산화 탄소의 교환이 일어난다.
- **간의 기능**: 장에서 흡수된 영양분 등을 대사 과정을 통해 우리 몸에 필요한 성분으로 만들어 다른 장기로 보내고, 남는 영양분을 저장하는 등 각종 영양소의 대사 및 저장 기능을 한다. 그 외에도 간은 각종 단백질과 효소, 비타민 등을 합성하고, 쓸개즙을 생성한다. 또, 단백질 대사 산물인 암모니아를 요소로 전환하는 등 해독 작용을 한다.

실전 문제

1 다음은 분자 생물학의 발달을 이끈 몇 가지 성과를 연대 순으로 제시한 것이다.

DNA 구조 규명

1953년 왓슨과 크릭은 DNA 이중 나선 구조를 밝혀냈다.

중심 원리 발표

1956년 크릭은 유전 정보의 흐름에 대한 중심 원리를 발표하였다.

유전부호 해독

1961년 니런버그는 유전부호를 최초로 해독하였다.

DNA 염기 서열 분석 방법 개발

1977년 생어는 DNA 염기 서열 분석 방법을 고안하였다.

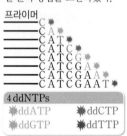

중합 효소 연쇄 반응(PCR) 개발

1983년 멀리스는 중합 효소 연쇄 반응(PCR)을 개발하였다.

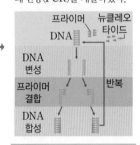

사람 유전체 사업 완료

2003년 사람 유전체 사업이 완료되었다.

(1) 제시된 각 성과의 내용을 간단히 소개하고, 각 성과가 다음에 이어진 성과에 미친 영향에 대해 서술하시오.

(2) 사람 유전체 사업이 완료되면서 이를 통해 확보한 방대한 유전 정보를 활용하기 위해 유전체학, 단백체학, 생물 정보학이 발달하게 되었다. 이들 학문은 각각 어떤 학문이며, 인류를 위해 어떻게 활용될 수 있을지 간단히 서술하시오.

답안
_____

_____

_____

_____

_____

_____

_____

출제 의도

분자 생물학의 발달에 이바지한 여러 가지 성과의 내용과 그 연관성을 설명할 수 있는지, 사람 유전체 사업에 이어지는 유전체학, 단백체학, 생물 정보학의 발달과 그 활용에 대해 설명할 수 있는지 평가한다.

문제 해결을 위한 배경 지식

• 유전부호: 단백질의 아미노산 서열을 결정하는 DNA나 RNA의 연속된 3개의 염기 조합을 말한다.

• 중합 효소: 단위체가 여러 개 모여 중합체를 형성하는 중합 반응을 촉매하는 효소로, 보통 DNA나 RNA의 중합 반응을 촉매하는 효소를 말한다.

• 유전체(genome): 하나의 세포에 들어 있는 모든 유전 물질로, 한 개체가 가진 모든 유전 정보가 저장되어 있는 DNA 전체를 뜻한다.

• 유전체학: 유전체를 연구하는 학문으로, 기능 유전체학과 비교 유전체학의 두 가지로 구분된다.

• 단백체학: 특정한 세포 내에 존재하는 단백질 전체를 뜻하는 단백체를 연구하는 학문으로, 유전자가 발현되어 만들어지는 단백질의 종류, 구조, 기능, 상호 작용 등에 대해 연구한다.

• 생물 정보학: 생명 과학의 여러 분야에 컴퓨터 및 정보 기술을 융합한 학문이다.

다음은 생물의 발생에 대한 논쟁과 관련된 자료이다.

● 출제 의도
자연 발생설과 생물 속생설에 대해 이해하고, 제시된 각 과학자의 실험이 어느 학설을 지지하는지를 설명할 수 있는지 평가한다. 또, 니담과 스팔란차니의 논쟁과 이를 종식시킨 파스퇴르의 실험에 대해 설명할 수 있는지 평가한다.

● 문제 해결을 위한 배경 지식
• 자연 발생설: 약 2천 년 전 아리스토텔레스로부터 비롯되어 1862년 파스퇴르에 의해 완전히 부정될 때까지 많은 사람이 믿었던 학설이다.
• 파스퇴르 실험의 의의: 동물과 식물뿐만 아니라 미생물도 이미 존재하는 생물로부터 생긴다는 것을 보여 줌으로써 생물 속생설이 모든 생물에 적용된다는 것을 증명하였다.

(가) 자연 발생설은 '생물은 부모로부터 태어나기도 하지만, 생기에 의해 진흙이나 물, 부패한 고기와 같은 무생물로부터 우연히 발생하기도 한다.'는 학설이다. 반면, 생물 속생설은 '생물은 이미 존재하고 있는 생물로부터 생긴다.'는 학설이다.

(나) 헬몬트의 실험: 항아리 속에 밀 이삭과 땀에 젖은 옷을 21일 동안 넣어 두었더니 쥐가 생겼다.

(다) 레디의 실험: 2개의 병에 생선 도막을 각각 넣은 후 하나는 입구를 천으로 막고 다른 하나는 입구를 열어 두었더니, 입구를 열어 둔 병에서만 구더기가 생겼다.

(라) 니담의 실험: 끓인 양고기즙을 플라스크에 넣고 입구를 코르크 마개로 막은 다음, 플라스크를 뜨거운 재 속에 넣고 가열한 후 방치하였다. 며칠 후 플라스크 속의 양고기즙을 현미경으로 관찰하였더니 수많은 미생물이 발견되었다.

(마) 스팔란차니의 실험: 니담의 실험을 수정한 실험을 하였다. 충분히 끓인 후 유리를 녹여 완전히 밀폐한 플라스크에 든 양고기즙에서는 미생물이 생기지 않았지만, 조금 끓여 마개를 느슨하게 막은 플라스크에 든 양고기즙에서는 미생물이 생겼다.

(바) 파스퇴르의 실험: 플라스크에 고기즙을 넣고 목 부분을 가열하여 백조목 모양으로 늘려 구부린 다음, 고기즙을 끓여서 방치하였더니 며칠이 지나도 고기즙에 미생물이 생기지 않았다. 이후 구부린 플라스크의 목 부분을 잘랐더니 고기즙에 미생물이 생겼다.

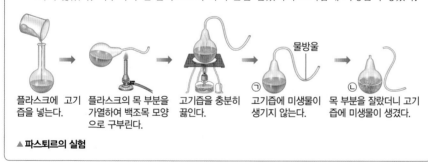

| 플라스크에 고기즙을 넣는다. | 플라스크의 목 부분을 가열하여 백조목 모양으로 구부린다. | 고기즙을 충분히 끓인다. | ㉠ 고기즙에 미생물이 생기지 않는다. | 물방울 / ㉡ 목 부분을 잘랐더니 고기즙에 미생물이 생겼다. |

▲ 파스퇴르의 실험

(1) (나)~(바)의 실험은 각각 자연 발생설과 생물 속생설 중 어느 학설을 지지하는지 쓰고, 그렇게 생각하는 까닭을 서술하시오.

(2) 스팔란차니가 니담의 실험을 수정한 실험을 실시한 까닭은 무엇이며, (가)를 바탕으로 니담은 스팔란차니의 실험에 대해 어떤 반박을 하였을지 서술하시오.

(3) (2)에서 서술한 니담의 반박을 고려할 때, ㉠에서 백조목 모양으로 구부린 부분의 역할은 무엇인지 서술하시오. 또, ㉠에서 생기지 않았던 미생물이 ㉡에서 생긴 까닭은 무엇인지 서술하시오.

답안 _____
_____
_____
_____
_____

예시 문제

다음은 효소 X가 촉매하는 반응의 생성물이 체내에 축적되어 발생하는 대사 질환 Y를 치료하기 위해 사용할 수 있는 저해제 A와 B의 효능을 검증하는 실험이다. 저해제 A와 B는 각각 경쟁적 저해제와 비경쟁적 저해제 중 하나이다.

[실험 과정]
(가) 효소 X의 농도가 일정한 조건에서 기질의 농도를 증가시키면서 초기 반응 속도를 측정하였다.
(나) 효소 X의 농도가 일정한 조건에서 일정량의 저해제 A와 B를 각각 넣은 다음, 기질의 농도를 증가시키면서 초기 반응 속도를 측정하였다.
(다) 저해제가 체내에 잔류하여 저해 효과를 낼 수 있는지 분석하기 위해 (나)에서 사용한 용액을 투석하여 효소와 결합하지 않은 저해제와 기질을 제거한 후, 다시 기질의 농도를 증가시키면서 초기 반응 속도를 측정하였다.

[실험 결과]
각 과정에서 기질의 농도에 따른 초기 반응 속도를 측정한 결과가 표와 같았다. (단, 기질의 농도와 초기 반응 속도는 모두 상댓값으로 나타낸 것이다.)

과정	기질의 농도	0	10	20	30	40	50	60
(가)	저해제 없음	0	49	75	88	95	100	100
(나)	저해제 A 첨가	0	16	31	39	46	48	48
	저해제 B 첨가	0	28	45	62	88	100	100
(다)	저해제 A 제거	0	15	29	37	43	45	45
	저해제 B 제거	0	38	55	81	92	100	100

(1) 위 실험 결과를 토대로 저해제 A와 B는 각각 어떤 저해제인지 그렇게 판단한 까닭을 저해제의 작용 원리를 포함하여 서술하시오.

(2) 저해제 A와 B 중 대사 질환 Y의 치료에 효과가 더 좋을 것으로 예상되는 것은 어느 것인지 그렇게 판단한 까닭을 타당한 근거를 들어 서술하시오.

(3) (2)에서 효과가 더 좋을 것으로 예상되는 저해제가 들어 있는 치료제 ㉠을 만들어 대사 질환 Y를 앓는 환자들에게 투여한 결과, 대부분의 환자에게서 치료 효과가 나타났지만 일부 환자에게서는 치료 효과가 나타나지 않았다. 그 원인을 조사한 결과, 치료 효과가 나타나지 않은 환자에서는 돌연변이가 발생하여 효소 X의 특정 부위의 구조에 이상이 생겼다는 것을 알게 되었다. 이들 환자에서 치료제 ㉠이 효과가 없는 까닭을 타당한 근거를 들어 서술하시오.

(4) (3)에서 치료제 ㉠의 치료 효과가 나타나지 않은 환자들에게 ㉠과 다른 저해제가 들어 있는 치료제 ㉡을 만들어 투여한다면, ㉠에 치료 효과를 보이는 환자들에게 ㉡을 투여할 때 나타나는 정도의 치료 효과를 기대할 수 있겠는가? 그렇게 판단한 까닭을 타당한 근거를 들어 서술하시오.

출제 의도
제시된 자료를 해석하고 저해제의 특성과 연계하여 저해제 A와 B가 어떤 저해제이며, 두 저해제 중 저해 효과가 크고 체내에서 효과가 지속될 수 있는 저해제는 어느 것인지를 설명할 수 있는지 평가한다. 또, 특정 저해제의 저해 효과가 나타나지 않는 까닭을 효소의 저해제 결합 부위의 구조 이상과 연계하여 설명할 수 있는지 평가한다.

문제 해결 과정

(1) 기질의 농도가 매우 높을 때 저해 효과가 사라지는지의 여부로 저해제의 종류를 설명한다.

(2) 저해 효과가 더 크고, 기질의 농도가 증가해도 저해 효과가 유지되며, 체내에 잔류하여 저해 효과를 낼 수 있는 저해제가 치료에 더 효과가 좋은 저해제임을 설명한다.

(3) 치료제 ㉠의 치료 효과가 나타나지 않는 까닭이 효소의 활성 부위의 이상이 아니라 ㉠에 든 저해제가 결합하는 부위의 구조 이상 때문임을 설명한다.

(4) 치료제 ㉡에 든 저해제가 결합하는 부위의 구조에 이상이 생겼는지의 여부로 치료 효과가 나타날지를 설명한다.

• 문제 해결을 위한 배경 지식
• 경쟁적 저해제: 기질과 입체 구조가 비슷해서 효소의 활성 부위에 기질과 경쟁적으로 결합하여 효소의 활성을 저해하는 물질이다.
• 비경쟁적 저해제: 효소의 활성 부위가 아닌 다른 부위(알로스테릭 부위)에 결합하여 활성 부위의 구조를 변형시킴으로써 기질이 효소에 결합하지 못하게 하여 효소의 활성을 저해하는 물질이다.

예시 답안

(1) 과정 (나)의 결과를 보면 저해제 A를 첨가한 경우에 기질의 농도가 낮을 때와 높을 때 모두 저해제가 없을 때보다 초기 반응 속도가 감소하는 저해 효과가 나타난다. 따라서 저해제 A는 효소의 활성 부위가 아닌 다른 부위에 결합하여 활성 부위의 구조를 변형시킴으로써 효소의 활성을 저해하는 비경쟁적 저해제이다. 한편, 저해제 B를 첨가한 경우 기질의 농도가 낮을 때에는 저해 효과가 나타나지만, 기질의 농도가 매우 높을 때에는 저해 효과가 나타나지 않는다. 따라서 저해제 B는 기질과 입체 구조가 비슷하여 효소의 활성 부위에 기질과 경쟁적으로 결합하는 경쟁적 저해제이다.

(2) 과정 (다)의 결과를 보면 (나)에서 첨가했던 저해제를 제거한 경우, 효소와 이미 결합해 있던 저해제의 작용으로 나타나는 저해 효과가 저해제 B에서보다 저해제 A에서 크게 나타나고 있다. 이 결과로 보아 저해제 A는 일단 한 번 투여하면 체내에 잔류하여 효소 X의 작용을 저해하는 효과가 지속될 것으로 예상된다. 따라서 저해제 A와 B 중에서 대사 질환 Y의 치료에 효과가 더 좋을 것으로 예상되는 것은 저해 효과가 더 크고 기질의 농도가 높을 때에도 저해 효과가 유지되며, 체내에 잔류하여 지속적으로 저해 효과를 낼 수 있는 저해제 A이다.

(3) (2)에서 효과가 더 좋을 것으로 예상되는 저해제는 A이므로 치료제 ㉠에는 저해제 A가 들어 있다. 저해제 A는 효소 X의 활성 부위가 아닌 다른 부위에 결합하는 비경쟁적 저해제이므로, ㉠의 치료 효과가 나타나지 않는 환자가 가진 효소 X는 활성 부위는 정상이지만 돌연변이로 인해 ㉠에 들어 있는 저해제 A가 결합하는 부위의 구조에 이상이 생긴 것으로 볼 수 있다. 즉, 이들 환자에서 치료제 ㉠이 치료 효과를 나타내지 못한 까닭은 이들이 가진 효소 X에서 비경쟁적 저해제인 저해제 A가 결합하는 부위의 구조에 이상이 생긴 결과 ㉠에 들어 있는 저해제 A가 효소 X에 결합할 수 없어 효소 X의 활성을 억제하지 못했기 때문이다.

(4) 치료제 ㉠의 치료 효과가 나타나지 않는 환자들이 가진 효소 X의 활성 부위는 정상이므로, 경쟁적 저해제인 저해제 B는 이들 환자의 효소 X의 활성 부위에 결합하여 효소 X의 활성을 저해할 수 있다. 따라서 저해제 B가 들어 있는 치료제 ㉡을 만들어 ㉠의 치료 효과가 나타나지 않는 환자들에게 투여한다면, ㉠에 치료 효과를 보이는 환자들에게 ㉡을 투여할 때 나타나는 정도의 치료 효과를 기대할 수 있다.

실전 문제

1 다음은 세포의 크기와 진핵세포의 내막계 및 막성 세포 소기관의 형성에 대한 설명이다.

> (제시문 1) 세포의 크기는 특별한 경우를 제외하고는 $1\mu m \sim 100\mu m$ 정도이며, 원핵세포의 지름은 대개 $1\mu m \sim 5\mu m$ 정도이다. 크기가 가장 작은 세균인 마이코플라즈마의 지름은 약 $0.1\mu m \sim 1\mu m$이며, 이는 물질대사를 조절하기에 충분한 양의 DNA, 세포의 생명 유지와 생식에 필요한 효소 및 기타 세포 성분을 담을 수 있는 최소 크기에 가깝다. 반면, 진핵세포의 지름은 $10\mu m \sim 100\mu m$ 정도로, 원핵세포에 비해 훨씬 크다.
>
> (제시문 2) 진핵세포는 외부와 접한 세포막뿐만 아니라, 세포 내부를 구획 짓는 내막을 가지고 있다. 세포 소기관을 둘러싼 세포 내막 중 상당 부분은 '핵막 – 소포체 – 골지체 – 세포막'을 연결하는 내막계를 구성한다.
>
> (제시문 3) 과학자들은 진핵세포에 있는 막성 세포 소기관의 형성 과정에 대하여 몇 가지 가설을 제안하고 있는데, 그중 유력한 두 가지 가설이 막 진화설과 세포내 공생설이다. 막 진화설은 '원핵세포의 세포막 일부가 함입되어 내막계가 형성됨으로써 원시 진핵세포가 탄생하였다.'는 가설이고, 세포내 공생설은 '원시 진핵세포에 호기성 세균이 들어와 공생하면서 미토콘드리아로 진화하였고, 미토콘드리아를 가진 진핵세포에 다시 광합성 세균이 들어와 공생하면서 엽록체로 진화하였다.'는 가설이다.

(1) (제시문 1)에 따르면 세포의 일반적인 크기는 일정 범위 내로 한정된다. 세포는 크기가 너무 작으면 에너지 효율 측면에서 불리하고, 크기가 너무 크면 물질 출입 측면에서 불리하다. 그 까닭을 타당한 근거를 들어 서술하시오.

(2) 과학자들은 원핵생물이 아닌 진핵생물이 고등한 생물로 진화한 까닭을 내막계에 의한 세포 내부의 구획화에서 찾고 있다. 과학자들이 그렇게 생각하는 까닭을 타당한 근거를 들어 서술하시오.

(3) (제시문 2)에 제시된 내막계를 구성하는 세포 소기관에 미토콘드리아와 엽록체는 포함되지 않는다. 그 까닭을 타당한 근거를 들어 서술하시오. (단, 막 진화설과 관련된 내용은 서술하지 않는다.)

(4) (제시문 3)에 제시된 세포내 공생설을 뒷받침하는 근거를 서술하시오.

답안

_____

출제 의도

세포의 크기가 너무 작거나 크면 생존에 불리한 까닭을 설명할 수 있는지, 내막계에 의한 세포 내부 구획화의 장점을 설명할 수 있는지 평가한다. 또, 미토콘드리아와 엽록체를 내막계의 일부로 보지 않는 까닭을 설명할 수 있는지, 세포내 공생설의 근거를 제시할 수 있는지 평가한다.

문제 해결을 위한 배경 지식

• 마이코플라즈마: 분류학상 세균과 바이러스의 중간적 위치에 있는 미생물로, 독립적으로 생식할 수 있는 가장 작은 생명체이다.

• 원핵세포와 진핵세포: 세균처럼 핵막으로 둘러싸인 핵이 없는 세포를 원핵세포, 핵막으로 둘러싸인 핵과 여러 막성 세포 소기관이 있는 세포를 진핵세포라고 한다.

• 내막계: 진핵세포 내부를 기능적인 구획으로 나누는 막성 세포 소기관의 연결망이다.

2 다음은 세포막의 선택적 투과성과 세포막을 통한 물질 출입에 대한 설명이다.

> (제시문 1) 세포막은 세포를 외부 환경과 구분 짓는 경계일 뿐만 아니라, 세포 안과 밖으로의 물질 출입을 조절한다. 이와 같은 세포막의 물질 출입 조절 기능을 선택적 투과성이라고 한다. 세포막의 선택적 투과성은 세포막을 구성하는 인지질의 특성 및 세포막에 존재하는 막단백질의 종류와 관계가 있다.
>
> (제시문 2) 세포막의 안과 밖에는 포도당과 아미노산 등의 저분자 유기물은 물론이고 단백질과 같은 거대 분자, Na^+과 K^+ 등의 각종 이온, 지방산 등의 지용성 분자, O_2나 CO_2와 같은 기체까지 매우 다양한 물질이 물이라는 용매에 녹거나 분산된 상태로 존재한다. 물과 물속에 존재하는 이 물질들은 단순 확산, 촉진 확산, 삼투, 능동 수송, 세포내 섭취, 세포외 배출과 같은 다양한 방법으로 세포막을 통과하여 세포로 드나든다.

(1) (제시문 1)을 토대로 세포막의 구성 성분과 구조에 대하여 구성 성분의 특성과 구조를 관련지어 서술하시오.

(2) 세포막에 존재하는 막단백질은 인지질의 유동성 때문에 세포막에서 고정되어 있지 않고 움직인다. 그리고 인지질의 유동성은 인지질 분자를 이루는 지방산의 길이와 불포화도의 영향을 받는다. 그림 (가)는 포화 지방산과 시스형 불포화 지방산(생명체에서는 거의 시스형으로 존재)의 구조를, (나)는 이들 지방산을 1개씩 가진 인지질 분자의 구조를 나타낸 것이다. 그림 (가)와 (나)를 참조하여 세포막의 인지질 분자를 이루는 지방산의 길이와 불포화도가 세포막의 유동성에 어떤 영향을 주는지 근거를 들어 서술하시오.

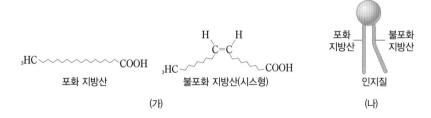

(가)   (나)

(3) (제시문 2)에 제시된 물질들은 각각 어떤 방식으로 세포막을 통해 이동하는지 서술하시오.

(4) 세포 내에 있는 DNA나 단백질 같은 생체 거대 분자들은 세포막을 직접 통과하지 못한다. 이들 물질이 세포의 삼투압에 미치는 영향에 대하여 서술하시오.

답안

• 출제 의도

세포막의 구조를 설명하고, 인지질의 특성이 세포막의 유동성에 미치는 영향을 아는지 평가한다. 또, 물을 포함한 여러 가지 물질들이 세포막을 통과하는 방법과 DNA와 같은 거대 생체 분자가 세포의 삼투압에 미치는 영향을 설명할 수 있는지 평가한다.

• 문제 해결을 위한 배경 지식
• 세포막을 구성하는 주성분은 인지질과 단백질이다.
• 인지질: 글리세롤 1분자에 지방산 2분자와 인산기를 포함한 화합물이 결합한 것이다. 인산기가 있는 머리 부분은 친수성을 띠고, 지방산이 있는 꼬리 부분은 소수성을 띤다.
• 단순 확산과 촉진 확산: 물질이 인지질 2중층을 직접 통과하여 확산하는 것을 단순 확산, 막단백질을 통해 확산하는 것을 촉진 확산이라고 한다.
• 삼투: 반투과성 막을 사이에 두고 농도가 다른 두 용액이 있을 때, 물의 농도가 높은 쪽에서 낮은 쪽으로 물이 이동하는 현상이다.
• 능동 수송: 세포막에서 에너지를 사용하여 농도 기울기를 거슬러 물질을 이동시키는 것이다.
• DNA나 단백질 같은 생체 거대 분자는 세포 내에서 많은 전하를 띠고 있어 반대 전하를 띠는 이온들의 세포 내 농도를 높아지게 한다.

예시 문제

다음은 세포 호흡과 에너지 생성에 대한 설명이다.

(제시문 1)   우리 몸의 세포에서 에너지를 생성할 때 연료로 쓰이는 대표적인 호흡 기질인 탄수화물은 주로 글리코젠 형태로 저장되어 있다가 이용된다. 다른 호흡 기질인 지방과 단백질이 분해되기 위해서는 산소(O_2)가 반드시 필요한 반면, 글리코젠 형태로 저장된 탄수화물은 산소(O_2)가 없어도 분해될 수 있다는 장점이 있다. 뿐만 아니라 글리코젠은 대사 경로가 단순해서 다른 호흡 기질보다 에너지를 빠르게 공급한다. 그러나 우리 몸이 저장할 수 있는 글리코젠의 양은 한정되어 있어서 섭취한 탄수화물의 15 %~20 % 정도만 글리코젠으로 저장되고, 나머지는 지방으로 바뀌어 저장된다. 표는 각 호흡 기질이 산소 호흡을 통해 완전히 산화될 때의 반응식과 단위 질량당 소비되는 산소(O_2)의 양 및 생성되는 에너지의 양을 나타낸 것이다.

호흡 기질	산화 반응식	단위 질량당 O_2 소비량(L/g)	단위 질량당 에너지 생성량(kcal/g)
탄수화물(포도당)	$C_6H_{12}O_6 + 6O_2$ $\longrightarrow 6CO_2 + 6H_2O$	0.8	4
지방(스테아르산)	$C_{18}H_{36}O_2 + 26O_2$ $\longrightarrow 18CO_2 + 18H_2O$	2.0	9
단백질(류신)	$2C_6H_{13}O_2N + 15O_2$ $\longrightarrow 12CO_2 + 10H_2O + 2NH_3$	1.0	4

(제시문 2)   산소 호흡 과정은 크게 해당 과정, 피루브산의 산화와 TCA 회로, 산화적 인산화의 세 단계로 진행된다. 세포로 흡수된 포도당은 세포질에서 해당 과정을 거쳐 피루브산으로 분해되며, 이 과정에서 기질 수준 인산화로 소량의 ATP가 생성된다. 해당 과정에서 생성된 피루브산은 산소(O_2)가 충분하면 미토콘드리아로 들어가 기질에서 아세틸 CoA로 산화된 후 TCA 회로를 거치며, 이 과정에서 이산화 탄소(CO_2)와 수소(H)의 이탈이 일어난다. 이탈된 수소는 NAD^+나 FAD 같은 탈수소 효소의 조효소에 수용된 후 미토콘드리아 내막에 있는 전자 전달계에 전자를 공급하며, 전자 전달계를 따라 전자가 이동하는 과정에서 방출되는 에너지를 이용하여 다량의 ATP를 생성하는데, 이를 산화적 인산화라고 한다.

(제시문 3)   많은 세포는 산소(O_2) 공급이 차단되어도 해당 과정을 계속 진행할 수 있으며, 발효를 통해 소량의 ATP를 생성한다. 발효는 해당 과정에서 생성된 NADH를 피루브산의 환원에 이용함으로써 해당 과정에 필요한 NAD^+를 재생한다. 따라서 해당 과정에 필요한 NAD^+를 지속해서 공급할 수 있어 산소(O_2) 없이도 포도당으로부터 소량의 ATP를 계속 생성할 수 있다. 발효를 할 수 있는 세포는 무산소 상태가 되면 해당 과정의 진행 속도가 10배 이상 빨라진다. 그 결과 산소 호흡과 비교할 때 포도당 1분자당 ATP 생성량은 매우 적지만, ATP 생성 속도는 어느 정도 유지할 수 있다.

(제시문 4)   세포 호흡은 호흡 기질을 산화하여 에너지를 얻는 과정이라고 할 수 있으며, 생물은 여기에서 얻은 에너지를 ATP라는 물질에 저장하여 여러 생명 활동에 이용한다. 표는 ATP를 단계적으로 가수 분해할 때의 에너지 방출량을 나타낸 것이다.

출제 의도

세포 호흡에서 호흡 기질에 따른 산소(O_2) 소비량과 에너지 생성량의 관계를 계산할 수 있는지 평가한다. 또, 산소 호흡과 발효의 특징을 비교하고, 생물체 내 여러 가지 물질 중에서 ATP가 에너지 저장 물질로 선택된 까닭을 유추할 수 있는지 평가한다.

가수 분해 반응식	에너지 방출량(kcal/몰)	참고
$ATP + H_2O \longrightarrow ADP + P_i$	7.3	• ATP: 아데노신 3인산 • ADP: 아데노신 2인산 • AMP: 아데노신 1인산 • A: 아데노신 • P_i: 무기 인산
$ADP + H_2O \longrightarrow AMP + P_i$	7.3	
$AMP + H_2O \longrightarrow A + P_i$	3.4	

(1) (제시문 1)에서 소비되는 O_2 1 L당 에너지 생성량을 각 호흡 기질별로 구하고, 이를 근거로 유산소 운동 중에 O_2가 충분히 공급되지 않을 때 탄수화물이 주된 에너지원으로 이용되는 까닭을 서술하시오.

(2) 효모는 포도당을 호흡 기질로 이용할 때 산소 호흡과 발효가 모두 가능하다. (제시문 2)와 (제시문 3)을 근거로 효모의 증식에 유리한 호흡 방식이 무엇인지를 유추하고, 효모를 이용하여 효율적으로 바이오 연료를 생산하고자 할 때 갖추어야 할 필수 조건이 무엇인지 서술하시오.

(3) 생물체 내의 여러 가지 물질 중에서 ATP가 주된 에너지 저장 물질로 사용되는 까닭을 (제시문 4)를 근거로 서술하시오.

문제 해결 과정

(1) 소비되는 O_2 1 L당 에너지 생성량은 $\dfrac{\text{단위 질량당 에너지 생성량(kcal/g)}}{\text{단위 질량당 }O_2\text{ 소비량(L/g)}}$ 이다. O_2가 충분히 공급되지 않는 조건에서는 같은 양의 에너지 생성에 O_2가 적게 소비될수록 유리하다. 따라서 같은 양의 에너지 생성에 O_2를 가장 적게 소비하는 호흡 기질이 무엇인지를 찾아 설명한다.

(2) 많은 양의 ATP를 생성하기에 유리한 호흡 방식을 파악하고, 효모를 이용하여 얻을 수 있는 바이오 연료인 에탄올을 생산하기 위한 세포 호흡의 조건을 설명한다.

(3) ATP를 단계적으로 가수 분해하는 과정에서 방출되는 에너지양을 비교하여 인산기와 인산기 사이의 결합이 갖는 특징을 설명한다.

예시 답안

(1) 소비되는 O_2 1 L당 에너지 생성량은 탄수화물(포도당)이 $\dfrac{4}{0.8} = 5(\text{kcal/L})$, 지방(스테아르산)이 $\dfrac{9}{2.0} = 4.5(\text{kcal/L})$, 단백질(류신)이 $\dfrac{4}{1.0} = 4(\text{kcal/L})$이다. 따라서 소비되는 O_2 1 L당 에너지 생성량은 탄수화물이 가장 많다. 즉, 같은 양의 에너지를 생성하는 데 탄수화물이 가장 적은 양의 O_2를 소비하므로 O_2가 충분히 공급되지 않을 때에는 탄수화물이 주된 에너지원으로 이용된다.

(2) 발효보다 산소 호흡을 통해 더 많은 양의 ATP가 생성되므로, 효모의 증식에는 발효보다 산소 호흡이 유리하다. 효모를 이용해 바이오 연료인 에탄올을 생산하기 위해서는 알코올 발효가 일어나야 하며, 알코올 발효가 진행되기 위한 필수 조건은 O_2 공급의 차단이다.

(3) ATP가 ADP로, ADP가 AMP로 가수 분해될 때 방출되는 에너지양은 각각 7.3 kcal/몰로, AMP가 아데노신으로 가수 분해될 때 방출되는 에너지양인 3.4 kcal/몰과 비교할 때 2배 이상 많다. 따라서 ATP에 있는 인산기와 인산기 사이의 고에너지 인산 결합에 많은 양의 에너지가 저장될 수 있기 때문에 생물체 내에서 ATP가 주된 에너지 저장 물질로 사용된다.

문제 해결을 위한 배경 지식

• 스테아르산: 지방을 구성하는 지방산의 일종이다.

• 류신: 단백질을 구성하는 아미노산의 일종이다.

• 유산소 운동: 산소(O_2)를 충분히 공급받아 에너지를 발생시키는 운동이다. 즉, 근육 운동에 필요한 에너지를 산소 호흡을 통해 얻을 수 있는 강도가 약한 지속적인 운동을 말한다. 유산소 운동에는 걷기, 등산, 수영, 자전거, 에어로빅 등이 있다.

• 바이오 연료: 바이오 에너지를 생산해 낼 수 있는 에너지원이 되는 식물, 동물, 미생물 등의 생물체(바이오매스)와 음식물 쓰레기, 축산 폐기물 등을 열분해하거나 발효시켜 만든 연료를 말한다. 바이오 연료는 화석 연료보다 이산화 탄소를 적게 배출하여 신재생 에너지에 속하며, 바이오 에탄올, 바이오 디젤, 바이오 가스 등으로 구분된다.

• 고에너지 인산 결합: ATP를 구성하는 인산기와 인산기 사이의 결합에는 일반적인 결합에 비해 많은 양의 에너지가 저장되어 있다. 이를 고에너지 인산 결합이라고 하며, ATP에는 2개의 고에너지 인산 결합이 존재한다.

실전 문제

1 **다음은 화학 삼투설에 대한 설명이다.**

> 1950년대까지 세포 호흡을 연구하던 대부분의 생물학자들은 전자 전달계가 기질 수준 인산화를 촉매하는 효소를 포함하고 있어 전자 전달계와 ATP 합성이 직접적으로 연관되어 있다는 '대체 가설'을 제시하였다. 그러나 집중적인 연구에도 불구하고 전자 전달계에서는 ADP를 ATP로 인산화시키는 어떤 효소도 발견할 수 없었다.
>
> 1961년에 미첼(Mitchell, P. D.)은 그 당시까지 지배적이던 '대체 가설'을 부정하고, 전자 전달계와 ATP 합성이 간접적으로 연관되어 있다는 '화학 삼투설'을 제시하였다. 다음은 '화학 삼투설'을 검증하기 위한 실험 과정과 결과를 나타낸 것이다.
>
> [실험 과정] 인공막에 미토콘드리아에서 추출한 ATP 합성 효소를 추가한 소낭을 만들고, 빛을 흡수하면 H^+을 수송하는 단백질인 박테리오로돕신을 인공막에 추가한 후 소낭에 빛을 비춘다.
>
>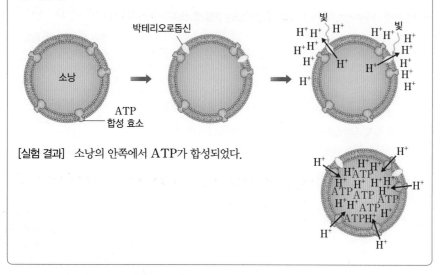
>
> [실험 결과] 소낭의 안쪽에서 ATP가 합성되었다.

(1) 인공 소낭의 안쪽과 바깥쪽에 각각 해당하는 미토콘드리아의 부위를 내막을 경계로 구분하여 서술하시오.

(2) 전자 전달계와 ATP 합성이 직접적으로 연관되어 있지 않다는 사실의 근거를 위 실험에서 찾아 서술하시오.

(3) 세포 호흡의 ATP 합성 과정에서 전자 전달계의 역할은 무엇인지 서술하시오.

답안

● **출제 의도**
화학 삼투설의 연구 과정을 이해하고, 전자 전달계와 ATP 합성 과정의 연관성을 설명할 수 있는지 평가한다.

● **문제 해결을 위한 배경 지식**
• 박테리오로돕신: 극호염균의 보라색 세포막에서 처음 발견된 양성자(H^+) 펌프 막단백질이다. 빛을 받으면 세포질에서 세포 외부로 H^+을 배출하여 H^+의 농도 기울기를 형성하고, 이로부터 ATP를 합성한다. 박테리오로돕신은 척추동물의 망막 시각 세포(막대 세포)에 있는 로돕신과 유사하지만, 박테리오로돕신은 에너지 생성에, 로돕신은 빛의 감지에 관여한다.

2 다음은 세포 호흡의 조절에 대한 설명이다.

인산 과당 인산화 효소(PFK)는 세포 호흡에서 해당 과정의 초기에 과당 인산의 인산화를 촉매하여 과당 2인산을 생성하는 효소이다. 그림 (가)는 인산 과당 인산화 효소(PFK)의 활성 조절 과정을 나타낸 것이고, (나)는 서로 다른 ATP 농도에서 과당 인산의 농도에 따른 인산 과당 인산화 효소(PFK)의 활성 정도를 비교한 것이다.

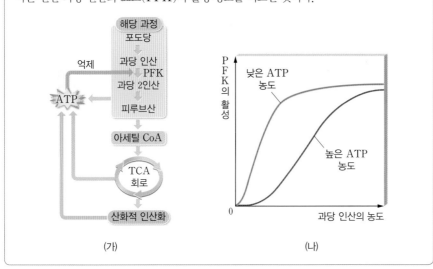

(가) (나)

⑴ 세포 내 ATP 농도에 따른 인산 과당 인산화 효소(PFK)의 활성 조절 기작에 대해 서술하시오.

⑵ 세포에서 (가)와 같은 조절이 필요한 까닭을 서술하시오.

답안

• 출제 의도
세포 내 ATP 농도에 따라 세포 호흡에 관여하는 효소의 활성이 억제되는 음성 피드백을 통해 세포 호흡 과정이 조절됨을 이해하는지 평가한다.

• 문제 해결을 위한 배경 지식
• 음성 피드백: 어떤 원인에 의해 나타난 결과가 다시 원인을 억제하는 방향으로 작용하는 현상을 말한다. 인산 과당 인산화 효소(PFK)의 활성은 음성 피드백 방식으로 조절이 이루어진다.
• ATP: 세포의 생명 활동에 직접적인 에너지원으로 사용되는 물질이다.

3 다음은 전통주인 막걸리를 만드는 방법에 대한 설명이다.

> 막걸리는 한국의 전통주로 탁주나 농주라고도 하는데, 보통 쌀이나 밀에 누룩을 첨가하여
> 발효시켜 만든다. 이때 효모의 알코올 발효와 함께 젖산균(유산균)의 젖산 발효가 이루어
> 지며, 막걸리의 알코올 농도는 6 % ~8 % 정도이다. 찹쌀, 멥쌀, 보리, 밀가루 등을 쪄서
> 식힌 후 누룩과 물을 섞고 일정한 온도에서 발효시켜 술지게미를 만든다. 이 술지게미를 걸
> 러 만든 것이 막걸리이고, 거르지 않고 밥풀을 띄운 것이 동동주이다.

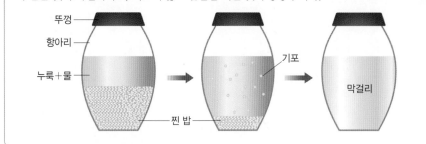

뚜껑 / 항아리 / 누룩+물 / 기포 / 찐 밥 / 막걸리

(1) 누룩에는 누룩곰팡이와 효모가 들어 있다. 막걸리를 만드는 과정에서 누룩에 들어 있는 누룩
곰팡이와 효모의 역할을 각각 서술하시오.

(2) 최근 인기 있는 생막걸리의 장점은 살균 막걸리와 달리 효모와 젖산균(유산균)이 살아 있다는
것이다. 그러나 생막걸리는 살균 막걸리에 비해 유통 기한이 짧다는 단점이 있는데, 냉장 보관
을 하더라도 대부분 열흘을 넘기지 못하며 그 이상 보관하면 맛이 시어져 제품으로서의 가치
를 잃는다. 생막걸리를 오래 보관했을 때 맛이 시어지는 까닭은 무엇이며, 생막걸리의 유통 기
한을 늘릴 수 있는 방법은 무엇인지 서술하시오.

답안

출제 의도
막걸리 제조 과정을 통해 알코올
발효를 실생활에 적용할 수 있는
지를 묻고, 효모, 젖산균, 아세트산
균에 의한 다양한 발효의 조건을
유추할 수 있는지 평가한다.

문제 해결을 위한 배경 지식
• 알코올 발효: 효모가 산소(O_2)
가 없는 환경에서 포도당을 분해
하여 에탄올을 생성하는 과정이
다. 찐 밥의 주요 탄수화물 성분
은 녹말인데, 효모는 호흡 기질
로 포도당을 주로 이용한다. 따
라서 알코올 발효 이전에 녹말을
포도당으로 분해하는 당화 과정
이 필요하다.
• 누룩곰팡이: 곡식의 주성분인 녹
말을 분해하는 효소인 아밀레이
스 등을 가지고 있다.
• 젖산 발효: 젖산균이 산소(O_2)
가 없는 환경에서 포도당을 분해
하여 젖산을 생성하는 과정이다.
• 아세트산 발효: 아세트산균이
산소(O_2)를 이용하여 에탄올을
아세트산과 물로 분해하는 과정
이다.

4 다음은 엽록체의 '광계'에 대한 연구 내용이다.

• **출제 의도**
광계에 대한 연구 과정을 이해하고, 두 가지 광계를 이루는 반응 중심 색소의 차이와 역할에 대해 설명할 수 있는지 평가한다.

> 1950년대에 광합성을 연구하던 생물학자들은 광계에서 고에너지 전자가 어떻게 방출되는지에 대해 관심을 가지고 있었다. 그런데 이 문제에 대한 획기적인 열쇠는 녹조류가 다양한 파장의 빛에서 어떻게 반응하는지를 알아보는 단순한 실험으로부터 얻게 되었으며, 이 실험을 통해 녹조류 세포가 파장이 700 nm인 빛과 680 nm인 빛에서 특별히 반응한다는 사실이 밝혀졌다.
>
> 다음은 에멀슨(Emerson, R.)이 녹조류에 파장이 700 nm인 빛과 680 nm인 빛을 따로 비추거나 함께 비추는 방법으로 연구한 내용이다.
>
> **[가설]**
> 녹조류에 파장이 700 nm인 빛과 680 nm인 빛을 함께 비추면 따로 비추었을 때에 비해 광합성량이 2배로 증가할 것이다.
>
> **[실험 과정]**
> (가) 녹조류에 파장이 700 nm인 빛을 비춘 다음 680 nm인 빛을 비추면서 산소(O_2) 발생량으로 광합성량을 측정한다.
>
> (나) 같은 녹조류에 파장이 700 nm인 빛과 680 nm인 빛을 동시에 비추면서 산소(O_2) 발생량으로 광합성량을 측정한다.
>
> **[실험 결과]**
>
>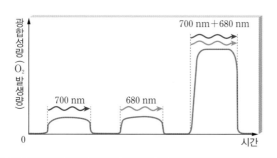

• **문제 해결을 위한 배경 지식**
• 광계 I과 광계 II : 광계 I의 반응 중심 색소(P_{700})는 파장이 700 nm인 빛을 가장 잘 흡수하고, 광계 II의 반응 중심 색소(P_{680})는 파장이 680 nm인 빛을 가장 잘 흡수한다. 광계 I과 광계 II는 발견된 순서대로 이름이 붙여졌다.
• 탄소 고정 반응과 명반응의 관계 : 탄소 고정 반응에는 명반응의 산물인 ATP와 NADPH가 이용되며, 탄소 고정 반응에 필요한 ATP와 NADPH가 모두 생성되기 위해서는 광계 I과 광계 II에서 모두 전자의 방출이 일어나야 한다.

(1) 위 실험 결과를 분석하여 에멀슨이 세운 가설이 옳은지 판단하고, 그 까닭을 서술하시오.

(2) 녹조류가 가시광선 중 다른 파장의 빛에 비해 700 nm와 680 nm의 빛에서 특별히 반응을 나타내는 까닭을 서술하시오.

(3) 700 nm와 680 nm의 빛을 함께 비추면 따로 비추었을 때에 비해 광합성량이 2배보다 훨씬 많은 까닭을 서술하시오.

답안

HIGHTOP

하이탑

과학 고수들의 필독서

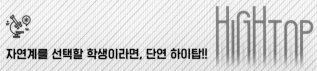

High Top

2권

생명과학 II

이 책의 구성과 특징

지금껏 선생님들과 학생들로부터 고등 과학의 바이블로 명성을 이어온 하이탑의 자랑거리는 바로,

- 기초부터 심화까지 이어지는 튼실한 내용 체계
- 백과사전처럼 자세하고 빈틈없는 개념 설명
- 내용의 이해를 돕기 위한 풍부한 자료
- 과학적 사고를 훈련시키는 논리 정연한 문장

이었습니다. 이러한 전통과 장점을 이 책에 이어 담았습니다.

① 개념과 원리를 익히는 단계

●개념 정리
여러 출판사의 교과서에서 다루는 개념들을 체계적으로 다시 정리하여 구성하였습니다.

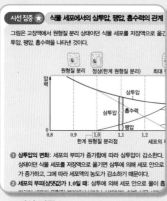

●시선 집중
중요한 자료를 더 자세히 분석하거나 개념을 더 잘 이해할 수 있도록 추가로 설명하였습니다.

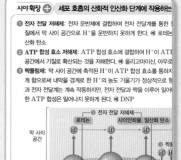

●시야 확장
심도 깊은 내용을 이해하기 쉽도록 원리나 개념을 자세히 설명하였습니다.

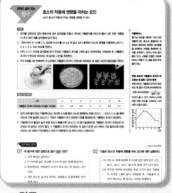

●탐구
교과서에서 다루는 탐구 활동 중 가장 중요한 주제를 선별하여 수록하고, 과정과 결과를 철저히 분석하였습니다.

●집중 분석
출제 빈도가 높은 주제를 집중적으로 분석하고, 유제를 통해 실제 시험에 대비할 수 있도록 하였습니다.

●심화
깊이 있게 이해할 필요가 있는 개념을 따로 발췌하여 심화 학습할 수 있도록 자세히 설명하고 분석하였습니다.

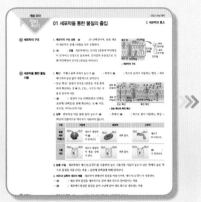

● **개념 모아 정리하기**
각 단원에서 배운 핵심 내용을 빈칸에 채워 나가면서 스스로 정리하는 코너입니다.

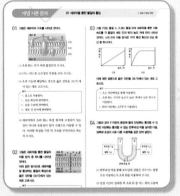

● **개념 기본 문제**
각 단원의 기본적이고 핵심적인 내용의 이해 여부를 평가하기 위한 코너입니다.

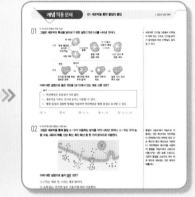

● **개념 적용 문제**
기출 문제 유형의 문제들로 구성된 코너입니다. '고난도 문제'도 수록하였습니다.

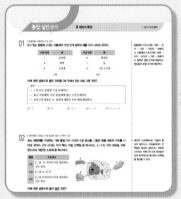

● **통합 실전 문제**
대단원별로 통합된 개념의 이해 여부를 확인함으로써 실전에 대비할 수 있도록 구성하였습니다.

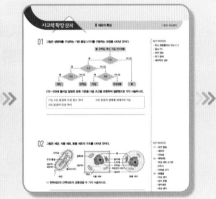

● **사고력 확장 문제**
창의력, 문제 해결력 등 한층 높은 수준의 사고력을 요하는 서술형 문제들로 구성하였습니다.

● **논구술 대비 문제**
논구술 시험에 출제되었거나, 출제 가능성이 높은 예상 문제를 수록하여 답변 요령 및 예시 답안과 함께 제시하였습니다.

● **정답과 해설**
정답과 오답의 이유를 쉽게 이해할 수 있도록 자세하고 친절한 해설을 담았습니다.

❝
하이탑은
과학에 대한 열정을 지닌 독자님의
실력이 더욱 향상되길 기원합니다.
❞

Contents
이 책의 차례 생명 과학

" 자세하고 짜임새 있는 설명과 수준 높은 문제로 실력의 차이를 만드는 High Top "

IV

유전자의 발현과 조절

V

생물의 진화와 다양성

VI

생명 공학 기술과 인간 생활

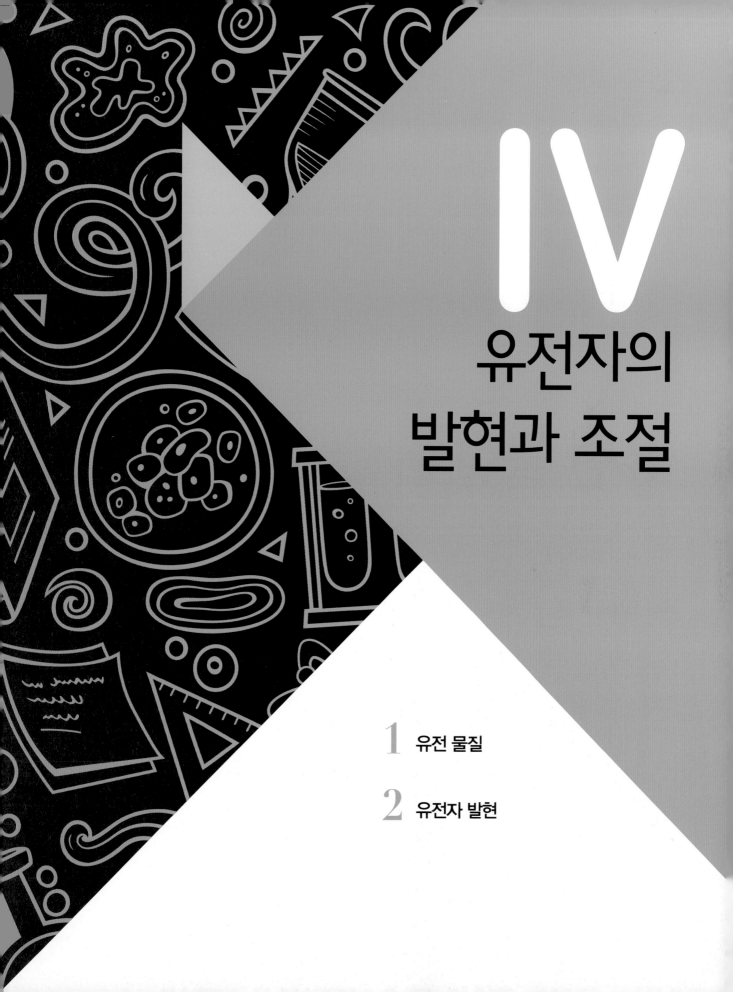

IV

유전자의
발현과 조절

1

유전 물질

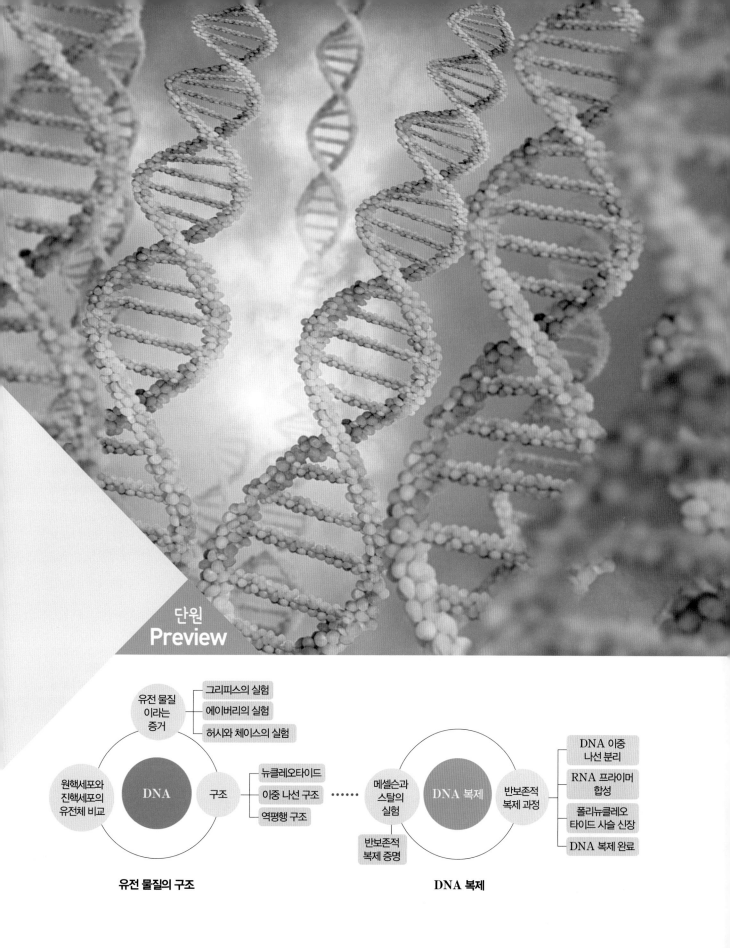

단원
Preview

유전 물질의 구조

유전 물질
이라는
증거
- 그리피스의 실험
- 에이버리의 실험
- 허시와 체이스의 실험

원핵세포와
진핵세포의
유전체 비교

DNA

구조
- 뉴클레오타이드
- 이중 나선 구조
- 역평행 구조

DNA 복제

메셀슨과
스탈의
실험

반보존적
복제 증명

DNA 복제

반보존적
복제 과정
- DNA 이중
나선 분리
- RNA 프라이머
합성
- 폴리뉴클레오
타이드 사슬 신장
- DNA 복제 완료

01 유전 물질의 구조

학습 Point   원핵세포와 진핵세포의
유전체 비교   〉   DNA가 유전 물질이라는 증거:
그리피스, 에이버리, 허시와 체이스의 실험   〉   DNA의 이중 나선 구조

 원핵세포와 진핵세포의 유전체 구성

세포는 구조에 따라 원핵세포와 진핵세포로 구분되는데, 원핵세포와 진핵세포는 염색체의
수와 형태가 다르고, 유전체의 위치와 크기, 유전자의 구조와 수도 다르다.

1. 유전자와 유전체

(1) **유전자**: 유전 정보를 저장하고 있는 DNA의 특정 염기 서열로, 하나의 DNA에는 많
은 수의 유전자가 존재한다.

(2) **유전체**: 한 개체가 가지고 있는 모든 유전 정보로, 한 개체의 모든 유전 정보가 저장되
어 있는 DNA 전체를 뜻한다. 따라서 유전체에는 한 생물체가 가진 모든 유전자가 포함
된다.

▲ 유전자, DNA, 유전체의 관계

2. 원핵세포와 진핵세포

(1) **원핵세포**: 세포 내부에 막으로 둘러싸인 핵과 세포 소기관이 없는 세포이다. 예 세균

(2) **진핵세포**: 세포 내부에 막으로 둘러싸인 핵과 세포 소기관이 있는 세포이다. 일반적으
로 원핵세포보다 크기가 크다. 예 동물 세포, 식물 세포

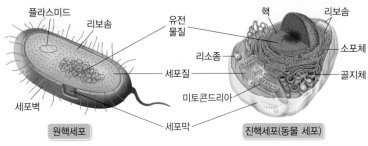

▲ 원핵세포와 진핵세포

유전자

DNA에서 특정한 단백질이나 RNA를
만들 수 있는 단위이다. 대부분의 유전자
는 단백질을 암호화하고 있으며, 사람은 약
20000개의 단백질 유전자를 가진다.

유전체(genome)

유전자를 뜻하는 'gene'과 염색체를 뜻하
는 'chromosome'의 일부를 결합하여 만
든 합성어이다. 유전자에 대한 이해가 깊어
지면서 그 의미가 조금씩 변해 왔지만, 현재
는 한 개체가 가진 모든 유전 정보가 저장되
어 있는 DNA 전체로 정의한다.

원핵세포와 진핵세포의 공통 구조

원핵세포와 진핵세포는 모두 세포막으로 둘
러싸여 있고, 유전 물질이 있으며, 세포질이
있다. 세포질에는 작은 알갱이 모양의 리보
솜이 있으며, 리보솜은 단백질을 합성하는
장소이다.

플라스미드

세포 내에서 주 염색체 외에 따로 존재하는
작은 고리 모양의 DNA이다. 원핵세포로
이루어진 세균은 주 염색체 외에 플라스미
드를 가지기도 한다.

3. 원핵세포와 진핵세포의 유전체 비교 (심화) 20쪽

(1) **유전체 구성:** 원핵세포의 유전체는 세포질에 있으며, 진핵세포의 유전체보다 크기가 작다. 또, 대부분 1개의 원형 염색체로 구성되며, 유전자 수가 적다.

진핵세포의 유전체는 핵 속에 있으며, 여러 개의 선형 염색체로 구성된다. 또, 원핵세포의 유전체와 달리 DNA가 히스톤 단백질을 감아 뉴클레오솜을 형성한다.

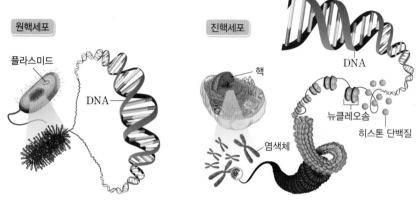

▲ **원핵세포와 진핵세포의 유전체**

(2) **유전자 구조:** 원핵세포의 DNA에는 유전자가 매우 조밀하게 배열되어 있고, 일반적으로 각 유전자는 단백질을 암호화하는 부위로만 이루어져 있다.

진핵세포의 DNA에는 유전자 사이에 유전 정보가 저장되어 있지 않은 부분이 많다. 또, 하나의 유전자 안에 단백질을 암호화하는 부위(엑손)와 단백질을 암호화하지 않는 부위(인트론)가 있어 하나의 유전자가 여러 부분으로 구성되는 경우가 많다.

구분	세포 종류	염색체 수(n)	염색체 형태	유전체 크기(염기쌍)	유전자 수(추정치)
대장균	원핵세포	1	원형	4.6×10^6	4400
효모	진핵세포	16	선형	1.2×10^7	5800
애기장대	진핵세포	5	선형	1.2×10^8	26500
사람	진핵세포	23	선형	3.2×10^9	20000

▲ **다양한 생물의 유전체 특징 비교**

시선 집중 ★ 원핵세포(대장균)와 진핵세포(사람)의 유전자 구조 비교

대장균의 DNA

유전자 수 1 2 3 4 ……   52   53

사람의 DNA

유전자 수 └─1─┘   └────── 2 ──────┘

염기쌍 1   10000   20000   30000   40000   50000   60000

■ 단백질을 암호화 하는 부위(엑손)   □ 단백질을 암호화하지 않는 부위(인트론)   ▨ 유전자 사이의 공간

❶ **대장균:** 60000 염기쌍 길이의 DNA에 53개의 유전자가 조밀하게 배열되어 있으며, 각 유전자는 단백질을 암호화하는 부위로만 이루어져 있다.

❷ **사람:** 60000 염기쌍 길이의 DNA에 2개의 유전자만 있으며, 하나의 유전자 안에 단백질을 암호화하는 부위와 암호화하지 않는 부위가 있다.

뉴클레오솜

DNA가 히스톤 단백질을 감고 있는 구조물로, 진핵세포 염색체의 기본 단위이다. 세포 분열이 일어날 때에는 뉴클레오솜이 차곡차곡 쌓여 고도로 응축된다.

인트론

진핵세포에서는 유전자가 RNA로 1차 전사된 후 가공 과정을 거쳐 성숙한 RNA가 된다. 인트론 부분은 1차 전사 과정에서는 RNA로 전사되지만, RNA 가공 과정에서 제거되므로 성숙한 RNA에는 인트론 부분이 존재하지 않는다.

유전체 크기

진핵생물의 유전체 크기는 일반적으로 반수체(n)의 세포에 들어 있는 모든 DNA를 구성하는 염기쌍의 수로 나타낸다.

DNA가 유전 물질이라는 증거

멘델은 유전 형질을 결정하는 유전 인자가 부모로부터 자손에게 전달된다고 주장했지만, 유전 인자의 정체는 알지 못했다. 이후 유전 인자가 염색체에 있으며, 염색체가 DNA와 단백질로 이루어져 있다는 것이 밝혀졌다. 이에 따라 과학자들은 DNA와 단백질 중 어떤 것이 유전 물질인지 알아내기 위해 노력하였다.

1. 그리피스의 실험

1928년 그리피스(Griffith, F., 1879~1941)는 폐렴 쌍구균을 이용한 형질 전환 실험을 통해 유전 물질의 정체에 대한 단서를 발견하였다.

(1) 실험 과정과 결과

(가) 살아 있는 S형 균을 쥐에 주입하면 쥐가 폐렴에 걸려 죽는다. ➡ S형 균은 병원성이 있다.

(나) 살아 있는 R형 균을 쥐에 주입하면 쥐가 폐렴에 걸리지 않는다. ➡ R형 균은 병원성이 없다.

(다) 열처리로 죽은 S형 균을 쥐에 주입하면 쥐가 폐렴에 걸리지 않는다. ➡ 열처리 과정에서 S형 균이 죽었으므로 폐렴을 유발하지 않는다.

(라) 열처리로 죽은 S형 균과 살아 있는 R형 균을 함께 쥐에 주입하면 쥐가 폐렴에 걸려 죽고, 죽은 쥐의 혈액에서 살아 있는 S형 균이 발견된다. ➡ 죽은 S형 균에 남아 있던 어떤 물질이 R형 균을 S형 균으로 형질 전환시켰으며, 이 물질은 열에 강하다.

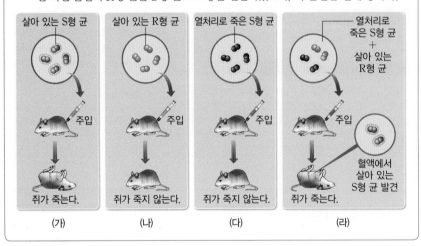

(2) 결론: 죽은 S형 균에 남아 있던 어떤 물질이 살아 있는 R형 균으로 들어가 R형 균을 S형 균으로 형질 전환시켰다.

(3) 그리피스 실험의 한계: 그리피스는 R형 균이 S형 균으로 형질 전환되는 것을 확인하였지만, 형질 전환을 일으키는 물질이 무엇인지는 알아내지 못했다.

2. 에이버리의 실험

1944년 에이버리(Avery, O. T., 1877~1955)와 그의 동료들은 죽은 S형 균의 세포 추출물을 이용하여 형질 전환을 일으키는 물질이 무엇인지 알아보는 실험을 하였다. 이 결과를 바탕으로 이들은 DNA가 형질 전환을 일으키는 물질이라는 것을 알아냈다.

DNA가 유전 물질이라는 간접적인 증거
• 한 생물체의 모든 체세포에 들어 있는 DNA양은 같다.
• 체세포의 DNA양은 생식세포 DNA양의 2배이다. 따라서 세대를 거듭하더라도 자손이 가진 유전 물질의 양은 어버이와 같다.
• 세포가 분열하기 전에 DNA양은 정확히 2배로 늘어났다가 딸세포에서 다시 본래의 양으로 된다.
• 세균에 자외선을 쪼였을 때 돌연변이가 일어나는 비율이 가장 높은 파장은 260 nm로, 세균의 DNA가 최대로 흡수하는 자외선 파장과 일치한다. 일반적으로 돌연변이는 유전 물질의 변화에 의해 일어나며, 260 nm의 자외선은 DNA에 구조적 변화를 일으킴으로써 세균의 돌연변이율을 증가시킨 것으로 유추할 수 있다.

폐렴 쌍구균
포유류에서 폐렴을 일으키는 세균으로, S형 균과 R형 균의 두 종류가 있다.
• S형 균(smooth type bacteria): 부드럽고 끈적끈적한 다당류의 피막을 가지고 있어 표면이 매끄러운 군체를 형성한다. S형 균은 피막 덕분에 숙주의 면역 세포로부터 자신을 보호할 수 있어 폐렴을 유발한다(병원성).
• R형 균(rough type bacteria): 표면이 고르지 못하고 건조한 형태의 군체를 형성한다. 피막을 형성하지 못해 숙주의 면역 세포에 의해 쉽게 제거되므로 폐렴을 유발하지 않는다(비병원성).

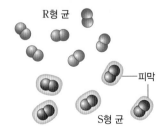

(1) **실험 과정과 결과**

> (가) 열처리로 죽은 S형 균을 부수어 세포 추출물을 얻은 후 여러 개로 나눈다.
>
> (나) 세포 추출물에 단백질 분해 효소를 처리한 후 살아 있는 R형 균 배양 배지에 첨가하여 배양하면 살아 있는 S형 균이 발견된다. ➡ 단백질이 분해되어도 살아 있는 R형 균이 S형 균으로 형질 전환되었으므로, 단백질은 유전 물질이 아니다.
>
> (다) 세포 추출물에 RNA 분해 효소를 처리한 후 살아 있는 R형 균 배양 배지에 첨가하여 배양하면 살아 있는 S형 균이 발견된다. ➡ RNA가 분해되어도 살아 있는 R형 균이 S형 균으로 형질 전환되었으므로, RNA는 유전 물질이 아니다.
>
> (라) 세포 추출물에 DNA 분해 효소를 처리한 후 살아 있는 R형 균 배양 배지에 첨가하여 배양하면 S형 균이 발견되지 않는다. ➡ DNA 분해 효소에 의해 S형 균의 DNA가 분해되면 살아 있는 R형 균이 S형 균으로 형질 전환되지 않는다. 따라서 DNA가 형질 전환을 일으키는 유전 물질이다.
>
>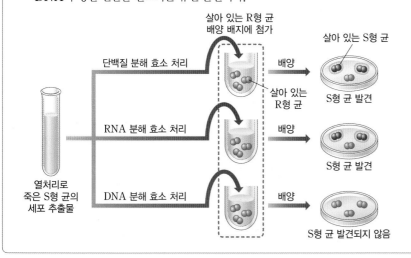

(2) **결론:** 죽은 S형 균의 DNA가 살아 있는 R형 균으로 들어가 R형 균을 S형 균으로 형질 전환시켰다. 즉, 형질 전환을 일으키는 유전 물질은 DNA이다.

(3) **에이버리 실험의 한계:** 그 당시 대부분의 과학자는 DNA가 유전 정보를 저장할 수 있을 만큼 충분히 복잡하지 않다고 생각하였고, 단백질이 유전 물질일 가능성이 크다고 여겼다. 또, 세균이 유전자를 가지고 있는지 밝혀지지 않았기 때문에 여전히 많은 사람은 DNA가 유전 물질이라는 것을 확신하지 못했다.

3. 허시와 체이스의 실험

1952년 허시(Hershey, A. D., 1908~1997)와 체이스(Chase, M., 1927~2003)는 박테리오파지를 이용한 실험을 통해 DNA가 유전 물질이라는 것을 증명하였다. 박테리오파지는 DNA와 이를 감싸고 있는 단백질 껍질로 이루어져 있으며, 세균 안에서만 증식하는 바이러스이다. 허시와 체이스는 파지가 증식하기 위해서는 파지의 유전 물질이 세균 안으로 들어가야 한다고 생각하였다. 그리고 DNA에는 인(P)이 있지만 황(S)이 없으며, 단백질에는 황(S)이 있지만 인(P)이 없다는 점에 착안하여 파지의 DNA와 단백질을 각각 방사성 동위 원소로 표지하여 유전 물질이 무엇인지를 밝히고자 하였다.

R형 균의 형질 전환 과정
R형 균에 있는 특정 효소가 죽은 S형 균의 DNA 조각을 R형 균의 염색체에 삽입하여 R형 균의 유전자와 교체한다. 이렇게 형질 전환된 일부 R형 균은 다당류의 피막을 만드는 데 필요한 효소를 합성할 수 있게 되어 S형 균이 된다.

박테리오파지(＝파지)
파지(phage)는 그리스어로 '먹는다'라는 뜻으로, 박테리오파지는 세균(박테리아)에 기생하여 살아가는 바이러스를 뜻한다. 바이러스는 스스로 물질대사를 하지 못하므로, 박테리오파지는 세균 안에서 세균의 물질대사 기구를 이용하여 자신의 유전 물질을 복제하고 단백질을 합성하여 증식한다.

DNA와 단백질의 구성 원소
• DNA의 구성 원소: 탄소(C), 수소(H), 산소(O), 질소(N), 인(P)
• 단백질의 구성 원소: 탄소(C), 수소(H), 산소(O), 질소(N), 황(S)

(1) 실험 과정과 결과

(가) 방사성 동위 원소인 ^{32}P이 포함된 배지와 ^{35}S이 포함된 배지에서 박테리오파지를 각각 배양하여 DNA가 ^{32}P으로 표지된 파지와 단백질 껍질이 ^{35}S으로 표지된 파지를 얻는다. → 인(P)은 DNA의 구성 원소이지만 단백질의 구성 원소는 아니며, 황(S)은 DNA의 구성 원소는 아니지만 단백질의 구성 원소이다. 따라서 ^{32}P으로는 파지의 DNA를, ^{35}S으로는 파지의 단백질 껍질을 표지할 수 있다.

(나) 방사성 동위 원소로 표지된 각각의 파지를 보통 배지에서 배양한 대장균에 감염시킨다. → 보통 배지에서 배양한 대장균의 DNA와 단백질에는 ^{32}P과 ^{35}S이 없다.

(다) 일정 시간이 지난 후 믹서를 세게 돌려 대장균의 표면에서 파지를 떨어뜨린다.

(라) 대장균 배양액을 원심 분리하면 크고 무거운 대장균은 아랫부분에 가라앉고, 파지의 단백질 껍질은 가벼워서 윗부분에 뜬다.

(마) 침전물과 상층액 중 어디에서 방사선이 검출되는지 조사한다. → DNA가 ^{32}P으로 표지된 파지를 감염시킨 경우에는 침전물에서 방사선이 검출되고, 단백질 껍질이 ^{35}S으로 표지된 파지를 감염시킨 경우에는 상층액에서 방사선이 검출된다.

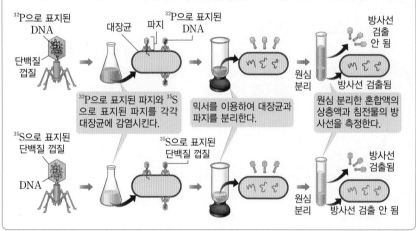

(2) 결론: 파지의 DNA만 대장균 안으로 들어가며, 이 DNA가 다음 세대의 파지를 만드는 유전 물질이다.

시야 확장 ➕ 박테리오파지의 증식 과정

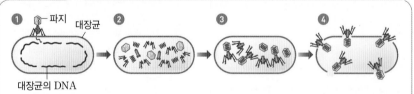

❶ 파지의 DNA가 대장균 안으로 들어가고, 파지의 단백질 껍질은 대장균 표면에 남는다. 대장균의 DNA가 분해된다.

❷ 파지의 DNA가 대장균의 효소를 이용하여 자신의 DNA를 다량 복제하고, DNA의 유전 정보에 따라 파지의 단백질 껍질이 만들어진다.

❸ 머리와 꼬리가 만들어져 새로운 파지로 조립된다. 파지의 DNA는 머리가 만들어질 때 단백질 껍질 안으로 들어간다.

❹ 새로 만들어진 파지가 대장균을 파괴하고 나온다.

박테리오파지의 구조

박테리오파지는 머리와 꼬리로 구분되며, 머리 속에는 DNA가 들어 있고 껍질은 단백질로 되어 있다.

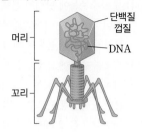

허시와 체이스의 추가 실험

허시와 체이스는 추가 실험을 통해 DNA가 ^{32}P으로 표지된 파지를 감염시킨 대장균과 단백질 껍질이 ^{35}S으로 표지된 파지를 감염시킨 대장균에서 각각 새로 만들어진 파지가 방사선을 띠는지 조사하였다. → DNA가 ^{32}P으로 표지된 파지를 감염시킨 대장균에서만 새로 만들어진 파지의 일부가 방사선을 띠는 것을 확인하였다.

③ DNA의 구조

탐구 19쪽

유전자의 본체인 DNA는 뉴클레오타이드라는 단위체가 결합하여 만들어진 폴리뉴클레오타이드 두 가닥으로 구성된 이중 나선 구조이다.

1. DNA의 구성

DNA는 핵산의 일종으로, 뉴클레오타이드라는 단위체가 결합하여 만들어진 중합체이다.

(1) **뉴클레오타이드**: DNA를 구성하는 기본 단위로, 인산, 당, 염기가 1 : 1 : 1로 결합해 있는 구조이다.

① 인산: 분자식은 H_3PO_4이며, 수용액에서 산성을 띤다. 이 때문에 DNA도 수용액에서 산성을 띤다.

② 당: 5탄당인 디옥시리보스이다. 뉴클레오타이드를 구성하는 당의 탄소에는 일정한 규칙에 따라 번호를 붙인다. 염기가 결합되어 있는 탄소가 1번(1′)이고, 이어서 시계 방향으로 순서대로 번호를 붙인다. 인산은 5번(5′) 탄소에 결합되어 있다.

③ 염기: 탄소(C), 수소(H), 산소(O), 질소(N)로 이루어진 고리 모양의 화합물이다. 아데닌(A), 구아닌(G), 사이토신(C), 타이민(T)의 4종류가 있으며, 이 중 아데닌(A)과 구아닌(G)은 2개의 고리 구조를 가진 퓨린 계열 염기이고, 사이토신(C)과 타이민(T)은 1개의 고리 구조를 가진 피리미딘 계열 염기이다.

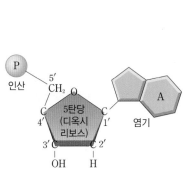

▲ **뉴클레오타이드의 구조**

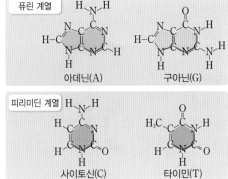

▲ **DNA를 구성하는 염기의 종류**

(2) **폴리뉴클레오타이드의 형성**: 한 뉴클레오타이드를 구성하는 당의 3번 탄소에 결합한 수산기(−OH)에 다른 뉴클레오타이드를 구성하는 당의 5번 탄소에 결합한 인산이 공유 결합으로 연결되며, 이러한 결합이 반복되어 긴 사슬 모양의 폴리뉴클레오타이드가 형성된다. 이처럼 폴리뉴클레오타이드는 당−인산 사이의 공유 결합으로 형성되며, 사슬의 한쪽 끝에는 5번 탄소가 있고(5′ 말단), 반대쪽 끝에는 3번 탄소가 있어(3′ 말단) 사슬 전체가 방향성을 갖는다.

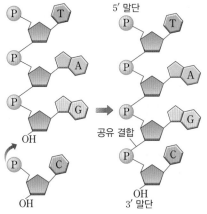

▲ **폴리뉴클레오타이드의 형성**

뉴클레오타이드를 구성하는 당

뉴클레오타이드는 핵산인 DNA와 RNA를 구성하는 기본 단위이다. 뉴클레오타이드를 구성하는 당은 탄소 수가 5개인 5탄당인데, DNA 뉴클레오타이드의 당은 디옥시리보스이고, RNA 뉴클레오타이드의 당은 리보스이다. 디옥시리보스는 리보스보다 산소(O) 1개가 적다(deoxy). 즉, 디옥시리보스의 2번 탄소에는 −H가, 리보스의 2번 탄소에는 −OH가 결합해 있다.

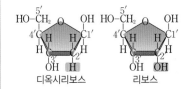

디옥시리보스   리보스

유라실

DNA 뉴클레오타이드에는 없고, RNA 뉴클레오타이드에만 있는 염기로, C과 T처럼 1개의 고리 구조를 가진 피리미딘 계열 염기이다.

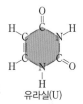

유라실(U)

뉴클레오타이드의 종류

DNA를 구성하는 각 뉴클레오타이드는 염기만 다르다. DNA를 구성하는 염기가 4종류이므로, DNA를 구성하는 뉴클레오타이드도 4종류이다.

DNA의 인산과 염기

DNA를 구성하는 뉴클레오타이드는 인산, 당, 염기로 이루어져 있다. 수용액에서 인산기는 산성을 띠기 때문에 DNA는 산성을 띠며, 질소를 함유한 염기는 용액으로부터 H^+을 취하는 경향이 있어 인산기와는 대조적으로 염기성을 띠므로 염기라는 이름이 붙여졌다.

2. DNA의 입체 구조

(1) DNA의 입체 구조를 밝히기까지의 과정

① **샤가프 법칙**: 1950년 샤가프(Chargaff. E., 1905~2002)는 여러 생물의 DNA를 추출하여 조사한 결과 생물종에 따라 염기 조성 비율은 다르지만, 모든 생물에서 항상 A과 T의 양이 거의 같고(A＝T), G과 C의 양도 거의 같다(G＝C)는 것을 발견하였다. 또, 어떤 생물이든지 DNA의 퓨린 계열 염기와 피리미딘 계열 염기는 같은 비율, 즉 A＋G＝T＋C＝50 %의 관계가 성립한다는 것을 발견하였다. 이처럼 DNA를 구성하는 염기의 비율에 대한 규칙성을 샤가프 법칙이라고 한다. 샤가프 법칙은 DNA에서 A과 T, G과 C이 서로 대응하여 결합하고 있을 가능성을 암시한다.

생물	염기 조성 비율(%)			
	A	T	G	C
사람	30.4	30.1	19.6	19.9
연어	29.7	29.1	20.8	20.4
성게	32.8	32.1	17.7	17.4
밀	28.1	27.4	21.8	22.7
대장균	24.7	23.6	26.0	25.7

▲ **여러 생물의 DNA를 구성하는 염기의 비율** 생물종에 따라 염기 조성 비율은 다르지만, 한 종 내에서 A과 T의 비율, G과 C의 비율은 거의 같다.

② **DNA의 X선 회절 사진**: 왓슨과 크릭이 DNA 분자 구조를 연구할 무렵인 1952년 프랭클린(Franklin, R., 1920~1958)과 윌킨스(Wilkins, M. H. F., 1916~2004)는 X선 결정학 기술을 이용하여 DNA의 X선 회절 사진을 얻었다. 그리고 이를 분석하여 DNA는 바깥쪽에 당－인산 골격이 있으며, 대칭적으로 일정한 간격으로 반복되는 나선형 구조를 하고 있다는 것을 알아냈다. 또, DNA 분자 내 거리가 2.0 nm, 0.34 nm, 3.4 nm로 반복되어 나타나는 것을 발견하였다. 하지만 DNA 분자의 구조에 대한 구체적인 특성까지는 알아내지 못했다.

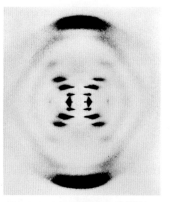

▲ **DNA의 X선 회절 사진** 중앙의 X자 형태는 DNA가 나선형이라는 것을 보여주며, 위아래의 어두운 부분은 특정 구조가 반복되고 있다는 것을 나타낸다.

③ **DNA의 이중 나선 모형**: 1953년 왓슨(Watson, J. D., 1928~)과 크릭(Crick, F. H. C., 1916~2004)은 당시까지 알려져 있던 DNA의 화학적 구조에 대한 연구들을 종합하여 분석하고, 프랭클린과 윌킨스의 DNA X선 회절 사진을 해석하여 DNA의 입체 구조 모형을 제안하였다. 이들의 설명에 따르면 DNA는 두 가닥의 사슬로 이루어져 있고, 바깥쪽에 당－인산 골격을 가지고 있으며 안으로는 염기가 서로 마주 보는 이중 나선 구조이다. 왓슨과 크릭이 제안한 DNA의 입체 구조 모형은 그 당시까지 알려진 샤가프 법칙 및 프랭클린과 윌킨스에 의해 측정된 수치를 모두 만족시킬 수 있는 것이었다.

(2) DNA의 입체 구조

① **이중 나선 구조:** DNA는 두 가닥의 폴리뉴클레오타이드 사슬이 서로 마주 보며 꼬여 있는 이중 나선 구조이다. 당과 인산은 공유 결합으로 연결되어 이중 나선의 바깥쪽에 골격을 형성하고 있으며, 염기는 안쪽을 향해 배열되어 있다.

② **크기:** 이중 나선의 폭은 약 2.0 nm이고, 한 염기쌍에서 다음 염기쌍까지의 거리는 0.34 nm이다. 또, 나선형 계단과 같이 각 염기쌍은 인접한 염기쌍과 약 36°씩 비틀려 있어 3.4 nm마다 이중 나선이 완전히 한 바퀴씩 회전한다. 염기쌍 사이의 거리가 0.34 nm이므로, 이중 나선의 1회전(360°)에는 10쌍의 뉴클레오타이드가 있다.

③ **역평행 구조:** 폴리뉴클레오타이드가 형성될 때에는 한 뉴클레오타이드를 구성하는 당의 3번 탄소에 다른 뉴클레오타이드의 인산이 연결됨으로써 당-인산의 축이 형성된다. 결국 폴리뉴클레오타이드 사슬은 3′ 말단과 5′ 말단을 가지게 되는데, 두 가닥의 폴리뉴클레오타이드 사슬의 당-인산 축은 5′ → 3′ 방향으로 서로 반대쪽을 향하고 있는 역평행 구조이다. 따라서 이중 나선의 한쪽 끝에서 한 가닥이 5′ 말단이면 다른 가닥은 3′ 말단이다.

이중 나선 DNA의 1회전과 염기
이중 나선 DNA의 1회전에는 10쌍의 염기, 즉 20개의 염기가 있다.

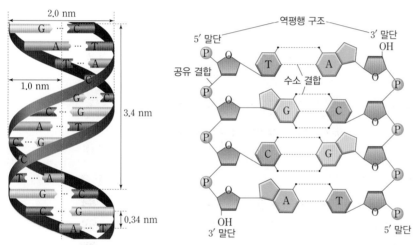

▲ DNA 이중 나선과 역평행 구조

폴리뉴클레오타이드의 방향성
인산이 노출된 끝이 5′ 말단이고, 당이 노출된 끝이 3′ 말단이다. DNA를 구성하는 두 가닥의 폴리뉴클레오타이드 사슬은 방향이 서로 반대이다.

④ **염기의 상보결합:** 두 가닥의 폴리뉴클레오타이드 사슬의 마주 보는 염기는 수소 결합으로 연결되어 있다. 분자 구조상 아데닌(A)은 타이민(T)하고만, 구아닌(G)은 사이토신(C)하고만 결합하는데, 이처럼 각 염기가 항상 정해진 염기하고만 결합하는 것을 상보결합이라고 한다. 따라서 이중 나선 DNA에서 한 가닥의 염기 서열을 알면 다른 가닥의 염기 서열도 알 수 있다. 이때 A과 T은 2중 수소 결합, G과 C은 3중 수소 결합을 한다.

수소 결합
2개의 원자 사이에 수소 원자가 들어감으로써 생기는 약한 결합이다. 수소 결합은 일반적으로 산소, 질소 등 전기 음성도가 강한 원자 사이에 수소 원자가 들어갈 때 생기며, X－H ⋯ Y와 같이 표시한다. DNA 분자는 마주 보는 염기 사이에 형성되는 수소 결합의 각도 차이에 의해 나선형을 이루게 된다.

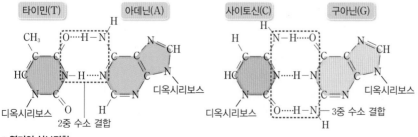

▲ 염기의 상보결합

또, 염기의 상보결합으로 DNA 이중 나선의 폭이 일정하게 유지된다. 퓨린 계열 염기(A, G)는 2개의 고리 구조를, 피리미딘 계열 염기(T, C)는 1개의 고리 구조를 가지므로, 퓨린 계열 염기가 피리미딘 계열 염기보다 크기가 크다. 만일 퓨린 계열 염기끼리 또는 피리미딘 계열 염기끼리 결합한다면 퓨린 계열 염기끼리의 결합은 피리미딘 계열 염기끼리의 결합보다 폭이 훨씬 넓어서 DNA 분자가 불룩 튀어나오게 될 것이다. 그러나 퓨린 계열 염기는 가장 적절한 수소 결합을 할 수 있는 화학기를 가진 피리미딘 계열 염기와 수소 결합을 함으로써 이중 나선은 염기쌍에 상관없이 일정한 폭을 가지게 된다.

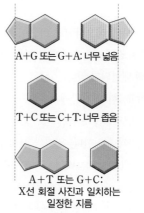

A+G 또는 G+A: 너무 넓음

T+C 또는 C+T: 너무 좁음

A+T 또는 G+C:
X선 회절 사진과 일치하는
일정한 지름

▲ 염기의 결합 비교

염기의 상보결합의 의미

• DNA를 구성하는 염기 비율의 규칙성에 대한 샤가프 법칙을 설명할 수 있다. 즉, A과 T, G과 C이 상보적으로 결합하기 때문에 각 생물에서 A과 T의 양, G과 C의 양이 같은 것이다.
• DNA의 폭이 2.0 nm로 일정하게 유지되어 X선 회절 사진 분석 결과와 일치한다. 퓨린 계열 염기(A, G)와 피리미딘 계열 염기(T, C)가 상보적으로 결합함으로써 X선 회절 사진에서 밝혀진 것처럼 약 2.0 nm의 폭이 일정하게 유지된다.
• 이중 나선 DNA에서 한 가닥의 염기 서열을 알면 다른 가닥의 염기 서열도 알 수 있다. 예를 들어 한 가닥의 염기 서열이 5′−ATCGTAGGC−3′이라면 다른 가닥의 염기 서열은 3′−TAGCATCCG−5′이다.

시야확장 ➕ DNA 이중 나선 구조의 안정성

DNA 이중 나선 구조의 안정성은 몇 가지 요소의 영향을 받는데, 그중에서 두 가닥의 폴리뉴클레오타이드 사슬을 연결하는 염기 사이의 수소 결합은 DNA 이중 나선 구조를 유지하는 데 매우 중요하다. 수소 결합은 약한 결합이지만 DNA를 구성하는 염기쌍이 매우 많고, 이들 사이의 수소 결합 역시 매우 많기 때문에 두 사슬이 분리되지 않도록 한다. A과 T은 2중 수소 결합으로, G과 C은 3중 수소 결합으로 연결되어 있으므로, G과 C의 비율이 높을수록 DNA의 이중 나선 구조가 안정적이다.

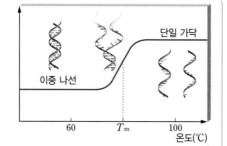

단일 가닥

이중 나선

60   T_m 100
온도(℃)

▲ DNA 이중 나선이 풀리는 온도

세포 밖에서 이중 나선 DNA를 가열하여 온도가 높아지면 염기 사이의 수소 결합이 끊어져 단일 가닥으로 풀릴 수 있다. 이때 이중 나선이 절반 정도 풀리는 온도(T_m)는 DNA의 길이가 길수록, DNA를 구성하는 G과 C 염기쌍이 많을수록 높다. 이는 수소 결합이 많을수록 이중 나선이 안정된 상태를 이루고 있어 더 많은 열을 가해야 수소 결합이 끊어지기 때문이다. 단일 가닥으로 풀린 DNA는 온도가 낮아지면 다시 이중 나선 구조를 이룬다.

융해 온도(T_m)
DNA 이중 나선이 절반 정도 풀렸을 때의 온도로, DNA를 구성하는 G과 C 염기쌍이 많을수록 높다.

DNA 추출하여 관찰하기

브로콜리의 DNA를 추출하여 관찰할 수 있다.

과정

1 브로콜리 약 50 g을 막자사발에 넣고 가위로 잘게 자른 후 막자로 곱게 간다.

2 증류수 150 mL에 소금 2 g과 주방용 세제 7 mL를 넣고 잘 섞어 소금−세제액을 만든다. 이 소금−세제액 100 mL를 브로콜리가 들어 있는 막자사발에 넣고, 5분~10분 동안 조심스럽게 갈아 준다.

3 2의 혼합액을 구멍이 작은 체로 걸러 브로콜리 추출액을 얻는다.

4 브로콜리 추출액이 담긴 비커 벽에 유리 막대를 대고 차가운 에탄올을 조심스럽게 흘려 넣는다.

5 가는 실 모양의 물질이 생기면 이를 나무젓가락으로 감아올려 관찰한다.

● 유의점
• 브로콜리 이외에 바나나, 사과, 양파, 입안 상피 세포 등을 실험 재료로 사용해도 된다.
• 에탄올의 온도가 낮을수록 DNA가 잘 엉기므로 에탄올을 차갑게 만들어서 사용한다.

소금−세제액

브로콜리 추출액

차가운 에탄올

DNA

결과 및 해석

1 **소금과 세제를 넣는 까닭**: 핵산의 뉴클레오타이드를 구성하는 인산기는 음(−)전하를 띠므로, DNA 분자끼리 뭉치기 어렵다. 그런데 여기에 소금을 넣어 주면 소금의 Na^+이 음전하를 띠는 DNA와 결합하여 DNA를 전기적으로 중성으로 만들어 주므로, DNA가 좀 더 잘 뭉칠 수 있다. 주방용 세제는 세포막과 핵막을 구성하는 인지질을 녹여 DNA가 용액 속으로 나오게 해 준다.

2 **에탄올을 넣는 까닭**: DNA가 에탄올에 녹지 않는 성질을 이용하여 DNA를 떠오르게 하기 위해서이다. 이때 에탄올의 온도가 낮을수록 DNA가 잘 엉긴다.

3 **브로콜리 추출액에 에탄올을 넣었을 때 생기는 물질**: 브로콜리 추출액과 에탄올이 만나는 경계 부분에 흰색의 가는 실 모양의 물질이 생긴다. 이것을 나무젓가락으로 감아올리면 긴 실과 같은 구조의 물질을 확인할 수 있다. 이 물질은 브로콜리 세포에 들어 있던 DNA이다. 하지만 이 DNA는 순수한 DNA가 아니며, DNA와 히스톤 단백질이 결합한 형태이다.

탐구 확인 문제

> 정답과 해설 **45**쪽

01 위 탐구에 대한 설명으로 옳은 것을 모두 고르면? (정답 2개)

① 세제는 DNA를 분해한다.
② 소금의 Na^+은 DNA와 결합한다.
③ 에탄올은 따뜻하게 데워서 사용한다.
④ 브로콜리 이외의 다른 재료는 사용할 수 없다.
⑤ 브로콜리 추출액에 에탄올을 넣었을 때 생긴 가는 실 모양의 물질은 DNA와 단백질로 이루어져 있다.

02 세포에서 DNA가 들어 있는 핵을 뚜렷하게 관찰하기 위한 방법을 참고하여 위 실험에서 얻은 가는 실 모양의 물질이 DNA인지를 확인할 수 있는 방법을 서술하시오.

원핵생물과 진핵생물의 유전체 차이

DNA 염기 서열 분석법이 발달함에 따라 다양한 생물종의 유전체가 분석되었고, 유전체의 비교로 진화와 발생에 대한 정보를 얻고 있다. 원핵생물과 진핵생물의 유전체 차이에 대해 좀 더 알아보자.

❶ 유전체 크기

유전체 크기는 DNA 염기쌍의 수로 나타내는데, 몇 가지 예외가 있기는 하지만 세균은 1 Mb~6 Mb이고, 고세균도 세균과 비슷한 크기의 유전체를 갖는다고 알려졌다. 진핵생물은 원핵생물보다 유전체 크기가 훨씬 큰 편인데, 단세포 생물인 효모는 12 Mb이고, 다세포 생물인 식물과 동물은 최소한 100 Mb 이상이다.

또, 진핵생물 내에서도 생물종마다 유전체 크기에 차이가 있다. 어떤 식물 종의 유전체는 149000 Mb로 사람의 50배 정도이고, 아메바 중 어떤 종의 유전체는 약 670000 Mb이다. 이런 현상으로 볼 때 생물의 유전체 크기와 표현형 사이에 밀접한 상관관계를 도출할 수는 없으며, 유전체 크기는 생물종에 따라 다르다고 볼 수 있다.

❷ 유전자 수와 유전자 밀도

유전자 수는 세균이 1500개~7500개 정도, 진핵생물이 5000개~40000개 정도로, 진핵생물이 원핵생물보다 많다. 그러나 일정한 길이의 DNA당 유전자 수는 오히려 진핵생물이 원핵생물보다 적어 유전자 밀도가 낮다. 이것은 진핵생물의 DNA에는 단백질이나 RNA를 암호화하지 않는 비암호화 부분이 많기 때문이다. 진핵생물 중에는 비암호화 DNA 부분이 많아서 유전체 크기에 비해 유전자 수가 예상보다 훨씬 적은 경우가 있다. 예쁜꼬마선충은 유전체 크기가 100 Mb이고 유전자 수는 20000개 정도인데, 초파리는 유전체 크기가 180 Mb로 예쁜꼬마선충보다 크지만 유전자 수는 14000개 정도로 예쁜꼬마선충보다 적다. 또, 사람의 유전체 크기는 이들보다 훨씬 큰 3200 Mb이지만 유전자 수는 20000개 정도이다.

사람의 경우 원핵생물의 약 10000배에 이르는 비암호화 DNA 부분을 가지며, 이 중 유전자 내 비암호화 DNA 부분인 인트론이 많아서 사람 유전자의 평균 길이는 27000 염기쌍이다 (세균 유전자의 평균 길이는 1000 염기쌍이다). 이 때문에 진핵생물에서는 DNA가 전사된 후 RNA에서 인트론이 제거되고 엑손 부분만 연결된 성숙한 mRNA를 만드는 RNA 가공 과정이 있다. 이 과정에서 연결되는 엑손의 조합이 달라짐으로써 합성되는 단백질의 종류가 달라질 수도 있다. 진핵생물은 이러한 조절 과정을 통해 유전자 수보다 훨씬 많은 종류의 단백질을 합성함으로써 다양한 표현형을 나타내는 것으로 추정된다.

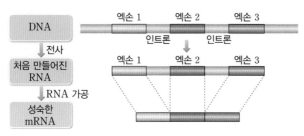

▲ **진핵생물에서 RNA 가공 과정**

01 유전 물질의 구조

1. 유전 물질

① 원핵세포와 진핵세포의 유전체 구성

구분	유전체				유전자		
	위치	크기	염색체 형태	뉴클레오솜	수	밀도	인트론
원핵세포	(❶)	작음	원형	형성 안 함	적음	높음	없음
진핵세포	핵 속	큼	(❷)	형성함	많음	낮음	있음

② DNA가 유전 물질이라는 증거

1. 그리피스의 실험

• 폐렴 쌍구균 중 S형 균은 병원성이 있고, R형 균은 병원성이 없다.

• 열처리로 죽은 S형 균과 살아 있는 R형 균을 함께 쥐에 주입하면 쥐가 폐렴에 걸려 죽고, 죽은 쥐의 혈액에서 살아 있는 S형 균이 발견된다. → 죽은 S형 균에 남아 있던 어떤 물질이 (❸   )을 (❹   )으로 형질 전환시켰다.

2. 에이버리의 실험

• 죽은 S형 균의 세포 추출물에 단백질 분해 효소나 RNA 분해 효소를 처리한 후 살아 있는 R형 균과 함께 배양하면 살아 있는 S형 균이 발견된다. → 단백질과 RNA는 유전 물질이 아니다.

• 죽은 S형 균의 세포 추출물에 DNA 분해 효소를 처리한 후 살아 있는 R형 균과 함께 배양하면 살아 있는 S형 균이 발견되지 않는다. → R형 균을 S형 균으로 형질 전환시키는 유전 물질은 (❺   )이다.

3. 허시와 체이스의 실험

• 단백질 껍질이 ^{35}S으로 표지된 파지를 대장균에 감염시키면 파지의 단백질 껍질이 있는 상층액에서 방사선이 검출된다.

• DNA가 ^{32}P으로 표지된 파지를 대장균에 감염시키면 대장균이 있는 침전물에서 방사선이 검출된다. → 대장균 안으로 들어가 다음 세대의 파지를 만드는 유전 물질은 (❻   )이다.

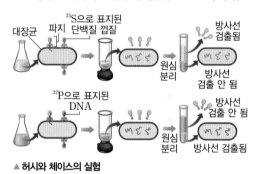

▲ **허시와 체이스의 실험**

③ DNA의 구조

1. DNA의 구성 DNA의 기본 단위인 (❼   )는 인산, 당, 염기가 1 : 1 : 1로 결합한 물질이다.

• 당: 5탄당인 (❽   )이다.

• 염기: 퓨린 계열 염기인 아데닌(A), 구아닌(G)과 피리미딘 계열 염기인 사이토신(C), (❾   )이 있다.

2. DNA의 입체 구조 이중 나선 구조이다.

• 이중 나선의 바깥쪽은 당과 인산이 공유 결합으로 연결되어 골격을 형성하고, 안쪽으로 염기가 배열되어 있다.

• 이중 나선을 이루는 두 가닥의 폴리뉴클레오타이드 사슬은 방향이 서로 반대이다(역평행 구조).

• 염기의 상보결합: A은 T과, G은 C과 상보적으로 결합한다.

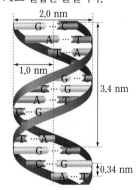

▲ **DNA 이중 나선**

01 그림 (가)와 (나)는 대장균과 사람 세포의 유전체를 순서 없이 나타낸 것이다.

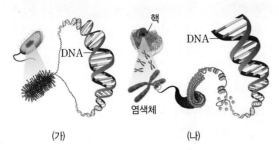

(1) (가)와 (나) 중 사람 세포의 유전체는 무엇인지 쓰시오.

(2) 이에 대한 설명으로 옳은 것만을 〈보기〉에서 있는 대로 고르시오.

　보기
ㄱ. 유전체 크기는 (나)가 (가)보다 크다.
ㄴ. 염색체 형태가 (가)는 선형, (나)는 원형이다.
ㄷ. 유전체 (가)는 세포질에, (나)는 핵 속에 있다.

02 그림은 세포 (가)와 (나)에서 추출한 DNA에서 60000 염기쌍 길이에 있는 유전자 수를 나타낸 것이다. (가)와 (나)는 각각 진핵세포와 원핵세포 중 하나이다.

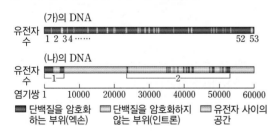

(1) (가)와 (나) 중 진핵세포는 무엇인지 쓰시오.

(2) (1)과 같이 생각한 근거를 한 가지 쓰시오.

03 다음에서 설명하는 것은 무엇인지 쓰시오.

• 진핵세포의 유전체에서 발견된다.
• DNA가 히스톤 단백질을 감고 있는 구조물이다.

04 그림은 폐렴 쌍구균을 이용한 그리피스의 실험을 나타낸 것이다.

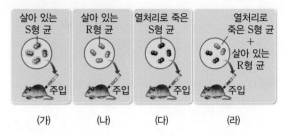

(1) (가)~(라) 중 쥐가 폐렴에 걸려 죽는 경우를 있는 대로 쓰시오.

(2) (가)~(라) 중 폐렴 쌍구균의 형질 전환이 일어나는 경우를 있는 대로 쓰시오.

05 그림은 에이버리의 실험을 나타낸 것이다.

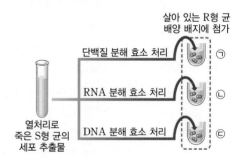

(1) ㉠~㉢ 중 일정 시간 배양 후 살아 있는 R형 균이 발견되는 것을 있는 대로 쓰시오.

(2) ㉠~㉢ 중 일정 시간 배양 후 살아 있는 S형 균이 발견되는 것을 있는 대로 쓰시오.

(3) 그림은 S형 균의 세포 추출물 성분 중 (가)의 작용을 나타낸 것이다. (가)가 무엇인지 쓰고, ㉠~㉢ 중 그림과 같은 현상이 나타나는 것을 있는 대로 쓰시오.

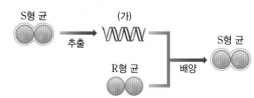

06 그림은 박테리오파지의 구조를 나타낸 것이다.

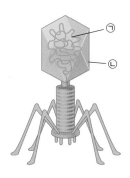

(1) ㉠과 ㉡의 성분을 각각 쓰시오.

(2) ㉠과 ㉡ 중 방사성 동위 원소 ^{32}P과 ^{35}S에 의해 표지되는 물질은 각각 무엇인지 쓰시오.

07 그림은 허시와 체이스의 실험을 나타낸 것이다.

(가)

(나)

(1) (가)의 A와 B 중에서 방사선이 검출되는 부분을 있는 대로 쓰시오.

(2) (나)의 C와 D 중에서 방사선이 검출되는 부분을 있는 대로 쓰시오.

(3) (가)와 (나) 중 세균 안에서 만들어진 새로운 파지에서 방사선이 검출되는 경우를 있는 대로 쓰시오.

08 다음은 DNA에 대한 설명이다.

(1) 인산, 당, 염기로 구성된 DNA의 단위체를 무엇이라고 하는지 쓰시오.

(2) 이중 나선 DNA에서 특정 염기가 정해진 염기하고만 결합하는 것을 무엇이라고 하는지 쓰시오.

09 그림은 DNA 이중 나선 구조의 일부를 나타낸 것이다.

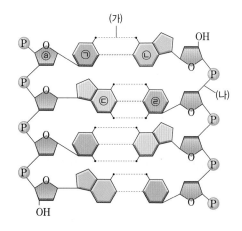

(1) DNA를 구성하는 당 @는 무엇인지 쓰시오.

(2) (가)와 (나)는 각각 어떤 결합인지 쓰시오.

(3) 염기 ㉠~㉣은 각각 무엇인지 쓰시오.

(4) 염기 ㉠~㉣ 중 퓨린 계열 염기를 있는 대로 쓰시오.

10 다음은 이중 나선을 이루고 있는 DNA 중 한 가닥의 염기 서열을 나타낸 것이다.

$$5'-AGCTACTGC-3'$$

이 가닥과 이중 나선을 이루고 있는 다른 가닥의 염기 서열과 방향을 쓰시오.

11 30쌍의 염기로 이루어진 이중 나선 DNA (가)에서 염기 $\dfrac{A+T}{G+C}=\dfrac{2}{3}$ 이다.

(1) (가)를 이루고 있는 염기 A은 몇 개인지 쓰시오.

(2) (가)에서 염기 사이의 수소 결합은 총 몇 개인지 쓰시오.

01 > 원핵세포와 진핵세포의 유전체 특징

표는 다양한 생물의 유전체 특징을 비교한 것이다.

생물	염색체 수(n)	염색체 형태	유전체 크기(염기쌍)	유전자 수(추정치)
(가)	1	원형	4.6×10^6	4400
(나)	4	선형	1.8×10^8	14700
(다)	16	선형	1.2×10^7	5800
(라)	20	선형	2.6×10^9	22000

이에 대한 설명으로 옳은 것만을 〈보기〉에서 있는 대로 고른 것은?

보기

ㄱ. (나)와 (다)의 DNA는 뉴클레오솜을 형성한다.

ㄴ. 염색체 수가 많은 생물일수록 유전체 크기가 크다.

ㄷ. $\dfrac{\text{유전자 수}}{\text{유전체 크기}}$ 값은 (가)>(라)이다.

① ㄱ　　　② ㄱ, ㄴ　　　③ ㄱ, ㄷ　　　④ ㄴ, ㄷ　　　⑤ ㄱ, ㄴ, ㄷ

(가)는 1개의 원형 염색체를 가지므로 원핵생물이고, (나)~(라)는 여러 개의 선형 염색체를 가지므로 진핵생물이다.

02 > 원핵세포와 진핵세포의 유전자 구조

그림은 60000 염기쌍 길이의 대장균 DNA와 사람 DNA에서 유전자의 수와 구조를 나타낸 것이다.

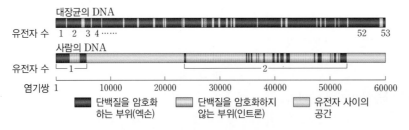

이에 대한 설명으로 옳은 것만을 〈보기〉에서 있는 대로 고른 것은?

보기

ㄱ. 하나의 유전자를 구성하는 평균적인 염기의 수는 사람이 대장균보다 많다.

ㄴ. 사람 유전자의 경우 전사 후 단백질 합성이 일어나기 위해서는 엑손이 제거되는 과정이 필요하다.

ㄷ. $\dfrac{\text{단백질을 암호화하는 부위의 길이}}{\text{전체 DNA의 길이}}$ 값은 대장균이 사람보다 크다.

① ㄱ　　　② ㄴ　　　③ ㄷ　　　④ ㄱ, ㄷ　　　⑤ ㄴ, ㄷ

대장균은 원핵생물이고, 사람은 진핵생물이다.

03 ▸그리피스의 실험

그림은 폐렴 쌍구균을 이용한 그리피스의 실험을 나타낸 것이다. ㉠과 ㉡은 각각 R형 균과 S 형 균 중 하나이다.

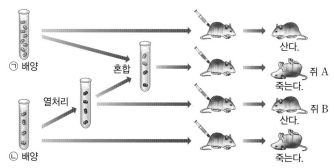

• R형 균은 피막이 없어 숙주의 면역 세포에 의해 쉽게 제거되므로 폐렴을 일으키지 않는다. S형 균은 피막이 있어 숙주의 면역 세포에 의해 쉽게 제거되지 않으므로 폐렴을 일으킨다.

이에 대한 설명으로 옳은 것만을 〈보기〉에서 있는 대로 고른 것은?

보기
ㄱ. ㉠은 피막이 없고, ㉡은 피막이 있다.
ㄴ. ㉡을 열처리하면 ㉡의 유전 물질이 변형되어 쥐 B가 폐렴에 걸리지 않는다.
ㄷ. 그리피스는 쥐 A의 실험 결과를 통해 유전 물질이 DNA라는 것을 증명하였다.

① ㄱ   ② ㄷ   ③ ㄱ, ㄴ   ④ ㄱ, ㄷ   ⑤ ㄱ, ㄴ, ㄷ

04 ▸에이버리의 실험

그림은 에이버리의 실험을 나타낸 것이다. 효소 ㉠과 ㉡은 각각 단백질 분해 효소와 DNA 분해 효소 중 하나이다.

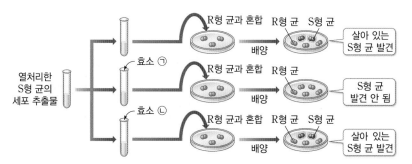

• 효소 ㉠을 처리하면 R형 균이 S형 균으로 형질 전환되지 않으므로, 효소 ㉠은 S형 균의 유전 물질을 분해한다.

이에 대한 설명으로 옳은 것만을 〈보기〉에서 있는 대로 고른 것은?

보기
ㄱ. 효소 ㉠은 DNA 분해 효소이다.
ㄴ. 효소 ㉡에 의해 R형 균이 S형 균으로 형질 전환된다.
ㄷ. R형 균을 형질 전환시키는 물질은 효소 ㉠의 기질이다.

① ㄱ   ② ㄴ   ③ ㄱ, ㄴ   ④ ㄱ, ㄷ   ⑤ ㄴ, ㄷ

05 〉허시와 체이스의 실험

그림은 허시와 체이스의 실험을 나타낸 것이다. ㉠과 ㉡은 각각 ^{32}P과 ^{35}S 중 하나이며, A와 D에서는 방사선이 검출되지 않았고 B와 C에서는 방사선이 검출되었다.

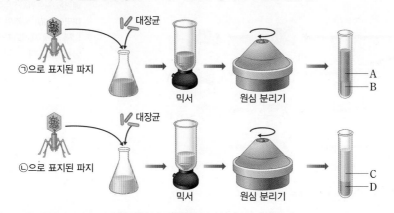

이에 대한 설명으로 옳은 것만을 〈보기〉에서 있는 대로 고른 것은?

보기
ㄱ. ㉠은 ^{32}P이다.
ㄴ. B에는 파지의 DNA가 있고, D에는 파지의 DNA가 없다.
ㄷ. D를 ㉡이 있는 새로운 배지에서 배양하면 DNA에서 방사선이 검출되는 새로운 파지가 만들어진다.

① ㄱ   ② ㄷ   ③ ㄱ, ㄴ   ④ ㄱ, ㄷ   ⑤ ㄴ, ㄷ

• 인(P)은 DNA를 구성하는 원소이며, 단백질에는 없다. 황(S)은 단백질을 구성하는 원소이며, DNA에는 없다.

고난도
06 〉DNA의 이중 나선 구조

다음은 어떤 이중 나선 DNA에 대한 자료이다.

• 총 100개의 염기로 구성되어 있다.
• ㉠한 가닥에서 인접한 두 뉴클레오타이드 사이의 거리는 0.34 nm이다.
• 염기 A과 G의 비는 2 : 3이다.

이에 대한 설명으로 옳지 <u>않은</u> 것은? (단, DNA의 길이는 인접한 뉴클레오타이드 사이의 거리만 고려한다.)

① 이 DNA의 길이는 17 nm보다 짧다.
② ㉠에는 당과 인산 사이의 공유 결합이 존재한다.
③ 염기 T의 개수와 C의 개수의 합은 50개이다.
④ 나선 1회전마다 A은 4개, G은 6개가 있다.
⑤ 이 DNA에서 나선의 회전은 5회 나타난다.

• 이중 나선 DNA에서 나선 1회전 당 10쌍의 염기가 있으며, 염기는 A과 T, G과 C이 각각 상보적으로 결합한다.

07 ❯ DNA의 입체 구조

그림은 어떤 이중 나선 DNA의 일부를 나타낸 것이다. (가)는 당이고 ⓐ~ⓓ는 염기이며, 이 DNA의 염기 중 ⓓ의 비율은 20 %이다.

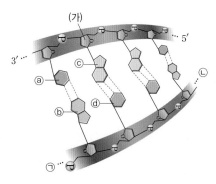

이에 대한 설명으로 옳은 것만을 〈보기〉에서 있는 대로 고른 것은?

보기

ㄱ. ㉠은 5′ 말단이고, ㉡은 3′ 말단이다.

ㄴ. (가)의 2번 탄소에는 −OH가 결합되어 있다.

ㄷ. 이 DNA에서 염기 $\dfrac{ⓐ+ⓑ}{ⓒ+ⓓ}=1.5$이다.

① ㄱ   ② ㄷ   ③ ㄱ, ㄴ   ④ ㄱ, ㄷ   ⑤ ㄴ, ㄷ

08 ❯ DNA의 염기 서열과 염기 조성

그림은 이중 나선 DNA (가)를 이루는 두 가닥의 폴리뉴클레오타이드의 염기 서열 일부를, 표는 두 가닥의 염기 조성 비율을 나타낸 것이다. (가)는 200쌍의 염기로 구성된다.

DNA (가)
가닥 I 5′…ATCCATGC…3′
가닥 II 3′…[ⓐ]…5′

구분	염기 조성 비율(%)				
	A	G	T	C	계
가닥 I	30	30	25	15	100
가닥 II	㉠	㉡	30	㉢	100

이에 대한 설명으로 옳은 것만을 〈보기〉에서 있는 대로 고른 것은?

보기

ㄱ. ㉠+㉡은 60이다.

ㄴ. (가)에서 염기 사이의 수소 결합의 총 개수는 490개이다.

ㄷ. 가닥 II의 ⓐ에 해당하는 염기 중 $\dfrac{\text{C의 수}}{\text{G의 수}}=3$이다.

① ㄱ   ② ㄴ   ③ ㄷ   ④ ㄱ, ㄴ   ⑤ ㄴ, ㄷ

• 이중 나선 DNA를 이루는 두 가닥의 폴리뉴클레오타이드는 방향이 서로 반대이며, 염기의 상보결합으로 연결된다.

• 이중 나선 DNA에서 염기는 상보결합을 하며, 이 때문에 두 가닥에서 상보적으로 결합하는 염기의 비율은 같다.

02 DNA 복제

학습 Point　DNA 복제 모델 ＞ 메셀슨과 스탈의 DNA 복제 실험 ＞ DNA의 반보존적 복제 과정

 DNA 복제

체세포 분열 시 유전적으로 동일한 세포를 만들기 위해서는 세포 분열이 일어나기 전에 DNA를 복제해야 하는데, DNA 복제가 일어나는 방식에 대해 세 가지 가설이 제안되었다.

1. DNA 복제의 필요성

다세포 생물은 체세포 분열을 통해 생장하며, 이 과정에서 1개의 모세포로부터 만들어진 2개의 딸세포는 유전적으로 동일해야 한다. 즉, 모세포와 딸세포의 DNA양과 유전 정보는 같아야 한다. 따라서 세포 분열이 일어나기 전에 세포는 원래의 DNA와 똑같은 DNA를 새로 만드는데, 이를 DNA 복제라고 한다. DNA 복제는 세포 주기의 S기에 일어난다.

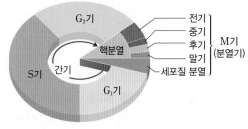

▲ 세포 주기

2. DNA 복제 모델에 대한 가설

DNA 복제 과정이 밝혀지기 전에 DNA 복제 모델로 보존적 복제, 반보존적 복제, 분산적 복제의 세 가지 가설이 제안되었다.

(1) **보존적 복제 모델:** 원래의 이중 나선 DNA가 그대로 보존되는 모델이다. 복제되어 생긴 2분자의 DNA 중 1분자는 원래의 DNA이고, 다른 1분자는 원래의 이중 나선 DNA 전체를 주형으로 하여 두 가닥이 모두 새로 만들어진 것이다.

(2) **반보존적 복제 모델:** 원래의 DNA 두 가닥 중 절반인 한 가닥만 보존되는 모델이다. 복제되어 생긴 DNA의 두 가닥 중 한 가닥은 원래 DNA의 것이고, 나머지 한 가닥은 새로 만들어진 것이다.

(3) **분산적 복제 모델:** 원래의 DNA가 작은 조각으로 잘려 각각 복제된 후 연결되어 새로운 뉴클레오타이드와 섞인 2분자의 DNA가 만들어지는 모델이다. 원래의 DNA 가닥을 구성하던 뉴클레오타이드가 새로 합성되는 DNA 분자의 재료로 사용되지만, 복제가 거듭될수록 새로 첨가되는 뉴클레오타이드가 많아진다.

복제와 합성
복제(replication)는 어떤 것의 정확한 사본을 만드는 것이고, 합성(synthesis)은 어떤 것을 만드는 것이다. 따라서 DNA 복제는 단순한 합성이 아니라 원래의 DNA와 똑같은 DNA 분자를 1개 더 만드는 것을 뜻한다.

S기
세포 주기 중 분열기와 분열기 사이의 시기를 간기라고 하는데, 이 중 DNA 복제가 일어나는 시기를 S기라고 한다. S기의 S는 합성(synthesis)을 뜻한다.

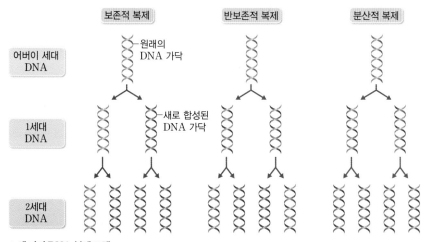

| 보존적 복제 | 반보존적 복제 | 분산적 복제 |

| 어버이 세대
DNA | — 원래의
DNA 가닥 | | |

| 1세대
DNA | — 새로 합성된
DNA 가닥 | | |

| 2세대
DNA | | | |

▲ 세 가지 DNA 복제 모델

 메셀슨과 스탈의 DNA 복제 실험

메셀슨과 스탈은 질소(N)의 동위 원소를 이용하여 단세포 생물인 대장균에서 DNA 복제가 어떤 방식으로 일어나는지를 실험으로 확인하였다.

1. 실험의 설계

1958년 메셀슨(Meselson, M. S., 1930~)과 스탈(Stahl, F. W., 1929~)은 DNA가 복제되는 방식을 알아내기 위해 다음과 같은 실험을 하였다.

(가) 무거운 질소(^{15}N)가 들어 있는 배양액에서 대장균을 여러 세대에 걸쳐 배양하여 ^{15}N로 표지된 DNA만 가지는 대장균(P)을 얻는다.

(나) 이 대장균의 일부를 가벼운 질소(^{14}N)가 들어 있는 배양액으로 옮긴 후 한 번 분열시켜 1세대 대장균(G_1)을, 또 한 번 분열시켜 2세대 대장균(G_2)을 얻는다.

(다) 각 세대의 대장균(P, G_1, G_2)에서 DNA를 추출하여 원심 분리하면 무게에 따라 DNA 띠가 나타나는 위치가 다를 것이므로, 이를 분석하여 DNA 복제 방식을 알아낸다.

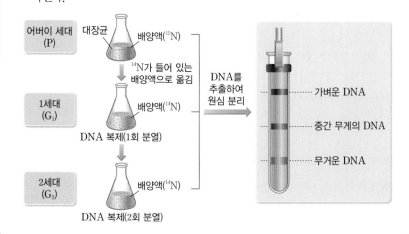

DNA 복제 확인

1956년 콘버그(Kornberg, A., 1918~ 2007)는 시험관에 디옥시리보뉴클레오타이드 3인산과 DNA 중합 효소, 주형 DNA를 넣어 DNA 분자가 자신의 정보를 이용하여 복제됨을 확인하였다.

DNA 복제 실험에서 질소(N)의 동위 원소를 사용하는 까닭

질소는 DNA를 구성하는 A, T, G, C 4종류의 염기에 공통으로 들어 있는 원소이다. 메셀슨과 스탈은 원래의 DNA와 복제되어 만들어진 DNA를 구분하기 위해 질소의 동위 원소(^{14}N, ^{15}N)를 사용하였다.

원심 분리

원심 분리는 원심력에 의해 성분이나 비중이 다른 물질을 분리하는 것이다. 원심 분리 결과 무거운 물질일수록 빨리 침강하여 원심관의 아랫부분에 나타난다. 원심 분리기는 중력의 몇 배의 원심력이 생기는지에 따라 성능이 결정되며, 회전 속도에 따라 저속 원심 분리기, 고속 원심 분리기, 초원심 분리기로 구분한다. DNA를 원심 분리할 때에는 초원심 분리기를 이용한다.

2. 실험의 결과와 해석

(1) 실험 결과와 해석

① 어버이 세대 대장균(P): P에서 DNA를 추출하여 원심 분리하였더니 DNA 띠가 무거운 DNA 위치에만 나타났다.

② 1세대 대장균(G_1): G_1에서 DNA를 추출하여 원심 분리하였더니 DNA 띠가 중간 무게의 DNA 위치에만 나타났다. ➡ 만일 보존적 복제를 한다면 DNA 띠가 무거운 DNA와 가벼운 DNA 위치에 각각 나타났을 것이므로, DNA 복제가 보존적으로 일어나지 않음을 알 수 있다. 또, 반보존적 복제와 분산적 복제 두 가지 가능성을 생각할 수 있지만, G_1의 결과만으로는 어느 한쪽으로 확신할 수 없다.

③ 2세대 대장균(G_2): G_2에서 DNA를 추출하여 원심 분리하였더니 DNA 띠가 가벼운 DNA와 중간 무게의 DNA 위치에 각각 나타났다. ➡ 만일 분산적 복제를 한다면 DNA 띠가 가벼운 DNA와 중간 무게의 DNA 위치 사이에 나타났을 것이므로, DNA 복제가 분산적으로 일어나지 않음을 알 수 있다. 즉, G_1과 G_2의 결과로 보아 DNA는 반보존적으로 복제된다고 추론할 수 있다.

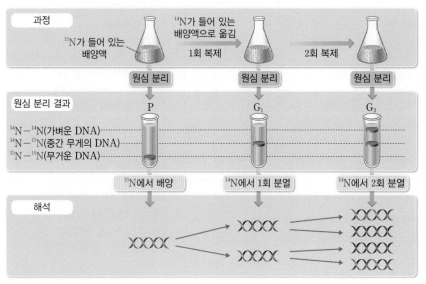

▲ 메셀슨과 스탈의 실험 결과와 해석

(2) 반보존적 복제에 근거한 실험 결과 해석

① 어버이 세대 대장균(P): DNA의 두 가닥 모두 ^{15}N를 가지는 $^{15}N-^{15}N$ DNA이다.

② 1세대 대장균(G_1): DNA의 두 가닥 중 한 가닥은 P의 ^{15}N 폴리뉴클레오타이드 사슬이고, 나머지 한 가닥은 새로 합성된 ^{14}N 폴리뉴클레오타이드 사슬이다. $^{14}N-^{15}N$ DNA는 $^{14}N-^{14}N$ DNA보다 무겁고 $^{15}N-^{15}N$ DNA보다 가벼우므로 G_1의 DNA를 원심 분리하면 DNA 띠가 중간 위치에 나타난다.

③ 2세대 대장균(G_2): G_1의 $^{14}N-^{15}N$ DNA가 풀어진 후 각 가닥이 주형이 되어 ^{14}N 가닥이 새로 합성되므로, G_2의 절반은 $^{14}N-^{15}N$ DNA를 가지고, 나머지 절반은 $^{14}N-^{14}N$ DNA를 가진다. 따라서 G_2의 DNA를 원심 분리하면 DNA 띠가 $^{14}N-^{15}N$ 위치와 $^{14}N-^{14}N$ 위치에 1 : 1로 나타난다.

대장균으로 실험할 때의 장점

대장균은 단세포 생물로, DNA를 한 번 복제하여 세포 분열이 일어나면 그것이 곧 증식이 되기 때문에 새로 복제된 DNA를 가진 대장균을 통해 DNA의 무게 변화를 쉽게 알 수 있다. 또, 대장균은 한 세대가 짧아서 37 ℃에서 약 20분에 한 번씩 분열하므로 결과를 빨리 확인할 수 있다.

주형

주형은 주물을 만들 때 녹인 쇠붙이를 부어 넣는 거푸집으로, 어떤 일정한 형태를 만드는 틀을 말한다. DNA가 복제될 때 이중 나선을 이루던 두 가닥이 분리된 후, 각 가닥이 새로 만들어지는 DNA 가닥의 염기 서열을 결정하는 틀로 작용하므로, 이를 주형 가닥이라고 한다.

3. 실험의 결론

복제되어 생긴 DNA의 두 가닥 중 한 가닥은 원래의 가닥이고, 나머지 한 가닥은 새로 합성된 가닥이다. 즉, DNA 복제는 원래의 DNA를 이루던 두 가닥을 각각 주형으로 하여 새로운 DNA 가닥이 합성되는 반보존적 복제 방식으로 일어난다.

예제

메셀슨과 스탈의 실험에서 얻은 G_2를 ^{14}N가 들어 있는 배양액에서 한 번 더 분열시켜 G_3를, 또 한 번 더 분열시켜 G_4를 얻어 DNA를 각각 원심 분리한다면, G_3와 G_4에서 무거운 DNA, 중간 무게의 DNA, 가벼운 DNA는 각각 어떤 비율로 나타나겠는지 쓰시오.

해설 G_2, G_3, G_4의 DNA를 그림으로 나타내면 다음과 같다.

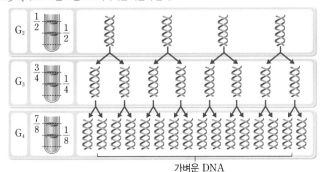

가벼운 DNA

정답 G_3 → 무거운 DNA : 중간 무게의 DNA : 가벼운 DNA=0 : 1 : 3
G_4 → 무거운 DNA : 중간 무게의 DNA : 가벼운 DNA=0 : 1 : 7

시야 확장 ➕ 보존적 복제와 분산적 복제를 할 경우의 결과 예상

❶ **DNA가 보존적 복제를 할 경우:** G_1의 DNA 원심 분리 결과 DNA 띠가 $^{15}N-^{15}N$ 위치와 $^{14}N-^{14}N$ 위치에 1 : 1로 나타나야 하고, G_2의 DNA 원심 분리 결과 DNA 띠가 $^{15}N-^{15}N$ 위치와 $^{14}N-^{14}N$ 위치에 1 : 3으로 나타나야 한다.

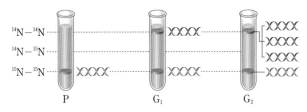

❷ **DNA가 분산적 복제를 할 경우:** 원래 DNA의 ^{15}N 뉴클레오타이드와 새로운 ^{14}N 뉴클레오타이드가 섞이는 비율에 따라 G_1의 DNA 띠는 다양하게 나타날 수 있다. 만일 원래 DNA의 뉴클레오타이드와 새로운 뉴클레오타이드가 같은 비율로 섞인다면 DNA 띠가 G_1에서는 중간 무게의 DNA 위치에 나타나고, G_2에서는 중간 무게 DNA와 가벼운 DNA 위치 사이에 나타나야 한다. 그러나 분산적 복제가 일어난다면 어버이의 유전 정보를 딸세포에 전해 주는 과정에서 DNA의 유전 정보가 보존되는 것을 설명하기 어렵다는 문제점이 있다.

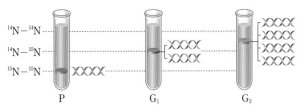

중간 무게 DNA의 비율

^{15}N가 들어 있는 배양액에서 배양한 대장균(P)을 ^{14}N가 들어 있는 배양액으로 옮긴 후 n회 분열시켜 얻은 n세대 대장균(G_n)에서 중간 무게 DNA의 비율은 $\frac{1}{2^{n-1}}$이며, 가벼운 DNA의 비율은 $1-\frac{1}{2^{n-1}}$이다. 즉, 4세대 대장균(G_4)에서 중간 무게 DNA의 비율은 $\frac{1}{2^{4-1}}=\frac{1}{2^3}=\frac{1}{8}$이고, 가벼운 DNA의 비율은 $1-\frac{1}{8}=\frac{7}{8}$이다.

보존적 복제

보존적 복제에서는 P의 DNA가 보존되므로 세대를 거듭하더라도 항상 무거운 DNA 위치에 DNA 띠가 나타나게 된다.

분산적 복제

제시된 그림 자료는 원래 DNA의 뉴클레오타이드와 새로운 뉴클레오타이드가 같은 비율로 섞인다는 것을 가정했을 때의 결과이다. 만일 무작위로 섞인다면 DNA 띠는 가벼운 DNA와 무거운 DNA 위치 사이에 여러 개 나타날 수 있고, 세대를 거듭할수록 점차 가벼운 DNA 위치에 가깝게 나타날 것이다.

3 DNA의 반보존적 복제 과정 집중 분석 35쪽 심화 36쪽

DNA 복제가 반보존적으로 일어나기 위해서는 먼저 DNA의 이중 나선 구조가 풀려야 하며, 분리된 두 가닥이 각각 주형이 되어 새로운 DNA 가닥이 합성되어야 한다.

1. DNA 복제에 관여하는 효소

DNA 복제에는 다음과 같은 여러 효소가 관여한다.

(1) **헬리케이스(helicase)**: 이중 나선 DNA를 이루는 염기 사이의 수소 결합을 끊어 단일 가닥으로 분리하는 효소이다.

(2) **DNA 중합 효소(DNA polymerase)**: DNA 가닥의 한쪽 끝에 주형 가닥의 염기와 상보적인 염기를 가진 뉴클레오타이드를 1개씩 붙여 가는 효소이다. 합성 중인 가닥의 3′ 말단에 새로운 뉴클레오타이드의 인산을 결합시킨다.

(3) **프라이메이스(primase)**: 프라이머를 합성하는 효소이다.

(4) **DNA 연결 효소(DNA ligase)**: 한 DNA 조각 말단의 뉴클레오타이드와 다른 DNA 조각 말단의 뉴클레오타이드를 연결하는 효소이다.

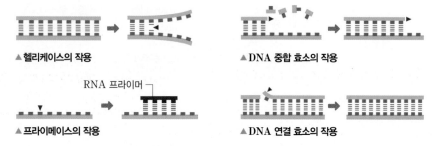

▲ 헬리케이스의 작용   ▲ DNA 중합 효소의 작용

RNA 프라이머

▲ 프라이메이스의 작용   ▲ DNA 연결 효소의 작용

2. DNA의 반보존적 복제 과정

DNA 복제는 이중 나선 DNA에서 염기 사이의 수소 결합이 끊어지면서 시작되며, 분리된 두 가닥이 각각 주형이 되어 새로운 두 가닥이 동시에 합성된다.

(1) **DNA 이중 나선의 분리**: DNA 복제는 복제 원점이라고 하는 특별한 위치에서 시작된다. 복제 원점은 DNA가 복제되기 위해 이중 나선이 처음 풀리기 시작하는 부위이다. 복제 원점에서 헬리케이스라는 효소가 상보적으로 결합하고 있던 염기 사이의 수소 결합을 끊으면 이중 나선을 이루고 있던 두 가닥이 서로 분리되기 시작한다. 이러한 염기 사이의 끊어짐은 복제 원점에서 양방향으로 일어난다.

복제 분기점
이중 나선 구조가 풀리는 DNA 부위는 지퍼가 열리듯 Y자 모양이 되는데, 이 부위를 복제 분기점이라고 한다.

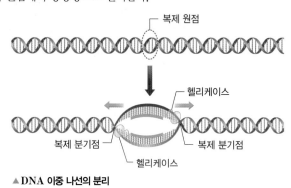

복제 원점

헬리케이스

복제 분기점   복제 분기점

헬리케이스

▲ DNA 이중 나선의 분리

(2) **RNA 프라이머의 합성:** DNA 합성을 촉매하는 효소는 DNA 중합 효소인데, DNA 중합 효소는 기존의 뉴클레오타이드를 구성하는 당의 3번 탄소에 −OH가 있을 경우에 만 새로운 뉴클레오타이드의 인산을 첨가할 수 있다. 따라서 DNA 복제가 시작되기 위해서는 처음에 특별한 방법으로 3′−OH를 만들어 주어야 한다.

새로운 뉴클레오타이드를 결합시킬 3′−OH를 제공하는 짧은 뉴클레오타이드 사슬을 프라이머라고 하며, 이것은 프라이메이스라고 하는 효소에 의해 DNA 주형 가닥과 상보적인 염기를 가지는 5개~10개의 뉴클레오타이드가 연결되어 만들어진다. 프라이머는 RNA 또는 DNA 조각이 될 수 있는데, DNA 복제가 일어날 때에는 RNA 프라이머가 사용된다.

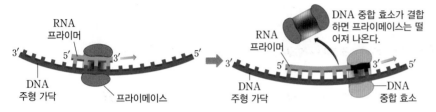

▲ **RNA 프라이머의 합성**

(3) **폴리뉴클레오타이드 사슬의 신장**

① 새로운 뉴클레오타이드의 결합: DNA 중합 효소는 RNA 프라이머의 3′ 말단에 DNA 주형 가닥과 상보적인 염기를 가진 새로운 DNA 뉴클레오타이드(디옥시리보뉴클레오타이드)를 결합시켜 새로운 가닥의 합성을 시작한다. 즉, DNA 중합 효소는 DNA 주형 가닥의 염기가 A이면 T, C이면 G을 가진 뉴클레오타이드를 차례대로 결합시켜 주형 가닥과 상보적인 염기 서열을 가진 새로운 가닥을 만든다.

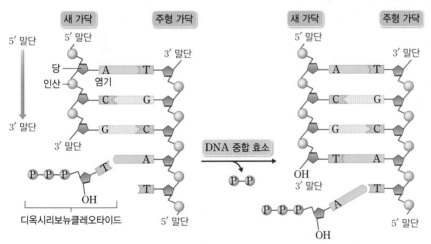

▲ **새로운 DNA 가닥의 신장** DNA 중합 효소에 의해 합성 중인 가닥의 3′ 말단에 디옥시리보뉴클레오타이드가 첨가되면 DNA 가닥이 신장되면서 2개의 인산이 방출된다.

② **DNA 복제 방향:** DNA 중합 효소는 합성 중인 폴리뉴클레오타이드의 3′−OH에만 새로운 뉴클레오타이드를 결합시킬 수 있고 반대 방향으로는 작용하지 못하므로, 항상 5′ → 3′ 방향으로만 DNA 가닥의 합성을 진행할 수 있다. 즉, DNA 복제는 5′ → 3′ 방향으로만 일어난다.

DNA 합성에 사용되는 디옥시리보뉴클레오타이드

새로운 DNA 가닥 합성에 사용되는 디옥시리보뉴클레오타이드는 3개의 인산이 결합한 형태이다. 이것을 각각 dATP, dGTP, dTTP, dCTP라고 한다(d는 디옥시리보스, −TP는 triphosphate, 즉 3인산, TP 앞의 A, G, T, C는 염기를 뜻한다.). 3개의 인산을 연결하고 있는 고에너지 결합에 저장된 에너지는 뉴클레오타이드 사이의 공유 결합을 만드는 데 사용되고, 바깥쪽에 있는 2개의 인산은 떨어져 나온다. 새로운 뉴클레오타이드의 5번 탄소에 연결되어 있는 인산 1개는 DNA 중합 효소의 작용으로 합성 중인 폴리뉴클레오타이드의 3′−OH에 결합함으로써 당−인산−당−인산의 축을 형성한다.

③ **선도 가닥과 지연 가닥**: DNA 복제는 원래의 두 가닥을 각각 주형으로 하여 동시에 진행된다. DNA의 두 가닥은 방향이 서로 반대인 역평행 구조이지만, DNA 중합 효소는 5′ → 3′ 방향으로만 새로운 가닥을 합성할 수 있다.

DNA가 복제될 때 두 가닥은 복제 원점을 중심으로 지퍼처럼 열리기 때문에 새로 합성되는 두 가닥 중 한 가닥은 복제 분기점을 향하여 5′ → 3′ 방향으로 연속적으로 합성된다. 그러나 다른 가닥은 방향이 이와 반대이므로 연속적으로 합성될 수 없다. 따라서 이중 나선이 조금씩 풀릴 때마다 프라이메이스와 DNA 중합 효소에 의해 복제 분기점에서부터 짧은 DNA 조각(오카자키 절편)이 합성된 후 DNA 연결 효소에 의해 연결되어 새로운 가닥이 만들어진다. 이때 연속적으로 합성되는 DNA 가닥을 선도 가닥이라 하고, 불연속적으로 합성되는 가닥을 지연 가닥이라고 한다.

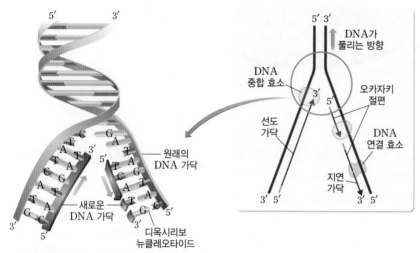

▲ **DNA 복제 과정**　선도 가닥은 연속적으로 합성되기 때문에 신장 속도가 빠르며, 지연 가닥은 불연속적으로 합성되기 때문에 신장 속도가 느리다.

⑷ **DNA 복제 완료**: 지연 가닥에서 복제가 진행되다가 RNA 프라이머를 만나면 DNA 중합 효소에 의해 RNA 프라이머가 제거되고 대신 새로운 뉴클레오타이드가 결합하여 틈을 채운 후, DNA 연결 효소에 의해 연결되어 하나의 긴 새로운 DNA 가닥이 된다. 새로 만들어진 DNA 가닥은 주형 가닥의 반대쪽 가닥과 염기 서열이 동일하므로, 결과적으로 원래의 DNA와 동일한 염기 서열을 가진 이중 나선 DNA 2분자가 생성된다.

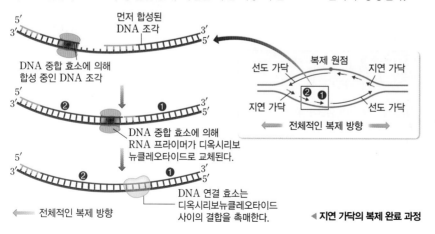

◀ **지연 가닥의 복제 완료 과정**

오카자키 절편

지연 가닥에서는 먼저 여러 개의 짧은 DNA 조각이 합성되는데, 이 짧은 DNA 조각을 발견한 과학자의 이름을 따서 오카자키 절편이라고 한다. 오카자키 절편은 대부분의 원핵생물에서는 1000개~2000개의 뉴클레오타이드가 연결되어 합성되고, 진핵생물에서는 100개~200개의 뉴클레오타이드가 연결되어 합성된다.

DNA의 반보존적 복제와 유전 정보

DNA의 반보존적 복제 결과 원래의 DNA와 동일한 염기 서열을 가진 DNA 2분자가 생성된다. 유전 정보는 DNA의 염기 서열에 저장되어 있으므로, 복제로 생성된 2분자의 DNA는 동일한 유전 정보를 갖는다.

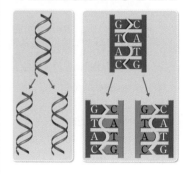

DNA의 반보존적 복제 과정

DNA의 반보존적 복제에 대한 문제는 시험에 빠짐없이 출제된다. DNA 중합 효소의 역할, DNA 가닥의 방향성과 복제 방향, 선도 가닥과 지연 가닥, 지연 가닥에서 DNA 조각의 합성 순서 등을 빠짐없이 알아 두어야 한다.

DNA 복제는 DNA 중합 효소에 의해 5′ → 3′ 방향으로만 진행된다. 먼저 DNA의 두 가닥이 분리되고, 각 주형 가닥의 염기와 상보적인 염기를 가진 뉴클레오타이드가 차례대로 결합하여 새로운 가닥이 합성된다.

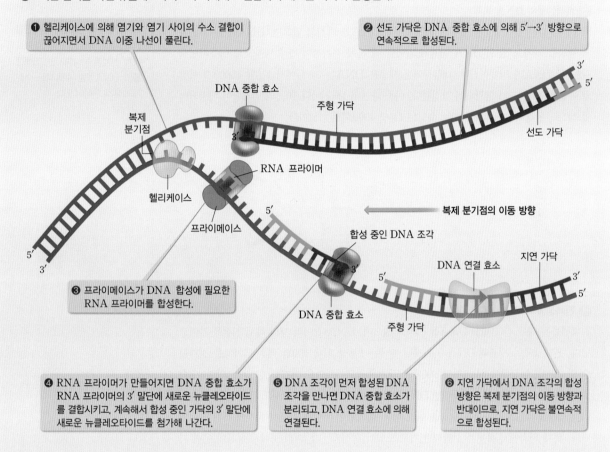

❶ 헬리케이스에 의해 염기와 염기 사이의 수소 결합이 끊어지면서 DNA 이중 나선이 풀린다.

❷ 선도 가닥은 DNA 중합 효소에 의해 5′→3′ 방향으로 연속적으로 합성된다.

❸ 프라이메이스가 DNA 합성에 필요한 RNA 프라이머를 합성한다.

❹ RNA 프라이머가 만들어지면 DNA 중합 효소가 RNA 프라이머의 3′ 말단에 새로운 뉴클레오타이드를 결합시키고, 계속해서 합성 중인 가닥의 3′ 말단에 새로운 뉴클레오타이드를 첨가해 나간다.

❺ DNA 조각이 먼저 합성된 DNA 조각을 만나면 DNA 중합 효소가 분리되고, DNA 연결 효소에 의해 연결된다.

❻ 지연 가닥에서 DNA 조각의 합성 방향은 복제 분기점의 이동 방향과 반대이므로, 지연 가닥은 불연속적으로 합성된다.

> 정답과 해설 **47**쪽

유제

그림은 DNA의 일부에서 복제가 일어나는 과정을 나타낸 것이다.
이에 대한 설명으로 옳은 것을 모두 고르면? (정답 2개)

① DNA 중합 효소는 ⓒ에서 ㉠ 방향으로 이동한다.

② ⓒ은 5′ 말단이고, ㉢은 3′ 말단이다.

③ (가)는 지연 가닥이고, (나)는 선도 가닥의 일부이다.

④ (가)는 RNA 프라이머 없이 합성된 가닥이다.

⑤ (나)는 (다)보다 먼저 합성되었다.

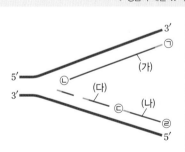

원핵생물과 진핵생물의 DNA 복제

원핵생물의 유전체는 진핵생물의 유전체보다 크기가 작고 대부분 하나의 원형 DNA로 구성된다. 진핵생물의 유전체는 여러 개의 선형 DNA로 구성된다. 이처럼 원핵생물과 진핵생물은 유전체의 모양과 크기에서 차이가 나타나는데, DNA 복제가 일어날 때에는 또 어떤 차이가 나타나는지 알아보자.

❶ 원핵생물의 DNA 복제

대장균과 같은 원핵생물은 대부분 짧은 원형의 DNA를 가지고 있으며, DNA에 하나의 복제 원점을 가지고 있다. DNA 복제가 일어날 때 복제 분기점이 반대 방향으로 이동하면서 2분자의 DNA가 만들어진다. 대장균에서 새로운 DNA는 37 ℃에서 1분당 45000개 이상의 뉴클레오타이드가 연결되어 합성된다. 이중 나선의 1회전마다 10개의 염기쌍이 배열되어 있으므로, 원래의 DNA가 풀리는 속도는 1분당 4500회전 이상이다.

> **원핵생물과 진핵생물의 복제 원점**
> 원핵생물의 DNA는 원형이므로 복제 원점이 하나이지만, 진핵생물의 DNA에는 수백 개~수천 개의 복제 원점이 있다.

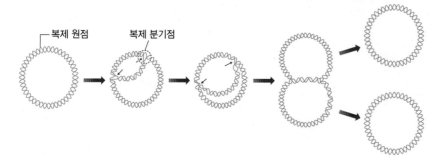

❷ 진핵생물의 DNA 복제

진핵생물은 매우 긴 선형의 DNA를 가지고 있으며, DNA에 여러 개의 복제 원점을 가지고 있다. 원핵생물인 세균의 DNA가 복제될 때에는 1분당 최대 100만 개의 염기쌍을 첨가할 수 있지만, 진핵생물에서는 1분당 500개~5000개의 염기쌍만을 첨가할 수 있다. 만일 이 속도로 진핵생물의 세포가 분열하려면 DNA를 복제하는 데에만 한 달 정도 걸릴 것이다. 그러나 진핵생물의 DNA는 복제 원점을 여러 개 가지고 있어서 여러 곳에서 동시에 복제가 일어난다. 복제 원점에서 복제가 시작되면 기포 모양이 형성되는데, 여러 곳에서 동시에 이런 기포가 생기고 DNA가 복제됨에 따라 점점 커지면서 두 기포가 만나면 이어져 선형의 DNA를 형성한다. 이렇게 해서 진핵생물의 세포에서는 DNA 복제가 몇 시간 안에 끝날 수 있다.

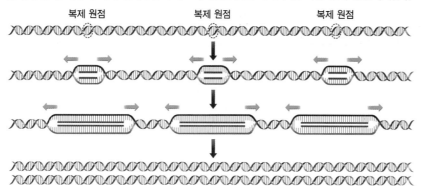

개념 모아
정리하기

02 DNA 복제

1. 유전 물질

① DNA 복제

1. DNA 복제의 필요성 세포 분열로 모세포와 유전 정보가 동일한 딸세포 2개를 형성하기 위해서이다.

2. DNA 복제 모델에 대한 가설-(❶   ) 복제 모델 복제되어 생긴 DNA의 두 가닥 중 한 가닥은 원래 DNA의 것이고, 나머지 한 가닥은 새로 만들어진 것이다.

② 메셀슨과 스탈의 DNA 복제 실험

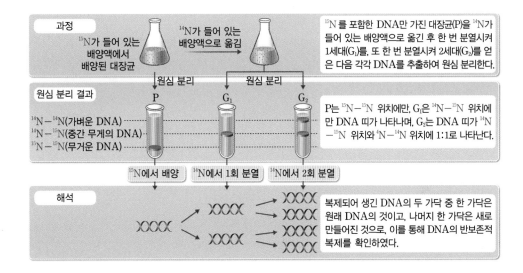

③ DNA의 반보존적 복제 과정

1. DNA 이중 나선의 분리 헬리케이스에 의해 DNA의 두 가닥을 연결하는 염기 사이의 (❷   )이 끊어진다.

2. RNA 프라이머의 합성 (❸   )에 의해 RNA 프라이머가 합성되어 새로운 뉴클레오타이드가 결합할 3′ 말단을 제공한다.

3. 폴리뉴클레오타이드 사슬의 신장 DNA 중합 효소에 의해 주형 DNA 가닥과 상보적인 염기를 가진 뉴클레오타이드가 RNA 프라이머의 3′ 말단에 결합한다. DNA 복제는 (❹   ) 방향으로만 일어나며, DNA의 두 가닥이 모두 주형으로 작용한다. → 이때 (❺   ) 가닥은 연속적으로 합성되고, (❻   ) 가닥은 짧은 DNA 조각이 만들어진 후 연결됨으로써 불연속적으로 합성된다.

4. DNA 복제 완료 원래의 DNA와 염기 서열이 동일한 DNA 2분자가 생성된다.

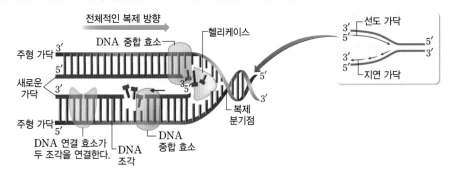

01 그림은 세포 주기를 나타낸 것이다. ㉠~㉣ 중 DNA가 복제되는 시기는 언제인지 쓰시오. (단, 염색 분체의 분리는 ㉡ 시기에 일어나며, ㉠~㉣은 각각 S기, G_1기, G_2기, M기 중 하나이다.)

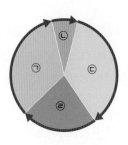

02 그림 (가)~(다)는 DNA 복제 모델을 나타낸 것이다.

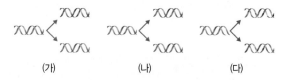

(1) (가)~(다) 중 복제를 거듭하더라도 원래의 이중 나선 DNA가 그대로 보존되는 모델을 쓰시오.

(2) (나)와 같은 복제 방식을 무엇이라고 하는지 쓰시오.

03 그림은 ^{15}N가 들어 있는 배양액과 ^{14}N가 들어 있는 배양액에서만 계속 배양한 대장균의 DNA를 추출하여 원심 분리하는 과정을 나타낸 것이다.

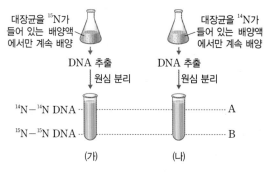

(1) 배양액의 질소(N)는 DNA를 구성하는 어떤 물질의 성분으로 사용되는지 쓰시오.

(2) (가)와 (나)에서 원심 분리 결과 DNA 띠는 각각 A와 B 중 어디에 나타나는지 쓰시오.

04 다음 (가)~(다)는 세 가지의 DNA 복제 모델을 설명한 것이고, 그림은 DNA 복제 방식을 알아보기 위한 메셀슨과 스탈의 실험을 나타낸 것이다.

(가) 원래의 이중 나선 DNA는 그대로 보존되고, 새로운 이중 나선 DNA가 하나 더 만들어진다.

(나) 복제되어 생긴 DNA의 두 가닥 중 한 가닥은 원래 DNA의 것이고, 나머지 한 가닥은 새로 만들어진 것이다.

(다) 원래의 DNA가 작은 조각으로 잘려 각각 복제된 후 연결되어 새로운 뉴클레오타이드와 섞인 2분자의 DNA가 만들어진다.

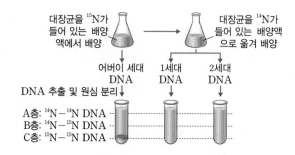

(1) (가) 방식으로 DNA 복제가 일어난다면 메셀슨과 스탈의 실험에서 1세대와 2세대의 DNA는 각각 A층~C층에서 어떤 비율로 나타날지 쓰시오.

(2) (나) 방식으로 DNA 복제가 일어난다면 메셀슨과 스탈의 실험에서 1세대와 2세대의 DNA는 각각 A층~C층에서 어떤 비율로 나타날지 쓰시오.

(3) 메셀슨과 스탈의 실험에서 1세대 DNA의 원심 분리 결과가 그림과 같았다면 (가)~(다) 중에서 배제되는 복제 모델은 무엇인지 쓰시오.

(4) 메셀슨과 스탈의 실험에서 2세대 DNA의 원심 분리 결과가 그림과 같았다면 (가)~(다) 중에서 DNA 복제 방식은 무엇인지 쓰시오.

05 ^{15}N가 들어 있는 배양액에서 배양하던 대장균(P)을 ^{14}N가 들어 있는 배양액으로 옮겨 3회 분열시켜 대장균 1600개체를 얻었다. 그중에서 P의 ^{15}N DNA 가닥을 가지고 있는 대장균은 모두 몇 개체인지 쓰시오.

06 어떤 세균의 DNA 염기 조성을 조사하였더니 구아닌(G)의 함량이 20 %였다. 이 DNA가 1회 복제되어 생긴 DNA에서 타이민(T)의 함량은 몇 %이겠는지 쓰시오. (단, 전체 DNA가 손상 없이 완전히 복제되었다고 가정한다.)

07 다음은 DNA 복제 과정의 일부를 순서 없이 나열한 것이다.

> (가) ㉠3′−OH를 제공할 짧은 뉴클레오타이드 사슬이 합성된다.
> (나) 새로운 뉴클레오타이드가 결합하여 DNA 가닥이 길어진다.
> (다) DNA 이중 나선이 풀린다.
> (라) 새로운 DNA 2분자가 생성된다.

(1) (가)에서 ㉠은 무엇인지 쓰시오.

(2) (나)에서 새로운 뉴클레오타이드를 결합시켜 DNA 가닥을 신장시키는 데 관여하는 효소를 쓰시오.

(3) (가)~(라)를 DNA 복제가 일어나는 순서대로 나열하시오.

(4) 이에 대한 설명으로 옳은 것만을 〈보기〉에서 있는 대로 고르시오.

> 보기
> ㄱ. (가)에서 ㉠은 DNA 조각이다.
> ㄴ. (나)에서 새로운 뉴클레오타이드는 합성 중인 가닥의 5′ 말단에 연결된다.
> ㄷ. (다)에서 염기 사이의 수소 결합이 끊어진다.
> ㄹ. (라)에서 생성된 2분자의 DNA는 원래의 DNA와 염기 서열이 동일하다.

08 그림은 DNA가 복제되는 과정을 나타낸 것이다.

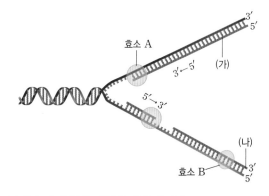

(1) 효소 A와 B의 이름을 각각 쓰시오.

(2) 새로 합성되는 가닥 (가)와 (나)의 이름을 각각 쓰시오.

(3) 그림과 같이 DNA의 두 주형 가닥에 대해 (가)와 (나)의 합성 방식이 다른 까닭을 설명하시오.

09 그림은 DNA가 복제되는 모습을 간단히 나타낸 것이다.

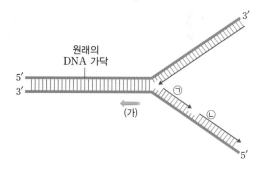

이에 대한 설명으로 옳은 것만을 〈보기〉에서 있는 대로 고르시오.

> 보기
> ㄱ. (가)는 복제 원점 방향이다.
> ㄴ. ㉡이 ㉠보다 먼저 합성되었다.
> ㄷ. ㉠과 ㉡에는 각각 RNA 프라이머가 있다.
> ㄹ. 주형 가닥과 새로 합성된 가닥은 수소 결합으로 연결된다.

01 ❯DNA 복제 모델

그림은 DNA 복제 방식에 대한 세 가지 모델을 나타낸 것이다.

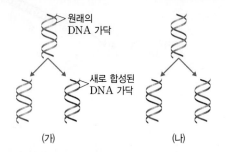

원래의 DNA 가닥

새로 합성된 DNA 가닥

(가)   (나)   (다)

이에 대한 설명으로 옳은 것만을 〈보기〉에서 있는 대로 고른 것은?

> 보기

ㄱ. (가)에서 DNA 1회 복제가 완료되면 $\dfrac{\text{원래 이중 나선 DNA의 수}}{\text{전체 이중 나선 DNA의 수}} = \dfrac{1}{2}$이다.

ㄴ. (가)와 (나)에서는 복제를 거듭하더라도 원래의 DNA 두 가닥이 남아 있다.

ㄷ. (다)는 DNA의 유전 정보를 보존하기에 가장 적합한 복제 방식이다.

① ㄱ   ② ㄷ   ③ ㄱ, ㄴ   ④ ㄴ, ㄷ   ⑤ ㄱ, ㄴ, ㄷ

● (가)는 보존적 복제 모델, (나)는 반보존적 복제 모델, (다)는 분산적 복제 모델이다.

02 ❯메셀슨과 스탈의 DNA 복제 실험

그림은 메셀슨과 스탈이 DNA가 복제되는 방식을 알아보기 위해 대장균을 이용하여 수행한 실험을 나타낸 것이다.

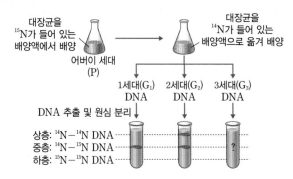

대장균을 ^{15}N가 들어 있는 배양액에서 배양   대장균을 ^{14}N가 들어 있는 배양액으로 옮겨 배양

어버이 세대 (P)

1세대(G_1) DNA   2세대(G_2) DNA   3세대(G_3) DNA

DNA 추출 및 원심 분리

상층: $^{14}N - ^{14}N$ DNA
중층: $^{14}N - ^{15}N$ DNA
하층: $^{15}N - ^{15}N$ DNA

?

이에 대한 설명으로 옳은 것만을 〈보기〉에서 있는 대로 고른 것은?

> 보기

ㄱ. P의 DNA를 추출하여 원심 분리하면 DNA 띠가 하층에만 나타난다.

ㄴ. G_1과 G_2의 DNA 원심 분리 결과는 DNA의 분산적 복제 모델을 뒷받침한다.

ㄷ. G_3에서 DNA 띠가 나타나는 위치는 G_2와 같다.

① ㄱ   ② ㄷ   ③ ㄱ, ㄴ   ④ ㄱ, ㄷ   ⑤ ㄴ, ㄷ

● DNA 복제 방식에 대한 실험에서 G_1의 결과를 통해 보존적 복제 모델이 배제되고, G_2의 결과를 통해 분산적 복제 모델이 배제된다.

03 > DNA 복제와 DNA양 변화

다음은 DNA 복제 방식을 알아보기 위한 실험이다. ⓐ과 ⓑ은 각각 ^{14}N와 ^{15}N 중 하나이다.

> DNA는 반보존적으로 복제되고, 복제가 1회 일어날 때마다 DNA의 양은 2배씩 증가한다.

(가) 대장균을 ⓐ이 포함된 배양액에서 배양한다.

(나) 대장균을 분리하여 ⓑ이 포함된 배양액으로 옮긴 후 3세대까지 배양한다.

(다) (가)의 대장균과 (나)에서 얻은 1세대와 3세대 대장균에서 DNA를 추출하여 원심 분리하였을 때 무게에 따른 DNA양을 분석한 결과가 그림과 같다.

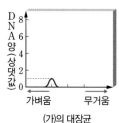
(가)의 대장균

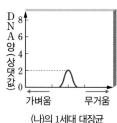
(나)의 1세대 대장균

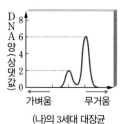
(나)의 3세대 대장균

이에 대한 설명으로 옳은 것만을 〈보기〉에서 있는 대로 고른 것은?

보기

ㄱ. ⓐ은 ^{15}N, ⓑ은 ^{14}N이다.

ㄴ. 2세대 대장균은 중간 무게 DNA와 무거운 DNA의 상대량이 각각 2이다.

ㄷ. 3세대 대장균 중에서 $\dfrac{^{14}N를 포함한 DNA 가닥의 수}{전체 DNA 가닥의 수} = \dfrac{1}{4}$이다.

① ㄱ   ② ㄴ   ③ ㄱ, ㄷ   ④ ㄴ, ㄷ   ⑤ ㄱ, ㄴ, ㄷ

04 > DNA 복제 실험 결과 해석

다음은 대장균을 이용한 실험과 그 결과이다.

> 대장균 수가 2배로 증가하는 데 걸린 시간은 대장균의 생장, DNA 복제, 분열에 걸리는 시간을 모두 합한 것이다.

(가) 대장균을 배양하면서 시간에 따른 대장균 수를 측정하여 표와 같은 결과를 얻었다.

시간(분)	0	20	40	60	80
대장균 수($\times 10^5$)	1	2	4	8	16

(나) ^{15}N가 들어 있는 배양액에서 배양하여 DNA가 모두 ^{15}N로 표지된 대장균을 ^{14}N가 들어 있는 배양액으로 옮겨 60분간 배양한 후, DNA를 추출하여 원심 분리한 결과 상층($^{14}N-^{14}N$) : 중층($^{14}N-^{15}N$) : 하층($^{15}N-^{15}N$)=ⓐ : ⓑ : ⓒ으로 나타났다.

이에 대한 설명으로 옳은 것만을 〈보기〉에서 있는 대로 고른 것은?

보기

ㄱ. 대장균이 DNA 복제를 완료하는 데 걸리는 시간은 20분이다.

ㄴ. (나)에서 ⓐ : ⓑ : ⓒ=7 : 1 : 0이다.

ㄷ. (나)에서 중층의 DNA는 이전 세대의 $^{14}N-^{15}N$ DNA로부터 복제된 것이다.

① ㄴ   ② ㄷ   ③ ㄱ, ㄴ   ④ ㄱ, ㄷ   ⑤ ㄴ, ㄷ

05 ❯ DNA 복제 과정과 효소

그림은 DNA 복제 과정을 나타낸 것이다. 헬리케이스, 프라이메이스, A, B는 모두 DNA 복제에 관여하는 효소이다.

이에 대한 설명으로 옳지 **않은** 것은?

① 헬리케이스는 염기 사이의 수소 결합을 끊는다.

② A와 B는 뉴클레오타이드 사이에서 당과 인산의 공유 결합을 촉매한다.

③ DNA 가닥 Ⅰ과 Ⅱ는 모두 주형으로 사용된다.

④ 프라이머를 구성하는 당은 리보스이다.

⑤ ㉠은 5′ 말단 방향이고, ㉡은 3′ 말단 방향이다.

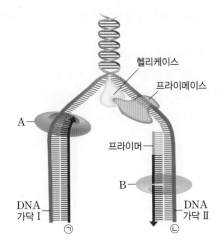

• DNA 복제 과정에서 헬리케이스는 이중 나선 DNA를 단일 가닥으로 분리하고, 프라이메이스는 RNA 프라이머를 합성하며, DNA 중합 효소는 합성되는 가닥에 새로운 뉴클레오타이드를 결합시키고, DNA 연결 효소는 DNA 조각을 연결한다.

---

06 고난도 ❯ DNA 복제와 DNA의 특성

그림은 대장균의 DNA X가 복제되는 과정의 일부를 나타낸 것이다. Y는 X가 50 % 복제되었을 때의 DNA이며, 표는 Y의 특성을 나타낸 것이다.

[Y의 특성]

• Y를 구성하는 뉴클레오타이드의 개수는 3000개이다.

• 새로 합성된 DNA 가닥의 G+C 함량은 45 %이다.

• 복제되지 않은 부분 ㉠의 G+C 함량은 35 %이다.

• DNA가 복제되면 원래의 DNA와 염기 서열이 동일한 이중 나선 DNA가 2분자 생성된다.

이에 대한 설명으로 옳은 것만을 〈보기〉에서 있는 대로 고른 것은?

보기

ㄱ. X를 구성하는 뉴클레오타이드의 개수는 1000개이다.

ㄴ. X에서 염기 A의 개수는 600개이다.

ㄷ. X에서 염기 사이의 수소 결합의 총 개수는 2400개이다.

① ㄱ　　　② ㄴ　　　③ ㄱ, ㄷ　　　④ ㄴ, ㄷ　　　⑤ ㄱ, ㄴ, ㄷ

07 > DNA 복제 과정

그림은 복제 중인 DNA의 한 가닥과 일부 염기 서열을 나타낸 것이다.

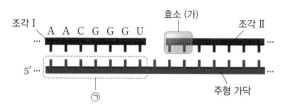

이에 대한 설명으로 옳은 것은?

① 조각 Ⅰ은 조각 Ⅱ보다 나중에 합성되었다.

② 조각 Ⅰ을 구성하는 당은 모두 디옥시리보스이다.

③ 조각 Ⅰ은 지연 가닥이고, 조각 Ⅱ는 선도 가닥이다.

④ (가)는 조각 Ⅰ과 Ⅱ를 이어 주는 DNA 연결 효소이다.

⑤ ㉠ 부분에는 퓨린 계열 염기가 피리미딘 계열 염기보다 적다.

• DNA 복제는 5′ → 3′ 방향으로만 일어나며, 지연 가닥에서는 짧은 DNA 조각이 합성된 후 연결된다.

08 > DNA 복제 과정과 DNA의 염기 조성 비율

다음은 어떤 세포 내에서 일어나는 DNA X의 복제에 대한 자료이다.

- X를 구성하는 염기 개수는 800개이고, 염기 사이의 수소 결합의 총 개수는 1000개이다.
- Ⅰ은 복제되지 않은 부위로 X를 구성하는 염기 수의 절반이 있고, Ⅱ는 복제가 진행 중인 부위이다.
- Ⅰ의 염기 중 G+C의 함량은 45 %이다.

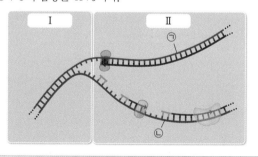

• DNA에서 염기 A은 T과 2중 수소 결합으로, 염기 G은 C과 3중 수소 결합으로 연결되어 있다.

이에 대한 설명으로 옳은 것만을 〈보기〉에서 있는 대로 고른 것은?

보기

ㄱ. Ⅰ에서 염기 사이의 수소 결합의 총 개수는 490개이다.

ㄴ. Ⅱ에서 주형 가닥 2개의 G+C 함량은 50 %보다 작다.

ㄷ. Ⅱ에서 주형 가닥 ㉠의 퓨린 계열 염기의 비율은 주형 가닥 ㉡의 피리미딘 계열 염기의 비율과 같다.

① ㄱ   ② ㄴ   ③ ㄱ, ㄷ   ④ ㄴ, ㄷ   ⑤ ㄱ, ㄴ, ㄷ

2

유전자 발현

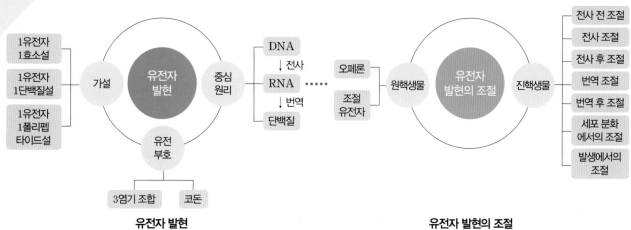

유전자 발현

유전자 발현의 조절

01 유전자 발현

학습 Point   비들과 테이텀의 붉은빵 > 중심 원리 > 전사 과정과 > 단백질 합성 기구와
곰팡이 실험   유전부호   번역 과정

 유전자와 단백질

유전 물질이 DNA라는 것이 분명해지자 DNA에 저장되어 있는 유전 정보가 무엇인지에 대한 연구가 활발하게 진행되었다.

1. 유전자와 효소의 관련성 주장

DNA가 유전 물질이라는 것이 밝혀지기 전인 1902년 개로드(Garrod, A., 1857~1936)는 알캅톤뇨증이 한 가족의 구성원 중에 자주 발생하는 것을 발견하고, 이와 같은 선천성 대사 이상에 의한 질환은 생화학적 반응에 필요한 특정 효소가 결핍되어 생긴다고 추론하였다. 그리고 유전자가 효소의 합성과 관련이 있다고 주장하였다.

2. 유전자와 단백질의 관계에 대한 가설

(1) **1유전자 1효소설**: 1941년 비들(Beadle, G. W., 1903~1989)과 테이텀(Tatum, E. L., 1909~1975)은 붉은빵곰팡이를 이용한 실험을 통해 유전자가 효소의 합성에 관여한다는 것을 알아내고, 하나의 유전자가 하나의 효소를 합성하게 한다는 '1유전자 1효소설'을 제안하였다.

알캅톤뇨증

아미노산의 일종인 타이로신의 분해 과정에서 생성되는 호모겐티신산은 효소에 의해 다른 물질로 분해된다. 그러나 여기에 필요한 효소가 선천적으로 결핍되면 호모겐티신산이 체내에 축적되어 유전병인 알캅톤뇨증이 나타난다. 호모겐티신산은 공기 중에서 검게 변하므로, 알캅톤뇨증 환자는 검은색의 오줌을 배출한다.

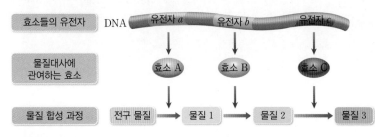

◀ **물질 3의 합성에 관여하는 유전자와 효소의 관계**   전구 물질로부터 물질 1을 합성하기 위해서는 유전자 a의 산물인 효소 A가 필요하다. 물질 1을 물질 2로 합성하기 위해서는 유전자 b의 산물인 효소 B가 필요하다. 물질 2를 물질 3으로 합성하기 위해서는 유전자 c의 산물인 효소 C가 필요하다.

시선집중 ★   비들과 테이텀의 붉은빵곰팡이 실험

다음은 비들과 테이텀이 붉은빵곰팡이를 이용하여 수행한 실험이다.

[실험 과정]

(가) 야생형 붉은빵곰팡이의 포자에 X선을 쪼여 최소 배지에서는 생장하지 못하고, 최소 배지에 아르지닌을 첨가하면 생장하는 영양 요구주 Ⅰ형~Ⅲ형을 얻었다. 붉은빵곰팡이의 야생형은 최소 배지에서 필요한 물질을 스스로 합성하여 생장할 수 있지만, 영양 요구주는 유전적 결함으로 생장에 필요한 물질을 스스로 합성하지 못해 최소 배지에 아미노산, 비타민과 같은 특정 영양소를 넣어 주어야 생장할 수 있는 돌연변이주이다.

붉은빵곰팡이

자낭균류에 속하는 곰팡이로, 주황색의 포자를 만든다. 균사체의 대부분이 단상(n)이어서 돌연변이가 일어나면 유전자가 열성이어도 당대에서 바로 형질이 나타나므로, 돌연변이와 형질의 관계를 쉽게 알 수 있다.

(나) 최소 배지에 아르지닌 합성 경로의 중간 단계 물질로 생각되는 오르니틴, 시트룰린, 그리고 최종 산물인 아르지닌 중 한 가지를 각각 첨가한 후 각 배지에서 붉은빵곰팡이가 야생형과 영양 요구주 Ⅰ형~Ⅲ형의 생장을 관찰하였다.

[실험 결과]

구분		최소 배지	최소 배지 +오르니틴	최소 배지 +시트룰린	최소 배지 +아르지닌	실험 결과
야생형		생장함	생장함	생장함	생장함	최소 배지에서도 생장한다.
영양 요구주	Ⅰ형	생장 못함	생장함	생장함	생장함	최소 배지에 오르니틴, 시트룰린, 아르지닌 중 한 가지를 첨가하면 생장한다.
	Ⅱ형	생장 못함	생장 못함	생장함	생장함	최소 배지에 시트룰린, 아르지닌 중 한 가지를 첨가하면 생장한다.
	Ⅲ형	생장 못함	생장 못함	생장 못함	생장함	최소 배지에 아르지닌을 첨가해야 생장한다.

❶ 아르지닌 합성 과정: 붉은빵곰팡이에서 아르지닌은 전구 물질로부터 중간 단계 물질을 거쳐 합성된다. 영양 요구주 Ⅰ형~Ⅲ형의 실험 결과로 보아 전구 물질 → 오르니틴 → 시트룰린 → 아르지닌 순으로 합성된다고 볼 수 있다.

❷ 영양 요구주가 최소 배지에서 생장하지 못하는 까닭: 세포 내 대사 과정은 효소에 의해 촉매되므로, 이러한 결과는 각 영양 요구주의 특정 유전자에 돌연변이가 생겨 특정 효소에 결함이 생긴 것으로 해석할 수 있다. 즉, 영양 요구주 Ⅰ형~Ⅲ형은 최소 배지에 포함된 전구 물질을 이용하여 아르지닌을 합성하는 과정 중 어느 한 단계에 관여하는 효소에 결함이 생겨 최소 배지에서 생장하지 못하는 것이다.

❸ 각 영양 요구주에서 결함이 생긴 효소: 영양 요구주 Ⅰ형은 최소 배지에 오르니틴을 첨가하면 생장하므로 유전자 *a*에 돌연변이가 생겨 효소 A가 합성되지 않으며, 영양 요구주 Ⅱ형은 최소 배지에 시트룰린을 첨가하면 생장하므로 유전자 *b*에 돌연변이가 생겨 효소 B가 합성되지 않는다. 영양 요구주 Ⅲ형은 최소 배지에 아르지닌을 첨가한 경우에만 생장하므로 유전자 *c*에 돌연변이가 생겨 효소 C가 합성되지 않는다.

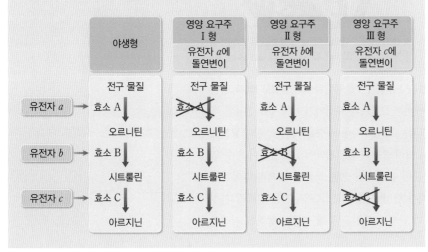

❹ 영양 요구주 Ⅰ형~Ⅲ형은 각각 아르지닌 합성 과정에 관여하는 서로 다른 유전자에 돌연변이가 생긴 것이다. 이는 물질대사의 각 단계에 작용하는 서로 다른 효소는 서로 다른 유전자에 의해 합성된다는 것을 의미한다.

❺ **결론**: 하나의 유전자는 하나의 효소를 합성하게 한다. → 1유전자 1효소설

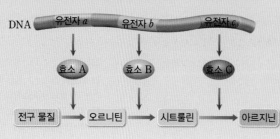

(2) **1유전자 1단백질설**: 1유전자 1효소설 이후 유전자가 효소뿐만 아니라 머리카락을 구성하는 케라틴이나 인슐린과 같은 호르몬 등의 단백질을 합성하는 데에도 관여한다는 것이 밝혀졌다. 케라틴이나 인슐린은 효소가 아니므로, 1유전자 1효소설은 하나의 유전자가 하나의 단백질을 합성하게 한다는 '1유전자 1단백질설'로 수정되었다.

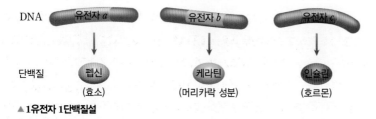

▲ **1유전자 1단백질설**

케라틴
동물의 모발, 손톱, 피부 등 여러 조직을 구성하는 단백질로, 점성과 탄성이 매우 높고 물에 잘 녹지 않는다.

(3) **1유전자 1폴리펩타이드설**: 적혈구 속의 헤모글로빈처럼 하나의 단백질이 두 종류 이상의 폴리펩타이드로 구성된 경우, 하나의 단백질을 구성하는 서로 다른 종류의 폴리펩타이드는 서로 다른 유전자에 의해 합성된다는 것이 밝혀졌다. 이에 따라 1유전자 1단백질설은 하나의 유전자가 하나의 폴리펩타이드를 합성하게 한다는 '1유전자 1폴리펩타이드설'로 수정되었다.

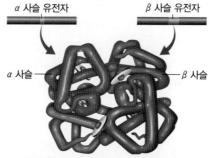

▲ **헤모글로빈** 헤모글로빈을 구성하는 두 종류의 폴리펩타이드는 서로 다른 유전자에 의해 합성된다.

헤모글로빈
적혈구의 붉은색을 나타내는 색소 단백질로, 산소와 결합하거나 해리하여 산소를 운반하는 작용을 한다. 서로 다른 종류의 폴리펩타이드인 α 사슬 2개와 β 사슬 2개로 이루어져 있으며, α 사슬과 β 사슬은 서로 다른 유전자에 의해 합성된다.

(4) **1유전자 1폴리펩타이드설의 예외**: 현재에는 1유전자 1폴리펩타이드설에도 맞지 않는 현상이 발견되고 있다. 예를 들어 진핵생물에서는 DNA의 유전자가 RNA로 전사된 후 인트론 부분이 제거되고 엑손 부분끼리 연결되는 RNA 가공 과정을 거친다. 이때 RNA가 서로 다르게 가공되어 하나의 유전자에서 여러 종류의 폴리펩타이드가 만들어질 수 있다. 또 다른 예로는 rRNA나 tRNA와 같이 유전자의 최종 산물이 단백질이 아니라 RNA인 경우도 있다. 그러나 RNA도 단백질 합성에 관여하므로 유전자는 단백질 합성에 필요한 정보를 저장하고 있으며, 유전자가 단백질 합성을 통해 생물의 형질을 결정한다고 할 수 있다.

② 유전 정보의 흐름

DNA의 유전 정보에 따라 단백질이 합성된다는 것이 밝혀진 후 DNA에 단백질 합성에 대한 정보가 저장되어 있는 방식과 단백질이 합성되는 과정에 대한 연구가 이루어졌다.

1. 유전자 발현

(1) **유전자 발현:** 유전자는 단백질 합성에 필요한 정보를 저장하고 있고, 유전자에 저장된 정보에 따라 단백질이 합성되어 특정한 형질이 나타나게 된다. 이처럼 유전자에 저장된 정보로부터 단백질이 합성되는 과정을 유전자 발현이라고 한다. 단백질은 구성하는 아미노산의 종류와 배열 순서에 따라 고유한 입체 구조와 기능을 나타낸다.

(2) **유전 정보의 전달자 RNA:** 진핵세포에서 DNA는 핵 속에 있고, 단백질 합성 장소인 리보솜은 세포질에 있다. 따라서 DNA의 유전 정보는 곧바로 단백질 합성을 지시하지 못하므로, DNA의 유전 정보를 단백질로 전달하는 중계자가 필요한데, 이 물질이 RNA이다.

2. 중심 원리

유전자 발현 과정에서 DNA에 저장된 유전 정보는 RNA로 전달되고, RNA의 유전 정보가 단백질 합성에 이용되는데, 이러한 유전 정보의 흐름을 중심 원리(central dogma)라고 한다. 이때 DNA의 유전 정보에 따라 RNA가 합성되는 과정을 전사라 하고, RNA의 유전 정보에 따라 단백질이 합성되는 과정을 번역이라고 한다.

$$DNA \xrightarrow{\text{전사}} RNA \xrightarrow{\text{번역}} 단백질$$

시선 집중 ★ 진핵세포와 원핵세포에서 유전 정보의 흐름 비교

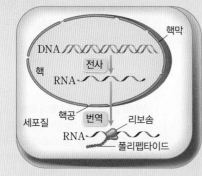

▲ 진핵세포

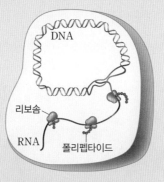

▲ 원핵세포

❶ **DNA의 위치:** 진핵세포의 DNA는 핵 속에 있고, 원핵세포의 DNA는 세포질에 있다.

❷ **전사와 번역이 일어나는 장소:** 전사는 DNA가 있는 곳에서 일어나므로 진핵세포는 핵 속에서, 원핵세포는 세포질에서 전사가 일어난다. 번역은 리보솜에서 일어나므로, 진핵세포와 원핵세포 모두 세포질에서 번역이 일어난다.

❸ **전사와 번역이 일어나는 시간적 차이:** 진핵세포의 경우 핵 속에서 전사가 일어난 후 RNA가 핵공을 통해 세포질로 나와 리보솜과 결합하여 번역이 일어나므로, 전사 후 번역이 일어나는 데 시간이 걸린다. 그러나 원핵세포는 전사되고 있는 RNA에 리보솜이 결합하여 번역이 일어나므로, 전사와 번역이 동시에 일어난다.

DNA가 직접 단백질 합성에 이용되지 않는 것의 장점

DNA에 저장된 유전 정보는 RNA로 전달되고, RNA가 단백질 합성에 이용된다. 이를 통해 DNA의 유전 정보가 안전하게 보존되고, 필요에 따라 RNA로 유전 정보를 전달함으로써 유전자 발현을 조절할 수 있다.

전사와 번역의 의미

• 전사: DNA와 RNA는 모두 뉴클레오타이드라는 단위체로 이루어져 있고, 염기 서열이라는 동일한 암호 체계를 사용한다. 따라서 DNA에서 RNA로 유전 정보가 전달되는 것은 전사라고 한다.

• 번역: RNA는 뉴클레오타이드로 이루어져 있고 염기 서열에 유전 정보가 저장되어 있는데, 단백질은 아미노산이라는 다른 단위체로 이루어져 있다. 따라서 RNA에서 단백질로 유전 정보가 전달되는 것은 번역이라고 한다.

중심 원리의 예외

• 유전 물질로 RNA를 갖는 RNA 바이러스 중 일부는 증식 과정에서 RNA로부터 DNA를 합성하는데, 이를 역전사라고 한다.

• 단백질의 일종인 프라이온은 정상 프라이온이 변형 프라이온과 접촉하면 변형 프라이온으로 된다. 이것은 형질이 단백질에서 단백질로 전달되는 경우이다.

원핵세포의 전사와 번역

원핵세포에서 전사와 번역이 동시에 일어날 수 있는 것은 DNA가 세포질에 있기 때문이기도 하지만, 유전자에 단백질을 암호화하지 않는 부위가 없어 RNA 가공 과정이 필요 없기 때문이기도 하다.

③ 전사

집중 분석 58쪽

유전자 발현은 DNA의 두 가닥 중 한 가닥을 주형으로 하여 RNA가 합성되는 전사로부터 시작한다.

1. 전사

전사는 DNA의 두 가닥 중 한 가닥만을 주형으로 하여 RNA가 합성되는 과정이다. 진핵세포는 핵 속에서 전사가 일어나고, 원핵세포는 세포질에서 전사가 일어난다.

2. 전사 과정

전사 과정은 개시, 신장, 종결의 세 단계로 진행된다.

(1) 개시: 전사는 DNA 복제와 마찬가지로 이중 나선 DNA의 두 가닥을 연결하는 염기 사이의 수소 결합이 끊어지면서 시작된다. RNA 중합 효소는 DNA의 특정 염기 서열인 프로모터에 결합한 다음, DNA의 상보적 염기 사이의 수소 결합을 끊어 이중 나선을 한 바퀴 정도 풀어서 두 가닥이 분리되도록 한다.

(2) 신장: DNA 이중 나선이 풀리면 RNA 중합 효소는 DNA 주형 가닥과 상보적인 염기를 가진 RNA 뉴클레오타이드(리보뉴클레오타이드)를 차례대로 결합시켜 RNA를 합성한다. 염기 T 대신 U이 A과 결합한다는 것을 제외하고는 DNA 복제와 같은 원리로 DNA 주형 가닥과 상보적인 염기를 가진 리보뉴클레오타이드가 결합한다. 즉, DNA 주형 가닥의 염기가 A이면 U, C이면 G을 가진 리보뉴클레오타이드가 차례대로 결합한다. RNA 중합 효소는 합성 중인 RNA 가닥의 3′-OH에 리보뉴클레오타이드의 인산을 결합시키기 때문에 RNA 합성은 5′ → 3′ 방향으로 일어난다.

RNA 중합 효소가 프로모터에 결합하여 DNA 이중 나선을 풀고 RNA 합성을 시작한다.

RNA 중합 효소는 DNA 주형 가닥과 상보적인 염기를 가진 리보뉴클레오타이드를 차례대로 결합시켜 RNA를 합성한다.

RNA 중합 효소와 합성된 RNA가 DNA에서 분리된다.

▲ 전사 과정

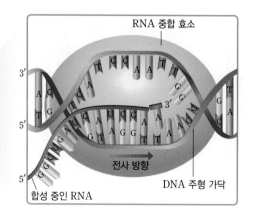

RNA 중합 효소 / 전사 방향 / DNA 주형 가닥 / 합성 중인 RNA

프로모터

유전자의 전사가 시작되어야 하는 부위의 앞에 있는 DNA의 특정 염기 서열을 프로모터라고 한다. 어떤 유전자든지 두 가닥의 DNA 중 한 가닥에만 프로모터가 존재하므로 한 가닥의 DNA만을 주형으로 하여 전사가 일어나며, 어떤 가닥이 전사되는지는 유전자마다 다르다. 전사는 RNA 중합 효소가 DNA의 프로모터를 인식하여 결합함으로써 시작된다.

RNA 중합 효소(RNA polymerase)

RNA 합성을 촉매하는 효소이다. RNA 중합 효소는 DNA 중합 효소와 달리 염기 사이의 수소 결합을 끊고 처음부터 주형 가닥과 상보적인 염기를 가진 리보뉴클레오타이드를 결합시킬 수 있으므로 프라이머가 필요 없다.

전사된 RNA의 염기 서열과 방향

DNA 주형 가닥의 염기 서열이 3′-TACCAC-5′일 경우 합성되는 RNA 가닥은 주형 가닥과 방향이 반대이고 염기 서열이 상보적인 5′-AUGGUG-3′이다.

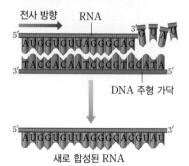

전사 방향 / RNA

DNA 주형 가닥

새로 합성된 RNA

새로운 리보뉴클레오타이드가 들어오면 RNA의 염기와 DNA 주형 가닥의 염기가 일시적으로 결합하여 염기쌍을 이루지만, 곧 RNA는 DNA 주형 가닥으로부터 분리된다. RNA가 합성되면서 길이가 길어짐에 따라 RNA 가닥은 DNA 주형 가닥으로부터 분리되어 나오고, 전사가 끝난 부분의 DNA는 다시 이중 나선을 형성한다.

⑶ **종결**: RNA 중합 효소가 DNA 주형 가닥을 따라 RNA를 합성하면서 이동하다가 주형 가닥 내의 특별한 염기 서열인 종결 신호에 도달하면 더 이상 RNA를 합성하지 못하고 DNA로부터 떨어져 나온다. 그와 함께 새로 합성된 RNA 가닥도 DNA로부터 떨어져 나온다.

3. RNA의 종류

RNA에는 단백질 합성에 관여하는 mRNA, rRNA, tRNA와 유전자 발현 조절에 관여하는 소형 RNA가 있다.

⑴ **mRNA**(messenger RNA): 유전자가 발현되는 과정에서 전사되어 DNA의 유전 정보를 전달하는 RNA이다. 즉, 단백질을 구성하는 아미노산의 종류와 배열 순서에 대한 정보를 저장하고 있는 RNA이다.

⑵ **rRNA**(ribosomal RNA): 여러 단백질과 함께 리보솜을 구성하는 RNA이다. 리보솜은 두 종류의 단위체로 구성되어 있는데, 각각 다른 종류의 rRNA와 리보솜 단백질로 구성된다.

⑶ **tRNA**(transfer RNA): 단백질 합성 과정에서 아미노산을 mRNA-리보솜 복합체로 운반하는 RNA이다. 약 80개의 뉴클레오타이드로 구성된 비교적 작은 분자로, 한 종류의 tRNA는 특정 아미노산만을 운반한다.

⑷ **소형 RNA**(miRNA, siRNA 등): 소형 RNA는 단백질과 결합하여 복합체를 형성하며, 복합체 내의 소형 RNA는 mRNA와 결합하여 mRNA를 분해하거나 mRNA의 번역을 중단시켜 단백질이 합성되는 것을 억제하는 등 유전자 발현 조절에 중요한 역할을 한다.

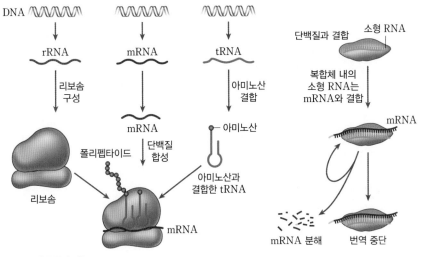

▲ **RNA의 종류와 기능**

DNA 복제와 전사의 비교
- 주형 가닥: DNA 복제에는 DNA의 두 가닥이 모두 주형으로 작용하지만, 전사에는 DNA의 두 가닥 중 한 가닥만 주형으로 작용한다.
- 염기: RNA를 구성하는 리보뉴클레오타이드는 DNA와 달리 염기 T을 가진 것이 없고 U을 가진 것이 있다. 따라서 전사가 일어날 때 DNA의 염기 중 A에 대해서는 U이 상보적으로 결합한다.
- 효소: DNA 복제에는 DNA 중합 효소, 전사에는 RNA 중합 효소가 관여한다.
- 프라이머: DNA 복제에는 프라이머가 필요하지만, 전사에는 프라이머가 필요하지 않다.
- 합성 방향: DNA 중합 효소와 RNA 중합 효소 모두 당의 3′-OH에 새로운 뉴클레오타이드의 인산을 결합시키므로 DNA 복제와 전사 모두 5′ → 3′ 방향으로 일어난다.

유전체와 전사
사람의 유전체는 약 32억 쌍의 염기로 이루어져 있는데, 그중 1.5 % 정도만 단백질을 암호화하고 있어 mRNA로 전사된 후 단백질을 합성하게 된다. 나머지 유전체 중 일부는 rRNA, tRNA, 소형 RNA로 전사되고, 대부분은 전사되지 않는다.

4. 유전부호

DNA를 구성하는 4종류의 염기 A, G, C, T의 배열 순서에 유전 정보가 담겨 있으며, 이들 염기의 조합이 유전부호가 되어 특정 단백질을 구성하는 아미노산을 지정한다.

(1) **3염기 조합(트리플렛 코드):** 연속된 3개의 염기로 이루어진 DNA의 유전부호이다. DNA를 구성하는 염기는 A, G, C, T의 4종류인데 단백질을 구성하는 아미노산은 20종류이므로, 염기의 조합을 이용하여 각각의 아미노산을 지정하는 유전부호를 20종류 이상 만들어야 한다. 이때 3개의 염기가 한 조가 되어 하나의 아미노산을 지정하는 유전부호가 된다면 $4^3 = 64$종류의 유전부호가 만들어지므로 단백질을 구성하는 20종류의 아미노산을 모두 지정할 수 있다.

(2) **코돈:** 연속된 3개의 염기로 이루어진 mRNA의 유전부호이다. mRNA는 DNA로부터 전사된 것이므로, 3염기 조합과 마찬가지로 3개의 염기가 한 조가 되며, $5' \rightarrow 3'$ 방향으로 쓴다. RNA를 구성하는 염기는 A, G, C, U의 4종류이고, 코돈은 3개의 염기로 이루어진 유전부호이므로 코돈은 $4^3 = 64$종류가 있다.

① **아미노산 지정 코돈:** 64종류의 코돈 중에서 61종류는 아미노산을 지정한다. 이처럼 코돈의 종류가 아미노산의 종류보다 많으므로, 하나의 아미노산을 지정하는 코돈은 대부분 여러 종류이다. 그중에서 AUG는 메싸이오닌을 지정하는 동시에 단백질 합성을 시작하도록 하는 개시 코돈이기도 하다.

② **종결 코돈:** 아미노산을 지정하는 61종류의 코돈을 제외한 나머지 세 코돈 UAA, UAG, UGA는 지정하는 아미노산이 없어 단백질 합성이 끝나도록 하는 종결 코돈이다.

두 번째 염기				
	U	C	A	G

첫 번째 염기		두 번째 염기				세 번째 염기
U	UUU UUC 페닐알라닌 / UUA UUG 류신	UCU UCC UCA UCG 세린	UAU UAC 타이로신 / UAA 종결 코돈 / UAG 종결 코돈	UGU UGC 시스테인 / UGA 종결 코돈 / UGG 트립토판		U C A G
C	CUU CUC CUA CUG 류신	CCU CCC CCA CCG 프롤린	CAU CAC 히스티딘 / CAA CAG 글루타민	CGU CGC CGA CGG 아르지닌		U C A G
A	AUU AUC 아이소류신 / AUA / AUG 메싸이오닌 (개시 코돈)	ACU ACC ACA ACG 트레오닌	AAU AAC 아스파라진 / AAA AAG 라이신	AGU AGC 세린 / AGA AGG 아르지닌		U C A G
G	GUU GUC GUA GUG 발린	GCU GCC GCA GCG 알라닌	GAU GAC 아스파트산 / GAA GAG 글루탐산	GGU GGC GGA GGG 글리신		U C A G

▲ 코돈표

유전부호의 종류

- 염기 1개가 유전부호가 된다면 $4^1 = 4$종류의 유전부호가 만들어진다.
- 염기 2개가 유전부호가 된다면 $4^2 = 16$종류의 유전부호가 만들어진다.
- 염기 3개가 유전부호가 된다면 $4^3 = 64$종류의 유전부호가 만들어진다.
- 염기 4개가 유전부호가 된다면 $4^4 = 256$종류의 유전부호가 만들어진다.
→ 염기 1개나 2개가 유전부호가 된다면 20종류의 유전부호가 만들어지지 않아 모든 아미노산을 지정할 수 없다. 또, 염기 4개가 유전부호가 된다면 한 종류의 아미노산을 지정하는 유전부호가 너무 많아지게 된다.

개시 코돈

개시 코돈 AUG는 단백질 합성을 시작하도록 함과 동시에 메싸이오닌을 지정하는 코돈이다. 리보솜은 mRNA의 개시 코돈 AUG로부터 번역을 시작하므로, 합성된 폴리펩타이드의 첫 번째 아미노산은 모두 메싸이오닌이다. 합성된 폴리펩타이드는 가공 과정을 거쳐 특정 기능을 하는 단백질로 된다.

코돈의 공통성

코돈은 지구에 존재하는 거의 모든 생물에서 동일하다. 예를 들어 UUU는 대장균에서부터 사람에 이르기까지 거의 모든 생물에서 페닐알라닌을 지정하는 코돈이다. 이것은 지구의 생물이 공통 조상으로부터 진화해 왔기 때문으로 추정된다.

(3) **안티코돈**: mRNA의 특정 코돈과 상보적으로 결합하는 tRNA의 3개 염기 조합이다. tRNA는 안티코돈에 대응하는 특정 아미노산과 결합하여 이를 리보솜으로 운반한다.

시선 집중 ★ **유전부호의 해독**

다음은 mRNA의 유전부호를 해독하기 위한 실험이다.

(가) 니런버그와 그의 동료들은 대장균을 부수어 단백질 합성계를 얻었다.

(나) 여기에 유라실(U)로만 이루어진 mRNA를 만들어 넣었더니 페닐알라닌(Phe)으로만 구성된 폴리펩타이드가 합성되었다.

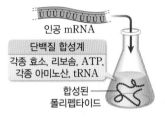

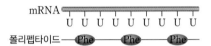

(다) (나)와 같은 방법으로 아데닌(A)과 사이토신(C)으로만 이루어진 mRNA를 만들어 단백질 합성계에 넣었더니 각각 라이신(Lys)으로만 구성된 폴리펩타이드와 프롤린(Pro)으로만 구성된 폴리펩타이드가 합성되었다.

인공 mRNA	합성된 폴리펩타이드
···A−A−A−A−A−A−A−A−A···	···라이신−라이신−라이신···
···C−C−C−C−C−C−C−C−C···	···프롤린−프롤린−프롤린···

(라) 아데닌(A)과 사이토신(C)이 무작위로 섞인 mRNA를 만들어 단백질 합성계에 넣었더니 아스파라진, 글루타민, 히스티딘, 트레오닌, 프롤린, 라이신으로 구성된 폴리펩타이드가 합성되었다.

❶ **(나), (다)의 결과**: UUU는 페닐알라닌을 지정하는 코돈, AAA는 라이신을 지정하는 코돈, CCC는 프롤린을 지정하는 코돈임을 알 수 있다.

❷ **(라)의 결과**: (라)에서 A과 C의 무작위 결합에 의해 6종류의 아미노산이 지정되었다. 2종류의 염기로 만들 수 있는 유전부호의 종류는 다음과 같다.
  • 염기 1개가 하나의 아미노산을 지정할 때 유전부호의 종류: $2^1=2$
  • 염기 2개가 하나의 아미노산을 지정할 때 유전부호의 종류: $2^2=4$
  • 염기 3개가 하나의 아미노산을 지정할 때 유전부호의 종류: $2^3=8$
  따라서 2종류 염기의 조합으로 6종류의 아미노산을 지정하는 유전부호가 만들어지려면 최소한 염기 3개가 하나의 유전부호로 작용해야 한다.

❸ **(라)의 mRNA에서 형성될 수 있는 코돈과 아미노산**

코돈	AAA	AAC	ACA	ACC	CAA	CAC	CCA	CCC
아미노산	라이신	아스파라진	트레오닌	트레오닌	글루타민	히스티딘	프롤린	프롤린

❹ **실험의 한계**: 1종류 또는 2종류의 염기를 조합하여 만드는 방식으로는 몇 종류의 유전부호를 해독할 수 있다. 그러나 염기의 종류가 많아질수록 경우의 수가 복잡하게 나타나서 코돈을 판별하기 어렵기 때문에 64종류의 유전부호를 모두 해독할 수 없다.

❺ 니런버그와 그의 동료들은 이 실험의 한계를 극복하기 위해 3개의 뉴클레오타이드로 구성된 작은 mRNA를 합성한 후 리보솜과 tRNA 등이 들어 있는 단백질 합성계에 넣고 어떤 아미노산과 결합한 tRNA가 mRNA와 결합하는지를 분석하여 30여 종류의 유전부호를 해독하였다. 이후 RNA 합성 기술이 발달함에 따라 다양한 염기 서열을 가진 mRNA로부터 합성되는 폴리펩타이드를 분석함으로써 64종류의 유전부호를 모두 해독할 수 있게 되었다.

니런버그(Nirenberg, M. W., 1927~2010)
미국의 생화학자이다. 유전부호 해독에 대한 연구 업적으로 1968년 노벨 생리학·의학상을 수상하였다.

단백질 합성계
단백질 합성계에는 단백질 합성에 필요한 각종 효소와 리보솜, ATP, 20종류의 아미노산, tRNA 등이 들어 있다. 여기에 mRNA를 넣으면 폴리펩타이드가 합성된다.

4 번역

집중 분석 58쪽

mRNA로 전사된 유전 정보는 리보솜에서 아미노산들을 연결하여 단백질을 합성하는 데 이용된다. 즉, mRNA는 번역 과정을 거쳐 단백질을 합성하고, 이 단백질이 특정 기능을 수행함으로써 유전 형질이 발현된다.

1. 번역

번역은 DNA에서 mRNA로 전달된 유전 정보에 따라 단백질이 합성되는 과정이다. mRNA가 리보솜과 결합하면 mRNA의 유전 정보에 따라 tRNA가 운반해 온 아미노산이 차례대로 펩타이드 결합으로 연결되어 단백질이 합성된다.

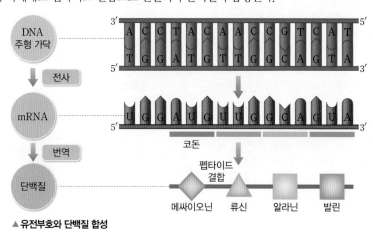

▲ 유전부호와 단백질 합성

2. 단백질 합성 기구

단백질을 합성하기 위해서는 mRNA뿐만 아니라 tRNA, 리보솜 등이 있어야 한다.

(1) **tRNA**: 세포질에 있는 비교적 길이가 짧은 RNA로, mRNA의 각 코돈이 지정하는 아미노산을 리보솜으로 운반하는 역할을 한다.

① 구조: tRNA는 단일 가닥이지만, 일부분이 꼬이고 접혀서 다른 부분과 염기 간 수소 결합을 하여 입체 구조를 형성하고 있다. 접힌 부분의 끝에 고리 모양으로 된 부분에는 3개의 염기로 이루어진 안티코돈이 있는데, 안티코돈은 mRNA의 특정 코돈을 인식하여 이에 상보적으로 결합한다. tRNA의 다른 쪽 끝에는 3' 말단이 삐져나와 있는데, 이곳은 안티코돈에 대응하는 특정 아미노산이 결합하는 자리이다.

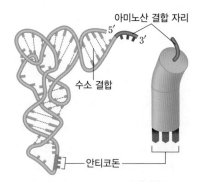

▲ tRNA의 입체 구조(왼쪽)와 모형(오른쪽)

② 특징: tRNA마다 특정 안티코돈을 가지고 있으며, 안티코돈의 종류에 따라 결합할 수 있는 아미노산의 종류가 달라진다. 따라서 특정 tRNA는 특정 아미노산만을 선택하여 결합하고, 단백질 합성에 필요한 20종류의 아미노산은 각각 다른 tRNA에 의해 리보솜으로 운반된다.

---

tRNA의 역할

번역이 일어날 때 mRNA는 리보솜과 결합하지만, 리보솜 자체는 mRNA의 코돈을 인식할 수 없고, 아미노산 자체도 mRNA의 코돈을 인식할 수 없다. 이때 mRNA의 코돈을 단백질의 아미노산 정보로 번역하여 아미노산을 적절한 코돈과 연결하는 역할을 하는 것이 바로 tRNA이다. 따라서 tRNA는 mRNA의 코돈을 인식하는 기능과 그 코돈이 지정하는 아미노산을 선택하여 연결하는 기능을 한다.

tRNA의 종류

아미노산을 암호화하는 코돈은 61종류이므로, 이론적으로는 아미노산을 운반하는 tRNA도 61종류가 있어야 할 것이다. 그러나 코돈의 세 번째 염기는 안티코돈과 약하게 짝을 이루기 때문에 유연하게 결합한다. 이 때문에 tRNA의 종류는 코돈의 종류보다 적지만, 61종류의 코돈과 모두 짝을 이루고 아미노산을 운반할 수 있다.

(2) **리보솜**: 단백질이 합성되는 장소이다. rRNA와 여러 종류의 단백질로 구성되며, 소단위체와 대단위체의 2개 단위체로 되어 있다. 이 두 단위체는 분리되어 있다가 번역을 시작할 때 mRNA와 결합하여 완전한 리보솜을 형성한다.

① 대단위체: tRNA가 결합하는 세 자리(A 자리, P 자리, E 자리)가 있다.

· A 자리(aminoacyl site): 새로 추가되는 아미노산을 운반해 온 tRNA가 결합하는 자리이다.

· P 자리(peptidyl site): 신장되는 폴리펩타이드가 붙어 있는 tRNA가 결합하는 자리이다.

· E 자리(exit site): tRNA가 리보솜을 빠져나가기 전에 잠시 머무는 자리이다.

② 소단위체: mRNA가 결합하는 자리가 있다.

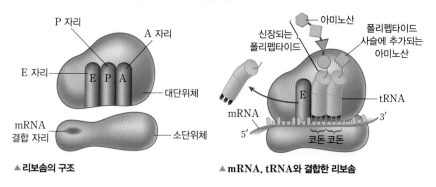

▲ 리보솜의 구조   ▲ mRNA, tRNA와 결합한 리보솜

(3) **기타**

① 아미노산을 tRNA에 붙여 주는 효소: tRNA와 특정 아미노산은 세포질에 있는 효소(아미노아실 tRNA 합성 효소)의 작용에 의해 결합하며, 이때 에너지원으로 ATP가 사용된다. 특정 아미노산과 결합한 tRNA는 효소에서 떨어져 나와 리보솜으로 아미노산을 운반한다.

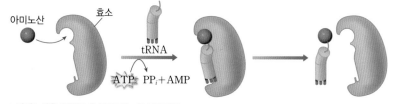

▲ 아미노산을 tRNA에 붙여 주는 효소의 작용

② mRNA의 번역틀: mRNA의 유전 정보가 번역될 때에는 개시 코돈부터 종결 코돈 이전까지 염기가 중복되거나 누락되지 않고 차례대로 3개씩 번역된다. 즉, mRNA의 코돈 사이에는 공백이 없다.

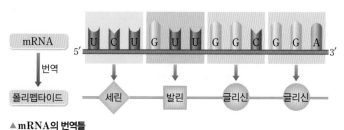

▲ mRNA의 번역틀

번역틀 확인 실험

mRNA 염기 서열의 특정 위치에 염기 1개 또는 2개를 추가할 경우 아미노산 서열이 완전히 달라진다. 하지만 염기 3개를 추가할 경우에는 아미노산 1개가 추가된 것 외에 나머지 아미노산 서열은 원래의 서열과 같다.

	5′				3′
mRNA	GAC	GAC	GAC	GAC	GAC
	Asp	Asp	Asp	Asp	Asp
염기 1개 추가	GAC	GGA	CGA	CGA	CGA
	Asp	Gly	Arg	Arg	Arg
염기 2개 추가	GAC	UGG	ACG	ACG	ACG
	Asp	Trp	Thr	Thr	Thr
염기 3개 추가	GAC	UUG	GAC	GAC	GAC
	Asp	Leu	Asp	Asp	Asp

추가된 염기 ▨ 변경된 코돈

Asp: 아스파트산   Gly: 글리신
Arg: 아르지닌   Trp: 트립토판
Thr: 트레오닌   Leu: 류신

3. 번역 – 단백질 합성 과정 (심화) 60쪽

번역 과정은 개시, 신장, 종결의 세 단계로 진행된다.

(1) 개시

① mRNA와 리보솜 소단위체의 결합: DNA로부터 전사된 mRNA가 핵공을 통해 세포질로 빠져나와 리보솜 소단위체와 결합하면서 단백질 합성이 시작된다.

② 개시 tRNA의 결합: 리보솜 소단위체가 mRNA를 지나가다가 개시 코돈(5′-AUG-3′)에 도달하면 메싸이오닌(Met)과 결합한 개시 tRNA가 mRNA의 개시 코돈과 상보적으로 결합한다.

③ 리보솜 대단위체의 결합: 리보솜 대단위체가 소단위체와 결합하여 번역 개시 복합체가 완성되고, 번역이 본격적으로 시작된다. 이때 개시 tRNA는 리보솜 대단위체의 P 자리에 위치한다.

> **개시 tRNA**
> 개시 코돈과 결합하는 tRNA이다.

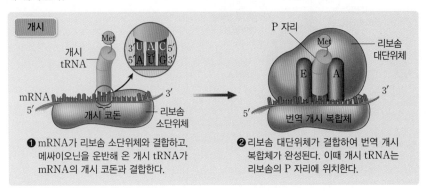

❶ mRNA가 리보솜 소단위체와 결합하고, 메싸이오닌을 운반해 온 개시 tRNA가 mRNA의 개시 코돈과 결합한다.

❷ 리보솜 대단위체가 결합하여 번역 개시 복합체가 완성된다. 이때 개시 tRNA는 리보솜의 P 자리에 위치한다.

(2) 신장

① 새로운 아미노산 운반: mRNA의 두 번째 코돈과 상보적으로 결합할 수 있는 안티코돈을 가진 tRNA가 아미노산과 결합한 상태로 리보솜 대단위체의 A 자리로 들어와 코돈과 상보적으로 결합한다.

② 펩타이드 결합: 개시 tRNA가 운반해 온 메싸이오닌과 두 번째 tRNA가 운반해 온 아미노산 사이에 펩타이드 결합이 일어난다.

③ 리보솜의 이동: 개시 tRNA가 메싸이오닌과 분리되고 리보솜은 mRNA를 따라 하나의 코돈(염기 3개)만큼 이동한다. 이때 리보솜이 mRNA의 5′ → 3′ 방향으로 이동하므로 번역은 5′ → 3′ 방향으로 일어난다. 리보솜이 이동함에 따라 P 자리에 있던 tRNA는 E 자리를 거친 후 리보솜을 빠져나가고, A 자리에 있던 tRNA는 P 자리에 위치하게 되어 A 자리가 비게 된다.

④ 폴리펩타이드 사슬의 신장: 비어 있는 A 자리에 세 번째 tRNA가 아미노산과 결합한 상태로 들어와 mRNA의 코돈과 상보적으로 결합하고, 두 번째 아미노산과 세 번째 아미노산 사이에 펩타이드 결합이 일어나면서 또 다시 리보솜이 하나의 코돈만큼 이동한다. P 자리에 있던 두 번째 tRNA는 E 자리를 거친 후 리보솜을 빠져나가고, 새로운 tRNA가 아미노산을 운반해 와 펩타이드 결합이 일어나는 과정이 반복되면서 폴리펩타이드 사슬의 길이가 점차 길어진다. 폴리펩타이드 사슬의 신장은 리보솜의 A 자리에 종결 코돈이 나타날 때까지 계속된다.

> **펩타이드 결합**
> 한 아미노산의 카복실기와 다른 아미노산의 아미노기 사이에서 물 1분자가 빠져나오면서 일어나는 공유 결합이다. 펩타이드 결합은 리보솜을 구성하고 있는 rRNA에 의해 촉매된다.

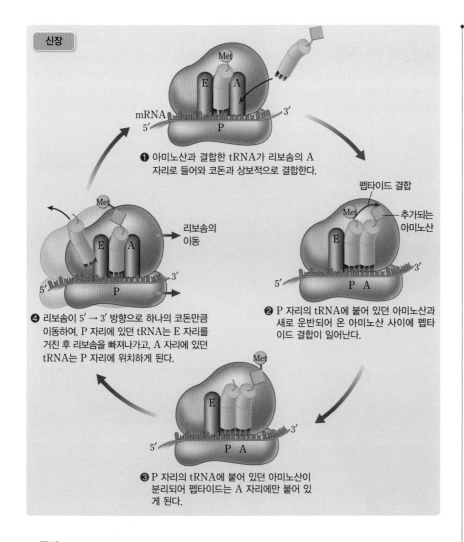

신장

① 아미노산과 결합한 tRNA가 리보솜의 A 자리로 들어와 코돈과 상보적으로 결합한다.

② P 자리의 tRNA에 붙어 있던 아미노산과 새로 운반되어 온 아미노산 사이에 펩타이드 결합이 일어난다.

③ P 자리의 tRNA에 붙어 있던 아미노산이 분리되어 펩타이드는 A 자리에만 붙어 있게 된다.

④ 리보솜이 5′ → 3′ 방향으로 하나의 코돈만큼 이동하여, P 자리에 있던 tRNA는 E 자리를 거친 후 리보솜을 빠져나가고, A 자리에 있던 tRNA는 P 자리에 위치하게 된다.

(3) 종결

① 폴리펩타이드 사슬의 신장 중지: 리보솜의 A 자리에 종결 코돈이 나타나면 종결 코돈과 상보적으로 결합할 수 있는 안티코돈을 가진 tRNA가 없으므로, 폴리펩타이드 사슬의 신장이 중지된다. 종결 코돈에는 UAA, UAG, UGA의 세 종류가 있다.

② mRNA와 리보솜의 분리: 번역이 끝나면 합성된 폴리펩타이드가 리보솜에서 떨어져 나가고, 리보솜 대단위체와 소단위체, mRNA, tRNA 등이 분리된다.

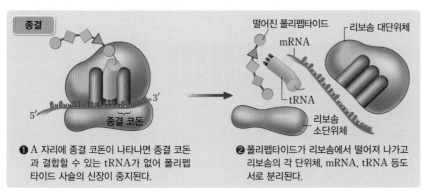

종결

① A 자리에 종결 코돈이 나타나면 종결 코돈과 결합할 수 있는 tRNA가 없어 폴리펩타이드 사슬의 신장이 중지된다.

② 폴리펩타이드가 리보솜에서 떨어져 나가고 리보솜의 각 단위체, mRNA, tRNA 등도 서로 분리된다.

번역의 구체적인 종결 과정

① 리보솜이 mRNA의 종결 코돈에 도달하면 리보솜의 A 자리에는 tRNA 대신 tRNA와 구조가 비슷한 방출 인자라고 하는 단백질이 와서 결합한다.

② 방출 인자는 폴리펩타이드 사슬에 아미노산 대신 물 분자를 첨가하여 P 자리에 있는 tRNA와 폴리펩타이드의 마지막 아미노산 사이의 결합을 가수 분해한다. 그 결과 폴리펩타이드가 리보솜에서 떨어져 나간다.

③ 리보솜의 대단위체와 소단위체, mRNA, tRNA, 방출 인자가 분리된다.

집중
분석

유전자 발현의 전 과정

DNA의 유전 정보가 mRNA로 전사된 후 아미노산 서열로 번역되어 단백질이 합성되는 과정은 유전자 발현의 핵심 내용이므로, 시험에 항상 출제된다. 따라서 전사 과정과 번역 과정을 그 방향과 함께 잘 알아 두어야 한다.

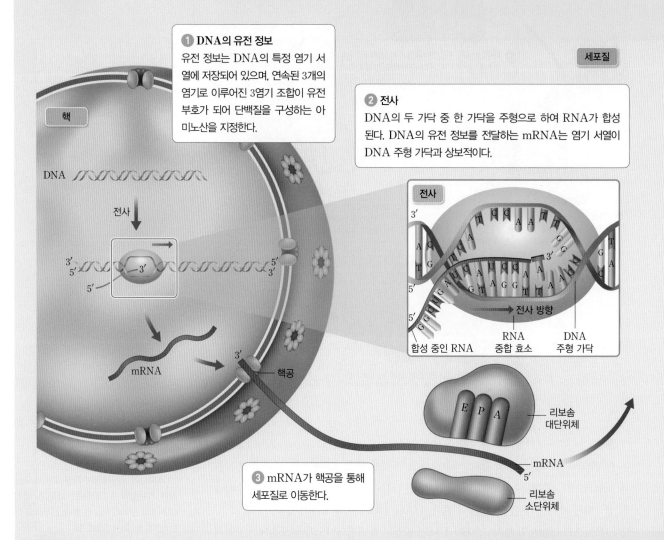

① DNA의 유전 정보
유전 정보는 DNA의 특정 염기 서열에 저장되어 있으며, 연속된 3개의 염기로 이루어진 3염기 조합이 유전 부호가 되어 단백질을 구성하는 아미노산을 지정한다.

세포질

② 전사
DNA의 두 가닥 중 한 가닥을 주형으로 하여 RNA가 합성된다. DNA의 유전 정보를 전달하는 mRNA는 염기 서열이 DNA 주형 가닥과 상보적이다.

핵

전사

DNA

mRNA

핵공

전사

전사 방향

합성 중인 RNA RNA 중합 효소 DNA 주형 가닥

리보솜 대단위체

mRNA

리보솜 소단위체

③ mRNA가 핵공을 통해 세포질로 이동한다.

E P A

그림은 어떤 DNA 이중 가닥의 염기 서열을 나타낸 것이다.

DNA 가닥 I ······ 3' A C C T A C A A C C G T C A T 5'
DNA 가닥 II ····· 5' T G G A T G T T G G C A G T A 3'

가닥 I을 주형으로 하여 전사되는 mRNA의 염기 서열과 방향을 쓰시오.

해설 전사는 DNA 주형 가닥과 상보적인 염기를 가진 리보뉴클레오타이드가 차례대로 결합하여 일어난다. 전사된 mRNA의 방향은 주형 가닥과 반대이고, 주형 가닥의 염기 A에 T 대신 U이 결합한다.

정답 5'-UGGAUGUUGGCAGUA-3'

④ 번역

- 개시: mRNA가 리보솜 소단위체와 결합하고, 개시 tRNA가 mRNA의 개시 코돈과 결합한 후 리보솜 대단위체가 결합한다. 이때 개시 tRNA는 리보솜의 P 자리에 위치한다.
- 신장: 코돈이 지정하는 아미노산과 결합한 tRNA가 A 자리로 들어오면 P 자리의 아미노산과 A 자리의 아미노산이 펩타이드 결합으로 연결된다. → 리보솜이 하나의 코돈만큼 이동하면 P 자리의 tRNA는 E 자리를 거쳐 리보솜을 떠나고, A 자리의 tRNA는 P 자리에 위치하게 된다. → 비어 있는 A 자리에 새로운 tRNA가 들어와 이 과정이 반복되면서 폴리펩타이드 사슬이 길어진다.
- 종결: 리보솜의 A 자리에 종결 코돈이 나타나면 폴리펩타이드의 합성이 종결되고, 합성된 폴리펩타이드, 리보솜 대단위체와 소단위체, mRNA, tRNA가 모두 분리된다.

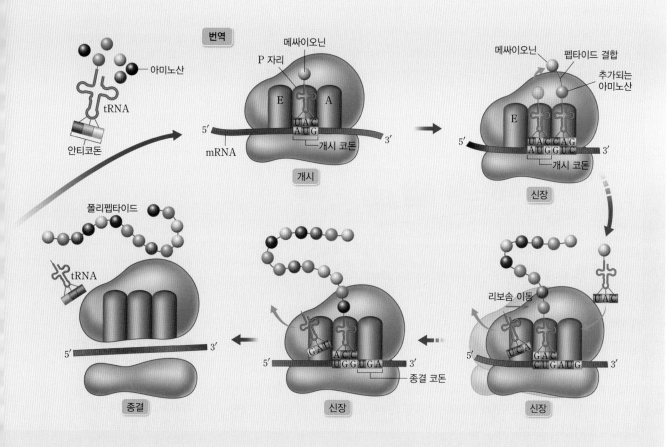

▶ 정답과 해설 51쪽

유제

그림은 단백질 합성 과정의 일부를 나타낸 것이다.
이에 대한 설명으로 옳은 것을 모두 고르면? (정답 2개)

① ㉠~㉢은 모두 RNA이다.

② ㉠은 ㉡보다 먼저 리보솜에 결합하였다.

③ ㉠은 리보솜의 E 자리, ㉡은 P 자리에 있다.

④ (가)는 3′ 말단이고, (나)는 5′ 말단이다.

⑤ ⓑ는 ⓐ보다 나중에 폴리펩타이드 사슬에 결합하였다.

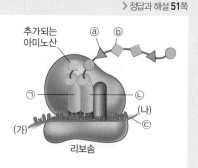

심화

진핵세포와 원핵세포의 번역

진핵세포의 경우 전사는 핵 속에서, 번역은 세포질에서 일어난다. 이와 달리 원핵세포는 전사와 번역이 모두 세포질에서 일어나며, 전사가 일어나면서 번역이 동시에 진행된다. 이 때문에 진핵세포와 원핵세포에서 번역이 일어날 때 유사한 점과 함께 차이점이 나타난다. 진핵세포와 원핵세포에서 번역이 일어나는 모습에 대해 알아보자.

❶ 진핵세포에서의 폴리솜 형성

DNA의 유전 정보에 따른 형질 발현은 단백질을 통해 이루어진다. 따라서 형질이 제대로 발현되기 위해서는 적절한 시기에 적절한 양의 단백질이 합성되어야 한다.

번역이 일어날 때 리보솜이 mRNA를 따라 이동하여 개시 코돈이 드러나면 새로운 리보솜이 mRNA에 결합할 수 있다. 따라서 하나의 mRNA에 여러 개의 리보솜이 결합하여 동시에 똑같은 폴리펩타이드를 여러 개 만들어 세포가 필요로 하는 양만큼의 단백질을 합성할 수 있다. 이처럼 하나의 mRNA에 여러 개의 리보솜이 결합된 상태를 폴리솜 또는 폴리리보솜이라고 한다.

유전자 발현과 형질 발현
유전자 발현은 유전 정보에 따라 단백질이나 RNA가 합성되는 것이고, 형질 발현은 유전자에 의해 결정되는 형질이 표현형으로 나타나는 것이다.

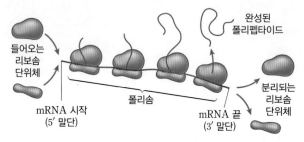

▲ **폴리솜** 하나의 mRNA에 여러 개의 리보솜이 결합되어 있는 상태이다.

❷ 원핵세포에서 전사와 번역의 연결

세균과 같은 원핵세포에서는 전사된 mRNA의 5′ 말단이 DNA 주형 가닥으로부터 떨어져 나오는 순간부터 번역이 시작된다. 리보솜은 mRNA의 5′ 말단에 결합하여 전사가 일어나고 있는 쪽으로 이동하면서 폴리펩타이드를 합성한다. 따라서 RNA 중합 효소에서 가장 가까운 리보솜이 가장 먼저 mRNA에 결합하여 번역을 진행해 온 것이므로, 이 리보솜에 붙어 있는 폴리펩타이드의 길이가 가장 길다.

특정 기능을 하는 단백질의 완성
리보솜에서 합성된 폴리펩타이드는 소포체를 거쳐 골지체로 운반된다. 단백질이 특정 기능을 하기 위해서는 고유한 입체 구조를 가져야 하는데, 폴리펩타이드는 소포체와 골지체를 거치면서 고유한 입체 구조가 되도록 접히고 당이나 지질이 결합하는 등 가공 및 변형 과정을 거쳐 특정 기능을 하는 단백질이 된다. 이 단백질이 세포를 구성하거나 효소, 호르몬, 항체 등으로 작용함으로써 형질이 발현된다.

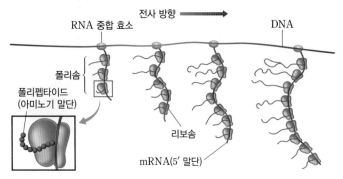

▲ 세균에서 전사와 번역이 동시에 일어나는 모습

① 유전자와 단백질

유전자와 단백질의 관계에 대한 가설   유전자는 단백질 합성에 필요한 정보를 저장하고 있다.

1유전자 1(**①**)설	1유전자 1단백질설	1유전자 1폴리펩타이드설
하나의 유전자는 하나의 효소를 합성하게 한다.	하나의 유전자는 하나의 단백질을 합성하게 한다.	하나의 유전자는 하나의 폴리펩타이드를 합성하게 한다.

② 유전 정보의 흐름

중심 원리   DNA의 유전 정보는 RNA로 전달되고, RNA의 유전 정보가 단백질 합성에 이용된다.
- (**②**   ): DNA의 유전 정보에 따라 RNA가 합성되는 과정
- (**③**   ): RNA의 유전 정보에 따라 단백질이 합성되는 과정

③ 전사

1. 전사 과정
- 개시: RNA 중합 효소가 DNA의 (**④**   )에 결합하여 DNA 이중 나선이 풀린다.
- 신장: DNA의 두 가닥 중 한 가닥만을 주형으로 하여 주형 가닥과 상보적인 염기를 가진 리보뉴클레오타이드가 차례대로 결합하여 RNA가 합성된다. RNA 합성은 (**⑤**   ) 방향으로 일어나며, RNA에는 타이민(T) 대신 유라실(U)이 있다.
- 종결: 전사가 끝나면 RNA 중합 효소와 합성된 RNA가 방출된다.

2. 유전부호
- (**⑥**   ): 연속된 3개의 염기로 이루어진 DNA의 유전부호
- (**⑦**   ): 연속된 3개의 염기로 이루어진 mRNA의 유전부호로, 64종류가 있다.

④ 번역

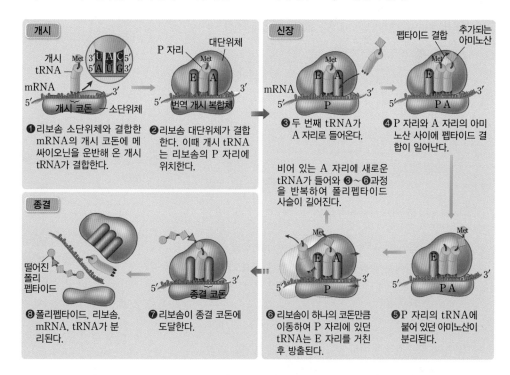

개시

개시 tRNA
mRNA
개시 코돈 소단위체

❶리보솜 소단위체와 결합한 mRNA의 개시 코돈에 메싸이오닌을 운반해 온 개시 tRNA가 결합한다.

P 자리   대단위체
번역 개시 복합체

❷리보솜 대단위체가 결합한다. 이때 개시 tRNA는 리보솜의 P 자리에 위치한다.

신장

mRNA

❸두 번째 tRNA가 A 자리로 들어온다.

펩타이드 결합   추가되는 아미노산

❹P 자리와 A 자리의 아미노산 사이에 펩타이드 결합이 일어난다.

비어 있는 A 자리에 새로운 tRNA가 들어와 ❸~❻과정을 반복하여 폴리펩타이드 사슬이 길어진다.

❺P 자리의 tRNA에 붙어 있던 아미노산이 분리된다.

❻리보솜이 하나의 코돈만큼 이동하여 P 자리에 있던 tRNA는 E 자리를 거친 후 방출된다.

종결

떨어진 폴리펩타이드

❽폴리펩타이드, 리보솜, mRNA, tRNA가 분리된다.

종결 코돈

❼리보솜이 종결 코돈에 도달한다.

01 그림은 붉은빵곰팡이에서 아르지닌 합성에 관여하는 효소와 유전자의 관계를 나타낸 것이다. (단, 전구 물질은 최소 배지에 포함된 물질이다.)

(1) 이와 관련 깊은 학설은 무엇인지 쓰시오.

(2) 유전자 b에 돌연변이가 일어나 정상 기능을 하는 효소 B를 합성하지 못할 경우 붉은빵곰팡이에 축적되는 물질은 무엇인지 쓰시오.

02 야생형 붉은빵곰팡이의 포자에 X선을 쪼여 아르지닌을 필요로 하는 영양 요구주 Ⅰ형～Ⅲ형을 얻었다. 표는 최소 배지에 물질 ㉠～㉢을 첨가했을 때 각 영양 요구주의 생장 여부를 나타낸 것이다. ㉠～㉢ 중 하나는 아르지닌이다.

구분		최소 배지	최소 배지 + ㉠	최소 배지 + ㉡	최소 배지 + ㉢
야생형		○	○	○	○
영양 요구주	Ⅰ형	×	×	○	○
	Ⅱ형	×	×	○	×
	Ⅲ형	×	○	○	○

(○: 생장함, ×: 생장 못함)

(1) ㉠～㉢ 중 아르지닌은 무엇인지 쓰시오.

(2) 야생형에서 최소 배지의 전구 물질로부터 물질 ㉠～㉢이 전환되는 과정을 순서대로 기호로 쓰시오.

전구 물질 → (   ) → (   ) → (   )

(3) 영양 요구주 Ⅱ형에서 일어나지 않는 물질 전환 과정을 기호를 이용하여 간단히 설명하시오.

03 그림은 생물의 유전 정보가 발현되는 과정을 나타낸 것이다.

(1) ㉠～㉢ 과정을 각각 무엇이라고 하는지 쓰시오.

(2) 진핵세포에서 ㉠～㉢ 과정이 일어나는 세포 소기관을 각각 쓰시오.

04 그림은 이중 나선을 이루고 있는 DNA에서 한 가닥의 염기 서열 일부를 나타낸 것이다.

DNA 5′ [A T C C T A G A T] 3′

(1) 이 DNA 가닥과 이중 나선을 이루고 있는 다른 가닥의 염기 서열과 방향을 쓰시오.

(2) 이 DNA 가닥과 이중 나선을 이루고 있는 다른 가닥을 주형으로 하여 전사된 RNA의 염기 서열과 방향을 쓰시오.

05 그림은 동물 세포에서 전사가 일어나는 모습을 나타낸 것이다.

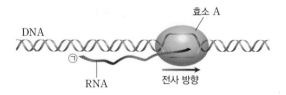

(1) 효소 A는 무엇인지 쓰시오.

(2) 합성 중인 RNA에서 ㉠은 (3′, 5′) 말단이다.

(3) 위와 같은 과정이 일어나는 세포 소기관을 쓰시오.

06 다음은 유전 정보의 전달과 발현에 대한 설명이다. 빈칸에 알맞은 말을 쓰시오.

> mRNA에서 연속된 3개의 염기로 된 유전부호를
> (㉠)이라고 하며, 총 (㉡)종류가 있다. 그중에
> 서 AUG는 단백질 합성을 시작하도록 하는 (㉢)
> 이며, UAA, UAG, UGA는 지정하는 아미노산이
> 없어 단백질 합성이 끝나도록 하는 (㉣)이다.

07 그림은 단백질 합성에 관여하는 3종류의 RNA A~C를 나타낸 것이다.

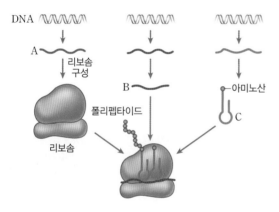

(1) A~C는 각각 어떤 종류의 RNA인지 쓰시오.

(2) A~C 중 코돈이 있는 것과 안티코돈이 있는 것을 순서대로 각각 쓰시오.

08 그림은 tRNA의 구조를 나타낸 것이다.

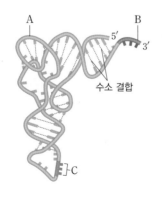

(1) A~C 중 아미노산이 결합하는 자리를 쓰시오.

(2) A~C 중 mRNA의 코돈과 상보적으로 결합하는 자리를 쓰시오.

09 그림은 단백질 합성 과정의 일부를 나타낸 것이다.

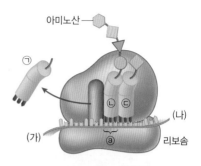

(1) ㉠은 무엇인지 쓰시오.

(2) 리보솜에서 ㉡과 ㉢이 위치한 자리는 각각 무엇인지 쓰시오.

(3) 유전부호 ⓐ를 무엇이라고 하는지 쓰시오.

(4) 번역이 진행되는 방향을 (가), (나) 및 화살표를 사용하여 나타내시오.

10 다음은 단백질 합성 과정의 일부를 순서 없이 나타낸 것이다.

> (가) 리보솜이 (㉠)개 코돈만큼 이동한다.
> (나) 리보솜 (㉡)단위체와 mRNA가 결합한다.
> (다) 리보솜이 소단위체와 대단위체로 분리된다.
> (라) 첫 번째와 두 번째 아미노산 사이에 (㉢) 결합
> 이 형성된다.
> (마) 아미노산과 결합한 개시 tRNA가 리보솜의
> (㉣) 자리에 위치한다.
> (바) 리보솜의 (㉤) 자리에 mRNA의 종결 코돈이
> 나타난다.
> (사) 리보솜의 (㉥) 자리에 아미노산과 결합한 두
> 번째 tRNA가 들어온다.

(1) 빈칸에 알맞은 말을 쓰시오.

(2) (가)~(사)를 단백질 합성 과정 순서대로 나열하시오.

01 > 1유전자 1효소설

그림은 어떤 생물의 유전자와 효소 및 최소 배지의 전구 물질로부터 ⓒ이 합성되는 과정을, 표는 ⓒ을 필요로 하는 이 생물의 영양 요구주 Ⅰ형~Ⅲ형에서 손상된 유전자를 나타낸 것이다.

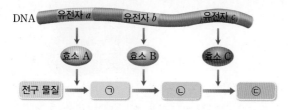

영양 요구주	손상된 유전자
Ⅰ형	a
Ⅱ형	b
Ⅲ형	c

이에 대한 설명으로 옳은 것만을 〈보기〉에서 있는 대로 고른 것은?

보기
ㄱ. Ⅰ형은 최소 배지에 ⓒ을 첨가하면 생장할 수 있다.
ㄴ. Ⅱ형은 최소 배지에 ㉠을 첨가하면 ⓒ을 합성할 수 있다.
ㄷ. c는 ⓒ의 아미노산 배열 순서를 결정하는 유전자이다.

① ㄱ   ② ㄱ, ㄴ   ③ ㄱ, ㄷ   ④ ㄴ, ㄷ   ⑤ ㄱ, ㄴ, ㄷ

• 유전자 a가 손상되면 효소 A는 합성되지 않지만, 유전자 b와 c가 정상이면 효소 B와 C는 정상적으로 합성된다.

02 > 붉은빵곰팡이의 영양 요구주 실험

그림은 붉은빵곰팡이에서 아르지닌의 합성 과정을, 표는 최소 배지에 물질 ㉠~ⓒ의 첨가 여부에 따른 붉은빵곰팡이의 야생형과 영양 요구주 Ⅰ형~Ⅲ형의 생장 여부를 나타낸 것이다. ㉠~ⓒ은 각각 오르니틴, 시트룰린, 아르지닌 중 하나이다.

구분	야생형	Ⅰ형	Ⅱ형	Ⅲ형
최소 배지	○	×	×	×
최소 배지+㉠	○	○	○	×
최소 배지+ⓒ	○	○	○	○
최소 배지+ⓒ	○	×	○	×

(○: 생장함, ×: 생장 못함)

이에 대한 설명으로 옳은 것만을 〈보기〉에서 있는 대로 고른 것은?

보기
ㄱ. ㉠은 아르지닌이다.   ㄴ. Ⅰ형은 효소 B를 합성할 수 있다.
ㄷ. Ⅲ형에는 시트룰린을 기질로 하는 효소가 없다.

① ㄱ   ② ㄴ   ③ ㄷ   ④ ㄱ, ㄷ   ⑤ ㄴ, ㄷ

• 유전자 a에 돌연변이가 일어나 효소 A를 합성하지 못하는 영양 요구주는 전구 물질을 오르니틴으로 전환하지 못하므로, 최소 배지에 오르니틴, 시트룰린, 아르지닌 중 한 가지를 첨가해야 생장할 수 있다.

03 ❯ 유전 정보의 전사

그림은 유전 정보의 전사 과정을 나타낸 것이다. (가)는 효소이다.

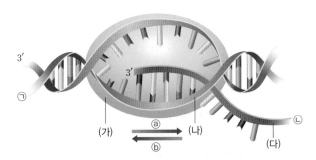

이에 대한 설명으로 옳은 것만을 〈보기〉에서 있는 대로 고른 것은?

┌─ 보기 ───┐
ㄱ. ㉠과 ㉡은 각각 5′ 말단이다.

ㄴ. (가)가 ⓑ 방향으로 이동하면서 전사가 일어난다.

ㄷ. (다)에서 염기 U의 비율은 (나)의 전사된 범위 내에서 염기 T의 비율과 같다.
└──┘

① ㄱ   ② ㄷ   ③ ㄱ, ㄴ   ④ ㄴ, ㄷ   ⑤ ㄱ, ㄴ, ㄷ

> 전사는 DNA의 두 가닥 중 한 가닥을 주형으로 하여 RNA가 합성되는 과정으로, 5′ → 3′ 방향으로 일어난다.

04 ❯ 유전 정보의 전달

표는 이중 나선을 이루는 DNA의 두 가닥 Ⅰ, Ⅱ와 이 DNA의 한 가닥으로부터 정상적으로 전사된 RNA를 구성하는 염기의 조성 비율을 나타낸 것이다.

구분	염기 조성 비율(%)					
	A	G	C	T	U	계
가닥 Ⅰ	30	?	15	?	0	100
가닥 Ⅱ	25	㉠	㉡	30	0	100
RNA	?	?	?	0	25	100

이에 대한 설명으로 옳은 것만을 〈보기〉에서 있는 대로 고른 것은? (단, 가닥 Ⅰ, Ⅱ와 RNA를 구성하는 염기의 수는 동일하며, 전사 과정에서 돌연변이는 일어나지 않았다.)

┌─ 보기 ───┐
ㄱ. ㉠은 ㉡의 2배이다.

ㄴ. RNA는 가닥 Ⅰ을 주형으로 하여 전사되었다.

ㄷ. RNA 가닥에서 퓨린 계열 염기가 피리미딘 계열 염기보다 많다.
└──┘

① ㄱ   ② ㄷ   ③ ㄱ, ㄴ   ④ ㄱ, ㄷ   ⑤ ㄴ, ㄷ

> RNA는 DNA 주형 가닥과 상보적인 염기 서열을 가지므로, RNA에서 염기 U의 비율은 DNA 주형 가닥에서 염기 A의 비율과 같다.

고난도

05 ▶유전 정보의 전사와 유전부호

그림은 어떤 유전자를 구성하는 DNA 염기 서열 일부(구간 X)와 이 유전자가 발현될 때 X 부분이 암호화하는 폴리펩타이드의 아미노산 서열을 나타낸 것이다. 화살표는 가닥 Ⅰ과 Ⅱ 중 주형 가닥이 전사되는 방향을 나타내고, ㉠~㉣은 번역 과정에서 순서대로 합성된 아미노산이다.

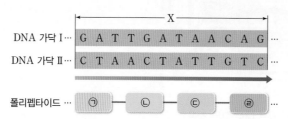

DNA 가닥 Ⅰ ··· G A T T G A T A A C A G ···

DNA 가닥 Ⅱ ··· C T A A C T A T T G T C ···

폴리펩타이드 ··· ㉠ ㉡ ㉢ ㉣ ···

이에 대한 설명으로 옳은 것만을 〈보기〉에서 있는 대로 고른 것은? (단, 종결 코돈은 UAA, UAG, UGA이다.)

보기
ㄱ. 전사 주형 가닥은 Ⅰ이다.
ㄴ. 아미노산 ㉡을 지정하는 코돈은 5′ - AUU - 3′이다.
ㄷ. 구간 X에서 전사된 mRNA에는 종결 코돈 UGA가 있다.

① ㄱ ② ㄴ ③ ㄷ ④ ㄱ, ㄴ ⑤ ㄱ, ㄴ, ㄷ

• 구간 X의 염기는 12쌍이고 전사된 후 4개의 아미노산으로 번역되었으므로, 구간 X에서 전사된 mRNA에는 아미노산을 지정하는 코돈이 4개 있다.

06 ▶RNA의 종류와 유전자 발현

그림은 진핵세포의 핵에 있는 유전자가 발현되는 과정을 나타낸 것이다. A~C는 각각 mRNA, tRNA, rRNA 중 하나이고, ㉠과 ㉡은 각각 번역과 전사 중 하나이다.

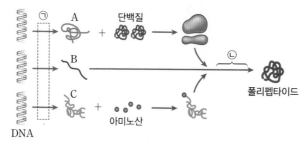

단백질

㉠ A

B ㉡

C 폴리펩타이드

아미노산

DNA

이에 대한 설명으로 옳은 것만을 〈보기〉에서 있는 대로 고른 것은?

보기
ㄱ. ㉠에는 RNA 중합 효소가 관여한다.
ㄴ. A는 ㉡ 과정에서 아미노산 서열을 결정한다.
ㄷ. B에는 코돈이, C에는 안티코돈이 있다.

① ㄱ ② ㄷ ③ ㄱ, ㄴ ④ ㄱ, ㄷ ⑤ ㄴ, ㄷ

• mRNA는 DNA의 유전 정보를 전달하고 tRNA는 아미노산을 운반하며, rRNA는 리보솜을 구성한다.

07 › 단백질 합성

그림은 핵에서 전사된 **mRNA**가 세포질에서 번역되는 과정을 나타낸 것이다.

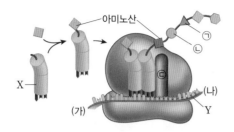

이에 대한 설명으로 옳지 <u>않은</u> 것은?

① X는 핵에서 합성된다.

② Y는 리보스를 갖는다.

③ 리보솜은 (나) → (가) 방향으로 3개의 코돈만큼씩 이동한다.

④ ㉠은 ㉡보다 먼저 폴리펩타이드 사슬에 결합하였다.

⑤ ㉢으로 들어오는 tRNA에는 아미노산이 결합되어 있지 않다.

리보솜에는 신장되는 폴리펩타이드 사슬이 붙어 있는 tRNA가 위치하는 P 자리, 폴리펩타이드 사슬에 새로 첨가될 아미노산을 운반해 온 tRNA가 위치하는 A 자리, tRNA가 리보솜을 빠져나가기 전에 잠시 머무는 E 자리가 있다.

08 › 유전부호의 해독

특정 아미노산을 암호화하는 코돈을 알아보기 위해 인공 합성된 **mRNA**를 번역하여 여러 종류의 펩타이드를 얻었다. 표는 이 실험에 이용된 **mRNA**의 염기 서열과 이 **mRNA**가 번역되어 합성된 세 종류의 펩타이드 (가)~(다)의 아미노산 서열을 나타낸 것이다.

mRNA		5′-GGGGGGUUAAAA-3′
펩타이드	(가)	글리신 – 글리신
	(나)	글리신 – 발린 – 라이신
	(다)	글리신 – 글리신 – 류신 – 라이신

이에 대한 설명으로 옳은 것만을 〈보기〉에서 있는 대로 고른 것은? (단, 개시 코돈은 고려하지 않으며, **UAA**는 종결 코돈이다.)

보기
ㄱ. (가)와 (다)에서 두 번째 글리신을 지정하는 코돈은 같다.
ㄴ. (나)에서 발린을 운반하는 tRNA의 안티코돈은 5′-UUA-3′이다.
ㄷ. (다)에서 류신을 지정하는 코돈의 첫 번째 염기는 U이다.

① ㄱ   ② ㄷ   ③ ㄱ, ㄴ   ④ ㄱ, ㄷ   ⑤ ㄴ, ㄷ

펩타이드 (가)는 mRNA의 두 번째 염기, (나)는 세 번째 염기, (다)는 첫 번째 염기부터 번역된 것이다.

09 > 유전자 발현

그림은 어떤 생물에서 일어나는 유전자 발현 과정의 일부를 나타낸 것이다. tRNA ㉠과 ㉡ 중 하나에는 아미노산이, 다른 하나에는 폴리펩타이드가 결합되어 있으나 이를 나타내지 않았고, (가)는 mRNA의 5′ 말단과 3′ 말단 중 하나이다.

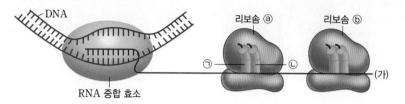

이에 대한 설명으로 옳은 것은?

① 이 생물은 진핵생물이다.

② (가)는 mRNA의 3′ 말단이다.

③ 리보솜 ⓐ는 ⓑ보다 먼저 mRNA와 결합하였다.

④ ㉠은 ㉡보다 연결되어 있는 아미노산의 수가 많다.

⑤ ㉠은 ㉡보다 먼저 리보솜에서 방출된다.

• 진핵세포의 경우 전사는 핵 속에서, 번역은 세포질에서 일어나지만, 원핵세포의 경우 전사와 번역이 세포질에서 거의 동시에 진행된다.

10 고난도 > 유전 정보의 전사와 번역

그림은 유전자 *x*의 DNA 염기 서열 일부와 유전자 *x*로부터 합성된 폴리펩타이드 X, 유전자 *x*의 염기 1개가 치환되어 합성된 폴리펩타이드 Y의 아미노산 서열 일부를, 표는 유전부호의 일부를 나타낸 것이다. 유전자 *x*는 46개의 아미노산으로 구성된 단백질을 암호화하고, ㉠, ㉡은 DNA의 염기 중 하나이다.

3염기 조합 번호	43	44	45	46	47
DNA 가닥 I 5′ …	AAT	GAG	TG㉠	GCT	TAA … 3′
DNA 가닥 II 3′ …	TTA	CTC	AC㉡	CGA	ATT … 5′

	43	44	45	46
폴리펩타이드 X	…아스파라진	글루탐산	시스테인	알라닌
폴리펩타이드 Y	…아스파라진	글루탐산		

코돈	AAU	GAG	UGC	GCU	UAA, UAG, UGA
아미노산	아스파라진	글루탐산	시스테인	알라닌	종결 코돈

이에 대한 설명으로 옳은 것만을 〈보기〉에서 있는 대로 고른 것은?

> 보기
> ㄱ. DNA 가닥 II에서 ㉡은 염기 G이다.
> ㄴ. DNA 가닥 I과 II에서 G+C의 비율은 같다.
> ㄷ. 폴리펩타이드 X와 Y를 각각 합성한 mRNA의 종결 코돈은 같다.

① ㄱ ② ㄷ ③ ㄱ, ㄴ ④ ㄱ, ㄷ ⑤ ㄱ, ㄴ, ㄷ

• 폴리펩타이드를 합성하는 데 사용된 주형 가닥은 DNA 가닥 II이다.

그림 (가)는 폴리펩타이드 W를 암호화하는 DNA 주형 가닥의 염기 서열 및 W의 아미노산 서열을, 표 (나)는 이 DNA에서 [   ] 부분에 이상이 생겨 합성되는 세 가지 폴리펩타이드를, 표 (다)는 유전부호의 일부를 나타낸 것이다.

(가) DNA   3′···T A C A T A T̲A̲T̲ A C C T A T T T T A T T···5′
                        ㉠㉡

폴리펩타이드 W   메싸이오닌 ▪ 타이로신 ▪ 아이소류신 ▪ ㉢ ▪ 아이소류신 ▪ 라이신

아미노산 번호   1   2   3   4   5   6

(나)

폴리펩타이드	유전자 이상
X	㉠과 ㉡ 사이에 염기 1개 삽입
Y	㉡ 치환(T → G)
Z	㉡ 결실

(다)

코돈	아미노산	코돈	아미노산
AUG	메싸이오닌	GGU, GGC, GGA, GGG	글리신
AAA, AAG	라이신		
AAU, AAC	아스파라진	UGG	트립토판
AUU, AUC, AUA	아이소류신	UAU, UAC	타이로신
GAU, GAC	아스파트산	UAA, UAG, UGA	종결 코돈

이에 대한 설명으로 옳지 않은 것은? (단, 제시된 돌연변이 이외의 핵산 염기 서열 변화는 고려하지 않는다.)

① 폴리펩타이드 W의 ㉢은 트립토판이다.

② 폴리펩타이드 X를 합성하는 데에는 6개의 tRNA가 필요하다.

③ 폴리펩타이드 Y의 3번 아미노산을 지정하는 코돈은 5′ – AUC – 3′이다.

④ 폴리펩타이드 W와 Z가 각각 합성될 때 사용된 종결 코돈은 같다.

⑤ 폴리펩타이드 W~Z 중 펩타이드 결합의 수가 가장 적은 것은 Z이다.

• DNA에 염기가 삽입되거나 결실되면 mRNA에서 코돈을 읽는 틀이 달라진다.

02 유전자 발현의 조절

학습 Point 젖당 오페론의 구조와 작동 원리 > 진핵생물의 유전자 발현 조절 > 세포 분화 과정에서의 유전자 발현 조절 > 혹스 유전자와 동물의 발생

 유전자 발현 조절의 중요성

생물은 적절한 시기에 특정 유전자가 발현되도록 조절함으로써 불필요한 물질을 합성하는 데 소모되는 에너지를 절약하고 정상적인 생명 활동을 할 수 있다.

세포의 기본적인 생명 활동에 필요한 유전자는 대부분의 세포에서 발현되지만, 발현되는 정도는 세포마다 다를 수 있다. 또, 어떤 유전자는 특정한 세포에서만 또는 특정한 시기에만 발현되어 세포가 분화하고 특정한 기능을 하도록 한다. 이러한 유전자 발현의 조절은 불필요한 물질을 합성하는 데 소모되는 에너지를 절약할 수 있을 뿐만 아니라 정상적인 생명 활동을 통해 생명을 유지하는 데에도 매우 중요하다.

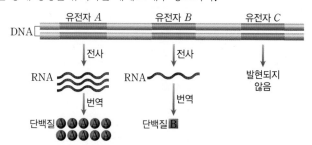

▲ **유전자의 발현** 유전자의 종류에 따라 발현 여부와 발현 수준이 다르다.

② 원핵생물의 유전자 발현 조절

원핵생물은 환경 변화에 빨리 적응해야 에너지와 자원을 절약할 수 있으므로, 물질대사에 필요한 효소가 동시에 합성되도록 전사가 조절된다.

1. 원핵생물에서 유전자 발현 조절의 특징

생물은 환경의 변화를 감지하고 에너지와 자원의 손실을 최소화하여 생존하고 적응한다. 원핵생물은 환경의 변화에 대해 이미 존재하고 있는 효소의 활성을 조절하여 물질대사를 조절함으로써 빠르게 반응할 수 있다. 예를 들어 여러 가지 효소가 관여하는 트립토판 합성 경로에서 트립토판이 충분할 경우, 이 경로에 관여하는 첫 번째 효소의 활성을 억제하여 더 이상 트립토판이 합성되지 않도록 한다. 이 경우 트립토판은 첫 번째 효소의 저해제 역할을 하며, 물질대사를 빠르게 조절할 수 있다.

원핵생물의 유전체
세균과 같은 원핵생물의 유전체는 세포질에 있으며, 유전자에 단백질을 암호화하지 않는 부위가 없으므로 전사와 번역이 거의 동시에 일어난다.

트립토판
단백질을 구성하는 아미노산의 한 종류로, 곁사슬에 비극성 고리 구조가 있다.

또, 원핵생물은 특정 효소를 암호화하는 유전자의 전사를 조절하여 효소의 합성량을 조절할 수 있다. 예를 들어 트립토판이 충분할 경우 트립토판 합성 경로에 관여하는 효소를 암호화하는 유전자가 RNA로 전사되지 못하게 함으로써 효소의 합성을 억제한다. 이 반응은 효소의 활성을 조절하는 것보다는 느리게 일어난다.

그런데 원핵생물에서 전사 조절의 특징은 물질대사의 각 반응 단계에서 작용하는 효소를 암호화하는 부위가 하나의 집단을 이루고 있어서 하나의 조절 부위에 의해 한꺼번에 조절된다는 점이다. 이러한 유전자 발현 조절 기작을 오페론 모델이라고 하는데, 이것은 동시에 필요한 여러 개의 전등을 하나의 스위치로 켜거나 끄는 것에 비유할 수 있다. 오페론은 원핵생물에서만 볼 수 있는 독특한 유전자 발현 조절 방식이다.

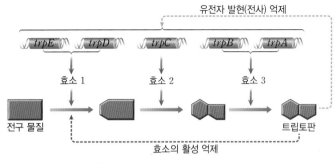

▲ 원핵생물에서 트립토판 합성 경로의 조절

2. 오페론

DNA에서 하나의 프로모터와 작동 부위 아래에 기능적으로 연관된 유전자들이 모여 있어서 하나의 단위로 전사가 조절되는 유전자 집단이다. 대장균과 같은 원핵생물은 서로 연관된 유전자들이 모여 오페론을 형성하고 있으며, 이를 통해 유전자 발현이 조절된다.

(1) 오페론의 구성 요소

① 프로모터: RNA 중합 효소가 결합하여 전사가 시작되는 DNA 부위이다.

② 작동 부위: 억제 단백질이 결합하는 DNA 부위로, 프로모터와 구조 유전자 사이에 있다. 작동 부위는 프로모터에 RNA 중합 효소가 결합하는 것을 조절하여 전사를 통제한다.

③ 구조 유전자: 단백질 합성에 대한 유전 정보를 저장하고 있는 DNA 부위로, mRNA로 전사된다. 구조 유전자는 하나의 물질대사 경로에 필요한 여러 가지 효소를 암호화하는 다수의 유전자로 구성된다.

(2) 조절 유전자: 오페론의 앞부분에 위치하며 억제 단백질을 암호화하는 DNA 부위이다.

억제 단백질은 오페론의 작동 부위에 결합하여 RNA 중합 효소가 프로모터에 결합하지 못하게 함으로써 구조 유전자의 전사를 억제한다. 조절 유전자는 항상 발현되므로 세균의 세포에는 억제 단백질이 일정한 수준으로 존재한다.

▲ 오페론의 구조

3. 젖당 오페론

대장균은 포도당이 있는 환경에서는 포도당을 이용하여 에너지를 얻지만, 포도당이 없고 젖당만 있는 환경에서는 젖당을 분해하여 에너지를 얻는다. 젖당이 없을 때에는 젖당 이용에 필요한 효소가 필요 없으므로, 젖당의 유무에 따라 젖당 이용에 필요한 효소의 유전자 발현이 조절된다.

오페론설

1961년 자코브(Jacob, F., 1920∼2013)와 모노(Monod, J., 1910∼1976)는 대장균이 일반적으로 포도당을 에너지원으로 하여 살아가지만, 포도당이 없고 젖당만 있는 환경에서는 젖당 분해 효소를 합성하여 젖당을 에너지원으로 이용하는 것을 발견하고, 대장균의 유전자 발현 조절을 설명하는 젖당 오페론설(*lac* operon)을 주장하였다.

조절 유전자와 억제 단백질

조절 유전자는 오페론에 속하지 않으며, 별도로 독자적인 프로모터가 있어서 mRNA를 느린 속도로 계속 전사한다. 그 결과 억제 단백질의 양은 세포당 약 10분자 수준으로 일정하게 유지된다.

젖당을 이용하기 위한 효소가 필요한 까닭

포도당은 단당류이므로, 대장균이 곧바로 흡수하여 에너지원으로 이용할 수 있다. 그러나 젖당은 포도당과 갈락토스로 이루어진 이당류이므로, 젖당을 세포 안으로 흡수하여 단당류로 분해하는 추가 단계가 필요하다. 따라서 이 과정에 필요한 효소가 합성되어야 젖당을 에너지원으로 이용할 수 있다.

(1) **젖당 오페론의 구조:** 대장균이 젖당을 흡수하여 에너지원으로 이용하기 위해서는 젖당을 포도당과 갈락토스로 가수 분해하는 젖당 분해 효소, 젖당을 세포 안으로 투과시키는 젖당 투과 효소, 그리고 아세틸기 전이 효소의 세 가지 효소가 필요하다. 젖당 오페론은 이들 효소를 각각 암호화하는 *lacZ*, *lacY*, *lacA*의 세 가지 유전자로 구성된 구조 유전자 및 이 구조 유전자의 발현을 조절하는 하나의 프로모터와 작동 부위로 구성된다.

(2) **젖당 오페론의 작동 원리**

① **젖당이 없을 때:** 조절 유전자에 의해 만들어진 억제 단백질이 작동 부위에 결합하여 RNA 중합 효소가 프로모터에 결합하는 것을 방해한다. 그 결과 구조 유전자로부터 mRNA의 전사가 일어나지 않아 젖당 이용에 필요한 효소가 합성되지 않는다.

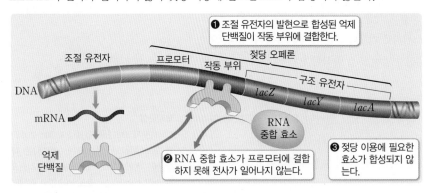

② **젖당이 있을 때:** 젖당 유도체가 억제 단백질에 결합하여 억제 단백질의 입체 구조를 변형시킴으로써 억제 단백질이 작동 부위에 결합하지 못하게 한다. 이에 따라 작동 부위가 비게 되므로, RNA 중합 효소가 프로모터에 결합하여 구조 유전자의 전사가 일어난다. 전사된 mRNA는 번역 과정을 거쳐 젖당 이용에 필요한 세 가지 효소를 모두 합성한다.

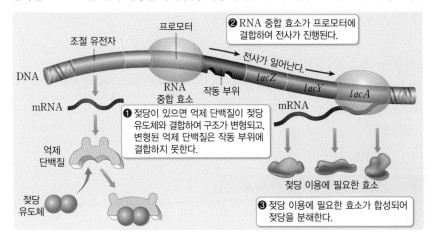

젖당 이용에 필요한 효소가 합성되어 젖당이 소모되면 배지의 젖당 농도가 점차 감소한다. 외부에서 젖당이 계속 공급되지 않으면 효소에 의해 세포 내의 젖당이 모두 분해되고, 이에 따라 젖당 유도체의 농도가 낮아지면 억제 단백질에 결합했던 젖당 유도체도 분해된다. 그 결과 자유롭게 된 억제 단백질이 작동 부위에 결합하여 구조 유전자의 전사를 중지시킨다. 즉, 배지의 젖당이 모두 소모되어 젖당 분해 효소가 더 이상 필요하지 않게 되면 젖당 오페론의 작동은 자동으로 멈춘다.

젖당 유도체

억제 단백질과 결합하는 젖당 유도체는 젖당의 이성질체인 알로락토스이다. 알로락토스는 젖당이 세포 안으로 들어올 때 소량 만들어지며, 젖당이 없으면 알로락토스도 만들어지지 않는다.

억제 단백질과 젖당 유도체의 결합

억제 단백질은 DNA의 작동 부위나 젖당 유도체 중 어느 하나에 결합할 수 있지만, 이들 두 가지에 동시에 결합할 수는 없다. 젖당의 농도가 높아지면 억제 단백질은 하나밖에 없는 작동 부위보다는 젖당 유도체와 결합할 확률이 높고, 그 결과 작동 부위가 비게 된다.

포도당과 젖당이 함께 있을 때 젖당 오페론의 작동

젖당 오페론은 젖당이 있다고 해서 항상 활발하게 작동하는 것은 아니다. 젖당 오페론에서 전사가 활발하게 일어나기 위해서는 몇 가지 인자가 RNA 중합 효소와 함께 프로모터에 결합해야 한다. 이 인자들은 포도당이 없을 때에만 프로모터에 결합하기 때문에 포도당이 있을 때에는 젖당이 있더라도 젖당 오페론의 전사가 매우 낮은 수준으로 일어난다. 따라서 포도당이 없고 젖당만 있을 때 젖당 오페론이 활발하게 작동한다. 그림은 포도당과 젖당이 함께 있는 배지에서 대장균을 배양할 때 시간에 따른 대장균 수와 젖당 분해 효소의 양을 나타낸 것이다.

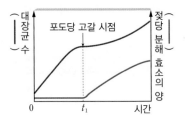

① **0∼t_1 시기:** 대장균은 포도당을 에너지원으로 이용하여 빠르게 생장한다. 이때에는 젖당 오페론이 작동하지 않아 젖당 분해 효소가 합성되지 않는다.

② **t_1 이후:** t_1 시점에 포도당이 고갈되었으므로, 젖당 오페론이 작동하여 젖당 분해 효소가 합성되기 시작한다. 이후 대장균은 젖당을 이용하여 생장한다.

3 진핵생물의 유전자 발현 조절 (심화) 82쪽

진핵생물은 유전자 발현 과정이 원핵생물보다 훨씬 복잡하므로, 유전자 발현 조절도 정교하게 일어난다.

1. 진핵생물에서 유전자 발현 조절의 특징

진핵생물은 원핵생물보다 유전체 크기가 크고 유전자 수가 많으며, 유전자마다 발현되는 정도가 세포의 종류나 발현 시기 등에 따라 매우 다양하다. 또, 유전체가 핵 속에 응축되어 있으며, 전사와 번역이 서로 다른 시기에 서로 다른 장소에서 일어난다. 따라서 진핵생물은 원핵생물보다 유전자 발현이 훨씬 더 다양하고 정교하게 조절된다.

2. 진핵생물의 유전자 발현 조절

진핵생물은 전사 전 단계(염색질 구조 조절), 전사 단계(전사 개시 조절), 전사 후 단계 (RNA 가공), 번역 단계(mRNA 분해, 번역 속도 조절), 번역 후 단계(단백질 가공, 단백질 분해) 등 유전자 발현의 전 과정에서 조절이 일어난다.

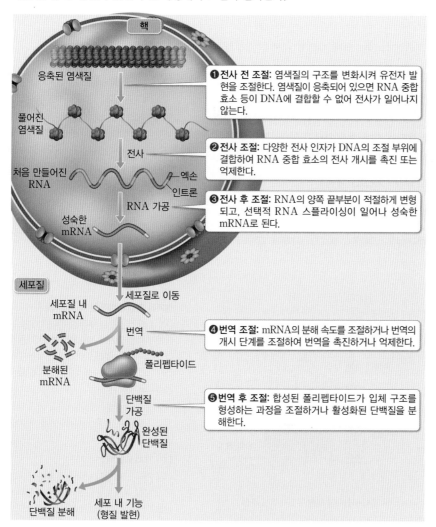

① **전사 전 조절:** 염색질의 구조를 변화시켜 유전자 발현을 조절한다. 염색질이 응축되어 있으면 RNA 중합 효소 등이 DNA에 결합할 수 없어 전사가 일어나지 않는다.

② **전사 조절:** 다양한 전사 인자가 DNA의 조절 부위에 결합하여 RNA 중합 효소의 전사 개시를 촉진 또는 억제한다.

③ **전사 후 조절:** RNA의 양쪽 끝부분이 적절하게 변형되고, 선택적 RNA 스플라이싱이 일어나 성숙한 mRNA로 된다.

④ **번역 조절:** mRNA의 분해 속도를 조절하거나 번역의 개시 단계를 조절하여 번역을 촉진하거나 억제한다.

⑤ **번역 후 조절:** 합성된 폴리펩타이드가 입체 구조를 형성하는 과정을 조절하거나 활성화된 단백질을 분해한다.

▲ **진핵생물의 유전자 발현 조절** 진핵생물의 유전자 발현은 다양한 단계에서 조절될 수 있다.

진핵세포의 DNA 길이

진핵세포의 염색체 1개는 하나의 DNA 분자로 이루어져 있는데, 그 길이는 핵의 지름보다 수천 배나 길다. 진핵생물은 이러한 염색체를 여러 개 가지고 있으며, 각각의 염색체를 이루고 있는 DNA를 모두 풀면 엄청난 길이가 된다. 예를 들어 사람의 체세포에는 46개의 염색체가 있으며, 각 염색체에 있는 DNA를 모두 풀면 길이가 약 3 m에 이른다. 따라서 진핵세포의 DNA는 히스톤 단백질과 결합하여 응축된 상태로 핵 속에 존재한다.

진핵세포의 유전자 구조

진핵세포는 원핵세포와 달리 유전자에서 단백질을 암호화하는 부위 사이에 단백질을 암호화하지 않는 부위가 있다.

• 엑손: 유전자에서 단백질을 암호화하는 부위이다.

• 인트론: 유전자에서 단백질을 암호화하지 않는 부위로, RNA로 전사되지만 RNA가 핵을 떠나기 전에 제거된다.

(1) **전사 전 조절:** 염색질의 구조를 조절하여 유전자 발현을 조절한다.

진핵생물의 핵 속에서 DNA는 히스톤 단
백질을 감아서 뉴클레오솜을 형성하고,
수많은 뉴클레오솜으로 이루어진 염색질
은 응축된 상태로 존재한다. 염색질이 응
축되어 있으면 RNA 중합 효소를 비롯하
여 전사에 관여하는 인자가 DNA에 결합

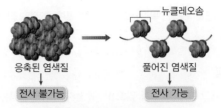

▲ 염색질의 응축 정도에 따른 유전자 발현 조절

하지 못해 유전자가 발현되기 어려우므로, 유전자가 발현되려면 먼저 응축된 염색질이 풀
어져야 한다. 이처럼 염색질의 구조를 조절함으로써 유전자 발현을 조절할 수 있다.

(2) **전사 조절:** DNA의 전사 조절 부위에 전사 인자가 결합하여 전사 개시 복합체를 형성
함으로써 유전자 발현을 조절한다.

① **진핵생물의 유전자 구조:** 여러 유전자가 집단으로 존재하는 원핵생물의 오페론과 달리
진핵생물의 DNA에는 유전자마다 프로모터가 존재한다. 그런데 진핵생물의 RNA 중합
효소는 원핵생물의 RNA 중합 효소와 달리 스스로 프로모터에 결합하지 못하고, 다양한
전사 인자의 도움을 받아 프로모터에 결합한다.

• **조절 부위:** 전사 인자가 결합하는 DNA의 특정 부위로, 진핵생물의 조절 부위는 유전
자의 프로모터 앞쪽에 여러 개 있으며, 프로모터 가까이에 있는 근거리 조절 부위와 프로
모터에서 멀리 떨어져 있는 원거리 조절 부위가 있다.

• **전사 인자:** 조절 부위에 결합하거나 전사 개시 복합체 형성에 관여하는 단백질로, 전사
개시를 촉진하는 전사 촉진 인자와 전사를 억제하는 전사 억제 인자가 있다. 전사 촉진 인
자는 RNA 중합 효소의 결합이나 활성을 자극하여 전사 개시를 촉진하고, 전사 억제 인자
는 전사 촉진 인자 또는 RNA 중합 효소의 결합이나 활성을 방해하여 전사를 억제한다.

▲ 진핵생물의 유전자 구조

② **전사 개시 복합체 형성:** 전사는 프로모터
에 여러 가지 전사 인자와 매개자로 알려진
복잡한 단백질, RNA 중합 효소가 결합하
여 전사 개시 복합체를 형성함으로써 시작
된다.

전사 촉진 인자가 프로모터에서 멀리 떨어져
있는 원거리 조절 부위에 결합하면 DNA가
휘어져 원거리 조절 부위에 결합한 전사 촉
진 인자가 프로모터에 근접하게 되고, 이 전
사 촉진 인자와 다른 전사 인자, 매개자 단
백질, RNA 중합 효소가 전사 개시 복합체

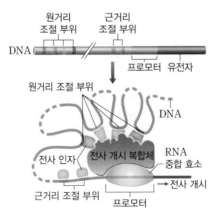

▲ 전사 개시 복합체에 의한 유전자 발현 조절

를 형성하여 프로모터에 결합한다. 그 결과 RNA 중합 효소에 의해 전사가 시작된다.

염색질

진핵생물의 핵 속에 존재하는 염기성 물질
로, DNA와 히스톤 단백질이 결합한 복합
체를 말한다.

염색질의 구조에 영향을 주는 요소

• 히스톤 단백질의 변형: 뉴클레오솜을
구성하는 히스톤 단백질에 아세틸기
($-COCH_3$)가 결합하면 뉴클레오솜끼
리의 결합이 약해져서 염색질이 느슨해진
다. 염색질이 느슨해지면 전사가 일어날
수 있다. 아세틸기가 제거되면 염색질은
다시 응축된다.

• DNA의 메틸화: DNA와 메틸기
($-CH_3$)가 결합하면 염색질이 응축되어
전사가 잘 일어나지 못한다. 포유류의 암
컷은 2개의 X 염색체 중 1개가 고도로 응
축되어 있는데, 이를 바소체라고 한다. 바
소체는 X 염색체를 1개만 가진 수컷에 비
해 2배나 많은 유전자 산물이 합성되는 것
을 방지하기 위한 것이다. 바소체와 같이
긴 영역에 걸쳐 불활성화된 DNA는 전사
가 활발하게 일어나는 DNA보다 더 많이
메틸화되어 있다.

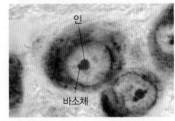

▲ 바소체

원거리 조절 부위(인핸서, enhancer)

DNA에 있는 조절 부위 중 하나로, 프로모
터에서 수천 염기쌍 정도 떨어져 있다. 원거
리 조절 부위는 멀리 떨어져 있는 유전자의
전사가 최대로 일어나도록 촉진하므로 증폭
자라고도 한다.

전사 개시 복합체(전사 기구)

여러 가지 전사 인자, 매개자로 알려진 복잡
한 단백질, RNA 중합 효소 등이 조립되어
만들어진 것으로, 전사가 시작되도록 한다.

③ 유전자의 선택적 발현: 진핵세포에서는 여러 개의 조절 부위와 전사 인자를 사용함으로써 수많은 유전자를 선택적으로 발현시킬 수 있다. 예를 들어 간세포와 수정체 세포에는 모두 알부민 유전자와 크리스탈린 유전자가 있다. 그러나 간세포는 알부민 유전자의 발현에 필요한 전사 촉진 인자를 모두 가지고 있어 알부민 유전자는 발현되지만, 크리스탈린 유전자의 발현에 필요한 전사 촉진 인자 중 일부를 가지고 있지 않아 크리스탈린 유전자는 발현되지 않는다. 반대로 수정체 세포는 크리스탈린 유전자의 발현에 필요한 전사 촉진 인자를 모두 가지고 있어 크리스탈린 유전자는 발현되지만, 알부민 유전자의 발현에 필요한 전사 촉진 인자 중 일부를 가지고 있지 않아 알부민 유전자는 발현되지 않는다.

알부민

대부분의 세포나 체액 속에 있는 단백질로, 간에서 생성되며, 혈장 삼투압을 유지하는 데 중요하다.

크리스탈린

수정체의 중요한 구성 성분이 되는 글로불린 단백질이다.

시야 확장 ➕ 알부민 유전자와 크리스탈린 유전자의 발현

다음은 알부민 유전자와 크리스탈린 유전자의 발현에 대한 자료이다.

(가) 알부민 유전자와 크리스탈린 유전자의 조절 부위

a b   c   프로모터 알부민
조절 부위   유전자

d b e   프로모터 크리스탈린
조절 부위   유전자

(나) 전사 촉진 인자 A~E는 각각 DNA의 조절 부위 a~e에 결합하여 전사를 조절하는데, 간세포에는 전사 촉진 인자 A, B, C가 있고, 수정체 세포에는 전사 촉진 인자 B, D, E가 있다.

❶ **간세포에서의 유전자 발현**: 간세포에는 전사 촉진 인자 A, B, C가 있으므로, 알부민 유전자의 조절 부위 a, b, c에 전사 촉진 인자 A, B, C가 각각 결합하여 전사 개시 복합체가 형성되면 알부민 유전자가 발현된다. 크리스탈린 유전자의 조절 부위에는 전사 촉진 인자 B만 결합하므로, 크리스탈린 유전자가 발현되지 않는다.

❷ **수정체 세포에서의 유전자 발현**: 수정체 세포에는 전사 촉진 인자 B, D, E가 있으므로, 크리스탈린 유전자의 조절 부위 d, b, e에 전사 촉진 인자 D, B, E가 각각 결합하여 전사 개시 복합체가 형성되면 크리스탈린 유전자가 발현된다. 알부민 유전자의 조절 부위에는 전사 촉진 인자 B만 결합하므로, 알부민 유전자가 발현되지 않는다.

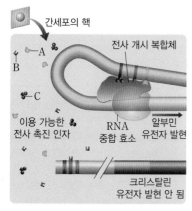

▲ **간세포** 알부민 유전자는 발현되고 크리스탈린 유전자는 발현되지 않는다.

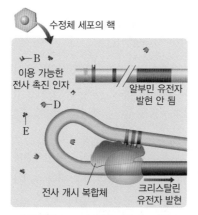

▲ **수정체 세포** 크리스탈린 유전자는 발현되고 알부민 유전자는 발현되지 않는다.

(3) **전사 후 조절:** 1차로 전사되어 합성된 RNA를 가공하여 유전자 발현을 조절한다.

① **RNA 가공:** DNA로부터 처음 만들어진 RNA는 5′ 말단에 구아닌(G) 뉴클레오타이드가 결합되어 5′ 모자가 형성되고, 3′ 말단에 아데닌(A) 뉴클레오타이드로 구성된 긴 꼬리(폴리 A 꼬리)가 첨가된 후, 단백질을 암호화하지 않는 부위인 인트론을 제거하고 엑손끼리 연결하는 RNA 스플라이싱을 거쳐 mRNA로 완성된다.

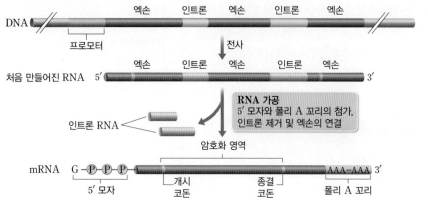

▲ **RNA 가공 과정**

② **선택적 RNA 스플라이싱:** RNA 스플라이싱 과정에서 인트론만을 제거하기도 하지만, 어떤 부분을 엑손으로 간주하여 연결하는지에 따라 동일한 RNA로부터 서로 다른 유전부호를 가진 mRNA가 만들어짐으로써 결과적으로 형질이 다르게 나타나기도 한다. 이것은 진핵생물에서 유전체 크기에 비해 DNA에 있는 유전자 수가 상대적으로 적은 것을 보완한다.

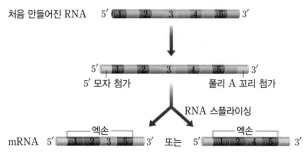

▲ **선택적 RNA 스플라이싱** RNA 스플라이싱이 일어날 때 제거되는 부위가 달라짐으로써 엑손의 조합이 서로 다른 mRNA가 만들어진다.

(4) **번역 조절:** mRNA의 분해 속도나 번역 개시 단계를 조절하여 유전자 발현을 조절한다.

① **mRNA의 분해 속도 조절:** 세포질 내에서 mRNA의 수명은 세포에서 단백질 합성 수준을 결정하는 데 중요하다. 따라서 효소에 의해 mRNA가 분해되는 속도를 조절하여 합성되는 단백질의 양을 결정한다.

② **번역 개시 단계 조절:** mRNA의 번역에는 리보솜, 아미노산-tRNA 복합체뿐만 아니라 번역에 관여하는 다양한 인자가 필요하다. 이 인자의 접근성에 따라 번역 개시가 결정되고, 그에 따라 유전자 발현이 영향을 받는다. 예를 들어 항원에 노출된 세포는 리보솜과 mRNA가 결합하게 하여 번역 시작을 돕는 번역 개시 인자들의 접근성을 높임으로써 단백질 합성 속도가 7배~10배 정도 빨라지게 한다.

5′ 모자와 폴리 A 꼬리

• **5′ 모자:** RNA 가공의 첫 단계는 5′ 말단에 메틸기를 가진 3인산 구아닌(G) 뉴클레오타이드를 첨가하는 것이다. 이를 모자 씌우기(capping)라고 하며, 이 부위를 5′ 모자(5′ cap)라고 한다.

• **폴리 A 꼬리:** RNA 가공의 다음 단계는 3′ 말단에 수십 개~250개의 아데닌(A) 뉴클레오타이드를 첨가하는 것인데, 이 부위를 폴리 A 꼬리(poli-A tail)라고 한다.

➡ 5′ 모자와 폴리 A 꼬리는 mRNA가 핵에서 빠져나가는 것을 도와주고, mRNA가 효소에 의해 분해되지 않도록 보호하며, 세포질에서 리보솜이 mRNA의 5′ 말단에 부착하는 것을 도와준다.

mRNA의 수명

세포에는 mRNA를 분해하는 효소가 있으며, mRNA의 안정성은 5′ 모자, 폴리 A 꼬리 등의 영향을 받는다. 일반적으로 원핵생물인 세균의 mRNA는 세포에 존재하는 효소에 의해 몇 분 내에 분해되지만, 진핵생물의 mRNA는 수명이 몇 시간, 며칠 또는 몇 주 동안 유지될 정도로 안정적이다.

(5) **번역 후 조절:** 단백질 가공이나 단백질 분해를 조절하여 유전자 발현을 조절한다.

① **단백질 가공:** mRNA가 번역되어 합성된 폴리펩타이드는 가공된 후 활성화되어야 특정 기능을 하는 단백질이 되는데, 이 과정을 조절함으로써 세포 내 특정 단백질의 양을 조절할 수 있다. 예를 들어 인슐린은 처음에는 하나의 긴 폴리펩타이드로 만들어지지만 이 상태로는 기능을 나타낼 수 없고, 중간 부분이 잘려 2개의 짧은 폴리펩타이드가 연결된 상태가 되어야 활성화된다.

② **단백질 분해:** 세포의 필요에 따라 단백질을 선별적으로 분해함으로써 단백질의 종류와 양을 적절하게 조절한다. 세포는 분해될 특정 단백질을 표지하고, 표지된 단백질을 선택적으로 분해한다.

인슐린의 활성화

초기 폴리펩타이드

↓ 잘림

활성화된 인슐린

시선 집중 ★ 원핵생물과 진핵생물의 유전자 발현 조절 비교

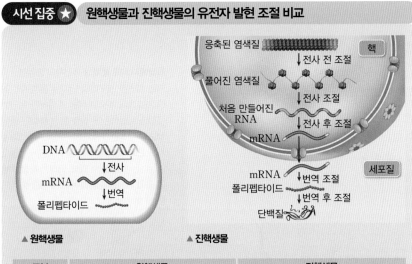

응축된 염색질
↓ 전사 전 조절
풀어진 염색질
↓ 전사 조절
처음 만들어진 RNA
↓ 전사 후 조절
mRNA
핵

mRNA
폴리펩타이드
↓ 번역 조절
↓ 번역 후 조절
단백질
세포질

DNA
↓ 전사
mRNA
↓ 번역
폴리펩타이드

▲ 원핵생물   ▲ 진핵생물

구분	원핵생물	진핵생물
유전체 구조	뉴클레오솜을 형성하지 않는다.	뉴클레오솜을 형성한다. → 염색질의 응축 정도를 조절한다.
유전자 구조	• 각각의 유전자에 프로모터가 따로 존재하기도 하지만, 기능적으로 연관된 여러 유전자들이 오페론을 이루어 하나의 프로모터에 의해 함께 발현되기도 한다. • 유전자에 단백질 비암호화 부위(인트론)가 없다.	• 오페론이 없으며, 각각의 유전자마다 프로모터가 따로 존재한다. • 유전자에 단백질 암호화 부위(엑손)와 단백질 비암호화 부위(인트론)가 있다. → 전사 후 RNA에서 인트론을 제거하는 등 RNA 스플라이싱을 거친다.
전사 조절 단백질	• 오페론의 경우 대부분 조절 유전자에서 만들어진 억제 단백질이 오페론의 작동 여부를 결정한다. • 전사 조절에 관여하는 조절 단백질의 종류가 적다.	• RNA 중합 효소가 프로모터에 결합하기 위해서는 여러 전사 인자가 결합하여 전사 개시 복합체를 형성해야 한다. • 전사 촉진 인자와 전사 억제 인자 등 조절 단백질의 종류가 많다.
전사 조절 단백질의 결합 위치	전사 조절에 관여하는 억제 단백질은 프로모터에 인접한 작동 부위에 결합한다.	전사 인자가 프로모터 가까이에 있는 근거리 조절 부위와 멀리 떨어져 있는 원거리 조절 부위 등에 결합한다.
유전자 발현 조절 단계	전사와 번역이 세포질에서 거의 동시에 일어나기 때문에 주로 전사 단계에서 유전자 발현이 조절된다.	전사와 번역이 일어나는 장소가 다르며, 전사 단계의 조절이 가장 중요하지만, 전사 후, 번역, 번역 후 등 모든 단계에서 유전자 발현이 조절된다.

4 세포 분화 과정에서의 유전자 발현 조절

다세포 진핵생물에서는 하나의 수정란으로부터 비롯된 세포들이 구조와 기능이 특수화된 서로 다른 종류의 세포로 분화하는데, 이러한 세포 분화도 유전자 발현의 조절로 일어난다.

1. 세포 분화

다세포 진핵생물의 발생 과정에서 수정란은 세포 분열을 통해 세포 수가 늘어나고, 이들 세포는 근육 세포, 혈구 세포, 신경 세포 등과 같이 다양한 구조와 기능을 가지게 된다. 이처럼 하나의 수정란으로부터 만들어진 세포가 특수한 구조와 기능을 가지게 되는 것을 세포 분화라고 한다. 분화된 세포는 세포의 특성에 맞는 단백질을 합성함으로써 자신만의 고유한 형태와 기능을 나타낸다.

2. 세포 분화와 유전자의 동일성

세포 분화가 일어나더라도 분화된 세포가 가진 DNA의 유전자는 분화되기 전과 동일하다. 즉, 한 개체 내에서 나타나는 분화된 세포의 구조와 기능의 차이는 유전자 구성의 차이가 아니라 유전자 발현 조절의 차이로 나타난다. 예를 들어 당근의 뿌리 세포를 배양액에 넣어 배양하면 완전한 당근 개체를 얻을 수 있는데, 이것은 분화된 세포도 수정란과 마찬가지로 몸을 구성하는 여러 기관을 형성하는 데 필요한 유전자를 모두 가지고 있기 때문에 가능하다.

동물에서 세포 분화와 유전자의 동일성
핵을 제거한 개구리의 난자에 올챙이의 소장 세포에서 추출한 핵을 주입하면 완전한 올챙이로 발생한다. 이를 통해 분화된 동물 세포도 수정란과 유전자 구성이 동일하며, 세포 분화 과정에서 유전자 구성이 변하지 않는다는 것을 알 수 있다. 이러한 특성은 생명 공학 기술을 이용하여 복제 생물을 만드는 데 활용된다.

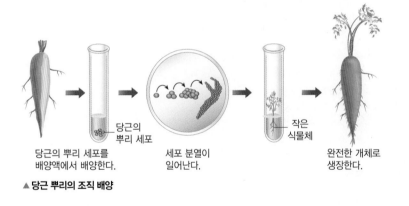

당근의 뿌리 세포를 배양액에서 배양한다.　세포 분열이 일어난다.　작은 식물체　완전한 개체로 생장한다.

▲ 당근 뿌리의 조직 배양

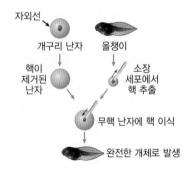

자외선

개구리 난자　올챙이

핵이 제거된 난자　소장 세포에서 핵 추출

무핵 난자에 핵 이식

완전한 개체로 발생

3. 세포 분화 과정에서 유전자 발현의 조절

세포 분화 과정에서 유전자는 변하지 않지만, 특정 유전자의 발현은 핵심 조절 유전자의 발현 여부와 전사 인자의 조합에 의해 조절된다.

(1) **핵심 조절 유전자**: 유전자의 전사가 일어나기 위해서는 전사 인자와 같은 조절 단백질이 필요한데, 이러한 조절 단백질을 암호화하는 유전자를 조절 유전자라고 한다. 진핵생물에서는 조절 유전자가 발현되어 전사 인자가 만들어지면 이것이 또 다른 여러 조절 유전자를 발현시키는 과정이 연쇄적으로 일어난다. 이때 가장 상위의 조절 유전자를 핵심 조절 유전자라고 한다. 핵심 조절 유전자가 발현되어 만들어진 전사 인자는 하위 조절 유전자들이 연쇄적으로 발현되도록 한다.

조절 유전자와 핵심 조절 유전자
조절 유전자는 유전자의 전사가 시작되도록 돕는 전사 인자와 같은 조절 단백질을 암호화하는 유전자이다. 조절 유전자를 유전자의 전사가 시작되도록 하는 스위치에 비유한다면, 그중에서 핵심 조절 유전자는 여러 개의 스위치를 켜고 끄는 중앙 스위치에 비유할 수 있다.

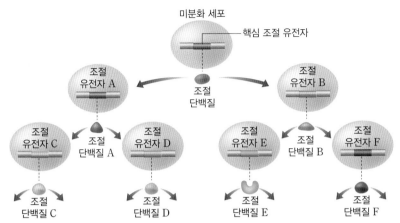

▲ **핵심 조절 유전자의 작용** 핵심 조절 유전자로부터 합성된 조절 단백질(전사 인자)은 하위 조절 유전자를 발현시키고, 이 하위 조절 유전자로부터 합성된 조절 단백질(전사 인자)은 또 다른 하위 조절 유전자를 발현시킨다.

시선 집중 ★ 근육 세포의 분화

그림은 핵심 조절 유전자인 $MyoD$(마이오디) 유전자로부터 합성된 MyoD(마이오디) 단백질이 연쇄적으로 다른 유전자의 발현을 조절하는 모습을 나타낸 것이다.

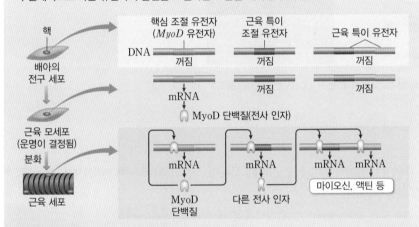

❶ $MyoD$ 유전자는 근육 모세포가 근육 세포로 분화하는 데 관여하는 핵심 조절 유전자이다. $MyoD$ 유전자가 발현되면 MyoD 단백질이 합성된다.

❷ MyoD 단백질은 전사 촉진 인자로 작용하여 근육 특이적인 다른 조절 유전자의 발현을 촉진함으로써 다른 전사 인자가 합성되도록 한다.

❸ 이러한 전사 조절 과정이 연쇄적으로 진행되어 마이오신과 액틴을 비롯한 여러 종류의 근육 단백질이 합성되어 근육 세포로의 분화가 일어난다.

(2) **전사 인자의 조합:** 세포 분화는 핵심 조절 유전자의 발현 여부와 함께 여러 전사 인자의 조합에 의해 결정된다. 예를 들어 근육 세포로 분화하는 데 관여하는 핵심 조절 유전자인 $MyoD$(마이오디) 유전자가 발현된다고 해서 어떤 세포든지 근육 세포로 분화하는 것은 아니다. 세포가 분화하려면 핵심 조절 유전자의 발현으로 합성된 산물 외에도 여러 전사 인자의 조합이 필요하기 때문에 근육 세포로 분화하는 데 필요한 다른 전사 인자를 갖지 못한 세포는 $MyoD$ 유전자가 발현되어도 근육 세포로 분화하지 않는다.

세포 분화와 유전자 발현

사람의 모근 세포, 적혈구, 근육 세포는 모두 수정란과 갖고 있는 유전자가 같지만, 발현되는 유전자의 차이로 세포의 형태와 기능이 달라진 것이다.

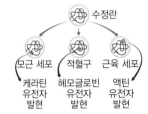

유전자		모근 세포	적혈구	근육 세포
케라틴	존재	○	○	○
	발현	○	×	×
헤모글로빈	존재	○	○	○
	발현	×	○	×
액틴	존재	○	○	○
	발현	×	×	○

결정

세포 분화가 일어나는 첫 번째 단계로, 어떤 세포로 될 것인가에 대한 운명이 정해지는 것을 결정이라고 한다. 예를 들어 핵심 조절 유전자인 $MyoD$ 유전자가 발현되면 그 세포는 근육 세포로 운명이 결정된 근육 모세포가 되는 것이다. 결정은 세포의 구조나 기능상의 뚜렷한 변화가 일어나기 전에 일어나며, 일단 결정되면 비가역적으로 운명이 정해진다. 운명이 정해진 세포를 배아의 다른 장소로 옮겨 놓더라도 이 세포는 운명지어진 세포로 분화한다.

⑤ 발생 과정에서의 유전자 발현 조절

다세포 진핵생물의 발생 과정에서도 유전자 발현이 조절됨으로써 기관이 형성되어 발생이 정상적으로 일어난다.

1. 발생 과정에서 핵심 조절 유전자의 역할

핵심 조절 유전자는 세포 분화뿐만 아니라 생물의 발생에서 기관을 형성하는 과정에도 중요한 역할을 한다. 즉, 핵심 조절 유전자는 다세포 진핵생물의 발생 초기의 배아 단계에서 발현되어 각 기관 형성에 필요한 여러 유전자의 발현을 조절함으로써 기관 형성을 유도한다. 예를 들어 초파리의 눈 형성 과정에서 Ey(아이) 유전자는 전사 촉진 인자인 Ey 단백질을 합성하도록 하여 눈 형성에 필요한 또 다른 전사 촉진 인자의 유전자를 비롯한 여러 유전자의 발현을 조절한다. 만일 초파리의 배아에서 장차 다리를 형성할 세포에 Ey 유전자가 발현되도록 하여 발생시키면 초파리의 다리에 눈과 같은 구조가 만들어진다.

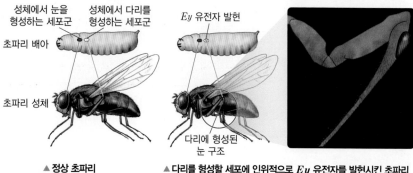

성체에서 눈을 형성하는 세포군　성체에서 다리를 형성하는 세포군　　　Ey 유전자 발현

초파리 배아

초파리 성체

다리에 형성된 눈 구조

▲ 정상 초파리　　　▲ 다리를 형성할 세포에 인위적으로 Ey 유전자를 발현시킨 초파리

2. 혹스 유전자

동물은 발생 초기 단계에서 앞뒤 축을 따라 각 기관이 정확한 위치에 형성되어야 하는데, 이 과정에 관여하는 핵심 조절 유전자를 혹스 유전자라고 한다.

(1) **초파리의 혹스 유전자:** 초파리의 경우 머리와 꼬리, 등과 배의 방향이 정해지고, 배아 단계에서 몸의 체절이 형성된 후 각 체절에서 적절한 기관이 형성된다. 초파리의 3번 염색체에는 혹스 유전자가 8개 배열되어 있는데, 혹스 유전자들은 각각의 유전자가 기능을 결정할 체절들과 같은 순서로 배열되어 있다. 혹스 유전자로부터 합성된 전사 인자에 의해 유전자 발현이 조절되고, 그 결과 몸의 정확한 위치에 적절한 기관이 형성된다.

3번 염색체에 있는 혹스 유전자 중에서 $Antp$ 유전자는 가슴 체절에서 다리 형성에 관여하고, Ubx 유전자는 가슴 체절에서 평균곤 형성에 관여한다. 따라서 혹스 유전자에 이상이 생기면 발생 과정에서 기관 형성에 이상이 생긴 돌연변이가 나타난다. 예를 들어 $Antp$ 유전자에 돌연변이가 일어나 정상적으로는 이 유전자가 발현되지 않는 머리 체절에서 $Antp$ 유전자가 과다 발현되면 더듬이가 생겨야 할 부분에 다리가 생긴다. 또, Ubx 유전자에 돌연변이가 일어나 유전자의 기능이 사라지면 가슴 체절에 평균곤 대신 날개가 생겨 초파리는 2쌍의 날개를 가지게 된다. 이를 통해 혹스 유전자가 앞뒤 축을 따라 기관을 형성하여 몸의 구조를 형성하는 데 매우 중요한 역할을 한다는 것을 확인할 수 있다.

발생

발생은 다세포 진핵생물에서 수정란이 세포 분열과 분화 과정을 거쳐 하나의 개체가 되는 과정이다. 발생 과정에서 구조와 기능이 비슷한 세포가 모여 조직을 형성하고, 여러 조직이 모여 특정한 기능을 수행하는 기관을 형성하여 생물의 형태가 만들어진다.

정상 초파리와 더듬이 대신 다리가 생긴 초파리

정상 더듬이　　더듬이 대신 생긴 다리

평균곤

초파리와 같은 곤충에서 몸의 평형을 유지하는 역할을 하는 곤봉 모양의 돌기로, 뒷날개가 퇴화되어 생긴 것이다.

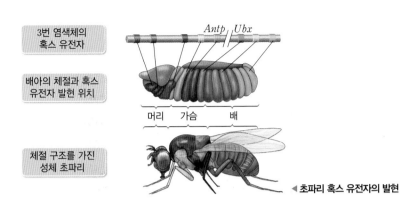

| 3번 염색체의 혹스 유전자 |
| 배아의 체절과 혹스 유전자 발현 위치 |
| 체절 구조를 가진 성체 초파리 |

◀ 초파리 혹스 유전자의 발현

(2) **혹스 유전자의 유사성:** 척추동물인 생쥐와 사람은 4개의 염색체에 혹스 유전자가 반복해서 배열되어 있는데, 혹스 유전자의 종류와 염색체에 배열된 순서가 초파리와 비슷하다. 이러한 공통점은 혹스 유전자가 오래전부터 발생 과정에서 핵심 조절 유전자로서 중요한 역할을 해 왔으며, 다양한 동물이 공통 조상으로부터 진화하였기 때문으로 추정된다.

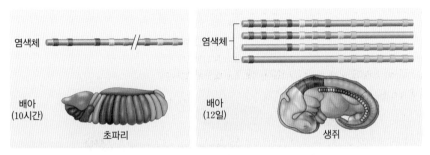

▲ 초파리와 생쥐의 혹스 유전자 비교

시야 확장 ➕ 애기장대의 꽃 구조 형성과 유전자 발현

애기장대의 꽃 구조 형성에 관여하는 핵심 조절 유전자 a, b, c 는 각각 전사 인자 A, B, C를 암호화한다. 유전자 a, b, c 의 발현에 따라 꽃에서 형성되는 부위는 그림과 같다.

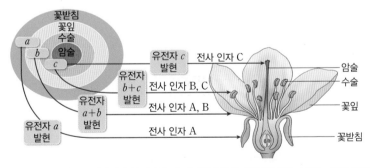

유전자 a, b, c 에 각각 돌연변이가 일어났을 때 애기장대의 꽃에서 형성되는 부위는 표와 같다.

| 돌연변이가 일어난 유전자 | 합성되는 전사 인자 | | | 꽃에서 형성되는 부위 |
	A	B	C	
유전자 a	×	○	○	암술, 수술
유전자 b	○	×	○	꽃받침, 암술
유전자 c	○	○	×	꽃받침, 꽃잎

혹스 유전자의 산물과 호미오 도메인
혹스 유전자의 산물은 유전자 발현을 조절하는 전사 인자이며, 모든 혹스 유전자에는 호미오 박스라고 하는 공통적인 염기 서열이 존재한다. 혹스 유전자의 산물인 전사 인자에서 호미오 박스가 전사되어 번역된 부분을 호미오 도메인이라고 하는데, 호미오 도메인은 특정한 유전자의 프로모터 또는 조절 부위에 결합하여 전사를 조절한다.

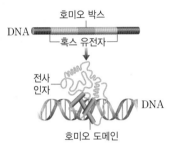

초파리와 생쥐의 혹스 유전자 비교
• 공통점: 동일한 혹스 유전자가 있으며, 혹스 유전자의 배열 순서가 비슷하다.
• 차이점: 초파리는 1개의 염색체에 혹스 유전자가 배열되어 있지만, 생쥐는 4개의 염색체에 혹스 유전자가 반복해서 배열되어 있다.

애기장대의 꽃

애기장대의 꽃 구조 형성에 관여하는 핵심 조절 유전자의 발현
• 유전자 a 만 발현된 분열 조직에서는 꽃받침이 형성된다.
• 유전자 a 와 b 가 발현된 분열 조직에서는 꽃잎이 형성된다.
• 유전자 b 와 c 가 발현된 분열 조직에서는 수술이 형성된다.
• 유전자 c 만 발현된 분열 조직에서는 암술이 형성된다.

심화

소형 RNA에 의한 유전자 발현 조절

최근의 연구에 따르면 사람의 유전체에서 단백질을 암호화하는 DNA 부분의 비율은 약 1.5 %에 불과하지만, 나머지 부분에서도 일부는 전사가 일어난다고 한다. 비암호화 DNA 부분에서 전사된 RNA 중에는 인트론도 있지만, 몇 개의 뉴클레오타이드로 이루어진 소형 RNA가 많다. 소형 RNA는 유전자 발현 조절에 관여하기도 하는데, 이에 대해 알아보자.

❶ 소형 RNA

1993년부터 많은 연구를 통해 mRNA의 염기와 상보적으로 결합할 수 있는 miRNA라고 불리는 소형 RNA가 발견된 후 다양한 소형 RNA가 발견되었다. 소형 RNA는 생물의 유전자 발현 조절에 중요한 역할을 하는 작은 RNA로, miRNA 외에도 siRNA, snRNA, piRNA 등이 있다.

> **소형 RNA**
> 비암호화 DNA 부분에서 전사되어 만들어지는 RNA로, 다른 RNA나 단백질과 결합하여 유전자 발현을 조절하는 역할을 한다.

❷ 소형 RNA에 의한 유전자 발현 조절

⑴ **miRNA(마이크로 RNA)**: 하나 이상의 단백질과 복합체를 형성한 후 mRNA와 상보적으로 결합하여 mRNA를 분해하거나 mRNA의 번역을 중단시키는 역할을 한다. 사람의 유전체에서 발현되는 유전자의 최소 절반은 miRNA에 의해 조절된다고 추정할 정도로 세포 내 유전자 발현 과정에서 중요한 역할을 한다. 사람의 유전체에서는 약 1500개의 miRNA 유전자가 발견되었다.

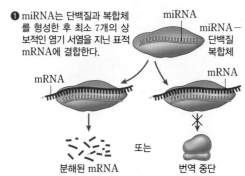

❶ miRNA는 단백질과 복합체를 형성한 후 최소 7개의 상보적인 염기 서열을 지닌 표적 mRNA에 결합한다.

❷ miRNA와 표적 mRNA 사이의 염기쌍이 완전히 일치하면 mRNA는 분해되고, 불완전하게 일치하면 mRNA의 번역이 중단된다.

▲ **miRNA에 의한 유전자 발현 조절**

⑵ **siRNA(소형 간섭 RNA)**: miRNA와 구조가 비슷하며, 단백질과 복합체를 형성하여 상보적 염기 서열을 지닌 mRNA를 분해하거나 mRNA의 번역을 중단시킨다는 점에서 miRNA와 기능도 비슷하다. miRNA와 siRNA는 RNA 전구체의 구조와 RNA 가공 방식, 표적 mRNA의 종류 등에서 차이가 있다.

⑶ **snRNA(소형 핵 RNA)**: 핵 속에서 RNA의 인트론 부분을 제거하고 엑손 부분끼리 연결하는 RNA 스플라이싱에 관여하는 것으로 추정된다.

⑷ **piRNA(piwi-결합 RNA)**: 동물에서만 발견되는 소형 RNA로, PIWI 단백질과 복합체를 형성하여 염색질이 응축되도록 함으로써 유전자 발현을 억제한다. 또, 많은 동물에서 생식세포 형성에 필수적인 역할을 하는 것으로 추정된다.

현재에도 새로운 소형 RNA가 계속 발견되고 있으며, 작용 기작이 명확히 규명되지 않은 소형 RNA도 있다. 그러나 이러한 소형 RNA가 여러 단계에서 다양한 방식으로 유전자 발현을 조절하는 것은 분명하며, 이러한 다양한 방식의 유전자 발현 조절이 고도로 복잡한 형태로의 진화를 가능하게 한 것으로 추정되고 있다.

> **PIWI 단백질**
> 줄기세포나 생식세포의 분화에 중요한 역할을 하는 단백질로, RNA와 결합하여 작용한다.

02 유전자 발현의 조절

1 유전자 발현 조절의 중요성

유전자 발현 조절의 중요성 불필요한 물질을 합성하는 데 소모되는 에너지를 절약할 수 있고, 정상적인 생명 활동을 통해 생명을 유지할 수 있다.

2 원핵생물의 유전자 발현 조절

1. **오페론** 하나의 (❶   )와 작동 부위에 의해 전사가 조절되는 유전자 집단

2. **젖당 오페론** 젖당이 있을 때에만 젖당 오페론이 활성화된다.

젖당이 없을 때	
(❷)의 발현으로 합성된 억제 단백질이 (❸)에 결합하므로 RNA 중합 효소가 (❹)에 결합하지 못한다. → 구조 유전자의 전사가 일어나지 않아 젖당 이용에 필요한 효소가 합성되지 않는다.	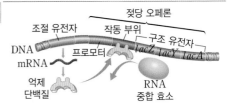
젖당이 있을 때	
억제 단백질이 (❺)와 결합하여 작동 부위에 결합하지 못한다. → RNA 중합 효소가 프로모터에 결합하여 구조 유전자의 전사가 일어나므로, 젖당 이용에 필요한 효소가 합성된다.	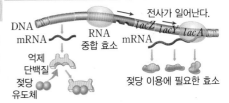

3 진핵생물의 유전자 발현 조절

전사 전 조절	① 염색질 구조 조절: 전사될 부분의 염색질 구조가 느슨해진다.
전사 조절	② 전사 개시 조절: 조절 부위에 (❻)가 결합하여 전사 개시 복합체를 형성한다.
전사 후 조절	③ RNA 가공: 처음 만들어진 RNA에 5' 모자와 폴리 A 꼬리가 첨가되고, (❼)이 제거되는 RNA 스플라이싱을 거쳐 성숙한 mRNA가 된다.
번역 조절	④ mRNA 분해 속도 조절: mRNA의 분해 속도를 조절하여 합성되는 단백질의 양을 결정한다. ⑤ 번역 개시 단계 조절: 번역에 관여하는 인자의 접근성을 조절하여 번역 개시를 조절한다.
번역 후 조절	⑥ 단백질 가공: 폴리펩타이드는 가공 과정을 거쳐 특정 기능을 하는 단백질로 된다. ⑦ 단백질 분해: 단백질을 선별적으로 분해한다.

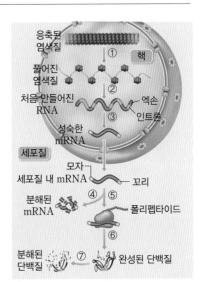

4 세포 분화 과정에서의 유전자 발현 조절

1. **세포 분화와 유전자** 세포 분화 과정에서 유전자는 변하지 않는다.

2. **세포 분화와 유전자 발현 조절** 세포는 (❽   ) 유전자의 발현 여부와 다양한 전사 인자의 조합에 의해 세포 특이적 단백질의 합성이 조절됨으로써 운명이 결정되고 분화가 일어난다.

5 발생 과정에서의 유전자 발현 조절

1. **발생과 핵심 조절 유전자** 다세포 생물은 발생 과정에서 핵심 조절 유전자의 조절을 받아 기관이 형성된다.

2. (❾   ) **유전자** 동물의 발생 초기 단계에서 기관 형성에 관여하는 핵심 조절 유전자

01 젖당 오페론에 대한 다음 설명에서 밑줄 친 부분을 옳게 고치시오.

(1) <u>진핵생물</u>의 유전자 발현 조절 방식이다.

(2) 조절 유전자는 <u>젖당이 있을 때에만</u> 발현된다.

(3) 조절 유전자의 산물은 <u>프로모터</u>에 결합한다.

02 그림은 젖당 오페론의 구조를 나타낸 것이다. A~D는 DNA의 부위이고, E는 단백질이다.

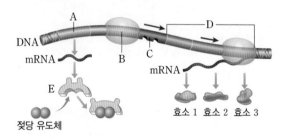

(1) A~D의 이름을 각각 쓰시오.

(2) A~D 중 오페론에 속하는 부위를 있는 대로 쓰시오.

(3) E의 이름을 쓰고, 젖당 유도체가 없을 때 E가 어떻게 작용하는지 간단히 설명하시오.

03 대장균의 젖당 오페론에서 조절 유전자의 돌연변이로 억제 단백질이 합성되지 않을 때 나타나는 현상으로 옳은 것만을 〈보기〉에서 있는 대로 고르시오.

보기
ㄱ. 젖당이 없어도 젖당 분해 효소가 합성된다.
ㄴ. RNA 중합 효소가 프로모터에 결합하지 못한다.
ㄷ. 억제 단백질 대신 젖당 유도체가 작동 부위에 결합한다.

04 그림은 진핵세포에서 염색질 구조의 변화를 나타낸 것이다.

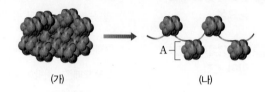

(1) A의 이름과 구성 성분을 순서대로 각각 쓰시오.

(2) (가)와 (나) 중 전사가 일어날 수 있는 상태를 쓰시오.

05 그림은 진핵생물에서 전사가 시작될 때 전사 개시 복합체가 형성된 모습을 나타낸 것이다.

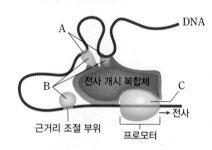

A~C는 각각 무엇인지 쓰시오.

06 그림은 유전자 발현 조절 과정 중 일부를 나타낸 것이다.

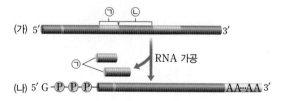

(1) 이와 같은 과정이 일어나는 세포는 (원핵세포, 진핵세포)이다.

(2) (가)는 무엇이며, ㉠과 ㉡은 각각 어떤 부분인지 쓰시오.

07 그림은 진핵세포에서 유전자 발현이 조절되는 과정을 나타낸 것이다.

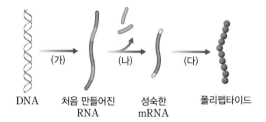

DNA 처음 만들어진 RNA 성숙한 mRNA 폴리펩타이드

(1) (가)~(다)가 일어나는 장소를 각각 쓰시오.

(2) (가)~(다) 중 전사 개시 복합체가 형성되는 과정을 쓰시오.

08 그림 (가)와 (나)는 생쥐의 어떤 유전자와 대장균의 젖당 오페론을 순서 없이 나타낸 것이다. A~C는 각각 전사 인자 결합 부위이다.

작동 부위
프로모터 | 구조 유전자
(가)

A B C | 프로모터 | 유전자 x
(나)

(가)와 (나)는 각각 어떤 생물의 유전자 구조를 나타낸 것인지 쓰시오.

09 그림은 당근 뿌리에서 얻은 세포를 배양하여 완전한 당근 개체를 얻는 과정을 나타낸 것이다.

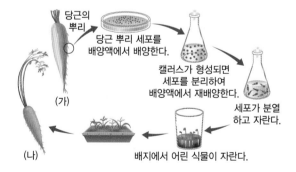

당근의 뿌리
당근 뿌리 세포를 배양액에서 배양한다.
캘러스가 형성되면 세포를 분리하여 배양액에서 재배양한다.
(가)
세포가 분열하고 자란다.
(나)
배지에서 어린 식물이 자란다.

(1) (가)와 (나)는 유전 형질이 같은지 다른지 쓰시오.

(2) 이를 통해 알 수 있는 것을 세포 분화와 유전자의 관계로 간단히 설명하시오.

10 그림은 근육 모세포가 근육 세포로 분화하는 과정에서 *MyoD*(마이오디) 유전자의 작용을 나타낸 것이다.

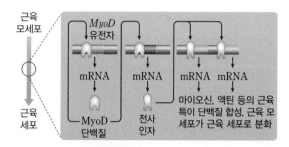

근육 모세포
MyoD 유전자
mRNA
MyoD 단백질
mRNA
전사 인자
mRNA mRNA
마이오신, 액틴 등의 근육 특이 단백질 합성, 근육 모세포가 근육 세포로 분화
근육 세포

(1) 이 과정에서 핵심 조절 유전자는 무엇인지 쓰시오.

(2) MyoD 단백질은 (   )에 결합하여 전사를 촉진한다.

11 그림 (가)와 (나)는 초파리와 생쥐의 염색체에 혹스 유전자가 배열된 모습을 순서 없이 나타낸 것이다.

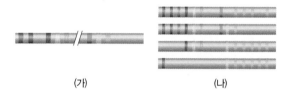

(가)   (나)

(가)와 (나) 중 생쥐의 유전자 배열을 쓰시오.

12 그림은 혹스 유전자의 산물인 전사 인자가 특정한 DNA에 결합한 모습을 나타낸 것이다.

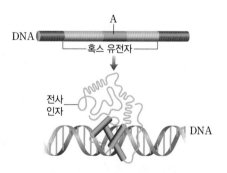

A
DNA
혹스 유전자
전사 인자
DNA

이 전사 인자에서 특정한 DNA에 결합하는 부분은 혹스 유전자의 A로부터 만들어진다. 모든 혹스 유전자에 공통적으로 존재하는 염기 서열 A를 무엇이라고 하는지 쓰시오.

01 ❯ 젖당 오페론의 구조

그림은 젖당 오페론을 나타낸 것이다. A와 B는 각각 작동 부위와 구조 유전자 중 하나이다.

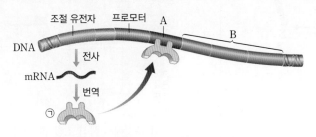

이에 대한 설명으로 옳은 것만을 〈보기〉에서 있는 대로 고른 것은?

보기
ㄱ. ㉠은 젖당이 없을 때에만 합성된다.
ㄴ. RNA 중합 효소와 ㉠은 A 부위에 경쟁적으로 결합한다.
ㄷ. 젖당 분해 효소의 아미노산 서열은 B에 암호화되어 있다.

① ㄱ   ② ㄴ   ③ ㄷ   ④ ㄱ, ㄷ   ⑤ ㄴ, ㄷ

• ㉠은 억제 단백질이며, 억제 단백질은 작동 부위에 결합한다.

02 ❯ 배지의 조건과 젖당 오페론의 작동

그림은 포도당과 젖당이 함께 들어 있는 영양 배지에서 대장균을 배양할 때 시간에 따른 대장균 수를 나타낸 것이다.
이에 대한 설명으로 옳은 것만을 〈보기〉에서 있는 대로 고른 것은?

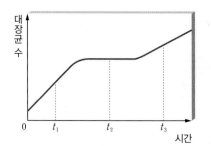

보기
ㄱ. 배지의 젖당 농도는 t_1일 때가 t_3일 때보다 높다.
ㄴ. 젖당 분해 효소의 농도는 t_3일 때가 t_1일 때보다 높다.
ㄷ. t_2일 때 젖당 오페론 앞에 있는 조절 유전자의 발현이 억제된다.

① ㄱ   ② ㄴ   ③ ㄱ, ㄴ   ④ ㄱ, ㄷ   ⑤ ㄴ, ㄷ

• 배지에 포도당과 젖당이 함께 있을 때 대장균은 에너지원으로 포도당을 먼저 사용하고, 포도당이 고갈된 후에 젖당을 사용한다.

03 ▷ 젖당 오페론과 돌연변이

다음은 대장균의 젖당 오페론 조절에 대한 자료이다.

A는 조절 유전자이고, B는 프로모터이다.

- 그림은 대장균의 젖당 오페론 구조이다.
- 대장균 Ⅰ~Ⅲ은 각각 야생형, A 부분이 결실된 돌연변이, B 부분이 결실된 돌연변이 중 하나이다.

- 표는 대장균 Ⅰ~Ⅲ을 포도당은 없고 젖당이 있는 배지에서 각각 배양한 결과를 나타낸 것이다.

Ⅰ	젖당 오페론의 구조 유전자가 발현되지 않는다.
Ⅱ	젖당 오페론의 구조 유전자가 발현된다.
Ⅲ	억제 단백질이 합성되지 않는다.

이에 대한 설명으로 옳은 것만을 〈보기〉에서 있는 대로 고른 것은? (단, 제시된 돌연변이 이외의 돌연변이는 고려하지 않는다.)

보기
ㄱ. Ⅰ은 A 부분이 결실된 돌연변이이다.
ㄴ. Ⅱ에는 젖당 유도체와 결합한 억제 단백질이 있다.
ㄷ. 젖당은 없고 포도당이 있는 배지에서 Ⅲ은 RNA 중합 효소가 B에 결합한다.

① ㄱ   ② ㄴ   ③ ㄱ, ㄷ   ④ ㄴ, ㄷ   ⑤ ㄱ, ㄴ, ㄷ

04 ▷ 진핵세포의 유전자 발현 조절

그림은 진핵세포에서 유전자 x가 발현되어 폴리펩타이드 X가 만들어지는 과정을 나타낸 것이다. ㉠~㉢은 RNA이며, x의 전사 주형 가닥과 ㉠을 구성하는 염기의 수는 같다. x의 전사 주형 가닥에서 염기 $\dfrac{G+C}{A+T}=\dfrac{1}{2}$이며, ㉠과 ㉡ 중 하나는 $\dfrac{G+C}{A+U}=\dfrac{2}{3}$이다.

(가)는 전사 과정이고, (나)는 처음 만들어진 RNA에서 인트론이 제거되는 전사 후 조절 과정이다.

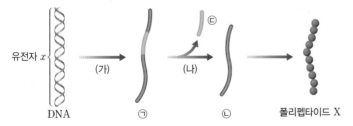

이에 대한 설명으로 옳은 것만을 〈보기〉에서 있는 대로 고른 것은?

보기
ㄱ. ㉢에서 염기의 수는 A+U<G+C이다.
ㄴ. (가) 과정은 핵 속에서 전사 인자가 관여하여 일어난다.
ㄷ. (나) 과정은 리보솜과 ㉠의 결합 정도에 따라 조절된다.

① ㄱ   ② ㄴ   ③ ㄱ, ㄴ   ④ ㄱ, ㄷ   ⑤ ㄴ, ㄷ

05 > 세포 분화와 유전자 발현의 조절

그림은 수정란으로부터 근육 세포와 모근 세포가 분화하는 과정과 분화된 각 세포에서 특이적으로 발현되는 유전자를 나타낸 것이다.

이에 대한 설명으로 옳은 것만을 〈보기〉에서 있는 대로 고른 것은?

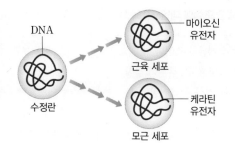

보기
ㄱ. 마이오신 유전자와 케라틴 유전자는 핵심 조절 유전자이다.
ㄴ. 모근 세포에는 케라틴 유전자의 전사에 관여하는 전사 인자가 있다.
ㄷ. 세포 분화 과정에서 케라틴 유전자가 제거되고 마이오신 유전자가 발현되어 근육 세포로 된다.

① ㄱ   ② ㄴ   ③ ㄷ   ④ ㄱ, ㄴ   ⑤ ㄴ, ㄷ

> • 핵심 조절 유전자는 다른 전사 인자를 암호화하는 조절 유전자의 발현 여부를 조절하여 세포 분화에서 중요한 역할을 하는 가장 상위의 조절 유전자이다.

06 > 세포 분화와 유전자 발현의 조절

그림은 사람의 근육 모세포가 근육 세포로 분화할 때 근육을 구성하는 단백질인 마이오신과 액틴이 합성되기까지의 과정을 나타낸 것이다. 단백질 X와 Y는 프로모터가 아닌 조절 부위에 결합하여 해당 유전자의 전사를 촉진한다.

유전자 x → mRNA → 단백질 X
유전자 y → mRNA → 단백질 Y
마이오신 유전자 → mRNA → 마이오신
액틴 유전자 → mRNA → 액틴

이에 대한 설명으로 옳은 것만을 〈보기〉에서 있는 대로 고른 것은?

보기
ㄱ. 단백질 X는 전사 인자이다.
ㄴ. 유전자 y의 조절 부위가 결실되면 근육 모세포가 근육 세포로 분화하지 않는다.
ㄷ. 마이오신 유전자와 액틴 유전자는 하나의 프로모터에 의해 발현이 조절된다.

① ㄱ   ② ㄴ   ③ ㄱ, ㄴ   ④ ㄴ, ㄷ   ⑤ ㄱ, ㄴ, ㄷ

> • 전사 인자는 DNA의 조절 부위에 결합하거나 전사 개시 복합체 형성에 관여하는 단백질이다.

07 ▶ 전사 인자의 조합에 따른 세포의 분화

다음은 진핵세포 P의 분화와 관련된 유전자 ㉠~㉢의 전사 조절에 대한 자료이다.

- 유전자 ㉠~㉢의 프로모터와 전사 인자 결합 부위 A~D는 그림과 같다.

A	프로모터	유전자 ㉠
B C	프로모터	유전자 ㉡
D	프로모터	유전자 ㉢

- 전사 인자 결합 부위 A~D에 각각 전사 인자 a~d가 결합한다.
- A에 a가 결합할 때 ㉠의 전사가 일어나고, D에 d가 결합할 때 ㉢의 전사가 일어난다. 또, B에 b, C에 c가 모두 결합할 때 ㉡의 전사가 일어난다.
- ㉠은 전사 인자 b를 암호화하는 유일한 유전자이다.
- P는 ㉡과 ㉢ 중 ㉡만 발현되면 세포 X로, ㉡과 ㉢ 중 ㉢만 발현되면 세포 Y로 분화한다. P는 ㉡과 ㉢이 모두 발현되면 세포 Z로 분화한다.

이에 대한 설명으로 옳은 것만을 〈보기〉에서 있는 대로 고른 것은? (단, 돌연변이는 고려하지 않는다.)

보기
ㄱ. X에는 유전자 ㉡과 ㉢ 중 ㉡만 존재한다.
ㄴ. P가 Y로 분화하기 위해서는 a가 필요하다.
ㄷ. P에 a~d가 모두 존재할 때에만 P가 Z로 분화한다.

① ㄱ ② ㄷ ③ ㄱ, ㄷ ④ ㄴ, ㄷ ⑤ ㄱ, ㄴ, ㄷ

08 ▶ 혹스 유전자

그림은 초파리와 생쥐에서 염색체에 혹스 유전자가 배열된 모습을 나타낸 것이다.

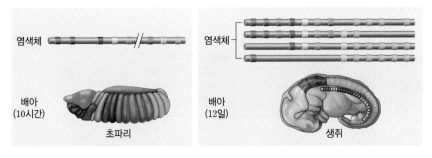

이에 대한 설명으로 옳은 것만을 〈보기〉에서 있는 대로 고른 것은?

보기
ㄱ. 초파리에 존재하는 혹스 유전자의 배열 순서는 생쥐와 반대로 되어 있다.
ㄴ. 혹스 유전자가 존재하는 염색체 수는 생쥐가 초파리의 4배이다.
ㄷ. 혹스 유전자는 기관이 정확한 위치에 형성되도록 하는 핵심 조절 유전자이다.

① ㄱ ② ㄴ ③ ㄱ, ㄷ ④ ㄴ, ㄷ ⑤ ㄱ, ㄴ, ㄷ

• ㉠은 전사 인자 b를 암호화하는 유일한 유전자이며, ㉠이 발현되기 위해서는 전사 인자 a가 A에 결합해야 한다.

• 초파리는 1개의 염색체에 혹스 유전자가 배열되어 있고, 생쥐는 4개의 염색체에 혹스 유전자가 배열되어 있다.

01 > 폐렴 쌍구균의 형질 전환 실험

그림 (가)는 그리피스가, (나)는 에이버리가 수행한 실험의 일부를 나타낸 것이다. ⊙과 ⓒ은 각각 R형 균과 S형 균 중 하나이다.

(가) 열처리로 죽은 ⊙의 추출물 + 살아 있는 ⓒ — 쥐에 주사 → 쥐가 죽는다. → 죽은 쥐의 혈액에서 살아 있는 ⊙이 관찰된다.

(나)
열처리로 죽은 ⊙의 추출물 — ⓐ 분해 효소 처리 → 살아 있는 ⓒ과 혼합 — 배양 → 살아 있는 S형 균이 관찰되지 않는다.

열처리로 죽은 ⊙의 추출물 — ⓑ 분해 효소 처리 → 살아 있는 ⓒ과 혼합 — 배양 → 살아 있는 S형 균이 관찰된다.

이에 대한 설명으로 옳은 것만을 〈보기〉에서 있는 대로 고른 것은?

> 보기

ㄱ. (가)를 통해 유전 물질이 DNA라는 것이 밝혀졌다.

ㄴ. 형질 전환을 일으키는 유전 물질은 ⓐ와 ⓑ 중 ⓐ이다.

ㄷ. 살아 있는 ⓒ은 ⊙과 달리 피막을 가지고 있다.

① ㄱ   ② ㄴ   ③ ㄷ   ④ ㄱ, ㄷ   ⑤ ㄴ, ㄷ

• 폐렴 쌍구균 중 R형 균은 병원성이 없고, S형 균은 병원성이 있다.

02 > DNA 복제

그림은 어떤 세포에서 복제 중인 이중 가닥 DNA의 일부에 대한 자료이다.

• 핵산을 구성하는 염기 중 A과 G은 퓨린 계열 염기이고, C, T, U은 피리미딘 계열 염기이다.

• (가)와 (나)는 복제 주형 가닥이고, 서로 상보적이다.

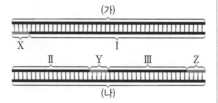

• (가), (나), X+Ⅰ은 각각 44개의 염기로 구성되고, Ⅱ+Y와 Ⅲ+Z는 각각 22개의 염기로 구성된다.

• 프라이머 X, Y, Z는 각각 4개의 염기로 구성된다. X는 피리미딘 계열에 속하는 2종류의 염기로 구성되고, X와 Y는 서로 상보적이다.

• Ⅰ에서 $\dfrac{A+T}{G+C}=\dfrac{2}{3}$이고, Ⅱ에서 $\dfrac{A+T}{G+C}=\dfrac{1}{2}$이다.

• (가)와 X+Ⅰ 사이의 염기 간 수소 결합의 총 개수는 115개이다. Ⅱ와 (나) 사이의 염기 간 수소 결합의 총 개수와 Ⅲ과 (나) 사이의 염기 간 수소 결합의 총 개수는 같다.

• Ⅲ+Z에서 $\dfrac{A}{G}=\dfrac{2}{3}$이고 $\dfrac{T}{C}=1$이며, $\dfrac{C}{G}=\dfrac{1}{3}$이다.

이에 대한 설명으로 옳지 <u>않은</u> 것은? (단, 돌연변이는 고려하지 않는다.)

① Ⅱ는 Ⅲ보다 먼저 합성되었다.

② Ⅲ+Z에서 구아닌(G)의 개수는 9개이다.

③ (가)에서 '구아닌(G)+사이토신(C)'의 개수는 '아데닌(A)+타이민(T)'의 개수보다 8개 많다.

④ X에서 사이토신(C)의 개수는 3개이다.

⑤ Y와 (나) 사이의 염기 간 수소 결합의 총 개수는 Z와 (나) 사이의 염기 간 수소 결합의 총 개수보다 3개 많다.

---

03 ❯ 1유전자 1효소설

다음은 붉은빵곰팡이의 유전자 발현에 대한 자료이다.

• 붉은빵곰팡이는 ⓒ이 합성되는 경우에만 생장할 수 있으므로, ⓒ은 붉은빵곰팡이의 생장에 반드시 필요한 물질이다.

• 야생형에서 아르지닌이 합성되는 과정은 그림과 같다.

• 영양 요구주 Ⅰ형과 Ⅱ형은 각각 유전자 a와 b 중 하나에만 돌연변이가 일어난 것이다.

• 야생형, Ⅰ형, Ⅱ형을 각각 최소 배지, 최소 배지에 물질 ⓐ을 첨가한 배지, 최소 배지에 물질 ⓑ을 첨가한 배지에서 배양하였을 때, 생장 여부와 물질 ⓒ의 합성 여부는 표와 같다. ⓐ~ⓒ은 오르니틴, 시트룰린, 아르지닌을 순서 없이 나타낸 것이다.

구분	최소 배지		최소 배지+ⓐ		최소 배지+ⓑ	
	생장	ⓒ 합성	생장	ⓒ 합성	생장	ⓒ 합성
야생형	+	○	+	○	+	○
Ⅰ형	−	×	+	○	−	×
Ⅱ형	−	×	+	○	+	○

(+ : 생장함, − : 생장 못함, ○ : 합성됨, × : 합성 안 됨)

이에 대한 설명으로 옳은 것만을 〈보기〉에서 있는 대로 고른 것은? (단, 제시된 돌연변이 이외의 돌연변이는 고려하지 않는다.)

┌─ 보기 ─────────────────────────────
ㄱ. ⓒ은 ⓐ으로부터 합성된다.
ㄴ. 효소 B의 기질은 ⓑ이다.
ㄷ. Ⅱ형은 유전자 b에 돌연변이가 일어난 것이다.
└────────────────────────────────

① ㄱ   ② ㄷ   ③ ㄱ, ㄴ   ④ ㄱ, ㄷ   ⑤ ㄴ, ㄷ

04 〉유전자 발현과 돌연변이

다음은 어떤 진핵생물의 유전자 w와 돌연변이 유전자 x, y의 발현에 대한 자료이다.

- 유전자 w, x, y로부터 각각 폴리펩타이드 W, X, Y가 합성되고, W, X, Y의 합성은 모두 개시 코돈 AUG에서 시작하여 종결 코돈에서 끝난다.
- w의 DNA 이중 가닥 중 전사 주형 가닥의 염기 서열은 다음과 같다.
  5′ – TCAGTTACGAGTGGTGGCTGCCCATTGTA – 3′
- x는 w의 전사 주형 가닥에 연속된 2개의 구아닌(G)이 1회 삽입된 돌연변이 유전자이다. X는 서로 다른 8개의 아미노산으로 구성된다.
- y는 x에서 돌연변이가 일어난 유전자이고, w로부터 x가 될 때 삽입된 GG가 ㉠피리미딘 계열에 속하는 동일한 2개의 염기로 치환된 것이다. Y는 8종류의 아미노산으로 구성된다.
- X와 Y는 6개의 아미노산이 공통적이다.
- 표는 유전부호를 나타낸 것이다.

UUU UUC 페닐알라닌	UCU UCC	UAU UAC 타이로신	UGU UGC 시스테인
UUA UUG 류신	UCA UCG 세린	UAA 종결 코돈 UAG 종결 코돈	UGA 종결 코돈 UGG 트립토판
CUU CUC 류신	CCU CCC	CAU CAC 히스티딘	CGU CGC 아르지닌
CUA CUG	CCA CCG 프롤린	CAA CAG 글루타민	CGA CGG
AUU AUC 아이소류신	ACU ACC	AAU AAC 아스파라진	AGU AGC 세린
AUA AUG 메싸이오닌	ACA ACG 트레오닌	AAA AAG 라이신	AGA AGG 아르지닌
GUU GUC 발린	GCU GCC	GAU GAC 아스파트산	GGU GGC 글리신
GUA GUG	GCA GCG 알라닌	GAA GAG 글루탐산	GGA GGG

이에 대한 설명으로 옳은 것만을 〈보기〉에서 있는 대로 고른 것은? (단, 제시된 돌연변이 이외의 핵산 염기 서열 변화는 고려하지 않는다.)

보기
ㄱ. ㉠은 CC이다.
ㄴ. Y에는 히스티딘이 있다.
ㄷ. W 합성 과정에서 종결 코돈은 UGA이다.

① ㄱ   ② ㄴ   ③ ㄷ   ④ ㄱ, ㄴ   ⑤ ㄴ, ㄷ

> 전사가 일어나면 DNA 주형 가닥과 염기 서열이 상보적이고 방향이 반대인 mRNA 가닥이 합성되며, mRNA의 번역은 5′ → 3′ 방향으로 일어난다.

05 〉젖당 오페론과 돌연변이

그림 (가)는 야생형 대장균의 젖당 오페론과 조절 유전자를 나타낸 것으로, ㉠과 ㉡은 각각 조절 유전자와 프로모터 중 하나이다. 그림 (나)는 야생형 대장균과 돌연변이 대장균 A, B를 포도당이 없는 젖당 배지에 동일한 양으로 넣고 배양한 결과를 나타낸 것이다. A와 B는 각각 ㉠과 ㉡ 중 하나만 결실된 대장균이다.

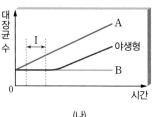

(가)   (나)

> ㉠은 오페론의 작동 부위에 결합하는 억제 단백질을 암호화하는 부위이고, ㉡은 RNA 중합 효소가 결합하는 부위이다.

이에 대한 설명으로 옳은 것만을 〈보기〉에서 있는 대로 고른 것은? (단, 제시된 돌연변이 이외의 돌연변이는 고려하지 않으며, 야생형, A, B의 배양 조건은 동일하다.)

보기
ㄱ. B에서 결실된 부위는 ⓒ이다.
ㄴ. 젖당이 있을 때 야생형 대장균에서 ㉠의 발현이 억제된다.
ㄷ. (나)의 구간 Ⅰ에서는 A에서 구조 유전자의 전사가 일어나고 있다.

① ㄱ   ② ㄴ   ③ ㄱ, ㄴ   ④ ㄱ, ㄷ   ⑤ ㄴ, ㄷ

06 〉전사 인자와 유전자 발현의 조절

다음은 어떤 동물의 세포 Ⅰ~Ⅲ에서 유전자 w, x, y, z의 전사 조절에 대한 자료이다.

• 유전자 w, x, y, z의 프로모터와 전사 인자 결합 부위 A, B, C는 그림과 같다.

A	B		프로모터	유전자 w
A		C	프로모터	유전자 x
A		C	프로모터	유전자 y
	B	C	프로모터	유전자 z

• w, x, y, z의 전사에 관여하는 전사 인자는 ㉠, ㉡, ㉢이다.
• w, x 각각의 전사는 각 유전자의 전사 인자 결합 부위에 전사 인자가 모두 결합했을 때 촉진되며, y, z 각각의 전사는 각 유전자의 전사 인자 결합 부위 중 하나에만 전사 인자가 결합해도 촉진된다.
• 세포 Ⅰ~Ⅲ에 있는 전사 인자와 전사가 촉진되는 유전자는 표와 같다.

세포	전사 인자			유전자			
	㉠	㉡	㉢	w	x	y	z
Ⅰ	×	○	○	−	+	?	?
Ⅱ	×	×	○	−	−	+	?
Ⅲ	○	○	×	+	?	?	?

(○: 있음, ×: 없음, +: 전사 촉진, −: 전사 안 됨)

이에 대한 설명으로 옳은 것만을 〈보기〉에서 있는 대로 고른 것은? (단, 돌연변이는 고려하지 않는다.)

보기
ㄱ. ㉡은 A에 결합한다.
ㄴ. Ⅰ에서 y의 유전 정보는 RNA로 전달된다.
ㄷ. w, x, y, z 중 Ⅰ~Ⅲ 모두에서 전사가 촉진되는 유전자는 2개이다.

① ㄴ   ② ㄱ, ㄴ   ③ ㄱ, ㄷ   ④ ㄴ, ㄷ   ⑤ ㄱ, ㄴ, ㄷ

• 유전자 w와 x가 발현되려면 공통적으로 전사 인자 결합 부위 A에 결합하는 전사 인자가 있어야 하며, A에 결합하는 전사 인자가 있으면 유전자 y도 발현된다.

01 그림은 원핵세포와 진핵세포의 유전체를 나타낸 것이다.

KEY WORDS
• 원핵세포
• 진핵세포
• 염색체
• 원형
• 선형
• 유전체 크기
• 유전자 수

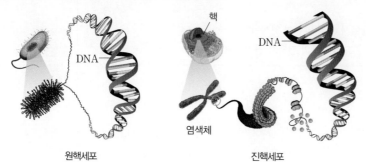

원핵세포와 진핵세포 유전체의 차이점을 다음 요소를 모두 포함하여 서술하시오.

> 염색체 수   염색체 형태   유전체 크기   유전자 수

02 그림은 허시와 체이스의 실험을 나타낸 것이다.

KEY WORDS
(1) • 파지의 DNA
    • 파지의 단백질
    • 대장균
(2) • DNA
    • 다음 세대의 파지
    • 유전 물질

(1) 시험관 A와 B에서 각각 상층액과 침전물 중 방사선이 검출되는 부분을 쓰고, 그렇게 판단한 근거를 서술하시오.

(2) 이 실험은 유전 물질이 무엇인지를 밝히는 중요한 증거가 되었다. 이 실험의 의의를 서술하시오.

03 ^{15}N가 들어 있는 배양액에서 배양하던 대장균(P)을 ^{14}N가 들어 있는 배양액으로 옮겨 1세대 대장균(G_1)을 얻었다. 그림은 P와 G_1에서 각각 DNA를 추출한 후 원심 분리하였을 때 무게에 따른 DNA양을 나타낸 것이다.

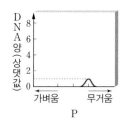
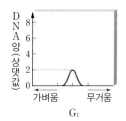

KEY WORDS
(2) • 반보존적 복제
  • $^{14}N - ^{14}N$ DNA
  • $^{14}N - ^{15}N$ DNA
  • $^{15}N - ^{15}N$ DNA

(1) G_1을 ^{14}N가 들어 있는 배양액에서 배양하여 2세대 대장균(G_2)을 얻고, G_2를 ^{15}N가 들어 있는 배양액으로 옮겨 3세대 대장균(G_3)을 얻었다. G_2와 G_3에서 각각 DNA를 추출한 후 원심 분리할 경우 무게에 따른 DNA양은 어떻게 나타날지 그래프를 그리시오.

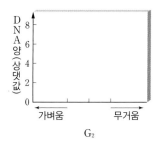
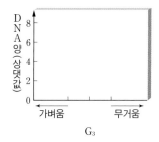

(2) (1)과 같은 그래프를 그린 근거를 DNA 복제 방식과 관련지어 서술하시오.

_____

_____

04 그림 (가)와 (나)는 DNA에서 일어나는 두 가지 과정을 나타낸 것이다.

(1) (가)와 (나) 과정을 각각 무엇이라고 하는지 쓰시오.

_____

(2) 효소 A와 B의 이름을 각각 쓰시오.

_____

(3) (가)와 (나) 과정의 차이점을 두 가지 서술하시오.

_____

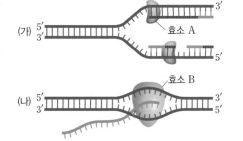

KEY WORDS
(3) • 주형
  • DNA
  • RNA

05 그림은 세포 P에서 유전자가 발현되는 과
정을 나타낸 것이다. (단, 그림에는 각 리
보솜에서 합성되고 있는 폴리펩타이드를
나타내지 않았다.)

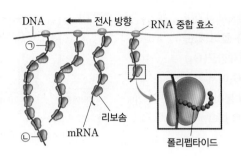

(1) 세포 P는 원핵세포인지 진핵세포인지
쓰고, 그렇게 판단한 근거를 유전자 발
현 과정과 관련지어 서술하시오.

_____

(2) 리보솜 ㉠과 ㉡ 중 mRNA에 먼저 결합하여 번역에 관여한 것을 쓰고, 그렇게 판단한 근
거를 서술하시오.

_____

KEY WORDS
(1) • 원핵세포
    • 전사, 번역
(2) • 번역
    • $5' \rightarrow 3'$

06 그림은 유전자 w의 DNA 이중 가닥 중 전사 주형 가닥의 염기 서열을, 표는 유전부호를 나
타낸 것이다. (단, 개시 코돈은 AUG이다.)

$$\downarrow$$

5'-TTAGTTACGAGTGCTGGTTGCGCATTGTA-3'

UUU	페닐알라닌	UCU		UAU	타이로신	UGU	시스테인
UUC		UCC	세린	UAC		UGC	
UUA	류신	UCA		UAA	종결 코돈	UGA	종결 코돈
UUG		UCG		UAG	종결 코돈	UGG	트립토판
CUU		CCU		CAU	히스티딘	CGU	
CUC	류신	CCC	프롤린	CAC		CGC	아르지닌
CUA		CCA		CAA	글루타민	CGA	
CUG		CCG		CAG		CGG	
AUU		ACU		AAU	아스파라진	AGU	세린
AUC	아이소류신	ACC	트레오닌	AAC		AGC	
AUA		ACA		AAA	라이신	AGA	아르지닌
AUG	메싸이오닌	ACG		AAG		AGG	
GUU		GCU		GAU	아스파트산	GGU	
GUC	발린	GCC	알라닌	GAC		GGC	글리신
GUA		GCA		GAA	글루탐산	GGA	
GUG		GCG		GAG		GGG	

(1) w가 발현되어 합성되는 폴리펩타이드의 아미노산 서열을 순서대로 쓰시오.

_____

(2) w에 돌연변이가 일어나 ⬇ 부분(T과 T 사이)에 염기 GG가 끼어 들어갈 경우 합성되는
폴리펩타이드의 아미노산 서열을 순서대로 쓰시오.

_____

KEY WORDS
(1) • 메싸이오닌
    • 세린
(2) • 메싸이오닌
    • 아스파라진

07 그림 (가)는 오페론의 구조를, (나)는 포도당과 젖당이 포함된 배지에서 대장균을 배양할 때 시간에 따른 대장균 수와 대장균에서 합성되는 젖당 분해 효소의 양을 나타낸 것이다.

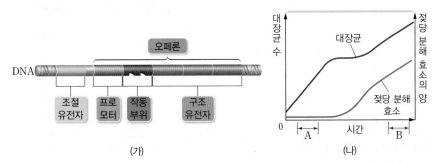

(가)　　　　　(나)

(1) (나)의 구간 A에서 대장균이 에너지원으로 주로 사용하는 영양소는 포도당과 젖당 중 무엇 인지 쓰고, 그에 따른 젖당 오페론의 조절을 서술하시오.

_____

(2) (나)의 구간 B에서 대장균이 에너지원으로 주로 사용하는 영양소는 포도당과 젖당 중 무엇 인지 쓰고, 그에 따른 젖당 오페론의 조절을 서술하시오.

_____

KEY WORDS

(1) • 억제 단백질
　• RNA 중합 효소
　• 구조 유전자 전사
　• 젖당 분해 효소
(2) • 젖당 유도체
　• RNA 중합 효소
　• 구조 유전자 전사
　• 젖당 분해 효소

08 애기장대에서 유전자 a, b, c는 각각 전사 인자 A, B, C를 암호화한다. 그림은 애기장대의 미분화된 조직에서 유전자 a, b, c의 발현에 따른 꽃의 형성을 나타낸 것이다.

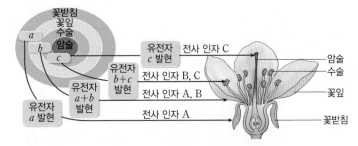

(1) a가 결실된 돌연변이 애기장대에서 꽃은 어떻게 형성될지 서술하시오.

_____

(2) 세포 분화와 기관 형성의 원리를 전사 인자와 유전자 발현의 관점에서 서술하시오.

_____

KEY WORDS

(1) • 전사 인자 A
　• 꽃잎
　• 꽃받침
　• 암술
　• 수술
(2) • 전사 인자
　• 유전자 발현 조절

V

생물의 진화와 다양성

1

생명의 기원과 다양성

화학적
진화설 — 원시
세포의
탄생 — 생명의
기원 — 원시
생명체의
진화 ···· 분류
단계

막 진화설
세포내
공생설

종

생명의 기원

계통수

계통

분류
단계 — 생물의
분류 — 3역 6계
분류 체계 ···· 세균역

생물의 분류

진정세균계

고세균계

고세균역

진핵
생물역 — 생물의
다양성

원생
생물계
식물계
균계
동물계

생물의 다양성

01 생명의 기원

학습 Point 화학적 진화설에 따른 원시 세포의 탄생 과정 > 원시 세포 탄생 과정에서 막 구조의 중요성 > 원핵생물에서 진핵 생물로의 진화 > 단세포 생물에서 다세포 생물로의 진화

원시 세포의 탄생

지구는 약 46억 년 전에 형성되었으며, 이때의 원시 지구 환경은 현재의 지구 환경과 매우 달랐고 불안정하였으며 생명체는 존재하지 않았다. 이러한 원시 지구 환경에서 최초의 생명체가 탄생하는 과정을 설명하기 위해 오파린과 홀데인은 화학적 진화설을 제시하였다.

1. 원시 지구의 환경

원시 지구는 운석의 빈번한 충돌과 대규모의 화산 활동으로 표면이 매우 뜨겁고 녹아 있는 상태였을 것이다. 이로 인해 지구 내부로부터 수증기가 방출되어 두꺼운 구름층을 형성하고 있었을 것이고, 대기는 화산 분출물로부터 뿜어져 나온 수소(H_2), 암모니아(NH_3), 메테인(CH_4), 수증기(H_2O) 등으로 이루어져 있었으며, 산소(O_2)는 거의 없었을 것이다. 또, 대기에는 오존층이 형성되지 않아 태양의 자외선이 여과 없이 지구 표면에 도달하였으며, 대기가 불안정하여 번개와 같은 공중 방전이 끊임없이 일어나고 있었을 것이다. 시간이 지남에 따라 지표면은 냉각되어 지각을 형성하였고, 수증기가 응결되면서 비가 내려 원시 바다가 형성되었을 것이다.

화산 활동　공중 방전　운석 충돌　원시 바다

◀ **원시 지구 환경** 원시 지구의 대기는 수소(H_2), 암모니아(NH_3), 메테인(CH_4), 수증기(H_2O) 등의 기체로 구성되어 있었고, 활발한 지각 활동으로 생성된 열에너지, 자외선과 같은 복사 에너지, 번개와 같은 전기 에너지가 풍부했을 것이다.

2. 화학적 진화설

1920년대에 오파린과 홀데인은 원시 지구 환경에서 최초의 생명체가 탄생하는 과정을 설명하는 화학적 진화설을 발표하였다. 이 가설에 따르면 원시 지구의 화학적·물리적 환경에서 무기물로부터 아미노산과 같은 간단한 유기물이 생성되었고, 간단한 유기물이 농축되어 폴리펩타이드, 핵산과 같은 복잡한 유기물이 생성되었으며, 복잡한 유기물이 모여 유기물 복합체가 형성되었다. 이 유기물 복합체가 스스로 분열할 수 있고 유전 물질을 전달할 수 있게 되면서 현재의 원핵세포와 유사한 최초의 원시 세포가 탄생하였다.

오파린(Oparin, A. I., 1894~1980)
러시아의 생화학자로, 1924년 『생명의 기원』이라는 저서에서 화학적 진화설을 제안하였다.

홀데인(Haldane, J. B. S., 1892~1964)
영국의 생명 과학자로, 오파린과 비슷한 시기에 화학적 진화설을 발표하였다.

원시 대기의 무기물 $(H_2, NH_3, CH_4, H_2O$ 등)	→	간단한 유기물 생성 (아미노산, 뉴클레오타이드 등)	→	복잡한 유기물 생성 (폴리펩타이드, 핵산 등)	→	유기물 복합체 형성	→	원시 세포 탄생 (유기물 복합체가 원시 세포로 진화)

▲ 화학적 진화설에 따른 원시 세포의 탄생 과정

3. 원시 세포의 탄생 과정

(1) **간단한 유기물의 생성**: 원시 지구에서 생명체가 나타나기 위해서는 생명체를 구성할 수 있는 유기물이 있어야 한다. 간단한 유기물은 원시 지구의 화산 활동, 태양으로부터 오는 강한 자외선, 번개 등과 같은 풍부한 에너지에 의해 원시 지구 대기의 기체가 화학 반응을 일으켜 합성되었을 것이라고 추정한다.

① 밀러와 유리의 실험: 1953년 밀러와 유리는 원시 지구 환경과 비슷한 조건의 실험 장치를 만들어 무기물로부터 간단한 유기물이 합성될 수 있음을 확인함으로써 오파린의 화학적 진화설을 뒷받침하였다.

시선 집중 ★ 원시 지구에서의 유기물 합성 확인 – 밀러와 유리의 실험

1953년 밀러와 유리는 원시 지구 환경을 모방한 실험 장치를 만들고, 1주일 동안 물을 끓여 순환시키며 강한 방전을 일으키면서 U자관 속 물질의 농도 변화를 분석하였다. 실험 결과 U자관에서 아스파트산, 글리신, 알라닌과 같은 아미노산과 사이안화 수소, 알데하이드 등이 검출되었다.

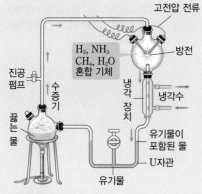

▲ 실험 장치

▲ U자관 속 물질의 농도 변화

❶ **실험의 전제**: 원시 대기에는 생명체의 핵심 물질인 단백질과 핵산을 구성하는 데 필요한 탄소(C), 수소(H), 산소(O), 질소(N)가 수소와 결합한 형태의 환원성 기체로 존재했을 것이라고 생각하였다. 따라서 둥근 플라스크에 수소(H_2), 암모니아(NH_3), 메테인(CH_4)의 혼합 기체를 채우고 물을 끓여 수증기(H_2O)를 순환시키며 실험하였다.

❷ **실험 장치와 원시 지구의 관계**: 둥근 플라스크 속의 혼합 기체는 원시 지구의 환원성 대기, 냉각 장치를 통과한 물은 원시 지구에 내린 비, U자관에 고인 액체는 원시 지구의 바다에 해당한다.

❸ **물을 끓이는 까닭**: 원시 지구에서처럼 대기에 수증기를 공급하고, 화산 폭발 등의 열에너지로 인한 고온 상태를 형성하기 위해서이다.

❹ **강한 방전을 일으키는 까닭**: 혼합 기체가 들어 있는 둥근 플라스크에 번개와 같은 원시 지구의 에너지를 공급하기 위해서이다.

❺ **U자관에 존재하는 물질을 분석한 결과**: 암모니아의 농도가 점점 감소하면서 사이안화 수소, 알데하이드가 생성되었다가, 이후 아스파트산, 글리신, 알라닌과 같은 아미노산이 생성되었다.
→ 원시 지구의 환원성 대기 성분이 방전 등의 에너지에 의해 화학 반응을 일으켜 간단한 유기물로 합성될 수 있다는 것이 실험으로 증명되었다.

밀러(Miller, S., 1930~2007)와 유리 (Urey, H. C., 1893~1981)
미국의 화학자로, 1953년 시카고 대학에서 유리의 지도 하에 밀러가 연구하면서 화학적 진화설을 뒷받침하는 증거를 실험으로 제시하였다.

환원성 기체
수소(H)와 결합한 상태로, 산소(O)에 의해 산화될 수 있는 기체이다. 탄소(C)가 수소(H)와 결합한 메테인(CH_4)은 환원성 기체이지만, 탄소(C)가 산소(O)와 결합한 이산화 탄소(CO_2)는 산화성 기체이다.

환원 대기설
원시 지구의 대기가 수소(H_2), 암모니아(NH_3), 메테인(CH_4), 수증기(H_2O) 등의 환원성 기체로 이루어져 있었다는 학설이다. 만약 원시 지구의 대기가 환원성 기체가 아니라 산소가 풍부한 기체로 이루어져 있었다면 유기물이 합성되어도 산소에 의해 산화되어 생명체로 진화할 수 없었을 것이다. 따라서 원시 지구의 대기를 환원성 대기로 추정한다.

밀러와 유리의 실험 결과
밀러는 1주일 동안 실험한 후 U자관에 존재하는 물질을 2차원 크로마토그래피로 분석하여 그림과 같은 결과를 얻었다.

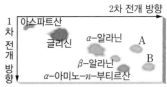

A, B: 확인 안 된 물질

즉, 실험 결과 무기물로부터 아스파트산, 글리신, 알라닌 등의 아미노산과 같은 단순한 유기물이 생성되었다.

② 화학적 진화설의 한계-심해 열수구설: 오파린은 환원성 대기 성분으로부터 간단한 유기물이 생성되었다고 주장했지만, 최근의 연구에서 원시 지구의 대기는 질소(N_2), 이산화탄소(CO_2), 수증기(H_2O)가 주성분이었으며, 암모니아(NH_3)와 메테인(CH_4)이 풍부하지 않아 환원성이 아니었다는 반론이 제기되었다. 이러한 환경에서는 유기물이 생성되어 축적되기 어려우므로 이를 보완한 여러 가설이 제시되었는데, 그중 하나가 심해 열수구설이다. 심해 열수구설에서는 원시 지구에서 유기물이 합성된 장소로 심해 열수구를 제시하고 있다. 심해 열수구에는 유기물이 합성될 때 필요한 재료, 에너지, 금속 촉매 등이 풍부하므로, 심해 열수구에서 최초의 원시 생명체가 탄생하였을 것으로 보고 있다.

(2) **복잡한 유기물의 생성**: 원시 지구에서 무기물로부터 합성된 간단한 유기물이 원시 바다에 축적되었고, 축적된 유기물은 오랫동안 화학 반응을 거쳐 폴리펩타이드, 핵산 등과 같은 복잡한 유기물로 합성되었을 것이다. 1957년 폭스는 아미노산을 가열해 단백질과 유사한 중합체를 합성하여 원시 지구에서 풍부한 열에너지에 의해 복잡한 유기물이 생성될 수 있음을 입증하였다.

• **폭스의 실험**: 폭스는 20여 종류의 아미노산을 혼합하여 고압 상태에서 몇 시간 동안 170 °C로 가열한 결과 약 200개의 아미노산으로 이루어진 폴리펩타이드를 합성하는 데 성공하였다.

(3) **막 구조를 가진 유기물 복합체의 형성**

① **막 구조의 중요성**: 복잡한 유기물이 원시 세포가 되기 위해서는 막 구조가 필수적으로 형성되어야 한다. 세포막과 같은 막 구조는 내부 환경을 외부 환경과 구분하여 생명 활동이 일어날 수 있는 안정적인 환경을 제공하고, 세포에 필요한 물질을 선택적으로 흡수하여 세포 내 환경을 안정적으로 유지할 수 있게 한다.

② **원시 세포 탄생에 필요한 막 구조의 재현**: 원시 바다에는 폴리펩타이드, 핵산 등 생명체의 출현에 필요한 복잡한 유기물이 풍부하게 존재했을 것이다. 복잡한 유기물은 뭉쳐서 막으로 둘러싸인 유기물 복합체를 형성하였다. 오파린을 비롯한 여러 과학자는 원시 세포가 탄생하는 데 필요한 유기물 복합체의 막 구조를 몇 가지 재현하였다.

• **코아세르베이트**: 오파린은 원시 바닷속에서 탄수화물, 단백질, 핵산 등의 유기물이 뭉치면서 물로 된 액상의 막으로 둘러싸인 유기물 복합체가 형성되었다고 설명하였고, 이를 코아세르베이트라고 하였다. 코아세르베이트는 막이 있어 주위와 분리되고, 주변 환경으로부터 물질을 선택적으로 흡수하여 커지며, 어느 정도의 크기에 도달하면 둘로 나누어져 그 수가 증

친수성 표면

물로 된 액상의 막
탄수화물과 단백질 등의 고체 입자

▲ **코아세르베이트**

가하기도 한다. 오파린은 코아세르베이트의 물질 흡수, 생장, 분열에 의한 수 증가가 원시적인 물질대사 및 세포 분열과 유사한 것으로 보고, 코아세르베이트가 원시 세포로 진화하였다고 주장하였다. 코아세르베이트는 오랫동안 생명체의 기원으로 여겨져 왔지만, 모든 세포가 가지고 있는 인지질 2중층으로 이루어진 세포막이 없기 때문에 생명체의 직접적인 기원이 될 가능성은 낮다.

• **마이크로스피어**: 폭스는 아미노산을 가열하여 만든 폴리펩타이드를 뜨거운 물에 넣었다가 서서히 식히면 작은 액체 방울이 형성되는 것을 관찰하고, 이것을 마이크로스피어라고 하였다. 마이크로스피어는 단백질로 된 2중층의 막으로 둘러싸여 있으며, 구조가 안정적이다. 또, 주변 환경으로부터 물질을 선택적으로 흡수하여 커지며, 일정 크기 이상이 되면 스스로

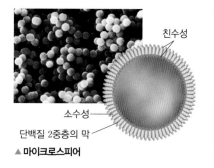

친수성
소수성
단백질 2중층의 막
▲ **마이크로스피어**

분열하는 특성이 있다. 폭스는 마이크로스피어가 이러한 특성을 갖는 것을 보고, 마이크로스피어 단계를 거쳐 원시 세포가 생겨났다고 주장하였다.

• **리포솜**: 친수성 머리와 소수성 꼬리를 가진 인지질을 물에 넣으면 리포솜이 형성된다. 리포솜은 오늘날의 세포막과 유사한 소수성 꼬리가 서로 마주 보는 인지질 2중층의 막으로 둘러싸여 있다. 리포솜은 물속에서 막에 단백질을 붙일 수 있고, 물질을 선택적으로 흡수하여 커질 수 있으며, 크기가 커지면 작은 리포솜을 형성하여 분리할 수 있다. 또, 일부 리포

친수성
소수성
인지질 2중층의 막
▲ **리포솜**

솜은 몇 가지 효소와 기질을 첨가하면 물질대사가 일어나고 생성물을 밖으로 배출하기도 한다. 리포솜의 막 구조는 현존하는 세포의 세포막 구조와 거의 유사하므로, 원시 세포의 막 구조는 단백질보다는 리포솜과 같은 인지질 구조를 기반으로 형성되었을 것으로 여겨진다.

시선 집중 ★ **세 가지 유기물 복합체의 막 구조 비교**

❶ **유기물 복합체 막의 구성 성분 비교**: 코아세르베이트는 물로 된 막을, 마이크로스피어는 단백질로 된 막을, 리포솜은 인지질로 된 막을 가진다. → 세 가지 유기물 복합체에서 막의 구성 성분은 서로 다르다.

❷ **유기물 복합체의 막과 현재 세포의 세포막 비교**: 코아세르베이트의 막은 물 분자가 결합하여 주변과 경계를 이루는 액상의 막이고, 마이크로스피어의 막은 단백질로 된 2중층의 막이다. 리포솜의 막은 인지질 2중층의 막으로, 작은 리포솜을 형성하거나 단백질을 부착할 수 있지만 막단백질은 없다. → 현재 세포의 세포막은 인지질 2중층에 막단백질이 박혀 있는 구조이므로, 세포막과 가장 유사한 막은 리포솜의 막이다.

⑷ **원시 세포의 탄생**: 막 구조를 가진 유기물 복합체에 자기 복제와 번식에 필요한 유전 물질과 효소가 추가되어 최초의 원시 세포가 나타나게 되었다.

① **원시 세포가 되기 위한 조건**: 막 구조가 형성된 것만으로는 원시 세포라고 볼 수 없다. 원시 세포가 되려면 막 구조를 형성할 뿐만 아니라 유전 물질과 효소가 있어서 스스로 복제하여 번식할 수 있어야 한다. 따라서 최초 원시 세포의 유전 물질은 유전 정보를 저장하면서 다양한 3차원 입체 구조를 형성할 수 있어 효소처럼 작용할 수 있었을 것이다.

현재 세포의 세포막 구조

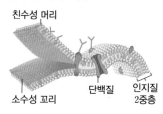

친수성 머리
단백질
인지질 2중층
소수성 꼬리

원시 세포 모형

원시 세포는 생명 현상을 나타내는 데 필요한 주요 물질이 인지질로 된 막 구조로 둘러싸여 있어서 외부와 구조적·기능적으로 독립된 단위가 되었을 것이다.

효소
유전 물질
세포막(인지질)

② RNA 우선 가설: 최초의 유전 물질은 RNA였을 것이라는 가설이다. RNA 중에는 유전 정보의 저장과 전달 기능을 하면서 효소 기능을 하는 것이 있는데, 이를 리보자임이라고 한다. 리보자임은 단일 가닥 RNA로 되어 있어 염기 서열에 따라 다양한 입체 구조를 만들며, RNA 중합 효소 기능을 갖고 있어 뉴클레오타이드가 공급되면 자기 복제가 가능하기 때문에 최초의 유전 물질로서의 역할을 할 수 있었을 것이다.

리보자임
미국의 체크(Cech, T. R., 1947~)와 캐나다의 올트먼(Altman, S., 1939~)은 한 원생생물에서 특정 RNA를 발견하였는데, 이 RNA가 유전 정보 저장 기능과 효소 기능을 모두 가지고 있어 RNA(Ribonucleic acid)와 효소(Enzyme)를 합쳐 리보자임(Ribozyme)이라고 이름 지었다.

시야 확장 ⊕ 최초의 유전 물질인 RNA – 리보자임

❶ 리보자임은 매우 짧은 단일 가닥의 RNA 분자로, 분자 내 상보적인 염기 간에 수소 결합이 형성되어 특이한 3차원 입체 구조를 만들 수 있다. 이 입체 구조 때문에 리보자임은 효소의 기능을 나타낼 수 있다.

❷ 리보자임 중에는 RNA 중합 효소 기능을 갖는 것이 있어서 뉴클레오타이드를 공급하면 단백질 효소 없이도 스스로 효소로 작용하여 주형 RNA로부터 상보적 염기 서열을 가지는 RNA 가닥을 합성하기도 한다.

▲ **리보자임의 구조** 3차원 입체 구조인 리보자임에서 주형 RNA를 따라 상보적인 RNA 가닥이 합성되고 있다.

❸ 리보자임의 발견으로 최초의 원시 세포에서 DNA보다 RNA가 유전 물질로서 자기 복제 체계의 중심 역할을 수행하였으며, 효소 기능까지도 수행하였다는 RNA 우선 가설이 제시되었다.

③ 유전 정보 체계의 변화: 원시 세포의 많은 특성이 유전 정보로 저장됨에 따라, 유전 정보의 양이 많아지고 정확한 복제가 중요해졌다. 이중 나선 구조의 DNA는 단일 가닥의 RNA보다 구조가 안정적이고 더 정확한 복제가 가능하다. 따라서 이후 유전 정보의 저장 기능은 보다 안정된 구조의 DNA가 담당하게 되었고, 효소 기능은 훨씬 효율적인 단백질이 담당하도록 진화함으로써 RNA는 오늘날과 같이 DNA의 유전 정보 전달자로서의 기능을 하게 되었다. 결국 유전 정보 전달 체계는 'RNA 기반 체계'로부터, 'RNA – 단백질 기반 체계'를 거쳐 오늘날과 같은 'DNA – RNA – 단백질 기반 체계'로 진화한 것으로 추정된다.

단백질과 DNA가 최초의 유전 물질일 수 없는 까닭
최초의 유전 물질은 유전 정보 저장 및 전달 기능과 효소 기능을 함께 갖추고 있어야 한다. 그런데 단백질은 효소 기능을 하지만 유전 정보 저장 및 전달 기능이 없고, 핵산 중 DNA는 유전 정보를 저장할 수 있지만 효소 기능이 없다.

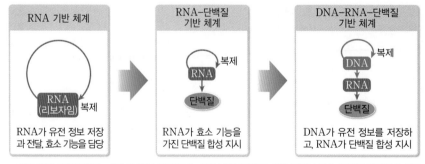

▲ **유전 정보 체계의 변화** 최초의 원시 세포에서는 RNA(리보자임)가 유전 물질과 효소 역할을 하였으나, 이후 효소 기능을 가진 단백질이 출현하면서 RNA – 단백질을 기반으로 하는 중간 단계를 거쳐, 유전 정보의 저장 기능을 수행하는 DNA의 출현으로 현재의 DNA – RNA – 단백질로 이루어진 유전 정보 흐름의 체계가 형성되었을 것이다.

② 원시 생명체의 진화

(심화) 110쪽

약 39억 년 전에 출현한 것으로 추정되는 최초의 원시 생명체는 단세포 원핵생물이었으며, 이후 원핵생물에서 진핵생물이, 단세포 생물에서 다세포 생물이 출현하였을 것이다.

1. 원핵생물의 출현

(1) 최초의 생명체인 종속 영양 생물의 출현: 약 39억 년 전에 출현한 최초의 생명체는 유전 물질과 효소를 가지고 있고, 막을 통해 물질 출입을 조절할 수 있으며, 핵막과 막성 세포 소기관이 없는 원핵생물이었을 것이다. 또, 광합성과 같은 복잡한 기능을 수행할 만큼 복잡한 기구를 가지고 있지 않았을 것이므로, 원시 바다에 축적된 유기물을 섭취하여 생활하는 종속 영양 생물이었을 것으로 추정된다. 그리고 당시의 지구에는 산소가 없었으므로 유기물을 섭취하여 무산소 호흡으로 생활에 필요한 에너지를 얻었을 것이다.

(2) 독립 영양 생물의 출현: 무산소 호흡을 하는 종속 영양 생물이 오랜 기간 번성하면서 원시 바다에 축적되어 있던 유기물의 양이 감소하였고 대기 중의 이산화 탄소 농도가 증가하였으며, 원시 지구에 풍부했던 에너지가 감소함에 따라 유기물의 합성량도 감소하였을 것이다. 이러한 환경 변화에 적응하여 빛에너지를 이용해 무기물로부터 유기물을 스스로 합성하는 독립 영양 생물이 출현하였을 것으로 추정된다.

초기의 독립 영양 생물은 빛에너지와 대기 중의 이산화 탄소 및 황화 수소를 이용하여 유기물을 합성하였을 것이다. 이들은 황화 수소(H_2S)로부터 수소를 얻었으며, 가장 단순한 형태의 광계로 빛에너지를 이용하였을 것이다. 그러나 황화 수소는 한정되어 있으므로 어느 시기부터는 풍부한 물(H_2O)로부터 수소를 공급받아 광합성을 하는 원시 남세균(광합성 세균)이 출현하였을 것이다. 원시 남세균은 원시 지구의 풍부한 물을 이용하여 널리 번성하였으며, 이들로부터 산소(O_2)가 생성되었을 것으로 추정된다. 원시 광합성 원핵생물은 약 35억 년 전에 생성된 암석층인 스트로마톨라이트에서 화석 형태로 처음 발견되었으며, 오늘날의 남세균과 구조가 유사하다.

▲ **스트로마톨라이트** 오스트레일리아에서 약 35억 년 전에 생성된 암석층으로, 원시 광합성 원핵생물로 이루어진 미생물 막에 퇴적물 알갱이가 부착되어 형성된 퇴적 구조이다.

(3) 산소 호흡을 하는 종속 영양 생물의 출현: 광합성을 하는 원핵생물의 번성으로 대기 중의 산소 농도가 증가함에 따라 산소에 민감한 많은 생물이 멸종하였고, 일부만이 진흙이나 토양 속과 같은 산소가 없는 환경에서 살아남아 오늘날의 혐기성 세균으로 남게 되었다.

이후 산소에 덜 민감하고 독립 영양 생물을 먹이로 하여 산소 호흡으로 에너지를 얻는 종속 영양 생물(호기성 세균)이 출현하였을 것이다. 산소 호흡을 하는 원핵생물은 무산소 호흡을 하는 원핵생물보다 포도당으로부터 더 많은 에너지를 얻을 수 있으므로, 산소 호흡을 하는 원핵생물이 급격히 번성하였다.

대기 중의 산소 농도가 점차 높아지고, 산소 호흡에 의해 세포의 에너지 효율이 높아짐에 따라 세포의 구조와 크기에도 변화가 생겼다. 세포 내부에서 수행하는 기능이 다양화되면서 세포 내 구조가 복잡해졌고, 세포의 크기가 커질 수 있었다.

종속 영양 생물
다른 생물이 만든 유기물을 섭취하거나 다른 생물을 먹어 영양소를 얻는 생물

독립 영양 생물
무기물을 이용하여 생명 활동에 필요한 유기물을 스스로 합성하는 생물

남세균
엽록소가 있어 광합성을 하는 독립 영양 세균(광합성 세균)으로, 세균 중 유일하게 산소를 발생시킨다. 짙은 청록색을 띠며 단세포 또는 실 모양의 군체를 형성한다.

2. 진핵생물의 출현

최초의 진핵생물은 약 21억 년 전의 지층에서 화석으로 발견되었으며, 원핵생물보다 훨씬 구조가 복잡하였다. 진핵생물은 다양한 기능을 하는 원핵생물의 상호 작용으로 생겨났을 것으로 추정되며, 진핵생물의 출현 과정은 막 진화설과 세포내 공생설로 설명한다.

(1) 막 진화설: 무산소 호흡으로 에너지를 얻던 원핵생물 중 일부가 세포막이 안으로 함입되어 겹쳐지면서 소포체, 골지체 등 막으로 둘러싸인 세포 소기관이 생겨났다고 보는 가설이다. 특히 함입된 막의 일부가 유전 물질을 둘러싸서 핵막을 형성하였다고 설명한다.

(2) 세포내 공생설: 독자적으로 생활하던 원핵생물이 더 큰 세포의 내부로 들어가 공생하면서 미토콘드리아, 엽록체와 같은 세포 소기관으로 분화되었다고 보는 가설이다. 미토콘드리아는 산소 호흡을 하는 종속 영양 원핵생물(호기성 세균)이 숙주 세포에 공생하다가 형성된 것으로 보며, 이와 같은 공생으로 무산소 호흡을 하는 숙주 세포는 산소 농도가 점점 증가하는 환경에 적응할 수 있었을 것이다. 엽록체는 광합성을 하는 원핵생물(광합성 세균)이 숙주 세포에 공생하다가 형성된 것으로 보고 있다. 이렇게 하여 공생 관계에 있던 원핵생물들이 서로에게 더 많이 의존하게 되면서 하나의 개체로 진화하였다고 설명한다.

원핵세포와 진핵세포의 비교

구분	원핵세포	진핵세포
핵막	없음	있음
막성 세포 소기관	없음	있음
세포의 크기	1μm~5μm	10μm ~100μm
생물	세균	식물, 동물, 균류 등

먼저 숙주 세포로 들어간 원핵생물

광합성을 하는 원핵생물보다 산소 호흡을 하는 원핵생물이 먼저 숙주 세포에 들어와 살게 되었다고 추정된다. 그 까닭은 오늘날의 진핵세포에서 미토콘드리아는 공통으로 발견되지만, 엽록체는 식물 세포와 같은 일부 진핵세포에서만 발견되기 때문이다.

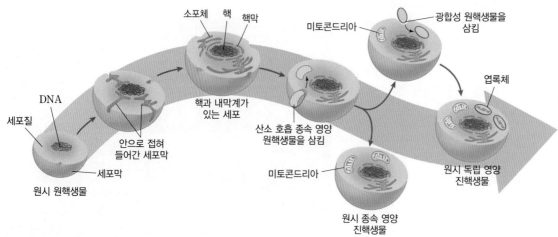

세포질 / DNA / 세포막 / 원시 원핵생물 / 안으로 접혀 들어간 세포막 / 소포체 / 핵 / 핵막 / 핵과 내막계가 있는 세포 / 산소 호흡 종속 영양 원핵생물을 삼킴 / 미토콘드리아 / 광합성 원핵생물을 삼킴 / 미토콘드리아 / 원시 종속 영양 진핵생물 / 엽록체 / 원시 독립 영양 진핵생물

▲ **막 진화설과 세포내 공생설에 근거한 진핵생물의 출현 과정** 세포막 함입으로 막 구조를 가진 세포 소기관이 형성되었다. 동물 세포는 산소 호흡 종속 영양 원핵생물이 세포내 공생을 하여, 식물 세포는 산소 호흡 종속 영양 원핵생물과 광합성 원핵생물이 모두 세포내 공생을 하여 형성된 것이다.

• **세포내 공생설의 증거:** 미토콘드리아와 엽록체가 공생 이전에 독립적인 원핵생물이었다는 증거는 다음과 같다.

① 진핵세포에 있는 미토콘드리아와 엽록체는 원핵세포의 DNA와 비슷한 고리 모양의 독자적인 DNA와 복제 기구를 가진다. 따라서 핵의 조절을 받지 않고 자신의 DNA를 이용하여 단백질을 합성하며, 자신만의 고유한 효소를 만들기도 한다. 또, 자신의 DNA를 스스로 복제하며, 세포 내에서 세균처럼 분열법으로 증식한다.

② 미토콘드리아와 엽록체에 있는 리보솜은 원핵세포의 리보솜과 유사하다. 세균이 가진 리보솜의 기능을 방해하여 세균의 증식을 억제하는 항생제를 진핵세포에 처리하면 진핵세포의 리보솜은 항생제의 영향을 받지 않지만, 미토콘드리아와 엽록체의 리보솜은 항생제의 영향을 받아 단백질 합성이 정상적으로 일어나지 않는다.

미토콘드리아와 엽록체의 DNA

진핵세포의 핵 속에 들어 있는 DNA는 긴 실 모양이지만, 원핵세포인 세균의 DNA는 고리 모양이다. 미토콘드리아와 엽록체에 있는 DNA는 세균의 DNA와 같은 고리 모양이다.

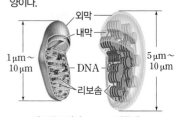

1μm~10μm / 외막 / 내막 / DNA / 리보솜 / 5μm~10μm / DNA / 미토콘드리아 / 엽록체

③ 미토콘드리아와 엽록체에 있는 리보솜은 원핵세포의 리보솜과 크기도 비슷하다.

④ 미토콘드리아와 엽록체는 2중막 구조인데, 이것은 식세포 작용에 의해 숙주 세포로 삼켜진 흔적으로 추정된다. 내막은 삼켜진 원핵생물의 세포막에서 유래한 것이고, 외막은 숙주 세포의 세포막이 안으로 접혀져 형성된 것으로 설명된다. 미토콘드리아 내막과 엽록체의 틸라코이드 막에 있는 효소와 전자 전달계는 원핵생물의 막에 있는 것과 유사하다.

3. 다세포 진핵생물의 출현

최초의 진핵생물은 단세포 생물이었으며, 약 15억 년 전에 다세포 진핵생물로 진화한 것으로 보고 있다. 먼저 같은 종의 단세포 진핵생물이 모여 군체를 형성하였고, 시간이 지나면서 군체를 형성하는 각각의 세포가 서로 다른 기능을 수행하도록 분화되었다. 그에 따라 세포는 독립적인 분열 능력을 상실하고 비슷한 세포들의 모임이 구분되어 조직을 이루었으며, 영양소 섭취나 생식 등 서로 다른 기능을 하도록 기관을 형성하였을 것으로 보고 있다. 이 다세포 진핵생물은 진화하면서 현재의 식물, 균류, 동물의 조상이 되었고, 다세포 진핵생물이 출현한 이후 생물 다양성은 급격히 증가하였다.

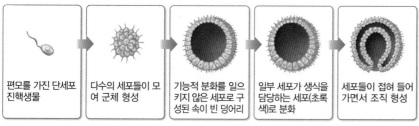

| 편모를 가진 단세포 진핵생물 | 다수의 세포들이 모여 군체 형성 | 기능적 분화를 일으키지 않은 세포로 구성된 속이 빈 덩어리 | 일부 세포가 생식을 담당하는 세포(초록색)로 분화 | 세포들이 접혀 들어가면서 조직 형성 |

▲ **다세포 진핵생물의 출현 과정** 단세포 진핵생물이 모여 군체를 형성하였고, 군체에서 세포들 사이에 기능적 분화가 일어나면서 다세포 진핵생물이 출현하였을 것이다.

4. 육상 생물의 출현

(1) **오존층의 형성**: 광합성을 하는 원핵생물이 출현하면서 대기 중에 산소(O_2)가 생성되어 농도가 점점 증가하였고, 엽록체를 가진 진핵생물이 출현하면서 대기 중의 산소 농도가 급격히 증가하였다. 대기 중의 산소는 오존(O_3)을 만들었고, 오존이 대기 중의 상층부에 오존층을 형성하여 태양의 강한 자외선이 대부분 차단되었다. 그 결과 육상에서도 생물이 서식할 수 있는 환경 조건이 만들어졌으며, 물속에서만 생활하던 생물이 육상으로 진출할 수 있게 되었다.

(2) **생물의 육상 진출**: 생물이 육상으로 진출한 시기는 생물의 종류에 따라 차이가 있다. 약 10억 년 전에 남세균과 광합성을 하는 다른 원핵생물이 습한 육지의 표면을 덮었다는 증거가 있다. 그러나 식물, 균류, 동물과 같은 다세포 진핵생물이 육상으로 진출하게 된 것은 약 5억 년 전으로 여겨진다. 물속에서만 생활하던 생물이 육상으로 진출하여 적응하는 과정에서 생물의 모습은 다양해졌고, 생물의 진화 속도는 더욱 빨라졌다.

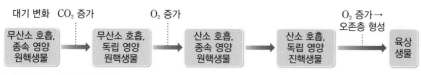

대기 변화 CO_2 증가 O_2 증가 O_2 증가→ 오존층 형성

| 무산소 호흡, 종속 영양 원핵생물 | 무산소 호흡, 독립 영양 원핵생물 | 산소 호흡, 종속 영양 원핵생물 | 산소 호흡, 독립 영양 진핵생물 | 육상 생물 |

▲ **생명체의 출현과 진화 과정**

군체

같은 종의 단세포 생물이 모여서 하나의 개체처럼 서식하는 것을 말한다. 군체를 구성하는 세포는 분리되어도 생명을 유지하므로, 다세포 생물을 구성하는 세포와는 다르다.

다세포 진핵생물의 폭발적 증가

다세포 진핵생물의 화석은 고생대 캄브리아기 초기인 약 5억 3500만 년 전~5억 2500만 년 전에 형성된 지층에서부터 다량으로 발견되었다. 따라서 이 시기에 다세포 진핵생물이 폭발적으로 증가하였음을 알 수 있다.

오존층과 생물의 관계

원시 지구의 대기에는 산소가 없어서 오존층이 형성되지 않았으므로, 태양의 강한 자외선이 그대로 지표까지 도달하였다. 강한 자외선은 DNA의 염기 서열을 변화시켜 돌연변이를 유발한다. 따라서 오존층이 없는 환경에서 물속에 있는 생물이 육상으로 진출하는 것은 거의 불가능했을 것이다.

심화

원핵생물의 진화와 지구 환경의 변화

최초의 생명체는 종속 영양 생물이었지만, 스트로마톨라이트에서 발견된 생물은 독립 영양 생물이다. 독립 영양 생물의 출현으로 지구 환경이 변화하면서 생물은 어떻게 진화해 왔는지 알아보자.

❶ 스트로마톨라이트에서 발견된 생물 화석

스트로마톨라이트에서 발견된 화석 생물은 오늘날의 남세균과 유사한 원시 광합성 원핵생물이다. 초기의 독립 영양 생물은 빛에너지, 대기 중의 이산화 탄소, 황화 수소(H_2S)를 이용하여 유기물을 합성하였을 것이며, 이후 물(H_2O)을 전자 공급원으로 이용하여 광합성을 하는 원시 남세균이 출현한 것으로 추정된다. 원시 남세균과 같은 광합성 원핵생물의 출현으로 산소(O_2)가 방출되어 대기 중의 산소 농도가 증가하였을 것이다.

❷ 광합성 원핵생물에서 산소가 방출되었음을 알 수 있는 증거

광합성 원핵생물에서 방출된 산소는 주변의 물에 용해되었으며, 비교적 높은 농도에 도달하자 바닷속에 용해된 철과 반응하여 산화 철로 침전되었고 퇴적물로 축적되었을 것이다. 이 해양 퇴적물은 압축되어 퇴적암 속에서 붉은색의 산화 철 띠를 형성하였다. 이후 광합성 원핵생물의 번성으로 바닷속에 용해된 철이 모두 산화 철로 되어 침전되었고, 바닷물이 산소로 포화되면서 마침내 산소가 대기로 유입되어 대기 중의 산소 농도가 증가하기 시작하였다.

▲ 붉은색의 산화 철 띠가 있는 퇴적암

❸ 대기 중의 산소 농도가 생물의 진화에 미친 영향

대기 중의 산소 농도 증가로 무산소 환경에서 살아가던 생물이 사멸하는 위기를 맞게 되었고 일부는 오늘날의 무산소 호흡 생물로 진화하였다. 한편, 대기 중의 산소를 이용하여 유기물을 분해함으로써 더 효율적으로 에너지를 얻을 수 있는 산소 호흡 생물이 출현하여 번성하였다. 또, 대기 중의 풍부한 산소에 의해 대기 상층부에 오존층이 형성되면서 지표면에 도달하는 자외선의 양이 감소하였고, 그 결과 수중에서 육상으로의 생물 진출이 가능하게 되었다. 이에 따라 다세포 진핵생물이 육상으로 진출하면서 생물 다양성은 더욱 빠르게 증가하였다.

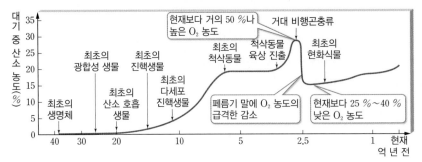

▲ **지구 역사에 따른 대기 중 산소 농도의 변화와 생물의 출현** 대기 중의 산소 농도는 광합성 원핵생물이 출현하면서 증가하기 시작하였고, 엽록체를 가진 진핵생물이 출현하면서 크게 증가하였다. 현재 대기 중에 산소는 약 20 %를 차지한다.

01 생명의 기원

① 원시 세포의 탄생

1. 원시 지구의 환경 원시 지구의 대기는 수소, 암모니아, 메테인, 수증기 등으로 이루어져 있었고 (❶   )는 거의 없었을 것이며, 열, 자외선, 번개와 같은 에너지가 풍부하였을 것이다.

2. 화학적 진화설 원시 지구의 환경에서 (❷   )이 간단한 유기물로 합성되었고, 간단한 유기물이 복잡한 유기물로, 복잡한 유기물이 유기물 복합체로 형성되는 과정을 거쳐 원시 세포가 탄생하였다.

3. 원시 세포의 탄생 과정

간단한 유기물의 생성	원시 대기 또는 심해 열수구에서 무기물로부터 간단한 유기물이 생성되었다. • 밀러와 유리의 실험: 원시 지구 환경과 비슷한 조건의 실험 장치를 만들고, 1주일 동안 강한 방전을 일으켜 무기물로부터 간단한 (❸)이 합성될 수 있음을 확인하였다.

↓

복잡한 유기물의 생성	간단한 유기물이 축적되고 오랫동안 화학 반응을 거쳐 폴리펩타이드, 핵산과 같은 복잡한 유기물로 합성되었다.

↓

막 구조를 가진 유기물 복합체의 형성	원시 바다의 복잡한 유기물이 뭉쳐서 막으로 둘러싸인 유기물 복합체를 형성하였다. • 오파린은 액상의 막으로 둘러싸인 (❹), 폭스는 단백질로 된 2중층의 막으로 둘러싸인 (❺)가 각각 원시 세포의 기원이라고 주장하였다. • (❻)은 오늘날의 세포막과 유사한 인지질 2중층의 막으로 둘러싸여 있다. → 원시 세포의 막 구조는 단백질보다는 (❻)에서와 같은 (❼) 구조를 기반으로 형성되었을 것이다.

↓

원시 세포의 탄생	유기물 복합체에 자기 복제와 증식에 필요한 유전 물질과 효소가 추가되어 원시 세포가 나타났다. • RNA 우선 가설: 최초의 유전 물질은 DNA가 아니라 RNA였을 것이며, RNA 중 효소 기능을 가진 (❽)이 그 역할을 했을 것이다.

② 원시 생명체의 진화

원핵생물의 출현	• 최초의 생명체(종속 영양, 무산소 호흡): 원시 바다에 축적된 유기물을 섭취하여 생활하는 종속 영양 생물이었으며, 당시 지구에 산소가 없었으므로 무산소 호흡으로 에너지를 얻었다. • 독립 영양 생물의 출현(광합성, 무산소 호흡): 원시 바다에 축적된 유기물의 감소로 빛에너지를 이용해 무기물로부터 유기물을 합성하는 독립 영양 생물이 출현하였다. • 산소 호흡 생물의 출현(종속 영양, 산소 호흡): 대기 중의 산소 농도가 증가함에 따라 독립 영양 생물을 먹이로 하여 산소 호흡으로 에너지를 얻는 종속 영양 생물이 출현하였다.

↓

진핵생물의 출현	• (❾): 원핵생물의 세포막이 함입되어 겹쳐지면서 핵, 소포체, 골지체 등과 같이 막으로 둘러싸인 세포 소기관이 형성되었다는 가설이다. • (❿): 산소 호흡을 하는 종속 영양 원핵생물과 광합성을 하는 원핵생물이 숙주 세포에 들어가 공생하다가 각각 미토콘드리아와 엽록체로 되었다는 가설이다.

↓

다세포 진핵생물의 출현	같은 종의 단세포 진핵생물이 모여 (⓫)를 형성한 후, 환경에 적응하는 과정에서 세포의 기능이 분화되어 다세포 진핵생물이 출현하였을 것이다.

↓ 오존층 형성

육상 생물의 출현	대기 중의 산소 농도가 급격히 증가하면서 오존층이 형성되어 태양의 자외선이 대부분 차단되었다. 그 결과 물속에서만 생활하던 생물이 육상으로 진출할 수 있게 되었다.

01 유기물이 존재하기 이전의 원시 지구 환경에 대한 설명으로 옳은 것만을 〈보기〉에서 있는 대로 고르시오.

> 보기
> ㄱ. 대기가 불안정하여 번개와 같은 방전 현상이 자주 일어났을 것이다.
> ㄴ. 원시 대기에는 암모니아, 메테인, 수증기, 산소 등의 무기물이 풍부하였을 것이다.
> ㄷ. 대기에 오존층이 형성되어 있어 태양의 자외선이 지구 표면에 거의 도달하지 못했을 것이다.

02 다음은 화학적 진화설에 따른 원시 세포의 출현 과정을 나타낸 것이다. ㉠~㉢은 각각 유기물 복합체, 간단한 유기물, 복잡한 유기물 중 하나이다.

> 원시 대기의 무기물 → (㉠   ) 생성 → (㉡   ) 생성 → (㉢   ) 형성 → 원시 세포 탄생

(1) ㉠~㉢은 각각 무엇인지 쓰시오.

(2) ㉢에 해당하는 것만을 〈보기〉에서 있는 대로 고르시오.

> 보기
> ㄱ. 핵산   ㄴ. 단백질
> ㄷ. 코아세르베이트   ㄹ. 마이크로스피어

03 다음은 원시 생명체의 탄생을 설명한 어떤 가설에 대한 글이다. 빈칸에 알맞은 말을 쓰시오.

> 심해에서 뜨거운 물이 분출되는 장소인 (㉠   )는 화산 활동으로 에너지가 풍부하고 주변에 수소, 암모니아, 메테인 등이 높은 농도로 존재하며 온도와 압력이 매우 높아 유기물이 합성될 수 있다. 이와 같은 (㉠   )를 최초의 원시 생명체 탄생 장소라고 주장하는 가설을 (㉡   )이라고 한다.

04 그림은 밀러와 유리의 실험 장치를 나타낸 것이다.

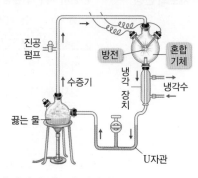

진공 펌프 / 수증기 / 끓는 물 / 방전 / 냉각 장치 / 혼합 기체 / 냉각수 / U자관

(1) 물질 합성에 필요한 에너지를 주로 공급하는 것은 무엇인지 쓰시오.

(2) U자관에 고인 액체는 원시 지구에서 무엇에 해당하는지 쓰시오.

(3) 이 실험에 대한 설명으로 옳은 것만을 〈보기〉에서 있는 대로 고르시오.

> 보기
> ㄱ. 혼합 기체에는 암모니아가 포함되어 있다.
> ㄴ. U자관에서 단백질과 같은 고분자 유기물이 검출된다.
> ㄷ. 이 실험으로 원시 바다에서 원시 세포가 탄생할 수 있음을 확인하였다.

05 다음은 원시 세포가 탄생하는 데 필요한 막 구조를 가진 유기물 복합체 (가)~(다)에 대한 설명이다.

> (가) 인지질 2중층의 막으로 둘러싸여 있는 유기물 복합체이다.
> (나) 아미노산을 가열하여 만든 중합체로, 단백질로 구성된 막을 가지고 있다.
> (다) 액상의 막으로 둘러싸여 있는 작은 방울로, 탄수화물, 단백질, 핵산 등의 혼합물을 이용하여 만들었다.

(가)~(다) 중에서 오늘날의 세포막과 가장 유사한 막 구조를 가진 것을 쓰시오.

06 그림은 생명체의 진화 과정에서 유전 물질과 유전 정보 흐름의 변화를 순서 없이 나타낸 것이다.

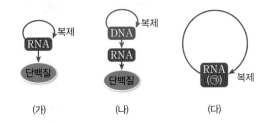

(1) (가)~(다)를 출현한 순서대로 나열하시오.

(2) (다)에서 ㉠은 유전 정보를 저장하며 효소 기능을 하는 RNA이다. ㉠을 무엇이라고 하는지 쓰시오.

07 최초의 생명체에 대한 설명으로 옳은 것만을 〈보기〉에서 있는 대로 고르시오.

> 보기
> ㄱ. 유전 물질과 효소를 가진 원핵생물이었다.
> ㄴ. 원시 대기에 축적된 무기물로부터 에너지를 얻었다.
> ㄷ. 무산소 호흡으로 에너지를 얻는 종속 영양 생물이었다.

08 그림은 원시 지구에서 일어난 원시 생명체의 출현 과정을 나타낸 것이다. A와 B는 각각 호기성 세균과 광합성 세균 중 하나이고, ㉠과 ㉡은 각각 산소와 이산화 탄소 중 하나이다.

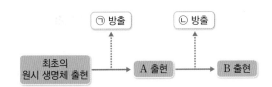

(1) A와 B는 각각 무엇인지 쓰시오.

(2) ㉠과 ㉡은 각각 무엇인지 쓰시오.

09 그림은 진핵생물이 출현하는 과정에 대한 가설 (가)와 (나)를 나타낸 것이다.

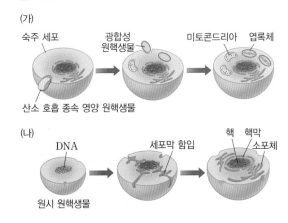

(1) (가)와 (나)는 각각 어떤 가설을 나타낸 것인지 쓰시오.

(2) (가)와 (나)에 대한 증거를 각각 〈보기〉에서 있는 대로 고르시오.

> 보기
> ㄱ. 미토콘드리아와 엽록체는 2중막 구조를 가진다.
> ㄴ. 엽록체는 자신의 DNA를 가지고 있어 스스로 복제할 수 있다.
> ㄷ. 핵막을 구성하는 성분과 세포막을 구성하는 성분은 서로 비슷하다.

10 다음은 다세포 진핵생물의 출현과 생물의 육상 진출에 대한 설명이다. 빈칸에 알맞은 말을 쓰시오.

단세포 진핵생물이 모여 (㉠   )를 형성하였고, (㉠   )를 이룬 세포들이 서로 다른 기능을 수행하도록 분화되면서 다세포 진핵생물이 출현하였다. 다세포 진핵생물이 출현한 이후 생물 다양성은 급격히 (㉡   )하였고, 대기 중의 산소 농도 증가로 대기의 상층부에 (㉢   )이 형성되어 생물이 수중에서 육상으로 진출하게 되었다.

01 ▷ 밀러와 유리의 실험

그림 (가)는 원시 지구에서 유기물이 합성될 수 있는지 알아보기 위한 밀러와 유리의 실험을, (나)는 (가)의 U자관 내 물질 A와 B의 농도 변화를 나타낸 것이다. A와 B는 각각 유기물과 무기물 중 하나이다.

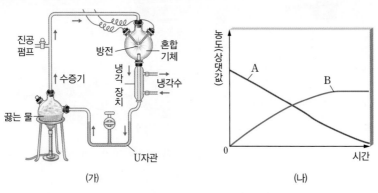

(가)   (나)

이에 대한 설명으로 옳은 것만을 〈보기〉에서 있는 대로 고른 것은?

보기
ㄱ. DNA는 B에 해당한다.
ㄴ. (가)의 혼합 기체에 메테인이 포함된다.
ㄷ. (가)의 결과 U자관에서 폴리펩타이드가 발견되었다.

① ㄱ   ② ㄴ   ③ ㄷ   ④ ㄱ, ㄷ   ⑤ ㄴ, ㄷ

• 밀러와 유리의 실험 결과 원시 지구에서 무기물로부터 간단한 유기물이 합성될 수 있음을 확인할 수 있었다.

02 ▷ 화학적 진화 과정

표는 화학적 진화 과정을, 그림은 ㉠~㉢ 중 하나의 예로 제시된 X의 구조를 나타낸 것이다. ㉠~㉢은 각각 유기물 복합체, 간단한 유기물, 복잡한 유기물 중 하나이다.

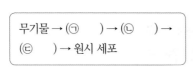

무기물 → (㉠   ) → (㉡   ) →
(㉢   ) → 원시 세포

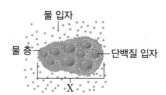

물 입자
단백질 입자
물 층
X

이에 대한 설명으로 옳은 것만을 〈보기〉에서 있는 대로 고른 것은?

보기
ㄱ. 폴리뉴클레오타이드는 ㉠의 예에 해당한다.
ㄴ. X는 ㉡의 예에 해당한다.
ㄷ. ㉢은 자기 복제에 필요한 유전 정보를 가지고 있지 않다.

① ㄱ   ② ㄴ   ③ ㄷ   ④ ㄱ, ㄷ   ⑤ ㄴ, ㄷ

• 화학적 진화란 원시 대기 성분인 무기물로부터 간단한 유기물을 거쳐 복잡한 유기물을 형성하고, 복잡한 유기물이 모여 막 구조를 형성한 유기물 복합체를 거쳐 원시 세포가 출현하기까지의 과정이다.

03

> 유기물 복합체의 막 구조 비교

그림은 유기물 복합체 (가)~(다)의 막 구조를 나타낸 것이다. (가)~(다)는 리포솜, 마이크로스피어, 코아세르베이트를 순서 없이 나타낸 것이다. 막 A는 아미노산 중합체로 이루어져 있다.

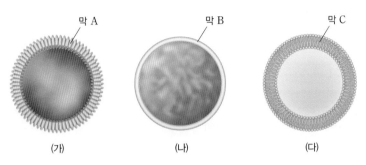

이에 대한 설명으로 옳은 것만을 〈보기〉에서 있는 대로 고른 것은?

보기
ㄱ. A와 C는 모두 2중층 구조로 되어 있다.
ㄴ. 오파린은 (나)가 원시 세포로 진화할 수 있다고 주장하였다.
ㄷ. A~C 중 대장균의 세포막과 가장 유사한 막은 C이다.

① ㄱ   ② ㄴ   ③ ㄷ   ④ ㄱ, ㄷ   ⑤ ㄱ, ㄴ, ㄷ

• 유기물 복합체 중 코아세르베이트는 물로 된 액상의 막을, 마이크로스피어는 단백질 2중층의 막을, 리포솜은 인지질 2중층의 막을 가진다.

04

> 유전 정보 체계의 변화에 대한 가설

그림은 생명체가 진화하는 과정에서 일어난 유전 정보 체계의 변화를 순서 없이 나타낸 것이다. (가)~(다)는 각각 DNA−RNA−단백질 기반 체계, RNA 기반 체계, RNA−단백질 기반 체계 중 하나이다.

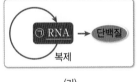 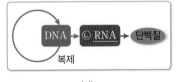

(가)   (나)   (다)

이에 대한 설명으로 옳은 것만을 〈보기〉에서 있는 대로 고른 것은?

보기
ㄱ. (가)에서 ㉠은 화학 반응을 촉매하는 기능이 있다.
ㄴ. (다)에서 ㉡은 유전 정보를 저장하는 역할을 한다.
ㄷ. 최초의 유전 물질은 RNA였을 가능성이 높다.

① ㄱ   ② ㄷ   ③ ㄱ, ㄴ   ④ ㄴ, ㄷ   ⑤ ㄱ, ㄴ, ㄷ

• 최초 원시 세포의 유전 정보는 RNA에 기반하였으나, 이후 RNA−단백질을 기반으로 하는 중간 단계를 거쳐, 오늘날과 같은 DNA−RNA−단백질 기반 체계가 형성되었다.

05 〉최초의 유전 물질
그림은 최초의 유전 물질로 추정되는 핵산 (가)의 분자 구조와 기능을 나타낸 것이다.

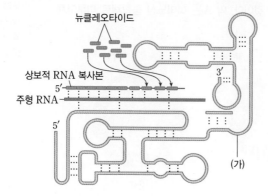

(가)에 대한 설명으로 옳은 것만을 〈보기〉에서 있는 대로 고른 것은?

보기
ㄱ. RNA 중합 효소로 작용한다.
ㄴ. 디옥시리보뉴클레오타이드로 구성된다.
ㄷ. 분자 내 일부 염기 간에 수소 결합이 형성된다.

① ㄱ   ② ㄴ   ③ ㄱ, ㄷ   ④ ㄴ, ㄷ   ⑤ ㄱ, ㄴ, ㄷ

- 다양한 3차원 입체 구조를 만들 수 있고, 짧은 RNA를 상보적으로 복제하는 작용을 촉매하는 기능을 가진 RNA를 리보자임이라고 한다. 리보자임은 최초의 유전 물질로 추정된다.

06 고난도
〉진핵생물의 출현 가설
그림은 세포내 공생설을, 표는 생물 A~C에서 세 가지 특징의 유무를 나타낸 것이다. ⓐ와 ⓑ는 각각 A~C 중 하나이고, A~C는 각각 광합성 세균, 무산소 호흡 종속 영양 원핵생물, 호기성 세균 중 하나이다.

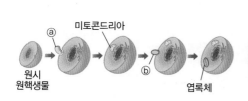

특징 \ 생물	A	B	C
㉠	○	○	○
산소 호흡을 한다.	?	×	×
종속 영양 생물이다.	○	?	○

(○: 있음, ×: 없음)

이에 대한 설명으로 옳은 것만을 〈보기〉에서 있는 대로 고른 것은?

보기
ㄱ. '핵막이 없다.'는 ㉠에 해당한다.
ㄴ. ⓐ는 B와 동일한 영양 섭취 방식을 갖는다.
ㄷ. 미토콘드리아에 있는 리보솜은 A의 리보솜과 특징이 비슷하다.

① ㄱ   ② ㄴ   ③ ㄱ, ㄴ   ④ ㄱ, ㄷ   ⑤ ㄴ, ㄷ

- 세포내 공생설이란 독립적으로 생활하던 호기성 세균과 광합성 세균이 숙주 세포에서 공생하다가 각각 미토콘드리아와 엽록체로 분화되었다는 가설이다.

07 ❭ 다세포 진핵생물의 출현 가설

그림은 단세포 진핵생물로부터 다세포 진핵생물이 출현하는 과정의 일부를 나타낸 것이다.

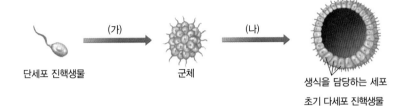

단세포 진핵생물   (가)   군체   (나)   생식을 담당하는 세포
초기 다세포 진핵생물

이에 대한 설명으로 옳은 것만을 〈보기〉에서 있는 대로 고른 것은?

┌─ 보기 ──────────────────────────────────────┐
│ ㄱ. (나) 과정에서 세포의 분화가 일어났다.
│ ㄴ. 미토콘드리아를 가진 생물은 (가) 과정 이후에 출현하였다.
│ ㄷ. 다세포 진핵생물의 출현 이후 군체를 이루는 생물은 모두 사라졌다.
└──┘

① ㄱ   ② ㄴ   ③ ㄱ, ㄴ   ④ ㄱ, ㄷ   ⑤ ㄴ, ㄷ

• 다세포 진핵생물은 동일 종의 단세포 진핵생물이 모여 군체를 형성하고, 군체를 형성한 세포들 사이에서 기능적 분화가 일어나 생성되었다.

08 ❭ 원시 생명체의 진화 과정

그림은 원시 생명체의 출현 과정과 그에 따른 대기 성분의 변화를 나타낸 것이다. (가)~(다)는 각각 광합성 세균, 무산소 호흡 종속 영양 생물, 호기성 세균 중 하나이며, ㉠~㉢은 각각 O_2, CO_2, O_3 중 하나이다.

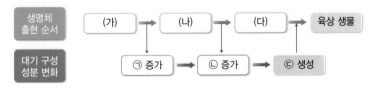

생명체 출현 순서: (가) → (나) → (다) → 육상 생물
대기 구성 성분 변화: ㉠ 증가 → ㉡ 증가 → ㉢ 생성

이에 대한 설명으로 옳은 것만을 〈보기〉에서 있는 대로 고른 것은?

┌─ 보기 ──────────────────────────────────────┐
│ ㄱ. (나)는 엽록체를 가지고 있다.
│ ㄴ. (다)의 번성으로 인해 (가)는 대부분 멸종되었다.
│ ㄷ. ㉢은 생물이 육상으로 진출할 수 있는 환경을 제공하였다.
└──┘

① ㄱ   ② ㄴ   ③ ㄷ   ④ ㄱ, ㄷ   ⑤ ㄴ, ㄷ

• 최초의 원시 생명체는 무산소 호흡으로 유기물을 분해하여 에너지를 얻는 종속 영양 생물이었다.

02 생물의 분류

학습 Point   종의 개념과 분류 단계 > 학명 > 계통과 계통수 > 3역 6계 분류 체계

 생물 분류

현재 지구에는 약 200만 종 이상의 생물이 살고 있다. 다양한 생물은 비슷한 환경에 적응하는 과정에서 유사해지기도 하였고, 서로 다른 환경에 적응하는 과정에서 다르게 분화되기도 하였다. 이러한 다양한 생물을 연구하고 자원으로 활용하기 위해서는 정확한 생물 분류가 필요하다.

1. 생물 분류와 종의 개념

(1) **생물 분류:** 생물 분류는 다양한 생물을 공통된 특징을 기준으로 크고 작은 집단으로 무리 짓는 것을 말하며, 생물을 분류하는 목적은 생물에 대한 연구를 용이하게 하고, 생물 상호 간의 유연관계와 진화의 계통을 밝히기 위해서이다.

(2) **종의 개념:** 종은 생물 분류의 가장 기본이 되는 분류군으로, 18세기에 린네가 종의 개념을 체계화하였다.

① **형태학적 종:** 린네가 정의한 종의 개념으로, 외부 형태가 유사한 특징을 가진 개체들의 무리이다. 그러나 같은 종에 속하는 개체들도 성별, 나이, 계절, 서식지 등에 따라 외부 형태가 크게 차이 날 수 있고, 서로 다른 종이라도 형태가 비슷할 수 있기 때문에 외부 형태만으로는 종을 정의하기 어렵다. 예를 들어 골든 리트리버와 치와와는 몸집, 털의 색깔 등 외부 형태에 차이가 있지만 같은 종이고, 삵과 고양이는 외부 형태가 비슷하지만 서로 다른 종이다.

치와와   골든 리트리버

▲ 다르게 생겼지만 같은 종

삵   고양이

▲ 비슷하게 생겼지만 서로 다른 종

② **생물학적 종:** 다윈의 진화설 이후 종은 변화한다는 것이 알려졌고, 유전학이 발달함에 따라 생물의 형질은 유전자에 의해 결정되며, 유전자는 생식 과정을 통해 자손에게 전해진다는 사실이 밝혀졌다. 따라서 오늘날에는 생식적 격리를 중요시하는 생물학적 종의 개념이 사용되고 있다. 생물학적 종은 다른 종과 생식적으로 격리된 자연 집단으로, 자연 상태에서 자유롭게 교배하여 생식 능력이 있는 자손을 낳을 수 있는 개체들의 무리이다.

생물의 분류 방법

• **인위 분류:** 생물 사이의 연관성을 고려하지 않고 사람이 정한 인위적인 기준에 따라 생물을 분류하는 방법이다. 예를 들면 동물을 식성에 따라 초식 동물, 육식 동물, 잡식 동물로 분류한다. 인위 분류는 생명 과학에서는 잘 이용하지 않는다.

• **자연 분류:** 생식 방법, 유전적 특징 등 생물이 가진 고유한 특징을 기준으로 생물을 분류하는 방법이다. 예를 들면 동물을 척추의 유무에 따라 척추동물과 무척추동물로 분류한다. 자연 분류를 이용하면 생물 사이의 유연관계를 알 수 있다.

유연관계

생물이 진화적으로 얼마나 멀고 가까운지를 나타내는 관계이다.

린네(Linné, C. von, 1707~1778)

스웨덴의 박물학자이며 식물학자이다. 종을 '변화하지 않으며 형태와 구조가 비슷하여 다른 개체들과 구별되는 개체들의 무리'로 정의하였으며, 분류 단계를 확립하고 이명법을 제안하였다.

생식적 격리

두 집단의 개체 사이에서 교배가 불가능한 경우, 즉 서로 교배하여 생식 능력이 있는 자손을 낳을 수 없는 상태를 생식적 격리라고 한다.

시야 확장 ➕ 생물학적 종의 개념

❶ 서로 다른 종끼리의 교배로 태어난 개체를 종간 잡종이라고 한다. 종간 잡종은 생식 능력이 없으므로 독립된 종으로 분류하지 않고 어버이와 같은 종으로 보지 않는다.

❷ 생김새가 서로 비슷한 말과 당나귀를 인위적인 환경에서 교배시키면 노새가 태어나는데, 노새는 자연 상태에서 생식 능력이 있는 자손을 낳을 수 없는 종간 잡종이다. 따라서 생물학적 종의 개념에 따라 말과 당나귀는 서로 다른 종으로 분류한다.

▲ 말　　　　＋　　　　▲ 당나귀　　　　→　　　　▲ 노새

2. 분류 단계

(1) 분류 단계(분류 계급): 생물 분류의 기본 단위는 종이지만, 각 종이 가진 공통점과 차이점을 조사하여 공통 특징을 기준으로 여러 종을 더 큰 분류군인 속으로 묶을 수 있다. 비슷한 속은 더 큰 분류군인 과로 묶을 수 있고, 비슷한 과를 모아서 더 큰 분류군인 목으로 묶을 수 있다. 이처럼 좁은 범위에서 넓은 범위로 가면서 종, 속, 과, 목, 강, 문, 계, 역과 같은 계층적 구조를 나타낼 수 있는데, 이를 분류 단계(분류 계급)라고 한다. 분류 단계를 더 세분화할 때는 각 단계 사이에 '아'를 붙인 중간 단계를 두기도 하며, 종보다 하위 단계로 아종 외에 변종, 품종을 두기도 한다.

(2) 분류 단계의 특징: 분류 단계에 따른 생물 분류는 생물이 진화해 온 역사인 진화 계통에 기초한다. 따라서 종에서 역으로 갈수록 같은 분류 단계에 속하는 생물의 종류는 더 다양해지며, 역에서 종으로 갈수록 같은 분류 단계에 속하는 생물 사이의 유연관계는 더 가까워진다.

종
- 호랑이 (*Panthera tigris*)
- 재규어 (*Panthera onca*)
- 사자 (*Panthera leo*)
- 표범 (*Panthera pardus*)

속: 고양이속 / 퓨마속 / 스라소니속 / 표범속

과: 갯과 / 곰과 / 하이에나과 / 고양잇과

목: 박쥐목 / 소목 / 영장목 / 식육목

강: 양서강 / 파충강 / 조강 / 포유강

문: 연체동물문 / 절지동물문 / 극피동물문 / 척삭동물문

계: 원생생물계 / 식물계 / 균계 / 동물계

역: 세균역 / 고세균역 / 진핵생물역

▲ **분류 단계**　하위 분류 단계가 같으면 상위 분류 단계도 같다. 호랑이, 재규어, 사자, 표범은 모두 표범속에 속하므로, 고양잇과, 식육목, 포유강, 척삭동물문, 동물계, 진핵생물역에도 함께 속한다.

3. 학명

(1) 학명의 필요성: 학술 연구나 학술 교류 시 같은 종의 생물을 나라나 지역에 따라 서로 다른 이름으로 부르면 소통에 많은 어려움이 생긴다. 이러한 문제를 해소하기 위해 언어와 상관없이 국제적으로 통용되는 종의 이름인 학명을 사용한다.

(2) 학명의 표기: 학명은 국제명명규약에 따라 정해져야 인정을 받으며, 린네가 제안한 이명법에 기초하여 만들어진다. 이명법은 속명과 종소명으로 구성되며, 종소명 뒤에 명명자의 이름을 쓰기도 한다. 속명과 종소명은 라틴어 또는 라틴어화하여 이탤릭체로 표기하며, 속명은 명사이므로 첫 글자를 대문자로, 종소명은 보통 형용사이므로 모두 소문자로 표기한다. 명명자는 정체로 쓰며, 이름의 첫 글자만 쓰거나 생략할 수도 있다. 사람의 학명은 다음과 같이 표기한다.

$$\underset{\text{속명}}{Homo}\quad \underset{\text{종소명}}{sapiens}\quad \underset{\text{명명자}}{\text{Linné}}$$

2 계통과 계통수

린네는 생물 분류 시 생물의 형태를 분류 기준으로 삼았지만, 오늘날 생물 분류에서는 형태의 유사성보다는 생물이 공통 조상으로부터 어떻게 갈라져 진화해 왔는지를 중요한 분류 기준으로 하여 생물을 분류한다.

1. 계통과 계통 분류

생물이 진화해 온 역사를 계통이라고 하며, 생물이 진화해 온 계통을 밝히는 것을 계통 분류라고 한다. 생물이 가지는 형질의 공통점과 차이점을 이용하여 진화적 유연관계를 나타내면 생물의 계통을 알 수 있다.

2. 계통수 (탐구) 125쪽

생물의 계통을 바탕으로 생물 사이의 유연관계를 나뭇가지 모양의 그림으로 나타낸 것을 계통수라고 한다. 계통수를 분석하면 생물의 진화 역사를 알 수 있으며, 최근 공통 조상의 공유 여부와 함께 생물 간의 진화적 유연관계를 한눈에 파악할 수 있다.

(1) 계통수 그리는 방법: 계통수를 그리기 위해서는 먼저 분류 기준이 될 수 있는 형질을 결정하고, 이 형질의 특징을 조사해야 한다. 형질을 결정할 때는 생물의 종류에 따라 차이가 있고, 환경이나 계절에 따라 변하지 않으며, 오랫동안 안정된 상태를 유지하여 진화의 계통을 밝힐 수 있는 특징을 사용한다. 최근에는 분자 생물학이 발달하면서 DNA 염기 서열이나 단백질의 아미노산 서열 등을 사용하기도 한다.

① 형질 특징을 가장 많이 공유하는 종부터 가장 적게 공유하는 종의 순서대로 나열한다.

② 원시 상태의 형질 특징을 가장 많이 가지는 종이 계통수의 아래쪽에서 먼저 갈라져 나오게 배열한다.

③ 형질 특징의 변화가 가장 적게 일어나도록 계통수 가지를 나누며 나머지 종들을 배열하여 계통수를 완성한다.

학명에 라틴어를 사용하는 까닭
학명에 라틴어 또는 라틴어화된 단어를 사용하는 까닭은 라틴어가 현재 사용되지 않는 언어이기 때문이다. 사람이 계속 사용하고 있는 언어는 시간이 지나면서 의미가 변할 수 있지만, 죽은 언어는 생물의 이름을 정해도 의미가 변할 염려가 없어 여러 나라에서 같은 의미로 쓰일 수 있다.

종소명과 종명
학명에서 속명 다음에 나오는 종소명은 종이 갖는 특징을 표현하는 학명의 구성 요소이다. 종명은 학명과 같은 의미로, 어떤 생물 개체의 학술적인 이름이다.

학명으로 알 수 있는 정보
학명을 통해 특정 종의 속명을 알 수 있다. 같은 속에 속한 종이라면 상위 단계의 분류군인 과, 목, 강, 문, 계, 역도 같고 유사한 특징을 공유하고 있다. 또, 학명을 통해 특정 종의 서식지에 대한 정보와 특징, 학명을 명명한 과학자의 이름 등을 알 수 있다.

계통수의 표현
하나의 계통수를 그림과 같이 여러 형태로 표현할 수 있다.

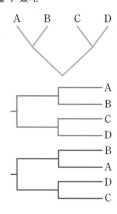

(2) **계통수 분석:** 계통수에 나타난 모든 종의 공통 조상은 가장 아래쪽에 위치하고, 현재 존재하는 종은 나뭇가지의 맨 위 끝부분에 위치한다. 계통수에서 가지가 갈라지는 분기점은 한 조상에서 두 계통이 나누어져 진화하였음을 의미하며, 가까운 분기점을 공유할수록 종 사이의 유연관계가 가깝다. 또, 분기점이 아래쪽에 위치할수록 공통 조상으로부터 먼저 갈라져 나온 것이며, 분기점이 위쪽에 위치할수록 비교적 최근에 공통 조상으로부터 갈라져 나온 것이다. 하나의 분기점을 기준으로 같은 가지에 속하는 분류군은 다른 가지의 분류군과는 구별되는 공통적인 특징을 공유한다.

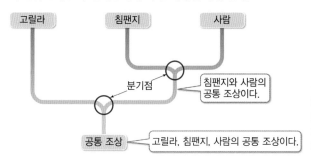

◀ **계통수** 계통수의 가장 아래쪽은 고릴라, 침팬지, 사람의 공통 조상을 나타내며, 사람은 고릴라보다 침팬지와 유연관계가 가깝다는 것을 알 수 있다.

시야 확장 ➕ 모형 동물의 형질을 이용한 계통수 작성하기

그림은 공통 조상으로부터 진화한 모형 동물 5종 A~E의 형질을 나타낸 것이다.

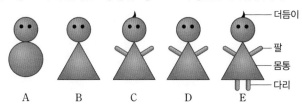

❶ 주요 분류 형질은 더듬이의 유무, 팔의 유무, 몸통 모양, 다리의 유무이다. 먼저 가장 아래쪽에 공통 조상의 가지를 그리고, 그 가지에서 갈라진 2개의 가지를 그려서 하나에는 가장 많은 종이 공통으로 가진 형질 특징을, 다른 하나에는 나머지 형질 특징을 쓴다. ➡ 한 가지에는 '세모 몸통'을, 다른 가지에는 '둥근 몸통'을 쓴다.

❷ ❶에서와 같은 방법으로 계속해서 각 가지를 나누어 형질 특징을 써 나간다. ➡ '세모 몸통'의 가지에서 갈라진 2개의 가지 중 하나에는 '팔 있음'을, 다른 하나에는 '팔 없음'을 쓴다. '팔 있음'의 가지에서 갈라진 2개의 가지 중 하나에는 '더듬이 있음'을, 다른 하나에는 '더듬이 없음'을 쓴다. '더듬이 있음'의 가지에서 갈라진 2개의 가지 중 하나에는 '다리 있음'을, 다른 하나에는 '다리 없음'을 쓴다.

❸ 모든 종의 가지가 나누어지면 각 가지의 끝에 해당하는 종명을 쓴다.

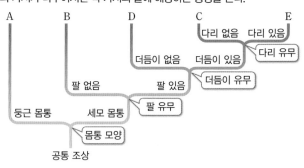

계통수 분석하기

그림은 생물종 A~F의 계통수를 나타낸 것이고, ㉠~㉺은 분류 기준이 되는 특징이다.

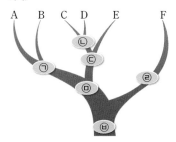

· A~F의 공통 특징은 ㉺이다. ➡ A~F는 특징 ㉺을 가지는 공통 조상으로부터 분화되었다.

· A~F는 첫 번째 분기점에서 특징 ㉻을 가지는 A~E와 특징 ㉣을 가지는 F로 분화되었다. ➡ F가 가장 오래전에 분화되었다.

· A는 B와 특징 ㉠, ㉻, ㉺을 공유하고, E와 특징 ㉻, ㉺을 공유한다. ➡ A는 E보다 B와 유연관계가 더 가깝다.

· C를 기준으로 유연관계가 가까운 생물 순서: C-D-E-A와 B-F

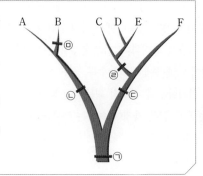

예제

그림은 생물종 A~F의 계통 분화를 특징 ㉠~㉤을 기준으로 나타낸 계통수이다.

(1) ㉠~㉤ 중 E가 가지는 특징을 있는 대로 쓰시오.

(2) E와 유연관계가 가장 가까운 생물종을 쓰시오.

해설 (1) E는 아래에서부터 위의 가지 끝에 이르기까지 놓여 있는 특징을 가진다. 따라서 E는 ㉠, ㉢, ㉣을 가진다.

(2) D는 E가 가지는 특징 ㉠, ㉢, ㉣을 모두 공유하며 가장 최근에 갈라졌으므로 E와 유연관계가 가장 가깝다.

정답 (1) ㉠, ㉢, ㉣ (2) D

---

③ 생물의 분류 체계

18세기 초 린네는 다양한 생물을 식물계와 동물계로 분류한 분류 체계를 제시하였다. 그 후 생명 과학의 발달로 생물의 새로운 특징이 발견되거나 새로운 종이 발견되면서 분류 체계는 지속적으로 변해 왔다.

1. 분류 체계의 변화

다양한 종의 특징을 비교하여 계통적으로 관련이 있는 종끼리 묶어 체계적으로 정리한 것을 분류 체계라고 한다. 초기의 분류 체계는 형태와 구조의 유사성을 중심으로 이루어져 진화적 유연관계가 명확하게 반영되지 않았지만, 최근의 분류 체계는 진화적 유연관계를 더욱 명확하게 반영하고 있다.

(1) **2계 분류 체계:** 린네는 생물을 크게 운동성이 없는 식물계와 운동성이 있는 동물계로 분류하였다.

(2) **3계 분류 체계:** 현미경의 발달로 미생물이 발견되면서 헤켈은 식물계와 동물계 모두에 속하지 않는 경계가 모호한 생물을 모아 원생생물계로 분류하였다.

(3) **4계 분류 체계:** 전자 현미경의 발달로 핵막이 없는 세포가 발견되면서 원생생물계에서 핵막이 없는 원핵생물계가 분리되었다.

(4) **5계 분류 체계:** 휘태커는 '곰팡이나 버섯은 몸 밖으로 효소를 분비하여 사체 따위를 분해한 후 이를 흡수하여 살아가므로, 광합성을 통해 양분을 스스로 생산하는 식물과 동일한 계에 포함될 수 없다.'고 주장하였다. 그는 세포의 형태, 영양 섭취 방식 등을 근거로 식물계에 포함되어 있던 곰팡이와 버섯을 식물계에서 균계로 분리하여, 생물을 원핵생물계, 원생생물계, 식물계, 균계, 동물계로 분류한 5계 분류 체계를 제시하였다.

(5) **3역 6계 분류 체계:** 분자 생물학의 발달로 DNA 염기 서열, 단백질의 아미노산 서열 등 다양한 정보들이 밝혀졌다. 우즈는 '분류 체계는 동일한 기준을 가지고 모든 생물에 적용해야 한다.'는 기본 생각을 가지고, 특정 rRNA의 염기 서열을 분석하여 생물의 계통수를 작성하였다. 그는 이 계통수를 근거로 원핵생물계에 속해 있던 세균과 고세균을 별도의 무리로 구분하여 진정세균계, 고세균계, 원생생물계, 식물계, 균계, 동물계의 6계로 분류하였다. 또, 고세균이 세균보다 진핵생물과 더 가까운 유연관계를 나타내므로, 계의 상위 단계로 역을 제안하여 6계를 세균역, 고세균역, 진핵생물역으로 분류하는 3역 분류 체계를 제시하였다. 현재는 우즈가 제안한 3역 6계 분류 체계를 많이 사용하고 있다.

헤켈(Haeckel, E. H., 1834~1919)
독일의 생명 과학자로, 3계 분류 체계를 제시하였고, 1866년에 최초로 생물의 계통수를 작성하였다.

휘태커(Whittaker, R. H., 1920~1980)
미국의 생태학자로, 생물 분류에 영양 섭취 방식을 강조하여 균계를 식물계로부터 분리한 5계 분류 체계를 확립하였다.

우즈(Woese, C. R., 1928~2012)
미국의 생명 과학자로, 특정 rRNA의 계통 분류를 통해 새로운 분류군인 고세균을 처음 정의하였다.

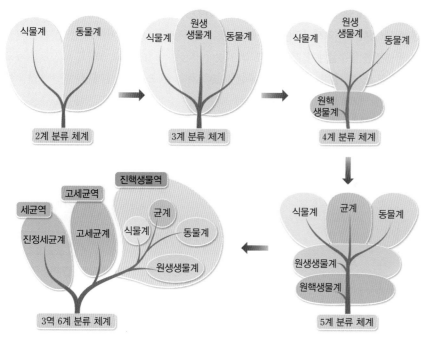

▲ **분류 체계의 변화** 분류 체계가 변하면 특정 생물이 속하는 분류군이 달라질 수 있다.

2. 3역 6계 분류 체계의 특징

(집중 분석) 126쪽

(1) **3역의 유연관계:** 고세균역은 특정 rRNA의 염기 서열, 세포벽의 성분, DNA 복제 및 유전자 발현 과정 등이 세균역보다 진핵생물역과 더 유사하므로, 세균역보다 진핵생물역과 유연관계가 더 가깝다.

(2) **3역에 속한 생물의 특징:** 세균역에 속하는 생물은 원핵세포이며, 펩티도글리칸이 결합한 세포벽을 가지고 있다. 고세균역에 속하는 생물은 세균과 유사하게 원핵세포이지만, 세포벽에 펩티도글리칸 성분이 없고 히스톤과 결합한 DNA를 일부 가지며 유전자가 발현하는 과정 등이 진핵생물과 유사하다. 진핵생물역에 속하는 생물은 진핵세포로 구성되어 있고, 세포 수, 영양 섭취 방식 등에서 매우 다양한 특징을 나타낸다.

특징	세균역	고세균역	진핵생물역
핵막	없음	없음	있음
막성 세포 소기관	없음	없음	있음
염색체 모양	원형	원형	선형
세포벽의 펩티도글리칸	있음	없음	없음
히스톤과 결합한 DNA	없음	일부 있음	있음
단백질 합성에서 개시 아미노산	포밀메싸이오닌	메싸이오닌	메싸이오닌
세포 수와 영양 섭취 방식	단세포, 독립 또는 종속 영양	단세포, 독립 또는 종속 영양	• 원생생물계: 단세포 또는 다세포, 독립 또는 종속 영양 • 식물계: 다세포, 독립 영양 • 균계: 대부분 다세포, 종속 영양 • 동물계: 다세포, 종속 영양

펩티도글리칸

세균의 세포벽을 이루는 물질 중 하나로, 변형된 당의 중합체가 짧은 폴리펩타이드에 의해 연결되어 그물 모양을 이룬 구조이다.

3역의 계통

모든 생물의 공통 조상이 두 갈래로 나누어져 하나는 진핵생물과 고세균의 공통 조상이 되었고, 다른 하나는 세균의 조상이 되었다.

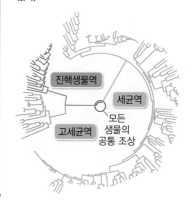

(3) **3역 6계 분류 체계에 따른 계통수:** 공통 조상으로부터 단세포 원핵생물인 세균역이 먼저 갈라졌고, 고세균역과 진핵생물역의 공통 조상 가지에서 고세균역이 갈라져 나왔다. 진핵생물역에서는 대부분 단세포 진핵생물로 구성된 원생생물계가 가장 먼저 갈라져 나왔고, 이후 식물계가, 그리고 동물계와 균계가 나누어졌다. 곰팡이, 버섯 등이 속한 균계는 오랫동안 동물계보다 식물계와 유연관계가 가까운 것으로 알려져 있었으나, 최근 식물계보다 동물계와 유연관계가 더 가깝다는 것이 밝혀졌다.

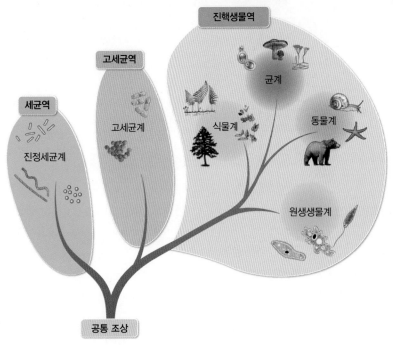

▲ **3역 6계 분류 체계**

균계가 식물계보다 동물계와 유연관계가 더 가깝다고 보는 까닭
균계의 rRNA 염기 서열이 식물계보다 동물계와 더 유사하여 동물계와 더 최근의 공통 조상을 공유한다고 보기 때문이다.

시야확장 ➕ 메테인 생성균과 3역 분류 체계의 탄생

❶ 우즈는 생물의 분류 체계는 동일한 기준을 모든 생물에 적용해야 한다는 기본 생각을 가지고 메테인 생성균 4종의 특정 rRNA 염기 서열을 분석하였다. 그 결과 메테인 생성균의 rRNA 염기 서열이 세균이나 동식물과는 뚜렷하게 차이가 있다는 것을 발견하였다.

❷ 1977년 우즈는 원핵생물계를 진정세균계와 고세균계로 나누어야 한다고 주장하는 논문을 발표하였다. 우즈가 고세균이라는 이름을 만든 것은 메테인 생성균의 생존 환경이 30억 년 전~40억 년 전 산소가 없던 지구의 환경과 비슷하다고 생각했기 때문이다.

❸ 1990년 우즈는 진정세균계와 고세균계를 계보다 상위 단계인 역(Domain)으로 조정할 것을 제안하는 논문을 발표하였고, 이로써 세균역, 고세균역, 진핵생물역이 탄생하게 되었다.

▲ **메테인 생성균과 서식 장소** 메테인 생성균은 습지, 늪 등과 같이 산소가 결핍된 환경에 서식한다.

특정 형질에 기초한 생물의 계통수 작성하기

특정 형질에 기초하여 생물의 계통수를 작성할 수 있다.

과정

1 그림은 여러 가지 동물을 나타낸 것이다.

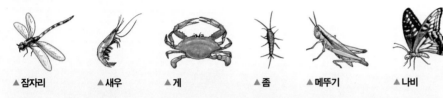

▲ 잠자리   ▲ 새우   ▲ 게   ▲ 좀   ▲ 메뚜기   ▲ 나비

2 제시된 동물을 관찰하여 각 동물이 어떤 특징을 가졌는지 표로 정리한다.

분류 형질	잠자리	새우	게	좀	메뚜기	나비
더듬이는 몇 쌍인가?	1쌍	2쌍	2쌍	1쌍	1쌍	1쌍
날개가 있는가?	예	아니요	아니요	아니요	예	예
날개를 몸 위로 접어 올리는가?	아니요	—	—	—	예	예
번데기 시기가 있는가?	아니요	아니요	아니요	아니요	아니요	예

3 정리한 표를 기준으로 계통수를 작성한다.

결과 및 해석

1 계통수에서 ㉠에 해당하는 분류 형질
- '배가 접혀서 가슴 부위에 닿는가?'가 될 수 있다. 새우는 배가 접혀서 가슴 부위에 닿지만, 게는 배가 가슴에 붙어 그렇지 않다.
- '배가 원통형인가?'가 될 수 있다. 새우의 배는 원통형이지만, 게의 배는 납작하다.
- '다리를 이용하여 헤엄칠 수 있는가?'가 될 수 있다. 새우는 배에 있는 다리로 헤엄칠 수 있지만, 게는 헤엄칠 수 없다.

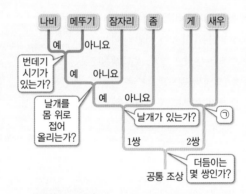

▲ 6가지 동물의 계통수

2 새우와 유연관계가 가장 가까운 생물: 계통수에서 새우와 가장 최근에 갈라진 생물은 게이므로, 새우와 유연관계가 가장 가까운 생물은 게이다.

3 계통수에서 가지가 나뉘는 분기점은 한 조상에서 두 진화적 계통이 나누어진 것이며, 최근의 공통 조상을 공유할수록 생물종 간의 유연관계가 가깝다. → 나비는 메뚜기와 유연관계가 가장 가까우며, 가장 최근에 나비와 메뚜기의 공통 조상으로부터 갈라졌다.

유의점
- 인터넷 검색이나 도감과 같은 자료를 활용하여 분류 형질을 찾아보도록 한다.
- 계통수를 완성한 후 각 생물의 유연관계를 파악하도록 한다.

▶ 탐구 확인 문제

▷정답과 해설 63쪽

01 위 탐구의 계통수에 대한 설명으로 옳은 것을 모두 고르면? (정답 2개)

① ㉠에서 게와 새우가 나누어져 진화하였다.

② 메뚜기와 좀의 공통 조상은 더듬이가 2쌍이다.

③ 나비와 유연관계가 가장 가까운 동물은 새우이다.

④ 잠자리와 좀은 공통적인 특징을 가지고 있지 않다.

⑤ 나비와 메뚜기의 유연관계는 나비와 잠자리의 유연관계보다 가깝다.

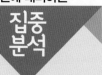

5계 분류 체계와 3역 6계 분류 체계 비교

생물의 분류 체계는 생명 과학의 발달에 따라 변화해 왔고, 오랫동안 5계 분류 체계가 사용되었다. 20세기 후반 우즈가 생물을 3역 6계로 분류할 것을 제안하였고, 현재는 3역 6계 분류 체계가 널리 사용되고 있다. 5계 분류 체계와 3역 6계 분류 체계를 비교하여 차이점을 분석하고, 분류 체계가 5계에서 3역 6계로 바뀐 까닭을 알아보자.

① 5계 분류 체계와 3역 6계 분류 체계의 공통점과 차이점

(1) 공통점: 원생생물계, 식물계, 균계, 동물계의 분류군이 있다.

(2) 차이점: 5계 분류 체계에서는 세균과 고세균이 모두 원핵생물계에 포함되지만, 3역 6계 분류 체계에서는 원핵생물계에 속해 있던 세균과 고세균을 진정세균계와 고세균계로 분리하였다. 또, 3역 6계 분류 체계에서는 계 위에 최상위 분류 단계인 역을 두어 진정세균계는 세균역, 고세균계는 고세균역, 진핵세포로 구성된 원생생물계, 식물계, 균계, 동물계를 하나로 묶어 진핵생물역으로 분류하였다.

② 5계 분류 체계에서 3역 6계 분류 체계로 바뀐 까닭

5계 분류 체계가 제시된 후 특정 rRNA의 염기 서열을 이용하여 계통수를 작성하고 유연관계를 분석한 결과, 원핵생물이 세균역과 고세균역이라는 2개의 분류군으로 나누어짐을 확인하였다. 또한, 진핵세포를 가진 분류군인 원생생물계, 식물계, 균계, 동물계가 하나의 분류군을 형성함을 확인하여 3역 6계 분류 체계로 바뀌었다.

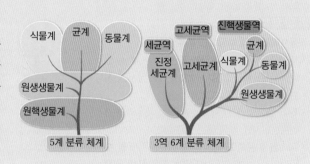

〉정답과 해설 63쪽

유제

그림 (가)는 생물의 5계 분류 체계를, (나)는 3역 6계 분류 체계를 나타낸 것이다.

이에 대한 설명으로 옳은 것만을 〈보기〉에서 있는 대로 고른 것은?

보기
ㄱ. ㉠에 속하는 생물은 모두 A에 속한다.
ㄴ. ㉢은 식물계이다.
ㄷ. B와 C의 유연관계는 B와 A의 유연관계보다 가깝다.

① ㄱ
② ㄷ
③ ㄱ, ㄴ
④ ㄱ, ㄷ
⑤ ㄱ, ㄴ, ㄷ

02 생물의 분류

① 생물 분류

1. **생물 분류** 생물을 공통된 특징을 기준으로 크고 작은 집단으로 무리 짓는 것이다.
   - (**❶**   ): 생물 분류의 기본 단위로, 오늘날에는 생물학적 종의 개념이 사용되고 있다.
   - 생물학적 종: 자연 상태에서 자유롭게 교배하여 생식 능력이 있는 자손을 낳을 수 있는 생물 무리이다.

2. **분류 단계** 생물을 공통적인 특징으로 묶어 단계적으로 나타낸 것으로, 좁은 범위에서 넓은 범위로 가면서 종, 속, (**❷**   ), 목, 강, 문, 계, (**❸**   ) 순으로 나타낸다.

3. **학명** 국제적으로 통용되는 종의 이름이며, 린네가 제안한 이명법을 사용한다.
   - 이명법: 속명과 (**❹**   )으로 구성되며, 종소명 뒤에 명명자의 이름을 쓰기도 한다. → 속명과 종소명은 이탤릭체로 표기하며, 속명의 첫 글자는 (**❺**   )로, 종소명의 첫 글자는 소문자로 쓴다.

   > 사람: *Homo* *sapiens* Linné
   >   속명   종소명   명명자

② 계통과 계통수

1. **계통과 계통 분류** 생물이 진화해 온 역사를 (**❻**   )이라고 하며, 생물이 진화해 온 계통을 밝히는 것을 계통 분류라고 한다.

2. (**❼**   ) 생물 사이의 유연관계를 나뭇가지 모양의 그림으로 나타낸 것으로, 이를 분석하면 생물의 진화 역사와 생물 사이의 유연관계를 알 수 있다.
   - 계통수에 나타난 모든 종의 (**❽**   )은 가장 아래쪽에 위치하고, 현존하는 종은 나뭇가지의 맨 위 끝부분에 위치한다.
   - 계통수에서 가지가 갈라지는 분기점은 한 조상에서 두 계통이 나누어져 진화하였음을 의미하며, 가까운 분기점을 공유할수록 종 사이의 (**❾**   )가 가깝다.

③ 생물의 분류 체계

1. **5계 분류 체계와 3역 6계 분류 체계의 차이점** 5계 분류 체계에서는 생물을 원핵생물계, 원생생물계, 식물계, 균계, 동물계로 분류했지만, 3역 6계 분류 체계에서는 원핵생물계를 진정세균계와 (**❿**   )로 나누고 계의 상위 단계로 역을 두었다.

2. **3역 6계 분류 체계의 특징** 고세균역은 세균역과 달리 세포벽에 펩티도글리칸이 존재하지 않으며, 히스톤과 결합한 DNA를 일부 갖는 등 진핵생물역과 유사한 특징을 나타낸다. → 고세균역은 (**⓫**   )보다 (**⓬**   )과 유연관계가 더 가깝다.

특징	세균역	고세균역	진핵생물역
핵막	없음	없음	있음
막성 세포 소기관	없음	없음	있음
세포벽의 펩티도글리칸	있음	없음	없음
히스톤과 결합한 DNA	없음	일부 있음	있음

01 다음은 생물 분류의 가장 기본이 되는 분류군 A에 대한 설명이다.

> 자연 상태에서 자유롭게 교배하여 생식 능력이 있는 자손을 낳을 수 있는 개체들의 무리이다.

(1) A는 무엇인지 쓰시오.

(2) A에 대한 설명으로 옳은 것만을 〈보기〉에서 있는 대로 고르시오.

> 보기
> ㄱ. 서로 다른 A 간에는 생식적 격리가 있다.
> ㄴ. 같은 A에 속한 개체들은 모두 외부 형태가 같다.
> ㄷ. 같은 A에 속한 개체들은 같은 조상으로부터 분화하였다.

02 그림은 말, 노새, 당나귀의 모습을 나타낸 것이다. 말과 당나귀의 교배로 태어난 노새는 생식 능력이 없다.

말　　　　노새　　　　당나귀

그림에는 모두 몇 종류의 종이 있는지 쓰시오.

03 다음은 여우의 8가지 분류 단계를 나타낸 것이다.

> 여우 < 여우(㉠) < 갯과 < 식육(㉡) < 포유(㉢) < 척삭동물문 < 동물계 < 진핵생물(㉣)

(1) ㉠~㉣은 각각 무엇인지 쓰시오.

(2) ㉠~㉣ 중 분류군의 범위가 가장 큰 것을 쓰시오.

04 학술 연구를 위해 언어와 상관없이 국제적으로 통용되는 종의 이름을 무엇이라고 하는지 쓰시오.

05 다음은 이명법을 나타낸 것이다.

> 속명 ＋ ㉠ ＋ 명명자

(1) ㉠은 무엇인지 쓰시오.

(2) 이에 대한 설명으로 옳은 것만을 〈보기〉에서 있는 대로 고르시오.

> 보기
> ㄱ. 우즈가 창안하였다.
> ㄴ. 명명자는 생략이 가능하다.
> ㄷ. 속명과 ㉠의 첫 글자는 모두 대문자로 표기한다.

06 표는 동물 종 A~F의 학명을 나타낸 것이다. A~F는 3개의 과(갯과, 고양잇과, 족제빗과)로 분류된다.

종	학명	과명
A	*Panthera onca*	?
B	*Canis lupus*	갯과
C	*Meles meles*	?
D	*Canis latrans*	?
E	*Panthera pardus*	고양잇과
F	*Felis catus*	고양잇과

(1) A는 어떤 과에 속하는지 쓰시오.

(2) D의 종소명을 쓰시오.

(3) A~F 중 족제빗과에 속한 종을 있는 대로 쓰시오.

(4) A~F는 모두 몇 개의 속으로 분류할 수 있는지 쓰시오.

07 생물이 진화해 온 역사로, 생물이 진화해 온 경로를 바탕으로 세운 생물 간의 진화적 유연관계를 무엇이라고 하는지 쓰시오.

08 계통수에 대한 설명으로 옳은 것만을 〈보기〉에서 있는 대로 고르시오.

보기
ㄱ. 생물의 계통을 나뭇가지 모양으로 표현한 것이다.
ㄴ. 계통수로 분류군 사이의 진화적 유연관계를 파악할 수 있다.
ㄷ. 계통수의 분기점은 한 조상에서 두 계통으로 나누어지는 것을 의미한다.

09 그림 (가)는 5종의 생물 A~E를 특징 ⓐ~ⓓ에 따라 구분하여 나타낸 것이고, (나)는 (가)를 바탕으로 작성한 계통수이다.

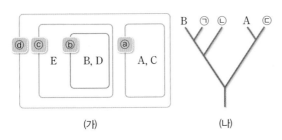

(가)   (나)

(1) ㄱ~ㄷ은 A~E 중 각각 어느 것에 해당하는지 쓰시오.

(2) ㄱ~ㄷ 중 특징 ⓑ, ⓒ, ⓓ를 모두 가진 것을 쓰시오.

(3) ㄱ과 ㄴ의 유연관계와 ㄴ과 ㄷ의 유연관계 중 어느 것이 더 가까운지 쓰시오.

10 그림은 생물의 5계 분류 체계와 3역 6계 분류 체계를 나타낸 것이다.

5계 분류 체계	A계		원생생물계	식물계	균계	동물계

3역 6계 분류 체계	진정세균계	고세균계	원생생물계	식물계	균계	동물계
	B역	C역	D역			

(1) A~D는 각각 무엇인지 쓰시오.

(2) 이에 대한 설명으로 옳은 것만을 〈보기〉에서 있는 대로 고르시오.

보기
ㄱ. A계에 속하는 생물은 모두 B역에 속한다.
ㄴ. C역에 속하는 생물은 모두 원핵생물이다.
ㄷ. C역은 B역보다 D역과 유연관계가 더 가깝다.

11 그림은 3역 분류 체계를 계통수로 나타낸 것이다.

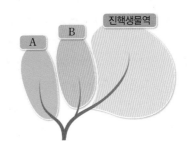

A와 B에 해당하는 분류군(역)을 각각 쓰시오.

12 표는 3역 6계 분류 체계의 특징을 일부 나타낸 것이다.

특징	세균역	고세균역	진핵생물역
핵막	ㄱ	없음	있음
세포벽의 펩티도글리칸	있음	없음	ㄴ
염색체 모양	원형	ㄷ	선형
분류군(계)	진정세균계	고세균계	ㄹ

(1) ㄱ~ㄷ에 알맞은 말을 각각 쓰시오.

(2) ㄹ에 속하는 분류군(계)을 있는 대로 쓰시오.

01 ❯ 종의 개념

다음은 생물 간의 교배 실험 및 외부 형태 비교에 대한 자료이다.

- A와 B의 교배로 태어난 C는 생식 능력이 없다.
- B와 D를 교배하였더니 생식 능력이 있는 E가 태어났다.
- A, B, E의 외부 형태를 비교해 보면 A와 E가 B와 E보다 더 유사하다.

이에 대한 설명으로 옳은 것만을 〈보기〉에서 있는 대로 고른 것은?

보기

ㄱ. A와 B는 서로 다른 종이다.

ㄴ. B와 D는 같은 속에 속한다.

ㄷ. 자연 상태에서 A와 E는 생식적으로 격리되어 있다.

① ㄴ   ② ㄷ   ③ ㄱ, ㄴ   ④ ㄱ, ㄷ   ⑤ ㄱ, ㄴ, ㄷ

> • 종이란 다른 종과 생식적으로 격리된 자연 집단으로, 같은 종의 개체 사이에서는 생식 능력이 있는 자손이 태어난다.

02 ❯ 분류 단계와 학명

자료 (가)는 생물의 8가지 분류 단계를, (나)는 생물 ⓐ~ⓒ의 학명을 나타낸 것이다.

> ㉠ < ㉡ < 과 < ? < ?
> < ㉢ < ? < 역

(가)

> ⓐ *Acheilognathus koreensis*
> ⓑ *Acanthurus dussumieri* Valenciennes
> ⓒ *Acanthurus nigricauda*

(나)

이에 대한 설명으로 옳은 것만을 〈보기〉에서 있는 대로 고른 것은?

보기

ㄱ. 척삭동물문은 ㉢ 단계에 해당한다.

ㄴ. ⓐ의 학명은 이명법을 사용하였다.

ㄷ. ⓑ와 ⓒ가 속한 ㉠과 ㉡ 단계의 분류군은 모두 다르다.

① ㄱ   ② ㄷ   ③ ㄱ, ㄴ   ④ ㄴ, ㄷ   ⑤ ㄱ, ㄴ, ㄷ

> • 생물의 분류 단계는 좁은 범위에서 넓은 범위로 가면서 종, 속, 과, 목, 강, 문, 계, 역의 8단계로 되어 있다.

03 ▶ 학명과 유연관계

표는 물고기 5종의 학명과 과명을 나타낸 것이다.

종	학명	과명
몰개	*Squalidus japonicus*	잉엇과
수수미꾸리	*Niwaella multifasciata*	미꾸릿과
쉬리	*Coreoleuciscus splendidus*	잉엇과
기름종개	*Cobitis sinensis*	미꾸릿과
긴몰개	*Squalidus gracilis*	?

이에 대한 설명으로 옳은 것만을 〈보기〉에서 있는 대로 고른 것은?

보기
ㄱ. 쉬리와 긴몰개는 서로 다른 강에 속한다.
ㄴ. 몰개와 쉬리는 교배하여 자손을 번식시킬 수 없다.
ㄷ. 수수미꾸리와 기름종개의 유연관계는 수수미꾸리와 긴몰개의 유연관계보다 멀다.

① ㄱ ② ㄴ ③ ㄱ, ㄴ ④ ㄴ, ㄷ ⑤ ㄱ, ㄴ, ㄷ

유연관계는 생물이 진화적으로 얼마나 멀고 가까운지를 나타내는 것으로, 역에서 종으로 갈수록 같은 분류 단계에 속하는 생물 간의 유연관계가 더 가까워진다.

04 ▶ 학명과 계통수

표는 식물 종 A~F의 학명과 과명을, 그림은 A~F 중 5종의 계통수를 나타낸 것이다. A~F는 3개의 과(장미과, 뽕나뭇과, 콩과)로 분류되며, ㉠~㉣은 각각 B~F 중 하나이다.

종	학명	과명
A	*Prunus persica*	?
B	*Rosa carolina*	장미과
C	*Rosa setigera*	?
D	*Morus alba*	뽕나뭇과
E	*Vicia faba*	?
F	*Prunus dulcis*	장미과

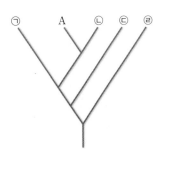

이에 대한 설명으로 옳은 것만을 〈보기〉에서 있는 대로 고른 것은?

보기
ㄱ. ㉠은 D이다.
ㄴ. B와 ㉡의 유연관계는 B와 ㉢의 유연관계보다 가깝다.
ㄷ. E의 학명에서 종소명은 '*Vicia*'이다.

① ㄱ ② ㄴ ③ ㄷ ④ ㄱ, ㄴ ⑤ ㄴ, ㄷ

학명은 이명법에 기초하여 만들어진 것으로, 속명과 종소명으로 구성된다.

고난도

05 ❯ 계통수

그림은 2개의 과와 3개의 속으로 분류되는 생물종 A~F의 계통수를, 표는 이 계통수의 분류 기준이 되는 특징 (가)~(마)의 유무를 나타낸 것이다. ㉠~㉢은 (가)~(마)를 순서 없이 나타낸 것이다.

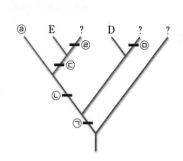

특징＼종	A	B	C	D	E	F
(가)	○	×	×	×	×	×
(나)	○	×	○	○	○	○
(다)	×	×	○	×	×	×
(라)	○	×	×	×	○	×
(마)	○	×	×	×	○	○

(○: 있음, ×: 없음)

이에 대한 설명으로 옳은 것만을 〈보기〉에서 있는 대로 고른 것은?

┌─ 보기 ─────────────────────────
ㄱ. ⓐ는 C이다.
ㄴ. ㉢은 (라)이다.
ㄷ. A와 D는 같은 속에 속한다.
└────────────────────────────

① ㄱ   ② ㄴ   ③ ㄱ, ㄷ   ④ ㄴ, ㄷ   ⑤ ㄱ, ㄴ, ㄷ

● 계통수에서 가까운 분기점을 공유할수록 종 사이의 유연관계가 가까우며, 유연관계가 가까운 종들끼리는 특징을 많이 공유한다.

06 ❯ 계통수 분석

그림은 종 R가 여러 종으로 분화하는 과정을 나타낸 계통수이다. ㉠과 ㉡은 분류 특징이고, 현존하는 종 A, B, C, E, F는 2개의 속으로 나뉘며, R, D, G, H는 멸종된 종이다.

이에 대한 설명으로 옳은 것만을 〈보기〉에서 있는 대로 고른 것은?

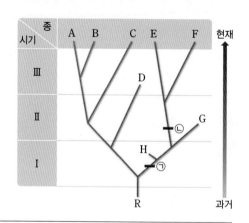

● 계통수에서 가지가 갈라지는 분기점은 한 조상에서 두 계통으로 나누어졌다는 것이므로, 종의 분화를 의미한다.

┌─ 보기 ─────────────────────────
ㄱ. A와 C는 같은 목에 속한다.
ㄴ. E는 ㉠과 ㉡을 모두 가진다.
ㄷ. 종의 분화가 일어난 횟수는 Ⅲ < Ⅰ < Ⅱ이다.
└────────────────────────────

① ㄱ   ② ㄷ   ③ ㄱ, ㄴ   ④ ㄴ, ㄷ   ⑤ ㄱ, ㄴ, ㄷ

07 ▶3역 6계 분류 체계

07 그림은 **3역 6계 분류 체계를 계통수로 나타낸 것이다.**

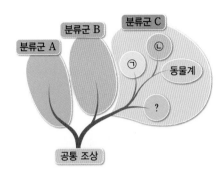

이에 대한 설명으로 옳은 것만을 〈보기〉에서 있는 대로 고른 것은?

> 보기
> ㄱ. ㉠은 ㉡과 달리 엽록체를 가지고 있는 생물로 구성된다.
> ㄴ. A에 속하는 생물은 펩티도글리칸이 포함된 세포벽을 가진다.
> ㄷ. B와 C에 속하는 생물은 모두 핵막이 있다.

① ㄱ　　　② ㄷ　　　③ ㄱ, ㄴ　　　④ ㄴ, ㄷ　　　⑤ ㄱ, ㄴ, ㄷ

• 3역 6계 분류 체계에서 3역은 세균역, 고세균역, 진핵생물역이며, 고세균역은 세균역보다 진핵생물역과 유연관계가 더 가깝다.

08 ▶5계 분류 체계와 3역 6계 분류 체계의 비교

08 그림은 생물의 **5계 분류 체계를 계통수로 나타낸 것이고**, 표는 **3역 6계 분류 체계의 역 A~C에서 세 가지 특징의 유무를 나타낸 것이다.**

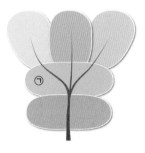

특징＼역	A	B	C
1개의 '계'만 있다.	?	×	?
4개의 '계'가 있다.	×	?	×
고세균계가 포함된다.	?	×	×

(○: 있음, ×: 없음)

이에 대한 설명으로 옳은 것만을 〈보기〉에서 있는 대로 고른 것은?

> 보기
> ㄱ. ㉠에 속하는 생물은 모두 C에 속한다.
> ㄴ. A와 B에 속하는 생물은 모두 리보솜을 가진다.
> ㄷ. A와 C에 속하는 생물은 모두 원핵생물이다.

① ㄱ　　　② ㄷ　　　③ ㄱ, ㄴ　　　④ ㄴ, ㄷ　　　⑤ ㄱ, ㄴ, ㄷ

• 5계 분류 체계의 원핵생물계에 속해 있던 세균과 고세균이 3역 6계 분류 체계에서는 세균역의 진정세균계와 고세균역의 고세균계로 나누어졌다.

03 생물의 다양성

학습 Point   세균역(진정세균계)과 ▷ 진핵생물역 ▷ 진핵생물역 ▷ 진핵생물역 ▷ 진핵생물역
   고세균역(고세균계)   (원생생물계)   (식물계)   (균계)   (동물계)

 세균역 – 진정세균계

세균역에 속하는 생물은 하나의 세포로 이루어진 세균으로, 지구의 어디에나 존재한다. 지구에 존재하는 세균의 생물량을 모두 합하면 진핵생물을 모두 합한 것의 10배를 넘는다고 한다.

1. 진정세균계

세균은 지구의 거의 모든 곳에서 발견되는 단세포 원핵생물이다.

(1) **단세포 원핵생물:** 핵막이 없어 유전 물질인 DNA가 세포질에 있으며, 소포체나 골지체와 같이 막으로 둘러싸인 세포 소기관이 없다. 리보솜이 있어 효소를 합성하여 스스로 물질대사를 할 수 있다.

(2) **원형의 염색체:** 대부분 원형으로 된 1개의 염색체(DNA)를 가지며, 세균에 따라 염색체와는 별도로 원형의 플라스미드(DNA)를 가지기도 한다.

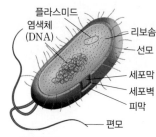

▲ **세균의 구조**

(3) **펩티도글리칸 성분이 있는 세포벽:** 세포벽이 있어 세포의 형태를 유지하고 세포를 보호한다. 세포벽에는 펩티도글리칸 성분이 있어서 다른 역에 속하는 생물과 구분된다.

(4) **생식 방법:** 대부분 분열법으로 빠르게 증식하고, 세대가 짧아 돌연변이가 잘 생긴다. 또, 환경이 나빠지면 증식을 멈추고 포자를 형성하여 휴면 상태로 지내다가, 환경이 좋아지면 다시 증식을 시작하는 특성이 있다.

(5) **운동 및 영양 섭취 방식:** 편모를 사용하여 운동을 하기도 한다. 또, 대부분 종속 영양 생물이지만, 일부는 독립 영양 생물이다.

2. 진정세균계의 분류

모양에 따라 구형의 구균, 원통형의 간균, 나선형의 나선균으로 구분하고, 영양 섭취 방식에 따라 종속 영양 세균과 독립 영양 세균으로 구분한다. 또, 호흡 방법에 따라 산소 호흡 세균(호기성 세균)과 무산소 호흡 세균(혐기성 세균)으로 구분하기도 한다.

(1) **종속 영양 세균:** 스스로 양분을 만들 수 없어 생물의 사체를 분해하거나 더 큰 생물에 기생하면서 유기물을 얻어 살아간다. 종속 영양 세균은 종류가 매우 다양하며, 지구의 거의 모든 곳에서 발견된다. 종속 영양 세균에는 폐렴, 결핵, 콜레라 등의 질병을 일으키는 세균과 김치, 요구르트, 치즈, 식초를 만드는 발효에 이용되는 젖산균, 아세트산균과 같은 세균이 있다. 또, 토양의 유기물을 분해하는 세균도 이에 해당된다.

3역 6계 계통수에서 진정세균계의 위치

모든 생물의 공통 조상으로부터 두 진화적 계통이 나누어져 하나는 진정세균계로 진화하였고, 다른 하나는 고세균과 진핵생물의 공통 조상이 되었다.

모양에 따른 세균의 분류
- 구균: 포도상 구균, 폐렴균
- 간균: 대장균, 결핵균, 살모넬라균
- 나선균: 콜레라균, 매독균

(2) **독립 영양 세균**: 빛에너지를 이용하여 유기물을 합성하거나, 무기물을 산화시켜 얻은 에너지를 이용하여 유기물을 합성한다. 독립 영양 세균에는 엽록체는 없지만 엽록소가 있어 광합성을 하는 아나베나, 흔들말과 같은 남세균이 있다. 또, 무기물을 산화시켜 얻은 에너지를 이용하여 유기물을 합성하는 황세균, 아질산균, 질산균과 같은 화학 합성 세균이 있다.

   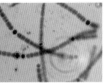

| 포도상 구균 | 대장균 | 살모넬라균 | 아나베나(남세균) |

▲ **진정세균에 속하는 생물** 포도상 구균, 대장균, 살모넬라균은 모두 종속 영양 세균에, 아나베나(남세균)는 독립 영양 세균에 속한다.

남세균의 진화

남세균은 진화 과정에서 숙주 세포에 공생하다가 엽록체의 기원이 된 것으로 알려져 있다. → 세포내 공생설

② 고세균역 – 고세균계

고세균역에 속하는 생물은 세균처럼 핵막이 없는 원핵생물이지만, 세균보다 진핵생물과 유사한 특징이 더 많으므로 3역 6계 분류 체계에서는 세균에서 분리하여 하나의 독립적인 분류군으로 분류하였다.

1. 고세균계

고세균은 주로 생물이 생존하기 어려운 극한 환경에 서식하는 단세포 원핵생물이다.

(1) **단세포 원핵생물**: 세균역에 속하는 생물과 마찬가지로 핵막과 막성 세포 소기관이 없다.

(2) **펩티도글리칸 성분이 없는 세포벽**: 세균역에 속하는 생물과 마찬가지로 세포벽이 있지만, 세균역과 달리 세포벽에 펩티도글리칸 성분이 없다.

(3) **영양 섭취 방식과 서식 환경**: 주로 무기물이나 유기물을 산화시켜 에너지를 얻으며, 화산 온천이나 사해 등 생물이 생존하기 어려운 극한 환경에서 서식한다.

(4) **진핵생물과 가까운 유연관계**: 고세균은 히스톤과 결합한 DNA를 가진 것도 있으며, rRNA의 염기 서열, 세포벽의 성분, DNA 복제 및 유전자 발현 과정 등이 세균보다 진핵생물과 유사하므로, 세균보다 진핵생물과 유연관계가 더 가까운 것으로 여겨진다.

3역 6계 계통수에서 고세균계의 위치

고세균계는 진정세균계보다 진핵생물(원생생물계, 식물계, 균계, 동물계)과 더 가까운 유연관계를 나타낸다.

특징	세균역	고세균역	진핵생물역
핵막	없음	없음	있음
막성 세포 소기관	없음	없음	있음
염색체 모양	원형	원형	선형
세포벽의 펩티도글리칸	있음	없음	없음
히스톤과 결합한 DNA	없음	일부 있음	있음
인트론(유전자에서 비암호화 부위)	없음	일부 있음	있음
RNA 중합 효소	1종류	여러 종류	여러 종류
단백질 합성에서 개시 아미노산	포밀메싸이오닌	메싸이오닌	메싸이오닌

고세균의 세포벽

고세균의 세포벽에는 펩티도글리칸 성분이 없는 대신에 다당류, 단백질, 당단백질을 포함한 여러 화학 구조가 발견된다.

고세균이 진핵생물과 유사한 특징
• 세포벽에 펩티도글리칸 성분이 없다.
• 히스톤과 결합한 DNA를 가진 것도 있으며, 일부 유전자에 인트론(비암호화 부위)이 있다.
• DNA 복제 및 유전자 발현 과정이 진핵생물과 유사하다.

2. 고세균계의 분류

고세균은 세포벽의 성분, 모양, 생리적 특성, 영양 섭취 방식 등이 매우 다양하여 다른 생물과 분리된 극한 환경에서 오랜 시간 동안 고립되어 진화한 것으로 여겨지며, 이들이 적응한 서식지의 특성에 따라 극호열균, 극호염균, 메테인 생성균 등으로 구분할 수 있다.

(1) **극호열균(호열성 고세균):** 온도가 매우 높은 화산 온천이나 심해 열수구 주변에 서식한다. 극호열균은 90 ℃가 넘는 고온에서도 DNA와 단백질이 변성되지 않고 안정된 상태를 유지한다.

(2) **극호염균(호염성 고세균):** 염분 농도가 높은 미국의 대염호나 사해, 염전 등에 서식하며, 소금에 절인 음식이 부패하는 원인이 된다. 일부 종은 바닷물의 염분 농도(약 3.5 %)의 몇 배에 해당하는 고농도의 염분이 생장에 꼭 필요한데, 이 종은 염분 농도가 9 % 이하로 떨어지면 생존하지 못한다.

(3) **메테인 생성균:** 습지, 늪, 하수 처리 시설, 초식 동물의 장 등 산소가 부족한 환경에서 서식한다. 이산화 탄소를 이용하여 수소를 산화시키는 과정에서 메테인을 노폐물로 생성($CO_2 + 4H_2 \rightarrow CH_4 + 2H_2O$)하기 때문에 서식지에서 독특한 냄새가 난다.

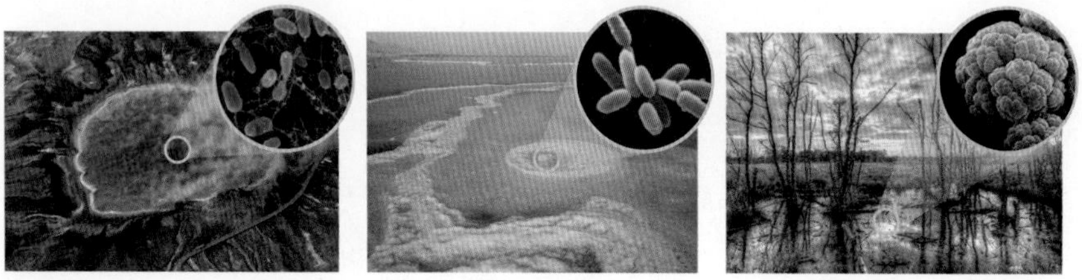

옐로스톤 국립 공원의 온천과 극호열균 | 사해와 극호염균 | 습지와 메테인 생성균

▲ **고세균의 서식지와 종류**(출처: NOAA, NASA)

고세균과 최초의 생명체

고세균은 심해 열수구와 같은 극한 환경에서 서식하기 때문에 원시 지구에서 탄생한 최초 생명체와 특성이 유사할 것으로 간주되어 왔다. 그러나 고세균이 원핵생물에 속하는 세균역의 생물보다 진핵생물역에 속하는 생물과 유연관계가 더 가까운 것으로 판별되면서, 현재는 지구 생명의 기원이 된 최초의 생명체와는 유연관계가 먼 것으로 여겨지고 있다.

메테인 생성균의 특징

메테인 생성균은 산소에 의해 치명적인 해를 입는 무산소 호흡 세균에 속한다. 따라서 다른 미생물이 산소를 모두 소모하여 산소가 존재하지 않는 늪이나 소 · 흰개미와 같은 동물의 장 등에서 서식한다. 하수 처리 시설의 중요한 분해자이기도 하다.

3 진핵생물역 – 원생생물계

원생생물은 현미경이 발달하면서 관찰되기 시작하여 별도의 계로 분류된 분류군이다. 원생생물계는 다양한 계통으로 갈라져 매우 다양한 특징을 가진 생물을 포함하고 있다.

1. 원생생물계

원생생물은 진핵생물역에 속한 생물 중 식물계, 균계, 동물계에 속하지 않는 생물이다.

(1) **진핵생물:** 막으로 둘러싸인 핵과 막성 세포 소기관이 있는 진핵세포로 이루어져 있다.

(2) **세포 수:** 대부분 현미경을 통해 관찰할 수 있는 단세포 생물이지만, 군체를 형성하기도 하며, 육안으로 볼 수 있는 다세포 생물도 있다.

(3) **영양 섭취 방식:** 독립 영양 생물과 종속 영양 생물이 있고, 광합성을 하면서 유기물을 흡수하는 혼합 영양 생물도 있다. 광합성을 하여 수중 생태계의 생산자 역할을 하는 것도 있고, 분해자 역할을 하는 것도 있으며, 다른 생물에 기생하여 질병을 유발하는 것도 있다.

(4) **서식지:** 대부분 물속에서 살며, 일부는 호수나 연못의 진흙 바닥, 동물의 소화관에서 산다.

(5) **생식 방법:** 대부분 분열법과 같은 무성 생식을 하지만, 일부는 수정이나 접합과 같은 유성 생식을 하기도 한다.

진핵생물

핵막으로 둘러싸인 핵이 있는 진핵세포로 이루어진 생물이다. 진핵세포는 핵막에 의해 유전 물질이 세포질과 분리되어 있고, 소포체, 골지체, 미토콘드리아, 엽록체 등과 같은 막성 세포 소기관이 발달되어 있어 구조가 복잡하며, 원핵세포보다 크기가 크다. 진핵생물역은 원생생물계, 식물계, 균계, 동물계의 4계로 구분된다.

3역 6계 계통수에서 원생생물계의 위치

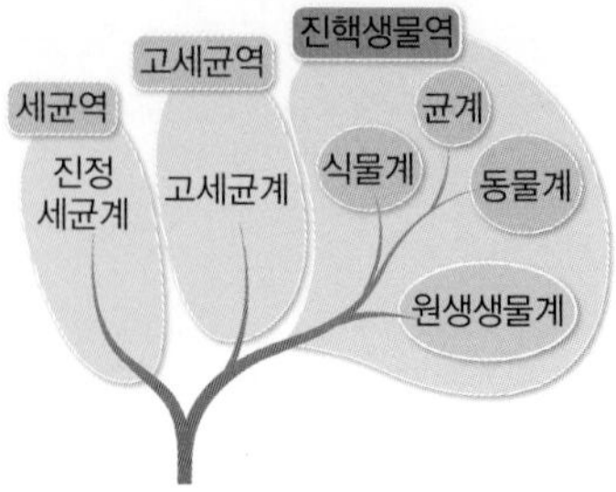

식물계, 균계, 동물계에 속하지 않는 진핵생물을 모아 놓은 분류군으로, 원생생물의 각각 다른 특정 계통으로부터 식물계, 균계, 동물계가 진화하였다.

2. 원생생물계의 분류

원생생물은 일반적으로 구조와 기능, 엽록소의 종류, 영양 섭취 방식, 운동 방식 등을 기준으로 분류하였지만, 최근에는 주로 DNA의 염기 서열 분석 자료를 이용하여 진화 경로와 유연관계에 대해 연구하고 있다. 원생생물에는 유글레나류, 섬모충류, 규조류, 갈조류, 방산충류, 홍조류, 녹조류, 점균류, 아메바류 등이 있다.

(1) **유글레나류:** 담수에 서식하는 단세포 생물로, 1개 또는 2개의 편모가 있어 편모를 이용하여 이동한다. 또, 엽록체가 있어 빛이 있으면 독립 영양을 하지만, 빛이 없으면 유기물을 흡수하는 종속 영양을 한다. 유글레나는 분열법으로 번식한다.

(2) **섬모충류:** 담수나 바다에 서식하는 단세포 생물로, 몸 표면에 나 있는 수많은 섬모를 이용하여 이동하며, 먹이(세균)를 섭취하는 종속 영양을 한다. 크기가 다른 두 종류의 핵을 가지며, 주로 분열법으로 번식한다. 섬모충류에는 짚신벌레, 종벌레, 나팔벌레 등이 있다.

(3) **규조류:** 담수나 바다에 서식하며, 대부분 단세포이지만 군체를 형성하는 종도 있다. 물 속에 사는 식물 플랑크톤 중 가장 많은 양을 차지하고, 엽록소와 규조소가 있어서 광합성을 한다. 두 조각으로 된 단단한 세포벽으로 싸여 있으며, 주로 분열법으로 번식한다. 규조류는 돌말이라고도 불리며, 뿔돌말, 별돌말, 실패돌말, 깃돌말 등이 있다.

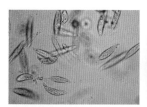
▲ 유글레나류

▲ 섬모충류(짚신벌레)

▲ 규조류(돌말)

(4) **갈조류:** 바다에 서식하는 다세포 생물로, 조류 중 가장 크고 복잡한 구조를 가진다. 엽록소와 갈조소가 있어서 광합성을 하며, 갈색을 띤다. 갈조류에는 미역, 다시마, 톳 등이 있다.

(5) **방산충류:** 바다에 서식하는 단세포 생물로, 실 모양의 위족이 몸의 중앙에서 사방으로 뻗어 있다. 식세포 작용으로 미생물을 섭취하는 종속 영양을 한다.

(6) **홍조류:** 바다에 서식하는 다세포 생물로, 수심이 얕은 곳에서 깊은 곳까지 널리 분포한다. 엽록소와 홍조소가 있어서 광합성을 하며, 붉은색을 띤다. 포자로 번식하는 무성 생식과, 정자와 난자의 수정에 의한 유성 생식을 한다. 홍조류에는 김, 우뭇가사리 등이 있다.

▲ 갈조류(미역)

▲ 방산충류

▲ 홍조류(우뭇가사리)

(7) **녹조류:** 담수나 바다에 서식하며, 단세포, 군체, 다세포의 다양한 무리가 있다. 엽록소 a, 엽록소 b, 카로티노이드가 있고, 광합성 산물이 녹말이며, 셀룰로스 성분의 세포벽이 있는 등 식물과 공통점이 많다. 녹조류에는 단세포성인 클로렐라·반달말·장구말, 군체를 형성하는 해캄·볼복스, 다세포성인 파래·청각 등이 있다.

무성 생식과 유성 생식
- 무성 생식: 암수 생식세포의 결합 없이 개체를 번식시키는 생식 방법으로, 분열법, 출아법 등이 있다.
- 유성 생식: 암수 생식세포의 수정으로 개체가 만들어지는 생식 방법이다.

규조소
갈색을 띠는 색소로, 광합성에서 빛을 모아 주는 보조 색소의 역할을 한다.

규조류의 종류

뿔돌말 별돌말 실패돌말 깃돌말

녹조류와 식물의 유연관계
녹조류는 식물과 같은 계통에 속하므로, 식물과 유연관계가 가깝다.

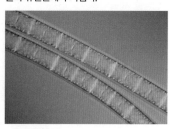
▲ 녹조류(해캄)

(8) **점균류:** 주로 습지나 썩은 나무에 붙어서 기생 생활을 하는 종속 영양 생물이다. 진핵생물역의 균계에 속하는 생물과 유사한 특징이 있어 한때 균류로 분류되었으나, 분자 생물학적 증거를 통해 아메바와 유연관계가 가깝다는 것을 알게 되었다. 점균류에는 갈적색털점균, 부들점균, 황색망사점균, 딕티오스텔리움 등이 있다.

▲ **점균류**(갈적색털점균)

(9) **아메바류:** 토양, 담수, 바다 등에 널리 서식하는 단세포 생물로, 대부분 세균이나 다른 원생생물을 먹고 사는 종속 영양 생물이다. 위족을 내서 이동하고 먹이를 감싸 식세포 작용을 하는데, 흔히 아메바라고 하는 것이 여기에 속한다.

▲ **아메바류**(아메바)

기생아메바류

대부분의 아메바는 자유 생활을 하지만, 일부 아메바는 기생 생활을 한다. 기생아메바는 모든 척추동물과 일부 무척추동물을 감염시킨다. 그중 이질아메바는 오염된 음식물을 통해 사람에게 감염되어 아메바성 이질을 유발하는데, 세계적으로 발병률이 높고 이로 인한 사망자 수도 많다.

시야 확장 ➕ 진핵생물역의 분류 체계

진핵생물역은 크게 원생생물계, 식물계, 균계, 동물계로 분류하는데, 식물계, 균계, 동물계를 제외한 모든 진핵생물은 원생생물계에 속한다. 그림과 같은 최근의 계통수에서 원생생물계는 계통적으로 하나의 분류군이 아님을 알 수 있다. 계통수에 있는 점선은 불확실한 진화적 관계를 나타낸다.

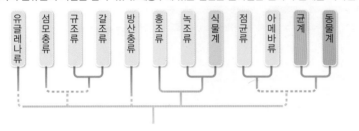

---

④ 진핵생물역 – 식물계 (탐구) 150쪽

광합성을 하여 동물을 비롯한 여러 생물의 호흡에 필요한 산소를 공급하고, 이들의 먹이가 되는 식물은 약 5억 년 전 물속 다세포 조류가 육상으로 진출하면서 등장하였다. 식물은 진화하면서 육상 환경에 적응할 수 있는 여러 형질을 갖게 되어 식물계에 속하는 다양한 생물로 분화되었다.

1. 식물계

식물은 다세포 진핵생물이며, 엽록체가 있어 광합성을 하여 유기물을 합성하는 독립 영양 생물이다.

(1) **식물 세포의 특징:** 엽록체에 엽록소 a, 엽록소 b, 카로티노이드 등의 광합성 색소가 있으며, 세포막 바깥에 셀룰로스 성분의 세포벽이 있다. 세포벽은 세포의 형태를 일정하게 유지하고, 식물이 곧게 자랄 수 있도록 식물체를 지탱한다.

(2) **육상 환경에 적응한 기관의 분화:** 식물은 건조한 육상 환경에 적응하는 과정에서 뿌리, 줄기, 잎 등의 기관이 분화하였고, 물과 양분을 온몸으로 운반하는 관다발이 발달하였다. 잎에 있는 큐티클층은 잎 표면을 통한 수분 손실을 막고, 기공은 열리고 닫힐 수 있어 기체 교환에 따른 수분 손실을 최소화한다.

3역 6계 계통수에서 식물계의 위치

식물계에 속한 생물은 원생생물계에 속하는 녹조류로부터 진화한 것으로 알려져 있다.

관다발

식물에서 물질을 이동시키는 조직계로, 물관과 체관으로 구성된다. 물관은 뿌리에서 흡수한 물과 무기 양분의 이동 통로이고, 체관은 잎에서 만든 유기 양분의 이동 통로이다. 관다발은 뿌리에서 잎까지 몸 전체에 연결되어 있다.

시야 확장 ➕ 녹조류와 식물의 비교

식물은 수중 생활을 하며 광합성을 하는 원생생물인 녹조류가 육상 환경에 적응하여 진화한 다세포 생물이다.

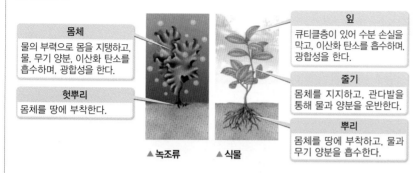

몸체
물의 부력으로 몸을 지탱하고, 물, 무기 양분, 이산화 탄소를 흡수하며, 광합성을 한다.

헛뿌리
몸체를 땅에 부착한다.

잎
큐티클층이 있어 수분 손실을 막고, 이산화 탄소를 흡수하며, 광합성을 한다.

줄기
몸체를 지지하고, 관다발을 통해 물과 양분을 운반한다.

뿌리
몸체를 땅에 부착하고, 물과 무기 양분을 흡수한다.

▲ 녹조류   ▲ 식물

❶ **공통점**: 엽록소 a, 엽록소 b, 카로티노이드를 가지며, 광합성 산물이 녹말이고, 셀룰로스 성분의 세포벽을 가진다.

❷ **차이점**: 녹조류는 뿌리, 줄기, 잎이 구분되지 않고, 넓은 잎처럼 생긴 몸체에서 물, 무기 양분, 이산화 탄소를 흡수하며 광합성을 한다. 또, 물의 부력으로 몸을 지탱하고, 헛뿌리는 몸을 고정하는 역할만 하는 등 물속 생활에 적응한 구조를 갖고 있다. 식물은 뿌리, 줄기, 잎과 같은 기관이 분화된 육상 생활에 적응한 구조를 갖고 있다. 식물은 육상에서 부력에 의존하지 않고 몸을 지탱하며 토양으로부터 물과 무기 양분을 흡수하도록 뿌리가 발달하였다. 또, 뿌리에서 흡수한 물과 무기 양분, 잎에서 광합성으로 합성한 유기 양분을 온몸으로 운반하도록 줄기가 발달하였고, 빛을 이용하여 광합성을 하고 기공을 통해 광합성과 호흡에 필요한 기체를 교환하도록 잎이 발달하였다.

헛뿌리
관다발 없이 생물체를 땅에 부착하는 역할을 하는 뿌리 모양의 구조물이다.

2. 식물계의 분류

식물은 관다발의 유무, 종자의 유무 등에 따라 비관다발 식물, 비종자 관다발 식물, 종자 식물로 분류하며, 종자식물은 씨방의 유무에 따라 겉씨식물과 속씨식물로 분류한다.

생태계에서 식물의 역할
식물은 광합성을 통해 유기물을 합성하므로 생태계를 구성하는 생물적 요인 중 생산자에 속한다. 또, 식물은 광합성을 통해 산소를 발생하므로, 동물을 비롯한 산소 호흡을 하는 모든 생물의 생존에 중요한 역할을 한다.

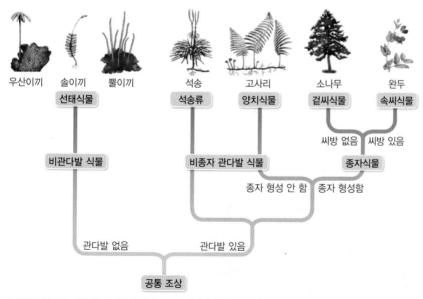

우산이끼   솔이끼   뿔이끼   석송   고사리   소나무   완두
선태식물   **석송류**   **양치식물**   **겉씨식물**   **속씨식물**

씨방 없음   씨방 있음

비관다발 식물   **비종자 관다발 식물**   **종자식물**

종자 형성 안 함   종자 형성함

관다발 없음   관다발 있음

공통 조상

▲ **식물의 계통수** 식물은 관다발의 유무에 따라 비관다발 식물과 관다발 식물로 분류하고, 관다발 식물은 종자의 유무에 따라 비종자 관다발 식물과 종자식물로, 종자식물은 씨방의 유무에 따라 겉씨식물과 속씨식물로 분류한다.

(1) 비관다발 식물

① 특징: 최초의 육상 식물로 선태식물이라고도 하며, 수중 생활에서 육상 생활로 옮겨 가는 중간 단계의 특성을 나타낸다. 관다발이 없어 물과 양분을 멀리 운반하지 못하므로, 크기가 작고 물을 쉽게 구할 수 있는 습한 곳에 주로 서식한다. 뿌리, 줄기, 잎이 제대로 분화되지 않았고 헛뿌리를 가지며, 포자로 번식하고 생식세포의 수정에 물이 필요하다. 북극 지방에서는 지표면 대부분을 덮고 있으며, 토양에서 개척자 역할을 한다.

② 종류: 태류식물문(태류), 선류식물문(선류), 각태류식물문(각태류)으로 분류한다.

• 태류: 외관상 뿌리, 줄기, 잎이 구별되지 않는 넓은 잎 모양의 구조로, 거의 땅에 붙어 산다. 태류에는 우산이끼, 비늘이끼 등이 있다.

• 선류: 외관상 뿌리, 줄기, 잎이 구별되지만 관다발이 없으며, 헛뿌리가 식물체를 토양에 고정시키고 있다. 선류에는 솔이끼, 물이끼 등이 있다.

• 각태류: 습한 황무지에 최초로 정착하는 식물 중 하나로, 약 5 cm 높이까지 자란다. 각태류에는 뿔이끼 등이 있다.

포자

비종자식물의 생식을 담당하는 세포로, 수정을 거치지 않고 단독으로 발아하여 개체가 된다.

개척자

식물이 살지 않는 곳에 처음으로 정착한 식물

우산이끼

솔이끼

뿔이끼

▲ 비관다발 식물에 속하는 생물

(2) 비종자 관다발 식물

① 특징: 뿌리, 줄기, 잎이 분화되어 있고, 관다발이 발달해 있다. 관다발은 대부분 헛물관과 체관으로 이루어져 있으며, 형성층이 없어 줄기가 굵어지지 않는다. 선태식물과 같이 포자로 번식하고 생식세포의 수정에 물이 필요하므로 주로 그늘지고 습한 곳에 서식한다.

② 종류: 석송식물문(석송류)과 양치식물문으로 분류한다.

• 석송류: 가장 원시적인 관다발 식물로, 하나의 잎맥이 있는 바늘 모양의 소엽을 가지고 있다. 석송류에는 석송, 물부추 등이 있다.

• 양치식물: 분류학자에 따라 양치식물에 석송류를 포함시키기도 하지만, 몇 가지 점에서 석송류와 구별된다. 양치식물은 석송류에서 볼 수 없는 다양한 잎맥이 있는 대엽과 다양하게 분지하는 뿌리를 가지며, 곁가지보다 끝가지가 우세하게 자란다. 이처럼 양치식물은 잎, 뿌리, 줄기의 구조가 석송류보다 종자식물과 더 유사하므로, 석송류보다 종자식물과 유연관계가 더 가깝다. 양치식물에는 고사리, 고비, 속새, 쇠뜨기 등이 있다.

헛물관

물관은 물관 세포가 세로로 이어져 있으며, 위아래 세포 사이의 격막이 없어지고 구멍이 나 있다. 헛물관은 물관 세포가 완전히 세포벽에 싸여 있어 세포 사이의 격막에 구멍이 없다.

비종자 관다발 식물과 석탄

석송류와 양치식물은 고생대 석탄기에 매우 번성하여 광대한 숲을 형성하였으며, 이들의 사체가 축적되어 화석 연료인 석탄의 기원이 되었다.

석송

고사리

쇠뜨기

▲ 비종자 관다발 식물에 속하는 생물

⑶ 종자식물

① **특징**: 육상 환경에 가장 잘 적응하여 번성한 식물의 무리로, 식물 중 가장 많은 종을 포함한다. 뿌리, 줄기, 잎의 구별이 뚜렷하고 관다발이 체계적으로 발달해 있으며, 종자를 만들어 번식한다. 주로 바람이나 동물에 의해 생식세포의 수정이 일어나므로 선태식물이나 양치식물과 달리 수정 과정에 물이 필요하지 않다. 종자는 배와 배의 발생에 필요한 양분이 단단한 껍질로 둘러싸여 있으므로, 육상의 건조하고 추운 환경을 잘 견뎌 자손을 널리 퍼뜨릴 수 있다.

② **종류**: 씨방의 유무에 따라 겉씨식물과 속씨식물로 분류한다.

• **겉씨식물**: 씨방이 없어서 밑씨가 겉으로 드러나 있는 식물이다. 형태가 서로 다른 암수의 생식 기관(꽃가루를 만드는 화분솔방울, 밑씨를 가지는 밑씨솔방울)에서 각각 난세포와 정핵이 형성되어 수정이 일어난다. 꽃잎과 꽃받침이 발달하지 않고, 대부분 바람에 의해 수분이 일어난다. 관다발은 대부분 헛물관과 체관으로 이루어

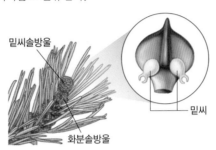

밑씨솔방울

밑씨

화분솔방울

▲ **겉씨식물의 밑씨** 씨방이 없어서 밑씨가 겉으로 드러나 있다.

져 있으며, 형성층이 있어서 양치식물과 달리 줄기가 굵게 자라는 부피 생장이 일어난다. 겉씨식물은 중생대에 크게 번성하였으며, 현존하는 겉씨식물은 소철식물문, 은행식물문, 마황식물문, 구과식물문으로 분류한다. 소철식물문은 겉씨식물 중 가장 오래되었으며, 은행식물문에는 현재 은행나무 한 종만 남아 있다. 구과식물문은 가장 대표적인 겉씨식물의 문으로, 소나무, 전나무, 잣나무, 가문비나무, 구상나무, 측백나무 등이 구과식물문에 속한다.

소철

마황

▲ **겉씨식물에 속하는 생물**

은행나무

소나무

종자

종자식물에서 수정된 밑씨가 성숙한 것으로, 씨라고도 한다. 자라서 식물체가 되는 배와 배의 발생에 필요한 양분으로 이루어져 있다.

구과

구과식물의 열매로, 솔방울, 잣송이 등이 있다. 목질의 비늘 조각이 여러 겹으로 포개져 있는 형태이며, 성숙하면서 비늘 조각이 벌어져 열린다.

▲ **솔방울**

• 속씨식물: 꽃이 피며, 암술에 씨방이 있어서 밑씨가 씨방 속에 들어 있는 식물이다. 꽃은 대부분 꽃잎과 꽃받침이 발달해 있다. 꽃가루에서 정핵이, 밑씨에서 난세포와 극핵이 각각 만들어져 중복 수정에 의해 배와 배젖을 만들어 종자를 형성한다. 속씨식물은 수분 과정이나 종자를 퍼뜨리는 과정에서 바람이나 동물의 도움을

▲ **속씨식물의 밑씨** 씨방이 있어서 밑씨가 씨방 속에 들어 있다.

받는데, 특히 동물의 도움을 받는 속씨식물의 꽃에는 동물을 유인하기 위한 화려한 색깔의 꽃잎이 있다. 관다발은 물관, 헛물관, 체관으로 이루어져 있으며, 단단하고 체계적으로 발달하여 식물체를 지지하고 물과 양분을 원활하게 수송한다.

속씨식물은 오늘날 지구에서 가장 번성한 식물 무리로, 식물계의 90 % 이상을 차지한다. 속씨식물은 하나의 문으로 분류하며, 배의 떡잎 수에 따라 외떡잎식물과 쌍떡잎식물로 다시 분류하기도 한다. 외떡잎식물에는 벼, 보리, 옥수수, 백합 등이 있고, 쌍떡잎식물에는 콩, 호박, 민들레, 장미 등이 있다. 쌍떡잎식물은 외떡잎식물과 달리 관다발에 형성층이 있다.

| 외떡잎 식물 | 벼 | 보리 | 옥수수 | 백합 |
| 쌍떡잎 식물 | 콩 | 호박 | 민들레 | 장미 |

▲ 속씨식물에 속하는 생물

시야 확장 ⊕ 외떡잎식물과 쌍떡잎식물의 비교

구분	배의 떡잎 수	잎맥의 모양	관다발 배열	뿌리의 형태	예
외떡잎 식물	1장	나란히맥	관다발이 흩어져 있음	원뿌리가 없는 수염뿌리	벼, 보리, 옥수수, 백합, 강아지풀, 붓꽃
쌍떡잎 식물	2장	그물맥	관다발이 고리 모양으로 배열	원뿌리와 곁뿌리가 있는 곧은뿌리	콩, 호박, 장미, 민들레, 무궁화, 해바라기, 국화

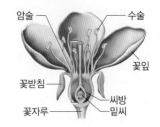

꽃의 구조

꽃받침, 꽃잎, 수술, 암술로 구성된다. 암술의 씨방 속에 밑씨가 있으며, 밑씨는 수정 후 종자로 발달한다.

암술 ─ 수술
꽃잎
꽃받침 ─
꽃자루 ─ 씨방
밑씨

중복 수정

꽃가루 속에 있는 2개의 정핵 중 하나(n)는 난세포(n)와 수정하여 배($2n$)가 되고, 다른 하나(n)는 극핵(n) 2개와 수정하여 배젖($3n$)이 된다. 이처럼 2개의 정핵이 모두 수정하여 배와 배젖을 형성하는 것을 중복 수정이라고 한다. 중복 수정은 속씨식물만이 가지고 있는 특징이다.

속씨식물의 분류

1990년대 후반까지 대부분의 계통학자들은 속씨식물을 떡잎의 수에 따라 외떡잎식물과 쌍떡잎식물로 분류하였다. 그러나 최근에는 DNA의 염기 서열 분석 결과를 근거로 외떡잎식물은 단일 계통인 하나의 분류군으로 보지만, 쌍떡잎식물은 진정쌍떡잎식물, 기저속씨식물, 목련류 등으로 구분한다. 대부분의 쌍떡잎식물은 진정쌍떡잎식물 분류군에 속한다.

5 진핵생물역 – 균계

균계에 속하는 생물 무리를 균류라고도 하며, 균류에는 주변에서 흔히 볼 수 있는 곰팡이, 버섯 등이 있다.

1. 균계

균류는 대부분 다세포 진핵생물이며, 외부에서 유기물을 흡수하는 종속 영양 생물이다.

(1) **세포 수**: 대부분 다세포 생물이지만, 효모와 같은 단세포 생물도 있다.

(2) **영양 섭취 방식**: 엽록소가 없어 광합성을 하지 못하고, 외부로 소화 효소를 분비하여 주변 유기물을 분해한 후 흡수하여 에너지를 얻는 종속 영양 생물이다. 살아 있는 생물에 기생하기도 하고 다른 생물과 상리 공생하기도 하며, 생태계의 분해자로서 쓰러진 통나무나 동물의 사체, 배설물 등에 포함된 유기물을 분해하기도 한다.

(3) **몸 구조 및 생식 방법**: 대부분 몸이 균사로 이루어져 있고, 균사 끝에서 생성된 포자로 번식한다. 또, 셀룰로스로 이루어진 식물의 세포벽과 달리 키틴으로 이루어진 세포벽을 가진다.

(4) **동물과 가까운 유연관계**: 균계에 속한 생물은 운동성이 없고 형태적으로 식물과 관련이 있어 보인다. 그러나 최근의 분자 생물학적 증거를 통해 균계는 진화적으로 식물계보다 동물계와 유연관계가 더 가까운 것으로 보고 있다. 균류와 동물의 공통 조상은 10억 년 전쯤 서로 다른 계통으로 나누어진 것으로 추정된다.

2. 균계의 분류

균사에 있는 격벽의 유무 등에 따라 분류하며, 곰팡이, 버섯, 효모 등이 있다.

털곰팡이

푸른곰팡이

송이버섯

▲ 균계에 속하는 생물

시야 확장 ⊕ 균계의 분류

균계는 균사에 있는 격벽의 유무나 포자 형성 방법 등에 따라 접합균류, 자낭균류, 담자균류 등으로 분류한다.

❶ **접합균류**: 균사에 격벽이 없어 하나의 세포에 여러 개의 핵이 있는 다핵체 상태이다. 포자를 만들어 무성 생식을 하고, 환경이 나빠지면 2개의 균사가 접합하여 접합 포자를 만드는 유성 생식을 하기도 한다. 접합균류에는 털곰팡이, 검은빵곰팡이 등이 있다.

❷ **자낭균류**: 균사에 격벽이 있다. 균사 끝에서 사슬 모양의 분생 포자를 만들어 무성 생식을 하거나, 균사의 접합으로 자낭을 형성하여 자낭 포자를 만드는 유성 생식을 한다. 자낭균류에는 푸른곰팡이, 누룩곰팡이, 송로버섯, 효모 등이 있는데, 효모는 다른 자낭균류와 달리 단세포 생물이고 균사가 없다.

❸ **담자균류**: 균사에 격벽이 있으며, 균사가 모여 우리가 흔히 보는 버섯류를 형성한다. 갓 안쪽에 있는 주름 표면에 담자기(방망이 모양의 돌기)가 있고, 담자기에서 담자 포자를 형성하여 번식한다. 담자균류에는 대부분의 버섯, 동충하초, 깜부기균, 녹병균 등이 있다.

3역 6계 계통수에서 균계의 위치

균계는 식물계보다 동물계와 유연관계가 더 가깝다.

균사

균류의 몸을 이루는 세포가 섬세한 실 모양으로 연결되어 있는 것이다. 하나의 포자에서 뻗어나간 균사가 산이나 동네 전체의 토양 속에 퍼져 있는 경우도 있다.

포자 생성 구조
균사

균사의 격벽

대부분의 균류에서 균사는 격벽이라고 하는 벽에 의해 각각의 세포로 나뉜다.

격벽이 있는 균사 / 격벽이 없는 균사 (다핵체 균사)

균류의 포자

• 접합 포자: 접합균류에서 2개의 균사가 접합하여 형성되는 유성 포자
• 분생 포자: 자낭균류에서 사슬 모양의 특수한 균사 끝부분의 외부에 생성되는 무성 포자
• 자낭 포자: 자낭이라는 특수한 세포 속에서 생성되는 유성 포자
• 담자 포자: 담자균류에서 방망이 모양의 담자기에서 생성되는 유성 포자

6 진핵생물역 – 동물계

(탐구) 150쪽

　많은 수의 동물 분류군이 5억 3500만 년 전부터 5억 2500만 년 전 사이에 형성된 지층에서 화석으로 발견되므로, 동물은 이보다 훨씬 전에 출현한 것으로 추정된다. 동물은 대부분 운동성이 있어 장소를 이동하면서 먹이를 얻으며, 감각 기관이 발달하여 주위 환경의 변화에 빠르게 대처하는 특징이 있다.

1. 동물계

동물은 다세포 진핵생물이며, 운동성이 있어 스스로 먹이를 섭취하여 살아가는 종속 영양 생물이다.

(1) **동물 세포의 특징과 영양 섭취 방식:** 세포에 세포벽과 엽록체가 없으며, 광합성을 하지 못해 스스로 유기물을 만들지 못하고 식물이나 다른 동물을 섭취하여 살아간다.

(2) **기관계의 발달:** 대부분의 동물은 신경계와 감각계가 발달하여 주위 환경의 변화에 능동적으로 빠르게 대처할 수 있고, 소화계, 배설계, 생식계 등의 기관계가 발달해 있다.

(3) **운동성:** 여러 가지 운동 기관을 이용하여 장소를 이동하면서 먹이를 찾아 내어 섭취한다.

(4) **생식 방법:** 대부분 정자와 난자의 수정에 의한 유성 생식을 하지만, 무성 생식을 하는 동물도 있다.

2. 동물계의 분류 기준

(집중 분석) 152쪽

동물계는 몸의 대칭성, 초기 발생 과정(배엽의 수, 원구의 발생 차이), DNA 염기 서열 등을 기준으로 여러 개의 큰 무리로 분류할 수 있다.

(1) **몸의 대칭성:** 동물은 몸의 구조에 대칭성이 없는 동물과 대칭성이 있는 동물로 분류할 수 있고, 대칭성이 있는 동물은 방사 대칭인 동물과 좌우 대칭인 동물로 분류할 수 있다.

① **무대칭 동물:** 해면동물은 대부분 몸의 대칭성이 없다.

② **방사 대칭 동물:** 2개 이상의 평면에 의해 몸이 동일한 절반으로 나누어지므로, 몸에 위아래의 구분만 있다. 주로 고착 생활을 하거나 유영 생활을 하며, 감각 기관이 온몸에 고르게 분포해 있어서 모든 방향에서 오는 자극에 반응할 수 있다. 방사 대칭 동물에는 자포동물이 있다.

③ **좌우 대칭 동물:** 오직 1개의 평면에 의해서만 몸이 동일한 절반으로 나누어지므로, 몸에 앞뒤, 좌우, 머리와 꼬리의 방향성이 있으며, 감각이 집중되는 부위가 발달하여 중추 신경계를 포함한 머리가 형성되어 있다. 자포동물과 대부분의 해면동물을 제외한 동물은 모두 좌우 대칭 동물이다.

방사 대칭　　좌우 대칭

▲ **동물의 대칭성**

(2) **초기 발생 과정:** 수정란은 체세포 분열 과정인 난할을 거쳐 포배가 되고, 포배의 한쪽이 함입되면서 낭배가 형성된다. 포배는 속이 빈 둥근 공 모양이며, 낭배는 발생 초기의 세포층인 배엽과 원장을 가진다.

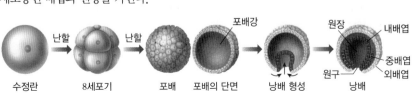

수정란　　8세포기　　포배　　포배의 단면　　낭배 형성　　낭배

▲ **동물의 초기 발생 과정**

3역 6계 계통수에서 동물계의 위치

세균역　고세균역　진핵생물역

진정세균계　고세균계　식물계　균계　동물계

원생생물계

동물계는 원생생물의 한 계통으로부터 진화한 것으로 보인다.

원장과 원구

다세포 동물의 발생 과정 중 낭배 형성 과정에서 내배엽으로 둘러싸인 빈 공간을 원장이라 하고, 세포 함입이 일어나는 부위를 원구라고 한다.

① 배엽의 수: 동물은 초기 발생 과정에서 세포층을 형성하는데, 이를 배엽이라고 한다. 동물은 배엽을 형성하지 않는 동물과 배엽을 형성하는 동물로 분류할 수 있다.

• 무배엽성 동물: 해면동물은 포배 단계에서 발생이 끝나므로 배엽을 형성하지 않는다. 이에 따라 체제 수준이 세포 단계에서 그쳐 진정한 의미의 조직이 발달하지 않는다.

• 배엽을 형성하는 동물: 해면동물을 제외한 동물은 배엽을 형성하는데, 외배엽과 내배엽만을 형성하는 2배엽성 동물, 외배엽과 내배엽 사이에 중배엽을 형성하는 3배엽성 동물로 분류한다. 2배엽성 동물은 체제 수준이 조직 단계에서 그치며, 자포동물이 이에 해당한다. 3배엽성 동물은 각 배엽으로부터 기관이 분화되어 세포, 조직, 기관, 기관계 등의 체제로 구성되며, 해면동물과 자포동물을 제외한 동물이 이에 해당한다.

② 원구의 발생 차이: 3배엽성 동물은 초기 발생 과정에서 원구가 입이 되는 선구동물과 원구가 항문이 되는 후구동물로 분류할 수 있다.

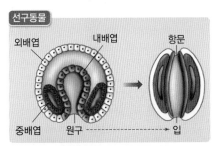 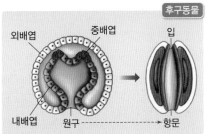

▲ **선구동물과 후구동물에서 입과 항문의 형성** 선구동물은 원구가 입이 되고 원구의 반대쪽에 항문이 생기며, 후구동물은 원구가 항문이 되고 원구의 반대쪽에 입이 생긴다.

(3) **DNA 염기 서열:** 최근 DNA 염기 서열을 포함한 분자 생물학적 연구 결과를 이용하여 작성된 계통수에서는 선구동물이 촉수담륜동물과 탈피동물로 분류된다. 촉수담륜동물은 먹이 포획에 이용되는 촉수관을 가지거나 발생 과정에서 담륜자 유생 시기를 거치는 동물이고, 탈피동물은 성장을 위해 탈피를 하는 동물이다.

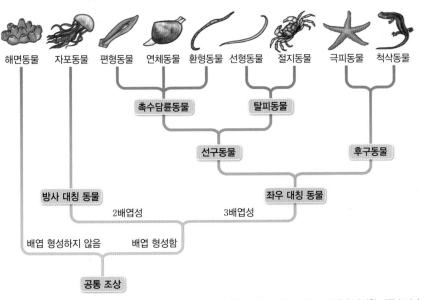

▲ **동물의 계통수** 9개 동물문의 형태적·발생적 특징과 분자 생물학적 특징을 통합·분석하여 작성한 계통수이다.

배엽
동물의 초기 발생 과정에서 형성된 세포층으로, 발생이 진행되면서 몸의 다양한 조직과 기관을 형성한다.
• 외배엽: 피부, 감각 기관, 신경계 등을 형성한다.
• 중배엽: 순환계, 생식계, 근육, 뼈 등을 형성한다.
• 내배엽: 소화계, 호흡계, 내분비계 등을 형성한다.

진정한 의미의 조직
다세포 동물에서 세포가 분화되어 다양한 기능을 수행하는 기관을 형성할 수 있는 조직을 말한다.

촉수관
입 주위를 둘러싸고 있는 섬모가 달린 촉수로, 먹이를 섭취할 때 이용된다.

담륜자(트로코포라)
일부 연체동물과 환형동물 등에서 관찰되는 유생이다.

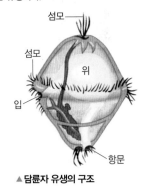

▲ 담륜자 유생의 구조

탈피
동물이 몸 표면의 가장 바깥층을 벗는 것을 탈피라고 한다. 몸 표면이 외골격으로 덮여 있는 동물은 성장하기 위해 오래된 외골격을 벗고 새로운 외골격을 형성한다.

3. 동물계의 분류

동물계는 해면동물문, 자포동물문, 편형동물문, 연체동물문, 환형동물문, 선형동물문, 절지동물문, 극피동물문, 척삭동물문 등으로 분류한다.

(1) 해면동물: 포배 단계에서 발생이 멈춘 동물로, 다세포 동물이지만 배엽을 형성하지 않아 세포의 분화 정도가 낮아서 진정한 의미의 조직이 발달하지 않았다. 몸은 무대칭이고 주머니 모양을 하고 있으며, 물이 체벽에 있는 구멍으로 들어왔다가 빠져나갈 때 그 속에 있는 먹이를 포획하여 세포내 소화를 한다. 대부분 바다에 서식하고, 유생은 편모가 있어 유영 생활을 하며 성체는 고착 생활을 한다. 또, 대부분 자웅 동체이며, 무성 생식 또는 유성 생식으로 번식한다. 해면동물에는 예쁜이해면, 주황해변해면, 해로동굴해면, 화산해면 등이 있다.

▲ 해면동물문에 속하는 동물(예쁜이해면류)

세포(자포동물)의 구조

(2) 자포동물: 몸은 방사 대칭이고, 낭배 단계에서 발생이 멈추어 내배엽과 외배엽으로 이루어진 2배엽성 동물이다. 따라서 대부분 조직 단계로 구성되어 있으나, 일부는 기관을 가지고 있다. 몸의 안쪽에는 속이 빈 강장이 있고 입 주변에 촉수가 원형으로 배열해 있다. 촉수에는 자세포가 있는데, 자세포 안에 자포라고 하는 독침 기구가 있어 이것을 발사해 먹이를 잡고, 적으로부터 몸을 보호한다. 잡은 먹이는 강장에서 소화시키며, 강장의 세포가 세포외 소화와 세포내 소화를 겸한다. 또, 분열법(말미잘), 출아법(히드라, 산호) 등의 무성 생식을 하며, 유성 생식을 하기도 한다. 자포동물에는 물속에서 유영 생활을 하는 해파리, 고착 생활을 하는 말미잘과 히드라, 단단한 외골격을 형성하는 산호 등이 있다.

히드라의 몸 안쪽 공간인 강장에서는 먹이의 소화와 흡수가 일어난다. 항문이 별도로 없기 때문에 소화되고 난 찌꺼기는 입을 통해 배출된다. 촉수에 있는 자세포는 작은 주머니 모양의 세포로, 자포를 가지고 있다. 먹이와 접촉하면 자포에서 독침이 튀어나와 먹이를 뚫고 들어가 독을 주입한다.

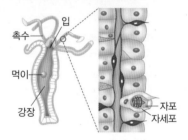

해파리　　　　　히드라　　　　　산호

▲ 자포동물문에 속하는 동물

(3) 편형동물: 진화 과정에서 나타난 3배엽성 동물 중 가장 하등한 형태로, 몸은 납작하고 길쭉하며 좌우 대칭이고, 3배엽이 모두 형성되어 체내에 일부 기관의 분화가 이루어져 있다. 원구는 입으로 발달하였지만 항문이 없는 선구동물로, 물에서 생활하며 몸의 표면을 통해 기체 교환을 한다. 또, 하나의 입구만을 가진 소화관이 순환 기관의 역할을 겸한다. 대부분 자웅 동체이며, 유성 생식을 한다. 편형동물 중 플라나리아, 납작벌레 등은 자유 생활을 하지만, 촌충, 간흡충(간디스토마) 등 대부분은 기생 생활을 한다.

세포외 소화와 세포내 소화

• 세포외 소화: 소화관 내부로 소화 효소를 분비해 먹이를 소화하는 과정으로, 세포외 소화를 하면 세포보다 큰 먹이를 섭취할 수 있다.

• 세포내 소화: 먹이를 직접 세포 내로 섭취하여 소화하는 과정이다.

플라나리아　　　　　납작벌레　　　　　촌충

▲ 편형동물문에 속하는 동물

(4) **연체동물:** 몸은 좌우 대칭이고, 3배엽성 동물이며 선구동물이다. 몸이 유연하고 탄력이 있으며, 근육으로 된 발, 대부분의 기관이 들어 있는 내장낭, 몸을 감싸는 외투막으로 구성된다. 대부분 외투막에서 분비된 석회질의 단단한 껍데기(패각)로 몸을 보호한다. 또, 몸에 체절이 없고 소화계와 순환계가 발달하였으며, 대부분 개방 혈관계를 가진다. 주로 물속에서 생활하므로 아가미로 호흡하지만, 육상에서 생활하는 달팽이류는 외투막과 내장낭 사이에 있는 외투강으로 호흡한다. 대부분 자웅 이체로 유성 생식을 하며, 조개류는 발생 과정에서 담륜자(트로코포라) 유생 시기를 거친다. 연체동물에는 달팽이, 소라, 조개, 오징어, 문어 등이 있다.

| 달팽이 | 조개 | 갑오징어 |

▲ **연체동물문에 속하는 동물**

(5) **환형동물:** 몸은 좌우 대칭이고, 3배엽성 동물이며 선구동물이다. 몸이 가늘고 긴 원통형이며, 몸체는 크기가 같은 고리 모양의 체절로 구성되어 있다. 체절을 둘러싸는 환상근과 종주근의 수축과 이완으로 이동하며, 소화관이 길게 발달하였고 폐쇄 혈관계를 가진다. 또, 얇고 투과성이 큰 피부로 호흡하므로 주로 습기가 많은 흙 속에 서식한다. 환형동물에는 갯지렁이(자웅 이체), 지렁이(자웅 동체), 거머리(자웅 동체) 등이 있으며, 갯지렁이는 연체동물의 조개류처럼 담륜자(트로코포라) 유생 시기를 거친다.

| 갯지렁이 | 지렁이 | 거머리 |

▲ **환형동물문에 속하는 동물**

(6) **선형동물:** 몸은 좌우 대칭이고, 3배엽성 동물이며 선구동물이다. 몸이 원통형으로 가늘고 긴 실 모양이며, 환형동물과 달리 체절이 없다. 질긴 큐티클층이 몸을 감싸고 있으며, 성장하면서 새로운 큐티클층을 만들어 주기적으로 탈피한다. 또, 호흡계와 순환계는 발달하지 않았지만, 입에서 항문에 이르는 소화관을 가지고 있다. 동물과 식물에

▲ **선형동물문에 속하는 동물**(예쁜꼬마선충)

기생하는 종도 있고, 토양과 물속에서 분해자의 역할을 하면서 자유 생활을 하는 종도 있다. 대부분 자웅 이체로 유성 생식을 하며, 생식기가 발달하였다. 선형동물에는 예쁜꼬마선충, 회충, 선충, 요충 등이 있다.

조개(연체동물)의 구조

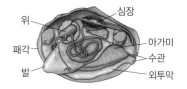

위 · 심장 · 패각 · 아가미 · 수관 · 발 · 외투막

체절
동물의 몸에서 앞뒤 축을 따라 반복적으로 나타나는 마디 구조로, 환형동물, 절지동물 등에서 볼 수 있다.

개방 혈관계와 폐쇄 혈관계
· 개방 혈관계: 동맥의 끝이 조직으로 열려 있고 정맥과는 연결되어 있지 않은 혈관계이다.
· 폐쇄 혈관계: 혈관이 조직으로 열려 있지 않고, 혈액이 동맥 → 모세 혈관 → 정맥으로 흐르는 혈관계이다.

환상근과 종주근
환형동물의 체벽이나 척추동물의 장관벽에 있는 근육층에서 고리 모양으로 내강을 둘러싸는 근육을 환상근이라고 하며, 환상근의 안쪽이나 바깥쪽에서 몸의 길이 방향으로 분포한 근육을 종주근이라고 한다.

연체동물과 환형동물의 유연관계
연체동물과 환형동물 중 일부는 발생 과정에서 담륜자 유생 시기를 거치므로, 유연관계가 가깝다.

큐티클층
생물의 체표 세포에서 분비되어 생성된 딱딱한 층

예쁜꼬마선충
유전자가 모두 밝혀져 유전과 발생 연구의 모델로 이용되는 동물이다. 사람의 노화와 관련된 몇몇 기작들도 이 동물의 연구를 통해 밝혀졌다.

(7) **절지동물:** 몸은 좌우 대칭이고, 3배엽성 동물이며 선구동물이다. 동물 종의 대부분을 차지하며, 지구상의 거의 모든 서식지에서 발견된다. 몸체는 크기가 다른 체절로 이루어져 있고, 마디로 된 다리를 가진다. 몸 전체는 키틴의 층이 쌓여 만들어진 단단한 외골격으로 덮여 있으며, 성장하기 위해 탈피를 한다. 또, 수중 생활을 하는 동물은 아가미로, 육상 생활을 하는 동물은 기관으로 기체 교환을 하며, 개방 혈관계를 가진다. 대부분 자웅 이체이며, 체내 수정을 한다. 절지동물은 협각류, 다지류, 곤충류, 갑각류로 분류한다.

① **협각류(거미류):** 주로 육상에서 다른 동물을 사냥하며, 거미, 전갈, 진드기 등이 있다.

② **다지류:** 많은 수의 다리를 가지며, 지네, 노래기, 그리마 등이 있다.

③ **곤충류:** 대부분 날개가 있어 날 수 있으며, 절지동물 중 가장 많은 종을 차지한다. 나비, 벌, 파리, 메뚜기, 잠자리 등이 있다.

④ **갑각류:** 대부분 수중 생활을 하며, 게, 가재, 새우 등이 있다.

거미 　　　지네 　　　나비 　　　게

▲ 절지동물문에 속하는 동물

(8) **극피동물:** 3배엽성 동물이며, 원구가 항문이 되는 후구동물이다. 대부분 유생 시기에는 몸이 좌우 대칭이지만 성체 시기에는 방사 대칭의 몸 구조를 가지며, 조직의 재생력이 뛰어나다. 몸의 표면에는 수많은 작은 돌기가 있고, 피부 아래에는 단단한 석회질 성분의 내골격이 있다. 또, 호흡 기관과 순환 기관의 역할을 하는 수관계를 가지며, 수관계와 연결된 관족을 움직여 이동하고 먹이를 포획한다. 천천히 움직이거나 고착 생활을 하며, 대부분 자웅 이체로 유성 생식을 한다. 극피동물에는 불가사리, 해삼, 성게, 바다나리 등이 있다.

불가사리 　　　해삼 　　　성게

▲ 극피동물문에 속하는 동물

(9) **척삭동물:** 몸은 좌우 대칭이고, 3배엽성 동물이며 후구동물이다. 발생 과정의 한 시기 또는 일생 동안 척삭이 나타나며, 발생 초기에 속이 빈 등 쪽의 신경 다발, 아가미 틈, 항문 뒤쪽의 근육성 꼬리가 나타나는 공통점이 있다. 또, 대부분 폐쇄 혈관계를 가진다. 척삭동물은 두삭동물, 미삭동물, 유두동물로 분류한다.

심화 154쪽

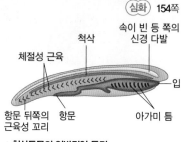

체절성 근육　　척삭　　속이 빈 등 쪽의 신경 다발
항문 뒤쪽의 근육성 꼬리　　항문　　아가미 틈　　입

▲ 척삭동물의 일반적인 특징

절지동물에서 외골격의 역할
외골격은 건조를 막아 주고 몸체를 보호하며, 다리를 움직이는 근육을 붙일 수 있어 절지동물이 육상생활에 적응하는 데 기여하였다.

불가사리(극피동물)의 구조
불가사리의 몸에는 호흡, 순환, 운동 등의 복합적인 기능을 담당하는 수관계가 있으며, 수관계의 끝에는 관족이 있다.

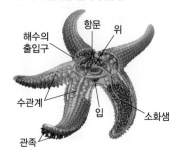

해수의 출입구　　항문　　위
수관계　　입　　소화샘
관족

척삭
척삭동물의 발생 과정에서 한 시기 또는 일생 동안 나타나는 유연성 있는 막대 모양의 조직으로, 등 쪽에 몸의 앞뒤를 따라 뻗어 있다.

① 두삭동물: 일생 동안 머리에서 꼬리까지 뚜렷한 척삭이 나타나며, 척추와 뇌는 발달하지 않는다. 두삭동물에는 창고기가 있다.

② 미삭동물: 유생 시기에 척삭이 나타났다가 성체가 되면 퇴화하며, 보통 몸의 바깥쪽이 질긴 덮개(피낭)로 싸여 있다. 미삭동물에는 우렁쉥이(멍게) 등이 있다.

③ 유두동물: 머리가 있는 척삭동물을 말하며, 먹장어류와 척추동물이 있다.

• 먹장어류: 연골 머리뼈가 있으나 턱과 척추는 없으며, 일생 동안 척삭이 나타난다.

• 척추동물: 척추가 있는 동물로, 턱의 유무에 따라 턱이 없는 종류(원구류)와 턱이 있는 종류(어류, 양서류, 파충류, 조류, 포유류)로 분류한다. 원구류는 일생 동안 척삭이 나타나지만, 먹장어류와 달리 척삭을 둘러싸는 연골성 관이 있으며, 칠성장어가 이에 속한다. 나머지 척추동물은 발생 초기에 척삭이 나타났다가 성체가 되면서 퇴화하고, 척수를 둘러싸는 척추가 발달한다. 폐쇄 혈관계를 가지며, 자웅 이체로 유성 생식을 한다.

구분	몸의 표면	심장	호흡 기관	수정	생식	체온	예
어류	비늘	1심방 1심실	아가미	체외 수정	난생	변온	붕어, 상어, 가오리, 참치
양서류	피부	2심방 1심실	아가미, 폐, 피부				개구리, 도롱뇽, 두꺼비
파충류	각질의 비늘	2심방 불완전 2심실	폐	체내 수정			거북, 악어, 도마뱀, 뱀
조류	깃털	2심방 2심실				정온	오리, 참새, 독수리, 펭귄
포유류	털				태생		고양이, 토끼, 고래, 사람

시선 집중 ★ 동물의 검색표

다음은 동물의 검색표를 나타낸 것이다.

A1. 척삭이 없다.
  B1. 몸은 스펀지 모양이다. ······· 해면동물문
  B2. 몸은 스펀지 모양이 아니다.
   C1. 몸은 납작하다. ······· 편형동물문
   C2. 몸은 납작하지 않다.
    D1. 몸은 체절로 이루어져 있다.
     E1. 주로 땅 위에 살며 외골격을 가진다. ······· 절지동물문
     E2. 주로 습기가 많은 흙 속에 살며 외골격이 없다. ······· 환형동물문
    D2. 몸은 체절로 이루어져 있지 않다.
     F1. 외투막이 있으며, 패각이 있는 것도 있다. ······· 연체동물문
     F2. 석회질의 내골격이 있으며, 수관계의 관족으로 이동한다. ······· 극피동물문
A2. 척삭이 있다. ······· 척삭동물문

거미는 척삭이 없고(A1), 몸은 스펀지 모양이 아니며(B2), 몸은 납작하지 않다(C2). 또, 몸이 체절로 이루어져 있으며(D1) 외골격을 가진다(E1). → 거미는 절지동물문에 속한다.

창고기

외형상으로는 어류와 비슷하지만, 지느러미, 턱, 감각 기관, 심장 및 뚜렷한 뇌가 없다는 점에서 어류보다 훨씬 하등한 동물이다.

척수와 척추

척수는 중추 신경계를 구성하는 신경이며, 척추는 척수를 보호하는 골격이다.

체외 수정과 체내 수정

• 체외 수정: 생식 기관 바깥에서 정자와 난자의 수정이 일어나는 것이다.
• 체내 수정: 생식 기관 내에서 정자와 난자의 수정이 일어나는 것이다.

난생과 태생

• 난생: 알이 모체 밖으로 배출된 후 배가 알 속의 영양만으로 발생하여 개체로 되는 것이다.
• 태생: 태아가 어미의 체내에서 어느 정도 자란 다음 태어나는 것으로, 포유류에서 볼 수 있다.

검색표

생물의 분류학적 위치를 알아내기 위해 분류 형질을 단계적으로 배열하여 나타낸 표이다.

우리 주변 식물과 동물의 유연관계 파악하기

주변에 서식하는 식물과 동물을 문 수준에서 분류하고, 이들 사이의 유연관계를 파악할 수 있다.

과정 및 결과

1 그림은 주변에서 볼 수 있는 식물과 동물이다.

▲ 해면 ▲ 민들레 ▲ 참새 ▲ 우산이끼

▲ 소나무 ▲ 거미 ▲ 성게 ▲ 고사리

▲ 해파리 ▲ 옥수수 ▲ 예쁜꼬마선충 ▲ 개

● 유의점
• 주변에 서식하는 식물과 동물을 직접 찾아 도감을 이용해 이름과 특징을 조사하고 분류하여 이들의 계통과 유연관계를 파악해 볼 수도 있다.
• 주변 생물은 사진을 찍고, 필요한 경우 도구를 활용하여 채집 및 관찰한다.

2 제시된 식물과 동물의 특징을 파악하고, 각각 어떤 문에 속하는지 조사한다.

구분	민들레	우산이끼	소나무	고사리	옥수수
관다발의 유무	있음	없음	있음	있음	있음
종자의 유무	있음	없음	있음	없음	있음
씨방의 유무	있음	없음	없음	없음	있음
떡잎의 수	2장	–	–	–	1장
문	속씨식물문	태류식물문	구과식물문	양치식물문	속씨식물문

구분	해면	참새	거미	성게	해파리	예쁜꼬마선충	개
배엽의 수	형성 안 함	3배엽성	3배엽성	3배엽성	2배엽성	3배엽성	3배엽성
몸의 대칭성	무대칭	좌우 대칭	좌우 대칭	유생은 좌우 대칭, 성체는 방사 대칭	방사 대칭	좌우 대칭	좌우 대칭
원구의 발생	–	후구동물	선구동물	후구동물	–	선구동물	후구동물
체절의 유무	없음	없음	있음	없음	없음	없음	없음
척삭의 형성 여부	형성 안 함	형성함	형성 안 함	형성 안 함	형성 안 함	형성 안 함	형성함
문	해면동물문	척삭동물문	절지동물문	극피동물문	자포동물문	선형동물문	척삭동물문

3 **2**의 표에 정리된 특징을 기준으로 식물과 동물의 계통과 유연관계를 알아보고 계통수를 작성한다.

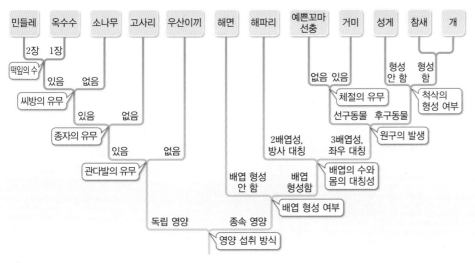

해석

1 **식물의 분류**: 식물은 관다발의 유무에 따라 비관다발 식물인 선태식물(우산이끼)과 관다발 식물(고사리, 소나무, 옥수수, 민들레)로 분류하고, 관다발 식물은 종자의 유무에 따라 양치식물(고사리)과 종자식물(소나무, 옥수수, 민들레)로 분류한다. 종자식물은 씨방의 유무에 따라 겉씨식물(소나무)과 속씨식물(옥수수, 민들레)로 분류하고, 속씨식물의 일부는 떡잎의 수에 따라 외떡잎식물(옥수수)과 쌍떡잎식물(민들레)로 분류한다.

2 **동물의 분류**: 동물은 배엽 형성 여부에 따라 배엽을 형성하지 않는 해면동물(해면)과 2배엽성인 자포동물(해파리), 3배엽성인 동물(예쁜꼬마선충, 거미, 성게, 참새, 개)로 분류하고, 3배엽성인 동물은 초기 발생 과정에서 원구가 입이 되는 선구동물(예쁜꼬마선충, 거미)과 원구가 항문이 되는 후구동물(성게, 참새, 개)로 분류한다. 선구동물은 체절의 유무에 따라 체절이 있는 절지동물(거미)과 체절이 없는 선형동물(예쁜꼬마선충)로 분류하고, 후구동물은 척삭의 형성 여부에 따라 척삭을 형성하지 않는 극피동물(성게)과 척삭을 형성하는 척삭동물(참새, 개)로 분류한다.

3 **계통수에서 개, 민들레와 각각 유연관계가 가장 가까운 생물**: 개와 가장 최근에 갈라진 가지에 참새가 위치하므로, 개와 유연관계가 가장 가까운 생물은 참새이다. 민들레와 가장 최근에 갈라진 가지에 옥수수가 위치하므로, 민들레와 유연관계가 가장 가까운 생물은 옥수수이다.

식물과 동물의 분류

식물과 동물은 모두 진핵생물이지만, 식물은 독립 영양을 하며 세포에 셀룰로스 성분의 세포벽이 있다. 동물은 종속 영양을 하며 세포에 세포벽이 없다.

탐구 확인 문제

> 정답과 해설 **66**쪽

01 위 탐구에 대한 설명으로 옳지 <u>않은</u> 것은?

① 우산이끼는 뿌리, 줄기, 잎이 분화되어 있지 않다.

② 소나무와 옥수수의 유연관계는 소나무와 고사리의 유연관계보다 가깝다.

③ 성게, 참새, 개는 모두 발생 과정에서 중배엽을 형성한다.

④ 참새와 개는 '호흡 기관의 종류'를 기준으로 서로 다른 분류군으로 분류할 수 있다.

⑤ 거미와 유연관계가 가장 가까운 동물은 예쁜꼬마선충이다.

02 그림은 도마뱀과 동물 A~C의 계통수를 나타낸 것이다. A~C는 각각 바지락, 갯지렁이, 잠자리 중 하나이며, C는 체절이 있다.

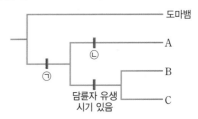

(1) A~C는 각각 무엇인지 쓰시오.

(2) 분류 특징 ㉠, ㉡이 될 수 있는 것을 한 가지씩 쓰시오.

동물계의 분류 기준

다세포 진핵생물이며 세포벽이 없고 종속 영양을 하는 동물계에 속하는 생물은 어떤 분류 기준으로 분류할 수 있을까? 동물을 분류하는 기준으로는 몸의 대칭성, 초기 발생 과정에서 나타나는 특징 등이 있으며, 최근에는 DNA 염기 서열 등과 같은 분자 생물학적 특징이 중요 분류 기준이 되고 있다. 9개의 동물 문이 분류 기준에 따라 어떤 분류군에 속하는지 알아보자.

❶ 몸의 대칭성에 따른 분류

동물은 몸의 대칭성에 따라 무대칭 동물, 방사 대칭 동물, 좌우 대칭 동물로 분류할 수 있다.

무대칭 동물	몸의 대칭성이 없다. ⓓ 해면동물
방사 대칭 동물	주로 고착 생활을 하거나 유영 생활을 하며, 감각 기관이 온몸에 고르게 분포해 있어서 모든 방향에서 오는 자극에 대해 공평하게 대처할 수 있다. ⓓ 자포동물
좌우 대칭 동물	앞뒤, 좌우, 머리와 꼬리의 방향성이 나타나며, 몸의 앞쪽에 중추 신경계와 머리가 발달하여 능동적으로 움직이며 생활한다. ⓓ 편형동물, 연체동물, 환형동물, 선형동물, 절지동물, 극피동물(유생 시기에 좌우 대칭), 척삭동물

몸의 대칭성
- 방사 대칭: 몸을 동일한 절반으로 나눌 수 있는 평면이 2개 이상 존재하는 경우를 말한다.
- 좌우 대칭: 오직 1개의 평면에 의해서만 몸이 동일한 절반으로 나누어지는 경우를 말한다. 따라서 세로 중심면을 기준으로 좌우 모양이 같다.

❷ 배엽의 수에 따른 분류

동물은 초기 발생 과정에서 배엽의 형성 여부에 따라 무배엽성 동물, 2배엽성 동물, 3배엽성 동물로 분류할 수 있다.

무배엽성 동물	포배 단계에서 발생이 끝나는 동물로, 배엽을 형성하지 않아 조직이나 기관이 분화되지 않는다. ⓓ 해면동물
2배엽성 동물	낭배 단계에서 발생이 끝나 외배엽과 내배엽만을 형성하는 동물이다. 진정한 의미의 조직은 있지만, 기관이 분화되어 있지 않다. ⓓ 자포동물
3배엽성 동물	발생 과정에서 외배엽, 내배엽, 중배엽을 형성하는 동물이다. 각 배엽에서 기관이 분화되어 세포, 조직, 기관, 기관계 등의 체제로 구성된다. ⓓ 편형동물, 연체동물, 환형동물, 선형동물, 절지동물, 극피동물, 척삭동물

▽ 예제

그림은 4종의 동물 (가)~(라)를 나타낸 것이다.

(가)   (나)   (다)   (라)

(1) (가)~(라) 중 3배엽성 동물을 모두 쓰시오.

(2) (가)~(라)를 몸의 대칭성에 따라 두 분류군으로 분류하시오.

정답 (1) (가), (나), (다) (2) [(가), (나), (다)]와 [(라)]

해설 (1) 달팽이(가)는 연체동물, 메뚜기(나)는 절지동물, 곰(다)은 척삭동물, 해파리(라)는 자포동물에 속한다. 따라서 3배엽성 동물은 (가), (나), (다)이다.

(2) 3배엽성 동물은 모두 몸이 좌우 대칭이고, 해면동물은 무대칭, 자포동물은 방사 대칭이다. 따라서 몸의 대칭성에 따라 [(가), (나), (다)]와 [(라)]로 분류할 수 있다.

③ 원구의 발생 차이에 따른 분류

3배엽성 동물은 초기 발생 과정의 낭배 때 형성되는 원구가 입이 되는지, 항문이 되는지에 따라 선구동물과 후구동물로 분류할 수 있다.

선구동물	후구동물
원구가 입이 되고 나중에 원구의 반대쪽에 항문이 생긴다. ⓔ 편형동물, 연체동물, 환형동물, 선형동물, 절지동물	원구가 항문이 되고 나중에 원구의 반대쪽에 입이 생긴다. ⓔ 극피동물, 척삭동물

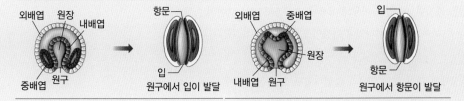

외배엽 원장 내배엽 → 항문 / 중배엽 원구 / 입 / 원구에서 입이 발달

외배엽 중배엽 / 원장 / 입 / 내배엽 원구 / 항문 / 원구에서 항문이 발달

> **원구**
> 동물의 초기 발생 과정에서 낭배 형성 시 세포 함입이 일어나 열려 있는 부위이다.

④ DNA 염기 서열에 따른 분류

DNA 염기 서열 등을 분석하여 작성된 계통수에 따르면 선구동물은 촉수담륜동물과 탈피동물로 분류할 수 있다.

촉수담륜동물	먹이를 잡는 데 쓰이는 촉수관을 가지거나 발생 과정에서 담륜자(트로코포라) 유생 시기를 거친다. ⓔ 편형동물, 연체동물, 환형동물
탈피동물	질긴 큐티클층이 몸을 감싸고 있거나 몸이 단단한 외골격으로 덮여 있어 성장 과정에서 탈피를 한다. ⓔ 선형동물, 절지동물

〉정답과 해설 66쪽

유제

표는 동물 5종의 분류 기준에 따른 특징을, 그림은 표를 바탕으로 작성된 5종의 계통수를 나타낸 것이다. A~D는 각각 조개, 예쁜꼬마선충, 불가사리, 창고기 중 하나이다.

종 \ 분류 기준	원구의 분화	탈피 여부	척삭 유무
가재	?	함	없음
조개	입이 됨	안 함	?
예쁜꼬마선충	입이 됨	?	없음
불가사리	?	안 함	없음
창고기	항문이 됨	안 함	?

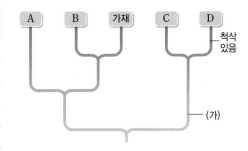

이에 대한 설명으로 옳은 것만을 〈보기〉에서 있는 대로 고른 것은?

> **보기**
> ㄱ. 탈피는 (가) 단계에서 나타난다.
> ㄴ. B의 몸은 외투막으로 둘러싸여 있다.
> ㄷ. C의 성체는 방사 대칭의 몸 구조를 가진다.

① ㄱ　　　　② ㄷ　　　　③ ㄱ, ㄴ　　　　④ ㄱ, ㄷ　　　　⑤ ㄱ, ㄴ, ㄷ

심화

척추동물의 분류

척삭동물에 속하는 척추동물은 초기 발생 과정에서 척삭이 퇴화하고 그 위치에 척수를 감싸는 골격인 척추가 형성된다. 척추동물은 고생대 캄브리아기에 처음 출현하였고 현재 약 57000종~65000종이 있다. 척추동물의 계통에 대해 알아보자.

❶ 현생 척추동물의 주요 분류군

척추동물을 분류 형질에 따라 분류하면 원구류, 어류, 양서류, 파충류, 조류, 포유류로 구분된다. 원구류는 턱이 없는 원형의 입을 가지며, 이 입을 이용해 어류에 달라붙어 피를 빨아먹는다. 원구류를 제외한 나머지 분류군은 모두 턱이 발달하였고 이빨이 있어 먹이를 섭취한다.

❷ 척추동물의 진화

원구류와 같이 턱이 없는 일부 생물에서 턱이 있는 어류가 출현하였다. 어류는 척추동물 중 가장 많은 종을 차지하며, 상어, 가오리, 홍어 등과 같이 연골로 된 내골격을 가지는 연골어류와 은어, 붕어, 송어 등과 같이 경골로 된 내골격을 가지는 경골어류로 분류된다. 일부 어류가 육상으로 서식 장소를 옮겨 진화하면서 4개의 다리를 가지는 양서류가 출현하였다. 개구리, 도롱뇽, 두꺼비 등과 같은 양서류는 척추동물 중 수중에서 육상 생활로 옮겨 가는 중간 단계의 특징을 나타내며, 대부분 습한 곳에 서식한다. 조상 양서류의 일부는 양막이 발달하면서 건조한 육지에서도 성공적으로 번식할 수 있게 되었는데, 이들의 후손이 현재의 파충류, 포유류이다. 파충류는 몸 표면이 각질의 비늘로 덮여 있고 질긴 껍질로 싸인 알을 낳는다. 파충류에는 뱀, 도마뱀, 거북, 악어, 공룡 등이 있다. 중생대에 번성했던 공룡은 멸종했지만, 공룡의 일부는 살아남아 깃털과 날개를 지닌 조류로 진화하였다. 중생대의 대부분 기간 동안 포유류는 공룡과 공존하였고, 조류를 제외한 공룡이 멸종한 후 포유류는 개체 수, 종 다양성, 몸 크기 등이 급격히 증가하였다. 오늘날 포유류는 몸무게가 2 g밖에 나가지 않는 땃쥐에서부터 몸길이 23 m~27 m, 몸무게 160톤의 흰긴수염고래에 이르기까지 그 종류가 다양하다. 포유류는 몸 표면이 털로 덮여 있고, 새끼를 낳아 젖을 먹여 키운다. 또, 어류, 양서류, 파충류보다 개수는 적지만 고도로 분화된 이빨을 가지고 있다.

양막

발생 중인 배를 둘러싸는 막으로, 속에 양수를 저장하여 배가 건조하지 않도록 보호한다. 사람도 양수가 차 있는 양막 안에서 발생이 진행된다.

원구류(칠성장어와 칠성장어의 입)

어류(상어)

양서류(도롱뇽)

파충류(거북)

조류(독수리)

포유류(고래)

▲ 다양한 종류의 척추동물

개념 모아
정리 하기

03 생물의 다양성

① 세균역 – 진정세균계

1. **특징** 단세포 원핵생물이며, (❶　　　)을 함유하는 세포벽을 가지고 있다.

2. **분류** 모양에 따라 구균, 간균, 나선균으로 분류하며, 영양 섭취 방식에 따라 종속 영양 세균(폐렴균, 젖산균 등)과 독립 영양 세균(남세균, 황세균 등)으로 분류한다.

② 고세균역 – 고세균계

1. **특징** 생물이 생존하기 어려운 극한 환경에 서식하는 단세포 원핵생물이며, 세포벽에 펩티도글리칸 성분이 없다. DNA 복제, 유전자 발현 과정 등이 세균보다 (❷　　　)과 유사하다.

2. **분류** 적응한 서식지의 특성에 따라 극호열균, 극호염균, 메테인 생성균 등으로 분류한다.

③ 진핵생물역 – 원생생물계

1. **특징** 진핵생물역에 속한 생물 중 식물계, 균계, 동물계에 속하지 않는 생물이다. 대부분 단세포 생물이지만 군체를 형성하기도 하며, 다세포 생물도 있다.

2. **분류** 유글레나류, 섬모충류, 규조류, 갈조류, 방산충류, 홍조류, 녹조류, 점균류 등으로 분류한다.

④ 진핵생물역 – 식물계

특징과 분류 다세포 진핵생물이며, (❸　　　)을 하는 독립 영양 생물이다. 셀룰로스 성분의 세포벽이 있다.

분류군	관다발	기관의 분화	생식 방법	그 외 특징	예
선태식물	없음	분화 안 됨	(❹　　)	최초의 육상 식물	우산이끼, 솔이끼
석송류	있음	분화됨		가장 원시적인 관다발 식물	석송
양치식물				석송류보다 종자식물과 유사	고사리, 고비
겉씨식물			종자	씨방이 없어 밑씨가 겉으로 드러남	소나무, 은행나무
속씨식물				밑씨가 (❺　　)에 들어 있음	벼, 콩, 호박

⑤ 진핵생물역 – 균계

1. **특징** 대부분 다세포 진핵생물이며, 외부에서 유기물을 흡수하는 종속 영양 생물이다. 대부분 몸이 (❻　　)로 이루어져 있고, 키틴으로 이루어진 세포벽을 가지며, 포자로 번식한다.

2. **분류** 곰팡이, 효모, 버섯 등이 있다.

⑥ 진핵생물역 – 동물계

특징과 분류 다세포 진핵생물이며, 먹이를 섭취하는 종속 영양 생물이다. 운동 기관으로 이동할 수 있다.

분류군	몸의 대칭성	배엽의 수	원구의 발생	그 외 특징	예
해면동물	무대칭	무배엽	입과 항문의 구별이 없음	진정한 의미의 조직이 없음	예쁜이해면
자포동물	방사 대칭	2배엽		자세포가 있는 촉수가 있음	해파리, 히드라
편형동물	좌우 대칭 (극피동물은 유생 시기에 좌우 대칭)	3배엽	(❼　　) (원구가 입이 됨)	몸이 납작하고 길쭉함	플라나리아, 촌충
연체동물				몸이 외투막으로 싸이고, 체절이 없음	달팽이, 오징어
환형동물				몸이 긴 원통형이고, 체절이 있음	갯지렁이, 지렁이
선형동물				몸에 체절이 없고, 성장하면서 탈피	예쁜꼬마선충
절지동물				몸에 체절이 있고, 성장하면서 탈피	거미, 지네, 나비
극피동물			후구동물(원구가 항문이 됨)	수관계가 있어 호흡, 순환 등을 담당	불가사리, 해삼
척삭동물				일생 동안 (❽　　)을 갖는 시기가 반드시 있음	창고기, 우렁쉥이, 붕어, 거북, 사람

01 다음은 분류군 A와 B에 속하는 생물의 특징을 설명한 것이다. A와 B는 각각 진정세균계와 고세균계 중 하나이다.

> • A와 B에 속하는 생물은 모두 핵막이 없다.
> • 극호열균은 A에 속한다.
> • B에 속하는 생물에는 펩티도글리칸 성분을 포함한 세포벽이 있다.

(1) A와 B는 각각 무엇인지 쓰시오.

(2) A와 B에 대한 설명으로 옳은 것만을 〈보기〉에서 있는 대로 고르시오.

> 보기
> ㄱ. A는 고세균역에 속한다.
> ㄴ. B에 속하는 생물은 모두 종속 영양을 한다.
> ㄷ. B에 속하는 생물은 대부분 생물이 생존하기 어려운 극한 환경에서 서식한다.

02 그림은 세 가지 생물 (가)~(다)를 나타낸 것이다. (가)~(다)는 아메바, 미역, 짚신벌레 중 하나이다.

(가)   (나)   (다)

(1) 3역 6계 분류 체계에서 (가)~(다)가 모두 속한 역과 계의 이름을 순서대로 쓰시오.

(2) (가)~(다)에 대한 설명으로 옳은 것만을 〈보기〉에서 있는 대로 고르시오.

> 보기
> ㄱ. (가)에는 엽록소가 있다.
> ㄴ. (나)는 종속 영양 생물이다.
> ㄷ. (가)~(다)는 모두 단세포 생물이다.

(3) (가)~(다)의 공통적인 특징을 한 가지만 쓰시오.

03 그림은 식물의 계통수를 나타낸 것이다. A와 B는 각각 겉씨식물과 양치식물 중 하나이다.

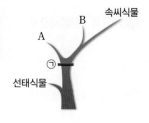

(1) A, B, 분류 특징 ㉠은 각각 무엇인지 쓰시오.

(2) 이에 대한 설명으로 옳은 것만을 〈보기〉에서 있는 대로 고르시오.

> 보기
> ㄱ. A는 종자로 번식한다.
> ㄴ. 소나무는 B에 속한다.
> ㄷ. 속씨식물은 B보다 A와 유연관계가 더 가깝다.

04 표는 네 가지 식물을 분류 기준 X에 따라 분류군 (가)와 (나)로 분류한 것이다. (가)와 (나)는 각각 겉씨식물과 속씨식물 중 하나이다.

(가)	(나)
장미, 옥수수	전나무, 은행나무

(1) (가)와 (나)는 각각 무엇인지 쓰시오.

(2) 이에 대한 설명으로 옳은 것만을 〈보기〉에서 있는 대로 고르시오.

> 보기
> ㄱ. (가)는 씨방이 없다.
> ㄴ. (가)와 (나)는 모두 관다발이 있다.
> ㄷ. 종자의 유무는 분류 기준 X에 해당한다.

05 균계에 속한 생물에 대한 설명으로 옳은 것만을 〈보기〉에서 있는 대로 고르시오.

> 보기
> ㄱ. 종속 영양 생물이다.
> ㄴ. 대부분 다세포 원핵생물이다.
> ㄷ. 셀룰로스 성분을 포함한 세포벽이 있다.

06 그림은 대장균, 푸른곰팡이, 고사리를 기준에 따라 분류하는 과정을 나타낸 것이다.

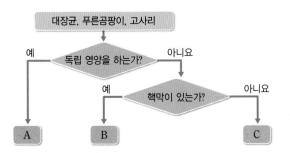

A~C는 각각 무엇인지 쓰시오.

07 좌우 대칭의 몸을 갖는 동물 분류군만을 〈보기〉에서 있는 대로 고르시오.

> 보기
> ㄱ. 연체동물 　　　　ㄴ. 해면동물
> ㄷ. 선형동물 　　　　ㄹ. 자포동물

08 그림은 동물 분류군 (가)와 (나)의 발생 과정에서 입과 항문이 형성되는 과정을 나타낸 것이다. (가)와 (나)는 각각 선구동물과 후구동물 중 하나이다.

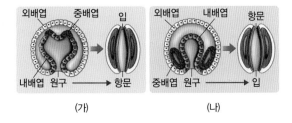

(1) (가)와 (나)는 각각 무엇인지 쓰시오.

(2) (가)와 (나)에 각각 해당하는 동물 분류군을 〈보기〉에서 있는 대로 고르시오.

> 보기
> ㄱ. 절지동물 　　　　ㄴ. 극피동물
> ㄷ. 편형동물 　　　　ㄹ. 환형동물

09 표는 분류 단계에서 동물 문 (가)~(라)에 속하는 동물의 특징을 나타낸 것이다. (가)~(라)는 각각 자포동물, 해면동물, 편형동물, 척삭동물 중 하나이다.

동물 문	배엽 수	척삭 형성 여부
(가)	무배엽	형성 안 됨
(나)	2배엽	형성 안 됨
(다)	3배엽	형성됨
(라)	3배엽	형성 안 됨

(1) (가)~(라)는 각각 무엇인지 쓰시오.

(2) 다음 네 가지 생물은 (가)~(라) 중 각각 어디에 속하는지 쓰시오.

> 해면 　　 촌충 　　 해파리 　　 우렁쉥이

10 동물 분류군에 대한 설명으로 옳은 것만을 〈보기〉에서 있는 대로 고르시오.

> 보기
> ㄱ. 선형동물과 절지동물은 모두 탈피동물이다.
> ㄴ. 연체동물과 환형동물은 모두 촉수담륜동물이다.
> ㄷ. 극피동물과 척삭동물은 모두 원구가 입이 된다.

11 그림은 5가지 동물 문을 형태적·발생적 형질을 기준으로 분류한 계통수를 나타낸 것이다. ㉠~㉢은 분류 특징이다.

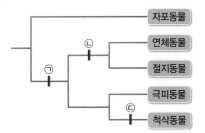

이에 대한 설명으로 옳은 것만을 〈보기〉에서 있는 대로 고르시오.

> 보기
> ㄱ. '3배엽성 동물이다.'는 ㉠에 해당한다.
> ㄴ. '외골격을 가진다.'는 ㉡에 해당한다.
> ㄷ. '수관계를 가진다.'는 ㉢에 해당한다.

01 〉 진정세균계와 고세균계의 특징

다음은 남세균과 메테인 생성균의 특징을 비교하여 나타낸 것이다.

- 남세균만이 가지는 특징: (가)
- 남세균과 메테인 생성균이 공통으로 가지는 특징: (나)
- 메테인 생성균만이 가지는 특징: (다)

이에 대한 설명으로 옳은 것만을 〈보기〉에서 있는 대로 고른 것은?

> 보기

ㄱ. '엽록체가 있다.'는 (가)에 해당한다.

ㄴ. '핵막이 없다.'는 (나)에 해당한다.

ㄷ. '고세균역에 속한다.'는 (다)에 해당한다.

① ㄱ   ② ㄷ   ③ ㄱ, ㄴ   ④ ㄴ, ㄷ   ⑤ ㄱ, ㄴ, ㄷ

> 남세균은 진정세균계, 메테인 생성균은 고세균계에 속한다.

02 〉 핵막의 유무와 영양 섭취 방식에 따른 분류

표는 생물 A~D를 핵막의 유무와 영양 섭취 방식에 따라 분류한 것이다. A~D는 각각 대장균, 누룩곰팡이, 흔들말, 뿔이끼 중 하나이다.

영양 섭취 방식 \ 핵막	있음	없음
독립 영양	A	B
종속 영양	C	D

이에 대한 설명으로 옳은 것만을 〈보기〉에서 있는 대로 고른 것은?

> 보기

ㄱ. A는 식물계에 속한다.

ㄴ. B와 C에는 모두 세포벽이 있다.

ㄷ. B와 D는 모두 세균역에 속한다.

① ㄱ   ② ㄷ   ③ ㄱ, ㄴ   ④ ㄴ, ㄷ   ⑤ ㄱ, ㄴ, ㄷ

> 대장균과 흔들말은 모두 진정세균계에 속하고, 누룩곰팡이는 균계, 뿔이끼는 식물계에 속한다.

03 ❯ 생물의 분류

그림은 생물종 **A~C**의 공통점과 차이점을 나타낸 것이다. **A~C**는 솔이끼, 아메바, 메테인 생성균 중 하나이고, ㉠은 '진핵생물이다.', ㉡은 '단세포 생물이다.'이다.

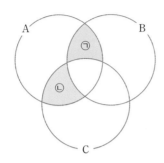

이에 대한 설명으로 옳은 것만을 〈보기〉에서 있는 대로 고른 것은?

보기
ㄱ. A는 원생생물계에 속한다.
ㄴ. B는 산소가 부족한 환경에서만 서식한다.
ㄷ. C는 셀룰로스 성분을 포함한 세포벽이 있다.

① ㄱ   ② ㄴ   ③ ㄱ, ㄴ   ④ ㄱ, ㄷ   ⑤ ㄴ, ㄷ

> 솔이끼와 아메바는 모두 진핵생물역에 속하고, 메테인 생성균은 고세균역에 속한다.

04 ❯ 생물의 분류

다음은 네 가지 생물 ㉠~㉣에 대한 자료이다. ㉠~㉣은 남세균, 대장균, 우산이끼, 검은빵곰팡이를 순서 없이 나타낸 것이다.

- ㉠과 ㉡은 모두 진정세균계에 속한다.
- ㉠과 ㉣은 독립 영양 생활을 한다.
- ㉢과 ㉣은 포자로 번식한다.

이에 대한 설명으로 옳은 것만을 〈보기〉에서 있는 대로 고른 것은?

보기
ㄱ. ㉡은 rRNA를 가진다.
ㄴ. ㉢은 몸이 균사로 이루어져 있다.
ㄷ. ㉣은 엽록소 b를 가진다.

① ㄴ   ② ㄷ   ③ ㄱ, ㄴ   ④ ㄱ, ㄷ   ⑤ ㄱ, ㄴ, ㄷ

> 남세균과 우산이끼는 모두 광합성을 하고, 대장균과 검은빵곰팡이는 광합성을 하지 않는다.

05 ❯ 생물의 분류
그림은 3역 6계 분류 체계에 따라 6가지 생물의 계통수를 나타낸 것이다. A~D는 각각 극호열균, 보리, 표고버섯, 젖산균 중 하나이다.

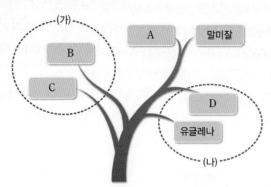

이에 대한 설명으로 옳은 것만을 〈보기〉에서 있는 대로 고른 것은?

보기
ㄱ. A는 키틴 성분의 세포벽을 가진다.
ㄴ. (가)는 모두 미토콘드리아를 가지지 않는다.
ㄷ. (나)는 모두 엽록체를 가진다.

① ㄱ   ② ㄷ   ③ ㄱ, ㄴ   ④ ㄴ, ㄷ   ⑤ ㄱ, ㄴ, ㄷ

• 극호열균은 고세균계, 보리는 식물계, 표고버섯은 균계, 젖산균은 진정세균계에 속한다.

06 ❯ 식물계의 분류
그림은 식물의 유연관계에 따른 계통수를, 표는 식물 분류군 A~C의 특징을 나타낸 것이다. (가)~(다)는 A~C를 순서 없이 나타낸 것이고, A~C는 각각 선태식물, 양치식물, 속씨식물 중 하나이며, ㉠은 분류 특징이다.

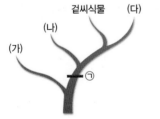

특징 \ 식물	A	B	C
관다발	○	×	?
종자	?	?	×
씨방	○	×	?

(○: 있음, ×: 없음)

이에 대한 설명으로 옳은 것만을 〈보기〉에서 있는 대로 고른 것은?

보기
ㄱ. '관다발이 있음'은 ㉠에 해당한다.
ㄴ. 겉씨식물과 A의 유연관계는 겉씨식물과 B의 유연관계보다 가깝다.
ㄷ. 종자의 유무는 (나)와 B를 구분하는 분류 기준에 해당한다.

① ㄱ   ② ㄷ   ③ ㄱ, ㄴ   ④ ㄴ, ㄷ   ⑤ ㄱ, ㄴ, ㄷ

• 선태식물은 비관다발 식물, 양치식물은 비종자 관다발 식물, 속씨식물은 종자식물에 속한다.

표는 식물 종 A~D에서 세 가지 특징의 유무를 나타낸 것이다. A~D는 각각 벼, 소나무, 솔이끼, 석송 중 하나이다.

특징＼식물 종	A	B	C	D
씨방이 있다.	㉠	?	×	?
밑씨가 있다.	○	?	?	×
관다발이 있다.	○	×	○	㉡

(○: 있음, ×: 없음)

이에 대한 설명으로 옳은 것만을 〈보기〉에서 있는 대로 고른 것은?

> **보기**
> ㄱ. ㉠과 ㉡은 모두 '○'이다.
> ㄴ. B는 밑씨가 씨방에 들어 있다.
> ㄷ. C와 D는 모두 포자로 번식한다.

① ㄱ   ② ㄴ   ③ ㄱ, ㄴ   ④ ㄱ, ㄷ   ⑤ ㄴ, ㄷ

• 벼는 속씨식물, 소나무는 겉씨식물, 솔이끼는 비관다발 식물, 석송은 비종자 관다발 식물에 속한다.

그림은 동물의 일부를 분류하는 검색표이다. ㉠과 ㉡은 각각 편형동물과 절지동물 중 하나이다.

> A1. 원구가 입이 된다.
>   B1. 몸이 체절로 이루어져 있다. ──────────── (㉠)
>   B2. 몸이 체절로 이루어져 있지 않다. ──────── (㉡)
> A2. 원구가 항문이 된다.
>   C1. (ⓐ)을/를 가진다. ──────────────── 극피동물
>   C2. (ⓐ)을/를 가지지 않는다. ─────────── 척삭동물

이에 대한 설명으로 옳은 것만을 〈보기〉에서 있는 대로 고른 것은?

> **보기**
> ㄱ. ㉠은 성장을 위해 탈피를 한다.
> ㄴ. ㉡은 방사 대칭의 몸을 가진다.
> ㄷ. 수관계는 ⓐ에 해당한다.

① ㄱ   ② ㄴ   ③ ㄱ, ㄴ   ④ ㄱ, ㄷ   ⑤ ㄴ, ㄷ

• 극피동물에는 호흡 기관과 순환 기관 역할을 하는 수관계가 발달해 있다.

09 ▶ 동물계의 분류

그림 (가)는 생물 A~D와 각각의 특징을 선으로 연결한 것이고, (나)는 동물의 발생 과정 중 일부를 나타낸 것이다. A~D는 각각 지렁이, 플라나리아, 성게, 해파리 중 하나이다.

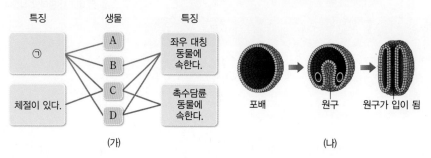

특징 / 생물 / 특징

㉠ ── A, B, C, D ── 좌우 대칭 동물에 속한다.

체절이 있다. ── 촉수담륜 동물에 속한다.

(가)

포배 → 원구 → 원구가 입이 됨

(나)

이에 대한 설명으로 옳은 것만을 〈보기〉에서 있는 대로 고른 것은?

보기
ㄱ. A는 자포를 가진다.
ㄴ. B에서 (나)의 발생 과정이 나타난다.
ㄷ. '배엽이 형성된다.'는 ㉠에 해당한다.

① ㄱ ② ㄴ ③ ㄱ, ㄴ ④ ㄱ, ㄷ ⑤ ㄴ, ㄷ

• 지렁이는 환형동물, 플라나리아는 편형동물, 성게는 극피동물, 해파리는 자포동물에 속한다.

10 ▶ 동물계의 계통수

표는 생물 6종을, 그림은 표에 제시한 생물 6종의 유연관계에 따른 계통수를 나타낸 것이다. ㉠과 ㉡은 분류 특징이다.

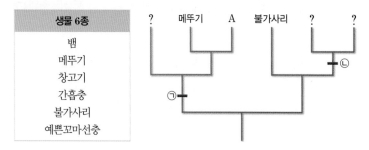

생물 6종
뱀
메뚜기
창고기
간흡충
불가사리
예쁜꼬마선충

? 메뚜기 A 불가사리 ? ?

㉠ ㉡

이에 대한 설명으로 옳은 것만을 〈보기〉에서 있는 대로 고른 것은?

보기
ㄱ. A는 담륜자 유생 시기를 거친다.
ㄴ. '원구가 입이 된다.'는 ㉠에 해당한다.
ㄷ. '척추가 있다.'는 ㉡에 해당한다.

① ㄱ ② ㄴ ③ ㄱ, ㄴ ④ ㄱ, ㄷ ⑤ ㄴ, ㄷ

• 뱀과 창고기는 척삭동물, 메뚜기는 절지동물, 간흡충은 편형동물, 불가사리는 극피동물, 예쁜꼬마선충은 선형동물에 속한다.

11 ▶동물계의 분류

표 (가)는 생물 A~C에서 특징 ㉠~㉢의 유무를, (나)는 ㉠~㉢을 순서 없이 나타낸 것이다. A~C는 각각 거머리, 예쁜꼬마선충, 우렁쉥이 중 하나이다.

특징＼생물	A	B	C
㉠	○	?	○
㉡	○	×	?
㉢	?	×	×

(○: 있음, × : 없음)

(가)

특징(㉠~㉢)
• 탈피를 한다.
• 원구가 입이 된다.
• 3배엽성 동물이다.

(나)

이에 대한 설명으로 옳은 것만을 〈보기〉에서 있는 대로 고른 것은?

보기
ㄱ. A는 큐티클층이 있다.
ㄴ. B는 체절이 있다.
ㄷ. C는 촉수담륜동물에 속한다.

① ㄱ   ② ㄴ   ③ ㄱ, ㄴ   ④ ㄱ, ㄷ   ⑤ ㄴ, ㄷ

• 거머리는 환형동물, 예쁜꼬마선충은 선형동물, 우렁쉥이는 척삭동물에 속한다.

12 ▶동물계의 분류

그림은 동물 A~D의 형태적·발생적 형질을 기준으로 작성한 계통수를, 표는 이 계통수의 분류 특징 ㉠~㉢을 순서 없이 나타낸 것이다. A~D는 각각 촌충, 거북, 창고기, 해삼 중 하나이다.

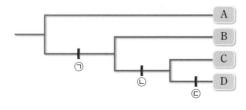

특징(㉠~㉢)
• 척추를 가진다.
• 척삭이 형성된다.
• 원구가 항문이 된다.

이에 대한 설명으로 옳은 것만을 〈보기〉에서 있는 대로 고른 것은?

보기
ㄱ. A는 중배엽을 가진다.
ㄴ. B는 위족으로 먹이를 잡거나 이동한다.
ㄷ. C는 두삭동물에 속한다.

① ㄱ   ② ㄴ   ③ ㄱ, ㄷ   ④ ㄴ, ㄷ   ⑤ ㄱ, ㄴ, ㄷ

• 촌충은 편형동물, 거북과 창고기는 척삭동물, 해삼은 극피동물에 속한다.

2

생물의 진화

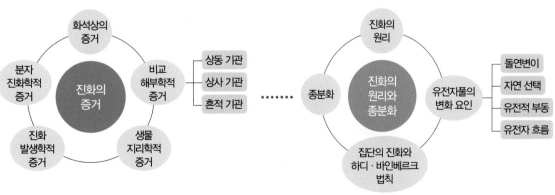

화석상의
증거

비교
해부학적
증거

상동 기관

상사 기관

흔적 기관

분자
진화학적
증거

진화의
증거

진화
발생학적
증거

생물
지리학적
증거

진화의
원리

종분화

진화의
원리와
종분화

집단의 진화와
하디 · 바인베르크
법칙

유전자풀의
변화 요인

돌연변이

자연 선택

유전적 부동

유전자 흐름

진화의 증거

진화의 원리와 종분화

01 진화의 증거

학습 Point　화석상의 증거 〉 비교해부학적 증거 〉 생물지리학적 증거 〉 진화발생학적 증거 〉 분자진화학적 증거

 화석상의 증거

지구에 생명체가 탄생한 이래 수많은 생물종이 생겨났다가 멸종하는 변화를 거쳐 현재와 같이 다양한 생물종이 형성된 것으로 여겨진다. 지구 곳곳에서 찾아볼 수 있는 생물 진화의 증거 중 가장 대표적인 것은 지층에서 발견되는 화석이다.

1. 화석상의 증거

화석은 생물의 진화와 환경 변화를 보여 주는 가장 직접적인 증거이다. 오래된 퇴적암층에서 발견되는 화석을 연구하면 과거에 살았던 생물의 형태와 다양성, 생물이 서식했던 환경 등의 정보를 얻을 수 있다.

(1) 방사성 동위 원소의 반감기 등을 이용하면 지층의 연대를 측정할 수 있으므로, 각 지층에서 발견된 화석 생물이 살았던 시기를 추정할 수 있다. 따라서 이들 화석을 연대순으로 배열하면 생물의 점진적 진화 과정을 알 수 있다. 새로운 형질이 등장하는 순서와 화석이 발견된 연대가 서로 모순되지 않고 일관된 것은 진화의 중요한 증거이다.

(2) 화석으로 남은 생물의 유해나 흔적은 과거의 생물이 현재와는 달랐다는 것을 보여 준다. 새로운 지층에서 발견된 화석일수록 몸의 구조가 복잡하고 현생 생물과 유사하다.

2. 화석상의 증거의 예

(1) **고래의 화석:** 고래의 조상으로 여겨지는 종의 화석에서는 온전한 뒷다리가 발견되지만, 오늘날 고래의 뒷다리는 흔적으로만 남아 있다. 이는 육상 생활을 하던 포유류의 일부가 수중 환경에 적응하면서 수중 생활을 하는 포유류로 진화하였음을 의미한다.

> **화석**
> 화석은 오래전에 살았던 생물의 뼈나 껍데기와 같은 단단한 부위가 지층 속에서 암석화한 것으로, 진화 과정을 증명하는 가장 강력한 증거이다. 화석에는 생명체가 오랜 시간 동안 겪어 온 변화가 보존되어 있다.

> **방사성 동위 원소의 반감기를 이용한 지층의 연대 측정**
> 화학적 성질은 거의 같으나 질량이 차이 나는 원소를 동위 원소라고 한다. 불안정한 동위 원소는 물질이 형성된 후 점차 방사선을 방출하면서 더 안정한 원소로 변한다. 따라서 물질에 남아 있는 동위 원소의 양을 측정하면 물질이 생성된 연대를 알 수 있다.

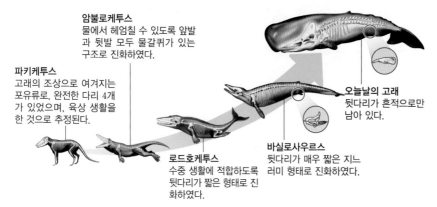

암불로케투스
물에서 헤엄칠 수 있도록 앞발과 뒷발 모두 물갈퀴가 있는 구조로 진화하였다.

파키케투스
고래의 조상으로 여겨지는 포유류로, 완전한 다리 4개가 있었으며, 육상 생활을 한 것으로 추정된다.

오늘날의 고래
뒷다리가 흔적으로만 남아 있다.

로드호케투스
수중 생활에 적합하도록 뒷다리가 짧은 형태로 진화하였다.

바실로사우르스
뒷다리가 매우 짧은 지느러미 형태로 진화하였다.

▲ **화석에 근거한 고래의 진화 과정**　화석을 통해 포유류의 일부가 고래로 진화한 과정과 시점을 알 수 있다.

(2) **말의 화석:** 북아메리카의 신생대 지층에서 발견된 말의 화석을 연대순으로 배열하면 말은 발가락 수가 줄어들고, 몸집이 커지며, 어금니가 커지면서 주름이 많아지는 방향으로 진화하였음을 알 수 있다. 이는 말이 숲에서 초원으로 바뀐 서식지 환경에 적응하여 몸의 형태가 달라졌음을 뜻한다.

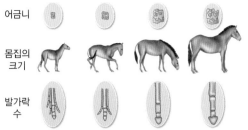

어금니				
몸집의 크기				
발가락 수				
	5천만 년 전	3천만 년 전	1천만 년 전	6백만 년 전

▲ **연대순으로 배열한 말의 화석**

(3) **중간 단계 생물의 화석:** 현존하는 두 분류군의 특징을 가지고 있는 중간 단계 생물의 화석은 생물의 진화 과정을 알려 준다. 깃털 달린 육식 공룡 화석은 공룡과 조류의 진화 과정을 이어 주며, 종자고사리 화석은 종자식물이 양치식물에서 진화하였음을 보여 준다. 또, 약 3억 7500만 년 전의 지층에서 발견된 틱타알릭 화석은 어류와 양서류의 특징을 가지고 있어, 육상 동물이 어류에서 진화하였음을 보여 준다.

② 비교해부학적 증거

다양한 생물의 해부학적 특징을 비교해 보면 이들이 공통 조상으로부터 진화했는지, 서로 다른 조상으로부터 진화했는지 등을 알 수 있다. 비교해부학적 증거에는 상동 기관, 상사 기관, 흔적 기관이 있다.

1. 상동 기관

(1) **상동 기관:** 형태와 기능은 다르지만 공통 조상으로부터 물려받아 발생 기원과 해부학적 구조가 동일한 형질을 상동 형질 또는 상동 기관이라고 한다. 이는 생물이 서로 다른 환경에 적응하면서 발생 기원이 같은 기관이 전혀 다른 형태와 기능을 가진 기관으로 발달할 수 있다는 것을 보여 준다.

(2) **상동 기관의 예:** 사람의 폐와 어류의 부레는 형태와 기능이 서로 다르지만 모두 소화 기관의 일부에서 발생한 상동 기관이다. 또, 박쥐, 바다사자, 사자, 침팬지, 사람과 같은 척추동물의 앞다리는 형태와 기능이 서로 다르지만 해부학적 구조가 유사한데, 이는 척추동물의 공통 조상이 가졌던 앞다리가 다양한 환경에 적응하면서 각기 다른 기능을 수행하도록 변화하였기 때문이다. 이러한 상동 기관을 통해 척추동물은 공통 조상에서 기원하였음을 알 수 있다.

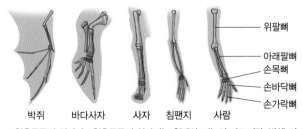

박쥐 바다사자 사자 침팬지 사람

위팔뼈
아래팔뼈
손목뼈
손바닥뼈
손가락뼈

▲ **척추동물의 앞다리** 척추동물의 앞다리는 형태와 기능이 다르지만, 발생 기원과 해부학적 구조가 같은 상동 기관이다.

종자고사리

고생대 석탄기 지층에서 발견되는 화석 식물인 종자고사리는 겉모습이 양치식물인 고사리와 비슷하지만, 잎의 끝에 종자가 달려 있다. 이것은 현존하는 종자식물이 양치식물 조상으로부터 갈라져 나와 진화했다는 것을 알려 준다.

▲ **종자고사리 화석**

틱타알릭

틱타알릭은 어류와 같이 아가미와 지느러미가 있었지만, 어류와는 다르게 목, 갈비뼈, 지느러미 골격이 있었다.

▲ **틱타알릭 화석**

폐와 부레의 기능

폐는 공기가 드나들며 산소를 몸속으로 흡수하고 이산화 탄소를 몸 밖으로 내보내는 기능을 한다. 부레는 공기 주머니로, 공기량을 조절해 물고기가 뜨고 가라앉는 것을 조절한다.

2. 상사 기관

(1) **상사 기관**: 공통 조상으로부터 물려받지 않았지만 형태와 기능이 비슷한 형질을 상사 형질 또는 상사 기관이라고 한다. 상사 기관은 생물이 비슷한 환경에 적응하면서 발생 기원이 다른 기관이 유사한 형질을 갖도록 진화하였음을 보여 준다.

(2) **상사 기관의 예**: 새의 날개와 곤충의 날개는 형태와 기능이 비슷하지만, 새의 날개는 앞다리에서, 곤충의 날개는 표피에서 기원한 것이다. 또, 완두의 덩굴손과 포도의 덩굴손은 형태와 기능이 비슷하지만, 완두의 덩굴손은 잎에서, 포도의 덩굴손은 줄기에서 기원한 것이다.

▲ **상사 기관** 새의 날개와 곤충의 날개는 발생 기원이 다르지만, 형태와 기능이 비슷하다.

상사 기관의 다른 예
- 장미의 가시는 줄기에서, 선인장의 가시는 잎에서 기원한 것이다.
- 감자는 줄기에서, 고구마는 뿌리에서 기원한 것이다.

3. 흔적 기관

과거에는 유용하게 사용되었지만, 현재에는 과거의 기능을 더 이상 수행하지 않고 흔적으로만 남은 형질을 흔적 형질 또는 흔적 기관이라고 한다. 흔적 기관은 과거 생물의 구조와 생활 방식이 현재 생물과 달랐음을 보여 주는 증거이며, 생물 사이의 유연관계를 밝히는 중요한 단서이다. 사람의 꼬리뼈, 막창자꼬리, 귀를 움직이는 근육 등이 흔적 기관의 예이다.

막창자꼬리
맹장 아래 끝에 위치한 관같이 생긴 돌기로, 영장류나 토끼 같은 동물에서 볼 수 있다.

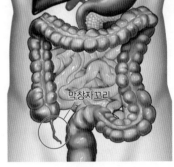

시야확장 ➕ 사람의 소름

그림은 사람의 피부에 소름이 돋는 모습을 나타낸 것이다.

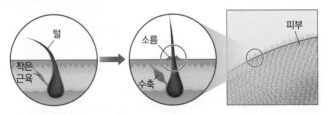

대부분의 포유류는 춥거나 놀랐을 때 털을 곤추세우지만, 사람은 소름이 돋는다. 이는 사람의 몸에 털이 많던 과거에 털을 곤추세우기 위해 모공 아래에 발달했던 근육의 형질이 남아 있어 나타나는 현상이다. 즉, 피부의 모공에 연결된 작은 근육이 수축하면 소름이 돋는다. 사람의 소름은 흔적 형질이며, 동시에 다른 포유류가 춥거나 놀랐을 때 털을 곤추세우는 것과 상동 형질이다.

③ 생물지리학적 증거

여러 생물종이 지역에 따라 독특하게 분포하는 양상을 통해 오랜 세월에 걸친 육지와 해수면의 지질학적 변화와 함께 일어난 생물 진화의 역사를 알 수 있다.

▲ 털이 곤추선 고양이

1. 생물지리학적 증거

생물의 분포 양상은 대륙의 이동, 산맥, 해협, 강과 같은 물리적 장벽에 따라 달라져 생물종의 분포가 지역마다 다르게 나타난다. 이는 각 생물종이 지리적으로 격리된 이후 오랜 세월이 흐르는 동안 독자적인 진화 과정을 거쳐 분화된 결과로 여겨진다. 따라서 유연관계가 가까운 생물은 같은 지리적 범위 안에서 발견되는 경향이 있다.

2. 생물지리학적 증거의 예

(1) **월리스선과 유대류:** 영국의 생명 과학자 월리스(Wallace, A. R., 1823~1913)는 아시아 남부의 섬에 사는 생물을 관찰하고 인도네시아의 발리섬과 롬복섬 사이를 경계로 생물의 분포 양상이 크게 달라지는 것을 발견하였다. 1858년에 그는 두 섬 사이에 생물지리학적 경계를 나누고 이를 월리스선이라고 하였다. 월리스선을 기준으로 발리섬이 있는 서쪽은 로라시아 대륙에서 유래한 동남아시아구로, 롬복섬이 있는 동쪽은 곤드와나 대륙에서

▲ **월리스선**

유래한 오스트레일리아구로 나뉜다. 오스트레일리아구에는 캥거루, 코알라와 같이 태반이 발달하지 않은 유대류가 서식하지만, 동남아시아구에는 서식하지 않는다. 이는 오스트레일리아구가 곤드와나 대륙에서 분리되면서 유대류가 독자적으로 다양하게 진화하였음을 보여 준다.

캥거루

코알라

■ 유대류 분포 지역

▲ **유대류의 지리적 분포** 오늘날 캥거루, 코알라와 같은 유대류는 대부분 오스트레일리아와 남아메리카 대륙에 분포한다.

(2) **갈라파고스 제도의 핀치:** 갈라파고스 제도에는 섬마다 부리 모양이 조금씩 다른 여러 종의 핀치가 서식하고 있다. 남아메리카 대륙에 서식하는 핀치는 단 두 종으로 분류되는데, 그보다 개체 수가 훨씬 적은 갈라파고스 제도의 핀치는 다양한 먹이 섭취에 적합한 모양의 부리를 가진 여러 종으로 분류된다. 이는 화산 활동으로 갈라파고스 제도가 생긴 후 남아메리카 대륙에서 우연히 이주해 온 핀치가 각 섬에 흩어져 지리적으로 격리된 상태에서 각 섬의 환경에 적응하여 여러 종으로 분화한 결과이다.

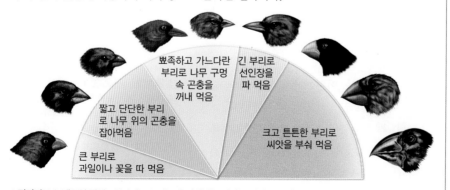

뾰족하고 가느다란 부리로 나무 구멍 속 곤충을 꺼내 먹음

긴 부리로 선인장을 파 먹음

짧고 단단한 부리로 나무 위의 곤충을 잡아먹음

큰 부리로 과일이나 꽃을 따 먹음

크고 튼튼한 부리로 씨앗을 부숴 먹음

▲ **갈라파고스 제도의 핀치** 갈라파고스 제도에 서식하는 핀치는 먹이 종류에 따라 부리 모양이 조금씩 다르다.

곤드와나 대륙과 로라시아 대륙
아시아 남부의 섬들은 중생대에 있던 로라시아 대륙과 곤드와나 대륙이 충돌하면서 부서진 파편들로 이루어진 것으로 추정된다. 로라시아 대륙과 곤드와나 대륙은 고생대 말기에서 중생대까지 북반구와 남반구에 있었다고 추정되는 2개의 초대륙이다.

유대류와 태반류
태반은 포유류의 발생 과정에서 모체의 자궁 내에 형성되어 배아와 모체 사이의 물질 교환을 담당하는 구조물이다. 유대류는 태반이 없거나 불완전한 원시 포유류로, 배아 상태로 태어나 모체의 바깥쪽에 있는 주머니(육아낭)에서 발생을 완료한다. 캥거루, 코알라, 주머니두더지 등이 이에 속한다. 태반류는 태반이 발달하여 모체의 자궁 안에서 발생을 완료하고 태어나는 포유류로, 개, 고양이, 호랑이, 사자 등이 이에 속한다.

갈라파고스 제도
남아메리카 대륙의 서쪽에서 화산 폭발로 생겨난 섬의 무리로, 코끼리거북, 바다이구아나, 푸른발부비새 등 남아메리카 대륙에서는 관찰되지 않는 생물이 서식하고 있다.

4 진화발생학적 증거

유연관계가 가까운 생물의 발생 과정을 비교해 보면 성체에서는 보이지 않는 해부학적 유사성을 관찰할 수 있다.

1. 진화발생학적 증거

서로 다른 동물의 초기 발생 과정을 비교해 보면 성체에서는 보이지 않는 해부학적 유사성이 나타나기도 한다. 이러한 발생 과정에서 나타나는 상동성을 통해 동물이 공통 조상으로부터 진화해 왔다는 것을 유추할 수 있다.

2. 진화발생학적 증거의 예

(1) **척추동물의 발생 초기 배아:** 사람, 닭, 돼지, 쥐, 물고기 등의 척추동물은 발생 초기의 배아 단계에서 공통적으로 아가미 틈, 척삭, 항문 뒤쪽의 근육성 꼬리 등이 나타난다. 이를 통해 척추동물이 공통 조상으로부터 갈라져 나와 각각 다른 방향으로 진화하였음을 유추할 수 있다.

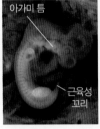

▲ 사람의 배아 　　　▲ 닭의 배아

(2) **담륜자(트로코포라):** 연체동물인 조개와 환형동물인 갯지렁이는 발생 과정에서 담륜자(트로코포라)라고 하는 동일한 유생 시기를 거친다. 이를 통해 연체동물과 환형동물은 공통 조상으로부터 진화하였으며 진화적 유연관계가 가깝다고 볼 수 있다.

5 분자진화학적 증거

서로 다른 생물종의 DNA 염기 서열이나 단백질의 아미노산 서열 등의 분자 생물학적 특징을 비교해 보면 생물 간의 유연관계나 생물의 진화 과정을 추정할 수 있다.

1. 분자진화학적 증거

분자 생물학의 발달로 진화의 증거를 유전자나 단백질 등 분자 수준에서 찾는 연구가 활발하게 진행되고 있다. 모든 생물은 공통 조상으로부터 유래하였기 때문에 동일한 유전 암호 체계를 가진다. 공통 조상의 DNA 염기 서열은 종이 진화하는 과정에서 차츰 달라지므로, DNA 염기 서열이나 그에 따라 결정되는 단백질의 아미노산 서열이 유사할수록 최근에 공통 조상으로부터 분화하여 유연관계가 가깝다고 볼 수 있다.

2. 분자진화학적 증거의 예　　　집중 분석 172쪽

(1) **DNA 염기 서열 비교:** 생물의 진화 과정에서 발생한 돌연변이는 DNA 염기 서열에 축적되므로, 공통 조상으로부터 분리된 지 오래될수록 DNA 염기 서열의 차이가 커진다.
① 유전체 비교: 여러 생물종의 유전체 조성을 비교해 보면 진화적으로 가까운 종일수록 유전체 조성이 비슷하다. 사람과 침팬지의 유전체는 약 97.3 %가, 사람과 생쥐의 유전체는 약 85 %가 유사하다. 이는 사람은 생쥐보다 침팬지와 공유하는 유전자가 더 많으므로 유연관계가 더 가까우며, 비교적 최근에 공통 조상으로부터 분화하였음을 뜻한다.

척추동물의 아가미 틈

어류는 발생 과정에서 아가미 틈이 곧바로 아가미가 되지만, 다른 척추동물에서는 아가미 틈이 복잡한 변형 과정을 거쳐 다른 기관의 일부가 된다. 이를 통해 육상 척추동물은 수중 생활을 하던 조상 척추동물로부터 진화하였으며, 아가미가 필요 없어진 후 아가미 틈이 다른 구조로 변형되도록 진화하였다고 볼 수 있다.

유전체(지놈, genome)

한 개체의 모든 유전자를 구성하는 총 염기 서열로, 한 생물종의 모든 유전 정보를 말한다.

상동 서열

유전자의 염기 서열은 시간에 따라 서서히 바뀌므로 공통 조상으로부터 최근에 갈라져 나온 생물종일수록 비슷한 염기 서열인 상동 서열을 가질 확률이 높다. 생물종의 상동 서열 차이로 파악한 계통과 화석의 연대 측정으로 밝힌 진화의 순서가 일치하므로, 유전자의 염기 서열은 진화의 증거가 된다.

② 유전자의 염기 서열 흔적: 진화 과정에서 필요가 없어진 유전자의 염기 서열이 흔적으로 남아 있는 경우가 있다. 사람은 알을 낳지 않고 태반으로 태아에게 영양을 공급하는 포유류이므로 난황 단백질을 합성하지 않는다. 그러나 최근 사람을 포함한 여러 포유류의 염색체에서 난황 단백질을 암호화하는 유전자의 염기 서열 흔적이 발견되었다. 이를 통해 포유류, 파충류, 조류의 공통 조상은 알을 낳는 척추동물이었음을 추측할 수 있다.

난황 단백질
파충류나 조류의 알에서 배 발생에 필요한 영양분으로 쓰이는 단백질로, 알의 노른자에 들어 있다.

(2) **단백질의 아미노산 서열 비교:** DNA의 유전 정보에 따라 단백질의 아미노산 서열이 결정되므로, 단백질의 아미노산 서열이 비슷한 생물일수록 유전 정보가 유사하며 따라서 유연관계가 가깝다.

① **사이토크롬 c:** 사이토크롬 c는 진핵생물 대부분의 미토콘드리아에 들어 있는 단백질이다. 여러 동물 종에서 사이토크롬 c의 아미노산 서열을 조사하여 사람과 비교해 보면, 사람과 침팬지의 사이토크롬 c 아미노산 서열은 전부 일치하고, 사람과 붉은털원숭이는 1개의 아미노산만 다르며, 사람과 효모는 56개의 아미노산이 차이 난다. 이는 조사한 동물 중 침팬지의 사이토크롬 c가 사람의 사이토크롬 c와 가장 유사하며, 따라서 사람은 침팬지와 비교적 최근에 공통 조상으로부터 분화하였음을 뜻한다.

사이토크롬 c
진핵생물에서 미토콘드리아의 전자 전달계를 구성하는 효소 중 하나이다. 사이토크롬 c는 산소 호흡을 하는 대부분의 진핵생물에 존재하며, 유전자가 잘 보존되어 있어 변이가 적고 크기가 크지 않아 연구하기 쉽다.

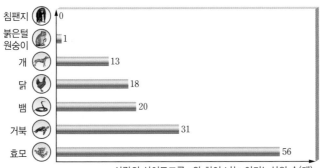

▲ **사람의 사이토크롬 c와 차이 나는 아미노산의 수 비교**

② **글로빈:** 글로빈은 척추동물에 공통으로 있는 단백질로, 헤모글로빈 형성에 관여한다. 여러 척추동물에서 글로빈의 아미노산 서열을 조사하여 사람과 비교해 보면, 글로빈의 아미노산 서열이 사람과 가장 유사한 종은 붉은털원숭이이고, 가장 크게 차이 나는 종은 칠성장어이다. 이를 통해 사람은 상대적으로 오래전에 칠성장어와 공통 조상으로부터 분화하였으며, 붉은털원숭이와는 비교적 최근에 공통 조상으로부터 분화하였다고 볼 수 있다.

분류학적 증거
서로 다른 두 분류군의 특징을 가진 생물이 관찰되면 두 분류군이 같은 공통 조상에서 기원하였음을 추측할 수 있다. 어류인 실러캔스와 폐어는 뼈와 근육으로 이루어진 지느러미를 가지고 있는데, 자체의 근육으로 움직이는 이 지느러미는 육상 척추동물의 손·발가락과 같은 구조를 가진다. 이를 통해 육상 동물의 조상이 실러캔스, 폐어와 같은 단계를 거쳐 진화하였음을 유추할 수 있다.

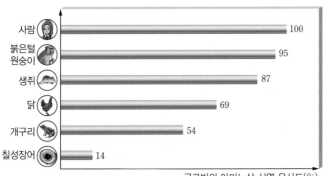

▲ **사람을 기준으로 한 글로빈의 아미노산 서열 유사도 비교**

▲ **실러캔스**

▲ **폐어**

분자진화학적 증거의 활용

지구에 존재하는 모든 생물은 공통 조상에서 기원하였으며 오랜 시간에 걸친 진화의 산물이다. 진화의 대표적인 증거로는 화석 기록과 생물 사이에서 나타나는 해부학적 유사성이 있는데, 최근 생명 과학의 발달에 따라 생물의 분자 생물학적 특징이 분자진화학적 증거로 추가되었다.

❶ 분자진화학적 증거와 계통수

공통 조상으로부터 물려받은 DNA 염기 서열이나 단백질의 아미노산 서열은 생물종이 진화하는 과정에서 달라지므로 종 간의 유연관계가 가까울수록 더 유사하다. 따라서 분자진화학적 증거 자료를 이용하여 계통수를 작성할 수 있다.

❷ 분자진화학적 증거 자료를 이용하여 작성한 척추동물의 계통수

척추동물의 헤모글로빈은 그 구조가 비슷하고 모두 2개의 α 글로빈과 2개의 β 글로빈 폴리펩타이드 사슬로 이루어져 있다. 이 중 하나의 β 글로빈은 146개의 아미노산으로 구성되어 있으며, 사람과 유연관계가 가까운 종일수록 β 글로빈의 아미노산 서열이 사람과 비슷하다. 여러 척추동물에서 사람의 헤모글로빈 β 글로빈과 차이 나는 아미노산의 수를 조사하고 이를 근거로 계통수를 작성하면 그림과 같이 나타낼 수 있다.

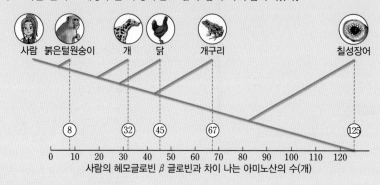

> 정답과 해설 **70**쪽

유제

그림은 사람, 소, 오리너구리, 잉어, 상어의 유연관계를 알아볼 수 있는 헤모글로빈 α 글로빈의 아미노산 서열 차이를 기준으로 작성한 계통수이다. 숫자는 두 동물 종의 헤모글로빈 α 글로빈의 아미노산 서열에서 차이가 나는 아미노산의 수이다.

이에 대한 설명으로 옳은 것만을 〈보기〉에서 있는 대로 고른 것은?

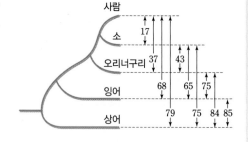

보기
ㄱ. 사람과 오리너구리의 유연관계는 사람과 잉어의 유연관계보다 가깝다.
ㄴ. α 글로빈의 아미노산 서열 차이는 사람과 잉어 사이보다 잉어와 상어 사이가 더 작다.
ㄷ. 동물 종 간 α 글로빈의 아미노산 서열 차이는 생물 진화에 대한 진화발생학적 증거에 해당한다.

① ㄱ   ② ㄷ   ③ ㄱ, ㄴ   ④ ㄱ, ㄷ   ⑤ ㄱ, ㄴ, ㄷ

01 진화의 증거

❶ 화석상의 증거

1. **고래의 화석** 고래의 조상 화석에서는 (❶   )가 발견되지만 오늘날의 고래에서는 흔적만 남아 있다.
   → 수중 생활을 하는 오늘날의 포유류는 육상 생활을 하는 포유류에서 진화하였음을 알 수 있다.

2. **말의 화석** 말은 발가락 수가 줄어들고 몸집이 점점 커지는 방향으로 진화하였음을 알 수 있다.

3. **중간 단계 생물의 화석** 깃털 달린 육식 공룡 화석은 파충류와 조류의 진화 과정을 이어 주며, 종자고사리 화석은 종자식물이 (❷   )에서 진화하였음을 보여 준다.

❷ 비교해부학적 증거

1. (❸   **) 기관** 형태와 기능은 다르지만, 발생 기원과 해부학적 구조가 같은 기관이다.
   ㉄ 척추동물의 앞다리

2. (❹   **) 기관** 발생 기원은 다르지만 비슷한 환경에 적응하면서 형태와 기능이 유사하게 진화한 기관이다. ㉄ 새의 날개(앞다리)와 곤충의 날개(표피)

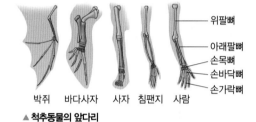

위팔뼈
아래팔뼈
손목뼈
손바닥뼈
손가락뼈

박쥐   바다사자   사자   침팬지   사람
▲ **척추동물의 앞다리**

3. **흔적 기관** 과거에는 사용되었지만 현재는 퇴화하여 흔적만 남은 형질이다. ㉄ 사람의 꼬리뼈와 막창자꼬리

❸ 생물지리학적 증거

1. **월리스선과 유대류** 월리스선을 기준으로 동쪽의 오스트레일리아구에는 서쪽의 동남아시아구에서 발견되지 않는 캥거루, 코알라 등의 유대류가 서식하고 있다.

2. **갈라파고스 제도의 핀치** 갈라파고스 제도에는 섬마다 부리 모양이 조금씩 다른 여러 종의 핀치가 서식하고 있다.

❹ 진화발생학적 증거

1. **척추동물의 발생 초기 배아** 척추동물은 발생 초기 배아 단계에서 (❺   ), 척삭, 근육성 꼬리 등이 공통으로 나타난다. → 척추동물은 공통 조상으로부터 다양하게 진화하였음을 알 수 있다.

2. **담륜자(트로코포라)** 연체동물인 조개와 환형동물인 갯지렁이는 모두 담륜자라는 유생 시기를 거친다.
   → 연체동물과 환형동물은 공통 조상으로부터 진화하여 유연관계가 (❻   )다는 것을 알 수 있다.

❺ 분자진화학적 증거

1. **유전체 비교** 여러 생물종의 유전체 조성을 비교해 보면 진화적으로 가까운 종일수록 유전체 조성이 비슷하다. → DNA 염기 서열, 단백질의 아미노산 서열과 같은 분자 생물학적 특징을 분석하면 생물 간의 유연관계와 생물의 진화 과정을 추정할 수 있다.

2. **사이토크롬 c의 아미노산 서열 비교** 사람의 사이토크롬 c와 차이 나는 아미노산 수가 적은 생물일수록 사람과 유연관계가 (❼   )고 최근에 공통 조상으로부터 분화한 것이다.

3. **글로빈의 아미노산 서열 비교** 글로빈 단백질의 아미노산 서열이 사람과 가장 유사한 종은 붉은털원숭이이고, 가장 크게 차이 나는 종은 칠성장어이다. → 사람은 상대적으로 오래전에 칠성장어와 공통 조상으로부터 분화하였고, (❽   )와는 비교적 최근에 공통 조상으로부터 분화하였다.

01 그림은 화석에 근거한 고래의 진화 과정을 나타낸 것이다.

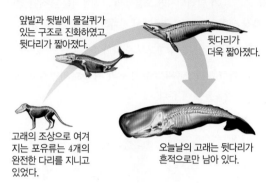

앞발과 뒷발에 물갈퀴가 있는 구조로 진화하였고, 뒷다리가 짧아졌다.

뒷다리가 더욱 짧아졌다.

고래의 조상으로 여겨지는 포유류는 4개의 완전한 다리를 지니고 있었다.

오늘날의 고래는 뒷다리가 흔적으로만 남아 있다.

(1) 이는 생물 진화의 증거 중 어느 것에 해당하는지 쓰시오.

(2) 이에 대한 설명으로 옳은 것만을 〈보기〉에서 있는 대로 고르시오.

보기
ㄱ. 고래의 조상이 진화하는 과정에서 서식 환경이 변하였다.
ㄴ. 오늘날 고래의 가슴지느러미는 흔적 기관이다.
ㄷ. 육상 생활을 하는 포유류의 일부가 수중 생활을 하는 고래로 진화하였다.

02 그림은 척추동물 4종의 앞다리 구조를 나타낸 것이다.

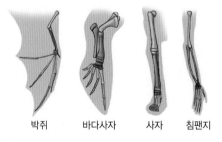

박쥐　바다사자　사자　침팬지

(1) 척추동물의 앞다리와 같이 형태와 기능은 서로 다르지만 해부학적 구조가 같은 기관을 무엇이라고 하는지 쓰시오.

(2) 척추동물의 앞다리 구조는 생물 진화의 증거 중 어느 것에 해당하는지 쓰시오.

03 다음은 생물 진화의 증거에 해당하는 예이다.

(가) 새의 날개와 곤충의 날개는 발생 기원이 다르다.
(나) 완두의 덩굴손은 잎이 변형된 것이고, 포도의 덩굴손은 줄기가 변형된 것이다.

이에 대한 설명으로 옳은 것만을 〈보기〉에서 있는 대로 고르시오.

보기
ㄱ. (가)와 (나)는 모두 상사 기관(상사 형질)의 예이다.
ㄴ. (가)에서 새와 곤충의 공통 조상은 날개를 가지고 있었음을 알 수 있다.
ㄷ. (가)와 (나)는 모두 생물 진화에 대한 진화발생학적 증거에 해당한다.

04 현재에는 과거의 기능을 수행하지 않고 흔적으로만 남아 있는 형질을 〈보기〉에서 있는 대로 고르시오.

보기
ㄱ. 어류의 부레　ㄴ. 사람의 소름
ㄷ. 사람의 꼬리뼈　ㄹ. 조류의 난황 단백질

05 그림은 닭과 사람의 발생 초기 배아의 모습을 나타낸 것이다.
이에 대한 설명으로 옳은 것만을 〈보기〉에서 있는 대로 고르시오.

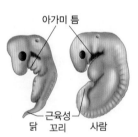

아가미 틈　근육성 꼬리　닭　사람

보기
ㄱ. 아가미 틈과 근육성 꼬리는 상사 기관이다.
ㄴ. 생물 진화에 대한 비교해부학적 증거에 해당한다.
ㄷ. 닭과 사람이 공통 조상으로부터 진화해 왔다는 증거가 된다.

06 그림은 인도네시아의 발리섬과 롬복섬 사이에 그려진 경계선 A를 나타낸 것이다. A를 기준으로 서쪽은 동남아시아구, 동쪽은 오스트레일리아구이다.

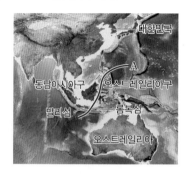

이에 대한 설명으로 옳은 것만을 〈보기〉에서 있는 대로 고르시오.

보기
ㄱ. A는 월리스선이다.
ㄴ. 유대류는 A를 기준으로 서쪽의 동남아시아구에서만 서식한다.
ㄷ. A를 경계로 생물 분포가 다른 것은 생물 진화에 대한 생물지리학적 증거에 해당한다.

07 그림은 사람과 동물 5종의 글로빈 단백질의 아미노산 서열 유사도를 나타낸 것이다.

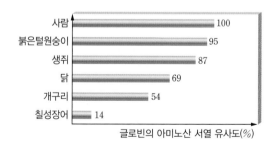

글로빈의 아미노산 서열 유사도(%)

(1) 이는 생물 진화의 증거 중 어느 것에 해당하는지 쓰시오.

(2) 위 5종의 동물 중 아미노산 서열에 의해 결정되는 글로빈 단백질의 구조가 사람과 가장 유사한 동물을 쓰시오.

08 그림은 갈라파고스 제도의 서로 다른 섬에 서식하는 핀치 6종의 부리 모양과 먹이 종류를 나타낸 것이다.

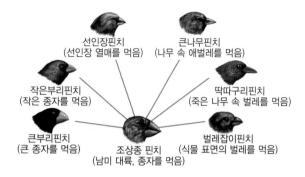

(1) 이는 생물 진화의 증거 중 어느 것에 해당하는지 쓰시오.

(2) 이에 대한 설명으로 옳은 것만을 〈보기〉에서 있는 대로 고르시오.

보기
ㄱ. 서로 다른 섬에 서식하는 핀치는 각 섬을 모두 자유롭게 왕래할 수 있다.
ㄴ. 각 섬의 핀치가 서로 다른 종으로 진화한 것은 지리적으로 격리되었기 때문이다.
ㄷ. 각 섬에 서식하는 핀치의 부리 모양이 서로 다른 것은 핀치가 서로 다른 서식지 환경에 적응한 결과이다.

09 표는 사람과 4종의 동물 A~D에서 특정 유전자의 DNA 염기 서열을 조사한 후 사람의 DNA 염기 서열과의 차이를 나타낸 것이다.

구분	A	B	C	D
차이(%)	1.7	1.8	3.3	4.3

(1) 이는 생물 진화의 증거 중 어느 것에 해당하는지 쓰시오.

(2) A~D 중 사람과의 공통 조상으로부터 가장 오래전에 분화한 동물을 쓰시오.

01 　❯ 생물 진화의 증거
다음은 생물 진화의 증거에 해당하는 예이다.

> (가) 고래의 조상 동물 화석에서 온전한 뒷다리 뼈가 발견되었다.
> (나) 오스트레일리아에는 동남아시아에 서식하지 않는 캥거루와 같은 유대류가 서식한다.
> (다) 독수리의 날개와 나비의 날개는 발생 기원은 서로 다르지만, 비슷한 환경에 적응하면서 형태와 기능이 비슷해진 기관이다.

(가)~(다)에 해당하는 생물 진화의 증거를 옳게 짝 지은 것은?

	(가)	(나)	(다)
①	화석상의 증거	비교해부학적 증거	생물지리학적 증거
②	화석상의 증거	생물지리학적 증거	비교해부학적 증거
③	진화발생학적 증거	화석상의 증거	생물지리학적 증거
④	생물지리학적 증거	진화발생학적 증거	화석상의 증거
⑤	비교해부학적 증거	생물지리학적 증거	진화발생학적 증거

• 생물 진화의 증거에는 화석상의 증거, 비교해부학적 증거, 생물지리학적 증거, 진화발생학적 증거, 분자진화학적 증거가 있다.

02 　❯ 생물 진화의 증거
그림은 여러 동물의 해부학적 구조 일부를 나타낸 것이다.

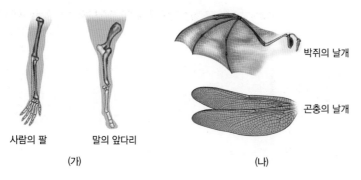

사람의 팔　　말의 앞다리　　박쥐의 날개
(가)　　　곤충의 날개　　(나)

이에 대한 설명으로 옳은 것만을 〈보기〉에서 있는 대로 고른 것은?

> **보기**
> ㄱ. (가)는 상동 기관이다.
> ㄴ. (나)는 발생 기원은 서로 다르지만 기능이 유사한 기관이다.
> ㄷ. (가)와 (나)는 모두 생물 진화에 대한 진화발생학적 증거에 해당한다.

① ㄱ　　② ㄷ　　③ ㄱ, ㄴ　　④ ㄴ, ㄷ　　⑤ ㄱ, ㄴ, ㄷ

• 생물의 해부학적 구조를 비교하면 생물의 진화 과정을 알 수 있다.

03 ❯ 화석상의 증거

그림은 고래의 화석 (가)~(라)를 순서 없이 나열한 것이다.

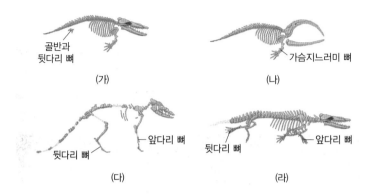

골반과
뒷다리 뼈

(가)

가슴지느러미 뼈

(나)

뒷다리 뼈   앞다리 뼈

(다)

뒷다리 뼈   앞다리 뼈

(라)

이에 대한 설명으로 옳은 것만을 〈보기〉에서 있는 대로 고른 것은?

보기
ㄱ. (나)는 (다)보다 수중 생활에 더 잘 적응한 형태이다.
ㄴ. (나)의 가슴지느러미는 침팬지의 앞다리와 상사 기관이다.
ㄷ. (가)~(라)를 가장 오래된 지층에서 발견된 순서대로 나열하면 (라) → (다) → (가) → (나)이다.

① ㄱ   ② ㄴ   ③ ㄱ, ㄴ   ④ ㄴ, ㄷ   ⑤ ㄱ, ㄴ, ㄷ

> 고래의 화석을 통해 포유류의 일부가 고래로 진화한 과정과 시점을 알 수 있다.

04 ❯ 생물 진화의 증거

다음은 생물 진화의 증거에 해당하는 예이다.

(가) 중국 동북부 지역에서 깃털 달린 육식 공룡 화석이 발견되었다.
(나) 사람의 막창자꼬리는 더 이상 과거의 기능을 수행하지 않는 기관이다.
(다) 척추동물의 발생 초기 배아에서 아가미 틈과 근육성 꼬리가 공통적으로 나타난다.

이에 대한 설명으로 옳은 것만을 〈보기〉에서 있는 대로 고른 것은?

보기
ㄱ. (가)를 통해 조류가 공룡으로부터 진화해 왔음을 알 수 있다.
ㄴ. (나)는 흔적 기관의 예이다.
ㄷ. (다)는 생물 진화에 대한 진화발생학적 증거에 해당한다.

① ㄱ   ② ㄷ   ③ ㄱ, ㄴ   ④ ㄴ, ㄷ   ⑤ ㄱ, ㄴ, ㄷ

> 현존하는 두 분류군의 특징을 가지는 중간 단계 생물의 화석을 통해 생물의 진화 과정을 추정할 수 있다. 동물의 발생 초기 과정에서 나타나는 해부학적 유사성은 진화의 증거가 된다.

05 ▶ 생물지리학적 증거

그림은 갈라파고스 제도의 서로 다른 섬에 서식하는 거북의 등껍데기 유형과 목 길이를, 표는 거북의 먹이 종류에 따른 등껍데기 유형을 나타낸 것이다. 각 섬의 거북은 한 조상종 거북으로부터 갈라져 진화하였고, 각 섬은 서로 멀리 떨어져 있어 거북이 왕래하기 어렵다.

먹이	거북의 등껍데기 유형
키 큰 선인장	안장형
키 작은 선인장	중간형
키 작은 풀	돔형

이에 대한 설명으로 옳은 것만을 〈보기〉에서 있는 대로 고른 것은?

> **보기**
> ㄱ. 생물 진화에 대한 생물지리학적 증거에 해당한다.
> ㄴ. 각 섬의 거북은 먹이의 종류에 따라 서로 다른 종으로 진화하였다.
> ㄷ. 안장형 등껍데기와 돔형 등껍데기의 해부학적 구조는 서로 다르다.

① ㄱ   ② ㄷ   ③ ㄱ, ㄴ   ④ ㄴ, ㄷ   ⑤ ㄱ, ㄴ, ㄷ

• 갈라파고스 제도의 생물이 섬마다 조금씩 다른 형태의 종으로 분화한 것은 서식하는 섬의 환경에 적응하여 각각 다르게 진화해 왔기 때문이다.

06 (고난도) ▶ 생물 진화의 증거와 계통수

표는 서로 다른 생물종 Ⅰ~Ⅴ에서 어떤 유전자의 염기 서열 일부를, 그림은 표의 염기 서열에서 일어난 염기 치환 ⓐ~ⓖ를 기준으로 작성한 계통수를 나타낸 것이다. (가)~(라)는 각각 Ⅰ~Ⅳ 중 하나이다.

종	염기 서열 일부
Ⅰ	TACTGCGA
Ⅱ	CGGCGCGA
Ⅲ	CGCTGCGT
Ⅳ	CGCCGCAA
Ⅴ	CACTGAGA

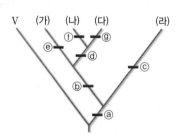

이에 대한 설명으로 옳은 것만을 〈보기〉에서 있는 대로 고른 것은? (단, 모든 염기 치환은 서로 다른 자리에서 각각 1회씩만 일어났다.)

> **보기**
> ㄱ. (가)는 Ⅳ이다.
> ㄴ. ⓓ는 T에서 C으로의 치환이다.
> ㄷ. 그림의 계통수는 분자진화학적 증거를 이용하여 작성한 것이다.

① ㄱ   ② ㄴ   ③ ㄷ   ④ ㄱ, ㄷ   ⑤ ㄴ, ㄷ

• DNA의 염기 서열이나 단백질의 아미노산 서열과 같은 분자생물학적 특징을 비교하면 생물 간의 유연관계와 생물의 진화 과정을 알 수 있다.

07 ▶ 분자진화학적 증거

그림은 5종 동물의 헤모글로빈 단백질에서 사람의 헤모글로빈 단백질과 차이 나는 아미노산의 수를 조사하고, 이를 근거로 사람과 5종 동물의 계통수를 나타낸 것이다.

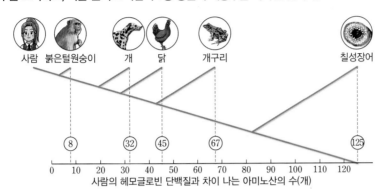

사람의 헤모글로빈 단백질과 차이 나는 아미노산의 수(개)

이에 대한 설명으로 옳은 것만을 〈보기〉에서 있는 대로 고른 것은?

> 보기
> ㄱ. 생물 진화에 대한 분자진화학적 증거에 해당한다.
> ㄴ. 사람과 붉은털원숭이의 유연관계는 사람과 개의 유연관계보다 가깝다.
> ㄷ. 사람과 칠성장어는 사람과 개구리보다 더 오래전에 공통 조상으로부터 분화하였다.

① ㄴ ② ㄷ ③ ㄱ, ㄴ ④ ㄱ, ㄷ ⑤ ㄱ, ㄴ, ㄷ

● 사람의 헤모글로빈은 2개의 α 글로빈과 2개의 β 글로빈으로 구성되어 있으며, 여러 동물의 헤모글로빈 단백질의 아미노산 서열을 사람의 것과 비교해 보면 여러 동물과 사람의 유연관계를 알 수 있다.

08 ▶ 분자진화학적 증거

표는 사람과 4종의 동물 ㉠~㉣ 사이에서 특정 유전자의 DNA 염기 서열 유사도를, 그림은 이를 근거로 사람과 ㉠~㉣의 유연관계를 나타낸 것이다. ⓐ~ⓓ는 각각 ㉠~㉣ 중 하나이다.

동물	사람과의 DNA 염기 서열 유사도(%)
㉠	75.4
㉡	96.7
㉢	98.5
㉣	95.7

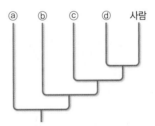

이에 대한 설명으로 옳은 것만을 〈보기〉에서 있는 대로 고른 것은?

> 보기
> ㄱ. ⓒ는 ㉡이다.
> ㄴ. 생물 진화에 대한 비교해부학적 증거에 해당한다.
> ㄷ. 이 유전자를 구성하는 DNA 염기 서열은 ㉠과 ㉢에서 23.1 % 차이가 난다.

① ㄱ ② ㄴ ③ ㄷ ④ ㄱ, ㄴ ⑤ ㄱ, ㄷ

● 생물종 간에 DNA 염기 서열의 차이가 클수록 상대적으로 오래전에 분화한 것이며, 차이가 작을수록 비교적 최근에 분화한 것이다.

02 진화의 원리와 종분화

학습 Point 변이와 자연 선택에 의한 > 유전적 평형과 > 유전자풀의 > 지리적 격리에 의한
          진화의 원리   하디 · 바인베르크 법칙   변화 요인   종분화

1 진화의 원리

다윈은 1831년부터 5년 동안 측량선 비글호를 타고 남아메리카와 오스트레일리아 등을 탐사하면서 다양한 생물 자료를 수집하였고, 이를 바탕으로 1859년 『종의 기원』을 출간하였다. 다윈은 이 책에서 생물의 진화가 변이와 자연 선택에 의해 일어난다고 주장하였다.

1. 다윈의 자연 선택설

집단의 개체 사이에는 유전되는 변이가 존재하며 그에 따라 환경에 대한 적응력도 차이가 있다. 생물은 주어진 환경에서 살아남을 수 있는 수보다 많은 자손을 생산하는데 먹이나 서식 공간은 한정되어 있어 개체 사이에 생존 경쟁이 일어난다. 생존 경쟁에서 환경에 적응하기 유리한 변이를 가진 개체가 살아남아 자손을 남겨 세대를 거듭할수록 집단 내에서 환경 적응에 유리한 변이를 가진 개체의 빈도가 높아진다. 다윈은 환경 적응에 유리한 변이를 가진 개체가 그렇지 못한 개체보다 더 많이 살아남아 더 많은 자손을 남기는 현상을 자연 선택이라 하고, 자연 선택이 생물 진화의 주된 원동력이라고 주장하였다.

그의 주장에 따르면, 자연 선택으로 생존 경쟁에서 살아남은 개체의 변이가 자손에게 전해지는 과정이 여러 세대에 걸쳐 일어나 변이들이 누적되었고, 이에 따라 생물이 진화하고 새로운 종이 출현하여 종이 다양해졌다.

집단
같은 지역에 서식하는 같은 종의 개체 무리로, 개체군과 같은 뜻이다.

변이
한 집단 내의 개체 간에 나타나는 형질의 차이로, 유전자의 차이에 의해 나타난다.

시야확장 + 자연 선택설로 설명한 기린 목의 진화

❶ 원래 기린의 목 길이는 다양했다.

❷ 목이 짧은 기린은 생존에 불리하여 죽고 목이 긴 기린만 살아남았다.

❸ 목이 긴 기린만 살아남아 자손을 남기는 과정이 반복되어 기린의 목이 지금처럼 길어졌다.

다윈의 자연 선택설에 따르면, 개체 간 변이로 다양한 목 길이를 가졌던 기린은 환경 적응에 유리한 목이 긴 기린이 자연 선택되는 과정이 반복되어 오늘날의 목이 긴 기린으로 진화하였다.

2. 변이와 자연 선택에 의한 진화의 원리

다윈이 자연 선택설을 발표했던 시대에는 변이의 원인까지 과학적으로 설명할 수는 없었지만, 유전학이 발달하면서 변이와 자연 선택으로 진화의 원리를 설명할 수 있게 되었다.

(1) 핀치의 진화: 갈라파고스 제도에는 섬마다 부리 모양이 다른 여러 종의 핀치가 살고 있다. 이는 각 섬으로 이주한 핀치 집단에서 각각 변이가 일어나고 먹이 환경에 따라 자연 선택이 이루어져 부리 모양이 다양하게 진화한 결과이다. 핀치의 진화 과정에서 알 수 있듯이 진화는 한 개체의 변화가 아니라 변이와 자연 선택 등에 의해 개체가 속한 집단의 유전적 특성이 변화하는 과정이다.

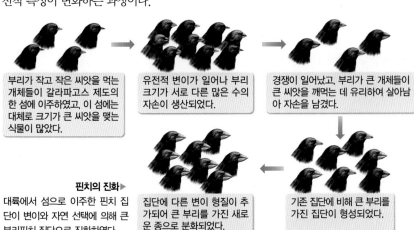

부리가 작고 작은 씨앗을 먹는 개체들이 갈라파고스 제도의 한 섬에 이주하였고, 이 섬에는 대체로 크기가 큰 씨앗을 맺는 식물이 많았다.

유전적 변이가 일어나 부리 크기가 서로 다른 많은 수의 자손이 생산되었다.

경쟁이 일어났고, 부리가 큰 개체들이 큰 씨앗을 깨먹는 데 유리하여 살아남아 자손을 남겼다.

기존 집단에 비해 큰 부리를 가진 집단이 형성되었다.

집단에 다른 변이 형질이 추가되어 큰 부리를 가진 새로운 종으로 분화되었다.

▶핀치의 진화
대륙에서 섬으로 이주한 핀치 집단이 변이와 자연 선택에 의해 큰 부리핀치 집단으로 진화하였다.

(2) 낫 모양 적혈구 빈혈증과 자연 선택: 중앙아프리카는 전 세계적으로 낫 모양 적혈구 빈혈증과 말라리아 발병률이 가장 높은 지역이다. 말라리아 발병률이 높은 집단에 낫 모양 적혈구 빈혈증 환자가 많은 것은 자연 선택이 작용한 결과이다.

시선 집중 ★ 낫 모양 적혈구 빈혈증과 자연 선택

그림은 말라리아가 거의 발생하지 않는 지역과 말라리아가 자주 발생하는 지역에서 사람의 헤모글로빈 유전자형의 비율을 나타낸 것이다.

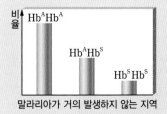
말라리아가 거의 발생하지 않는 지역

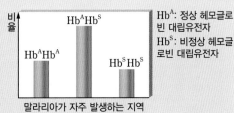
말라리아가 자주 발생하는 지역

Hb^A: 정상 헤모글로빈 대립유전자
Hb^S: 비정상 헤모글로빈 대립유전자

❶ 적혈구에 서식하며 말라리아를 일으키는 말라리아 원충은 낫 모양 적혈구에는 서식하지 못한다.

❷ 비정상 헤모글로빈 대립유전자가 동형 접합성(Hb^{S}Hb^S)인 사람은 낫 모양 적혈구 빈혈증이 나타난다. 낫 모양 적혈구는 악성 빈혈을 일으키지만, 말라리아에 대한 저항성이 있다.

❸ 유전자형이 이형 접합성(Hb^{A}Hb^S)인 사람은 낫 모양 적혈구가 일부 만들어지지만 대체로 건강하며, 말라리아에 대한 저항성도 있다.

❹ 말라리아가 자주 발생하는 지역에서는 다른 지역에 비해 헤모글로빈 유전자형이 이형 접합성(Hb^{A}Hb^S)인 사람의 비율이 높고, 따라서 비정상 헤모글로빈 대립유전자(Hb^S)의 비율이 높다. → 말라리아가 자주 발생하는 지역에서는 비정상 헤모글로빈 대립유전자가 생존에 유리하게 작용하여 이형 접합성(Hb^{A}Hb^S)인 사람이 자연 선택되었기 때문이다.

가뭄에 따른 핀치 부리의 진화
그림은 갈라파고스 제도의 대포니 메이저 섬에서 극심한 가뭄 전과 후에 나타난 핀치 개체군의 개체 수와 부리의 크기 변화를 관찰한 결과이다. 가뭄이 심하면 작고 연한 씨앗이 급격히 줄어들고 크고 딱딱한 씨앗이 많아진다.

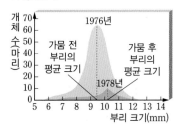

가뭄 전보다 후에 핀치의 개체 수는 감소하였고, 부리의 평균 크기는 커졌다. 이는 가뭄으로 인한 환경 변화로 작고 연한 씨앗만을 먹을 수 있는 작은 부리를 가진 개체들은 많이 죽고, 크고 딱딱한 씨앗을 먹을 수 있는 큰 부리를 가진 개체들이 자연 선택된 결과이다.

낫 모양 적혈구 빈혈증
헤모글로빈 유전자에서 염기 하나가 바뀌어 아미노산 하나가 달라짐으로써 비정상 헤모글로빈이 만들어지고, 비정상 헤모글로빈끼리 달라붙어 적혈구가 낫 모양으로 변하는 유전병이다. 낫 모양 적혈구는 정상 적혈구보다 수명이 짧고 산소 운반 능력이 떨어지며, 모세 혈관을 막아 혈액 순환을 방해한다. 이에 따라 심한 빈혈이 발생하고, 여러 장기가 손상을 입는다.

정상 적혈구

낫 모양 적혈구

② 집단의 진화와 하디·바인베르크 법칙 집중 분석 190쪽 탐구 192쪽

진화는 오랜 시간에 걸쳐 개체들이 속한 집단 단위로 일어나는 변화이다. 영국의 하디와 독일의 바인베르크는 각각 독자적인 연구를 통해 하디·바인베르크 법칙을 발표하여 진화하지 않는 집단의 대립유전자 빈도가 일정하게 유지되는 원리를 설명하였다.

1. 유전자풀과 대립유전자 빈도

(1) **유전자풀:** 한 개체의 특정 형질을 결정하는 유전자는 염색체에 한 쌍의 대립유전자로 존재하며, 개체 간의 대립유전자 구성의 차이는 형질 차이로 나타난다. 특정 시기에 한 집단에 속하는 모든 개체가 가지고 있는 대립유전자 전체를 유전자풀이라고 하며, 유전자풀은 집단의 유전적 특성을 결정한다. 한 집단의 유전자풀은 다른 집단의 유전자풀과 구분되며, 집단이 환경의 변화에 적응하여 진화할 수 있는 밑바탕이 된다.

개체들의 유전자형   집단의 유전자풀

◀ **유전자형과 유전자풀** 이 집단의 개체 수는 12이고 각 개체는 대립유전자 한 쌍씩을 가지므로, 이 집단의 유전자풀은 24개의 대립유전자로 구성된다. 이 중 대립유전자 A는 10개, 대립유전자 a는 14개이다.

(2) **대립유전자 빈도:** 집단 내 특정 대립유전자의 상대적 빈도를 뜻한다.

$$특정\ 대립유전자\ 빈도 = \frac{특정\ 대립유전자의\ 수}{특정\ 형질에\ 대한\ 집단\ 내\ 대립유전자의\ 총\ 수}$$

예를 들어, 개체 수가 100인 어떤 고양이 집단에서 털색을 결정하는 대립유전자가 B와 b의 두 종류만 있다고 하자. 검은색 털 대립유전자(B)는 흰색 털 대립유전자(b)에 대해 우성이며, 털색의 유전자형이 BB, Bb이면 검은색, bb이면 흰색 표현형을 나타낸다. 각 유전자형의 개체 수로부터 대립유전자 B와 b의 빈도를 다음과 같이 계산할 수 있다.

유전자형	BB	Bb	bb
표현형	검은색	검은색	흰색
개체 수	36	48	16

유전자형	대립유전자 B의 수	대립유전자 b의 수
BB	$2 \times 36 = 72$	0
Bb	$1 \times 48 = 48$	$1 \times 48 = 48$
bb	0	$2 \times 16 = 32$
합계	120	80

➡ **대립유전자 빈도**
- B의 빈도$(p) = \dfrac{120}{200} = 0.6$
- b의 빈도$(q) = \dfrac{80}{200} = 0.4$

▲ **고양이 집단에서 털색의 유전자형에 따른 개체 수와 대립유전자 빈도**

이 집단의 유전자풀에서 대립유전자 B의 빈도(p)는 0.6, b의 빈도(q)는 0.4이므로, 대립유전자 빈도의 총합 $p+q=1$이다. 즉, 대립유전자 빈도의 합은 항상 1이다.

(3) **유전자풀과 대립유전자 빈도의 관계:** 유전자풀에서 환경 적응력이 뛰어난 형질을 나타내는 대립유전자는 자연 선택되어 세대를 거듭할수록 그 빈도가 높아질 수 있고, 환경 적응력이 낮은 형질을 나타내는 대립유전자는 도태되어 사라질 수 있다. 따라서 집단의 진화는 유전자풀의 변화, 즉 대립유전자 빈도가 변하는 것으로 정의할 수 있다.

하디(Hardy, G. H., 1877~1947)
영국의 수학자로, 1908년 유전학자 퍼넷의 의뢰를 받고 하디·바인베르크 법칙을 발견하여 발표하였다.

바인베르크(Weinberg, W., 1862~1937)
독일의 의사이자 생물학자로, 독자적으로 자료 조사와 연구를 하여 1908년 하디보다 6개월 앞서 하디·바인베르크 법칙을 발표하였다.

대립유전자
상동 염색체의 같은 위치에 존재하면서 한 형질에 대해 서로 다른 특성(변이)을 나타내는 유전자이다. 한 개체에 쌍으로 존재하며, 한 형질 발현에 여러 쌍의 대립유전자가 관여하기도 한다.

대립유전자 빈도
집단에서 특정 형질에 대한 대립유전자 빈도의 총합은 항상 1이다. 따라서 2개의 대립유전자 중 하나의 대립유전자 빈도를 알면 나머지 대립유전자 빈도도 쉽게 구할 수 있다.

2. 유전적 평형과 하디 · 바인베르크 법칙

(1) **하디 · 바인베르크 법칙:** 어떤 집단에서 세대가 바뀌어도 대립유전자의 종류와 빈도가 변하지 않는 상태를 유전적 평형 상태라고 한다. 영국의 하디와 독일의 바인베르크는 각자 독자적인 연구를 통해 이를 수식으로 정리하여 하디 · 바인베르크 법칙을 발표하였다. 하디 · 바인베르크 법칙은 유전적 평형 상태의 집단에서 세대가 바뀌어도 우성 대립유전자와 열성 대립유전자의 빈도가 일정하게 유지되는 원리를 설명한다. 하디 · 바인베르크 법칙이 적용되는 유전적 평형 상태는 자연 선택, 돌연변이, 유전자 흐름 등 유전자풀을 변화시키는 요인에 의해 깨질 수 있으며, 이때 집단의 진화가 일어난다.

(2) **멘델 집단:** 하디 · 바인베르크 법칙을 따르는 유전적 평형 상태의 가상적인 집단을 멘델 집단이라고 한다. 멘델 집단은 다음 5가지 조건을 모두 갖추어야 하며, 어느 한 조건이라도 충족되지 않으면 유전적 평형이 깨지고 집단의 유전자풀이 변하게 된다.

> • 첫째, 집단의 크기가 충분히 커야 한다. 집단의 크기가 확률의 법칙을 적용할 수 있을 만큼 크면 소수의 개체에 의해 대립유전자 빈도가 달라질 가능성이 매우 적다.
> • 둘째, 집단 내에서 무작위로 교배가 일어나야 한다. 집단 내에서 각 개체가 다른 개체와 교배할 수 있는 확률이 같으면 모든 대립유전자가 똑같이 보존될 수 있다.
> • 셋째, 대립유전자에 돌연변이가 일어나지 않아야 한다. 돌연변이가 일어나면 집단에 없던 새로운 대립유전자가 생겨 대립유전자 빈도가 변한다.
> • 넷째, 다른 집단과의 유전자 흐름이 없어야 한다. 외부 집단으로부터 새로운 유전자가 들어오거나 집단 내의 유전자가 외부 집단으로 나가면 대립유전자 빈도가 변한다.
> • 다섯째, 특정 대립유전자에 대한 자연 선택이 일어나지 않아야 한다. 즉, 개체의 생존력과 번식력이 같아야 한다. 개체 간 생존력과 번식력의 차이로 특정 대립유전자를 가진 자손이 많아지면 세대가 거듭되면서 대립유전자 빈도가 변한다.

앞서 제시한 고양이 집단을 멘델 집단이라고 가정하자. 이 집단의 개체에서 형성된 생식세포(정자, 난자)는 대립유전자 B와 b 중 하나만을 가진다. 따라서 생식세포에서 대립유전자 B의 빈도(p)는 0.6, 대립유전자 b의 빈도(q)는 0.4이며, 다음 세대에서 나타나는 유전자형의 빈도와 대립유전자의 빈도는 다음과 같이 계산할 수 있다.

정자 / 난자	B (p=0.6)	b (q=0.4)
B (p=0.6)	BB (p^2=0.36)	Bb (pq=0.24)
b (q=0.4)	bB (qp=0.24)	bb (q^2=0.16)

다음 세대의 유전자형 빈도

BB	0.36
Bb	0.48
bb	0.16

다음 세대의 대립유전자 빈도

0.36

$\frac{1}{2}$×0.48=0.24

$\frac{1}{2}$×0.48=0.24

0.16

| B | 0.6 |
| b | 0.4 |

▲ **멘델 집단에서 다음 세대의 대립유전자 빈도 계산** 위 고양이 집단은 유전적 평형을 나타내는 멘델 집단이므로, 털색을 결정하는 대립유전자 B와 b의 빈도는 다음 세대에서도 동일하게 유지된다.

다음 세대에서 나타나는 유전자형 BB, Bb, bb의 빈도는 각각 p^2, $2pq$, q^2이므로, 각각 0.36, 0.48, 0.16이 된다. 유전자형 빈도로 대립유전자 B와 b의 빈도를 각각 계산하면 대립유전자 B의 빈도는 $p^2 + \frac{1}{2}(2pq) = 0.36 + 0.24 = 0.6$, 대립유전자 b의 빈도는 $q^2 + \frac{1}{2}(2pq) = 0.16 + 0.24 = 0.4$로, 부모 세대의 대립유전자 빈도와 같다.

자연 상태에서 존재하지 않는 멘델 집단을 가정하는 까닭
실제 자연 상태에서는 유전적 평형을 나타내는 멘델 집단이 존재하지 않는다. 그럼에도 하디 · 바인베르크 법칙을 따르는 멘델 집단을 가정하는 까닭은 집단의 진화에 영향을 미치는 여러 요인을 수학적으로 명료하게 기술할 수 있으며, 통제된 가상적 집단과 실제 집단을 비교하여 실제 집단에서 일어나는 진화의 과정과 원리를 이해할 수 있기 때문이다.

생식세포에 대립유전자 한 쌍 중 하나만 있는 까닭
쌍을 이루고 있는 대립유전자가 생식세포 형성 시 감수 분열 과정에서 서로 분리되어 다른 생식세포로 들어간다. 따라서 생식세포에는 대립유전자 한 쌍 중 하나만 있게 된다.

이를 수식으로 정리하면 다음과 같다.

> ① 부모 세대: 대립유전자 B의 빈도 p, 대립유전자 b의 빈도 q, $p+q=1$
> ② 자손 1대: 유전자형 BB의 빈도 p^2, Bb의 빈도 $2pq$, bb의 빈도 q^2
>   - 대립유전자 B의 빈도: $p^2+\dfrac{1}{2}(2pq)=p^2+pq=p(p+q)=p$
>   - 대립유전자 b의 빈도: $q^2+\dfrac{1}{2}(2pq)=q^2+pq=q(p+q)=q$

즉, 부모 세대와 자손 1대의 대립유전자 빈도는 일치한다. 이처럼 멘델 집단에서는 세대를 거듭하여도 대립유전자 빈도가 변하지 않으므로 진화가 일어나지 않는다.

그러나 하디·바인베르크 법칙을 따르는 생물 집단은 매우 드물며, 실제 생물 집단에서는 여러 가지 요인에 의해 유전자풀이 변하므로 진화는 불가피하다. 유전적 평형 상태에서 예측한 대립유전자 빈도와 실제 집단의 대립유전자 빈도를 비교하면 특정 대립유전자에 대해 자연 선택 등의 요인이 작용하여 진화를 일으키는지의 여부를 분석할 수 있다.

③ 유전자풀의 변화 요인

유전적 평형을 유지하는 조건이 모두 충족되지 않으면 대립유전자 빈도가 변하여 집단은 진화한다. 집단의 유전자풀에 변화를 일으켜 진화의 동력을 제공하는 요인에는 돌연변이, 자연 선택, 유전적 부동, 유전자 흐름 등이 있으며, 이러한 여러 요인은 동시에 작용한다.

1. 돌연변이

돌연변이는 방사선, 화학 물질, 바이러스 등 여러 원인에 의해 유전 물질인 DNA에 변화가 일어나는 것이다. 돌연변이가 발생하면 새로운 대립유전자가 나타날 수 있다.

(1) **특징**: 돌연변이는 대부분 체세포에서 일어나 자손에게 유전되지 않고 사라지지만, 드물게 생식세포에서 일어나 자손에게 유전되기도 한다. 이러한 경우 돌연변이가 대립유전자의 종류와 빈도에 변화를 일으켜 집단의 유전자풀을 변화시킨다.

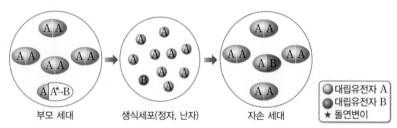

○ 대립유전자 A
● 대립유전자 B
★ 돌연변이

부모 세대 　　　 생식세포(정자, 난자) 　　　 자손 세대

▲ **돌연변이에 의한 유전자풀의 변화** 　부모 세대에서 돌연변이에 의해 나타난 대립유전자 B가 자손 세대로 전달되면 자손 세대에서 대립유전자의 종류와 빈도에 변화가 일어난다.

돌연변이는 자연적으로 발생할 확률이 매우 낮고 돌연변이에 의해 나타나는 대립유전자는 집단 내에 매우 낮은 빈도로 존재하므로, 돌연변이 그 자체로는 집단의 진화에 미치는 영향이 작을 수 있다. 그러나 돌연변이는 집단 내에 존재하는 유전적 변이의 원천이므로, 환경이 변하여 돌연변이 형질을 가진 개체의 생존율과 번식률이 높아지면 유전자풀이 변하여 집단의 진화가 일어난다.

돌연변이

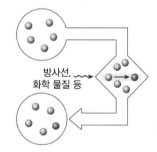

방사선,
화학 물질 등

돌연변이의 종류
- 유전자 돌연변이: 유전자를 구성하는 DNA 염기 서열에 변화가 일어난 것이다.
- 염색체 돌연변이: 염색체의 수에 이상이 생기거나 염색체의 구조에 결실, 중복, 역위, 전좌와 같은 이상이 생긴 것이다.

(2) **사례:** 적혈구의 헤모글로빈 유전자에 돌연변이가 일어나 비정상 헤모글로빈이 만들어져 적혈구가 낫 모양으로 변하는 낫 모양 적혈구 빈혈증이 생겼다. 사람의 눈 색을 결정하는 유전자에 돌연변이가 일어나 다양한 대립유전자가 만들어져 눈 색이 다양해졌다.

2. 자연 선택

변이를 가진 집단에서 특정 형질을 가진 개체가 다른 개체보다 생존과 번식에 유리하여 더 많은 자손을 남기는 자연 선택이 일어나면 집단의 대립유전자 빈도가 변한다.

(1) **특징:** 자연 선택이 일어나면 시간이 지남에 따라 환경에 적합한 대립유전자를 가진 개체들이 증가하므로 집단에서 해당 대립유전자의 빈도가 높아진다.

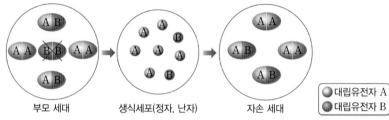

부모 세대　　　　생식세포(정자, 난자)　　　　자손 세대

⬤ 대립유전자 A
⬤ 대립유전자 B

▲ **자연 선택에 의한 유전자풀의 변화** 부모 세대에서 대립유전자 A를 갖지 않는 개체는 도태되고, 대립유전자 A를 가진 개체가 살아남아 자손을 남기므로 자손 세대에서 대립유전자 A의 빈도가 높아진다.

① 돌연변이에 의해 생성된 대립유전자는 개체의 생존에 불리하게 작용하는 경우가 많으므로 자연 선택에 의해 점차 집단의 유전자풀에서 제거된다. 그러나 환경이 변하면 돌연변이 형질이 오히려 생존에 유리할 수 있다. 예를 들면, 세균 집단의 경우 항생제 사용 환경에서는 돌연변이 유전자인 항생제 내성 유전자를 가진 개체가 항생제 내성 유전자를 갖지 않은 개체보다 생존율이 높아 더 많은 자손을 남기고 그 결과 집단의 유전자풀이 변한다.

② 자연 선택의 효과는 일반적으로 오랜 세월에 걸쳐 나타나지만, 급격한 환경 변화가 일어나거나 그로 인해 우성 표현형이 도태되는 경우에는 단기간에 나타날 수도 있다.

(2) **사례:** 말라리아 발병률이 높은 중앙아프리카 지역에서는 낫 모양 적혈구 빈혈증을 유발하는 비정상 헤모글로빈 대립유전자가 생존에 유리하게 작용한다. 따라서 비정상 헤모글로빈 대립유전자를 가진 이형 접합자가 자연 선택되어 비정상 헤모글로빈 대립유전자의 빈도가 다른 지역보다 높다. 해충 방제를 위해 특정 살충제를 지속적으로 살포하자 해당 살충제에 대한 내성 대립유전자를 가진 해충이 자연 선택되어 살충제 내성 대립유전자의 빈도가 증가하였다.

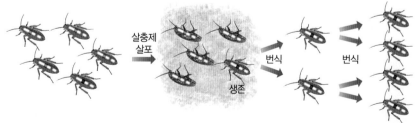

살충제
살포

번식　　번식

생존

기존 개체군은 살충제로 쉽게 방제할 수 있는 바퀴벌레(초록색 대립유전자)가 우점하고 있다.

대부분의 바퀴벌레는 죽고 소수의 살충제 내성 개체(붉은색 대립유전자)가 살아남는다.

살충제를 지속적으로 살포하면서 매우 소수로 존재하던 살충제 내성 개체(붉은색 대립유전자)가 대부분을 차지하게 된다.

▲ **바퀴벌레 집단에서의 자연 선택**

돌연변이와 새로운 대립유전자의 출현

유전자에 돌연변이가 일어나면 다양한 종류의 대립유전자가 만들어진다. 예를 들어, 눈 색을 결정하는 대립유전자가 3종류인 것은 눈 색을 결정하는 유전자에서 돌연변이가 일어난 결과이다.

검은색 눈 ···GATATTCGTACGGACT···
갈색 눈 ···GATGTTCGTACTGAAT···
파란색 눈 ···GATATTCGTACGGAAT···

DNA 〰〰〰〰〰

자연 선택

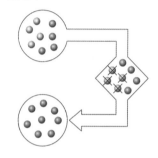

항생제 내성 세균 집단의 진화

항생제에 내성이 없던 세균 집단에서 돌연변이로 인해 항생제 내성 대립유전자를 가진 세균이 출현한다. 항생제를 지속적으로 사용하는 환경에서는 항생제 내성 대립유전자를 가진 세균이 생존에 유리하므로 자연 선택되어 항생제 내성 세균 집단으로 진화한다.

3. 유전적 부동

집단을 구성하는 개체는 자신의 대립유전자 중 하나를 무작위로 자손에게 전달하므로 이때 대립유전자 빈도가 예측할 수 없는 방향으로 변한다. 이처럼 세대와 다음 세대 사이에서 우연에 의해 대립유전자 빈도가 변하는 현상을 유전적 부동이라고 한다. 유전적 부동은 집단의 크기가 작을수록 효과가 크게 나타난다. 따라서 집단의 크기가 뚜렷이 작아지는 병목 효과나 창시자 효과가 발생하는 경우 유전적 부동의 영향이 크게 나타날 수 있다.

(1) 병목 효과: 질병이나 지진, 화재, 홍수 등과 같은 자연재해로 집단의 크기가 급격히 작아지는 현상이다. 병목 효과가 일어난 후 살아남은 개체로 구성된 집단의 대립유전자 빈도는 유전적 부동의 영향을 크게 받아 원래 집단과 매우 다르며, 집단의 유전자풀은 집단의 크기가 충분히 커져 유전적 부동의 효과가 줄어들 때까지 여러 세대동안 그 영향을 받는다.

병을 잠깐 동안만 기울여 구슬을 떨어뜨린다.

기존 집단 　　　　병목 효과 발생 　　　　살아남은 집단

▲ **병목 효과의 원리** 기존 집단에는 파랑색, 붉은색, 연두색 구슬이 같은 비율로 들어 있었지만, 병목(급격한 환경 변화)을 통과하여 적은 수의 구슬만 남게 되면서 새로운 집단에서 붉은색 구슬의 비율이 높아졌고, 연두색 구슬은 사라졌다.

• **사례:** 병목 효과는 인간의 남획이나 환경 파괴로 나타나기도 한다. 북아메리카의 캘리포니아 해안에 사는 북방코끼리물범은 19세기 말 남획으로 멸종 위기까지 갔다가 여러 보호 조치 끝에 집단의 크기가 복원되었다. 이후 몇 마리를 표본으로 유전자를 분석한 결과, 24개의 유전자가 각각 단 한 가지 대립유전자로만 이루어져 유전자 변이가 전혀 없다는 사실이 밝혀졌다. 인간의 남획이 병목 효과를 일으켜 유전적 다양성이 크게 낮아진 것이다.

처음 집단의 대립유전자 빈도 　　포획으로 인한 집단의 크기 감소 　　현재 집단의 대립유전자 빈도가 처음과 달라짐

▲ **북방코끼리물범 집단에서의 병목 효과로 인한 유전적 부동**

(2) 창시자 효과: 원래의 집단에서 소수의 개체가 떨어져 나와 다른 지역에 정착하는 현상으로, 유전적 부동의 영향을 크게 받기 때문에 새로 형성된 집단의 대립유전자 빈도는 원래의 집단과 다르다. 원래의 집단에서 드물었던 대립유전자가 새로운 집단에서는 흔하게 나타날 수 있으며, 떨어져 나온 개체 수가 적을수록 유전적 부동의 효과가 크게 나타난다.

유전적 부동

'부동(浮動)'은 '표류한다'는 의미로, 유전적 부동은 유전자 빈도의 변화가 일정한 방향성 없이 일어나기 때문에 붙은 이름이다.

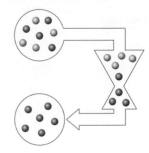

집단의 크기와 유전적 부동

동전을 던졌을 때 앞면과 뒷면이 나올 확률은 각각 50 %로, 이론상 동전을 2회 던지면 앞면과 뒷면이 각각 1회씩 나와야 한다. 그러나 실제로는 2회 모두 앞면이 나오거나 2회 모두 뒷면이 나올 수도 있다. 동전을 던진 횟수가 많으면 앞면과 뒷면이 거의 같은 비율로 나오겠지만, 동전을 던진 횟수가 적으면 이론상의 비율과 크게 차이가 날 수 있다. 이와 같은 원리로 집단의 크기가 작으면 세대와 세대 사이에서 대립유전자 빈도가 우연히 변하는 유전적 부동이 일어나기 쉽다.

병목 효과

질병이나 자연재해 등으로 집단의 크기가 크게 감소하는 것을 집단 병목 현상이라고 한다. 이때 '병목'은 소수의 개체가 살아남은 것을 좁은 병의 목을 통과하는 것에 비유하여 붙인 명칭이다. 집단 병목 현상 과정에서는 대립유전자 수가 감소하는 유전적 부동이 함께 일어나는데 이를 병목 효과라고 한다. 병목 효과가 일어난 후에는 집단이 다시 커져서 원래의 크기를 회복하더라도 낮은 수준의 유전적 변이를 오랫동안 가지고 있을 수 있다.

• **사례:** 다양한 변이가 있는 딱정벌레 집단에서 일부 개체들이 우연히 다른 지역으로 이동하여 새로운 집단을 형성하는 과정에서 창시자 효과가 일어나 대립유전자 빈도가 변하게 된다. 아메리카 인디언의 ABO식 혈액형에는 B형, AB형이 없고 O형이 특히 많은데, 이것은 오래전에 아시아 대륙에서 아메리카 대륙으로 이주한 적은 수의 창시자 집단에 대립유전자 B가 없고 대립유전자 O의 빈도가 높았기 때문으로 여겨진다. 남아메리카 대륙으로부터 멀리 떨어진 갈라파고스 제도의 핀치는 먹이 종류나 부리 모양 등이 대륙의 핀치와 매우 다른데, 이는 길을 잃고 섬으로 찾아든 적은 수의 핀치 집단의 유전자풀이 대륙의 핀치 집단과 달랐기 때문이다.

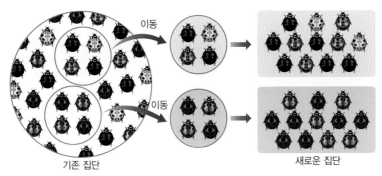

▲ **딱정벌레 집단에서의 창시자 효과로 인한 유전적 부동**

4. 유전자 흐름

서로 다른 두 집단 사이에 개체의 이주나 생식세포의 이동이 일어날 수 있다. 이에 따라 대립유전자가 집단 안으로 유입되거나 집단 밖으로 유출되는데, 이러한 현상을 유전자 흐름이라고 한다.

(1) **특징:** 유전자 흐름은 집단에 없던 새로운 대립유전자를 도입할 수 있으며, 보통 두 집단 사이에서 양 방향으로 일어난다. 따라서 유전자 흐름이 일어나면 각 집단의 유전적 다양성은 증가하고, 두 집단 사이의 유전적 차이는 줄어든다. 예를 들어, 생태 통로를 설치하면 도로에 의해 단편화된 서식지에 살던 두 집단이 연결되므로 유전자 흐름이 증가한다. 그 결과 두 집단은 보다 다양한 대립유전자를 갖는 하나의 큰 집단이 될 수 있다.

▲ **유전자 흐름에 의한 유전자풀의 변화** 유전자 흐름은 두 집단 간의 유전자풀 차이를 줄여 준다.

(2) **사례:** 검은색 토끼가 흰색 토끼 집단으로 들어와 번식하면서 흰색 토끼 집단에 검은색 토끼의 대립유전자가 퍼지고, 검은색 토끼와 회색 토끼가 태어나기 시작했다. 살충제 내성 대립유전자를 가진 모기가 이동하여 전 세계 모기 집단에서 살충제 내성 대립유전자의 빈도가 증가하게 되었다.

유전자 흐름

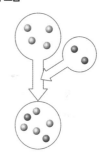

유전자 흐름의 원인

유전자 흐름은 동물에서는 주로 생식력을 가진 개체의 이주에 의해 일어나고, 식물에서는 주로 꽃가루나 씨의 이동으로 일어난다.

▲ **꽃가루의 이동**

4 종분화

종이란 생식적으로 격리된 집단이므로, 종분화란 한 종이 생식적으로 격리된 두 종으로 나뉘는 것을 의미한다. 오늘날 지구의 생물 다양성은 오랜 세월 동안 종분화를 통해 계속해서 새로운 종이 출현하여 이루어진 것이다.

1. 종분화

한 종에 속하였던 두 집단 사이에 생식적 격리가 일어나 새로운 종이 생겨나는 과정을 종분화라고 한다. 종분화는 산맥이 융기되어 서식지가 나뉜 경우, 강의 물길이 바뀐 경우, 호수의 수면이 내려가 여러 개의 작은 호수로 나뉜 경우 등의 지리적 격리에 의해 일어난다.

• 종분화 과정: 지리적 장벽에 의해 격리된 두 집단은 서로 유전자 교류가 없어지고, 각 집단은 독자적으로 돌연변이, 자연 선택, 유전적 부동 등에 의한 진화 과정을 겪으면서 서로 다른 유전자풀을 가지게 된다. 두 집단에 오랫동안 서로 다른 유전적 변이가 축적되면 두 집단 간에 교배가 불가능해지는 생식적 격리가 일어나, 이후 지리적 장벽이 사라지더라도 두 집단 사이에 교배가 일어나지 않는다. 즉, 두 집단은 서로 다른 종으로 분화한다.

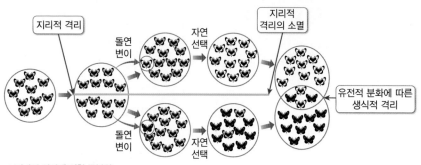

▲ 지리적 격리에 의한 종분화

2. 지리적 격리에 의한 종분화 사례

(1) 그랜드 캐니언의 영양다람쥐: 그랜드 캐니언의 협곡 양쪽에 서식하는 해리스영양다람쥐와 흰꼬리영양다람쥐는 원래 같은 종이었다. 그런데 큰 협곡으로 지리적 격리가 일어나 두 집단으로 분리되었고, 오랜 세월 동안 교류가 없는 상태에서 각각 돌연변이와 자연 선택 등이 일어나 서로 교배가 불가능한 다른 종으로 분화하였다.

협곡 남쪽에 서식하는 해리스영양다람쥐   협곡 북쪽에 서식하는 흰꼬리영양다람쥐

▲ 지리적 격리로 종분화된 영양다람쥐

생물의 이동 능력과 종분화
생물의 이동 능력은 종분화와 밀접한 관계가 있다. 비교적 몸집이 크거나 새와 같이 자유로운 이동이 가능한 동물은 강과 협곡을 쉽게 건널 수 있다. 식물은 꽃가루나 씨가 바람에 날려 멀리 이동할 수 있다. 이러한 경우에는 지리적 격리에 의한 종분화가 일어나기 어렵다. 반면, 작은 호수에 사는 어류나 몸집이 작은 다람쥐 등 이동성이 크지 않은 동물은 지리적 격리에 의한 종분화가 일어날 가능성이 크다.

(2) **고리종:** 어느 한 종의 집단이 지리적 장애물을 고리 모양으로 돌아가며 양방향으로 서서히 서식지를 확장하는 경우가 있다. 이때 지리적으로 인접한 집단 사이에서는 생식적 격리가 없어 교배를 통한 유전자 흐름이 일어난다. 그러나 고리의 양쪽 끝에서 만나는 두 집단은 지리적으로 가깝지만 이미 생식적 격리에 의해 서로 다른 종으로 분화한 상태이다. 이러한 현상을 보이는 이웃 집단의 모임을 고리종이라고 한다. 고리종의 사례를 통해 한 종이지만 물리적으로 격리된 후 서서히 변이가 누적되면 다시 만나더라도 교배가 일어나지 않음을 알 수 있다. 즉, 고리종은 생식적 격리가 점진적으로 일어나고 있는 종분화의 사례이다.

① **엔사티나도롱뇽:** 미국 캘리포니아 중앙 계곡의 가장자리를 따라 고리 모양으로 분포하는 엔사티나도롱뇽은 인접한 집단 간에는 교배가 일어나지만, 고리 양쪽 끝의 두 집단(그림의 A와 B)은 지리적으로 가까움에도 불구하고 생식적으로 격리되어 있다.

② **버들솔새:** 히말라야산맥 주변에 고리 모양으로 분포하는 버들솔새는 인접한 집단 간에는 교배가 일어나지만, 고리 양쪽 끝의 두 집단은 지리적으로 겹쳐 분포하는데도 집단 간에 교배가 일어나지 않는다.

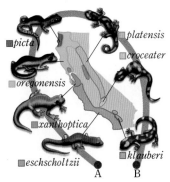

▲ 엔사티나도롱뇽 집단의 고리형 분포

picta
platensis
croceater
oregonensis
xanthoptica
klauberi
eschscholtzii
A   B

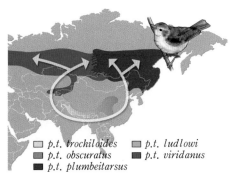

▲ 버들솔새 집단의 고리형 분포

□ *p.t. trochiloides*   □ *p.t. ludlowi*
□ *p.t. obscuratus*   ■ *p.t. viridanus*
■ *p.t. plumbeitarsus*

고리종 모식도

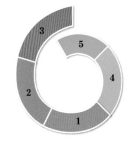

3 5 4 2 1

인접한 집단 1과 2, 2와 3, 1과 4, 4와 5는 서로 교배가 가능하지만, 3과 5는 인접해 있어도 교배가 불가능하다.

시선 집중 ★ 고리종의 사례

북극 주변에 서식하는 재갈매기는 그림과 같이 고리 모양으로 분포한다. 7개(A~G)의 재갈매기 집단 중 지리적으로 인접한 두 집단 사이에서만 생식적 격리가 없어 교배가 일어날 수 있고, 고리 양쪽 끝의 두 집단 A와 G 사이에서는 교배를 통해 자손을 얻을 수 없다.

❶ 집단 A와 B 간에는 교배가 일어나지만, 지리적으로 인접해 있지 않은 집단 A와 C 간에는 교배가 일어나지 않는다.

❷ 집단 A와 G는 지리적으로 인접해 있지만 생식적 격리를 나타낸다.

F E D C B A G

❸ 인접한 재갈매기 집단 사이에서는 생식적 격리 없이 유전자 흐름이 일어나고, 인접하지 않은 두 집단 사이에서는 생식적 격리가 나타난다. 또, 고리의 양쪽 끝에 있는 두 집단은 인접해 있지만 생식적 격리를 나타낸다. 따라서 재갈매기 집단은 고리종임을 알 수 있으며, 고리종은 종분화가 연속적이며 점진적인 과정이라는 것을 보여 준다.

▲ 재갈매기

하디·바인베르크 법칙의 적용

하디·바인베르크 법칙은 세대가 거듭되어도 대립유전자의 종류와 빈도가 변하지 않는 유전적 평형 상태의 멘델 집단에서만 성립된다. 멘델 집단에 관한 자료를 제시하고 하디·바인베르크 법칙을 적용하여 부모 세대와 자손 세대의 대립유전자 빈도를 계산하도록 하는 문항이 자주 출제된다.

하디·바인베르크 법칙을 적용하여 멘델 집단에서 세대가 바뀌어도 어떻게 유전적 평형이 유지될 수 있는지 알아보자. 다음은 500마리의 개체로 구성된 멘델 집단인 어떤 푸른발부비새 집단의 물갈퀴 형질과 유전자풀에 대한 자료이다.

- 물갈퀴 형질은 상염색체에 존재하는 한 쌍의 대립유전자에 의해 결정된다.
- '물갈퀴가 없는 발가락' 형질을 나타내는 대립유전자는 W, '물갈퀴가 있는 발가락' 형질을 나타내는 대립유전자는 w이며, W는 w에 대해 우성이다.
- 수컷과 암컷의 개체 수 비는 1:1이며, 각 유전자형의 표현형과 개체 수는 표와 같다.

물갈퀴 없음 　 물갈퀴 있음

유전자형	WW	Ww	ww
표현형			
개체 수 (총 500마리)	320마리	160마리	20마리

---

(1) **집단(부모 세대)의 대립유전자 빈도 구하기**: 대립유전자 1000개 중 대립유전자 W의 수는 $(2 \times 320) + 160 = 800$개, 대립유전자 w의 수는 $160 + (2 \times 20) = 200$개이다. 따라서 대립유전자 W의 빈도$(p) = \frac{800}{1000} = 0.8$, w의 빈도$(q) = \frac{200}{1000} = 0.2$이다.

(2) **자손 1대의 유전자형 빈도 구하기**: 부모 세대의 생식세포에서 대립유전자 W의 빈도(p)는 0.8, w의 빈도(q)는 0.2이다. 따라서 자손 1대의 유전자형 빈도는 다음과 같이 계산한다.
- WW의 빈도: $p^2 = (0.8)^2 = 0.64$
- Ww의 빈도: $2pq = 2 \times 0.8 \times 0.2 = 0.32$
- ww의 빈도: $q^2 = (0.2)^2 = 0.04$

(3) **자손 1대의 대립유전자 빈도 구하기**
- W의 빈도: $p^2 + \frac{1}{2}(2pq) = 0.64 + 0.16 = 0.8$
- w의 빈도: $q^2 + \frac{1}{2}(2pq) = 0.04 + 0.16 = 0.2$

(4) **부모 세대와 자손 1대의 대립유전자 빈도 비교**: 부모 세대와 자손 1대에서 대립유전자 W의 빈도는 0.8, w의 빈도는 0.2로 같다. 즉, 자손 1대에서 유전자풀이 변하지 않고 유전적 평형이 유지되었다(하디·바인베르크 법칙 성립). ➔ 멘델 집단에서는 세대를 거듭하여도 유전적 평형 상태가 유지되므로 진화가 일어나지 않는다.

부모 세대의 유전자형 빈도로 대립유전자 빈도 구하기

부모 세대의 유전자형 빈도를 계산하면

WW는 $\frac{320}{500} = 0.64$,

Ww는 $\frac{160}{500} = 0.32$,

ww는 $\frac{20}{500} = 0.04$이다. 따라서 W의 빈도(p)는

$0.64 + 0.32 \times \frac{1}{2} = 0.8$,

w의 빈도(q)는

$0.04 + 0.32 \times \frac{1}{2} = 0.2$이다.

	W 난자 $p=0.8$	w 난자 $q=0.2$
W 정자 $p=0.8$	WW $p^2=0.64$	Ww $pq=0.16$
w 정자 $q=0.2$	wW $qp=0.16$	ww $q^2=0.04$

1 그림은 멘델 집단인 어떤 나방 집단에서 날개 색을 결정하는 유전자형과 유전자형의 빈도를 나타낸 것이다.

표현형			
유전자형	AA	Aa	aa
유전자형의 빈도	㉠	㉡	0.16

(1) 대립유전자 A의 빈도(p)와 a의 빈도(q)를 각각 구하시오.

(2) 유전자형의 빈도 ㉠과 ㉡을 각각 구하시오.

(3) 이 나방 집단의 개체 수가 5000마리일 때, 유전자형이 Aa인 개체 수를 구하시오.

정답 (1) $p=0.6$, $q=0.4$ (2) ㉠ 0.36, ㉡ 0.48 (3) 2400

해설 (1) aa의 빈도(q^2)가 $0.16=(0.4)^2$이므로 a의 빈도(q)는 0.40이다. $p+q=1$이므로 A의 빈도(p)는 $1-0.4=0.60$이다.

(2) AA의 빈도(㉠)는 $p^2=(0.6)^2=0.36$이고, Aa의 빈도(㉡)는 $2pq=2\times0.6\times0.4=0.48$이다.

(3) Aa의 빈도는 0.48이므로, 유전자형이 Aa인 개체 수는 $0.48\times5000=2400$(마리)이다.

2 다음은 20000명으로 구성된 어떤 멘델 집단에 대한 자료이다.

- 적록 색맹을 결정하는 대립유전자는 X^R와 X^r이며, X^R가 X^r에 대해 우성이다.
- 적록 색맹은 정상에 대해 열성이며, X^R와 X^r는 모두 X 염색체에 존재한다.
- 남녀의 수는 같고, 적록 색맹 대립유전자 빈도는 남녀에서 서로 동일하며, 적록 색맹인 여자는 100명이다.

(1) 대립유전자 X^R의 빈도(p)와 X^r의 빈도(q)를 각각 구하시오.

(2) 이 집단에서 적록 색맹인 남자는 모두 몇 명인지 구하시오.

(3) 이 집단에서 정상인 남자와 임의의 여자 사이에 아이가 태어날 때, 이 아이가 적록 색맹일 확률(%)을 구하시오.

정답 (1) $p=0.9$, $q=0.1$ (2) 1000명 (3) 5 %

해설 (1) 10000명의 여자 중 100명이 적록 색맹이므로, X^rX^r의 빈도(q^2)$=\dfrac{100}{10000}=0.01$이다. 따라서 X^r의 빈도(q)는 0.10이고, X^R의 빈도(p)는 $1-0.1=0.90$이다.

(2) 남자는 X 염색체를 하나만 가지고 있어 적록 색맹 유전자가 하나만 있어도 적록 색맹이 발현된다. 따라서 적록 색맹인 남자(X^rY)의 빈도는 q이고, 적록 색맹인 남자의 수는 $q\times10000=0.1\times10000=1000$(명)이다.

(3) 정상인 남자(X^RY)가 유전자형이 X^RX^r 또는 X^rX^r인 여자와 결혼해야 적록 색맹(X^rY)인 아이가 태어날 수 있다. 따라서 태어난 아이가 적록 색맹일 확률은 (여자의 유전자형이 X^RX^r일 확률)×(자손이 적록 색맹(X^rY)일 확률)+(여자의 유전자형이 X^rX^r일 확률)×(자손이 적록 색맹(X^rY)일 확률)로 계산한다.

- 여자의 유전자형이 X^RX^r일 확률: $2pq$
- 여자의 유전자형이 X^rX^r일 확률: q^2
- X^RY와 X^RX^r 사이에서 태어난 아이가 적록 색맹(X^rY)일 확률: $\dfrac{1}{4}$
- X^RY와 X^rX^r 사이에서 태어난 아이가 적록 색맹(X^rY)일 확률: $\dfrac{1}{2}$

따라서 $\left(2pq\times\dfrac{1}{4}\right)+\left(q^2\times\dfrac{1}{2}\right)=\left(0.18\times\dfrac{1}{4}\right)+\left(0.01\times\dfrac{1}{2}\right)=0.05$로, 5(%)이다.

▷ 정답과 해설 **72**쪽

유제

표는 멘델 집단인 어떤 동물 집단에서 1세대와 2세대의 털색 유전자형에 따른 표현형과 개체 수를 나타낸 것이다. 동물의 털색은 상염색체에 존재하는 대립유전자 A와 A*에 의해 결정된다. 이에 대한 설명으로 옳은 것만을 〈보기〉에서 있는 대로 고르시오.

유전자형	AA	AA*	A*A*
표현형	회색	회색	흰색
1세대 개체 수(총 5000 마리)	3200	㉠	㉡
2세대 개체 수	㉢	㉣	600

보기

ㄱ. $\dfrac{㉠+㉣}{㉡+㉢}$의 값은 0.5보다 크다.

ㄴ. 2세대에서 유전자형이 AA*인 개체가 임의의 회색 털 개체와 교배하여 태어난 자손이 흰색 털일 확률은 $\dfrac{1}{12}$이다.

ㄷ. 3세대에서 대립유전자 A의 빈도는 0.4이다.

하디 · 바인베르크 법칙 모의실험 이해하기

모의실험을 통해 멘델 집단에서 세대가 바뀌더라도 유전적 평형이 유지되는 원리를 설명할 수 있다.

과정

1 속이 보이지 않는 2개의 상자에 각각 흰색 바둑알(대립유전자 A) 50개와 검은색 바둑알(대립유전자 a) 50개를 넣고 잘 섞는다. 이 집단은 멘델 집단이며, 하디 · 바인베르크 법칙을 따른다고 가정한다.

2 각 상자에서 무작위로 바둑알 1개씩을 꺼내어 유전자형을 기록한 다음, 꺼낸 바둑알을 원래의 상자에 다시 넣는다. 이 과정을 20회 반복한다.

이해하기

- 2개의 상자는 각각 멘델 집단의 부계 유전자풀과 모계 유전자풀을 뜻한다.
- 각 상자에서 꺼낸 한 쌍의 바둑알은 다음 세대의 한 개체가 물려받은 한 쌍의 대립유전자를 뜻한다.
- 상자에서 꺼낸 바둑알을 원래의 상자에 다시 넣는 것은 유전자풀의 대립유전자 빈도를 유지하기 위한 것이다.

유의점

바둑알을 꺼낼 때 상자 안을 보지 않는다.

결과 및 해석

1 **과정 1의 부모 세대에서 대립유전자 A와 a의 빈도:** 모집단은 흰색 바둑알 100개와 검은색 바둑알 100개로 구성되므로, 대립유전자 A의 빈도(p)는 $\frac{100}{200}=0.50$이고, a의 빈도(q)는 $\frac{100}{200}=0.50$이다.

2 과정 2의 자손 1대에서 각 유전자형의 출현 횟수는 다음과 같이 예상된다.

유전자형(빈도)	AA($p^2=0.25$)	Aa($2pq=0.5$)	aa($q^2=0.25$)	합계
출현 횟수	5($=0.25\times20$)	10($=0.5\times20$)	5($=0.25\times20$)	20

3 **자손 1대에서 대립유전자 A와 a의 빈도:** A의 빈도는 $\frac{10+10}{40}=0.5$, a의 빈도는 $\frac{10+10}{40}=0.50$이다.

➡ 부모 세대의 대립유전자 빈도와 같다.

4 하디 · 바인베르크 법칙을 따르는 멘델 집단에서는 세대를 거듭하더라도 대립유전자의 종류와 빈도가 변하지 않는 유전적 평형 상태를 유지한다.

탐구 확인 문제

> 정답과 해설 **73**쪽

01 위 탐구에 대한 설명으로 옳지 **않은** 것은?

① 상자 안 바둑알은 대립유전자를 뜻한다.

② 바둑알이 들어 있는 상자는 유전자풀을 뜻한다.

③ 과정 **1**의 부모 세대와 과정 **2**의 자손 1대에서 대립유전자 A와 a의 빈도는 같다.

④ 바둑알이 들어 있는 상자는 유전적 평형을 이루고 있는 집단의 유전자풀이다.

⑤ 부모 세대에서 자손 1대로 대립유전자가 전달되는 과정에서 유전적 부동이 일어났다.

02 과정 1에서 2개의 상자에 각각 흰색 바둑알(대립유전자 A) **40개**와 검은색 바둑알(대립유전자 a) **60개**를 넣고 잘 섞은 후 과정 2를 수행하였다.

(1) 과정 **1**의 부모 세대에서 대립유전자 A와 a의 빈도를 각각 쓰시오.

(2) 과정 **2**에서 '20회 반복' 대신 '50회 반복'을 하였을 때 자손 1대에서 예상되는 대립유전자 A와 a의 빈도를 각각 쓰고, 그렇게 판단한 까닭을 서술하시오.

02 진화의 원리와 종분화

① 진화의 원리

다윈의 자연 선택설 생물의 진화는 변이와 (**❶**   )에 의해 일어난다.

과잉 생산과 변이		생존 경쟁		자연 선택		진화
생물은 살아남을 수 있는 수보다 많은 자손을 생산하며, 개체 사이에는 (**❷**)가 존재한다.	→	과잉 생산된 개체 사이에 생존 경쟁이 일어난다.	→	생존에 유리한 형질을 가진 개체가 더 많이 살아남아 형질을 자손에게 전달한다.	→	이 과정이 오랫동안 누적되어 생물 집단이 진화한다.

② 집단의 진화와 하디·바인베르크 법칙

유전적 평형과 하디·바인베르크 법칙 (**❸**   )은 어떤 집단에서 세대가 바뀌어도 대립유전자의 종류와 빈도가 변하지 않는 상태로, (**❹**   ) 법칙은 그 원리를 수식으로 정리한 것이다.

> 하디·바인베르크 법칙을 따르는 유전적 평형 상태의 멘델 집단에 대립유전자 B와 b가 존재할 때
> ① 부모 세대: 대립유전자 B의 빈도 p, b의 빈도 q, $p+q=1$
> ② 자손 1대: 유전자형이 BB일 확률 p^2, Bb일 확률 $2pq$, bb일 확률 q^2
> - B의 빈도는 $p^2+\dfrac{1}{2}(2pq)=p(p+q)=p$ ┐
> - b의 빈도는 $q^2+\dfrac{1}{2}(2pq)=q(p+q)=q$ ┘→ 부모 세대의 대립유전자 빈도와 같다.

③ 유전자풀의 변화 요인

변화 요인	원리	사례
돌연변이	DNA에 변화가 일어나는 현상으로, 집단에 새로운 (**❺**)를 제공할 수 있다. → 생식세포에서 일어난 돌연변이는 자손에게 유전되어 집단의 대립유전자 종류와 빈도에 변화를 일으킨다.	낫 모양 적혈구의 출현
자연 선택	특정 형질을 가진 개체가 생존과 번식에 유리하여 더 많은 자손을 남기는 자연 선택이 일어나면 집단의 대립유전자 빈도가 변한다. → 환경에 적합한 대립유전자의 빈도가 높아진다.	중앙아프리카 지역에서 낫 모양 적혈구 빈혈증 발생률이 높은 현상
유전적 부동	한 세대에서 다음 세대로 넘어갈 때 대립유전자 빈도가 예측할 수 없는 방향으로 변하는 현상으로, 집단의 크기가 작을수록 강하게 작용한다. • (**❻**): 지진, 홍수 등과 같은 자연재해로 집단의 크기가 갑자기 줄어드는 현상으로, 유전적 부동의 효과가 크게 나타난다. • (**❼**): 원래의 집단에서 소수의 개체가 떨어져 나와 새로운 집단을 형성하는 현상으로, 유전적 부동 효과가 크게 나타난다.	북방코끼리물범의 남획에 따른 유전적 다양성 감소, 아메리카 인디언의 ABO식 혈액형 빈도
유전자 흐름	두 집단 사이에서 개체 이주나 생식세포 이동으로 대립유전자의 유입 또는 유출이 일어나 집단의 대립유전자 빈도가 변하는 현상이다.	살충제 내성 대립유전자를 가진 모기의 전 세계 확산

④ 종분화

1. **종분화** 한 종에 속하였던 두 집단 사이에 생식적 격리가 일어나 기존의 종에서 새로운 종이 생겨나는 과정으로, 대부분 산맥이나 강 등에 의한 (**❽**   )로 인해 일어난다.

2. (**❾**   ) 한 생물종에서 분화한 이웃 집단들이 고리 형태로 분포하며 인접한 집단 사이에서는 교배가 일어나지만 고리의 양 끝 집단 사이에서는 교배가 일어나지 않을 때, 이러한 이웃 집단의 모임을 말한다.
→ 종분화가 연속적이며, 생식적 격리가 점진적으로 일어나고 있음을 보여 주는 사례이다.

01 그림은 다윈이 주장한 진화설에 근거하여 기린 목의 진화 과정을 나타낸 것이다.

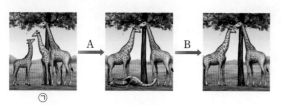

(1) 다윈이 주장한 진화설은 무엇인지 쓰시오.

(2) 이에 대한 설명으로 옳은 것만을 〈보기〉에서 있는 대로 고르시오.

> 보기
> ㄱ. ㉠ 단계의 기린 집단에는 목 길이의 변이가 존재한다.
> ㄴ. A 과정에서 기린의 목이 후천적으로 길어진 후 이 형질이 자손에게 유전된다.
> ㄷ. B 과정에서 목이 긴 기린이 목이 짧은 기린보다 많은 수의 자손을 남긴다.

02 그림은 어떤 달팽이 집단에서 껍데기 색을 나타내는 유전자형을 나타낸 것이다.

이 집단에서 대립유전자 A와 a의 빈도는 각각 얼마인지 쓰시오.

03 멘델 집단에 대한 설명으로 옳은 것만을 〈보기〉에서 있는 대로 고르시오.

> 보기
> ㄱ. 유전적 평형이 유지되는 집단이다.
> ㄴ. 집단 내의 개체 사이에 무작위로 교배가 일어난다.
> ㄷ. 집단의 크기가 충분히 크며, 돌연변이가 일어난다.

04 표는 어떤 식물 종 1000개체로 이루어진 멘델 집단에서 꽃 색 유전자형에 따른 표현형과 개체 수를 나타낸 것이다. 꽃 색은 한 쌍의 대립유전자 R와 r에 의해 결정된다.

유전자형	RR	Rr	rr
표현형	붉은색	붉은색	노란색
개체 수	640	320	40

(1) 이 집단에서 대립유전자 R의 빈도(p)와 r의 빈도(q)는 각각 얼마인지 쓰시오.

(2) 이 집단에 대한 설명으로 옳은 것만을 〈보기〉에서 있는 대로 고르시오.

> 보기
> ㄱ. 하디·바인베르크 법칙이 적용되는 집단이다.
> ㄴ. 집단에서 유전자형이 Rr인 개체의 빈도는 0.16이다.
> ㄷ. 세대가 거듭되어도 유전자형이 RR인 개체의 빈도는 변하지 않고 일정하게 유지된다.

05 다음은 유전병 ㉠과 멘델 집단 X에 대한 설명이다.

> • ㉠은 상염색체에 있는 대립유전자 A와 A*에 의해 결정된다.
> • ㉠은 정상에 대해 열성이다.
> • A는 A*에 대해 완전 우성이다.
> • X에서 남녀의 비율은 같으며, ㉠을 나타내는 신생아는 100명당 9명의 비율로 태어난다.

(1) X에서 대립유전자 A의 빈도(p)와 A*의 빈도(q)는 각각 얼마인지 쓰시오.

(2) X에서 유전병 ㉠을 나타내는 어떤 남자와 ㉠을 나타내지 않는 임의의 여자가 결혼하여 아이가 태어날 경우, 이 아이가 ㉠이 아닐 확률은 얼마인지 쓰시오.

06 그림 (가)~(라)는 유전자풀의 변화 요인을 모형으로 나타 낸 것이며 각각 돌연변이, 자연 선택, 유전적 부동, 유전자 흐름 중 하나이다.

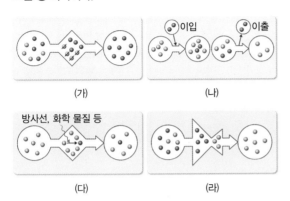

(1) (가)~(라)는 각각 무엇인지 쓰시오.

(2) 이에 대한 설명으로 옳은 것만을 〈보기〉에서 있는 대로 고르시오.

보기

ㄱ. (가)는 생존과 번식에 유리한 대립유전자를 다음 세 대에 전달하여 유전자풀을 변화시킨다.

ㄴ. 새로운 대립유전자를 유전자풀에 제공하는 요인은 (다)이다.

ㄷ. 병목 효과가 일어나면 (라)의 영향으로 집단의 대립 유전자 빈도가 급격히 변할 수 있다.

07 그림은 종 A에서 종 B가 분화하는 과정을 나타낸 것이다.

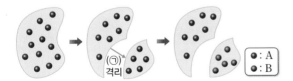

다음 빈칸에 알맞은 말을 각각 쓰시오.

(1) 종 A에서 종 B로 종분화가 일어난 까닭은 (㉠) 격리 때문이다.

(2) 종분화가 일어난 후 종 A와 B가 서로 만났을 때 두 집단의 개체 사이에 교배가 일어나지 않는 까닭은 (㉡) 격리가 일어났기 때문이다.

08 그림은 어떤 생물종의 모집단에서 다양한 크기의 소집단이 만들어질 때의 유전자풀 변화를 나타낸 것이다.

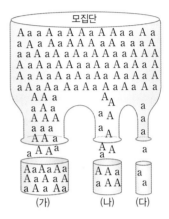

(가)~(다) 중 유전적 부동이 가장 강하게 작용한 집단을 쓰시오. (단, 유전적 부동 이외에 다른 유전자풀의 변화 요 인은 고려하지 않는다.)

09 그림은 어느 생물종의 여러 집단 (1~5)이 고리 형태로 분포하 고 있는 모습을 나타낸 것이다.

(1) 그림의 인접한 집단 사이에 서는 교배가 일어나고, 고 리 양쪽 끝의 집단 사이에 서는 교배가 일어나지 않는 다. 이러한 특징을 가진 집단의 모임을 무엇이라고 하 는지 쓰시오.

(2) 이에 대한 설명으로 옳은 것만을 〈보기〉에서 있는 대로 고르시오.

보기

ㄱ. 1과 4는 생식적 격리 상태가 아니다.

ㄴ. 3과 5 사이에서는 교배를 통한 유전자 흐름이 일어 나지 않는다.

ㄷ. 종분화가 연속적이고 점진적으로 일어날 수 있음을 보여 준다.

01 ▶ 하디·바인베르크 법칙과 멘델 집단
다음은 암수 동물 각각 5000마리로 구성된 어느 멘델 집단에 대한 자료이다.

- 대립유전자 A와 a는 상염색체에 있으며, A는 a에 대해 완전 우성이다.
- 유전자형이 AA인 개체 수는 Aa인 개체 수의 2배이다.
- 이 동물의 몸 색은 회색 몸 대립유전자 D와 흰색 몸 대립유전자 d에 의해 결정된다. D와 d는 상염색체에 있으며, D는 d에 대해 완전 우성이다.
- 회색 몸 수컷 중 d를 갖는 수컷의 비율은 $\frac{2}{3}$이다.

이에 대한 설명으로 옳은 것만을 〈보기〉에서 있는 대로 고른 것은?

보기
ㄱ. 대립유전자 a의 빈도는 0.4이다.
ㄴ. $\dfrac{\text{유전자형이 Dd인 개체 수}}{\text{유전자형이 aa인 개체 수}}=12.5$이다.
ㄷ. 흰색 몸 암컷이 임의의 수컷과 교배하여 낳은 자손이 흰색 몸일 확률은 $\frac{4}{5}$이다.

① ㄱ   ② ㄴ   ③ ㄱ, ㄷ   ④ ㄴ, ㄷ   ⑤ ㄱ, ㄴ, ㄷ

> 멘델 집단에서 어떤 형질을 결정하는 대립유전자가 A와 a일 때, A의 빈도를 p, a의 빈도를 q라고 하면 유전자형 AA의 빈도는 p^2, Aa의 빈도는 $2pq$, aa의 빈도는 q^2이다.

고난도
02 ▶ 하디·바인베르크 법칙
다음은 어떤 동물로 구성된 여러 멘델 집단에 대한 자료이다.

- 이 동물의 꼬리 색은 상염색체에 있는 갈색 꼬리 대립유전자 A와 흰색 꼬리 대립유전자 A*에 의해 결정된다.
- 각 집단에서 A와 A*의 빈도 합은 1이고, 갈색 꼬리 개체의 비율과 흰색 꼬리 개체의 비율의 합은 1이다.
- 그림은 각 집단 내 A의 빈도에 따른 갈색 꼬리 개체의 비율과 흰색 꼬리 개체의 비율 중 하나를 나타낸 것이다.

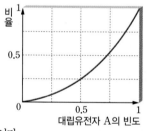

이에 대한 설명으로 옳은 것만을 〈보기〉에서 있는 대로 고른 것은?

보기
ㄱ. 갈색 꼬리는 흰색 꼬리에 대해 열성이다.
ㄴ. $\dfrac{\text{A*의 빈도}}{\text{A의 빈도}}=3$인 집단에서 유전자형 AA*의 빈도는 AA의 빈도의 4배이다.
ㄷ. $\dfrac{\text{A의 빈도가 0.8인 집단에서 갈색 꼬리 개체의 비율}}{\text{A의 빈도가 0.2인 집단에서 흰색 꼬리 개체의 비율}}=\dfrac{3}{4}$이다.

① ㄱ   ② ㄴ   ③ ㄱ, ㄷ   ④ ㄴ, ㄷ   ⑤ ㄱ, ㄴ, ㄷ

> 대립유전자 A의 빈도가 증가할수록 유전자형 AA의 빈도는 증가하고 유전자형 A*A*의 빈도는 감소한다.

03 　낫 모양 적혈구 빈혈증과 진화

03 낫 모양 적혈구 빈혈증은 정상 헤모글로빈 대립유전자 Hb^A와 비정상 헤모글로빈 대립유전자 Hb^S에 의해 결정된다. 표는 헤모글로빈 유전자형에 따라 나타나는 형질들을, 그림은 서로 다른 지역 (가)와 (나)에서의 헤모글로빈 유전자형 비율을 나타낸 것이다. (가)와 (나) 중 한 지역에서는 말라리아가 자주 발생한다.

헤모글로빈 유전자형	$Hb^A Hb^A$	$Hb^A Hb^S$	$Hb^S Hb^S$
말라리아 저항성	없음	있음	있음
적혈구 모양	정상	정상 또는 낫 모양	낫 모양
빈혈	없음	미약	악성

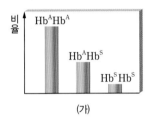

(가)

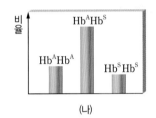

(나)

이에 대한 설명으로 옳은 것만을 〈보기〉에서 있는 대로 고른 것은?

보기
ㄱ. (나)에서 말라리아가 자주 발생한다.
ㄴ. 헤모글로빈 유전자에는 최소 두 종류의 변이가 존재한다.
ㄷ. Hb^S의 빈도가 (가)에서보다 (나)에서 높은 것은 자연 선택이 작용한 결과이다.

① ㄱ   ② ㄴ   ③ ㄱ, ㄷ   ④ ㄴ, ㄷ   ⑤ ㄱ, ㄴ, ㄷ

> 비정상 헤모글로빈 대립유전자를 가지면 말라리아에 대한 저항성이 있어 말라리아 발병률이 높은 지역에서 살아남을 가능성이 크다.

04 　유전자풀의 변화 요인과 종분화

04 그림은 종 A가 종 B와 C로 분화되는 과정을 나타낸 것이다.

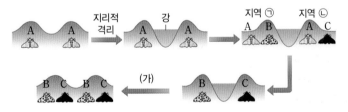

이에 대한 설명으로 옳은 것만을 〈보기〉에서 있는 대로 고른 것은? (단, 지리적 격리는 1회 일어났고, 이입과 이출은 없었다.)

보기
ㄱ. 지리적 격리 이후 돌연변이가 일어났다.
ㄴ. 지역 ㉠과 ㉡에 서식하는 종 A 집단의 유전자풀은 서로 다르다.
ㄷ. (가)에서 지리적 장벽이 제거되면서 종 B와 C 사이의 생식적 격리가 사라졌다.

① ㄱ   ② ㄷ   ③ ㄱ, ㄴ   ④ ㄱ, ㄷ   ⑤ ㄴ, ㄷ

> 지리적 격리에 의해 동일한 생물종 집단 간에 더 이상 유전자 교류가 일어나지 않으면, 각 집단에서 서로 다른 방향으로 유전자풀이 변하여 새로운 종으로 분화하는 종분화가 일어날 수 있다.

05 > 유전자풀의 변화 요인

다음은 어떤 지역에 서식하고 있는 핀치 집단 X에 대한 설명이다.

- 핀치의 먹이는 씨앗이며, 부리가 클수록 부드러운 씨앗보다 단단한 씨앗을 더 잘 먹는다.
- 그림은 이 지역에 환경 변화가 있기 전 핀치의 부리 크기에 따른 개체 수를 나타낸 것이다.

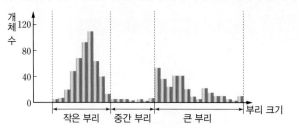

- 이 지역의 환경 변화로 단단한 씨앗이 크게 증가했고 부드러운 씨앗이 크게 감소했으며, 이로 인해 X에서 핀치의 부리 크기에 따른 개체 수가 변하였다.

이에 대한 설명으로 옳은 것만을 〈보기〉에서 있는 대로 고른 것은?

보기
ㄱ. 환경 변화 이전 X에는 부리 크기에 대한 변이가 존재하였다.
ㄴ. 환경 변화 이후 X의 유전자풀은 주로 자연 선택에 의해 변하였다.
ㄷ. 환경 변화 이후 큰 부리 핀치가 작은 부리 핀치보다 생존과 번식에 유리해졌다.

① ㄱ ② ㄴ ③ ㄱ, ㄷ ④ ㄴ, ㄷ ⑤ ㄱ, ㄴ, ㄷ

> 환경 변화에 의해 집단 내에서 특정 형질을 가진 개체가 자연 선택되어 자손을 많이 남기면 집단의 유전자풀이 변한다.

06 > 종분화

그림 (가)는 종 X~Z의 분포를, (나)는 X~Z의 계통수를 나타낸 것이다. 지리적 격리인 ㉠과 ㉡에 의해 순서대로 종분화가 일어났으며, ⓐ~ⓒ는 각각 X~Z 중 하나이다.

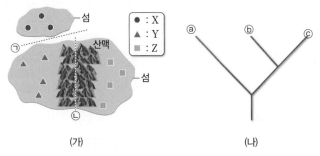

(가)   (나)

이에 대한 설명으로 옳은 것만을 〈보기〉에서 있는 대로 고른 것은?

보기
ㄱ. ⓐ는 X이다.
ㄴ. Y로부터 X와 Z가 종분화하였다.
ㄷ. X는 ⓒ와 교배하여 생식 능력을 가진 자손을 얻을 수 있다.

① ㄱ ② ㄴ ③ ㄱ, ㄷ ④ ㄴ, ㄷ ⑤ ㄱ, ㄴ, ㄷ

> 동일한 생물종의 집단이 오랜 세월에 걸쳐 지리적으로 격리되면 종분화가 일어나며, 계통수에서 분기점이 위쪽에 있을수록 최근에 종분화가 일어난 것이다.

07
> 종분화의 사례

다음은 종 X~Z의 진화에 대한 자료이다.

- 태평양과 카리브해 사이를 가로막는 파나마 지협은 약 3백만 년 전에 형성된 것으로, 그 이전에는 태평양과 카리브해가 연결되어 있었다.
- 다음은 태평양과 카리브해에 서식하는 종 X~Z의 지리적 분포와 계통수를 나타낸 것이다. 파나마 지협의 형성으로 Y와 Z의 종분화가 일어났다.

종	태평양	카리브해	계통수
X	서식함	서식함	
Y	서식하지 않음	서식함	
Z	서식함	서식하지 않음	

이에 대한 설명으로 옳은 것만을 〈보기〉에서 있는 대로 고른 것은?

보기

ㄱ. X와 Y의 유연관계는 Y와 Z의 유연관계보다 가깝다.
ㄴ. X의 태평양 집단과 카리브해 집단의 유전자풀은 서로 다르다.
ㄷ. Y와 Z는 지리적 격리에 따른 종분화의 결과로 출현하였다.

① ㄱ   ② ㄴ   ③ ㄱ, ㄷ   ④ ㄴ, ㄷ   ⑤ ㄱ, ㄴ, ㄷ

08
> 고리종

그림은 미국 캘리포니아 중앙 계곡의 가장자리를 따라 분포하고 있는 엔사티나도롱뇽 집단 A~G의 모습을 나타낸 것이다. F와 G는 생식적으로 격리되어 있다.

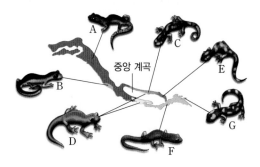

중앙 계곡

이에 대한 설명으로 옳은 것만을 〈보기〉에서 있는 대로 고른 것은?

보기

ㄱ. A~G는 고리종이다.
ㄴ. B와 D 사이에는 유전자 흐름이 일어나지 않는다.
ㄷ. F와 G의 생식적 격리는 지리적 격리에 의한 결과이다.

① ㄱ   ② ㄴ   ③ ㄱ, ㄷ   ④ ㄴ, ㄷ   ⑤ ㄱ, ㄴ, ㄷ

- 종분화는 대부분 지리적 격리에 의해 같은 종의 두 집단 간에 유전자 교류가 중단되면서 서로 다른 종으로 분화하여 일어난다.

- 엔사티나도롱뇽 집단이 양방향으로 서식지를 서서히 확장하다가 고리 양쪽 끝에서 만났을 때 서로 교배하지 못하는 것은 양방향으로 확장하는 동안 양쪽 집단에 서로 다른 변이가 축적되었기 때문이다.

01 ▶화학적 진화설

그림 (가)는 밀러와 유리의 실험 장치를, (나)는 오파린의 화학적 진화설을 나타낸 것이다.

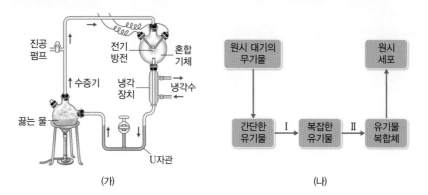

(가)   (나)

화학적 진화설이란 원시 지구 대기의 무기물로부터 간단한 유기물을 거쳐 복잡한 유기물이 형성되고, 복잡한 유기물이 모여 막 구조를 가진 유기물 복합체가 된 후 원시 세포로 진화하였다는 가설이다.

이에 대한 설명으로 옳은 것만을 〈보기〉에서 있는 대로 고른 것은?

보기
ㄱ. (가)는 Ⅰ이 일어날 수 있음을 입증하기 위한 것이다.
ㄴ. 최초의 원시 세포는 원시 지구의 바다에서 출현하였다.
ㄷ. Ⅱ에서 리보자임이 유전 물질과 효소의 기능을 하는 체계가 출현하였다.

① ㄱ   ② ㄴ   ③ ㄱ, ㄴ   ④ ㄱ, ㄷ   ⑤ ㄴ, ㄷ

02 ▶막 진화설과 세포내 공생설

그림은 막 진화설과 세포내 공생설을, 표는 세포 소기관 A~C에서 특징 ㉠과 ㉡의 유무를 나타낸 것이다. A~C는 각각 핵, 엽록체, 미토콘드리아 중 하나이고, ㉠과 ㉡은 '핵산이 있다.'와 '산화적 인산화가 일어난다.' 중 하나이다.

막 진화설은 원핵생물의 세포막이 안으로 접혀 들어가 겹쳐진 후 세포 소기관으로 발달하였다는 가설이고, 세포내 공생설은 독립적으로 생활하던 원핵생물이 숙주 세포와 공생하다가 세포 소기관으로 분화되었다는 가설이다.

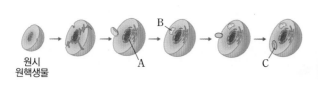

원시
원핵생물

특징	㉠	㉡
A	?	○
B	○	?
C	?	○

(○: 있음, ×: 없음)

이에 대한 설명으로 옳은 것만을 〈보기〉에서 있는 대로 고른 것은?

보기
ㄱ. ㉡은 '핵산이 있다.'이다.
ㄴ. A의 형성은 막 진화설로 설명할 수 있다.
ㄷ. B와 C는 모두 2중막 구조이다.

① ㄱ   ② ㄷ   ③ ㄱ, ㄴ   ④ ㄴ, ㄷ   ⑤ ㄱ, ㄴ, ㄷ

03 > 계통수 분석

표는 생물종 A~H의 분류 기준이 되는 특징 (가)~(사)의 유무를, 그림은 이 특징을 근거로 A~H 중 일부의 계통수를 나타낸 것이다. ⓐ는 (가)~(사) 중 하나이다.

특징 종	(가)	(나)	(다)	(라)	(마)	(바)	(사)
A	×	×	×	×	×	×	×
B	○	×	×	×	×	×	×
C	○	○	×	×	×	×	×
D	○	○	○	×	×	×	○
E	○	○	○	○	×	×	○
F	○	○	○	○	○	×	○
G	○	○	○	×	×	○	×
H	○	○	○	×	×	○	×

(○: 있음, ×: 없음)

이에 대한 설명으로 옳은 것만을 〈보기〉에서 있는 대로 고른 것은?

보기
ㄱ. ㉠은 E이다.　　　　　　　　ㄴ. ⓐ는 (사)이다.
ㄷ. D와 E의 유연관계는 E와 F의 유연관계보다 가깝다.

① ㄱ　　② ㄴ　　③ ㄱ, ㄴ　　④ ㄱ, ㄷ　　⑤ ㄴ, ㄷ

특징을 많이 공유한 종일수록 유연관계가 가까우므로, 계통수에서 가장 최근에 갈라진 가지에 위치한다.

04 > 3역 6계 분류 체계에 따른 생물 분류

그림 (가)는 세 가지 생물의 분류 과정을, (나)는 3역 6계 분류 체계를 계통수로 나타낸 것이다. X~Z는 각각 3역 중 하나이고, ㉠은 6계 중 하나이다.

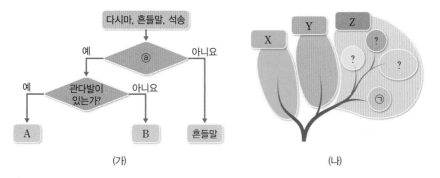

(가)　　　　　　　　　　(나)

이에 대한 설명으로 옳은 것만을 〈보기〉에서 있는 대로 고른 것은?

보기
ㄱ. B는 ㉠에 속한다.　　　　　　ㄴ. 흔들말은 Y에 속한다.
ㄷ. '독립 영양을 하는가?'는 ⓐ에 해당한다.

① ㄱ　　② ㄷ　　③ ㄱ, ㄴ　　④ ㄴ, ㄷ　　⑤ ㄱ, ㄴ, ㄷ

3역은 세균역, 고세균역, 진핵생물역이고, 6계는 진정세균계, 고세균계, 원생생물계, 식물계, 균계, 동물계이다.

05
> 식물계의 분류

표는 식물 (가)~(다)에서 세 가지 특징의 유무를, 그림은 (가)~(다)와 장미의 계통수를 나타낸 것이다. (가)~(다)는 각각 고사리, 보리, 은행나무 중 하나이고, A~C는 (가)~(다)를 순서 없이 나타낸 것이며, ㉠은 분류 특징이다.

특징＼식물	(가)	(나)	(다)
ⓐ	○	○	○
종자	?	?	×
씨방	?	○	?

(○: 있음, ×: 없음)

● 은행나무와 보리는 종자식물이고, 고사리는 비종자 관다발 식물이다.

이에 대한 설명으로 옳은 것만을 〈보기〉에서 있는 대로 고른 것은?

┌─ 보기 ─────────────────────────────────
ㄱ. (가)는 B, (다)는 C이다.
ㄴ. '관다발'은 ⓐ에 해당한다.
ㄷ. '뿌리, 줄기, 잎의 구별이 뚜렷하다.'는 ㉠에 해당한다.
└──────────────────────────────────────

① ㄱ 　② ㄴ 　③ ㄱ, ㄴ 　④ ㄱ, ㄷ 　⑤ ㄴ, ㄷ

06
> 동물계의 분류

그림은 동물 3종(A~C)의 계통수를, 표는 이 계통수의 분류 특징 ㉠~㉣을 순서 없이 나타낸 것이다. A~C는 각각 조개, 닭, 거미 중 하나이다.

분류 특징(㉠~㉣)
• 외골격이 있다.
• 원구가 항문이 된다.
• 중배엽이 형성된다.
• ⓐ

● 조개는 연체동물, 닭은 척삭동물, 거미는 절지동물이다.

이에 대한 설명으로 옳은 것만을 〈보기〉에서 있는 대로 고른 것은?

┌─ 보기 ─────────────────────────────────
ㄱ. '담륜자 유생 시기를 거친다.'는 ⓐ에 해당한다.
ㄴ. A와 B는 모두 좌우 대칭의 몸 구조를 가진다.
ㄷ. C는 크기가 같은 체절 구조를 가진다.
└──────────────────────────────────────

① ㄱ 　② ㄴ 　③ ㄱ, ㄴ 　④ ㄱ, ㄷ 　⑤ ㄴ, ㄷ

다음은 어떤 동물로 구성된 멘델 집단 Ⅰ과 Ⅱ에 대한 자료이다.

- Ⅰ과 Ⅱ에서 이 동물의 털색은 상염색체에 있는 검은색 털 대립유전자 A와 회색 털 대립유전자 A*에 의해 결정되며, A는 A*에 대해 완전 우성이다.
- Ⅰ에서 $\dfrac{\text{검은색 털 개체 수}}{\text{유전자형이 AA*인 개체 수}} = \dfrac{5}{4}$이다.
- $\dfrac{\text{Ⅱ에서 회색 털 개체의 비율}}{\text{Ⅰ에서 검은색 털 개체의 비율}} = \dfrac{16}{45}$이다.
- Ⅰ과 Ⅱ의 개체들을 모두 합쳐서 그중 유전자형이 AA인 개체의 비율을 구하면 $\dfrac{2}{9}$이다.
- 유전자형이 A*A*인 개체 수는 Ⅰ에서가 Ⅱ에서보다 800이 더 많다.

Ⅰ과 Ⅱ의 개체 수 합은?

① 8400　　　② 8800　　　③ 9200　　　④ 9600　　　⑤ 10000

• 멘델 집단에서 어떤 형질을 결정하는 대립유전자가 A와 A*일 때, A의 빈도를 p, A*의 빈도를 q라고 하면 유전자형 AA의 빈도는 p^2, AA*의 빈도는 $2pq$, A*A*의 빈도는 q^2이다.

그림은 육지와 그 주변의 섬에 서식하는 5종의 새 A~E의 이동 및 종분화 과정을 나타낸 것이다. A~E의 학명은 서로 다르다.

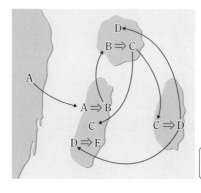

이에 대한 설명으로 옳은 것만을 〈보기〉에서 있는 대로 고른 것은?

┌─ 보기 ─────────────────────────────
│ ㄱ. 종분화는 총 6회 일어났다.
│ ㄴ. 종분화 과정에서 창시자 효과가 일어날 수 있다.
│ ㄷ. A와 C는 자연 상태에서 생식적으로 격리되어 있다.
└────────────────────────────────────

① ㄱ　　　② ㄷ　　　③ ㄱ, ㄴ　　　④ ㄴ, ㄷ　　　⑤ ㄱ, ㄴ, ㄷ

• 원래의 집단을 구성하는 개체들 중 소수가 떨어져 나와 새로운 집단을 형성하는 현상을 창시자 효과라고 한다. 한 집단이 지리적으로 격리되어 두 집단으로 분리된 후 각자 독자적인 진화 과정을 거치면서 종분화가 일어난다.

01 그림은 A와 B의 공통점과 차이점을 나타낸 것이며, A와 B는 각각 리보자임과 DNA 중 하나이다.

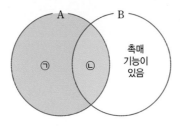

(1) A와 B 중 최초의 유전 물질로 추정되는 것을 쓰고, 이와 같이 판단한 까닭을 서술하시오.

_____

(2) ㉠과 ㉡에 해당하는 특징을 각각 한 가지씩 서술하시오.

_____

KEY WORDS
(1) • 유전 정보 저장 기능
   • 촉매 기능
(2) • 2중 나선 구조
   • 유전 정보 저장 기능

02 표는 세포 소기관 (가)의 특징을, 그림은 3역 6계 분류 체계를 나타낸 것이다.

세포 소기관 (가)의 특징

• 두 겹의 막 구조를 가진다.
• 복제가 가능한 자체의 유전 물질을 가진다.
• 원핵세포의 리보솜과 유사한 자체의 리보솜을 가진다.

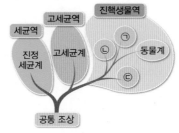

(1) 진핵생물의 출현 과정은 두 가지 가설로 설명할 수 있다. 이 두 가지 가설이 무엇인지 쓰고, 그중 한 가지를 택하여 세포 소기관 (가)의 생성 과정을 서술하시오.

_____

(2) 3역 6계 분류 체계에서 ㉠~㉢은 각각 어떤 계인지 쓰고, 이와 같이 판단한 까닭을 서술하시오.

_____

(3) 3역 6계 분류 체계에서 세포 소기관 (가)를 가진 세포로 구성된 생물이 속한 계를 있는 대로 쓰고, 이와 같이 판단한 까닭을 서술하시오.

_____

KEY WORDS
(1) • 막 진화설
   • 세포내 공생설
   • 미토콘드리아
   • 엽록체
   • 산소 호흡 종속 영양
     원핵생물(호기성 세균)
   • 광합성 원핵생물(광합성 세균)
(2) • 균계
   • 식물계
   • 원생생물계
(3) • 엽록체
   • 미토콘드리아
   • 진핵생물

03 그림 (가)~(다)는 솔이끼, 고사리, 완두를 순서 없이 나타낸 것이다.

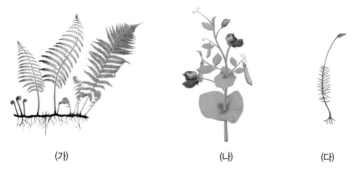

(가)   (나)   (다)

KEY WORDS
(1) • 관다발
     • 뿌리, 줄기, 잎
(2) • 관다발
     • 종자

(1) (가)와 (나)의 유연관계와 (나)와 (다)의 유연관계를 형태적 형질을 근거로 비교하여 서술하시오.

_____

(2) (가)~(다) 중 건조한 육상 환경에 가장 잘 적응한 것을 쓰고, 그 까닭을 식물체의 구조 및 번식 방법과 관련지어 서술하시오.

_____

04 그림은 동물 A~D와 상어의 계통수를, 표는 동물 A~D를 순서 없이 나타낸 것이다.

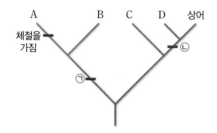

동물 A~D
해삼
문어
초파리
우렁쉥이

KEY WORDS
(2) • 몸의 대칭성
     • 배엽의 수
(3) • 원구
     • 척삭

(1) 동물 A~D는 각각 어떤 문에 속하는지 쓰시오.

_____

(2) 동물 A~D의 형태적·발생적 특징 중 공통점을 두 가지 서술하시오.

_____

(3) ㉠과 ㉡에 해당하는 분류 특징을 각각 한 가지씩 서술하시오.

_____

05 다음은 생물종 (가)~(라)에서 같은 기능을 하는 단백질의 아미노산 서열 중 일부를 나타낸 것이다. 영문자는 아미노산의 종류를 나타내며, 그림에 제시되지 않은 아미노산 서열은 모두 동일하다.

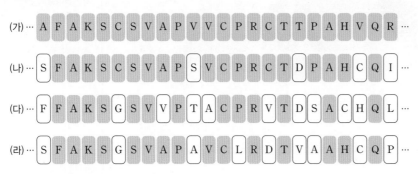

(가) ⋯ A F A K S C S V A P V V C P R C T T P A H V Q R ⋯

(나) ⋯ S F A K S C S V A P S V C P R C T D P A H C Q I ⋯

(다) ⋯ F F A K S G S V V P T A C P R V T D S A C H Q L ⋯

(라) ⋯ S F A K S G S V A P A V C L R D T V A A H C Q P ⋯

(1) 제시된 자료를 통해 생물종 사이의 유연관계를 알 수 있다. 이 자료는 생물 진화의 증거 중 어느 것에 해당하는지 쓰시오.

_____

(2) 제시된 자료만을 이용하여 생물종 (나)~(라) 중 (가)와 유연관계가 가장 가까운 생물종을 쓰고, (가)~(라)의 계통수를 작성하여 그 근거를 서술하시오.

_____

KEY WORDS

(2) ・아미노산 서열
　　・계통수
　　・유연관계

06 그림 (가)는 어떤 요인에 의해 집단의 유전자풀이 변화하는 원리를, (나)는 어떤 동물 종 집단에서 인간의 남획으로 유전자풀의 변화가 일어나는 과정을 나타낸 것이다.

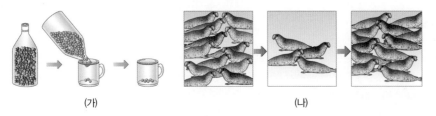

(가)　　　　　　　　　　　　　　(나)

(1) (가)와 관련지어 (나)에서 집단의 유전자풀을 변화시킨 요인에 대해 서술하시오.

_____

(2) (나)에서 일어난 집단의 유전자풀 변화는 집단의 유전적 다양성과 어떤 관계가 있는지 서술하시오.

_____

KEY WORDS

(1) ・병목 효과
　　・집단의 크기 감소
　　・유전적 부동
(2) ・대립유전자의 종류
　　・유전적 변이

KEY WORDS
(1) • DNA 염기 서열 변화
    • 변이
    • 헤모글로빈의 아미노산 서열
      변화
    • 낫 모양 적혈구
(2) • 말라리아 저항성
    • 빈혈
    • 자연 선택

07 다음은 낫 모양 적혈구 빈혈증에 대한 자료이다.

(가) 낫 모양 적혈구 빈혈증은 헤모글로빈이 비정상적으로 응집하여 적혈구가 낫 모양으로 변하는 열성 유전병이다. 낫 모양 적혈구를 가진 사람은 비정상 헤모글로빈 대립유전자를 가지고 있다. 그림은 정상 헤모글로빈 대립유전자와 비정상 헤모글로빈 대립유전자의 DNA 염기 서열 일부와 이를 바탕으로 만들어지는 정상 적혈구 헤모글로빈과 낫 모양 적혈구 헤모글로빈의 아미노산 서열 중 일부를 나타낸 것이다.

정상 헤모글로빈 DNA   비정상 헤모글로빈 DNA

| G | G | A | C | T | C | C | T | C |

| G | G | A | C | A | C | C | T | C |

정상 적혈구의 헤모글로빈   낫 모양 적혈구의 헤모글로빈

| 프롤린 | — | 글루탐산 | — | 글루탐산 |

| 프롤린 | — | 발린 | — | 글루탐산 |

(나) 말라리아 발병률이 높은 중앙아프리카에서는 다른 지역에 비해 비정상 헤모글로빈 대립유전자의 비율이 매우 높다. 이는 낫 모양 적혈구가 말라리아에 저항성을 가지기 때문에 나타나는 현상이다.

(1) 헤모글로빈 유전자의 변이에 따른 적혈구 형태의 변화를 DNA 염기 서열과 헤모글로빈의 아미노산 서열 변화와 관련지어 서술하시오.

(2) 말라리아 발병률이 낮은 미국으로 이주한 아프리카계 인류 집단의 유전자풀에서 비정상 헤모글로빈 대립유전자의 빈도는 어떻게 변할지 (나)를 참고하여 서술하시오.

KEY WORDS
(1) • 생식적 격리
(2) • 고리종
    • 변이
    • 유전자풀
    • 생식적 격리

08 그림은 버들솔새 집단 A~E가 히말라야산맥을 둘러싸는 고리 모양으로 분포하는 모습을 나타낸 것이다.

(1) 집단 A와 B의 교배 가능 여부와 집단 B와 C의 교배 가능 여부를 각각 쓰고, 이와 같이 판단한 까닭을 서술하시오.

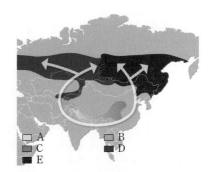

☐ A   ☐ B
☐ C   ☐ D
■ E

(2) 영희는 집단 D와 E는 지리적으로 겹쳐 분포하므로 서로 교배가 가능하다고 주장하였다. 영희의 주장이 옳은지, 옳지 않은지 쓰고, 이와 같이 판단한 까닭을 서술하시오.

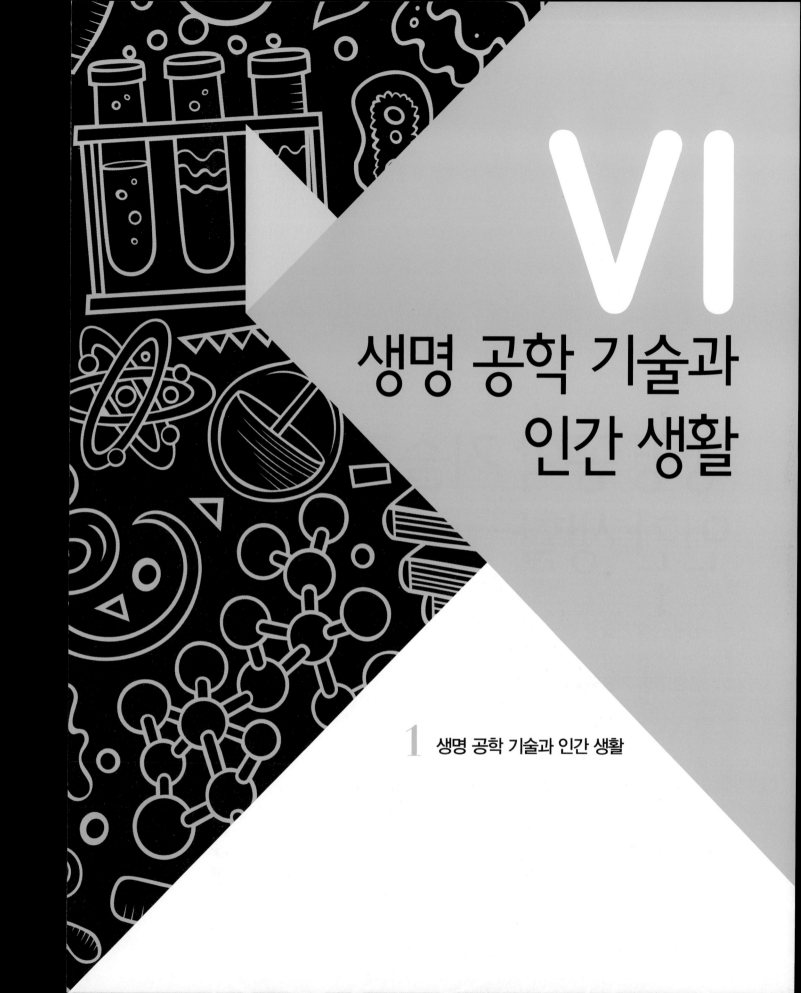

VI

생명 공학 기술과 인간 생활

1 생명 공학 기술과 인간 생활

1

생명 공학 기술과 인간 생활

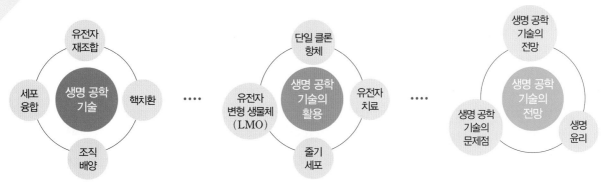

유전자
재조합

세포
융합

생명 공학
기술

핵치환

조직
배양

생명 공학 기술

단일 클론
항체

유전자
변형 생물체
(LMO)

생명 공학
기술의
활용

유전자
치료

줄기
세포

생명 공학 기술의 활용

생명 공학
기술의
전망

생명 공학
기술의
전망

생명 공학
기술의
문제점

생명
윤리

생명 공학 기술의 전망

01 생명 공학 기술

학습 Point 유전자 재조합 〉 핵치환 〉 조직 배양 〉 세포 융합

 유전자 재조합

현대의 생명 공학은 유전자 재조합 기술이 개발됨에 따라 비약적으로 발전하였다.

1. 유전자 재조합 기술

유전자 재조합 기술은 어떤 생물의 DNA에서 특정 유전자가 포함된 부분을 잘라내고, 이를 다른 DNA에 끼워 넣어 재조합 DNA를 만드는 기술이다. 이 재조합 DNA를 다른 생물의 세포에 삽입하여 발현시키면 특정 형질을 가진 형질 전환 생물을 얻을 수 있으며, 이를 통해 특정 유전자의 대량 복제와 유용한 단백질의 대량 생산이 가능하다.

2. 유전자 재조합에 필요한 요소

(심화) 218쪽

(1) **유용한 유전자(목적 유전자):** 유용한 단백질을 만드는 유전자로, 사람의 인슐린 유전자나 생장 호르몬 유전자 등 목적에 따라 다양한 유전자를 사용한다.

(2) **DNA 운반체(벡터):** 유용한 유전자를 숙주 세포로 운반하는 역할을 하는 DNA이다. 세균의 플라스미드가 널리 이용되며, 바이러스의 DNA나 효모의 인공 염색체 등도 이용된다.

시야확장 ➕ 플라스미드를 운반체로 많이 사용하는 까닭

❶ 플라스미드는 세균의 주염색체와는 별도로 존재하는 고리 모양의 DNA로, 복제 원점이 있어 독립적으로 복제될 수 있다.

❷ 플라스미드는 제한 효소 자리를 가지므로 제한 효소로 절단할 수 있으며, 크기가 작아 다른 세포로 쉽게 도입할 수 있다.

❸ 일부 플라스미드에는 항생제 분해 효소를 합성하는 항생제 내성 유전자가 있어 재조합 DNA가 도입된 형질 전환 세포를 선별하는 데 이용된다.

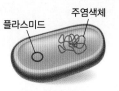

플라스미드 / 주염색체

▲ 대장균의 유전 물질

(3) **제한 효소:** DNA의 특정 염기 서열을 인식하여 자르는 효소로, 종류에 따라 인식하는 염기 서열이 다르다. 제한 효소가 인식하는 4개~8개의 특정 염기 서열을 제한 효소 자리라고 하며, 이는 $5' \rightarrow 3'$ 방향으로 읽을 때 양쪽 가닥이 동일한 대칭성 염기로 구성된다. DNA 재조합에 사용되는 제한 효소는 DNA의 두 가닥을 엇갈리게 잘라서 잘린 부위에 짧은 단일 가닥 말단을 만든다. 단일 가닥 말단은 다른 DNA 조각의 상보적인 단일 가닥 말단과 수소 결합으로 염기쌍을 형성할 수 있으므로 이 부위를 점착 말단이라고 한다. 어떤 생물종의 DNA라도 같은 제한 효소로 자르면 염기 서열이 같은 점착 말단이 생기므로 서로 상보적인 염기 서열의 말단과 염기쌍을 형성하여 결합할 수 있다.

다양한 제한 효소

모든 세균은 적어도 한 종류 이상의 제한 효소를 생성한다. 제한 효소는 종류에 따라 절단하는 염기 서열이 달라 생성되는 점착 말단의 염기 서열도 다르다.

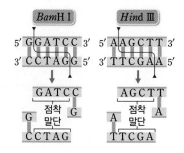

제한 효소의 이름

제한 효소의 이름은 그 효소를 추출한 균주의 이름에서 따온다. 균주의 속명 한 글자를 대문자로, 종명 두 글자를 소문자로 쓰고 같은 균주에서 발견된 순서대로 로마 숫자 I, II, III을 붙인다. 예를 들어 *Eco*R I은 *Escherichia coli*(대장균)의 RY13 균주에서 처음 발견된 제한 효소이다.

(4) **DNA 연결 효소:** 인접한 뉴클레오타이드의 당과 인산 사이의 공유 결합을 촉매하여 DNA 조각들을 이어 주는 효소이다. 같은 제한 효소로 잘린 DNA 조각의 점착 말단 간에 형성된 상보적 염기쌍의 수소 결합은 일시적이므로 DNA 연결 효소에 의해 당과 인산 사이에 공유 결합이 형성되어야만 DNA 조각들이 안정적으로 연결된다.

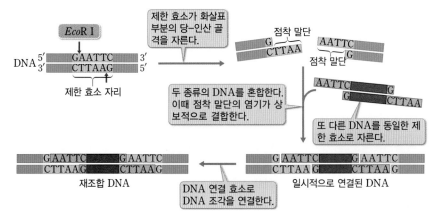

▲ **재조합 DNA를 만드는 과정**

대장균을 숙주 세포로 많이 이용하는 까닭
- 대장균은 37 °C에서 20분마다 분열한다. 이렇듯 증식 속도가 빠르므로 유용한 물질을 빠르게 대량 생산할 수 있다.
- 대장균은 무성 생식 방법인 분열법으로 번식하므로 동일한 유전자를 가진 개체들을 만든다.
- 대장균은 플라스미드를 이용하여 쉽게 형질 전환이 가능하다.
- 대장균은 유전자와 생활사가 충분히 밝혀져 있으므로 유전자 발현과 물질대사 조절이 비교적 쉽다.
- 대장균은 배양과 보존이 간편하여 대량으로 증식시키기 쉽다.

(5) **숙주 세포:** 재조합 DNA가 이식되는 살아 있는 세포를 말하며, 주로 대장균을 이용한다. 대장균은 유전자나 생활사가 많이 밝혀져 있어 증식 및 유전자 발현을 쉽게 조절할 수 있다. 또, 대장균은 증식 속도가 빨라 짧은 시간 내에 유용한 물질을 대량으로 생산할 수 있다는 장점이 있다. 특정 유전자나 플라스미드를 가지지 않는 대장균을 숙주 세포로 이용하면 재조합 DNA를 가진 형질 전환 대장균을 선별하기 쉽다.

3. 유전자 재조합 기술로 형질 전환 대장균을 얻는 과정

(1) **DNA 절단:** 유용한 유전자(목적 유전자)가 포함된 DNA와 플라스미드 등의 DNA 운반체를 같은 제한 효소로 자른다.

(2) **DNA 연결:** 같은 제한 효소로 자른 DNA를 섞은 후 DNA 연결 효소를 처리하면 유용한 유전자가 포함된 DNA와 DNA 운반체가 연결되어 재조합 DNA가 만들어진다.

(3) **재조합 DNA 도입:** 재조합 DNA를 숙주 세포인 대장균에 도입하여 형질 전환된 대장균을 얻는다.

(4) **유용한 단백질 생산:** 형질 전환 대장균이 증식하면서 유용한 단백질을 생산한다.

형질 전환

외부 유전 물질이 세포 내로 도입되어 세포 또는 개체의 형질이 변하는 현상이다. 유전자 재조합 기술을 이용하면 형질 전환 생물을 만들 수 있다.

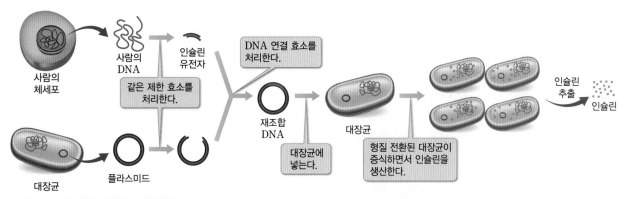

▲ **DNA 재조합 기술을 이용한 인슐린 생산**

4. 형질 전환 대장균의 선별 방법 (탐구) 217쪽

유전자 재조합 기술을 이용하여 형질 전환 대장균을 만들 때 플라스미드가 전부 재조합되는 것은 아니며, 재조합된 플라스미드 또한 일부 대장균(숙주 세포)에만 도입된다. 따라서 재조합 플라스미드가 도입된 대장균을 선별하는 과정이 필요하다.

(1) **항생제 내성 유전자와 젖당 분해 효소 유전자를 이용한 방법:** 항생제인 앰피실린에 대한 내성 유전자와 젖당 분해 효소 유전자를 가진 플라스미드를 DNA 운반체로 이용한다.
① 플라스미드에 젖당 분해 효소 유전자를 자르는 제한 효소를 처리하고, 잘린 위치에 유용한 유전자를 삽입하여 재조합 플라스미드를 만든다.
② 재조합된 플라스미드를 앰피실린 내성 유전자와 젖당 분해 효소 유전자가 없는 대장균(숙주 세포)에 도입한다. 이때 플라스미드가 도입되지 않은 대장균(A), 재조합되지 않은 플라스미드가 도입된 대장균(B), 재조합 플라스미드가 도입된 대장균(C)이 만들어진다.
③ 대장균 A~C를 앰피실린과 X-gal이 포함된 배지에서 배양한다. X-gal은 젖당 분해 효소에 의해 푸른색을 띠는 물질로 분해되므로, 배양 결과 앰피실린 내성이 없는 A는 죽고 젖당 분해 효소를 생산하는 B는 푸른색 군체, 젖당 분해 효소를 생산하지 못하는 C는 흰색 군체를 형성한다. 따라서 흰색 군체만 선별하면 형질 전환 대장균을 얻을 수 있다.

X-gal
젖당과 구조가 비슷한 화합물로, 젖당 분해 효소(β 갈락토시데이스)에 의해 푸른색을 띠는 물질로 분해된다. 따라서 배지에 X-gal이 있고 대장균이 젖당 분해 효소를 합성한다면 X-gal이 분해되어 군체가 푸른색을 띠게 된다.

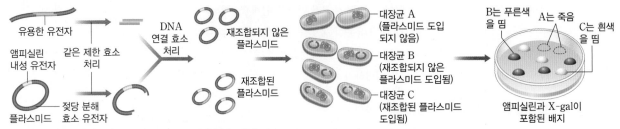

▲ 항생제 내성 유전자와 젖당 분해 효소 유전자를 이용한 형질 전환 대장균의 선별

(2) **두 가지 항생제 내성 유전자를 이용한 방법:** 앰피실린과 테트라사이클린 두 가지 항생제에 대한 내성 유전자를 가진 플라스미드를 DNA 운반체로 이용한다.
① 플라스미드에 테트라사이클린 내성 유전자를 자르는 제한 효소를 처리하고, 잘린 위치에 유용한 유전자를 삽입하여 재조합 플라스미드를 만든다.
② 재조합된 플라스미드를 앰피실린과 테트라사이클린 내성 유전자가 없는 대장균(숙주 세포)에 도입한다. 이때 플라스미드가 도입되지 않은 대장균(A), 재조합되지 않은 플라스미드가 도입된 대장균(B), 재조합 플라스미드가 도입된 대장균(C)이 만들어진다.
③ 대장균 A~C를 앰피실린이 포함된 배지에서 배양하면 A는 죽고, B와 C는 군체를 형성한다. 앰피실린이 포함된 배지에서 배양한 군체를 복사판을 이용하여 테트라사이클린이 포함된 배지로 옮기면 B는 군체를 형성하고, C는 죽는다. 따라서 앰피실린이 포함된 배지에 남아 있는 C의 군체만을 선별하면 형질 전환 대장균을 얻을 수 있다.

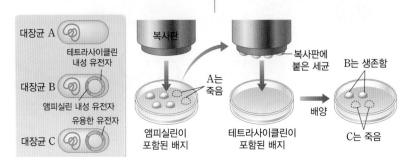

▲ 두 가지 항생제 내성 유전자를 이용한 형질 전환 대장균의 선별

② 핵치환

핵치환 기술은 복제 동물을 만드는 데 이용되는 핵심적인 생명 공학 기술로, 난치병 치료나 멸종 위기 동물의 보존에 활용된다.

1. 핵치환 기술

핵치환이란 핵을 제거한 세포에 다른 체세포의 핵을 이식하는 기술이다. 핵을 제거한 난자에 체세포의 핵을 이식하여 얻은 배아를 개체로 발생시키면 핵을 제공한 개체와 유전적으로 동일한 복제 동물을 만들 수 있다. 이러한 핵치환 기술은 멸종 위기 동물이나 우수한 형질을 가진 동물의 보존과 번식 등에 이용되며, 난치병 치료를 위한 체세포 복제 배아 줄기세포 생산과 장기 이식용 동물의 생산에도 활용된다.

2. 핵치환 기술로 복제 동물을 얻는 과정

(1) 복제하려는 양(A)의 젖샘 세포(체세포)를 채취하여 배양한다.

(2) 암컷 양(B)에서 난자를 채취하여 핵을 제거한다.

(3) 젖샘 세포와 무핵 난자를 융합하여 핵치환을 한다.

(4) 핵치환된 세포를 일정 단계까지 배양한 후 대리모 양(C)의 자궁에 이식한다.

(5) 핵을 제공한 양(A)과 유전적으로 동일한 복제 양이 태어난다.

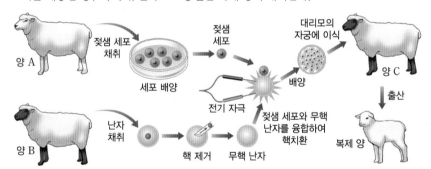

▲ **핵치환 기술을 이용한 복제 양의 생산** 양 A의 체세포(젖샘 세포) 핵을 무핵 난자에 이식하여 양 A와 유전 정보가 동일한 복제 양을 만든다.

③ 조직 배양

조직 배양 기술은 생물의 몸을 구성하는 세포나 조직의 배양과 증식에 활용되는 생명 공학 기술로, 식물 조직으로부터 완전한 식물체를 만드는 데 이용되기도 한다.

1. 조직 배양 기술

조직 배양 기술은 생물의 조직 일부나 세포를 떼어 내어 영양분이 들어 있는 인공 배지에서 증식시키는 기술이다. 식물은 조직을 배양하여 분화시키면 완전한 개체를 만들 수 있으므로, 형질이 우수한 식물의 대량 생산이나 멸종 위기 식물의 보존에 조직 배양 기술을 활용할 수 있다. 동물은 조직 배양만으로 완전한 개체를 만들 수는 없지만, 유전적으로 동일한 세포를 대량으로 얻을 수 있으므로 유전자 재조합 기술이나 핵치환 기술로 만들어진 세포나 조직을 배양할 때 조직 배양 기술을 활용한다.

체세포의 핵

발생 과정에서 수정란이 분열하여 많은 수의 세포가 만들어진 후 각 세포는 분화하여 조직과 기관을 형성한다. 분화 과정에서 세포의 유전자는 변하지 않으므로 각 세포가 갖는 유전자는 수정란의 유전자와 같다. 즉, 체세포의 핵에는 한 개체를 형성할 수 있는 모든 유전 정보가 들어 있다.

젖샘 세포와 무핵 난자의 융합

핵을 추출하여 다른 세포에 이식하는 기술을 통틀어 핵치환이라고 한다. 복제 양을 만들 때는 젖샘 세포와 무핵 난자를 융합하는 방법을 사용하였는데, 핵이 없는 난자가 젖샘 세포의 핵을 받아들였으므로 이 과정에서 핵치환이 일어났다.

복제 양의 검증

핵을 제공하는 양(A), 난자를 제공하는 양(B), 대리모 양(C)의 품종을 서로 다르게 하여 표현형에 차이를 두면 태어나는 양이 A~C 중 어떤 양의 복제 양인지 추측하기 쉽다. 그러나 이를 확실하게 검증하기 위해서는 핵 속의 DNA를 이용한 DNA 지문의 일치 여부를 확인해야 한다.

복제 동물의 DNA

복제 동물의 핵에 들어 있는 DNA는 체세포 핵을 제공한 개체의 DNA와 같지만, 복제 동물의 미토콘드리아에 들어 있는 DNA는 난자(세포질)를 제공한 개체의 미토콘드리아 DNA와 같다.

동물 세포의 조직 배양

동물 세포를 조직 배양하면 세포 하나로부터 유전 정보가 같은 세포를 대량으로 얻을 수 있다. 그러나 식물 세포와 달리 동물 세포는 분화에 한계가 있으므로 조직 배양만으로 완전한 개체를 만들 수는 없다.

2. 조직 배양 기술로 복제 식물을 얻는 과정

(1) 당근의 뿌리에서 조직(분열 조직)의 일부를 분리하여 영양 배지에서 배양한다.

(2) 캘러스가 형성되면 세포를 분리하고 영양 용액에서 재배양하여 배(배아)를 얻는다.

(3) 배를 배지로 옮겨 배양하여 완전한 식물 개체를 얻는다.

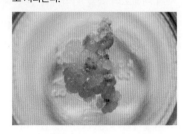

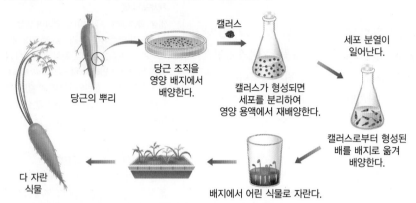

 ▲ **조직 배양 기술을 이용한 복제 당근의 생산** 조직 배양으로 생산된 당근은 조직을 제공한 당근과 유전 정보가 같다.

4 세포 융합

토마토와 감자 같은 서로 다른 생물종의 세포를 융합하여 잡종 세포를 만들 수 있다.

1. 세포 융합 기술

세포 융합 기술은 서로 다른 두 종류의 세포를 융합하여 두 세포의 특징을 갖는 잡종 세포를 만드는 기술이다. 세포 융합 기술로 토마토와 감자를 융합시킨 포마토, 무와 배추를 융합시킨 무추 등의 잡종 식물을 만들 수 있으며, B 림프구와 암세포를 융합시켜 만든 잡종 세포로 질병의 진단과 치료에 이용되는 단일 클론 항체를 생산하기도 한다.

2. 세포 융합 기술로 잡종 식물을 얻는 과정

(1) 두 종의 식물에서 세포를 채취하고 효소(셀룰레이스)를 이용하여 세포벽을 제거한다.

(2) 세포벽이 제거된 원형질체에 약품(폴리에틸렌글리콜)을 처리하여 원형질체를 융합시킨다. 이때 세포질이 먼저 융합되고 핵 융합이 일어나 잡종 세포가 만들어진다.

(3) 잡종 세포를 영양 배지로 옮겨 세포벽을 재생시키고, 조직 배양으로 잡종 식물을 만든다.

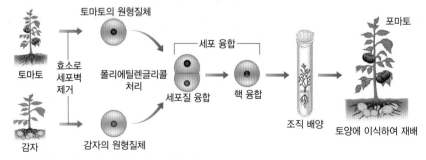

▲ **세포 융합 기술을 이용한 잡종 식물(포마토)의 생산**

세균 군체 관찰하기

대장균을 배양하여 군체를 관찰할 수 있다.

과정

1 대장균 용액을 2개의 멸균 루프에 묻히고 하나는 항생제가 없는 고체 배지에, 다른 하나는 항생제가 있는 고체 배지에 한쪽에서부터 S자형으로 가볍게 그어 배지 전면에 접종한다.

2 배지의 뚜껑을 덮어 바닥면이 위로 오도록 뒤집고 37 ℃의 배양기에서 12시간 이상 배양한다.

3 배양된 군체를 관찰한다.

항생제가   항생제가
없는 배지   있는 배지

● 유의점

• 대장균을 배지에 접종할 때는 실험대와 멸균 루프를 소독하여 배지가 다른 세균이나 곰팡이에 의해 오염되지 않도록 한다.

• 실험하기 전 배지의 밑바닥에 대장균 접종 여부와 실험 날짜를 기재한다.

• 배양기가 없을 때는 배지를 따뜻한 곳에 두고 군체가 형성될 때까지 배양한다.

• 실험을 마친 뒤 실험실 소독약으로 세균과 접촉한 장소, 기구, 세균을 배양한 배지를 소독하고, 소독한 배지는 뚜껑을 닫고 테이프로 밀봉하여 폐기한다.

결과 및 해석

1 같은 시간 동안 배양했을 때, 항생제가 없는 배지에서만 대장균의 흰색 군체가 나타났다.

2 항생제는 세균의 생장을 억제하는 물질이므로, 대장균은 항생제가 있는 배지에서는 배양되지 않는다.

3 군체는 고체 배지에서 세균과 같은 미생물이 번식하여 맨눈으로 관찰할 수 있는 원형 집단을 형성한 것을 말한다. 군체는 세균의 종류, 배지의 조성, 배양 시간, 온도, 습도 등 다양한 요인의 영향을 받아 형성되며, 세균의 종류에 따라 특징적인 모양, 크기, 색깔, 투명도, 굳기 등을 나타내므로 이를 통해 세균의 종류를 파악할 수 있다.

▲ 대장균의 흰색 군체

4 하나의 군체는 하나의 세균이 분열법으로 번식하여 집단으로 생장한 것이므로, 하나의 군체를 이루는 세균의 유전자 구성은 모두 같다.

▶ **탐구 확인 문제**

> 정답과 해설 81쪽

01 위 탐구에 대한 설명으로 옳은 것을 모두 고르면? (정답 2개)

① 대장균이 군체를 형성할 때 감수 분열이 일어난다.

② 위 탐구에 사용된 대장균은 항생제 내성을 가지고 있다.

③ 하나의 군체를 이루는 대장균의 유전자 구성은 서로 동일하다.

④ 항생제가 있는 배지에서 흰색 군체가 나타나지 않은 까닭은 배양 시간이 충분하지 않았기 때문이다.

⑤ 대장균을 배지에 접종할 때 실험대와 멸균 루프를 소독하여 배지가 다른 세균이나 곰팡이에 의해 오염되지 않도록 한다.

02 항생제인 앰피실린 내성 유전자와 젖당 분해 효소 유전자를 가진 플라스미드에서 젖당 분해 효소 유전자를 절단하고 유용한 유전자를 삽입하여 재조합 플라스미드를 만들었다. 이를 대장균 용액에 섞은 후 앰피실린과 X-gal을 첨가한 배지에서 배양하면 그림과 같이 흰색과 푸른색의 군체가 형성된다. 재조합 플라스미드가 도입된 대장균이 있는 군체는 어떤 색의 군체인지 쓰고, 그렇게 판단한 근거 두 가지를 서술하시오. (단, X-gal은 젖당 분해 효소에 의해 푸른색을 띠는 물질로 분해된다.)

중합 효소 연쇄 반응(PCR)

유전자 재조합 기술을 이용하여 재조합 DNA를 얻을 때 어려운 일 중 하나는 원하는 유전자를 분리해 내는 것이다. 세포에서 추출한 DNA에는 세포가 가지고 있는 모든 유전자가 들어 있다. 그중 유전자 재조합에 필요한 유용한 유전자가 포함된 특정 DNA만을 중합 효소 연쇄 반응으로 증폭시키면 원하는 DNA를 빠르게 다량으로 얻을 수 있다.

❶ 중합 효소 연쇄 반응(PCR; polymerase chain reaction)

중합 효소 연쇄 반응은 미량의 특정 DNA만을 선택적으로 증폭시키는 기술이다. 과정이 단순하고 필요한 시간이 짧으므로 극소량의 DNA로도 필요한 만큼의 DNA를 얻을 수 있다.

❷ 중합 효소 연쇄 반응 과정

(1) DNA 변성: 이중 나선 DNA를 90 ℃~95 ℃의 고온으로 가열하여 단일 가닥으로 분리한다.

(2) DNA 프라이머 결합: 온도를 50 ℃~65 ℃ 정도로 낮추어 프라이머가 주형 DNA에서 증폭을 원하는 서열 말단에 결합하게 한다.

(3) DNA 합성: 온도를 72 ℃ 정도로 높여 Taq DNA 중합 효소의 활성을 높인다. Taq DNA 중합 효소에 의해 주형 DNA 가닥에 상보적인 새로운 DNA 가닥이 합성된다.

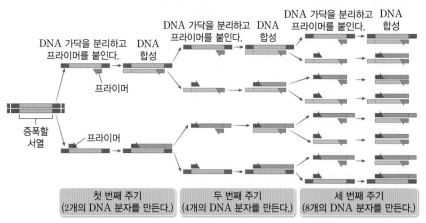

첫 번째 주기 (2개의 DNA 분자를 만든다.)	두 번째 주기 (4개의 DNA 분자를 만든다.)	세 번째 주기 (8개의 DNA 분자를 만든다.)

▲ **중합 효소 연쇄 반응(PCR) 과정** 한 분자의 DNA로 PCR을 n회 반복하면 DNA는 2^n배로 증폭된다.

❸ 중합 효소 연쇄 반응의 이용

(1) 유전자 재조합에 필요한 유용한 유전자가 포함된 특정 DNA를 빠르고 간편하게 다량으로 얻을 수 있다.

(2) 세포에서 추출한 DNA를 PCR로 증폭시키고 제한 효소로 잘라 전기 영동을 하였을 때 나타나는 띠 모양을 DNA 지문이라고 한다. 이는 범인 식별, 혈연관계 확인, 사망자 신원 확인 등 다양한 분야에 활용된다. 예를 들어, 범죄 현장에 남은 DNA와 용의자 A~D의 DNA에서 DNA 지문을 얻고 이를 비교한 결과 현장의 DNA 지문이 용의자 D의 DNA 지문과 일치한다면 D가 범인이라는 것을 알 수 있다.

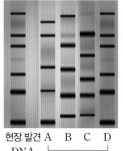

현장 발견 DNA / A B C D / 용의자

▲ **DNA 지문의 예**

중합 효소 연쇄 반응에 필요한 요소

• 목적 DNA: 다량으로 증폭시키고자 하는 DNA이다.

• DNA 프라이머: DNA 합성의 시작점이 되는 짧은 DNA 단일 가닥으로, 주형 가닥에서 복제 시작 부위와 상보적인 염기 서열을 가진다.

• Taq DNA 중합 효소: 온천에 사는 호열성 세균의 DNA 중합 효소로, 95 ℃에서도 변성되지 않고 기능을 유지한다. PCR에 Taq DNA 중합 효소를 사용하게 된 후 열을 가할 때마다 효소를 넣던 과정이 생략되었다.

• 뉴클레오타이드: DNA 합성의 재료가 된다.

DNA 지문

사람의 DNA에는 사람마다 특정 염기 서열이 반복되는 횟수가 다른 부분이 있다. 이 부위를 증폭하고 잘라 전기 영동하여 DNA 지문을 얻는다.

DNA 전기 영동

분자들을 전기적인 힘으로 젤에서 이동시켜 크기에 따라 분리하는 기술을 전기 영동이라고 한다. DNA의 인산기는 수용액에서 음(−)전하를 띠므로 전기장 속에서 양(+)극으로 이동하는데, 이때 큰 조각은 작은 조각보다 느리게 이동하므로 DNA 조각이 크기별로 분리된다.

01 생명 공학 기술

❶ 유전자 재조합

1. **유전자 재조합 기술** DNA를 인위적으로 자르고 붙여 (❶　　　) DNA를 만드는 기술이다.

- 형질 전환 생물 생산, 특정 유전자의 대량 복제, 유용한 단백질의 대량 생산 등에 이용된다.

2. **유전자 재조합에 필요한 요소** 유용한 유전자(목적 유전자), (❷　　　　)(벡터), (❸　　　　), DNA 연결 효소

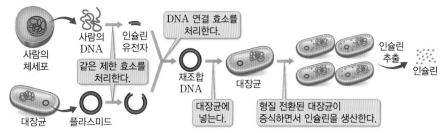

▲ **DNA 재조합 기술을 이용한 인슐린 생산**

❷ 핵치환

핵치환 기술 핵을 제거한 세포에 다른 체세포의 핵을 이식하는 기술이다.

- 복제 (❹　　　)을 만들 수 있어 멸종 위기 동물이나 우수한 형질을 가진 동물의 보존과 번식 등에 이용된다.
- 복제 양 생산: 태어난 복제 양은 (❺　　　)을 제공한 양과 유전적으로 같다.

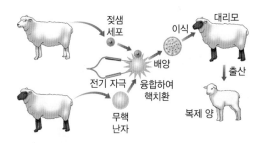

▲ **핵치환 기술을 이용한 복제 양의 생산**

❸ 조직 배양

조직 배양 기술 생물의 조직 일부나 세포를 영양 배지에서 배양하여 증식시키는 기술이다.

- 복제 (❻　　　) 생산, 유전적으로 동일한 세포나 조직을 대량으로 얻는 데 이용된다.
- 당근 조직 배양: 당근 뿌리의 분열 조직을 배양하면 유전적으로 동일한 완전한 당근을 만들 수 있다.

❹ 세포 융합

세포 융합 기술 두 종류의 세포를 융합하여 두 세포의 특징을 갖는 (❼　　　)를 만드는 기술이다.

- 포마토, 무추와 같은 잡종 식물 생산, 단일 클론 항체 생산 등에 이용된다.
- 식물 세포는 (❽　　　)을 제거한 후 융합하여 잡종 세포를 만든다.

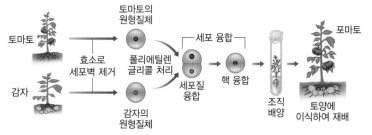

▲ **세포 융합 기술을 이용한 잡종 식물(포마토)의 생산**

01 다음 설명에 해당하는 생명 공학 기술을 쓰시오.

(1) 핵을 제거한 세포에 다른 체세포의 핵을 이식하는 기술이다.

(2) 생물의 세포나 조직 일부를 영양 배지에서 배양하고 증식시키는 기술이다.

(3) 특정 DNA를 자르고 다른 DNA에 끼워 넣어 재조합 DNA를 만드는 기술이다.

(4) 서로 다른 두 종류의 세포를 융합하여 두 세포의 특징을 모두 갖는 잡종 세포를 만드는 기술이다.

02 그림은 유전자 재조합 기술로 사람의 유용한 유전자를 도입한 형질 전환 대장균을 만드는 과정을 나타낸 것이다.

(1) ㉠과 ㉡은 각각 무엇인지 쓰시오.

(2) 효소 A~C는 각각 어떤 효소인지 쓰시오.

(3) 효소 A와 B가 같은 효소인지 다른 효소인지 쓰고, 그렇게 판단한 근거를 간단히 쓰시오.

03 세균의 플라스미드에 대한 설명으로 옳은 것만을 〈보기〉에서 있는 대로 고르시오.

보기
ㄱ. 작은 원형의 DNA이다.
ㄴ. 세균의 주염색체와는 독립적으로 복제된다.
ㄷ. 유전자 재조합 과정에서 유용한 유전자를 제공하는 역할을 한다.

04 그림 (가)는 플라스미드에 유용한 유전자가 포함된 DNA를 삽입하여 재조합 플라스미드를 만드는 과정을, (나)는 (가)의 과정을 거친 플라스미드를 숙주 대장균에 처리하였을 때 만들어지는 세 가지 대장균을 나타낸 것이다. 숙주 대장균에는 항생제 A와 B 내성 유전자가 없다.

(가)
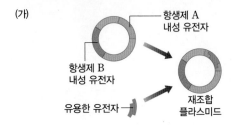

(나)

대장균 ㉠   대장균 ㉡   대장균 ㉢

(1) 대장균 ㉠~㉢ 중 항생제 A를 포함한 배지에서 군체를 형성하는 대장균을 있는 대로 쓰시오.

(2) 대장균 ㉠~㉢ 중 항생제 B를 포함한 배지에서 군체를 형성하는 대장균을 있는 대로 쓰시오.

05 그림은 중합 효소 연쇄 반응(PCR)을 이용하여 유용한 DNA를 다량으로 얻는 과정을 나타낸 것이다.

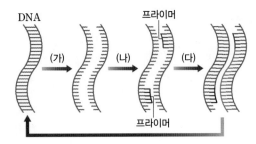

(1) (가)~(다) 중 온도를 가장 높여야 할 단계와 가장 낮추어야 할 단계를 순서대로 쓰시오.

(2) (가)~(다) 중 DNA 중합 효소가 관여하는 단계를 있는 대로 쓰시오.

06 그림은 복제 개를 만드는 과정을 나타낸 것이다.

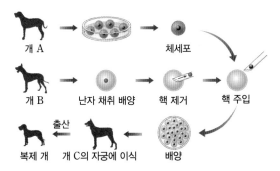

(1) 복제 개를 만들 때 사용된 핵심적인 생명 공학 기술은 무엇인지 쓰시오.

(2) 복제 개와 유전적으로 같은 개는 개 A~C 중 어느 것인지 쓰시오.

07 그림은 당근을 조직 배양하는 과정을 나타낸 것이다.

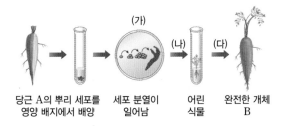

(1) 당근 A와 B는 유전적으로 같은지 다른지 쓰시오.

(2) (가)~(다) 중 캘러스가 형성되는 과정을 쓰시오.

(3) (가)~(다) 중 세포 분화와 기관 형성이 일어나는 과정을 쓰시오.

(4) (다) 과정에서 일어나는 세포 분열은 체세포 분열과 감수 분열 중 어느 것인지 쓰시오.

08 그림은 세포 융합 기술을 이용하여 새로운 식물 A를 만드는 과정을 나타낸 것이다.

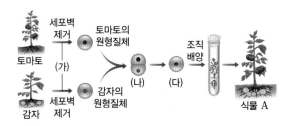

(1) (가) 과정에 필요한 효소는 무엇인지 쓰시오.

(2) (나) 과정에서 (㉠   ) 융합이, (다) 과정에서 (㉡   ) 융합이 일어난다. ㉠과 ㉡에 알맞은 말을 각각 쓰시오.

(3) 식물 A가 나타내는 특성을 간단히 쓰시오.

09 다음은 생명 공학 기술을 이용하여 만든 생물의 예이다. 각 생물을 만들 때 이용된 핵심적인 생명 공학 기술을 쓰시오.

(1) 사람의 인슐린 단백질을 생산하는 대장균

(2) 우수한 형질을 가진 소와 유전 형질이 같은 복제 소

(3) 암세포와 B 림프구의 특성을 모두 나타내는 잡종 세포

(4) 땅 위 부분에서는 토마토가 열리고 땅속 부분에서는 감자가 열리는 잡종 식물

(5) 당근 뿌리에서 떼어 낸 분열 조직을 영양 배지에서 배양하여 만든 완전한 당근 개체

01 ❯ 유전자 재조합 과정

다음은 해충 저항성 옥수수를 만드는 과정을 순서 없이 나타낸 것이다.

> (가) 옥수수 세포에 형질 전환된 세균 C를 감염시킨 뒤 옥수수 세포를 배양한다.
>
> (나) 효소 ㉠을 사용하여 독소 유전자와 플라스미드를 연결한다.
>
> (다) 재조합된 플라스미드를 세균 C에 도입한다.
>
> (라) 토양 세균 A에서 해충에 유해한 독소를 만드는 유전자가 있는 DNA를, 다른 세균 B에서 플라스미드를 분리한 뒤 각각 효소 ㉡을 사용하여 자른다.

이에 대한 설명으로 옳은 것만을 〈보기〉에서 있는 대로 고른 것은?

보기

ㄱ. 세균 A와 C는 같은 종류의 세균이다.

ㄴ. ㉠은 DNA 연결 효소이고, ㉡은 제한 효소이다.

ㄷ. 과정 순서는 (라) → (나) → (가) → (다)이다.

① ㄴ   ② ㄱ, ㄴ   ③ ㄱ, ㄷ   ④ ㄴ, ㄷ   ⑤ ㄱ, ㄴ, ㄷ

유용한 유전자가 있는 DNA와 DNA 운반체를 자른 후 서로 연결하여 재조합 DNA를 만들고, 이를 숙주 세포에 도입하여 형질 전환 생물을 만든다.

02 ❯ 제한 효소와 유전자 재조합

그림은 제한 효소에 의해 잘린 DNA 조각 ㉠~㉢과 이를 이용하여 만든 재조합 플라스미드를 나타낸 것이다.

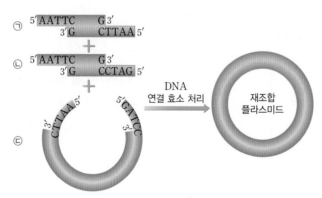

이에 대한 설명으로 옳은 것만을 〈보기〉에서 있는 대로 고른 것은?

보기

ㄱ. ㉠을 만들 때 사용된 제한 효소가 ㉢을 만들 때에도 사용되었다.

ㄴ. ㉡을 만들 때 두 가지 제한 효소가 사용되었다.

ㄷ. 재조합 플라스미드는 ㉡과 ㉢이 연결된 것이다.

① ㄱ   ② ㄱ, ㄴ   ③ ㄱ, ㄷ   ④ ㄴ, ㄷ   ⑤ ㄱ, ㄴ, ㄷ

제한 효소는 DNA의 특정 염기 서열을 인식하여 자르며, 제한 효소로 자른 DNA 조각은 점착 말단의 염기 서열이 상보적인 DNA 조각과 연결된다.

03 ❯ 형질 전환 대장균의 선별

그림은 형질 전환 대장균을 만드는 과정을, 표는 앰피실린과 X-gal이 각각 포함된 배지에서 대장균 A~C를 배양했을 때의 특징을 나타낸 것이다. ㉠과 ㉡은 각각 앰피실린 내성 유전자와 젖당 분해 효소 유전자 중 하나이고, 재조합 플라스미드를 만들 때 인슐린 유전자는 ㉠과 ㉡ 중 하나의 내부에 삽입된다. 젖당 분해 효소는 흰색의 X-gal을 분해하여 푸른색을 띠는 물질을 생성하므로, 이 효소가 발현되면 대장균 군체가 푸른색을 띤다.

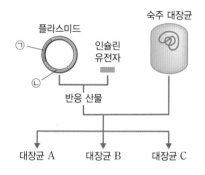

대장균	A	B	C
㉡ 발현 여부	발현	?	?
앰피실린 포함 배지에서 생존 여부	생존	?	죽음
X-gal 포함 배지에서 군체의 색깔	흰색	푸른색	흰색

이에 대한 설명으로 옳은 것만을 〈보기〉에서 있는 대로 고른 것은?

보기
ㄱ. ㉡은 젖당 분해 효소 유전자이다.
ㄴ. A와 C에서 모두 ㉠이 발현되지 않는다.
ㄷ. B에서 인슐린 단백질이 합성된다.

① ㄱ　　　② ㄴ　　　③ ㄱ, ㄴ　　　④ ㄱ, ㄷ　　　⑤ ㄴ, ㄷ

> 유전자 재조합 플라스미드를 숙주 대장균에 도입하는 과정에서 플라스미드가 도입되지 않은 대장균, 재조합되지 않은 플라스미드가 도입된 대장균, 재조합 플라스미드가 도입된 대장균이 생긴다.

04 ❯ 중합 효소 연쇄 반응

그림은 중합 효소 연쇄 반응(PCR)으로 DNA를 증폭하는 과정을 나타낸 것이다.

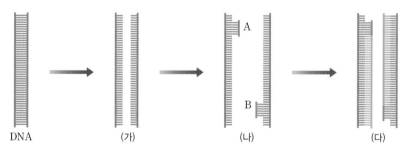

이에 대한 설명으로 옳은 것만을 〈보기〉에서 있는 대로 고른 것은?

보기
ㄱ. (가)는 (나)보다 온도가 높은 상태에서 일어난다.
ㄴ. A와 B는 염기 서열이 같은 DNA 조각이다.
ㄷ. (다)에서 DNA 중합 효소의 작용이 활발하게 일어난다.

① ㄱ　　　② ㄴ　　　③ ㄱ, ㄴ　　　④ ㄱ, ㄷ　　　⑤ ㄴ, ㄷ

> (가)는 DNA 변성, (나)는 프라이머 결합, (다)는 DNA 합성을 나타낸 것이다.

05 ❯ DNA 지문

그림은 범죄 현장에서 얻은 범인의 DNA 일부와 용의자 A~C에서 얻은 DNA 일부를 증폭한 뒤 전기 영동한 결과를 나타낸 것이다.

이에 대한 설명으로 옳은 것만을 〈보기〉에서 있는 대로 고른 것은?

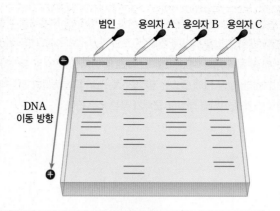

• 특정 DNA를 중합 효소 연쇄 반응으로 증폭하고 제한 효소로 자르면 사람마다 다양한 크기의 DNA 조각이 만들어지는데, 이를 전기 영동으로 분리하여 띠 모양으로 나타낸 것을 DNA 지문이라고 한다.

보기
ㄱ. DNA는 음(−)전하를 띤다.
ㄴ. 범인은 용의자 B이다.
ㄷ. 범인과 용의자 A~C의 DNA를 전기 영동하기 전에 같은 제한 효소로 자른다.

① ㄴ   ② ㄱ, ㄴ   ③ ㄱ, ㄷ   ④ ㄴ, ㄷ   ⑤ ㄱ, ㄴ, ㄷ

06 ❯ 핵치환

고난도

그림은 생명 공학 기술을 이용하여 복제 양을 만드는 과정을 나타낸 것이다. 양 A~C는 모두 서로 다른 양이다.

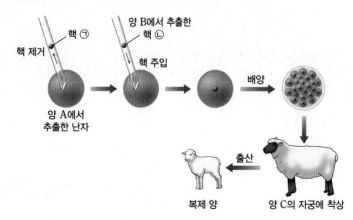

• 핵치환 기술을 이용하여 무핵 난자에 체세포 핵을 이식하면 복제 동물을 만들 수 있다.

이에 대한 설명으로 옳은 것만을 〈보기〉에서 있는 대로 고른 것은?

보기
ㄱ. 복제 양의 체세포 핵의 DNA는 핵 ㉡의 DNA와 같다.
ㄴ. 핵 ㉠의 염색체 수는 핵 ㉡의 염색체 수의 2배이다.
ㄷ. 복제 양과 양 C는 미토콘드리아 DNA 지문이 일치한다.

① ㄱ   ② ㄷ   ③ ㄱ, ㄴ   ④ ㄱ, ㄷ   ⑤ ㄴ, ㄷ

07 > 조직 배양

그림은 감자를 이용한 조직 배양 과정을 나타낸 것이다.

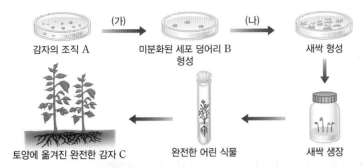

감자의 조직 A → (가) → 미분화된 세포 덩어리 B 형성 → (나) → 새싹 형성

토양에 옮겨진 완전한 감자 C ← 완전한 어린 식물 ← 새싹 생장

이에 대한 설명으로 옳은 것만을 〈보기〉에서 있는 대로 고른 것은? (단, 돌연변이는 고려하지 않는다.)

보기

ㄱ. A는 생장점과 같은 분열 조직을 사용한다.

ㄴ. (가)에서는 감수 분열, (나)에서는 체세포 분열이 일어난다.

ㄷ. B에서 C로 되는 과정 동안 세포의 유전자 구성은 A와 같게 유지된다.

① ㄷ   ② ㄱ, ㄴ   ③ ㄱ, ㄷ   ④ ㄴ, ㄷ   ⑤ ㄱ, ㄴ, ㄷ

08 > 생명 공학 기술과 포마토 생산

그림은 포마토를 만드는 과정을 나타낸 것이다.

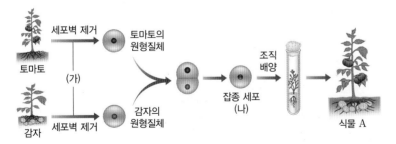

토마토 → 세포벽 제거 → 토마토의 원형질체

감자 → 세포벽 제거 → 감자의 원형질체

(가) → 잡종 세포 (나) → 조직 배양 → 식물 A

이에 대한 설명으로 옳은 것만을 〈보기〉에서 있는 대로 고른 것은?

보기

ㄱ. (가)에서 토마토와 감자의 생식세포를 사용한다.

ㄴ. (나)에는 토마토의 유전자와 감자의 유전자가 포함되어 있다.

ㄷ. A는 토마토와는 다른 종이며, 자가 교배를 통해 번식한다.

① ㄱ   ② ㄴ   ③ ㄱ, ㄴ   ④ ㄱ, ㄷ   ⑤ ㄴ, ㄷ

02 생명 공학 기술의 활용과 전망

학습 Point   단일 클론 항체, 유전자 치료, 줄기
세포 기술을 활용한 난치병 치료   >   유전자 변형 생물체(LMO)의
활용   >   생명 공학 기술의 문제점과
사회적 과제

 생명 공학 기술을 활용한 난치병 치료

생명 공학 기술은 의약품의 생산과 질병의 진단 및 치료에 다양하게 활용되고 있다.

1. 단일 클론 항체

항체는 항원에 특이적으로 결합하므로 항체를 대량 생산하면 특정 질병의 진단과 치료에 이용할 수 있다. 항체를 생산하는 B 림프구는 생명체 밖에서 분열하지 않고 수명도 짧다. 이러한 B 림프구를 빠르게 분열하며 반영구적 수명을 가진 암세포와 세포 융합하면 항체를 생산하며, 빠르게 분열하고, 반영구적 수명을 지닌 잡종 세포를 얻을 수 있다. 유전적으로 동일한 잡종 세포의 세포군(클론)에서는 한 종류의 항체를 생산하는데, 이를 단일 클론 항체라고 한다. 단일 클론 항체는 한 가지 항원 결정기에만 강하게 반응하므로 특정 항원을 인식하는 특이성이 매우 높다.

(1) 단일 클론 항체의 생산 과정

① 쥐에게 항원을 주입하면 항체를 생산하는 B 림프구를 얻을 수 있다. 이때 한 종류의 B 림프구는 한 가지 항원 결정기에만 결합하는 한 종류의 항체를 생산한다.

② B 림프구와 암세포를 세포 융합하면 배지에는 잡종 세포, 융합되지 않은 B 림프구와 암세포가 함께 있게 된다. 이를 B 림프구의 선택 배지로 옮기면 암세포가 제거되고, 15일 이상 배양하면 B 림프구가 제거되어 잡종 세포만 남는다.

③ 각기 다른 항체를 생산하는 잡종 세포를 분리하고 배양하여 단일 클론 항체를 얻는다.

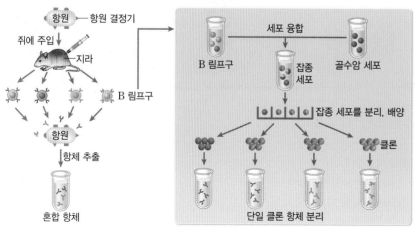

▲ 단일 클론 항체의 생산 과정

클론(Clone)

하나의 세포나 개체로부터 유래되어 유전 정보가 동일한 세포군 혹은 개체군을 말한다. 클론을 얻는 과정을 클로닝(cloning)이라고 한다.

항원과 항원 결정기

항원에서 항체를 형성하게 하는 특정 부위를 항원 결정기라고 한다. 일반적으로 항원은 크기가 매우 크고 복잡하여 여러 종류의 항원 결정기를 가진다. 따라서 하나의 항원이 체내로 들어오면 각각의 항원 결정기에 대응하는 여러 종류의 항체가 만들어진다.

완전 배지와 선택 배지

완전 배지는 세포의 생장에 필요한 물질을 모두 포함한 혼합물로, 완전 배지에서는 어떤 세포든지 생장할 수 있다. 선택 배지는 특정 세포만 선택적으로 증식시키는 혼합물로, B 림프구의 선택 배지에서는 암세포가 생존할 수 없다.

B 림프구·암세포·잡종 세포의 특성

구분	B 림프구	암세포	잡종 세포
항체 생산 능력	있음	없음	있음
수명	10일 이내	반영구적	반영구적
체외 배양	분열하지 않고 수명이 짧음	빠르게 분열	빠르게 분열
완전 배지	생존	생존	생존
선택 배지	생존	죽음	생존

(2) **단일 클론 항체의 활용:** 단일 클론 항체는 특정 항원을 인식하는 특이성이 높아 간염, 에이즈 등 질병의 신속한 진단에 이용된다. 또한 암, 류머티즘성 관절염, 크론병 등 난치병의 치료 및 임신 진단 등에도 이용된다.

① **암 치료:** 암을 치료하기 위해 항암제를 투여하면 암세포뿐만 아니라 정상 세포 또한 치명적인 영향을 받는다. 이러한 부작용을 줄이기 위해 사람의 위암 세포와 같은 특정 암세포에 대응하는 단일 클론 항체를 생산하고, 여기에 항암제를 결합하여 암 환자에게 투여한다. 이러한 표적 항암제를 사용하면 단일 클론 항체가 암세포의 항원 결정기와 특이적으로 결합하여 항암제가 암세포에 집중적으로 작용하므로, 정상 세포의 손상을 줄이고 치료 효과를 높일 수 있다.

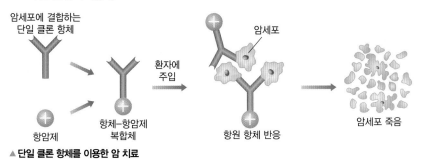

▲ **단일 클론 항체를 이용한 암 치료**

② **임신 진단:** 임신 진단 키트에는 발색 물질이 부착된 hCG 항체를 비롯하여 세 가지 단일 클론 항체가 포함되어 있다. 임신을 하면 황체의 퇴화를 막기 위해 태반에서 hCG가 분비되어 일부가 오줌으로 배출된다. 임신 진단 키트에서 오줌 속의 hCG는 흡수 막대에 있는 발색 물질이 부착된 hCG 항체와 결합하여 복합체를 형성한다. 이 복합체가 오줌의 진행 방향을 따라 이동하다가 복합체의 hCG가 임신 여부 표시창에 붙여 둔 다른 항체와 결합하면 붉은색 띠가 나타난다. 오줌이 더 이동하여 검사 종료 표시창에 다다르면 여기에 붙여 둔 또 다른 항체가 복합체의 hCG 항체와 결합하여 또 한 줄의 붉은색 띠가 나타난다. 임신하지 않았다면 오줌 속에 hCG가 없으므로 임신 여부 표시창에는 붉은색 띠가 나타나지 않고, 오줌과 함께 이동한 발색 물질이 부착된 hCG 항체가 검사 종료 표시창의 항체와 결합하여 한 줄의 붉은색 띠만이 나타난다.

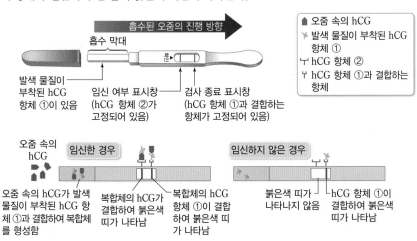

▲ **임신 진단 키트의 원리**　임신 진단 키트를 이용하면 간단하게 임신 여부를 알 수 있다.

▲ **임신 진단 키트**

2. 유전자 치료

유전자 치료는 유전적 결함이 있는 환자에게 정상 유전자를 넣어 이상이 있는 유전자를 대체하고 정상 단백질을 생산하도록 하여 질병을 치료하는 방법이다. 유전자 치료에는 정상 유전자를 환자의 몸 안에 직접 넣는 체내 유전자 치료와, 환자의 몸에서 추출한 체세포에 정상 유전자를 도입하고 이 세포를 환자의 몸 안에 다시 넣는 체외 유전자 치료가 있다.

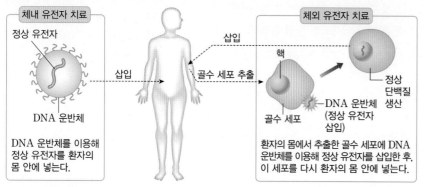

▲ 유전자 치료 방법

(1) **체외 유전자 치료 과정:** 유전자 재조합 기술을 이용하여 정상 유전자를 바이러스 등의 DNA 운반체에 삽입한 후 환자에게서 추출한 체세포에 도입한다. 이 세포를 조직 배양으로 증식시켜 환자의 몸 안에 넣으면 정상 유전자가 발현되어 몸의 기능이 정상으로 회복된다.

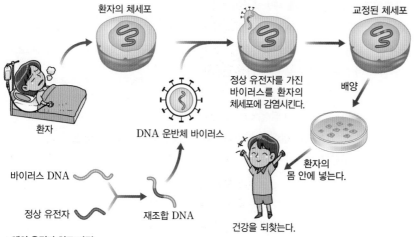

▲ 체외 유전자 치료 과정

(2) **유전자 치료의 활용:** 유전자 치료는 암, 유전병과 같은 유전적 결함에 의한 난치병을 유전자 수준에서 원천적으로 치료하는 데 활용할 수 있다.

(3) **유전자 치료의 과제:** 정상 유전자를 원하는 위치에 안전하게 끼워 넣는 것과 도입된 정상 유전자가 발현될 확률을 높이는 것은 유전자 치료의 주요 과제로 남아 있다. 또한, 유전자 치료는 체세포에서만 이루어지기 때문에 이 방법으로 환자를 치료하더라도 생식세포의 결함 유전자는 그대로 자손에게 유전될 수 있다. 나아가 유전자 치료가 수정란을 대상으로 시행될 경우 치료 목적 외에 유전자 조작을 통한 인간의 형질 변화에 쓰일 가능성이 있으므로, 사용 범위에 대한 엄격한 규정과 윤리적 책임 의식이 필요하다.

유전자 치료의 역사

유전자 치료는 1990년 중증 복합 면역 결핍증(SCID)을 앓고 있던 환자에게 최초로 시도되었다. 중증 복합 면역 결핍증은 ADA(아데노신 탈아미노 효소)의 결핍으로 면역계가 기능을 상실하여 여러 감염균에 의한 지속적인 감염으로 일찍 사망하게 되는 유전병이다. 이 병을 가진 환자는 특별한 치료를 받지 않으면 무균 격리 텐트에서만 살아야 한다. 이 환자를 치료하기 위해 환자의 골수 세포를 추출하여 정상 ADA 유전자를 도입한 후 골수에 다시 주사하는 방법을 사용하였고, 환자의 면역력은 성공적으로 회복되었다.

DNA 운반체 바이러스

사람의 세포에는 플라스미드가 없으므로 DNA 운반체로 바이러스를 사용한다. DNA 운반체로 사용되는 바이러스는 독성이 없으면서 체세포를 감염시킬 수 있어야 하고, 자신의 DNA를 숙주 세포의 염색체에 끼워 넣어 증식하는 특성을 가져야 한다. DNA 운반체로 사용된 바이러스가 환자의 몸에서 부작용을 일으키지 않도록 하는 것 또한 유전자 치료 과정 중 주의해야 할 점이다.

3. 줄기세포

줄기세포는 적절한 환경에서 몸을 구성하는 여러 종류의 세포로 분화할 수 있는 미분화 세포이다.

(1) 줄기세포의 종류와 특징

① **배아 줄기세포**: 기관이 형성되기 전 발생 초기 배아의 내세포 덩어리에서 분리한 줄기세포이며, 인공 수정 배아나 체세포 복제 배아에서도 얻을 수 있다. 배아 줄기세포는 증식력이 높고 인체를 이루는 모든 세포와 조직으로 분화할 수 있다는 장점이 있지만, 여성으로부터 난자를 추출해야 하며 하나의 생명체가 될 수 있는 배아를 치료 수단으로 사용한다는 점에서 생명 윤리 문제가 발생한다.

② **성체 줄기세포**: 성체가 된 후에도 미분화 상태로 남아 있는 줄기세포이다. 사람의 성체 줄기세포는 지방, 골수, 탯줄의 혈액 등 인체의 일부분에서 소량으로 얻을 수 있다. 성체 줄기세포는 성장한 환자 자신의 신체 조직에서 추출하기 때문에 윤리적인 문제나 면역 거부 반응이 없고, 정해진 세포로 안정적으로 분화하기 때문에 암세포로 분화할 가능성이 없다는 장점이 있다. 그러나 성체 줄기세포는 분리하기가 쉽지 않고, 배아 줄기세포에 비해 증식이 어렵다. 또한, 피부에서 채취한 줄기세포는 피부로만 분화하고 골수에서 채취한 줄기세포는 혈구 세포로만 분화하는 등 분화할 수 있는 세포나 조직이 제한적이다.

③ **유도 만능 줄기세포**: 성체의 체세포를 역분화시켜 얻는 줄기세포이며, 역분화 줄기세포라고도 한다. 유도 만능 줄기세포는 다양한 세포로 분화할 수 있으며 환자 자신의 세포를 사용하므로 윤리적인 문제나 면역 거부 반응이 없다. 그러나 체세포를 역분화시키는 과정에서 유전자 변이가 일어날 수 있다는 문제점이 있다.

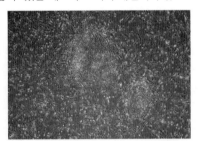

▲ 유도 만능 줄기세포

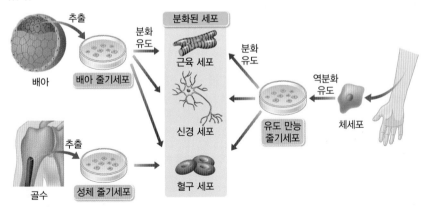

▲ 줄기세포의 종류

(2) 줄기세포의 활용
줄기세포를 특정한 세포로 분화시켜 손상된 조직이나 기관을 대체함으로써 치매, 파킨슨병, 관절염, 심장 질환과 같은 난치병을 치료할 수 있다.

(3) 줄기세포 치료의 과제
배아 줄기세포나 유도 만능 줄기세포의 경우, 분화 과정에서 종양이 발생할 가능성이 있어 안정성을 높이는 연구가 진행되고 있다.

배아 줄기세포의 종류

• **인공 수정 배아**: 시험관 아기를 만들기 위해 인공 수정한 배아 중 자궁에 착상시키지 않은 배아는 냉동 보관되었다가 폐기되는 경우가 있다. 이 냉동 배아로부터 줄기세포를 얻을 수 있는데, 이 방법으로 얻은 줄기세포를 치료에 이용할 경우 환자와 배아의 유전자가 달라 면역 거부 반응이 나타날 수 있다.

• **체세포 복제 배아**: 핵치환 기술로 환자의 체세포 핵을 무핵 난자에 이식하여 만든 복제 배아에서 줄기세포를 얻을 수 있다. 이 방법으로 얻은 줄기세포를 치료에 이용할 경우 환자와 배아의 유전자가 같아 면역 거부 반응이 나타나지 않는다.

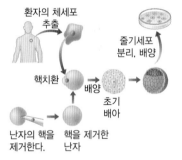

유도 만능 줄기세포를 얻는 방법

난자와 배아 줄기세포에 존재하는 역분화 유도 인자를 체세포에 도입하여 체세포를 역분화시키면 유도 만능 줄기세포를 얻을 수 있다.

줄기세포의 분화 능력

배아 줄기세포, 유도 만능 줄기세포는 사람의 몸을 구성하는 210여 가지의 장기를 구성하는 모든 세포로 분화할 수 있는데, 이를 전분화능이라고 한다. 성체 줄기세포는 몇 가지의 세포로 분화할 수 있는 다분화능과 한 가지 세포로만 분화할 수 있는 단분화능으로 구분된다.

유전자 변형 생물체의 개발과 활용

생명 공학 기술로 새로운 유전자 조합을 가진 생물체를 만들어 식량 부족, 환경 오염, 에너지 고갈 문제를 해결하고 의약품 생산에 활용하기 위한 연구가 활발하게 진행되고 있다.

1. 유전자 변형 생물체(LMO)

유전자 재조합과 같은 생명 공학 기술에 의해 자연적인 번식 방법으로는 나타날 수 없는 새로운 조합의 유전자와 형질을 가지게 된 생물체를 유전자 변형 생물체라고 한다. 기존의 작물이나 가축보다 생산량과 품질을 향상시킨 유전자 변형 생물체는 식량, 의약, 환경, 에너지 등 다양한 분야에 활용될 것으로 기대된다.

시야확장 ➕ LMO와 GMO

LMO(living modified organism)는 살아 있는 유전자 변형 생물체를 지칭한다. 한편, GMO(genetically modified organism)는 LMO뿐만 아니라 LMO로 만든 식품이나 가공물까지도 모두 포함한다. 즉, LMO는 GMO의 일부인 셈이다.

2. 유전자 변형 생물체(LMO)의 생산 과정

(1) **유전자 변형 식물의 생산:** 유전자 재조합 기술로 만든 재조합 플라스미드를 세균에 도입하여 식물 세포에 감염시키거나, 유전자총을 이용하여 식물의 체세포에 유전자를 직접 삽입한 후 조직 배양하여 형질 전환 식물을 얻는다.

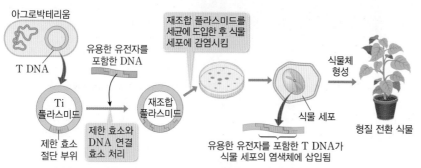

▲ **아그로박테리움의 Ti 플라스미드를 이용한 유전자 변형 식물의 생산**

(2) **유전자 변형 동물의 생산:** 유용한 유전자를 수정란의 핵에 직접 주입하여 동물의 유전체에 유전자를 삽입하고, 이 수정란을 대리모의 자궁에 착상시켜 형질 전환 동물을 얻는다.

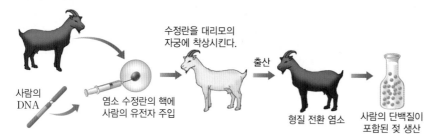

▲ **사람의 단백질이 포함된 젖을 생산하는 유전자 변형 염소의 생산**

유전자총

유용한 유전자를 미세한 텅스텐 입자 또는 금 입자에 바른 후 식물 세포를 향해 쏘아 유전자를 세포에 도입하는 기기이다. 이때 여러 종류의 DNA를 혼합하여 발사할 수 있으므로 세포 내의 유전체에 여러 유전자를 한 번에 이식할 수 있다.

아그로박테리움

식물에 기생하는 토양 세균의 일종이다. 아그로박테리움이 가지고 있는 Ti 플라스미드에는 T DNA라는 부위가 있는데, 이 부위가 식물의 유전체에 삽입되면 줄기 또는 뿌리에 혹이 생기게 한다. 이러한 원리를 형질 전환 식물의 식별에 이용할 수 있다. Ti 플라스미드의 T DNA 부위에 유용한 유전자를 삽입한 후 아그로박테리움에 도입하고, 재조합 플라스미드를 가진 아그로박테리움을 식물 세포에 감염시켜 유용한 유전자를 식물 세포에 전달한다. 그 결과 형질 전환된 식물은 T DNA가 절단된 플라스미드가 삽입되었으므로 줄기나 뿌리에 혹이 생기지 않는다.

유전자 주입 기술

매우 가는 주삿바늘을 이용하여 유전자를 세포의 핵에 직접 주입하는 기술이다.

3. 유전자 변형 생물체(LMO)의 활용

(1) 식량 자원: 기존 식량 자원에 비해 우수한 품질과 높은 생산성을 가지는 LMO에 대한 연구가 활발히 진행되고 있다. 잘 무르지 않는 토마토, 제초제 저항성 콩과 밀, 해충 저항성 옥수수, 프로비타민 A를 생산하는 황금쌀, 일반 연어보다 생장 속도가 빠르고 크게 자라는 슈퍼 연어 등이 개발되었다.

해충 저항성이 있는 옥수수　　프로비타민 A를 생산하는 황금쌀　　빠르고 크게 자라는 슈퍼 연어

▲ 식량 자원으로 개발된 유전자 변형 생물체

(2) 의약품 생산: LMO는 의학적으로 유용한 물질의 생산에도 활용된다. 사람의 인슐린이나 생장 호르몬을 생산하는 세균, 바이러스 감염 치료제인 인터페론을 생산하는 미생물, 사람의 혈액 응고 단백질을 생산하는 흑염소, 사람의 빈혈 치료제로 사용되는 조혈 촉진 인자를 생산하는 돼지, 사람의 모유 성분인 락토페린을 대량으로 생산하는 젖소, 고셔병 치료제를 생산하는 당근 등이 개발되었다.

사람의 인슐린을 생산하는 세균　　락토페린을 대량 생산하는 젖소　　고셔병 치료제를 생산하는 당근

▲ 의약품 생산에 활용되는 유전자 변형 생물체

(3) 환경 오염 해결: 폐기물에 의해 오염된 토양이나 원유 오염 지역을 정화하기 위하여 LMO를 활용한다. 기름이나 독성 유기 화합물을 분해하는 세균, 카드뮴이나 납 등의 중금속을 흡수하는 식물, 농약 사용량을 감소시키는 작물 등이 개발되었다.

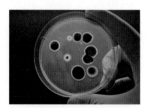

기름을 분해하는 세균　　오염 물질을 해독하는 포플러　　중금속을 흡수하는 애기장대

▲ 환경 오염 해결에 활용되는 유전자 변형 생물체

(4) 대체 에너지원: 고갈되고 있는 화석 연료를 대체할 수 있는 바이오 연료의 원료 생산에도 LMO가 활용된다. 사막이나 오염된 지역에서도 자랄 수 있는 바이오 에탄올용 고구마가 개발되었고, 세포벽이 쉽게 분해되도록 하여 바이오 연료의 생산 효율을 높인 작물 등이 개발되었다.

황금쌀

사람의 체내에서 비타민 A로 전환될 수 있는 프로비타민 A(베타카로틴)를 생산하는 쌀로, 황색을 띠고 있어 황금쌀이라고 불린다.

인터페론

바이러스에 감염된 세포에서 분비되는 항바이러스성 단백질로, 치료 약물로 사용하기 위해 인공적으로 합성하기도 한다.

락토페린

자연 상태에서는 사람과 젖소의 초유에만 들어 있는 항균성·항바이러스성 물질로 철의 흡수를 돕고 세균의 증식을 억제한다.

고셔병

GC(glucocerebrosidase)라는 효소 유전자의 돌연변이가 원인이다. GC가 결핍된 환자는 면역을 담당하는 대식세포에 글루코세레브로사이드라는 물질이 다량 축적되어 세포가 비대해지는데, 이 세포를 고셔 세포라고 한다. 고셔 세포는 간, 지라, 골수 등에 주로 축적되어 이들 기관을 비대하게 하고 혈소판을 감소시키는 등 다양한 증상을 유발하며, 신경계에 합병증을 일으킬 수도 있다.

바이오 연료

동식물이나 미생물이 생산한 유기물로부터 얻는 연료이다. 바이오 에탄올, 바이오 디젤, 메테인 등이 있다.

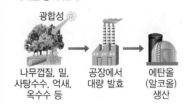

광합성

나무껍질, 밀,　　공장에서　　에탄올
사탕수수, 억새,　　대량 발효　　(알코올)
옥수수 등　　　　　　　　　　생산

3 생명 공학 기술의 전망과 생명 윤리

생명 공학 기술은 다양한 분야에 활용되어 인류의 생활 향상에 도움을 주고 있다. 그러나 한편으로는 생명 윤리와 안전성에 대한 질문이 끊임없이 제기될 것이다.

1. 생명 공학 기술의 전망 (심화) 234쪽

생명 공학 기술은 의학, 농업, 축산업, 법의학, 환경, 산업 등 다양한 분야에 활용되어 인류가 직면한 질병·식량·환경 문제 해결에 이바지할 것으로 기대를 모으고 있다.

(1) 의학 분야: 의학 분야는 생명 공학 기술이 가장 널리 활용되는 분야이다. 유전자 치료, 단일 클론 항체, 장기 제공용 동물 생산, DNA 칩 등 의약품 개발, 질병의 진단, 치료, 예방에 대한 광범위한 연구가 계속되고 있으며, 최근에는 유전자 가위를 이용한 유전체 교정에 대한 연구가 활발하게 이루어지고 있다.

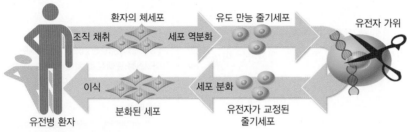
▲ 유전자 가위를 이용한 유전체 교정

(2) 농업·축산업 분야: 농업과 축산업 분야에서는 유전자 재조합 등 생명 공학 기술을 이용하여 생산성이 높고 품질이 향상된 작물과 가축을 생산하고 있다. 유전자 가위 기술의 개발로 빠르고 정확한 유전체 교정이 가능해지면 LMO를 활용한 식품의 안전성도 높아질 것으로 기대된다.

(3) 법의학 분야: PCR 기술이나 DNA 지문 기술이 발달하여 적은 양의 DNA로도 더욱 빠르고 정확하게 개인을 식별할 수 있을 것으로 기대된다.

(4) 환경 분야: LMO를 이용하면 자연적으로 썩지 않는 쓰레기와 바다에 유출된 원유 등을 부산물 없이 생화학적으로 분해할 수 있을 것으로 기대된다.

(5) 산업 분야: 미생물, 동식물과 같은 생명체나 폐식용유, 음식물 쓰레기와 같은 유기 폐기물을 이용한 바이오 연료의 생산에 대해 연구가 이루어지고 있다.

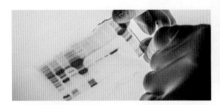
▲ DNA 지문

▲ 생분해성 플라스틱 식기

▲ 바이오 가스 생산 시설

DNA 마이크로어레이

DNA 칩으로 널리 알려진 질병 진단 기구의 정식 명칭은 DNA 마이크로어레이(DNA microarray)이다. 이는 서열이 알려진 몇 개의 염기로 이루어진 단일 가닥의 DNA를 특수한 슬라이드 위에 부착한 것이다. 분석하고자 하는 특정 세포에서 발현되는 유전자의 DNA 가닥을 형광 물질로 표지하여 넣으면, 부착되어 있는 DNA 가닥과 세포에서 발현되는 유전자의 DNA 가닥이 상보적으로 결합한 자리에서만 형광이 나타난다. 한 번에 여러 유전자의 발현 양상을 확인할 수 있어 질병 연구나 유전자 분석에 유용하게 쓰인다.

유전자 가위 기술

유전자 가위는 DNA에서 원하는 부위를 자르기 위해 개발된 인공 효소이다. 유전자 가위 기술은 유전자 가위를 이용해 생물의 유전자를 교정하는 기술로, 기존의 유전자 재조합 기술보다 간단하고 빠르게 유전자를 교정할 수 있다.

2. 생명 공학 기술의 발달에 따른 문제점

(1) 인체에 대한 안전성 문제: 유전자 변형 생물체를 식량 자원으로 개발할 경우 유전자 변형 과정에서 도입된 유전자에 의해 생성될 수 있는 물질의 독성이나 알레르기 유발 가능성 등 인체에 미칠 영향을 충분히 검증하여 식품의 안전성을 높여야 한다. 또한, 동물에서 얻은 장기를 이식할 경우 면역 거부 반응이 일어나지 않는지 확인해야 하고, 동물에 존재하는 바이러스가 사람에게 감염되지 않도록 주의해야 한다.

(2) 생명 윤리 문제: 핵치환 기술을 이용한 장기 이식용 복제 동물의 생산, 배아 줄기세포 생산을 위한 배아와 난자의 사용, 무분별한 유전자 조작 등은 생명 경시와 인간 존엄성의 훼손, 인간 복제의 가능성 등 다양한 생명 윤리 문제를 불러일으키고 있다.

(3) 생태계 문제: LMO에 도입된 제초제 내성 유전자가 다른 식물에 전이되어 어떤 제초제로도 제거할 수 없는 슈퍼 잡초가 나타난 사례가 있다. 이처럼 LMO에 도입된 특정 유전자가 야생 상태의 생물에 전달될 경우 생태계 교란이 일어날 수 있다. 또한, 단일 품종의 LMO 작물이나 바이오 연료를 얻기 위한 식물만을 대규모로 재배하여 생물 다양성이 감소하거나, LMO에서 생성된 해충 저항성 물질 등이 다른 생물에도 영향을 끼쳐 생태계가 파괴되는 등 다양한 문제가 발생할 수 있다. 따라서 LMO의 재배 여부는 생태계에 미치는 영향을 충분히 검토한 후 결정하여야 한다.

(4) 사회적 문제: LMO가 특허의 대상이 되면서 이에 대한 권리를 소수 기업이 독점하여 질병 치료나 식량 확보에 막대한 비용을 지불해야 하는 문제가 발생할 수도 있다.

▲ 장기 이식용 복제 돼지

▲ 제초제 저항성이 있는 슈퍼 잡초의 출현 가능성

3. 생명 윤리법과 생명 공학 기술의 사회적 과제

(1) 생명 윤리법: 생명 공학 기술은 생명체를 대상으로 하므로 연구 범위와 생명 윤리를 규정하는 법적·제도적 장치를 통해 그 활용 범위를 지속해서 관리할 필요가 있다. 이에 우리나라는 '생명 윤리 및 안전에 관한 법률(생명 윤리법)'을 제정하여 시행하고 있다. 생명 윤리법은 인간, 배아, 유전자 등을 연구할 때 인간의 존엄과 가치를 침해하거나 인체에 해를 끼치는 것을 방지함으로써 생명 윤리 및 안전을 확보하고, 국민의 건강과 삶의 질 향상에 이바지하는 것을 목적으로 한다.

(2) 사회적 과제: 생명 공학 기술의 막대한 경제적 가치 때문에 각국의 이해 관계가 엇갈리고 있으며, 빠르게 발달하는 생명 공학 기술을 제도로 규제하는 데에도 한계가 있다. 따라서 공동체 구성원의 생명 윤리 의식을 높이고, 생명 공학 기술의 활용 범위를 사회적으로 합의할 필요가 있다. 생명 윤리를 비롯한 여러 문제를 인식하고 올바로 대처하도록 노력한다면 생명 공학 기술은 인류의 미래를 위해 많은 성과를 낼 수 있을 것이다.

GMO(LMO) 관리

우리나라에서는 바이오 안전성 의정서에 기반하여 국내 법률을 제정하고 그에 따라 GMO(LMO)를 관리한다. 대부분의 국가에서는 GMO 안전성 확보를 위하여 GMO를 상업화하기 전 엄격한 관리를 위한 위해성 평가 체계를 구축하고 있다. 그러나 승인된 GMO의 유통 단계 표시제는 국가별로 차이가 있다. 미국, 캐나다에서는 엄격한 평가를 거쳐 상업화된 GMO는 일반 농산물과 실질적으로 동등하다는 것을 전제로 GMO에 대한 별도 표시 규정이 없고, 일반 농산물과 성분이 매우 다르거나 알레르기성 물질을 함유한 경우에만 특별한 표시를 하도록 하고 있다. EU, 일본, 중국, 우리나라에서는 상업화가 허용된 GMO라 하더라도 일반 농산물과는 실질적으로 다른 것으로 간주하여 소비자의 알 권리를 충족시키기 위한 의무 표시제를 적용하고 있다.

바이오 안전성 의정서

2000년 캐나다에서 개최된 '생물 다양성 협약' 특별당사국 총회에서 채택된 의정서로, 유전자 변형 생물체(LMO)의 국가 간 이동을 규제하는 최초의 국제 협약이다.

유전체 편집의 책임 있는 연구와 혁신을 위한 연합(ARRIGE)

크리스퍼 유전자 가위가 유전체 교정을 용이하게 함으로써 식량 생산과 인류 건강에서부터 과학 연구까지 모든 것을 바꾸어 놓을 것으로 예상되고 있다. 2018년 유럽 지역의 연구자들은 이러한 잠재력을 지닌 기술의 발전에 대한 사회적·윤리적 가이드라인을 논의하고 제공하는 국제적 연합인 ARRIGE를 창설하였다.

크리스퍼 유전자 가위

유전자 가위를 이용한 유전자 편집 기술은 4차 산업 혁명으로 손꼽히는 바이오 융합 기술의 핵심적인 기술로 과학 기술계의 주목을 받고 있다. 이 기술은 가위라는 말에서 알 수 있듯이 문제가 있는 유전자만 잘라 내어 새로운 유전자로 바꾸는 기술이다. 초기의 유전자 가위는 정교하지 않고 효율도 낮았지만, 최근 개발된 크리스퍼(CRISPR) 유전자 가위는 만들기 쉽고 정교하며 효율이 높다.

❶ 크리스퍼 유전자 가위

유전자 가위는 DNA에서 원하는 부위를 자르기 위해 개발된 인공 효소이다. 이 중 가장 최근에 개발된 크리스퍼(CRISPR) 유전자 가위는 가이드 RNA와 제한 효소 인 Cas9 단백질로 구성된다. 가이드 RNA 가 상보적인 염기 서열이 있는 DNA를 찾아내면, Cas9 단백질이 그 부위의 DNA 를 자른다. 기존의 유전자 가위는 원하는

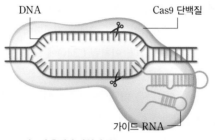

▲ 크리스퍼 유전자 가위의 구조

DNA를 찾기 위해 가이드 단백질을 이용하였다. 단백질은 크기가 크고 구조가 복잡해 원하는 염기 서열을 인식하는 단백질을 만드는 데 많은 노력이 필요하였다. 크리스퍼 유전자 가위는 단백질보다 훨씬 작은 RNA가 가이드 역할을 하므로 만들기 쉽고 정확도도 높다.

❷ 크리스퍼 유전자 가위의 활용과 과제

크리스퍼 유전자 가위는 가이드 RNA를 활용하여 기존의 유전자 재조합 기술보다 단순하고 빠르게 다양한 유전자를 교정할 수 있다. 또한, 유전자 재조합 과정에서 불필요하게 삽입되는 외래 유전자가 없어 LMO 농축산물의 안전성 문제도 해결할 수 있다. 따라서 동식물의 형질 개량, 유전자 치료, 멸종 동물의 복원 등 광범위한 분야에 이용될 것으로 기대된다.

▲ DNA 재조합 기술을 이용한 방식   ▲ 유전자 가위를 이용한 방식

한편, 유전자 가위의 개발로 유전자 편집이 용이해짐에 따라 생명 윤리에 대한 이슈가 제기되고 있다. 중국의 한 연구팀은 유전자 가위를 이용하여 배아에서 혈관 질환을 유발하는 유전자를 제거하였고, 장기 이식용 돼지의 배아에서 사람에게 면역 거부 반응을 일으키는 단백질 유전자를 제거하기도 하였다. 이에 따라 사회적 합의 없이 탄생할 수 있는 '맞춤형 아기'와 같은 윤리적, 사회적 문제를 우려하는 목소리도 높다.

크리스퍼

CRISPR(clustered regularly interspaced short palindromic repeats)는 '규칙적인 간격을 갖는 짧은 회문 구조 반복 서열'이라는 뜻이다. 세균은 세포 내로 침투한 박테리오파지(바이러스)의 DNA 조각을 조금 잘라 자신의 유전체 속 반복 서열(크리스퍼) 사이에 넣어 둔다. 파지가 다시 침투하면 세균은 이 부위에서 보관한 파지의 DNA를 찾아 RNA를 전사하고, 전사된 RNA는 제한 효소인 Cas9 단백질과 결합한다. RNA가 상보적인 염기 서열을 갖는 파지의 DNA를 인식하면 Cas9 단백질이 인식된 DNA를 잘라 파지의 유전체를 파괴한다. 즉, 크리스퍼는 세균이 바이러스의 감염에 대응하기 위해 획득한 일종의 면역 수단인 셈이다.

크리스퍼 유전자 가위의 특허권 분쟁

크리스퍼 유전자 가위에 대한 논문을 가장 먼저 발표한 것은 UC 버클리의 연구팀이지만, 관련 특허를 먼저 획득한 것은 브로드 연구소의 연구팀이다. 이에 크리스퍼 유전자 가위 기술의 원천 특허를 둘러싼 치열한 공방이 벌어지고 있다.

개념 모아
정리하기

02 생명 공학 기술의 활용과 전망

1. 생명 공학 기술과 인간 생활

1 생명 공학 기술을 활용한 난치병 치료

1. 단일 클론 항체
- B 림프구와 암세포를 (**❶**   )하여 얻은 잡종 세포로부터 한 종류의 항체를 얻는다.
- 질병 진단, 암 치료, 임신 진단 등에 활용된다.

2. 유전자 치료
- (**❷**   ) 기술로 정상 유전자를 DNA 운반체에 삽입하여 환자의 체세포에 도입한다.
- 환자의 유전병 증상은 치료할 수 있지만, 유전병 유전자는 자손에게 유전될 수 있다.

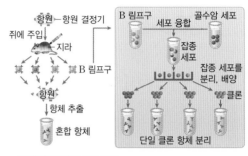

▲ **단일 클론 항체의 생산 과정**

3. 줄기세포

구분	(❸) 줄기세포	(❹) 줄기세포	유도 만능 줄기세포
얻는 방법	발생 초기의 배아에서 얻는다.	지방, 골수, 탯줄의 혈액 등 인체의 일부분에서 얻는다.	체세포를 (❺)시켜서 얻는다.
장점	인체의 모든 세포로 분화할 수 있다.	• 생명 윤리 문제가 없다. • 환자 자신의 세포를 사용하면 면역 거부 반응이 없으며, 암세포로 분화할 가능성도 없다.	• 다양한 세포로 분화할 수 있다. • 생명 윤리 문제가 없다. • 환자 자신의 세포를 사용하면 면역 거부 반응이 없다.
단점	발생 중인 배아를 사용하므로 생명 윤리 문제가 발생한다.	분화할 수 있는 세포의 종류가 제한적이다.	체세포를 역분화시키는 과정에서 유전자 변이 가능성이 높다.

2 유전자 변형 생물체의 개발과 활용

1. 유전자 변형 생물체(LMO)   생명 공학 기술로 새로운 조합의 유전자와 형질을 가지게 된 생물체이다.

2. 유전자 변형 생물체의 생산 과정
- 식물: 재조합 플라스미드를 도입한 세균을 식물에 감염시키거나 (**❻**   )으로 유전자를 식물 세포에 직접 삽입하여 얻는다.
- 동물: 유용한 유전자를 (**❼**   )의 핵에 직접 주입한 후, 이를 대리모의 자궁에 착상시켜 얻는다.

3. 유전자 변형 생물체의 활용   생산성과 품질이 향상된 식량 자원 개발, 의약품 생산, 환경 오염 물질의 흡수와 분해를 통한 환경 오염 해결, 화석 연료를 대체할 수 있는 (**❽**   )의 원료 생산 등에 활용된다.

3 생명 공학 기술의 전망과 생명 윤리

1. 생명 공학 기술의 전망   의학, 농업·축산업, 법의학, 환경, 산업 분야 등에 광범위하게 활용된다.

2. 생명 공학 기술의 발달에 따른 문제점   인체에 대한 안전성 및 생태계에 미치는 영향에 대한 면밀한 검토와 사회적 문제, 생명 윤리 문제에 대한 고려가 필요하다.

3. 사회적 과제   생명 공학 기술의 활용 범위에 대한 법적·제도적 장치뿐만 아니라 사회적 합의와 국제적 협의가 뒷받침되어야 한다.

01 그림은 단일 클론 항체를 만드는 과정을 나타낸 것이다.

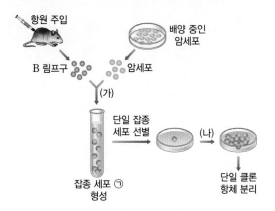

(1) (가)와 (나)에서 사용된 생명 공학 기술을 각각 쓰시오.

(2) 잡종 세포 ㉠의 특징 세 가지를 쓰시오.

02 그림은 단일 클론 항체를 활용한 암 치료 방법을 나타낸 것이다.

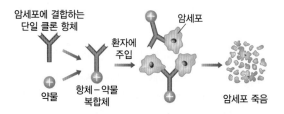

(1) 단일 클론 항체가 결합하는 항원 결정기는 어디에 있는지 쓰시오.

(2) 암세포를 죽이는 것은 단일 클론 항체와 약물 중 무엇인지 쓰시오.

(3) 일반 항암제와 비교하여 이와 같은 항체 – 약물 복합체가 갖는 장점을 간단히 쓰시오.

03 그림은 유전자 치료 과정을 나타낸 것이다.

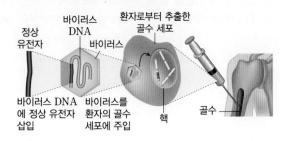

(1) 위 과정은 (체내 유전자 치료, 체외 유전자 치료)를 나타낸 것이다.

(2) 바이러스의 역할은 무엇인지 쓰시오.

(3) 위 과정에서 환자로부터 추출한 골수 세포를 사용하는 까닭을 쓰시오.

(4) 위와 같은 방법으로 치료한 환자의 유전병은 자손에게 유전 (가능, 불가능)하다.

04 다음에서 설명하는 용어를 각각 쓰시오.

(1) 유전적으로 동일한 세포군(클론)에서 만들어지는 한 종류의 항체이다.

(2) 여러 종류의 조직을 구성하는 세포로 분화할 수 있는 미분화된 세포이다.

(3) 생명 공학 기술에 의해 자연적으로는 나타날 수 없는 새로운 조합의 유전자와 형질을 가지게 된 생물체이다.

(4) 생물의 DNA에서 원하는 부위를 자르기 위해 개발된 인공 효소이다.

05 그림은 줄기세포 A~C를 얻는 과정을 나타낸 것이다.

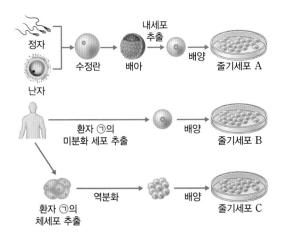

(1) A~C는 각각 어떤 줄기세포인지 쓰시오.

(2) A~C를 이용하여 만든 장기를 환자 ㉠에게 이식하였을 때, 면역 거부 반응이 나타나지 않는 것의 기호를 있는 대로 쓰시오.

(3) A~C를 이용하여 이식용 장기를 만들 때 생명 윤리 문제가 가장 큰 것의 기호를 쓰시오.

(4) B를 이용하여 이식용 장기를 만들 때 발생하는 한계점을 쓰시오.

06 그림은 유전자 변형 생물체에 대한 용어의 관계를 나타낸 것이다. (가)와 (나)는 각각 LMO와 GMO 중 하나이다.

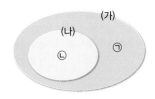

(1) (가)와 (나)는 각각 무엇인지 쓰시오.

(2) 제초제 저항성 콩과 이 콩으로 만든 콩기름은 각각 ㉠과 ㉡ 중 어디에 속하는지 쓰시오.

07 그림은 생명 공학 기술을 이용하여 유전자 변형 밀 X를 만드는 과정을 나타낸 것이다.

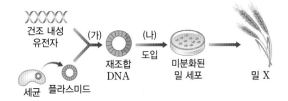

(1) (가) 과정에 필요한 효소 두 가지를 쓰시오.

(2) 이에 대한 설명으로 옳은 것만을 〈보기〉에서 있는 대로 고르시오.

> 보기
> ㄱ. 밀 X는 유전자 변형 생물체이다.
> ㄴ. (나) 과정에서 유전자총을 사용할 수 있다.
> ㄷ. 건조 내성 유전자는 밀 X에는 없고, 미분화된 밀 세포에만 있다.

08 유전자 변형 생물체(LMO)의 활용에 대한 설명으로 옳은 것만을 〈보기〉에서 있는 대로 고르시오.

> 보기
> ㄱ. 해충 저항성 옥수수는 해충의 피해를 입지 않아 생산성이 높다.
> ㄴ. 중금속을 흡수하는 식물은 환경 오염 문제를 해결하는 데 활용된다.
> ㄷ. 사람의 혈액 응고 단백질을 생산하는 염소를 이용하여 의약품을 생산한다.

09 생명 공학 기술을 활용할 때 고려해야 할 점으로 옳은 것만을 〈보기〉에서 있는 대로 고르시오.

> 보기
> ㄱ. 기술의 활용이 가져올 이익이 클 때는 생명 윤리법에 의한 제약을 두지 않는다.
> ㄴ. 유전자 변형 생물체를 식량 자원으로 개발할 때는 알레르기 유발 가능성을 검토해야 한다.
> ㄷ. 유전자 변형 생물체에 도입된 유용한 유전자가 자연 상태의 다른 개체에도 널리 전달될 수 있도록 한다.

[01~02] 그림은 단일 클론 항체의 생산 과정을, 표는 B 림프구와 암세포의 특성을 나타낸 것이다. ㉠과 ㉡은 각각 B 림프구와 암세포 중 하나이다.

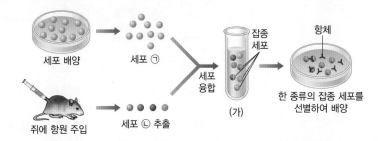

세포＼특성	항체 생산 능력	분열 능력과 수명	선택 배지	완전 배지
B 림프구	있음	분열하지 않으며 10일 이내	생존	생존
암세포	없음	빠르게 분열하며 반영구적	죽음	생존

01 ❯ 단일 클론 항체의 생산 과정

이에 대한 설명으로 옳은 것만을 〈보기〉에서 있는 대로 고른 것은?

보기
ㄱ. ㉠은 빠르게 분열할 수 있다.
ㄴ. ㉡과 잡종 세포는 모두 항체를 생산할 수 있다.
ㄷ. (가)에서 모든 잡종 세포는 같은 종류의 항체를 생산한다.

① ㄱ   ② ㄴ   ③ ㄱ, ㄴ   ④ ㄱ, ㄷ   ⑤ ㄴ, ㄷ

• 암세포와 B 림프구를 세포 융합하여 만든 잡종 세포는 암세포와 B 림프구의 특성을 모두 갖는다.

02 ❯ 단일 클론 항체의 생산 과정

(가)에는 잡종 세포 외에도 융합되지 않은 ㉠과 ㉡이 모두 존재한다. (가)에서 잡종 세포만을 선별하는 방법으로 옳은 것은?

① 선택 배지로 옮기면 ㉠이 제거되고, 15일 정도 더 배양하면 ㉡이 제거된다.
② 선택 배지로 옮기면 ㉡이 제거되고, 15일 정도 더 배양하면 ㉠이 제거된다.
③ 완전 배지로 옮기면 ㉠이 제거되고, 15일 정도 더 배양하면 ㉡이 제거된다.
④ 완전 배지로 옮기면 ㉡이 제거되고, 15일 정도 더 배양하면 ㉠이 제거된다.
⑤ 완전 배지에서 빠르게 분열하는 세포를 제거하면 ㉠이 제거되고, 항체를 생산하는 세포를 제거하면 ㉡이 제거된다.

• 선택 배지는 B 림프구의 생존에 필요한 최소한의 물질이 들어 있는 배지이며, 완전 배지는 모든 세포가 생존할 수 있는 배지이다.

03 ▸ 유전자 치료 과정
그림은 어떤 유전병이 있는 환자의 유전자 치료 과정을 나타낸 것이다.

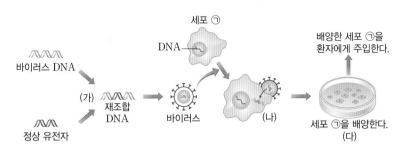

이에 대한 설명으로 옳은 것만을 〈보기〉에서 있는 대로 고른 것은?

> **보기**
>
> ㄱ. ㉠은 환자로부터 채취한 체세포이다.
> ㄴ. (가)에서는 유전자 재조합 기술이, (나)에서는 세포 융합 기술이 사용되었다.
> ㄷ. (다)에서 세포가 증식할 때 정상 유전자도 복제된다.

① ㄱ   ② ㄴ   ③ ㄱ, ㄷ   ④ ㄴ, ㄷ   ⑤ ㄱ, ㄴ, ㄷ

• 체외 유전자 치료는 환자의 몸에서 추출한 세포에 정상 유전자를 재조합한 DNA를 도입한 후 이 세포를 다시 환자의 몸 안에 넣는 것이다.

04 ▸ 줄기세포의 종류
그림은 줄기세포를 이용하여 환자를 치료하는 두 가지 방법을 나타낸 것이다.

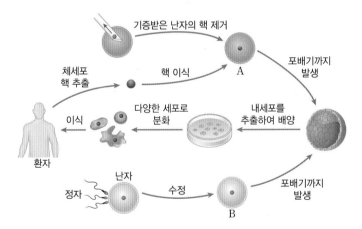

이에 대한 설명으로 옳은 것만을 〈보기〉에서 있는 대로 고른 것은?

> **보기**
>
> ㄱ. A로부터 얻은 줄기세포는 인체의 특정 세포로만 분화할 수 있다.
> ㄴ. A로부터 얻은 줄기세포가 분화하여 만들어진 조직을 환자에게 이식하면 면역 거부 반응이 나타나지 않는다.
> ㄷ. B로부터 얻은 줄기세포는 환자의 체세포와 유전자 구성이 동일하다.

① ㄱ   ② ㄴ   ③ ㄷ   ④ ㄱ, ㄴ   ⑤ ㄴ, ㄷ

• A는 무핵 난자에 체세포 핵을 이식하여 만들어진 복제 수정란이고, B는 정자와 난자의 수정으로 생성된 수정란이다.

05 > 줄기세포를 이용한 유전병 치료
그림은 줄기세포를 이용한 유전병 환자의 치료 과정을 나타낸 것이다.

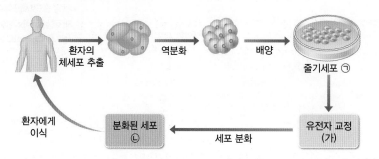

이에 대한 설명으로 옳은 것만을 〈보기〉에서 있는 대로 고른 것은?

> 보기
> ㄱ. ㉠은 유도 만능 줄기세포이다.
> ㄴ. 같은 유전병을 앓는 다른 환자에게 ㉡을 이식하면 같은 치료 효과가 나타난다.
> ㄷ. (가) 과정에서 줄기세포의 모든 유전자는 정상인의 유전자로 치환된다.

① ㄱ   ② ㄴ   ③ ㄱ, ㄷ   ④ ㄴ, ㄷ   ⑤ ㄱ, ㄴ, ㄷ

• 환자의 체세포를 역분화시켜 얻은 줄기세포는 환자와 유전자 구성이 같으므로 환자 맞춤형 치료가 가능하다.

06 > LMO를 이용한 의약품 생산
그림은 생명 공학 기술을 이용하여 B형 간염 백신을 만드는 과정을 나타낸 것이다.

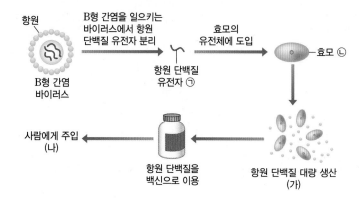

이에 대한 설명으로 옳은 것은?
① ㉠은 바이러스의 숙주 세포에서 유래한 것이다.
② ㉡은 간염 바이러스에 감염되어 형질 전환되었다.
③ (가)의 항원 단백질은 바이러스에서 합성된 것이다.
④ (가)에서 효모 유전체에 도입된 ㉠의 전사와 번역이 활발하게 일어난다.
⑤ (나)에서 간염 바이러스에 감염된 사람에게 항원 단백질을 주사한다.

• 생명 공학 기술을 이용하여 바이러스의 항원 단백질을 대량으로 생산하고 이를 백신으로 활용한다.

07 ❯ 형질 전환 식물의 생산

토마토의 유전자 A는 토마토의 껍질을 연하게 만드는 효소 ㉠을 암호화한다. 그림은 유전자 A의 발현을 억제하는 물질을 만드는 유전자 B를 활용하여 잘 무르지 않는 토마토 (가)를 만드는 과정을 나타낸 것이다.

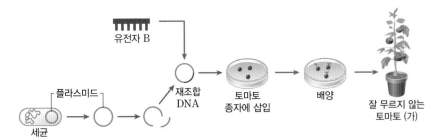

유전자 B / 재조합 DNA / 플라스미드 / 세균 / 토마토 종자에 삽입 / 배양 / 잘 무르지 않는 토마토 (가)

> 유전자 재조합 기술을 이용하여 만든 재조합 DNA를 토마토 종자에 삽입하여 새로운 형질을 갖는 유전자 변형 토마토를 만든다.

(가)에 대한 설명으로 옳은 것만을 〈보기〉에서 있는 대로 고른 것은?

보기
ㄱ. 유전자 A는 가지고 있지 않고, 유전자 B는 가지고 있다.
ㄴ. 무른 토마토에 비해 단위 무게당 효소 ㉠의 양이 적다.
ㄷ. 유전자 재조합 기술을 활용하여 만든 LMO이다.

① ㄱ   ② ㄴ   ③ ㄱ, ㄷ   ④ ㄴ, ㄷ   ⑤ ㄱ, ㄴ, ㄷ

08 ❯ 생명 공학 기술을 이용한 암 치료

그림은 표면 단백질이 개조된 바이러스에 치사 유전자를 삽입한 후, 이를 이용하여 암세포를 제거하는 과정을 나타낸 것이다.

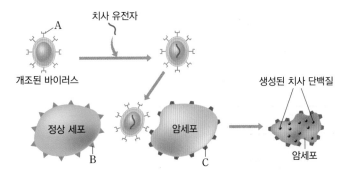

치사 유전자 / A / 개조된 바이러스 / 정상 세포 / B / 암세포 / C / 생성된 치사 단백질 / 암세포

> 바이러스가 암세포만을 표적으로 하려면 정상 세포에는 없고 암세포에만 있는 표면 단백질과 특이적으로 결합해야 한다.

이에 대한 설명으로 옳은 것만을 〈보기〉에서 있는 대로 고른 것은? (단, A~C는 표면 단백질이다.)

보기
ㄱ. A는 B와는 결합하지 않고, C와 특이적으로 결합한다.
ㄴ. 개조된 바이러스는 치사 유전자를 암세포로 운반한다.
ㄷ. 치사 유전자가 암세포에서 발현되면 암세포가 제거된다.

① ㄱ   ② ㄴ   ③ ㄱ, ㄷ   ④ ㄴ, ㄷ   ⑤ ㄱ, ㄴ, ㄷ

01 〉유전자 재조합 기술

다음은 일반 감자보다 아미노산 X의 함량이 높은 감자 ㉠을 만드는 과정이다. 일반 감자에는 효소 E가 없다.

> (가) 세균에서 아미노산 X를 합성하는 효소 E의 유전자를 분리한다.
> (나) 식물에 유전자를 전달할 수 있는 DNA 운반체에 효소 E의 유전자를 삽입한다.
> (다) 재조합된 DNA 운반체를 일반 감자 세포에 도입한다.
> (라) 형질 전환된 감자 세포를 선별하고 배양하여 감자 ㉠을 얻는다.
> (마) 감자 ㉠에서 아미노산 X의 양을 측정한다.

• 감자 ㉠은 유전자 재조합 기술로 효소 E의 유전자를 갖도록 형질 전환되었다.

이에 대한 설명으로 옳은 것만을 〈보기〉에서 있는 대로 고른 것은?

보기
ㄱ. (나)에서 DNA 운반체로 세균의 주염색체를 사용할 수 있다.
ㄴ. (라)에서 조직 배양 기술로 완전한 감자 개체를 만든다.
ㄷ. 감자 ㉠은 세균의 유전자를 갖는다.

① ㄴ　　　　② ㄷ　　　　③ ㄱ, ㄴ　　　　④ ㄱ, ㄷ　　　　⑤ ㄴ, ㄷ

02 〉유전자 재조합 기술의 응용

그림은 생명 공학 기술을 이용하여 해충 저항성을 가진 식물 (가)를 만드는 과정을 나타낸 것이다. 이 과정에 사용된 세균 A의 플라스미드에는 해충 저항성 유전자가 존재하지 않는다.

• 유전자 재조합 기술을 이용하면 자연적으로 가질 수 없는 형질을 가진 유전자 변형 생물체를 만들 수 있다.

이에 대한 설명으로 옳은 것만을 〈보기〉에서 있는 대로 고른 것은?

보기
ㄱ. 과정 ㉠과 ㉡에서 동일한 제한 효소를 처리한다.
ㄴ. 세균 B는 세균 A가 형질 전환된 것이다.
ㄷ. (가)의 세포 내에서 유전자 X가 발현되면 (가)는 해충 저항성을 갖는다.

① ㄱ　　　　② ㄴ　　　　③ ㄷ　　　　④ ㄱ, ㄷ　　　　⑤ ㄴ, ㄷ

03 〉형질 전환 대장균의 선별

그림 (가)는 대장균 Ⅰ로부터 유전자 X의 단백질과 유전자 Y의 단백질을 모두 생산하는 대장균 Ⅳ를 얻는 과정을, (나)는 (가)의 대장균 Ⅰ~Ⅳ를 섞어 각각 3종류의 항생제 ㉠~㉢ 중 하나를 첨가한 배지에서 배양한 결과를 나타낸 것이다. 유전자 A~C는 각각 항생제 ㉠~㉢ 내성 유전자 중 하나이며, 동일한 대장균은 각 배지의 동일한 위치에 존재한다.

유전자가 삽입되는 위치에 따라 특정 항생제 내성을 잃는 것을 이용하여 재조합 DNA를 가진 대장균을 선별한다.

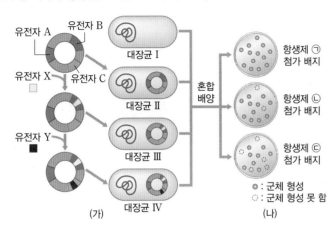

이에 대한 설명으로 옳은 것만을 〈보기〉에서 있는 대로 고른 것은?

보기

ㄱ. 유전자 X는 항생제 ㉢ 내성 유전자 위치에 삽입되었다.

ㄴ. 유전자 C는 항생제 ㉡ 내성 유전자이다.

ㄷ. 항생제 ㉡이나 ㉢을 첨가한 배지에서 군체를 형성하는 대장균 중에 Y의 단백질을 생산하는 것이 있다.

---

① ㄱ   ② ㄴ   ③ ㄷ   ④ ㄱ, ㄴ   ⑤ ㄴ, ㄷ

04 〉중합 효소 연쇄 반응

다음은 중합 효소 연쇄 반응(PCR)으로 DNA를 증폭시킬 때 각 단계에서 일어나는 반응을 설명한 것이다.

(가)는 DNA 변성, (나)는 프라이머 결합, (다)는 DNA 합성 단계이다.

단계	반응
(가)	이중 나선 DNA가 단일 가닥으로 분리된다.
(나)	프라이머가 단일 가닥에 결합한다.
(다)	주형 가닥에 상보적인 염기를 갖는 DNA 가닥이 합성된다.

이에 대한 설명으로 옳은 것만을 〈보기〉에서 있는 대로 고른 것은?

보기

ㄱ. (가)는 (나)보다 높은 온도에서 일어난다.

ㄴ. 반응을 반복할 때마다 (다)에 필요한 효소를 새로 넣어 주어야 한다.

ㄷ. 유전자 재조합 과정에서 주로 재조합 DNA를 증폭시키기 위해 이용되는 반응이다.

---

① ㄱ   ② ㄴ   ③ ㄷ   ④ ㄱ, ㄷ   ⑤ ㄴ, ㄷ

05 › 단일 클론 항체의 생산과 활용

그림은 표적 항암제에 사용되는 단일 클론 항체의 생산과 활용을 나타낸 것이다.

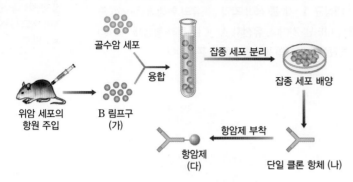

골수암 세포

위암 세포의 항원 주입 → B 림프구 (가) → 융합 → 잡종 세포 분리 → 잡종 세포 배양

항암제 부착 ← 단일 클론 항체 (나)

항암제 (다)

세포 융합 기술을 이용하여 잡종 세포를 만들고, 한 가지 항체를 생산하는 잡종 세포를 분리·배양하여 단일 클론 항체를 얻는다.

이에 대한 설명으로 옳은 것만을 〈보기〉에서 있는 대로 고른 것은?

보기

ㄱ. B 림프구 (가)는 모두 동일한 항체를 생산한다.

ㄴ. 단일 클론 항체 (나)는 정상 세포에는 결합하지 않아야 한다.

ㄷ. 항암제 (다)는 골수암 치료를 위한 것이다.

① ㄱ   ② ㄴ   ③ ㄷ   ④ ㄱ, ㄴ   ⑤ ㄴ, ㄷ

06 › 유전자 치료

그림은 어떤 유전병 환자에게 적용할 수 있는 두 가지 유전자 치료 방법 (가)와 (나)를 나타낸 것이다.

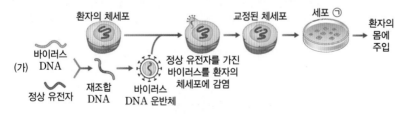

바이러스 DNA

(가)

정상 유전자 → 재조합 DNA → 바이러스 DNA 운반체 → 정상 유전자를 가진 바이러스를 환자의 체세포에 감염 → 환자의 체세포 → 교정된 체세포 → 세포 ㉠ → 환자의 몸에 주입

(나)

환자의 체세포 → 유전자 가위로 이상 유전자 수정 → 교정된 체세포 → 배양 → 세포 ㉡ → 환자의 몸에 주입

(가)는 바이러스를 유전자 운반체로 이용하여 정상 유전자를 도입한 체세포를 환자의 몸에 주입하는 것이다. (나)는 유전자 가위를 이용하여 이상 유전자를 정상 유전자로 교정한 체세포를 환자의 몸에 주입하는 것이다.

이에 대한 설명으로 옳은 것만을 〈보기〉에서 있는 대로 고른 것은?

보기

ㄱ. (가)에서는 유전자 재조합 기술과 조직 배양 기술이 활용되었다.

ㄴ. (나)에서 ㉡을 환자의 몸에 주입하면 환자의 체세포는 모두 정상 유전자를 갖게 된다.

ㄷ. (가)와 (나)에서 환자의 몸에 주입하는 ㉠과 ㉡의 유전자 구성은 서로 같다.

① ㄱ   ② ㄱ, ㄴ   ③ ㄱ, ㄷ   ④ ㄴ, ㄷ   ⑤ ㄱ, ㄴ, ㄷ

07 ▷ 줄기세포의 종류

그림은 어떤 환자 A의 체세포를 이용하여 줄기세포를 만드는 두 가지 방법 (가)와 (나)를 나타낸 것이다.

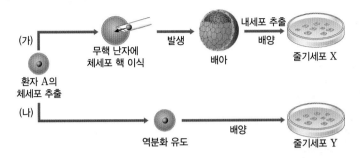

환자 A의
체세포 추출

(가) → 무핵 난자에 체세포 핵 이식 → 발생 → 배아 → 내세포 추출 배양 → 줄기세포 X

(나) → 역분화 유도 → 배양 → 줄기세포 Y

이에 대한 설명으로 옳은 것만을 〈보기〉에서 있는 대로 고른 것은?

> 보기
ㄱ. X로부터 분화된 세포의 핵에는 난자를 제공한 사람의 유전자가 있다.
ㄴ. A의 체세포와 Y는 미토콘드리아 DNA 지문이 일치한다.
ㄷ. 줄기세포를 이용하여 A에게 이식할 장기를 만들 때, 생명 윤리 문제와 면역 거부 반응이 없는 세포를 얻기에 (가)가 (나)보다 적합하다.

① ㄴ   ② ㄱ, ㄴ   ③ ㄱ, ㄷ   ④ ㄴ, ㄷ   ⑤ ㄱ, ㄴ, ㄷ

• (가)는 무핵 난자에 환자의 체세포 핵을 이식하여 복제 배아 줄기세포를 만드는 방법이고, (나)는 환자의 체세포를 역분화시켜 유도 만능 줄기세포를 만드는 방법이다.

08 ▷ 유전자 변형 동물의 생산

그림은 사람의 항응고 단백질을 생산하는 염소 D를 만드는 과정을 나타낸 것이다.

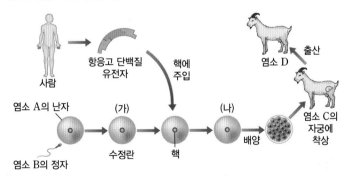

사람 → 항응고 단백질 유전자 → 핵에 주입

염소 A의 난자
염소 B의 정자

→ (가) 수정란 → 핵 → (나) → 배양 → 염소 C의 자궁에 착상 → 염소 D 출산

이에 대한 설명으로 옳은 것만을 〈보기〉에서 있는 대로 고른 것은?

> 보기
ㄱ. (가)와 (나)의 핵상은 같다.
ㄴ. D를 만들 때 핵치환 기술이 이용되었다.
ㄷ. A와 D는 미토콘드리아 DNA 지문이 일치한다.

① ㄴ   ② ㄱ, ㄴ   ③ ㄱ, ㄷ   ④ ㄴ, ㄷ   ⑤ ㄱ, ㄴ, ㄷ

• 동물의 수정란 핵에 사람의 유전자를 직접 주입하여 유용한 단백질을 생산하는 유전자 변형 동물을 만들 수 있다.

01 그림은 플라스미드와 인슐린 유전자를 재조합하여 재조합 플라스미드를 만들고, 재조합 플라스미드가 도입된 대장균을 선별하는 방법을 나타낸 것이다. 앰피실린은 항생제의 일종이며, *lacZ* 유전자는 젖당 분해 효소를 만든다. X-gal은 당의 일종으로, 젖당 분해 효소에 의해 푸른색을 띠는 물질로 분해되어 대장균 군체가 흰색이 아닌 푸른색을 띠게 한다.

KEY WORDS
(1) • 복제
 • 도입
 • 숙주 세포 선별
(2) • 제한 효소
 • 점착 말단
(3) • 앰피실린 내성 유전자
 • *lacZ* 유전자
(4) • 앰피실린과 X-gal을 포함한 배지
 • 군체의 색깔

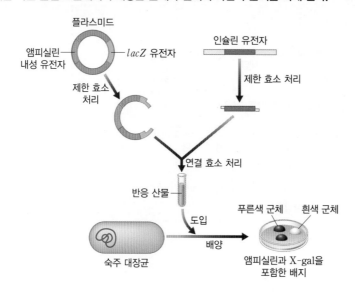

(1) 플라스미드는 DNA 운반체로 널리 사용된다. 그 까닭을 서술하시오.

_____

(2) 재조합 플라스미드를 만드는 과정에서 플라스미드와 인슐린 유전자를 동일한 제한 효소로 자른다. 그 까닭을 서술하시오.

_____

(3) 재조합 플라스미드를 도입할 숙주 대장균은 어떤 특성을 가진 것을 사용해야 하는지 서술하시오.

_____

(4) 재조합 플라스미드를 숙주 대장균에 도입하는 과정 후 여러 숙주 대장균 중에서 재조합 플라스미드를 가진 대장균을 어떻게 선별할 수 있는지 서술하시오.

_____

02 그림은 복제 젖소 C와 형질 전환 젖소 D를 생산하는 과정을 나타낸 것이다. 락토페린은 사람의 모유 성분이다.

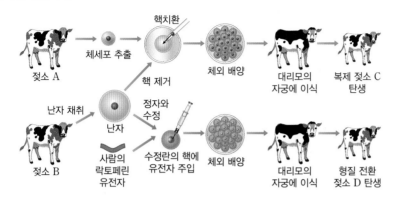

(1) 젖소 A~C의 핵과 미토콘드리아에서 각각 DNA를 추출하여 DNA 지문을 얻었을 때, DNA 지문의 일치 결과를 예상하여 서술하시오.

_____

(2) 복제 젖소 C와 형질 전환 젖소 D가 지니는 장점을 각각 서술하시오.

_____

03 그림은 단일 클론 항체를 생산하는 과정을 나타낸 것이다.

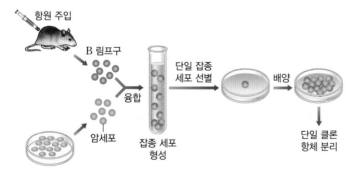

(1) B 림프구를 암세포와 융합하는 까닭을 서술하고, 융합하여 형성된 잡종 세포는 어떤 특성을 갖는지 서술하시오.

_____

(2) 이와 같은 방법으로 만들어진 단일 클론 항체가 활용되는 사례를 한 가지 서술하시오.

_____

04 그림은 조직 배양 기술을 이용하여 감자를 만드는 과정을 나타낸 것이다.

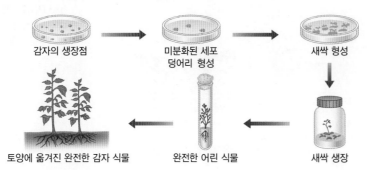

감자의 생장점 → 미분화된 세포 덩어리 형성 → 새싹 형성 → 새싹 생장 → 완전한 어린 식물 → 토양에 옮겨진 완전한 감자 식물

KEY WORDS
(1) • 생장점
• 세포 분열
• 분열 조직
(2) • 체세포 분열
• 유전자 구성

(1) 감자의 생장점을 사용하는 까닭을 서술하시오.

_____

(2) 이와 같은 방법으로 만들어진 완전한 감자 식물은 유전자 구성이 생장점을 제공한 감자와 비교하여 어떠한지 그 까닭을 포함하여 서술하시오.

_____

05 그림은 어떤 유전병이 있는 환자의 유전자 치료 과정을 나타낸 것이다.

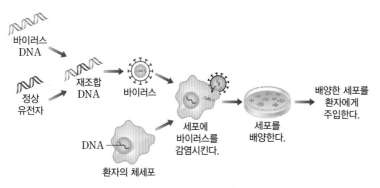

바이러스 DNA + 정상 유전자 → 재조합 DNA → 바이러스 / DNA → 환자의 체세포 → 세포에 바이러스를 감염시킨다. → 세포를 배양한다. → 배양한 세포를 환자에게 주입한다.

KEY WORDS
(1) • 운반체
(2) • 면역 거부 반응
(3) • 체세포
• 생식세포
• 유전병 유전자

(1) 이 과정에서 바이러스는 어떤 용도로 사용되었는지 서술하시오.

_____

(2) 이 과정에서 환자의 체세포를 추출하여 사용하는 까닭을 서술하시오.

_____

(3) 환자가 이와 같은 치료를 받은 후 자손에게 유전병 유전자를 물려줄 가능성은 어떻게 변화하는지 서술하시오. (단, 돌연변이는 고려하지 않는다.)

_____

KEY WORDS
(1) • 배아 줄기세포
 • 생명 윤리
(2) • 핵 이식
 • 수정
 • 유전자 구성

06 그림은 줄기세포를 활용하여 환자를 치료하는 두 가지 방법을 나타낸 것이다.

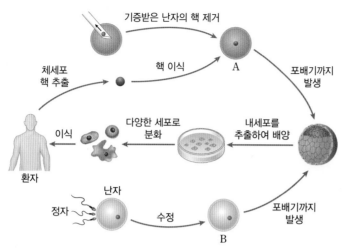

(1) A와 B로부터 얻은 줄기세포를 활용하는 데 있어서 공통적으로 제기되는 문제점은 무엇인지 서술하시오.

_____

(2) A와 B 중 어느 것을 이용할 때 환자에게 면역 거부 반응이 일어날 위험이 더 적을지 판단하고, 그렇게 판단한 근거를 서술하시오.

_____

KEY WORDS
(1) • 유전자
 • 변형
(2) • 유전자
 • 전이
 • 생물 다양성

07 그림은 유전자 재조합 기술을 이용하여 바이러스 X에 대한 저항성을 가지는 식물 (가)를 생산하는 과정을 나타낸 것이다.

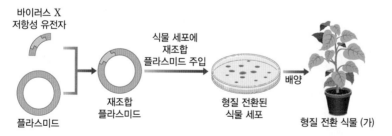

(1) (가)처럼 자연적으로 가질 수 없는 새로운 형질을 갖도록 형질 전환된 생물체를 무엇이라고 하는지 쓰시오.

_____

(2) 형질 전환된 식물을 재배할 경우 생태계와 관련하여 고려해야 할 사항을 서술하시오.

_____

부록

예시 문제

다음은 원핵세포에서 젖당 분해 효소의 합성에 관여하는 젖당 오페론에 대한 설명이다.

출제 의도
원핵세포의 유전자 발현 조절 방식인 오페론에 대해 알고, 조절 유전자와 오페론을 구성하는 각 부위에 돌연변이가 일어날 경우 구조 유전자의 전사와 대장균의 생장에 어떤 영향을 미치는지를 추론할 수 있는지 평가한다.

(제시문 1) 그림은 대장균의 젖당 오페론 구조를 나타낸 것이다. 구조 유전자 *lacZ*, *lacY*, *lacA*는 젖당 이용에 필요한 젖당 분해 효소, 젖당 투과 효소, 아세틸기 전이 효소를 각각 암호화한다. 젖당 오페론의 앞부분에는 억제 단백질을 암호화하는 조절 유전자가 존재한다. 조절 유전자에서 만들어진 억제 단백질은 오페론의 작동 부위에 결합하는데, 젖당이 세포 안으로 들어오면서 생성된 젖당 유도체와 결합하면 구조 변화를 일으켜 불활성화되어 작동 부위에 결합하지 못한다.

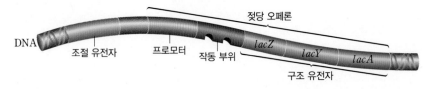

(제시문 2) 젖당 오페론에서 자주 나타나는 각 부위별 돌연변이의 특성은 다음과 같다.

> (가) 조절 유전자 돌연변이: 조절 유전자가 정상적으로 발현되지 않는다.
> (나) 프로모터 돌연변이: RNA 중합 효소가 프로모터에 결합하지 못한다.
> (다) 작동 부위 돌연변이: 작동 부위와 억제 단백질의 결합력이 증가한다.

(제시문 3) 돌연변이 대장균 Ⅰ과 Ⅱ에서 돌연변이가 일어난 부위를 찾기 위해 포도당은 없고 젖당이 있는 배지에서 야생형 대장균과 Ⅰ, Ⅱ를 각각 배양하면서, 각 대장균의 생장 여부와 젖당 오페론 구조 유전자의 mRNA 발현량을 조사한 결과가 표와 같다.

대장균 종류	대장균의 생장 여부	구조 유전자의 mRNA 발현량(상댓값)
야생형	생장함	10
Ⅰ	생장함	10
Ⅱ	생장 못함	0

(1) (제시문 1)에서 배지의 젖당 유무에 따라 억제 단백질의 활성이 어떻게 달라지는지 설명하고, 세 가지 효소(젖당 분해 효소, 젖당 투과 효소, 아세틸기 전이 효소)의 합성 여부를 서술하시오.

(2) (제시문 2)의 (가)와 같은 유형의 돌연변이 대장균을 포도당만 있는 배지에서 배양할 경우 젖당 분해 효소의 합성에 어떤 영향을 미치는지 서술하시오.

(3) (제시문 3)의 돌연변이 대장균 Ⅰ과 Ⅱ는 각각 (제시문 2)의 돌연변이 유형 (가)~(다) 중 어떤 것에 해당하는지 근거를 들어 서술하시오.

문제 해결 과정

(1) 오페론에서는 하나의 프로모터와 작동 부위에 의해 일련의 대사에 필요한 효소 유전자의 발현이 한꺼번에 조절된다는 것을 설명한다.

(2) (가)와 같은 유형의 돌연변이는 정상 기능을 하는 억제 단백질을 합성하지 못하므로, 구조 유전자의 전사가 항상 일어난다는 것을 설명한다.

(3) 돌연변이 대장균 Ⅰ과 Ⅱ의 실험 결과를 분석하여 이들이 (제시문 2)에서 설명한 돌연변이 유형 (가)~(다) 중 어떤 것에 해당하는지를 설명한다.

예시 답안

(1) 배지에 젖당이 없으면 조절 유전자에 의해 만들어진 억제 단백질이 작동 부위에 결합한다. 그렇게 되면 RNA 중합 효소가 프로모터에 결합하지 못하므로, 구조 유전자의 전사가 일어나지 않아 세 가지 효소가 모두 합성되지 않는다.

그러나 배지에 포도당이 없고 젖당이 있으면 조절 유전자에 의해 만들어진 억제 단백질이 젖당 유도체와 결합하여 입체 구조가 변형되므로 작동 부위에 결합하지 못한다. 이에 따라 작동 부위가 비게 되므로, RNA 중합 효소가 프로모터에 결합하여 구조 유전자의 전사가 일어난다. 젖당 오페론에서는 젖당 이용에 필요한 세 가지 효소 유전자가 하나의 프로모터에 의해 조절되므로, 구조 유전자의 전사와 번역 과정을 거쳐 세 가지 효소가 모두 합성된다.

(2) 조절 유전자가 정상적으로 발현되지 않으면 정상 기능을 하는 억제 단백질이 합성되지 않는다. 따라서 작동 부위가 비게 되어 젖당 유무와 관계없이 RNA 중합 효소가 프로모터에 결합하여 구조 유전자의 전사가 일어나 젖당 이용에 필요한 세 가지 효소가 합성된다. 즉, 대장균은 젖당이 없는 상태에서도 불필요하게 젖당 분해 효소를 합성하게 된다.

(3) 돌연변이 대장균 Ⅰ은 포도당은 없고 젖당이 있는 배지에서 생장하고 구조 유전자의 발현으로 합성되는 mRNA의 양도 야생형 대장균과 같다. 따라서 억제 단백질이 합성되지 않아 구조 유전자의 RNA 전사에 영향을 주지 않는 (가) 유형의 돌연변이라고 할 수 있다. 돌연변이 대장균 Ⅱ는 포도당은 없고 젖당이 있는 배지에서 생장하지 못하고 구조 유전자의 발현도 일어나지 않으므로, RNA 중합 효소가 프로모터에 결합하지 못하는 (나) 유형이나 작동 부위와 억제 단백질의 결합력이 증가하여 RNA 중합 효소의 전사를 방해하는 (다) 유형의 돌연변이라고 할 수 있다.

• 문제 해결을 위한 배경 지식

• 오페론: 하나의 프로모터와 작동 부위에 의해 전사가 조절되는 유전자 집단으로, 프로모터, 작동 부위, 구조 유전자로 구성된다. 오페론은 진핵생물에는 없고 원핵생물에만 있다.

• 프로모터: RNA 중합 효소가 결합하여 전사가 시작되는 DNA 부위이다.

• 작동 부위: 억제 단백질이 결합하는 DNA 부위로, 프로모터와 구조 유전자 사이에 있다.

• 구조 유전자: 단백질 합성에 대한 유전 정보를 저장하고 있는 DNA 부위로, 하나의 물질대사 과정에 필요한 여러 가지 효소를 암호화하는 다수의 유전자로 구성된다.

• 조절 유전자: 오페론의 앞부분에 위치하며 억제 단백질을 암호화하는 DNA 부위이다.

실전 문제

1 다음은 진핵세포에서 일어나는 DNA 복제에 대한 자료이다.

> (가) 진핵세포의 DNA는 선형이며, 복제 원점에서 양방향으로 복제가 일어난다. 복제가 일어날 때에는 RNA 프라이머가 합성되고, DNA 중합 효소 Ⅲ이 5′ → 3′ 방향으로 디옥시리보뉴클레오타이드를 하나씩 결합시켜 새로운 가닥을 합성한다.
>
> (나) DNA의 두 가닥을 모두 주형으로 할 때 연속적으로 합성되는 가닥을 선도 가닥이라 하고, 짧은 DNA 조각이 합성된 후 연결되어 불연속적으로 합성되는 가닥을 지연 가 닥이라고 한다.
>
> (다) DNA 중합 효소 Ⅰ은 한 DNA 조각의 말단(❷)에 결합하여 먼저 만들어진 DNA 조 각(❶)의 RNA 프라이머를 제거하고 디옥시리보뉴클레오타이드로 교체한다.
>
> (라) DNA 연결 효소는 앞에 있는 DNA 조각의 5′ 말단과 뒤에 있는 DNA 조각의 3′ 말 단을 연결한다.

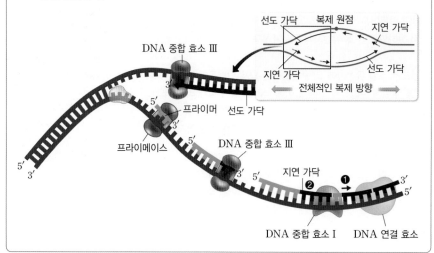

(1) DNA 복제 과정에서 선도 가닥과 지연 가닥이 나타나는 까닭을 서술하시오.

(2) 한 세포에서 DNA 중합 효소 Ⅰ이 기능을 하지 않는다면, 선도 가닥의 합성에 어떤 영향을 미칠 것인지 서술하시오.

답안

_____

_____

_____

_____

_____

_____

_____

● **출제 의도**
DNA 복제를 DNA 구조 및 효 소와 관련지어 이해하고, DNA 복제에서 생길 수 있는 문제점을 추론하여 설명할 수 있는지 평가 한다.

● **문제 해결을 위한 배경 지식**
• 선도 가닥: DNA 복제 시 연 속적으로 신장되는 DNA 가 닥이다.
• 지연 가닥: DNA 복제 시 짧은 DNA 조각을 합성한 후 연결 되므로, 불연속적으로 신장되는 DNA 가닥이다.
• DNA 중합 효소 Ⅲ: RNA 프 라이머나 이미 존재하는 DNA 가닥의 3′ 말단에 새로운 디옥 시리보뉴클레오타이드를 1개씩 붙이는 효소이다.
• DNA 중합 효소 Ⅰ: RNA 프라 이머의 리보뉴클레오타이드를 제 거하고 디옥시리보뉴클레오타이 드로 교체하는 효소이다.
• DNA 연결 효소: DNA 가닥 의 중간에서 한 뉴클레오타이드 의 당과 다른 뉴클레오타이드의 인산을 연결하는 효소이다.

2 유전자는 유전 정보를 저장하고 있는 **DNA**의 특정 염기 서열이다. 다음은 유전자를 이루는 염기 서열이 바뀌는 돌연변이가 일어날 경우 나타날 수 있는 몇 가지 유형을 설명한 것이다.

> • Ⅰ형: 정상 폴리펩타이드보다 길이가 짧은 폴리펩타이드가 합성된다.
> • Ⅱ형: 코돈을 읽는 번역틀이 바뀐다.
> • Ⅲ형: 폴리펩타이드를 구성하는 한 아미노산이 다른 아미노산으로 바뀐다.
> • Ⅳ형: 유전자에 돌연변이가 일어났지만, 형질에는 아무런 영향을 미치지 않는다.

(1) Ⅱ형과 같은 돌연변이가 나타날 수 있는 경우를 서술하시오.

(2) Ⅳ형과 같이 유전자에 일어난 돌연변이가 형질에는 아무런 영향을 미치지 않는 경우가 있는 까닭을 서술하시오.

(3) Ⅰ형~Ⅳ형 중 유전자를 구성하는 한 쌍의 염기가 다른 염기로 치환되었을 때 나타날 수 있는 돌연변이 유형을 모두 고르고, 그렇게 판단한 근거를 서술하시오.

답안

• 출제 의도

DNA의 유전자가 발현되어 형질로 표현되는 원리를 알고, 유전자에 생긴 돌연변이로 인해 나타날 수 있는 몇 가지 유형의 원인을 추론할 수 있는지 평가한다.

• 문제 해결을 위한 배경 지식

• 형질: 생물이 가지고 있는 모양과 성질로, 유전자에 의해 결정되는 형질을 유전 형질이라고 한다. 일반적으로 유전 형질은 유전자가 발현되어 단백질을 합성하고, 단백질이 특정 기능을 수행함으로써 나타난다.

• 폴리펩타이드: 여러 개의 아미노산이 펩타이드 결합으로 연결된 화합물이다. 폴리펩타이드의 아미노산 서열은 유전자에 의해 결정된다.

• 코돈: 연속된 3개의 염기로 이루어진 mRNA의 유전부호이다.

• 번역틀: mRNA의 유전 정보가 번역될 때 개시 코돈부터 종결 코돈 이전까지 염기가 중복되거나 누락되지 않고 차례대로 3개씩 번역되는 방식이다.

3 그림 (가)는 원핵생물에서 유전자가 발현되는 모습을, (나)는 진핵생물에서 유전자가 발현되었을 때 유전자와 폴리펩타이드 영역 간의 관련성을 나타낸 것이다. (단, (가)에서는 각 리보솜에서 합성되고 있는 폴리펩타이드를 나타내지 않았다.)

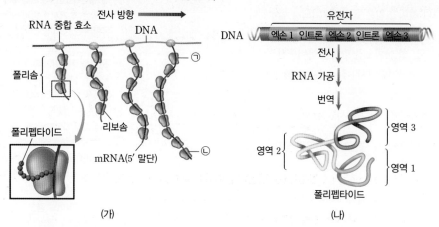

(가)　　　　　　　　　(나)

(1) (가)에서 DNA, mRNA, 리보솜이 함께 나타날 수 있는 까닭을 세포의 구조 및 유전자의 구조와 관련지어 서술하시오.

(2) (가)에서 새로 합성되는 폴리펩타이드의 길이는 ㉠과 ㉡ 중 어느 쪽에 연결된 것이 더 긴지 근거를 들어 서술하시오.

(3) 사람의 유전자 수는 약 20000개이지만, 단백질의 종류는 75000개～100000개이다. 이것이 가능한 까닭을 (나)의 진핵생물의 유전자 구조 및 단백질 합성 과정과 관련지어 서술하시오.

답안

출제 의도

원핵세포와 진핵세포의 구조 및 유전자 구조의 차이를 알고, 유전자가 발현되어 단백질이 합성될 때의 차이점을 이와 관련지어 설명할 수 있는지 평가한다.

문제 해결을 위한 배경 지식

• 원핵세포: 핵을 비롯한 막성 세포 소기관이 발달하지 않은 세포이다. DNA가 세포질에 있어서 전사와 번역이 세포질에서 일어난다.

• 진핵세포: 핵을 비롯한 막성 세포 소기관이 발달한 세포이다. DNA가 핵 속에 있어서 전사는 핵 속에서 일어나고, 번역은 리보솜이 있는 세포질에서 일어난다.

• 엑손: 유전자에서 단백질을 암호화하는 부위이다.

• 인트론: 유전자에서 단백질을 암호화하지 않는 부위이다. 인트론은 진핵세포의 유전자에서 볼 수 있다.

4 다음은 진핵생물의 유전자 발현에 대한 자료이다.

> (제시문 1) 사람의 몸 안에는 서로 다른 100여 종류 이상의 세포가 존재한다. 이 세포들은 모두 하나의 수정란으로부터 만들어졌으며, 이 세포들에 존재하는 약 2만여 개의 유전자는 모두 동일하다.
>
> (제시문 2) 섬유 아세포는 피부와 같은 결합 조직에 많이 존재하는 세포로, 정상적으로는 근육 세포로 분화하지 않는다. 근육 세포는 작은 세포들이 융합되어 형성된 여러 개의 핵을 가진 큰 세포로, 다른 세포에 비해 전사 인자를 암호화하는 $MyoD$ 유전자, 액틴 및 마이오신 등 근육을 구성하는 단백질 유전자가 많이 발현된다. 섬유 아세포에 ㉠액틴 유전자와 마이오신 유전자를 도입하여 발현시켰을 경우 근육 단백질은 만들어졌지만, 세포 융합은 일어나지 않았다. 그러나 섬유 아세포에 ㉡$MyoD$ 유전자를 도입하여 발현시켰을 경우에는 근육 단백질이 만들어졌고 큰 융합 세포인 근육 세포로 분화하였다.

(1) (제시문 1)에서 동일한 유전자를 가지고 있는 세포들이 구조와 기능이 전혀 다른 세포로 분화하는 원리를 서술하시오.

(2) (제시문 2)에서 ㉠과 ㉡의 결과가 다른 까닭을 이들 유전자가 만드는 단백질의 성질의 차이로 서술하시오.

(3) (제시문 2)의 $MyoD$ 유전자를 다른 종류의 세포에 도입하여 발현시키면 이 세포가 근육 세포로 분화할 수 있겠는지를 진핵생물의 전사 조절과 관련지어 서술하시오.

답안

출제 의도

진핵생물에서 세포 분화는 유전자 발현 조절에 의해 일어나며, 이때 다양한 조절 유전자와 전사 인자가 관여한다는 것을 설명할 수 있는지 평가한다.

문제 해결을 위한 배경 지식

• 세포 분화: 하나의 수정란으로부터 만들어진 세포가 특수한 구조와 기능을 가지게 되는 것이다.

• 조절 유전자: 전사 인자와 같은 조절 단백질을 암호화하는 유전자이다. 진핵생물에서 조절 유전자가 발현되어 전사 인자가 만들어지면 이것이 또 다른 조절 유전자를 발현시키는 과정이 연쇄적으로 일어나는데, 이때 가장 상위의 조절 유전자를 핵심 조절 유전자라고 한다.

• 전사 인자: 전사 조절에 관여하는 단백질이다. 조절 유전자가 발현되어 합성된다.

예시 문제

다음은 생물의 진화와 하디 · 바인베르크 법칙에 대한 설명이다.

출제 의도
특정 조건을 만족하는 어떤 집단의 유전적 평형 상태 여부를 하디 · 바인베르크 법칙을 이용하여 밝힐 수 있는지 평가한다.

(제시문 1)　다윈은 『종의 기원』을 통해 자연 선택에 의한 생물의 진화를 주장하였다. 다윈의 주장에 따르면 생물은 환경에 적합한 형질을 가진 개체가 경쟁에서 살아남아 자손을 남기는 자연 선택이 거듭됨에 따라 진화하였다고 한다. 현재에는 다윈의 진화설과 유전학을 바탕으로 생물의 진화는 ㉠집단의 유전자풀을 변화시키는 여러 가지 요인이 복합적으로 작용하여 일어난다는 현대 종합설이 제안되고 있다. 현대 종합설에서는 집단 내의 대립유전자 빈도와 유전자형 빈도의 변화를 이용하여 진화를 설명한다.

(제시문 2)　하디 · 바인베르크 법칙은 돌연변이, 자연 선택, 유전자 흐름, 유전적 부동과 같이 유전자풀을 변화시키는 요인이 발생하지 않는 등 특정 조건을 만족하는 가상의 집단 P에서는 세대가 바뀌어도 대립유전자 및 유전자형의 종류와 빈도가 변하지 않고 유전적 평형 상태가 유지된다는 것을 증명한 것이다. 이때 집단 P에서 두 대립유전자의 빈도를 각각 p와 q라고 하면 대립유전자의 전체 빈도는 1이고($p+q=1$), 두 대립유전자의 조합으로 만들어지는 세 가지 유전자형의 빈도는 각각 p^2, $2pq$, q^2이며, $p^2+2pq+q^2=1$이다. 이 법칙은 집단의 유전자풀 내 대립유전자와 유전자형의 빈도를 계산하여 진화가 일어나고 있는지를 판단할 수 있게 하였으며, 이로써 진화설과 유전학을 융합하는 데 이바지하였다.

(제시문 3)　대립유전자 A와 a는 상염색체에 있으며, A는 a에 대해 완전 우성이다. 집단 I과 II는 모두 같은 종의 개체로 구성되며, 각 집단의 개체 수는 10000이다. 표는 집단 I과 II에서 유전자형 Aa와 aa의 빈도를 나타낸 것이다.

집단 ＼ 유전자형	Aa	aa
I	0.42	0.09
II	0.52	0.04

⑴ (제시문 1)에서 ㉠을 세 가지 이상 제시하고, 각각의 특징을 서술하시오.

⑵ (제시문 2)의 가상의 집단 P를 무엇이라고 하는지 쓰고, 집단 P가 하디 · 바인베르크 법칙을 따르기 위해 갖추어야 할 조건 중 (제시문 2)에 언급되지 않은 것을 있는 대로 서술하시오.

⑶ (제시문 3)의 집단 I과 II에서 대립유전자 A와 a의 빈도를 각각 계산하고, (제시문 2)를 근거로 집단 I과 II에서 진화가 일어나고 있는지 여부를 각각 서술하시오.

문제 해결 과정

(1) 유전자풀의 변화 요인을 제시하고, 각 요인의 특징을 설명한다.

(2) 유전적 평형 상태를 유지하는 집단 P의 명칭과 이 집단에서 유전적 평형이 유지되기 위해 충족되어야 하는 조건을 설명한다.

(3) 집단 Ⅰ과 Ⅱ의 대립유전자 빈도를 각각 계산하고, 각 집단이 하디 · 바인베르크 법칙을 따르는지를 판단하여 진화가 일어나는지 여부를 설명한다.

예시 답안

(1) 유전자풀을 변화시키는 요인에는 돌연변이, 자연 선택, 유전적 부동, 유전자 흐름 등이 있다. 돌연변이는 DNA에 변화가 일어나 집단 내에 새로운 대립유전자가 나타나는 현상으로, 집단 내에 존재하는 모든 유전적 변이의 원천이다. 자연 선택은 생존과 번식에 유리한 개체가 더 많은 자손을 남기는 현상으로, 자연 선택이 일어나면 세대가 거듭될수록 집단 내에 환경에 적합한 대립유전자의 빈도가 높아진다. 유전적 부동은 한 세대에서 다음 세대로 넘어갈 때 대립유전자 빈도가 예측할 수 없는 방향으로 우연히 변하는 현상으로, 집단의 크기가 작을수록 강하게 작용한다. 유전자 흐름은 분리된 두 집단 사이에서 개체나 생식세포의 이동으로 인해 두 집단의 유전자풀이 섞이는 현상으로, 집단에 없던 새로운 대립유전자가 도입될 수 있다.

(2) 집단 P는 멘델 집단이며, 멘델 집단이 되기 위해서는 (제시문 2)의 조건 외에도 집단의 크기가 충분히 커야 하며, 집단 내에서 개체 간에 무작위로 교배가 일어나야 한다는 조건을 충족해야 한다.

(3) 집단 내의 모든 유전자형 빈도의 총합은 항상 1이므로, (제시문 3)에서 각 집단의 유전자형별 빈도를 계산하면 다음과 같다.

집단＼유전자형	AA	Aa	aa
Ⅰ	0.49	0.42	0.09
Ⅱ	0.44	0.52	0.04

집단 Ⅰ의 대립유전자 A의 빈도(p)는 $\dfrac{Aa+2AA}{2(AA+Aa+aa)}=\dfrac{0.42+2\times0.49}{2(0.49+0.42+0.09)}=0.70$이고, 따라서 대립유전자 a의 빈도($q$)는 $1-0.7=0.3$이다. (제시문 2)에 따라 집단 Ⅰ이 유전적 평형 상태라면 유전자형 AA, Aa, aa의 빈도는 각각 $p^2=0.49$, $2pq=0.42$, $q^2=0.09$이어야 하며, (제시문 3)에 제시된 집단 Ⅰ의 유전자형 빈도는 이 값과 일치한다. 따라서 집단 Ⅰ은 유전적 평형 상태이므로 현재 진화가 일어나지 않고 있다.

다음으로 집단 Ⅱ의 대립유전자 A와 a의 빈도를 계산하면, 집단 Ⅱ의 대립유전자 A의 빈도(p')는 $\dfrac{Aa+2AA}{2(AA+Aa+aa)}=\dfrac{0.52+2\times0.44}{2(0.44+0.52+0.04)}=0.70$이고, 따라서 대립유전자 a의 빈도($q'$)는 $1-0.7=0.3$이다. (제시문 2)에 따라 집단 Ⅱ가 유전적 평형 상태라면 유전자형 AA, Aa, aa의 빈도는 각각 $p'^2=0.49$, $2p'q'=0.42$, $q'^2=0.09$이어야 하는데, (제시문 3)에 제시된 집단 Ⅱ의 유전자형 AA, Aa, aa의 빈도는 각각 0.44, 0.52, 0.04로 이 값과 다르다. 따라서 집단 Ⅱ는 유전적 평형 상태가 아니며, 현재 진화가 일어나고 있다.

실전 문제

1 다음은 생물의 진화 과정과 지구의 대기 중 산소(O_2) 농도 변화에 대한 자료이다.

• **출제 의도**
생물의 진화 과정과 대기 중의 산소 농도 변화를 관련지어 설명할 수 있는지 평가한다.

• **문제 해결을 위한 배경 지식**
• 3역: 세균역, 고세균역, 진핵생물역
• 남세균: 광합성에 물을 사용하는 독립 영양 원핵생물
• 진핵생물의 출현: 원핵생물에서 세포막 함입으로 핵, 소포체 등이 생겨났고, 세포내 공생에 의해 산소 호흡을 하는 종속 영양 원핵생물이 미토콘드리아로, 광합성 원핵생물이 엽록체로 분화하였다.

(제시문 1) 1990년대에 과학자들은 약 35억 년 전에 처음 형성된 이후로 비교적 변하지 않고 남아 있는 오스트레일리아의 고대 암석인 스트로마톨라이트를 발견하였다. 미국의 지질학자 쇼프(Schopf, J. W.)는 이 암석의 시료 중에서 현재의 남세균처럼 보이는 ㉠사슬 덩어리를 발견하였다. 이후 이 사슬 덩어리는 물을 전자 공급원으로 사용하여 광합성을 수행하는 남세균과 유사한 생명체라는 것이 밝혀졌다.

(제시문 2) 북아메리카의 슈피리어호에서 발견된 약 22.5억 년 전에 형성된 퇴적암층에는 산화 철이 적색 줄무늬 형태로 풍부하게 존재한다. 이는 남세균과 같이 물을 이용하는 광합성 원핵생물에 의해 발생한 산소가 바닷속의 철 이온과 반응하여 산화 철로 침전되었기 때문이다. 생물의 진화 과정에서는 광합성 원핵생물의 출현에 따른 산소 농도 증가로 산소 호흡 생물이 출현하게 되었다. 이후 엽록체를 가진 진핵생물이 출현하였으며, 대기 중의 산소는 자외선에 의해 분해된 후 오존으로 변하여 대기 상층부에 오존층을 형성하였다. 그림은 지구 역사에 따른 대기 중의 산소 농도 변화와 생물의 진화 과정을 나타낸 것이다.

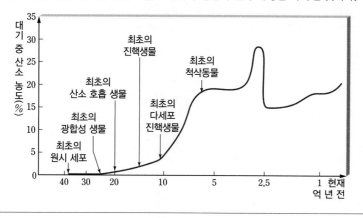

(1) (제시문 1)에서 ㉠은 3역 6계의 분류 체계에서 어떤 역에 속하는지 쓰고, 이와 같이 판단한 까닭을 서술하시오.

(2) 지구의 역사에서 대기 중의 산소 농도는 두 시기를 거쳐 크게 증가하였는데, 그 첫 번째 시기는 약 24억 년 전이고, 두 번째 시기는 첫 번째 시기로부터 약 10억 년 후이다. 대기 중의 산소 농도가 이 두 시기에 크게 증가한 까닭을 제시문을 참고하여 서술하시오.

(3) 최초의 생명체는 바다에서 생겨났으며, 이후 오랜 세월 동안 물속에서만 생활하던 다세포 진핵생물이 약 5억 년 전에 육상으로 진출한 것으로 추정하고 있다. 이처럼 수중 생물의 육상 진출이 가능하게 된 가장 큰 까닭을 제시문을 참고하여 서술하시오.

답안

다음은 두 가지 종분화 사례이다.

출제 의도
종분화 사례를 분석하여 종분화의 과정을 설명할 수 있는지 평가하고, 고리종의 사례를 통해 고리종의 개념을 정확히 이해하고 있는지 평가한다.

문제 해결을 위한 배경 지식
• 종분화: 기존의 생물종에서 새로운 종이 출현하는 과정으로, 지리적 격리와 생식적 격리에 의해 일어난다.
• 고리종: 어떤 생물의 집단이 고리 모양으로 분포하며, 인접한 집단 사이에는 교배가 가능하지만 고리의 양 끝에 분포한 집단은 서로 생식적으로 격리되어 있는 경우가 있다. 이러한 이웃 집단의 모임을 고리종이라고 한다.

> (제시문 1) 미국의 그랜드 캐니언에는 영양다람쥐 집단이 살고 있었다. 이곳에 강이 흐르며 남쪽과 북쪽을 가르는 큰 협곡이 형성되었고, ㉠영양다람쥐 집단도 남과 북으로 분리된 채 오랜 시간이 지났다. 오늘날에는 그림 (가)와 같이 남쪽에는 해리스영양다람쥐가, 북쪽에는 흰꼬리영양다람쥐가 각각 서식하고 있으며, 이들은 서로 교배가 불가능한 다른 종이다.
>
> (제시문 2) 북극 주변에 서식하는 재갈매기 집단(A~G)은 그림 (나)와 같이 고리 모양으로 분포하고 있다. 인접한 두 집단 사이에서는 교배가 일어나지만, 고리의 양 끝에 위치하는 집단 A와 G 사이에는 교배가 일어나지 않아 서로 다른 종으로 분화한다.
>
>
> 해리스영양다람쥐   흰꼬리영양다람쥐
> (가)
>
>
> (나)

⑴ (제시문 1)의 ㉠에서 어떤 과정을 거쳐 종분화가 일어났는지 서술하시오.

⑵ (제시문 2)의 재갈매기 집단은 고리종이다. 재갈매기 집단을 고리종으로 보는 까닭을 서술하시오.

⑶ (제시문 1)과 (제시문 2)에서 일어난 종분화의 비슷한 점과 다른 점을 각각 서술하시오.

답안

예시 문제

다음은 사람의 유전자를 세균에서 대량으로 만드는 것과 관련된 설명이다.

(제시문 1) 사람의 인슐린 단백질을 세균에서 대량 생산할 때 유전자 재조합 기술을 이용한다. 그런데 진핵세포와 원핵세포는 유전자 구조와 발현 조절 방식에 차이가 있기 때문에 진핵세포의 유전자를 원핵세포인 세균의 세포에서 발현시켜 유용한 단백질을 생산하기 위해서는 몇 가지 문제점을 해결해야 한다.

(제시문 2) 사람의 인슐린 유전자와 플라스미드를 재조합하려면 먼저 사람 인슐린 유전자의 상보적 DNA(cDNA)를 만들어야 한다. cDNA를 만드는 과정은 그림과 같다.

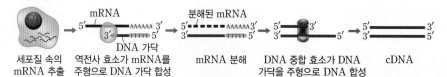

세포질 속의 mRNA 추출 | 역전사 효소가 mRNA를 주형으로 DNA 가닥 합성 | mRNA 분해 | DNA 중합 효소가 DNA 가닥을 주형으로 DNA 합성 | cDNA

(제시문 3) cDNA는 중합 효소 연쇄 반응(PCR)으로 증폭된다. PCR로 증폭된 DNA 조각의 각 말단을 이루는 프라이머는 DNA 운반체를 고려하여 고안된다. DNA 조각과 DNA 운반체인 플라스미드를 같은 제한 효소로 자르고, DNA 연결 효소로 연결하여 재조합 플라스미드를 만든다. 재조합 플라스미드를 숙주 세포인 세균에 도입한 후, 배지에서 재조합 플라스미드가 도입된 세균만을 선별하여 배양하면 세균이 증식하면서 재조합 플라스미드도 복제된다. 세균에서 재조합 플라스미드에 삽입된 cDNA의 유전자가 발현되면 사람의 인슐린 단백질이 합성된다.

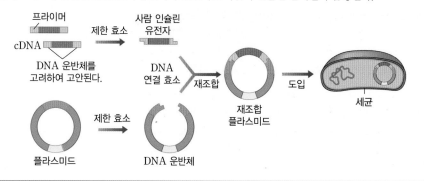

⑴ (제시문 1)에서 언급한 문제점 중 하나를 해결하기 위해 (제시문 2)에서와 같이 cDNA를 만든다. 사람의 인슐린을 세균에서 생산하기 위해 cDNA를 만드는 까닭을 서술하시오.

⑵ (제시문 3)에서 PCR로 증폭된 DNA의 말단을 구성할 프라이머를 고안할 때 고려해야 할 요소는 무엇인지 서술하시오.

⑶ 유전자 재조합 기술을 이용하여 세균에서 사람의 단백질을 생산할 때 해결해야 할 문제점에는 위 제시문에 언급된 것 이외에 어떤 것이 있는지 서술하시오.

문제 해결 과정

(1) 원핵세포의 유전자에는 진핵세포의 유전자와는 달리 인트론이 없다는 것과 진핵세포의 세포질에서 발견되는 성숙한 mRNA는 RNA 가공 과정에서 인트론이 제거된 것임을 설명한다.

(2) 유용한 유전자가 포함된 cDNA를 PCR로 증폭하여 생성된 DNA 조각과 플라스미드를 같은 제한 효소로 잘라야 하므로, 증폭된 DNA 조각 말단의 프라이머에는 플라스미드에 있는 것과 동일한 제한 효소 자리가 있어야 한다는 것을 설명한다.

(3) 원핵세포에서 유전자가 전사되기 위해서는 원핵세포에서 인식되는 프로모터가 필요하다는 점, 진핵세포의 리보솜에서 합성된 폴리펩타이드가 기능을 하기 위해서는 번역 후 조절이 필요하다는 점 등을 설명한다.

● 엑손과 인트론: 진핵세포의 유전자에서 단백질을 암호화하는 부위를 엑손이라 하고, 단백질을 암호화하지 않는 부위를 인트론이라고 한다. 인트론 부분은 유전자가 전사된 후 제거된다.

● 제한 효소: DNA의 특정 염기 서열을 인식하여 자르는 효소이다.

● 제한 효소 자리: 제한 효소가 인식하는 특정 염기 서열이다. 제한 효소의 종류에 따라 각기 다른 제한 효소 자리를 가지며, 잘린 DNA 조각의 염기 서열도 다르다.

● 프로모터: DNA에 RNA 중합 효소가 최초로 결합하는 부위로, 유전자의 앞부분에 있다.

예시 답안

(1) 세균과 같은 원핵생물의 유전자에는 비암호화 부위인 인트론이 없어 전사와 동시에 번역이 일어난다. 이와 달리 사람과 같은 진핵생물의 유전자에는 인트론이 있어, 핵 안에서 전사가 일어난 후 RNA 가공 과정을 거쳐 성숙한 mRNA가 만들어지고, 이것이 세포질로 나가서 단백질 합성에 쓰인다. 따라서 세균의 번역 체계를 이용하여 사람의 단백질을 생산하려면 사람의 세포질에서 성숙한 mRNA를 추출한 후 이를 역전사시켜 만든 cDNA를 사용해야 한다. 이렇게 얻어진 cDNA는 단백질을 암호화하는 엑손만으로 이루어지므로, 이를 유전자 재조합에 사용한다.

(2) PCR로 증폭시킨 DNA 조각을 DNA 운반체인 플라스미드와 재조합하기 위해서는 DNA 조각과 플라스미드를 같은 제한 효소로 처리하여 상보적으로 결합하는 점착 말단을 형성하도록 해야 한다. 따라서 유용한 유전자를 포함한 DNA 조각의 양쪽 말단을 이루는 프라이머는 DNA 운반체로 사용할 플라스미드에 있는 것과 동일한 제한 효소 자리를 갖도록 고안해야 한다.

(3) 재조합되어 플라스미드에 삽입된 유용한 유전자가 숙주 세포인 세균 내에서 전사되기 위해서는 유전자 앞부분에 숙주 세포인 세균의 RNA 중합 효소가 결합할 수 있는 프로모터가 있어야 한다. 또, 진핵세포에서는 리보솜에서 폴리펩타이드가 합성된 후에 소포체와 골지체를 거치면서 변형되는 번역 후 조절이 일어나야 기능을 가진 단백질이 되는 경우가 많다. 이러한 경우 그에 적합한 처리를 하거나 번역 후 조절이 가능한 진핵세포를 숙주 세포로 사용하는 방법 등으로 해결할 수 있다.

실전 문제

1 그림은 항체를 생산하는 두 가지 방법 (가)와 (나)를 나타낸 것이다.

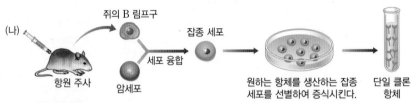

(1) (가)와 (나)의 방법으로 각각 항체를 생산했을 때, 생산된 항체의 종류와 양에 어떤 차이가 있는지 서술하시오.

(2) (나)에서 사용된 핵심적인 생명 공학 기술을 쓰고, 이 방법으로 생산된 항체를 암 치료에 어떻게 활용할 수 있는지 서술하시오.

답안

_____

_____

_____

_____

_____

_____

_____

_____

_____

_____

_____

_____

_____

_____

출제 의도
생명 공학 기술을 이용한 항체 생산의 장점과 인류의 복지에 기여하는 바를 설명할 수 있는지 평가한다.

문제 해결을 위한 배경 지식
• 혈청: 혈장에서 혈액 응고 성분을 제거한 담황색의 투명한 액체로, 항체는 혈청에 존재한다.
• 단일 클론 항체: 유전적으로 동일한 세포군에서 만들어지는 한 종류의 항체이다.
• 세포 융합 기술: 서로 다른 두 종류의 세포를 융합하여 두 세포의 특징을 갖는 잡종 세포를 만드는 기술이다.

2 다음은 혈우병을 치료하는 방법에 대한 설명이다.

혈우병은 혈액을 응고시키는 인자(단백질)의 결핍으로 혈액이 잘 응고되지 않는 유전병이다. 전 세계 수십만 명이 혈우병을 앓고 있지만, 근본적인 치료 방법이 없어 혈액 응고 단백질을 수시로 투여하여 환자의 증상을 치료하고 있다. 혈우병은 원인에 따라 여러 유형으로 구분되는데, A형 혈우병 중에는 혈액 응고 인자 Ⅷ 유전자의 일부가 도치된 것이 원인인 경우가 많다. 이러한 혈우병 환자를 치료하기 위해 환자의 체세포를 추출하여 줄기세포를 만들고, 유전자 가위를 이용하여 도치된 유전자를 정상으로 되돌려 놓은 후 혈액 응고 인자를 만드는 세포로 분화시켜 환자에게 이식하는 방안이 제안되었다.

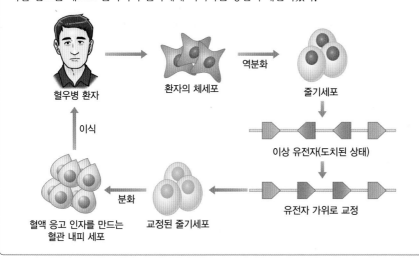

(1) 위와 같은 방법으로 얻는 줄기세포를 무엇이라고 하는지 쓰고, 배아나 성체에서 얻는 줄기세포와 비교하여 어떤 장점이 있는지 서술하시오.

(2) 유전자 교정에 이용되는 크리스퍼 유전자 가위의 작용 원리를 설명하고, 유전자 가위를 이용한 유전체 교정으로 발생할 수 있는 문제점을 서술하시오.

답안

출제 의도
생명 공학 기술이 유전병과 같은 난치병 치료에 활용되는 방식과 원리를 알고, 이러한 기술을 활용할 때 고려해야 할 생명 윤리에 대해 설명할 수 있는지 평가한다.

문제 해결을 위한 배경 지식
• 혈우병: 출혈 시 혈액이 잘 응고되지 않아 작은 상처에도 과다 출혈이 일어날 수 있는 질환이다. 혈액 응고에는 여러 인자가 관여하는데, 이들 인자가 결핍되면 혈우병이 나타난다. 혈우병 환자에게는 혈액 응고 인자를 수시로 투여하여 증상을 치료한다.
• 줄기세포: 몸을 구성하는 여러 조직이나 기관으로 발달할 수 있는 미분화된 세포이다. 배아 줄기세포, 성체 줄기세포, 유도 만능 줄기세포가 있다.
• 세포 분화: 미분화된 세포가 특수한 구조와 기능을 가지게 되는 것이다.

High Top

3권

정답과 해설

I 생명 과학의 역사

1. 생명 과학의 역사

01 생명 과학의 발달 과정

01 (1) 고대 그리스 로마 시대에 동물학의 기반을 확립하고 자연 발생설을 주장한 과학자는 아리스토텔레스이다.
(2) 인체 해부학에 대한 논문을 작성하여 해부학의 기반을 확립하고, 고대 서양 의학을 집대성한 과학자는 갈레노스이다. 갈레노스의 이론은 약 1300년 동안이나 서양 의학을 실질적으로 지배하였다.
(3) 종교에서 의학을 분리하여 의사라는 직업을 만든 과학자는 히포크라테스이다.

02 ㄴ. 베살리우스는 인체를 직접 해부한 결과를 바탕으로 쓴 『인체의 구조』라는 저서를 통해 갈레노스의 의학이 무조건 옳다는 고정 관념을 깨뜨리고 많은 오류를 바로잡았으며, 근대 해부학의 창시자로 평가 받고 있다.
ㄷ. 린네는 수천여 종의 동물과 식물을 체계적으로 분류하는 분류 체계 방법을 제안하였고, 학명을 표기하는 방법으로 이명법을 제창하여 현대 생물 분류학의 기초를 다졌다.
바로 알기 ㄱ. 훅은 자신이 만든 현미경으로 코르크 조각을 관찰하여 세포를 최초로 발견하였다. 하지만 현미경을 최초로 발명한 과학자는 얀선 부자이다.

03 생명체의 구조와 기능을 연구하는 분야로는 세포학, 생리학, 유전학, 분자 생물학 등이 있고, 생물과 환경의 상호 작용을 연구하는 분야로는 진화학, 생태학 등이 있다.

04 (1) 파스퇴르는 백조목 플라스크를 이용한 실험을 통해 공기 중의 미생물 때문에 부패가 발생한다는 것을 실험으로 입증하여 자연 발생설을 부정하고, '생물은 생물로부터 생긴다.'는 생물 속생설을 확립하였다.
(2) 플레밍이 푸른곰팡이로부터 발견한 최초의 항생 물질은 페니실린이다.
(3) 1800년대 후반 이바놉스키가 담배 모자이크병을 연구하는 과정에서 바이러스를 최초로 발견하였다.

05 ㄱ. 서턴은 '유전 인자는 염색체에 있으며, 이는 염색체를 통해 자손에게 전달된다.'는 염색체설을 주장하였다.
바로 알기 ㄴ. '대립유전자가 상동 염색체의 같은 위치에 있다.'는 주장은 모건의 유전자설이다.
ㄷ. 서턴은 멘델이 가정한 유전 인자와 감수 분열 시 관찰되는 염색체의 행동이 유사하다는 사실을 바탕으로 염색체설을 주장하였다.

06 (1) 왓슨과 크릭은 DNA의 X선 회절 사진을 바탕으로 DNA가 이중 나선 구조로 되어 있다는 사실을 밝혀냈다.
(2) 멀리스가 개발한 DNA 증폭 기술은 중합 효소 연쇄 반응(PCR)이다.
(3) 다우드나와 샤르팡티에가 개발하였으며, 특정 염기 서열을 가진 DNA 부위를 정확하게 잘라 유전자의 특정 부위를 교정 · 편집하는 데 활용되는 기술은 크리스퍼 유전자 가위 기술(유전자 편집 기술)이다.

01 ㄴ. 슐라이덴과 슈반은 '모든 생물은 하나 이상의 세포로 이루어져 있으며, 세포는 생물의 구조적 · 기능적 기본 단위이다.'라는 세포설을 발표하였다.
ㄹ. 피르호가 슐라이덴과 슈반의 주장에 '모든 세포는 기존의 세포로부터 만들어진다.'는 제안을 추가하여 세포설이 확립되었다.
바로 알기 ㄱ. 광학 현미경을 이용한 세포 관찰을 통해 세포설이 탄생하였고, 전자 현미경은 세포설이 확립된 이후 발명되었다.
ㄷ. 세포설의 등장 및 확립에 직접 관여한 과학자에는 슐라이덴, 슈반, 피르호가 있다.

02 ㄷ. 레이우엔훅이 세균을 최초로 발견한 시기는 1673년이고, 이바높스키가 바이러스를 최초로 발견한 시기는 그로부터 200여 년 뒤인 1892년이다.

바로 알기 ㄱ. 레이우엔훅이 사용한 현미경은 광학 현미경이다. 전자 현미경은 1931년이 되어서야 루스카에 의해 발명되었다.

ㄴ. '생물은 무생물로부터 스스로 발생한다.'는 학설은 자연 발생설이고, '생물은 반드시 이미 존재하는 생물로부터 발생한다.'는 학설이 생물 속생설이다.

03 1977년 생어가 DNA의 염기 서열을 분석하는 방법을 최초로 고안하였고, 1983년 멀리스가 DNA의 특정 부분을 대량으로 증폭하는 기술인 중합 효소 연쇄 반응(PCR)을 개발하였다. 이를 통해 충분한 양의 DNA를 얻어 DNA 염기 서열을 분석할 수 있게 되었다. 2003년 사람 유전체 사업(가)이 완료되었는데, 사람 유전체 사업이 진행되는 동안 DNA 염기 서열 분석 장비가 상용화되어, 2005년 차세대 염기 서열 분석법(나)이 최초로 개발되었다. 이후 2012년 크리스퍼 유전자 가위 기술(다)이 개발되었다.

ㄱ. 사람 유전체 사업(가) 결과 사람 유전체 지도가 완성되었고, 이를 바탕으로 개인의 유전 정보 분석이 가능해졌으며 개별 유전자의 기능을 연구하는 유전체학이 발달하게 되었다.

바로 알기 ㄴ. 이전보다 훨씬 저렴한 비용으로 동식물 유전자의 특정 부위를 교정하거나 편집하는 것을 가능하게 한 것은 크리스퍼 유전자 가위 기술(다)이다.

ㄷ. 다양한 실험에 사용할 수 있을 정도로 충분한 양의 DNA를 얻을 수 있는 기술은 중합 효소 연쇄 반응(PCR)이다.

04 ㄴ. (가)의 유전자설은 '유전자는 염색체의 일정한 위치에 있으며, 대립유전자는 상동 염색체의 같은 위치에 있다.'는 내용으로, 유전자와 염색체의 관계에 대한 이론이다. (나)의 중심 원리는 유전자 발현 과정에서 'DNA에 저장된 유전 정보는 RNA로 전달되고, 이 RNA의 유전 정보가 단백질 합성에 이용된다.'는 내용으로, 유전 정보의 흐름에 대한 이론이다.

ㄷ. 왓슨과 크릭이 DNA의 이중 나선 구조를 규명한 (마)는 1953년에, 크릭이 중심 원리를 발표한 (나)는 1956년에 이루어진 업적이다. 그리고 니런버그가 유전부호를 해독한 (다)는 1961년에, 생어가 DNA 염기 서열 분석 방법을 개발한 (바)는 1977년에 이루어진 업적이다.

바로 알기 ㄱ. (가)에서 모건이 유전자설을 발표한 것은 초파리 돌연변이에 대한 연구를 통해 이루어졌지만, (라)에서 에이버리가 DNA가 유전 물질임을 밝혀낸 것은 폐렴 쌍구균의 형질 전환 실험을 통해 이루어졌다.

02 생명 과학의 연구 방법

개념 모아 정리하기   1권 **26**쪽

❶해부   ❷적혈구   ❸광학   ❹자연 발생설
❺S형 균   ❻DNA

개념 기본 문제   1권 **27**쪽

01 (1) 해부 (2) 혈액 순환의 원리 (3) 한천   **02** ㄱ, ㄴ   **03** (1) 2개 (2) 가시광선 (3) 투과   **04** ㄷ   **05** ㄴ   **06** (1) 백신 (2) 돌연변이 (3) 자연 선택설

01 (1) 고대 그리스 로마 시대부터 중세 시대까지 생명 과학의 발달에 가장 중요한 역할을 한 연구 방법은 해부이다.

(2) 하비는 하루 동안 심장에서 방출되는 혈액의 양을 정량적으로 계산하고, 끈으로 팔을 세게 묶어 동맥과 정맥의 혈액 흐름을 모두 차단했을 때와 끈을 조금 느슨하게 풀어 정맥의 혈액 흐름만 차단했을 때의 변화를 관찰하는 실험을 통해 혈액 순환의 원리를 밝혀냈다.

(3) 코흐는 페트리 접시에 한천을 넣어 굳힌 고체 배지를 사용하여 병원균을 순수하게 분리 배양하는 방법을 개발하였다.

02 ㄱ. 갈레노스는 섭취한 영양분이 장에서 간으로 보내져 자연 영기와 섞여 혈액으로 바뀐다고 보았다. 즉, 혈액이 간에서 만들어진다고 생각하였다.

ㄴ. 갈레노스는 간에서 우심실로 들어온 혈액이 우심실과 좌심실 사이의 격막에 있는 구멍을 통해 좌심실로 이동한다고 주장하였다. 즉, 우심실과 좌심실 사이의 격막에 혈액이 이동하는 구멍이 있다고 생각하였다.

바로 알기 ㄷ. 갈레노스는 정맥이 간에서 온몸으로 가는 혈액이 흐르는 혈관이라고 보았다. 정맥이 온몸에서 심장으로 들어오는 혈액이 흐르는 혈관이라고 본 것은 하비이다.

03 (1) 얀선 부자는 렌즈 2개를 이용해 물체를 확대하는 복합 광학 현미경을 최초로 만들었다.

(2) 얀선 부자가 만든 최초의 현미경은 가시광선을 이용한 광학 현미경이었다.

(3) 광학 현미경이 가진 배율의 한계를 극복하기 위해 루스카가 발명한 것은 투과 전자 현미경(TEM)이다.

04 ㄷ. 파스퇴르는 탄저균의 독성을 약화하여 탄저병 백신을 만들었다.

바로 알기 ㄱ. 실험 결과 탄저병 백신을 주사하지 않은 A 집단의 양은 대부분 탄저병에 걸려 죽었다. B 집단의 양은 탄저병 백신을 주사하였으므로, 탄저병에 걸리지 않았다.

ㄴ. 탄저병 백신은 탄저병을 예방하는 효과가 있다.

05 ㄴ. 에이버리는 폐렴 쌍구균의 형질 전환 실험으로 DNA가 유전 물질임을 밝혀냈다.

바로 알기 ㄱ. 파스퇴르는 백조목 플라스크를 이용한 실험으로 생물 속생설을 확립하였다. 세균을 순수하게 분리 배양하는 방법을 개발한 과학자는 코흐이다.

ㄷ. 왓슨과 크릭은 여러 과학자에 의해 밝혀진 DNA에 대한 화학적 기초 지식과 DNA의 X선 회절 사진 등을 바탕으로 DNA의 이중 나선 구조를 제시하였다.

06 (1) 파스퇴르는 백신을 이용한 전염병 예방법을 일반화함으로써 인류의 수명 연장에 이바지하였다.

(2) 모건은 초파리 돌연변이에 대한 연구를 통해 유전자설을 주장하였다.

(3) 다윈은 갈라파고스 제도의 핀치를 관찰하면서 핀치가 서식하는 섬에 따라 먹이의 종류가 달라서 핀치의 부리 모양과 크기가 다르다는 것을 깨달았다. 여기에서 영감을 얻은 다윈은 '다양한 변이가 있는 집단에서 개체들의 생존 경쟁 결과 환경에 적응하기 유리한 변이를 가진 개체가 살아남아 더 많은 자손을 남기며, 이러한 과정이 오랜 시간 누적되어 생물의 진화가 일어난다.'는 자연 선택설을 주장하였다.

개념 적용 문제 1권 28쪽~29쪽

01 ④   02 ④   03 ⑤   04 ③

---

01 ㄱ. 혈관 B는 피부 표면 근처에 있으며, 끈으로 느슨하게 묶었을 때 끈 아랫부분의 혈관 B가 눈에 띄게 부풀어 오른다. 따라서 혈관 B는 손과 같은 말단 부위에서 심장으로 들어가는 혈액이 흐르는 정맥이다.

ㄷ. 혈관 A는 피부 깊숙한 곳에 있으며, 끈으로 세게 묶었을 때 끈 윗부분의 혈관 A가 혈액으로 가득 차 부풀어 오른다. 따라서 혈관 A는 심장에서 나온 혈액이 손과 같은 말단 부위로 가는 동맥이다. 이 실험으로 심장에서 동맥을 통해 나간 혈액은 온몸을 거쳐 정맥을 통해 심장으로 돌아간다는 것을 알 수 있다.

바로 알기 ㄴ. 동맥인 혈관 A와 정맥인 혈관 B를 통한 혈액의 흐름을 모두 차단한 (가)의 손목에서는 동맥의 박동인 맥박이 뛰지 않는다. 하지만 정맥인 혈관 B의 혈액 흐름만 차단한 (나)의 손목에서는 맥박이 느껴진다.

02 ㄴ. 란트슈타이너는 동물의 혈액을 사람에게 수혈했을 때 동물의 적혈구가 엉겼다는 과거의 연구에 주목하였고, 사람의 적혈구도 다른 사람의 혈청에 응집된다는 사실을 발견하였다.

ㄹ. ABO식 혈액형을 발견하기 전에는 수술이 잘되어도 수혈 부작용으로 수혈을 받은 환자가 죽는 경우가 종종 있었다.

바로 알기 ㄱ. 혈액 응고 반응이 아니라 혈액 응집 반응 실험을 통해 ABO식 혈액형이 발견되었다. 혈액 응집 반응은 혈액형이 다른 두 혈액이 섞였을 때 적혈구가 서로 엉겨 붙어서 혈구 덩어리가 형성되는 현상이다. 이는 적혈구의 세포막에 항원으로 작용하는 응집원이 있고, 혈장에 항체로 작용하는 응집소가 있어서 응집원과 응집소 사이에 항원 항체 반응이 일어나기 때문에 나타난다.

ㄷ. 란트슈타이너는 먼저 A형, B형, C형(O형)의 세 가지 혈액형을 제안하였다. AB형은 그의 제자들이 나중에 추가로 발견하였다.

03 학생 B는 DNA가 유전 물질임을 밝혀낸 에이버리의 폐렴 쌍구균을 이용한 형질 전환 실험에 대해 옳게 설명하였다. 학생 C는 코흐가 고체 배지를 개발하게 된 계기가 액체 배지의 단점에 있음을 옳게 설명하였다.

바로 알기 세포 소기관의 입체 구조 및 바이러스의 구조는 광학 현미경이 아니라 전자 현미경으로 관찰할 수 있으므로, 학생 A의 설명은 옳지 않다.

04 ㄷ. (가)의 플라스크를 기울여 백조목 부분의 물방울이 플라스크 안으로 들어가게 하면 미생물이 플라스크 안으로 들어갈 수 있어서 고기즙이 부패한다.

바로 알기 ㄱ. 파스퇴르는 이 실험을 통해 자연 발생설을 부정하고 생물 속생설을 확립하였다.

ㄴ. (가)에서 공기는 백조목 부분을 통과하여 플라스크 안으로 들어가지만, 미생물은 백조목 부분의 물방울에 갇혀 플라스크 안으로 들어가지 못한다.

통합 실전 문제 1권 30쪽~31쪽

01 ②   02 ④   03 ⑤   04 ④

---

01 ㄴ. (나)는 제한 효소와 DNA 연결 효소 등을 이용하여 유전자를 재조합하는 기술이다.

바로 알기 ㄱ. 푸른곰팡이로부터 최초로 발견된 것은 항생 물질인 페니실린이고, 전염병 예방법으로 일반화된 (가)는 백신이다.

ㄷ. DNA양을 늘리는 데 이용되는 (다)는 중합 효소 연쇄 반응(PCR)이다.

02 1953년 왓슨과 크릭: DNA의 이중 나선 구조 규명 → (라) 1956년 크릭: 유전 정보의 흐름에 대한 중심 원리 발표 → (다) 1961년 니런버그: 최초로 유전부호 해독 → (가) 1977년 생어: 최초로 DNA 염기 서열 분석 방법 고안 → (나) 2003년 사람 유전체 사업: 사람 유전체 지도 완성

03 파스퇴르가 검증하고자 하는 가설은 '탄저병 백신은 탄저병을 예방하는 효과가 있다.'는 것이다. 따라서 실험군과 대조군에서 다르게 처리해야 할 변인(조작 변인)은 탄저병 백신의 주사 여부이므로, 실험군의 양에게만 탄저병 백신을 주사해야 한다. 그리고 결과로 확인해야 할 종속변인은 탄저병의 발생 여부이므로, 이를 확인하기 위해 실험군과 대조군의 양에게 모두 탄저균을 주사해야 한다. 또, 백신의 예방 효과를 확인하는 것이므로, 탄저균을 주사하기 전에 백신을 먼저 주사해야 한다. 이를 종합하면, 먼저 실험군의 양에게 탄저병 백신을 주사한 다음, 실험군과 대조군의 양에게 모두 탄저균을 주사한 후 탄저병의 발병률을 비교해야 한다. 파스퇴르는 이와 같은 실험을 실시하여 대조군의 양은 대부분 탄저병에 걸려 죽고, 실험군의 양은 탄저병에 걸리지 않는 것을 확인하여 탄저병 백신의 효능을 입증하였다.

04 ㄱ. 액체 배지는 배지에 다른 세균이 들어오면 전체가 그 세균에 의해 쉽게 오염될 수 있다는 문제점이 있다.
ㄷ. 젤라틴을 굳힌 고체 배지는 사람에게 질병을 일으키는 병원균의 생장에 이상적 온도인 37 ℃에서 녹아 액체 상태로 변하기 때문에 병원균을 배양하기에는 적절하지 않다.

(바로 알기) ㄴ. 액체 배지에 시료를 지속적으로 희석하여 세균을 분리하면 가장 많이 존재하는 세균이 분리되지만, 이 세균이 질병을 일으키는 병원균이 아닐 수도 있다.

사고력 확장 문제
1권 **32쪽~33쪽**

01 (1) (가) 1944년 에이버리는 폐렴 쌍구균을 이용한 형질 전환 실험을 통해 DNA가 유전 물질임을 밝혀냈다.
(나) 1973년 코헨과 보이어는 제한 효소와 DNA 연결 효소를 이용하여 유전자를 재조합하는 기술을 개발하였다.
(다) 1983년 멀리스는 DNA의 특정 부분을 대량으로 증폭하는 기술인 중합 효소 연쇄 반응(PCR)을 개발하였다.

(라) 1926년 모건은 초파리 돌연변이에 대한 연구를 통해 '유전자는 염색체의 일정한 위치에 있으며, 대립유전자는 상동 염색체의 같은 위치에 있다.'는 유전자설을 발표하였다.
(마) 1953년 왓슨과 크릭은 DNA X선 회절 사진을 바탕으로 DNA가 이중 나선 구조로 되어 있다는 사실을 밝혀냈다.
(2) 중합 효소 연쇄 반응(PCR)은 DNA 중합 효소를 이용하여 DNA의 특정 부분을 반복적으로 복제하여 적은 양의 DNA를 짧은 시간에 대량으로 증폭하는 기술이다.

(모범 답안) (1) (가) 에이버리, (나) 코헨과 보이어, (다) 멀리스, (라) 모건, (마) 왓슨과 크릭, (라) → (가) → (마) → (나) → (다)
(2) DNA의 특정 부분을 반복적으로 복제하여 대량으로 증폭하는 기술이다.

	채점 기준	배점(%)
(1)	(가)~(마)의 업적을 이룬 과학자의 이름과 (가)~(마)의 순서를 모두 옳게 쓴 경우	60
	(가)~(마)의 업적을 이룬 과학자의 이름과 (가)~(마)의 순서 중 한 가지만 옳게 쓴 경우	30
(2)	DNA의 특정 부분을 복제하여 대량으로 증폭하는 기술이라고 옳게 서술한 경우	40
	DNA를 증폭하는 기술이라고만 서술한 경우	20

02 (1) 하루 동안 심장에서 방출되는 혈액의 양을 계산하면, 4.7 mL/회×1000회×2×24=225.6 L이다. 이러한 계산 결과를 바탕으로, 하비는 225 L가 넘는 혈액이 매일 간에서 새로 생성되는 것은 불가능하며, 혈액은 재사용되어야 한다고 생각하였다.
(2) 동맥과 정맥 내 혈액의 흐름을 모두 차단하면 끈 윗부분의 동맥이 부풀어 오르고, 정맥 내 혈액의 흐름만 차단하면 끈 아랫부분의 정맥이 부풀어 오른다. 이는 혈액이 동맥을 통해 심장에서 몸의 말단부로 가고, 정맥을 통해 몸의 말단부에서 심장으로 돌아옴을 의미한다. 이러한 하비의 실험 결과는 간에서 생성된 혈액이 정맥을 통해 온몸으로 흘러가 쓰인다는 갈레노스의 혈액 이론에 부합되지 않는다.

(모범 답안) (1) 하루 동안 심장에서 방출되는 혈액의 양은 4.7 mL/회×1000회×2×24=225.6 L에 달한다. 이렇게 많은 양의 혈액이 매일 간에서 새로 생성되는 것은 불가능하다는 것이 하비가 제기한 갈레노스 혈액 이론의 문제점이다.
(2) 하비의 실험에 따르면, 정맥 내 혈액의 흐름만 차단했을 때 끈 아랫부분의 정맥이 부풀어 올랐다. 이는 혈액이 정맥을 통해 몸의 말단부로부터 심장으로 돌아옴을 의미한다. 따라서 이 실험을 통해 하비가 제기한 갈레노스 혈액 이론의 문제점은 '간에서 생성된 혈액이 정맥을 통해 온몸으로 흘러가 쓰인다.'는 것이다.

정답과 해설 〈**05**

채점 기준		배점(%)
(1)	하루 동안 심장에서 방출되는 혈액의 양을 옳게 계산하고, 그 양이 매일 간에서 새로 생성되기에는 너무 많다는 문제점을 옳게 서술한 경우	50
	하루 동안 심장에서 방출되는 혈액의 양을 계산하는 것과 갈레노스 혈액 이론의 문제점 중 한 가지만 옳게 서술한 경우	30
(2)	하비의 실험을 바탕으로 정맥의 역할을 옳게 서술하고, 정맥에 대한 갈레노스 혈액 이론의 문제점을 옳게 서술한 경우	50
	하비의 실험을 바탕으로 한 정맥의 역할과 정맥에 대한 갈레노스 혈액 이론의 문제점 중 한 가지만 옳게 서술한 경우	30

03 (1) 고기즙을 넣은 플라스크의 목 부분을 가열하여 백조목 모양으로 늘려 구부린 다음, 플라스크 안에 든 고기즙을 끓인 후 방치하면 백조목 부분에 물방울이 맺힌다. 백조목 부분에 맺힌 물방울은 플라스크 안으로 들어가는 공기 속에 든 미생물을 걸러 내는 역할을 한다. 파스퇴르는 이 실험을 통해 '생물은 이미 존재하고 있던 생물로부터만 생긴다.'는 생물 속생설을 확립하였다.

물방울

공기는 들어가지만 미생물은 물방울에 갇혀
들어가지 못하므로 고기즙이 상하지 않는다.

(2) 플라스크의 목 부분을 부러뜨려 공기 중의 미생물이 플라스크 안으로 들어가게 하여 고기즙이 상하는 것을 보여 주면 된다.

플라스크의 목 부분을 부러뜨리면
미생물이 들어가 고기즙이 상한다.

모범 답안 (1) 플라스크의 목 부분을 백조목 모양으로 구부린 까닭은 백조목 부분에 물방울이 맺히게 하여 공기는 플라스크 안으로 들어가게 하고 미생물은 이 물방울에 갇혀 들어갈 수 없게 하기 위해서이다. 생물 속생설은 '생물은 이미 존재하고 있던 생물로부터만 생긴다.'는 학설이다.

(2) 플라스크의 백조목 부분을 부러뜨린 후 방치하여 고기즙이 상하는지를 확인한다.

채점 기준		배점(%)
(1)	목 부분을 백조목 모양으로 구부린 까닭과 생물 속생설의 내용을 모두 옳게 서술한 경우	50
	목 부분을 백조목 모양으로 구부린 까닭과 생물 속생설의 내용 중 한 가지만 옳게 서술한 경우	30
(2)	추가로 해야 할 실험을 옳게 서술한 경우	50

04 (1) 섬은 바다에 의해 격리되어 있으므로, 섬에 따라 환경에 차이가 있어 핀치가 주로 먹을 수 있는 먹이의 종류도 다르다. 먹이의 종류가 다르면 생존에 유리한 핀치의 부리 모양과 크기도 다르다. 따라서 섬에 따라 생존에 유리하여 살아남아 주로 서식하게 된 핀치의 부리 모양과 크기에 크게 차이가 나타난다.

(2) 자연 선택설은 '과잉 생산과 변이 → 생존 경쟁 → 자연 선택 → 진화'의 단계로 정리되는데, 자연 선택설의 내용은 다음과 같다.

생물은 주어진 환경에서 생존할 수 있는 것보다 자손을 과잉 생산하는 경향이 있고, 집단의 개체 사이에는 유전되는 다양한 변이가 존재한다. 집단 내에서 먹이나 서식 공간은 한정되어 있으므로 개체 사이에는 생존 경쟁이 일어나는데, 생존 경쟁이 일어나면 환경에 적응하기 유리한 형질을 가진 개체가 살아남아 더 많은 자손을 남긴다. 따라서 세대를 거듭할수록 집단 내에서 환경 적응에 유리한 형질을 가진 개체의 비율이 높아지며, 이러한 과정이 오랜 시간 누적되어 생물의 진화가 일어난다.

모범 답안 (1) 핀치가 서식하는 섬에 따라 주로 먹을 수 있는 먹이의 종류가 다르기 때문에 생존에 유리하여 주로 서식하게 된 핀치의 부리 모양과 크기가 크게 다른 것이다.

(2) 다양한 변이가 있는 집단에서 개체들의 생존 경쟁 결과 환경에 적응하기 유리한 변이를 가진 개체가 살아남아 더 많은 자손을 남기게 된다. 이러한 과정이 오랜 시간 누적되어 생물의 진화가 일어난다.

채점 기준		배점(%)
(1)	섬에 따라 먹이의 종류가 다르다는 점과 먹이의 종류에 따라 생존에 유리한 핀치의 부리 모양과 크기가 다르다는 점을 모두 옳게 서술한 경우	50
	섬에 따라 먹이의 종류가 다르다는 점만 서술한 경우	30
(2)	생존 경쟁, 자연 선택, 진화에 대한 내용을 모두 포함하여 옳게 서술한 경우	50
	생존 경쟁과 자연 선택에 대해서만 서술한 경우	30

1. 세포의 특성

01 생명체의 구성

개념 모아 정리하기   1권 **47**쪽

❶ 조직   ❷ 기관   ❸ 기관계   ❹ 조직계
❺ 관다발 조직계   ❻ 수소   ❼ 펩타이드
❽ 인지질   ❾ 콜레스테롤   ❿ 뉴클레오타이드
⓫ 이중 나선   ⓬ 리보스

개념 기본 문제   1권 **48**쪽~**49**쪽

01 (1) A: 조직, B: 조직계, C: 기관, D: 조직, E: 기관, F: 기관계 (2) 물관: A, 형성층: A, 뿌리: C (3) 심장: E, 내분비계: F, 혈액: D **02** (1) ㄴ (2) ㅁ (3) ㅅ **03** (1) ㄱ (2) ㄴ (3) ㄴ (4) ㅈ (5) ㅁ (6) ㅅ **04** (1) (가) 조직, (나) 기관, (다) 기관계 (2) ㄱ, ㄴ **05** (1) A: 표피 조직, B: 유조직, C: 유조직, D: 통도 조직, E: 통도 조직 (2) B, C (3) 관다발 조직계 **06** 수소 결합 **07** ㄴ, ㄷ, ㄹ **08** (1) 탄수화물 (2) 지질 (3) 단백질 **09** (1) (나) (2) 리포솜 **10** (1) 아미노산, 펩타이드 결합 (2) ㄱ, ㄷ, ㄹ **11** (1) ㉠ 뉴클레오타이드, ㉡ 타이민(T), ㉢ 구아닌(G) (2) ⓐ 리보스, ⓑ 디옥시리보스, ⓒ U, ⓓ T, ⓔ 전달, ⓕ 저장

01 (1) 식물체의 구성 단계는 '세포 → 조직 → 조직계 → 기관 → 개체'이므로 A, B, C는 각각 조직, 조직계, 기관이다. 동물체의 구성 단계는 '세포 → 조직 → 기관 → 기관계 → 개체'이므로 D, E, F는 각각 조직, 기관, 기관계이다.
(2) 물관과 형성층은 둘 다 식물의 조직(A) 단계에 해당하고, 뿌리는 식물의 기관(C) 단계에 해당한다.
(3) 심장은 동물의 기관(E), 내분비계는 동물의 기관계(F), 혈액은 동물의 조직(D) 단계에 해당한다.

02 (1) 동물체에서 조직이나 기관을 서로 결합하거나 지지하는 기능을 하는 조직은 결합 조직(ㄴ)이다.
(2) 식물체에서 세포 분열이 왕성하게 일어나 새로운 세포를 만들어 내는 조직은 분열 조직(ㅁ)이다.

(3) 식물체의 대부분을 차지하며, 생명 활동이 활발하게 일어나는 세포로 구성된 조직은 유조직(ㅅ)이다.

03 (1) 침샘과 같은 소화샘은 동물의 상피 조직(ㄱ)에 해당한다.
(2), (3) 힘줄과 혈액은 동물의 결합 조직(ㄴ)에 해당한다.
(4) 물관은 식물의 통도 조직(ㅈ)에 해당한다.
(5) 생장점은 식물의 분열 조직(ㅁ)에 해당한다.
(6) 울타리 조직은 식물의 유조직(ㅅ)에 해당한다.

04 (1) 사람 몸의 구성 단계는 '세포 → 조직 → 기관 → 기관계 → 개체'이므로, (가)는 조직, (나)는 기관, (다)는 기관계이다.
(2) ㄱ. 조직(가)은 형태와 기능이 비슷한 세포로 이루어진다.
ㄴ. 기관(나)은 여러 조직이 모여 일정한 형태를 갖추고 고유한 기능을 수행하는 단계이다.
바로 알기 ㄷ. 식물체에 없는 구성 단계는 기관계(다)이다.
ㄹ. 폐, 심장, 척수는 기관(나)의 예에 해당한다.

05 (1) A는 표피 조직에 해당한다. B는 울타리 조직, C는 해면 조직이며, 둘 다 유조직에 해당한다. D는 물관, E는 체관이며, 둘 다 통도 조직에 해당한다.
(2) 기본 조직계는 표피 조직계와 관다발 조직계를 제외한 나머지 부분으로, 유조직에 해당하는 울타리 조직(B)과 해면 조직(C)은 기본 조직계에 속한다.
(3) 물관(D)과 체관(E)은 통도 조직으로, 관다발 조직계를 구성한다.

06 한 물 분자의 수소 원자와 다른 물 분자의 산소 원자 사이에 수소 결합이 형성되어 물은 강한 응집력을 갖는다.

07 ㄴ. 물 분자는 다른 극성 분자와 수소 결합을 형성하므로 극성을 띠는 물질에 대한 용해성이 크다.
ㄷ. 물 분자 사이의 수소 결합으로 인해 물은 응집력이 강하기 때문에 다른 용매에 비해 비열과 기화열이 크다.
ㄹ. 물은 각종 물질을 녹이는 용매로 작용하므로 화학 반응의 매개체가 되어 물질대사가 원활하게 진행되도록 한다.
바로 알기 ㄱ. 물 분자는 산소 원자가 부분적으로 음(−)전하를 띠고, 수소 원자는 부분적으로 양(+)전하를 띠는 극성 분자이다.

08 (1) C, H, O로 구성되며 생명체의 주된 에너지원으로 사용되는 물질은 탄수화물이다. 탄수화물 중 셀룰로스는 식물에서 몸 구성 성분으로 사용된다.
(2) C, H, O로 구성되며 N나 P을 함유하는 것도 있고, 물에 잘 녹지 않는 물질은 지질이다. 지질 중 중성 지방은 생명체에서 저장 에너지원으로, 인지질은 세포막의 구성 성분으로, 스테로이드는 성호르몬의 성분으로 사용된다.

(3) C, H, O, N로 구성되며 S을 함유하는 것도 있고, 세포막과 세포 소기관의 구성 성분이며, 효소와 호르몬의 주성분인 물질은 단백질이다.

09 (1) 인지질에서 머리 부분에 해당하는 (가)는 친수성을 띠고, 꼬리 부분에 해당하는 (나)는 소수성을 띤다.

(2) 인지질을 물속에 넣으면 소수성인 꼬리 부분끼리 마주 보며 배열하여 인지질 2중층으로 이루어진 소낭을 형성하는데, 이를 리포솜이라고 한다.

10 (1) ㉠과 ㉡은 단백질을 구성하는 단위체인 아미노산이며, 두 아미노산 사이에서 H_2O 1분자가 빠져나오면서 형성된 결합 ⓐ는 펩타이드 결합이다.

(2) 여러 개의 아미노산이 펩타이드 결합으로 연결된 고분자 물질 (가)는 단백질이다. 단백질은 생명체에서 에너지원으로도 쓰이며, 인지질과 함께 생체막의 주요 구성 성분이다. 또, 항체의 성분이 되어 방어 작용에 관여하기도 한다.

바로 알기 ㄴ. 생명체에서 유전 정보를 저장하는 물질은 단백질이 아니라 핵산이다.

11 (1) ㉠은 인산, 당, 염기로 이루어진 핵산의 단위체인 뉴클레오타이드이다. 아데닌(A)과 수소 결합을 형성하는 염기 ㉡은 타이민(T)이고, 사이토신(C)과 수소 결합을 형성하는 염기 ㉢은 구아닌(G)이다.

(2) 단일 가닥 구조인 (가)는 RNA이고, 이중 나선 구조인 (나)는 DNA이다. RNA(가)를 구성하는 당은 리보스이고, 구성하는 염기는 A, G, C, U이다. DNA(나)를 구성하는 당은 디옥시리보스이고, 구성하는 염기는 A, G, C, T이다. RNA(가)는 DNA의 유전 정보를 리보솜으로 전달하여 유전 정보에 따라 단백질을 합성하는 과정에 관여한다. DNA(나)는 유전자의 본체로, 유전 정보를 저장하는 역할을 한다.

개념 적용 문제 1권 50쪽~53쪽

01 ⑤	02 ②	03 ①	04 ②	05 ②	06 ③
07 ⑤	08 ②				

01 A는 신경 조직을 구성하는 신경 세포, B는 척수가 포함된 신경계이다. C는 물관 세포로 구성된 물관이 해당되는 통도 조직, D는 통도 조직이 포함된 관다발 조직계이다.

ㄷ. 울타리 조직은 통도 조직(C)이 아니라 유조직에 해당한다. 통도 조직에는 물관, 체관이 있다.

ㄹ. 겉씨식물과 쌍떡잎식물의 경우 물관과 체관 사이에 형성층이 분포하여 함께 관다발 조직계(D)를 구성한다.

바로 알기 ㄱ. 신경 세포(A)는 세포 단계에 해당하고, 혈액은 결합 조직으로, 조직 단계에 해당한다.

ㄴ. 신경계(B)는 기관계 단계에 해당하고, 줄기는 식물에서 기관 단계에 해당한다.

02 제시된 구성 단계 중 동물은 기관계, 기관, 조직이 모두 있고, 식물은 기관계는 없고 기관, 조직이 있다. 따라서 생물 A는 식물, (나)는 기관계, 생물 B는 동물, ㉠, ㉡, ㉢은 모두 '있음'이다.

03 혈액은 결합 조직에 해당하므로 (가)는 결합 조직이며, (나)는 신경 조직, (다)는 근육 조직, (라)는 상피 조직이다.

ㄱ. 뼈는 결합 조직(가)에 해당한다.

ㄴ. 신경 조직(나)은 자극(흥분)을 전달하는 뉴런(신경 세포)과 이를 지지하는 세포로 이루어진 조직이다.

바로 알기 ㄷ. 힘줄은 결합 조직(가)에 해당한다.

ㄹ. 운동을 담당하는 조직은 근육 조직(다)이다. 상피 조직(라)은 동물의 몸 표면, 내강, 내장 기관의 안과 밖을 둘러싸서 보호하는 역할을 한다.

04 식물의 표면을 덮고 있는 A는 표피 조직, 물과 양분의 이동 통로가 되는 B는 통도 조직이다. 유조직과 기계 조직 중 생명 활동이 활발한 C는 유조직이므로 D는 기계 조직이다.

ㄱ. 공변세포는 표피 조직(A)에 속한다.

ㄴ. 물관, 헛물관, 체관은 모두 통도 조직(B)에 해당한다.

ㄹ. 물관부 섬유, 체관부 섬유와 같은 섬유 조직은 기계 조직(D)에 해당한다.

바로 알기 ㄷ. 세포 분열이 왕성하게 일어나는 조직은 분열 조직이다. 유조직, 기계 조직, 표피 조직, 통도 조직은 모두 세포 분열 능력을 잃고 분화한 영구 조직이다.

05 (가)는 친수성 머리에 소수성 꼬리가 달린 인지질이고, (나)는 수많은 포도당이 결합하여 긴 사슬을 이룬 중합체인 녹말이다. (다)는 이중 나선 구조인 DNA이고, (라)는 4개의 탄소 고리 구조를 가진 스테로이드이다.

ㄱ. 인지질(가)은 단백질과 함께 생체막의 주요 구성 성분이다.

ㄹ. 스테로이드(라)는 성호르몬과 부신 겉질 호르몬의 성분이다.

바로 알기 ㄴ. (나)는 녹말이고, 식물 세포의 세포벽을 이루는 주요 성분은 셀룰로스이다.

ㄷ. DNA(다)의 단위체는 뉴클레오타이드이다. 아미노산은 단백질의 단위체이다.

06 제시된 물질 중 동물에서 저장 에너지원으로 사용되는 것은 글리코젠과 중성 지방이므로 A와 B는 각각 글리코젠과 중성 지방 중 하나이다. 글리코젠은 포도당의 중합체이고, 핵산의 단위체인 뉴클레오타이드는 염기, 당, 인산으로 이루어져 있으므로, 구성 성분 중 당이 있는 B와 C는 각각 글리코젠과 핵산 중 하나이다. 따라서 B는 글리코젠이고, A는 중성 지방, C는 핵산이다. 구성 원소에 질소(N)가 포함된 물질은 단백질과 핵산인데, C가 핵산이므로 D는 단백질이다.

ㄴ. 글리코젠(B)은 동물의 간이나 근육 등에 주로 저장되는 탄수화물이다.

ㄷ. 염색체는 핵산인 DNA와 히스톤 단백질로 구성되어 있다. DNA가 히스톤 단백질을 휘감아 뉴클레오솜을 형성하고 고도로 응축되어 염색체를 형성한다. 따라서 핵산(C)과 단백질(D)은 염색체를 이루는 주요 성분이라고 할 수 있다.

바로 알기 ㄱ. 생체막을 이루는 주요 성분은 인지질과 단백질(D)이며, 중성 지방(A)은 생체막을 이루는 성분이 아니다.
ㄹ. 단백질(D)의 단위체는 아미노산이다. 뉴클레오타이드는 핵산(C)의 단위체이다.

07 물은 탄소 화합물이 아니므로 D는 물이다. 중성 지방은 필수 구성 원소에 질소(N)가 포함되지 않으므로 C는 중성 지방이다. 항체의 주성분은 단백질이므로 A는 단백질, B는 핵산이다.

ㄱ. 단백질(A)은 수많은 아미노산이 펩타이드 결합으로 연결되어 있는 화합물이다.

ㄴ. 핵산(B)의 구성 원소는 C, H, O, N, P이다.

ㄷ. 중성 지방(C)은 물에는 잘 녹지 않고 유기 용매에 잘 녹는다.

ㄹ. 물(D)은 생명체 내에서 화학 반응의 매개체 역할을 한다.

08 핵산, 단백질, 인지질은 모두 탄소 화합물이므로, ⓒ은 '탄소 화합물이다.'이고 ⓑ와 ⓓ는 모두 '있음'이다. 핵산, 단백질, 인지질 중 세포막의 구성 성분인 것은 단백질과 인지질이므로, ㉠은 '세포막의 구성 성분이다.'이고 ⓐ는 '있음', C는 핵산이다. 따라서 ⓒ은 'C, H, O, N로 구성되며, S을 함유하는 것도 있다.'이다. 이는 단백질의 특징이므로 B는 단백질, A는 인지질이고, ⓒ는 '있음'이다.

ㄴ. 핵산(C)은 없고 인지질(A)과 단백질(B)은 있는 특징 ㉠은 '세포막의 구성 성분이다.'이다.

바로 알기 ㄱ. 효소의 주성분은 단백질(B)이다.
ㄷ. ⓐ~ⓓ는 모두 '있음'이므로, ⓐ~ⓓ 중 '있음'은 4개이다.

02 세포의 구조와 기능

탐구 확인 문제 1권 65쪽

01 (1) $5\mu m$ (2) $75\mu m$

01 (1) 100배의 배율에서 접안 마이크로미터 눈금 40칸과 대물 마이크로미터 눈금 20칸이 일치하였으므로, 100배의 배율에서 접안 마이크로미터 눈금 한 칸의 길이는 $\frac{20}{40}\times10\mu m=5\mu m$에 해당한다.

(2) 대물렌즈의 배율을 2배 높여 200배의 배율로 세포 A를 관찰한 결과 A의 길이(l)는 접안 마이크로미터 눈금 30칸에 해당하였다. 따라서 원래대로 100배의 배율로 관찰한다면 세포 A의 길이는 그 절반인 접안 마이크로미터 눈금 15칸에 해당한다. 100배의 배율에서 접안 마이크로미터 눈금 한 칸의 길이는 $5\mu m$에 해당하므로 A의 길이(l)는 $15\times5\mu m=75\mu m$이다.

개념 모아 정리하기 1권 67쪽

❶ 가시광선 ❷ 전자선 ❸ 전자선 ❹ 원심 분리
❺ 방사선 ❻ 없다. ❼ 원형 ❽ 펩티도글리칸
❾ 있다. ❿ 리보솜 ⓫ 골지체 ⓬ 세포내 소화
⓭ 미토콘드리아 ⓮ 중심체

개념 기본 문제 1권 68쪽~69쪽

01 (1) 투과 전자 현미경 (2) 광학 현미경 (3) 주사 전자 현미경 **02** (1) 세포 분획법 (2) A: 핵, B: 엽록체, C: 미토콘드리아, D: 소포체 **03** ㄴ, ㄷ **04** ㄱ, ㄹ **05** (1) A, D, G (2) D, G (3) ㄴ, ㄹ, ㅁ **06** (1) A: 인, B: 핵공, C: 염색질, D: 거친면 소포체, E: 리보솜, F: 매끈면 소포체 (2) DNA, 단백질(히스톤 단백질) **07** ㉠ B, 거친면 소포체, ㉡ A, 리보솜, ㉢ C, 골지체 **08** (1) A: 크리스타, B: 기질, C: 그라나, D: 스트로마 (2) B, D **09** (1) A: 중간 라멜라(중층), B: 1차 세포벽, C: 2차 세포벽 (2) A: 펙틴, B: 셀룰로스 **10** (1) (다) 미세 섬유 (2) (가) 미세 소관 (3) (나) 중간 섬유 **11** $150\mu m$

01 (1) 얇게 자른 시료에 전자선을 투과시켜 2차원적인 상을 얻는 현미경은 투과 전자 현미경이다.

(2) 가시광선을 이용하며, 살아 있는 세포의 형태와 색깔을 관찰할 수 있는 현미경은 광학 현미경이다.

(3) 금속으로 코팅한 시료 표면에 전자선을 주사하여 시료 표면에서 방출되는 2차 전자에 의한 입체적인 상을 얻는 현미경은 주사 전자 현미경이다.

02 (1) 균질기로 세포를 파쇄한 후 단계적으로 원심 분리하여 세포 소기관을 분리하는 방법을 세포 분획법이라고 한다.

(2) 세포벽을 제거한 식물 세포를 파쇄한 후, 회전 속도와 시간을 단계적으로 증가시키면서 원심 분리하면 세포 소기관이 '핵(A) → 엽록체(B) → 미토콘드리아(C) → 소포체(D)' 순으로 분리되어 나온다.

03 ㄴ. 방사선을 검출할 때 X선 필름을 이용하면 방사성 동위 원소로 표지된 물질만 X선 사진에서 검은 점으로 나타난다.

ㄷ. 아미노산은 단백질의 단위체이므로 방사성 동위 원소로 표지된 아미노산을 세포에 공급한 후 시간 경과에 따라 방사선을 방출하는 세포 소기관을 추적하면, 단백질의 합성 및 분비 경로를 밝혀낼 수 있다.

바로 알기 ㄱ. ^{12}C는 보통 탄소이고, ^{14}C가 방사성 동위 원소이다.

04 (가)는 핵, 엽록체, 액포, 세포벽이 있으므로 진핵세포 중 식물 세포이다. (나)는 핵과 막성 세포 소기관이 없으므로 원핵세포인 세균이다. (다)는 핵이 있고 엽록체나 세포벽은 없으며 중심체가 있으므로 진핵세포 중 동물 세포이다.

ㄱ. 식물 세포(가)는 진핵세포이므로 유전 물질로 선형 DNA를 여러 개 갖는다.

ㄹ. 식물 세포, 세균, 동물 세포는 모두 리보솜을 갖는다.

바로 알기 ㄴ. 세균(나)은 핵막이 없어 유전 물질(DNA)이 세포질에 분포하는 원핵세포이다.

ㄷ. 펩티도글리칸 성분의 세포벽을 갖는 것은 세균(나)이다.

05 A는 핵, B는 소포체, C는 골지체, D는 미토콘드리아, E는 세포막, F는 액포, G는 엽록체, H는 세포벽, I는 리소좀, J는 중심체이다.

(1) 2중막으로 둘러싸인 세포 소기관은 핵(A), 미토콘드리아(D), 엽록체(G)이다.

(2) 자체 DNA와 리보솜이 있어 독자적인 증식이 가능한 세포 소기관은 미토콘드리아(D)와 엽록체(G)이다.

(3) ㄴ. 엽록체(G)에서는 빛에너지를 흡수하여 포도당을 합성하는 광합성이 일어난다.

ㄹ. 리소좀(I)은 주로 동물 세포에서 관찰되며, 가수 분해 효소를 함유하고 있어 세포내 소화를 담당한다.

ㅁ. 중심체(J)는 주로 동물 세포에서 관찰되며, 세포 분열 시 복제된 후 양쪽으로 나누어져 방추사 형성에 관여한다.

바로 알기 ㄱ. 액포(F)는 주로 식물 세포에 존재하며 물, 영양소, 노폐물, 색소 등을 저장한다.

ㄷ. 세포벽(H)은 세포막과 달리 물과 용질을 모두 통과시키는 전투과성 막이기 때문에 물질 출입을 조절하는 능력이 없다.

06 (1) 핵 속에 들어 있는 A는 인, B는 핵공, C는 염색질이다. D는 리보솜이 붙어 있는 거친면 소포체, E는 리보솜, F는 리보솜이 붙어 있지 않은 매끈면 소포체이다.

(2) 염색질(C)은 DNA와 단백질(히스톤 단백질)로 구성되며, 세포 분열 시 응축되어 막대 모양의 염색체가 된다.

07 리소좀 형성 과정: ㉠ 거친면 소포체(B)의 표면에 붙어 있는 ㉡ 리보솜(A)에서 가수 분해 효소 단백질이 합성된다. → 단백질이 ㉠ 거친면 소포체(B)의 내부로 들어간 후 운반 소낭에 싸여 ㉢ 골지체(C)로 이동한다. → 단백질은 ㉢ 골지체(C)에서 소낭에 싸인 후 분리되어 리소좀(D)이 된다.

08 미토콘드리아에서 내막은 안쪽으로 접혀 들어가 크리스타(A)라는 구조를 형성하며, 내막의 안쪽 기질(B)에는 자체 DNA와 리보솜이 있다. 엽록체에서 납작한 주머니 모양의 틸라코이드가 겹겹이 쌓여 그라나(C)를 이루며, 스트로마(D)에는 자체 DNA와 리보솜이 있다.

09 (1) 일반적인 식물 세포에는 세포막 바깥쪽에 1차 세포벽(B)과 중간 라멜라(A)가 있고, 일부 식물 세포에서는 세포막과 1차 세포벽 사이에 2차 세포벽(C)이 형성된다.

(2) 중간 라멜라(A)의 주성분은 펙틴이고, 1차 세포벽(B)의 주성분은 셀룰로스이다.

10 (1) 액틴으로 구성되며, 마이오신과 함께 근육 수축에 관여하는 단백질 섬유는 가장 가는 미세 섬유(다)이다.

(2) 세포 소기관, 소낭, 염색체의 이동에 관여하며, 방추사, 섬모, 편모 등의 구성 요소가 되는 단백질 섬유는 가장 굵은 미세 소관(가)이다.

(3) 세포질 전체에 그물처럼 퍼져 있으며, 세포 소기관을 고정하는 데 관여하는 단백질 섬유는 중간 섬유(나)이다.

11 (가)에서 접안 마이크로미터 눈금 40칸과 대물 마이크로미터 눈금 30칸이 겹치므로 접안 마이크로미터 눈금 한 칸의 길이는 $\frac{30}{40} \times 10\,\mu m = 7.5\,\mu m$에 해당한다.

(나)에서 짚신벌레는 접안 마이크로미터 눈금 20칸과 겹치므로, 짚신벌레의 길이는 $20 \times 7.5\,\mu m = 150\,\mu m$이다.

01 ②	**02** ④	**03** ④	**04** ④	**05** ②	**06** ①
07 ②	**08** ②	**09** ②	**10** ④	**11** ③	**12** ②

01 세포벽을 제거한 식물 세포를 파쇄한 후 세포 분획법으로 분리하면 핵, 엽록체, 미토콘드리아, 소포체(거친면 소포체에 붙어 있는 리보솜 포함)의 순으로 분리되어 나온다. 따라서 A는 핵, B는 엽록체, C는 미토콘드리아, D는 소포체이다.

ㄱ. 세포 분획법으로 세포 소기관을 분리할 때 크고 무거운 세포 소기관부터 먼저 침전되고, 작고 가벼운 세포 소기관이 나중에 침전된다. 따라서 핵, 엽록체, 미토콘드리아보다 작고 가벼운 리보솜은 상층액 ㉠~㉢에 모두 들어 있다.

ㄴ. 상층액 ㉡에는 미토콘드리아(C)가 들어 있으며 미토콘드리아에는 DNA가 있으므로, ㉡에는 DNA를 가진 세포 소기관이 들어 있다고 볼 수 있다.

ㄹ. 세포 분획법에서 원심 분리는 회전 속도와 시간을 단계적으로 증가시키면서 진행되므로, 1차~4차 중 4차 원심 분리할 때 회전 속도가 가장 빠르고 회전 시간은 가장 길다.

바로 알기 ㄷ. 크리스타 구조를 가진 세포 소기관은 미토콘드리아(C)이다.

02 (가)는 핵과 막성 세포 소기관이 있으므로 진핵세포(식물 세포)이고, (나)는 핵과 막성 세포 소기관이 없으므로 원핵세포(세균)이다.

ㄴ. 원핵세포(나)에는 유전 물질인 DNA가 하나의 원형 염색체 상태로 존재한다.

ㄹ. 진핵세포(가)와 원핵세포(나)에는 공통적으로 세포막, 유전 물질, 리보솜이 존재한다.

바로 알기 ㄱ. (가)에는 엽록체, 세포벽, 액포가 존재하므로, (가)는 식물 세포이다.

ㄷ. 식물 세포(가)에는 셀룰로스 성분의 세포벽이 있고, 원핵세포(세균)(나)에는 펩티도글리칸 성분의 세포벽이 있다.

03 시금치의 공변세포에는 엽록체, 소포체, 리보솜이 모두 있으므로 C는 시금치의 공변세포이다. 모든 세포에는 리보솜이 있으므로 ㉡은 '리보솜이 있다.'이고, ⓑ는 'X'이다. 사람의 간세포에는 소포체와 리보솜은 있지만 엽록체는 없으므로 A는 사람의 간세포이고, ⓐ는 'X'이며, ㉠은 '엽록체가 있다.', ㉢은 '소포체가 있다.'이다. 따라서 B는 대장균이다.

04 A는 핵, B는 거친면 소포체, C는 중심체, D는 미토콘드리아, E는 골지체이다.

ㄴ. 중심체(C)는 세포 분열 시 복제된 후 양쪽으로 이동하고, 여기에서 방추사가 뻗어 나와 염색체를 끌어당긴다.

ㄹ. 골지체(E)에서는 소포체(B)에서 운반되어 온 단백질을 변형시킨 후 소낭으로 싸서 세포 내 다른 곳으로 보내거나 세포 밖으로 분비한다.

바로 알기 ㄱ. 동물 세포에서 DNA는 핵(A)과 미토콘드리아(D)에 존재한다.

ㄷ. 세포내 소화를 담당하는 세포 소기관은 리소좀이다. 미토콘드리아(D)에서는 유기물을 분해하여 ATP를 합성하는 세포 호흡이 일어난다.

05 막 구조가 아니면서 물질 합성이 일어나는 A는 단백질 합성 장소인 리보솜이다. 단일 막 구조이면서 세포외 분비를 담당하는 B는 골지체이고, 세포내 소화를 담당하는 C는 리소좀이다. 2중막 구조인 D는 미토콘드리아이다.

ㄱ. 리보솜(A)은 RNA와 단백질로 구성된다.

ㄴ. 항체나 호르몬을 분비하는 세포에는 세포외 분비를 담당하는 골지체(B)가 발달해 있다.

ㄹ. 미토콘드리아(D)에서는 유기물을 분해하여 ATP를 합성하는 세포 호흡이 일어나므로 '세포 호흡'은 (가)에 해당한다.

바로 알기 ㄷ. 리소좀(C)에는 리보솜(A)에서 합성된 가수 분해 효소가 들어 있다.

06 A는 인, B는 핵막, C는 핵공, D는 리보솜, E는 매끈면 소포체, F는 거친면 소포체이다.

ㄱ. 인(A)에서 리보솜을 구성하는 RNA(rRNA)가 합성되고, 이 RNA(rRNA)는 리보솜 단백질과 합쳐져 리보솜 단위체가 된다.

ㄴ. 리보솜(D)에서 합성된 리보솜 단백질은 핵공(C)을 통해 핵 속으로 들어가 인에서 rRNA와 합쳐져 리보솜의 단위체가 된다.

바로 알기 ㄷ. 핵막(B)은 2중막이지만, 거친면 소포체(F)의 막은 단일 막이다.

ㄹ. 매끈면 소포체(E)는 지질 합성과 탄수화물 대사에 관여한다. ATP의 합성은 미토콘드리아에서 일어난다.

07 A는 거친면 소포체, B는 리보솜, C는 골지체, D는 리소좀이다.

ㄷ. 리소좀(D)에는 리보솜(B)에서 합성된 가수 분해 효소가 들어 있다.

바로 알기 ㄱ. 인지질, 스테로이드 등 지질의 합성은 거친면 소포체(A)가 아니라 매끈면 소포체에서 일어난다.

ㄴ. 세포내 소화는 골지체(C)가 아니라 리소좀(D)에서 일어난다.

08 A는 매끈면 소포체, B는 인, C는 중심체, D는 골지체이다.

ㄱ. 성호르몬이나 부신 겉질 호르몬의 구성 성분은 지질의 한 종류인 스테로이드로, 매끈면 소포체(A)에서 합성된다. 따라서 성호르몬이나 부신 겉질 호르몬을 분비하는 세포에는 매끈면 소포체(A)가 발달해 있다.

ㄷ. 중심체(C)는 세포가 분열할 때 복제된 후 둘로 나뉘어 양극으로 이동하며, 여기에서 방추사가 뻗어 나와 염색체를 끌어당긴다.

바로 알기 ㄴ. 핵막과 인(B)은 간기에는 존재하다가 세포 분열이 시작되면 사라진다.

ㄹ. 틸라코이드가 여러 겹으로 포개진 그라나 구조로 되어 있는 세포 소기관은 엽록체이다. 골지체(D)는 납작한 주머니 모양의 시스터나가 여러 겹으로 포개져 있는 구조이다.

09 골지체는 핵산이 없고, 단일 막 구조이며, 분비 소낭과 같은 소낭을 만든다. 그러나 리소좀과 리보솜은 소낭을 만들지 않는다. 따라서 C는 골지체이고 ㉠은 '소낭을 만든다.', ㉡은 '단일 막 구조이다.', ㉢은 '핵산이 있다.'이다. 리보솜은 핵산이 있고, 단일 막 구조가 아니므로 B는 리보솜이고, ⓑ는 '×'이다. 따라서 A는 리소좀이며, 리소좀은 핵산이 없으므로 ⓐ는 '×'이다.

ㄱ. 리소좀(A)은 세포내 소화를 담당한다.

ㄷ. 단백질계 호르몬인 인슐린을 분비하는 이자섬의 β 세포에는 물질 분비에 관여하는 골지체(C)가 많이 존재한다.

바로 알기 ㄴ. 대장균과 같은 원핵세포에도 리보솜(B)이 존재한다.

ㄹ. 리소좀(A)에는 핵산이 없으므로 ⓐ는 '×'이고, 리보솜(B)은 막 구조가 아니므로 ⓑ도 '×'이다.

10 미토콘드리아, 미세 소관, 리보솜 중 미세 소관은 핵산이 없으므로 B는 미세 소관이고, 따라서 A는 미토콘드리아이다.

ㄴ. 미세 소관(B)은 세포 골격을 구성하는 구조물로, 세포의 형태를 유지하고 세포 소기관과 소낭의 세포 내 이동에 관여한다.

ㄷ. (가)는 미토콘드리아에는 있고 리보솜에는 없는 특징에 대한 질문이어야 한다. 미토콘드리아는 자체 DNA와 리보솜이 있어 독자적으로 복제하여 증식할 수 있지만, 리보솜은 독자적으로 복제하여 증식할 수 없다. 따라서 '독자적으로 복제하여 증식하는가?'는 (가)에 해당한다.

바로 알기 ㄱ. 시스터나가 여러 겹으로 포개진 구조를 하고 있는 세포 소기관은 골지체이다. 미토콘드리아(A)는 내막이 안쪽으로 접혀 들어가 크리스타라는 구조를 형성하고 있다.

11 ㄱ. 세포에서 DNA는 대부분 핵 속에 있다. (가)는 DNA 함량이 95 %로 매우 높으므로 (가)에는 핵이 들어 있다. (나)는 CO_2 흡수량이 92로 매우 높으므로 (나)에는 광합성이 일어나는 엽록체가 들어 있다. (다)는 O_2 소비량이 85로 매우 높으므로 (다)에는 세포 호흡이 일어나는 미토콘드리아가 들어 있다. 핵, 엽록체, 미토콘드리아는 모두 2중막 구조를 가지므로, (가), (나), (다)에 모두 2중막 구조를 가진 세포 소기관이 들어 있는 것으로 볼 수 있다.

ㄴ. (나)와 (다)에는 각각 엽록체와 미토콘드리아가 주로 들어 있고, 엽록체의 틸라코이드 막과 미토콘드리아의 내막에는 ATP 합성 효소가 있어 ATP 합성이 일어난다.

바로 알기 ㄷ. 세포에서 RNA는 핵, 엽록체, 미토콘드리아, 리보솜에 존재하며, 세포 분획법으로 세포벽을 제거한 식물 세포의 세포 소기관을 분리하면 핵, 엽록체, 미토콘드리아, 소포체(거친면 소포체에 붙어 있는 리보솜 포함)의 순으로 분리되어 나온다. 따라서 RNA 함량이 53 %인 침전물 (라)에는 거친면 소포체에 붙어 있는 리보솜이, RNA 함량이 19 %인 상층액 (마)에는 세포질에 들어 있는 리보솜이 주로 존재하므로, (라)와 (마)에 들어 있는 RNA가 주로 분포하는 세포 소기관은 리보솜으로 같다.

12 마이크로미터를 이용하여 세포의 크기를 측정할 때에는 대물 마이크로미터 대신 세포의 현미경 표본을 올려놓고 세포의 크기를 측정한다. 따라서 (나)에서 짚신벌레를 관찰할 때에도 보이는 A는 접안 마이크로미터 눈금이다.

ㄷ. (나)에서는 (가)에서 관찰했을 때에 비해 대물렌즈의 배율을 2배 높여 200배의 배율로 관찰하였으므로, 접안 마이크로미터의 눈금 간격은 (가)에서와 같지만 짚신벌레는 (가)의 배율로 관찰했을 때에 비해 2배로 확대되어 보인다. 따라서 (나)와 같이 200배의 배율에서 접안 마이크로미터 눈금 40칸과 겹치는 짚신벌레 ㉠을 (가)에서와 같이 100배의 배율로 관찰하면 짚신벌레 ㉠은 접안 마이크로미터 눈금 20칸과 겹친다.

바로 알기 ㄱ. A는 (가)와 (나)에서 모두 보이므로 접안 마이크로미터의 눈금이다.

ㄴ. 대물렌즈의 배율만 2배 높이면 접안 마이크로미터의 눈금 간격은 변하지 않고 대물 마이크로미터의 눈금 간격만 2배로 확대되어 보이므로, 접안 마이크로미터의 동일한 부분과 겹치는 대물 마이크로미터의 눈금 칸 수가 $\frac{1}{2}$로 줄어들고 따라서 접안 마이크로미터 눈금 한 칸의 길이도 $\frac{1}{2}$로 줄어든다. (가)에서 접안 마이크로미터 눈금 50칸과 대물 마이크로미터 눈금 30칸이 겹쳤으므로 (가)에서 접안 마이크로미터 눈금 한 칸의 길이는 $\frac{30}{50} \times 10\,\mu m = 6\,\mu m$에 해당한다. (나)는 (가)에서 대물렌즈의 배율만 2배 높여 관찰한 것이므로, (나)에서 접안 마이크로미터 눈금 한 칸의 길이는 (가)의 $\frac{1}{2}$로 줄어든 $3\,\mu m$에 해당한다.

2. 세포막과 효소

01 세포막을 통한 물질의 출입

01 ⑤

02 증류수: 무게 증가, 0.9 % 소금물: 무게 변화 없음, 2 % 소금물: 무게 감소

01 ①, ② 저장액인 증류수에 담가 둔 양파 표피 세포는 삼투에 의해 물을 흡수하므로 팽창하여 팽윤 상태가 되어 팽압이 가장 높게 나타난다.

③, ④ 2 % 소금물에 담가 둔 양파 표피 세포에서는 삼투에 의해 물이 세포 밖으로 빠져나가 세포액의 농도가 높아지므로 삼투압이 가장 높게 나타나고 원형질 분리가 일어난다.

바로 알기 ⑤ 0.9 % 소금물은 등장액이므로 세포막을 통해 양파 표피 세포 안팎으로 드나드는 물의 양이 같다.

02 저장액인 증류수에 담가 둔 감자 조각은 감자 세포로 물이 흡수되므로 무게가 증가하고, 등장액인 0.9 % 소금물에 담가 둔 감자 조각은 감자 세포 안팎으로 드나드는 물의 양이 같아 무게 변화가 없다. 그리고 고장액인 2 % 소금물에 담가 둔 감자 조각은 감자 세포에서 물이 빠져나가 무게가 감소한다.

❶인지질　　　❷유동 모자이크막　　　❸높은
❹낮은　　　❺촉진 확산　　　❻높은　　　❼낮은
❽용혈 현상　　　❾원형질 분리　　　❿세포내 섭취　　　⓫세포외 배출
⓬인지질 2중층

01 (1) A: 막단백질, B: 인지질 (2) (나) (3) ㄱ, ㄷ, ㄹ (4) 유동 모자이크막 **02** ㄴ **03** ㄴ **04** (1) 포도당: A 쪽에서 B 쪽으로 이동, 설탕: 이동하지 못함 (2) B (3) 삼투 **05** (1) C, D (2) B: 원형질 분리, C: 팽윤 상태, D: 용혈 현상 **06** (1) A: 삼투압, B: 흡수력, C: 팽압 (2) 흡수력(B)=삼투압(A)−팽압(C) (3) 1.0 **07** ㄴ **08** (1) A: 단순 확산, B: 촉진 확산, C: 능동 수송, D: 세포외 배출 (2) C, D (3) A: ㄷ, B: ㄴ, C: ㄹ, D: ㄱ

01 (1) 세포막은 막단백질이 인지질 2중층을 관통하거나 인지질 2중층 표면에 붙어 있는 구조이다. 따라서 A는 막단백질이고, B는 인지질이다.

(2) 인산기가 있는 인지질의 머리 부분이 분포한 (가)와 (다)는 친수성을 띠고, 지방산이 있는 인지질의 꼬리 부분이 분포한 (나)는 소수성을 띤다.

(3) 세포막을 구성하는 막단백질(A)은 효소, 호르몬의 수용체, 촉진 확산과 능동 수송에 관여하는 운반체로 작용하거나 세포 간 인식에 관여한다. 단순 확산은 물질이 세포막의 인지질 2중층을 직접 통과하여 확산하는 것이므로 단순 확산에는 막단백질(A)이 관여하지 않는다.

(4) 유동 모자이크막 모델에 따르면 세포막에서는 인지질(B) 2중층에 막단백질(A)이 모자이크 모양으로 분포하며, 인지질은 유동성이 있어 이동할 수 있고 이로 인해 막단백질도 유동성이 있다.

02 그림에서는 물질이 인지질 2중층을 직접 통과하여 고농도에서 저농도로 이동하므로 단순 확산에 해당한다.

ㄴ. 단순 확산은 크기가 작은 분자, 즉 분자량이 작은 분자일수록 잘 일어난다.

바로 알기 ㄱ. 이온과 같이 전하를 띠는 물질은 수송 단백질을 통해 이동한다.

ㄷ. 지질에 대한 용해도가 작은 물질은 인지질 2중층을 잘 통과하지 못한다. 지용성 비타민과 같은 작은 지용성 분자가 인지질 2중층을 쉽게 통과하여 단순 확산이 잘 일어난다.

03 물질이 인지질 2중층을 직접 통과하는 단순 확산에 의한 이동 속도는 (가)에서와 같이 물질의 세포 안과 밖의 농도 차에 비례하여 증가한다. 또, 물질이 막단백질의 일종인 수송 단백질을 통해 이동하는 촉진 확산에 의한 이동 속도는 (나)에서와 같이 초기에는 물질의 세포 안과 밖의 농도 차에 비례하여 증가하지만, 수송 단백질이 모두 물질 이동에 참여하는 포화 상태가 되면 이동 속도가 더 이상 증가하지 않고 일정해진다. 따라서 A의 이동 방식은 단순 확산, B의 이동 방식은 촉진 확산이다.

ㄴ. 확산은 물질이 농도가 높은 쪽에서 낮은 쪽으로 이동하는 현상이므로, A와 B는 각각의 농도가 높은 쪽에서 낮은 쪽으로 이동한다.

바로 알기 ㄱ. A는 인지질 2중층을 직접 통과해 이동하며, B가 막단백질을 통해 이동한다.

ㄷ. 단순 확산과 촉진 확산 모두 에너지(ATP)를 사용하지 않고 일어난다.

04 (1) 단당류인 포도당의 농도는 A 쪽이 B 쪽보다 높으므로 포도당은 반투과성 막을 통해 A 쪽에서 B 쪽으로 이동한다. 이당류인 설탕은 반투과성 막을 통과하지 못하므로 어느 쪽으로도 이동하지 못한다.

(2) 포도당은 A 쪽에서 B 쪽으로 이동하므로 일정 시간이 경과하면 포도당의 농도는 A와 B 양쪽이 같아진다. 그러나 설탕은 이동하지 못하므로 설탕의 농도는 B 쪽이 A 쪽에 비해 높다. 따라서 삼투에 의해 물이 A 쪽에서 B 쪽으로 이동한다. 이에 따라 A 쪽의 수용액 높이는 낮아지고, B 쪽의 수용액 높이는 높아진다.

(3) 반투과성 막을 통해 농도가 낮은 쪽(물의 농도가 높은 쪽)에서 농도가 높은 쪽(물의 농도가 낮은 쪽)으로 물이 확산하는 현상을 삼투라고 한다.

05 (1) 식물 세포를 저장액에 넣어 두면 삼투에 의해 물이 세포 안으로 들어와 세포가 팽창하여 C와 같이 된다. 적혈구를 저장액에 넣어 두면 삼투에 의해 물이 적혈구 안으로 들어와 적혈구가 팽창하다가 D와 같이 터진다.

(2) 식물 세포에서 B와 같이 세포질의 부피가 줄어들어 세포막이 세포벽으로부터 떨어진 상태를 원형질 분리라고 하며, C와 같이 세포가 물을 흡수하여 팽창한 상태를 팽윤 상태라고 한다. 그리고 D와 같이 적혈구가 물을 흡수하여 팽창하다가 터지는 현상을 용혈 현상이라고 한다.

06 (1) 고장액에 담겨 있던 식물 세포를 저장액으로 옮기면 세포가 물을 흡수하여 세포의 부피가 커지면서 삼투압은 낮아지고 팽압이 발생하여 증가하며, 그에 따라 흡수력(=삼투압−팽압)은 작아진다. 따라서 세포의 부피가 증가함에 따라 감소하는 A는 삼투압, 증가하는 C는 팽압이다. 그리고 팽압이 발생하여 증가함에 따라 감소하는 B는 흡수력이다.

(2) 삼투압(A)은 물이 세포 안으로 들어오려는 힘으로 작용하고, 팽압(C)은 물이 세포 안으로 들어오는 것을 방해하는 힘으로 작용하므로, 삼투압(A)에서 팽압(C)을 뺀 값이 흡수력(B)에 해당한다(흡수력=삼투압−팽압).

(3) 한계 원형질 분리는 원형질 분리가 일어났던 세포가 물을 흡수하여 원형질 분리 상태에서 막 벗어나 팽압이 나타나기 시작하는 상태이다. 따라서 세포의 부피(상댓값)가 1.0일 때가 한계 원형질 분리 상태이다.

07 (가)와 같이 소낭의 막이 세포막과 융합하여 소낭 속에 들어 있던 물질을 세포 밖으로 분비하는 작용을 세포외 배출, (나)와 같이 세포 밖의 고형 물질을 세포막으로 감싸 소낭을 만

들어 세포 안으로 끌어들이는 작용을 세포내 섭취라고 한다.

ㄴ. (나)에서는 고형 물질을 세포막으로 감싸 소낭을 만들므로 소낭의 면적만큼 세포막의 면적이 줄어든다.

바로 알기 ㄱ. (가)의 소낭은 소포체가 아니라 골지체에서 만들어진 분비 소낭이다.

ㄷ. (가), (나)와 같이 세포막을 변형시키는 방식으로 물질 이동이 일어날 때에는 ATP가 사용된다.

08 (1) A는 물질이 농도가 높은 쪽에서 낮은 쪽으로 인지질 2중층을 직접 통과하여 이동하므로 단순 확산이고, B는 물질이 농도가 높은 쪽에서 낮은 쪽으로 막단백질을 통해 이동하므로 촉진 확산이다. C는 물질이 농도 기울기를 거슬러 농도가 낮은 쪽에서 높은 쪽으로 막단백질을 통해 이동하므로 능동 수송이고, D는 소낭이 세포막과 융합하여 소낭에 들어 있던 물질을 세포 밖으로 내보내므로 세포외 배출이다.

(2) 농도 기울기를 거슬러 물질을 이동시키는 능동 수송(C)과 세포막을 변형시켜 물질을 이동시키는 세포외 배출(D)이 일어날 때에는 ATP가 사용된다.

(3) ㄱ. 소화샘 세포에서 합성된 소화 효소는 세포외 배출(D) 방식으로 분비된다.

ㄴ. 뉴런의 세포막에서 K^+ 통로를 통한 K^+의 이동은 촉진 확산(B)으로 일어난다.

ㄷ. 폐포와 모세 혈관 혈액 사이의 O_2와 CO_2 교환은 단순 확산(A)으로 일어난다.

ㄹ. 소장 융털 상피 세포의 포도당 흡수는 능동 수송(C)으로 일어난다. 한편, 체세포에서 인슐린의 작용으로 포도당이 포도당 투과 효소를 통해 흡수되는 것은 촉진 확산(B)으로 일어난다.

개념 적용 문제   1권 92쪽~97쪽

01 ④	02 ④	03 ②	04 ④	05 ②	06 ③
07 ③	08 ②	09 ①	10 ①	11 ②	12 ②

01 ㄴ. (나)의 실험에서는 세포막에서 형광 염료로 염색된 인지질 분자가 이동하여 탈색 부위가 사라졌다. 이것으로 세포막에서 인지질은 특정 위치에 고정되어 있지 않고 옆으로 이동할 수 있다는 사실, 즉 세포막의 인지질 분자는 유동성이 있다는 사실을 알 수 있다.

ㄷ. 형광 물질과 결합한 항체가 세포막 표면의 항원 단백질과 결합하도록 하면 막단백질을 형광 물질로 표지할 수 있다.

바로 알기 ㄱ. (가)의 실험에서 쥐 세포와 사람 세포의 막단백질을 서로 다른 색깔의 형광 물질로 표지하여 융합시키면 시간이 지남에 따라 쥐 세포와 사람 세포의 막단백질이 섞인다. 이것으로 세포막에서 막단백질은 고정되어 있는 것이 아니라 이동할 수 있다는 사실, 즉 막단백질은 유동성이 있다는 사실을 알 수 있다.

02 A는 농도가 높은 쪽에서 낮은 쪽으로 인지질 2중층을 직접 통과하여 이동하므로 A의 이동 방식은 단순 확산이고, B는 농도가 높은 쪽에서 낮은 쪽으로 막단백질을 통해 이동하므로 B의 이동 방식은 촉진 확산이다. C는 농도 기울기를 거슬러 농도가 낮은 쪽에서 높은 쪽으로 막단백질을 통해 이동하므로 C의 이동 방식은 능동 수송이고, D는 세포 안에서 형성된 소낭에 담겨 세포막으로 이동한 다음 소낭이 세포막과 융합하여 세포 밖으로 분비되므로 D의 이동 방식은 세포외 배출이다.

① D는 세포외 배출로, 세포 안에서 밖으로 분비되므로 (가)는 세포 안, (나)는 세포 밖이다.

② A와 B는 각각의 농도 기울기에 따라 농도가 높은 쪽에서 낮은 쪽으로 이동한다.

③ 촉진 확산으로 이동하는 B와 능동 수송으로 이동하는 C는 모두 세포막에 있는 막단백질을 통해 이동한다.

⑤ 이자의 β 세포에서 인슐린은 D와 같이 세포외 배출 방식으로 분비된다.

바로 알기 ④ 능동 수송과 세포외 배출 모두 ATP를 사용하는 이동 방식이다. 따라서 세포막을 통한 C와 D의 이동에 모두 ATP가 사용된다.

03 ㄱ. (가)에서 A는 적혈구 안으로 물이 들어와 적혈구가 팽창하다가 터지는 용혈 현상이 일어난 상태이므로, (가)는 적혈구를 저장액에 넣었을 때의 변화이다.

ㄷ. (나)에서 B는 세포에서 물이 빠져나가 원형질 분리가 일어난 상태이다. 따라서 B는 정상 식물 세포에 비해 세포액의 농도가 높다. 삼투압은 용액의 농도에 비례하므로 B는 정상 식물 세포에 비해 세포액의 삼투압이 높다.

바로 알기 ㄴ. (나)에서 B는 세포에서 물이 빠져나가 원형질 분리가 일어난 상태이므로, (나)는 식물 세포를 고장액에 넣었을 때의 변화이다.

ㄹ. 팽윤 상태는 식물 세포가 물을 흡수하여 팽창한 상태를 말한다. A와 같이 적혈구가 팽창하다가 터지는 현상은 용혈 현상이라 하고, B와 같이 세포에서 물이 빠져나가 세포막이 세포벽으로부터 떨어진 상태를 원형질 분리라고 한다.

04 ㄴ. (나)의 등장액에 넣었을 때 사람의 적혈구에서 물이 빠져나가 적혈구가 쭈그러들었으므로, (나)의 등장액은 사람의 적혈구에 대해 고장액이다. 따라서 (나)는 사람보다 체액의 삼투압이 높다.

ㄷ. (가)의 등장액에 넣었을 때 사람의 적혈구는 물을 흡수하여 팽창하다가 터지는 용혈 현상이 나타났으므로, (가)의 등장액은 사람의 적혈구에 대해 저장액이다. 따라서 사람보다 체액의 삼투압이 높은 (나)의 적혈구를 사람보다 체액의 삼투압이 낮은 (가)의 등장액에 넣으면, (나)의 적혈구 안으로 물이 들어와 적혈구가 팽창하다가 터지는 용혈 현상이 나타날 것이다.

바로 알기 ㄱ. (다)의 등장액에 넣은 사람의 적혈구는 거의 변화가 없으므로 (다)의 등장액은 사람의 적혈구에 대해 등장액에 가깝다. 따라서 (가)~(다) 중 등장액이 사람의 적혈구에 대해 고장액인 (나)가 체액의 삼투압이 가장 높다.

05 고장액에 담겨 있던 식물 세포를 저장액에 넣으면 세포가 물을 흡수하여 세포의 부피가 증가하면서 삼투압과 흡수력은 감소하고, 팽압이 발생하여 증가한다.

ㄱ. 세포의 부피가 커짐에 따라 0까지 감소하는 A는 흡수력이고, 세포의 부피가 1.0일 때부터 나타나 세포의 부피가 커짐에 따라 증가하는 B는 팽압이다.

ㄷ. '흡수력=삼투압-팽압'이므로 '삼투압=흡수력+팽압'이다. 그리고 V_1일 때 흡수력과 팽압은 ㉠으로 같다. 따라서 V_1일 때 삼투압은 ㉠의 2배이다.

바로 알기 ㄴ. 설탕 용액 X에 담겨 있던 식물 세포를 설탕 용액 Y로 옮긴 후 세포의 부피가 증가하므로, Y는 X보다 삼투압이 낮다. 삼투압은 농도에 비례하므로 설탕 농도는 X가 Y보다 높다.

ㄹ. V_2일 때 식물 세포는 최대로 팽창하여 흡수력이 0인 상태이므로 최대 팽윤 상태이다. 세포가 원형질 분리 상태일 때에는 팽압이 나타나지 않는다.

06 A와 B 중 수크레이스를 넣은 쪽에서는 이당류인 설탕이 단당류인 포도당과 과당으로 분해된다. 포도당과 과당은 반투과성 막을 통과할 수 있으므로 막을 경계로 A와 B 양쪽의 포도당과 과당 농도가 각각 같아진다. 따라서 수크레이스를 넣지 않아 설탕이 그대로 남아 있는 쪽의 용액이 수크레이스를 넣은 쪽의 용액보다 농도가 높아진다.

ㄱ. (나)에서 A의 수면 높이는 낮아지고, B의 수면 높이는 높아졌다. 이는 A 용액의 농도가 B 용액의 농도보다 낮아져 A 쪽에서 B 쪽으로 반투과성 막을 통해 물이 이동한 결과이다. 따라서 A에 수크레이스를 넣은 것이다.

ㄷ. A와 B 중 수크레이스를 넣지 않은 쪽 용액의 설탕 농도가 A와 B 용액의 농도 차이를 결정한다. 따라서 A와 B에 농도가 더 높은 설탕 용액을 넣었다면, 한쪽에 수크레이스를 넣었을 때 A와 B 용액의 농도 차가 커져 A 쪽에서 B 쪽으로 더 많은 양의 물이 이동할 것이다. 따라서 t일 때 A와 B의 수면 높이 차는 더 크게 나타났을 것이다.

바로 알기 ㄴ. t일 때 A와 B의 단당류 농도가 같으므로, 용액의 양이 더 많은 B에 더 많은 양의 단당류가 들어 있다.

07 ㄱ. 포도당을 공급한 Ⅳ 단계에서 적혈구 안과 혈장 간의 Na^+의 농도 차와 K^+의 농도 차가 포도당을 공급하지 않은 Ⅲ 단계에서보다 증가하였다. 따라서 포도당이 적혈구에서 세포 호흡의 기질로 이용되어 Na^+과 K^+의 능동 수송에 필요한 ATP가 공급되었음을 유추할 수 있다.

ㄷ. Ⅱ → Ⅲ → Ⅳ 단계로 갈수록 적혈구 안의 Na^+ 농도는 감소하고 혈장의 Na^+ 농도는 증가하며, 적혈구 안의 K^+ 농도는 증가하고 혈장의 K^+ 농도는 감소한다. 이처럼 Ⅱ → Ⅲ → Ⅳ 단계로 갈수록 적혈구 안과 혈장 간의 Na^+ 농도 차와 K^+ 농도 차가 증가하므로, Ⅲ과 Ⅳ 단계에서 모두 적혈구에서 세포 호흡이 일어나 ATP가 공급되어 Na^+과 K^+의 능동 수송이 일어났음을 알 수 있다.

바로 알기 ㄴ. 0 °C에서는 세포 호흡이 일어나지 못한다. Ⅰ과 Ⅱ 단계를 비교해 보면 포도당을 공급하지 않고 온도를 0 °C로 낮추어 세포 호흡을 억제했을 때 Na^+이 혈장에서 적혈구 안으로 다량 들어왔음을 알 수 있다. 이것으로 혈장에서 적혈구 안으로 Na^+이 이동할 때 ATP가 사용되지 않음을 알 수 있다.

08 Na^+-K^+ 펌프는 에너지(ATP)를 사용하여 Na^+과 K^+을 각 이온의 농도 기울기를 거슬러 서로 반대 방향으로 능동 수송한다.

ㄷ. 비커 B에서 Na^+-K^+ 펌프에 의한 능동 수송이 일어날 때 ATP가 ADP와 P_i으로 분해되어 에너지를 공급하므로, B에 든 리포솜 외부 수용액에서 ADP가 검출된다.

바로 알기 ㄱ. ATP를 공급하지 않은 비커 A에서는 Na^+-K^+ 펌프에 의한 능동 수송이 일어나지 않으므로 리포솜 내부의 Na^+과 K^+의 농도가 모두 변화 없다. 따라서 ㉠은 '변화 없음'이다. ATP를 공급한 비커 B에서는 Na^+-K^+ 펌프에 의한 능동 수송이 일어나는데, Na^+-K^+ 펌프는 Na^+과 K^+을 서로 반대 방향으로 이동시킨다. 그 결과 리포솜 내부의 K^+ 농도가 감소하였으므로 리포솜 내부의 Na^+ 농도는 증가한다. 따라서 ㉡은 '증가함'이다.

ㄴ. Na^+-K^+ 펌프는 촉진 확산이 아니라 능동 수송에 관여하는 막단백질이다.

09 ㄱ. 단순 확산, 촉진 확산, 능동 수송 중 물질이 저농도에서 고농도로 이동하는 것은 능동 수송뿐이므로, Ⅲ은 능동 수송이다. 능동 수송은 막단백질인 운반체 단백질에 의해 일어나므로, ㉡은 '○'이다. Ⅰ과 Ⅱ 중 막단백질인 수송 단백질을 이용하는 Ⅰ이 촉진 확산이고, 따라서 Ⅱ는 단순 확산이다. 단순 확산과 촉진 확산에서는 모두 물질이 고농도에서 저농도로 이동하므로 '?'와 ㉠은 둘 다 '×'이다.

바로 알기 ㄴ. 촉진 확산(Ⅰ)에는 ATP가 사용되지 않는다. ATP가 사용되는 이동 방식은 능동 수송(Ⅲ)이다.

ㄷ. 뉴런에서 탈분극은 세포막에 있는 Na^+ 통로를 통한 Na^+의 촉진 확산(Ⅰ)으로 일어난다.

10 (가)에서 ㉠은 세포 안과 세포 밖의 농도가 같다가 시간이 지남에 따라 세포 안과 밖의 농도 차가 증가하여 농도 기울기가 형성되므로, ㉠은 능동 수송에 의해 세포 밖에서 세포 안으로 이동한다. (나)에서 물질 ㉡은 세포 밖의 농도가 세포 안의 농도보다 높다가 시간이 지남에 따라 세포 안과 밖의 농도 차가 감소하여 농도 기울기가 점차 사라지므로 ㉡는 촉진 확산에 의해 세포 밖에서 세포 안으로 이동한다.

ㄱ. (가)와 (나) 모두 시간이 지남에 따라 '세포 안 농도−세포 밖 농도' 값(y)이 증가한다. 즉, 시간이 지남에 따라 세포 안의 농도는 증가하고 세포 밖의 농도는 감소하므로 ㉠과 ㉡은 모두 세포 밖에서 안으로 이동한 것이다.

ㄴ. 세포 호흡 저해제를 처리하면 ATP의 공급이 차단되어 능동 수송이 일어나지 못한다. 따라서 능동 수송으로 일어나는 ㉠의 이동이 중단된다.

바로 알기 ㄷ. ㉡은 촉진 확산으로 이동하므로, ㉡의 이동에 막단백질이 이용된다.

ㄹ. Na^+-K^+ 펌프는 에너지(ATP)를 사용하여 Na^+을 세포 밖으로 내보내고 K^+을 세포 안으로 들여오는 능동 수송 기구이다. 따라서 Na^+-K^+ 펌프를 통한 K^+의 이동 방식은 능동 수송으로 이동하는 ㉠의 이동 방식과 같다.

11 ㄱ. (가)는 세포 밖의 고형 물질을 세포막으로 감싸 소낭(식포)을 만들어 세포 안으로 끌어들이는 식세포 작용이다. 따라서 소낭 A는 식포에 해당하며, A는 리소좀과 합쳐져 세포 내 소화 과정을 거치게 된다.

ㄷ. (나)에서 소낭 B의 막이 세포막과 융합하면 소낭 속에 들어 있던 단백질 D는 세포 밖으로 분비되고, 소낭 막에 있던 단백질 C는 세포막의 막단백질이 된다.

바로 알기 ㄴ. 소낭 B는 세포 안에서 만들어진 단백질을 세포 밖으로 분비하는 분비 소낭으로, 보통 골지체에서 만들어진다.

ㄹ. 소낭 A는 세포막으로부터 만들어지므로 (가)의 과정이 진행되면 세포막의 면적은 감소한다. 그러나 (나)의 과정이 일어날 때는 소낭의 막이 세포막의 일부가 되므로 세포막의 면적이 증가한다.

12 ㄴ. 수용성 약물이나 영양소, DNA 등은 리포솜 내부의 수용성 공간에 B와 같이 담겨 운반된다.

바로 알기 ㄱ. 리포솜에 의해 운반된 물질 A와 B는 리포솜의 인지질 2중층 막이 세포막과 융합하여 세포 내로 들어간다. 즉, 물질 A와 B는 능동 수송이 아니라 세포내 섭취에 의해 세포 내로 들어간다.

ㄷ. 리포솜에 담은 물질을 특정 세포로 정확하게 전달하려면 특정 세포가 가진 항원에 대한 항체를 리포솜 표면에 붙여야 한다.

02 효소

▶ 탐구 확인 문제   1권 **105**쪽

01 ④

02 (1) 조작 변인: 온도, 종속변인: 거름종이 조각이 떠오르는 데 걸리는 시간 (2) C

01 ① 조작 변인은 가설을 검증하기 위해 의도적으로 변화시키는 변인이다. 실험에서 pH를 4~10까지로 다르게 처리하였으므로 이 실험의 조작 변인은 pH이다.

② 통제 변인은 실험 결과에 영향을 주지 않도록 일정하게 유지해야 하는 변인이다. 과산화 수소수의 양, 온도, 거름종이 조각의 크기 등이 통제 변인에 해당한다.

③ 종속변인은 조작 변인의 영향을 받아 변하는 변인으로, 실험 결과에 해당한다. 따라서 이 실험에서는 거름종이 조각이 떠오르는 데 걸리는 시간이 종속변인이다.

⑤ 카탈레이스의 활성이 높아 과산화 수소가 물과 산소로 빨리 분해될수록 산소가 많이 발생하므로 거름종이 조각이 수면으로 떠오르는 데 걸리는 시간이 짧다. 따라서 거름종이 조각이 빨리 떠오를수록 카탈레이스의 활성이 높다고 볼 수 있다.

바로 알기 ④ pH가 카탈레이스의 활성에 미치는 영향을 알아보려면 온도가 카탈레이스의 작용을 제한하지 않도록 최적 온도로 통제해야 한다.

02 (1) 실험에서 온도를 5 ℃, 20 ℃, 35 ℃, 45 ℃, 60 ℃로 다르게 처리하였으므로 이 실험의 조작 변인은 온도이다. 또, 실험 결과에 해당하는 종속변인은 거름종이 조각이 떠오르는 데 걸리는 시간이다.

(2) 카탈레이스의 활성이 높을수록 거름종이 조각이 빨리 떠오르므로, 카탈레이스의 활성이 최대로 되는 최적 온도인 35 ℃ 정도에서 거름종이 조각이 가장 빨리 떠오를 것으로 예상된다.

▶ 개념 모아 **정리하기**   1권 **107**쪽

❶ 활성화 에너지   ❷ 효소 · 기질 복합체
❸ 기질 특이성   ❹ 보조 인자   ❺ 조효소   ❻ 경쟁적 저해제
❼ 비경쟁적 저해제   ❽ 아밀레이스

▶ 개념 기본 문제   1권 **108**쪽~**109**쪽

01 (1) 효소가 있을 때: E_2, 효소가 없을 때: E_4 (2) E_1

02 (1) A: 효소, B: 기질, C: 효소 · 기질 복합체, ㉠: 활성 부위 (2) ㄱ

03 (1) A: 기질, B: 생성물, C: 효소 · 기질 복합체, D: 효소 (2) t_1

04 (1) A: 주효소, B: 기질, C: 보조 인자, D: 전효소, E: 효소 · 기질 복합체, F: 생성물 (2) ㄱ, ㄴ, ㄹ   **05** (1) ㅂ (2) ㅁ (3) ㄱ (4) ㄹ

06 (1) ㄹ (2) ㄷ (3) ㄴ   **07** (1) (가) 가수 분해 효소, (나) 산화 환원 효소, (다) 제거 부가 효소 (2) 조효소   **08** (1) A: S_2, B: S_3, C: S_1 (2) 기질 추가: 변화 없다. 효소 추가: 빨라진다.   **09** (1) A: 비경쟁적 저해제, B: 경쟁적 저해제 (2) ㉠ B, ㉡ A

01 (1) 활성화 에너지는 화학 반응이 일어나는 데 필요한 최소한의 에너지이고, 효소는 활성화 에너지를 낮추어 반응이 빨리 일어나게 한다. 따라서 효소가 있을 때와 효소가 없을 때의 활성화 에너지는 각각 E_2와 E_4이다.

(2) 화학 반응이 일어날 때 방출되거나 흡수되는 에너지인 반응열은 반응물과 생성물의 에너지 차이에 해당하므로 E_1이다.

02 (1) A는 반응 전후 변화가 없고 B는 효소와 결합한 후 분해되므로 A는 효소, B는 기질이다. 효소에서 기질이 결합하는 ㉠ 부위를 활성 부위라고 하며, 효소와 기질이 결합한 C를 효소 · 기질 복합체라고 한다.

(2) ㄱ. 효소(A)는 반응이 끝나면 생성물과 분리되고, 새로운 기질과 결합하여 재사용된다.

바로 알기 ㄴ. 효소(A)의 농도가 증가하더라도 활성화 에너지(E_1)의 크기는 변하지 않는다.

ㄷ. 기질(B)의 농도가 증가하더라도 반응열(E_2)의 크기는 변하지 않는다.

03 (1) 화학 반응이 일어나면 기질은 생성물로 바뀌므로 시간이 지남에 따라 농도가 계속 감소하는 A는 기질이고, 농도가 계속 증가하는 B는 생성물이다. 반응이 일어날 때 효소는 기질과 결합하여 효소·기질 복합체를 형성하고, 반응이 끝나면 생성물과 분리된다. 따라서 반응 초기에 농도가 감소하였다가 시간이 지남에 따라 원래 농도로 회복되는 D는 효소이고, 이와 반대로 반응 초기에는 농도가 증가하였다가 시간이 지남에 따라 점차 농도가 감소하는 C는 효소·기질 복합체이다.

(2) 특정 시점에서의 반응 속도는 그 시점에서의 효소·기질 복합체 농도에 비례한다고 볼 수 있다. 효소·기질 복합체 농도는 t_1일 때가 t_2일 때보다 높으므로 반응 속도는 t_1일 때가 t_2일 때보다 빠르다.

04 (1) 반응 전후 변화가 없는 A는 주효소이고, 반응 전후 변화가 없으며 A에 일시적으로 결합하는 C는 보조 인자이다. 주효소와 보조 인자가 결합하여 완전한 활성을 나타내는 D는 전효소이며, B는 전효소와 결합하여 E를 형성하였다가 F로 되므로, B는 기질, E는 효소·기질 복합체, F는 생성물이다.

(2) ㄱ. 주효소(A)는 단백질로 이루어져 있기 때문에 주효소(A)의 입체 구조는 온도와 pH의 영향을 크게 받는다.

ㄴ. 주효소(A)와 보조 인자(C)는 반응 전후 변화가 없어 반응이 끝난 후 다시 새로운 반응에 사용된다.

ㄹ. 보조 인자(C) 중에서 주효소(A)와 매우 강하게 결합하여 영구적으로 분리되지 않는 것을 보결족이라고 한다.

바로 알기 ㄷ. 보조 인자(C) 중 조효소는 작은 유기물 분자로 열에 강하다.

05 (1) 가수 분해나 산화에 의하지 않고 X에 붙어 있던 작용기를 떼어 내는 반응을 촉진하는 효소군은 제거 부가 효소(ㅂ)이다.

(2) X로부터 수소(H)를 떼어 내어 Y에 전달하여 X를 산화시키고 Y를 환원시키는 반응을 촉진하는 효소군은 산화 환원 효소(ㅁ)이다.

(3) X에 붙어 있던 작용기를 Y로 옮기는 반응을 촉진하는 효소군은 전이 효소(ㄱ)이다.

(4) 물(H_2O) 분자를 첨가하여 X와 Y를 분해하는 반응을 촉진하는 효소군은 가수 분해 효소(ㄹ)이다.

06 (1) 고기를 연하게 하는 연육제로 작용하는 키위 속의 효소는 단백질 분해 효소로, 가수 분해 효소(ㄹ)에 속한다.

(2) 포도당을 이성질체인 과당으로 전환하는 효소는 이성질화 효소(ㄷ)에 속한다.

(3) 유전자 재조합 과정에서 잘라 낸 DNA 조각들을 연결하여 재조합 DNA로 만드는 DNA 연결 효소는 연결 효소(ㄴ)에 속한다.

07 (1) (가)는 물(H_2O) 분자를 첨가하여 엿당을 포도당 2분자로 가수 분해하는 반응이므로, 가수 분해 효소가 작용한다. (나)는 에탄올이 아세트알데하이드로 산화되고 NAD^+는 NADH로 환원되는 반응이므로 산화 환원 효소가 작용한다. (다)는 피루브산에서 작용기인 카복실기를 떼어 내는 반응이므로 제거 부가 효소가 작용한다. 이 반응에서 카복실기를 잃은 피루브산은 아세트알데하이드로 되고, 떼어 낸 카복실기는 CO_2로 방출된다.

(2) 효소의 활성 부위에 일시적으로 결합하여 활성 부위 형성을 돕는 보조 인자 중에서 NAD^+와 같이 기질에서 떨어져 나온 전자나 원자를 수용하여 다른 물질이나 효소에 전달하는 유기물 분자를 조효소라고 한다. NAD^+는 탈수소 효소의 조효소이다.

08 (1) 효소 수에 대한 기질 수의 비를 비교하면, A에서는 1이고, B에서는 1보다 크고, C에서는 1보다 작다. 따라서 A는 S_2, B는 S_3, C는 S_1일 때에 해당한다.

(2) 기질 농도가 S_3일 때는 B의 상태로, 효소는 모두 기질과 결합하여 효소·기질 복합체를 형성하고, 일부 기질이 효소와 결합하지 못하고 남아 있는 상태이다. 이러한 상태에서 기질을 추가하면 초기 반응 속도는 변화가 없고, 효소를 추가하면 추가된 효소가 기질과 결합하여 반응을 촉진하므로 초기 반응 속도가 빨라진다.

09 (1) 저해제 A는 기질과 입체 구조가 다르며, 효소의 활성 부위가 아닌 다른 부위에 결합하여 활성 부위의 구조를 변형시킴으로써 기질이 효소에 결합하지 못하게 하여 효소의 활성을 저해한다. 따라서 저해제 A는 비경쟁적 저해제이다. 저해제 B는 기질과 입체 구조가 비슷하여 효소의 활성 부위에 기질과 경쟁적으로 결합하여 효소의 활성을 저해하므로 경쟁적 저해제이다.

(2) 경쟁적 저해제인 B는 효소의 활성 부위에 기질과 경쟁적으로 결합하므로 기질의 농도가 높아지면 저해 효과가 감소한다. 따라서 ㉠은 경쟁적 저해제인 B를 첨가한 경우이다. 비경쟁적 저해제인 A는 효소의 활성 부위가 아닌 다른 부위에 결합하여 활성 부위의 구조를 변형시키므로 기질의 농도가 높아져도 저해 효과가 감소하지 않고 유지된다. 따라서 ㉡은 비경쟁적 저해제인 A를 첨가한 경우이다.

01 ㄱ. (가)에서 A는 물질의 분해를, B는 물질의 합성을 촉진하는 효소이다. RNA 중합 효소는 DNA 두 가닥 중 한 가닥을 주형으로 하여 리보뉴클레오타이드를 결합시켜 RNA를 합성하는 효소이고, 아밀레이스는 엿당을 포도당 2분자로 분해하는 효소이다. 따라서 A는 아밀레이스이고, B는 RNA 중합 효소이다.

ㄴ. 아밀레이스(A)의 기질은 포도당 2분자가 결합한 엿당이고, RNA 중합 효소(B)의 기질은 리보뉴클레오타이드로 5탄당인 리보스를 구성 성분으로 갖는다.

바로 알기 ㄷ. (나)에서 반응물보다 생성물의 에너지 수준이 낮으므로, (나)는 발열 반응에서의 에너지 변화를 나타낸 것이다. 따라서 (나)는 아밀레이스에 의한 반응에서의 에너지 변화를 나타낸 것이다.

ㄹ. (나)에서 E는 활성화 에너지로, 효소의 농도가 증가하더라도 크기가 변하지 않는다.

02 ㄱ. 효소 용액을 반투과성 막 주머니에 넣어 투석시키면 반투과성 막을 통해 저분자 물질이 증류수 쪽으로 빠져나오므로, 투석 내액(A)에는 투석되지 않는 고분자 물질인 단백질 성분의 주효소가 들어 있고 투석 외액(B)에는 저분자 물질인 보조 인자가 들어 있다.

ㄷ. 기질에 A와 B를 함께 넣으면 효소 반응이 일어나고, 기질에 A와 끓인 B를 함께 넣어도 효소 반응이 일어난다. 따라서 투석 외액(B)에 든 저분자 물질인 보조 인자는 열에 강하다는 것을 알 수 있다.

바로 알기 ㄴ. 투석 내액(A)에 들어 있는 주효소는 단백질 성분이라 열에 약하므로 끓이면 입체 구조가 변성되어 활성을 잃는다. 따라서 기질에 끓인 A를 B와 함께 넣으면 효소 반응이 일어나지 않으므로 ㉠은 '×'이다.

03

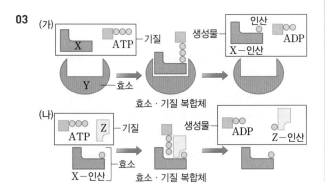

04 ㄷ. ㉠은 온도를 낮추어서, ㉡은 온도를 높여서 효소의 활성을 억제하는 과정이다. ㉢은 엿기름 속 효소(아밀레이스)의 최적 온도인 55 ℃에 가깝게 온도를 유지하여 효소의 활성을 높이는 과정이다.

바로 알기 ㄱ. 옥수수의 당도를 유지하기 위해서는 엿당이 녹말로 되는 것을 막아야 한다. 따라서 ㉠과 ㉡은 엿당을 녹말로 합성하는 효소의 활성을 억제하는 과정이다. 이와 반대로 ㉢은 밥의 녹말을 엿당으로 분해하는 효소(아밀레이스)의 활성을 높이는 과정이다.

ㄴ. 수확한 옥수수를 끓는 물에 2분~3분간 담그면 옥수수 세포 속의 효소 단백질이 변성되어 효소가 활성을 잃는다. 고온에서 변성된 효소는 상온에 두어도 활성을 회복하지 못한다.

05 ㄱ. 반응이 진행될수록 기질의 농도는 감소하고 생성물의 농도는 증가한다. 따라서 시간 경과에 따라 농도가 감소하는 ㉡은 기질이고, 농도가 증가하는 ㉠은 생성물이다.

ㄴ. 단위 시간 동안 기질과 생성물의 농도가 크게 변할수록 반응 속도가 빠른 것이다. t_1~t_3 중 t_1에서 ㉠과 ㉡ 그래프의 기울기가 가장 크므로 반응 속도가 가장 빠르다.

바로 알기 ㄷ. 처음에 넣는 효소의 양을 2배로 증가시키면 증가시키기 전보다 짧은 시간 내에 기질이 생성물로 바뀌지만, 기질의 양은 그대로이므로 생성물이 더 많이 만들어지는 것은 아니다. 따라서 처음에 넣는 효소의 양을 2배로 증가시키더라도 생성물인 ㉠의 농도 최대치인 C는 변하지 않는다.

06 ㄱ. (다)에서 감자즙에 들어 있는 카탈레이스가 과산화 수소를 물과 산소로 분해하는 반응($2H_2O_2 \rightarrow 2H_2O+O_2$)을 촉매하는데, 이때 발생한 산소($O_2$) 기체가 거름종이 조각의 표면에 기포를 형성하여 거름종이 조각이 수면으로 떠오르게 한다.

ㄷ. 온도를 다르게 처리한 D, E를 A와 비교하면 온도에 따라 거름종이 조각이 수면으로 떠오르는 데 걸린 시간이 다르다. 또, pH를 다르게 처리한 B, C를 A와 비교하면 pH에 따라 거름종이 조각이 수면으로 떠오르는 데 걸린 시간이 다르다. 따라서 이 실험을 통해 카탈레이스의 활성은 온도와 pH의 영향을 받는다는 사실을 알 수 있다.

ㄱ. (가)의 Y는 ATP의 인산기를 X로 옮겨 주므로 전이 효소에 해당한다.

ㄴ, ㄹ. (가)에서 효소 Y의 작용을 받아 생성된 X-인산이 (나)에서는 효소로 작용한다. 따라서 효소는 다른 효소의 작용을 받아 활성화되기도 한다고 볼 수 있다.

바로 알기 ㄷ. 보조 인자는 반응 전후 변화가 없는데, (가)에서 X는 효소 Y와 결합하여 X-인산으로 되었고, (나)에서 Z는 효소 X-인산과 결합하여 Z-인산으로 되었다. 따라서 (가)와 (나)에서 X와 Z는 각각 보조 인자가 아니고 기질이다.

바로 알기 ㄴ. 거름종이 조각이 수면으로 떠오르는 데 걸린 시간이 짧을수록 카탈레이스의 활성이 높은 것이다. A, D, E를 비교하면 거름종이 조각이 수면으로 떠오르는 데 걸린 시간은 온도가 35 ℃인 A에서 가장 짧고, 온도가 90 ℃로 높은 E에서 가장 길다. 따라서 카탈레이스의 활성은 35 ℃에서 높고 90 ℃에서 낮으므로 온도가 높을수록 카탈레이스의 활성이 높다고 할 수 없다.

07 ㄴ. 기질의 농도가 일정할 때 효소의 농도가 높을수록 초기 반응 속도가 빠르다. 한편, 저해제가 있으면 저해제가 없을 때에 비해 초기 반응 속도가 느려진다. 따라서 초기 반응 속도가 B와 C보다 높은 A가 효소 X의 농도가 2인 III의 결과이고, B는 저해제 ㉠이 없는 I의 결과, C는 저해제 ㉠이 있는 II의 결과이다.

ㄷ. 효소·기질 복합체의 농도가 높을수록 초기 반응 속도가 빠르다. I(B)의 S_1일 때의 초기 반응 속도는 약 30으로, II (C)의 S_2일 때의 초기 반응 속도 25보다 빠르다. 따라서 효소·기질 복합체의 농도는 I(B)의 S_1일 때가 II(C)의 S_2일 때보다 높다.

바로 알기 ㄱ. 저해제 ㉠이 있는 II의 결과인 C를 보면, 기질의 농도가 높아도 저해 효과는 일정 수준으로 유지된다. 따라서 저해제 ㉠은 효소의 활성 부위가 아닌 다른 부위에 결합하여 효소의 작용을 저해하는 비경쟁적 저해제이다.

ㄹ. S_2일 때 III(A)과 I(B)에서 모두 초기 반응 속도가 더 이상 빨라지지 않고 최대치를 나타낸다. 이는 모든 효소가 기질과 결합한 포화 상태임을 의미하므로, S_2일 때 III(A)과 I(B)에서 $\dfrac{\text{기질과 결합한 X의 수}}{\text{X의 총 수}} = 1$로 같다. S_2일 때 초기 반응 속도가 III(A)에서가 I(B)에서의 2배인 것은 기질과 결합한 효소 X의 수가 2배임을 의미하는 것이지 $\dfrac{\text{기질과 결합한 X의 수}}{\text{X의 총 수}}$가 2배임을 의미하는 것은 아니다.

08 ㄱ. (나)에서 G는 효소 a의 활성 부위가 아닌 다른 부위에 결합하여 활성 부위의 구조를 변형시킴으로써 효소 a가 기질인 A, B와 결합할 수 없게 만들어 효소 a의 작용을 억제한다. 따라서 G는 비경쟁적 저해제로 작용한다고 볼 수 있다.

ㄹ. G의 농도가 높아지면 효소 a의 작용이 억제되어 C의 생성이 억제되고, C의 생성이 억제되면 효소 b에 의한 E의 생성도 억제되어 효소 c에 의한 G의 생성도 억제된다.

바로 알기 ㄴ. G는 효소 a의 활성 부위가 아닌 다른 부위(알로스테릭 부위)에 결합하여 활성 부위의 구조를 변형시킨다.

ㄷ. B는 효소 a에 의한 반응에서 A와 합쳐져 생성물인 C를 형성하고 반응이 끝난 후 원래 상태로 회복되지 않는다. 따라서 B는 A와 함께 효소 a의 작용을 받는 기질이다.

---

01 ④	02 ④	03 ④	04 ①	05 ④	06 ①
07 ④	08 ④				

01 (가)에서 갑상샘은 기관, 혈액은 조직, 신경계는 기관계에 각각 해당한다. 따라서 I은 기관, II는 조직, III은 기관계이다. (나)에서 형성층은 조직, 잎은 기관, 기본 조직계는 조직계에 각각 해당한다. 따라서 IV는 조직, V는 기관, VI은 조직계이다.

ㄴ. 기관계(III)는 식물체에 없는 구성 단계이고, 조직계(VI)는 동물체에 없는 구성 단계이다.

ㄷ. 골격근은 근육 조직, 힘줄은 결합 조직으로 모두 동물체의 조직(II)에 해당한다. 물관과 체관은 통도 조직으로 식물체의 조직(IV)에 해당한다.

바로 알기 ㄱ. I은 기관이고, IV는 조직이다.

02 (가)는 구성 원소가 C, H, O, N이고 S를 함유하는 것도 있으므로 단백질이다. (나)는 구성 원소가 C, H, O, N, P이므로 핵산이다. 그리고 (다)는 구성 원소가 C, H, O이며 N이나 P을 함유하는 것도 있으므로 지질이다. A는 소포체 중 리보솜이 붙어 있지 않은 매끈면 소포체, B는 리보솜, C는 미토콘드리아이다.

① 매끈면 소포체(A)는 지질(다)의 합성과 탄수화물 대사에 관여한다.

② 미토콘드리아(C)에는 자체 DNA와 리보솜(B)이 있어 단백질(가)이 합성된다.

③ 콜레스테롤은 지질(다)에 속하는 스테로이드의 일종이다.

⑤ 세포막의 주요 구성 성분은 단백질과 인지질이므로 (가)와 (다)에 포함된다.

바로 알기 ④ 리보솜(B)은 RNA를, 미토콘드리아(C)는 DNA를 가지므로 핵산(나)을 갖지만, 매끈면 소포체(A)는 핵산(나)을 갖지 않는다.

03 미토콘드리아, 엽록체, 소포체 중 DNA를 갖는 것은 미토콘드리아와 엽록체이고, 이 중에서 더 무겁고 크기가 큰 것은 엽록체이다. 따라서 A는 미토콘드리아, B는 엽록체, C는 소포체이다.

ㄱ. 세포 호흡은 미토콘드리아(A)에서 일어난다.

ㄷ. 세포 분획법으로 분리할 때 A~C 중 가장 먼저 분리되어 나오는 것은 가장 무겁고 크기가 큰 엽록체(B)이다.

바로 알기 ㄴ. 엽록체(B)는 2중막 구조이지만, 소포체(C)는 단일 막 구조이다.

04 이자의 소화샘 세포에서 소화 효소가 분비되거나, 이자섬 세포에서 인슐린이나 글루카곤 같은 호르몬이 분비되는 과정은 다음과 같다. 거친면 소포체에 붙어 있는 리보솜에서 효소 단백질이나 호르몬 단백질이 합성되고, 이들 단백질은 거친면 소포체와 골지체를 거쳐 분비 소낭에 싸여 세포 밖으로 분비된다. 그림에서 방사성 아미노산 공급 후 단백질의 방사선 양이 A → B → C 순으로 높게 나타나므로, 세포에서 합성된 단백질은 A → B → C의 경로로 이동한다고 볼 수 있다. 따라서 A는 소포체, B는 골지체, C는 분비 소낭이다.

ㄱ. 소포체(A)에서 단백질의 방사선 양이 가장 먼저 높게 나타나므로, 이 소포체(A)는 리보솜이 붙어 있는 거친면 소포체이다.

바로 알기 ㄴ. 리보솜에서 합성된 단백질은 소포체 내부로 들어가 가공된 후 운반 소낭에 담겨 골지체로 이동한다. 따라서 B는 분비 소낭이 아니라 골지체이다.

ㄷ. 이 실험에서는 방사성 동위 원소로 아미노산을 표지했다. 아미노산을 구성하는 기본 원소는 C, H, O, N이고 S를 함유하는 것도 있다. 따라서 ^{3}H, ^{14}C, ^{35}S은 이 실험에서 아미노산을 표지하는 데 사용할 수 있지만, ^{32}P은 사용할 수 없다.

05 ㄴ. ⓒ은 리소좀으로, 가수 분해 효소가 들어 있어 세포내 소화를 담당한다.

ㄷ. A는 병원체를 세포막으로 감싸 소낭(식포)을 형성하여 세포 안으로 끌어들이는 세포내 섭취 과정이다. 이 과정이 진행되면 세포막의 일부가 소낭(식포)의 막이 되므로 세포막의 면적이 줄어든다.

바로 알기 ㄱ. ⓐ은 골지체로, 납작한 주머니 모양의 시스터나가 여러 겹으로 포개져 있는 구조이다. 크리스타는 미토콘드리아 내막이 안쪽으로 접혀 들어가 주름이 잡힌 구조이다.

06 ㄱ. 비커 A에 넣은 감자 조각은 질량이 가장 많이 감소하였으며, 이는 삼투에 의해 감자 세포에서 물이 빠져나갔기 때문이다. 식물 세포에서 일정 수준 이상으로 물이 빠져나가면 세포막이 세포벽으로부터 떨어지는 원형질 분리가 일어나므로, A에 들어 있던 감자 세포에서 원형질 분리가 일어난다.

ㄴ. 저장액에 넣은 감자 조각은 세포로 물이 들어와 질량이 증가하고, 고장액에 넣은 감자 조각은 세포에서 물이 빠져나가 질량이 감소한다. 감자 조각의 질량 변화를 살펴보면 비커 A는 $-0.3\,g$, B는 $+0.1\,g$, C는 $+0.4\,g$, D는 $-0.1\,g$, E는 $+0.2\,g$이다. 따라서 감자 조각의 질량이 가장 많이 감소한 비커부터 가장 많이 증가한 비커까지 순서대로 나열하면 A, D, B, E, C이며, 이 순서는 설탕 용액의 삼투압이 높

은 것부터 낮아지는 순서대로 나열한 것과 같다. 삼투압은 용액의 농도에 비례하므로 처음에 비커 A, D, B, E, C에 들어 있던 설탕 용액의 농도는 각각 0.35 M, 0.30 M, 0.25 M, 0.20 M, 0.15 M이다.

ㄷ. C에 넣은 감자 조각의 질량이 가장 많이 증가하였다. 따라서 C에 들어 있던 감자 세포가 물을 가장 많이 흡수한 것이므로, 감자 세포의 팽압이 가장 높을 것이다.

바로 알기 ㄹ. 0.30 M의 설탕 용액이 들어 있던 D에서 감자 조각의 질량이 감소하였으므로 0.30 M의 설탕 용액은 실험 전 감자 세포액에 대해 고장액임을 알 수 있다.

07 ㄴ. 효소 X의 작용으로 기질인 ⓐ이 구조가 변하여 이성질체인 ⓑ으로 되므로, X는 이성질화 효소이다.

ㄷ. ⓒ은 효소 X의 활성 부위가 아닌 다른 부위에 결합하고, 그 결과 효소 X의 활성 부위 구조가 변형되어 기질인 ⓐ이 X와 결합하지 못한다. 따라서 ⓒ은 비경쟁적 저해제라고 할 수 있다.

바로 알기 ㄱ. 효소 X의 작용으로 ⓐ이 ⓑ으로 바뀌므로, ⓐ은 기질이고 ⓑ은 생성물이다.

08 저해제는 효소의 작용을 방해하므로 저해제를 첨가하면 초기 반응 속도가 느려지며, 기질의 농도가 일정할 때 효소의 농도가 높을수록 초기 반응 속도가 빠르다. 따라서 A는 효소의 농도가 2배로 높은 Ⅲ의 결과이고, B는 저해제가 없는 Ⅰ의 결과, C는 저해제가 있는 Ⅱ의 결과에 해당한다.

ㄴ. Ⅰ(B)과 Ⅱ(C)의 결과 그래프에서 기질의 농도가 충분히 높으면 저해 효과가 사라져 초기 반응 속도가 같아진다. 따라서 저해제 Y는 기질과 경쟁적으로 효소 X의 활성 부위에 결합하는 경쟁적 저해제이다.

ㄷ. S일 때 A(Ⅲ), B(Ⅰ), C(Ⅱ) 모두 기질의 농도가 일정 수준 이상으로 증가하면 초기 반응 속도가 더 이상 빨라지지 않고 일정하게 유지된다. 이는 S일 때 Ⅰ, Ⅱ, Ⅲ에서 모든 효소가 기질과 결합하여 효소ㆍ기질 복합체를 형성한 포화 상태임을 의미한다. 따라서 S일 때 Ⅰ, Ⅱ, Ⅲ에서
$$\frac{\text{효소 X ㆍ 기질 복합체 수}}{\text{효소 X의 총 수}}=1 \text{ 정도로, 거의 같은 값이다.}$$

바로 알기 ㄱ. A는 Ⅲ의 결과이다. Ⅰ의 결과는 B이다.

ㄹ. 처음 기질 농도가 S일 때 Ⅰ(B)과 Ⅱ(C)에서 초기 반응 속도는 같지만, 반응이 진행되면서 기질 농도가 낮아지므로 전체 반응 속도는 Ⅱ(C)에서보다 Ⅰ(B)에서가 빠르다. 따라서 기질이 절반만 남을 때까지 걸리는 시간은 Ⅰ(B)에서보다 Ⅱ(C)에서가 길다.

01 단백질, 핵산, 지질, 탄수화물은 모두 탄소(C) 골격으로 이루어진 탄소 화합물이고, 물은 탄소 화합물이 아니다. 따라서 (가)는 구성 원소 중 탄소의 유무를 묻는 질문이 적합하다. 핵산과 단백질은 필수 구성 원소로 질소(N)를 포함하고, 지질과 탄수화물은 필수 구성 원소로 질소(N)를 포함하지 않는다. 따라서 (나)는 필수 구성 원소 중 질소(N)의 유무를 묻는 질문이 적합하다. (다)는 단백질은 갖지 않고 핵산은 갖는 기능에 대한 질문이어야 한다. 핵산은 생명체 내에서 유전 정보를 저장하거나 전달한다. (라)는 탄수화물은 갖지 않고 지질은 갖는 특성에 대한 질문이어야 한다. 지질은 유기 용매에 녹으며, 세포막의 주요 구성 성분이나 호르몬(성호르몬, 부신 겉질 호르몬)의 성분으로 이용된다.

모범 답안 (가) '탄소(C) 화합물인가?', 또는 '탄소(C)를 포함하는 물질인가?'
(나) '구성 원소로 질소(N)를 반드시 포함하는가?', 또는 '필수 구성 원소로 질소(N)를 포함하는가?'
(다) '유전 정보의 저장 및 전달에 관여하는가?'
(라) '유기 용매에 녹는가?', 또는 '세포막의 주요 구성 성분인가?', 또는 '호르몬(성호르몬, 부신 겉질 호르몬)의 성분인가?'

채점 기준	배점(%)
(가)~(라)에 대해 제시된 조건에 맞는 분류 기준을 모두 옳게 서술한 경우	100
(가)~(라) 중 세 가지에 대해서만 제시된 조건에 맞는 분류 기준을 옳게 서술한 경우	70
(가)~(라) 중 두 가지에 대해서만 제시된 조건에 맞는 분류 기준을 옳게 서술한 경우	50
(가)~(라) 중 한 가지에 대해서만 제시된 조건에 맞는 분류 기준을 옳게 서술한 경우	20

02 (1) 모든 세포는 세포막, 유전 물질, 리보솜을 갖는다.
(2) 진핵세포는 막으로 둘러싸인 핵과 세포 소기관이 있는 세포이고, 원핵세포는 막으로 둘러싸인 핵과 세포 소기관이 없는 세포이다. 진핵세포는 원핵세포보다 크기가 훨씬 크고, 진핵세포의 리보솜은 원핵세포의 리보솜보다 크다. 또, 진핵세포의 유전 물질은 핵 속에 다수의 선형 DNA로 존재하고, 원핵세포의 유전 물질은 세포질에 하나의 원형 DNA로 존재한다.
(3) 원핵생물은 대부분 단세포 생물로, 주로 무성 생식 중 하나의 세포가 둘 이상으로 나뉘어 새로운 개체가 되는 분열법

으로 번식한다. 다세포 진핵생물은 주로 감수 분열을 통해 생식세포를 형성하고, 생식세포가 결합하여 새로운 개체를 만드는 유성 생식으로 번식한다.

모범 답안 (1) 세포막으로 둘러싸여 있다. 유전 물질을 갖는다. 리보솜을 갖는다 등
(2) 핵막(핵)이 있다. 유전 물질이 핵 속에 존재한다. 막성 세포 소기관을 갖는다. 유전 물질이 다수의 선형 DNA로 존재한다. 원핵세포보다 크기가 훨씬 크다. 원핵세포보다 리보솜 크기가 크다 등
(3) 단세포 생물인 원핵생물은 주로 분열법을 통한 무성 생식을 하고, 다세포 진핵생물은 주로 감수 분열을 통해 생식세포를 형성하고 생식세포의 결합으로 자손을 만드는 유성 생식을 한다.

	채점 기준	배점(%)
(1)	원핵세포와 진핵세포의 공통점을 두 가지 모두 옳게 서술한 경우	30
	원핵세포와 진핵세포의 공통점을 한 가지만 옳게 서술한 경우	15
(2)	진핵세포가 원핵세포와 다른 점을 두 가지 모두 옳게 서술한 경우	30
	진핵세포가 원핵세포와 다른 점을 한 가지만 옳게 서술한 경우	15
(3)	원핵생물과 다세포 진핵생물의 주요 생식 방법을 모두 옳게 서술한 경우	40
	원핵생물과 다세포 진핵생물 중 하나에 대해서만 주요 생식 방법을 옳게 서술한 경우	20

03 (1) 엽록체는 외막과 내막의 2중막으로 둘러싸여 있고, 내막 안에는 원반 모양의 틸라코이드가 발달해 있으며 틸라코이드의 일부는 층층이 쌓여 그라나를 이루고 있다. 미토콘드리아는 외막과 내막의 2중막으로 둘러싸여 있고, 내막은 안쪽으로 접혀 들어가 크리스타라는 구조를 형성한다.
(2) 엽록체와 미토콘드리아는 모두 외막과 내막의 2중막으로 둘러싸여 있고, 자체 DNA와 리보솜이 있어 독자적으로 증식하고 단백질을 합성할 수 있다.
(3) 엽록체에서는 빛에너지를 이용하여 이산화 탄소를 포도당으로 합성하는 광합성이 일어나 빛에너지가 포도당의 화학 에너지로 전환된다. 미토콘드리아에서는 유기물을 분해하여 ATP를 합성하는 세포 호흡이 일어나 유기물의 화학 에너지가 ATP의 화학 에너지로 전환된다.

모범 답안 (1) 엽록체는 2중막 구조로, 내막 안에 원반 모양의 틸라코이드가 발달해 있으며 틸라코이드의 일부는 층층이 쌓여 그라나를 이루고 있다. 미토콘드리아는 2중막 구조로, 내막은 안쪽으로 접혀 들어가 크리스타 구조를 형성하고 있다.

(2) 2중막 구조이다. 핵산(DNA)을 갖는다. 리보솜을 갖는다. 독자적으로 증식한다. 독자적으로 단백질을 합성한다 등

(3) 엽록체에서는 광합성이 일어나 빛에너지를 화학 에너지로 전환하여 포도당과 같은 유기물에 저장한다. 미토콘드리아에서는 세포 호흡이 일어나 유기물에 저장되어 있던 화학 에너지를 ATP의 화학 에너지로 전환한다.

	채점 기준	배점(%)
(1)	엽록체의 2중막 구조, 틸라코이드, 그라나, 미토콘드리아의 2중막 구조, 크리스타를 모두 포함하여 옳게 서술한 경우	30
	엽록체의 2중막 구조, 틸라코이드, 그라나, 미토콘드리아의 2중막 구조, 크리스타 중 어느 한 가지를 빼고 서술한 경우	20
	엽록체와 미토콘드리아의 2중막 구조만 서술한 경우	10
(2)	엽록체와 미토콘드리아의 공통점을 두 가지 모두 옳게 서술한 경우	30
	엽록체와 미토콘드리아의 공통점을 한 가지만 옳게 서술한 경우	15
(3)	엽록체의 광합성과 미토콘드리아의 세포 호흡에서의 에너지 전환을 모두 옳게 서술한 경우	40
	광합성과 세포 호흡에 대한 언급 없이 에너지의 전환에 대해서만 옳게 서술한 경우	30
	엽록체와 미토콘드리아에서 일어나는 에너지 전환 중 한 가지만 옳게 서술한 경우	20

04 거친면 소포체에 붙어 있는 리보솜에서 합성된 가수 분해 효소 단백질은 거친면 소포체의 내부로 들어가 입체 구조로 가공된 후 운반 소낭에 담겨 골지체로 이동한다. 골지체로 운반되어 온 가수 분해 효소 단백질은 시스터나를 거치면서 단계적으로 변형된 다음, 시스터나에서 분리되는 소낭에 담겨 리소좀으로 된다.

모범 답안 A는 리보솜이며, 가수 분해 효소 단백질을 합성한다. B는 거친면 소포체이며, 리보솜에서 합성한 가수 분해 효소 단백질을 입체 구조로 만든 후 운반 소낭에 담아 골지체로 보낸다. C는 골지체이며, 가수 분해 효소 단백질을 변형시킨 후 소낭에 담아 리소좀을 형성한다. D는 리소좀이며, 가수 분해 효소가 들어 있어 식포와 융합하여 식포 내 이물질을 분해하는 세포내 소화를 담당한다.

채점 기준	배점(%)
A~D의 이름과 기능을 모두 옳게 서술한 경우	100
A~D의 이름을 일부만 포함하고, 기능을 모두 옳게 서술한 경우	70
A~D의 이름은 쓰지 않고, 기능만 모두 옳게 서술한 경우	50
A~D의 이름만 모두 옳게 쓴 경우	30

05 (1) 세포막과 같은 반투과성 막을 사이에 두고 농도가 다른 두 용액이 있으면 농도가 낮은(물의 농도가 높은) 쪽에서 농도가 높은(물의 농도가 낮은) 쪽으로 물이 이동하는 삼투 현상이 일어난다. 배추를 진한 소금물에 담가 두면 배추 세포의 바깥 쪽(소금물)이 배추 세포의 안쪽(세포액)보다 농도가 높아 삼투에 의해 배추 세포 속의 물이 세포막을 통해 세포 밖으로 빠져나간다. 그 결과 배춧잎의 숨이 죽어 배추가 절인 상태로 된다.

(2) 식물 세포를 등장액에 담가 두면 세포 안으로 들어오는 물의 양과 세포 밖으로 빠져나가는 물의 양이 같아 세포가 A와 같은 상태로 유지된다. 식물 세포를 고장액에 담가 두면 세포에서 물이 빠져나가 세포질의 부피가 줄어들면서 B와 같이 세포막이 세포벽으로부터 떨어지는 원형질 분리가 일어난다. 이때 세포에서 빠져나간 물은 주로 액포 속에 있던 것이므로 액포의 크기도 작아지며, 세포의 삼투압이 증가하고 팽압은 발생하지 않는다. 식물 세포를 저장액에 담가 두면 세포가 물을 흡수하고, 그 결과 세포의 부피와 액포의 크기가 증가하여 세포가 C와 같은 팽윤 상태로 된다. 이때 세포의 삼투압은 감소하고, 팽압이 발생하며, 세포의 부피가 증가함에 따라 팽압도 증가한다.

모범 답안 (1) 배추를 고장액인 소금물에 담가 두면 삼투에 의해 농도가 낮은 배추 세포 안의 물이 농도가 높은 소금물 쪽으로 이동한다. 그 결과 배추 세포에서 물이 빠져나가 배춧잎의 숨이 죽고 조직이 부드러워진다.

(2) 소금물에 절여진 배춧잎은 세포질의 부피가 줄어 세포막이 세포벽으로부터 떨어진 B와 같은 원형질 분리 상태로 된다. 이때 배추 세포에서 빠져나간 물은 주로 액포 속에 있던 것이므로 액포의 크기도 작아진 상태이며, 세포의 상대적 부피가 1.0보다 작으므로 팽압은 발생하지 않고, 삼투압은 원래보다 높아진 상태이다.

	채점 기준	배점(%)
(1)	배추 세포에서 일어나는 삼투를 농도 차와 물의 이동 방향을 모두 포함하여 옳게 서술한 경우	40
	배추 세포에서 일어나는 삼투에 대해 세포에서 물이 빠져나간다고만 서술한 경우	20
(2)	배춧잎의 세포 상태를 옳게 고르고, 세포 상태에 대해 주어진 요소 네 가지를 모두 포함하여 옳게 서술한 경우	60
	배춧잎의 세포 상태를 옳게 고르고, 세포 상태에 대해 주어진 요소 중 세 가지만 포함하여 옳게 서술한 경우	50
	배춧잎의 세포 상태를 옳게 고르고, 세포 상태에 대해 주어진 요소 중 두 가지만 포함하여 옳게 서술한 경우	30
	배춧잎의 세포 상태를 옳게 고르고, 세포 상태에 대해 주어진 요소 중 한 가지만 포함하여 옳게 서술한 경우	20

06 (1) 살아 있는 파래에서 세포 속 Na^+ 농도(0.21 %)는 바닷물의 Na^+ 농도(1.09 %)보다 크게 낮고, 세포 속 K^+ 농도(2.01 %)는 바닷물의 K^+ 농도(0.05 %)보다 크게 높다. 이와 같은 세포 안과 밖(바닷물)의 Na^+ 농도 차와 K^+ 농도 차는 세포막에 있는 Na^+-K^+ 펌프에 의한 능동 수송으로 유지된다. 능동 수송에는 에너지(ATP)가 사용된다.

(2) 죽은 파래에서는 세포 호흡이 일어나지 못해 ATP가 공급되지 않으므로 능동 수송은 일어나지 못하지만, 확산은 일어난다. 따라서 확산에 의해 세포 밖의 Na^+이 세포 안으로 들어오고 세포 안의 K^+이 세포 밖으로 나가 세포 안과 밖(바닷물)의 Na^+ 농도와 K^+ 농도가 각각 같아진다.

(3) 살아 있는 파래에 대사 억제제를 투여하면 세포 호흡이 억제되어 ATP 생성이 중단되므로 능동 수송은 일어나지 못하고 확산만 일어난다.

모범 답안 (1) 살아 있는 파래의 세포막에서는 Na^+-K^+ 펌프가 에너지(ATP)를 사용하여 Na^+을 세포 밖으로 내보내고 K^+을 세포 안으로 들여오는 능동 수송이 일어나기 때문에 세포 안과 밖(바닷물)의 Na^+ 농도 차와 K^+ 농도 차가 유지된다.

(2) 죽은 파래에서는 세포 호흡을 통한 ATP 공급이 중단되어 Na^+-K^+ 펌프에 의한 능동 수송이 일어나지 못하고 확산만 일어나기 때문이다.

(3) 대사 억제제를 투여하면 세포 호흡이 억제되어 세포 호흡을 통한 ATP 공급이 중단되므로 Na^+-K^+ 펌프에 의한 능동 수송이 일어나지 못하고 확산만 일어난다. 그 결과 농도 기울기에 따라 Na^+은 세포 밖에서 안으로 확산되고, K^+은 세포 안에서 밖으로 확산되어 세포 안의 Na^+ 농도는 증가하고 K^+ 농도는 감소한다.

	채점 기준	배점(%)
(1)	Na^+-K^+ 펌프에 의한 능동 수송과 Na^+과 K^+의 이동 방향에 대해 모두 옳게 서술한 경우	40
	Na^+-K^+ 펌프에 의한 능동 수송이 일어난다고만 서술한 경우	20
(2)	세포 호흡을 통한 ATP 공급 중단과 Na^+-K^+ 펌프의 능동 수송 중단 및 확산에 대해 모두 옳게 서술한 경우	30
	Na^+-K^+ 펌프에 의한 능동 수송 중단과 확산만 서술한 경우	20
	확산만 서술한 경우	10
(3)	세포 호흡을 통한 ATP 공급 중단과 확산에 의한 Na^+과 K^+의 이동 및 세포 안 Na^+과 K^+의 농도 변화를 모두 옳게 서술한 경우	30
	확산에 의한 Na^+과 K^+의 이동과 세포 안 Na^+과 K^+의 농도 변화만 옳게 서술한 경우	20
	세포 안 Na^+과 K^+의 농도 변화만 옳게 서술한 경우	10

07 (가)는 특정 기질에서 작용기를 떼어 내어 다른 기질에 붙이므로 전이 효소이다. (나)는 한 기질의 수소(H)를 다른 기질에 전달하여 산화 환원 반응을 촉진하므로 산화 환원 효소이다.

모범 답안 (가) 전이 효소, (나) 산화 환원 효소, ㉠ 특정 기질에서 작용기를 떼어 내어 다른 기질에 붙인다. ㉡ 한 기질의 수소(H), 산소(O) 또는 전자를 다른 기질에 전달하여 산화 환원 반응을 촉진한다.

채점 기준	배점(%)
(가), (나)에 해당하는 효소군의 종류와 ㉠, ㉡에 들어갈 작용을 모두 옳게 서술한 경우	100
(가), (나)에 해당하는 효소군의 종류는 모두 옳게 썼지만, ㉠, ㉡에 들어갈 작용에 대한 설명이 다소 부족한 경우	60
(가), (나)에 해당하는 효소군의 종류만 옳게 쓴 경우	30

08 경쟁적 저해제는 기질과 입체 구조가 비슷하기 때문에 효소의 활성 부위에 기질과 경쟁적으로 결합하여 효소의 활성을 저해한다. 따라서 저해제 A는 경쟁적 저해제로, 기질의 농도가 높아지면 저해 효과가 감소한다. 비경쟁적 저해제는 기질과 입체 구조는 다르지만 효소의 활성 부위가 아닌 다른 부위(알로스테릭 부위)에 결합하여 활성 부위의 구조를 변형시킴으로써 효소의 활성을 저해한다. 따라서 저해제 B는 비경쟁적 저해제로, 기질의 농도가 높아져도 저해 효과가 감소하지 않고 유지된다.

모범 답안 (1) 저해제 A는 경쟁적 저해제로, 효소의 활성 부위에 결합하여 기질이 효소의 활성 부위에 결합하지 못하게 함으로써 효소의 촉매 작용을 저해한다. 저해제 B는 비경쟁적 저해제로, 효소의 활성 부위가 아닌 다른 부위(알로스테릭 부위)에 결합하여 활성 부위의 구조를 변형시킴으로써 기질이 결합하지 못하게 하여 효소의 촉매 작용을 저해한다.

(2) 저해제 A는 기질과 경쟁적으로 효소의 활성 부위에 결합하기 때문에 기질의 농도가 크게 높아지면 저해 효과가 감소한다. 저해제 B는 효소의 활성 부위가 아닌 다른 부위에 결합하기 때문에 기질의 농도가 높아져도 저해 효과는 감소하지 않고 유지된다.

	채점 기준	배점(%)
(1)	저해제 A와 B의 종류와 저해 원리를 모두 옳게 서술한 경우	60
	저해제 A와 B의 종류를 옳게 썼지만, 저해 원리에 대한 설명이 다소 부족한 경우	40
	저해제 A와 B의 종류만 옳게 쓴 경우	20
(2)	저해제 A와 B의 저해 효과 변화를 까닭을 포함하여 모두 옳게 서술한 경우	40
	저해제 A와 B 중 한 가지에 대해서만 저해 효과 변화를 까닭을 포함하여 옳게 서술한 경우	20

III 세포 호흡과 광합성

1. 세포 호흡

01 물질대사와 세포 소기관

개념 모아 정리하기   1권 130쪽

❶흡수   ❷방출   ❸이산화 탄소   ❹화학
❺ATP   ❻고에너지 인산   ❼ADP
❽ATP   ❾막 사이 공간   ❿내막   ⓫크리스타
⓬틸라코이드   ⓭틸라코이드   ⓮화학

개념 기본 문제   1권 131쪽

01 (1) (가) 광합성, (나) 세포 호흡 (2) (가) 엽록체, (나) 세포질과 미토
콘드리아 (3) (나)   **02** ㄱ, ㄴ   **03** ㄱ, ㄷ   **04** ㄱ, ㄷ, ㄹ
05 (1) A: 기질, B: 막 사이 공간, C: 내막, D: 외막 (2) E: 외막,
F: 내막, G: 그라나, H: 스트로마 (3) (가) C, (나) G

01 (1) (가)는 빛에너지를 흡수하여 이산화 탄소와 물로부터 포
도당을 합성하는 광합성이고, (나)는 포도당을 이산화 탄소
와 물로 분해하고 생명 활동에 필요한 에너지(ATP)를 얻는
세포 호흡이다.
(2) 광합성(가)은 엽록체에서 일어나고, 세포 호흡(나)은 세포
질과 미토콘드리아에서 일어난다.
(3) 세포 호흡(나)을 통해 포도당과 같은 유기물에 저장된 화
학 에너지가 생명 활동에 직접적으로 사용되는 에너지원인
ATP의 화학 에너지로 전환된다.

02 ㄱ. 아데닌과 리보스로 이루어진 아데노신에 3개의 인산기가
결합한 (가)는 ATP이고, 아데노신에 2개의 인산기가 결합
한 (나)는 ADP이다.
ㄴ. ATP에서 인산기와 인산기는 고에너지 인산 결합으로
연결되어 있으므로 ⓐ는 고에너지 인산 결합이다.
바로 알기 ㄷ. ATP가 ADP와 무기 인산(P_i)으로 분해되는 ㉠ 과
정에서 에너지가 방출되고, ADP와 무기 인산(P_i)이 결합하여
ATP로 합성되는 ㉡ 과정에서 에너지가 흡수된다.

03 ㄱ. 미토콘드리아는 외막과 내막의 2중막 구조이다.

ㄷ. 미토콘드리아에서는 유기물의 화학 에너지가 생명 활동
에 직접적으로 사용되는 에너지원인 ATP의 화학 에너지로
전환되므로, 미토콘드리아는 근육 세포와 같이 물질대사가
활발하게 일어나는 세포에 많이 들어 있다.
바로 알기 ㄴ. 빛에너지를 포도당과 같은 유기물의 화학 에너지로 전
환하는 세포 소기관은 엽록체이다.

04 ㄱ. 엽록체는 미토콘드리아와 마찬가지로 외막과 내막의 2중
막 구조이다.
ㄷ. 엽록체에서 틸라코이드를 제외한 나머지 공간인 스트로
마에는 포도당 합성에 관여하는 효소들이 들어 있어 이산화
탄소를 포도당으로 합성하는 반응이 일어난다.
ㄹ. 그라나를 구성하는 틸라코이드 막에서 빛에너지가 화학
에너지로 전환된다.
바로 알기 ㄴ. 내막이 안쪽으로 접혀 들어가 주름진 구조를 형성하는
것은 미토콘드리아이다.

05 (1) 미토콘드리아에서 A는 기질, B는 외막과 내막 사이의 공
간(막 사이 공간), C는 내막, D는 외막이다.
(2) 엽록체에서 E는 외막, F는 내막, G는 틸라코이드가 겹겹
이 쌓여 이루어진 그라나, H는 틸라코이드를 제외한 공간인
스트로마이다.
(3) 전자 전달에 필요한 효소와 ATP 합성 효소는 미토콘드리
아의 내막(C)과 엽록체 그라나(G)의 틸라코이드 막에 있다.

개념 적용 문제   1권 132쪽~133쪽

01 ②   **02** ⑤   **03** ③   **04** ④

01 (가)는 광합성, (나)는 세포 호흡이다.
① 광합성(가) 과정에서 태양의 빛에너지가 포도당의 화학 에
너지로 전환되고, 부산물로 O_2가 발생한다.
③ 광합성(가)은 엽록체에서, 세포 호흡(나)은 세포질과 미토
콘드리아에서 일어난다.
④ 식물에서는 광합성(가)과 세포 호흡(나)이 모두 일어나지만,
동물에서는 광합성은 일어나지 않고 세포 호흡만 일어난다.
⑤ 광합성과 세포 호흡을 통해 태양의 빛에너지가 세포의 생
명 활동에 직접적으로 사용되는 에너지원인 ATP의 화학 에
너지로 전환된다. 따라서 세포의 생명 활동을 유지하는 에너
지의 근원은 태양의 빛에너지이다.

바로 알기 ② 세포 호흡(나) 과정에서 방출된 에너지의 일부가 ATP에 저장되고, 나머지는 열로 방출된다.

02 ㄱ. 인산기를 3개 가진 (가)는 ATP이고, 인산기를 2개 가진 (나)는 ADP이다. ㉠은 5탄당인 리보스이다.

ㄴ. ATP에 물이 첨가되면서 ADP와 무기 인산(P_i)으로 분해된다. 즉, ATP(가)가 ADP(나)로 전환될 때 가수 분해가 일어난다.

ㄷ. 인산기와 인산기 사이의 결합에는 많은 에너지가 저장되어 있어 이를 고에너지 인산 결합이라고 한다. ATP에는 고에너지 인산 결합이 2개, ADP에는 고에너지 인산 결합이 1개 있으므로, ADP(나)보다 ATP(가)에 더 많은 에너지가 저장되어 있다.

03 ㄱ. A는 그라나를 구성하는 틸라코이드이며, 틸라코이드 막에서 빛에너지가 ATP의 화학 에너지로 전환된다.

ㄴ. B는 스트로마로, 이산화 탄소를 고정하여 유기물인 포도당을 합성하는 반응이 일어난다.

바로 알기 ㄷ. 스트로마에 있는 C는 엽록체 DNA이다.

04 (가)는 미토콘드리아이며, A는 내막, B는 기질이다. (나)는 엽록체이며, C는 틸라코이드 막, D는 틸라코이드 내부이다.

ㄱ. 미토콘드리아의 내막(A)과 엽록체의 틸라코이드 막(C)에는 전자 전달에 필요한 효소와 ATP 합성 효소가 있어서 에너지 전환이 일어난다.

ㄷ. 미토콘드리아의 내막과 엽록체의 틸라코이드 막은 모두 표면적을 넓히는 구조이다. 이와 같은 막 구조는 물질대사가 일어나는 표면적을 넓혀 줌으로써 에너지 전환이 효율적으로 일어날 수 있도록 해 준다.

바로 알기 ㄴ. 미토콘드리아의 기질(B)과 엽록체의 스트로마에는 자체 DNA와 리보솜이 들어 있어 미토콘드리아와 엽록체는 모두 독자적으로 증식하고 단백질을 합성한다.

02 세포 호흡

집중 분석 1권 **145**쪽

유제 ②

유제 $FADH_2$보다 NADH에서 방출된 전자가 더 많은 전자 전달 효소 복합체를 거치므로 ㉠은 NADH, ㉡은 $FADH_2$이다.

ㄴ. 고에너지 전자는 전자 전달계를 거치면서 에너지를 단계적으로 방출하므로 에너지 수준이 점차 낮아진다. 따라서 $FADH_2$(㉡)에서 방출된 전자는 Ⅱ에 있을 때보다 Ⅳ에 있을 때 에너지 수준이 낮다.

바로 알기 ㄱ. ㉠은 NADH이다.

ㄷ. 미토콘드리아의 전자 전달계에서 고에너지 전자가 이동할 때 방출되는 에너지를 이용하여 일부 전자 전달 효소 복합체는 미토콘드리아 기질에서 막 사이 공간으로 H^+을 능동 수송한다. 따라서 (가)는 막 사이 공간이고, (나)는 미토콘드리아 기질이다. H^+의 이동으로 막 사이 공간의 H^+ 농도가 미토콘드리아 기질의 H^+ 농도보다 높아져 H^+의 농도 기울기가 형성되면 막 사이 공간의 H^+이 ATP 합성 효소를 통해 미토콘드리아 기질로 확산되면서 ATP가 합성된다. 즉, 막 사이 공간(가)의 H^+ 농도가 미토콘드리아 기질(나)의 H^+ 농도보다 높을 때 화학 삼투에 의해 ATP가 합성된다.

개념 모아 정리하기 1권 **147**쪽

❶ 산화적 인산화 ❷ 세포질 ❸ 2
❹ 미토콘드리아 기질 ❺ 1 ❻ 화학 삼투
❼ 미토콘드리아 내막 ❽ NADH ❾ ATP 합성
❿ 28 ⓫ 32 ⓬ 아미노기($-NH_2$) ⓭ 0.8

개념 기본 문제 1권 **148~149**쪽

01 (1) (가) 해당 과정, (나) TCA 회로, (다) 산화적 인산화 (2) (가)
02 ㄱ, ㄴ, ㄹ **03** (1) (다) (2) (라) (3) 피루브산 **04** 기질 수준 인산화 **05** (1) 미토콘드리아 기질 (2) (가), (다), (라) (3) (가), (다), (라), (마), (바) **06** ㉠ 3, ㉡ 4, ㉢ 1, ㉣ 1, ㉤ 3 **07** ㄱ, ㄴ, ㄷ
08 (1) (가) 막 사이 공간, (나) 기질 (2) 능동 수송 (3) 화학 삼투
09 ㉠ 6, ㉡ 28, ㉢ 12 **10** (1) (가) 탄수화물, (나) 지방, (다) 단백질
(2) A: 지방산, B: 아미노산 **11** (가) 지방, (나) 탄수화물, (다) 단백질

01 (1) (가)는 포도당이 피루브산으로 분해되는 해당 과정, (나)는 아세틸 CoA가 이산화 탄소(CO_2)로 분해되는 TCA 회로, (다)는 해당 과정 및 피루브산의 산화와 TCA 회로에서 생성된 NADH와 $FADH_2$로부터 다량의 ATP를 생성하는 산화적 인산화이다.
(2) 해당 과정(가)은 산소(O_2)가 없어도 진행되지만, 피루브산의 산화와 TCA 회로, 산화적 인산화는 산소(O_2)가 있어야 진행된다.

02 ㄱ, ㄴ. 해당 과정은 세포질에서 1분자의 포도당이 2분자의 피루브산으로 분해되는 과정으로, 2분자의 ATP와 2분자의 NADH가 생성된다.

ㄹ. 해당 과정에서는 기질 수준 인산화로 ATP가 생성된다.

바로 알기 ㄷ. 해당 과정을 통해 6탄소 화합물인 포도당 1분자가 3탄소 화합물인 피루브산 2분자로 분해되므로 총 탄소 수의 변화가 없다. 이를 통해 해당 과정에서는 CO_2가 방출되는 탈탄산 반응이 일어나지 않음을 알 수 있다.

03 (1), (2) (가)에서는 2ATP를 소비하여 포도당이 과당 2인산으로 활성화되고, (나)에서는 6탄소 화합물인 과당 2인산이 3탄소 화합물 2분자로 분해된다. (다)에서는 탈수소 효소의 작용으로 NADH가 생성되고, (라)에서는 기질 수준 인산화로 ATP가 생성된다.

(3) 해당 과정의 최종 산물인 물질 A는 3탄소 화합물인 피루브산이다.

04 기질에 결합해 있던 인산기가 효소의 작용에 의해 ADP로 전달되어 ATP가 합성되는 과정을 기질 수준 인산화라고 한다.

05 (1) 피루브산이 아세틸 CoA로 산화된 후 TCA 회로를 거쳐 이산화 탄소로 분해되는 과정은 미토콘드리아 기질에서 일어난다.

(2) 탈탄산 반응이 일어나 CO_2의 이탈이 일어나면 화합물의 탄소 수가 줄어든다. 따라서 3탄소 화합물인 피루브산이 2탄소 화합물인 아세틸 CoA로 되는 (가), 6탄소 화합물인 시트르산이 5탄소 화합물인 α-케토글루타르산으로 되는 (다), 5탄소 화합물 α-케토글루타르산이 4탄소 화합물인 숙신산으로 되는 (라) 단계에서 각각 CO_2의 이탈이 일어난다.

(3) 탈수소 효소가 작용하면 NADH나 $FADH_2$가 생성된다. 따라서 (가), (다), (라), (마), (바) 단계에서 각각 탈수소 효소가 작용한다.

06 1분자의 피루브산($C_3H_4O_3$)이 아세틸 CoA로 산화된 후 TCA 회로를 거쳐 CO_2로 분해되는 과정에는 H_2O 3분자가 필요하며, 반응 결과 4NADH, $1FADH_2$, 1ATP, $3CO_2$가 생성된다.

07 ㄱ, ㄴ. 산화적 인산화 과정에서 전자 전달계를 거친 전자는 최종적으로 O_2와 결합하여 H_2O이 된다. 따라서 O_2가 없으면 전자 전달계에서 전자의 흐름이 정지되어 산화적 인산화 과정이 진행되지 않는다.

ㄷ. 산화적 인산화는 미토콘드리아 내막에서 일어난다.

바로 알기 ㄹ. 미토콘드리아 내막의 전자 전달계를 거친 전자는 최종적으로 O_2에 전달된다.

08 (1) 미토콘드리아에서 능동 수송을 통해 H^+의 농도가 높아지는 (가)는 막 사이 공간이고, 화학 삼투를 통해 ATP가 합성되는 (나)는 기질이다.

(2) 전자 전달 효소 복합체 A~C는 양성자(H^+) 펌프로, 전자가 이동하면서 방출하는 에너지를 이용하여 H^+을 미토콘드리아 기질에서 막 사이 공간으로 능동 수송한다.

(3) ATP 합성 효소를 통해 H^+이 고농도에서 저농도로 확산되는 과정을 화학 삼투라고 한다. 이 화학 삼투에 의해 ATP가 합성된다.

09 산화적 인산화를 통해 1NADH로부터 약 2.5ATP가, $1FADH_2$로부터 약 1.5ATP가 생성된다. 따라서 ㉡은 $10 \times 2.5 + 2 \times 1.5 = 28$이다. $10NADH + 10H^+$와 $2FADH_2$로부터 총 $12H_2$가 전자 전달계에 공급되므로 이들의 산화에 $6O_2$가 필요하며, 그 결과 $12H_2O$이 생성된다. 따라서 ㉠은 6, ㉢은 12이다.

10 (가)는 포도당으로 분해되어 세포 호흡의 경로로 들어가므로 탄수화물, (나)는 글리세롤과 A(지방산)로 분해되는 물질이므로 지방, (다)는 아미노기를 가진 B(아미노산)로 분해되는 물질이므로 단백질이다.

11 호흡률 $= \dfrac{\text{세포 호흡으로 발생한 } CO_2 \text{의 부피}}{\text{세포 호흡에 소비된 } O_2 \text{의 부피}}$ 이며, 탄수화물의 호흡률은 1.0이고, 지방은 약 0.7, 단백질은 약 0.8이다. 각 반응식에서 기체 분자의 몰 수 비는 부피 비에 해당하므로, (가)의 호흡률은 $\dfrac{18}{26} ≒ 0.7$, (나)는 $\dfrac{6}{6} = 1$, (다)는 $\dfrac{5}{6} ≒ 0.8$이다. 따라서 (가)는 지방, (나)는 탄수화물, (다)는 단백질이다.

개념 적용 문제   1권 150쪽~155쪽

01 ③	02 ③	03 ④	04 ⑤	05 ①	06 ③
07 ⑤	08 ③	09 ②	10 ⑤	11 ⑤	12 ②

01 미토콘드리아에서 A는 기질, B는 내막, C는 막 사이 공간이다.

③ (다)는 미토콘드리아 내막(B)에서 일어나는 산화적 인산화 과정의 반응식이다. 산화적 인산화는 전자 전달계에서의 전자 전달과 화학 삼투를 통해 일어난다.

① (가)는 해당 과정으로, 세포질에서 일어난다.
② (나)는 미토콘드리아 기질에서 일어나는 피루브산의 산화와 TCA 회로의 반응식이다. 이 과정에서는 탈탄산 효소의 작용으로 CO_2가 방출되고, 탈수소 효소의 작용으로 NADH와 $FADH_2$가 생성된다.
④ 1분자의 포도당이 세포 호흡을 통해 분해되는 동안 해당 과정(가)에서 2ATP, 피루브산의 산화와 TCA 회로(나)에서 2ATP, 산화적 인산화(다)에서 최대 28ATP가 생성된다.
⑤ 해당 과정(가)은 O_2가 없어도 진행되지만, 피루브산의 산화와 TCA 회로(나), 산화적 인산화(다)는 O_2가 있어야 진행된다.

02 ㄱ. I은 2ATP를 소비하여 포도당이 과당 2인산으로 활성화되는 단계이다. 따라서 I에서 ATP가 포도당에 인산기를 주고 ADP로 되는 반응이 일어난다.
ㄴ. II는 과당 2인산이 2분자의 피루브산으로 분해되는 단계로, 탈수소 효소가 작용하여 2NADH가 생성되고 기질 수준 인산화로 4ATP가 생성된다.
ㄷ. 해당 과정을 통해 6탄소 화합물인 포도당 1분자가 3탄소 화합물인 피루브산 2분자로 분해되므로 CO_2는 방출되지 않는다.

03 ㄱ, ㄴ. 그림은 세포 호흡 과정 중 미토콘드리아 기질에서 일어나는 피루브산의 산화 과정이다. 이 과정에서 3탄소 화합물인 피루브산이 2탄소 화합물인 아세틸 CoA로 되므로, 탈탄산 효소의 작용으로 CO_2(㉠)가 발생한다.
ㄷ. 피루브산이 아세틸 CoA로 될 때 탈수소 효소가 작용하여 NAD^+(㉡)가 NADH(㉢)로 환원된다. 이 과정에 공급되는 NAD^+(㉡)는 전자 전달계에서 NADH가 산화되어 생성된 것이다.

04 ㄴ. 해당 과정과 TCA 회로에서는 기질에 결합해 있던 인산기가 효소의 작용에 의해 ADP로 전달되어 ATP가 합성되는 기질 수준 인산화가 일어난다.
ㄷ. CO_2가 방출되면 화합물의 탄소 수가 1개씩 줄어든다. 따라서 3탄소 화합물인 피루브산이 2탄소 화합물인 아세틸 CoA로 될 때, 6탄소 화합물인 시트르산(가)이 5탄소 화합물인 α-케토글루타르산으로 될 때, 5탄소 화합물인 α-케토글루타르산이 4탄소 화합물인 숙신산으로 될 때 각각 CO_2가 방출된다. 그러므로 1분자의 피루브산이 아세틸 CoA로 산화되어 TCA 회로를 거치면 3분자의 CO_2가 방출된다.
ㄱ. (가)는 아세틸 CoA가 옥살아세트산과 결합하여 형성된 시트르산이다.

05 ㄱ. CO_2, NADH, ATP가 모두 생성되는 ㉡은 5탄소 화합물인 α-케토글루타르산이 4탄소 화합물인 숙신산으로 되는 (가)이고, NADH가 생성되는 ㉠은 4탄소 화합물인 말산이 옥살아세트산으로 되는 (다)이다. 따라서 ㉢은 (나)이다.

ㄴ. ㉢은 4탄소 화합물인 숙신산이 4탄소 화합물인 말산으로 되는 (나)이므로, 이 과정에서 CO_2는 생성되지 않고 $FADH_2$가 생성된다.
ㄷ. 말산과 옥살아세트산은 모두 4탄소 화합물이며, 말산이 옥살아세트산으로 전환될 때 탈수소 반응이 일어나 수소(2H)가 떨어져 나온다. 따라서 1분자당 $\dfrac{수소(H) 수}{탄소(C) 수}$는 말산이 옥살아세트산보다 크다.

06 ㄱ. 전자 전달계를 따라 이동해 온 전자를 최종적으로 받아 H_2O이 되는 ㉠은 O_2이다.
ㄷ. 전자 전달계에서 전자 운반체는 전자에 대한 친화력이 작은 것에서 큰 것 순으로 나열되어 있다. 따라서 전자 전달 효소 복합체 I~IV 중 전자에 대한 친화력이 가장 큰 것은 IV이다.
ㄴ. 전자 전달계에 전자를 전달하는 NADH는 해당 과정 및 피루브산의 산화와 TCA 회로에서 생성된 것이고, $FADH_2$는 TCA 회로에서 생성된 것이다.

07 ㄴ. 미토콘드리아에서 능동 수송을 통해 H^+의 농도가 높아지는 (가)는 막 사이 공간이고, 화학 삼투를 통해 ATP가 합성되는 (나)는 기질이다. 막 사이 공간(가)의 pH가 기질(나)의 pH보다 낮을 때(막 사이 공간의 H^+ 농도가 기질의 H^+ 농도보다 높을 때) H^+의 농도 기울기에 따라 막 사이 공간의 H^+이 ATP 합성 효소를 통해 기질로 확산되면서 ATP가 합성된다.
ㄷ. NADH에서 방출된 전자는 3개의 전자 전달 효소 복합체(양성자 펌프)가 H^+을 능동 수송하는 데 필요한 에너지를 제공하고, $FADH_2$에서 방출된 전자는 2개의 전자 전달 효소 복합체(양성자 펌프)가 H^+을 능동 수송하는 데 필요한 에너지를 제공한다. 따라서 $FADH_2$에서 방출된 전자보다 NADH에서 방출된 전자가 더 많은 에너지를 가지고 있다.
ㄱ. 미토콘드리아 내막에서 일어나는 H^+의 능동 수송 과정에는 NADH와 $FADH_2$에서 방출된 고에너지 전자의 에너지가 이용되며, ATP는 소비되지 않는다.

08 ㄱ. TCA 회로는 미토콘드리아 기질에서 일어나며, 전자 전달계는 미토콘드리아 내막에 있다.
ㄴ. ㉠은 전자의 최종 수용체인 O_2이며, O_2가 없으면 전자 전달계에서 전자의 흐름이 정지된다. 그 결과 TCA 회로에서 생성된 NADH와 $FADH_2$가 각각 NAD^+와 FAD로 산화되지 못해 TCA 회로에 NAD^+와 FAD를 공급하지 못하므로, TCA 회로에서 탈수소 반응이 일어나지 못해 TCA 회로가 진행되지 않는다.

ㄷ. 1분자의 아세틸 CoA가 TCA 회로를 거치면 2분자의 CO_2, 3분자의 NADH, 1분자의 $FADH_2$가 생성되며, 기질 수준 인산화로 1분자의 ATP가 생성된다. 1분자의 NADH와 $FADH_2$는 각각 산화적 인산화를 통해 약 2.5ATP와 약 1.5ATP를 생성한다. 따라서 1분자의 아세틸 CoA가 TCA 회로와 산화적 인산화를 거쳐 CO_2와 H_2O로 완전히 분해되면 $3 \times 2.5ATP + 1 \times 1.5ATP + 1ATP = 10ATP$이므로 최대 10분자의 ATP가 생성된다.

09 ㄴ. O_2가 있을 때 해당 과정 및 피루브산의 산화와 TCA 회로(가)에서 생성된 NADH와 $FADH_2$는 (나)의 미토콘드리아 내막에 있는 전자 전달계에 전자를 전달하고 각각 NAD^+와 FAD로 산화된다.

ㄱ. A는 미토콘드리아 내막에 있는 ATP 합성 효소로, 산화적 인산화에만 관여한다. 해당 과정과 TCA 회로에서는 기질 수준 인산화로 ATP가 합성된다.

ㄷ. (나)에서 전자가 전자 전달계를 따라 이동하면서 방출한 에너지에 의해 미토콘드리아 기질에서 막 사이 공간으로 H^+이 능동 수송되므로, 전자 전달계를 따라 전자가 이동하면 막 사이 공간의 H^+ 농도가 높아진다. H^+ 농도가 높아질수록 pH는 낮아진다.

10 ㄴ. X를 처리하면 전자 전달계에서 전자의 이동이 차단되므로, 일부 전자 전달 효소 복합체(양성자 펌프)에 의한 H^+의 능동 수송이 일어나지 않는다. 그 결과 미토콘드리아에서 막 사이 공간의 H^+ 농도는 X를 처리하기 전보다 낮아지므로 pH는 X를 처리하기 전보다 높아진다.

ㄷ. Y를 처리하면 ATP 합성 효소를 통한 H^+의 이동이 차단되므로 ATP 생성량은 X를 처리하기 전보다 감소한다.

ㄱ. 전자 전달계에서 전자의 이동이 차단되면 NADH와 $FADH_2$의 산화가 일어나지 못하므로 피루브산의 산화와 TCA 회로가 모두 진행되지 않는다. 따라서 X를 처리하면 TCA 회로에서 탈탄산 반응이 일어나지 않는다.

11 ㄱ. 피루브산의 산화로 생성되며 TCA 회로에 투입되는 ⊙은 아세틸 CoA이다.

ㄴ. 탈아미노 반응을 통해 아미노산으로부터 이탈되는 ⓛ은 질소(N)를 함유한 아미노기($-NH_2$)이다.

ㄷ. 글리세롤은 해당 과정의 중간 단계로 들어가 피루브산으로 전환된 다음 아세틸 CoA를 거쳐 TCA 회로로 들어가 산화되며, 지방산은 아세틸 CoA로 전환되어 TCA 회로로 들어가 산화된다. 아미노산은 탈아미노 반응으로 아미노기($-NH_2$)가 제거된 다음 피루브산, 아세틸 CoA, TCA 회로의 중간 산물 등으로 전환되어 산화된다. 따라서 글리세롤, 지방산, 아미노산은 모두 TCA 회로를 거쳐 산화된다.

12 이 실험에서 KOH 수용액은 CO_2를 흡수하여 제거하는 역할을 한다. A는 싹튼 종자의 세포 호흡이 없다면 KOH 수용액에 의한 잉크 방울의 이동은 일어나지 않음을 보여 주는 대조군이다. B에서는 싹튼 종자의 세포 호흡에 의해 O_2가 소비되고 CO_2가 발생하지만, 발생하는 CO_2를 모두 KOH이 흡수하여 제거하므로 잉크 방울의 이동 거리(50눈금)는 싹튼 종자의 세포 호흡에 소비된 O_2의 부피를 나타낸다. C에서는 KOH 수용액 대신 증류수를 적신 거름종이를 넣었으므로, 세포 호흡으로 발생한 CO_2가 제거되지 않는다. 따라서 C에서 잉크 방울의 이동 거리(15눈금)는 소비된 O_2의 부피(50눈금)에서 발생한 CO_2의 부피를 뺀 값을 나타내므로, 싹튼 종자의 세포 호흡으로 발생한 CO_2의 부피는 35눈금에 해당한다.

ㄴ. C에서 잉크 방울이 오른쪽으로 이동한 것은 싹튼 종자의 세포 호흡에 소비된 O_2의 부피(50눈금)가 세포 호흡으로 발생한 CO_2의 부피(35눈금)보다 크기 때문이다.

ㄱ. 호흡률 $= \dfrac{\text{발생한 } CO_2 \text{의 부피}}{\text{소비된 } O_2 \text{의 부피}}$이므로, 이 종자의 호흡률은 $\dfrac{35}{50} = 0.70$이다. 탄수화물의 호흡률은 1.0, 지방의 호흡률은 약 0.7, 단백질의 호흡률은 약 0.80이므로, 이 종자는 주로 지방을 호흡 기질로 사용한다.

ㄷ. B에서 잉크 방울의 이동 거리는 싹튼 종자의 세포 호흡에 소비된 O_2의 부피를 나타낸다.

03 발효

 1권 160쪽

01 ④ **02** 2CO_2

01 ① 당 수용액 대신 같은 양의 증류수를 넣은 발효관 A는 호흡 기질로 사용할 당이 없으면 효모의 알코올 발효가 일어나지 않아 기체가 생성되지 않음을 보여 주는 대조군이다.

② 설탕 수용액을 넣은 발효관 C에서 기체가 발생한 것으로 보아 효모는 설탕을 호흡 기질로 사용할 수 있음을 알 수 있다.

③ 발효관의 입구를 솜으로 막은 것은 산소(O_2) 공급을 차단하여 효모가 알코올 발효를 하도록 하기 위해서이다.

⑤ 수산화 칼륨(KOH)은 이산화 탄소(CO_2)를 흡수하여 제거한다.

④ 기체가 모인 발효관에 이산화 탄소(CO_2)를 흡수하는 KOH 수용액을 넣었을 때 기체가 사라지는 것으로 보아 맹관부에 모인 기체는 이산화 탄소(CO_2)임을 알 수 있다.

02 알코올 발효를 통해 6탄소 화합물인 포도당($C_6H_{12}O_6$)이 분해되어 2탄소 화합물인 에탄올(C_2H_5OH) 2분자가 생성되므로, 이 과정에서 2분자의 CO_2가 발생한다.

개념 모아 정리하기   1권 162쪽

❶ 산소(O_2)   ❷ 미토콘드리아   ❸ 산화적 인산화
❹ 세포질   ❺ 해당 과정   ❻ NADH   ❼ NADH
❽ 2   ❾ 2   ❿ 근육 세포   ⓫ 2   ⓬ 2

개념 기본 문제   1권 163쪽

01 ㄴ, ㄷ   **02** (1) 해당 과정 (2) (다) (3) 2   **03** (1) 기질 수준 인산화 (2) ㉠ NAD^+, ㉡ NADH (3) 탈수소 효소   **04** (1) ㉠ ADP, ㉡ ATP (2) 탈탄산 효소 (3) 아세트알데하이드   **05** ㄱ, ㄷ

01 ㄴ. 포도당이 산소 호흡을 통해 완전히 분해되면 CO_2와 H_2O이 생성된다.

ㄷ. 발효에서는 포도당이 CO_2와 H_2O로 완전히 분해되지 않고 에너지를 다량 포함한 젖산, 에탄올 등의 유기물로 분해된다. 따라서 분해 산물 ㉡에는 유기물이 포함된다.

ㄱ. 산소 호흡 과정에서 방출되는 에너지의 일부(약 34 %)는 ATP에 저장되고, 나머지(약 66 %)는 열로 방출된다.

02 (1) 포도당이 피루브산으로 분해되는 (가)는 해당 과정이다.

(2) 피루브산은 O_2가 있으면 (다)의 경로를 거치고, O_2가 없으면 (나)의 경로를 거친다.

(3) 1분자의 포도당이 젖산 발효, 즉 (가) → (나)의 경로를 거칠 때 해당 과정(가)에서 2ATP가 생성된다.

03 (1) 포도당이 피루브산으로 분해되는 해당 과정에서는 기질 수준 인산화로 ATP가 합성된다.

(2) 젖산 발효에서는 해당 과정에서 탈수소 반응을 통해 이탈된 H^+과 전자를 NAD^+가 받아 NADH로 환원되며, 이 NADH가 NAD^+로 산화되면서 H^+과 전자를 피루브산에 공급함으로써 피루브산이 젖산으로 환원된다. 따라서 ㉠은 NAD^+이고, ㉡은 NADH이다.

(3) NAD^+는 탈수소 효소의 조효소이다. 탈수소 효소가 기질에 작용하여 H^+과 전자를 이탈시키면 NAD^+가 이것을 받아 NADH로 환원된다.

04 (1) 포도당이 피루브산으로 분해되는 해당 과정에서는 2ATP와 2NADH가 생성되므로 ㉠은 ADP이고, ㉡은 ATP이다.

(2) (가) 과정에서 CO_2가 발생하는 것으로 보아 탈탄산 효소가 작용함을 알 수 있다.

(3) 3탄소 화합물인 피루브산($C_3H_4O_3$)이 탈탄산 반응을 거쳐 생성된 ⓐ는 2탄소 화합물인 아세트알데하이드(CH_3CHO)이다.

05 ㄱ. 젖산 발효와 알코올 발효는 모두 O_2 없이 일어난다.

ㄷ. 젖산 발효에서는 NADH가 방출한 H^+과 전자를 피루브산이 받아 젖산으로 환원되며, 알코올 발효에서는 NADH가 방출한 H^+과 전자를 아세트알데하이드가 받아 에탄올로 환원된다. 피루브산과 아세트알데하이드는 모두 유기물이다.

ㄴ. 젖산 발효에서는 3탄소 화합물인 피루브산($C_3H_4O_3$)이 같은 3탄소 화합물인 젖산($C_3H_6O_3$)으로 전환되므로 탈탄산 반응이 일어나지 않아 CO_2가 방출되지 않는다. 그러나 알코올 발효에서는 3탄소 화합물인 피루브산($C_3H_4O_3$)이 2탄소 화합물인 에탄올(C_2H_5OH)로 전환되므로 탈탄산 반응이 일어나 CO_2가 방출된다.

개념 적용 문제   1권 164쪽~167쪽

01 ⑤   **02** ④   **03** ③   **04** ⑤   **05** ②   **06** ①
07 ④   **08** ④

01 ㄱ. 피루브산의 산화가 일어나는 A는 산소 호흡이다. 산소 호흡은 해당 과정, 피루브산의 산화와 TCA 회로, 산화적 인산화의 세 단계로 진행된다.

ㄴ. A가 산소 호흡이므로 B는 젖산 발효이다. CO_2가 발생하는 탈탄산 반응은 알코올 발효에서는 일어나고 젖산 발효에서는 일어나지 않으므로, 'CO_2가 발생하는가?'는 (가)에 해당한다.

ㄷ. 젖산 발효(B)는 젖산균에서 일어나지만, 사람이 격렬한 운동을 하여 O_2가 부족할 때 근육 세포에서도 일어난다.

02 ㄱ. (가)는 해당 과정으로, 탈수소 반응이 일어나 NADH가 생성되고, 기질 수준 인산화로 ATP가 합성된다.

ㄷ. (다)에서는 해당 과정(가)에서 생성된 NADH가 아세트알데하이드에 H⁺과 전자를 전달하고 NAD⁺로 산화되며, 아세트알데하이드는 H⁺과 전자를 받아 에탄올로 환원된다.

바로 알기 ㄴ. (나)에서는 3탄소 화합물인 피루브산($C_3H_4O_3$)이 2탄소 화합물인 아세트알데하이드(CH_3CHO)로 되므로 탈탄산 반응이 일어난다. 그러나 탈수소 반응은 일어나지 않는다.

03 (가)는 해당 과정, (나)는 젖산 발효 일부, (다)는 알코올 발효 일부, (라)는 아세트산 발효, (마)는 피루브산의 산화이다.

ㄱ. 아세트산 발효(라)에서 에탄올이 아세트산으로 산화되는 과정에서는 탈수소 효소의 작용으로 NADH가 생성된다. 이 NADH에서 방출된 전자가 전자 전달계를 통해 전달되는 과정에서 산화적 인산화로 ATP가 합성되며, 이 과정에서 전자의 최종 수용체로 O_2가 이용된다.

ㄴ. 피루브산과 젖산은 3탄소 화합물이지만, 에탄올, 아세트산, 아세틸 CoA는 모두 2탄소 화합물이다. 탈탄산 반응이 일어나면 탄소 수가 감소하므로, 탈탄산 반응이 일어나는 과정은 (다)와 (마)이다.

바로 알기 ㄷ. 해당 과정(가)에서 생성된 NADH가 NAD⁺로 산화되는 과정은 (나)와 (다)이다. (마)에서는 NAD⁺가 NADH로 환원된다.

04 (가)는 젖산 발효, (나)는 알코올 발효, (다)는 아세트산 발효, (라)는 산소 호흡의 화학 반응식이다.

ㄴ. 탈탄산 반응이 일어나면 CO_2가 발생하므로 탈탄산 반응이 일어나는 과정은 알코올 발효(나)와 산소 호흡(라)이다.

ㄷ. NADH나 $FADH_2$가 산화되면서 방출된 에너지를 이용하여 ATP를 합성하는 산화적 인산화가 일어나는 과정은 아세트산 발효(다)와 산소 호흡(라)이다.

바로 알기 ㄱ. 식초를 만들 때에는 먼저 O_2 없이 알코올 발효(나)를 통해 당을 에탄올로 분해한 다음, O_2를 공급하여 아세트산 발효(다)를 통해 에탄올을 아세트산으로 전환시킨다.

05 ㄴ. 알코올 발효에서는 CO_2가 방출되지만, 젖산 발효에서는 CO_2가 방출되지 않는다. 따라서 (가)는 젖산 발효의 최종 산물인 젖산이고, (나)는 알코올 발효의 최종 산물인 에탄올이다. 젖산은 3탄소 화합물이고, 에탄올은 2탄소 화합물이므로 1분자당 탄소 수는 젖산(가)이 에탄올(나)보다 많다.

바로 알기 ㄱ. 발효 과정에서 피루브산은 NADH로부터 H⁺과 전자를 받아 환원되고, NADH는 NAD⁺로 산화된다. 따라서 ㉠은 NADH이고, ㉡은 NAD⁺이다.

ㄷ. 1분자의 포도당이 2분자의 피루브산으로 분해될 때 기질 수준 인산화로 2ATP가 생성되며, 피루브산이 젖산(가)이나 에탄올(나)로 환원되는 과정에서는 ATP가 생성되지 않는다.

06 ㄱ. (나)에서는 공기와의 접촉을 차단하여 용기 안에 O_2가 없으므로 효모는 알코올 발효를 한다. 알코올 발효 과정에서는 탈탄산 반응이 일어나 CO_2가 발생한다.

바로 알기 ㄴ. (가)에서는 O_2가 공급되므로 효모는 산소 호흡을 한다. 따라서 효모의 개체 수 증가 속도는 알코올 발효를 통해 소량의 ATP를 생성하는 (나)에서보다 산소 호흡을 통해 다량의 ATP를 생성하는 (가)에서 빠르다.

ㄷ. 기포(CO_2) 발생이 멈춘 (다)에서는 알코올 발효가 거의 끝나 에탄올이 생성된 상태이다. 이 상태에서 마개를 열어 두면 O_2가 공급되므로 아세트산균에 의한 아세트산 발효가 일어나 식초(아세트산)가 만들어질 수 있다.

07 Ⅰ~Ⅲ 중 NADH가 생성되는 과정은 아세틸 CoA가 생성될 때뿐이므로 표에서 물질 ㉡은 NADH이고, C는 아세틸 CoA이다. 젖산($C_3H_6O_3$)은 3탄소 화합물이고, 에탄올(C_2H_5OH)과 아세틸 CoA는 2탄소 화합물이다. A와 C의 1분자당 탄소 수가 같다고 했으므로 A는 에탄올이고, B는 젖산이다.

ㄱ. ㉠은 피루브산이 젖산으로 환원되는 Ⅱ에서는 생성되지만, 피루브산이 아세틸 CoA로 산화되는 Ⅲ에서는 생성되지 않으므로 NAD⁺이다. 피루브산이 에탄올로 환원될 때는 NAD⁺가 생성되므로 ⓐ는 '○'이다.

ㄷ. 1분자당 $\dfrac{수소\ 수}{탄소\ 수}$는 에탄올(A)이 $\dfrac{6}{2}$=3이고, 젖산(B)이 $\dfrac{6}{3}$=2이다. 따라서 1분자당 $\dfrac{수소\ 수}{탄소\ 수}$는 A가 B보다 크다.

바로 알기 ㄴ. 알코올 발효(Ⅰ)와 젖산 발효(Ⅱ) 과정은 모두 세포질에서 일어난다.

08 사람의 근육 세포에서 피루브산이 환원되면 젖산이 생성되고, 피루브산이 산화되면 아세틸 CoA가 생성된다. 효모에서 피루브산이 환원되면 에탄올이 생성되고, 피루브산이 산화되면 아세틸 CoA가 생성된다. 따라서 근육 세포와 효모에서 공통적으로 생성되는 ㉡은 아세틸 CoA이며, ㉠은 젖산, ㉢은 에탄올이다.

ㄴ. 피루브산이 젖산으로 환원되는 Ⅰ과 피루브산이 에탄올로 환원되는 Ⅳ에서 모두 NADH가 NAD⁺로 산화된다.

ㄷ. 피루브산은 3탄소 화합물이고 아세틸 CoA와 에탄올은 모두 2탄소 화합물이므로, Ⅱ, Ⅲ, Ⅳ에서 모두 탈탄산 반응이 일어나 CO_2가 발생한다.

바로 알기 ㄱ. 사람의 근육 세포에서 피루브산이 아세틸 CoA로 산화되는 Ⅱ와 효모에서 피루브산이 아세틸 CoA로 산화되는 Ⅲ은 모두 미토콘드리아 기질에서 일어난다.

2. 광합성

01 광합성

집중 분석 1권 183쪽

유제 ②

유제 루벤은 클로렐라 배양액에 이산화 탄소(CO_2)와 산소의 동위 원소 ^{18}O로 표지된 물($H_2^{18}O$)을 공급하거나 물(H_2O)과 ^{18}O로 표지된 이산화 탄소($C^{18}O_2$)를 공급하면서 발생하는 산소를 분석하는 실험을 하였다. 그 결과 광합성에서 발생하는 산소는 이산화 탄소와는 관계가 없으며, 모두 물에서 유래한다는 사실을 확인하였다. 즉, 1분자의 포도당이 만들어질 때 6분자의 산소(O_2)가 생성되는데, 이를 위해서는 반응물로 12분자의 물(H_2O)이 필요함을 알게 되었다. 이러한 루벤의 실험이 근거가 되어 광합성의 반응물과 생성물의 관계를 더 정확하게 나타낸 반응식으로 (나)가 쓰이게 되었다.

집중 분석 1권 185쪽

유제 ③

유제 ㄷ. A를 처리하면 전자 전달계의 ㉠에서 전자 전달이 차단되므로, 스트로마에서 틸라코이드 내부로 H^+의 능동 수송이 일어나지 않는다. 따라서 A를 처리하면 처리하기 전보다 스트로마의 H^+ 농도는 높아지고, 틸라코이드 내부의 H^+ 농도는 낮아진다. H^+ 농도가 높을수록 pH는 낮으므로, A를 처리한 후가 처리하기 전보다 스트로마의 pH가 낮다.

바로 알기 ㄱ. 고에너지 전자를 방출하고 산화된 (가)는 H_2O의 광분해로 방출된 전자를 받아 환원되므로 광계 Ⅱ이다.

ㄴ. 명반응이 일어날 때 틸라코이드 내부에서 H_2O의 광분해가 일어나 O_2가 생성된다.

탐구 확인 문제 1권 186쪽

01 카로틴, $\dfrac{s}{d}$ **02** 해설 참조

---

01 원점에서 멀리 전개된 것일수록 전개율이 크다. 따라서 전개율이 가장 큰 색소는 카로틴이다.

$$전개율(Rf) = \frac{원점에서\ 색소까지의\ 거리}{원점에서\ 용매\ 전선까지의\ 거리}$$ 이므로, 카로틴의 전개율은 $\dfrac{s}{d}$ 이다.

02 광합성 색소에 따라 전개액에 대한 용해도와 TLC 판에 대한 흡착력이 달라 전개율이 다르다.

모범 답안 전개액이 TLC 판을 따라 올라갈 때 광합성 색소 추출액에 포함되어 있던 각각의 광합성 색소가 전개액에 대한 용해도, TLC 판에 대한 흡착력 등에 따라 이동하는 속도가 다르기 때문에 분리된다.

채점 기준	배점(%)
전개액에 대한 용해도, TLC 판에 대한 흡착력을 모두 포함하여 옳게 서술한 경우	100
전개액에 대한 용해도, TLC 판에 대한 흡착력 중 한 가지만 포함하여 서술한 경우	50

개념 모아 정리하기 1권 187쪽

❶ 광계   ❷ 적색광   ❸ $6O_2$ ❹ NADPH
❺ 광계 Ⅰ(P_{700})   ❻ $NADP^+$ ❼ 생성되지 않음
❽ 능동 수송   ❾ 확산   ❿ 스트로마   ⓫ 3PG 환원
⓬ 18ATP   ⓭ $NADP^+$

개념 기본 문제 1권 188쪽~189쪽

01 ㄱ, ㄴ, ㄹ   **02** ㄷ   **03** (1) (가) 명반응, (나) 탄소 고정 반응 (2) A: H_2O, B: CO_2, C: O_2, D: 포도당 (3) NADPH, ATP (4) $NADP^+$, ADP   **04** (1) H_2O (2) ㉠ $NADP^+$, ㉡ NADPH **05** ㄴ   **06** ㉠ ㄹ, ㅁ, ㉡ ㄱ, ㄴ, ㄷ, ㅁ   **07** (1) (가) 틸라코이드 내부, (나) 스트로마 (2) ATP 합성 효소 (3) (가)   **08** (1) (가) 탄소 고정, (나) 3PG 환원, (다) RuBP 재생 (2) 3PG (3) RuBP의 농도: 증가, 3PG의 농도: 감소

01 ㄱ. 빛에너지를 흡수하는 광합성 색소는 엽록체의 틸라코이드 막에 있으며, 광합성 색소에는 엽록소와 카로티노이드 등이 있다.

ㄴ. 식물의 엽록체에는 엽록소 a와 b가 있다.

ㄹ. 카로티노이드는 엽록소가 흡수하지 못하는 파장의 빛을 흡수하여 엽록소에 전달하는 역할을 하며, 카로틴, 잔토필 등이 있다.

바로 알기 ㄷ. 광합성 과정에서 중심적인 역할을 하는 것은 엽록소 a 이다.

02 ㄷ. 호기성 세균은 O_2가 있는 곳에서 정상적으로 자라는 세균으로, O_2가 많은 곳으로 모여드는 성질이 있다. 실험 결과 청자색광과 적색광이 비치는 부위에 호기성 세균이 많이 모여 있으므로, 이 부위에서 해캄의 광합성이 활발히 일어나 O_2가 많이 발생함을 알 수 있다.

바로 알기 ㄱ. 청자색광과 적색광을 주로 이용하여 광합성을 하는 것은 해캄이며, 호기성 세균이 광합성을 하는 것은 아니다.

ㄴ. 녹조류인 해캄은 식물처럼 엽록소 a와 b 및 카로티노이드를 가지며, 초록색광보다 청자색광을 더 잘 흡수한다. 만약 해캄이 청자색광보다 초록색광을 더 잘 흡수한다면 청자색광이 비치는 부위보다 초록색광이 비치는 부위에 호기성 세균이 더 많이 모여들었을 것이다.

03 (1) (가)는 빛에너지를 흡수하여 탄소 고정 반응에 필요한 물질을 생성하는 명반응이고, (나)는 명반응의 산물을 이용하여 CO_2를 유기물로 고정하고 환원시켜 포도당을 합성하는 탄소 고정 반응이다.

(2) 명반응에 투입되는 A는 H_2O이고, 탄소 고정 반응에 투입되는 B는 CO_2이다. 명반응에서 H_2O의 광분해로 생성되는 C는 O_2이고, 탄소 고정 반응에서 생성되는 D는 포도당이다.

(3) 명반응에서 생성되어 탄소 고정 반응에 공급되는 물질 E와 F는 각각 NADPH와 ATP 중 한 가지이다.

(4) 탄소 고정 반응에서 생성되어 명반응에 공급되는 물질 G와 H는 각각 $NADP^+$와 ADP 중 한 가지이다.

04 (1) 엽록체의 광합성 색소에서 빛에너지를 흡수하면 명반응이 일어나는데, 이때 H_2O이 $2H^+$와 $2e^-$ 및 $\frac{1}{2}O_2$로 분해되어 O_2가 발생한다.

(2) 옥살산 철(Ⅲ)의 Fe^{3+}은 H_2O의 광분해로 방출된 전자 (e^-)를 받아 옥살산 철(Ⅱ)의 Fe^{2+}으로 환원된다. 따라서 엽록체에서 옥살산 철(Ⅲ)과 같이 전자 수용체 역할을 하는 물질은 $NADP^+$이고, 옥살산 철(Ⅱ)과 같은 역할을 하는 물질은 NADPH이다.

05 ㄴ. 광계의 반응 중심 색소는 한 쌍의 엽록소 a로 이루어진다.

바로 알기 ㄱ. 광계는 여러 가지 광합성 색소가 단백질과 결합하여 복합체를 이룬 것으로, 엽록체의 틸라코이드 막에 있다.

ㄷ. 광계 Ⅰ의 반응 중심 색소는 파장이 700 nm인 빛을 가장 잘 흡수하는 P_{700}이고, 광계 Ⅱ의 반응 중심 색소는 파장이 680 nm인 빛을 가장 잘 흡수하는 P_{680}이다.

06 순환적 전자 흐름은 광계 Ⅰ의 P_{700}에서 방출된 전자가 전자 전달계를 거치면서 에너지를 방출하여 ATP가 합성되도록 하고, 광계 Ⅰ의 P_{700}으로 되돌아가는 경로이다. 따라서 순환적 전자 흐름에는 광계 Ⅰ만 관여하며, O_2와 NADPH가 생성되지 않는다.

비순환적 전자 흐름은 광계의 반응 중심 색소에서 방출된 전자가 원래의 색소로 되돌아가지 않는 경로로, 전자는 광계 Ⅱ의 P_{680} → 전자 전달계 → 광계 Ⅰ의 P_{700} → 전자 전달계를 거쳐 최종 전자 수용체인 $NADP^+$로 전달되어 NADPH가 생성된다. 이때 광계 Ⅱ에서 방출된 전자가 전자 전달계를 거치는 동안 에너지를 방출하고, 이 에너지는 ATP 합성에 이용되며, 전자를 방출하고 산화된 광계 Ⅱ의 P_{680}은 H_2O의 광분해로 방출된 전자를 받아 환원된다. 따라서 비순환적 전자 흐름에는 광계 Ⅰ과 광계 Ⅱ가 모두 관여하며, O_2와 NADPH가 생성된다.

07 (1) 광계 Ⅱ의 반응 중심 색소에서 방출된 전자가 전자 전달계를 따라 이동하는 동안 방출되는 에너지를 이용하여 일부 전자 운반체는 H^+을 스트로마에서 틸라코이드 내부로 능동 수송한다. 따라서 (가)는 틸라코이드 내부이고, (나)는 스트로마이다.

(2), (3) H^+이 스트로마에서 틸라코이드 내부로 능동 수송되어 틸라코이드 막을 경계로 H^+의 농도 기울기가 형성되면, H^+이 농도가 높은 틸라코이드 내부(가)에서 농도가 낮은 스트로마(나)로 ATP 합성 효소를 통해 확산되면서 ATP가 합성된다. 따라서 효소 X는 ATP 합성 효소이다.

08 (1) 캘빈 회로에서 (가)는 대기 중의 CO_2가 캘빈 회로로 투입된 후 RuBP와 결합하여 3PG가 되는 탄소 고정 단계이다. (나)는 명반응 산물인 ATP와 NADPH를 사용하여 3PG가 PGAL로 환원되는 3PG 환원 단계이며, (다)는 명반응 산물인 ATP를 사용하여 PGAL이 RuBP로 전환되는 RuBP 재생 단계이다.

(2) CO_2가 고정되어 최초로 생성되는 물질은 3탄소 화합물인 3PG이다.

(3) CO_2 농도를 감소시키면 캘빈 회로에서 탄소 고정 단계가 억제되므로 일시적으로 RuBP는 축적되어 농도가 증가하고, 3PG는 생성량이 줄어들어 농도가 감소한다.

01 ㄴ. 엽록소 a와 b는 청자색광과 적색광을 주로 흡수하고, 이 식물은 청자색광과 적색광에서 광합성이 가장 활발하게 일어난다. 이처럼 엽록소 a와 b의 흡수 스펙트럼과 광합성의 작용 스펙트럼이 거의 일치하는 것은 식물이 주로 엽록소가 잘 흡수하는 파장의 빛을 이용하여 광합성을 하기 때문이다.

바로 알기 ㄱ. 엽록소 a와 b는 초록색광을 거의 흡수하지 않지만, 초록색광에서도 광합성이 어느 정도 일어난다. 이것은 카로티노이드가 흡수한 초록색광이 광합성에 이용되기 때문이다.

ㄷ. 빛을 흡수하여 일어나는 명반응에서 전자가 틸라코이드 막에 있는 전자 전달계를 통해 전달되는 동안 방출하는 에너지를 이용하여 ATP를 합성하는 과정을 광인산화라고 한다. 파장이 550 nm인 빛보다 450 nm인 빛의 흡수율이 높고, 광합성 속도 또한 450 nm인 빛에서 더 빠르므로 파장이 550 nm인 빛에서보다 450 nm인 빛에서 광인산화가 활발하게 일어난다.

02 (가)에서 X는 명반응, Y는 탄소 고정 반응이며, (나)에서 A는 그라나, B는 스트로마이다.

ㄱ. 명반응에 투입되는 ㉠은 H_2O이고, 탄소 고정 반응에 투입되는 ㉡은 CO_2이다.

ㄷ. 빛이 없어도 명반응 산물인 ATP, NADPH와 CO_2(㉡)가 공급되면 탄소 고정 반응이 일어나 포도당이 생성된다.

바로 알기 ㄴ. 명반응(X)은 엽록체의 그라나(A)에서, 탄소 고정 반응(Y)은 엽록체의 스트로마(B)에서 일어난다.

03 ㄱ. 빛이 있어 명반응이 일어날 때 O_2가 발생하므로, B, E, F 구간에서 O_2가 발생한다.

ㄷ. (가)의 B에서 빛이 있을 때 생성된 물질이 빛이 없고 CO_2가 있는 C에서 포도당 합성에 이용되었다. 따라서 명반응 산물이 공급되면 빛이 없어도 탄소 고정 반응이 일어날 수 있음을 알 수 있다.

바로 알기 ㄴ. 그래프에서 광합성 속도는 포도당 생성 속도에 해당한다. 따라서 CO_2가 고정되어 포도당이 합성되는 구간은 광합성이 일어나는 C와 F이다.

04 ㄱ. 엽록체에서 빛에너지를 흡수하는 광계가 있는 막 X는 틸라코이드 막이다.

ㄴ. 광합성 색소의 전개율은 카로틴>잔토필>엽록소 a>엽록소 b이므로 ㉠은 엽록소 a, ㉡은 엽록소 b이다. 광계의 반응 중심 색소는 한 쌍의 엽록소 a(㉠)로 이루어진다.

바로 알기 ㄷ. H_2O의 광분해로 방출된 전자는 고에너지 전자를 방출하고 산화된 광계 Ⅱ의 반응 중심 색소를 환원시키므로 (가)의 광계는 광계 Ⅱ이다. 광계 Ⅱ는 비순환적 전자 흐름에만 관여하고, 순환적 전자 흐름에는 관여하지 않는다.

05 ㄱ. 명반응에서 물이 광분해되어 산소가 발생한다. 따라서 H_2O이 광분해되어 발생한 ㉠과 ㉢은 모두 O_2이고, $H_2^{18}O$이 광분해되어 발생한 ㉡은 $^{18}O_2$이다.

바로 알기 ㄴ. (가)에서 옥살산 철(Ⅲ)의 Fe^{3+}은 물의 광분해로 방출된 전자를 수용하여 옥살산 철(Ⅱ)의 Fe^{2+}으로 된다.

ㄷ. 물의 광분해는 순환적 전자 흐름에서는 일어나지 않고, 비순환적 전자 흐름에서만 일어난다. 따라서 (나)에서 발생하는 산소(㉡, ㉢)는 모두 비순환적 전자 흐름의 산물이다.

06 ㄱ. 경로 A는 비순환적 전자 흐름이고, 경로 B는 순환적 전자 흐름이다. 물의 광분해는 비순환적 전자 흐름에서 일어나므로 경로 A에서 O_2가 발생한다.

ㄴ. (나)에서 ⓐ는 틸라코이드 내부, ⓑ는 스트로마이다. 비순환적 전자 흐름(경로 A)에서 $NADP^+$가 전자를 최종적으로 받아 NADPH로 환원되는 부위는 틸라코이드 막의 바깥쪽인 스트로마(ⓑ)이다.

ㄷ. (가)에서 물질 X를 처리하면 ㉠에서 전자 전달이 차단되므로 스트로마에서 틸라코이드 내부로 H^+의 능동 수송이 일어나지 않는다. 그 결과 스트로마의 H^+ 농도는 높아지고, 틸라코이드 내부의 H^+ 농도는 낮아진다. 즉, X를 처리하면 스트로마(ⓑ)의 pH는 낮아지고, 틸라코이드 내부(ⓐ)의 pH는 높아진다. 따라서 $\dfrac{ⓑ의\ pH}{ⓐ의\ pH}$는 X를 처리한 후가 처리하기 전보다 작다.

07 ㄷ. 엽록체의 틸라코이드 막에서 전자 전달이 일어날 때 일부 전자 운반체가 H^+을 스트로마에서 틸라코이드 내부로 능동 수송하므로 (가)는 스트로마, (나)는 틸라코이드 내부이다. 전자 전달이 활발하게 일어나면 H^+의 능동 수송도 활발하게 일어나므로 H^+의 농도는 (나)에서가 (가)에서보다 높다.

바로 알기 ㄱ. ㉠은 비순환적 전자 흐름의 최종 전자 수용체인 $NADP^+$이고 ㉡은 NADPH이며, ㉢은 H_2O의 광분해로 발생한 O_2이다.

ㄴ. H_2O의 광분해로 방출된 전자가 공급되는 광계 A는 반응 중심 색소가 P_{680}인 광계 Ⅱ이고, 광계 B는 반응 중심 색소가 P_{700}인 광계 Ⅰ이다.

08 ㄱ. (가)에서 pH 7인 틸라코이드를 pH 4인 수용액에 넣었으므로, 틸라코이드 내부보다 수용액의 H^+ 농도가 높다. 따라서 수용액에 있는 H^+이 틸라코이드 내부로 이동한다.

ㄴ. (나)에서 틸라코이드 내부는 pH 4, 외부(수용액)는 pH 8 이므로, 틸라코이드 외부보다 내부의 H^+ 농도가 높다. 따라서 틸라코이드 막을 경계로 H^+의 농도 기울기가 형성되어 틸라코이드 내부에서 외부로 H^+의 확산이 일어나게 된다.

ㄷ. (다)에서 빛이 없어도 ATP가 합성되었다. 이를 통해 틸라코이드 막을 경계로 H^+의 농도 기울기가 형성되면 H^+의 농도가 높은 틸라코이드 내부에서 H^+의 농도가 낮은 틸라코이드 외부로 H^+이 확산되면서 ATP가 합성된다는 것을 알 수 있다.

09 ㄱ. 그림에서 ㉠은 틸라코이드 내부, ㉡은 스트로마이다. (가)는 명반응에서 $NADP^+$가 전자 전달계를 거친 전자를 최종적으로 받아 NADPH로 환원되는 과정이며, 이 과정에서 생성된 NADPH는 스트로마(㉡)에서 일어나는 탄소 고정 반응에 사용된다.

(바로 알기) ㄴ. (나)는 물의 광분해 과정이다. 이때 방출된 전자가 전자 전달계를 거치는 동안 스트로마(㉡)에서 틸라코이드 내부(㉠)로 H^+이 능동 수송된다. 따라서 틸라코이드 내부(㉠)의 H^+ 농도는 높아지고 스트로마(㉡)의 H^+ 농도는 낮아지므로, 틸라코이드 내부(㉠)의 pH가 스트로마(㉡)의 pH보다 낮아진다.

ㄷ. (다)는 명반응에서 생성된 ATP가 ADP와 무기 인산(P_i)으로 분해되는 반응으로, 탄소 고정 반응에서 일어난다. 탄소 고정 반응은 스트로마(㉡)에서 일어난다.

10 ㄴ. $^{14}CO_2$를 공급한 후 ^{14}C로 표지된 최초의 산물은 3PG이므로 탄소 고정 반응에서 CO_2가 고정되어 최초로 생성되는 물질은 3PG이다.

ㄷ. 3PG가 PGAL로 전환되는 과정에 명반응 산물인 ATP와 NADPH가 사용된다.

(바로 알기) ㄱ. 3PG와 PGAL은 모두 3탄소 화합물이고, 6탄당 인산과 포도당은 모두 6탄소 화합물이다. 따라서 1분자당 탄소 수는 6탄당 인산이 PGAL보다 많다.

11 ㄴ. 캘빈 회로에서 3PG는 ATP와 NADPH를 사용하여 PGAL로 전환되고, PGAL의 일부는 ATP를 사용하여 RuBP로 전환된다. 따라서 X는 PGAL, Y는 RuBP이다. ㉠은 과정 Ⅰ과 Ⅲ에서 모두 사용되는 물질이므로 ATP이고, ㉢은 과정 Ⅲ에서 ATP와 함께 사용되는 물질이므로 NADPH이며, ㉡은 과정 Ⅱ에서 3PG로 고정되는 물질이므로 CO_2이다.

ㄷ. PGAL은 3탄소 화합물이고, RuBP는 5탄소 화합물이다. 따라서 1분자당 탄소 수는 PGAL(X)보다 RuBP(Y)가 많다.

(바로 알기) ㄱ. Ⅲ에서 3PG는 NADPH로부터 수소(H)를 받아 PGAL로 환원된다.

12 (가)에서 A는 틸라코이드, B는 스트로마이다. (나)에서 3PG가 PGAL로 전환되는 과정과 PGAL이 RuBP로 전환되는 과정에서 사용되는 ㉠은 ATP이고, 3PG가 PGAL로 전환되는 과정에서만 사용되는 ㉡은 NADPH이다.

ㄷ. NADPH(㉡)는 명반응의 순환적 전자 흐름을 통해서는 생성되지 않고, 비순환적 전자 흐름을 통해서만 생성된다.

(바로 알기) ㄱ. 캘빈 회로는 스트로마(B)에서 일어난다.
ㄴ. 1분자의 포도당을 합성하는 데에는 $6CO_2$, 12NADPH(㉡), 18ATP(㉠)가 필요하다.

02 광합성과 세포 호흡의 비교

집중 분석   1권 **199쪽**

유제 ①

유제 (가)는 빛에너지를 화학 에너지로 전환하여 포도당에 저장하는 광합성, (나)는 포도당에 저장된 화학 에너지를 열과 ATP로 전환하는 세포 호흡이다.

ㄱ. 광합성에서는 O_2가 발생하고, 세포 호흡에서는 CO_2가 발생하므로 ㉠은 O_2, ㉡은 CO_2이다.

(바로 알기) ㄴ. 세포 호흡 과정에서 포도당에 저장된 에너지 E_1의 일부는 열로 방출되고, 나머지가 ATP에 저장된다. 따라서 E_1의 양이 E_2의 양보다 많다.

ㄷ. 광합성(가)은 엽록체에서 일어나고, 세포 호흡(나)은 세포질과 미토콘드리아에서 일어난다.

개념 모아 정리하기   1권 **200쪽**

❶명반응   ❷탄소 고정 반응   ❸ATP
❹스트로마   ❺세포질   ❻화학 삼투   ❼$NADP^+$
❽NAD^+ ❾TCA   ❿틸라코이드 막
⓫능동 수송   ⓬확산   ⓭물(H_2O)   ⓮산소(O_2)
⓯막 사이 공간

01 (1) (가) H_2O, (나) CO_2 (2) ㉠ NADPH, ㉡ $FADH_2$ (3) ⓐ 광인산화, ⓑ 산화적 인산화, ⓒ 기질 수준 인산화   **02** ㄴ, ㄷ   **03** ㄴ, ㄷ   **04** (1) (가) 엽록체, (나) 미토콘드리아 (2) (가) H_2O, (나) NADH (3) (가) $NADP^+$, (나) O_2 (4) ㉠ 능동 수송, ㉡ 확산

01 (1) (가)는 세포 호흡이 일어나는 미토콘드리아의 전자 전달계에서 생성되고, 광합성의 명반응에 공급되는 물질이므로 H_2O이다. (나)는 세포 호흡 과정의 TCA 회로에서 생성되고, 광합성의 캘빈 회로에 공급되는 물질이므로 CO_2이다.

(2) ㉠은 광합성의 명반응에서 ATP와 함께 생성되어 캘빈 회로에 공급되는 물질이므로 NADPH이다. ㉡은 세포 호흡 과정의 TCA 회로에서 NADH와 함께 생성되어 전자 전달계에 공급되는 물질이므로 $FADH_2$이다.

(3) 세포에서 ATP를 합성하는 인산화 과정은 세 가지로 구분할 수 있다. ⓐ는 광합성의 명반응에서 전자 전달계와 화학 삼투를 통해 ATP를 합성하는 광인산화, ⓑ는 세포 호흡 과정에서 전자 전달계와 화학 삼투를 통해 ATP를 합성하는 산화적 인산화, ⓒ는 세포 호흡의 해당 과정 및 TCA 회로에서 기질에 결합해 있던 인산기가 효소의 작용에 의해 ADP로 전달되어 ATP를 합성하는 기질 수준 인산화이다.

02 ㄴ. ㉡은 포도당의 산화 과정에서 방출되는 에너지를 이용하여 ATP를 합성하는 과정이므로 세포 호흡이며, 주로 미토콘드리아에서 일어난다. 세포 호흡에서는 O_2가 소모된다.

ㄷ. 빛에너지 E_1은 광합성을 통해 화학 에너지의 형태로 포도당에 저장된 후 세포 호흡을 통해 열과 ATP의 화학 에너지로 전환된다. 생물은 ATP가 ADP와 무기 인산(P_i)으로 분해될 때 방출되는 에너지를 이용하여 다양한 생명 활동을 한다. 따라서 광합성에 공급된 빛에너지 E_1의 양은 ATP가 분해될 때 방출되는 에너지 E_2의 양보다 많다.

바로 알기 ㄱ. ㉠은 빛에너지를 흡수하여 생성한 ATP의 에너지를 이용하여 CO_2와 H_2O로부터 포도당을 합성하는 과정이므로 광합성이며, 엽록체에서 일어난다.

03 ㄴ. 광합성의 캘빈 회로와 세포 호흡의 TCA 회로는 모두 효소에 의해 단계적으로 진행되며, 순환하는 형태의 화학 반응이다.

ㄷ. 캘빈 회로에서는 대기 중의 CO_2가 고정되어 여러 단계의 화학 반응을 거쳐 포도당이 합성되며, TCA 회로에서는 아세틸 CoA가 여러 단계의 화학 반응을 거쳐 CO_2로 분해된다.

바로 알기 ㄱ. 캘빈 회로와 TCA 회로에서 각 단계마다 작용하는 효소의 종류는 다르다. 즉, 둘 다 여러 가지 효소의 작용으로 일어난다.

ㄹ. 캘빈 회로에서는 명반응에서 생성된 ATP가 사용되고, TCA 회로에서는 기질 수준 인산화로 ATP가 생성된다.

04 (1)~(3) (가)는 전자 공여체가 H_2O이고, 최종 전자 수용체가 $NADP^+$인 것으로 보아 엽록체의 틸라코이드 막에서 일어나는 광인산화 과정이다. (나)는 전자 공여체가 NADH이고, 최종 전자 수용체가 O_2인 것으로 보아 미토콘드리아의 내막에서 일어나는 산화적 인산화 과정이다.

(4) (가)와 (나)에서 ㉠은 일부 전자 운반체를 통해 H^+이 능동 수송되는 것이고, ㉡은 H^+이 농도 기울기에 따라 ATP 합성 효소를 통해 확산되는 것이다.

01 ⑤   **02** ③   **03** ③   **04** ⑤

01 ㄱ. 미토콘드리아의 전자 전달계에서 생성되어 엽록체의 전자 전달계에 공급되는 ㉠은 H_2O이고, 반대로 엽록체의 전자 전달계에서 생성되어 미토콘드리아의 전자 전달계에 공급되는 ㉡은 O_2이다.

ㄴ. TCA 회로에서 생성되어 캘빈 회로에 공급되는 ㉢은 CO_2이다. TCA 회로에서는 탈탄산 효소의 작용으로 CO_2가 생성된다.

ㄷ. 포도당이 피루브산으로 분해되는 해당 과정과 TCA 회로에서는 기질 수준 인산화로 ATP가 합성된다. 따라서 ⓐ와 ⓑ에서 ATP를 합성하는 방식은 같다.

02 식물의 광합성에서 생성되어 동물의 세포 호흡에 사용되는 ㉠은 O_2이고, 동물의 세포 호흡에서 생성되어 식물의 광합성에 사용되는 ㉡은 CO_2이다.

ㄷ. 세포 호흡에서는 포도당에 저장된 에너지 일부가 ATP 합성에 이용되어 ATP의 화학 에너지로 전환된다.

바로 알기 ㄱ. ㉠은 O_2, ㉡은 CO_2이다.

ㄴ. CO_2(㉡)는 광합성의 탄소 고정 반응에 사용된다.

03 미토콘드리아에서는 H^+이 막 사이 공간에서 안쪽에 있는 기질로 이동(확산)할 때, 엽록체에서는 H^+이 틸라코이드 내부에서 바깥쪽에 있는 스트로마로 이동(확산)할 때 ATP가 합성된다.

ㄱ. 과정 (나)에서 ㉠과 ㉡의 안쪽은 pH 5, 바깥쪽은 pH 8
이 되어 안쪽이 바깥쪽보다 H^+ 농도가 높다. 따라서 H^+이
안쪽에서 바깥쪽으로 확산되는데, ㉡에서만 ATP가 합성되
었으므로 ㉡은 엽록체이고, ㉠은 미토콘드리아이다. 미토콘
드리아(㉠)의 내막이 안쪽으로 접혀 들어가 주름진 구조를 형
성한 것을 크리스타라고 한다.

ㄷ. 과정 (다)에서 미토콘드리아(㉠)의 기질(안쪽)은 pH 8,
막 사이 공간(바깥쪽)은 pH 5가 되어 막 사이 공간의 H^+ 농
도가 기질보다 높아진다. 이에 따라 H^+이 막 사이 공간에서
기질로 확산되면서 ATP가 합성된다.

바로 알기 ㄴ. 엽록체에서 빛에너지를 흡수하여 비순환적 전자 흐름
이 일어날 때 H_2O의 광분해로 O_2가 발생한다. 제시된 실험은 암실에
서 H^+의 농도 기울기에 따른 화학 삼투를 통해 ATP가 합성됨을 보
여 주는 실험이므로 O_2는 발생하지 않는다.

04 ㄱ. A는 틸라코이드 내부의 H^+이 틸라코이드 막의 인지질
층을 통해 스트로마로 새어 나가게 한다. 따라서 A를 처리
하면 처리하기 전보다 틸라코이드 내부의 H^+ 농도는 낮아지
고, 스트로마의 H^+ 농도는 높아진다. 즉, 틸라코이드 내부의
pH는 높아지고, 스트로마의 pH는 낮아진다.

ㄴ. B는 미토콘드리아 내막의 전자 전달계에서 전자의 이동
을 차단한다. 따라서 B를 처리하면 처리하기 전보다 최종 전
자 수용체인 O_2의 소비량이 감소한다.

ㄷ. A는 엽록체에서 틸라코이드 내부와 스트로마 사이의
H^+ 농도 차이가 작아지게 하고, B는 미토콘드리아에서 막
사이 공간과 기질 사이의 H^+ 농도 차이가 작아지게 한다. 따
라서 A와 B는 모두 화학 삼투에 의한 ATP 생성량을 감소
시킨다.

통합 실전 문제　　　　　　　1권 **204쪽~207쪽**

01 ①	02 ①	03 ③	04 ⑤	05 ④	06 ②
07 ②	08 ④				

01 ㄱ. (가)에서 Ⅰ은 해당 과정, Ⅱ는 피루브산의 산화와 TCA
회로, Ⅲ은 산화적 인산화 과정이다. (나)는 기질 수준 인산
화를 나타낸 것으로, 해당 과정(Ⅰ)과 TCA 회로(Ⅱ)에서 모
두 기질 수준 인산화로 ATP가 합성된다.

바로 알기 ㄴ. 피루브산의 산화와 TCA 회로(Ⅱ)에서 2분자의 피루
브산으로부터 6분자의 CO_2와 8분자의 NADH가 생성된다. 따라서
Ⅱ에서 생성되는 $\dfrac{CO_2 \text{ 분자 수}}{NADH \text{ 분자 수}}$ 는 $\dfrac{6}{8} = \dfrac{3}{4}$ 이다.

ㄷ. 산화적 인산화 과정(Ⅲ)에서 1$FADH_2$가 산화될 때 $\dfrac{1}{2}$ 분자의 O_2
가 소비되어 1분자의 H_2O이 생성된다. 따라서 2$FADH_2$가 산화될
때 1분자의 O_2가 소비되어 2분자의 H_2O이 생성된다.

02 ㄱ. 전자 전달계에서 전자 운반체는 전자에 대한 친화력이 작
은 것에서 큰 것 순으로 나열되어 있으며, 전자 전달 효소 복
합체 Ⅰ~Ⅳ를 거친 전자는 최종적으로 ㉠(O_2)에 전달된다.
따라서 전자에 대한 친화력은 Ⅰ~Ⅳ보다 ㉠(O_2)이 크다.

바로 알기 ㄴ. 전자 전달계에서 최종 전자 수용체인 ㉠은 O_2이다. O_2
가 공급되지 않으면 피루브산이 아세틸 CoA로 산화되지 못하고, 세
포 호흡이 중단되거나 발효가 일어난다.

ㄷ. 1분자의 NADH가 산화될 때 $\dfrac{1}{2}$$O_2$가 소비되어 1분자의 H_2O이
생성된다.

03 ㄱ. ADP 농도가 높아질수록 O_2 소비량이 증가한 것은 미토
콘드리아에서 피루브산의 산화와 TCA 회로, 산화적 인산
화가 활발히 일어났기 때문이다. 따라서 O_2 소비량이 많을수
록 ATP가 많이 생성된다.

ㄴ. 미토콘드리아 현탁액에 피루브산을 첨가했으므로 미토콘
드리아 기질에서 피루브산의 산화와 TCA 회로가 진행되어
NADH와 $FADH_2$가 생성된다.

바로 알기 ㄷ. 포도당은 세포질에서 일어나는 해당 과정을 통해 피루
브산으로 분해되어야 미토콘드리아 막을 통과하여 기질로 들어갈 수
있다. 따라서 미토콘드리아 현탁액에 피루브산 대신 포도당을 첨가하
면 포도당은 이용되지 못하므로 O_2 소비량이 증가하지 않는다.

04 피루브산이 아세틸 CoA로 산화될 때에는 NAD^+가 NADH
로 환원되고, 피루브산이 에탄올로 환원될 때(알코올 발효)나
젖산으로 환원될 때(젖산 발효)에는 NADH가 NAD^+로 산
화된다. 탈탄산 반응은 피루브산이 아세틸 CoA로 될 때와
피루브산이 에탄올로 될 때 일어난다. (나)에서 Ⅰ은 NADH
의 산화와 탈탄산 반응이 모두 일어나므로 알코올 발효 과정
이고, ㉠은 에탄올이다. Ⅱ는 NADH의 산화 없이 탈탄산 반
응만 일어나므로 피루브산의 산화 과정이고, ㉡은 아세틸
CoA이다. Ⅲ은 탈탄산 반응 없이 NADH의 산화만 일어나
므로 젖산 발효 과정이고, ㉢은 젖산이다.

ㄴ. Ⅱ는 피루브산이 아세틸 CoA로 산화되는 과정이므로
이 과정에서는 NAD^+가 NADH로 환원된다. 따라서
'NAD^+가 환원됨'은 ⓐ에 해당한다.

ㄷ. 분자식이 에탄올(㉠)은 C_2H_5OH이고, 젖산(㉢)은 $C_3H_6O_3$ 이므로 1분자당 $\dfrac{\text{수소(H) 수}}{\text{탄소(C) 수}}$ 는 에탄올(㉠)이 $\dfrac{6}{2}=3$이고, 젖산(㉢)이 $\dfrac{6}{3}=2$이다.

바로 알기 ㄴ. 알코올 발효(Ⅰ)와 젖산 발효(Ⅲ) 과정은 모두 세포질에서 일어나고, 피루브산의 산화(Ⅱ)는 미토콘드리아 기질에서 일어난다.

05 (가)에서 X는 엽록소 a, Y는 엽록소 b, Z는 카로티노이드이며, (나)에서 ㉠은 1차 전자 수용체, ㉡은 반응 중심 색소, ㉢은 보조 색소이다.

ㄱ. 1차 전자 수용체(㉠)는 반응 중심 색소(㉡)에서 방출된 전자를 받아 환원된다.

ㄷ. 광계의 반응 중심에는 특수한 한 쌍의 엽록소 a가 있는데, 이를 반응 중심 색소 또는 반응 중심 엽록소 a라고 한다. 반응 중심의 주변에는 약 300개의 엽록소 a와 b 및 약 50개의 카로티노이드가 분포하는데, 이 색소들은 빛에너지를 흡수하여 반응 중심 색소로 전달하는 역할을 하므로 보조 색소 또는 안테나 색소라고 한다. 따라서 엽록소 a(X), 엽록소 b(Y), 카로티노이드(Z)는 모두 보조 색소(㉢)로 작용할 수 있다.

바로 알기 ㄴ. ㉡은 광계 Ⅱ의 반응 중심 색소이므로, 파장이 $680\,\text{nm}$인 빛을 가장 잘 흡수하는 엽록소 a(X)이다.

06 광합성 색소의 전개율은 카로틴>잔토필>엽록소 a>엽록소 b이므로 ㉠은 엽록소 a, ㉡은 엽록소 b이다. (나)는 비순환적 전자 흐름을 나타낸 것으로, H_2O에서 방출된 전자가 광계 Ⅱ를 거쳐 광계 Ⅰ로 전달되므로 X는 광계 Ⅱ이고, Y는 광계 Ⅰ이다.

ㄷ. Y는 광계 Ⅰ이며, 광계 Ⅰ은 순환적 전자 흐름과 비순환적 전자 흐름에 모두 관여한다.

바로 알기 ㄱ. 색소 원점에서 멀리 전개된 것일수록 전개율이 크다. 따라서 전개율은 잔토필이 엽록소 a(㉠)보다 크다.

ㄴ. 광계 Ⅱ와 광계 Ⅰ의 반응 중심 색소는 모두 엽록소 a(㉠)이다.

07 ㄴ. (가)에서 ㉠은 스트로마, ㉡은 틸라코이드이다. 광합성의 명반응 과정에서 H_2O이 광분해되어 O_2가 발생하며, H_2O의 광분해는 틸라코이드(㉡)에서 일어난다.

바로 알기 ㄱ. 빛이 있을 때 전자 전달계를 통한 전자의 이동 과정에서 일부 전자 운반체가 H^+을 스트로마에서 틸라코이드 내부로 능동 수송한다. 그 결과 스트로마의 H^+ 농도는 낮아지고 틸라코이드 내부의 H^+ 농도는 높아지므로, 스트로마의 pH는 높아지고 틸라코이드 내부의 pH는 낮아진다. 따라서 스트로마(㉠)에서 pH는 빛이 있을 때(t_1일 때)가 빛이 없을 때(t_2일 때)보다 높다.

ㄷ. 빛이 있을 때 비순환적 전자 흐름에서 전자의 최종 수용체인 $NADP^+$가 전자를 받아 NADPH로 환원된다. 따라서 $NADP^+$의 환원은 빛이 있는 구간 Ⅰ에서 일어나고, 빛이 없는 구간 Ⅱ에서는 일어나지 않는다.

08 캘빈 회로에서 물질은 3PG → DPGA → PGAL → RuBP의 순서로 전환된다. 이 물질들 중 3PG, DPGA, PGAL은 모두 3탄소 화합물이고, RuBP는 5탄소 화합물이다. 또, 1분자당 인산기 수가 DPGA와 RuBP는 2이고, 3PG와 PGAL은 1이다. 따라서 ㉠은 DPGA, ㉡은 PGAL, ㉢은 RuBP, ㉣은 3PG이다.

ㄴ. 3PG(㉣)가 ATP로부터 인산기를 받아 DPGA(㉠)로 된 후 NADPH로부터 수소(H)를 받아 PGAL(㉡)로 환원된다. 따라서 1분자당 에너지양은 PGAL(㉡)이 3PG(㉣)보다 많다.

ㄷ. CO_2가 캘빈 회로에 투입되면 RuBP와 결합하여 3PG가 되므로, CO_2 공급이 중단되면 일시적으로 RuBP(㉢)의 농도는 증가하고 3PG(㉣)의 농도는 감소한다.

바로 알기 ㄱ. ATP가 사용되는 단계는 3PG(㉣)가 DPGA(㉠)로 될 때와 PGAL(㉡)이 RuBP(㉢)로 될 때이다. DPGA(㉠)가 PGAL(㉡)로 될 때에는 NADPH가 사용된다.

사고력 확장 문제   1권 208쪽~211쪽

01 (1) 해당 과정에서 포도당은 2ATP를 소비하여 과당 2인산으로 활성화된 후 2NADH와 4ATP를 생성하면서 피루브산 2분자로 분해된다. 따라서 A는 ATP이고, B는 NADH이다. 또, 1분자의 피루브산이 아세틸 CoA로 산화되어 TCA 회로를 거치면 4NADH, 1ATP, $1FADH_2$가 생성되므로 C는 $FADH_2$이다.

(2) 해당 과정 중 포도당이 과당 2인산으로 되는 과정에서 2ATP(A)가 소비되는데, 이는 포도당에 인산기를 공급하여 포도당을 과당 2인산으로 활성화시킴으로써 해당 과정에 필요한 에너지를 공급하는 역할을 한다.

모범 답안 (1) A: ATP, B: NADH, C: $FADH_2$

(2) 포도당에 에너지를 공급하여 포도당을 과당 2인산으로 활성화시키는 역할을 한다.

채점 기준		배점(%)
(1)	A~C를 모두 옳게 쓴 경우	50
	A~C 중 2개를 옳게 쓴 경우	30
(2)	포도당의 인산화 또는 활성화라는 표현을 포함하고, 에너지를 공급한다는 의미로 옳게 서술한 경우	50
	에너지를 공급한다는 것만 서술한 경우	20

02 (1) 5탄소 화합물인 α-케토글루타르산(C_5)은 탈탄산 효소의 작용으로 이산화 탄소(CO_2)를 방출하고, 탈수소 효소의 작용으로 산화되면서 NAD^+를 NADH로 환원시키고 4탄소 화합물인 숙신산(C_4)이 된다. 이 과정에서 기질 수준 인산화로 ATP가 생성된다.

(2) 말론산은 숙신산과 입체 구조가 유사하여 숙신산 대신 숙신산 탈수소 효소의 활성 부위에 결합할 수 있으므로 숙신산 탈수소 효소의 반응을 저해하는 경쟁적 저해제로 작용한다. 따라서 TCA 회로가 진행되고 있는 세포에 말론산을 다량 첨가하면 TCA 회로에서 숙신산이 푸마르산으로 전환되는 과정이 저해되어 푸마르산의 농도가 낮아진다.

모범 답안 (1) CO_2, NADH, ATP
(2) 말론산이 숙신산 탈수소 효소의 활성 부위에 결합하여 경쟁적 저해제로 작용하므로, 숙신산이 푸마르산으로 전환되는 과정이 저해되어 푸마르산의 농도가 낮아진다.

채점 기준		배점(%)
(1)	생성되는 물질 세 가지를 모두 옳게 쓴 경우	40
	생성되는 물질 중 두 가지를 옳게 쓴 경우	20
(2)	농도 변화와 그 까닭을 모두 옳게 서술한 경우	60
	농도 변화만 옳게 서술한 경우	20

03 (1) (가)~(다)에서는 NADH나 $FADH_2$에서 방출된 고에너지 전자가 전자 전달계를 따라 이동하면서 방출하는 에너지를 이용하여 양성자(H^+) 펌프로 작용하는 전자 전달 효소 복합체가 H^+을 능동 수송하고, (라)에서는 미토콘드리아 내막을 경계로 형성된 H^+의 농도 기울기에 따라 H^+이 ATP 합성 효소를 통해 확산된다.

(2) (라)에서 ATP 합성이 일어날 때는 미토콘드리아 기질보다 막 사이 공간의 H^+ 농도가 높아서 H^+이 막 사이 공간에서 기질로 확산될 때이다. 따라서 기질의 pH보다 막 사이 공간의 pH가 낮을 때 ATP 합성이 일어난다.

모범 답안 (1) (가)~(다)에서는 전자가 이동하는 과정에서 방출하는 에너지를 이용하여 H^+이 능동 수송되고, (라)에서는 미토콘드리아 내막을 경계로 형성된 H^+의 농도 기울기에 따라 H^+이 확산된다.

(2) 기질의 pH보다 막 사이 공간의 pH가 낮아 H^+이 막 사이 공간에서 기질로 확산될 때 ATP가 합성된다.

채점 기준		배점(%)
(1)	H^+의 이동 원리 두 가지를 모두 옳게 서술한 경우	50
	H^+의 이동 원리 중 한 가지만 옳게 서술한 경우	30
(2)	ATP 합성 조건을 pH 차이와 H^+의 이동으로 옳게 서술한 경우	50
	ATP 합성 조건을 기질과 막 사이 공간의 pH 차이로만 서술한 경우	30

04 (1) DNP는 막 사이 공간에 축적된 H^+이 ATP 합성 효소를 통하지 않고 미토콘드리아 내막의 인지질 층을 통해 기질로 빠져나가게 한다. 그 결과 내막을 경계로 한 H^+의 농도 기울기가 제대로 형성되지 못하므로 화학 삼투를 통한 ATP 생성량이 감소한다. 따라서 DNP를 복용하면 세포가 필요로 하는 ATP를 생성하기 위해 세포 호흡이 과다하게 일어나 체중이 감소하게 된다.

(2) 로테논, 사이안화물, 일산화 탄소는 모두 전자 운반체에 결합하여 전자 전달계를 통한 전자의 이동을 차단하므로 양성자(H^+) 펌프에 의한 H^+의 능동 수송이 억제된다. 따라서 내막을 경계로 한 H^+의 농도 기울기가 형성되지 못해 ATP 합성이 중단된다. 올리고마이신은 ATP 합성 효소에 결합하여 H^+이 ATP 합성 효소를 통해 막 사이 공간에서 기질로 확산되지 못하게 하므로 ATP 합성이 중단된다.

모범 답안 (1) DNP에 의해 막 사이 공간의 H^+이 미토콘드리아 내막을 통해 기질로 빠져나가 내막을 경계로 한 H^+의 농도 기울기가 제대로 형성되지 못하므로 화학 삼투를 통한 ATP 생성량이 감소한다. 따라서 ATP 생성을 위해 세포 호흡이 과다하게 일어나 체중이 감소한다.

(2) 로테논, 사이안화물, 일산화 탄소는 전자 운반체에 결합하여 전자 전달계를 통한 전자의 이동을 차단하므로 내막을 경계로 한 H^+의 농도 기울기가 형성되지 못하여 ATP 합성이 중단된다. 올리고마이신은 ATP 합성 효소를 통한 H^+의 확산을 저해하므로 ATP 합성이 중단된다.

채점 기준		배점(%)
(1)	DNP의 작용에 따른 ATP 생성량 감소를 체중 감소와 연결하여 옳게 서술한 경우	50
	DNP의 작용에 따른 ATP 생성량 감소는 언급하였으나 서술이 불충분한 경우	30
(2)	제시된 독극물이 독성을 나타내는 원리 두 가지를 모두 옳게 서술한 경우	50
	제시된 독극물이 독성을 나타내는 두 가지 원리 중 한 가지만 옳게 서술한 경우	30

05 (1) 발효관의 맹관부에 모인 기체는 효모의 알코올 발효 결과 발생한 CO_2이다. 효모는 포도당이나 설탕과 같은 당을 호흡 기질로 이용하는데, 이당류인 설탕보다 단당류인 포도당을 더 잘 이용한다. 또, $10\,^\circ\!C$보다 $30\,^\circ\!C$에서 물질대사가 더 활발하게 일어난다.

(2) 수산화 칼륨(KOH) 수용액이나 수산화 나트륨($NaOH$) 수용액은 CO_2를 흡수하여 제거하므로 기체가 모인 발효관 안의 용액 일부를 덜어 낸 후 수산화 칼륨(KOH) 수용액이나 수산화 나트륨($NaOH$) 수용액을 조금 넣어 주면 맹관부에 모인 기체(CO_2)가 사라지면서 발효관의 용액이 상승한다. 따라서 이를 이용하면 맹관부에 모인 기체가 CO_2라는 것을 확인알 수 있다.

모범 답안 (1) C, 효모의 알코올 발효 결과 기체(CO_2)가 발생하여 맹관부에 모이는데, 효모는 호흡 기질로 설탕보다 포도당을 더 잘 이용하며, $10\,^\circ\!C$보다 $30\,^\circ\!C$에서 발효가 더 활발하게 일어나기 때문이다.

(2) CO_2, 발효관 안에 수산화 칼륨(KOH) 수용액이나 수산화 나트륨($NaOH$) 수용액을 넣어 맹관부의 기체가 제거되는지 확인한다.

	채점 기준	배점(%)
(1)	발효관의 기호와 까닭을 모두 옳게 서술한 경우	50
	발효관의 기호만 옳게 쓴 경우	20
(2)	기체의 종류와 확인 방법을 모두 옳게 서술한 경우	50
	기체의 종류만 옳게 쓴 경우	20

06 (1) 루벤의 실험은 광합성에서 발생하는 산소의 유래를 알아보기 위한 것이다. 배양액에 CO_2와 $H_2^{18}O$을 넣어 주었을 때는 $^{18}O_2$가 발생하였고, $C^{18}O_2$와 H_2O을 넣어 주었을 때는 O_2가 발생하였으므로 광합성 결과 발생하는 산소는 물에서 유래한 것이다.

(2) 광합성에서 발생하는 산소는 물에서 유래한 것이므로, 배양액에 넣은 물 중 $H_2^{18}O$의 비율과 실험 결과 발생한 산소 중 $^{18}O_2$의 비율이 일치한다.

모범 답안 (1) 광합성에서 발생하는 산소는 물에서 유래한 것이다.

(2) ㉠ 0.79, ㉡ 0.30, ㉢ 0.20, 광합성에서 발생하는 산소는 물에서 유래한 것이므로, 배양액에 넣은 물 중 $H_2^{18}O$의 비율과 실험 결과 발생한 산소 중 $^{18}O_2$의 비율이 일치하기 때문이다.

	채점 기준	배점(%)
(1)	가설을 옳게 서술한 경우	40
(2)	㉠~㉢을 모두 옳게 쓰고, 그 까닭을 옳게 서술한 경우	60
	㉠~㉢만 모두 옳게 쓴 경우	20

07 (1) (가)에서 ㉠은 틸라코이드 내부, ㉡은 스트로마이다. 빛이 있을 때는 전자 전달계를 통해 전자가 이동하는 과정에서 방출한 에너지를 이용하여 스트로마에서 틸라코이드 내부로 H^+이 능동 수송되므로 틸라코이드 내부의 H^+ 농도는 높아지고 스트로마의 H^+ 농도는 낮아진다. 즉, 틸라코이드 내부의 pH는 낮아지고 스트로마의 pH는 높아진다. (나)에서 빛을 공급한 후 pH가 높아지는 것으로 보아 (나)는 스트로마(㉡)에서의 pH 변화를 나타낸 것이다.

(2) 스트로마(㉡)에서 진행되는 캘빈 회로에서 RuBP가 재생되기 위해서는 명반응 산물인 ATP가 필요하다. 따라서 빛이 없는 t_1일 때보다 빛을 공급하여 광인산화를 통해 ATP가 생성되는 t_2일 때 RuBP의 재생 속도가 빠르다.

모범 답안 (1) 빛이 있을 때 틸라코이드 막에서 H^+의 능동 수송이 일어나 틸라코이드 내부㉠의 pH는 낮아지고, 스트로마(㉡)의 pH는 높아진다. 따라서 빛 공급 후 pH가 높아지는 (나)는 스트로마(㉡)에서의 pH 변화를 나타낸 것이다.

(2) RuBP의 재생에는 명반응 산물인 ATP가 필요한데, 명반응은 빛이 있어야 일어나기 때문이다.

	채점 기준	배점(%)
(1)	㉡에서의 pH 변화임을 그 까닭을 포함하여 옳게 서술한 경우	50
	㉡에서의 pH 변화라는 것만 쓴 경우	20
(2)	RuBP의 재생에 명반응 산물인 ATP가 필요하다는 것과 명반응은 빛이 있어야 일어난다는 것을 모두 옳게 서술한 경우	50
	RuBP의 재생에 ATP가 필요하다는 것만 서술한 경우	30

08 (1) (가)는 광합성의 명반응, (나)는 탄소 고정 반응(캘빈 회로)이다. ㉠은 3PG 환원 단계와 RuBP 재생 단계에서 모두 사용되는 물질이므로 ATP이고, ㉡은 3PG 환원 단계에서만 사용되는 물질이므로 NADPH이다.

(2) 탄소 고정 반응에서 1분자의 포도당이 합성되기 위해서는 18분자의 ATP(㉠)와 12분자의 NADPH(㉡)가 필요하다.

모범 답안 (1) ㉠ ATP, ㉡ NADPH

(2) 1분자의 포도당이 합성되기 위해서는 18분자의 ATP(㉠)와 12분자의 NADPH(㉡)가 필요하므로, 1분자의 포도당이 합성되는 데 필요한 ㉠과 ㉡의 분자 수 비는 $18 : 12 = 3 : 2$이다.

	채점 기준	배점(%)
(1)	㉠과 ㉡을 모두 옳게 쓴 경우	40
	㉠과 ㉡ 중 한 가지만 옳게 쓴 경우	20
(2)	㉠과 ㉡의 분자 수 비를 그 까닭을 포함하여 옳게 서술한 경우	60
	㉠과 ㉡의 분자 수 비만 옳게 쓴 경우	20

논구술 대비 문제

Ⅰ 생명 과학의 역사

실전 문제 1

예시 답안 (1) 왓슨과 크릭은 DNA의 X선 회절 사진 등을 바탕으로 DNA가 이중 나선 구조로 되어 있다는 사실을 밝혀냈다. DNA 이중 나선 구조를 바탕으로, 크릭은 'DNA에 저장된 유전 정보는 RNA로 전달되고, 이 RNA의 유전 정보가 단백질 합성에 이용된다.'는 유전 정보의 흐름에 대한 중심 원리를 발표하였다. 유전 정보의 흐름에 대한 중심 원리에 따라, 니런버그는 인공적으로 합성한 RNA로부터 어떤 아미노산 서열을 가진 단백질이 합성되는지를 연구하여 연속된 3개의 염기로 구성된 RNA의 유전부호에 대응하는 아미노산이 무엇인지를 밝혀냄으로써 유전부호를 해독하였다. 유전부호를 구성하는 염기 서열의 의미를 알게 되면서 DNA 염기 서열을 분석하는 방법을 개발하기 위한 연구가 이어졌다. 생어는 DNA 복제 원리를 응용하여 DNA 염기 서열을 분석하는 방법을 개발하였다. 이후 멀리스는 DNA의 특정 부분을 빠르게 반복적으로 복제하여 DNA를 증폭하는 기술인 중합 효소 연쇄 반응(PCR)을 개발하였다. DNA 염기 서열 분석 방법이 개발되고, 중합 효소 연쇄 반응(PCR)으로 충분한 양의 DNA를 얻는 것이 가능해지면서, 사람 유전체에 있는 DNA 염기 서열을 알아내기 위한 사람 유전체 사업이 진행되었으며, 이 사업을 통해 사람 유전자의 DNA상 위치와 염기 서열을 나타낸 사람 유전체 지도가 완성되었다.

(2) 유전체학은 유전체를 연구하는 학문으로, 기능 유전체학과 비교 유전체학의 두 가지로 구분된다. 기능 유전체학에서는 유전체를 구성하는 유전자를 찾아내고 그 유전자로부터 어떤 단백질이 만들어지는지 추적하며, 그 단백질이 어떤 구조와 기능을 갖는지 등에 대해 연구한다. 이때 유전자가 발현되어 만들어지는 단백질의 종류, 구조, 기능, 상호 작용 등에 대해 연구하는 학문이 단백체학이다. 비교 유전체학에서는 개인, 인종, 생물종 간의 유전체 정보를 비교해서 차이점을 찾고, 그로 인해 생체 기능에 어떤 차이가 나타나는지 등에 대해 연구한다. 특히 단일 염기 변이나 암 관련 유전자 정보 등을 수집하는 데 이용된다. 그리고 생물 정보학은 생명 과학의 여러 분야에 컴퓨터 및 정보 기술을 융합한 학문으로, 사람 유전체 사업과 유전체학, 단백체학 등을 통해 얻은 핵산의 염기 서열과 단백질의 아미노산 서열 등의 방대한 정보를 데이터베이스화하고, 이를 분석하기 위해 컴퓨터 프로그램을 개발하며 실제 분석하는 과정까지 포함한다. 결국 이들 학문이 발달하면서 여러 질병 관련 유전자와 단백질 등이 발견되고, 이로 인한 발병 기작 등이 밝혀지며, 개인 간이나 인종 간, 환자와 정상인 간의 유전 정보나 단백질의 차이 등을 알게 되면, 이를 이용하여 새로운 치료법과 신약 등을 개발할 수 있을 것이다. 또, 유전자 칩이나 단백질 칩을 만들어 질병의 발병 가능성을 진단하고, 개인별 맞춤형 예방 및 치료도 가능해질 것이다.

실전 문제 2

(1) (나)의 실험은 땀 속의 생명력(생기)에 의해 쥐가 자연 발생하였다는 것이므로, 자연 발생설을 지지한다. (다)의 실험은 입구를 열어 둔 병에서만 구더기가 생긴 것은 파리가 들어가 알을 낳았기 때문이라는 것이므로, 생물 속생설을 지지한다. (라)의 실험은 가열하여 살균한 후 방치한 플라스크에 든 양고기즙에서 저절로 미생물이 생겨 번식하였다는 것이므로, 자연 발생설을 지지한다. (마)의 실험에서 충분히 끓여 완전히 밀폐한 플라스크에 든 양고기즙에서는 미생물이 생기지 않았고, 조금 끓여 마개를 느슨하게 막은 플라스크에 든 양고기즙에서만 미생물이 생겼다. 이는 잠깐 끓이는 것으로는 죽지 않는 미생물이 남아 있다가 번식하였거나 외부의 미생물이 들어가 번식하였기 때문이라는 것이므로, 생물 속생설을 지지한다. (바)의 실험은 플라스크에 든 고기즙에 미생물이 생기는 것은 공기 중의 미생물이 들어가 번식하였기 때문이라는 것이므로, 생물 속생설을 지지한다.

예시 답안 (1) (나)와 (라)의 실험은 각각 쥐와 미생물이 저절로 생겼다는 것이므로, 자연 발생설을 지지한다. (다)의 실험은 구더기가 생긴 것은 파리가 들어가 알을 낳았기 때문이라는 것이므로, 생물 속생설을 지지한다. (마)의 실험은 충분히 가열하여 미생물을 모두 죽이고 완전히 밀폐하여 외부의 미생물이 플라스크로 들어가지 못하게 하면 미생물이 생기지 않는다는 것이므로, 생물 속생설을 지지한다. (바)의 실험은 플라스크에 든 고기즙에 미생물이 생기는 것은 공기 중의 미생물이 들어가 번식하였기 때문이라는 것이므로, 생물 속생설을 지지한다.

(2) 스팔란차니가 니담의 실험을 수정한 실험을 실시한 까닭은 니담의 실험 결과 플라스크에 든 양고기즙에서 미생물이 발견된 것은 니담이 양고기즙을 충분히 가열하지 않아 죽지 않은 미생물이 남아 있다가 번식하였거나, 플라스크를 제대로 밀폐하지 않아 공기 중의 미생물이 들어가 번식하였다고 생각하였기 때문이다. 니담은 스팔란차니의 실험에 대해 양고기즙을 지나치게 가열하여 양고기즙의 생명력(생기)이 파괴되었고, 공기도 변질되어 미생물이 발생할 수 없게 된 것이라고 반박하였다.

(3) ㉠에서 백조목 모양으로 구부린 부분의 역할은 끓인 고기즙이 식을 때 백조목 모양으로 구부린 부분에 물방울이 맺히게 하여 플라스크 안으로 공기는 들어가지만 먼지나 미생물은 이 물방울에 갇혀 들어가지 못하도록 하는 것이다. 그리고 ㉠에서 생기지 않았던 미생물이 ㉡에서 생긴 까닭은 ㉡에서 구부러진 목 부분이 잘려 공기 중의 미생물이 플라스크 안으로 들어가 번식하였기 때문이다.

Ⅱ 세포의 특성

실전 문제 1

(1) 세포가 반지름 r인 공 모양이라고 가정하면 세포의 부피는 $\frac{4}{3}\pi r^3$이고 세포의 표면적은 $4\pi r^2$이므로, 세포의 부피에 대한 표

면적의 비는 $\dfrac{4\pi r^2}{\dfrac{4}{3}\pi r^3} = \dfrac{3}{r}$이다. 이처럼 세포의 부피에 대한 표면적

의 비는 반지름 r에 반비례하므로, 세포의 크기가 작을수록 크고 세포의 크기가 클수록 작다. 따라서 세포의 크기가 너무 작으면 세포의 부피에 대한 표면적의 비가 너무 커서 물질대사를 통한 열 생성량에 비해 열 방출량이 많아 열 손실이 크므로 에너지 효율 측면에서 불리하다. 이와 반대로 세포의 크기가 너무 크면 세포의 부피에 대한 표면적의 비가 너무 작아 세포가 필요한 만큼 영양소를 받아들이고 노폐물을 내보내는 것이 원활하게 일어나지 못하여 물질 출입 측면에서 불리하다.

(2) 원핵세포는 내막이 없어 세포 내의 환경이 부위에 관계없이 거의 동일하지만, 진핵세포는 세포 내부가 내막계로 구획화되어 있어 구획마다 다른 환경을 만들 수 있다. 이에 따라 원핵세포와 달리 진핵세포는 구획에 따라 서로 다른 대사 기능을 수행할 수 있어 다양한 물질대사를 수행하는 것이 가능하다. 그 결과 진핵생물은 특이하고 복잡한 물질대사까지도 수행할 수 있게 되어 고등한 개체로 진화할 수 있었다고 여겨진다.

(3) 내막계는 핵막, 소포체, 골지체, 리소좀, 세포막뿐만 아니라 여러 소낭으로 구성되는데, 내막계에 속하는 막성 세포 소기관들은 직접 연결되어 있거나 이들 사이에서 물질을 운반하는 소낭에 의해 간접적으로 연결되어 있다. 그리고 내막계의 막들은 기본적으로 소포체에서 유래된 것으로 볼 수 있다. 엽록체와 미토콘드리아는 내막계를 구성하는 세포 소기관과 구조적으로 직접 연결되어 있지 않고, 소낭을 통해 간접적으로 연결되어 있지도 않다. 그리고 엽록체와 미토콘드리아를 구성하는 막은 소포체에서 유래된 것이 아니다. 이들 세포 소기관의 막을 구성하는 지질의 대부분이 소포체에서 만들어진 것이 아니라 자체적으로 만든 것이고, 단백질 역시 자체 리보솜에서 합성된 것이다.

(4) 세포내 공생설에 따르면 엽록체는 광합성 세균이, 미토콘드리아는 호기성 세균이 각각 원시 진핵세포에 들어와 공생하면서 진화한 것으로 본다. 엽록체와 미토콘드리아가 내막과 외막의 2중막 구조를 갖는 것은 공생 과정에서 광합성 세균과 호기성 세균이 진핵세포의 세포막에 싸여 세포 내로 들어왔기 때문으로 해석된다. 또, 엽록체와 미토콘드리아가 자체 DNA와 리보솜을 가지고 있어 독자적으로 증식하고 단백질을 합성할 수 있으며, 원핵세포처럼 원형의 DNA를 가지고 있고, 엽록체와 미토콘드리아의 리보솜 구조, 크기, 리보솜 RNA(rRNA)의 염기 서열이 원핵세포의 것과 유사하다는 점이 세포내 공생설을 뒷받침하는 근거로 제시되고 있다.

예시 답안 (1) 세포의 부피에 대한 표면적의 비는 세포의 크기에 반비례한다. 따라서 세포의 크기가 너무 작으면 세포의 부피에 대한 표면적의 비가 너무 커서 물질대사를 통한 열 생성량에 비해 열 방출량이 많아 에너지 효율 측면에서 불리하다. 이와 반대로 세포의 크기가 너무 크면 세포의 부피에 대한 표면적의 비가 너무 작아 필요한 만큼의 영양소를 받아들이지 못하고 노폐물을 내보내지 못하여 물질 출입 측면에서 불리하다. 이를 종합하면 세포의 크기가 너무 작거나 크면 생존에 불리하므로, 세포의 일반적인 크기가 일정 범위 내로 한정되는 것이다.

(2) 진핵세포는 세포 내부가 내막계로 구획화되어 있어 구획마다 다른 환경을 만들 수 있기 때문에 다양한 대사 기능을 수행하는 것이 가능하다. 따라서 원핵생물이 아닌 진핵생물이 특이하고 복잡한 물질대사까지도 수행할 수 있는 고등한 개체로 진화할 수 있었다.

(3) 내막계를 구성하는 세포 소기관들의 막은 구조적으로 직접 연결되어 있거나 이들 사이에서 물질을 운반하는 소낭에 의해 간접적으로 연결되어 있으며, 기본적으로 소포체에서 유래된 것이다. 그러나 엽록체와 미토콘드리아는 내막계를 구성하는 다른 세포 소기관들과 구조적으로 직접 연결되어 있지 않고, 소낭을 통해 간접적으로 연결되어 있지도 않다. 그리고 엽록체와 미토콘드리아를 구성하는 막은 소포체에서 유래된 것이 아니라 자체적으로 만든 지질과 단백질로 만들어진 것이다.

(4) 엽록체와 미토콘드리아가 2중막으로 둘러싸여 있는 점, 자체 DNA와 리보솜을 가지고 있어 독자적으로 증식하고 단백질을 합성할 수 있는 점, 원핵세포처럼 원형의 DNA를 가지고 있는 점, 리보솜의 구조, 크기, 리보솜 RNA(rRNA)의 염기 서열이 원핵세포의 것과 유사한 점 등이 있다.

실전 문제 2

(1) 세포막을 구성하는 주성분은 인지질과 단백질이다. 인지질에서 인산기가 있는 머리 부분은 친수성을 띠고 지방산이 있는 꼬리 부분은 소수성을 띠어 세포막에서 인지질은 소수성인 꼬리 부분이 서로 마주 보며 배열하여 인지질 2중층을 형성한다. 세포막은 인지질 2중층에 막단백질이 곳곳에 박혀 있는 구조이다. 막단백질은 구성 아미노산의 성질에 따라 친수성을 띠기도 하고 소수성을 띠기도 한다.

(2) 세포막의 인지질 분자를 이루는 지방산의 길이가 길수록 세포막의 유동성은 작다. 그 까닭은 지방산의 길이가 길면 세포막에서 인지질 꼬리끼리 서로 얽혀 반고체 상태로 뭉치는 경향이 있기 때문이다. 그리고 세포막의 인지질 분자를 이루는 지방산의 불포화도가 높을수록 세포막의 유동성은 크다. 불포화 지방산에는 2중 결합이 있어 구부러진 구조를 형성하므로 세포막에서 인지질 분자가 차지하는 면적을 넓혀 인지질이 빽빽하게 채워지지 못하게 하며, 그 결과 인지질 꼬리끼리 덜 뭉치기 때문이다.

(3) O_2나 CO_2는 분자의 크기가 매우 작고 극성이 없다. 따라서 이들 물질은 인지질 2중층을 직접 통과하는 단순 확산으로 이동한

다. 물은 물의 농도가 높은 쪽에서 낮은 쪽으로 세포막을 통과하여 확산하는데, 이와 같은 물의 확산을 삼투라고 한다. 포도당과 아미노산 등의 저분자 유기물과 Na^+과 K^+ 등의 각종 이온은 수용성 물질이다. 이들 물질은 인지질 2중층을 직접 통과하기 어렵기 때문에 이들 중 일부는 막단백질을 통한 촉진 확산에 의해 세포막을 통과한다. 포도당, 아미노산 등의 영양소나 Na^+과 K^+ 등 일부 이온은 세포의 필요에 따라 농도 기울기를 거슬러 이동하기도 하는데, 이때 이들 물질은 막단백질을 통해 능동 수송된다. 그리고 단백질과 같은 거대 분자는 인지질 2중층을 직접 통과하거나 막단백질을 통해 세포막을 통과하지 못하고, 세포막 자체가 변형되는 세포내 섭취와 세포외 배출 방식으로 이동한다.

(4) 세포 내에 존재하는 DNA나 단백질과 같은 생체 거대 분자는 그 수가 적기 때문에 그 자체가 세포의 삼투압에 큰 영향을 미치지는 않는다. 그러나 이들 생체 거대 분자는 많은 전하를 띠고 있기 때문에 반대 전하를 띠는 작은 이온들과 결합을 이룬다. 그 결과 세포 내에 이들 생체 거대 분자가 있으면 세포 내에 이온이 더 많아져 이온의 세포 내 농도가 높아지므로 세포의 삼투압이 높아진다.

예시 답안 (1) 세포막은 주로 인지질과 단백질로 이루어져 있다. 인지질은 소수성을 띠는 꼬리 부분끼리 마주 보고 배열하여 인지질 2중층을 이루고 있으며, 세포막은 인지질 2중층에 막단백질이 곳곳에 박혀 있는 구조이다. 막단백질은 친수성을 띠기도 하고 소수성을 띠기도 하여 세포막의 인지질 2중층 표면에 붙어 있는 것도 있고 인지질 2중층을 관통하는 것도 있다.

(2) 세포막은 인지질 분자를 이루는 지방산의 길이가 길수록 인지질 꼬리끼리 서로 얽혀 반고체 상태로 뭉치는 경향이 있어 유동성이 작다. 한편, 인지질 분자를 이루는 지방산의 불포화도가 높을수록 세포막의 유동성이 크다. 불포화 지방산에는 2중 결합이 있어 구부러진 구조를 형성하므로 인지질 2중층에서 불포화 지방산을 가진 인지질 분자는 빽빽하게 채워지지 못한다. 그 결과 인지질 꼬리끼리 덜 뭉치기 때문에 세포막의 유동성이 크다.

(3) 크기가 작고 극성이 없는 분자인 O_2나 CO_2는 인지질 2중층을 직접 통과하는 단순 확산으로 이동한다. 물은 삼투에 의해 이동한다. 수용성인 포도당과 아미노산 등의 저분자 유기물과 Na^+과 K^+ 등의 각종 이온은 인지질 2중층을 직접 통과하지 못하고 막단백질을 통한 촉진 확산으로 이동한다. 또, 포도당, 아미노산 등의 영양소나 Na^+과 K^+ 등 일부 이온은 세포의 필요에 따라 막단백질을 통한 능동 수송으로도 이동한다. 단백질과 같은 거대 분자는 세포막 자체가 변형되는 세포내 섭취와 세포외 배출 방식으로 이동한다.

(4) 세포 내에 존재하는 DNA나 단백질 같은 생체 거대 분자는 그 수가 적기 때문에 그 자체가 세포의 삼투압에 큰 영향을 미치지는 않는다. 하지만 이들 생체 거대 분자는 많은 전하를 띠고 있기 때문에 반대 전하를 띠는 이온과 결합을 이룬다. 그 결과 세포 내 이온 농도가 높아지므로 세포의 삼투압이 높아진다.

Ⅲ 세포 호흡과 광합성

1권 224쪽~227쪽

실전문제 1

(1) 실험 결과 인공 소낭의 안쪽보다 바깥쪽의 H^+ 농도가 높을 때 소낭의 바깥쪽에서 안쪽으로 ATP 합성 효소를 통해 H^+이 확산되면서 소낭의 안쪽에서 ATP가 합성되었다. 미토콘드리아에서는 기질보다 막 사이 공간의 H^+ 농도가 높을 때 H^+이 ATP 합성 효소를 통해 막 사이 공간에서 기질로 확산되면서 ATP가 합성된다. 따라서 인공 소낭의 안쪽은 미토콘드리아의 기질, 인공 소낭의 바깥쪽은 미토콘드리아의 막 사이 공간에 해당한다.

(2) 제시된 실험에서 전자 전달계를 통한 전자의 흐름 없이 막을 경계로 한 H^+의 농도 기울기와 ATP 합성 효소를 통한 확산만으로 ATP가 합성된다는 사실이 확인되었다.

(3) 전자 전달계에서 일부 전자 운반체는 전자가 이동하면서 방출하는 에너지를 이용하여 H^+을 미토콘드리아의 기질에서 막 사이 공간으로 능동 수송한다. 그 결과 내막을 경계로 H^+의 농도 기울기가 형성된다.

예시 답안 (1) 인공 소낭의 안쪽은 미토콘드리아의 기질, 인공 소낭의 바깥쪽은 미토콘드리아의 막 사이 공간에 해당한다.

(2) 전자 전달계를 통한 전자의 흐름 없이 막을 경계로 한 H^+의 농도 기울기와 ATP 합성 효소를 통한 확산만으로 ATP가 합성되었으므로, 전자 전달계와 ATP 합성은 직접적으로 연관되어 있지 않다.

(3) 전자 전달계는 전자의 에너지를 이용하여 H^+을 능동 수송함으로써 내막을 경계로 H^+의 농도 기울기가 형성되도록 한다.

실전문제 2

(1) 인산 과당 인산화 효소(PFK)는 기질인 과당 인산의 농도가 높아질수록 활성이 증가하여 과당 인산이 과당 2인산으로 전환되는 반응을 촉진한다. 이러한 인산 과당 인산화 효소(PFK)의 활성은 세포 내 ATP 농도의 영향을 받는다. 이 효소는 세포 내 ATP 농도가 낮으면 활성이 촉진되지만, ATP 농도가 높아지면 활성이 억제되는 음성 피드백을 통해 세포 호흡 과정의 진행을 조절함으로써 ATP의 생성에 영향을 미친다.

(2) 세포 호흡이 과다하게 일어나거나 부족하게 일어나면 생명 활동에 필요한 ATP의 공급이 원활하지 못하게 된다. 따라서 세포 내 생명 활동에서 소비되는 ATP의 양에 따라 세포 호흡을 통한 ATP의 생성을 조절하는 과정이 필요하다.

예시 답안 (1) 인산 과당 인산화 효소(PFK)는 세포 내 ATP 농도가 낮으면 활성이 촉진되지만, ATP 농도가 높아지면 활성이 억제되는 음성 피드백을 통해 세포 호흡 과정의 진행을 조절함으로써 ATP의 생성에 영향을 미친다.

(2) 세포 내 생명 활동에서 소비되는 ATP의 양에 따라 세포 호흡을 통한 ATP의 생성을 조절해야 하기 때문이다.

실전문제 3

(1) 과일의 주요 탄수화물 성분은 포도당, 과당과 같은 단당류이기 때문에 효모는 산소(O_2)가 없을 때 과일 속의 당을 이용하여 바로 알코올 발효를 진행할 수 있다. 그러나 막걸리를 만드는 데 이용되는 찐 밥 속의 주요 탄수화물 성분은 다당류인 녹말이기 때문에 효모는 이것을 이용하여 바로 알코올 발효를 진행하지 못한다. 그런 까닭에 막걸리를 만들려면 먼저 찐 밥 속의 녹말을 당으로 분해하는 당화 처리가 필요하다. 이 역할을 해 주는 것이 누룩곰팡이다. 누룩곰팡이는 쌀, 밀, 보리 등 곡식의 주성분인 녹말을 분해하는 효소인 아밀레이스 등을 가지고 있다. 누룩곰팡이가 찐 밥 속의 녹말을 엿당이나 포도당으로 분해하면, 효모는 엿당이나 포도당을 호흡 기질로 이용하여 알코올 발효를 함으로써 막걸리가 만들어지는 것이다.

(2) 생막걸리를 오래 보관했을 때 맛이 시어지는 원인이 되는 것은 아세트산균이다. 아세트산균은 에탄올을 호흡 기질로 이용하여 아세트산 발효를 함으로써 막걸리가 시어지게 만든다. 살균 막걸리의 경우, 막걸리를 열처리하여 막걸리 속에 들어 있는 아세트산균을 비롯한 미생물을 모두 죽임으로써 유통 기한이 길어지게 한다. 생막걸리의 경우 냉장 보관 외에 유통 기한을 늘릴 수 있는 방법은 잘 밀폐하여 산소(O_2)의 유입을 차단하는 것이다. 아세트산균이 아세트산 발효를 하려면 산소(O_2)가 필요하므로 보다 효율적인 밀폐 방법을 고안하여 산소(O_2)의 유입을 차단하면 유통 기한을 늘릴 수 있을 것이다.

예시 답안 (1) 누룩곰팡이는 찐 밥 속의 녹말을 엿당이나 포도당으로 분해하는 역할을 하고, 효모는 엿당이나 포도당을 호흡 기질로 이용해서 알코올 발효를 하여 에탄올을 생성하는 역할을 한다.
(2) 생막걸리를 오래 보관했을 때 맛이 시어지는 까닭은 아세트산균이 아세트산 발효를 하여 아세트산이 만들어지기 때문이다. 그런데 아세트산 발효에는 산소(O_2)가 필요하므로 보다 효율적인 밀폐 기술을 이용하여 산소(O_2)의 유입을 차단하면 생막걸리의 유통 기한을 늘릴 수 있을 것이다.

실전문제 4

(1) 이 실험의 가설은 '파장이 700 nm인 빛과 680 nm인 빛을 함께 비추면 따로 비추었을 때에 비해 광합성량이 2배로 증가할 것이다.'이다. 그러나 실험 결과 파장이 700 nm인 빛과 680 nm인 빛을 함께 비추었을 때에는 두 파장의 빛을 따로 비추었을 때에 비해 광합성량이 2배보다 훨씬 많았다. 따라서 가설은 옳지 않다.
(2) 광계 Ⅰ의 반응 중심 색소는 파장이 700 nm인 빛을 가장 잘

흡수하고, 광계 Ⅱ의 반응 중심 색소는 파장이 680 nm인 빛을 가장 잘 흡수하므로, 다른 파장의 빛에 비해 이 두 파장의 빛에서 녹조류는 특별히 반응을 나타낸다. 사실 광계 Ⅰ과 광계 Ⅱ의 반응 중심 색소는 모두 엽록소 a 분자이지만, 이들이 각기 다른 단백질과 결합하고 있어 빛 흡수 특성의 미세한 차이를 나타낸다.

(3) 명반응에서 O_2는 비순환적 전자 흐름을 통해 생성되며, 이 과정에는 광계 Ⅰ과 광계 Ⅱ가 모두 관여한다. 따라서 광계 Ⅰ과 광계 Ⅱ의 반응 중심 색소가 가장 잘 흡수하는 파장의 빛을 각각 단독으로 비출 때에는 비순환적 전자 흐름이 원활하지 못하지만, 두 파장의 빛을 함께 비추면 비순환적 전자 흐름이 원활해져 O_2 발생량이 매우 증가한다.

예시 답안 (1) 파장이 700 nm인 빛과 680 nm인 빛을 함께 비추었을 때에는 두 파장의 빛을 따로 비추었을 때에 비해 광합성량이 2배보다 훨씬 많았으므로, 가설은 옳지 않다.
(2) 광계 Ⅰ의 반응 중심 색소는 파장이 700 nm인 빛을 가장 잘 흡수하고, 광계 Ⅱ의 반응 중심 색소는 파장이 680 nm인 빛을 가장 잘 흡수하므로, 다른 파장의 빛에 비해 이 두 파장의 빛에서 녹조류는 특별히 반응을 나타낸다.
(3) 명반응에서 O_2는 비순환적 전자 흐름을 통해 생성되며, 이 과정에는 광계 Ⅰ과 광계 Ⅱ가 모두 관여한다. 따라서 광계 Ⅰ과 광계 Ⅱ의 반응 중심 색소가 가장 잘 흡수하는 파장의 빛 중 하나만 비추면 비순환적 전자 흐름이 원활하지 못해 O_2 발생량이 적지만, 두 파장의 빛을 함께 비추면 비순환적 전자 흐름이 원활해져 O_2 발생량이 매우 증가한다.

IV 유전자의 발현과 조절

1. 유전 물질

01 유전 물질의 구조

01 ②, ⑤   **02** 해설 참조

01 ② DNA의 뉴클레오타이드를 구성하는 인산기는 음($-$)전하를 띤다. 따라서 곱게 간 브로콜리에 소금을 넣으면 소금의 Na^+이 DNA와 결합하여 DNA를 전기적으로 중성으로 만들어 주므로 DNA가 잘 뭉친다.

⑤ DNA는 물에는 잘 녹지만 에탄올에는 녹지 않는다. 따라서 브로콜리 추출액에 에탄올을 넣으면 브로콜리 추출액과 에탄올의 경계에서 DNA가 녹지 않고 서로 달라붙어 실 모양으로 엉겨서 떠오르게 된다.

바로 알기 ① DNA를 추출하려면 세제로 세포막과 핵막을 구성하는 인지질을 녹여 세포막과 핵막을 분해해야 한다.

③ 차가운 에탄올을 사용하여 DNA를 떠오르게 한다.

④ 모든 생물은 DNA를 가지고 있으므로, 브로콜리, 바나나, 입안 상피 세포 등 다양한 실험 재료를 사용할 수 있다.

02 핵산을 염색하는 아세트산 카민 용액, 메틸렌 블루 용액 등의 염색액을 떨어뜨려 붉은색이나 파란색으로 염색되는지를 확인한다.

모범 답안 DNA를 염색하는 염색액을 떨어뜨려 염색이 되는지를 관찰한다.

채점 기준	배점(%)
DNA를 염색하는 염색액을 사용한다고 옳게 서술한 경우	100
단순히 염색한다고만 서술한 경우	50

❶세포질   ❷선형   ❸R형 균   ❹S형 균
❺DNA   ❻DNA   ❼뉴클레오타이드
❽디옥시리보스   ❾타이민(T)

01 (1) (나) (2) ㄱ, ㄷ   **02** (1) (나) (2) 진핵세포는 유전자 밀도가 낮다. 진핵세포의 유전자에는 단백질을 암호화하지 않는 부위가 있다.
03 뉴클레오솜   **04** (1) (가), (라) (2) (라)   **05** (1) ㉠, ㉡, ㉢ (2) ㉠, ㉡ (3) (가) DNA, ㉠, ㉡   **06** (1) ㉠ DNA, ㉡ 단백질 (2) ³²P: ㉠, ³⁵S: ㉡   **07** (1) A (2) D (3) (나)   **08** (1) 뉴클레오타이드 (2) 상보결합   **09** (1) 디옥시리보스 (2) (가) 수소 결합, (나) 공유 결합 (3) ㉠ 타이민(T), ㉡ 아데닌(A), ㉢ 구아닌(G), ㉣ 사이토신(C) (4) ㉡, ㉢   **10** 3′-TCGATGACG-5′   **11** (1) 12개 (2) 78개

01 (1) (가)는 1개의 원형 염색체로 구성되므로, 원핵세포인 대장균의 유전체이다. (나)는 여러 개의 선형 염색체로 구성되므로, 진핵세포인 사람 세포의 유전체이다.

(2) ㄱ. 유전체 크기는 진핵세포가 원핵세포보다 크다.

ㄷ. 원핵세포는 핵이 없으므로 유전체가 세포질에 있고, 진핵세포는 유전체가 핵 속에 있다.

바로 알기 ㄴ. 원핵세포의 유전체인 (가)의 염색체는 원형이고, 진핵세포의 유전체인 (나)의 염색체는 선형이다.

02 진핵세포의 DNA에는 유전자 사이에 비암호화 부분이 많아 유전자 밀도가 낮고, 하나의 유전자 내에 단백질을 암호화하는 부위와 암호화하지 않는 부위가 있다.

03 DNA가 히스톤 단백질을 감고 있는 구슬 같은 구조물을 뉴클레오솜이라고 한다.

04 (1) S형 균은 병원성이 있고, R형 균은 병원성이 없다. 따라서 (가)의 쥐는 폐렴에 걸려 죽고, (나)의 쥐는 산다. (다)에서는 열처리로 죽은 S형 균을 주입하였으므로 쥐가 산다. 그러나 (라)에서는 죽은 S형 균의 유전 물질이 살아 있는 R형 균을 S형 균으로 형질 전환시키므로 쥐가 폐렴에 걸려 죽는다.

(2) (라)에서 죽은 S형 균의 유전 물질에 의해 R형 균이 S형 균으로 형질 전환된다.

05 (1), (2) 죽은 S형 균의 세포 추출물에 단백질 분해 효소나 RNA 분해 효소를 처리한 후 살아 있는 R형 균과 함께 배양하면 S형 균의 DNA가 R형 균을 S형 균으로 형질 전환시킨다. 또, 죽은 S형 균의 세포 추출물에 DNA 분해 효소를 처리한 후 살아 있는 R형 균과 함께 배양하면 S형 균의 DNA가 분해되므로 R형 균이 S형 균으로 형질 전환되지 못한다. 따라서 ㉠~㉢에서 모두 살아 있는 R형 균이 발견되고, DNA 분해 효소를 처리한 ㉢을 제외한 ㉠과 ㉡에서는 살아 있는 S형 균도 발견된다.

(3) ㉠과 ㉡에서 살아 있는 S형 균이 발견되는 것은 열처리로 죽은 S형 균의 유전 물질인 DNA(가)에 의해 R형 균이 S형 균으로 형질 전환되었기 때문이다. 죽은 S형 균의 추출물에 DNA 분해 효소를 처리한 ㉢에서는 형질 전환 현상이 나타나지 않는다.

06 (1) ㉠은 박테리오파지의 유전 물질인 DNA이고, ㉡은 단백질 껍질이다.

(2) P은 DNA에는 있지만 단백질에는 없는 원소이고, S은 DNA에는 없지만 단백질에는 있는 원소이다. 따라서 박테리오파지를 ^{32}P이 포함된 배지에서 배양하면 DNA가 ^{32}P으로 표지되고, ^{35}S이 포함된 배지에서 배양하면 단백질 껍질이 ^{35}S으로 표지된다.

07 (1) S은 단백질에 있는 원소이므로 ^{35}S은 박테리오파지의 단백질 껍질을 표지한다. 파지의 증식 과정에서 파지의 단백질 껍질은 세균 안으로 들어가지 않으므로, 단백질 껍질이 있는 A에서 방사선이 검출된다.

(2) P은 DNA에 있는 원소이므로 ^{32}P은 박테리오파지의 DNA를 표지한다. 파지는 세균 안으로 DNA를 주입하여 증식하므로, 세균이 있는 D에서 방사선이 검출된다.

(3) 파지의 DNA만이 세균 안으로 들어가 새로운 파지를 만드는 유전 정보로 사용되므로, DNA가 ^{32}P으로 표지된 파지를 감염시킨 (나)의 세균 안에서 만들어진 새로운 파지 중 일부에서 방사선이 검출된다.

08 (1) DNA를 비롯한 핵산의 단위체는 뉴클레오타이드이다.

(2) 이중 나선 DNA에서 염기 A과 T, G과 C은 각각 상보적으로 결합한다.

09 (1) DNA를 구성하는 당은 디옥시리보스이다.

(2) 염기 사이의 결합인 (가)는 수소 결합이고, 당과 인산 사이의 결합인 (나)는 공유 결합이다.

(3) 염기 중 2중 수소 결합을 하는 것은 아데닌(A)과 타이민(T)이며, 이 중 1개의 고리 구조를 가진 것은 T(㉠)이고 2개의 고리 구조를 가진 것은 A(㉡)이다. 또, 염기 중 3중 수소 결합을 하는 것은 구아닌(G)과 사이토신(C)이며, 이 중 2개의 고리 구조를 가진 것은 G(㉢)이고 1개의 고리 구조를 가진 것은 C(㉣)이다.

(4) 퓨린 계열 염기는 2개의 고리 구조를 가진 A(㉡)과 G(㉢)이다.

10 이중 나선 DNA의 두 가닥은 방향이 서로 반대이고 염기가 상보적으로 결합해 있다.

11 (1) A+T의 수는 전체 염기 30쌍의 $\frac{2}{5}$인 12쌍이다. A과 T의 수는 같으므로 아데닌(A)은 12개이다.

(2) A과 T은 2중 수소 결합, G과 C은 3중 수소 결합을 한다. A+T이 12쌍, G+C이 18쌍이므로 (가)에서 염기 사이의 수소 결합의 총 개수는 $(2 \times 12)+(3 \times 18)=78$개이다.

개념 적용 문제
2권 24쪽~27쪽

01 ③	02 ④	03 ①	04 ④	05 ①	06 ④
07 ④	08 ②				

01 ㄱ. 염색체 형태가 원형인 (가)는 원핵생물이고, 선형인 (나)~(라)는 진핵생물이다. 진핵생물의 유전체에서는 DNA가 히스톤 단백질을 감아 뉴클레오솜을 형성한다.

ㄷ. (라)는 (가)보다 유전자 수는 5배 많지만 유전체 크기는 5배보다 훨씬 크다. 따라서 $\frac{\text{유전자 수}}{\text{유전체 크기}}$ 값은 (가)가 (라)보다 크다.

바로 알기 ㄴ. (나)는 염색체 수가 (다)보다 적지만 유전체 크기는 (다)보다 크다. 따라서 염색체 수가 많다고 해서 유전체 크기가 크다고 단정할 수 없다.

02 ㄱ. 대장균은 60000 염기쌍 길이의 DNA에 유전자가 53개나 있지만, 사람은 유전자가 2개 있다. 또, 사람의 유전자에는 단백질을 암호화하지 않는 부위가 포함되어 있어서 하나의 유전자를 구성하는 평균적인 염기의 수가 대장균보다 훨씬 많다. 일반적으로 진핵생물이 원핵생물보다 하나의 유전자를 구성하는 염기의 수가 많다.

ㄷ. 대장균의 DNA에는 유전자 사이의 공간이 적고, 하나의 유전자 내에 단백질을 암호화하지 않는 부위(인트론)가 없으므로 $\frac{\text{단백질을 암호화하는 부위의 길이}}{\text{전체 DNA의 길이}}$ 값은 대장균이 사람보다 크다.

바로 알기 ㄴ. 사람의 유전자 내에는 단백질을 암호화하지 않는 부위인 인트론이 있으므로, 1차 전사 후 인트론을 제거하는 과정을 거쳐 성숙한 mRNA가 되어야 단백질 합성에 사용될 수 있다.

03 ㄱ. ㉠을 배양하여 쥐에 주입한 결과 쥐가 살았으므로 ㉠은 병원성이 없는 R형 균이다. ㉡을 배양하여 쥐에 주입한 결과 쥐가 죽었으므로 ㉡은 병원성이 있는 S형 균이다. R형 균은 피막이 없고, S형 균은 피막이 있다.

바로 알기 ㄴ. S형 균(ⓒ)을 열처리한 후 R형 균(⊙)과 혼합하여 주입한 결과 쥐 A가 죽었다. 이것은 S형 균을 열처리하더라도 S형 균의 유전 물질은 변형되지 않아 R형 균을 S형 균으로 형질 전환시켰기 때문이다. 따라서 쥐 B가 죽지 않은 것은 열처리하여 S형 균의 유전 물질이 변형되었기 때문이 아니라 죽은 S형 균이 쥐 B의 체내에서 물질 대사나 증식을 하지 못하였기 때문이다.
ㄷ. 쥐 A의 실험 결과를 통해 형질 전환 현상은 알 수 있지만, 형질 전환을 일으키는 유전 물질이 무엇인지는 알 수 없다.

04 ㄱ. 열처리한 S형 균의 세포 추출물에 효소 ⊙을 처리한 후 R형 균과 혼합하여 배양하면 S형 균이 발견되지 않으므로, ⊙은 유전 물질인 DNA를 분해하는 효소이다. 따라서 효소 ⓒ은 단백질 분해 효소이다.
ㄷ. R형 균을 S형 균으로 형질 전환시키는 유전 물질은 S형 균의 DNA이며, DNA는 DNA 분해 효소(⊙)의 기질이다.
바로 알기 ㄴ. 효소는 형질 전환을 일으키는 유전 물질이 아니다.

05 ㄱ. ⊙으로 표지된 파지를 이용하여 실험했을 때 대장균이 있는 B에서 방사선이 검출되었으므로, ⊙은 대장균 안으로 들어간 파지의 DNA를 표지한 물질이다. DNA에는 P은 있고 S은 없으므로 ⊙은 ^{32}P이다.
바로 알기 ㄴ. B와 D에는 크고 무거운 대장균이 침전되는데, 둘 다 대장균 안에 파지의 DNA가 들어 있다.
ㄷ. ⓒ은 ^{35}S이고, D에는 파지의 DNA가 들어 있는 대장균이 포함되어 있다. ^{35}S은 단백질의 구성 원소이므로, ^{35}S이 있는 새로운 배지에서 D를 배양하면 단백질 껍질에 ^{35}S이 있는 새로운 파지가 만들어진다. 그러나 ^{35}S은 DNA의 구성 원소가 아니므로 새로운 파지의 DNA에서는 방사선이 검출되지 않고 단백질 껍질에서만 방사선이 검출된다.

06 ① 이 이중 나선 DNA는 총 100개의 염기로 구성되어 있으므로, DNA의 염기쌍 수는 50이다. 이 DNA를 이루고 있는 한 가닥에서 인접한 두 뉴클레오타이드 사이의 거리는 0.34 nm이고 한 가닥에는 50개의 염기가 있으므로, 이 DNA의 길이는 0.34 nm×49＝16.66 nm이다. 따라서 이 DNA의 길이는 17 nm보다 짧다.
② DNA 가닥은 인접한 두 뉴클레오타이드 사이의 당과 인산의 공유 결합으로 형성된다.
③ 이중 나선 DNA에서 염기 아데닌(A)은 타이민(T)과, 구아닌(G)은 사이토신(C)과 각각 상보적으로 결합한다. 퓨린 계열 염기(A, G)와 피리미딘 계열 염기(T, C)의 합은 항상 같으므로, 총 100개의 염기로 이루어진 이중 나선 DNA에서 A＋G＝T＋C＝50이다.

⑤ 이중 나선 DNA의 1회전마다 10쌍의 염기가 있으므로, 50쌍의 염기로 이루어진 이 DNA에서 나선의 회전은 5회 나타난다.
바로 알기 ④ DNA의 뉴클레오타이드는 무작위로 배열되며, 그에 따라 특정한 유전 정보를 저장하기도 한다. 따라서 총 염기에서 특정 염기가 차지하는 비율이 일정하다고 해서 나선 1회전마다 그 염기가 같은 비율로 나타나는 것은 아니다.

07 ㄱ. 이중 나선 DNA를 구성하는 두 가닥은 방향이 서로 반대이므로, ⊙은 5′ 말단이고, ⓒ은 3′ 말단이다.
ㄷ. 2중 수소 결합으로 연결되는 피리미딘 계열 염기 ⓐ는 타이민(T)이고, 이와 상보적으로 결합하는 ⓑ는 아데닌(A)이다. 3중 수소 결합으로 연결되는 퓨린 계열 염기 ⓒ는 구아닌(G)이고, 이와 상보적으로 결합하는 ⓓ는 사이토신(C)이다. 이 DNA의 염기 중 ⓓ의 비율이 20 %이므로 ⓓ와 상보적으로 결합하는 ⓒ의 비율도 20 %이다. ⓐ＋ⓑ＝100－40＝60(%)이고 ⓐ와 ⓑ의 비율은 같으므로 각각 30 %이다. 따라서 $\dfrac{ⓐ＋ⓑ}{ⓒ＋ⓓ}＝\dfrac{60}{40}＝1.5$이다.
바로 알기 ㄴ. DNA를 구성하는 당인 (가)는 디옥시리보스이다. 디옥시리보스의 2번 탄소에는 －OH가 결합된 리보스와 달리 －H가 결합되어 있다.

08 ㄴ. (가)에서 A＋T의 비율은 55 %이고 G＋C의 비율은 45 %이므로 염기 200쌍 중 A＋T는 110쌍, G＋C는 90쌍이다. A과 T은 2중 수소 결합을 하고 G과 C은 3중 수소 결합을 하므로, 염기 사이의 수소 결합의 총 개수는 (110×2)＋(90×3)＝490개이다.
바로 알기 ㄱ. DNA 가닥 Ⅰ과 가닥 Ⅱ는 염기가 상보적으로 결합하므로, 가닥 Ⅱ에서 A의 비율은 가닥 Ⅰ에서 T의 비율과 같다. 따라서 ⊙은 25이다. 같은 원리로 가닥 Ⅱ에서 G의 비율은 가닥 Ⅰ에서 C의 비율과 같으므로 ⓒ은 15이고, ⓒ은 30이다. 따라서 ⊙＋ⓒ은 40이다.
ㄷ. 가닥 Ⅱ에서 ⓐ의 염기 서열은 TAGGTACG이므로 $\dfrac{\text{C의 수}}{\text{G의 수}}＝\dfrac{1}{3}$이다.

02 DNA 복제

집중 분석 ▶ 　　　　　　　　　　2권 **35**쪽

유제 ②, ⑤

유제 ② 새로 합성된 가닥 (나)는 주형 가닥과 방향이 반대이므로 ⓒ이 5′ 말단이고, ⓔ이 3′ 말단이다.

⑤ 지연 가닥에서 복제 분기점에서 멀리 있는 (나)는 복제 분기점에 가까이 있는 (다)보다 먼저 합성된 것이다.

바로 알기 ① DNA 중합 효소는 5′ → 3′ 방향으로만 뉴클레오타이드 사슬을 신장시킬 수 있다. 새로 합성된 가닥 (가)는 주형 가닥과 방향이 반대이므로 ㉠이 5′ 말단이고, ㉡이 3′ 말단이다. 따라서 DNA 중합 효소는 ㉠에서 ㉡ 방향으로 이동한다.

③ (가)는 5′ → 3′ 방향으로 연속적으로 합성되므로 선도 가닥이고, (나)는 짧은 DNA 조각이므로 지연 가닥의 일부이다.

④ DNA 중합 효소는 기존 뉴클레오타이드의 3′ 말단에만 새로운 뉴클레오타이드를 결합시킬 수 있으므로, 선도 가닥 (가)가 합성될 때에도 3′ 말단을 제공하는 RNA 프라이머가 필요하다.

개념 모아 정리하기
2권 37쪽

❶ 반보존적　❷ 수소 결합　❸ 프라이메이스　❹ 5′ → 3′
❺ 선도　❻ 지연

개념 기본 문제
2권 38쪽~39쪽

01 ㉣　**02** (1) (가) (2) 반보존적 복제　**03** (1) 염기 (2) (가) B, (나) A　**04** (1) 1세대의 경우 A층 : B층 : C층 = 1 : 0 : 1, 2세대의 경우 A층 : B층 : C층 = 3 : 0 : 1 (2) 1세대의 경우 A층 : B층 : C층 = 0 : 1 : 0, 2세대의 경우 A층 : B층 : C층 = 1 : 1 : 0 (3) (가) (4) (나)　**05** 400개체　**06** 30 %　**07** (1) RNA 프라이머 (2) DNA 중합 효소 (3) (다) → (가) → (나) → (라) (4) ㄷ, ㄹ　**08** (1) A: DNA 중합 효소, B: DNA 연결 효소 (2) (가) 선도 가닥, (나) 지연 가닥 (3) 주형으로 작용하는 DNA의 두 가닥은 방향이 서로 반대이며, DNA 중합 효소는 5′ → 3′ 방향으로만 DNA를 합성하기 때문이다.　**09** ㄴ, ㄷ, ㄹ

---

01 염색 분체는 M기(ⓒ)에 분리되므로, ⓒ은 G₁기, ㉣은 S기, ㉠은 G₂기이다. DNA의 복제는 S기에 일어난다.

02 (1) (가)는 복제되어 생긴 2분자의 DNA 중 1분자는 원래의 DNA이고, 다른 1분자는 원래의 이중 나선 DNA 전체를 주형으로 하여 두 가닥이 모두 새로 만들어진 것이다. 따라서 원래의 이중 나선 DNA가 그대로 보존되는 방식의 복제 모델은 (가)이다.

---

(2) (나)와 같이 원래의 DNA를 이루던 두 가닥이 분리된 후 각각의 가닥을 주형으로 하여 새로운 DNA 가닥이 합성되는 방식을 반보존적 복제라고 한다.

03 (1) DNA를 구성하는 뉴클레오타이드에서 당과 인산에는 질소가 없고, 염기에는 질소가 있다.

(2) DNA를 원심 분리하면 무거운 것이 아래에 가라앉으므로 ¹⁵N를 포함한 염기를 가진 DNA 띠는 B의 위치에, ¹⁴N를 포함한 염기를 가진 DNA 띠는 A의 위치에 나타난다.

04 (1) (가)는 원래의 이중 나선 DNA가 그대로 보존되는 방식이다. ¹⁵N가 들어 있는 배양액에서 배양한 대장균을 ¹⁴N가 들어 있는 배양액으로 옮겨 배양한 1세대에서는 원래의 ¹⁵N–¹⁵N DNA와 새로 합성된 ¹⁴N–¹⁴N DNA가 1 : 1의 비로 나타난다. 1세대를 한 번 더 분열시켜 얻은 2세대에서 새로 만들어진 DNA는 모두 ¹⁴N–¹⁴N DNA이므로 ¹⁴N–¹⁴N DNA : ¹⁵N–¹⁵N DNA = 3 : 1로 나타난다.

(2) (나)는 원래의 DNA 두 가닥 중 한 가닥이 보존되는 방식이다. ¹⁴N가 들어 있는 배양액으로 옮겨 배양한 1세대의 DNA 두 가닥 중 한 가닥은 원래 DNA의 것이므로 ¹⁵N를 가지고, 새로 합성된 다른 한 가닥은 ¹⁴N를 가진다. 따라서 1세대의 DNA를 원심 분리하면 DNA 띠가 ¹⁴N–¹⁵N 위치에만 나타난다. 1세대를 한 번 더 분열시켜 얻은 2세대의 DNA를 원심 분리하면 ¹⁴N–¹⁴N DNA : ¹⁴N–¹⁵N DNA = 1 : 1로 나타난다.

(3) (다)는 분산적 복제 방식이므로 원래의 DNA를 구성하던 뉴클레오타이드와 새로운 뉴클레오타이드가 같은 비율로 섞인다는 가정 하에 1세대의 DNA를 원심 분리하면 DNA 띠가 ¹⁴N–¹⁵N 위치에만 나타난다. 1세대를 한 번 더 분열시켜 얻은 2세대의 DNA를 원심 분리하면 DNA 띠가 ¹⁴N–¹⁵N와 ¹⁴N–¹⁴N 위치 사이에 나타난다. 따라서 1세대 DNA의 원심 분리 결과 DNA 띠가 B층에만 나타났다면 (가)의 보존적 복제 모델은 배제된다.

(4) 2세대 DNA의 원심 분리 결과 DNA 띠가 A층과 B층에 각각 나타났다면 (가)의 보존적 복제 모델과 (다)의 분산적 복제 모델이 배제된다. 따라서 DNA 복제는 (나)와 같은 반보존적 복제 방식으로 일어난다는 것을 알 수 있다.

05 ¹⁵N가 들어 있는 배양액에서 배양하던 P를 ¹⁴N가 들어 있는 배양액으로 옮겨 3회 분열시키면 ¹⁴N–¹⁵N DNA를 가진 대장균은 전체의 $\frac{1}{4}$이 된다. 따라서 1600개체 중 400개체는 P의 ¹⁵N DNA 가닥을 가지고 있다.

06 어떤 세균의 DNA에서 구아닌(G)의 함량이 20 %라면 사이토신(C)의 함량도 20 %이다. 나머지 60 % 중 아데닌(A)과 타이민(T)의 함량은 같으므로 타이민(T)의 함량은 30 %이다. 이 DNA가 복제되어 생긴 DNA는 원래의 DNA와 동일한 염기 서열을 가지므로, 타이민(T)의 함량은 30 %로 유지된다.

07 (1) DNA 복제가 일어날 때 새로운 뉴클레오타이드를 결합시킬 $3'-OH$를 제공하는 짧은 뉴클레오타이드 사슬이 합성되는데, 이를 RNA 프라이머라고 한다. RNA 프라이머는 프라이메이스에 의해 합성된다.

(2) DNA 합성에는 DNA 중합 효소가 관여한다.

(3) DNA 복제가 일어날 때에는 먼저 DNA 이중 나선이 풀리고, RNA 프라이머가 합성된 후 DNA 중합 효소에 의해 새로운 뉴클레오타이드가 결합하여 DNA 가닥이 신장된다. DNA 복제가 완료되면 원래의 DNA와 염기 서열이 동일한 DNA가 2분자 생성된다.

(4) ㄷ. DNA의 두 가닥은 염기 사이의 수소 결합에 의해 연결되어 있으므로, 이 수소 결합이 끊어지면 DNA 이중 나선이 풀린다.

ㄹ. 복제되어 생성된 2분자의 DNA는 원래의 DNA와 염기 서열이 동일하므로 유전 정보가 보존된다.

바로 알기 ㄱ. DNA 복제에 사용되는 ⊙은 RNA 프라이머이다.

ㄴ. 합성 중인 가닥의 $3'$ 말단에 새로운 뉴클레오타이드가 차례대로 결합하여 DNA 가닥이 길어진다. 결과적으로 DNA 중합 효소는 $5' \rightarrow 3'$ 방향으로 DNA를 합성한다.

08 (1) 합성 중인 가닥의 $3'$ 말단에 뉴클레오타이드를 1개씩 결합시키는 A는 DNA 중합 효소이고, 짧은 DNA 조각을 연결하는 B는 DNA 연결 효소이다.

(2) (가)는 연속적으로 합성되는 선도 가닥이고, (나)는 불연속적으로 합성되는 지연 가닥이다.

(3) DNA가 복제될 때에는 이중 나선을 이루고 있던 두 가닥이 모두 주형으로 작용하는데, 두 가닥은 방향이 서로 반대이다. DNA 중합 효소는 $5' \rightarrow 3'$ 방향으로만 DNA를 합성할 수 있으므로, 한 가닥은 (가)처럼 연속적으로 합성되지만 다른 가닥은 (나)처럼 짧은 DNA 조각이 만들어진 후 연결되는 방식으로 합성된다.

09 ㄴ. 지연 가닥을 구성하는 짧은 DNA 조각은 복제 분기점에서 멀리 있는 것일수록 먼저 합성된 것이다. 따라서 ⓒ이 ⊙보다 먼저 합성되었다.

ㄷ. DNA가 복제되기 위해서는 $3'-OH$를 제공할 RNA 프라이머가 필요하므로, 지연 가닥을 구성할 DNA 조각마다 각각 RNA 프라이머가 있다.

ㄹ. 주형 가닥과 새로 합성된 가닥은 상보적인 염기 사이의 수소 결합으로 연결된다.

바로 알기 ㄱ. (가)는 복제가 진행되는 방향이므로 복제 원점의 반대 방향이다.

개념 적용 문제   2권 **40쪽~43쪽**

01 ③   02 ④   03 ②   04 ②   05 ⑤   06 ④

07 ⑤   08 ③

01 (가)는 보존적 복제 모델, (나)는 반보존적 복제 모델, (다)는 분산적 복제 모델이다.

ㄱ. (가)는 원래의 이중 나선 DNA가 그대로 보존되는 복제 모델이다. 복제되어 생긴 2분자의 DNA 중 1분자는 원래의 이중 나선 DNA이고, 다른 1분자는 원래의 이중 나선 DNA 전체를 주형으로 하여 새로 합성된 것이므로

$$\frac{\text{원래 이중 나선 DNA의 수}}{\text{전체 이중 나선 DNA의 수}} = \frac{1}{2} \text{이다.}$$

ㄴ. (가)는 복제를 거듭하더라도 원래의 이중 나선 DNA가 그대로 남아 있는 방식이고, (나)는 복제를 거듭하더라도 원래의 DNA 두 가닥이 각각 새로 합성된 DNA 가닥과 이중 나선을 이루며 남아 있는 방식이다.

바로 알기 ㄷ. (다)에서 복제되어 생긴 DNA에는 원래의 DNA 조각과 새로 합성된 DNA 조각이 섞여 있으므로, DNA의 유전 정보를 보존하기가 어렵다.

02 ㄱ. ^{15}N가 들어 있는 배양액에서 배양한 P의 DNA는 두 가닥 모두 ^{15}N를 가지므로, DNA 띠가 하층에만 나타난다.

ㄷ. G_2에서 DNA의 반보존적 복제가 일어나면 $^{14}N-^{15}N$ DNA는 $^{14}N-^{14}N$ DNA와 $^{14}N-^{15}N$ DNA로 복제되고, $^{14}N-^{14}N$ DNA는 $^{14}N-^{14}N$ DNA와 $^{14}N-^{14}N$ DNA로 복제된다. 따라서 G_3에서 DNA 띠가 상층과 중층에 3 : 1의 비로 나타나므로, DNA 띠가 나타나는 위치는 G_2와 같다.

바로 알기 ㄴ. G_1에서는 DNA 띠가 중층에만 나타났으므로 반보존적 복제와 분산적 복제를 뒷받침하지만, G_2에서 DNA 띠가 상층과 중층에 1 : 1의 비로 나타났으므로 분산적 복제가 배제되고 반보존적 복제를 뒷받침한다.

03 ⊙이 포함된 배양액에서 배양한 대장균의 DNA는 가벼운 DNA 위치에 나타나므로 ⊙은 ^{14}N이다. 이후 ⓒ이 포함된 배양액으로 옮겨 세대를 거듭함에 따라 무거운 DNA 위치에 나타나는 DNA양이 많아지므로 ⓒ은 ^{15}N이다.

ㄴ. 1세대 대장균이 DNA를 복제하여 1회 분열하면 총 DNA 상대량은 1세대의 2배가 되고, 새로 합성되는 DNA 가닥은 모두 ^{15}N를 가진다. 따라서 2세대 대장균은 중간 무게 DNA와 무거운 DNA의 상대량이 각각 2이다.

바로 알기 ㄱ. ⊙은 ^{14}N이고, ⓒ은 ^{15}N이다.

ㄷ. 어버이 세대 대장균 1개체를 분열시켜 3세대를 얻으면 총 8개체가 얻어지고, 그중 2개체가 어버이 세대의 DNA 가닥을 1개씩 갖는다. 대장균 개체는 각각 이중 나선 DNA를 가지므로 DNA 가닥을 2개씩 갖는다. 따라서 3세대 대장균 중에서

$$\frac{^{14}\text{N를 포함한 DNA 가닥의 수}}{\text{전체 DNA 가닥의 수}}=\frac{2}{8\times2}=\frac{1}{8}\text{이다.}$$

04 ㄷ. 대장균 수가 2배로 증가하는 분열 주기가 20분이므로, 60분이면 3세대까지 얻을 수 있다. 3세대에서 중층의 DNA는 ^{15}N DNA 가닥을 가지고 있으므로, 2세대의 ^{14}N$-^{15}$N DNA로부터 복제된 것이다.

바로 알기 ㄱ. 대장균은 단세포 생물로, 분열법으로 증식한다. 대장균의 분열 주기가 20분이므로 대장균이 DNA 복제를 완료하는 데 걸리는 시간은 20분보다 짧다.

ㄴ. 대장균을 ^{15}N가 들어 있는 배양액에서 배양하다가 ^{14}N가 들어 있는 배양액으로 옮긴 후 3세대를 얻어 DNA를 원심 분리하면 DNA 양은 상층 : 중층 : 하층=3 : 1 : 0으로 나타난다.

05 ① 헬리케이스는 이중 나선 DNA를 이루는 염기 사이의 수소 결합을 끊어 단일 가닥으로 분리하는 효소이다.

② A는 DNA 중합 효소이고, B는 DNA 연결 효소이다. 두 효소 모두 뉴클레오타이드 사이에서 당과 인산의 공유 결합을 촉매하여 A는 DNA 가닥을 신장시키고, B는 DNA 조각을 연결한다.

③ DNA 복제가 일어날 때에는 이중 나선을 이루고 있던 DNA 가닥 Ⅰ과 Ⅱ가 모두 주형으로 사용된다.

④ DNA 복제에서는 RNA 프라이머가 사용되므로, 프라이머를 구성하는 당은 리보스이다.

바로 알기 ⑤ DNA 복제는 5′ → 3′ 방향으로 일어나므로 ⊙은 5′ 말단 방향이다. 이때 합성되는 선도 가닥은 주형 가닥인 DNA 가닥 Ⅰ과 상보적으로 결합하고 있던 DNA 가닥 Ⅱ와 염기 서열 및 방향이 같으므로 ⓒ도 5′ 말단 방향이다.

06 ㄴ. 새로 합성된 DNA 가닥의 G+C 함량이 45 %이므로 이 가닥과 상보적인 원래 DNA 주형 가닥의 G+C 함량도

45 %이다. 따라서 복제된 부분까지의 X의 염기 100 % 중에서 A+T의 함량은 55 %이다. 또, ⊙ 부분의 G+C 함량이 35 %이므로 복제되지 않은 X의 염기 100 % 중에서 A+T의 함량은 65 %이다. 그러므로 X의 전체 염기를 200 %로 할 때 A+T의 함량은 55+65=120(%)이고, 그중에서 A의 함량은 60 %이다. 한편, X가 50 % 복제되었을 때인 Y의 뉴클레오타이드 개수가 3000개인데, 이는 X의 뉴클레오타이드 개수의 1.5배이므로, X를 구성하는 뉴클레오타이드의 개수는 2000개이다. 따라서 X에서 염기 A의 개수는 $\frac{60}{200}\times2000=600$개이며, 이에 따라 T의 개수는 600개, G과 C의 개수는 각각 400개이다.

ㄷ. A과 T은 2중 수소 결합을 하고 G과 C은 3중 수소 결합을 하므로, X에서 염기 사이의 수소 결합의 총 개수는 (600×2)+(400×3)=2400개이다.

바로 알기 ㄱ. X를 구성하는 뉴클레오타이드의 개수는 2000개이다.

07 ⑤ ⊙은 조각 Ⅰ에 상보적인 DNA 염기로 이루어지므로 TTGCCCA이다. 따라서 ⊙에는 퓨린 계열 염기 A과 G이 모두 2개, 피리미딘 계열 염기 T과 C이 모두 5개 있다.

바로 알기 ① 조각 Ⅰ은 이미 합성된 것이고, 조각 Ⅱ는 새로운 뉴클레오타이드가 결합하여 합성되고 있는 상태이다.

② 조각 Ⅰ에 염기 U이 있으므로 RNA 프라이머가 아직 제거되지 않았다. 따라서 조각 Ⅰ을 구성하는 당 중에는 리보스가 있다.

③ 조각 Ⅰ과 Ⅱ는 모두 지연 가닥이다.

④ (가)는 새로운 뉴클레오타이드를 결합시켜 조각 Ⅱ를 신장시키고 있으므로 DNA 중합 효소이다.

08 ㄱ. X에는 800개, 즉 400쌍의 염기가 있고, Ⅰ에는 X를 구성하는 염기의 절반이 있으므로 200쌍의 염기가 있다. 또, Ⅰ의 염기 중 G+C의 함량이 45 %이므로 G+C는 90쌍이다. 따라서 Ⅰ에서 A+T는 110쌍이다. A과 T은 2중 수소 결합을, G과 C은 3중 수소 결합을 하므로, Ⅰ에서 염기 사이의 수소 결합의 총 개수는 (110×2)+(90×3)=490개이다.

ㄷ. Ⅱ의 주형 가닥 ⊙과 ⓒ은 상보적으로 결합하여 이중 나선을 이루고 있던 것이다. 따라서 ⊙의 퓨린 계열 염기 A, G은 각각 ⓒ의 피리미딘 계열 염기 T, C과 상보적으로 결합하므로 이들의 염기 비율은 같다.

바로 알기 ㄴ. Ⅱ의 주형 가닥에는 400개의 염기와 510(=1000−490)개의 수소 결합이 있다. Ⅱ의 주형 가닥에 있는 A+T의 개수를 x, G+C의 개수를 y라고 하면 $x+y=400$, $\left(\frac{x}{2}\times2\right)+\left(\frac{y}{2}\times3\right)=510$이므로, $x=180$, $y=220$이다. 즉, Ⅱ의 주형 가닥 2개에서 A+T는 180개(45 %), G+C는 220개(55 %)이다.

2. 유전자 발현

01 유전자 발현

집중 분석 2권 59쪽

유제 ①, ④

유제 ① ㉠과 ㉡은 아미노산을 운반하는 tRNA, ㉢은 유전 정보를 전달하는 mRNA이다.

④ 추가되는 아미노산을 운반해 온 tRNA(㉠)가 A 자리에 있으므로 번역은 (나) → (가) 방향으로 일어난다. 번역은 항상 5′ → 3′ 방향으로 일어나므로 (가)는 3′ 말단이고, (나)는 5′ 말단이다.

바로 알기 ②, ③ ㉠은 추가되는 아미노산과 결합하고 있으므로 A 자리에 있고, ㉡은 합성 중인 폴리펩타이드와 결합하고 있으므로 P 자리에 있다. P 자리에 있는 tRNA는 A 자리에 있는 tRNA보다 먼저 리보솜에 결합하였다.

⑤ P 자리의 tRNA에 결합된 폴리펩타이드는 tRNA로부터 가장 멀리 있는 아미노산부터 차례대로 결합하여 합성된 것이다. 따라서 ⓑ는 ⓐ보다 먼저 폴리펩타이드 사슬에 결합하였다.

개념 모아 정리하기 2권 61쪽

❶ 효소 ❷ 전사 ❸ 번역 ❹ 프로모터
❺ 5′ → 3′ ❻ 3염기 조합 ❼ 코돈

개념 기본 문제 2권 62쪽~63쪽

01 (1) 1유전자 1효소설 (2) 오르니틴 **02** (1) ㉡ (2) ㉠, ㉢, ㉡
(3) ㉢이 ㉡으로 전환되지 않는다. **03** (1) ㉠ 복제, ㉡ 전사, ㉢ 번역
(2) ㉠ 핵, ㉡ 핵, ㉢ 리보솜 **04** (1) 3′−TAGGATCTA−5′
(2) 5′−AUCCUAGAU−3′ **05** (1) RNA 중합 효소 (2) 5′
(3) 핵 **06** ㉠ 코돈, ㉡ 64, ㉢ 개시 코돈, ㉣ 종결 코돈 **07** (1) A:
rRNA, B: mRNA, C: tRNA (2) B, C **08** (1) B (2) C
09 (1) tRNA (2) ㉠ P 자리, ㉡ A 자리 (3) 코돈 (4) (가) → (나)
10 (1) ㉠ 1, ㉡ 소, ㉢ 펩타이드, ㉣ P, ㉤ A, ㉥ A (2) (나) → (마) →
(사) → (라) → (가) → (바) → (다)

---

01 (1) 그림은 하나의 유전자가 하나의 효소를 합성하게 한다는 1유전자 1효소설을 나타낸 것이다.
(2) 유전자 *b*에 돌연변이가 일어나 효소 B를 정상적으로 합성하지 못하면 오르니틴이 시트룰린으로 전환되지 못하므로 오르니틴이 축적된다.

02 (1) 붉은빵곰팡이가 필요로 하는 물질은 아르지닌이므로, 최소 배지에 첨가했을 때 영양 요구주 Ⅰ형~Ⅲ형이 모두 생장한 ㉡이 아르지닌이다.
(2) 최소 배지에 ㉠을 첨가했을 때 Ⅲ형만 생장하므로 ㉠은 전구 물질로부터 전환되는 물질이다. 아르지닌이 ㉡이므로 물질 전환 과정은 전구 물질 → ㉠ → ㉢ → ㉡이다.
(3) Ⅱ형은 최소 배지에 ㉡을 첨가했을 때에만 생장하므로, Ⅱ형에서는 ㉢을 ㉡으로 전환하는 과정을 촉매하는 효소가 정상적으로 합성되지 않는다.

03 (1) ㉠은 DNA 복제 과정, ㉡은 DNA의 유전 정보를 RNA로 전달하는 전사 과정, ㉢은 RNA의 유전 정보에 따라 단백질을 합성하는 번역 과정이다.
(2) 진핵세포에서 복제(㉠)와 전사(㉡)는 DNA가 있는 핵 속에서 일어나고, 번역(㉢)은 세포질의 리보솜에서 일어난다.

04 (1) 이중 나선을 이루는 DNA의 두 가닥은 방향이 서로 반대이고, 염기는 상보적이다.
(2) 제시된 DNA 가닥과 이중 나선을 이루고 있는 다른 가닥을 주형으로 하여 전사가 일어나면, 제시된 DNA 가닥과 방향이 같고 T 대신 U이 있는 것만 제외하면 염기 서열도 같은 RNA가 합성된다.

05 (1) 전사에 관여하는 효소 A는 RNA 중합 효소이다.
(2) RNA 합성도 DNA 복제와 마찬가지로 5′ → 3′ 방향으로 일어나므로, 전사가 진행되는 방향에서 멀리 있는 ㉠은 5′ 말단이다.
(3) 동물 세포는 진핵세포이므로 전사는 핵 속에서 일어난다.

06 mRNA에서 연속된 3개의 염기로 된 유전부호를 코돈이라고 하며, 코돈은 RNA를 구성하는 염기 4종류로 이루어지므로 $4^3 = 64$종류가 있다. AUG는 개시 코돈이고, 지정하는 아미노산이 없는 세 코돈은 종결 코돈이다.

07 (1) A는 리보솜을 구성하는 rRNA, B는 DNA의 유전 정보를 전달하는 mRNA, C는 아미노산을 운반하는 tRNA이다.
(2) 코돈은 mRNA에 있으며, 안티코돈은 tRNA에 있다.

08 tRNA의 B는 특정 아미노산이 결합하는 자리이고, C는 B에 결합할 아미노산을 지정하는 mRNA의 특정 코돈과 상보적으로 결합하는 안티코돈이다.

09 (1) ㉠은 리보솜을 떠나는 tRNA이다.

(2) ㉡은 신장되는 폴리펩타이드가 붙어 있는 tRNA이므로 P 자리에 있고, ㉢은 새로 추가되는 아미노산을 운반해 온 tRNA이므로 A 자리에 있다.

(3) ⓐ는 tRNA의 안티코돈과 상보적으로 결합하는 mRNA의 코돈이다.

(4) 리보솜에서 떠나는 ㉠은 ㉡, ㉢보다 먼저 리보솜으로 들어온 tRNA이다. 따라서 번역은 (가) → (나) 방향으로 진행되고 있다.

10 (나) 단백질 합성이 일어나려면 먼저 핵 속에서 전사된 mRNA가 핵공을 통해 세포질로 나와 리보솜 소단위체와 결합해야 한다.

(마) 그 후 메싸이오닌을 운반해 온 개시 tRNA가 mRNA의 개시 코돈과 결합하고, 리보솜 대단위체가 결합하여 개시 tRNA는 리보솜의 P 자리에 위치하게 된다.

(사) 아미노산과 결합한 또 다른 tRNA가 리보솜의 A 자리로 들어와 mRNA의 코돈과 상보적으로 결합한다.

(라) P 자리에 있는 아미노산과 A 자리에 있는 아미노산이 펩타이드 결합으로 연결되고, P 자리에 있던 아미노산이 tRNA에서 분리된다.

(가) 리보솜이 5′ → 3′ 방향으로 1개 코돈만큼 이동하면서 A 자리에 아미노산과 결합한 tRNA가 들어와 아미노산이 하나씩 추가되므로 폴리펩타이드 사슬이 신장된다.

(바) 폴리펩타이드 사슬이 신장되다가 리보솜의 A 자리에 종결 코돈이 나타나면 번역이 중단된다.

(다) 번역이 끝나면 합성된 폴리펩타이드가 리보솜에서 떨어져 나가고, 리보솜 소단위체와 대단위체, mRNA, tRNA 등이 분리된다.

개념 적용 문제   2권 64쪽~69쪽

01 ①	02 ③	03 ③	04 ②	05 ①	06 ④
07 ③	08 ②	09 ③	10 ③	11 ②	

01 ㄱ. 영양 요구주 Ⅰ형은 유전자 *a*가 손상되어 효소 A가 합성되지 않는다. 따라서 전구 물질을 ㉠으로 전환하지 못하지만, 효소 B와 C는 정상적으로 합성할 수 있으므로, 최소 배지에 ㉠~㉢ 중 하나를 첨가하면 생장할 수 있다.

바로 알기 ㄴ. 영양 요구주 Ⅱ형은 유전자 *b*가 손상되어 효소 B가 합성되지 않는다. 따라서 최소 배지에 ㉠을 첨가하더라도 ㉠을 ㉡으로 전환하지 못하므로 ㉢을 합성할 수 없다. 그러므로 Ⅱ형은 최소 배지에 ㉡이나 ㉢을 첨가해야 생장할 수 있다.

ㄷ. *c*는 효소 C의 아미노산 배열 순서를 결정하는 유전자이고, ㉢의 유전자는 아니다.

02 영양 요구주 Ⅰ형~Ⅲ형은 최소 배지에 물질 ㉡을 첨가하면 모두 생장하므로, ㉡은 붉은빵곰팡이의 생장에 꼭 필요한 아르지닌이다. Ⅲ형은 최소 배지에 아르지닌(㉡)을 첨가했을 때에만 생장하므로, 유전자 *c*가 손상되어 효소 C가 합성되지 않는다. Ⅱ형은 최소 배지에 ㉠~㉢ 중 하나를 첨가하면 생장하므로, 유전자 *a*가 손상되어 효소 A가 합성되지 않는다. Ⅰ형은 최소 배지에 ㉠이나 아르지닌(㉡)을 첨가하면 생장하지만 ㉢을 첨가하면 생장하지 못하므로, ㉠은 시트룰린, ㉢은 오르니틴이며, Ⅰ형은 유전자 *b*가 손상되어 효소 B가 합성되지 않는다.

ㄷ. 붉은빵곰팡이의 생장에 반드시 필요한 물질은 물질 전환 과정의 최종 산물인 아르지닌이다. Ⅲ형은 최소 배지에 아르지닌(㉡)을 첨가했을 때에만 생장할 수 있으므로, 시트룰린을 아르지닌으로 전환하지 못한다. 따라서 시트룰린을 기질로 하는 효소 C를 합성하지 못한다는 것을 알 수 있다.

바로 알기 ㄱ. ㉠은 시트룰린이다.

ㄴ. Ⅰ형은 유전자 *b*가 손상되어 오르니틴을 시트룰린으로 전환하는 효소 B를 합성할 수 없다.

03 ㄱ. 이중 나선 DNA의 두 가닥은 방향이 서로 반대이므로, 한 가닥의 끝이 3′ 말단이면 마주 보고 있는 다른 가닥의 끝인 ㉠은 5′ 말단이다. (다)는 DNA 주형 가닥인 (나)로부터 전사된 RNA 가닥이며, 한쪽 끝이 3′ 말단이면 다른 쪽 끝인 ㉡은 5′ 말단이다.

ㄴ. (가)는 RNA 중합 효소이며, RNA를 5′ → 3′ 방향으로 합성하면서 이동한다. 따라서 (가)가 ⓑ 방향으로 이동하면서 전사가 일어난다.

바로 알기 ㄷ. 전사된 RNA는 DNA 주형 가닥과 상보적인 염기 서열을 가지며, RNA를 합성할 때에는 염기 T 대신 U이 A과 결합한다. 따라서 (다)에서 염기 U의 비율은 주형 가닥인 (나)의 전사된 범위 내에서 염기 A의 비율과 같다.

04 ㄷ. DNA의 가닥 Ⅰ과 Ⅱ는 염기가 상보적으로 결합하므로, 가닥 Ⅱ의 G, C의 비율은 각각 가닥 Ⅰ의 C, G의 비율과 같다. 따라서 ㉠은 15이고, ㉡은 100−(25+15+30)=30이다. RNA에서 각 염기의 비율은 DNA 주형 가닥에서 상보적인 염기의 비율과 같다. 즉, RNA에서 U의 비율이 25 %이므로 A의 비율이 25 %인 가닥 Ⅱ가 전사 주형 가닥이다. 따라서 RNA를 구성하는 염기의 조성 비율은 A이 30 %, G이 30 %, C이 15 %이다. 그러므로 RNA 가닥에서 퓨린 계열 염기 A+G의 비율은 60 %로, 피리미딘 계열 염기 C+U의 비율인 40 %보다 높다.

바로 알기 ㄱ. ㉠은 15이고 ㉡은 30이므로, ㉡이 ㉠의 2배이다.
ㄴ. RNA는 가닥 Ⅱ를 주형으로 하여 전사되었다.

05 ㄱ. 가닥 Ⅰ이 전사 주형 가닥이라면 mRNA의 염기 서열은 5′-CUAACUAUUGUC-3′이 되고, 가닥 Ⅱ가 전사 주형 가닥이라면 mRNA의 염기 서열은 5′-GAUUGAUA ACAG-3′이 된다. 이 부분에 있는 염기 12개가 4개의 아미노산으로 번역되었으므로 구간 X에서 전사된 mRNA에는 종결 코돈이 없어야 한다. 그런데 가닥 Ⅱ가 전사 주형 가닥일 경우 전사되는 mRNA에서 2번째 코돈이 UGA로 종결 코돈이 되므로, 전사 주형 가닥은 Ⅱ가 아니라 Ⅰ이라는 것을 알 수 있다.

바로 알기 ㄴ. 가닥 Ⅰ을 주형으로 하여 전사된 mRNA의 염기 서열이 5′-CUAACUAUUGUC-3′이므로 아미노산 ㉡을 지정하는 코돈은 5′-ACU-3′이다.
ㄷ. 구간 X에서 전사된 mRNA의 염기 12개가 4개의 아미노산으로 번역되었으므로, 이 부분의 mRNA에는 종결 코돈이 없다.

06 ㄱ. ㉠은 DNA로부터 RNA가 합성되는 전사 과정을 나타낸 것이다. 전사에는 RNA 중합 효소가 관여한다.
ㄷ. B는 아미노산 서열에 대한 정보를 가진 mRNA이고, C는 아미노산을 운반하는 tRNA이다. mRNA에는 아미노산을 지정하는 유전부호인 코돈이 있고, tRNA에는 코돈과 상보적으로 결합하는 안티코돈이 있다.

바로 알기 ㄴ. 번역(㉡) 과정에서 폴리펩타이드의 아미노산 서열을 결정하는 정보를 가지고 있는 것은 mRNA인 B이다. A는 단백질과 함께 리보솜을 구성하는 rRNA이다.

07 ① X는 아미노산을 리보솜으로 운반하는 tRNA이다. 그림은 핵에서 전사된 mRNA가 세포질에서 번역되는 과정을 나타낸 것이므로 이 세포는 진핵세포이다. 진핵세포에서는 모든 RNA의 전사가 핵에서 일어나므로 tRNA의 합성도 핵에서 일어난다.

② Y는 DNA의 유전 정보를 전달하는 mRNA이다. RNA를 구성하는 뉴클레오타이드의 당은 리보스이다.
④ 리보솜의 A 자리에 있는 tRNA에 결합된 아미노산에 P 자리의 tRNA에 결합된 폴리펩타이드가 연결되어 폴리펩타이드 사슬이 신장하므로, 폴리펩타이드 사슬에서 tRNA로부터 멀리 있는 아미노산이 먼저 결합한 것이다. 따라서 ㉠이 ㉡보다 먼저 폴리펩타이드 사슬에 결합하였다.
⑤ ㉢은 리보솜의 E 자리로, 리보솜이 mRNA를 따라 이동함에 따라 P 자리에 있던 tRNA가 리보솜을 떠나기 전에 잠시 머무는 자리이다. 따라서 ㉢으로 들어오는 tRNA에는 아미노산이 결합되어 있지 않다.

바로 알기 ③ 리보솜이 이동함에 따라 새로운 아미노산을 운반해 온 tRNA가 A 자리로 들어오므로, 리보솜은 (나) → (가) 방향으로 이동한다. 이때 리보솜은 1개의 코돈만큼씩 이동한다.

08 ㄷ. 12개의 염기로 구성된 mRNA가 번역되어 합성된 펩타이드 (다)는 4개의 아미노산으로 이루어져 있으므로 첫 번째 염기 G부터 번역된 것이다. 즉, 펩타이드 (다)를 합성한 mRNA의 코돈은 5′-GGG/GGG/UUA/AAA-3′이므로 GGG는 글리신, UUA는 류신, AAA는 라이신을 지정하는 코돈이다. 따라서 (다)에서 류신을 지정하는 코돈의 첫 번째 염기는 U이다.

바로 알기 ㄱ. 펩타이드 (가)는 글리신 2개로 이루어져 있다. 이것은 종결 코돈 UAA 앞에 있는 2개의 코돈만 번역되었음을 의미한다. 즉, 5′-G/GGG/GGU/UAAAA-3′으로 두 번째 염기 G부터 번역되었으며 GGG, GGU 둘 다 글리신을 지정한다. 따라서 (가)와 (다)에서 두 번째 글리신을 지정하는 코돈은 (가)에서는 GGU이지만, (다)에서는 GGG로 서로 다르다.
ㄴ. 펩타이드 (나)는 3개의 아미노산으로 이루어져 있으므로 mRNA의 세 번째 염기 G부터 번역된 것이다. 즉, 5′-GG/GGG/GUU/AAA/A-3′으로 발린을 지정하는 코돈은 5′-GUU-3′이므로 이에 대응하는 tRNA의 안티코돈은 3′-CAA-5′이다.

09 ③ DNA로부터 RNA가 합성될 때 전사가 진행되면서 먼저 합성된 RNA 가닥의 5′ 말단은 DNA로부터 분리된다. 따라서 (가)는 먼저 합성된 mRNA의 5′ 말단이고, 여기에 리보솜이 결합되어 5′ → 3′ 방향으로 이동하면서 번역이 일어난다. 따라서 3′ 방향으로 더 많이 진행된 리보솜 ⓐ가 ⓑ보다 먼저 mRNA와 결합한 것이다.

바로 알기 ① 이 생물은 전사와 번역이 같은 공간에서 동시에 진행되고 있으므로, 핵막으로 구분된 핵이 없는 원핵생물이다.
② 전사는 5′ → 3′ 방향으로 일어나므로, 먼저 합성되어 DNA로부터 분리되어 나온 (가)는 mRNA의 5′ 말단이다.

④ (가)는 mRNA의 5′ 말단이므로 ㉠은 폴리펩타이드에 추가할 새로운 아미노산 1개를 운반해 온 tRNA이고, ㉡은 폴리펩타이드가 결합되어 있는 tRNA이다. 따라서 ㉡은 ㉠보다 연결되어 있는 아미노산의 수가 많다.

⑤ ㉠은 추가될 아미노산이 결합되어 있는 tRNA이므로 리보솜의 A 자리에 있고, ㉡은 폴리펩타이드가 결합되어 있는 tRNA이므로 P 자리에 있다. 따라서 리보솜이 mRNA를 따라 이동함에 따라 ㉠은 P 자리에 위치하게 되고, ㉡은 E 자리를 거쳐 리보솜을 떠나게 된다. 따라서 ㉡이 ㉠보다 먼저 리보솜에서 방출된다.

10 ㄱ. 폴리펩타이드 X의 43번 아미노산인 아스파라진을 지정하는 코돈은 5′-AAU-3′이다. 따라서 이에 상보적인 염기 서열 3′-TTA-5′을 가진 DNA 가닥 Ⅱ가 전사 주형 가닥이다. 주형 가닥으로부터 전사된 mRNA의 염기 서열은 5′-AAU GAG UG□ GCU UAA-3′인데, 45번 아미노산인 시스테인을 지정하는 코돈은 UGC이므로, □에 들어갈 염기는 C이다. 따라서 전사 주형 가닥 Ⅱ의 ㉡은 C에 상보적인 염기 G이고, ㉠은 C이다.

ㄴ. DNA 이중 나선을 이루는 두 가닥 중 한 가닥의 염기 G은 다른 가닥의 염기 C과 상보적으로 결합하므로 DNA 가닥 Ⅰ의 C과 가닥 Ⅱ의 G의 수가 같고, 가닥 Ⅰ의 G과 가닥 Ⅱ의 C의 수가 같다. 따라서 DNA 가닥 Ⅰ과 Ⅱ에서 G+C의 비율은 같다.

바로 알기 ㄷ. 폴리펩타이드 X를 합성한 mRNA의 종결 코돈은 47번째 코돈인 UAA이다. 그런데 폴리펩타이드 Y는 44번 아미노산까지만 있으므로 45번째 코돈이 종결 코돈이다. 폴리펩타이드 X를 합성한 mRNA의 45번째 코돈은 UGC이므로 염기 1개가 치환되어 종결 코돈이 되었다면 3번째 염기 C이 A으로 치환된 것이다. 따라서 폴리펩타이드 Y를 합성한 mRNA의 종결 코돈은 UGA로, 폴리펩타이드 X를 합성한 mRNA의 종결 코돈 UAA와 다르다.

11 ① DNA로부터 전사된 mRNA의 염기 서열은 5′-AUG UAU AUA UGG AUA AAA UAA-3′이다. 따라서 아미노산 ㉢은 코돈 UGG가 지정하는 트립토판이다.

③ ㉡의 염기 T이 G으로 치환되면 mRNA의 3번째 코돈은 아이소류신을 지정하는 5′-AUC-3′이 된다.

④ 폴리펩타이드 W를 합성하는 mRNA의 종결 코돈은 5′-UAA-3′이다. 폴리펩타이드 Z는 DNA의 염기 T(㉣)이 결실된 상태에서 전사와 번역이 일어난 것이므로, 이때 mRNA의 염기 서열은 5′-AUG UAU AUU GGA UAA AAU AA-3′이 된다. 따라서 폴리펩타이드 Z를 합성하는 mRNA의 종결 코돈은 5′-UAA-3′으로, 폴리펩타이드 W를 합성하는 mRNA의 종결 코돈과 같다.

⑤ 폴리펩타이드 X를 합성하는 mRNA의 염기 서열은 5′-AUG UAU AU□ AUG GAU AAA AUA A-3′으로, 폴리펩타이드 X는 7개의 아미노산으로 구성된다. 폴리펩타이드 Y를 합성하는 mRNA의 염기 서열은 5′-AUG UAU AUC UGG AUA AAA UAA-3′으로, 폴리펩타이드 Y는 폴리펩타이드 W와 마찬가지로 6개의 아미노산으로 구성된다. 폴리펩타이드 Z를 합성하는 mRNA의 염기 서열은 5′-AUG UAU AUU GGA UAA AAU AA-3′으로, UAA는 종결 코돈이므로 폴리펩타이드 Z는 4개의 아미노산으로 구성된다. 따라서 폴리펩타이드 W~Z 중 구성 아미노산의 수가 가장 적어서 펩타이드 결합의 수도 가장 적은 것은 Z이다.

바로 알기 ② 폴리펩타이드 X는 7개의 아미노산으로 구성되어 있으므로, 7개의 tRNA가 필요하다.

02 유전자 발현의 조절

개념 모아 정리하기   2권 83쪽

❶ 프로모터   ❷ 조절 유전자   ❸ 작동 부위   ❹ 프로모터
❺ 젖당 유도체   ❻ 전사 인자   ❼ 인트론   ❽ 핵심 조절
❾ 혹스

개념 기본 문제   2권 84쪽~85쪽

01 (1) 원핵생물 (2) 항상 (3) 작동 부위 **02** (1) A: 조절 유전자, B: 프로모터, C: 작동 부위, D: 구조 유전자 (2) B, C, D (3) 억제 단백질, 작동 부위(C)에 결합하여 RNA 중합 효소가 프로모터에 결합하는 것을 방해한다. **03** ㄱ **04** (1) 뉴클레오솜, DNA와 히스톤 단백질 (2) (나) **05** A: 원거리 조절 부위, B: 전사 인자, C: RNA 중합 효소 **06** (1) 진핵세포 (2) (가) 처음 만들어진 RNA, ㉠ 인트론, ㉡ 엑손 **07** (1) (가) 핵, (나) 핵, (다) 세포질의 리보솜 (2) (가) **08** (가) 대장균, (나) 생쥐 **09** (1) 같다. (2) 세포 분화 과정에서 유전자는 변하지 않는다. **10** (1) *MyoD* 유전자 (2) 조절 유전자 **11** (나) **12** 호미오 박스

01 (1) 오페론은 원핵생물에서만 발견된다.

(2) 조절 유전자는 젖당의 유무와 관계없이 항상 발현되어 억제 단백질을 합성한다.

(3) 젖당이 없을 때 조절 유전자의 산물인 억제 단백질은 작동 부위에 결합한다.

02 (1) A는 억제 단백질을 암호화하는 조절 유전자이고, B는 RNA 중합 효소가 결합하는 프로모터이다. C는 억제 단백질이 결합하는 작동 부위이고, D는 젖당 이용에 필요한 여러 효소를 암호화하는 구조 유전자이다.

(2) 오페론은 프로모터(B), 작동 부위(C), 구조 유전자(D)로 구성된다.

(3) E는 조절 유전자의 산물인 억제 단백질이다. 억제 단백질은 젖당 유도체가 없으면 작동 부위(C)에 결합하여 RNA 중합 효소가 프로모터에 결합하는 것을 방해함으로써 구조 유전자의 전사가 일어나지 않게 한다.

03 ㄱ. 작동 부위에 억제 단백질이 결합하지 않으면 젖당이 없어도 RNA 중합 효소가 프로모터에 결합하여 구조 유전자의 전사가 일어나므로 젖당 분해 효소가 합성된다.

바로알기 ㄴ. 억제 단백질이 합성되지 않으면 RNA 중합 효소가 프로모터에 결합하여 구조 유전자의 전사가 일어난다.

ㄷ. 젖당 유도체는 작동 부위에 결합하지 못한다.

04 (1) A는 DNA가 히스톤 단백질을 감아서 형성된 뉴클레오솜이다.

(2) 전사는 (가)와 같이 응축된 상태로 존재하던 염색질이 풀려서 (나)와 같이 느슨해진 상태에서 일어난다.

05 A는 프로모터에서 멀리 떨어져 있는 원거리 조절 부위이고, 조절 부위에 결합하고 있는 B는 전사 인자이며, 프로모터에 결합한 C는 RNA 중합 효소이다.

06 (1) RNA 가공은 진핵세포에서 일어나는 유전자 발현 조절 방식이다.

(2) (가)는 처음 만들어진 RNA이고, 가공 과정에서 제거되는 ㉠은 인트론이며, 단백질을 암호화하는 부위인 ㉡은 엑손이다.

07 (가)는 전사 조절 단계로, 다양한 전사 인자가 DNA의 조절 부위에 결합하여 RNA 중합 효소에 의한 전사를 촉진 또는 억제한다. (나)는 전사 후 조절 단계로, RNA의 양쪽 끝부분이 적절하게 변형되고 선택적 RNA 스플라이싱이 일어나 성숙한 mRNA가 된다. (다)는 번역 조절 단계로, mRNA의 분해 속도나 번역 개시를 조절하여 유전자 발현을 조절한다.

(1) 전사와 RNA 가공은 핵 속에서 일어나고, 번역은 세포질의 리보솜에서 일어난다.

(2) 전사 개시 복합체는 전사가 일어날 때 형성되므로 (가) 단계에서 형성된다.

08 (가)는 프로모터, 작동 부위, 구조 유전자로 구성된 오페론이며, 오페론은 대장균과 같은 원핵생물의 유전자 발현 조절 방식이다. (나)와 같이 여러 종류의 전사 인자가 결합하는 부위가 있고, 유전자마다 각각 프로모터가 있는 것은 생쥐와 같은 진핵생물의 유전자이다.

09 (1) (가)에서 얻은 당근 뿌리 세포가 (나)로 되기까지 체세포 분열이 일어나므로, (가)와 (나)는 유전 형질이 같다.

(2) 분화된 당근 뿌리 세포로부터 완전한 당근 개체가 얻어진 것은 분화된 세포도 수정란과 마찬가지로 여러 기관을 형성하는 데 필요한 유전자를 모두 가지고 있기 때문이다.

10 (1) 근육 세포로의 분화 과정에서 핵심 조절 유전자는 가장 상위의 조절 유전자인 *MyoD* 유전자이다.

(2) 핵심 조절 유전자의 산물인 MyoD 단백질은 다른 조절 유전자에 결합하여 전사를 촉진하는 전사 인자로 작용한다.

11 초파리에서는 혹스 유전자가 1개의 염색체에 일정한 순서로 배열되어 있고, 생쥐에서는 혹스 유전자가 4개의 염색체에 반복해서 배열되어 있다.

12 혹스 유전자의 산물인 전사 인자에서 특정한 유전자의 프로모터 또는 조절 부위에 결합하여 전사를 조절하는 부위를 호미오 도메인이라 하고, 혹스 유전자에서 이를 암호화하는 부위를 호미오 박스라고 한다.

개념 적용 문제 2권 86쪽~89쪽

01 ③	02 ③	03 ④	04 ②	05 ②	06 ③
07 ②	08 ④				

01 ㄷ. B는 젖당 이용에 필요한 세 가지 효소를 암호화하고 있는 구조 유전자이다. 젖당 분해 효소는 이 세 가지 효소 중 하나이다.

바로알기 ㄱ. 조절 유전자는 젖당의 유무와 관계없이 항상 발현되어 억제 단백질(㉠)을 합성한다.

ㄴ. RNA 중합 효소는 프로모터에 결합하고, 억제 단백질(㉠)은 작동 부위(A)에 결합한다.

02 ㄱ. 대장균은 t_1 시기에 배지의 포도당을 이용하여 생장한다. 그러나 t_1 이후 대장균 수가 더 이상 증가하지 않고 일정 수준을 유지하는 시점에서 배지의 포도당이 고갈되었으므로 t_3 시기에 대장균은 배지의 젖당을 이용하여 생장한다. 따라서 배지의 젖당 농도는 t_1일 때가 t_3일 때보다 높다.

ㄴ. 대장균은 젖당을 이용할 때 젖당 분해 효소를 합성하므로, 젖당 분해 효소의 농도는 젖당을 이용하여 생장하는 t_3일 때가 포도당을 이용하여 생장하는 t_1일 때보다 높다.

바로 알기 ㄷ. 젖당 오페론 앞에 있는 조절 유전자는 젖당의 유무와 관계없이 항상 발현된다.

03 ㄴ. 배지에 포도당은 없고 젖당만 있으면 야생형 대장균은 억제 단백질이 젖당 유도체와 결합하여 작동 부위에 결합하지 못하므로 RNA 중합 효소가 프로모터에 결합한다. 따라서 구조 유전자의 전사가 일어나 젖당 분해 효소가 합성되므로 Ⅱ가 야생형이며, Ⅱ에는 젖당 유도체와 결합한 억제 단백질이 있다.

ㄷ. A는 조절 유전자이며, 억제 단백질을 암호화한다. Ⅲ은 억제 단백질을 합성하지 못하므로 조절 유전자(A)가 결실된 대장균이다. 따라서 배지의 조건에 관계없이 RNA 중합 효소가 프로모터(B)에 결합하여 젖당 이용에 필요한 세 가지 효소를 합성한다.

바로 알기 ㄱ. Ⅰ은 구조 유전자가 발현되지 않으므로, 프로모터(B)가 결실되어 RNA 중합 효소가 결합하지 못하는 대장균이다.

04 ㄴ. (가)는 DNA의 유전 정보가 RNA로 전달되는 전사 과정이다. 진핵세포에서 전사는 핵 속에서 전사 인자가 관여하여 일어난다.

바로 알기 ㄱ. 전사는 DNA 주형 가닥과 상보적인 염기 서열을 가진 RNA를 합성하는 과정이므로, ㉠의 $\dfrac{G+C}{A+U}$은 전사 주형 가닥의 $\dfrac{G+C}{A+T}$과 같다. 그런데 이 비율이 달라진 것은 ㉠의 가공 과정에서 ㉢과 같은 일부 RNA 조각(인트론)이 떨어져 나갔기 때문이다. x의 전사 주형 가닥에서 $\dfrac{G+C}{A+T}=\dfrac{1}{2}$인데 ㉠에서 $\dfrac{G+C}{A+U}=\dfrac{2}{3}$로 값이 커졌으므로, RNA 가공 과정에서 떨어져 나간 ㉢에는 G+C의 수보다 A+U의 수가 많다.

ㄷ. (나)의 RNA 가공은 핵 속에서 일어나는 전사 후 조절 과정으로, 리보솜은 처음 만들어진 RNA(㉠)와 결합하지 않은 상태이다. 성숙한 mRNA(㉢)가 핵공을 통해 세포질로 나갔을 때 리보솜과의 결합 및 번역 개시 인자의 접근성을 통해 번역 개시 단계가 조절된다.

05 ㄴ. 수정란이 분열하여 근육 세포나 모근 세포로 분화할 때 세포가 가진 유전자는 변하지 않는다. 따라서 근육 세포와 모근 세포에는 마이오신 유전자와 케라틴 유전자가 모두 있다. 그러나 모근 세포에는 케라틴 유전자의 전사에 관여하는 전사 인자가 있어 케라틴이 합성되지만, 마이오신 유전자의 전사에 관여하는 전사 인자는 없다.

바로 알기 ㄱ. 마이오신 유전자와 케라틴 유전자는 각각 근육 세포와 모근 세포에서 발현되는 유전자로, 세포의 특성과 관련이 있는 단백질을 합성한다.

ㄷ. 세포가 분화해도 유전자는 수정란과 같게 유지된다. 따라서 근육 세포에는 마이오신 유전자와 케라틴 유전자가 모두 있지만, 마이오신 유전자는 발현되고 케라틴 유전자는 발현되지 않는다.

06 ㄱ. 단백질 X는 유전자 y의 발현을 촉진하는 전사 인자이다.

ㄴ. 유전자 y의 조절 부위가 결실되면 단백질 Y가 합성되지 않으므로, 마이오신 유전자와 액틴 유전자가 발현되지 않아 근육 모세포가 근육 세포로 분화하지 않는다.

바로 알기 ㄷ. 진핵생물은 유전자마다 각각 프로모터가 있다. 따라서 마이오신 유전자와 액틴 유전자는 서로 다른 프로모터에 의해 발현이 조절된다.

07 ㄷ. P가 Z로 분화하기 위해서는 ㉡과 ㉢이 모두 발현되어야 한다. ㉡이 발현되기 위해서는 전사 인자 b와 c가 필요하고, ㉢이 발현되기 위해서는 전사 인자 d가 필요하다. b는 ㉠이 발현되어 합성되는데, ㉠이 발현되기 위해서는 반드시 전사 인자 a가 필요하다. 따라서 P에 전사 인자 a~d가 모두 존재할 때에만 P가 Z로 분화한다.

바로 알기 ㄱ. 세포 분화 과정에서 유전자는 변하지 않으므로, X에는 유전자 ㉠~㉢이 모두 존재한다.

ㄴ. P가 Y로 분화하려면 ㉡과 ㉢ 중 ㉢만 발현되어야 하는데, ㉢이 발현되려면 전사 인자 결합 부위 D에 전사 인자 d가 결합해야 한다.

08 ㄴ. 혹스 유전자가 존재하는 염색체 수는 생쥐가 4개, 초파리가 1개이다.

ㄷ. 혹스 유전자는 동물의 발생 초기 단계에서 앞뒤 축을 따라 각 기관이 정확한 위치에 형성되도록 하는 핵심 조절 유전자이다.

바로 알기 ㄱ. 혹스 유전자는 생물종에 따라 1개의 염색체 또는 몇 개의 염색체에 분포하지만, 혹스 유전자의 종류와 염색체에 배열된 순서는 생물종에 관계없이 비슷하다.

통합 실전 문제   2권 **90쪽~93쪽**

| 01 ② | 02 ③ | 03 ③ | 04 ① | 05 ④ | 06 ⑤ |

01 ㄴ. (가)에서 열처리로 죽은 ㉠의 유전 물질이 살아 있는 ㉡을 살아 있는 ㉠으로 형질 전환시켜 쥐가 죽었다. 따라서 ㉠은 병원성이 있는 S형 균이고, ㉡은 병원성이 없는 R형 균이다. (나)에서 열처리로 죽은 S형 균(㉠)의 추출물에 ⓐ 분해 효소를 처리한 후 살아 있는 R형 균(㉡)과 함께 배양하면 살아 있는 S형 균이 관찰되지 않는데, 이것은 S형 균의 유전 물질이 ⓐ 분해 효소에 의해 분해되었기 때문이다. 살아 있는 R형 균을 S형 균으로 형질 전환시키는 유전 물질은 DNA이므로 ⓐ는 DNA이다.

바로알기 ㄱ. (가)를 통해 형질 전환이 일어났다는 것은 알 수 있지만, 성분에 관한 실험을 하지 않았기 때문에 형질 전환을 일으키는 유전 물질이 DNA라는 것은 알 수 없다.

ㄷ. S형 균(㉠)은 R형 균(㉡)과 달리 부드럽고 끈적끈적한 다당류의 피막을 가지고 있어 숙주의 면역 세포로부터 자신을 보호할 수 있으므로 폐렴을 유발한다.

02 ① DNA 복제에는 RNA 프라이머를 사용하며, $5' \rightarrow 3'$ 방향으로 DNA가 합성된다. (가)를 주형으로 하여 합성되는 가닥은 연속적으로 합성되므로 선도 가닥이고, DNA 합성은 RNA 프라이머가 있는 왼쪽에서 오른쪽으로 진행된다. (나)를 주형으로 하여 합성되는 가닥은 짧은 DNA 조각을 만들어 연결하는 지연 가닥이며, 프라이머가 있는 쪽이 5′ 말단이다. 그러나 전체적으로 지연 가닥의 합성이 진행되는 방향은 선도 가닥과 마찬가지로 왼쪽에서 오른쪽이므로 Ⅱ가 Ⅲ보다 먼저 합성되었다.

②, ④ X는 피리미딘 계열에 속하는 2종류의 염기로 구성되므로 C와 U로 구성된다. X+Ⅰ은 총 44개의 염기로 구성되어 있으므로, A+T+U+G+C=44이다. 또, X+Ⅰ과 주형 가닥 (가) 사이의 염기 간 수소 결합의 총 개수가 115개이므로, $2(A+T+U)+3(G+C)=115$이다. 따라서 X+Ⅰ에서 G+C은 27개이고, A+T+U은 17개이다. 또, 44개의 염기에서 X의 염기(C+U) 4개를 제외한 Ⅰ의 염기 40개에서 $\dfrac{A+T}{G+C}=\dfrac{2}{3}$이므로, G+C은 24개이고 A+T은 16개가 되어 X에는 C이 3개, U이 1개 있다.

Y와 Z는 각각 4개의 염기로 구성되므로, Ⅱ와 Ⅲ의 염기 개수는 각각 18개이다. Ⅱ의 염기 18개 중에서 $\dfrac{A+T}{G+C}=\dfrac{1}{2}$이므로 Ⅱ에서 A+T은 6개, G+C은 12개이다. Ⅱ와 (나), Ⅲ과 (나) 사이의 염기 간 수소 결합의 총 개수가 같으므로 Ⅲ에서도 A+T은 6개, G+C은 12개이다.

Y는 X와 상보적이므로 G 3개와 A 1개로 구성된다. 또, X+Ⅰ과 Ⅱ+Y+Ⅲ+Z는 상보적이고 Ⅱ+Y+Ⅲ에서 A+T=13개, G+C=27개이므로 Z는 A+U=4개로 구성된다. Ⅲ+Z에서 G+C=12개인데 $\dfrac{C}{G}=\dfrac{1}{3}$이므로, G은 9개, C은 3개이고, $\dfrac{T}{C}=1$이므로 T은 3개이다. 또, Ⅲ+Z에서 $\dfrac{A}{G}=\dfrac{2}{3}$이므로 A은 6개이고, Z는 A 3개, U 1개로 구성된다.

⑤ Y는 G 3개, A 1개로 구성되므로, Y와 (나) 사이의 염기 간 수소 결합의 총 개수는 11개이다. Z는 A 3개, U 1개로 구성되므로, Z와 (나) 사이의 염기 간 수소 결합의 총 개수는 8개이다.

바로알기 ③ (가)와 상보적으로 결합하는 X+Ⅰ에서 G+C=27개, A+T+U=17개인데, (가)는 DNA 가닥으로 U이 없으므로 A+T=17개이다. 따라서 (가)에서 염기 G+C의 개수는 염기 A+T의 개수보다 10개 많다.

03 ㄱ. 영양 요구주 Ⅰ형은 최소 배지에 ㉠을 첨가한 배지에서는 생장하지만, ㉡을 첨가한 배지에서는 생장하지 못한다. Ⅱ형은 최소 배지에 ㉠이나 ㉡ 중 하나가 첨가된 배지에서 모두 생장한다. 따라서 Ⅰ형은 효소 B를 암호화하는 유전자 *b*, Ⅱ형은 효소 A를 암호화하는 유전자 *a*에 돌연변이가 일어난 것이며, ㉠은 시트룰린, ㉡은 오르니틴이다. ㉢은 붉은빵곰팡이의 생장에 필요한 아르지닌이며, 시트룰린(㉠)으로부터 합성된다.

ㄴ. 효소 B는 오르니틴을 시트룰린으로 합성하는 과정에 관여하므로 효소 B의 기질은 오르니틴(㉡)이다.

바로알기 ㄷ. Ⅱ형은 최소 배지에 ㉠이나 ㉡ 중 하나를 첨가하면 생장하므로 유전자 *a*에 돌연변이가 일어난 것이다.

04 전사되어 만들어진 mRNA는 DNA의 전사 주형 가닥과 상보적인 염기 서열을 가지며 방향이 반대이다.

*w*의 전사 주형 가닥의 염기 서열이 5′-TCAGTTACGAGTGGTGGCTGCCCATTGTA-3′이므로 *w*로부터 전사된 mRNA의 염기 서열은 5′-UACA/AUG/GGC/AGC/CAC/CAC/UCG/UAA/CUGA-3′이다. 번역은 mRNA의 $5' \rightarrow 3'$ 방향으로 일어나고 개시 코돈인 AUG에서 시작하여 종결 코돈인 UAA에서 끝나므로 이 mRNA로부터 합성된 폴리펩타이드 W의 아미노산 서열은 메싸이오닌 - 글리신 - 세린 - 히스티딘 - 히스티딘 - 세린으로, 6개의 아미노산으로 구성되어 있다.

x는 w의 전사 주형 가닥에 연속된 2개의 G이 1회 삽입된 것이므로 x로부터 전사된 mRNA는 C이 2개 삽입된 상태가 된다. 이 mRNA로부터 합성된 폴리펩타이드 X는 서로 다른 8개의 아미노산으로 구성된다. 만일 4번째 코돈의 첫 번째나 두 번째 염기 앞에 CC가 끼어 들어간다면 5번째와 6번째 코돈이 각각 ACC, ACU로 둘 다 트레오닌을 지정하게 된다. 4번째 코돈의 세 번째 염기 앞에 CC가 끼어 들어간다면 1)과 같이, 5번째 코돈의 첫 번째 염기 앞에 끼어 들어간다면 2)와 같이, 5번째 코돈의 두 번째 염기 앞에 끼어 들어간다면 3)과 같이 되어 각각 8종류의 아미노산을 지정하게 된다(아미노산 서열은 모두 동일). 그러나 5번째 코돈의 세 번째 염기 앞에 끼어 들어간다면 5번째 코돈이 CAC가 되어 다시 히스티딘을 지정하게 된다.

1) mRNA 염기 서열: 5'-UACA/AUG/GGC/AGC/CAC/CCC/ACU/CGU/AAC/UGA-3'

2) mRNA 염기 서열: 5'-UACA/AUG/GGC/AGC/CAC/CCC/ACU/CGU/AAC/UGA-3'

3) mRNA 염기 서열: 5'-UACA/AUG/GGC/AGC/CAC/CCC/ACU/CGU/AAC/UGA-3'

X의 아미노산 서열: 메싸이오닌 – 글리신 – 세린 – 히스티딘 – 프롤린 – 트레오닌 – 아르지닌 – 아스파라진

y는 w가 x로 될 때 삽입된 GG가 피리미딘 계열에 속하는 동일한 2개의 염기(TT 또는 CC)로 치환된 것이므로, y로부터 전사된 mRNA에는 CC 대신 AA 또는 GG가 들어가며, 이 mRNA로부터 합성된 폴리펩타이드 Y는 8종류의 아미노산으로 구성된다.

1)의 경우 mRNA로 전사된 염기가 AA라면 5번째 코돈이 ACC가 되어 트레오닌을 지정하므로 7종류의 아미노산으로 구성되고(트레오닌이 2개), GG라면 4번째 코돈은 CAG로 글루타민, 5번째 코돈은 GCC로 알라닌을 지정하므로 8종류의 아미노산으로 구성된다.

2)의 경우 mRNA로 전사된 염기가 AA라면 5번째 코돈이 AAC가 되어 아스파라진을 지정하므로 7종류의 아미노산으로 구성되고(아스파라진이 2개), GG라면 5번째 코돈은 GGC가 되어 글리신을 지정하므로 7종류의 아미노산으로 구성된다(글리신이 2개).

3)의 경우 mRNA로 전사된 염기가 AA라면 5번째 코돈이 CAA가 되어 글루타민을 지정하므로 8종류의 아미노산으로 구성되고, GG라면 5번째 코돈은 CGG로 아르지닌을 지정하므로 7종류의 아미노산으로 구성된다(아르지닌이 2개).

그런데 X와 Y는 6개의 아미노산이 공통적이라고 하였으므로, X는 1)의 경우이고, Y는 1)의 4번째 코돈의 세 번째 염기와 5번째 코돈의 첫 번째 염기가 G로 치환된 경우이다.

ㄱ. y의 ㉠ 부분으로부터 전사된 mRNA의 염기가 GG이므로 ㉠은 이에 상보적인 CC이다.

바로 알기 ㄴ. Y에는 히스티딘이 존재하지 않는다.

ㄷ. W 합성 과정에서 종결 코돈은 UAA이다.

05 ㉠은 조절 유전자이므로 이 부분이 결실되면 억제 단백질이 합성되지 않아 젖당의 유무에 관계없이 젖당 분해 효소가 합성된다. ㉡은 RNA 중합 효소가 결합하는 프로모터이므로 이 부분이 결실되면 젖당의 유무에 관계없이 젖당 분해 효소가 합성되지 않는다.

ㄱ. B는 시간이 지나도 대장균 수에 변화가 없으므로 젖당 분해 효소를 합성하지 못해 젖당을 이용하여 생장하지 못한다. 따라서 B에서 결실된 부위는 프로모터(㉡)이다.

ㄷ. A는 조절 유전자(㉠)가 결실되어 RNA 중합 효소가 프로모터에 항상 결합하여 젖당 분해 효소를 합성하므로, 배지의 젖당을 이용하여 생장한다. 따라서 (나)의 구간 Ⅰ에서는 A에서 구조 유전자의 전사가 일어나고 있다.

바로 알기 ㄴ. 젖당의 유무에 관계없이 야생형 대장균에서는 항상 조절 유전자(㉠)가 발현되어 억제 단백질을 합성한다.

06 ㄱ. x는 전사 인자 ㉡과 ㉢이 있을 때 발현되고 w는 전사 인자 ㉠과 ㉡이 있을 때 발현된다. 따라서 x와 w에 공통으로 있는 ㉡이 A에 결합한다. 이에 따라 ㉠은 B에 결합하고, ㉢은 C에 결합한다.

ㄴ. y는 A와 C 중 하나에만 전사 인자가 결합해도 유전자가 발현되므로 x의 전사가 촉진되는 조건에서는 y의 전사도 촉진된다. 따라서 Ⅰ에서 y의 유전 정보는 RNA로 전달된다.

ㄷ. Ⅰ은 A와 C에 각각 결합하는 전사 인자 ㉡과 ㉢이 있으므로, Ⅰ에서는 x, y, z의 전사가 촉진된다. Ⅱ는 C에 결합하는 전사 인자 ㉢이 있으므로, Ⅱ에서는 y와 z의 전사가 촉진된다. Ⅲ은 A와 B에 각각 결합하는 전사 인자 ㉡과 ㉠이 있으므로, Ⅲ에서는 w, y, z의 전사가 촉진된다. 따라서 Ⅰ~Ⅲ 모두에서 전사가 촉진되는 유전자는 y와 z 2개이다.

사고력 확장 문제   2권 **94**쪽~**97**쪽

01 원핵세포의 염색체는 원형이고, 진핵세포의 염색체는 선형이다. 일반적으로 진핵세포는 원핵세포보다 염색체 수가 많고, 유전체 크기가 크며, 유전자 수가 많다.

모범 답안 원핵세포는 원형의 염색체를 1개 가지고, 진핵세포는 선형의 염색체를 여러 개 가진다. 또, 진핵세포는 원핵세포보다 유전체 크기가 크고, 유전자 수가 많다.

채점 기준	배점(%)
네 가지 요소를 모두 포함하여 원핵세포와 진핵세포 유전체의 차이점을 옳게 서술한 경우	100
세 가지 요소를 포함하여 원핵세포와 진핵세포 유전체의 차이점을 옳게 서술한 경우	75
두 가지 요소를 포함하여 원핵세포와 진핵세포 유전체의 차이점을 옳게 서술한 경우	50
한 가지 요소만 포함하여 원핵세포와 진핵세포 유전체의 차이점을 옳게 서술한 경우	25

02 (1) 침전물에는 크고 무거운 대장균이 있고, 상층액에는 대장균 속으로 들어가지 못한 파지의 단백질 껍질이 있다.

(2) 유전 물질은 다음 세대의 형질을 결정한다.

모범 답안 (1) 시험관 A에서는 침전물, 시험관 B에서는 상층액에서 방사선이 검출된다. 파지의 DNA를 ^{32}P으로 표지하면 DNA는 대장균 속으로 들어가므로 시험관 A에서는 대장균이 있는 침전물에서 방사선이 검출된다. 그러나 파지의 단백질을 ^{35}S으로 표지하면 단백질 껍질은 대장균 속으로 들어가지 못하므로 시험관 B에서는 파지의 단백질 껍질이 있는 상층액에서 방사선이 검출된다.

(2) 파지는 대장균 속에서 자신의 유전 물질을 이용하여 증식하는데, 제시된 실험을 통해 파지의 DNA만이 대장균 속으로 들어가 다음 세대의 파지를 만드는 데 이용되는 것을 밝힘으로써 DNA가 유전 물질이라는 것을 증명하였다.

	채점 기준	배점(%)
(1)	시험관 A와 B에서 방사선이 검출되는 부분을 각각 옳게 쓰고, 근거를 옳게 서술한 경우	50
	시험관 A와 B에서 방사선이 검출되는 부분만 각각 옳게 쓴 경우	20
(2)	파지의 DNA만이 대장균 속으로 들어가 다음 세대의 파지를 만드는 데 이용되는 유전 물질이라는 것을 밝혔다고 옳게 서술한 경우	50
	파지의 DNA만이 대장균 속으로 들어간다는 것을 밝혔다고만 서술한 경우	20

03 (1) DNA는 반보존적 복제를 하며 대장균은 분열법으로 증식하므로, 세대를 거듭함에 따라 개체 수가 2배씩 증가할 때 총 DNA양도 2배씩 증가한다.

(2) DNA 복제가 일어날 때에는 이중 나선을 이루던 두 가닥이 각각 주형 가닥이 되고, 이에 상보적인 염기를 가진 뉴클레오타이드가 차례대로 결합하여 새로운 가닥이 만들어진다. 이와 같은 복제 방식을 반보존적 복제라고 한다.

모범 답안 (1)

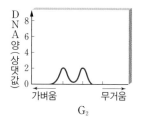
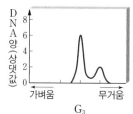

(2) DNA는 반보존적 복제를 하므로, G_1은 모두 $^{14}N-^{15}N$ DNA를 가지며 DNA 상대량은 2이다. G_1을 ^{14}N가 들어 있는 배양액에서 배양하면 G_2에서 $^{14}N-^{14}N$ DNA와 $^{14}N-^{15}N$ DNA가 2 : 2로 나타난다. G_2를 ^{15}N가 들어 있는 배양액으로 옮겨 G_3를 얻으면 $^{14}N-^{14}N$ DNA로부터 복제된 것은 모두 $^{14}N-^{15}N$ DNA가 되며 DNA 상대량은 4가 된다. 또, $^{14}N-^{15}N$ DNA로부터 복제된 것은 $^{14}N-^{15}N$ DNA : $^{15}N-^{15}N$ DNA=2 : 2가 된다. 따라서 G_3 전체에서는 $^{14}N-^{15}N$ DNA : $^{15}N-^{15}N$ DNA=6 : 2가 된다.

	채점 기준	배점(%)
(1)	G_2와 G_3의 DNA 위치와 상대량을 옳게 그린 경우	50
	G_2와 G_3 중 한 세대의 DNA 위치와 상대량만 옳게 그린 경우	30
(2)	근거를 DNA의 반보존적 복제 방식과 관련지어 옳게 서술한 경우	50
	DNA 복제 방식에 대한 일반적인 설명만 한 경우	20

04 (1) (가)에서는 DNA를 구성하는 두 가닥이 모두 주형 가닥으로 사용되었고, (나)에서는 DNA를 구성하는 두 가닥 중 한 가닥만이 주형 가닥으로 사용되었다.

(2) 효소 A는 DNA를 합성하고, 효소 B는 RNA를 합성한다.

(3) 복제는 1분자의 DNA가 2분자의 DNA로 되는 것이고, 전사는 DNA의 유전 정보를 RNA로 전달하는 과정이다.

모범 답안 (1) (가)는 복제이고, (나)는 전사이다.

(2) 효소 A는 DNA 중합 효소이고, 효소 B는 RNA 중합 효소이다.

(3) 복제(가)는 이중 나선 DNA의 두 가닥이 모두 주형으로 사용되지만, 전사(나)는 두 가닥 중 한 가닥만 주형으로 사용된다. 또, 복제(가)는 DNA 중합 효소가 관여하여 DNA를 합성하지만, 전사(나)는 RNA 중합 효소가 관여하여 RNA를 합성한다.

	채점 기준	배점(%)
(1)	(가)와 (나) 과정을 모두 옳게 쓴 경우	30
(2)	효소 A와 B의 이름을 모두 옳게 쓴 경우	30
(3)	복제와 전사의 차이점을 두 가지 모두 옳게 서술한 경우	40
	복제와 전사의 차이점을 한 가지만 옳게 서술한 경우	20

05 (1) 원핵세포는 핵막으로 둘러싸인 핵이 없으므로 복제, 전사, 번역이 모두 세포질에서 일어난다.

(2) 리보솜은 mRNA의 5′ 말단 부분의 개시 코돈에 결합하여 3′ 말단 쪽으로 이동하면서 아미노산을 결합시켜 폴리펩타이드를 합성한다.

모범 답안 (1) DNA에서 전사가 일어나 mRNA가 합성되는 중에 리보솜이 mRNA에 결합하여 번역이 일어나므로, 세포 P는 전사와 번역이 세포질에서 거의 동시에 진행되는 원핵세포이다.

(2) DNA에서 전사되면서 분리되어 나온 부분이 mRNA의 5′ 말단이고, 리보솜은 mRNA의 5′ → 3′ 방향으로 이동하면서 번역이 일어난다. 따라서 DNA에 가까이 있는 ㉠이 멀리 있는 ㉡보다 먼저 mRNA에 결합하여 더 많이 이동한 리보솜이다.

	채점 기준	배점(%)
(1)	전사와 번역이 거의 동시에 일어나므로, 세포 P는 원핵세포라고 옳게 서술한 경우	50
	세포 P는 원핵세포라고만 쓴 경우	20
(2)	근거를 들어 ㉠이 ㉡보다 먼저 mRNA에 결합하였다고 옳게 서술한 경우	50
	㉠이 ㉡보다 먼저 결합하였다고만 서술한 경우	20

06 (1) 제시된 가닥을 주형으로 하여 합성된 mRNA의 염기 서열은 5′-UACA/AUG/CGC/AAC/CAG/CAC/UCG/UAA/CUAA-3′이고, 5′ → 3′ 방향으로 개시 코돈(AUG)부터 종결 코돈(UAA) 이전까지 아미노산으로 번역된다. 따라서 이 mRNA가 번역되면 6개의 아미노산으로 이루어진 폴리펩타이드가 합성된다.

(2) DNA 주형 가닥의 염기 GG는 mRNA에서 CC로 전사된다. 따라서 돌연변이가 일어난 유전자의 전사 주형 가닥으로부터 합성된 mRNA의 염기 서열은 5′-UACA/AUG/CGC/ACC/ACC/AGC/ACU/CGU/AAC/UAA-3′이다. 이 경우에도 개시 코돈은 AUG이고, 종결 코돈은 UAA이므로 이 mRNA가 번역되면 8개의 아미노산으로 이루어진 폴리펩타이드가 합성된다.

모범 답안 (1) 메싸이오닌-아르지닌-아스파라진-글루타민-히스티딘-세린

(2) 메싸이오닌-아르지닌-트레오닌-트레오닌-세린-트레오닌-아르지닌-아스파라진

	채점 기준	배점(%)
(1)	폴리펩타이드의 아미노산 서열을 순서대로 옳게 쓴 경우	50
(2)	돌연변이가 일어나 합성된 폴리펩타이드의 아미노산 서열을 순서대로 옳게 쓴 경우	50

07 (1) 대장균은 포도당과 젖당이 함께 있을 때 포도당을 먼저 사용하고, 포도당이 고갈되면 젖당 분해 효소를 합성하여 젖당을 사용한다.

(2) 젖당을 많이 사용해야 할 경우 젖당 분해 효소의 양이 증가한다.

모범 답안 (1) 구간 A에서 대장균은 포도당을 주로 에너지원으로 사용하며, 이때에는 RNA 중합 효소에 의한 구조 유전자의 전사가 잘 일어나지 않으므로 젖당 분해 효소가 거의 합성되지 않는다.

(2) 구간 B에서 대장균은 젖당을 주로 에너지원으로 사용하며, 이때에는 억제 단백질이 젖당 유도체와 결합하여 작동 부위에 결합하지 못한다. 따라서 RNA 중합 효소가 프로모터에 결합하여 구조 유전자의 전사가 일어나므로 젖당 분해 효소가 활발하게 합성된다.

	채점 기준	배점(%)
(1)	포도당을 사용한다는 것과 구조 유전자의 전사가 일어나지 않아 젖당 분해 효소가 합성되지 않는다고 옳게 서술한 경우	50
	포도당을 사용한다고만 쓴 경우	20
(2)	젖당을 사용한다는 것과 RNA 중합 효소에 의한 구조 유전자의 전사가 일어나 젖당 분해 효소의 합성이 활발하게 일어난다고 옳게 서술한 경우	50
	젖당을 사용한다고만 쓴 경우	20

08 (1) 꽃의 각 부위를 형성하는 데 필수적인 유전자가 발현되려면 전사 인자가 있어야 한다.

(2) 세포 분화와 기관 형성이 일어나려면 특정 유전자가 발현되어야 하는데, 유전자의 전사를 결정하는 데 전사 인자가 중요한 역할을 한다.

모범 답안 (1) 유전자 *a*가 결실되면 전사 인자 A가 합성되지 못해 꽃잎과 꽃받침이 제대로 형성되지 않고 암술과 수술만 형성된다.

(2) 세포 분화와 기관 형성은 특정 유전자의 발현 조절에 의해 일어나는데, 유전자 발현은 세포가 가지는 다양한 전사 인자의 조합과 여러 전사 인자들의 연쇄적 작용으로 조절된다.

	채점 기준	배점(%)
(1)	*a*가 결실되면 암술과 수술은 형성되지만 꽃잎과 꽃받침이 제대로 형성되지 않는다고 옳게 서술한 경우	50
	*a*가 결실되면 꽃잎과 꽃받침 형성에 이상이 생긴다고만 서술한 경우	30
(2)	세포 분화와 기관 형성은 전사 인자의 조합과 전사 인자의 연쇄적 작용으로 유전자 발현이 조절되어 일어난다고 옳게 서술한 경우	50
	세포 분화와 기관 형성은 유전자 발현 조절에 의해 일어난다고만 서술한 경우	30

Ⅴ 생물의 진화와 다양성

1. 생명의 기원과 다양성

01 생명의 기원

01 ㄱ. 원시 지구는 대기가 불안정하여 번개와 같은 방전 현상이 빈번하게 일어나 에너지가 풍부하였을 것이다.

바로 알기 ㄴ. 원시 대기는 암모니아, 메테인, 수증기, 수소 등과 같은 환원성 기체로 구성되어 있었으며, 산소는 거의 없었을 것이다.

ㄷ. 대기에는 오존층이 형성되어 있지 않아 태양의 자외선이 여과 없이 지구 표면에 도달하였을 것이다.

02 (1) 화학적 진화설에 따르면 원시 대기의 무기물로부터 아미노산과 같은 간단한 유기물이 생성되었고, 간단한 유기물이 농축되어 폴리펩타이드, 핵산 등과 같은 복잡한 유기물이 생성되었다. 그리고 복잡한 유기물이 뭉쳐 막 구조를 가진 유기물 복합체가 형성되었고, 유기물 복합체에서 원시 세포가 탄생하였다.

(2) ⓒ은 유기물 복합체이며, 코아세르베이트, 마이크로스피어, 리포솜이 이에 해당한다.

03 심해에서 뜨거운 물이 분출되는 장소인 심해 열수구는 화산 활동으로 에너지가 풍부하고, 주변에 환원성 기체인 수소, 암모니아, 메테인 등이 높은 농도로 존재하며, 온도와 압력이 매우 높아 유기물이 합성될 수 있어 최초의 생명체 탄생 장소로 주목받고 있는데, 이 가설을 심해 열수구설이라고 한다.

04 (1) 혼합 기체가 들어 있는 둥근 플라스크에 번개와 같은 원시 지구의 에너지를 공급하는 것은 방전이다.

(2) 수증기가 냉각 장치를 지나면서 응결하여 U자관에 물이 고이므로, U자관에 고인 액체는 원시 지구의 바다에 해당한다.

(3) ㄱ. 혼합 기체에는 암모니아, 수소, 메테인, 수증기가 포함되어 있다.

바로 알기 ㄴ. U자관에서는 아미노산과 같은 간단한 유기물이 검출되었다.

ㄷ. 밀러와 유리의 실험 결과 원시 지구의 환경에서 무기물로부터 간단한 유기물이 합성될 수 있음이 증명되었다.

05 (가)는 리포솜, (나)는 마이크로스피어, (다)는 코아세르베이트이다. 세포막의 주성분은 인지질 2중층이므로, 오늘날의 세포막과 가장 유사한 구조를 가진 것은 리포솜이다.

06 (1) (가)는 RNA-단백질 기반 체계, (나)는 DNA-RNA-단백질 기반 체계, (다)는 RNA 기반 체계이다. 생명체의 진화 과정에서 최초의 유전 물질은 RNA의 일종인 리보자임이었을 것으로 추정되므로, 출현한 순서대로 나열하면 (다) → (가) → (나)이다.

(2) (다)에서 최초의 유전 물질(①)은 유전 정보 저장 능력이 있으면서 효소 기능도 가지고 있는 리보자임이다.

07 ㄱ, ㄷ. 최초의 생명체는 효소와 유전 물질인 핵산이 막 구조로 둘러싸여 있는 원핵생물이며, 원시 바다에 축적된 유기물을 섭취하여 무산소 호흡으로 에너지를 얻는 종속 영양 생물이었다.

바로 알기 ㄴ. 최초의 생명체는 원시 바다의 유기물을 분해하여 에너지를 얻었다.

08 무산소 호흡을 하는 최초의 원시 생명체 출현 이후 대기 중의 이산화 탄소 농도가 증가하였고 원시 바다에 축적된 유기물의 양이 감소하면서 빛에너지를 이용해 무기물로부터 유기물을 스스로 합성하는 광합성 세균이 출현하였다. 그 결과 대기 중 산소의 농도와 바닷속 유기물의 양이 증가하면서 산소 호흡을 하는 호기성 세균이 출현하였다. 따라서 A는 광합성 세균, B는 호기성 세균이며, ①은 이산화 탄소, ⓒ은 산소이다.

09 (1) (가)는 산소 호흡 종속 영양 원핵생물(호기성 세균)과 광합성 원핵생물(광합성 세균)이 숙주 세포와 공생하다가 각각 미토콘드리아와 엽록체로 분화되었으므로 세포내 공생설을 나타낸 것이다. (나)는 세포막의 함입으로 핵, 소포체 등과 같은 막성 세포 소기관이 형성되었으므로 막 진화설을 나타낸 것이다.

(2) 미토콘드리아와 엽록체의 형성은 세포내 공생설로, 핵막의 형성은 막 진화설로 설명한다.

10 독립된 단세포 진핵생물이 모여 군체를 형성하며 생활하다가, 군체를 이룬 세포가 서로 다른 기능을 수행하도록 분화하면서 다세포 진핵생물이 출현하였다. 다세포 진핵생물의 출현 이후 생물 다양성은 급격히 증가하였으며, 대기 중의 산소 농도 증가로 오존층이 형성되면서 태양의 강한 자외선이 차단되어 수중 생물이 육상으로 진출할 수 있게 되었다.

개념 적용 문제 2권 114쪽~117쪽

| 01 ② | 02 ③ | 03 ⑤ | 04 ② | 05 ③ | 06 ④ |
| 07 ① | 08 ③ | | | | |

---

01 ㄴ. (가)는 원시 지구의 환경과 비슷한 조건의 실험 장치로, 둥근 플라스크 내부에는 원시 지구 대기의 기체 성분인 수소, 암모니아, 메테인, 수증기와 같은 환원성 기체가 들어 있다.

바로 알기 ㄱ, ㄷ. (가)의 실험 장치로 1주일 동안 물을 끓여 순환시키고 강한 방전을 일으켰을 때 무기물로부터 간단한 유기물이 합성되었다. 따라서 시간이 지날수록 무기물(A)의 양은 감소하고 아미노산과 같은 간단한 유기물(B)의 양은 증가한다. DNA와 폴리펩타이드는 복잡한 유기물이므로, 밀러와 유리의 실험에서는 합성되지 않는다. U 자관에서는 아미노산과 같은 간단한 유기물이 발견되었다.

02 화학적 진화 과정에서는 원시 지구에서 무기물로부터 합성된 간단한 유기물(⊙)이 원시 바다에 축적되었고, 축적된 간단한 유기물은 복잡한 유기물(ⓒ)로 합성되었으며, 복잡한 유기물이 모여 막으로 둘러싸인 유기물 복합체(ⓒ)를 거쳐 원시 세포가 탄생하였다.

ㄷ. ⓒ은 유기물 복합체로, 막 구조를 가지고 있고 주변 환경으로부터 물질을 흡수하며 일정 크기 이상이 되면 분열할 수 있다. 그러나 자기 복제와 물질대사에 필요한 유전 물질과 효소는 가지고 있지 않다.

바로 알기 ㄱ. ⊙은 간단한 유기물로, 아미노산이 ⊙의 예에 해당한다. 폴리뉴클레오타이드는 복잡한 유기물(ⓒ)의 예에 해당한다.

ㄴ. X는 복잡한 유기물(단백질 입자)이 물로 된 액상의 막으로 둘러싸여 있는 코아세르베이트이다. 코아세르베이트는 유기물 복합체(ⓒ)의 예에 해당한다.

03 A는 아미노산 중합체인 단백질로 이루어진 막이므로 (가)는 마이크로스피어이다. (다)는 인지질 2중층의 막으로 둘러싸여 있는 리포솜이며, (나)는 코아세르베이트이다.

ㄱ. 마이크로스피어의 막 A는 단백질 2중층의 막이고, 리포솜의 막 C는 인지질 2중층의 막이다.

ㄴ. 오파린의 화학적 진화설에 따르면 유기물 복합체인 코아세르베이트(나)가 원시 세포로 진화하였다.

ㄷ. 대장균의 세포막은 인지질 2중층과 단백질로 이루어진 유동 모자이크막이다. 대장균의 세포막과 같이 인지질 2중층으로 되어 있는 것은 리포솜(다)의 막 C이다.

04 ㄷ. (가)는 RNA – 단백질 기반 체계, (나)는 RNA 기반 체계, (다)는 DNA – RNA – 단백질 기반 체계이다. 생명체의 진화 과정에서 유전 정보 체계의 변화는 (나) → (가) → (다) 순으로 일어났다. (나)에서 리보자임은 다양한 입체 구조를 만들 수 있어 효소로 작용할 수 있으며 유전 정보를 저장할 수 있어 최초의 유전 물질로 추정된다. 리보자임은 RNA의 한 종류이므로, 최초의 유전 물질은 RNA였을 가능성이 높다.

바로 알기 ㄱ. RNA – 단백질 기반 체계(가)에서는 단백질이 화학 반응을 촉매하는 효소 기능을 담당하였고, RNA는 유전 정보의 저장과 전달 기능을 담당하였다.

ㄴ. 오늘날의 생명체와 같은 DNA – RNA – 단백질 기반 체계(다)에서는 DNA가 유전 정보를 저장하는 기능을 담당하고, RNA는 유전 정보를 전달하는 기능을 담당한다.

05 핵산 (가)는 3차원 입체 구조를 형성하며 주형 RNA로부터 상보적인 RNA 복사본을 합성하고 있다. 이를 통해 (가)는 유전 정보의 저장과 효소 기능을 가진 RNA인 리보자임이라는 것을 알 수 있다.

ㄱ. 리보자임은 리보뉴클레오타이드를 이용하여 RNA를 상보적으로 복제하는 작용을 촉매하므로, RNA 중합 효소로서의 기능을 가지고 있다.

ㄷ. 리보자임은 RNA의 일종으로, 단일 가닥이지만 상보적 염기 간의 수소 결합으로 입체 구조를 형성한다.

바로 알기 ㄴ. 리보자임은 RNA이며, RNA의 단위체는 리보뉴클레오타이드이다. 디옥시리보뉴클레오타이드는 DNA의 단위체이다.

06 그림의 세포내 공생설에서 ⓐ와 ⓑ가 숙주 세포와 공생하다가 각각 미토콘드리아와 엽록체로 분화하였으므로, ⓐ는 호기성 세균, ⓑ는 광합성 세균이다. A~C 중에서 산소 호흡을 하는 생물은 호기성 세균이고, 종속 영양 생물은 무산소 호흡 종속 영양 원핵생물과 호기성 세균이다. 따라서 A는 호기성 세균, B는 광합성 세균, C는 무산소 호흡 종속 영양 원핵생물이다.

ㄱ. 호기성 세균, 광합성 세균, 무산소 호흡 종속 영양 원핵생물은 모두 핵막이 없는 원핵세포이다.

ㄷ. 미토콘드리아는 세포내 공생에서 호기성 세균(A)으로부터 분화한 것이다. 따라서 미토콘드리아의 리보솜은 호기성 세균(A)의 리보솜과 특징이 비슷하다.

바로 알기 ㄴ. ⓐ는 호기성 세균이므로 종속 영양을 하지만, B는 광합성 세균이므로 독립 영양을 한다.

07 ㄱ. 단세포 진핵생물이 모여 군체를 형성한 후에 세포의 형태와 기능이 분화되어 다세포 진핵생물이 출현한 것이므로, (나) 과정에서 세포의 분화가 일어났다.

바로 알기 ㄴ. 미토콘드리아는 원핵생물로부터 단세포 진핵생물이 출현하는 과정에서 형성된 것이다.

ㄷ. 다세포 진핵생물의 출현 이후 오늘날에도 볼복스와 같이 군체를 이루며 생활하는 생물이 존재한다.

08 지구에서 원시 생명체(원핵생물)의 출현 순서는 무산소 호흡 종속 영양 생물(가) → 광합성 세균(나) → 호기성 세균(다)이다. 무산소 호흡 종속 영양 생물(가)은 무산소 호흡으로 유기물을 분해하여 에너지를 얻었으며, 이 과정에서 이산화 탄소(㉠)를 방출하였다. 광합성 세균(나)은 광합성을 하여 유기물을 합성하였으며, 그 결과 산소(㉡)를 방출하였다. 호기성 세균(다)은 산소를 이용하여 유기물을 분해하여 에너지를 얻었으며, 이 과정에서 이산화 탄소를 방출하였다.

ㄷ. 광합성 세균(나)의 출현으로 대기 중의 산소 농도가 증가하였고 엽록체를 가진 독립 영양 진핵생물이 출현하면서 대기 중의 산소 농도가 급격히 증가하였다. 그 결과 오존(O_3)(㉢)이 생성되고 대기 상층부에 오존층이 형성되어 지표면으로 도달하는 자외선이 대부분 차단됨에 따라 수중 생활을 하던 생물이 육상으로 진출할 수 있게 되었다.

바로 알기 ㄱ. (가), (나), (다)는 모두 원핵생물이므로 핵막과 엽록체, 미토콘드리아, 소포체 등의 막성 세포 소기관이 없다.

ㄴ. 광합성 세균(나)이 번성하면서 대기 중의 산소 농도가 증가함에 따라 무산소 환경에서 살아가던 무산소 호흡 종속 영양 생물(가)이 대부분 멸종하였고, 일부가 살아남아 오늘날의 무산소 호흡 생물로 진화하였다.

02 생물의 분류

탐구 확인 문제 2권 125쪽

01 ①, ⑤

01 ① 계통수에서 가지가 갈라지는 분기점은 한 조상에서 두 계통이 나누어져 진화하였음을 의미한다.

⑤ 나비와 메뚜기는 세 가지 특징(더듬이 1쌍, 날개 있음, 날개를 접어 올림)을 공통으로 가지고 있고, 나비와 잠자리는 두 가지 특징(더듬이 1쌍, 날개 있음)을 공통으로 가진다. 따라서 나비와 메뚜기의 유연관계는 나비와 잠자리의 유연관계보다 가깝다.

바로 알기 ② 메뚜기와 좀의 공통 조상은 더듬이가 1쌍이다.

③ 나비와 유연관계가 가장 가까운 동물은 메뚜기이다.

④ 잠자리와 좀은 더듬이가 1쌍이라는 공통점이 있다.

집중 분석 2권 126쪽

유제 ②

유제 (가)의 ㉠은 원핵생물계, ㉡은 원생생물계, (나)의 ㉢은 균계이며, (나)의 A는 세균역, B는 고세균역, C는 진핵생물역이다.

ㄷ. 고세균역(B)은 세균역(A)보다 진핵생물역(C)과 유연관계가 더 가깝다.

바로 알기 ㄱ. 5계 분류 체계에서 원핵생물계(㉠)에 속해 있던 세균과 고세균을 3역 6계 분류 체계에서는 세균역(A)과 고세균역(B)으로 분리하였다.

ㄴ. (나)의 ㉢은 균계이다.

개념 모아 정리하기 2권 127쪽

❶ 종   ❷ 과   ❸ 역   ❹ 종소명
❺ 대문자   ❻ 계통   ❼ 계통수   ❽ 공통 조상
❾ 유연관계   ❿ 고세균계   ⓫ 세균역   ⓬ 진핵생물역

01 (1) 종 (2) ㄱ, ㄷ   **02** 2종류   **03** (1) ㉠ 속, ㉡ 목, ㉢ 강, ㉣ 역 (2) ㉣   **04** 학명   **05** (1) 종소명 (2) ㄴ   **06** (1) 고양잇과 (2) *latrans* (3) C (4) 4개   **07** 계통   **08** ㄱ, ㄴ, ㄷ   **09** (1) ㉠ D, ㉡ E, ㉢ C (2) ㉠ (3) ㉠과 ㉡의 유연관계   **10** (1) A: 원핵생물, B: 세균, C: 고세균, D: 진핵생물 (2) ㄴ, ㄷ   **11** A: 세균역, B: 고세균역   **12** (1) ㉠ 없음, ㉡ 없음, ㉢ 원형 (2) 원생생물계, 식물계, 균계, 동물계

01 (1) 생물 분류의 가장 기본이 되는 분류군이며, 자연 상태에서 자유롭게 교배하여 생식 능력이 있는 자손을 낳을 수 있는 개체들의 무리는 종이다.

(2) ㄱ. 종(A)은 다른 종과 생식적으로 격리된 자연 집단이다.

ㄷ. 동일한 종(A)에 속한 개체들은 같은 조상으로부터 분화하였다.

바로 알기 ㄴ. 같은 종(A)에 속한 개체들이 모두 외부 형태가 같은 것은 아니므로 종을 구분하는 중요 기준은 생식적 격리이다.

02 같은 종이라면 서로 교배하여 생식 능력이 있는 자손을 낳을 수 있어야 한다. 말과 당나귀의 교배로 태어난 노새는 생식 능력이 없는 종간 잡종으로 독립된 종이 아니다. 따라서 말과 당나귀만이 서로 다른 종이므로, 제시된 그림에는 말과 당나귀 2종이 있다.

03 (1) 생물을 공통적인 특징으로 묶어 단계적으로 나타낸 것을 분류 단계라고 하며, 분류 단계는 종, 속(㉠), 과, 목(㉡), 강(㉢), 문, 계, 역(㉣)의 8단계로 되어 있다.

(2) 분류 단계에서 가장 범위가 작은 분류군은 종이고, 범위가 가장 큰 분류군은 역(㉣)이다.

04 생물종에 대한 이름은 나라마다 다르기 때문에 학술 연구에서 사용하기에는 어려움이 많다. 따라서 언어와 상관없이 국제적으로 통용되는 종의 이름인 학명을 사용한다.

05 (1) 이명법은 린네가 창안한 학명으로, '속명＋종소명＋명명자'로 표기한다. 따라서 ㉠은 종소명이다.

(2) ㄴ. 이명법에서 속명과 종소명 뒤에 정체로 명명자를 쓰는데, 명명자는 생략할 수 있다.

바로 알기 ㄱ. 이명법은 린네가 창안하였으며, 우즈는 3역 6계 분류 체계를 주장하였다.

ㄷ. 속명의 첫 글자는 대문자로, 종소명(㉠)의 첫 글자는 소문자로 표기한다.

06 (1) A의 속명은 *Panthera*로 E와 동일하며, E는 고양잇과에 속한다. 과는 속보다 범위가 더 넓은 상위 분류군이므로, 속이 같으면 과도 같다. 따라서 A도 고양잇과에 속한다.

(2) 학명은 '속명＋종소명'이므로, D의 종소명은 *latrans*이다.

(3) B와 D는 같은 속(*Canis*)에 속하므로 같은 과에 속한다. 따라서 D는 갯과이다. A~F는 3개의 과(갯과, 고양잇과, 족제빗과)로 분류된다고 하였으므로, 남은 C가 족제빗과에 속한다.

(4) A와 E는 *Panthera*속, B와 D는 *Canis*속, C는 *Meles*속, F는 *Felis*속에 속한다. 따라서 A~F는 모두 4개의 속으로 분류할 수 있다.

07 생물이 진화해 온 경로를 바탕으로 세운 생물 간의 진화적 유연관계를 계통이라고 한다.

08 ㄱ, ㄴ. 계통수는 생물의 계통을 바탕으로 생물 사이의 유연관계를 나뭇가지 모양으로 나타낸 것으로, 계통수를 분석하면 분류군 사이의 진화적 유연관계를 알 수 있다.

ㄷ. 계통수에서 가지가 갈라지는 분기점은 진화적 계통이 둘로 나누어지는 것을 의미한다.

09 (1) 공통 특징을 많이 공유한 종일수록 계통수에서 최근에 갈라진 가지에 위치한다. A~E는 모두 특징 ⓓ를 공유하며, [B, D, E]는 특징 ⓒ를, [A, C]는 특징 ⓐ를 공유한다. [B, D, E] 중 [B, D]는 특징 ⓑ를 공유한다. 따라서 ㉠은 D, ㉡은 E, ㉢은 C이다.

(2) 특징 ⓑ, ⓒ, ⓓ를 모두 가진 것은 B와 ㉠(D)이다.

(3) 유연관계가 가까운 종일수록 계통수에서 최근에 갈라진 가지에 위치한다. 따라서 ㉠(D)과 ㉡(E)의 유연관계는 ㉡(E)과 ㉢(C)의 유연관계보다 가깝다.

10 (1) 5계 분류 체계는 생물을 원핵생물계, 원생생물계, 식물계, 균계, 동물계로 분류하는 것이다. 3역 6계 분류 체계는 생물을 진정세균계를 포함하는 세균역, 고세균계를 포함하는 고세균역, 원생생물계·식물계·균계·동물계를 포함하는 진핵생물역으로 분류하는 것이다. 따라서 A는 원핵생물, B는 세균, C는 고세균, D는 진핵생물이다.

(2) ㄴ. C역은 고세균역으로, 고세균역에 속하는 생물은 단세포 원핵생물이다.

ㄷ. 고세균역의 분자 생물학적 특징이 세균역보다 진핵생물역과 더 유사하다는 것이 밝혀졌으므로, 고세균(C)역은 세균(B)역보다 진핵생물(D)역과 유연관계가 더 가깝다.

바로 알기 ㄱ. A계는 원핵생물계이다. 원핵생물의 특정 rRNA의 염

기 서열을 분석한 결과 3역 6계 분류 체계에서는 원핵생물계를 세균 (B)역의 진정세균계와 고세균(C)역의 고세균계로 분류하게 되었다.

11 3역 분류 체계에서 고세균역이 세균역보다 진핵생물역과 유연관계가 더 가깝다. 따라서 A는 세균역, B는 고세균역이다.

12 (1) 세균역과 고세균역은 모두 핵막이 없는 원핵생물로, 원형의 염색체를 가진다. 펩티도글리칸 성분을 포함한 세포벽은 세균역에 속한 생물이 가진 구조이다. 따라서 ㉠은 '없음', ㉡은 '없음', ㉢은 '원형'이다.
(2) 진핵생물역은 원생생물계, 식물계, 균계, 동물계를 포함한다.

개념 적용 문제   2권 **130쪽~133쪽**

| 01 ⑤ | 02 ③ | 03 ② | 04 ② | 05 ② | 06 ③ |
| 07 ③ | 08 ④ | | | | |

01 ㄱ. A와 B가 같은 종이라면 서로 교배하여 생식 능력이 있는 자손이 태어나야 한다. 그러나 A와 B의 교배로 태어난 C는 생식 능력이 없으므로, A와 B는 서로 다른 종이다.
ㄴ. B와 D의 교배로 생식 능력이 있는 E가 태어났으므로, B와 D는 같은 종이다. 따라서 B와 D는 같은 속에 속한다.
ㄷ. 외부 형태가 유사하더라도 서로 다른 종이면 생식적으로 격리되어 있다. B, D, E는 모두 같은 종이고, A는 이들과 다른 종이다. 따라서 A와 E는 생식적으로 격리되어 있다.

02 ㄱ. 생물의 8가지 분류 단계는 종, 속, 과, 목, 강, 문, 계, 역이므로 ㉠은 종, ㉡은 속, ㉢은 문이다. 따라서 척삭동물문은 ㉢(문) 단계에 해당한다.
ㄴ. 이명법은 '속명＋종소명'이므로, ⓐ의 학명은 이명법을 사용하였다.
바로 알기 ㄷ. ⓑ와 ⓒ는 학명이 다르므로 서로 다른 종(㉠)이다. 그러나 ⓑ와 ⓒ는 모두 *Acanthurus*속에 속하므로, 속(㉡)이 같다.

03 ㄴ. 몰개와 쉬리는 서로 다른 종이므로, 교배하여 자손을 번식시키지 못한다.
바로 알기 ㄱ. 긴몰개는 속명이 몰개와 같으므로, 몰개와 같이 잉엇과에 속한다. 긴몰개와 쉬리는 모두 잉엇과에 속하며 강은 과보다 상위 분류 단계이므로 쉬리와 긴몰개는 같은 강에 속한다.
ㄷ. 수수미꾸리와 기름종개는 과명이 같지만, 수수미꾸리와 긴몰개는 과명이 다르다. 따라서 수수미꾸리와 기름종개의 유연관계는 수수미꾸리와 긴몰개의 유연관계보다 가깝다.

04 A와 유연관계가 가장 가까운 것은 A와 같은 속(*Prunus*속)에 속하는 F이므로, ㉡는 F이고 A는 장미과에 속한다. C는 B와 같은 속(*Rosa*속)에 속하므로 B와 같이 장미과에 속한다. 따라서 B와 C는 A와 가까운 위치에 있는 ㉠에 해당하고, D와 E는 각각 ㉢과 ㉣ 중 하나이며, E는 콩과에 속한다.
ㄴ. B는 ㉠에 해당하므로 ㉢보다 ㉡과 더 최근에 갈라진 가지에 위치한다. 따라서 B와 ㉡의 유연관계는 B와 ㉢의 유연관계보다 가깝다.
바로 알기 ㄱ. ㉠는 B 또는 C이다.
ㄷ. 학명은 '속명＋종소명'이므로, E의 학명에서 종소명은 *faba*이다.

05 ㄴ. 계통수에서 ㉠은 D와 E를 포함한 5종이 공유하는 특징이므로 (나)이고, ㉡은 E를 포함한 3종이 공유하는 특징이므로 (마)이다. ㉢은 E를 포함한 2종이 공유하는 특징이므로 (라)이고, ㉣은 E와 가장 많은 특징을 공유하는 A만 가진 특징이므로 (가)이다. 따라서 ㉤은 C만 가진 특징 (다)이다.
바로 알기 ㄱ. 계통수에서 ⓐ는 특징 ㉠ (나), ㉡ (마)를 가지고 있으므로 F이다.
ㄷ. 종 A~F는 2개의 과와 3개의 속으로 분류된다고 하였으므로, A~F를 2개의 과로 나누면 [A, C, D, E, F]와 [B]로 분류되고, 3개의 속으로 나누면 [A, E, F], [C, D], [B]로 분류된다. 따라서 A와 D는 같은 과에 속하지만 서로 다른 속에 속한다.

06 ㄱ. 현존하는 종 A, B, C, E, F를 2개의 속으로 나누면, [A, B, C]와 [E, F]로 분류할 수 있다. [A, B, C]는 같은 속에 속하므로, 더 범위가 넓은 분류군인 같은 목에 속한다.
ㄴ. E는 특징 ㉠과 ㉡이 있는 가지에 위치하므로, ㉠과 ㉡을 모두 가진다.
바로 알기 ㄷ. 가지가 둘로 나뉘는 분기점에서 종의 분화가 일어났다. 시기 Ⅰ에서는 분기점이 4개, Ⅱ에서는 분기점이 2개, Ⅲ에서는 분기점이 1개 있다. 따라서 종의 분화가 일어난 횟수는 Ⅲ＜Ⅱ＜Ⅰ이다.

07 3역은 세균역, 고세균역, 진핵생물역이며, 고세균역은 특정 rRNA의 염기 서열, 세포벽의 성분, DNA 복제 및 유전자 발현 과정 등과 같은 특징이 세균역보다 진핵생물역과 더 유사하다. 따라서 3역 6계 분류 체계의 계통수에서 고세균역이 세균역보다 진핵생물역과 더 최근에 갈라진 가지에 위치하므로, 분류군 A는 세균역, B는 고세균역, C는 진핵생물역이다.
ㄱ. 식물계보다 균계가 동물계와 유연관계가 더 가깝다. 따라서 ㉠은 식물계, ㉡은 균계이다. 식물계에 속하는 생물은 엽록체가 있어 광합성을 하고, 균계에 속하는 생물은 엽록체가 없어 종속 영양을 한다.

ㄴ. 세균역(A)에 속하는 생물은 펩티도글리칸이 포함된 세포벽을 가진다.

바로 알기 ㄷ. 고세균역(B)에 속하는 생물은 모두 핵막이 없는 원핵생물이고, 진핵생물역(C)에 속하는 생물은 모두 핵막이 있는 진핵생물이다.

08 5계 분류 체계에서 생물은 원핵생물계, 원생생물계, 식물계, 균계, 동물계로 분류되며, 원핵생물이 공통 조상에서 가장 먼저 출현하였다. 진핵생물 중 식물계, 균계, 동물계에 속하지 않는 생물을 모아 놓은 계가 원생생물계이므로, ㉠은 원생생물계이다. 3역 6계 분류 체계에서 1개의 계만 있는 역은 세균역과 고세균역이고, 4개의 계가 있는 역은 진핵생물역이다. 고세균계는 고세균역에 포함되므로 A는 고세균역, B는 진핵생물역, C는 세균역이다.

ㄴ. 고세균역(A), 진핵생물역(B), 세균역(C)에 속하는 생물은 모두 단백질을 합성하는 세포 소기관인 리보솜을 가진다.

ㄷ. 고세균역(A)과 세균역(C)에 속하는 생물은 모두 핵막이 없는 원핵생물이다.

바로 알기 ㄱ. ㉠은 원생생물계이며, 원생생물계에 속하는 생물은 핵막이 있는 진핵생물이다. 따라서 원생생물계에 속하는 생물은 모두 진핵생물역(B)에 속한다.

03 생물의 다양성

탐구 확인 문제   2권 151쪽

01 ④

02 (1) A: 잠자리, B: 바지락, C: 갯지렁이 (2) ㉠ 선구동물, ㉡ 탈피동물

01 ① 우산이끼는 뿌리, 줄기, 잎이 거의 구별되지 않는 잎 모양의 구조로, 땅에 붙어 산다.

② 식물에서 소나무는 옥수수와 두 가지 특징(종자 있음, 관다발 있음)을 공유하고, 고사리와 한 가지 특징(관다발 있음)을 공유한다. 따라서 소나무와 옥수수의 유연관계는 소나무와 고사리의 유연관계보다 가깝다.

③ 성게, 참새, 개는 모두 3배엽성 동물이므로, 초기 발생 과정에서 외배엽과 내배엽 사이에 중배엽을 형성한다.

⑤ 거미와 유연관계가 가장 가까운 동물은 계통수에서 거미와 가장 최근에 갈라진 가지에 위치하는 예쁜꼬마선충이다.

바로 알기 ④ 조류인 참새와 포유류인 개는 모두 폐로 호흡하므로, '호흡 기관의 종류'를 기준으로 서로 다른 분류군으로 분류할 수 없다.

02 (1) 바지락은 연체동물, 갯지렁이는 환형동물, 잠자리는 절지동물에 속한다. 발생 과정에서 담륜자 유생 시기를 거치는 것은 일부 연체동물과 환형동물이며, 이 중 체절이 있는 것은 환형동물이다. 따라서 C는 갯지렁이, B는 바지락, A는 잠자리이다.

(2) 도마뱀은 척삭동물에 속한다. 척삭동물은 원구가 항문이 되는 후구동물이고, 절지동물, 환형동물, 연체동물은 원구가 입이 되는 선구동물이다. 따라서 분류 특징 ㉠은 선구동물이 될 수 있다. 또, 환형동물과 연체동물은 탈피를 하지 않지만, 절지동물은 성장 과정에서 탈피를 하므로, 분류 특징 ㉡은 탈피동물이 될 수 있다.

집중 분석   2권 153쪽

유제 ②

유제 절지동물인 가재는 원구가 입이 되는 선구동물이므로, 가재의 ?는 '입이 됨'이다. 연체동물인 조개는 척삭이 나타나지 않으므로 조개의 ?는 '없음'이다. 선형동물인 예쁜꼬마선충은 성장 과정에서 탈피를 하므로, 예쁜꼬마선충의 ?는 '함'이다. 극피동물인 불가사리는 원구가 항문이 되는 후구동물이므로, 불가사리의 ?는 '항문이 됨'이다. 창고기는 머리에서 꼬리까지 척삭이 나타나므로, 창고기의 ?는 '있음'이다. 따라서 분류 특징이 '척삭 있음'인 D는 창고기이고, 창고기와 유연관계가 가장 가까운 C는 같은 후구동물인 불가사리이다. 가재와 유연관계가 가장 가까운 B는 같은 탈피동물인 예쁜꼬마선충이므로, A는 조개이다.

ㄷ. 불가사리(C)는 유생 시기에 몸이 좌우 대칭이고, 성체는 방사 대칭의 몸 구조를 가진다.

바로 알기 ㄱ. 불가사리(C)와 창고기(D)는 탈피를 하지 않는다. 탈피를 하는 동물은 예쁜꼬마선충(B)과 가재이다.

ㄴ. 예쁜꼬마선충(B)은 질긴 큐티클층이 몸을 감싸고 있으며, 조개(A)의 몸이 외투막으로 둘러싸여 있다.

개념 모아 정리하기

❶ 펩티도글리칸   ❷ 진핵생물   ❸ 광합성
❹ 포자   ❺ 씨방   ❻ 균사   ❼ 선구동물
❽ 척삭

개념 기본 문제

01 (1) A: 고세균계, B: 진정세균계 (2) ㄱ **02** (1) 진핵생물역, 원생생물계 (2) ㄱ, ㄴ (3) 세포에 핵막이 있다.(또는 막성 세포 소기관이 있다. 진핵세포로 이루어져 있다.) **03** (1) A: 양치식물, B: 겉씨식물, ㉠ 관다발이 있다. (2) ㄴ **04** (1) (가) 속씨식물, (나) 겉씨식물 (2) ㄴ **05** ㄱ **06** A: 고사리, B: 푸른곰팡이, C: 대장균 **07** ㄱ, ㄷ **08** (1) (가) 후구동물, (나) 선구동물 (2) (가) ㄴ, (나) ㄱ, ㄷ, ㄹ **09** (1) (가) 해면동물, (나) 자포동물, (다) 척삭동물, (라) 편형동물 (2) 해면: (가), 촌충: (라), 해파리: (나), 우렁쉥이: (다) **10** ㄱ, ㄴ **11** ㄱ

01 (1) 극호열균은 고세균계에 속하고, 진정세균계에 속하는 생물은 펩티도글리칸 성분을 포함한 세포벽을 가지고 있다. 따라서 A는 고세균계, B는 진정세균계이다.

(2) ㄱ. 고세균계(A)는 고세균역에 속한다.

바로 알기 ㄴ. 진정세균계(B)에 속하는 생물은 영양 섭취 방식에 따라 종속 영양 세균과 독립 영양 세균으로 구분된다.

ㄷ. 생물이 생존하기 어려운 극한 환경에 서식하는 극호열균, 극호염균, 메테인 생성균은 모두 고세균계(A)에 속한다. 진정세균계(B)에 속하는 세균은 일반적으로 우리 주변에서 서식한다.

02 (1) (가)는 미역, (나)는 짚신벌레, (다)는 아메바이며, 모두 진핵생물역의 원생생물계에 속한다.

(2) ㄱ. 미역(가)은 진핵생물이며, 엽록소가 있어 광합성을 한다.

ㄴ. 짚신벌레(나)는 먹이를 섭취하여 살아가는 종속 영양 생물이다.

바로 알기 ㄷ. 미역(가)은 다세포 생물이고, 짚신벌레(나)와 아메바(다)가 단세포 생물이다.

(3) 미역(가), 짚신벌레(나), 아메바(다)는 모두 진핵생물이므로, 핵막으로 둘러싸인 핵과 막성 세포 소기관이 있는 진핵세포로 이루어져 있다.

03 (1) 속씨식물은 양치식물보다 겉씨식물과 유연관계가 가깝다. 따라서 A는 양치식물, B는 겉씨식물이다. 선태식물은

관다발이 없고, 양치식물(A), 겉씨식물(B), 속씨식물은 모두 관다발이 있다. 따라서 분류 특징 ㉠은 '관다발이 있다.'이다.

(2) ㄴ. 소나무는 씨방이 없으므로 겉씨식물(B)에 속한다.

바로 알기 ㄱ. 양치식물(A)은 포자로 번식한다.

ㄷ. 계통수에서 최근에 갈라진 가지에 위치한 생물이 유연관계가 가깝다. 따라서 속씨식물은 양치식물(A)보다 겉씨식물(B)과 유연관계가 더 가깝다.

04 (1) 장미와 옥수수는 속씨식물, 전나무와 은행나무는 겉씨식물이므로, (가)는 속씨식물, (나)는 겉씨식물이다.

(2) ㄴ. 속씨식물(가)과 겉씨식물(나)은 모두 관다발이 있는 종자식물이다.

바로 알기 ㄱ. 속씨식물(가)은 씨방이 있고, 겉씨식물(나)은 씨방이 없다.

ㄷ. 속씨식물(가)과 겉씨식물(나)은 모두 종자로 번식하므로, 종자의 유무는 분류 기준 X에 해당하지 않는다. 분류 기준 X는 씨방의 유무가 될 수 있다.

05 ㄱ. 균계에 속한 생물은 다른 생물이나 동식물의 사체에 붙어 기생 또는 공생을 하는 종속 영양 생물이다.

바로 알기 ㄴ. 균계는 진핵생물역에 속하며 대부분 다세포 생물이므로, 균계에 속하는 생물은 대부분 다세포 진핵생물이다.

ㄷ. 균계에 속한 생물은 주로 키틴으로 이루어진 세포벽이 있다.

06 대장균, 푸른곰팡이, 고사리 중 광합성을 하는 독립 영양 생물은 고사리이고, 핵막이 있는 진핵생물은 푸른곰팡이, 고사리이다. 따라서 A는 고사리, B는 푸른곰팡이, C는 대장균이다.

07 〈보기〉에 제시된 분류군 중 좌우 대칭 동물은 연체동물과 선형동물이다.

바로 알기 ㄴ, ㄹ. 해면동물은 무대칭 동물이고, 자포동물은 방사 대칭 동물이다.

08 (1) (가)는 발생 과정에서 원구가 항문이 되고 원구의 반대쪽에 입이 생기므로 후구동물이다. (나)는 발생 과정에서 원구가 입이 되고 원구의 반대쪽에 항문이 생기므로 선구동물이다.

(2) 극피동물은 후구동물(가)에 속하고, 절지동물, 편형동물, 환형동물은 선구동물(나)에 속한다.

09 (1) 발생 과정에서 배엽을 형성하지 않는 동물은 해면동물이므로 (가)는 해면동물이다. 발생 과정에서 외배엽과 내배엽만을 형성하는 2배엽성 동물은 자포동물이므로 (나)는 자포동물이다. 3배엽성 동물 중 척삭을 형성하는 (다)는 척삭동물이고, 척삭을 형성하지 않는 (라)는 편형동물이다.

(2) 해면은 해면동물(가)에, 촌충은 편형동물(라)에, 해파리는 자포동물(나)에, 우렁쉥이는 척삭동물(다)에 속한다.

10 ㄱ. 선형동물과 절지동물은 모두 성장하면서 탈피를 하는 특징을 나타내므로 탈피동물이다.

ㄴ. 연체동물과 환형동물은 일부가 발생 과정에서 담륜자 유생 시기를 거치므로 촉수담륜동물이다.

(바로 알기) ㄷ. 극피동물과 척삭동물은 모두 후구동물이므로 발생 과정에서 원구가 항문이 된다.

11 ㄱ. 5가지 동물 문 중 연체동물, 절지동물, 극피동물, 척삭동물은 발생 과정에서 외배엽과 내배엽 사이에 중배엽을 형성하는 3배엽성 동물이다.

(바로 알기) ㄴ. 외골격은 연체동물에는 없고 절지동물에만 있는 특징이므로, '외골격을 가진다.'는 ⓒ에 해당하지 않는다.

ㄷ. 수관계는 극피동물에는 있지만 척삭동물에는 없는 특징이므로, '수관계를 가진다.'는 ⓒ에 해당하지 않는다.

개념 적용 문제

2권 158쪽~163쪽

01 ④	02 ⑤	03 ①	04 ⑤	05 ⑤	06 ③
07 ①	08 ④	09 ④	10 ②	11 ④	12 ③

01 ㄴ. 남세균과 메테인 생성균은 모두 원핵생물이므로 핵막이 없다.

ㄷ. 남세균은 세균역에, 메테인 생성균은 고세균역에 속한다.

(바로 알기) ㄱ. 남세균은 빛에너지를 이용하여 유기물을 합성하는 광합성 세균이지만, 원핵생물이므로 엽록체가 없다.

02 대장균은 세균역, 진정세균계에 속하는 종속 영양 생물이고, 누룩곰팡이는 진핵생물역, 균계에 속하는 종속 영양 생물이다. 흔들말은 세균역, 진정세균계에 속하는 독립 영양 생물이고, 뿔이끼는 진핵생물역, 식물계에 속하는 독립 영양 생물이다. 따라서 A는 뿔이끼, B는 흔들말, C는 누룩곰팡이, D는 대장균이다.

ㄱ. 뿔이끼(A)는 식물계 중 비관다발 식물에 속한다.

ㄴ. 흔들말(B)은 펩티도글리칸을 함유하는 세포벽을, 누룩곰팡이(C)는 키틴으로 이루어진 세포벽을 가진다.

ㄷ. 흔들말(B)은 광합성 세균의 일종으로 세균역에 속하며, 대장균(D)은 종속 영양 세균으로 세균역에 속한다.

03 솔이끼는 다세포 진핵생물이고, 아메바는 단세포 진핵생물이며, 메테인 생성균은 단세포 원핵생물이다. 따라서 A는 아메바, B는 솔이끼, C는 메테인 생성균이다.

ㄱ. 아메바(A)는 진핵생물역의 원생생물계에 속한다.

(바로 알기) ㄴ. 솔이끼(B)는 산소가 있는 육상의 습한 지역에서 서식한다. 메테인 생성균(C)이 산소가 부족한 습지, 늪, 하수 처리 시설, 초식 동물의 소화관 등에서 서식한다.

ㄷ. 셀룰로스 성분을 포함한 세포벽을 가진 생물은 솔이끼(B)이다.

04 진정세균계에 속하는 생물은 남세균과 대장균이며, 그중 독립 영양 생활을 하는 생물은 남세균이다. 따라서 ㉠은 남세균, ㉡은 대장균이다. 독립 영양 생활을 하며 포자로 번식하는 생물은 우산이끼이다. 따라서 ㉢은 우산이끼, ㉣은 검은빵곰팡이이다.

ㄱ. rRNA는 리보솜을 구성하는 핵산으로, 대장균(㉡)은 단백질 합성 장소인 리보솜을 가지므로, rRNA도 가진다.

ㄴ. 검은빵곰팡이(㉢)는 균계에 속하는 생물이므로, 몸이 균사로 이루어져 있다.

ㄷ. 우산이끼(㉣)를 비롯한 식물계에 속하는 식물은 엽록소 a, 엽록소 b, 카로티노이드 등의 광합성 색소를 가진다.

05 3역 6계 분류 체계에 따른 계통수에서 젖산균, 극호열균과 같은 원핵생물은 진핵생물보다 먼저 출현하였으므로, 나뭇가지의 가장 아래쪽에서 갈라진 분류군인 (가)에 위치한다. 또, 극호열균이 속한 고세균계가 젖산균이 속한 진정세균계보다 진핵생물역과 유연관계가 더 가까우므로, (가)에서 B는 극호열균, C는 젖산균이다. 진핵생물 중 가장 먼저 분기된 것은 유글레나가 속한 원생생물계이며, 균계는 식물계보다 동물계와 유연관계가 더 가깝다. 따라서 A는 균계에 속하는 표고버섯, D는 식물계에 속하는 보리이다.

ㄱ. 표고버섯(A)과 같이 균계에 속한 생물은 키틴 성분의 세포벽을 가진다.

ㄴ. (가)의 젖산균(C)과 극호열균(B)은 모두 원핵생물이므로, 미토콘드리아와 같은 막성 세포 소기관을 가지지 않는다.

ㄷ. (나)의 보리(D)와 유글레나는 모두 엽록체를 가져 엽록체에서 광합성이 일어난다.

06 선태식물은 종자로 번식하지 않고 관다발과 씨방이 없으므로 B이다. 양치식물은 종자로 번식하지 않고 관다발은 있으나 씨방이 없으므로 C이다. 속씨식물은 관다발이 있고 종자로 번식하며 밑씨가 씨방에 싸여 있으므로 A이다. 식물 계통수에서 겉씨식물과 유연관계가 가장 가까운 (다)는 같은 종

자식물에 속한 속씨식물(A)이며, (가)와 (나) 중 겉씨식물과 유연관계가 더 가까운 (나)는 비종자 관다발 식물인 양치식물(C)이다. 따라서 (가)는 선태식물(B)이다.

ㄱ. (가)~(다) 중 관다발이 없는 식물은 선태식물인 (가)이다. 따라서 (가)와 [(나), 겉씨식물, (다)]를 구분하는 분류 특징 ㉠에는 '관다발이 있음'이 해당한다.

ㄴ. 분류 특징을 많이 공유할수록 유연관계가 가깝다. 겉씨식물은 종자식물로 관다발이 있으므로 속씨식물(A, (다))과 유연관계가 가장 가깝다. 따라서 겉씨식물과 속씨식물(A)의 유연관계는 겉씨식물과 선태식물(B)의 유연관계보다 가깝다.

바로 알기 ㄷ. (나)는 양치식물, B는 선태식물로 모두 포자로 번식하며 종자가 없다. 따라서 종자의 유무는 양치식물(나)과 선태식물(B)을 구분하는 분류 기준이 될 수 없다.

07 벼는 씨방, 밑씨, 관다발이 모두 있는 속씨식물이므로 A이다. 소나무는 관다발, 밑씨는 있으나 씨방이 없으므로 C이다. 솔이끼는 씨방, 밑씨, 관다발이 모두 없으므로 B이다. 석송은 관다발은 있으나 씨방과 밑씨가 없으므로 D이다.

ㄱ. 속씨식물인 벼(A)는 씨방이 있고, 비종자 관다발 식물인 석송(D)은 관다발이 있다.

바로 알기 ㄴ. 솔이끼(B)는 선태식물이므로 씨방과 밑씨가 없다.

ㄷ. 소나무(C)는 종자로 번식하고, 석송(D)은 포자로 번식한다.

08 ㄱ. 편형동물과 절지동물은 모두 원구가 입이 되는 선구동물이고, 이 중 편형동물은 체절이 없지만 절지동물은 체절이 있다. 따라서 ㉠은 절지동물, ㉡은 편형동물이다. 절지동물(㉠)은 몸이 외골격으로 덮여 있어 성장을 위해 탈피를 한다.

ㄷ. 수관계는 극피동물에서 호흡, 순환, 운동의 복합적인 역할을 담당하며, 척삭동물에는 없다.

바로 알기 ㄴ. 편형동물(㉡)은 좌우 대칭의 몸을 가진다.

09 지렁이, 플라나리아, 성게, 해파리 중 좌우 대칭 동물에 속하지 않는 것은 해파리이므로 A는 해파리이다. 지렁이, 플라나리아, 성게 중 촉수담륜동물에 속하지 않는 것은 성게이므로 B는 성게이다. 지렁이, 플라나리아 중 체절이 있는 것은 지렁이이므로 C는 지렁이, D는 플라나리아이다.

ㄱ. 자포동물인 해파리(A)는 먹이를 찔러 마취시키는 독침 기구인 자포를 가진다.

ㄷ. 지렁이, 플라나리아, 성게, 해파리는 모두 발생 과정에서 배엽을 형성한다. 따라서 '배엽이 형성된다.'는 ㉠에 해당한다.

바로 알기 ㄴ. (나)에서 원구가 입이 되므로, (나)의 발생 과정은 선구동물에서 나타난다. 성게(B)는 원구가 항문이 되는 후구동물이다.

10 뱀과 참고기는 척삭동물, 메뚜기는 절지동물, 간흡충은 편형동물, 불가사리는 극피동물, 예쁜꼬마선충은 선형동물에 속한다.

ㄴ. 계통수에서 메뚜기가 있는 가지와 불가사리가 있는 가지로 분기된 것은 발생 과정에서 원구의 발생 차이에 의한 것이다. 메뚜기, 간흡충, 예쁜꼬마선충은 원구가 입이 되는 선구동물이고, 뱀, 참고기, 불가사리는 원구가 항문이 되는 후구동물이다. 따라서 '원구가 입이 된다.'는 ㉠에 해당한다.

바로 알기 ㄱ. 간흡충, 예쁜꼬마선충 중 메뚜기(절지동물)처럼 선구동물이면서 탈피동물인 것은 예쁜꼬마선충(선형동물)이다. 따라서 메뚜기와 유연관계가 가장 가까운 동물 A는 예쁜꼬마선충이다. 예쁜꼬마선충은 담륜자 유생 시기를 거치지 않는다.

ㄷ. 후구동물인 뱀, 참고기, 불가사리 중 뱀과 참고기는 척삭을 형성하며, 뱀은 척추가 있지만 참고기는 척추가 없다. 따라서 '척추가 있다.'는 ㉡에 해당하지 않고, '척삭을 형성한다.'가 ㉡에 해당한다.

11 거머리(환형동물), 예쁜꼬마선충(선형동물), 우렁쉥이(척삭동물)는 모두 3배엽성 동물이다. 또, 거머리(환형동물), 예쁜꼬마선충(선형동물)은 원구가 입이 되는 선구동물이고, 우렁쉥이(척삭동물)는 원구가 항문이 되는 후구동물이다. 그리고 3종의 동물 중 탈피를 하는 동물은 예쁜꼬마선충(선형동물)이다. 따라서 세 가지 특징을 모두 갖는 A는 예쁜꼬마선충, 한 가지 특징을 갖는 B는 우렁쉥이, 두 가지 특징을 갖는 C는 거머리이며, ㉠은 '3배엽성 동물이다.', ㉡은 '원구가 입이 된다.', ㉢은 '탈피를 한다.'이다.

ㄱ. 예쁜꼬마선충(A)은 선형동물로, 겉이 큐티클층으로 덮여 있어 성장하면서 주기적으로 탈피를 한다.

ㄷ. 거머리(C)는 환형동물이며, 촉수담륜동물에 속한다.

바로 알기 ㄴ. 우렁쉥이(B)는 척삭동물로, 몸에 체절이 없다. 몸에 체절이 있는 동물은 환형동물과 절지동물이다.

12 거북(척추동물), 창고기(두삭동물), 해삼(극피동물)은 원구가 항문이 되는 후구동물이고, 척삭을 형성하는 척삭동물은 거북(척추동물)과 창고기(두삭동물)이다. 따라서 ㉠은 '원구가 항문이 된다.', ㉡은 '척삭이 형성된다.', ㉢은 '척추를 가진다.'이므로, A는 촌충(편형동물), B는 해삼(극피동물), C는 창고기(두삭동물), D는 거북(척추동물)이다.

ㄱ. 촌충(A)은 3배엽성 동물이므로 중배엽을 가진다.

ㄷ. 창고기(C)는 척삭동물 중 일생 동안 머리에서 꼬리까지 뚜렷한 척삭이 나타나는 두삭동물이다.

바로 알기 ㄴ. 해삼(B)은 위족이 없으며, 수관계와 연결된 관족으로 이동하고 먹이를 포획한다.

2. 생물의 진화

01 진화의 증거

유제 ①

유제 ㄱ. 사람의 α 글로빈 아미노산 서열과 차이가 가장 작게 나는 생물일수록 사람과 유연관계가 가깝다. 사람과 잉어의 α 글로빈 아미노산 서열은 68개, 사람과 오리너구리의 α 글로빈 아미노산 서열은 37개가 차이 난다. 따라서 사람과 오리너구리의 유연관계는 사람과 잉어의 유연관계보다 가깝다.

바로 알기 ㄴ. 사람과 잉어의 α 글로빈 아미노산 서열 차이는 68개이고, 잉어와 상어의 α 글로빈 아미노산 서열 차이는 85개이다. 따라서 α 글로빈의 아미노산 서열 차이는 잉어와 상어 사이보다 사람과 잉어 사이가 더 작다.

ㄷ. 생물종 간 α 글로빈의 아미노산 서열 차이를 비교하면 생물 사이의 유연관계와 진화 과정을 추측할 수 있으며, 이는 생물 진화에 대한 분자진화학적 증거에 해당한다.

---

❶ 뒷다리　　❷ 양치식물　　❸ 상동　　❹ 상사
❺ 아가미 틈　❻ 가깝　　❼ 가깝　　❽ 붉은털원숭이

---

01 (1) 화석상의 증거 (2) ㄱ, ㄷ　**02** (1) 상동 기관 (2) 비교해부학적 증거　**03** ㄱ　**04** ㄴ, ㄷ　**05** ㄷ　**06** ㄱ, ㄷ　**07** (1) 분자진화학적 증거 (2) 붉은털원숭이　**08** (1) 생물지리학적 증거 (2) ㄴ, ㄷ　**09** (1) 분자진화학적 증거 (2) D

---

01 (1) 고래의 조상 화석을 통해 고래의 진화 과정을 알 수 있으며, 이는 생물 진화에 대한 화석상의 증거에 해당한다.

(2) ㄱ, ㄷ. 고래의 조상은 4개의 다리가 있었지만 점차 뒷다리가 없어져서 오늘날 고래는 앞다리 위치에 가슴지느러미가 있고 뒷다리는 흔적으로만 남아 있다. 이를 통해 고래는 육상 포유류로부터 진화하였고, 서식 환경이 육상에서 수중으로 변하였음을 알 수 있다.

바로 알기 ㄴ. 흔적 기관이란 과거에는 유용하게 사용되었지만, 현재에는 사용되지 않고 흔적만 남아 있는 기관이다. 고래의 가슴지느러미는 조상의 앞다리가 수중 환경에 맞게 변한 것이며, 현재에도 사용되고 있으므로 흔적 기관이 아니다.

02 (1) 척추동물의 앞다리는 상동 기관으로 공통 조상으로부터 물려받은 상동 형질이다. 척추동물의 앞다리는 척추동물의 공통 조상이 가졌던 앞다리가 다양한 환경에 적응하면서 각기 다른 기능을 수행하도록 변화한 것이다. 이러한 상동 기관을 통해 척추동물은 공통 조상에서 기원하였음을 알 수 있다.

(2) 상동 기관은 생물 진화의 증거 중 비교해부학적 증거에 해당한다.

03 상사 기관은 공통 조상으로부터 물려받지 않았지만 형태와 기능이 비슷한 기관으로, 생물이 비슷한 환경에 적응하면서 발생 기원이 다른 기관이 유사한 형질을 갖도록 진화한 것이다.

ㄱ. (가)와 (나)는 각각 발생 기원이 다른 경우이므로 상사 기관(상사 형질)의 예이다.

바로 알기 ㄴ. (가)에서 새의 날개는 앞다리에서, 곤충의 날개는 표피에서 기원한 것이므로 새와 곤충의 공통 조상은 날개를 가지고 있지 않았다.

ㄷ. (가), (나)와 같은 상사 기관(상사 형질)은 생물 진화에 대한 비교해부학적 증거에 해당한다.

04 현재에는 과거의 기능을 수행하지 않고 흔적으로만 남아 있는 형질을 흔적 기관(흔적 형질)이라고 한다. 사람의 소름과 꼬리뼈는 흔적 기관에 해당한다. 어류의 부레는 소화 기관 일부에서 발생한 기관으로, 현재 물고기가 뜨고 가라앉는 것을 조절하는 기능을 한다. 조류의 난황 단백질은 알에서 배아 발생에 필요한 영양분으로 쓰이므로 흔적 형질이 아니다.

05 ㄷ. 닭과 사람의 발생 초기 배아에서 아가미 틈과 근육성 꼬리가 공통적으로 나타나는 것을 통해 닭과 사람이 공통 조상으로부터 진화해 왔음을 알 수 있다.

바로 알기 ㄱ. 아가미 틈과 근육성 꼬리가 닭과 사람의 발생 초기 배아에서 공통적으로 발견되는 것은 아가미 틈과 근육성 꼬리가 공통 조상으로부터 유래한 상동 형질이기 때문이다.

ㄴ. 닭과 사람의 발생 초기 배아의 해부학적 유사성은 생물 진화에 대한 진화발생학적 증거에 해당한다.

06 ㄱ. 경계선 A는 1858년에 영국의 생명 과학자인 월리스가 아시아 남부의 섬들이 어느 대륙에서 유래했는지에 따라 생물의 분포 양상이 크게 달라지는 것에 착안하여 설정한 월리스선이다.

ㄷ. 윌리스선(A)을 경계로 생물의 분포가 다른 것은 생물이 지리적으로 격리된 이후 오랜 세월 동안 독자적인 진화 과정을 거쳐 분화되었기 때문이므로, 이는 생물 진화에 대한 생물지리학적 증거에 해당한다.

바로 알기 ㄴ. 윌리스선(A)을 기준으로 곤드와나 대륙에서 유래한 동쪽의 오스트레일리아구에는 유대류(태반이 발달하지 않은 포유류)가 서식하고, 로라시아 대륙에서 유래한 서쪽의 동남아시아구에는 유대류가 서식하지 않는다.

07 (1) 생명체를 구성하는 물질인 단백질의 분자생물학적 특성을 비교하여 생물 간의 유연관계를 알 수 있는 것은 생물 진화에 대한 분자진화학적 증거에 해당한다.
(2) 붉은털원숭이가 사람과 글로빈 단백질 아미노산 서열의 유사도가 95 %로 가장 크므로, 글로빈 단백질의 구조도 가장 유사하다.

08 (1) 갈라파고스 제도의 섬마다 부리 모양이 조금씩 다른 핀치가 서식하는 것은 핀치가 섬마다 다른 먹이 환경에 따라 각각 다르게 진화해 왔기 때문이며, 이는 생물 진화에 대한 생물지리학적 증거에 해당한다.
(2) ㄴ. 각 섬의 핀치가 서로 다른 종으로 진화한 것은 지리적 격리 이후 오랜 세월 동안 독자적인 진화 과정을 거쳐 분화하였기 때문이다.
ㄷ. 각 섬에 서식하는 핀치의 부리 모양이 서로 다른 것은 섬마다 먹이의 종류가 다르기 때문이므로, 이는 핀치가 서로 다른 서식지의 환경에 적응한 결과이다.

바로 알기 ㄱ. 각 섬에 서식하는 핀치는 지리적으로 격리되어 있어 자유로운 왕래가 어려워서 부리 모양이 서로 다르게 진화하였다.

09 (1) 생물이 공통으로 갖는 특정 유전자의 DNA 염기 서열을 비교하여 생물 간의 유연관계와 진화 과정을 알 수 있는 것은 생물 진화에 대한 분자진화학적 증거에 해당한다.
(2) 사람과 공통 조상으로부터 오래전에 분화한 생물일수록 DNA 염기 서열이 사람의 DNA 염기 서열과 차이가 크다. 4종의 동물 중 DNA 염기 서열이 사람의 DNA 염기 서열과 가장 크게 차이 나는 동물은 D이므로, A~D 중 D가 사람과 가장 오래전에 공통 조상으로부터 분화하였음을 알 수 있다.

개념 적용 문제　　　　　　　　　　1권 176쪽~179쪽

| 01 ② | 02 ③ | 03 ① | 04 ⑤ | 05 ③ | 06 ⑤ |
| 07 ⑤ | 08 ① | | | | |

---

01 고래의 조상 화석을 통해 육상 생활을 하던 포유류의 일부가 고래로 진화하였음을 알 수 있으므로, (가)는 생물 진화에 대한 화석상의 증거에 해당한다. 오스트레일리아에서만 유대류가 발견되는 것은 생물이 지리적으로 격리된 후 오랜 세월 동안 독자적인 진화 과정을 거쳤기 때문이므로, (나)는 생물지리학적 증거에 해당한다. 독수리의 날개와 나비의 날개는 상사 기관(상사 형질)이므로, (다)는 비교해부학적 증거에 해당한다.

02 ㄱ. (가)에서 사람의 팔과 말의 앞다리는 발생 기원과 해부학적 구조가 같은 상동 기관(상동 형질)이다.
ㄴ. (나)에서 박쥐의 날개는 앞다리, 곤충의 날개는 표피에서 기원하였지만, 각각 독립적으로 유사한 환경에 적응하며 진화하여 유사한 기능을 갖게 된 것이다. 따라서 (나)는 발생 기원은 서로 다르지만 기능이 유사한 상사 기관(상사 형질)이다.

바로 알기 ㄷ. 상동 기관(가)과 상사 기관(나)은 모두 생물 진화에 대한 비교해부학적 증거에 해당한다.

03 ㄱ. (나)는 수중 생활에 적합한 가슴지느러미를 가지고 있고, (다)는 육상 생활에 적합한 뒷다리와 앞다리를 가지고 있다. 따라서 (나)는 (다)보다 수중 생활에 더 적응한 형태이다.

바로 알기 ㄴ. (나)의 가슴지느러미는 침팬지의 앞다리와 발생 기원 및 해부학적 구조가 같은 상동 기관(상동 형질)이다.
ㄷ. (가)는 바실로사우루스로 수중 생활에 적합하도록 뒷다리가 매우 짧아졌고, (나)는 현생 고래로 앞다리는 가슴지느러미가 되고, 뒷다리는 흔적만 남았다. (다)는 고래의 조상으로 여겨지는 파키케투스로 완전한 4개의 다리가 있고, (라)는 로드호케투스로 4개의 다리가 있지만 수중 생활에 적합하도록 뒷다리가 짧아졌다. 따라서 (가)~(라)를 오래된 지층에서 발견된 순서대로 나열하면 (다) → (라) → (가) → (나)이다.

04 ㄱ. 깃털 달린 육식 공룡 화석을 통해 공룡의 일부가 조류로 진화한 과정과 시점을 알 수 있다.
ㄴ. 사람의 막창자꼬리와 같이 환경이나 생활 양식의 변화에 따라 퇴화하여 흔적만 남은 기관을 흔적 기관이라고 한다.
ㄷ. 척추동물의 발생 초기 배아의 아가미 틈과 근육성 꼬리 같은 해부학적 유사성은 생물 진화에 대한 진화발생학적 증거에 해당한다.

05 ㄱ. 각 섬의 거북은 지리적으로 격리된 후 서로 다른 종으로 진화해 왔다. 이는 생물 진화에 대한 생물지리학적 증거에 해당한다.
ㄴ. 핀타섬, 이자벨라섬, 에스파뇰라섬에 서식하는 거북의 등껍데기 유형은 먹이의 종류에 따라 다르다. 이를 통해 각 섬의 거북이 먹이의 종류에 따라 서로 다른 종으로 분화되었음을 알 수 있다.

06 ㄴ. Ⅴ에서 특정 유전자의 DNA 염기 서열 CACTGAGA 중 A이 C으로 치환되어 Ⅴ와 Ⅰ~Ⅳ가 분기되었다. 따라서 ⓐ는 A에서 C으로의 치환이다. Ⅰ의 염기 서열은 TACTGCGA이므로 Ⅴ의 염기 서열 CACTGAGA와 비교해 보면 ⓒ는 C에서 T으로의 치환이고, (라)는 Ⅰ이다. Ⅴ의 2번째 염기는 A인데 Ⅱ~Ⅳ의 2번째 염기는 G이므로, ⓑ는 A에서 G으로의 치환이다. Ⅱ~Ⅳ 중 Ⅱ와 Ⅲ, Ⅲ과 Ⅳ는 염기가 각각 3개씩 차이 나지만 Ⅱ와 Ⅳ는 염기가 2개 차이 나므로 (가)는 Ⅲ이고 (나)와 (다)는 Ⅱ 또는 Ⅳ이다. Ⅴ의 마지막 염기는 A인데 Ⅱ~Ⅳ 중 Ⅲ만 마지막 염기가 T이므로, ⓔ는 A에서 T으로의 치환이다. Ⅴ의 4번째 염기는 T인데 Ⅱ와 Ⅳ의 4번째 염기는 C이므로 ⓓ는 T에서 C으로의 치환이다.

ㄷ. 특정 유전자의 염기 서열 비교를 통해 생물 간의 진화적 유연관계를 파악할 수 있는 것은 생물 진화에 대한 분자진화학적 증거에 해당한다.

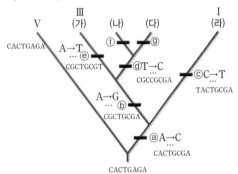

07 ㄱ. 단백질의 아미노산 서열은 DNA의 염기 서열에 의해 결정되며, 공통 조상의 DNA 염기 서열은 각 생물에서 오랜 세월을 거쳐 점점 변해 왔다. 따라서 DNA의 염기 서열이나 단백질의 아미노산 서열을 비교 분석해 보면 생물 간의 유연관계 및 진화 과정을 알 수 있다. 그림은 사람의 헤모글로빈 단백질(β 글로빈) 아미노산 서열과의 유사도를 근거로 작성한 계통수이다. 따라서 이는 생물 진화에 대한 분자진화학적 증거에 해당한다.

ㄴ. 사람과 붉은털원숭이는 헤모글로빈 단백질의 아미노산 중 8개가 서로 다르지만, 사람과 개는 헤모글로빈 단백질의 아미노산 중 32개가 서로 다르다. 따라서 사람과 붉은털원숭이의 유연관계는 사람과 개의 유연관계보다 가깝다는 것을 알 수 있다.

ㄷ. 사람과 유연관계가 멀수록 사람의 헤모글로빈 단백질과 차이 나는 아미노산의 수가 많으며, 계통수에서 먼저 갈라진 가지에 위치한다. 칠성장어는 개구리보다 사람과 헤모글로빈 단백질의 아미노산 서열이 더 많이 차이 나며, 먼저 갈라진 가지에 위치한다. 계통수에서 분기점이 아래쪽에 있을수록 더 오래전에 공통 조상으로부터 분화한 것이므로, 사람과 칠성장어는 사람과 개구리보다 더 오래전에 공통 조상으로부터 분화하였다.

08 ㄱ. 사람과의 DNA 염기 서열 유사도가 큰 동물일수록 계통수에서 사람과 최근에 갈라진 가지에 위치한다. 따라서 ⓓ는 ⓒ, ⓒ는 ⓛ, ⓑ는 ⓔ, ⓐ는 ⓘ이다.

ㄷ. 표는 사람의 DNA 염기 서열과의 유사도에 대한 자료이므로, ⓘ과 ⓒ의 DNA 염기 서열 유사도는 알 수 없다.

02 진화의 원리와 종분화

집중 분석   2권 **191**쪽

유제 ㄱ, ㄴ

유제 ㄱ. 멘델 집단에서는 세대가 바뀌어도 대립유전자 빈도와 유전자형 빈도가 모두 변하지 않는다.

대립유전자 A의 빈도를 p, A*의 빈도를 q라고 하면, 1세대에서 유전자형 AA의 빈도(p^2)는 $\frac{3200}{5000}=0.64$이므로 $p=0.8$, $q=1-p=0.2$이다.

ⓘ은 $2pq \times 5000 = 2 \times 0.8 \times 0.2 \times 5000 = 1600$, ⓛ은 $q^2 \times 5000 = 0.04 \times 5000 = 200$이다.

2세대에서 A*A*의 개체 수는 600으로 1세대 A*A* 개체 수의 3배이다. 따라서 2세대의 총 개체 수는 1세대의 3배이며, 각 유전자형의 개체 수도 1세대의 3배이다.

그러므로 ⓒ은 $3200 \times 3 = 9600$, ⓔ은 $1600 \times 3 = 4800$이며, $\frac{ⓘ+ⓔ}{ⓛ+ⓒ} = \frac{1600+4800}{200+9600} = 0.65$로 0.5보다 크다.

ㄴ. 2세대에서 유전자형이 AA*인 개체가 회색 털 개체 중 유전자형이 AA*인 개체와 교배하면 흰색 털(A*A*)을 가진 개체가 태어날 수 있다.

회색 털 개체 중 AA*의 비율은 $\dfrac{2pq}{p^2+2pq}$이고, AA*와 AA* 사이에서 태어난 자손이 흰색 털(A*A*)일 확률은 $\dfrac{1}{4}$이므로, 구하고자 하는 확률은 $\dfrac{2pq}{p^2+2pq} \times \dfrac{1}{4} = \dfrac{4}{12} \times \dfrac{1}{4} = \dfrac{1}{12}$이다.

바로 알기 ㄷ. 멘델 집단에서는 세대가 바뀌어도 대립유전자의 빈도가 변하지 않으므로, 3세대에서도 대립유전자 A의 빈도(p)는 0.80이다.

탐구 확인 문제　　　　　2권 192쪽

01 ⑤　　　　　**02** 해설 참조

---

01 ① 상자 안 바둑알은 대립유전자를 의미하는 것으로 흰색 바둑알은 대립유전자 A, 검은색 바둑알은 대립유전자 a이다.

② 바둑알이 들어 있는 2개의 상자는 각각 부계와 모계의 유전자풀을 의미한다.

③ 과정 1에서 부모 세대의 전체 대립유전자 수는 200개이므로 대립유전자 A의 빈도는 $\dfrac{100}{200}=0.5$, 대립유전자 a의 빈도는 $\dfrac{100}{200}=0.5$이다. 이 실험의 집단은 멘델 집단이며, 하디 · 바인베르크 법칙을 따른다고 가정하였으므로 과정 2의 자손 1대에서 대립유전자 A와 a의 빈도는 각각 0.5로 부모 세대와 동일하다.

④ 부모 세대와 자손 1대의 대립유전자 빈도가 같으므로, 바둑알이 들어 있는 상자는 유전적 평형을 이루고 있는 집단의 유전자풀이다.

바로 알기 ⑤ 각 상자에서 바둑알을 꺼낸 다음 다시 상자에 넣은 후 실험을 반복하므로 대립유전자 빈도가 유지된다. 따라서 부모 세대에서 자손 1대로 대립유전자가 전달되는 과정에서 유전적 부동이 일어나지 않는다.

02 (1) 2개의 상자에 각각 바둑알 100개씩을 넣었으므로 총 대립유전자 수는 200개이다. 따라서 대립유전자 A의 빈도는 $\dfrac{80}{200}=0.4$, a의 빈도는 $\dfrac{120}{200}=0.6$이다.

(2) 이 탐구는 하디 · 바인베르크 법칙을 따르는 멘델 집단에 대한 모의실험이므로 과정 2의 시행 횟수가 50회로 늘어도 대립유전자의 빈도는 일정하게 유지된다.

모범 답안 (1) A의 빈도: 0.4, a의 빈도: 0.6

(2) 자손 1대에서 대립유전자 A의 빈도는 0.4, a의 빈도는 0.6으로 부모 세대의 대립유전자 빈도와 같을 것이다. 하디 · 바인베르크 법칙을 따르는 멘델 집단에서는 세대를 거듭하여도 대립유전자의 빈도가 변하지 않기 때문이다.

	채점 기준	배점(%)
(1)	A와 a의 빈도를 모두 옳게 쓴 경우	30
(2)	자손 1대에서 예상되는 A와 a의 빈도를 모두 옳게 쓰고, 그 까닭을 하디 · 바인베르크 법칙과 연관 지어 옳게 서술한 경우	70
	자손 1대에서 예상되는 A와 a의 빈도만 옳게 쓴 경우	30

개념 모아 정리하기　　　　　2권 193쪽

❶ 자연 선택　　❷ 변이　　❸ 유전적 평형　　❹ 하디 · 바인베르크　　❺ 대립유전자　　❻ 병목 효과　　❼ 창시자 효과　　❽ 지리적 격리　　❾ 고리종

개념 기본 문제　　　　　2권 194쪽~195쪽

01 (1) 자연 선택설 (2) ㄱ, ㄷ　　**02** A의 빈도: 0.2, a의 빈도: 0.8
03 ㄱ, ㄴ　　**04** (1) p: 0.8, q: 0.2 (2) ㄱ, ㄷ　　**05** (1) p: 0.7, q: 0.3 (2) $\dfrac{10}{13}$　　**06** (1) (가) 자연 선택, (나) 유전자 흐름, (다) 돌연변이, (라) 유전적 부동 (2) ㄱ, ㄴ, ㄷ　　**07** (1) 지리적 (2) 생식적
08 (다)　　**09** (1) 고리종 (2) ㄱ, ㄴ, ㄷ

---

01 (1) 다윈은 자연 선택설을 통해 환경 적응에 유리한 변이를 가진 개체들이 그렇지 않은 개체들보다 더 많이 살아남아 자손을 더 많이 남김으로써 생물이 진화한다고 주장하였다.

(2) ㄱ. ① 단계의 기린 집단에서는 기린 개체들의 목 길이가 다르므로, 목 길이의 변이가 존재한다.

ㄷ. B 과정을 거친 후 목이 긴 기린만 남은 것은 B 과정에서 생존과 번식에 유리한 목이 긴 기린이 목이 짧은 기린보다 더 많이 살아남아 더 많은 수의 자손을 생산했기 때문이다.

바로 알기 ㄴ. 기린의 목 길이는 ⊙ 단계에서 이미 여러 형태가 있으므로 A 과정에서 후천적으로 길어진 것이 아니다. 또한, 후천적으로 얻은 형질은 자손에게 유전되지 않는다.

02 이 달팽이 집단의 유전자풀을 구성하는 전체 대립유전자 수는 20이므로 대립유전자 A의 빈도는 $\frac{4}{20}=0.2$, a의 빈도는 $\frac{16}{20}=0.8$이다.

03 멘델 집단은 유전적 평형이 유지되는 집단으로, 집단의 크기가 충분히 크며 개체 사이에 무작위로 교배가 일어난다. 또한 돌연변이와 자연 선택이 일어나지 않으며, 다른 집단과의 유전자 흐름도 없다.

04 (1) RR의 빈도(p^2)는 $\frac{640}{1000}=0.64$이므로 p는 0.8, q는 $1-p=0.2$이다.
(2) ㄱ, ㄷ. 이 식물 종 집단은 유전적 평형 상태에 있는 멘델 집단이다. 따라서 하디·바인베르크 법칙이 적용되므로, 세대가 거듭되어도 각 유전자형의 빈도는 변하지 않고 일정하게 유지된다.
바로 알기 ㄴ. Rr의 빈도($2pq$)는 $\frac{320}{1000}=0.32$이다.

05 (1) 멘델 집단 X에서 유전병 ⊙은 정상에 대해 열성이고, 대립유전자 A는 A*에 대해 완전 우성이므로 유전병 ⊙을 발현시키는 대립유전자는 A*이다. ⊙을 나타내는 신생아(A*A*)가 100명당 9명의 비율로 태어나므로 대립유전자 A의 빈도를 p, A*의 빈도를 q라고 할 때 $q^2=\frac{9}{100}=0.09$이므로 $q=0.3$, $p=1-q=0.7$이다.
(2) ⊙을 나타내는 남자(A*A*)가 ⊙을 나타내지 않는 여자 중 유전자형이 AA인 여자와 결혼하여 낳은 아이가 ⊙이 아닐 확률은 1이고, 유전자형이 AA*인 여자와 결혼하여 낳은 아이가 ⊙이 아닐 확률은 $\frac{1}{2}$이다. ⊙을 나타내지 않는 여자 중 유전자형이 AA인 여자의 비율은 $\frac{p^2}{p^2+2pq}$이고, AA*인 여자의 비율은 $\frac{2pq}{p^2+2pq}$이다. 따라서 구하고자 하는 확률은 $\left(\frac{p^2}{p^2+2pq}\right)+\left(\frac{2pq}{p^2+2pq}\times\frac{1}{2}\right)=\frac{7}{13}+\frac{3}{13}=\frac{10}{13}$이다.

06 (1) (가)는 부모 세대에서 특정 대립유전자가 선택되어 자손 세대에서 이 대립유전자의 빈도가 높아지므로 자연 선택이다. (나)는 이입과 이출로 대립유전자가 집단 내에 유입되거나 유출되어 유전자풀이 변하므로 유전자 흐름이다. (다)는 방사선, 화학 물질 등에 의해 새로운 대립유전자가 나타나므로 돌연변이이다. (라)는 집단의 크기가 감소하면서 대립유전자 빈도가 예측할 수 없는 방향으로 변하므로 유전적 부동이다.
(2) ㄱ. 생존과 번식에 유리한 대립유전자를 다음 세대에 전달함으로써 유전자풀을 변화시키는 요인은 (가) 자연 선택이다.
ㄴ. 새로운 대립유전자는 (다) 돌연변이에 의해 나타나 유전자풀에 제공된다.
ㄷ. 병목 효과는 집단의 크기가 급격히 작아지는 현상으로 유전적 부동의 영향을 크게 받는다. 유전적 부동은 집단의 크기가 작을수록 강하게 작용하므로 병목 효과가 일어나면 (라) 유전적 부동의 영향으로 집단의 대립유전자 빈도가 급격히 변할 수 있다.

07 (1) 종 A의 일부가 지리적으로 격리되며 종분화가 시작되었다. 산맥, 바다 등에 의한 지리적 격리가 일어나면 분리된 두 집단 간에 유전자 교류가 일어나지 않아 종분화가 일어날 수 있다.
(2) 종분화를 거치면서 종 A와 종 B 사이에 생식적 격리가 일어났기 때문에 이후 종 A와 종 B가 서로 만나도 두 집단의 개체 사이에 교배가 일어나지 않으며, 일어나더라도 생식 가능한 자손이 태어나지 않는다.

08 (다)의 경우 대립유전자 A가 소멸하였음을 알 수 있다. 유전적 부동은 새로운 집단의 크기가 작을수록 강하게 작용한다.

09 (1) 한 생물종에서 분화한 이웃 집단들이 고리 형태로 분포하며, 인접한 집단 사이에서는 교배가 일어나지만 고리의 양 끝 집단 사이에서는 교배가 일어나지 않을 때 이러한 이웃 집단의 모임을 고리종이라고 한다.
(2) ㄱ. 고리종의 경우 지리적으로 인접한 집단끼리는 생식적으로 격리되지 않아 교배를 통한 유전자 흐름이 일어난다.
ㄴ. 고리의 양 끝에 분포한 집단 3과 5에는 서로 다른 변이가 축적되어 생식적 격리가 일어났기 때문에, 3과 5 사이에서 교배를 통한 유전자 흐름은 일어나지 않는다.
ㄷ. 고리종은 종분화가 연속적이며 점진적인 생식적 격리에 의해 일어날 수 있음을 보여 주는 사례이다.

개념 적용 문제 　　　　　　　　　2권 196쪽~199쪽

01 ②	02 ①	03 ⑤	04 ③	05 ⑤	06 ①
07 ④	08 ③				

01 대립유전자 A의 빈도를 p, a의 빈도를 q라 하고, 대립유전자 D의 빈도를 p', d의 빈도를 q'라 하면, 유전자형이 AA인 개체 수가 Aa인 개체 수의 2배이므로, $p^2 = 2 \times 2pq$,

$p = 4q = 4(1-p)$에서 $p = \dfrac{4}{5} = 0.8$, $q = \dfrac{1}{5} = 0.2$이다.

회색 몸 수컷 중 대립유전자 d를 갖는 수컷의 비율이 $\dfrac{2}{3}$이므로,

$\dfrac{2p'q'}{p'^2 + 2p'q'} = \dfrac{2}{3}$, $\dfrac{2q'}{p' + 2q'} = \dfrac{2q'}{1+q'} = \dfrac{2}{3}$이다.

$6q' = 2 + 2q'$에서 $q' = \dfrac{1}{2} = 0.5$, $p' = \dfrac{1}{2} = 0.5$이다.

ㄴ. $\dfrac{\text{유전자형이 Dd인 개체 수}}{\text{유전자형이 aa인 개체 수}}$

$= \dfrac{2p'q' \times 10000}{q^2 \times 10000} = \dfrac{2 \times 0.5 \times 0.5}{(0.2)^2} = \dfrac{50}{4} = 12.5$이다.

바로 알기 ㄱ. a의 빈도(q)는 0.2이다.

ㄷ. 흰색 몸 암컷(dd)이 이형 접합성인 회색 몸 수컷(Dd) 또는 흰색 몸 수컷(dd)과 교배하여야 흰색 몸을 가진 자손(dd)이 태어날 수 있다. 수컷 중 유전자형이 Dd인 개체의 비율은 $2p'q'$이고 dd인 개체의 비율은 q'^2이다. 또, 흰색 몸 암컷(dd)이 이형 접합성인 회색 몸 수컷(Dd)과 교배하여 낳은 자손이 흰색 몸일 확률은 $\dfrac{1}{2}$이고, 흰색 몸 암컷(dd)이 흰색 몸 수컷(dd)과 교배하여 낳은 자손이 흰색 몸일 확률은 1이다. 따라서 구하고자 하는 확률은

$\left(2p'q' \times \dfrac{1}{2}\right) + \left(q'^2 \times 1\right) = \dfrac{1}{4} + \dfrac{1}{4} = \dfrac{1}{2}$이다.

02 그래프에서 갈색 꼬리 대립유전자인 A의 빈도가 커질수록 개체의 비율이 증가하므로 그래프는 갈색 꼬리 개체의 비율을 나타낸 것이다.

ㄱ. 갈색 꼬리 대립유전자 A의 빈도가 0.5일 때 갈색 꼬리 개체의 비율이 $(0.5)^2$인 0.25이므로 A는 A*에 대해 열성이다. 따라서 갈색 꼬리는 흰색 꼬리에 대해 열성 형질이다.

바로 알기 ㄴ. 대립유전자 A의 빈도를 p, A*의 빈도를 q라 하면 $\dfrac{q}{p} = 3$에서 $q = 3p$이다. 유전자형 AA*의 빈도는 $2pq = 6p^2$이고 AA의 빈도는 p^2이므로, AA*의 빈도는 AA의 6배이다.

ㄷ. A의 빈도가 0.8이면 갈색 꼬리 개체(AA)의 비율은 $(0.8)^2 = 0.64$이다. A의 빈도가 0.20이면 흰색 꼬리 개체(AA*, A*A*)의 비율은 $1 - (0.2)^2 = 0.96$이다. 따라서

$\dfrac{\text{A의 빈도가 0.8인 집단에서 갈색 꼬리 개체의 비율}}{\text{A의 빈도가 0.2인 집단에서 흰색 꼬리 개체의 비율}} = \dfrac{0.64}{0.96} = \dfrac{2}{3}$

이다.

03 ㄱ. 유전자형이 $Hb^A Hb^S$인 사람은 빈혈 증상은 미약하면서 말라리아 저항성이 있다. 따라서 말라리아가 자주 발생하는

지역에서는 유전자형이 $Hb^A Hb^S$인 사람이 자연 선택되어 그 비율이 높다. (나)에서 $Hb^A Hb^S$의 비율은 다른 유전자형보다 높으므로 $Hb^A Hb^S$가 자연 선택되었다고 볼 수 있다. 따라서 (나)는 말라리아가 자주 발생하는 지역이다.

ㄴ. 제시된 자료에서 헤모글로빈 유전자에는 정상 헤모글로빈 대립유전자(Hb^A)와 낫 모양 적혈구 빈혈증을 일으키는 비정상 헤모글로빈 대립유전자(Hb^S)가 있다. 따라서 헤모글로빈 유전자에는 최소 두 종류의 변이가 존재한다고 볼 수 있다.

ㄷ. (나)는 말라리아가 자주 발생하는 지역이므로 (나)에서는 말라리아 저항성이 있는 비정상 헤모글로빈 대립유전자 Hb^S를 가진 사람($Hb^A Hb^S$)이 자연 선택된다. 그 결과 말라리아가 자주 발생하는 지역 (나)에서는 다른 지역 (가)보다 Hb^S의 빈도가 높게 나타난다.

04 ㄱ. 강의 형성으로 지리적 격리가 일어나 종 A가 두 집단으로 나누어진 후 지역 ㉠과 ㉡에서 각각 새로운 형질이 나타난 것은 두 집단에서 각각 돌연변이가 일어났기 때문이다. 따라서 지리적 격리 이후 종 A 집단에서 돌연변이가 일어난 것을 알 수 있다.

ㄴ. 종 A가 지리적으로 격리되어 두 집단으로 나누어지면서 집단의 크기가 줄어들어 각각 독립적으로 유전적 부동이 일어나므로, ㉠과 ㉡에 서식하는 종 A 집단의 유전자풀은 서로 다르다.

바로 알기 ㄷ. 종 B와 C는 서로 다른 종이므로 지리적 장벽이 제거되어도 생식적 격리가 유지된다.

05 ㄱ. 환경 변화 이전 X에 작은 부리, 중간 부리, 큰 부리 형질이 있으므로, 부리 크기 형질에 대한 변이가 존재하였다.

ㄴ, ㄷ. 환경 변화 이후 단단한 씨앗이 크게 증가하고, 부드러운 씨앗이 크게 감소하였다. 따라서 큰 부리 핀치가 작은 부리 핀치보다 생존과 번식에 유리해져 더 많은 자손을 남기게 되었고, 이로 인해 환경 변화 이후 집단 X의 유전자풀이 달라져 핀치의 부리 크기에 따른 개체 수가 변한 것이다. 이처럼 특정 형질을 가진 개체가 살아남아 자손을 더 많이 남김으로써 집단의 유전자풀이 변하는 현상은 자연 선택이다. 따라서 환경 변화 이후 집단 X의 유전자풀 변화는 주로 자연 선택에 의해 일어났다.

06 ㄱ. ㉡보다 ㉠에 의한 종분화가 먼저 일어났으므로 공통 조상으로부터 종 X가 가장 먼저 분화하였고, 이후 종 Y와 Z가 분화하였다. 따라서 (나)의 계통수에서 ⓐ는 X이며, ⓑ와

©는 각각 Y와 Z 중 하나이다.

바로 알기 ㄴ. (나)에서 X, Y, Z의 공통 조상으로부터 X(ⓐ)가 먼저 분화한 후 Y와 Z의 공통 조상으로부터 Y와 Z가 분화하였다.

ㄷ. ©는 종 Y와 Z 중 하나이며, 종 X, Y, Z는 다른 종이므로 서로 교배하여 생식 능력이 있는 자손을 얻을 수 없다.

07 ㄴ. 태평양과 카리브해는 파나마 지협을 경계로 격리되어 있다. 따라서 태평양에 서식하는 X의 집단과 카리브해에 서식하는 X의 집단 사이에는 유전자 흐름이 일어나지 않고, 각 집단의 유전자풀에 독자적인 유전적 부동, 돌연변이, 자연 선택 등이 일어나므로 이들의 유전자풀은 서로 다르다.

ㄷ. 파나마 지협의 형성으로 지리적 격리가 일어난 후 두 지역으로 나누어진 생물 집단이 각각 독자적인 진화 경로를 밟으면서 Y와 Z로 분화하였다.

바로 알기 ㄱ. X~Z의 계통수에서 Y와 Z의 분기점이 X와 Y의 분기점보다 오른쪽에 있다. 따라서 X과 Y의 유연관계는 Y과 Z의 유연관계보다 멀다.

08 ㄱ. 엔사티나도롱뇽 집단 A~G는 고리종으로, 캘리포니아 중앙 계곡의 가장자리를 따라 고리 모양으로 분포하며 각 집단은 서로 다른 변이를 가진다.

ㄷ. 엔사티나도롱뇽 집단이 양방향으로 서식지를 확장하면서 고리 양 끝의 집단 F와 G는 지리적으로 격리된 채 각자 다른 변이를 축적하였다. 이에 따라 생식적 격리가 일어나 서로 교배하지 못하게 되었으므로, 집단 F와 G의 생식적 격리는 지리적 격리에 의한 종분화 결과이다.

바로 알기 ㄴ. 인접한 집단 사이에는 생식적 격리가 없어 교배가 가능하므로 유전자 흐름이 일어난다.

통합 실전 문제

2권 200쪽~203쪽

01 ②	02 ⑤	03 ②	04 ①	05 ③	06 ②
07 ④	08 ④

01 ㄴ. (가)의 실험 결과 간단한 유기물이 U자관에서 검출되었으며, U자관은 원시 지구의 바다에 해당한다. 오파린의 화학적 진화설에 따르면 원시 대기에서 생성된 간단한 유기물이 원시 바다로 흘러 들어가 농축되어 복잡한 유기물로 합성되었고, 유기물 복합체를 거쳐 원시 세포가 생성되었다. 따라서 최초의 원시 세포는 원시 지구의 바다에서 출현하였다.

바로 알기 ㄱ. (가)에서 혼합 기체가 들어 있는 둥근 플라스크에 전기 방전으로 에너지를 1주일 동안 공급하면 아미노산과 같은 간단한 유기물이 생성된다. 따라서 (가)는 원시 지구의 무기물(수소, 암모니아, 메테인, 수증기)로부터 간단한 유기물이 합성됨을 입증하기 위한 것이다.

ㄷ. 리보자임은 유전 정보 저장 능력과 효소 기능을 갖춘 RNA의 일종으로, 최초의 유전 물질로 추정된다. 막으로 둘러싸인 유기물 복합체가 형성된 이후에 최초의 유전 물질이 포함된 원시 세포가 출현하였다.

02 ㄱ. 진핵생물의 출현 과정에서 막 진화설에 따라 핵막이 형성되었고, 산소 호흡 종속 영양 원핵생물(호기성 세균)의 세포 내 공생으로 미토콘드리아가 분화된 후 광합성 원핵생물(광합성 세균)의 세포내 공생으로 엽록체가 분화되었다. 따라서 A는 핵, B는 미토콘드리아, C는 엽록체이다. 핵, 엽록체, 미토콘드리아에는 모두 핵산이 있고, 미토콘드리아에서만 산화적 인산화가 일어난다. 따라서 ㉠은 '산화적 인산화가 일어난다.', ㉡은 '핵산이 있다.'이다.

ㄴ. 핵(A)은 세포막의 함입으로 형성된 것이므로, 막 진화설로 설명할 수 있다.

ㄷ. 미토콘드리아(B)와 엽록체(C)는 기원이 되는 원핵생물이 숙주 세포 안으로 들어올 때 세포막에 감싸여 들어와 2중막 구조를 가지게 되었다.

03 ㄴ. 특징을 많이 공유한 종일수록 유연관계가 가깝다. 계통수에서 ㉠, G를 포함한 5종이 C와 다른 가지에 위치한다. 따라서 ㉠, G를 포함한 5종은 C는 갖고 있지 않은 특징 (다)를 공유한 D, E, F, G, H이다. D, E, F, H 중 H만 G와 특징 (바)를 공유하므로, ㉠을 포함한 3종은 D, E, F이며, D, E, F만이 공유한 특징은 (사)이다. 따라서 계통수의 ⓐ는 (사)이다.

바로 알기 ㄱ. ㉠을 포함한 3종은 D, E, F이고 그중 E와 F만 특징 (라)를 공유하므로 E와 F가 최근에 갈라진 가지에 위치한다. 따라서 ㉠은 D이다.

ㄷ. D와 E는 4가지 특징 (가), (나), (다), (사)를 공유하지만, E와 F는 5가지 특징 (가), (나), (다), (라), (사)를 공유한다. 따라서 E와 F의 유연관계가 D와 E의 유연관계보다 가깝다.

04 다시마는 원생생물계, 흔들말은 진정세균계, 석송은 식물계에 속한다.

ㄱ. (가)에서 다시마, 석송 중 관다발이 있는 생물은 석송이므로, A는 석송, B는 다시마이다. (나)에서 진핵생물(Z) 중 원생생물이 가장 먼저 분기되었으므로 ㉠은 원생생물계이다. 다시마(B)는 원생생물이므로 ㉠에 속한다.

바로 알기 ㄴ. (나)에서 X는 세균역, Y는 고세균역, Z는 진핵생물역이다. 흔들말은 남세균의 일종이며, 세균역(X)에 속한다.

ㄷ. 다시마, 흔들말, 석송은 모두 광합성을 하는 독립 영양 생물이므로 '독립 영양을 하는가?'는 ⓐ에 해당하지 않는다. ⓐ는 '진핵세포로 이루어져 있는가?', '세포에 핵막이 있는가?', '세포에 엽록체가 있는가?' 등이 될 수 있다.

05 ㄱ, ㄴ. 은행나무, 고사리, 보리는 모두 관다발이 있는 식물이다. 은행나무와 보리는 종자로 번식하는 종자식물이며, 은행나무는 씨방이 없는 겉씨식물, 보리는 씨방이 있는 속씨식물이다. 따라서 (가)는 은행나무, (나)는 보리, (다)는 고사리이며, '관다발'은 ⓐ가 될 수 있다. 계통수에서 장미는 속씨식물이므로, 장미와 유연관계가 가장 가까운 A는 보리(나)이다. 장미, 보리, 은행나무는 모두 종자로 번식하므로 장미, 보리와 유연관계가 가까운 B는 은행나무(가)이고, C는 고사리(다)이다.

바로 알기 ㄷ. ㉠은 보리(A), 장미, 은행나무(B)가 공통으로 가지며 고사리(C)에는 없는 분류 특징이다. 고사리도 장미, 보리, 은행나무처럼 뿌리, 줄기, 잎의 구별이 뚜렷하므로, '뿌리, 줄기, 잎의 구별이 뚜렷하다.'는 ㉠에 해당하지 않는다.

06 ㄴ. 조개는 연체동물, 닭은 척삭동물, 거미는 절지동물로 모두 중배엽을 형성하는 3배엽성 동물이고, 조개와 거미는 선구동물, 닭은 후구동물이다. 따라서 원구의 발생 차이에 따라 [닭]과 [조개, 거미]로 분류되므로 A는 닭이다. 조개와 거미 중 외골격이 있는 절지동물은 거미이므로, B는 조개, C는 거미이다. 조개, 닭, 거미는 모두 좌우 대칭 동물이다.

바로 알기 ㄱ. 계통수에서 분류 특징 ㉠은 '중배엽이 형성된다.', ㉡은 '원구가 항문이 된다.', ㉢은 '외골격이 있다.'이다. 따라서 분류 특징 ㉢은 ⓐ이며, 조개(B)와 거미(C)가 공유하는 특징이다. 담륜자 유생 시기는 연체동물과 환형동물 중 일부의 발생 과정에서 공통적으로 나타나는 특징이며, 거미와 같은 절지동물에서는 나타나지 않는다. 따라서 '담륜자 유생 시기를 거친다.'는 ⓐ에 해당하지 않는다.

ㄷ. 거미(C)는 크기가 다른 체절 구조를 가진다.

07 멘델 집단 Ⅰ에서 대립유전자 A의 빈도를 p, A*의 빈도를 q라고 할 때 유전자형 AA의 빈도는 p^2, AA*의 빈도는 $2pq$, A*A*의 빈도는 q^2이고, 검은색 털은 회색 털에 대해 우성이다.

Ⅰ에서 $\dfrac{\text{검은색 털 개체 수}}{\text{유전자형이 AA*인 개체 수}}=\dfrac{p^2+2pq}{2pq}=\dfrac{5}{4}$이므로, $p=\dfrac{1}{3}$, $q=\dfrac{2}{3}$이다.

멘델 집단 Ⅱ에서 대립유전자 A의 빈도를 p', A*의 빈도를 q'

라고 할 때 유전자형 AA의 빈도는 p'^2, AA*의 빈도는 $2p'q'$, A*A*의 빈도는 q'^2이다.

$\dfrac{\text{Ⅱ에서 회색 털 개체의 비율}}{\text{Ⅰ에서 검은색 털 개체의 비율}}=\dfrac{q'^2}{p^2+2pq}=\dfrac{16}{45}$이므로 $p'=\dfrac{5}{9}$, $q'=\dfrac{4}{9}$이다.

Ⅰ의 개체 수를 N_1, Ⅱ의 개체 수를 N_2라고 하면, Ⅰ과 Ⅱ의 개체들을 모두 합쳐서(N_1+N_2) 그중 유전자형이 AA인 개체$(p^2\times N_1+p'^2\times N_2)$의 비율을 구하면 $\dfrac{2}{9}$이므로,

$\dfrac{p^2\times N_1+p'^2\times N_2}{N_1+N_2}=\dfrac{2}{9}$이다.

$p=\dfrac{1}{3}$, $q=\dfrac{2}{3}$, $p'=\dfrac{5}{9}$, $q'=\dfrac{4}{9}$를 위 식에 대입하여 풀어 보면 $\dfrac{N_1}{N_2}=\dfrac{7}{9}$이다.

Ⅰ에서 유전자형이 A*A*인 개체 수는 $q^2\times N_1$, Ⅱ에서 유전자형이 A*A*인 개체 수는 $q'^2\times N_2$이고, A*A*인 개체 수는 Ⅰ에서가 Ⅱ에서보다 800이 더 많다.

따라서 $q^2\times N_1=q'^2\times N_2+800$이고 $N_1=\dfrac{7}{9}N_2$이므로,

$q^2\times\dfrac{7}{9}N_2=q'^2\times N_2+800$이 된다.

계산하면 N_2는 5400이고, $N_1=\dfrac{7}{9}N_2$이므로

N_1은 4200이다. 따라서 Ⅰ과 Ⅱ의 개체 수 합은 5400+4200=9600이다.

08 ㄴ. 육지에 서식하던 종 A의 집단에서 일부 개체들이 섬으로 이주하면서 육지의 모집단으로부터 분리된 새로운 집단이 형성되었다. 이처럼 모집단을 구성하는 개체 중 일부 개체들이 떨어져 나와 새로운 집단을 형성하는 현상을 창시자 효과라고 한다.

ㄷ. A와 C는 학명이 서로 다르므로 서로 다른 종이다. 따라서 A와 C는 생식적으로 격리되어 있다.

바로 알기 ㄱ. A로부터 B가, B로부터 C가, C로부터 D가, D로부터 E가 분화되었다. 따라서 종분화는 총 4회 일어났다.

사고력 확장 문제 2권 **204쪽~207쪽**

01 (1) DNA는 유전 정보를 저장할 수 있지만 촉매 기능이 없다. 리보자임은 유전 정보를 저장하는 기능과 RNA를 상보

적으로 복제하는 과정을 촉매하는 효소 기능이 있다. 최초의 유전 물질은 유전 정보의 저장과 효소 기능을 모두 가진 리보자임으로 추정되며, A는 DNA, B는 리보자임이다.

(2) ㉠은 DNA만이 가지는 특징이고, ㉡은 DNA와 리보자임이 공통으로 가지는 특징이다.

모범 답안 (1) B, 최초의 유전 물질은 유전 정보 저장 기능과 함께 촉매 기능을 가지고 있는 리보자임이었을 것으로 추정되기 때문이다.
(2) ㉠ 2중 나선 구조이다. ㉡ 유전 정보 저장 기능이 있다.

	채점 기준	배점(%)
(1)	B라고 쓰고, 이와 같이 판단한 까닭을 리보자임의 특성과 관련지어 옳게 서술한 경우	50
	B만 쓴 경우	20
(2)	㉠과 ㉡의 특징을 각각 한 가지씩 모두 옳게 서술한 경우	50
	㉠과 ㉡ 중 어느 하나의 특징만 옳게 서술한 경우	20

02 (1) 두 겹의 막 구조를 가지며, 자체 유전 물질(DNA)과 원핵세포의 리보솜과 유사한 리보솜이 있어 스스로 복제할 수 있는 세포 소기관 (가)는 엽록체 또는 미토콘드리아이다. 진핵생물의 출현 과정에 대한 가설에는 막 진화설과 세포내 공생설이 있다. 막 진화설로는 핵, 소포체, 골지체의 생성 과정을 설명할 수 있으며, 세포내 공생설로는 엽록체, 미토콘드리아의 생성 과정을 설명할 수 있다.

(2) 3역 6계 분류 체계에서는 생물을 세균역의 진정세균계, 고세균역의 고세균계, 진핵생물역의 원생생물계, 식물계, 균계, 동물계로 분류한다. 진핵생물역에서 원생생물계가 가장 먼저 분화하였고, 균계는 식물계보다 동물계와 유연관계가 더 가깝다.

(3) 엽록체와 미토콘드리아 같은 막성 세포 소기관은 원핵생물에는 없고 진핵생물에만 존재한다. 미토콘드리아는 모든 진핵생물에 존재하지만, 엽록체는 유글레나, 해캄, 미역, 파래 등과 같이 광합성을 하는 원생생물과 식물에 존재한다.

모범 답안 (1) 진핵생물의 출현 과정에 대한 가설에는 막 진화설과 세포내 공생설이 있다. 세포 소기관 (가)는 미토콘드리아 또는 엽록체이며, 미토콘드리아와 엽록체의 생성은 세포내 공생설로 설명할 수 있다. 세포내 공생설에 따르면 산소 호흡을 하던 종속 영양 원핵생물(호기성 세균)과 광합성을 하던 원핵생물(광합성 세균)이 숙주 세포 내에서 공생하다가 각각 미토콘드리아와 엽록체로 분화되었다.
(2) ㉠은 균계, ㉡은 식물계, ㉢은 원생생물계이다. 진핵생물역에서 가장 먼저 분화한 분류군은 원생생물계이고, 동물계는 식물계보다 균계와 유연관계가 더 가깝기 때문이다.
(3) 세포 소기관 (가)는 엽록체 또는 미토콘드리아이며, 엽록체를 가진

세포로 구성된 생물이 속한 계는 식물계, 원생생물계이고, 미토콘드리아를 가진 세포로 구성된 생물이 속한 계는 식물계, 균계, 동물계, 원생생물계이다. 엽록체 또는 미토콘드리아는 진핵세포에 있으므로, 엽록체 또는 미토콘드리아를 가진 세포로 구성된 생물은 모두 진핵생물역에 포함되는데, 진핵생물역에 포함되는 원생생물계, 식물계, 균계, 동물계에 속한 생물은 모두 미토콘드리아를 갖지만, 엽록체는 원생생물계에 속하는 생물 일부와 식물계에 속한 생물만 갖기 때문이다.

	채점 기준	배점(%)
(1)	진핵생물의 출현 가설 두 가지를 모두 쓰고, 세포내 공생설로 (가)의 생성 과정을 옳게 서술한 경우	30
	진핵생물의 출현 가설 두 가지만 옳게 쓴 경우	15
(2)	㉠~㉢이 어떤 계인지 쓰고, 이와 같이 판단한 까닭을 진핵생물역에 속한 생물계의 유연관계를 근거로 옳게 서술한 경우	30
	㉠~㉢이 어떤 계인지만 옳게 쓴 경우	15
(3)	(가)가 엽록체인 경우와 미토콘드리아인 경우를 구분하여 (가)를 가진 세포로 구성된 생물이 속한 계를 모두 옳게 쓰고, 이와 같이 판단한 까닭을 옳게 서술한 경우	40
	(가)가 엽록체인 경우와 미토콘드리아인 경우를 구분하지 않고, 진핵생물역에 속한 네 가지 계만 쓴 경우	10

03 (1) (가)는 고사리, (나)는 완두, (다)는 솔이끼이다. 고사리는 비종자 관다발 식물(양치식물), 완두는 종자식물, 솔이끼는 비관다발 식물(선태식물)이다.

(2) 고사리(가)와 완두(나)는 관다발이 발달되어 있어 뿌리에서 흡수한 물을 온몸으로 운반할 수 있다. 솔이끼(다)는 관다발이 없어 관다발을 통한 물과 양분의 운반이 이루어지지 못하므로, 물을 쉽게 구할 수 있는 습한 지역에서 서식한다. 완두(나)는 종자로 번식하는데, 종자는 단단한 껍질로 둘러싸여 있어 육상의 건조한 환경을 잘 견딜 수 있다. 고사리(가)와 솔이끼(다)는 포자로 번식하는데, 포자를 형성하는 과정에서 물이 있는 환경이 필요하므로 그늘지고 습한 곳에서 서식한다. 따라서 건조한 육상 환경에 가장 잘 적응한 식물은 완두(나)이다.

모범 답안 (1) 고사리(가)와 완두(나)는 모두 관다발을 가지며, 뿌리, 줄기, 잎이 발달하였다. 솔이끼(다)는 관다발이 없으며, 뿌리, 줄기, 잎이 분화되어 있지 않다. 따라서 (가)와 (나)의 유연관계는 (나)와 (다)의 유연관계보다 가깝다.
(2) (나), 완두(나)는 뿌리에서 흡수한 물과 무기 양분, 잎에서 광합성으로 만든 유기 양분을 온몸으로 운반하는 관다발이 잘 발달되어 있고, 단단한 껍질로 둘러싸여 있어 건조한 육상 환경을 잘 견딜 수 있는 종자로 번식하기 때문이다.

	채점 기준	배점(%)
(1)	(가)와 (나)의 유연관계와 (나)와 (다)의 유연관계를 형태적 형질을 근거로 옳게 비교하여 서술한 경우	50
	(가)와 (나)의 유연관계와 (나)와 (다)의 유연관계를 비교만 하여 서술한 경우	30
(2)	(나)라고 쓰고, 그 까닭을 관다발, 종자를 포함하여 옳게 서술한 경우	50
	(나)만 쓴 경우	10

04 (1) 해삼은 극피동물, 문어는 연체동물, 초파리는 절지동물, 우렁쉥이는 척삭동물에 속한다. 상어는 후구동물이면서 척삭동물이므로 상어와 유연관계가 가장 가까운 D는 우렁쉥이이고, 척삭동물은 아니지만 후구동물인 해삼은 C이다. 초파리와 문어는 선구동물이며, 이 중 체절을 가진 동물은 초파리이다. 따라서 A는 초파리, B는 문어이다.

(2) 해삼, 문어, 초파리, 우렁쉥이는 모두 좌우 대칭 동물이면서 3배엽성 동물이다. 극피동물은 대부분 성체의 경우 방사 대칭이지만 유생 시기는 좌우 대칭이므로, 좌우 대칭 동물에 해당한다.

(3) 초파리(A)와 문어(B)는 발생 과정에서 원구가 입이 되는 선구동물이고, 해삼(C), 우렁쉥이(D), 상어는 발생 과정에서 원구가 항문이 되는 후구동물이다. 상어와 우렁쉥이(D)는 발생 과정의 한 시기 또는 일생 동안 척삭이 나타나는 척삭동물이다. 따라서 ㉠에 해당하는 분류 특징으로는 '원구가 입이 되는 선구동물이다.', ㉡에 해당하는 분류 특징으로는 '척삭이 나타나는 척삭동물이다.'가 있다.

모범 답안 (1) A: 절지동물, B: 연체동물, C: 극피동물, D: 척삭동물
(2) 좌우 대칭 동물이다. 발생 과정에서 외배엽과 내배엽 사이에 중배엽을 형성하는 3배엽성 동물이다.
(3) ㉠ 원구가 입이 되는 선구동물. ㉡ 척삭이 나타나는 척삭동물이다.

	채점 기준	배점(%)
(1)	A~D가 속한 문을 모두 옳게 쓴 경우	30
	A~D가 속한 문 중 두 가지만 옳게 쓴 경우	15
(2)	A~D의 형태적·발생적 공통점 두 가지를 모두 옳게 서술한 경우	40
	A~D의 형태적·발생적 공통점을 한 가지만 옳게 서술한 경우	20
(3)	㉠과 ㉡에 해당하는 분류 특징을 한 가지씩 모두 옳게 서술한 경우	30
	㉠과 ㉡ 중 어느 하나에 해당하는 분류 특징만 옳게 서술한 경우	15

05 (1) 헤모글로빈의 글로빈 단백질, 사이토크롬 c 등 여러 생물에서 같은 기능을 하는 단백질의 아미노산 서열과 같은 분자 생물학적 특징을 비교하면 생물 간의 유연관계와 진화 과정을 알 수 있으므로, 이러한 자료는 생물 진화에 대한 분자진화학적 증거에 해당한다.

(2) 여러 생물종에서 같은 기능을 하는 단백질의 아미노산 서열을 비교했을 때 차이가 나는 아미노산의 수가 적을수록 서로 유연관계가 가까운 종이다. (가)의 아미노산 서열과 차이 나는 아미노산의 수는 (나) 5개, (다) 11개, (라) 9개이므로 (가)와 유연관계가 가장 가까운 생물은 (나)이다.

모범 답안 (1) 분자진화학적 증거
(2) (나), (가)의 아미노산 서열과 차이 나는 아미노산의 수는 (나) 5개, (다) 11개, (라) 9개이므로, 이를 근거로 계통수를 그리면 다음과 같다.

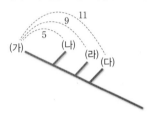

계통수에서 (가)와 가장 최근에 갈라진 생물종은 (나)이므로, (나)~(라) 중 (가)와 유연관계가 가장 가까운 생물종은 (나)이다.

	채점 기준	배점(%)
(1)	분자진화학적 증거라고 옳게 쓴 경우	20
(2)	(나)라고 쓰고, 이와 같이 판단한 근거를 계통수를 그려 옳게 서술한 경우	80
	(나)라고 쓰고, 계통수를 그리지 않고 (가)의 아미노산 서열과 차이 나는 아미노산 수가 가장 적기 때문이라고 서술한 경우	30
	(나)만 쓴 경우	10

06 (1) (가)에서 병을 잠깐 동안만 기울여 구슬을 떨어뜨렸을 때 컵에 떨어진 색깔별 구슬의 비율은 병 속의 색깔별 구슬의 비율과 다르다. 이것은 질병이나 자연재해 등으로 집단의 크기가 급격히 작아지는 현상인 병목 효과를 표현한 것이다. (나)에서 처음 동물 종 집단에는 네 가지 색의 개체가 있었지만, 남획으로 집단의 크기가 급격히 감소하는 병목 효과가 일어나 유전적 부동이 강하게 작용하여 두 가지 색의 개체들만 남게 되었다. 즉, 변이가 감소하였다. 이후 집단의 크기가 다시 커졌지만 집단의 변이는 감소된 상태로 유지되었다.

(2) (나)의 처음 모집단에는 다양한 몸 색깔 변이가 존재했지만, 집단의 크기가 급격히 감소하면서 유전적 부동의 영향을

크게 받게 되었다. 이에 따라 집단의 대립유전자 종류가 감소하여 몸 색깔 변이가 줄어들었다. 즉, 병목 효과를 통해 집단의 유전적 다양성이 감소하였다.

모범 답안 (1) (가)는 집단의 크기가 급격하게 작아지는 현상인 병목 효과를 나타낸 것이다. (나)에서는 (가)와 같은 병목 효과가 일어나면서 유전적 부동이 강하게 작용하여 집단의 유전자풀이 변화하였다.

(2) (나)에서 집단의 유전자풀 변화로 대립유전자의 종류가 감소하여 변이가 줄어들므로 유전적 다양성이 감소한다.

	채점 기준	배점(%)
(1)	(가)의 병목 효과와 관련지어 (나)에서 집단의 유전자풀을 변화시킨 요인에 대해 유전적 부동을 포함하여 옳게 서술한 경우	50
	(가)의 병목 효과와 관련지어 (나)에서 집단의 유전자풀을 변화시킨 요인에 대해 옳게 서술하였지만 유전적 부동을 언급하지 않은 경우	25
(2)	(나)에서 대립유전자 종류가 감소하여 유전적 다양성이 감소한다고 서술한 경우	50
	(나)에서 유전자풀 변화로 유전적 다양성이 감소한다고만 서술한 경우	25

07 (1) 정상 헤모글로빈 대립유전자의 DNA 염기 서열에서 한 개의 염기(T)가 다른 염기(A)로 바뀌면서 변이가 생겼고, 이로 인해 정상 헤모글로빈의 아미노산 서열에서 글루탐산 하나가 발린으로 바뀌는 변이가 일어났다. 이와 같은 헤모글로빈의 변이로 인해 정상 적혈구가 낫 모양 적혈구로 변형되는 형질 변화가 일어났다.

(2) 말라리아가 많이 발생하는 중앙아프리카 지역에서는 다른 지역에 비해 낫 모양 적혈구 빈혈증을 유발하는 비정상 헤모글로빈 대립유전자의 비율이 높다. 이는 낫 모양 적혈구가 말라리아에 저항성을 가지고 있어 생존에 유리하므로, 이 지역의 인류 집단에서 낫 모양 적혈구 빈혈증을 유발하는 비정상 헤모글로빈 대립유전자를 가진 보인자가 자연 선택되었기 때문이다.

모범 답안 (1) 헤모글로빈 유전자의 DNA 염기 서열에서 염기 T 하나가 A으로 바뀌는 변이가 일어났고, 그 결과 헤모글로빈의 아미노산 서열에서 글루탐산 하나가 발린으로 바뀌는 변이가 일어났다. 이로 인해 적혈구의 형태 변화가 일어나 낫 모양 적혈구가 만들어졌다.

(2) 말라리아 발병률이 낮은 미국에서는 비정상 헤모글로빈 대립유전자의 특성인 말라리아 저항성이 생존에 유리하게 작용하지 않고, 오히려 빈혈을 유발한다는 단점은 유효하다. 따라서 미국으로 이주한 아프리카계 인류 집단에서 비정상 헤모글로빈 대립유전자는 생존과 번식

에 불리한 요소이므로, 그 빈도는 세대를 거치며 자연 선택에 의해 점점 줄어들 것이다.

	채점 기준	배점(%)
(1)	적혈구의 형태 변화를 (가)의 DNA 염기 서열과 헤모글로빈의 아미노산 서열 변화와 관련지어 옳게 서술한 경우	50
	적혈구의 형태 변화를 (가)의 DNA 염기 서열과 헤모글로빈의 아미노산 서열 중 어느 하나의 변화만 관련지어 서술한 경우	30
(2)	비정상 헤모글로빈 대립유전자의 빈도 변화를 (나)를 참고하여 자연 선택과 관련지어 옳게 서술한 경우	50
	비정상 헤모글로빈 대립유전자의 빈도가 자연 선택으로 줄어들 것이라고만 서술한 경우	30

08 (1) 히말라야산맥을 둘러싸는 고리 모양으로 분포하는 버들솔새 집단의 모임은 고리종에 해당한다. 고리종에서 인접한 두 집단은 생식적으로 격리되어 있지 않아 집단 사이에 교배가 일어나지만, 고리 양 끝의 두 집단 사이에서는 생식적 격리가 일어나 집단 사이에 교배가 일어나지 않는다.

(2) 버들솔새 집단은 네팔에서 티베트 고원을 사이에 두고 양 방향으로 서식지를 확장하면서 서로 다른 변이가 누적되어 집단의 유전자풀이 달라졌다. 시베리아에서 만난 집단 D와 E는 지리적으로 겹쳐 분포하더라도 이미 생식적 격리가 일어난 상태이므로 집단 사이에 교배가 일어나지 않는다.

모범 답안 (1) 집단 A와 B는 인접해 있으므로 생식적으로 격리되어 있지 않아 집단 간에 교배가 일어난다. 집단 B와 C는 지리적으로 인접해 있지 않으므로 생식적으로 격리되어 있어 집단 간에 교배가 일어나지 않는다.

(2) 영희의 주장은 옳지 않다. 버들솔새 집단은 고리종으로 고리의 양 방향으로 서식지를 확장하는 동안 서로 다른 변이를 축적하였다. 그 결과 고리 양 끝의 집단 D와 E는 유전자풀이 서로 매우 달라져 지리적으로 겹쳐 분포하더라도 생식적 격리에 의해 교배가 일어나지 않기 때문이다.

	채점 기준	배점(%)
(1)	집단 A와 B, 집단 B와 C의 교배 가능 여부와 까닭을 모두 옳게 서술한 경우	50
	집단 A와 B, 집단 B와 C 중 어느 하나에 대해서만 교배 가능 여부와 까닭을 옳게 서술한 경우	25
(2)	영희의 주장이 옳지 않음과 그렇게 판단한 까닭을 고리종의 원리를 통해 옳게 설명한 경우	50
	영희의 주장이 옳지 않다고 썼지만 그렇게 판단한 까닭에 대한 설명이 부족한 경우	25

VI 생명 공학 기술과 인간 생활

1. 생명 공학 기술과 인간 생활

01 생명 공학 기술

탐구 확인 문제

2권 217쪽

01 ③, ⑤　　**02** 해설 참조

01 ③ 하나의 군체는 하나의 대장균이 분열법으로 번식하여 집단으로 생장한 것이므로 하나의 군체를 이루는 대장균들의 유전자 구성은 서로 동일하다.

⑤ 실험대와 멸균 루프를 소독하면 배지가 다른 세균이나 곰팡이에 의해 오염되는 것을 막을 수 있다.

바로 알기 ① 대장균에서는 감수 분열이 일어나지 않는다. 대장균은 체세포 분열을 통해 개체 수를 늘리는 분열법으로 번식한다.

② 탐구에 사용된 대장균은 항생제 내성이 없어 항생제가 있는 배지에서 생장하지 못하였다.

④ 항생제가 있는 배지에서 흰색 군체가 나타나지 않은 까닭은 항생제가 대장균의 생장을 막아 대장균이 군체를 형성하지 못했기 때문이다.

02 유용한 유전자를 삽입하기 위해 플라스미드의 젖당 분해 효소 유전자를 절단하였다. 따라서 재조합 플라스미드를 가진 대장균은 젖당 분해 효소를 합성하지 못한다.

모범 답안 흰색 군체. 재조합 플라스미드를 가진 대장균은 앰피실린 내성이 있으므로 배지에서 살아남을 수 있고, 젖당 분해 효소를 만들지 못하므로 X-gal을 분해하지 못해 흰색 군체를 형성한다.

채점 기준	배점(%)
흰색 군체라고 쓰고, 두 가지 근거(앰피실린 내성 있음, 젖당 분해 효소를 만들지 못함)를 모두 옳게 서술한 경우	100
흰색 군체라고 쓰고, 근거 중 한 가지만 옳게 서술한 경우	70
흰색 군체라고만 쓴 경우	30

개념 모아 정리하기

2권 219쪽

❶재조합　❷DNA 운반체　❸제한 효소
❹동물　❺핵　❻식물　❼잡종 세포
❽세포벽

개념 기본 문제

2권 220쪽~221쪽

01 (1) 핵치환　(2) 조직 배양　(3) 유전자 재조합　(4) 세포 융합
02 (1) ㉠ 유용한 유전자(목적 유전자), ㉡ DNA 운반체(플라스미드)
(2) A: 제한 효소, B: 제한 효소, C: DNA 연결 효소　(3) 같은 효소이다. 같은 제한 효소를 사용해야 잘린 말단이 상보결합할 수 있기 때문이다.　**03** ㄱ, ㄴ　**04** (1) ㉡　(2) ㉡, ㉢　**05** (1) (가), (나)　(2) (다)
06 (1) 핵치환　(2) A　**07** (1) 같다.　(2) (가)　(3) (나)　(4) 체세포 분열
08 (1) 셀룰레이스　(2) ㉠ 세포질, ㉡ 핵　(3) 땅 위 부분에는 토마토, 땅속 부분에는 감자가 열린다.　**09** (1) 유전자 재조합　(2) 핵치환
(3) 세포 융합　(4) 세포 융합　(5) 조직 배양

01 (1) 핵치환은 기존의 핵을 제거하고 다른 세포의 핵을 이식하는 기술이다.

(2) 세포나 조직을 인공 배지에서 배양하는 것을 조직 배양이라고 한다.

(3) DNA를 잘라서 붙이는 것은 유전자 재조합 기술이다.

(4) 세포 융합은 서로 다른 두 종류의 세포를 융합시켜 잡종 세포를 만드는 기술이다.

02 (1) ㉠은 사람의 DNA에서 추출한 유용한 유전자이고, ㉡은 유용한 유전자를 숙주 세포로 도입하기 위한 DNA 운반체로 사용되는 플라스미드이다.

(2) DNA를 절단하는 A와 B는 제한 효소이고, C는 DNA 연결 효소이다.

(3) 유용한 유전자가 포함된 DNA와 DNA 운반체에 동일한 제한 효소를 처리해야 염기 서열이 같은 점착 말단이 생겨 상보적인 염기 서열을 가진 점착 말단끼리 결합할 수 있다.

03 ㄱ, ㄴ. 플라스미드는 세균의 주염색체와 별도로 존재하는 작은 원형의 DNA로, 독립적으로 복제되어 수를 증가시킬 수 있다.

바로 알기 ㄷ. 유전자 재조합 과정에서 플라스미드는 사람의 세포 등에서 추출한 유용한 유전자를 숙주 세포로 운반하는 DNA 운반체로 널리 이용된다.

04 (1) 항생제 A를 포함한 배지에서는 플라스미드에 항생제 A 내성 유전자가 온전히 존재하는 대장균 ㉡만 군체를 형성한다.

(2) 항생제 B를 포함한 배지에서는 플라스미드에 항생제 B 내성 유전자가 온전히 존재하는 대장균 ㉡과 ㉢이 군체를 형성한다.

05 (1) (가)는 DNA 변성 단계로, DNA를 90 ℃~95 ℃의 고

온으로 처리하여 두 가닥으로 분리한다. (나)는 프라이머 결합 단계로, 온도를 50 ℃ ~65 ℃로 낮추어 프라이머가 DNA에 결합하게 한다. (다)는 DNA 합성 단계로, 온도를 DNA 중합 효소가 작용하기에 적합한 72 ℃ 정도로 조금 올려 준다.

(2) DNA 중합 효소가 관여하는 단계는 (다)로, 주형 DNA 가닥에 상보적인 새로운 DNA 가닥이 합성된다.

06 (1) 복제 개는 개 A의 핵을 무핵 난자에 주입하는 핵치환 기술로 만들어졌다.

(2) 복제 개는 유전 형질을 결정하는 유전 물질이 포함된 핵을 제공한 개 A와 유전적으로 같다.

07 (1) B는 A와 유전적으로 동일한 복제 식물이다.

(2) (가)는 뿌리 세포가 분열하여 캘러스가 형성되는 단계이다.

(3) 캘러스는 세포의 운명이 결정되지 않은 상태이지만, (나) 단계에서 세포가 분화되고 기관이 형성되어 어린 식물이 된다.

(4) 어린 식물은 체세포 분열에 의해 세포 수를 늘리면서 완전한 식물 개체로 생장한다.

08 (1) (가) 과정에서 식물 세포 세포벽의 주성분인 셀룰로스를 분해하는 셀룰레이스를 처리하여 세포벽을 제거한다.

(2) (나) 과정에서 세포질 융합이 일어난 후 (다) 과정에서 핵 융합이 일어난다.

(3) 식물 A는 토마토와 감자의 특징을 모두 가지므로 땅 위에는 토마토가, 땅속에는 감자가 열린다.

09 (1) 사람의 인슐린 유전자를 대장균에 주입하여 형질 전환 대장균을 만드는 데는 유전자 재조합 기술이 이용된다.

(2) 복제 동물을 만드는 데는 핵치환 기술이 이용된다.

(3) 두 세포의 특성을 모두 갖는 잡종 세포를 만드는 데는 세포 융합 기술이 이용된다.

(4) 두 가지 식물의 특성을 갖는 잡종 식물을 만들기 위해서는 먼저 두 식물 세포를 세포 융합시켜 잡종 세포를 만든다.

(5) 식물 조직의 일부로 복제 식물을 만드는 데에는 조직 배양 기술이 이용된다.

개념 적용 문제   2권 222쪽~225쪽

| 01 ① | 02 ⑤ | 03 ② | 04 ④ | 05 ⑤ | 06 ① |
| 07 ③ | 08 ② | | | | |

---

01 유전자 재조합 기술을 이용하면 서로 다른 종의 DNA를 연결하여 자연적으로는 가질 수 없는 유전자 조합을 가진 생명체를 만들 수 있다.

ㄴ. (나)에서 독소 유전자와 플라스미드를 연결하는 효소 ㉠은 DNA 연결 효소이고, (라)에서 독소 유전자가 있는 DNA와 플라스미드를 자르는 효소 ㉡은 제한 효소이다.

바로 알기 ㄱ. 독소를 만드는 유전자를 제공하는 세균 A는 재조합 플라스미드가 이식되는 숙주 세포인 C와는 다른 종류의 세균이다.

ㄷ. 해충 저항성 옥수수를 만드는 과정은 다음과 같다.

(라) 과정에서 DNA를 절단한 후 (나) 과정에서 절단한 DNA를 연결하여 재조합 DNA를 만들고, (다) 과정에서 재조합 DNA를 숙주 세포에 도입한 후 (가) 과정에서 형질 전환된 세균을 옥수수 세포에 감염시킨다.

02 ㄱ. 제한 효소의 종류에 따라 인식하는 염기 서열이 다르기 때문에 잘린 DNA 말단의 염기 서열도 다르다. 그런데 DNA 조각 ㉠의 양쪽 말단과 ㉢의 한쪽 말단에서 같은 염기 서열 $\left(\begin{array}{c}5'-\text{G}\underline{\text{AATTC}}-3'\\3'-\underline{\text{CTTAA}}\text{G}-5'\end{array}\right)$이 발견되므로, ㉠을 만들 때 사용된 제한 효소가 ㉢을 만들 때에도 사용되었다는 것을 알 수 있다.

ㄴ. DNA 조각 ㉡의 한쪽 말단은 5′−AATT−3′인데, 다른 쪽 말단은 5′−GATC−3′으로 서로 다르다. 따라서 ㉡을 만들 때 두 가지 제한 효소가 사용되었다는 것을 알 수 있다.

ㄷ. ㉢의 양쪽 말단과 상보적으로 결합할 수 있는 염기 서열의 말단을 가진 것은 ㉡이므로, 재조합 플라스미드는 ㉡과 ㉢이 연결된 것이다.

03 ㄴ. ㉡이 발현되는 대장균 A는 앰피실린 포함 배지에서 생존하고, 젖당 분해 효소를 만들지 못해 X−gal 포함 배지에서는 흰색 군체를 형성한다. 따라서 ㉡은 앰피실린 내성 유전자이고 ㉠은 젖당 분해 효소 유전자이다. 이를 통해 대장균 A는 젖당 분해 효소 유전자 자리에 인슐린 유전자가 재조합된 플라스미드가 도입되었다는 것을 알 수 있다. 대장균 C는 앰피실린 포함 배지에서 생존하지 못하고, X−gal 포함 배지에서 흰색 군체를 형성하므로 어떤 플라스미드도 도입되지 않았다. A와 C는 모두 X−gal 포함 배지에서 흰색 군체를 형성하므로, 공통적으로 젖당 분해 효소인 ㉠이 발현되지 않는다는 것을 알 수 있다.

바로 알기 ㄱ. ㉡은 앰피실린 내성 유전자이다.

ㄷ. 대장균 B는 X−gal 포함 배지에서 푸른색 군체를 형성하므로, 재조합되지 않은 플라스미드가 도입되었다는 것을 알 수 있다. 인슐린 유전자가 재조합된 플라스미드가 도입되어 인슐린 단백질을 합성하는 대장균은 A이다.

04 ㄱ. DNA를 고온으로 처리하면 염기 사이의 수소 결합이 끊어져 단일 가닥으로 분리된다. 그런데 프라이머가 DNA 가닥의 상보적인 염기와 수소 결합을 하게 하려면 온도를 낮추어야 한다. 따라서 (가)는 (나)보다 온도가 높은 상태에서 일어난다.

ㄷ. (다)에서 DNA 중합 효소의 작용으로 DNA 합성이 일어난다.

바로 알기 ㄴ. A와 B는 서로 다른 DNA 가닥에 결합하는 프라이머이므로 염기 서열이 서로 다른 DNA 조각이다.

05 ㄱ. DNA 조각이 음(−)극에서 양(+)극으로 이동하는 것은 DNA가 음(−)전하를 띠기 때문이다.

ㄴ. 용의자 B와 범인은 DNA 지문이 같으므로 동일인이다.

ㄷ. DNA 지문으로 개인을 식별하기 위해 개인마다 염기 서열이 다른 DNA 부분에 같은 제한 효소를 처리하여 DNA 조각을 만들고, 이를 전기 영동하여 나타나는 DNA 띠를 비교한다.

06 ㄱ. 복제 양은 양 B에서 추출한 핵 ⓒ을 주입한 난자로부터 발생하였으므로 복제 양의 체세포 핵의 DNA는 핵 ⓒ의 DNA와 같다.

바로 알기 ㄴ. 핵치환으로 복제 동물을 만들 때는 난자에서 핵을 제거한 후 복제하고자 하는 동물의 체세포 핵을 난자에 이식한다. 이처럼 무핵 난자에 핵을 이식하는 까닭은 세포질 환경을 전사 인자 등이 포함된 수정란과 동일하게 만들어 주어 핵 속의 유전자가 발생 초기와 같이 발현되도록 하기 위해서이다. 따라서 양 A의 난자에서 제거한 핵 ⓐ의 핵상은 n이고, 양 B에서 추출하여 주입한 핵 ⓒ의 핵상은 $2n$으로, 핵 ⓐ의 염색체 수는 핵 ⓒ의 염색체 수의 절반이다.

ㄷ. 복제 양의 미토콘드리아는 세포질을 제공한 양 A의 미토콘드리아와 같다. 따라서 복제 양과 양 A는 미토콘드리아 DNA 지문이 일치한다.

07 ㄱ. 식물의 조직 배양을 할 때는 생장점, 형성층과 같은 분열 조직을 사용한다.

ㄷ. 세포의 유전자 구성은 체세포 분열과 분화 과정에서 변하지 않으므로 B와 C는 세포의 유전자 구성이 A와 같다.

바로 알기 ㄴ. 조직 배양 과정에서 형성된 캘러스(B)가 분화하여 생장하는 과정에서는 체세포 분열만 일어난다.

08 ㄴ. (나)의 잡종 세포에는 세포 융합에 이용된 토마토와 감자 세포의 유전자가 포함되어 있다.

바로 알기 ㄱ. 세포 융합 기술로 잡종 식물을 만들 때는 식물의 체세포를 사용한다.

ㄷ. 잡종 식물 A는 토마토나 감자와 같은 종이 아니며, 자가 교배로도 번식할 수 없다.

02 생명 공학 기술의 활용과 전망

개념 모아 **정리하기**　　2권 235쪽

❶ 세포 융합　　❷ 유전자 재조합　　❸ 배아
❹ 성체　　❺ 역분화　　❻ 유전자총　　❼ 수정란
❽ 바이오 연료

개념 기본 문제　　2권 236쪽~237쪽

01 (1) (가) 세포 융합, (나) 조직 배양 (2) 항체를 생산한다. 빠르게 분열한다. 수명이 반영구적이다.　　**02** (1) 암세포 (2) 약물 (3) 약물이 암세포에만 집중적으로 작용한다.　　**03** (1) 체외 유전자 치료 (2) DNA 운반체(벡터) (3) 골수 세포를 주입하였을 때 면역 거부 반응이 나타나지 않게 하기 위해 (4) 가능　　**04** (1) 단일 클론 항체 (2) 줄기세포 (3) 유전자 변형 생물체(LMO) (4) 유전자 가위　　**05** (1) A: 배아 줄기세포, B: 성체 줄기세포, C: 유도 만능 줄기세포 (2) B, C (3) A (4) 분화될 수 있는 세포의 종류가 제한적이다.　　**06** (1) (가) GMO, (나) LMO (2) 콩: ⓒ, 콩기름: ⓐ　　**07** (1) 제한 효소, DNA 연결 효소 (2) ㄱ, ㄴ　　**08** ㄱ, ㄴ, ㄷ　　**09** ㄴ

01 (1) B 림프구와 암세포를 융합하는 데 사용된 생명 공학 기술은 세포 융합 기술이고, 잡종 세포를 배양하는 데 사용된 생명 공학 기술은 조직 배양 기술이다.

(2) 잡종 세포 ⓐ은 항체를 생산하는 B 림프구와 빠르게 분열하며 수명이 반영구적인 암세포의 특징을 모두 지니고 있다.

02 (1) 단일 클론 항체는 암세포의 항원 결정기와 결합한다.

(2) 항체−약물 복합체의 항체 부분이 암세포의 항원 결정기와 결합하면 약물의 작용으로 암세포가 죽게 된다.

(3) 암세포를 죽이는 약물은 정상 세포에도 치명적인 영향을 미친다. 일반 항암제와 비교하여 항체−약물 복합체는 암세포에만 선택적으로 약물을 전달하므로, 정상 세포의 손상을 줄이면서 치료 효과를 높일 수 있다.

03 (1) 환자의 세포를 추출하여 정상 유전자를 세포에 도입한 후 세포를 다시 환자에게 주입하는 것은 체외 유전자 치료이다.

(2) 바이러스는 정상 유전자를 골수 세포로 도입하는 DNA 운반체(벡터)의 역할을 한다.

(3) 환자의 골수 세포를 사용하면 정상 유전자를 도입한 후 환자에게 세포를 다시 주사했을 때 면역 거부 반응이 나타나지 않는다.

(4) 제시된 유전자 치료 방법을 사용하면 일부 체세포에만 정상 유전자가 도입되므로 유전병 유전자는 생식세포를 통해 자손에게 유전될 수 있다.

04 (1) 유전적으로 동일한 세포군(클론)에서 만들어지는 한 종류의 항체를 단일 클론 항체라고 한다.

(2) 여러 종류의 세포로 분화할 수 있는 미분화된 세포를 줄기세포라고 한다.

(3) 유전자 변형 생물체(LMO)는 자연적으로는 가질 수 없는 유전자 조합과 형질을 가진 생물체이다.

(4) DNA의 특정 부위를 인식하여 자르는 인공 효소를 유전자 가위라고 한다. DNA를 자르는 효소 중 제한 효소는 세균에서 발견되는 효소로, 자연적으로 존재하는 효소이다.

05 (1) A는 배아의 내세포 덩어리에서 추출한 배아 줄기세포이다. B는 성체로부터 추출한 줄기세포이며, C는 분화된 세포를 역분화시켜 얻은 유도 만능 줄기세포이다.

(2) B와 C는 환자 ㉠ 자신의 세포를 활용하였으므로 B와 C를 이용하여 만든 장기를 ㉠에게 이식하더라도 면역 거부 반응을 일으키지 않는다.

(3) 배아 줄기세포는 완전한 개체로 발생할 수 있는 배아로부터 얻는다는 점에서 생명 윤리 문제가 가장 크다.

(4) 성체 줄기세포는 소량으로 존재하므로 분리가 어렵고 배아 줄기세포에 비해 증식이 어려우며, 무엇보다 분화될 수 있는 세포의 종류가 제한적이라는 문제점이 있다.

06 (1) LMO는 생식, 번식이 가능한 유전자 변형 생물체만을 지칭하며, GMO는 LMO를 포함하여 이를 활용한 식품이나 가공물을 모두 포함하므로 (가) GMO가 (나) LMO보다 범위가 넓다.

(2) 제초제 저항성 콩은 LMO이고, 이를 활용하여 만든 콩기름과 같은 가공물은 GMO에 속하지만 LMO는 아니다.

07 (1) 재조합 DNA를 만들 때는 DNA를 자르고 붙이는 과정이 필요하므로 제한 효소와 DNA 연결 효소가 필요하다.

(2) ㄱ. 밀 X는 건조 내성 유전자와 세균의 플라스미드 유전자를 포함한 재조합 DNA를 가지므로 유전자 변형 생물체이다.

ㄴ. 재조합 DNA를 밀 세포에 도입할 때 세균을 이용하거나 유전자총으로 재조합 DNA를 세포에 직접 삽입할 수 있다.

바로 알기 ㄷ. 건조 내성 유전자는 (나) 과정을 거친 미분화된 밀과 밀 X의 세포에 모두 존재한다.

08 유전자 변형 생물체(LMO)는 농작물의 생산성 증대, 환경 오염 문제 해결, 의약품 생산 등에 활용된다.

09 ㄴ. 생명 공학 기술을 활용하여 유전자 변형 생물체(LMO) 농작물을 개발할 때는 알레르기 유발 가능성을 검토하여 안전성을 확보해야 한다.

바로 알기 ㄱ. 기술의 활용이 가져올 이익이 크더라도 생명 윤리법을 위반하거나 악용될 가능성을 간과해서는 안 된다.

ㄷ. 유전자 변형 생물체(LMO)를 자연 상태에서 재배할 때 이들에게 도입된 새로운 유전자가 다른 개체에도 전달된다면 생태계가 교란될 가능성이 높으므로 주의하여야 한다.

개념 적용 문제
2권 238쪽~241쪽

01 ③	**02** ①	**03** ③	**04** ②	**05** ①	**06** ④
07 ④	**08** ⑤				

01 ㄱ. ㉠은 암세포이다. 암세포는 항체를 생산하는 능력은 없지만 빠르게 분열하며 수명이 반영구적이다.

ㄴ. 쥐에 항원을 주입하여 추출한 세포 ㉡은 B 림프구이다. B 림프구는 항체를 생산할 수 있지만, 몸 밖에서는 분열하지 못하며 수명이 짧다. 암세포와 B 림프구를 세포 융합하여 만들어진 잡종 세포는 항체를 생산하며, 빠르게 분열하고 수명이 반영구적이다.

바로 알기 ㄷ. 항원에는 항체를 생산하게 하는 여러 종류의 항원 결정기가 있다. (가)에는 각 항원 결정기에 결합하는 각기 다른 항체를 생산하는 B 림프구가 섞여 있으므로 암세포가 어떤 종류의 B 림프구와 융합하였는지에 따라 잡종 세포들이 생산하는 항체의 종류가 다르다. 따라서 잡종 세포를 각각 분리하고 한 종류의 잡종 세포를 배양하여 단일 클론 항체를 얻는다.

02 암세포(㉠)는 선택 배지에서 살지 못하므로, 세포 융합 후 세포들을 선택 배지로 옮기면 ㉠이 제거된다. B 림프구(㉡)는 어떤 배지에서나 수명이 10일 정도로 짧으므로, 남은 세포들을 15일 이상 배양하면 ㉡이 제거된다. 선택 배지에서 15일 이상 살아남는 것은 암세포와 B 림프구의 특성을 모두 갖는 잡종 세포이다.

03 ㄱ. ㉠은 환자에서 채취한 체세포로, 환자의 체세포를 사용해야만 세포에 정상 유전자를 도입한 후 세포를 환자에게 주입했을 때 면역 거부 반응이 일어나지 않는다.

ㄷ. (다)에서 세포가 증식할 때는 체세포 분열이 일어나며, 이때 바이러스에 의해 도입된 정상 유전자도 복제된다.

04 ㄴ. A는 무핵 난자에 환자의 체세포 핵을 이식하여 만들어진 것이므로 A로부터 얻은 줄기세포가 분화하여 만들어진 조직은 환자와 유전적으로 같다. 따라서 이를 환자에게 이식하였을 때 면역 거부 반응이 나타나지 않는다.

바로 알기 ㄱ. A로부터 얻은 줄기세포는 복제 배아 줄기세포이며, 인체의 모든 세포로 분화할 수 있다.

ㄷ. B는 정자와 난자의 수정으로 만들어진 수정란이므로, B로부터 얻은 줄기세포는 환자의 체세포와 유전자 구성이 다르다.

05 ㄱ. ㉠은 분화된 환자의 체세포를 추출하여 역분화해서 만든 유도 만능 줄기세포이다.

바로 알기 ㄴ. 유도 만능 줄기세포의 유전자를 교정하여 다시 분화시킨 ㉡은 환자의 체세포로부터 유래하여 유전병의 원인이 되는 이상 유전자만 교정한 것이므로, 환자에게 주입하더라도 면역 거부 반응이 일어나지 않는다. 그러나 같은 유전병을 앓는 환자라 하더라도 유전 정보가 다른 사람에게 ㉡을 주입하면 면역 거부 반응을 일으킬 수 있으므로, 각 환자의 맞춤 세포를 따로 만들어야 한다.

ㄷ. (가) 과정에서 줄기세포의 전체 유전자가 바뀌는 것이 아니라 유전병의 원인이 되는 이상 유전자만 교정된다.

06 ④ (가)에서 항원 단백질이 대량 생산되었다는 것은 효모 유전체에 삽입된 항원 단백질 유전자 ㉠의 전사와 번역이 활발하게 일어났다는 것을 의미한다.

바로 알기 ① ㉠은 B형 간염 바이러스가 가지고 있는 유전자이며, 숙주 세포 내의 물질대사 체계를 이용하여 복제·발현된다.

② 효모 ㉡은 간염 바이러스에 감염된 것이 아니라 바이러스에서 추출한 항원 단백질 유전자 ㉠이 삽입되어 형질이 전환된 효모이다.

③ (가)의 항원 단백질은 항원 단백질 유전자가 주입된 효모에서 합성된 것이다.

⑤ (나)에서 백신은 질병 예방 목적으로 주사하는 것이므로, 바이러스에 감염되기 전에 주사하여야 한다.

07 ㄴ. (가)에서는 유전자 B의 작용으로 유전자 A의 발현이 억제되므로 (가)는 무른 토마토에 비해 단위 무게당 효소 ㉠의 양이 적어 잘 무르지 않는다.

ㄷ. (가)는 재조합 DNA가 삽입되어 형질 전환이 일어난 유전자 변형 생물체(LMO)이다. 재조합 DNA를 만들 때는 유전자 재조합 기술을 사용하였다.

바로 알기 ㄱ. (가)는 원래의 토마토 유전자에 더하여 재조합 DNA가 삽입된 것이므로 유전자 A와 B를 모두 가진다.

08 ㄱ. A는 정상 세포에는 없고 암세포에만 있는 표면 단백질 C와 특이적으로 결합한다.

ㄴ. 암세포의 표면 단백질과 특이적으로 결합하는 A를 가지도록 개조된 바이러스는 치사 유전자를 암세포로 운반하는 역할을 한다.

ㄷ. 개조된 바이러스에 의해 암세포에 도입된 치사 유전자가 암세포 내에서 발현되면 치사 단백질이 만들어지고, 그 결과 암세포가 제거된다.

통합 실전 문제 　　　　　　　　　　2권 242쪽~245쪽

| 01 ⑤ | 02 ④ | 03 ④ | 04 ① | 05 ② | 06 ① |
| 07 ① | 08 ③ | | | | |

01 ㄴ. 식물의 세포를 분리하여 조직 배양하면 완전한 개체를 만들 수 있다. 따라서 효소 E의 유전자가 도입된 감자 세포를 선별하고 조직 배양하여 감자 개체를 만들고, 이를 재배하여 아미노산 X를 합성하는 감자를 얻는다.

ㄷ. 감자 ㉠은 형질 전환된 감자 세포를 조직 배양하여 만들어진 것이므로 세균의 효소 E 유전자를 가지고 있다. 이 유전자가 정상적으로 발현된다면 감자 ㉠은 아미노산 X 함량이 높을 것이다.

바로 알기 ㄱ. 세균의 주염색체는 많은 유전자를 포함하고 있어 유전체가 비교적 크고 세균의 생장에 직접적인 영향을 미치기 때문에 유전자 운반체로 사용하기 어렵다. 따라서 세균의 주염색체 외에 별도로 있는 작은 원형의 DNA인 플라스미드를 DNA 운반체로 사용한다.

02 ㄱ. ㉠과 ㉡은 각각 세균에서 추출한 플라스미드와 해충 저항성 유전자 X를 포함한 DNA를 자르는 과정이다. 따라서 과정 ㉠과 ㉡에서 동일한 제한 효소를 처리하여 상보적인 염기 서열을 갖는 말단이 만들어지게 한다.

ㄷ. (가)의 세포에서 X가 발현되어 해충에게 치명적인 영향을 주는 물질이 만들어지면 (가)는 해충 저항성을 갖게 된다.

바로 알기 ㄴ. 세균 A는 DNA 운반체인 플라스미드를 제공하는 세균으로, 플라스미드를 추출하는 과정에서 제거된다. 세균 B는 숙주 세포로 사용되는 세균에 재조합 DNA를 도입한 것으로, 이때 숙주 세포는 플라스미드가 없는 것을 사용한다.

03 대장균 Ⅰ은 항생제가 첨가된 배지에서는 군체를 형성하지 못한다. 대장균 Ⅱ, Ⅲ, Ⅳ는 모두 유전자 A를 가지므로 어떤 한 가지 항생제에 대해 공통적으로 내성을 갖는데, (나)에서 항생제 ㉠ 첨가 배지에서 모두 군체를 형성하였으므로 A는 항생제 ㉠ 내성 유전자이다. 대장균 Ⅲ과 Ⅳ는 모두 유전자

B 자리에 유전자 X가 삽입되어 공통적으로 어떤 한 가지 항생제에 대한 내성이 없다. 대장균 Ⅲ과 Ⅳ가 모두 군체를 형성하지 못한 배지는 항생제 ⓒ을 첨가한 배지이므로 유전자 B는 항생제 ⓒ 내성 유전자이다. 따라서 남은 유전자 C는 항생제 ⓑ 내성 유전자이다.

ㄱ. 유전자 X는 항생제 ⓒ 내성 유전자(B) 위치에 삽입되었다.

ㄴ. 유전자 C는 항생제 ⓑ 내성 유전자이다.

(바로 알기) ㄷ. Y의 단백질을 생산하는 대장균 Ⅳ는 항생제 ⓐ을 첨가한 배지에서는 군체를 형성하지만, 항생제 ⓑ이나 ⓒ을 첨가한 배지에서는 군체를 형성하지 못한다.

04 ㄱ. 염기 사이의 수소 결합은 높은 온도에서는 끊어지고, 낮은 온도에서는 형성된다. 따라서 DNA 이중 나선의 염기 사이의 수소 결합을 끊는 과정인 (가)는 프라이머와 단일 가닥의 염기 사이에 수소 결합을 형성하는 과정인 (나)보다 높은 온도에서 일어난다.

(바로 알기) ㄴ. 중합 효소 연쇄 반응 과정에는 고온에서 변성되지 않고 활성이 높은 DNA 중합 효소를 사용하므로, 온도를 변화시키면서 반응을 반복할 때마다 효소를 새로 넣어 줄 필요가 없다.

ㄷ. 중합 효소 연쇄 반응은 DNA의 특정 부위를 증폭시킬 때 이용되므로, 유전자 재조합 과정에서는 주로 유용한 유전자가 포함된 DNA 조각을 증폭시킬 때 이용된다. 재조합 DNA를 늘리기 위해서는 재조합 DNA를 숙주 세포에 주입하여 숙주 세포의 수를 증가시키는 방법이 사용된다.

05 ㄴ. 단일 클론 항체 (나)는 항암제를 위암 세포에 집중적으로 전달하기 위해 사용된다. 따라서 표적 항암제를 만들기에 적합한 단일 클론 항체 (나)는 정상 세포에는 결합하지 않고 위암 세포에만 결합하여야 한다.

(바로 알기) ㄱ. 위암 세포의 항원을 쥐에 주입한 후 쥐에서 추출한 B 림프구는 각각 한 가지 항체를 생산하는데, B 림프구에 따라 생산하는 항체가 다를 수 있다.

ㄷ. 단일 클론 항체 (나)는 항체를 만들게 한 위암 세포의 항원과 특이적으로 결합하므로, 항암제 (다)는 위암 치료를 위한 것이다.

06 ㄱ. (가)에서 바이러스 DNA와 정상 유전자를 재조합할 때 유전자 재조합 기술이 사용되었고, 교정된 체세포를 배양할 때 조직 배양 기술이 활용되었다.

(바로 알기) ㄴ. (나)에서 유전자 가위로 이상 유전자를 교정한 체세포 ⓒ을 환자에게 주입하면, 이 세포가 분열하여 만들어지는 세포만이 정상 유전자를 가진다. 따라서 이 방법으로 치료한 환자는 체세포 중 일부만이 정상 유전자를 갖게 되며, 생식세포의 유전자가 교정되는 것은 아니므로 자손에게 유전병이 유전될 수 있다.

ㄷ. (가) 방법을 이용하면 바이러스의 유전자가 정상 유전자와 함께 체세포에 도입된다. (나) 방법은 DNA 운반체를 사용하지 않고 이상이

있는 유전자를 정상 유전자로 교정하는 방법이므로 추가로 주입되는 외래 유전자가 없다. 따라서 (가)와 (나)에서 환자의 몸에 주입하는 체세포 ⓒ과 ⓒ의 유전자 구성은 서로 다르다.

07 ㄴ. Y는 환자 A의 체세포를 추출한 뒤 역분화시켜 만든 유도 만능 줄기세포이므로 Y의 핵과 세포질은 모두 환자 A로부터 비롯된 것이다. 따라서 Y의 핵과 미토콘드리아의 DNA 지문은 모두 A의 체세포와 일치한다.

(바로 알기) ㄱ. X는 무핵 난자에 환자 A의 체세포 핵을 이식하여 만들어진 복제 배아 줄기세포이다. 따라서 X에서 분화된 세포의 핵에는 환자 A의 유전자만 있다.

ㄷ. X와 Y로부터 비롯된 세포는 모두 핵의 유전자가 A의 체세포와 같으므로 A에게 이식할 때 면역 거부 반응이 없다. 그러나 (가)는 난자 제공자가 있어야 하고 배아 줄기세포를 사용하므로 생명 윤리 문제가 발생한다.

08 ㄱ. 항응고 단백질 유전자를 핵에 주입하여도 염소 수정란의 염색체 수가 변하는 것은 아니다. 따라서 수정란 (가)와 유전자를 주입한 후인 (나)의 핵상은 $2n$으로 같다.

ㄷ. 수정란의 세포질은 난자에서 비롯된 것이므로, 수정란의 세포질에 있는 미토콘드리아 또한 난자에서 비롯된 것이다. 따라서 A와 D는 미토콘드리아 DNA 지문이 일치한다.

(바로 알기) ㄴ. 염소 D를 만들 때는 수정란의 핵에 직접 유전자를 주입하는 유전자 주입 기술이 사용되었다.

사고력 확장 문제   2권 246쪽~249쪽

01 (1) 플라스미드는 세균의 주염색체와 별도로 존재하는 고리 모양의 DNA로, 크기가 작고 독립적으로 복제될 수 있다.

(2) DNA 재조합을 할 때는 연결하고자 하는 두 DNA 조각 말단 단일 가닥의 염기 서열이 상보적이 되도록 하여 염기 사이가 수소 결합으로 연결되게 한다. 따라서 연결하려는 두 DNA를 동일한 제한 효소로 처리하여 염기 서열이 같은 점착 말단을 갖도록 한다.

(3) 재조합 DNA를 선별하기 위해서 앰피실린 내성 유전자와 $lacZ$ 유전자가 있는 플라스미드를 사용한다. 따라서 숙주 대장균은 이 두 유전자를 가지지 않아 앰피실린에 대한 내성이 없고 젖당 분해 효소를 합성하지 않는 것을 선택해야 한다.

(4) 인슐린 유전자는 $lacZ$ 유전자 부위에 삽입되므로, 재조합 플라스미드를 가진 대장균은 앰피실린에 대한 내성은 있

지만 젖당 분해 효소를 합성하지 못한다. 그러므로 재조합 플라스미드를 도입한 숙주 대장균을 앰피실린과 X-gal을 포함한 배지에서 배양하면 이를 선별할 수 있다. 플라스미드가 도입되지 않은 숙주 대장균은 앰피실린에 대한 내성이 없으므로 군체를 형성하지 못한다. 재조합되지 않은 플라스미드가 도입된 숙주 대장균은 앰피실린 내성이 있고 젖당 분해 효소를 합성할 수 있으므로 X-gal을 분해하여 푸른색의 군체를 형성한다. 재조합 플라스미드가 도입된 숙주 대장균은 앰피실린 내성은 있지만 젖당 분해 효소는 합성할 수 없으므로 흰색 군체를 형성한다.

모범 답안 (1) 플라스미드는 세균의 주염색체와 독립적으로 복제될 수 있고, 크기가 작아 세균에서 분리하거나 다른 세포로 도입하기 쉽다. 또한 항생제 내성 유전자가 있는 플라스미드를 사용하면 재조합 플라스미드가 도입된 숙주 세포를 선별하는 데 도움이 된다.

(2) 제한 효소의 종류에 따라 생성되는 점착 말단의 염기 서열이 다르므로, 연결해야 할 두 DNA 조각이 염기 서열이 같은 점착 말단을 가지도록 하기 위해 동일한 제한 효소를 사용한다.

(3) 숙주 대장균은 플라스미드를 가지지 않고, 앰피실린 내성 유전자와 *lacZ* 유전자가 없어 앰피실린 내성이 없고 젖당 분해 효소를 합성하지 않는 것을 사용한다.

(4) 재조합 플라스미드를 도입한 숙주 대장균을 앰피실린과 X-gal을 포함한 배지에서 배양하여 흰색 군체를 형성하는 것을 고른다.

	채점 기준	배점(%)
(1)	플라스미드를 DNA 운반체로 사용하는 까닭을 복제와 도입의 용이성을 모두 포함하여 옳게 서술한 경우	25
	플라스미드를 DNA 운반체로 사용하는 까닭을 복제나 도입의 용이성 중 한 가지만을 포함하여 옳게 서술한 경우	15
(2)	DNA 조각이 염기 서열이 같은 점착 말단을 가지도록 하기 위해서임을 옳게 서술한 경우	25
	DNA 조각 말단을 같게 만들기 위해서라고만 서술한 경우	10
(3)	앰피실린 내성이 없고 젖당 분해 효소를 합성하지 않아야 한다고 옳게 서술한 경우	25
	앰피실린 내성과 젖당 분해 효소 합성에 대해 한 가지만을 옳게 서술한 경우	10
(4)	배지의 조건과 군체의 색깔을 옳게 서술한 경우	25
	배지의 조건만을 옳게 서술한 경우	10

02 (1) 젖소 C의 핵 DNA는 체세포 핵을 제공한 젖소 A의 핵 DNA와 일치하고, 젖소 C의 미토콘드리아 DNA는 난자를 제공한 젖소 B의 미토콘드리아 DNA와 일치한다.

(2) 젖소 C는 젖소 A를 복제한 젖소이다. 이러한 방법으로

우수한 형질을 가진 특정 개체의 유전 형질을 그대로 물려받은 복제 동물을 만들 수 있다. 젖소 D는 사람의 유전자를 도입하여 사람에게 유용한 단백질을 만들 수 있도록 형질 전환된 유전자 변형 생물체(LMO)이다.

모범 답안 (1) 젖소 C의 핵 DNA 지문은 젖소 A의 핵 DNA 지문과 일치한다. 또한, 젖소 C의 미토콘드리아 DNA 지문은 젖소 B의 미토콘드리아 DNA 지문과 일치한다.

(2) 복제 젖소 C는 우수한 형질을 지닌 개체의 형질을 그대로 물려받을 수 있으며, 형질 전환 젖소 D는 사람에게 유용한 단백질을 생산하여 공급할 수 있다.

	채점 기준	배점(%)
(1)	핵과 미토콘드리아의 DNA 지문 결과를 모두 옳게 서술한 경우	50
	핵과 미토콘드리아의 DNA 지문 결과 중 하나만을 옳게 서술한 경우	25
(2)	C와 D의 장점을 모두 옳게 서술한 경우	50
	C와 D의 장점 중 하나만을 옳게 서술한 경우	25

03 (1) 항체를 생산하는 B 림프구는 몸 밖에서는 분열하지 않고 수명이 짧기 때문에 인공 배양을 통해 항체를 다량 생산할 수 없다.

(2) 항체는 그것을 만들게 한 항원에만 특이적으로 결합한다. 이를 이용하여 위암 세포와 같은 특정 암세포에 대한 단일 클론 항체를 만든 후 항암제를 부착하여 주입하면, 단일 클론 항체가 특정 암세포와 결합하면서 특정 암세포에 집중적으로 작용하는 표적 항암제를 만들 수 있다. 또한, 임신 초기에 분비되어 오줌에 섞여 나오는 hCG와 결합하는 단일 클론 항체를 만들어 이것이 결합하면 색깔이 나타나도록 한 임신 진단 키트를 이용하면 임신 여부를 간단하게 진단할 수 있다.

모범 답안 (1) 항체를 생산하지만 몸 밖에서는 분열하지 않고 수명이 짧은 B 림프구와 달리 암세포는 몸 밖에서도 빠르게 분열하며 수명이 반영구적이기 때문이다. 세포 융합으로 만들어진 잡종 세포는 항체를 생산하며, 몸 밖에서도 빠르게 분열하고 수명이 반영구적이다.

(2) 특정 암의 단일 클론 항체를 만들어 특정 암세포에만 항암제를 전달하는 표적 항암제를 만들 수 있다. 임신했을 때 오줌에 섞여 나오는 호르몬의 단일 클론 항체를 만들어 임신 진단 키트에 활용한다.

	채점 기준	배점(%)
(1)	B 림프구를 암세포와 융합하는 까닭과 잡종 세포의 특성을 모두 옳게 서술한 경우	70
	B 림프구를 암세포와 융합하는 까닭과 잡종 세포의 특성 중 한 가지만을 옳게 서술한 경우	30
(2)	단일 클론 항체가 활용되는 사례를 옳게 서술한 경우	30

04 (1) 식물은 동물과 달리 세포 분열 능력이 있는 부위가 분열 조직인 생장점과 형성층으로 제한되어 있다.

(2) 감자의 생장점이 미분화된 세포 덩어리(캘러스)를 형성하여 완전한 개체로 되는 과정에서는 체세포 분열만 일어난다.

모범 답안 (1) 식물의 생장점은 세포 분열 능력이 있는 분열 조직이기 때문이다.

(2) 조직 배양 과정에서는 체세포 분열만 일어나므로, 이를 통해 만들어진 완전한 감자 식물은 유전자 구성이 생장점을 제공한 감자와 같다.

채점 기준		배점(%)
(1)	생장점이 분열 조직이라는 것을 옳게 서술한 경우	50
(2)	조직 배양 과정에서 체세포 분열만 일어나므로 유전자 구성이 같다는 것을 옳게 서술한 경우	50
	유전자 구성이 같다고만 서술한 경우	25

05 (1) 바이러스는 증식 과정에서 숙주 세포의 염색체(DNA)에 자신의 유전 물질을 삽입한다. 바이러스의 이러한 특성을 이용하여 정상 유전자를 운반하는 DNA 운반체로 바이러스를 사용한다.

(2) 정상 유전자를 삽입한 체세포를 환자에게 주입하였을 때 면역 거부 반응을 일으키지 않도록 해야 한다.

(3) 제시된 방법으로 환자의 체세포 일부가 정상 유전자를 가지게 됨으로써 결핍된 단백질을 합성하여 증상이 완화될 수 있다. 그러나 생식세포의 유전자는 교정되지 않았으므로 유전병 유전자가 생식세포를 통해 자손에게 전달될 수 있다.

모범 답안 (1) 바이러스는 정상 유전자를 환자의 체세포 염색체에 전달해 주는 DNA 운반체로 사용되었다.

(2) 세포에 정상 유전자를 삽입한 후 세포를 다시 환자에게 주입하였을 때 면역 거부 반응을 일으키지 않도록 하기 위해서이다.

(3) 환자의 체세포에 정상 유전자를 도입하였으므로 환자의 증상은 치료될 수 있지만, 생식세포를 통해 자손에게 유전병 유전자를 물려줄 수 있으며 그 가능성은 치료 전과 동일하다.

채점 기준		배점(%)
(1)	바이러스가 정상 유전자의 DNA 운반체로 사용되었음을 옳게 서술한 경우	30
(2)	면역 거부 반응을 근거로 들어 환자 자신의 체세포를 사용하는 까닭을 옳게 서술한 경우	30
	거부 반응을 일으키지 않도록 하기 위함이라고만 서술한 경우	15
(3)	생식세포를 통해 자손에게 유전병 유전자를 물려줄 수 있으며, 그 가능성이 치료 전과 동일하다고 옳게 서술한 경우	40
	자손에게 유전병 유전자를 물려줄 수 있다고만 서술한 경우	10

06 (1) A는 환자의 체세포 핵을 무핵 난자에 이식하여 만든 것으로, 이로부터 복제 배아 줄기세포를 얻을 수 있다. A를 만들 때 난자 제공자가 필요하고, 만들어진 복제 배아를 발생시키면 복제 인간이 탄생할 수 있다는 윤리적 문제점이 있다. B는 정자와 난자의 수정으로 만들어진 수정란이며, 이로부터 배아 줄기세포를 얻을 수 있다. B는 환자와 유전적으로 다르며, 이 배아를 착상시키면 발생하여 아기로 태어날 수 있다.

(2) A의 핵은 환자의 체세포에서 얻은 것이므로 A로부터 얻은 줄기세포는 환자와 유전적으로 동일하여 면역 거부 반응의 위험이 적다. B는 타인의 정자와 난자가 수정한 것이므로 환자와 유전자 구성이 다르다. 따라서 B를 이용하여 얻은 조직이나 장기는 환자에게 면역 거부 반응을 일으킬 위험이 높다.

모범 답안 (1) A와 B로부터 얻은 줄기세포는 모두 배아에서 추출하므로, 착상하여 발생하면 하나의 생명체가 될 수 있는 배아를 치료 수단으로 사용한다는 점에서 생명 윤리 문제가 발생한다.

(2) A를 이용할 때 환자에게 면역 거부 반응의 위험이 적다. A는 환자의 체세포 핵을 이식하여 만든 것이므로 유전자 구성이 환자와 동일하지만, B는 정자와 난자의 수정으로 만들어져 유전자 구성이 환자와 다르기 때문이다.

채점 기준		배점(%)
(1)	근거를 들어 공통으로 제기되는 문제점을 옳게 서술한 경우	50
	생명 윤리 문제가 있다고만 서술한 경우	10
(2)	A라고 쓰고, 그 근거를 옳게 서술한 경우	50
	A라고만 쓴 경우	20

07 (1) 유전자 재조합과 같은 생명 공학 기술을 활용하여 자연적으로 나타날 수 없는 새로운 조합의 유전자와 형질을 가지게 된 생물체를 유전자 변형 생물체(LMO)라고 한다.

(2) LMO는 형질 전환 과정에서 자연적으로는 가질 수 없는 유전자를 가지게 된다. 제초제 내성 유전자가 도입된 LMO 작물의 경우 잡초에 이 유전자가 전이된다면 어떤 제초제로도 제거할 수 없는 슈퍼 잡초가 나타날 수 있다.

모범 답안 (1) 유전자 변형 생물체(LMO)

(2) 식물에 도입된 외래 유전자가 다른 식물에 전이될 경우 생태계가 교란되고 생물 다양성이 파괴될 가능성이 있다.

채점 기준		배점(%)
(1)	유전자 변형 생물체(LMO)라고 옳게 쓴 경우	40
(2)	외래 유전자의 다른 식물 전이에 따른 생태계 교란과 생물 다양성 파괴 가능성을 옳게 서술한 경우	60
	원인은 설명하지 않고, 생태계 교란이나 생물 다양성 파괴 가능성에 대해서만 서술한 경우	30

Ⅳ 유전자의 발현과 조절

2권 254쪽~257쪽

실전 문제 1

⑴ DNA 이중 나선에서 두 가닥은 방향이 서로 반대인 역평행 구조이다. DNA 복제 과정에서 두 가닥이 모두 주형으로 작용하는데, 새로운 DNA 가닥의 합성 방향은 5′ → 3′로 같다.

⑵ DNA 중합 효소 Ⅰ은 RNA 프라이머의 리보뉴클레오타이드를 제거하고 디옥시리보뉴클레오타이드로 교체하는 작용을 한다.

예시 답안 ⑴ DNA 이중 나선을 이루는 두 가닥은 방향이 서로 반대이지만, DNA 중합 효소는 5′ → 3′ 방향으로만 DNA 가닥을 합성할 수 있다. 따라서 합성되는 두 가닥 중 한 가닥은 합성 방향이 DNA가 풀어지는 방향과 같아 연속적으로 합성되는 선도 가닥이 되고, 다른 가닥은 DNA가 풀어지는 방향의 반대 방향으로 짧은 DNA 조각이 합성된 후에 연결되는 지연 가닥이 된다.

⑵ 선도 가닥도 RNA 프라이머가 만들어진 후 DNA 가닥이 합성되는데, 마지막 단계에서는 DNA 중합 효소 Ⅰ에 의해 RNA 프라이머가 제거되고 디옥시리보뉴클레오타이드로 교체되어야 한다. 만일 DNA 중합 효소 Ⅰ이 이러한 기능을 하지 않는다면 주형 가닥과 염기 서열이 완전히 상보적인 하나의 DNA 가닥이 되지 못한다.

실전 문제 2

⑴ 코돈은 mRNA의 연속된 3개의 염기로 이루어지며, 염기가 중복되거나 누락되지 않고 차례대로 3개의 염기가 하나의 코돈이 되어 번역된다.

⑵ mRNA의 코돈에 의해 지정되는 아미노산은 20종류이지만, 코돈은 64종류이므로 한 종류의 아미노산을 지정하는 코돈이 여러 개 있을 수 있다.

⑶ 유전자를 구성하는 한 쌍의 염기가 다른 염기로 치환되면 이로부터 전사된 mRNA에서는 코돈을 읽는 번역틀이 바뀌지는 않지만, 해당 코돈을 이루는 염기는 바뀌게 된다.

예시 답안 ⑴ mRNA의 유전 정보가 번역될 때에는 개시 코돈부터 종결 코돈 이전까지 염기가 중복되거나 누락되지 않고 차례대로 3개씩 번역된다. 따라서 유전자에서 1개~2개의 염기쌍이 결실되거나 삽입되면 이로부터 전사된 mRNA에서는 코돈을 읽는 번역틀이 바뀌게 된다.

⑵ 아미노산은 20종류이고 코돈은 64종류이므로 한 종류의 아미노산을 지정하는 코돈이 여러 개 있을 수 있다. 유전자를 구성하는 염기가 치환되는 돌연변이가 일어나더라도 mRNA의 바뀐 코돈이 정상 코돈과 동일한 아미노산을 지정한다면 아미노산 서열이 정상인 단백질이 만들어진다. 유전 형질은 유전자가 발현되어 합성된 단백질이 특정 기능을 수행함으로써 나

타나므로, 이런 경우에는 돌연변이가 일어나더라도 형질에는 아무런 영향을 미치지 않는다.

⑶ Ⅰ형, Ⅲ형, Ⅳ형이다. 유전자를 구성하는 한 쌍의 염기가 다른 염기로 치환되면 mRNA의 코돈 1개가 바뀐다. 이때 바뀐 코돈이 종결 코돈이면 정상 폴리펩타이드보다 길이가 짧은 폴리펩타이드가 합성된다(Ⅰ형). 그런데 바뀐 코돈이 다른 아미노산을 지정하면 폴리펩타이드를 구성하는 아미노산 중 1개의 아미노산만 바뀌게 되고(Ⅲ형), 동일한 아미노산을 지정하면 정상 폴리펩타이드가 만들어져 형질에는 아무런 영향을 미치지 않는다(Ⅳ형).

실전 문제 3

⑴ 원핵생물은 핵막으로 둘러싸인 핵이 없어 염색체가 세포질에 있으므로, 전사와 번역이 세포질에서 거의 동시에 일어난다.

⑵ 하나의 mRNA에 여러 개의 리보솜이 결합되어 있는 것을 폴리솜이라고 한다. 이것은 하나의 리보솜이 mRNA의 개시 코돈에 결합한 후 5′ → 3′ 방향으로 이동하면서 번역이 진행됨에 따라 개시 코돈이 비게 되면 새로운 리보솜이 와서 결합하여 번역이 진행되기 때문에 나타나는 현상이다.

⑶ 진핵생물의 유전자에는 단백질을 암호화하지 않는 부위인 인트론이 있고, 전사가 일어난 후 인트론이 제거되는 RNA 가공 과정을 거친다. 그 결과 엑손만으로 이루어진 성숙한 mRNA가 되는데, 엑손이 어떻게 연결되는가에 따라 각기 다른 폴리펩타이드가 합성될 수 있다.

예시 답안 ⑴ 원핵세포는 핵막으로 둘러싸인 핵이 없어 염색체가 세포질에 있고, 유전자에 단백질을 암호화하지 않는 부위가 없어 RNA 가공 과정을 거치지 않는다. 따라서 DNA로부터 mRNA가 전사되기 시작하면 리보솜이 전사되고 있는 mRNA에 결합하여 번역이 바로 진행되기 때문에 (가)와 같이 DNA, mRNA, 리보솜이 함께 나타난다.

⑵ 전사와 번역은 5′ → 3′ 방향으로 일어난다. 따라서 전사되어 DNA로부터 분리되어 나온 mRNA의 말단은 5′ 말단이고, 이 부위에 개시 코돈이 있다. 리보솜이 개시 코돈에 결합하여 번역이 진행되면서 점차 3′ 방향인 DNA 쪽으로 이동하므로, ㉠이 가장 먼저 mRNA에 결합하여 번역에 참여한 리보솜이다. 따라서 ㉠에 연결되어 있는 폴리펩타이드의 길이가 ㉡에 연결되어 있는 것보다 길다.

⑶ 사람의 몸을 구성하는 세포는 진핵세포이며, 진핵세포의 유전자에는 단백질을 암호화하지 않는 인트론이 포함되어 있다. 이 때문에 처음 전사가 일어난 후 RNA에서 인트론을 제거하고 단백질을 암호화하는 엑손끼리 연결하는 RNA 가공 과정을 거치는데, 이때 연결되는 엑손의 조합과 순서에 따라 합성되는 단백질의 종류가 달라질 수 있다. 따라서 유전자 수보다 훨씬 많은 종류의 단백질이 합성될 수 있는 것이다.

실전 문제 4

⑴ 세포는 분화하더라도 유전자는 분화 이전과 같다. 따라서 세포 분화는 유전자 발현 조절에 의해 일어난다.

(2) 액틴 유전자와 마이오신 유전자는 근육 세포를 구성하는 액틴과 마이오신 단백질을 암호화하고, $MyoD$ 유전자는 다른 유전자의 발현을 조절하는 전사 인자를 암호화한다.

(3) (제시문 2)에서 섬유 아세포의 경우에는 MyoD 단백질을 제외한 다른 전사 인자들이 존재하기 때문에 $MyoD$ 유전자만 발현시키면 근육 세포로 분화하지만, 근육 세포로 분화하는 과정에 필요한 다른 전사 인자를 갖지 못한 세포에서는 $MyoD$ 유전자가 발현되어도 근육 세포로 분화하지 않는다. 즉, $MyoD$ 유전자가 발현되더라도 근육 세포로 분화하기 위해서는 많은 다른 유전자의 발현이 조절되어야 한다.

예시 답안 (1) 하나의 수정란에서 비롯된 세포들은 유전자 구성이 모두 동일하지만, 핵심 조절 유전자의 발현 여부와 세포가 가지는 다양한 전사 인자의 조합에 따라 특정 유전자의 발현이 조절됨으로써 특정 세포로 분화한다.

(2) ㉠의 액틴 유전자와 마이오신 유전자는 근육 세포의 특이적인 단백질인 액틴과 마이오신을 암호화한다. 하지만 ㉡의 $MyoD$ 유전자는 전사 인자를 암호화하는 핵심 조절 유전자로, 이로부터 합성된 전사 인자가 또 다른 조절 유전자를 발현시킴으로써 연쇄적으로 여러 유전자가 발현되도록 하여 세포가 분화하는 데 핵심적인 역할을 하기 때문이다.

(3) 근육 세포로 분화하는 데 필요한 많은 유전자의 발현을 조절하는 데에는 핵심 조절 유전자 외에도 세포가 가진 다양한 전사 인자의 조합이 필요하므로, $MyoD$ 유전자를 세포에 도입한다고 해서 모든 종류의 세포가 근육 세포로 분화하는 것은 아니다.

V 생물의 진화와 다양성

2권 260쪽~261쪽

실전문제 1

(1) 3역 6계 분류 체계에서는 생물을 세균역, 고세균역, 진핵생물역으로 분류한다. 남세균은 물에서 전자를 얻어 광합성을 하는 독립 영양 원핵생물로, 세균역에 속한다.

(2) 원시 지구 대기에는 기체 상태의 산소(O_2)가 존재하지 않았다. 대기 중의 산소 농도는 약 10억 년 이상의 시차를 두고 두 단계를 거쳐 증가하였다. 약 24억 년 전에 광합성 원핵생물이 광합성에 필요한 수소 이온과 전자의 공급원으로 물을 사용하기 위해 물을 분해하였고, 그 결과 발생한 산소가 대기 중에 방출되면서 산소 농도가 증가하였다. 이는 산화 철이 풍부하게 존재하는 퇴적암층에서 확인할 수 있다. 그로부터 약 10억 년이 지난 후 광합성 원핵생물의 일부가 숙주 세포 안에서 공생하다가 엽록체가 되어

엽록체를 가진 진핵생물이 출현하면서 대기 중의 산소 농도는 더욱 크게 증가하였다.

(3) 광합성 원핵생물과 엽록체를 가진 진핵생물에 의해 대기 중의 산소 농도가 증가하면서 오존층이 형성되었고, 오존층에 의해 지표면에 도달하는 자외선의 양이 감소하였다. 그 결과 다세포 진핵생물의 육상 진출이 가능하게 되었다.

예시 답안 (1) ㉠은 세균역에 속한다. (제시문 1)에서 ㉠은 남세균과 유사한 생명체라고 하였으며, 남세균은 광합성을 하는 독립 영양 원핵생물이다. 3역 6계 분류 체계에서 원핵생물은 세균역이나 고세균역에 속하는데, 남세균과 같이 광합성을 하는 원핵생물은 세균역에 속하기 때문이다.

(2) (제시문 2)에서 약 22.5억 년 전 형성된 퇴적암층에서 발견되는 산화 철은 남세균과 같은 광합성 원핵생물의 광합성으로 발생한 산소에 의해 형성된 것임을 알 수 있다. 이를 통해 약 24억 년 전 광합성 원핵생물에 의해 대기 중의 산소 농도가 크게 증가하였음을 알 수 있다. 또한, 그로부터 약 10억 년이 지난 후 진핵생물이 출현하였는데, 진핵생물의 출현 과정에서 남세균과 같은 광합성 원핵생물이 숙주 세포에 공생하다가 엽록체로 분화하여 엽록체를 가진 진핵생물이 출현하였으며, 엽록체를 가진 진핵생물의 광합성에 의해 대기 중의 산소 농도가 크게 증가하였다.

(3) 광합성 원핵생물과 엽록체를 가진 진핵생물의 광합성으로 대기 중의 산소 농도가 증가하였고, 대기 중의 산소는 화학 반응을 일으켜 오존을 만들어 대기의 상층부에 오존층을 형성하였다. 오존층의 형성으로 지표면에 도달하는 자외선의 양이 크게 감소하였고, 그 결과 육상에서 생물이 생활할 수 있는 환경이 조성되었기 때문이다.

실전문제 2

(1) 큰 협곡이 생기기 전 그랜드 캐니언에 살던 영양다람쥐는 하나의 종이었다. 큰 협곡의 형성으로 지리적 격리가 일어나 두 집단으로 분리되었고, 그 후 오랜 세월에 걸쳐 두 집단에서 각각 독립적으로 돌연변이, 유전적 부동, 자연 선택 등이 작용하며 두 집단의 유전자풀은 서로 다르게 변하였다. 그 결과 두 영양다람쥐 집단은 생식적으로 격리되어 서로 다른 종인 해리스영양다람쥐와 흰꼬리영양다람쥐로 분화하였다.

(2) 인접한 집단 사이에서는 교배가 가능하지만, 고리의 양 끝에 위치한 집단은 지리적으로 겹치는 지역에 서식하더라도 생식적으로 격리되어 있는 현상이 나타나는 이웃 집단의 모임을 고리종이라고 한다.

(3) (가)에서는 협곡이라는 물리적인 장벽에 의해 영양다람쥐 집단이 두 집단으로 격리된 후, 두 집단의 유전자풀이 점차 서로 다르게 변하였다. 즉, 지리적 격리에 의해 각각 다른 진화 과정을 거친 두 집단이 유전자풀을 공유할 수 없게 되어 생식적으로 격리되면서 서로 다른 종으로 분화하였다. (나)에서 지리적으로 인접한 재갈매기 집단 사이에는 생식적 격리가 없어 교배를 통한 유전자 흐

름이 일어나지만, 고리의 양 끝에 위치한 두 집단 A와 G는 집단 사이에 생식적인 격리가 일어나 서로 다른 종으로 분화한다. 이는 고리종을 나타낸 것이며, 고리종은 지리적 격리에 따른 연속적이며 점진적인 종분화의 사례이다.

예시 답안 (1) 영양다람쥐가 지리적 격리에 의해 두 집단으로 분리된 후, 두 집단의 유전자풀은 각각 독자적인 돌연변이, 유전적 부동, 자연 선택 등의 작용으로 서로 다르게 변하였다. 이에 따라 두 영양다람쥐 집단은 서로 교배가 불가능한 다른 종으로 분화하였다.

(2) 고리종의 특성은 다음과 같다. 인접한 두 집단 사이에는 생식적 격리가 나타나지 않고, 인접하지 않은 집단 사이에는 생식적 격리가 나타난다. 또한, 지리적으로 인접해 있을지라도 고리의 양 끝에 있는 집단 사이에는 생식적 격리가 나타난다. 재갈매기 집단 A~G는 이와 같은 특성을 모두 나타내므로 고리종으로 볼 수 있다.

(3) (가)와 (나)는 모두 지리적 격리에 의해 일어난 종분화라는 점에서 비슷하다. 한편, (가)는 오랜 시간에 걸쳐 일어난 종분화이지만 (나)는 동시간대에 공간 차원에서 일어난 종분화로, 종분화가 연속적이며 점진적인 과정이라는 것을 보여 준다는 점에서 (가)와 차이가 있다.

Ⅵ 생명 공학 기술과 인간 생활 2권 264쪽~265쪽

실전 문제 1

(1) (가)는 토끼에게 항원을 주사한 후 혈청을 채취하여 항체를 분리하는 방법을 나타낸 것이다. 일반적으로 하나의 항원에는 여러 개의 항원 결정기가 있고 각각의 항원 결정기에 대한 항체가 만들어지기 때문에 혈청에는 여러 가지 항체가 섞여 있다. (나)는 세포 융합 기술을 이용하여 만든 잡종 세포로부터 단일 클론 항체를 얻는 방법을 나타낸 것으로, 이 방법으로 특정 항체를 대량 생산할 수 있다.

(2) (나)에서 B 림프구와 암세포를 융합하여 잡종 세포로 만들 때 세포 융합 기술이 이용된다. 쥐에게 특정 암세포를 주사하면 해당 암세포에 대한 항체를 생산하는 B 림프구를 얻을 수 있고, 이 B 림프구로 만든 잡종 세포가 생산한 단일 클론 항체는 쥐에게 주사했던 것과 같은 종류의 암세포와 특이적으로 결합한다.

예시 답안 (1) (가)에서 생산된 혈청에는 여러 종류의 항체가 상대적으로 조금씩 혼합되어 있다. (나)에서는 한 종류의 항체를 대량으로 생산할 수 있다.

(2) (나)에서 잡종 세포를 만들 때 세포 융합 기술이 이용된다. 예를 들어, 사람의 위암 세포를 쥐에게 주사하여 얻은 B 림프구와 암세포를 세포 융합하

여 만든 잡종 세포는 위암 세포의 항원 결정기에 결합하는 단일 클론 항체를 생산한다. 이 항체에 항암제를 부착하여 만든 표적 항암제를 위암 환자에게 투여하면, 항원 항체 반응의 특이성에 따라 단일 클론 항체가 위암 세포의 항원 결정기와 결합하여 항암제가 위암 세포에 집중적으로 전달된다. 그 결과 정상 세포가 항암제에 의해 입는 손상을 줄이고 위암 세포만 효과적으로 제거할 수 있다.

실전 문제 2

(1) 환자의 체세포를 추출하여 역분화시키는 방법으로 얻는 줄기세포를 유도 만능 줄기세포라고 한다. 이 방법은 난자 제공자가 필요하지 않고, 환자 자신의 체세포를 이용하므로 줄기세포를 분화시켜 얻은 세포를 환자에게 이식했을 때 면역 거부 반응이 일어나지 않는다. 또한, 생명 윤리 문제가 발생하지 않는다.

(2) 크리스퍼 유전자 가위는 DNA에서 원하는 부위를 자르기 위해 개발된 인공 효소로, 상보적인 염기 서열을 찾는 가이드 역할을 하는 RNA와 인식한 부위의 DNA를 자르는 단백질로 구성된다. 이전에 사용되었던 유전자 가위에 비해 원하는 DNA 부위를 정확히 찾아 절단할 수 있고 제작 비용이 비싸지 않다는 장점이 있다. 한편 유전자 가위를 이용한 유전자 조작, 특히 배아 세포에 대한 유전자 편집은 생명 윤리 문제를 초래할 수 있다.

예시 답안 (1) 체세포를 역분화시켜 얻는 줄기세포를 유도 만능 줄기세포라고 한다. 유도 만능 줄기세포는 환자 자신의 체세포를 이용하므로 배아 줄기세포에 비해 생명 윤리 문제에서 비교적 자유롭고, 성체 줄기세포에 비해 분화될 수 있는 세포나 조직이 다양하다는 장점이 있다.

(2) 크리스퍼 유전자 가위는 원하는 DNA의 염기 서열을 찾아 상보적으로 결합하는 RNA와 인식한 부위의 DNA를 자르는 단백질로 구성되어 있다. 크리스퍼 유전자 가위는 정확도가 높고 간편하여 유전자 편집에 매우 유용하지만, 무분별한 유전자 편집은 맞춤 아기의 탄생 등 생명 윤리 문제를 초래할 수 있다.

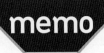

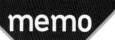

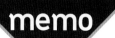